La fabrication du bâtiment

AF234347

2

Le second œuvre

Chez le même éditeur

A. Caussarieu. – **Guide pratique de la rénovation des façades**, 2005, 160 pages.

B. Couette. – **Guide pratique de la loi MOP**, 2010, 450 pages.

B. et J. Couette. – **Mémento CCAG travaux**, 2010, 182 pages.

P. Gérard. – **Pratique du droit de l'urbanisme**, 2007, 5e édition, 294 pages.

P. Grelier Wyckoff. – **Le mémento des marchés publics de travaux, *Intervenants, passations et exécution***, 2009, 4e édition, 276 pages.

P. Grelier Wyckoff. – **Le mémento des marchés privés de travaux, *Intervenants, passations et exécution***, 2006, 130 pages.

P. Grelier Wyckoff. – **Pratique du droit de la construction, Marchés publics et marchés privés**, 2010, 6e édition, 418 pages.

B. Quignard. – **Guide pratique Ascenseur et sécurité**, 2005, 196 pages.

B ; de Polignac, J.-P. Monceau, X. de Cussac. – **Expertise immobilière**, 2010, 5e édition, 478 pages.

La fabrication du bâtiment 2

Le second œuvre

Gérard Karsenty

Cinquième tirage 2010

EYROLLES

ÉDTIONS EYROLLES
61, Bld Saint-Germain
75240 Paris Cedex 05
www.editions-eyrolles.com

Photos de couverture

1ère couverture :
1 - Bureaux de Rhône Poulenc à Lyon - Façades en verre extérieur collé, Architectes : Babylone Avenue (Photo. : H. Chapon).
2 - Ecole d'Architecture de Lyon - Escaliers en béton armé, Architectes : Jourda et Perraudin (Photo. : G. Karsenty).
3 - Etablissement thermal de Dax - Menuiseries extérieures en aluminium et volets persiennés en bois, Architecte : Jean Nouvel (Photo. : G. Karsenty).

4ème couverture :
4 - Toitures à Paris (Photo. : G. Karsenty).
5 - Immeuble d'habitation à Givors - Façade et couverture en tôles d'acier prélaquées, Architectes : Dubosc et Landowsky (Photo. : G. Karsenty).

Le code de la propriété intellectuelle du 1er juillet 1992 interdit en effet expressément la photocopie à usage collectif sans autorisation des ayants droit. Or, cette pratique s'est généralisée notamment dans les établissements d'enseignement, provoquant une baisse brutale des achats de livres, au point que la possibilité même pour les auteurs de créer des œuvres nouvelles et de les faire éditer correctement est aujourd'hui menacée.

En application de la loi du 11 mars 1957, il est interdit de reproduire intégralement ou partiellement le présent ouvrage, sur quelque support que ce soit, sans autorisation de l'Éditeur ou du Centre Français d'Exploitation du Droit de Copie, 20, rue des Grands-Augustins, 75006 Paris.

© Groupe Eyrolles, 2001, ISBN 2-212-01897-5 • ISBN 13 : 978-2-212-01897-4

Remerciements

Mes remerciements vont à l'ensemble des organismes de la construction, des industriels et des personnes qui m'ont apporté leur concours ou m'ont fourni toute la documentation technique.

Ils s'adressent plus particulièrement :

- à l'École d'Architecture de Lyon, à son Directeur, à la bibliothèque et aux différents laboratoires, d'informatique et de photographie ;
- au Centre Infobâtir de Lyon, à sa Directrice et à tous ses collaborateurs ;
- au Pôle Européen de la Plasturgie ;
- aux Éditions Eyrolles et à toute l'équipe qui a œuvré pour la mise au point de cet ouvrage ;
- à Suzanne qui n'a cessé de m'apporter son appui pendant toute cette phase de recherche et d'élaboration.

L'ensemble des schémas a été mis au net sur DAO par une équipe d'étudiants de l'École d'Architecture de Lyon conduite par Nicolas Bastide.

Avant-propos

« Le plus grand de tous les projets est celui de prendre un parti. »

Cette maxime de Luc de Clapiers, Marquis de Vauvenargues, s'applique parfaitement au domaine de la construction, que ce soit lors de la phase des études ou en cours de réalisation. Il ne suffit pas de philosopher sur tel principe ou tel procédé de construction, encore faut-il passer à l'acte. Cette décision impose l'analyse complète du projet, sa destination, sa localisation, et la collecte d'un ensemble d'informations afin de retenir la solution la mieux adaptée au problème à résoudre.

Par analogie à un puzzle composé de pièces aux formes diverses, le bâtiment peut être considéré comme un assemblage plus ou moins complexe de composants. Ceux-ci s'imbriquent les uns dans les autres, chacun d'eux ayant une ou plusieurs fonctions à remplir. Le choix du parti permet d'orienter les recherches dans une direction précise afin de sélectionner ces composants en tenant compte des réglementations et des normes en vigueur ainsi que du degré de technicité du projet.

Certes, les réglementations peuvent évoluer et les matériaux s'améliorer, il n'en demeure pas moins que les grands principes restent inchangés.

L'objectif des ouvrages traitant de la fabrication du bâtiment est double :

- apporter une meilleure compréhension des techniques de construction grâce aux nombreux schémas, tableaux et photographies qui illustrent chacun des chapitres abordés ;

- permettre un dialogue entre les différents intervenants à l'acte de construire, chacun devant tenir le même langage.

Alors que le tome 1 s'attache à la phase préparatoire des travaux, aux ouvrages de voirie et de réseaux divers, et au gros-œuvre, le tome 2 aborde les travaux du second-œuvre (système enveloppe et circulations verticales). Il étudie, entre autres, les couvertures et les toitures-terrasses, les menuiseries extérieures et les façades légères, les escaliers et les ascenseurs, les cloisonnements intérieurs et les portes de communication, ainsi que les différents matériaux couramment utilisés.

Sommaire

Chapitre 4 • LES FAÇADES LÉGÈRES 227

Chapitre 5 • LES CIRCULATIONS VERTICALES 283

1

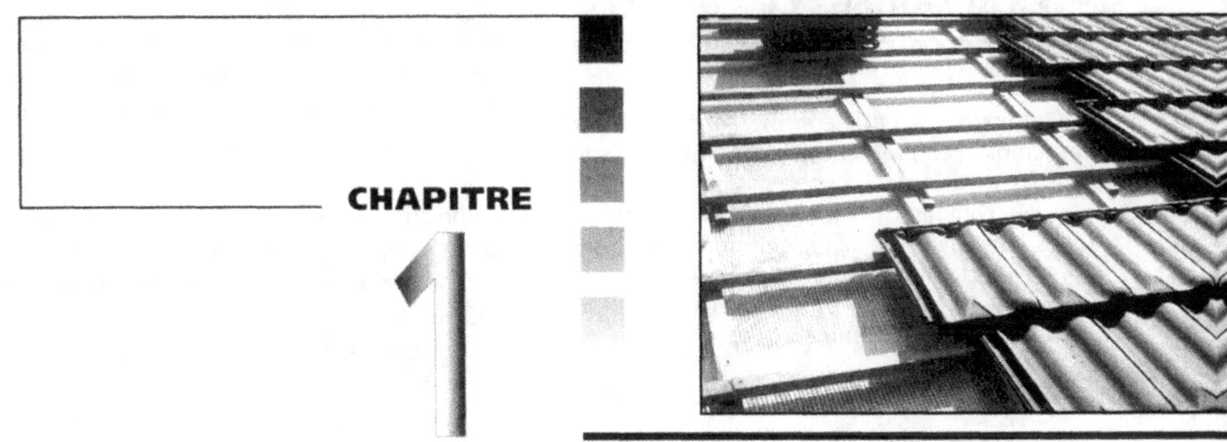

LES COUVERTURES

La pérennité d'un ouvrage ne peut être assurée que si la couverture, élément essentiel du système enveloppe, est réalisée conformément à un certain nombre de règles fondamentales, afin qu'elle réponde au rôle qui lui est dévolu. La couverture doit épouser au mieux la forme de la construction, avec une pente plus ou moins élevée selon la région dans laquelle se trouve l'ouvrage, selon le matériau retenu et les techniques de pose.

1. La définition et les qualités d'une couverture

La toiture d'un bâtiment est constituée par l'ensemble comprenant la couverture et son support, charpente en bois, charpente métallique ou composant en béton armé. Certains types de couverture (bacs autoportants) prennent directement appui sur l'ossature de l'ouvrage. La couverture forme l'élément enveloppe qui couvre le bâtiment.

La qualité de la couverture est directement liée aux exigences auxquelles elle doit répondre (Tab. 1.1 – fig. 1.1).

La première des qualités est son imperméabilité à l'eau, à la neige poudreuse et à la pluie, quelles que soient les conditions de vent qui accompagnent celle-ci.

Les éléments qui la constituent présentent d'autres caractéristiques, telles qu'une bonne résistance à la flexion (surcharges climatiques), au choc (grêle ou chute d'outils), à l'arrache-ment (effets de succion du vent), au rayonnement solaire et aux ultraviolets, à la corrosion, au gel. Dans la mesure du possible, ils doivent être incombustibles et éviter la propagation du feu.

Selon son utilisation, la couverture doit présenter également une bonne isolation thermique et acoustique ; cette dernière est indispensable lorsque les ouvrages sont construits à proximité des aéroports.

Le poids de la couverture intervient dans le calcul de son support, de la charpente, des éléments porteurs verticaux et des fondations (Tab. 1.2). Certains matériaux, tels les métaux ou les matières plastiques, imposent de tenir compte des phénomènes de retrait ou de dilatation. Leur choix et leur mise en œuvre ont une incidence directe sur le coût de construction et d'entretien. Enfin, l'aspect n'est pas à négliger car la couverture habille et finit l'ouvrage. Grâce à elle, celui-ci peut s'intégrer dans son environnement ou, au contraire, être mis en valeur.

QUALITÉS	MATÉRIAUX
Imperméabilité à la pluie et à la neige	Tout matériau
Résistance au gel	Tout matériau
Résistance aux chocs et à la grêle	Ardoises, tuiles en terre cuite ou en béton
Résistance mécanique	Ardoises, tuiles en terre cuite ou en béton
Résistance à l'arrachement et aux effets dus au vent	Tout matériau fixé au support
Résistance aux rayonnements solaires	Tout matériau courant
Résistance à la corrosion	Tout matériau à l'exception des métaux non protégés
Résistance aux champignons	Tout matériau à l'exception des bois non traités
Résistance au feu dû à la propagation de flammèches	Tout matériau à l'exception des bardeaux et des membranes
Isolation thermique	Tout matériau sur support isolant, panneaux sandwich
Isolation acoustique	Tout matériau présentant une certaine masse
Légèreté	Bardeaux, plaques nervurées ou ondulées en métal, membranes
Critères d'économie (mise en œuvre et entretien)	Tout matériau de grandes dimensions
Facilité de mise en œuvre et d'entretien	Tout matériau de grandes dimensions
Aspect	Tout matériau adapté à son environnement

Tab. 1.1 • *Les qualités d'une couverture.*

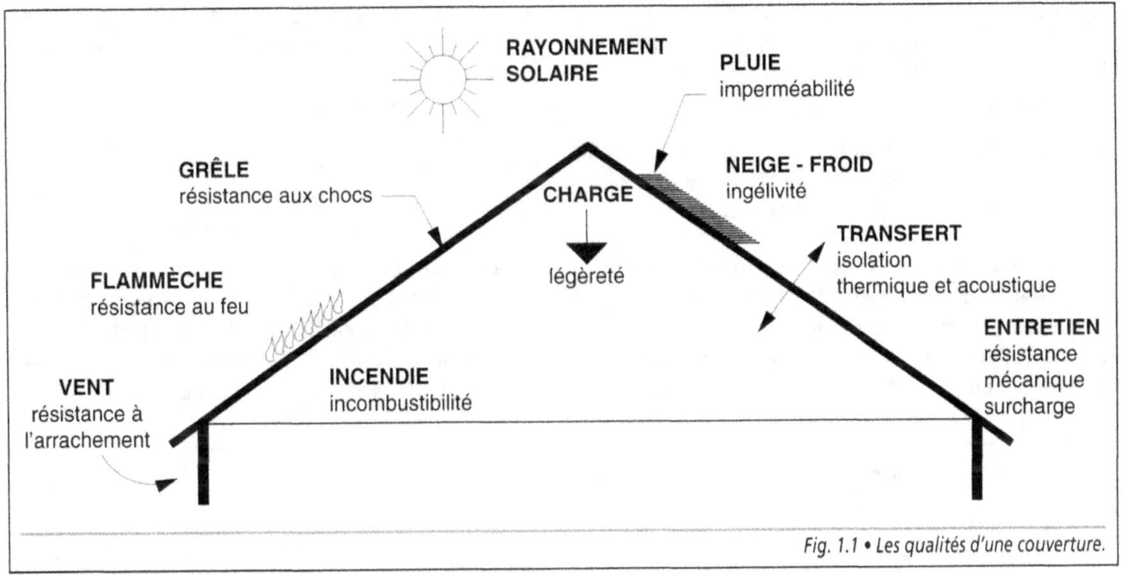

Fig. 1.1 • *Les qualités d'une couverture.*

Matériaux de couverture	Poids daN/m²
Ardoises	25 à 35
Tuiles de terre cuite	—
Tuiles canal	40 à 60
Tuiles plates	60 à 80
Tuiles à emboîtement ou à glissement	35 à 46
Tuiles en béton	—
Tuiles plates	65 à 90
Tuiles à emboîtement ou à glissement	42 à 51
Bardeaux bitumés	10
Lauzes	120 à 150
Tavaillons	12 à 15
Chaume	20 à 25
Tôles nervurées en acier simple peau	6 à 8
Tôles nervurées en acier double peau	12 à 15
Tôles nervurées en zinc	6 à 8
Plaques ondulées de fibres-ciment	15
Coques métalliques isolantes	20 à 26
Membranes	0,5 à 1,2
Verre feuilleté	16 à 21
Polymétacrylate de méthyle ou Polycarbonate	7 à 12

Tab. 1.2 • *Poids de la couverture selon le matériau retenu (hors poids du support).*

2. La typologie et la terminologie

Il existe une grande variété de couvertures. Celles-ci sont caractérisées par l'aspect général, la forme, la pente, les matériaux et les pièces complémentaires qui peuvent l'habiller. Une analyse des différents paramètres doit être effectuée afin de retenir la couverture la mieux adaptée au projet.

2.1. La typologie des couvertures

L'étude de la typologie des couvertures conduit à un classement en fonction de plusieurs de critères.

- **La forme** est simple ou complexe, selon que la toiture est à versants plans ou courbes ou qu'elle correspond à la combinaison de formes diverses. Elle peut comporter un ou plusieurs versants (deux, trois ou quatre, voire plus), symétriques ou non, avec ou sans brisure (Fig(Fig. 1.2).

- **L'aspect extérieur** est caractérisé par la couleur des matériaux et leur état de surface. La couleur est uniforme ou en camaïeu. L'état de surface est plus ou moins rugueux (tuiles en terre cuite ou ardoises), lisse (feuilles métalliques), brillant (tuiles vernissées, tôles d'acier inoxydable ou d'aluminium) ou avec un relief (tôles nervurées, tuiles canal).

Il convient de noter que les couvertures très brillantes sont à proscrire à proximité des aéroports à cause de phénomènes de réverbération.

- **La pente des versants** est faible, moyenne ou forte (Fig. 1.3). Le cas le plus fréquent correspond aux pentes moyennes. En principe, la pente est adaptée au matériau, à la région et à la zone climatique.

- **Les matériaux utilisés** sont classés selon leur nature et leurs dimensions : petits éléments à recouvrement (ardoises, tuiles), grands éléments à recouvrement (tôles nervurées ou ondulées), panneaux sandwich, longues feuilles métalliques, membranes continues (tissu tendu). Les matériaux verriers ou équivalents s'emploient afin d'obtenir un éclairement zénithal.

- **Le support**, continu ou non, est constitué d'éléments en béton armé, en bois ou métalliques. Il peut recevoir un isolant thermique, incorporé ou non, afin de répondre à des exigences de confort d'hiver ou d'été.

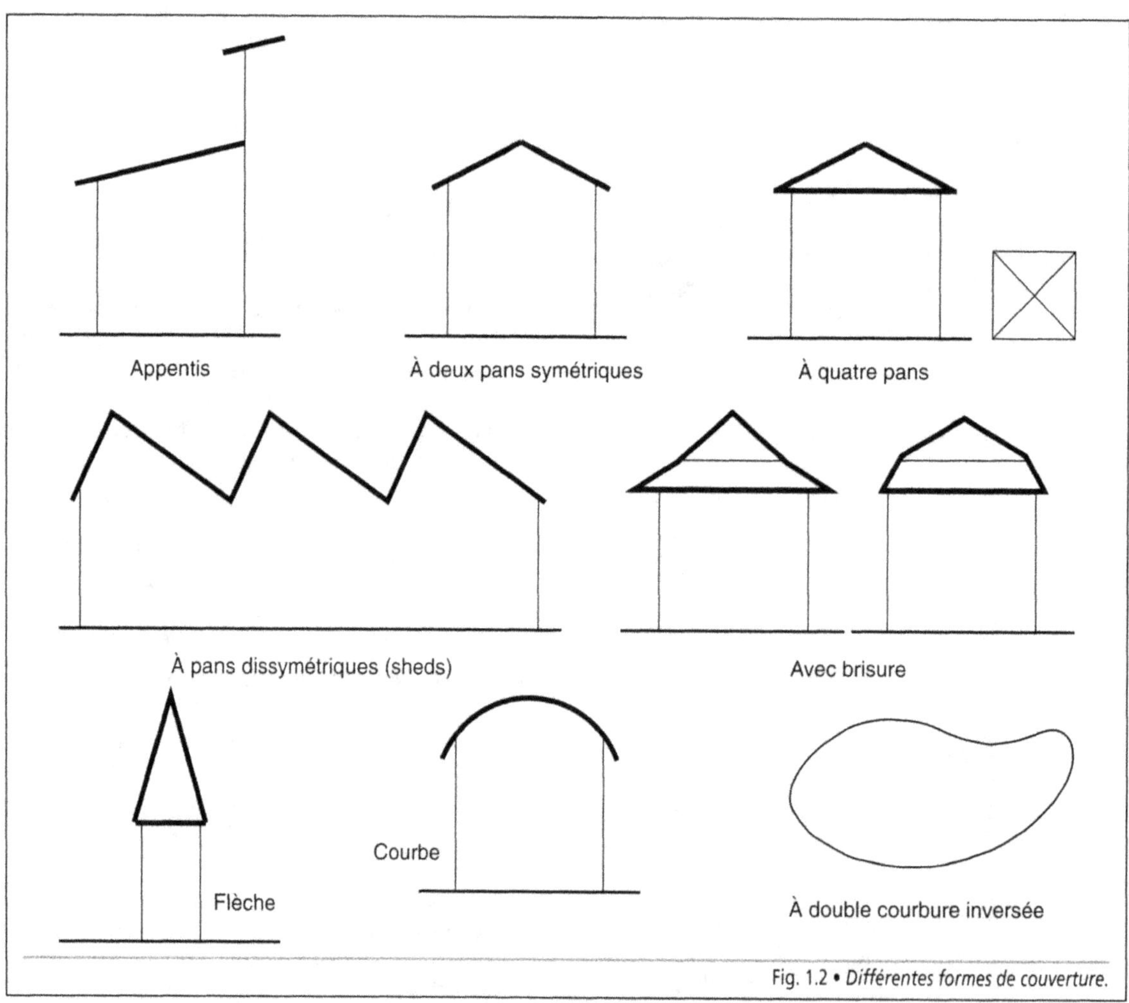

Fig. 1.2 • *Différentes formes de couverture.*

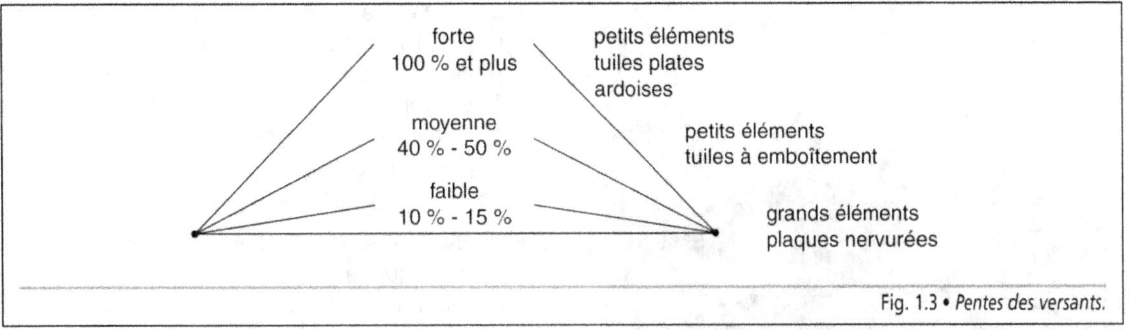

Fig. 1.3 • *Pentes des versants.*

2.2. Les ouvrages particuliers

La couverture se compose des parties courantes correspondant aux versants ou long-pans et de points particuliers permettant d'achever la couverture en rive et de raccorder les versants entre eux ou à d'autres ouvrages (Fig. 1.4).

Afin d'assurer le bon recouvrement et le bon écoulement des eaux pluviales, ces points sont traités à l'aide d'éléments spécifiques dans le même matériau que la couverture ou dans un matériau différent, métal ou matière plastique, après avoir vérifié l'absence d'incompatibilité entre eux (Photo. 1.1).

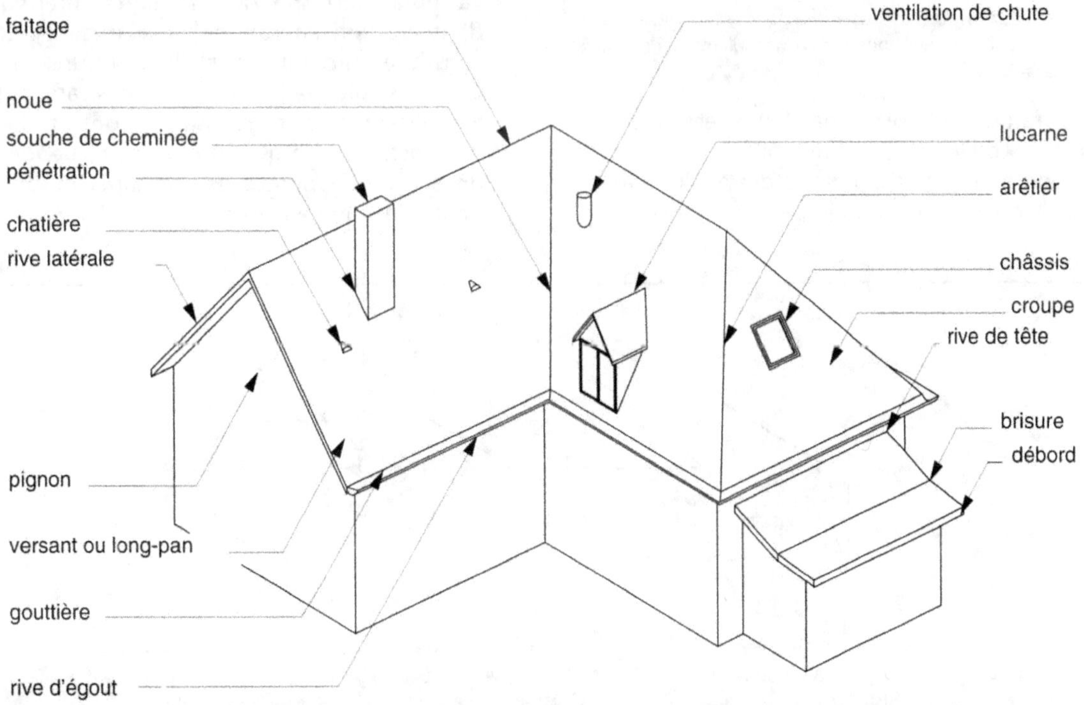

Fig. 1.4 • *Les différents composants de la couverture.*

Photo. 1.1 • *Points particuliers d'une couverture.*

Exemple

- une couverture en feuille de zinc peut se déverser indifféremment dans des chéneaux en zinc ou en cuivre ;

- une couverture en feuille de cuivre peut se déverser dans des chéneaux en cuivre mais pas dans des chéneaux en zinc, à cause des risques de corrosion galvanique occasionnés par le ruissellement des eaux de pluie.

- **Le faîtage** est formé par l'intersection supérieure de deux versants contigus. Il correspond à la ligne de partage des eaux. Chaque versant constitue le long-pan.

- **L'égout** est la ligne inférieure du versant. Il correspond à la collecte éventuelle des eaux de pluie reçue par le pan de couverture. Il peut être subhorizontal ou incliné. Les eaux sont collectées dans une **gouttière** ou un **chéneau**.

- **Les rives latérales** sont les lignes qui délimitent les côtés du versant.

- **La rive de tête** est la ligne supérieure du versant lorsque la couverture est à une pente, ou lorsqu'il se raccorde à une superstructure.

- **La croupe** est le pan de couverture triangulaire qui ferme l'extrémité d'un comble. Cette obturation se fait soit sur la hauteur du comble, la base du triangle est égale à la largeur du pignon, soit sur la partie supérieure du comble, croupe partielle, auquel cas la base du pan triangulaire est inférieure à la largeur du pignon (Fig. 1.5).

- **L'arêtier** est la ligne extérieure d'intersection latérale de deux versants.

- **La noue** correspond à la ligne intérieure d'intersection latérale de deux versants. Elle constitue un point délicat de la toiture car sa pente est plus faible que celle des rampants. Sa conception et sa réalisation sont étudiées en fonction de la quantité d'eau reçue, de la différence de pentes des versants et de la pente de la noue elle-même.

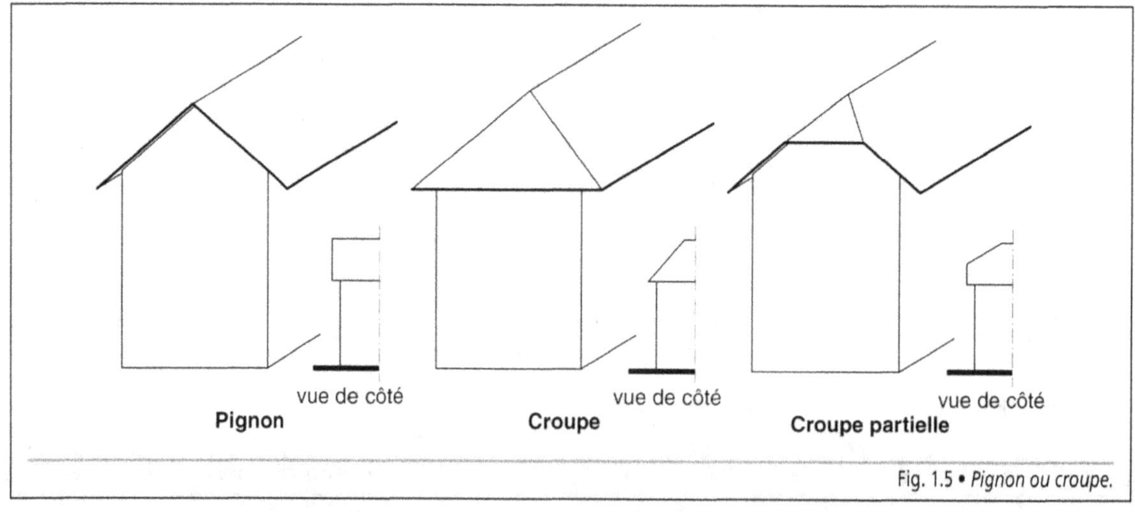

Fig. 1.5 • *Pignon ou croupe.*

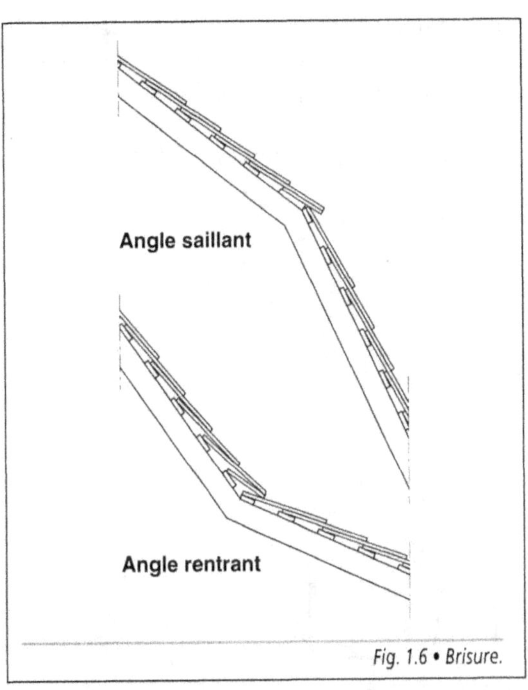

Fig. 1.6 • Brisure.

- **Le renvers** correspond à une noue dont l'un des versants est vertical, tel que l'habillage de la jouée* d'une lucarne.

- **La brisure** est due à une rupture de pente du versant. Cette ligne correspond à l'intersection, pour ce même versant, de deux plans de couverture, pour lesquels la rive d'égout de la partie supérieure se confond avec la rive de tête de la partie inférieure. Elle peut être à angle saillant ou à angle rentrant (Fig. 1.6).

- **Les pénétrations** sont dues à toutes les souches ou saillies qui sortent en toiture.

- **Les éléments d'éclairement diurne** sont transparents ou translucides. Ce sont soit des composants qui viennent s'emboîter dans la couverture (tuiles en verre ou plaques translucides), soit des éléments spécifiques (fenêtre sur toit) sur lesquels la couverture vient se raccorder à l'aide de pièces métalliques (Fig. 1.7),

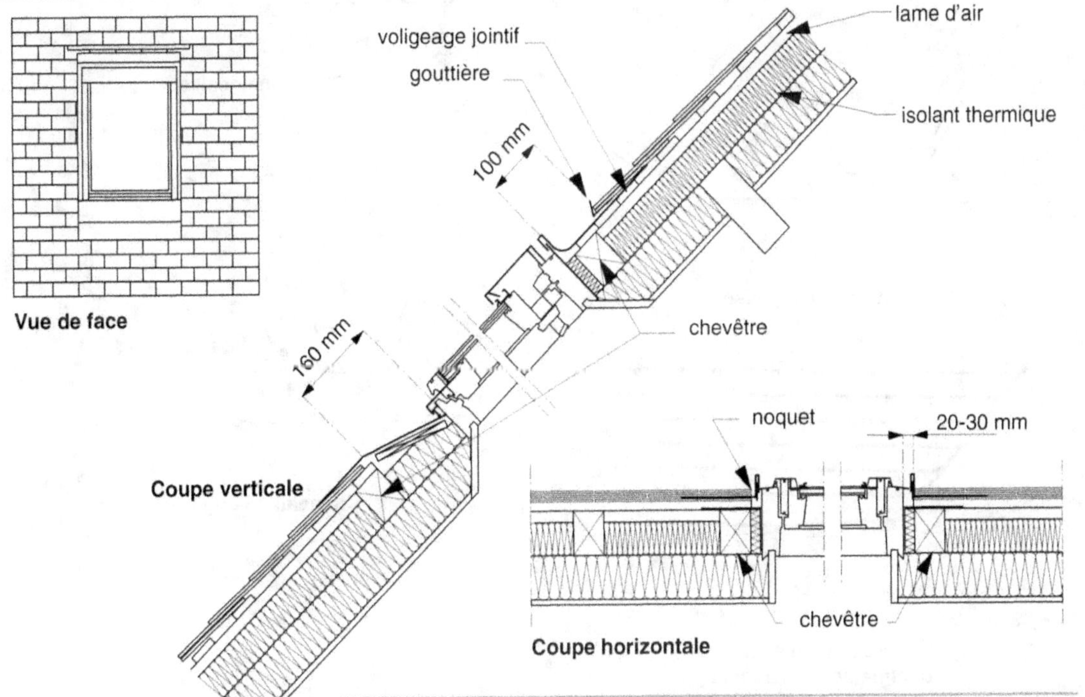

Fig. 1.7 • Couverture en ardoises – Châssis de toiture (Source : document Velux).

soit des ouvrages complexes (sheds ou verrières) composés de profilés métalliques ou en PVC, assemblés sur place, supportant un vitrage en verre feuilleté ou en polycarbonate.

• **Les gouttières et les chéneaux** viennent compléter la couverture afin de recueillir et canaliser les eaux pluviales en vue de leur rejet. Il existe une grande variété de gouttières et de chéneaux, la gouttière pendante étant la plus répandue (Fig. 1.8). Pour éviter tout risque de débordement ou de refoulement, ces éléments sont dimensionnés en fonction de la surface des versants collectés, selon les normes en vigueur.

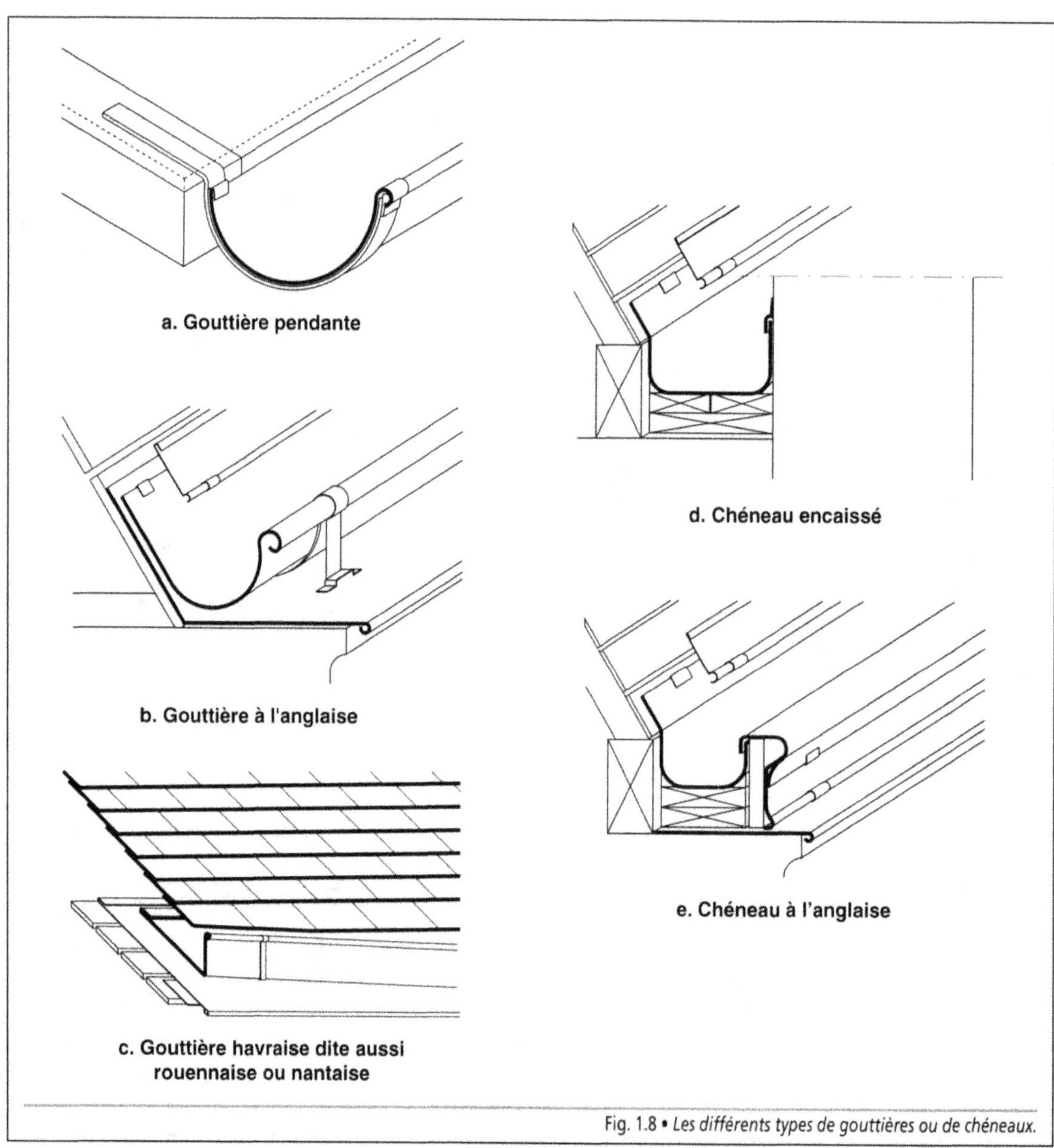

Fig. 1.8 • *Les différents types de gouttières ou de chéneaux.*

• **Les joints de dilatation** séparent plusieurs corps d'une construction. Ils sont soit marqués en faisant sortir les murs du comble hors toiture, soit absorbés par le jeu existant entre les éléments de couverture.

3. Les caractéristiques techniques générales

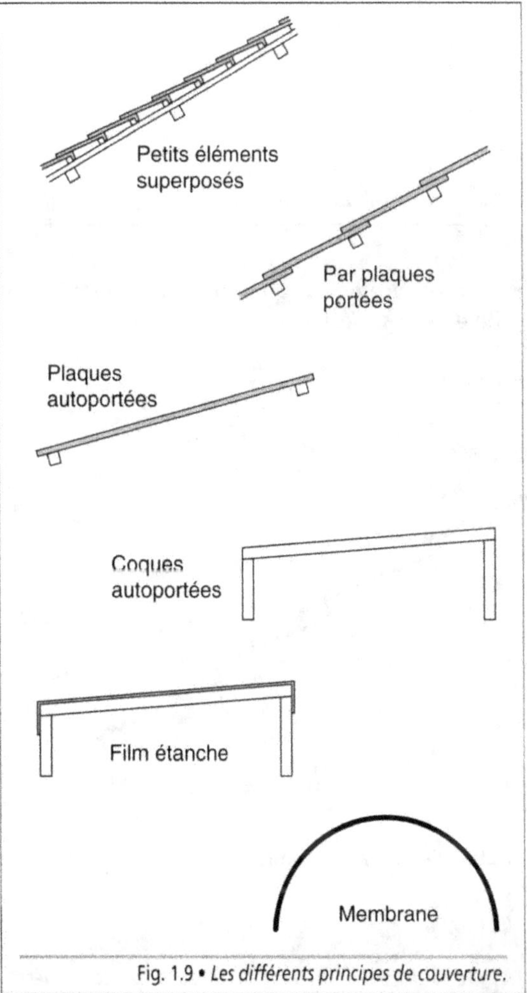

Fig. 1.9 • *Les différents principes de couverture.*

Dans une première approche, il convient de définir les conditions pour obtenir une bonne étanchéité de la couverture.

Celle-ci dépend de la nature des matériaux employés, en particulier de leur format, et de la pente.

La couverture peut être réalisée à l'aide de petits éléments discontinus (ardoises, tuiles), de grands éléments discontinus (plaques métalliques nervurées, larges feuilles à tasseaux ou à joints debout), de grands éléments portés ou autoportés (coques métalliques), ou de membranes textiles (Fig. 1.9).

3.1. Les parties courantes

En partie courante, selon les caractéristiques des éléments mis en œuvre, l'étanchéité est assurée de la manière suivante :

• éléments discontinus : par un recouvrement suffisant ou par un emboîtement et un recouvrement ;

• éléments discontinus de grande longueur : par un recouvrement suffisant complété éventuellement avec un joint d'étanchéité ;

• grands éléments de longueur suffisante pour couvrir le versant : le seul joint à rendre étanche est le joint longitudinal entre deux plaques ou deux feuilles dans le sens de la pente ;

• films ou membranes : par soudure des feuilles ou par liaisons étanches.

Le recouvrement des éléments est calculé en fonction de la nature du matériau, de la pente de la couverture et de la zone climatique où se trouve la construction. Il doit être tel qu'il n'y ait pas de risque d'infiltration d'eau par remontée, par siphonnage ou par capillarité, sous l'action conjuguée de la pluie ou de la neige poudreuse et du vent (Fig. 1.10).

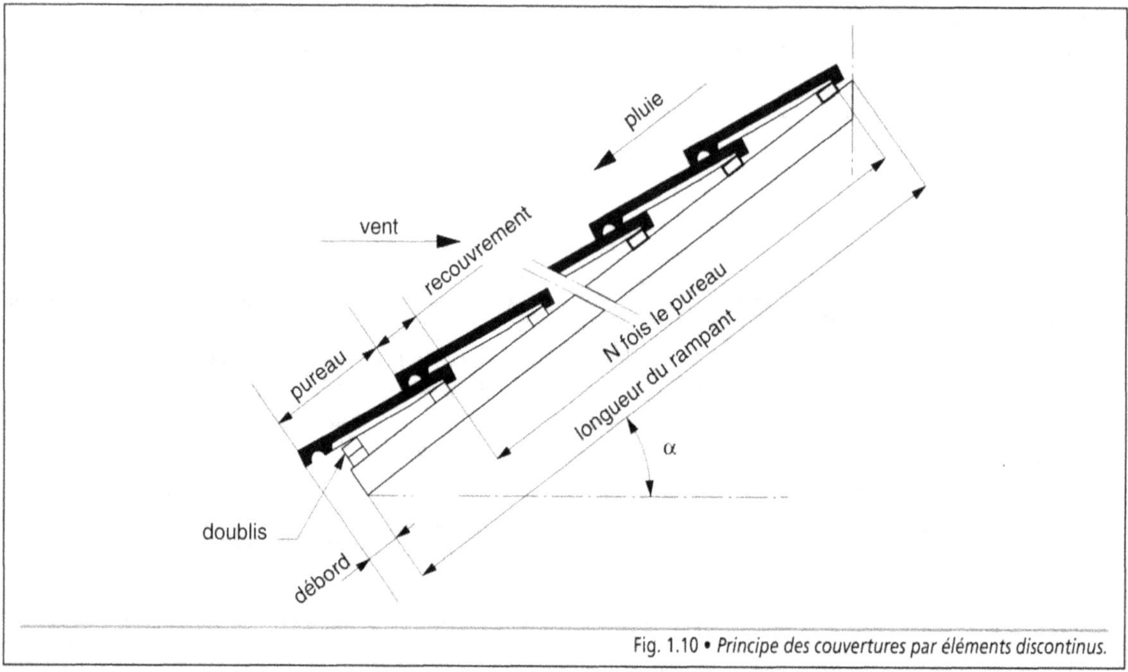

Fig. 1.10 • *Principe des couvertures par éléments discontinus.*

Les éléments de petites dimensions se composent de deux parties superposées (Fig. 1.11) :

• **le pureau**, ou partie apparente ;

• **le recouvrement**, ou partie recouverte par l'élément supérieur.

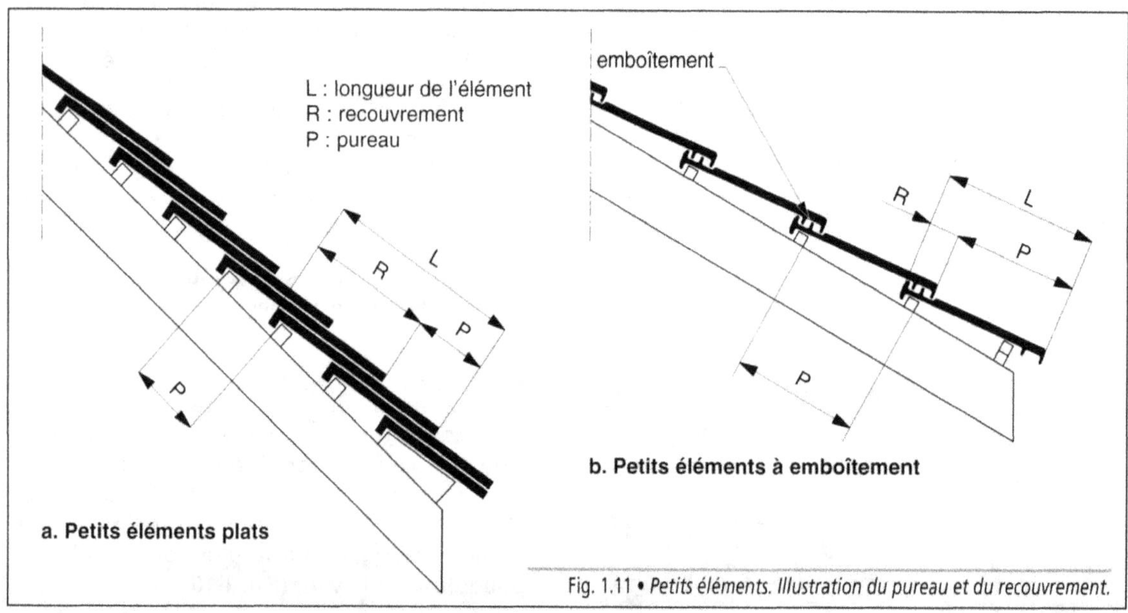

Fig. 1.11 • *Petits éléments. Illustration du pureau et du recouvrement.*

Les pièces à emboîtement nécessitent un recouvrement moins important que les pièces lisses (tuile plate). En effet, l'emboîtement, simple ou double, assure une part du rôle d'étanchéité.

Le pureau a la valeur suivante : p = L – r,

formule dans laquelle L est la longueur de l'élément et r le recouvrement, plus ou moins important selon le modèle utilisé.

En principe, le pureau correspond à l'entraxe des liteaux.

La pente doit être suffisante pour permettre une évacuation de l'eau aussi rapide que possible. Elle est déterminée en fonction des matériaux utilisés et de la localisation de l'ouvrage (Tab. 1.3). Elle est définie soit en pourcentage, soit par son angle sur l'horizontale exprimé en degré (Fig. 1.12). La correspondance entre pourcentage et degré est indiquée dans le tableau n° 1.4. La longueur du rampant permet de calculer le nombre de pièces nécessaires pour exécuter la couverture, en fonction du recouvrement. Suivant le matériau utilisé, cette longueur ne doit pas dépasser certaines valeurs

MATÉRIAUX DE COUVERTURE	PENTE MINIMALE %
Ardoises	20 – 25
Tuiles de terre cuite	-
Tuiles canal	24
Tuiles plates	70 – 80
Tuiles à emboîtement ou à glissement	30 – 35
Tuiles à emboîtement pour faibles pentes	18 – 26
Tuiles en béton	–
Tuiles plates	80
Tuiles à emboîtement ou à glissement	40
Tuiles à emboîtement pour faibles pentes	29
Bardeaux bitumés normalisés	20 – 25
Lauzes	25
Tavaillons	25 – 35
Chaume	150
Tôles nervurées en acier ou en aluminium	15
Longues feuilles métalliques	19
Plaques ondulées de fibres-ciment	9
Coques métalliques isolantes	5
Membranes	variable
Vitrage simple	5
Vitrage double	27

Tab. 1.3 • *Pentes minimales admissibles dans les conditions de réalisations optimales (zone 1 et site protégé).*

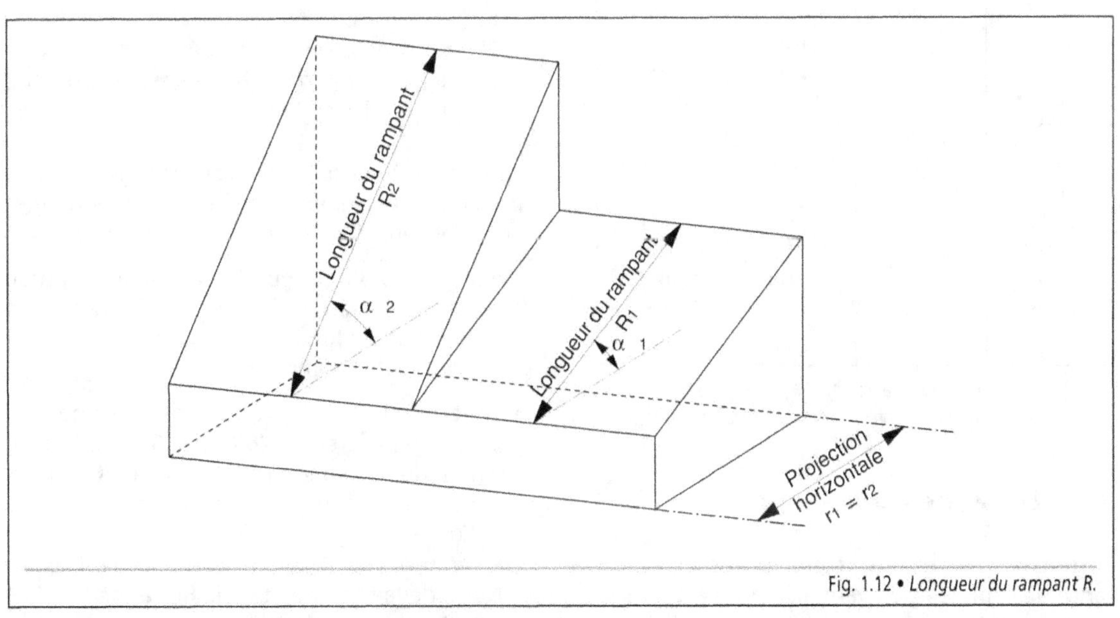

Fig. 1.12 • *Longueur du rampant R.*

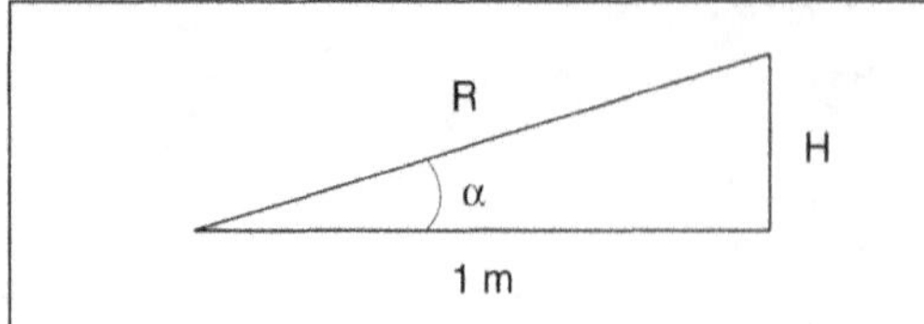

ANGLES EN DEGRÉS	PENTE EN %	HAUTEUR EN MÈTRES	RAMPANT EN MÈTRES
2°9	5	0,05	1,001
5°7	10	0,10	1,005
8°30	15	0,15	1,011
11°15	20	0,20	1,019
14°00	25	0,25	1,030
16°45	30	0,30	1,044
19°15	35	0,35	1,059
21°45	40	0,40	1,077
24°15	45	0,45	1,097
26°35	50	0,50	1,118
28°50	55	0,55	1,142
31°00	60	0,60	1,166
33°00	65	0,65	1,192
35°00	70	0,70	1,221
36°50	75	0,75	1,250
38°40	80	0,80	1,281
40°20	85	0,85	1,312
42°00	90	0,90	1,345
43°35	95	0,95	1,380
45°00	100	1,00	1,414
47°45	110	1,10	1,487
50°10	120	1,20	1,561
52°30	130	1,30	1,642
54°30	140	1,40	1,722
56°15	150	1,50	1,800
58°00	160	1,60	1,887
59°30	170	1,70	1,970
60°55	180	1,80	2,057
62°15	190	1,90	2,148
63°25	200	2,00	2,233

Tab. 1.4 • *Correspondance entre la pente d'une toiture et la longueur du rampant, pour 1 mètre de projection horizontale.*

3.2. Les zones climatiques

En tenant compte des possibilités de concomitance de la pluie et du vent, la France est divisée en trois zones climatiques qui n'ont aucune correspondance avec les régions définies dans les Règles NV 65 et N 84 modifiées 95 (NF P 06-002 et 06-006) portant sur les surcharges de neige et sur l'action du vent. Le découpage de ces zones est légèrement différent selon le matériau utilisé. Il est précisé sur les deux cartes suivantes (Fig. 1.13).

La carte n°1 concerne les couvertures en ardoises, en bardeaux bitumés, en tuiles plates de terre cuite et de béton, en plaques métalliques ondulées ou nervurées. Elle définit les zones suivantes :

• zone I : tout l'intérieur du pays, à une altitude inférieure à 200 m ;

• zone II : l'intérieur du pays situé à une altitude comprise entre 200 m et 500 m, la côte Atlantique sur une profondeur de 20 km, de Lorient à l'Espagne, et une zone tampon de 20 km de profondeur environ entre les zones 1 et 3 sur les côtes de la Mer du Nord, de la Manche et de la Bretagne ;

• zone III : tout l'intérieur du pays situé à une altitude supérieure à 500 m, les côtes de la Mer du Nord, de la Manche et de la Bretagne sur une profondeur de 20 km, la vallée du Rhône jusqu'au nord du département de la Drôme, les régions Provence-Côte d'Azur, Languedoc-Roussillon et Corse.

La carte n°2 concerne les couvertures en tuiles de terre cuite à emboîtement ou à glissement et en tuiles canal. Elle définit les zones suivantes :

• zone I : tout l'intérieur du pays, à une altitude inférieure à 200 m, la côte méditerranéenne et la vallée du Rhône jusqu'au nord du département de la Drôme ;

• zone II : l'intérieur du pays situé à une altitude comprise entre 200 m et 500 m, la côte Atlantique sur une profondeur de 20 km, de Lorient à l'Espagne, et une zone tampon de 20 km à 40 km de profondeur environ entre les zones 1 et 3 sur les côtes de la Mer du Nord, de la Manche et de la Bretagne ;

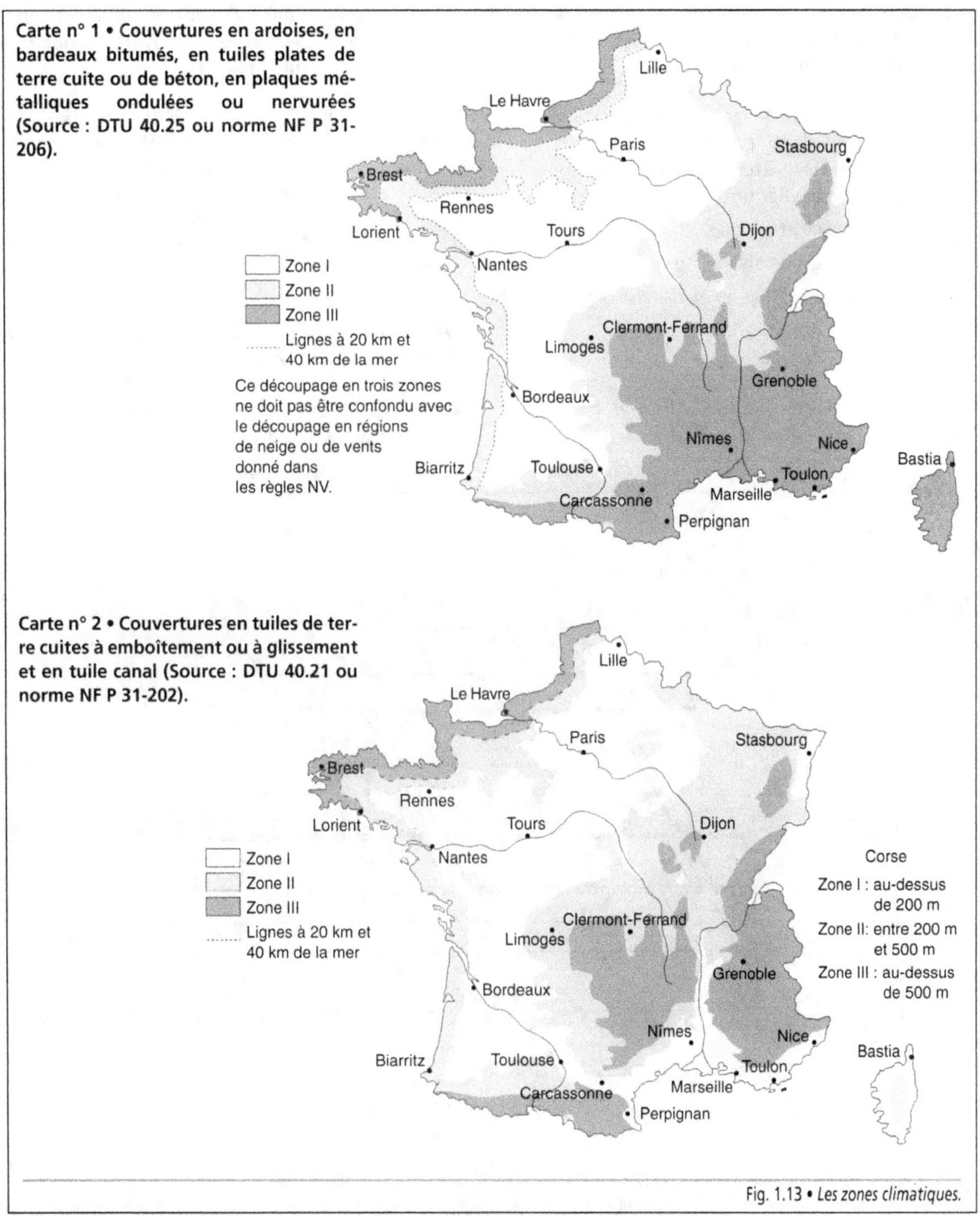

Fig. 1.13 • *Les zones climatiques.*

- zone III : tout l'intérieur du pays situé à une altitude supérieure à 500 m, les côtes de la Mer du Nord, de la Manche et de la Bretagne sur une profondeur de 20 km.

En montagne, c'est-à-dire pour les bâtiments implantés à une altitude supérieure à 900 m, les couvertures peuvent être soumises à des conditions rigoureuses telles que :

- écarts de température de surface ;
- charges de neige localisées ou réparties ;
- effets conjugués du vent et de la neige poudreuse ;
- risques de siphonnage.

Des dispositions spécifiques sont mises en place selon l'une des techniques suivantes :

- une chape d'étanchéité complémentaire repose sur un support continu ; elle est séparée de la sous-face de la couverture par une lame d'air ventilée (Fig. 1.14) ;

- une double toiture ventilée est réalisée, l'espace entre les éléments inférieurs et supérieurs étant maintenu constant grâce à des écarteurs métalliques (Fig. 1.15 – Photo. 1.2).

Le traitement des points particuliers est toujours délicat.

Dans les régions où se produisent de fortes chutes de neige, des précautions sont prises afin de rendre étanche les zones d'accumulation, noues et chéneaux, et d'éviter les risques d'infiltration en période de dégel.

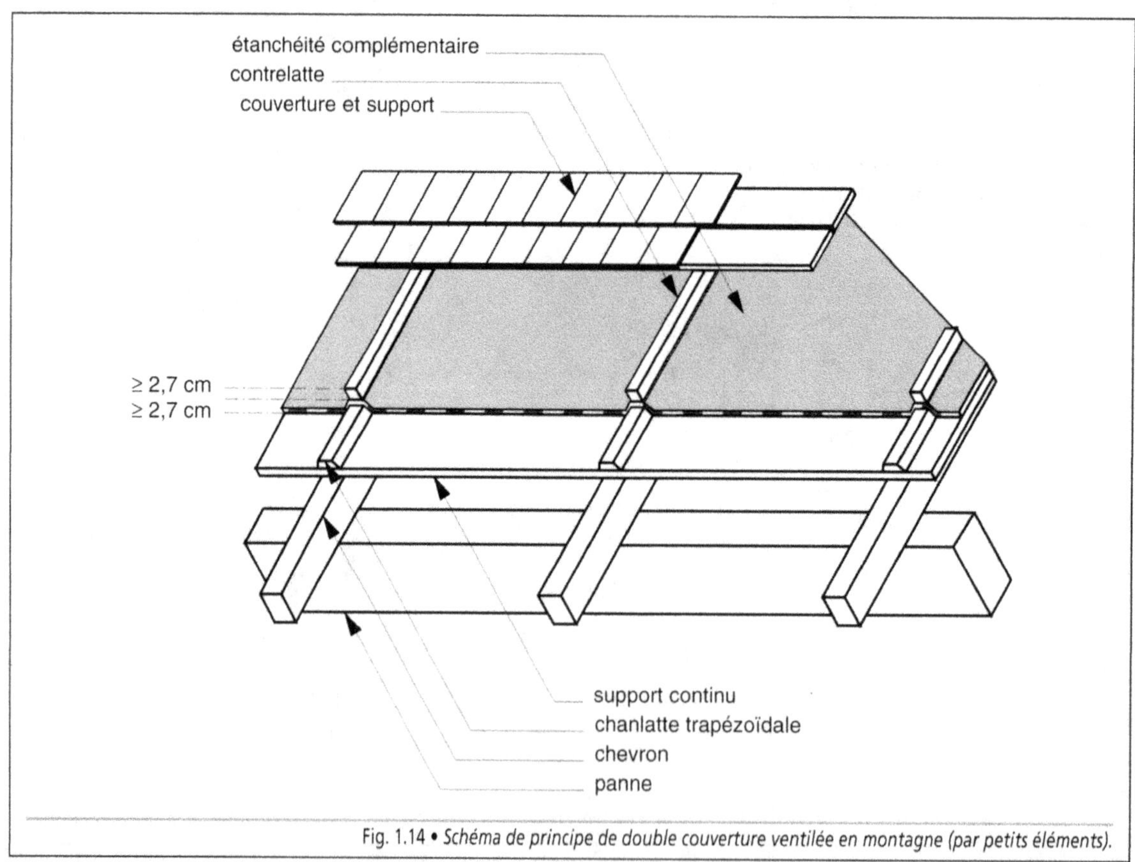

Fig. 1.14 • *Schéma de principe de double couverture ventilée en montagne (par petits éléments).*

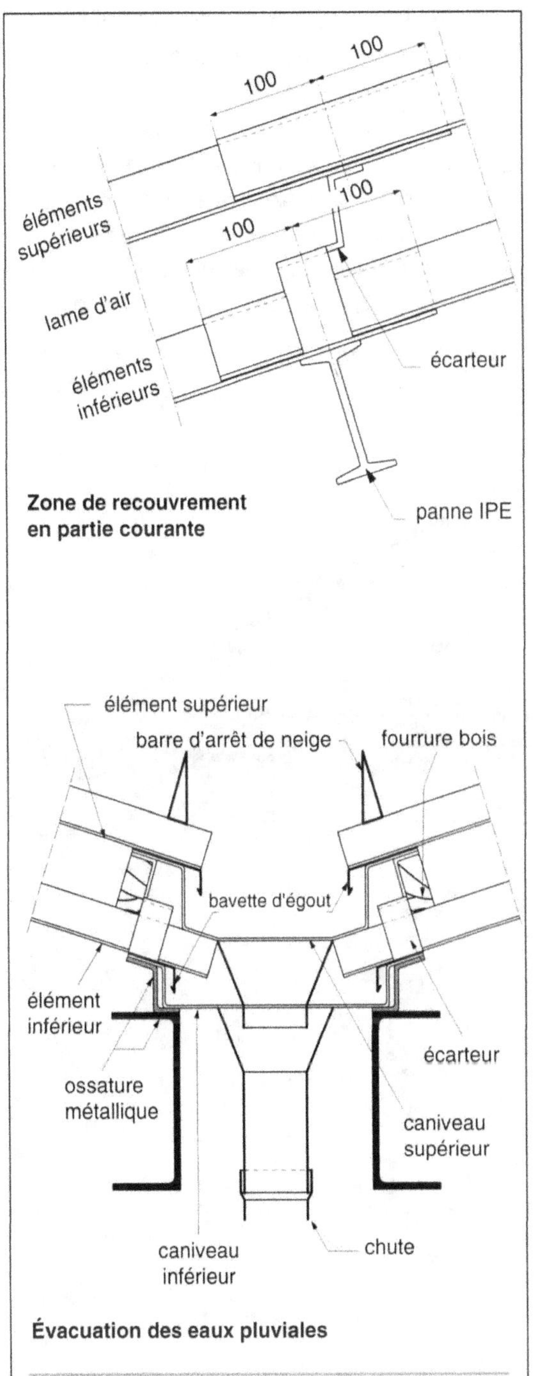

Fig. 1.15 • *Plaques nervurées métalliques – Double couverture ventilée en montagne.*

Photo. 1.2 • *Double couverture ventilée en montagne.*

3.3. La ventilation et l'isolation thermique

Bien qu'imperméables à l'eau, les matériaux utilisés en couverture peuvent être perméables à la vapeur d'eau. Dans certaines conditions atmosphériques, une migration de celle-ci se produit, généralement de l'intérieur vers l'extérieur. Pour éviter que le point de rosée* ne se forme dans l'épaisseur de la couverture et n'entraîne des phénomènes de condensation et des dégradations, il est nécessaire d'éviter le passage de la vapeur d'eau. Ce problème peut être résolu par une bonne ventilation de la sous-face de la couverture. Lorsque les combles sont isolés thermiquement, une barrière étanche, le **pare-vapeur**, placée sous l'isolant, vient compléter le dispositif.

Deux types de toiture sont définis en fonction de la disposition des espaces sous toiture, de la destination des combles, habitables ou non, et de la position de l'isolant thermique : la toiture froide et la toiture chaude (Fig. 1.16).

• **La toiture froide** est caractérisée par le fait que sous les éléments de couverture se trouve un espace ventilé communiquant avec l'air extérieur. Les orifices de ventilation sont répartis pour moitié en partie basse de la couverture et pour moitié à proximité du faîtage (Fig. 1.17). Ils sont ponctuels (chatières) ou linéaires (fentes) et protégés par des grillages à mailles serrées. Leur section globale (entrées et sorties d'air) tient compte des paramètres suivants : nature du matériau, longueur du rampant, présence ou non d'un écran, degré hygrométrique du local sous-jacent, perméance du plafond.

Deux cas peuvent se présenter (Fig. 1.18) :

• le comble n'est pas habitable ; il est ventilé sans difficulté particulière, l'isolant thermique étant posé sur le plancher du comble ;

• le comble est habitable ; l'isolant thermique est positionné sous le rampant.

Afin d'éviter les risques de condensation dans cette deuxième configuration, l'isolant ne doit pas être au contact de la sous-face de la couverture. Une lame d'air est réservée, dont l'épaisseur respecte des valeurs minimales préconisées selon la nature du matériau et la longueur du rampant.

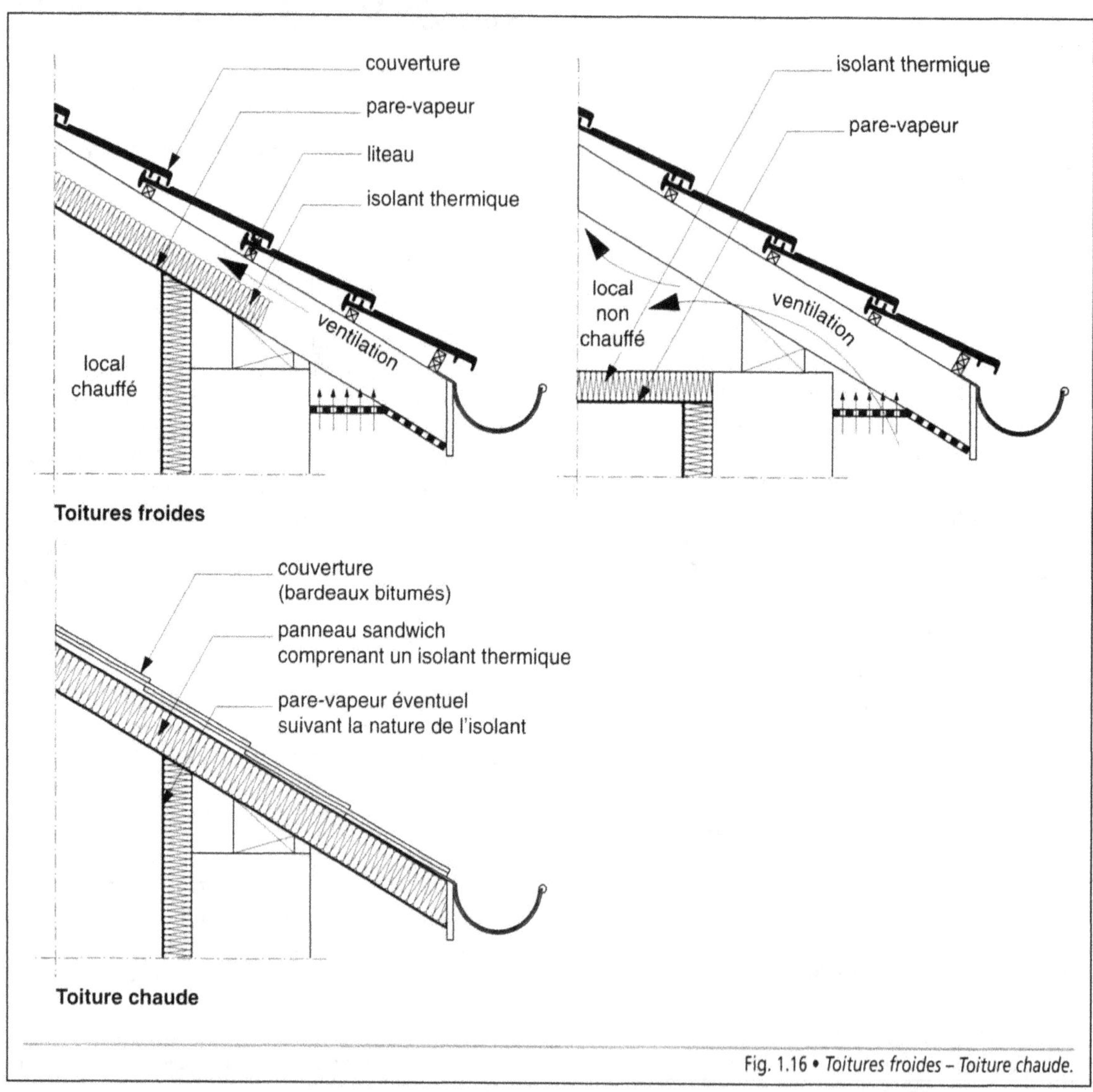

Fig. 1.16 • *Toitures froides – Toiture chaude.*

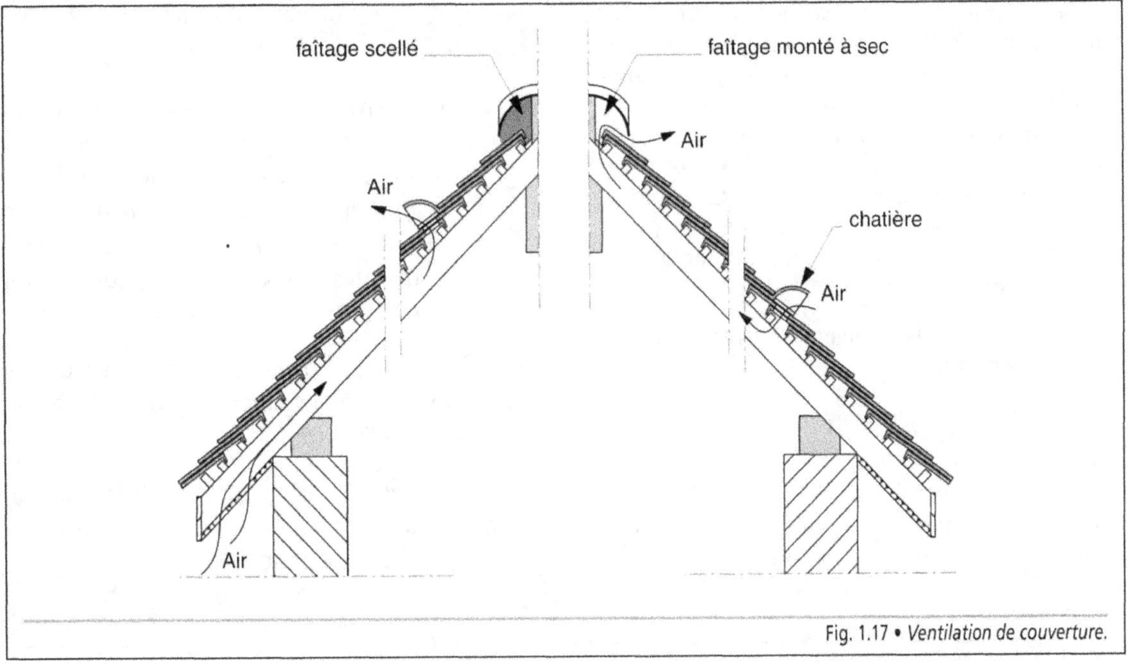

Fig. 1.17 • *Ventilation de couverture.*

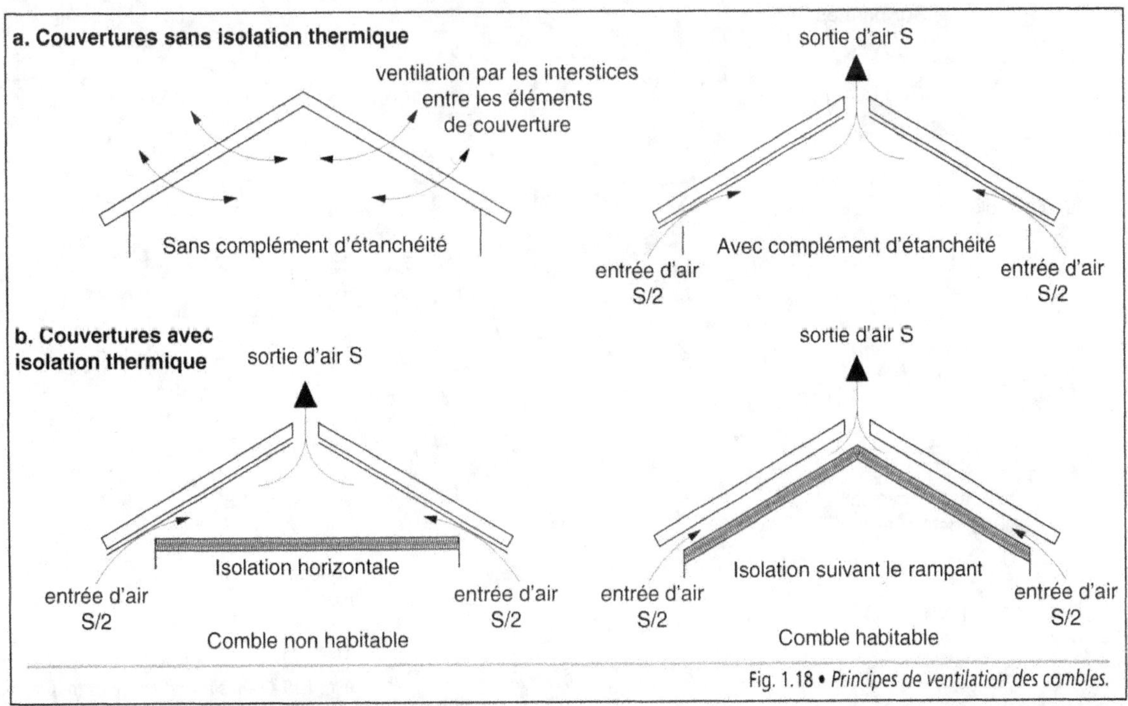

Fig. 1.18 • *Principes de ventilation des combles.*

La couche isolante est constituée par un matériau certifié ACERMI garantissant la valeur retenue pour la résistance thermique : laine minérale déroulée entre les chevrons, mousse de polystyrène ou de polyuréthanne incorporée dans des caissons ou dans des panneaux sandwich fabriqués en usine (Fig. 1.19). Ces composants, de forme rectangulaire, (longueur variant de 2,40 m à 6,00 m), assurent simúltanément les trois fonctions suivantes :

* le support de la couverture traditionnelle (ardoises ou tuiles) ;

* l'isolation thermique ;

* le parement intérieur.

Placés dans le sens de la pente, ils prennent appui sur les pannes ; perpendiculaires à la pente, ils reposent sur des fermettes ou sur des chevrons.

* **La toiture chaude** est caractérisée par le fait que le complexe formé par le matériau de couverture et son support isole thermiquement l'intérieur de l'extérieur. En utilisation normale des locaux, les risque de condensation sont évités. Deux solutions peuvent être retenues :

* le matériau de couverture est mis en œuvre directement sur le support, constitué par un panneau sandwich isolant (Photo. 1.3) ;

* le matériau de couverture est lui-même un composant incorporant l'isolation thermique (bac acier double peau).

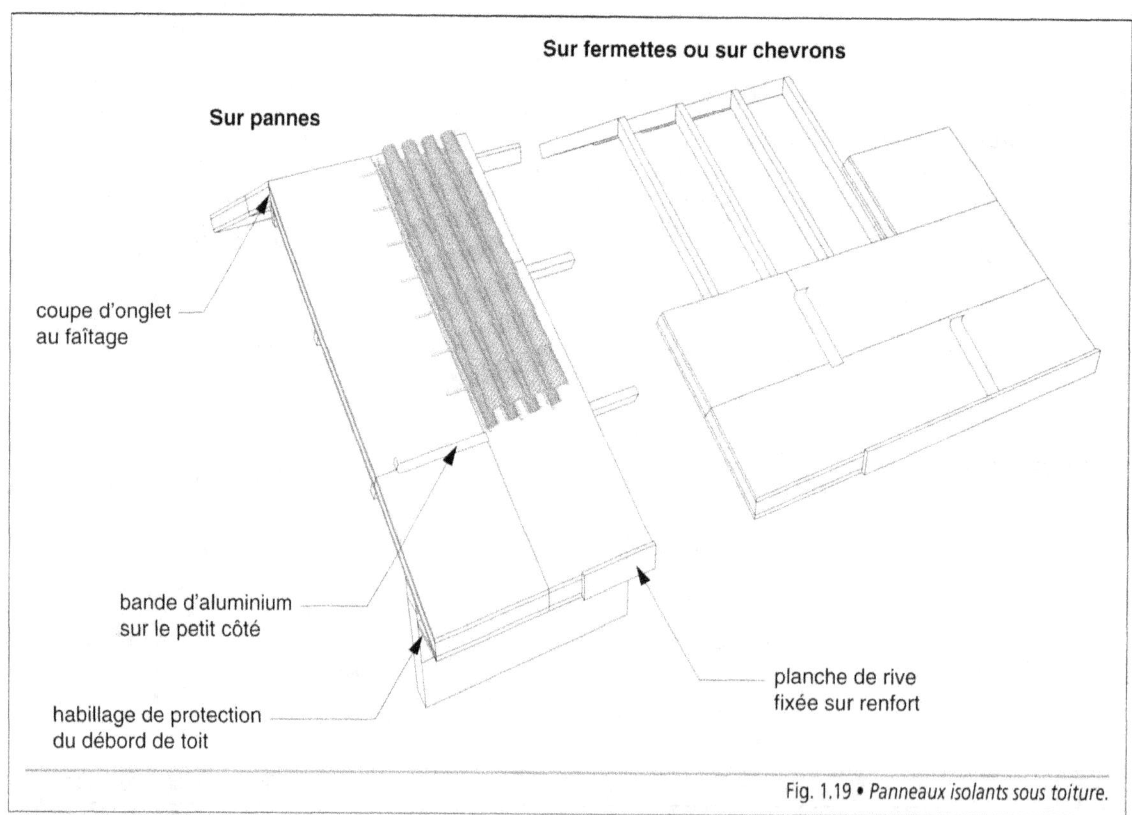

Fig. 1.19 • *Panneaux isolants sous toiture.*

Photo. 1.3 • *Toiture chaude – Support en panneaux sandwich isolants.*

3.4. La présence d'un écran

Lorsque la couverture est réalisée en petits éléments sur des toitures à faible pente ou qu'il y a des risques de pénétration de neige poudreuse, un écran, rigide ou souple, est mis en œuvre sous la couverture.

Cet écran devient obligatoire dans les cas suivants :

• la couverture est exécutée en ardoises posées à claire-voie ou en diagonale ;

• la couverture est exécutée en tuiles de terre cuite ou de béton avec une pente inférieure à certaines valeurs ou sur un ouvrage en site exposé.

L'écran rigide est constitué par des voliges jointives, des panneaux de particules CTB-H ou des panneaux de contre-plaqué CTB-X cloués sur les chevrons.

L'écran souple est en polyéthylène armé ou non, bénéficiant d'un Avis Technique*. Il est placé directement sur les chevrons, en pose tendue. Cette disposition impose un contre-liteaunage afin de réserver l'épaisseur minimale de la lame d'air ventilant la sous-face de la couverture (Fig. 1.20 – Photo. 1.4) ; une autre technique, moins onéreuse mais moins fiable, consiste à poser le film non tendu de manière à réserver un espace pour la ventilation.

Photo. 1.4 • *Couverture en tuiles sur écran souple.*

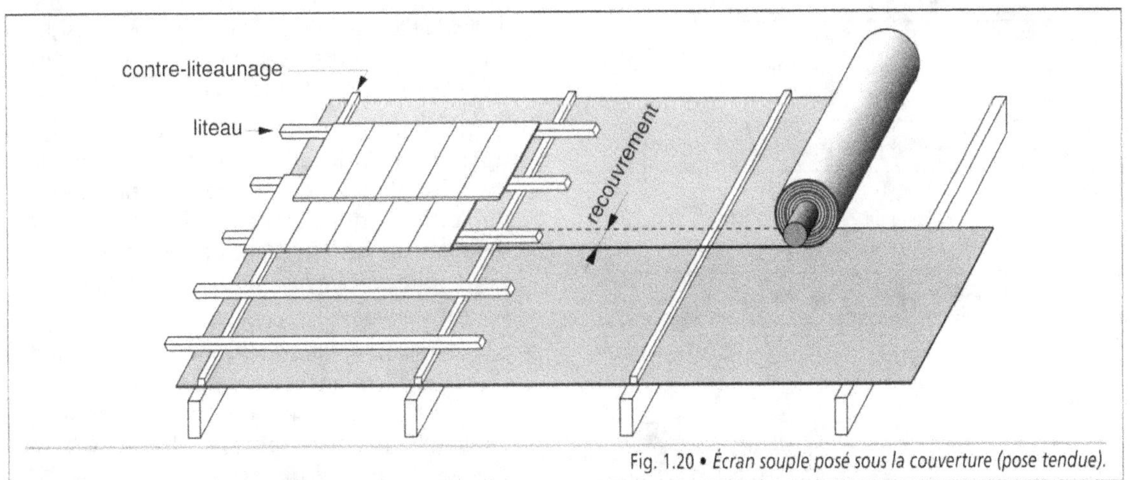

Fig. 1.20 • *Écran souple posé sous la couverture (pose tendue).*

3.5. *La protection contre les risques de propagation d'incendie*

Les matériaux de couverture sont classés incombustibles (M0) ou combustibles (de M1 à M4). Lorsque ces derniers sont utilisés, une classification a été établie de manière à tenir compte des dangers d'incendie résultant d'un feu extérieur. Ce classement a pour base les deux critères suivants :

- **le temps T** de passage du feu au travers de la couverture, avec apparition de flammes, de fumées ou de gaz inflammables et la chute de matières ou de gouttes inflammables ;

- **la vitesse de propagation du feu** sur la surface de la couverture évaluée sur une éprouvette normalisée du matériau, en notant le temps t_1 du début de combustion et le temps t_2 au bout duquel cette combustion a atteint l'extrémité haute de l'éprouvette ; **l'indice de propagation du feu** en surface est déterminé en fonction de la valeur $t_2 - t_1$.

Les essais effectués en laboratoire permettent le classement des couvertures selon neuf classes allant de T 5/3, la moins performante, à T 30/1, la plus performante (Tab. 1.5).

VALEUR DU TEMPS T	
Classe T 30	T > 30 minutes
Classe T 15	30 min ≥ T > 15 min
Classe T 5	15 min ≥ T > 5 min
VALEUR DE L'INDICE DE PROPAGATION DU FEU	
Indice 1	$t_2 - t_1$ > 30 minutes
Indice 2	30 min ≥ $t_2 - t_1$ > 10 min
Indice 3	10 minutes ≥ $t_2 - t_1$
CLASSEMENT DES COUVERTURES	
Classe T 30	T 30/1 – T 30/2 – T 30/3
Classe T 15	T 15/1 – T 5/2 – T 15/3
Classe T 5	T 5/1 – T 5/2 – T 5/3

Tab. 1.5 • *Risques de propagation de l'incendie. Classement des couvertures.*

En habitation, aucune restriction n'est faite si les matériaux sont classés incombustibles (M0), ou lorsque, classés combustibles M1, M2 ou M3, ils sont posés sur un support continu en matériau incombustible ou en panneaux de bois ou de fibres de bois de qualité équivalente. Si le support ne répond pas à cette qualité, les matériaux classés M1, M2 ou M3 suivent les mêmes règles que ceux de la classe M4.

Exemple

- sont classés M0 les ardoises, les tuiles de terre cuite ou de béton, les tôles d'acier ou les feuilles de zinc ;
- sont classés M0 certains complexes d'étanchéité sous protection lourde ;
- sont classés M3 les bardeaux d'asphalte et de nombreux matériaux d'étanchéité.

Dans le cas des produits classé M4 ou assimilés, la classe de pénétration des couvertures doit être :

- T 5, T 15 ou T 30 pour les habitations de première famille ;

- T 10 ou T 15 pour les habitations de deuxième famille ;

- T 30 pour les habitations des troisième et quatrième familles.

Il convient de rappeler que le classement des habitations est le suivant :

- la première famille regroupe les habitations individuelles isolées ou jumelées à un étage au plus sur rez-de-chaussée, et les habitations individuelles à rez-de-chaussée groupées en bande ;

- la deuxième famille est constituée par les habitations individuelles isolées ou jumelées de plus d'un étage sur rez-de-chaussée, les habitations individuelles d'un étage sur rez-de-chaussée groupées en bande et les habitations collectives ayant au plus trois étages sur rez-de-chaussée ;

- la troisième famille est formée par les habitations dont le plancher bas du logement le plus haut est situé à une hauteur inférieure ou égale à 28 m par rapport au niveau de la voie d'accès des engins de secours ;

• la quatrième famille comprend les habitations dont le plancher bas du logement le plus haut est situé à une hauteur supérieure à 28 m et inférieure ou égale à 50 m par rapport au niveau de la voie d'accès des engins de secours.

L'indice de propagation de la couverture d'un immeuble est déterminé en fonction des deux paramètres suivants (Tab. 1.6) :

• la distance qui le sépare d'un bâtiment voisin ou de la limite de propriété ;

• l'indice de propagation de la couverture de l'immeuble voisin.

Lorsque la distance minimale est mesurée par rapport à la limite de propriété, la couverture du bâtiment projeté est considérée fictivement comme étant d'indice 1.

Pour les établissements recevant du public (ERP), les conditions à respecter sont les suivantes (Tab. 1.7) :

• au-delà d'une distance de 12 m entre l'établissement et le bâtiment voisin ou la parcelle voisine, aucune exigence n'est demandée ;

• en deçà de cette distance de 12 m, les matériaux de couverture doivent être utilisés selon les mêmes règles qu'en habitation, les distances à respecter étant celles indiquées dans le tableau.

Lorsque la couverture forme également le plafond (coques, coupoles, bandes en éléments translucides ou non, etc.), le matériau retenu doit être, au plus, de classe M2, quelle que soit la distance par rapport au bâtiment voisin ou à la limite de la parcelle contiguë.

INDICE	**DISTANCE MINIMALE d (m)**						
	0 < d ≤ 4	**4 < d ≤ 8**		**8 < d ≤ 12**			**12 < d***
Indice de l'immeuble voisin	1	2	1	3	2	1	—
Indice minimal recherché	1	1	2	1	2	3	—
* Au-delà de 12 m, toute couverture peut être utilisée sans restriction.							
N.B. : Les couvertures dont les matériaux sont classés M0 à M3 sont assimilées à des couvertures d'indice 1.							

Tab. 1.6 • *Bâtiment d'habitation – Indice minimal de la couverture d'un immeuble projeté.*

CATÉGORIE ET DESTINATION DE L'ÉTABLISSEMENT	**DISTANCE MINIMALE d (1)**		
	d ≤ 8	**8 < d ≤ 12**	**12 < d (2)**
Établissements de 1re catégorie (3), établissements de 2e, 3e et 4e catégories comportant par destination des locaux réservés au sommeil	T 30/1	T 15/1	—
Établissements de 2e, 3e et 4e catégories ne comportant pas par destination de locaux réservés au sommeil	T 30/2	T 15/2	—
(1) Distance entre l'établissement et le bâtiment voisin ou la limite de parcelle voisine.			
(2) Au-delà d'une distance de 12 m, aucune exigence n'est formulée.			
(3) Les établissements de 1re catégorie sont ceux dont l'effectif dépasse 1 500 personnes.			

Tab. 1.7 • *Établissement recevant du public – Classement des couvertures en fonction de l'éloignement des constructions voisines.*

Pour les immeubles de grande hauteur (IGH), les règles sont plus sévères. C'est ainsi qu'il est interdit d'utiliser des matériaux combustibles susceptibles d'être arrachés sous l'action des flammes et de provoquer des flammèches. Sont considérés comme IGH les immeubles suivants :

- les bâtiments d'habitation pour lesquels le niveau du plancher bas du logement le plus haut est à une hauteur supérieure à 50 m par rapport au niveau du sol utilisable pour les engins de lutte contre l'incendie ;

- les établissements recevant du public dont le niveau du plancher bas du dernier étage utilisable est à une hauteur supérieure à 28 m par rapport à ce même niveau du sol.

4. Les couvertures en ardoises

L'ardoise est un schiste métamorphique. C'est une roche sédimentaire qui, au cours des plissements hercyniens, a subi de fortes pressions et une élévation de température. Sous cette double action, la matière a été aplatie suivant un plan perpendiculaire à la pression et s'est étirée suivant une direction contenue dans ce plan, entraînant une modification de sa structure interne et une orientation des grains. La direction d'étirement correspond au longrain ou grand côté de l'ardoise (Fig. 1.21).

En France, les gisements les plus importants se trouvent dans la région d'Angers, où ils sont exploités à des profondeurs de l'ordre de 500 mètres. Les blocs sont remontés à la surface afin d'être débités en plaques de 8 cm à 15 cm d'épaisseur. Celles-ci sont tronçonnées en **répartons**, parallélépipèdes de l'épaisseur de la plaque, dont les dimensions sont supérieures à celles de l'ardoise. Cette opération s'appelle le **quernage** (Fig. 1.22). Le réparton est divisé en plaquettes, puis en **fendis** dont l'épaisseur correspond à celle de l'ardoise définitive. Le fendis est ensuite recoupé selon le format désiré de l'ardoise, rectangulaire ou carré.

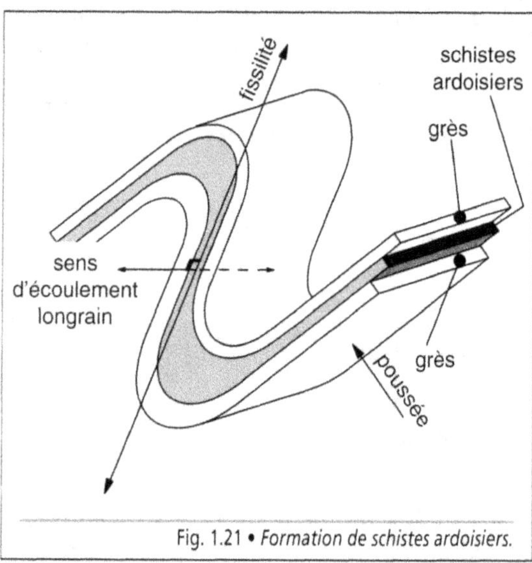

Fig. 1.21 • *Formation de schistes ardoisiers.*

L'analyse chimique de l'ardoise fait apparaître les constituants suivants : silice (45 % à 55 %), alumine (25 % à 30 %), oxyde de fer (7 % à 12 %), potasse (3 %) et magnésie (2 % à 3 %). La teneur en carbonate de calcium doit être inférieure à 5 %. Les inclusions de pyrite de fer sont admises à condition que les ardoises soient destinées à être posées sur trois épaisseurs, à pureau entier.

Les caractéristiques de l'ardoise sont les suivantes :

- masse volumique au moins égale à 2 600 kg/m^3 ;

- porosité inférieure à 3 % ; les ardoises d'Angers-Trélazé sont pratiquement imperméables, la porosité étant inférieure à 0,6 % ;

- bonne résistance à la flexion ;

- bonne résistance en atmosphère agressive, compte tenu de sa composition chimique ;

- bonne résistance au gel ;

- matériau incombustible, s'opposant à toute propagation d'incendie par les toitures.

L'aspect de l'ardoise est caractérisé par :

- une coloration gris bleuté ou gris anthracite ;

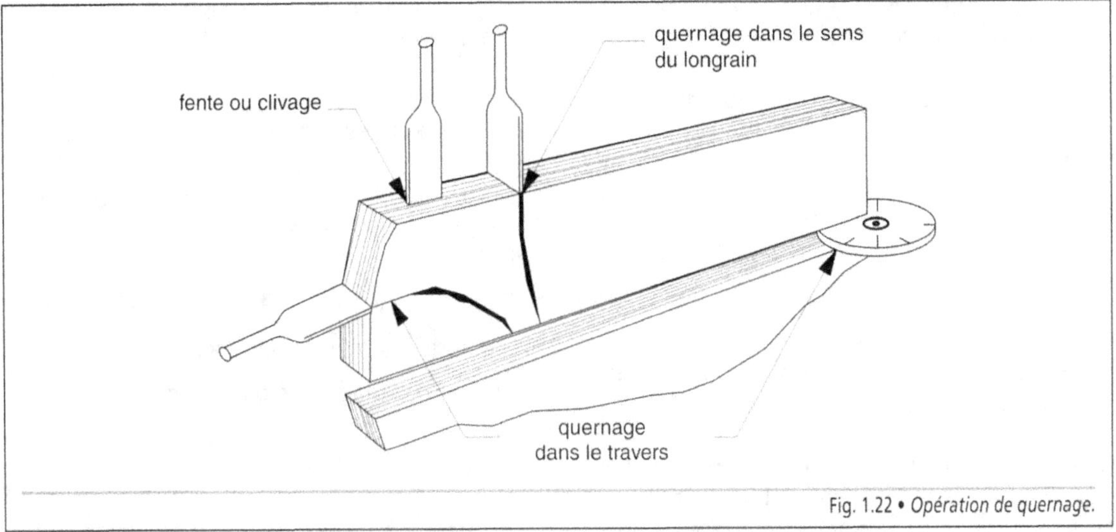

Fig. 1.22 • *Opération de quernage.*

- une surface relativement plane, lisse et parfois luisante ;
- une tranche laissant apparaître la structure stratifiée.

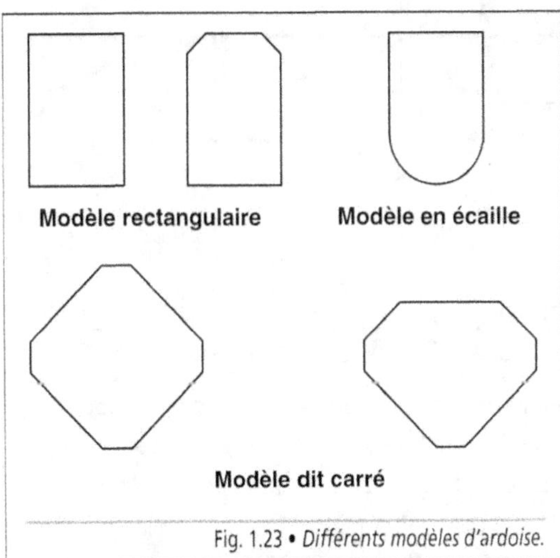

Fig. 1.23 • *Différents modèles d'ardoise.*

Les formats couramment employés sont les suivants, exprimés en millimètres (Fig. 1.23) :

- rectangulaires :

  180×270 à 230×400 pour une épaisseur nominale de 3,3 ;

  203×304 à 304×408 pour une épaisseur nominale de 4,0 ;

  254×508 à 360×640 pour une épaisseur nominale de 4,8 ;

- carrés :

  300×300 à 360×360 pour une épaisseur nominale de 4,0 ;

- en écaille pour réaliser des couvertures décoratives (Photo. 1.5).

Photo. 1.5 • *Couverture en ardoises rustiques en écaille.*

Compte tenu de son format ou de la possibilité de recouper les ardoises en fendis de 60 mm, celles-ci sont utilisées dans la réalisation de couvertures ayant des formes courbes.

Le format est déterminé en fonction du site et de la pente de la couverture. Il répond aux conditions suivantes :

$$H \geq 3 \times R,$$

$$L \approx 2 \times R,$$

$$P = (H - R) / 2,$$

où H est la hauteur de l'ardoise, L sa largeur, R le recouvrement et P le pureau.

Selon le format utilisé et le recouvrement des éléments, le poids d'une couverture en ardoises est de l'ordre de 25 daN/m^2 à 35 daN/m^2.

Compte tenu de ses dimensions relativement réduites, l'ardoise peut être utilisée pour couvrir des toitures de formes planes ou courbes, sur des rampants de grande longueur ou de pente importante telles que les flèches de clocher.

4.1. La mise en œuvre des ardoises

Il existe plusieurs principes de pose qui prennent en compte la nature et l'exposition du site (Fig. 1.24) :

- la pose à pureau entier, dite pose classique,
- la pose à pureau développé,
- la pose en diagonale ou losangée,
- la pose à claire-voie ordinaire (Photo. 1.6) ou développée.

Ce dernier procédé permet une combinaison d'ardoises de formats différents. Les deux premiers principes de pose sont les plus employés. La pose en diagonale est réalisée avec des ardoises de formats carrés.

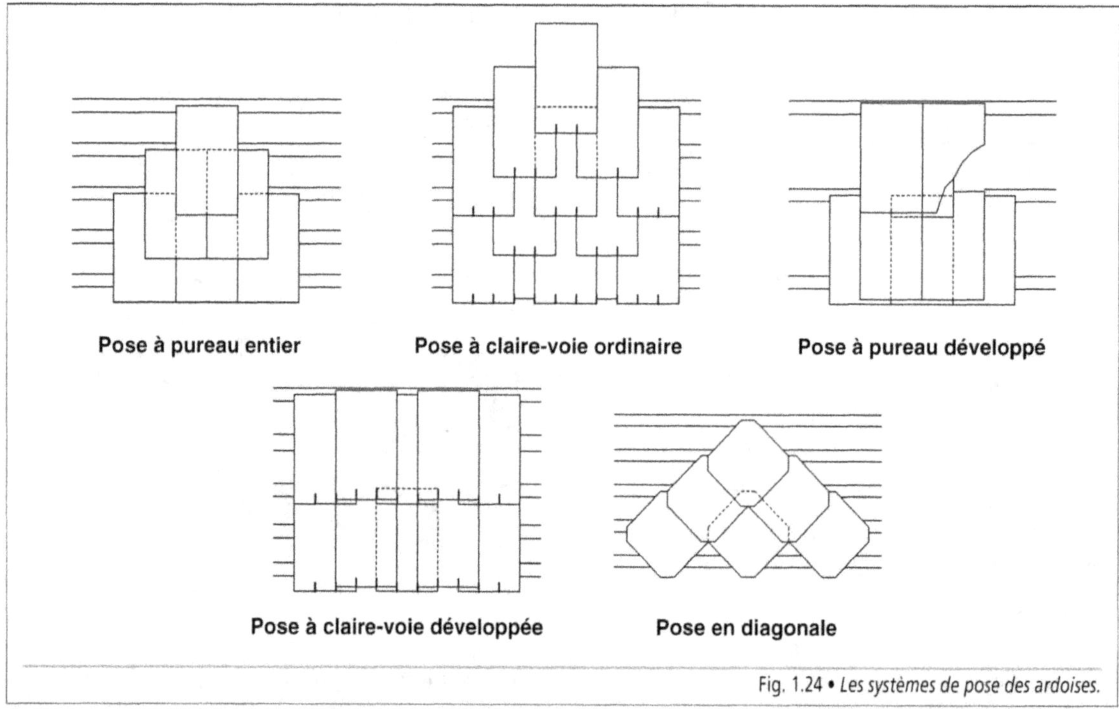

Fig. 1.24 • *Les systèmes de pose des ardoises.*

Photo. 1.6 • *Couverture en ardoises – Pose à claire-voie.*

Quel que soit le type de pose, la pose commence en bas de pente pour se terminer au faîtage. Le recouvrement doit être suffisant pour assurer l'étanchéité de la couverture. Il est déterminé en fonction de cinq paramètres :

• la région d'implantation,

• le site de l'ouvrage,

• la pente du versant,

• la longueur du versant en projection horizontale,

• le mode de fixation, clou ou crochet.

La pose à pureau entier est un mode de pose adapté à la majorité des cas. Couvrant des faces pouvant aller jusqu'à la verticale, elle est particulièrement appropriée aux couvertures à faible pente (minimum 20 %) ou devant supporter des surcharges climatiques importantes (Fig. 1.25). Elle permet également de couvrir des surfaces courbes.

Le support est constitué soit par un voligeage jointif ou non posé perpendiculairement à la pente, soit par des liteaux en bois ou métalliques prenant appui sur les chevrons de la charpente (Photo. 1.7). Les ardoises sont maintenues à l'aide de clous ou plus couramment à l'aide de crochets, à raison d'un crochet par ardoise. Les valeurs du recouvrement pour une fixation au crochet sont indiquées dans le tableau n° 1.8.

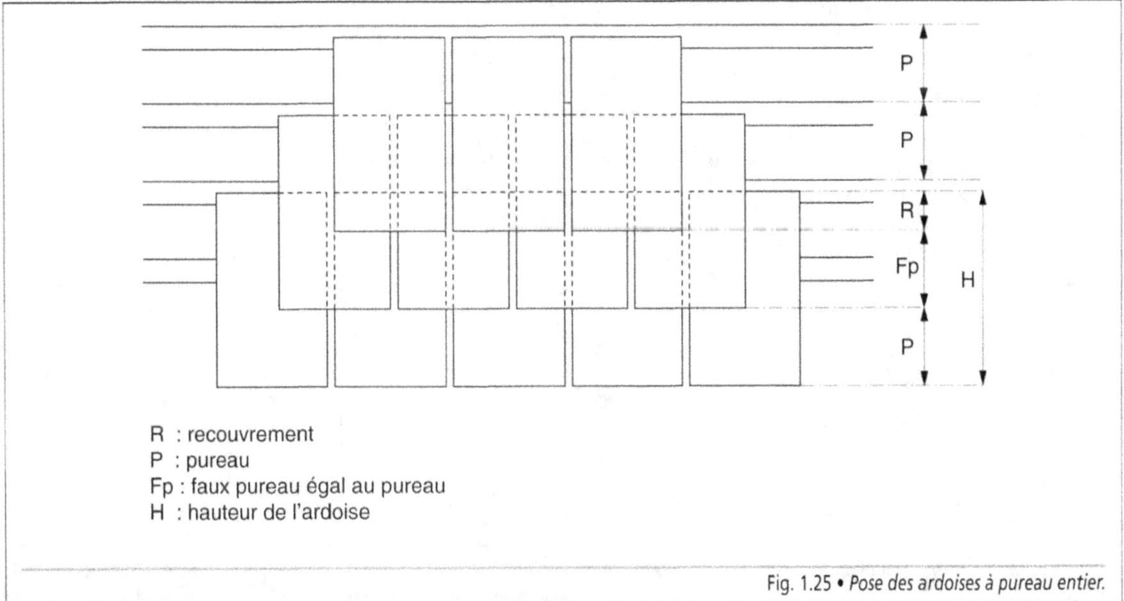

Fig. 1.25 • *Pose des ardoises à pureau entier.*

Photo. 1.7 • *Couverture en ardoises – Pose sur liteaux en bois.*

La pose à pureau développé est un système de pose similaire qui nécessite moins de liteaux. Il est plus économique que le système de pose à pureau entier ; étant moins fiable, il ne peut être employé qu'avec des pentes supérieures à 50 %.

PENTE DE LA COUVERTURE p en %	PROJECTION HORIZONTALE DU RAMPANT (l en m)								
	Zone I			Zone II			Zone III		
	l ≤ 5,5	5,5 < l ≤ 11	11< l ≤ 16,5	l ≤ 5,5	5,5 < l ≤ 11	11< l ≤ 16,5	l ≤ 5,5	5,5 < l ≤ 11	11< l ≤ 16,5
20	153	—	—	—	—	—	—	—	—
22,5	150	—	—	—	—	—	—	—	—
25	140	153	—	—	—	—	—	—	—
27,5	135	150	—	153	—	—	—	—	—
30	130	145	153	150	—	—	—	—	—
32,5	125	140	150	145	153	—	—	—	—
35	125	135	145	140	150	—	153	—	—
37,5	120	130	140	135	145	153	150	—	—
40	115	125	135	130	140	150	140	153	—
45	110	115	125	120	130	140	135	145	153
50	105	110	120	115	125	130	130	135	145
55	100	105	115	110	120	125	120	130	135
60	95	100	110	105	110	120	115	120	130
70	90	95	100	95	100	110	105	110	120
80	80	90	95	90	95	100	100	105	110
90	80	85	90	85	90	95	95	100	105
100	75	80	85	80	85	90	90	95	100
120	70	75	80	75	80	85	85	90	95
140	65	70	75	75	80	80	80	85	90
170	65	70	70	70	75	80	75	80	85
200	60	65	70	70	70	75	75	80	85
250	60	65	70	65	70	75	70	75	80
300	60	65	70	65	70	75	70	75	80
375	60	60	65	65	70	70	70	75	80
verticale	60	60	65	60	65	70	65	70	75

Tab. 1.8 • *Couverture en ardoises posées avec crochets à pureau entier – Valeurs du recouvrement en fonction de la zone de construction, de la pente et de la longueur du rampant (valeurs arrondies de 5 mm en 5 mm).*

4.2. Les points particuliers

Les points particuliers sont traités en utilisant soit les ardoises elles-mêmes, soit des accessoires métalliques ou en terre cuite.

4.21. Le faîtage assure l'étanchéité entre les ardoises des deux versants. Il est réalisé de la manière suivante (Fig. 1.26) :

- par le débordement de 50 mm des ardoises du versant exposé au vent sur les ardoises du versant sous le vent, appelé **faîtage en lignolet** ;
- par une bande métallique maintenue à l'aide de pattes venant en recouvrement du premier rang d'ardoises des deux long-pans ;
- par des faîtières en terre cuite scellées au mortier bâtard ou posées à sec avec interposition d'un feutre d'étanchéité ; elles viennent recouvrir la partie supérieure du dernier rang d'ardoises.

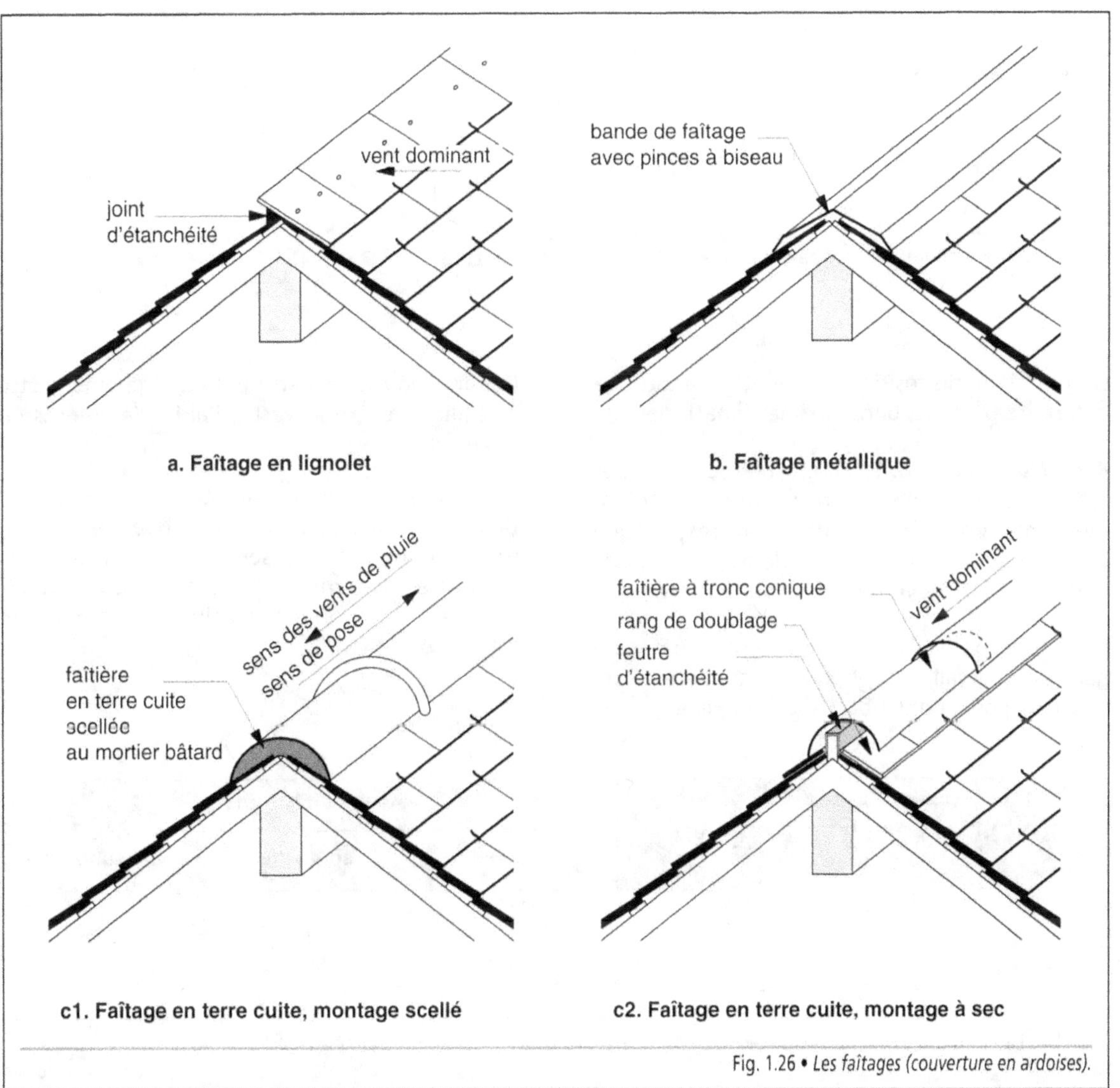

Fig. 1.26 • *Les faîtages (couverture en ardoises).*

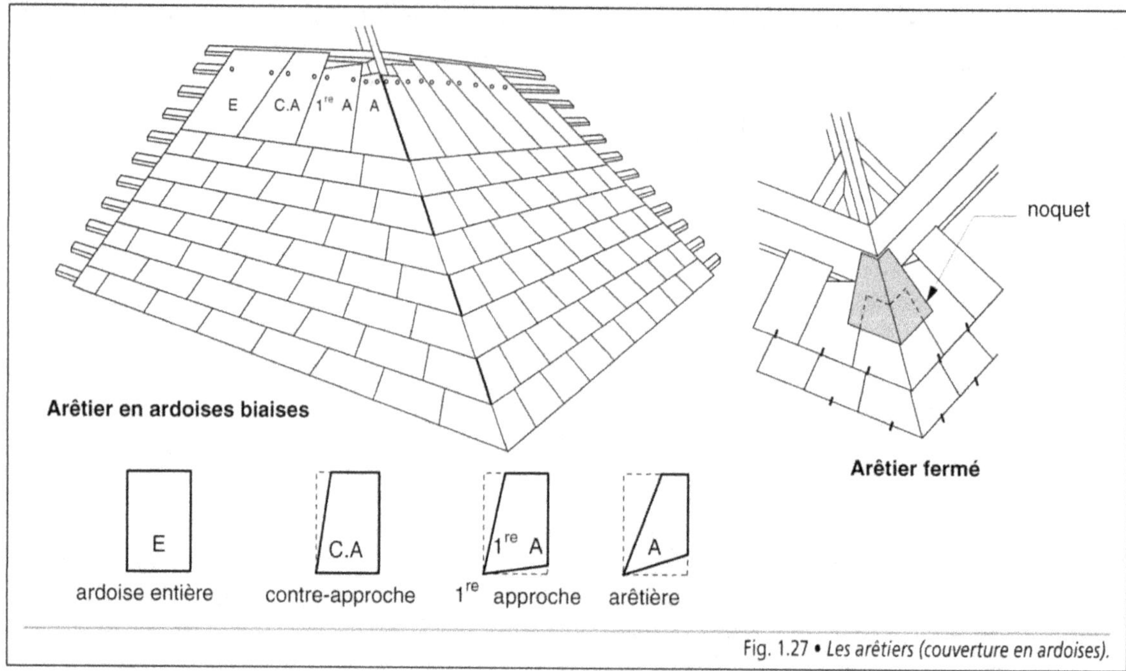

Fig. 1.27 • *Les arêtiers (couverture en ardoises).*

La première disposition ne peut être utilisée qu'en site protégé, dans la zone climatique I.

4.22. L'arêtier (Fig. 1.27) est réalisé avec des ardoises biaises venant en recouvrement alternativement d'un rang sur l'autre, sous réserve que les versants aient une pente identique et supérieure à 30 %, l'ouvrage étant en site protégé.

En site exposé, l'arêtier est fermé par une garniture métallique pliée non apparente, un noquet*, posée en doublis* sous chaque arêtière.

Comme le faîtage, l'arêtier peut également être métallique ou recouvert à l'aide d'éléments en terre cuite.

Les ardoises formant l'arête ou arêtières sont taillées suivant le biais de la rive ; elles sont suivies d'ardoises biaises dites d'approche et de contre-approche, dont le nombre est déterminé en fonction de l'inclinaison de l'arête (Tab. 1.9).

INCLINAISON DE LA LIGNE DE RIVE AVEC LA LIGNE DE NIVEAU DU VERSANT (degré)	NOMBRE D'ARDOISES		
	arêtière	approche	contre-approche
$35° \leq \alpha \leq 45°$	1	2	1
$45° < \alpha \leq 60°$	1	1	1
$60° < \alpha \leq 75°$	1	—	1
$75° < \alpha \leq 90°$	1	—	—

Tab. 1.9 • *Couverture en ardoises – Arêtier et rive biaise : nombre d'ardoises d'approche et de contre-approche en fonction de l'inclinaison de la ligne de rive.*

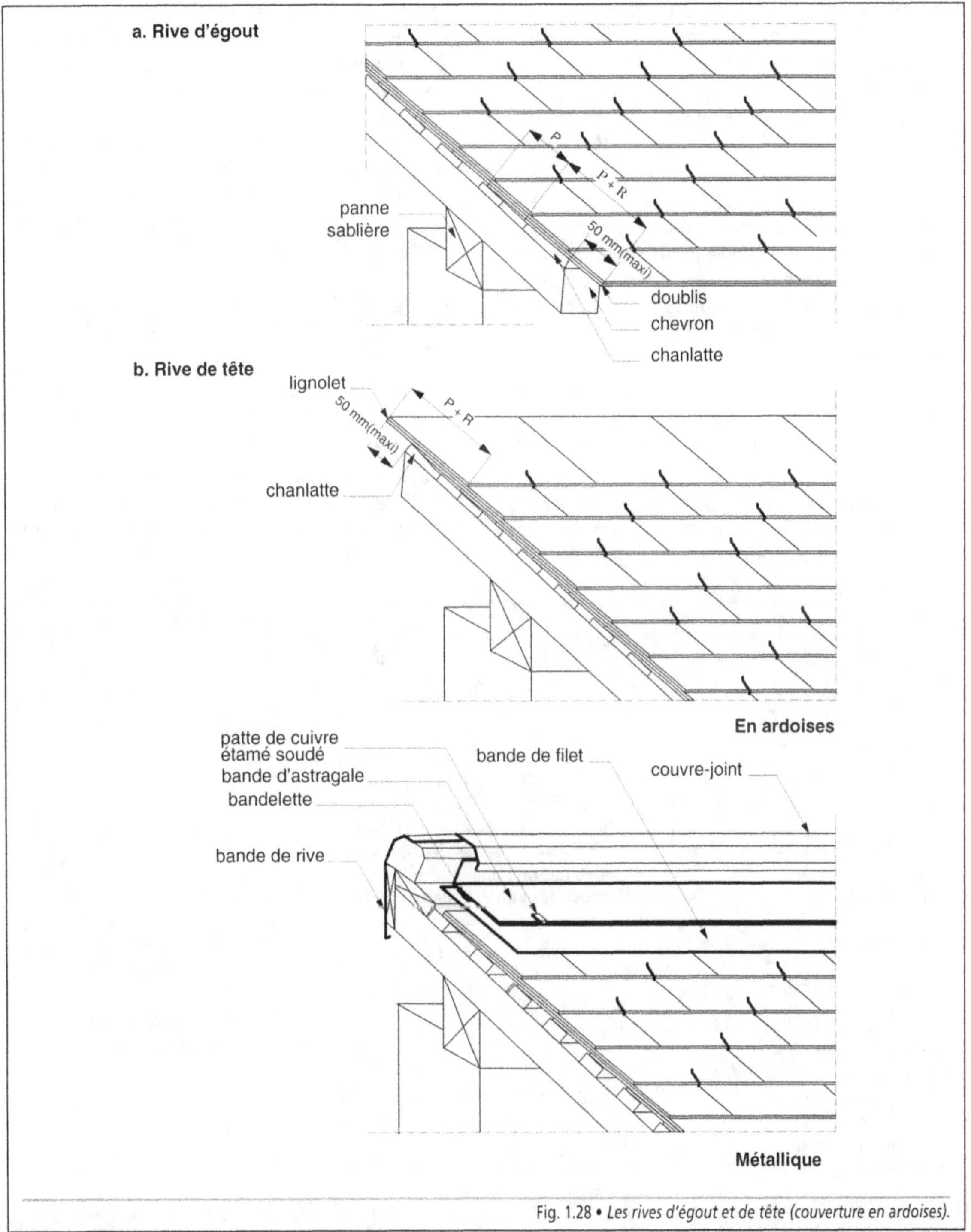

Fig. 1.28 • *Les rives d'égout et de tête (couverture en ardoises).*

4.23. Les rives sont réalisées en ardoises lorsque l'ouvrage est situé en site normal. En site exposé, les rives reçoivent un habillage par bandes métalliques constituées d'une ou de plusieurs pièces fixées sur tasseaux. Il convient de différencier la rive d'égout, la rive de tête et les rives latérales.

- **La rive d'égout** (Fig. 1.28) est en ardoises. Le départ de la couverture s'effectue par un doublis fixé sur un voligeage jointif se terminant par une chanlatte présentant une surépaisseur égale à l'épaisseur de l'ardoise ; le débord des ardoises est au maximum de 50 mm.

- **La rive de tête** (Fig. 1.28) est en ardoises (en lignolet) ou métallique. En ardoises, le dernier rang est complété par un rang de doublage fixé sur un support jointif ; le débord ne peut excéder 50 mm.

- **Les rives latérales** (Fig. 1.29) sont traitées différemment selon qu'elles sont droites, biaises ou courbes, en ardoises ou métalliques.

En rive droite, les ardoises de rive, entières ou demies, ont un débord maximum de 50 mm et sont fixées à deux clous complétés éventuellement par des crochets horizontaux.

La rive métallique est constituée d'une bande de rive à larmier fixée sur une planche de rive et formant une saillie de 40 mm. Elle est complétée avec des couvre-joints et des noquets recouverts par les ardoises.

Lorsque les rives latérales sont biaises ou courbes, il faut considérer deux cas de figure :

- l'eau fuit la rive supérieure : celle-ci est traitée comme un arêtier, les ardoises d'extrémité sont suivies d'ardoises biaises dites d'approche ou de contre-approche ;

- la rive inférieure reçoit l'eau : les ardoises sont taillées suivant le biais et protégées par un rang de doublage cloué sur un voligeage jointif, avec un débord maximal de 50 mm.

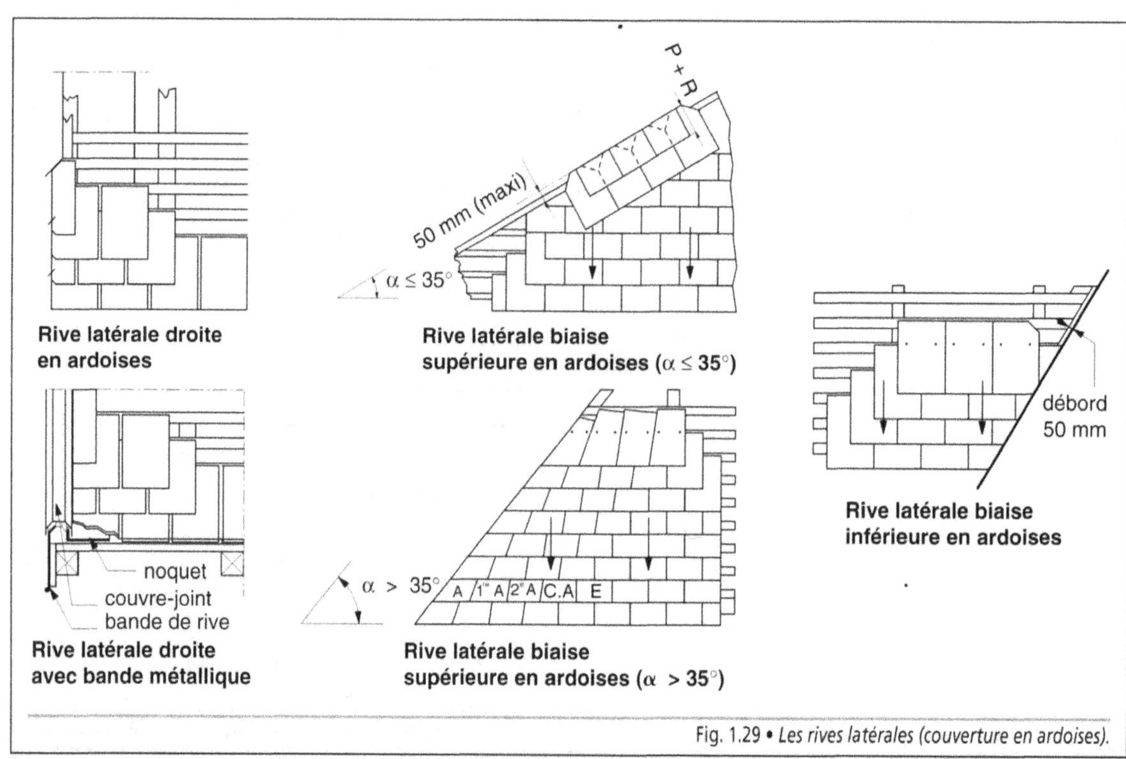

Fig. 1.29 • *Les rives latérales (couverture en ardoises).*

4.24. *La noue* est formée soit par un angle, soit par un arrondi. À proximité, le support est constitué par un voligeage jointif (Fig. 1.30). Une fourrure en bois est fixée en fond de noue sur le support. Les ardoises qui couvrent la noue, ou fendis, ont la même épaisseur que les ardoises de couverture, mais leur largeur est de 60 mm à 80 mm pour une hauteur égale à 3 à 4 pureaux selon la pente.

Lorsque les versants ont des pentes sensiblement égales et supérieures à 40 %, les ardoises d'extrémité de chaque rangée sont recoupées suivant l'axe de la noue et viennent habiller des noquets métalliques : la noue est dite fermée.

La noue réalisée à l'aide de pièces métalliques est de type encaissée.

Le renvers est traité d'une manière similaire aux noues, dont l'un des versants est vertical.

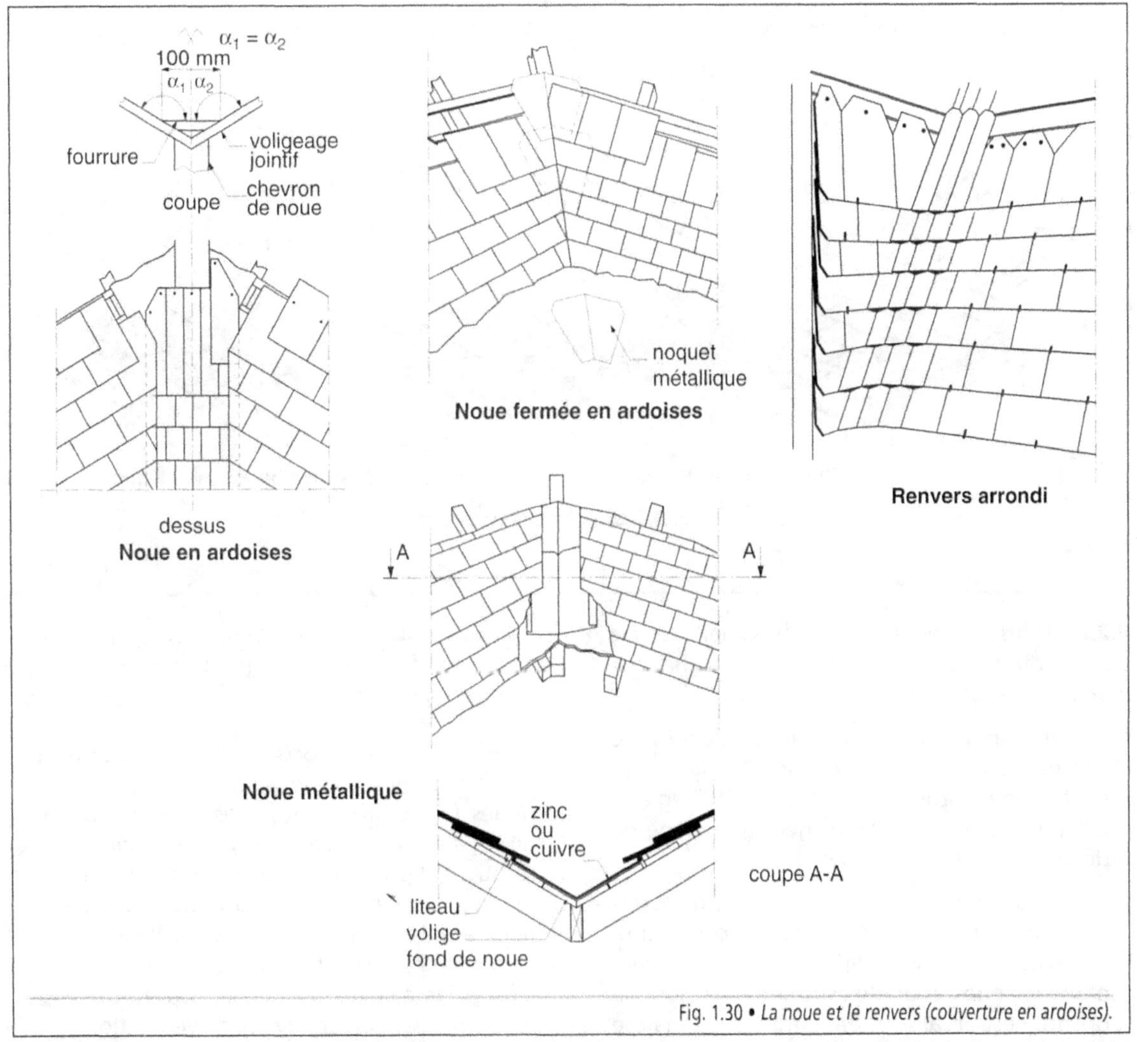

Fig. 1.30 • *La noue et le renvers (couverture en ardoises).*

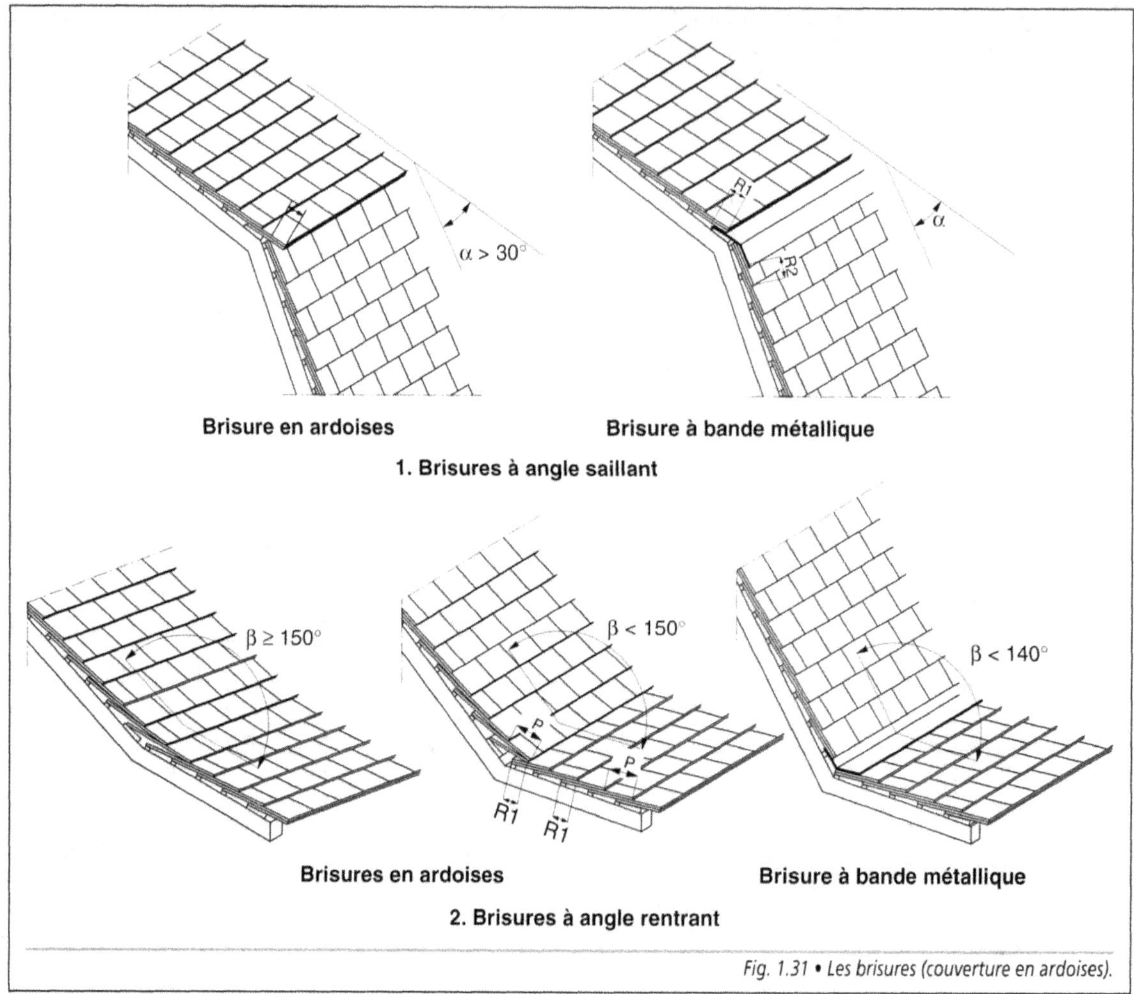

Fig. 1.31 • Les brisures (couverture en ardoises).

4.25. La brisure est soit à angle saillant, soit à angle rentrant. À proximité de la ligne de brisure, le support est un voligeage jointif (Fig. 1.31).

- Brisure à angle saillant : lorsque l'angle α formé par les deux plans est supérieur à 30°, la brisure est traitée en ardoises ; quel que soit l'angle α, elle peut recevoir un habillage formé d'une ou de deux bandes métalliques.

- Brisure à angle rentrant : lorsque l'angle β des deux plans est supérieur à 150°, la couverture est exécutée comme s'il n'y avait qu'un seul plan ; lorsque cet angle est inférieur à 150°, la brisure est réalisée en ardoises ; lorsque l'angle est inférieur à 140° avec un pan supérieur à forte pente, une bande métallique vient l'habiller.

4.26. Les pénétrations sont traitées de manière différente selon qu'elles sont continues ou discontinues. Le raccordement sur les pénétrations continues est effectué à l'aide d'une bande de solin qui recouvre des noquets métalliques dont le relevé minimal est de 90 mm et la largeur égale à une demi-ardoise (Fig. 1.32). Le raccordement sur les pénétrations discontinues est réalisé à l'aide de pièces métalliques façonnées ou munies d'un fourreau (passage de tuyaux de ventilation).

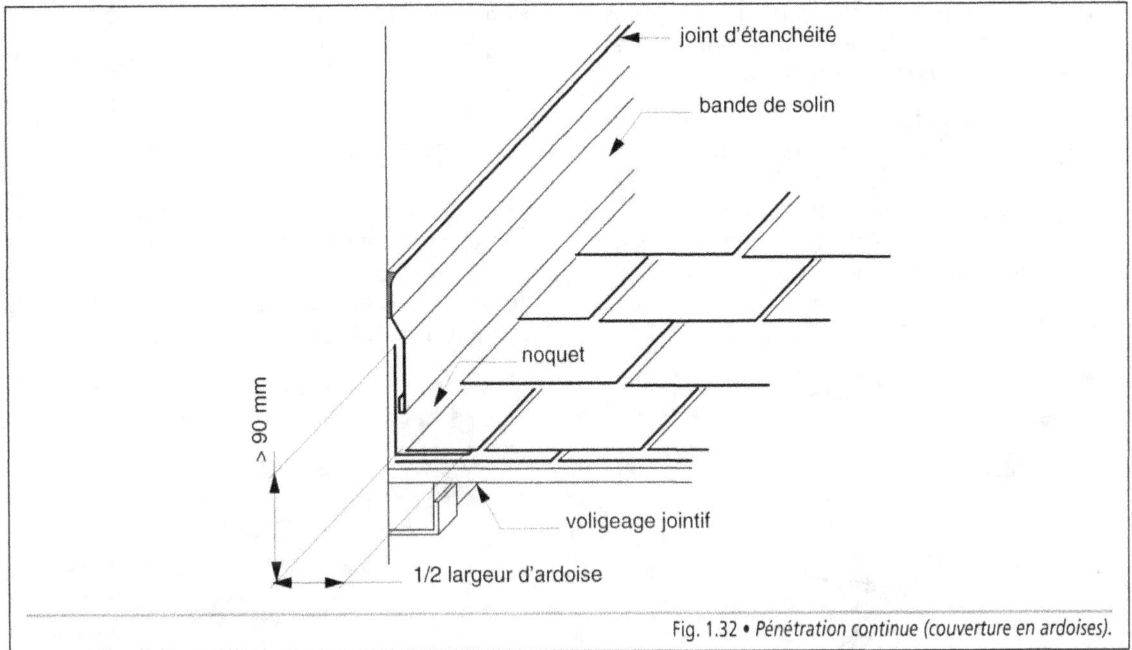

Fig. 1.32 • *Pénétration continue (couverture en ardoises).*

5. Les couvertures en ardoises artificielles

L'ardoise artificielle est un matériau composé de fines particules d'ardoise et de fils de verre liés à l'aide d'un liant hydraulique. Étant fabriquée industriellement, elle a une grande régularité dimensionnelle. L'ardoise artificielle est ingélive, imputrescible, incombustible et résiste aux atmosphères agressives. Son mode de pose est semblable à celui des ardoises naturelles, à l'aide de clous ou de crochets, et suit les mêmes règles.

6. Les couvertures en tuiles de terre cuite

Les tuiles de terre cuite sont obtenues, après broyage et malaxage des terres argileuses, par filage et moulage. Les produits subissent ensuite un séchage naturel ou artificiel pour éliminer l'eau de façonnage sans subir de déformations importantes. Puis, la cuisson au four tunnel à plus de 1 000 °C donne au produit ses qualités :

- caractéristiques géométriques constantes ;
- bonne planéité des zones d'assemblage et des zones d'écoulement ;
- faible perméabilité et bonne résistance au gel ;
- caractéristiques mécaniques satisfaisantes ;
- absence de points de chaux pouvant occasionner des éclats.

Les teintes du produit correspondent à celles de l'argile utilisée ou sont le résultat de l'addition de pigments. Elles vont du rose au rouge ou au brun ; elles peuvent être unies, flammées ou vieillies.

Les tuiles en terre cuite sont classées en trois grandes familles selon leur forme (Fig. 1.33) :

- la tuile canal ou tuile creuse, traditionnelle pour les toitures à faible pente (sud de la France) ;

- la tuile plate, recommandée pour les toitures à forte pente ; elle propose des couleurs très nuancées et peut être émaillée ou vernissée ;

- la tuile à emboîtement ou à glissement qui comporte deux modèles couramment employés : la tuile petit moule, de petit format et la tuile grand moule, faiblement ou fortement galbée ; selon son format, elle peut répondre à toutes les pentes de toiture.

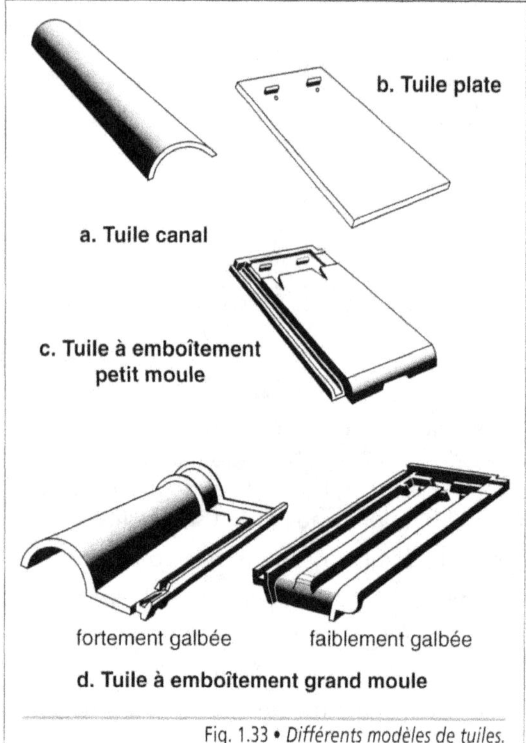

Fig. 1.33 • *Différents modèles de tuiles.*

6.1. Les tuiles canal

Les tuiles canal sont des produits dérivés des tuiles romaines. Elles sont de forme tronconique et répondent aux caractéristiques suivantes :

- longueur ....40 cm à 50 cm

- largeur à l'extrémité évasée.....16 cm à 21 cm

- largeur à l'extrémité resserrée...14 cm à 17 cm

- épaisseur.......................................1 cm à 1,2 cm

- poids de l'élément ....1,3 kg à 2,3 kg

- nombre au mètre carré ....22 à 36

- poids au mètre carré.................. 40 daN à 60 daN

L'élément sert à la fois de tuile de courant (tuile de dessous) qui collecte les eaux de pluie et les évacue vers le bas, et de tuile de couvert (tuile de dessus) posée à cheval sur les deux tuiles de courant (Fig. 1.34).

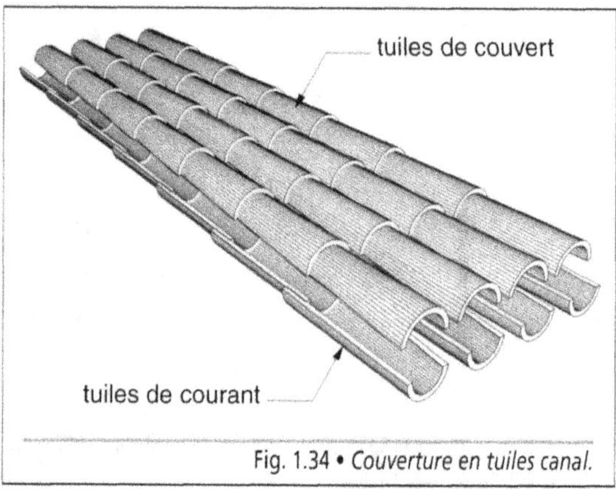

Fig. 1.34 • *Couverture en tuiles canal.*

Les tuiles canal sont posées sur les supports de type discontinu ou continu ci-après (Fig. 1.35) :

- support discontinu dans le sens de la pente (chevron à section triangulaire) : cette solution est couramment admise ;

- support discontinu perpendiculaire à la pente, formé de liteaux en bois ou métalliques recevant des tuiles de courant à tenons ; dans ce dernier cas, il est possible d'interposer un écran en sous-face, maintenu par un contre-littelage réservant un espace libre de 20 mm ;

- support continu constitué soit par un plancher en maçonnerie de type traditionnel, soit en bois massif (voliges ou planches jointives), soit en panneaux dérivés du bois ou incorporant un complexe isolant thermique, sur lesquels sont cloués des liteaux parallèles à la pente afin de réserver un espace libre de 20 mm entre la tuile et le panneau ;

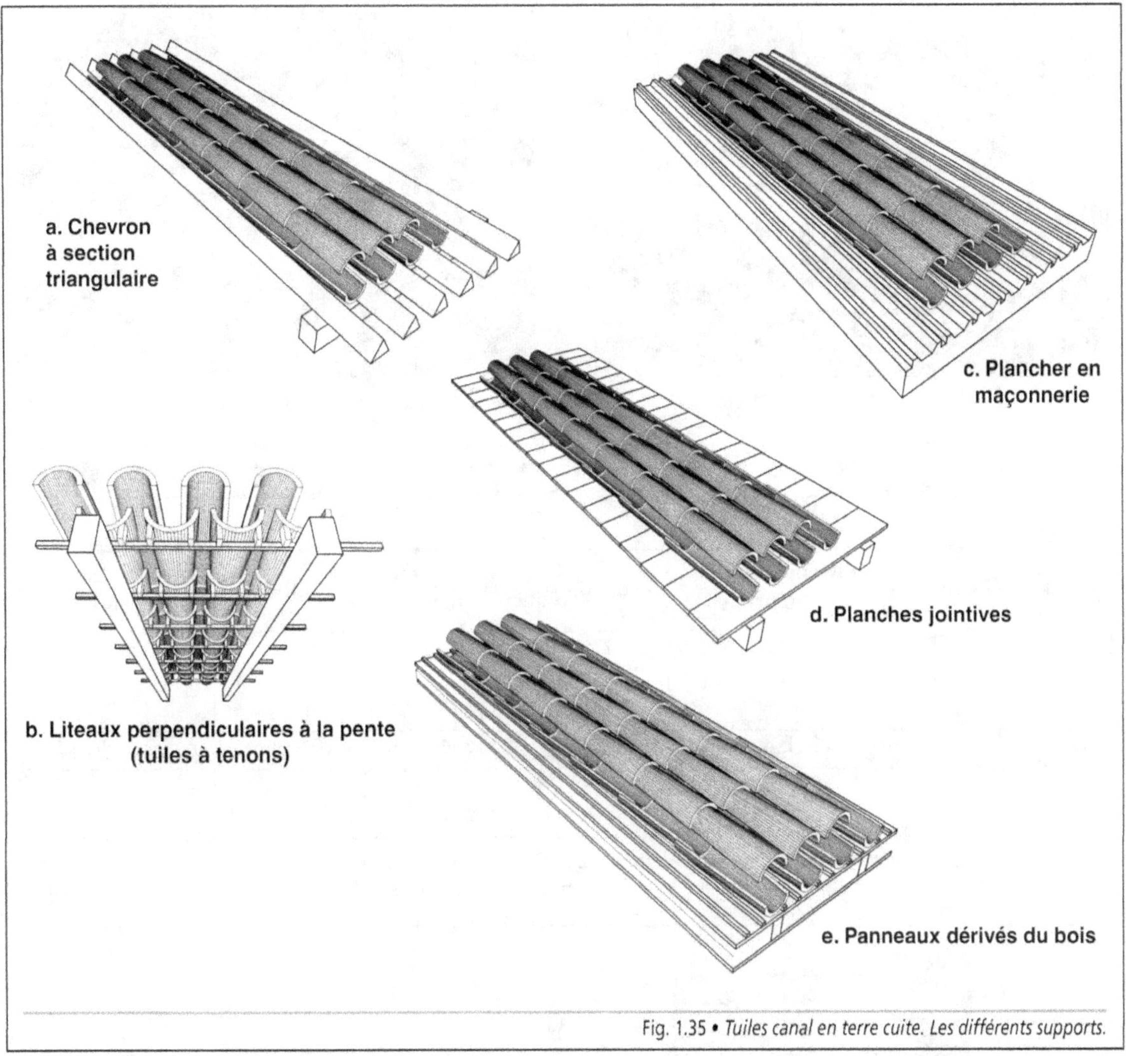

Fig. 1.35 • *Tuiles canal en terre cuite. Les différents supports.*

• support continu formé de plaques ondulées en fibres-ciment, dont les ondes correspondent aux dimensions des tuiles.

Sur un support en plaques ondulées, les tuiles de courant sont posées dans le creux des ondes et les tuiles de couvert recouvrent les ondes supérieures. Une solution économique consiste à supprimer les tuiles de courant. Seules sont mises en place les tuiles de couvert, ce qui permet d'alléger la couverture (Photo. 1.8a et 1.8b).

Les tuiles canal sont adaptées aux couvertures à faible pente. Les conditions de recouvrement doivent respecter des règles en fonction de la pente et des conditions d'exposition (Tab. 1.10). Aucun dispositif particulier de ventilation en sous-face de la couverture n'est nécessaire, sauf lorsque le support est en panneaux dérivés du bois.

Photo. 1.8a et 1.8b • *Couverture en tuiles canal de terre cuite – Pose sur support en fibres-ciment.*

	ZONES D'APPLICATION					
SITE	**Zone I**		**Zone II**		**Zone III**	
	Pente (%)	**Recouvrement (cm)**	**Pente (%)**	**Recouvrement (cm)**	**Pente (%)**	**Recouvrement (cm)**
Protégé	24	14*	27	15*	30	15
Normal	27	15*	30	16*	33	16
Exposé	30	16	33	17	35	17
* Lorsque les tuiles sont solidarisées, le recouvrement peut être ramené aux valeurs suivantes, les autres valeurs étant inchangées :						
Protégé		10		10		
Normal		12		12		

Tab. 1.10 • *Tuiles canal en terre cuite – Pentes minimales admissibles pour le support indiquées en pourcentage de projection horizontale et valeur du recouvrement (projection du rampant inférieur à 12,00 m).*

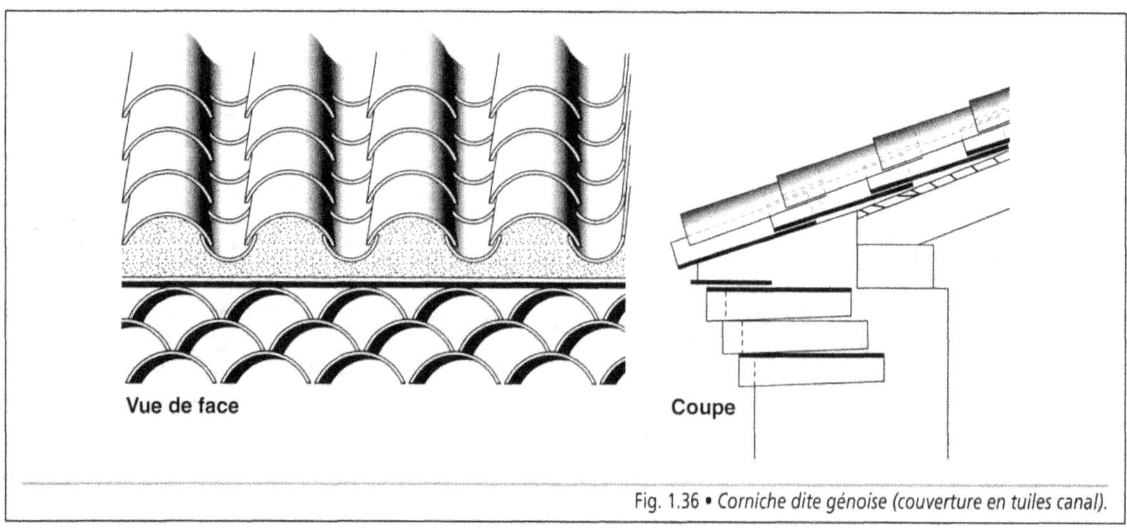

Fig. 1.36 • *Corniche dite génoise (couverture en tuiles canal).*

Dans les fabrications récentes, les tuiles de courant comportent deux tenons en sous-face afin de les accrocher à des liteaux convenablement espacés. Les tuiles de couvert comportent des rainures (en partie haute de la face extérieure et en partie basse de la face intérieure) pour améliorer la liaison des éléments entre eux ainsi que l'étanchéité.

La pose s'effectue depuis la rive d'égout, en remontant vers le faîtage, en plaçant en premier les tuiles de courant, partie évasée vers le haut, avec le recouvrement nécessaire, puis, dans un deuxième temps, les tuiles de couvert, partie évasée vers le bas.

En l'absence de chéneau, la rive d'égout doit être écartée de l'aplomb du mur de manière à éloigner les eaux pluviales. Pour ce faire, un porte-à-faux est réalisé à l'aide d'éléments en terre cuite posés et scellés par rangs superposés afin de former une corniche dite génoise (Fig. 1.36).

6.2. Les tuiles plates

Les tuiles plates ont une forme généralement rectangulaire pouvant présenter un arrondi en partie inférieure (tuile écaille) (Photo. 1.9a et 1.9b). Elles ont un profil plan ou légèrement galbé et sont munies d'un ou de deux tenons en partie haute de la sous-face, et de trous de clouage en tête afin de permettre l'accrochage au support. Les dimensions sont variables selon les fabrications. (Fig. 1.37).

Les caractéristiques sont les suivantes :

* dimensions........................de 17 cm x 24 cm à 24 cm x 30 cm

* épaisseur ....de 0,9 cm à 1,8 cm

* poids de l'élément............de 0,9 kg à 2,2 kg

* nombre au mètre carré....40 à 70

* poids au mètre carré ....60 daN à 80 daN

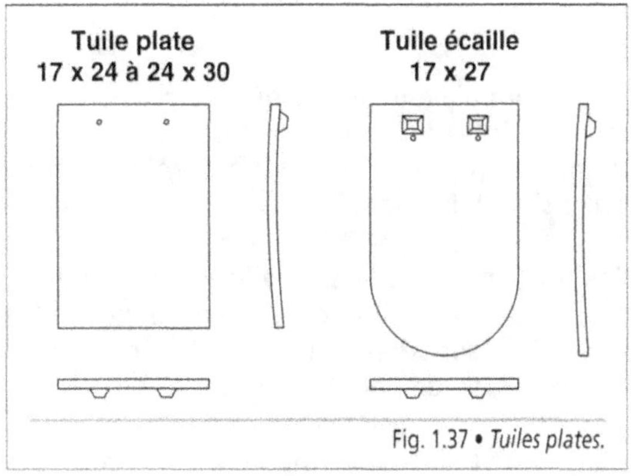

Fig. 1.37 • *Tuiles plates.*

Photo. 1.9a et 1.9b • *Couverture en tuiles plates de terre cuite – Formats rectangulaire et en écaille.*

Site	Zones d'application					
	Zone I		**Zone II**		**Zone III**	
	$r \geq 8$ cm	$r \geq 7$ cm	$r \geq 8$ cm	$r \geq 7$ cm	$r \geq 8$ cm	$r \geq 7$ cm
Sans écran en sous-face des tuiles						
Protégé	70	80	70	80	80	90
Normal	80	90	90	100	100	110
Exposé	100	110	110	120	115	125
Avec écran en sous-face des tuiles						
Protégé	60	70	60	70	70	80
Normal	70	80	80	85	85	95
Exposé	85	95	95	105	100	110
r = longueur de recouvrement						

Tab. 1.11 • *Tuiles plates en terre cuite – Pentes minimales admissibles pour le support indiquées en pourcentage de projection horizontale (projection horizontale du rampant inférieure à 8,00 m).*

Le nombre d'éléments au mètre carré est déterminé en fonction de ses dimensions et des conditions de recouvrement définies selon la zone où se situe l'ouvrage.

Ces tuiles peuvent être émaillées ou vernissées, permettant la réalisation de figures géométriques. Elles sont fréquemment utilisées dans la réhabilitation de bâtiments historiques.

Ce type de tuiles est adapté aux toitures à forte pente. La pente minimale est indiquée dans le tableau n° 1.11 en fonction des conditions de recouvrement et d'exposition. Comme les ardoises, la tuile plate, suivant ses dimensions, s'adapte aisément à la couverture de surface courbe.

La pose s'effectue sur des liteaux en bois ou métalliques fixés sur les chevrons ou sur les fermettes de la charpente. Leur écartement l, égal au pureau p, est défini par la formule suivante :

$l = (L - r) / 2$,

dans laquelle l est l'écartement des liteaux (face amont à face amont), L la longueur de la tuile et r la valeur de recouvrement.

Des panneaux complexes incorporant une isolation thermique peuvent également être utilisés. Ils reposent directement soit sur les fermettes, soit sur les pannes.

La mise en œuvre commence toujours en bas de pente et se fait à joints croisés.

La ventilation de la sous-face des tuiles doit être assurée de manière permanente. La section totale de celle-ci (somme des orifices inférieurs et supérieurs) est égale au 1/5 000e de la surface projetée. En présence d'un écran rigide, l'espace réservé entre celui-ci et la tuile a une épaisseur minimale de 20 mm et la section de ventilation est portée au 1/3 000e de la surface projetée.

6.3. Les tuiles à emboîtement ou à glissement

Les tuiles à emboîtement ou à glissement sont classées de la manière suivante en fonction de leurs dimensions (Fig. 1.33) :

• tuile petit moule, de petit format, employée pour les toitures à forte pente, à raison de 18 à 22 au mètre carré ;

- tuile grand moule faiblement galbée, de type traditionnel pour les constructions courantes ; à raison de 10 à 15 au mètre carré, elle est relativement économique ;

- tuile grand moule fortement galbée rappelant l'origine romaine de la tuile ; avec 10 à 13 unités au mètre carré, il est possible de réaliser des couvertures à faible pente (sud de la France) ; certaines fabrications autorisent jusqu'à 7 tuiles au mètre carré (tuile Jumbo) ;

- tuile à emboîtement à pureau plat, petit moule (21 au m^2) ou grand moule (10 à 15 au mètre carré).

Selon le modèle employé, le poids est de l'ordre de 35 daN à 46 daN au mètre carré.

Les tuiles sont à simple ou à double chevauchement et recouvrement, l'étanchéité étant assurée par un recouvrement suffisant de la tuile amont sur la tuile aval et un chevauchement latéral.

Les tuiles sont posées sur un support semblable à celui des tuiles plates. L'écartement des liteaux correspond au pureau de la tuile. Les tuiles à emboîtement imposent une longueur du versant égale à un nombre entier de tuiles, alors que les tuiles à glissement permettent de jouer sur la dimension du recouvrement (Fig. 1.38).

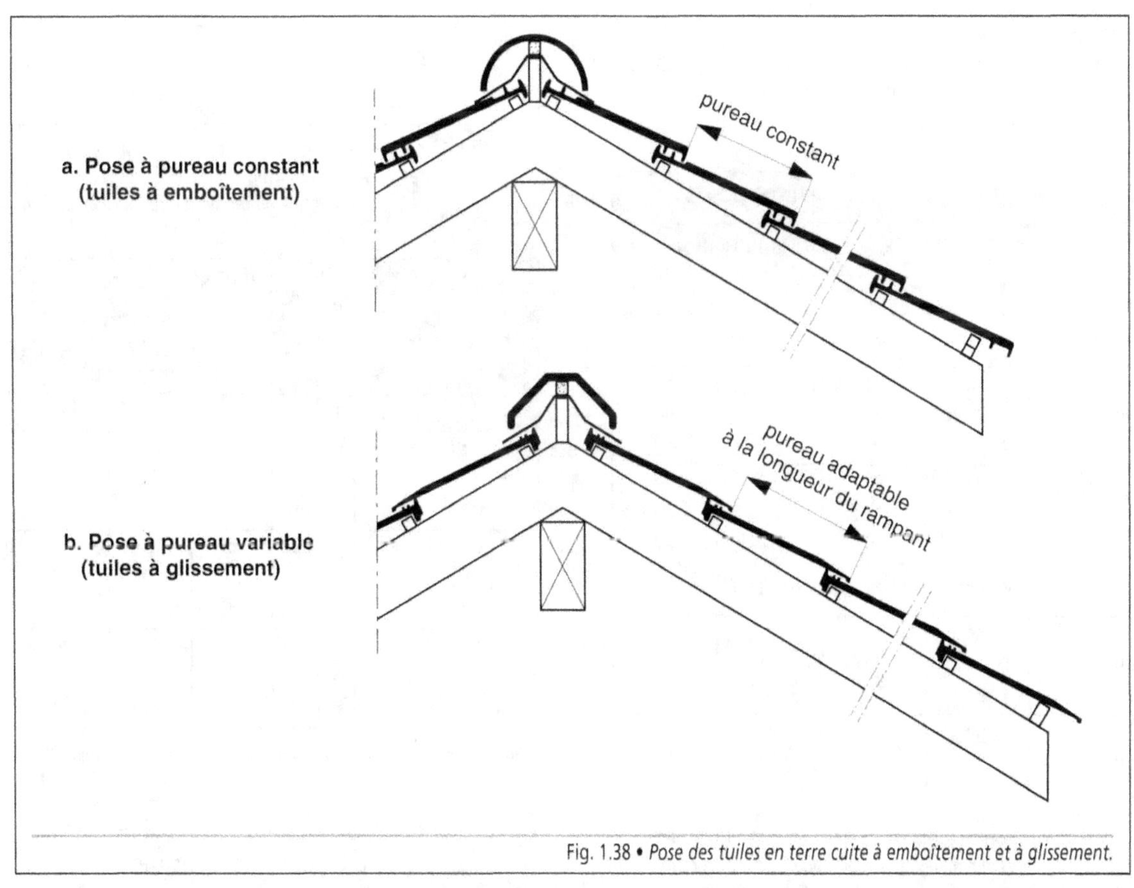

Fig. 1.38 • *Pose des tuiles en terre cuite à emboîtement et à glissement.*

La pente admissible pour les modèles courants dépend des conditions de situation et d'exposition, comme indiqué sur les tableaux n° 1.12 et n° 1.13, selon que les tuiles sont à relief ou à pureau plat. Lorsque la longueur de la projection horizontale du rampant excède 12 m, il convient de procéder à des études complémentaires. Certains modèles de tuiles favorisant l'écoulement des eaux ont été mis au point par les fabricants : ils permettent de réaliser des toitures à faible pente, de l'ordre de 20 % à 40 % selon la zone et le site (Tab. 1.14). La pose peut être effectuée sans écran ; toutefois, afin d'éviter les risques d'infiltration, il est préférable de le prévoir.

La mise en œuvre commence toujours en bas de pente en suivant le sens des emboîtements latéraux. En général, elle s'effectue à joints droits (tuiles fortement galbées), mais certaines fabrications autorisent une pose à joints croisés. Cette disposition a l'avantage d'assurer une meilleure répartition des eaux pluviales.

TYPE DE TUILE	SITE	PENTES MINIMALES EN %		
		Zones d'application		
		Zone I	Zone II	Zone III
Sans écran en sous-face des tuiles				
Grand moule	Protégé	35	35	50
	Normal	40	50	60
	Exposé	60	70	80
Petit moule	Protégé	40	50	60
	Normal	50	60	70
	Exposé	70	80	90
Avec écran en sous-face des tuiles				
Grand moule	Protégé	30	30	45
	Normal	35	45	50
	Exposé	50	60	70
Petit moule	Protégé	35	45	50
	Normal	45	50	60
	Exposé	60	70	75

Tab. 1.12 • *Tuiles de terre cuite à emboîtement ou à glissement – Pentes minimales admissibles pour le support (projection horizontale du rampant inférieure à 12,00 m).*

TYPE DE TUILE	SITE	PENTES MINIMALES EN %		
		Zones d'application		
		Zone I	Zone II	Zone III
Sans écran en sous-face des tuiles				
Grand moule	Protégé	45	50	55
	Normal	50	55	65
	Exposé	65	75	85
Petit moule	Protégé	55	60	70
	Normal	60	70	80
	Exposé	80	90	100
Avec écran en sous-face des tuiles				
Grand moule	Protégé	40	45	45
	Normal	45	45	55
	Exposé	55	65	75
Petit moule	Protégé	45	50	60
	Normal	50	60	70
	Exposé	70	75	85

Tab. 1.13 • *Tuiles de terre cuite à emboîtement à pureau plat – Pentes minimales admissibles pour le support (projection horizontale du rampant inférieure à 12,00 m).*

LONGUEUR DE LA PROJECTION HORIZONTALE DU RAMPANT r en m	SITE	PENTES MINIMALES EN %		
		Zones d'application		
		Zone I	Zone II	Zone III
$r \leq 6,50$	Protégé	19	21	23
	Normal	21	23	26
	Exposé	28	32	34
$6,50 < r \leq 9,50$	Protégé	22	24	26
	Normal	24	27	31
	Exposé	30	33	37
$9,50 < r$	Protégé	23	26	30
	Normal	27	30	34
	Exposé	36	39	43

Tab. 1.14 • *Tuiles de terre cuite à emboîtement pour faibles pentes – Pentes minimales admissibles pour le support.*

La ventilation de la sous-face des tuiles à emboîtement doit être assurée dans les mêmes conditions que pour la couverture en tuiles plates.

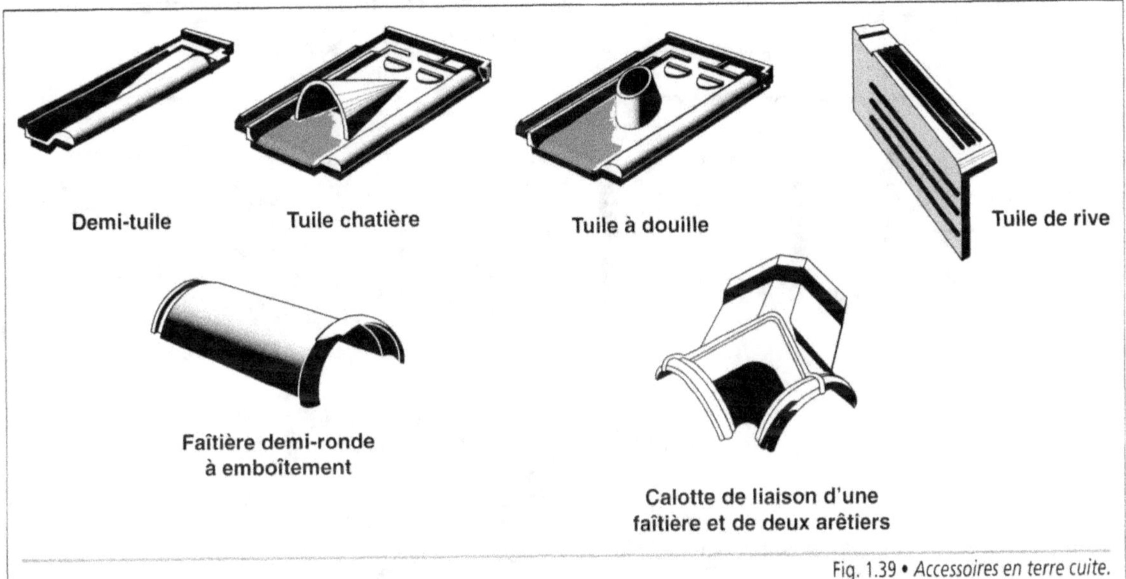

Fig. 1.39 • *Accessoires en terre cuite.*

6.4. Les points particuliers

Les points particuliers sont traités soit en utilisant des accessoires en terre cuite adaptés au modèle des tuiles de couverture (Fig. 1.39), soit à l'aide de pièces métalliques ou en PVC qui assurent la continuité de la couverture et le bon écoulement des eaux pluviales (Photo. 1.10).

Photo. 1.10 • *Couverture en tuiles de terre cuite à emboîtement.*

6.41. Le faîtage est réalisé avec des pièces spéciales, les **faîtières**, à emboîtement ou à glissement, posées à bain de mortier ou fixées à sec sur une lisse de rehausse en tenant compte du sens des vents dominants (Fig. 1.40). Les faîtières viennent recouvrir la partie supérieure du dernier rang de tuiles et assurent l'étanchéité entre les tuiles des deux versants. Lorsque les tuiles ont un galbe, le faîtage, posé à sec, est complété par des closoirs métalliques ou en PVC permettant la ventilation haute de la sous-face de la couverture. Les abouts de faîtage sont obturés à l'aide de pièces spéciales.

6.42. L'arêtier est traité d'une manière similaire au faîtage. Les tuiles des versants sont tranchées biaises et scellées entre elles avant d'être recouvertes par la pièce d'arêtier qui est soit scellée (Fig. 1.41), soit posée à sec.

6.43. Les rives sont exécutées de manière différente selon qu'il s'agit de la rive d'égout, de la rive de tête ou des rives latérales.

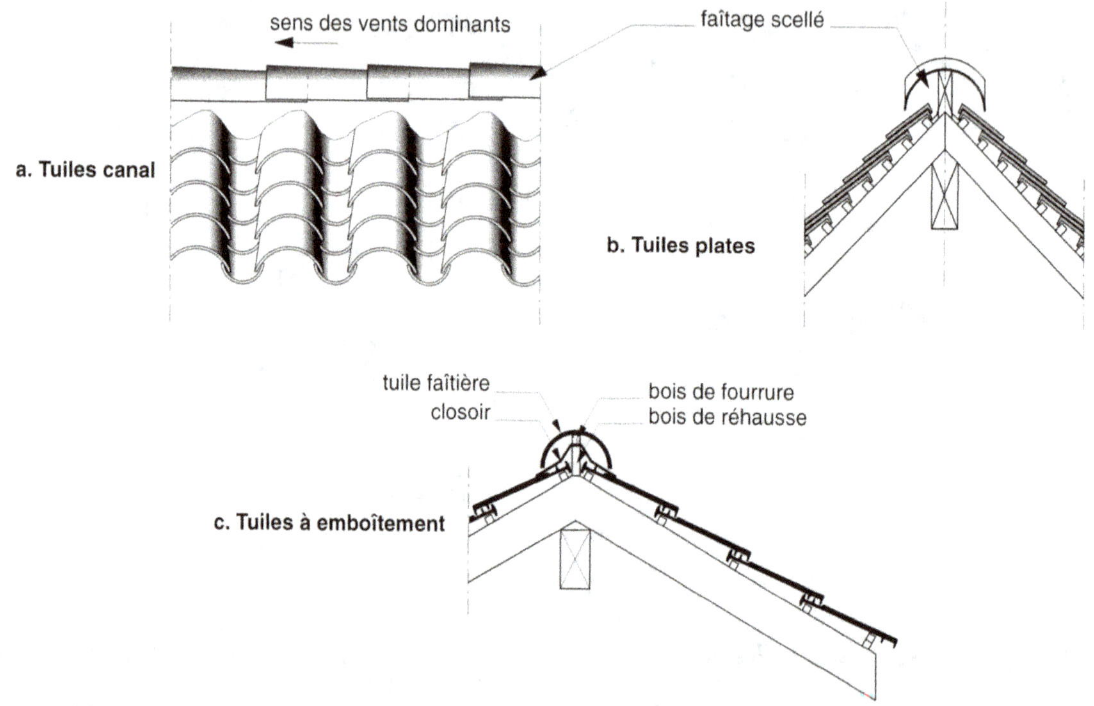

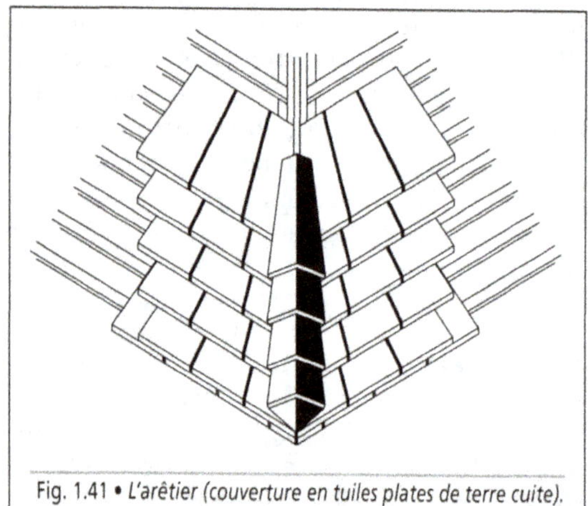

Fig.1.40 • *Faîtages (couverture en tuiles de terre cuite).*

Fig. 1.41 • *L'arêtier (couverture en tuiles plates de terre cuite).*

• **La rive d'égout** est constituée par un premier rang de tuiles fixées en partie haute sur un liteau ou scellées au mortier bâtard. La partie inférieure repose sur une chanlatte présen-tant une surépaisseur égale à l'épaisseur d'une tuile (Fig. 1.42).

Lorsque l'égout est biais, deux solutions peuvent être retenues : si le biais est peu important, le ou les premiers rangs sont tranchés ; s'il est important, un voligeage jointif reçoit une pièce métallique (zinc, cuivre ou autres) sur laquelle sont posées les tuiles (Photo. 1.11).

• **La rive de tête** est réalisée de deux manières selon le cas de figure (Fig. 1.43) :

– lorsqu'il y a dépassement du mur, le rang de tête est recouvert par une garniture et une bande de solin métalliques complétées par un joint souple et un garnissage au mortier ;

– lorsqu'il n'y a pas dépassement du mur, le rang de tête reçoit un habillage constitué par des faîtières scellées ou par des bandes métalliques complétées d'un couvre-joint.

Photo. 1.11 • *Couverture en tuiles de terre cuite à emboîtement –
Rive d'égout biaise avec raccordement en zinc.*

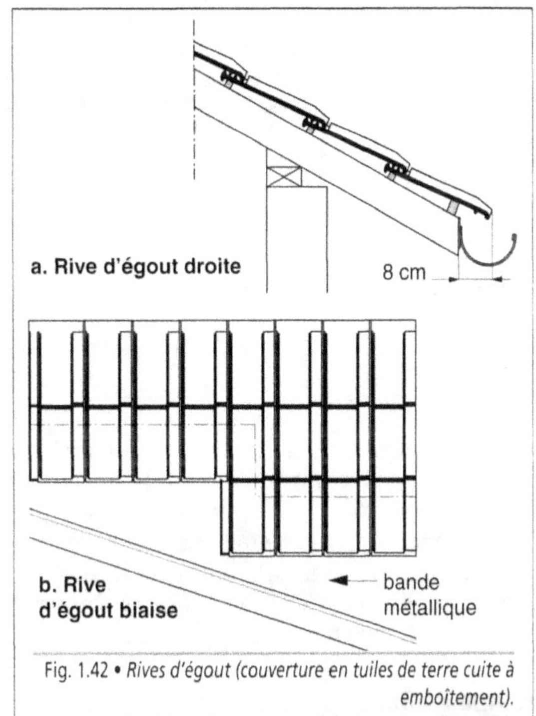

Fig. 1.42 • *Rives d'égout (couverture en tuiles de terre cuite à
emboîtement).*

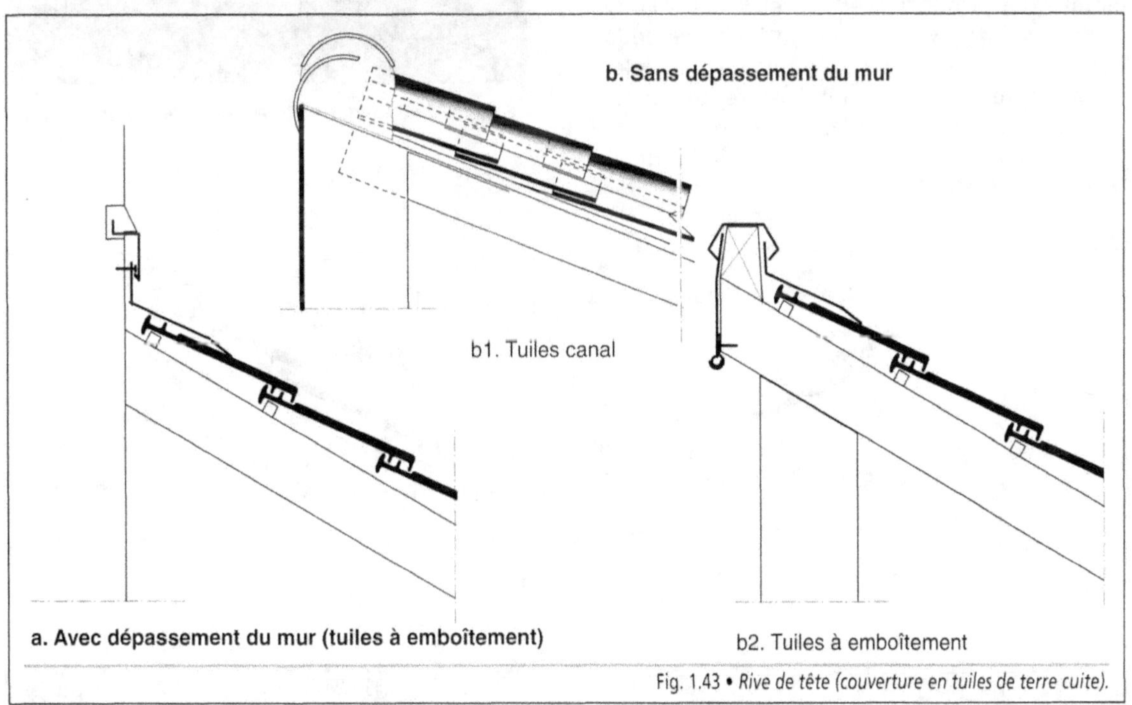

Fig. 1.43 • *Rive de tête (couverture en tuiles de terre cuite).*

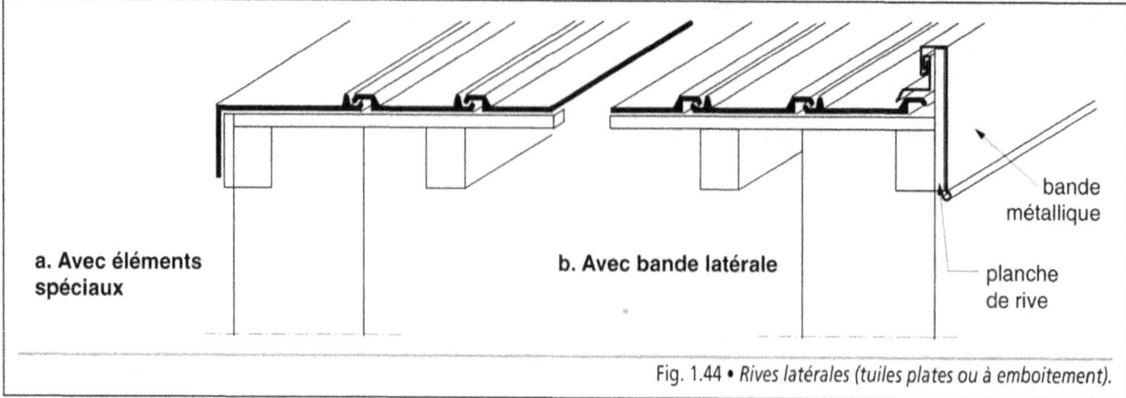

Fig. 1.44 • *Rives latérales (tuiles plates ou à emboîtement).*

- **En rives latérales,** la couverture est arrêtée soit par des pièces spéciales en terre cuite formant la rive droite et la rive gauche, soit par une bande de rive métallique fixée sur une pièce de bois (Fig. 1.44). Lorsque la rive est biaise et qu'elle reçoit l'eau, elle est considérée comme une noue.

6.44. La noue est traitée à l'aide de bandes métalliques profilées avec un relevé de 20 mm et posées sur un voligeage jointif. En rive de la noue, les tuiles sont tranchées biaises parallèlement à l'axe de la noue afin d'assurer un recouvrement minimal de 60 mm à 80 mm sur la partie métallique, selon le modèle de tuiles (Fig. 1.45 – Photo. 1.12).

Photo. 1.12 • *Couverture en tuiles de terre cuite à emboîtement – Noue en zinc.*

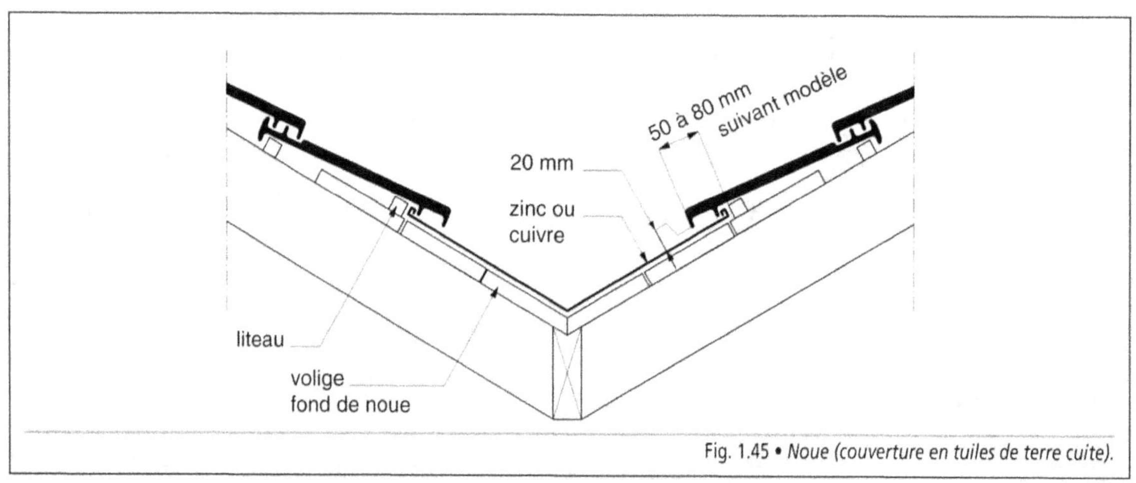

Fig. 1.45 • *Noue (couverture en tuiles de terre cuite).*

6.45. *La brisure*, qu'elle soit à angle saillant ou à angle rentrant, est exécutée à l'aide de bandes métalliques dont le recouvrement est au moins égal à celui des tuiles courantes (Fig. 1.46 – Photo. 1.13). Certains modèles de tuiles fortement galbées ne se prêtent pas à la réalisation de ce type d'ouvrage.

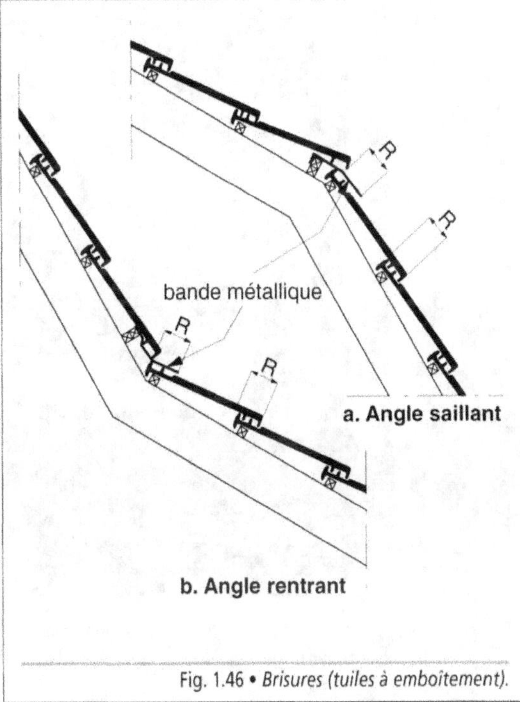

Fig. 1.46 • *Brisures (tuiles à emboîtement).*

Photo. 1.13 • *Couverture en tuiles de terre cuite – Brisis.*

6.46. *Les pénétrations* sont réalisées de manière différente selon qu'elles sont continues ou discontinues.

- Le raccordement sur des pénétrations continues dans le sens de la pente est effectué à l'aide d'une garniture métallique complétée par une bande de solin recevant un joint souple et un solin en mortier (Fig. 1.47 – Photo. 1.14). Perpendiculairement à la pente, le raccordement est considéré comme un chéneau.

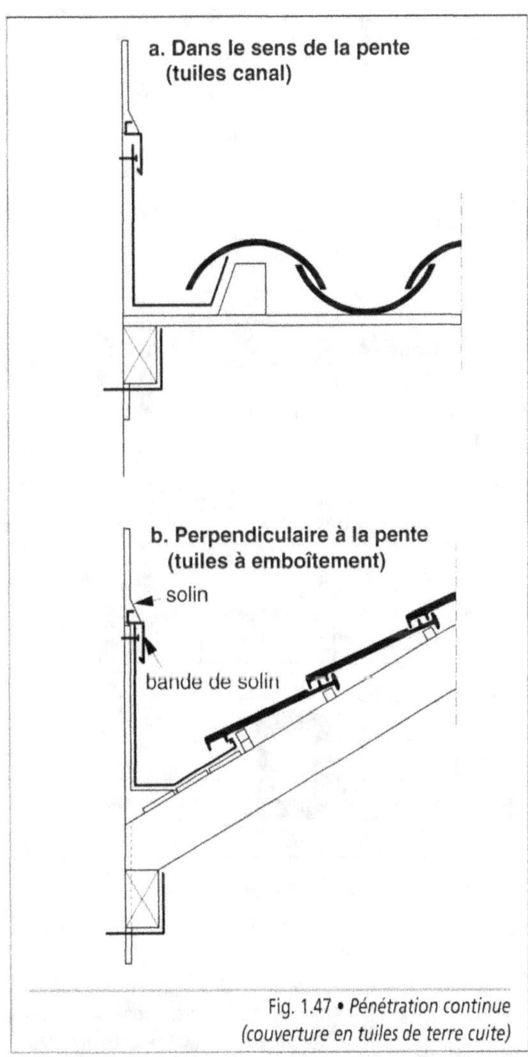

Fig. 1.47 • *Pénétration continue
(couverture en tuiles de terre cuite)*

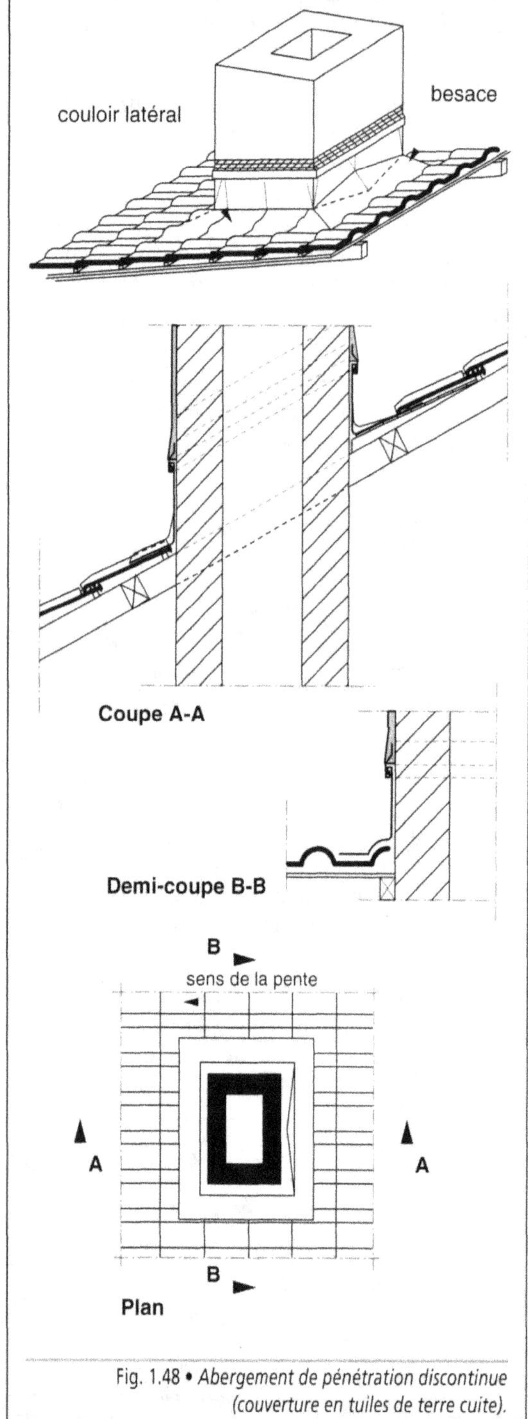

Fig. 1.48 • *Abergement de pénétration discontinue (couverture en tuiles de terre cuite).*

Photo. 1.14 • *Couverture en tuiles de terre cuite à emboîtement – Raccordement avec la jouée en zinc d'une lucarne.*

- Sur des pénétrations discontinues, la couverture vient se raccorder à l'aide de pièces métalliques façonnées (souches de cheminée) (Fig. 1.48).

- Les pénétrations ponctuelles (passages de tuyaux de ventilation) sont exécutées à l'aide de pièces spéciales (tuiles à douille) ou avec un abergement* métallique.

6.5. *La fixation des tuiles*

La fixation des tuiles joue un double rôle :

- éviter leur glissement ;

- résister à l'arrachement par l'effet du vent.

	PENTES EN %	ZONES I ET II SITE PROTÉGÉ ET NORMAL		ZONES I ET II SITE EXPOSÉ		ZONE III TOUS SITES	
		Rives et égouts	Partie courante	Rives et égouts	Partie courante	Rives et égouts	Partie courante
TUILES CANAL	$p \leq 30$	toutes	aucune	toutes	toutes	toutes	toutes
	$30 < p \leq 60$	toutes	toutes	toutes	toutes	toutes	toutes
	$. 60 < p$	toutes	toutes	toutes	toutes	toutes	toutes
TUILES PLATES	$p \leq 100$	aucune	aucune	toutes	1 sur 6	toutes	1 sur 6
	$100 < p \leq 175$	toutes	aucune	toutes	1 sur 6	toutes	1 sur 6
	$175 < p \leq 300$	toutes	1 sur 6	toutes	1 sur 6	toutes	1 sur 6
	$300 < p$	toutes	toutes	toutes	toutes	toutes	toutes
TUILES À EMBOÎTEMENT À PUREAU PLAT	$p \leq 100$	toutes	aucune	toutes	1 sur 5	toutes	1 sur 5
	$100 < p \leq 175$	toutes	1 sur 5	toutes	1 sur 5	toutes	1 sur 5
	$175 < p$	toutes	toutes	toutes	toutes	toutes	toutes
TUILES À EMBOÎTEMENT OU À GLISSEMENT	$p \leq 100$	toutes	aucune	toutes	1 sur 5	toutes	1 sur 5
	$100 < p \leq 175$	toutes	1 sur 5	toutes	1 sur 5	toutes	1 sur 5
	$175 < p$	toutes	toutes	toutes	toutes	toutes	toutes

Tab. 1.15 • *Tuiles en terre cuite – Fixation des tuiles en fonction de la pente et du site.*

Le mode de fixation et leur nombre sont définis en fonction de la forme des tuiles, de leur poids et de leur format, de la pente de la couverture, de la région et du site où se trouve l'ouvrage, exposé ou non (Tab. 1.15).

En général, la fixation est réalisée à l'aide de clous, de crochets en acier galvanisé ou par pannetonnage (Fig. 1.49).

En principe, les tuiles canal tiennent par leur propre poids, le premier rang de tuiles de courant étant scellé pour assurer son maintien, ainsi que les tuiles de rive et les faîtières. Toutefois, dans certaines conditions d'exposition et de pente, elles doivent être solidarisées entre elles et fixées sur le support à l'aide de mortier (chaux ou bâtard) et, pour les fabrications récentes, à l'aide de crochets ou de clous.

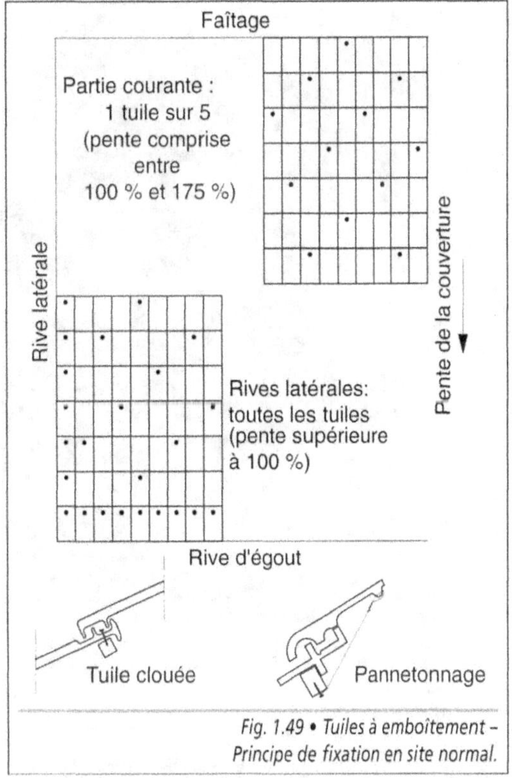

Fig. 1.49 • *Tuiles à emboîtement – Principe de fixation en site normal.*

7. Les couvertures en tuiles en béton

Le matériau utilisé est un micro-béton composé de granulats naturels de petites dimensions (sable fin ou moyen), d'un liant (ciment CPA ou CPJ), d'eau et d'adjuvants spécifiques. Les tuiles sont réalisées par formage sous pression à l'aide d'un mortier de consistance ferme, puis par passage en étuve. Suivant le produit, la face supérieure peut être plane ou profilée ; en partie amont, la face inférieure reçoit un ou deux tenons permettant l'ancrage de la tuile sur son support. Les tuiles sont teintées dans la masse à l'aide de pigments compatibles avec les différents constituants, ou en surface à l'aide de colorants stables.

Il en résulte un produit qui offre :

- une grande régularité des formes et des dimensions ;

- une bonne planéité présentant des zones d'assemblage et des parties d'écoulement parfaitement marquées, sans variations dimensionnelles ;

- des caractéristiques d'aspect régulières ;

- une bonne résistance mécanique à la rupture par flexion et au choc (Photo. 1.15) ;

- des qualités physiques fiables : faible perméabilité, bonne résistance au gel.

Deux gammes de produits sont fabriquées : les tuiles plates et les tuiles à glissement et à emboîtement (Fig. 1.50). Leur mise en œuvre suit sensiblement les règles applicables aux produits équivalents en terre cuite, de même que les conditions de fixation et de ventilation.

Photo. 1.15 • *Tuile en béton – Essai de rupture à la flexion.*

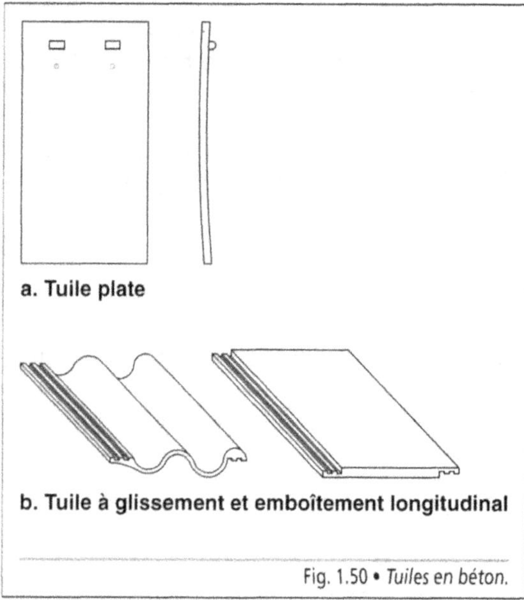

Fig. 1.50 • *Tuiles en béton.*

Les points particuliers sont traités avec des accessoires en béton ou à l'aide de profilés en métal ou en PVC, suivant les principes énoncés précédemment.

7.1. Les tuiles plates

Ce type de tuile en béton a une forme rectangulaire de profil plan ou légèrement galbé, muni d'un ou de deux tenons en partie supérieure de la face inférieure et percé de deux trous pour le clouage.

Les dimensions sont de l'ordre de 17 cm × 24 cm à 20 cm × 30 cm. Le nombre d'éléments au mètre carré (entre 25 et 70) est calculé en fonction de ses dimensions et des conditions de recouvrement définies selon la localisation de la construction. Le poids de ce type de couverture varie de 65 daN à 90 daN au mètre carré.

Les tuiles sont mises en œuvre à pose croisée sur des liteaux en bois ou métalliques, les tenons venant s'accrocher sur ceux-ci.

Site	Pentes minimales en %		
	Zones d'application		
	Zone I	Zone II	Zone III
	Recouvrement minimal en cm		
	7	7	8
Protégé	80	80	90
Normal	90	100	110
Exposé	110	120	125

Tab. 1.16 • *Tuiles plates en béton – Pentes minimales admissibles par le support.*

En zone I et sans écran, ces tuiles sont utilisées pour des pentes supérieures ou égales à 80 %, selon l'exposition de la construction et le recouvrement ; avec écran, cette pente minimale peut être ramenée à 70 % (Tab. 1.16).

7.2. Les tuiles à glissement et à emboîtement longitudinal

Les tuiles en béton ont une surface plane ou faiblement galbée. Elles sont couramment employées. Leurs caractéristiques sont les suivantes :

- longueur .... 42 cm
- largeur .... 32,8 cm
- pureau longitudinal variable .... de 34,5 cm à 29,5 cm
- nombre au mètre carré.. 10 à 11,5
- poids au mètre carré...... 42 daN à 51 daN.

La pose se fait à joints droits ou à joints croisés, sur un support composé de liteaux en bois ou métalliques (Fig. 1.51). Le pureau et le recouvrement sont adaptés à la pente ; lorsque celle-ci est faible, la présence d'un écran devient obligatoire (Tab. 1.17).

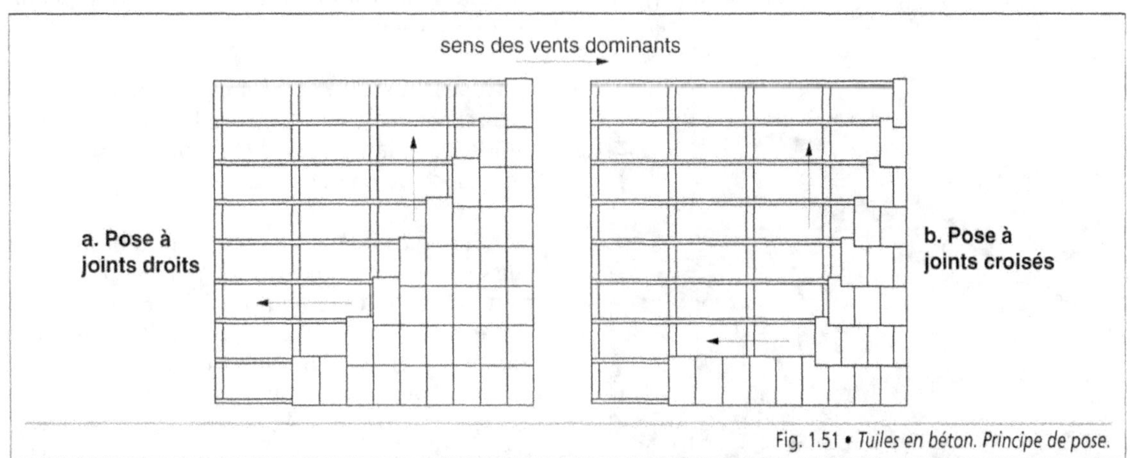

Fig. 1.51 • *Tuiles en béton. Principe de pose.*

PENTES p en %	RECOUVREMENT MINIMAL en cm	ÉCRAN SOUS TOITURE		
		site protégé	site normal	site exposé
$40 \leq p < 45$	12,5	obligatoire	obligatoire	obligatoire
$45 \leq p < 60$	10,0	obligatoire	obligatoire	obligatoire
$60 \leq p$	7,5	facultatif	facultatif	obligatoire

Tab. 1.17 • *Tuiles en béton à glissement ou à emboîtement. Nécessité ou non d'un écran en fonction de la pente.*

La pente minimale admise est de 40 %. Toutefois, dans des conditions optimales de site et d'exposition et sous réserve de respecter les directives de pose, certaines fabrications permettent de couvrir des toitures dont la pente est inférieure à 30 %.

8. Les couvertures en bardeaux bitumés

Les bardeaux bitumés sont des plaques composées de bitume armé de voile de verre. Sur la partie apparente, ils sont protégés par un surfaçage de paillettes d'ardoise ou de granulés de céramique autorisant divers coloris (Photo. 1.16). Ils sont constitués de trois bandes horizontales (Fig. 1.52) :

• la partie supérieure ou zone de recouvrement ;

Photo. 1.16 • *Couverture en bardeaux d'asphalte – Rive latérale en zinc.*

• la bande centrale ou zone de fixation par clouage ou par collage ;

• la bande inférieure recoupée par des entailles pour former les jupes, au nombre de trois ou quatre.

Les caractéristiques sont les suivantes :

• longueur ....900 mm à 1 000 mm

• largeur ....300 mm à 360 mm

• épaisseur ....3,5 mm

• poids au mètre carré ....10 daN environ.

Certains fabricants proposent des bardeaux dont la longueur est de 500 mm pour une largeur de 300 mm et une épaisseur de 5 mm à 6 mm, les jupes étant de forme carrée, ronde ou en ogive. Avec ce type de bardeaux, le poids de la couverture est de l'ordre de 20 daN à 25 daN au mètre carré.

Les bardeaux bitumés sont insensibles au gel. Leur classement au feu est M3. L'intérêt majeur réside dans la réalisation de couverture légère de surface plane ou courbe.

La mise en œuvre des bardeaux bitumés s'effectue en partant de la rive d'égout et en remontant vers le faîtage (Fig. 1.53), soit par clouage (pose à la française), soit par collage (pose à l'américaine) sur un support continu. Ils sont collés entre eux, avec un recouvrement adapté à la pente et à localisation de l'ouvrage (Tab. 1.18).

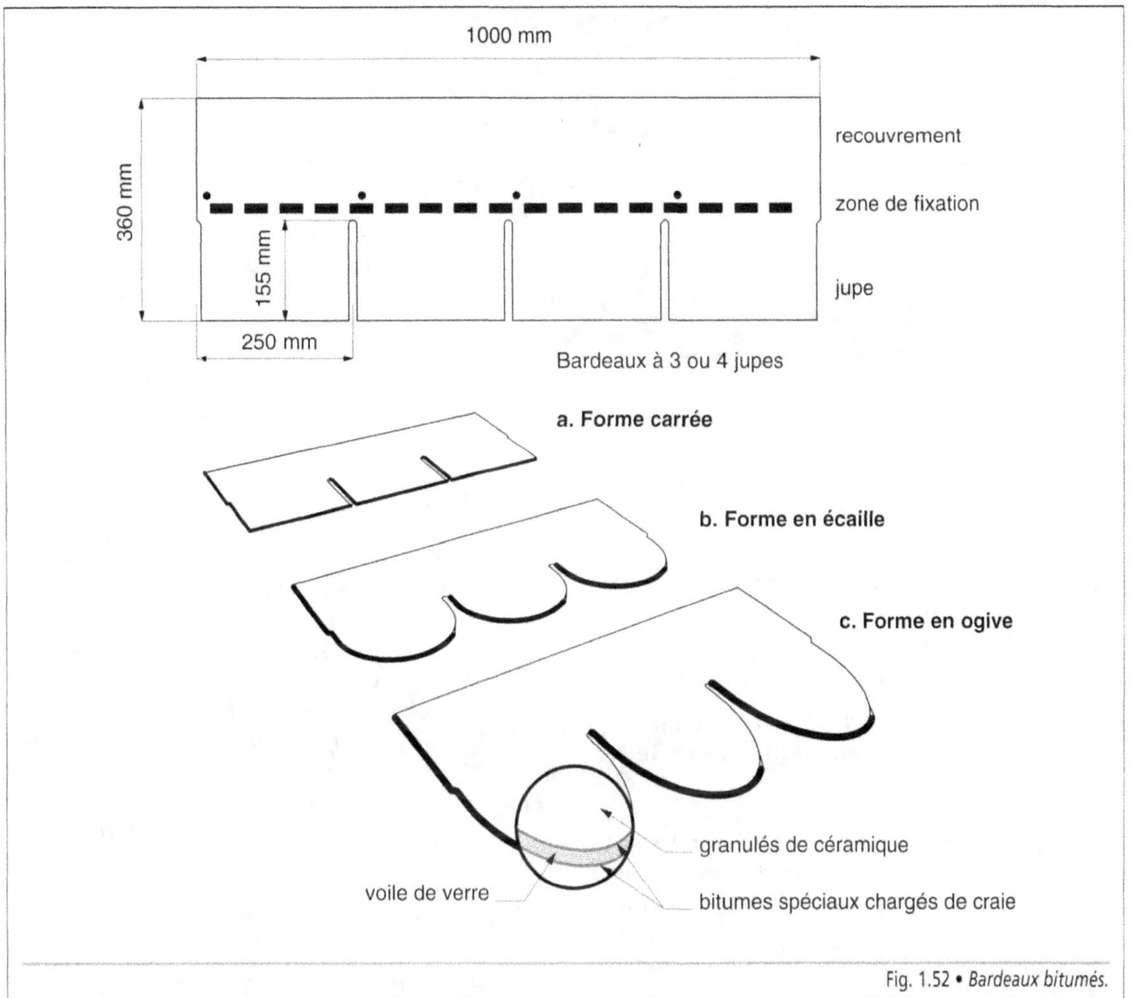

Fig. 1.52 • *Bardeaux bitumés.*

PENTE DE LA COUVERTURE p EN %	ZONES I ET II			ZONE III		
	Projection horizontale du rampant l en m			Projection horizontale du rampant l en m		
	l ≤ 5,5	5,5 < l ≤ 11	11 < l ≤ 16,5	l ≤ 5,5	5,5 < l ≤ 11	11 < l ≤ 16,5
20 ≤ p ≤ 25	120	120	—	120	—	—
25 < p ≤ 30	100	120	120	120	120	120
30 < p ≤ 35	70	80	100	80	100	120
35 < p ≤ 40	50	50	70	50	70	80
40 < p	50	50	50	50	50	50

Tab. 1.18 • *Couverture en bardeaux – valeurs des recouvrements R en mm en fonction de la localisation, de la pente et de la longueur du rampant.*

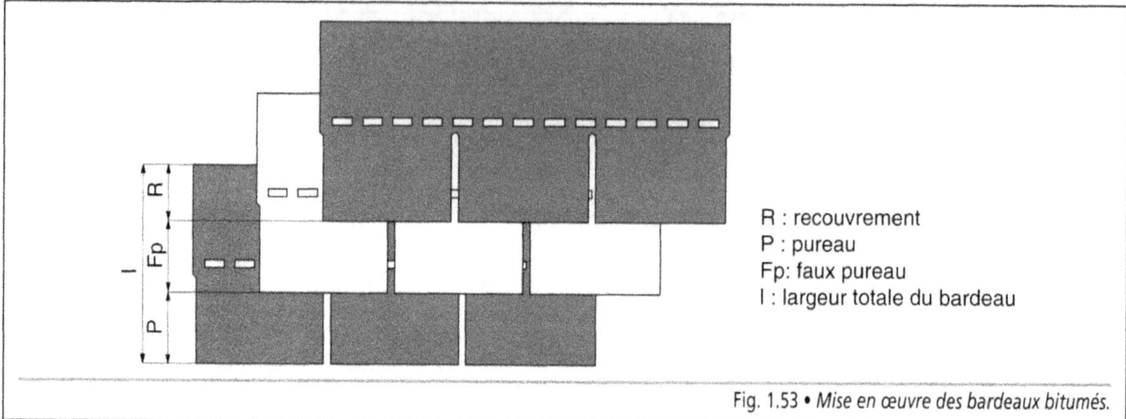

Fig. 1.53 • *Mise en œuvre des bardeaux bitumés.*

Le support est constitué par :

- un voligeage jointif en planches ou en lames à parquet bouvetées* ;

- des panneaux de particules ignifugés CTB-H de 18 mm d'épaisseur au minimum ;

- des panneaux de contre-plaqué CTB-X dont l'épaisseur est de l'ordre de 12 mm à 15 mm ;

- des panneaux sandwich incorporant un isolant thermique et bénéficiant d'un Avis Technique.

Les panneaux sont assemblés par rainures et languettes. Leur épaisseur est déterminée en fonction de l'écartement des appuis, des charges verticales à reprendre et, dans le cas de panneaux sandwich, du degré d'isolation souhaité.

En montagne, c'est-à-dire pour les bâtiments implantés à une altitude supérieure à 900 m, des dispositions particulières doivent être prises, telles que la mise en place d'une chape complémentaire d'étanchéité ou la réalisation de double toiture ventilée comme indiqué dans le paragraphe 3.2.

8.1. La ventilation

La ventilation de la sous-face de la couverture est obligatoire. Les orifices de ventilation sont répartis pour moitié en partie basse de la couverture et pour moitié à proximité du faîtage. Ils sont ponctuels (chatières) ou linéaires (fentes) et protégés par des grillages à mailles serrées. Leur surface globale (entrées et sorties d'air) est supérieure au $1/500^e$ de la surface de la couverture.

Lorsque l'isolant est sous rampant (cas des combles habitables), l'épaisseur de la lame d'air entre l'isolant et la sous-face du support des bardeaux est au minimum de 40 mm. Ces dispositions ne sont pas applicables lorsque le support est composé de panneaux sandwich sur lesquels sont directement collés les bardeaux.

8.2. Les points particuliers

Les points particuliers sont traités en utilisant divers accessoires de manière à assurer la continuité de l'étanchéité et le bon écoulement des eaux pluviales (Fig. 1.54).

- **Le faîtage** et les arêtiers sont réalisés soit avec des éléments de bardeau pliés et collés à cheval sur les deux long-pans, soit avec une bande métallique maintenue par des pattes ; la première solution est plus esthétique.

- **La rive d'égout** est exécutée avec une bande métallique, à larmier, sur laquelle est collée une bande de doublis formée de bardeaux dont les jupes ont été coupées ; le recouvrement minimal sur la bande à larmier est de 100 mm.

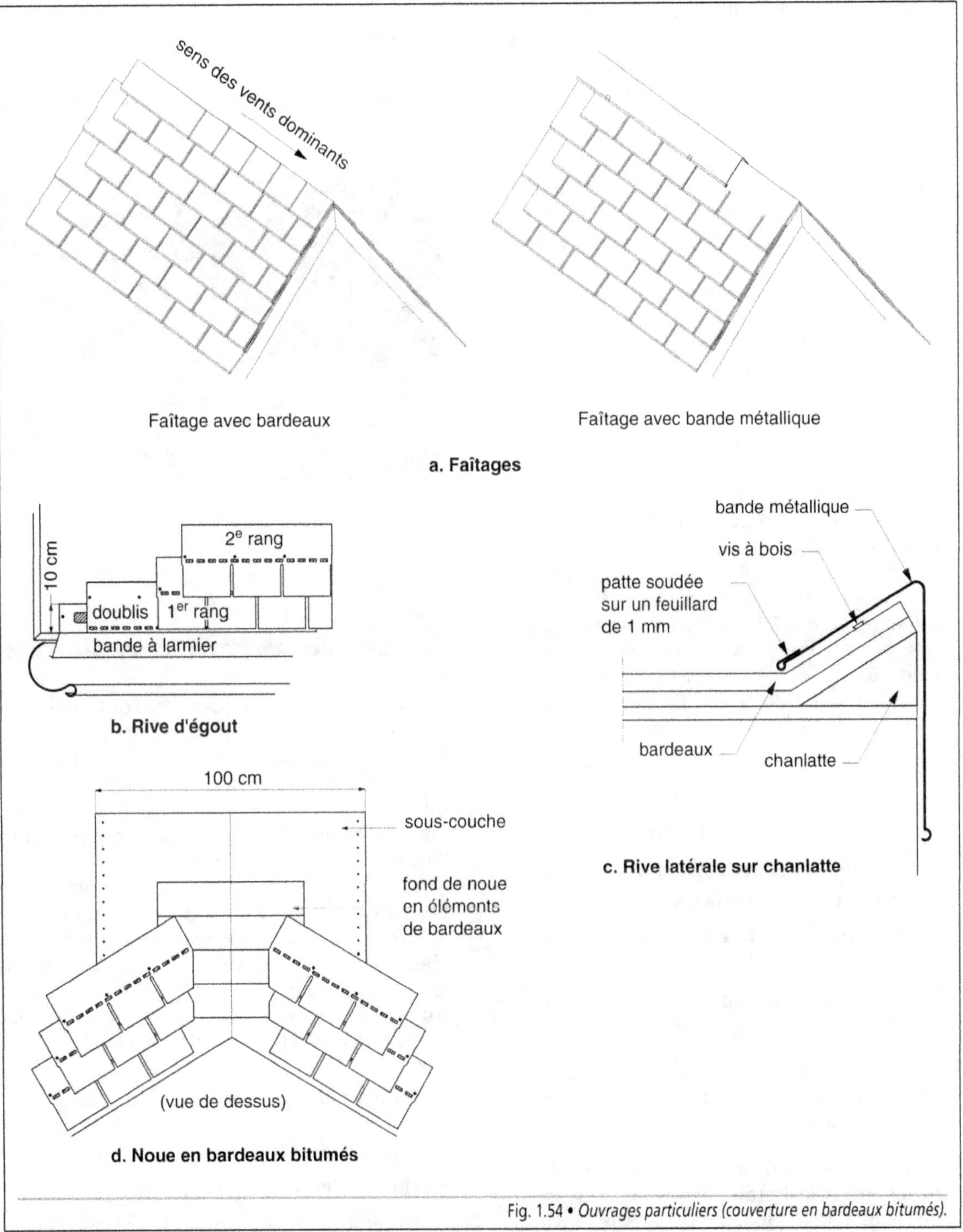

Fig. 1.54 • *Ouvrages particuliers (couverture en bardeaux bitumés).*

- **Les rives latérales** sont réalisées à l'aide d'une ou de plusieurs bandes métalliques selon les solutions suivantes : une bande à ourlet protégeant le support, sur laquelle sont fixés les bardeaux, une bande à ourlet pliée venant sur les bardeaux collés sur une chanlatte, ou des bandes fixées sur une planche de rive.

- **La noue** est obligatoirement constituée d'une sous-couche en chape de bitume armé type 50 clouée latéralement, et d'un fond de noue formé soit par une chape de bitume protégée de 3,5 mm d'épaisseur, soit par des bardeaux ; une autre solution consiste à prévoir une noue métallique de type encaissé.

- **Les pénétrations** sont traitées de manière différentes selon qu'elles sont continues ou discontinues. Le raccordement sur des pénétrations continues se fait à l'aide d'une bande de solin venant en recouvrement sur des noquets métalliques dont la longueur est égale à la largeur des bardeaux et la largeur égale ou supérieure à 100 mm. La hauteur des relevés est supérieure à 50 mm. Le raccordement sur des pénétrations discontinues est réalisé à l'aide de pièces façonnées (souches et fenêtres sur toit) ou de pièces métalliques munies d'un fourreau (passage de tuyau).

9. Les autres matériaux pour couvertures en petits éléments

Les autres matériaux utilisés localement pour les couvertures en petits éléments sont :

- la pierre sous forme de dalles plates, les lauzes, posées suivant rampant ; ce sont des couvertures lourdes ;

- le bois, mélèze ou red cedar, sous forme de tavaillons, planchettes fendues suivant le fil du bois, d'une longueur de 45 cm environ

pour une largeur de 10 cm à 30 cm et une épaisseur de 2 cm à 4 cm ;

- le chaume assemblé en fascines formant des couverture épaisses, de l'ordre de 10 cm (Photo. 1.17).

Photo. 1.17 • *Couverture en chaume – Détail vers une lucarne.*

10. Les couvertures en plaques

Les couvertures en plaques sont constituées par des éléments soit nervurés, soit ondulés, en différents matériaux répondant aux normes en vigueur : métal, fibres-ciment, matières plastiques, produits verriers (Fig. 1.55). Elles sont portées directement par les pannes dont l'espacement est déterminé en fonction des caractéristiques du matériau, des surcharges admises et des conditions climatiques. Relativement économiques, ces couvertures sont utilisées pour couvrir des versants qui atteignent des longueurs de 40 m ou plus, dans les secteurs scolaire, industriel, commercial et agricole, sous réserve de respecter les règles de pose.

La fixation des plaques de couverture

Elle joue un double rôle :

- éviter le glissement des éléments ;

- résister à l'arrachement par l'effet du vent.

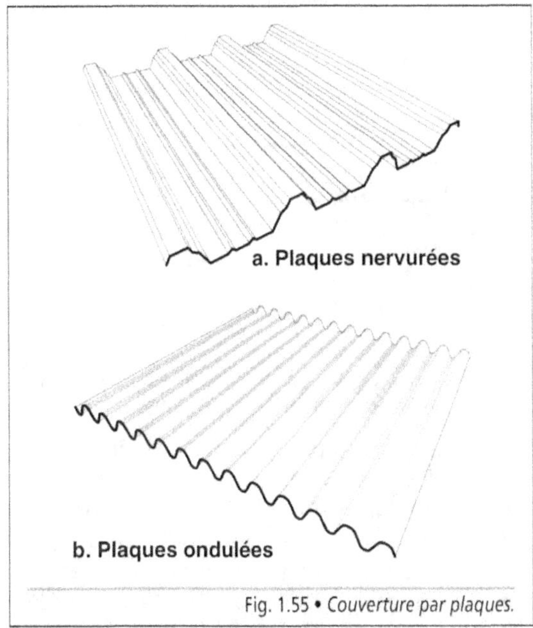

a. Plaques nervurées

b. Plaques ondulées

Fig. 1.55 • *Couverture par plaques.*

Selon le support (bois ou métal), la fixation est exécutée à l'aide de tirefonds, de boulons ou de vis autoperceuses. Elle est placée en haut des nervures ou des ondes, avec un complément d'étanchéité (Fig. 1.56). En principe, la nervure de rive est fixée sur chaque panne. Les nervures principales sont ancrées aux pannes faîtières, aux pannes sablières et au droit des recouvre-

ments transversaux. La densité minimale des autres fixations tient compte des efforts d'arrachement. Elle est indiquée par le fabricant en fonction des paramètres suivants :

* la nature du matériau constituant les plaques et l'épaisseur nominale de celles-ci ;

* les dépressions normales de vent dans la région considérée ;

* la résistance de l'assemblage : support, fixation et plaque ;

* la portée d'utilisation des plaques.

Les plaques translucides en matières plastiques utilisées pour constituer des zones d'éclairement zénithal doivent pouvoir se dilater librement ; à cet effet, elles sont maintenues à l'aide de pattes coulissantes.

10.1. Les couvertures en plaques nervurées métalliques

Les plaques nervurées métalliques sont en tôle d'acier galvanisé ou en aluminium ; elles peuvent être prélaquées ou non. Les nervures, de hauteurs différentes suivant les fabrications, rigidifient les plaques et les rendent plus résistantes aux efforts qu'elles ont à supporter.

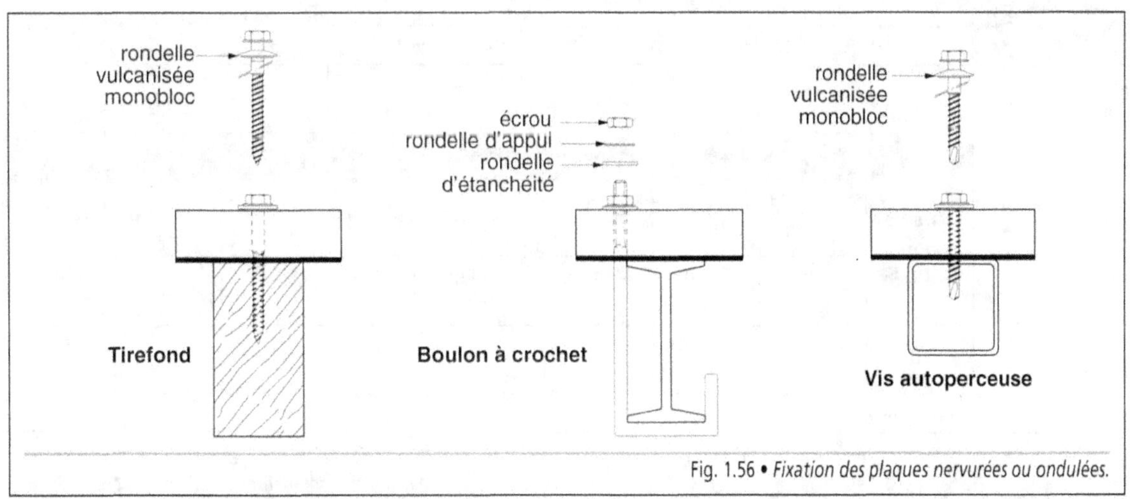

Fig. 1.56 • *Fixation des plaques nervurées ou ondulées.*

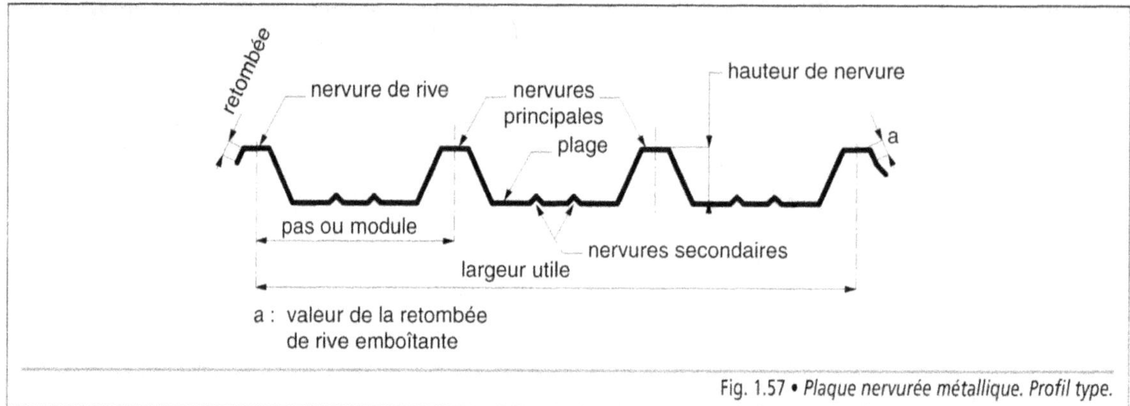

Fig. 1.57 • *Plaque nervurée métallique. Profil type.*

Les plaques nervurées métalliques sont caractérisées par :

- la nature du métal, acier ou aluminium ;

- les dimensions de la plaque (largeur et longueur), l'épaisseur de la tôle et la largeur du pas (Fig. 1.57) ;

- la hauteur des nervures principales, qui doit être supérieure à 25 mm ;

- la présence ou non de nervures secondaires ;

- le degré de finition permettant de résister à la corrosion en atmosphère plus ou moins agressive (Tab. 1.19).

L'utilisation de ces plaques est réservée à la couverture des bâtiments d'hygrométrie faible ou moyenne situés à une altitude inférieure à 900 m (Tab. 1.20). Les autres conditions d'emploi font l'objet d'études spécifiques. En effet, des condensations passagères peuvent apparaître en certaines périodes de l'année (intersaison, hiver) ou après une pluie, en été, par suite d'une variation du degré hygrométrique de l'air ambiant en contact avec la sous-face de la couverture.

TÔLES PRÉLAQUÉES	AMBIANCES INTÉRIEURES			
	Ambiances saines		Ambiance agressive	
	Hygrométrie faible	Hygrométrie moyenne		
Faces intérieures	II	II	(1)	

	ATMOSPHÈRES EXTÉRIEURES							
	Rurale non polluée	Urbaine ou industrielle		Marine				Spéciale	
		normale	sévère	20 à 10 km	10 à 3 km	< 3 km	mixte	forts UV	particulière
Faces extérieures	III	III	(1)	III	IV	V	(1)	(1)	(1)

(1) La définition du revêtement doit être arrêtée en accord avec le fabricant.

Tab. 1.19 • *Catégories minimales de tôles en acier galvanisé prélaqué à employer en fonction de l'ambiance intérieure et de l'atmosphère extérieure.*

TYPES DE LOCAUX	**EXEMPLES À TITRE INDICATIF**	**HYGROMÉTRIE W/n***
Local à faible hygrométrie (ambiance intérieure saine et sèche)	Logements équipés de VMC Immeubles de bureaux Résidences-foyers Bâtiments industriels à usage de stockage Ateliers mécaniques Bâtiments sportifs sans public	$W/n \leq 2,5 \ \text{g/m}^3$
Local à hygrométrie moyenne (ambiance intérieure saine)	Logements équipés de VMC y compris cuisines et salles d'eau Résidences hôtelières Locaux scolaires équipés de VMC Centres commerciaux équipés de VMC	$2,5 < W/n \leq 5 \ \text{g/m}^3$
Local à hygrométrie moyenne, à forte hygrométrie intermittente	Locaux sportifs avec public Locaux culturels Salles polyvalentes	
Local à forte hygrométrie (ambiance intérieure humide)	Logements médiocrement ventilés Logements suroccupés Locaux à forte concentration humaine ou animale : salles de réunion, bâtiments d'élevage agricole, etc. Locaux avec forte production de vapeur d'eau : piscines, conserveries, brasseries, papeteries cuisines collectives, blanchisseries industrielles, etc. Locaux à atmosphère humide contrôlée : boulangeries industrielles, imprimeries, etc.	$5 < W/n \leq 7,5 \ \text{g/m}^3$
Local à très forte hygrométrie (ambiance intérieure très humide)	Locaux industriels nécessitant le maintien d'une humidité relative élevée Locaux sanitaires de collectivités	$7,5 \ \text{g/m}^3 < W/n$
W/n* où : W est la quantité de vapeur produite à l'intérieur du local par heure (g/h) n est le taux horaire de renouvellement d'air (m^3/h)		

Tab. 1.20 • *Classification des locaux en fonction de leur hygrométrie.*

10.11. Les plaques nervurées en tôles d'acier galvanisées prélaquées

Les plaques nervurées sont issues de tôles d'acier galvanisées et prélaquées en continu et répondent aux spécifications de la norme NF P 34-301 : *Tôles d'acier galvanisées prélaquées en continu – Spécifications.* La galvanisation s'effectue à chaud en continu de façon que la masse nominale du revêtement à base de zinc soit au minimum de 100 g/m^2, 225 g/m^2 ou 350 g/m^2 pour les deux faces (Z100, Z225, Z350).

Les tôles reçoivent une couche primaire, revêtement organique de 5 µm à 10 µm, qui améliore l'accrochage des couches de finition constituées par des laques thermodurcissables (polyester) ou thermoplastiques (plastisol*, PVDF*). Selon le type de revêtement et son épaisseur minimale, appliqué soit sur la face extérieure soit sur les deux faces, les plaques sont classées en six catégories numérotées de I à VI (Tab. 1.21). L'épaisseur minimale est de 20 µm pour des laques de polyester ou de PVDF, et de 80 µm pour le plastisol. Leur utilisation est déterminée en fonction des conditions d'exposition aux ambiances intérieures et à l'atmosphère extérieure (Tab. 1.19).

Les dimensions des plaques nervurées sont les suivantes :

- longueurs courantes : de 2 m à 12 m ;

- largeur utile : 0,60 m à 1,10 m entre les axes des nervures extrêmes ;

- épaisseurs courantes : 0,63 mm – 0,70 mm – 0,75 mm – 0,80 mm – 1,00 mm – 1,25 mm (Fig. 1.58).

En général, les plaques nervurées sont planes. Toutefois, des profils cintrés par crantage sont disponibles, permettant de réaliser des couvertures courbes (Photo. 1.18a et 1.18b).

SYSTÈMES DE REVÊTEMENT		
Galvanisation	Revêtement organique (µm)	Catégories admises
Z 225	Envers de bande 5 à 12	I et II
	Polyester de 10 à 20	I à III
	Polyester 25	III et IV
	Polyester 35	IV à VI
	PVDF 25	III à V
	PVDF 35	IV à VI
	PVDF 45 à 60	V et VI
	PVC 100 à 200	IV et V
	PVC-UVR (1) 100 à 200	IV à VI
(1) PVC-UVR : PVC résistant aux UV		

Tab. 1.21 • *Définition des catégories de tôle en acier galvanisé prélaqué selon le système de revêtement.*

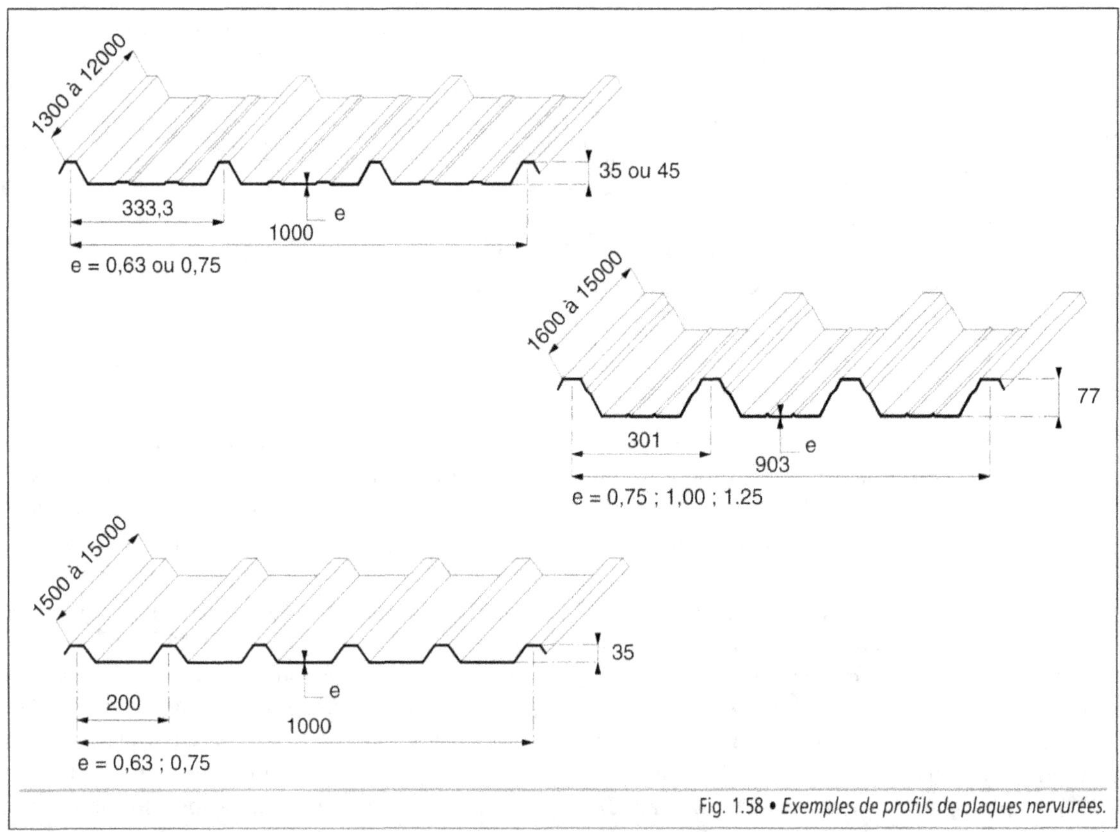

Fig. 1.58 • *Exemples de profils de plaques nervurées.*

Photo. 1.18a et 1.18b • *Couverture en plaques nervurées de tôle d'acier prélaqué – Planes et cintrées.*

Les plaques sont posées sur un support constitué de pannes métalliques ou en bois, dont la pente est déterminée en fonction des zones climatiques et de la hauteur des nervures (Tab. 1.22). La pose commence toujours par la rive inférieure vers le faîtage et la direction des ondes est parallèle à la ligne de plus grande pente. L'entraxe maximal entre les pannes est calculé en fonction du profil de la plaque, de son épaisseur et des charges supportées suivant la zone climatique. Le débord en rive d'égout ne peut pas être supérieur à 400 mm.

Le recouvrement longitudinal est obtenu par l'emboîtement de la nervure de la rive d'extrémité de la plaque à poser sur la nervure d'extrémité de la plaque en place. Il s'effectue dans le sens opposé aux vents dominants (Fig. 1.59).

CONFIGURATION DE LA COUVERTURE	HAUTEUR DES NERVURES h en mm	ZONE ET SITUATION CLIMATIQUE						
		Zone I			Zone II			Zone HH
		Situation protégée	Situation normale	Situation exposée	Situation protégée	Situation normale	Situation exposée	Toutes situations
1er cas	h ≥ 35	5	5	5	5	5	5	5
	h < 35	7	7	7	7	7	7	15
2e cas	h ≥ 35	7	7	10 (2)	7	10 (2)	10 (2)	(1)
	h < 35	10 (2)	10 (2)	15 (2)	10 (2)	15 (2)	15 (2)	15

1er cas : simultanément : pas de pénétrations,

pas de plaques PRV translucides,

plaques nervurées de longueur égale à celle du rampant.

2e cas : tous les autres cas.

(1) altitude (H) ≤ 500 m : pente p ≥ 10 ; 500 < altitude (H) ≤ 900 m : pente p ≥ 15.

(2) la pente peut être ramenée à 7 % à condition qu'il n'y ait pas de plaques translucides en PRV et que les joints transversaux reçoivent un complément d'étanchéité.

Tab. 1.22 • *Plaques nervurées en acier galvanisé prélaqué. Valeurs minimales des pentes exprimées en pourcentage.*

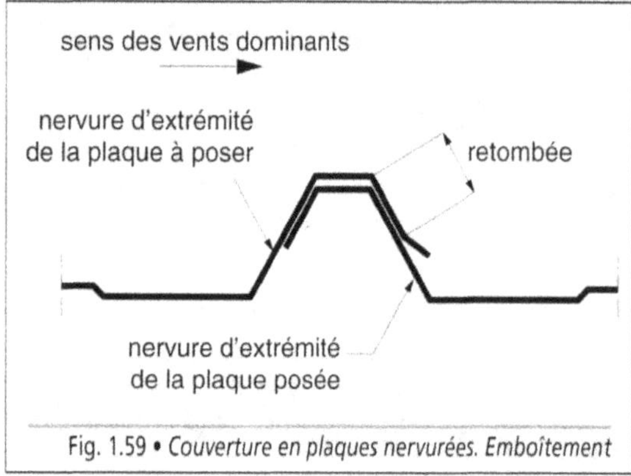

Fig. 1.59 • *Couverture en plaques nervurées. Emboîtement*

Le recouvrement transversal est toujours réalisé au droit d'un appui, l'axe de la fixation se trouvant sensiblement au milieu de la zone de recouvrement. Effectué sans complément d'étanchéité, le recouvrement transversal doit respecter des valeurs définies en fonction de la pente et de la zone climatique où se trouve l'ouvrage (Tab. 1.23). Lorsqu'un complément d'étanchéité est prévu (Fig. 1.60), la plage de recouvrement est comprise entre 150 mm et 200 mm et la pente minimale peut être ramenée à 7 % dans la plupart des cas de figure.

PENTES (p %)	RECOUVREMENT (mm)		
	Zones climatiques		
	Zone I	Zone II	Zone III
Pose sans complément d'étanchéité			
$7 \leq p < 10$	300	300	—
$10 \leq p < 15$	200	200	300
$15 \leq p$	150	150	200
Pose avec complément d'étanchéité			
$7 \leq p$	150	150	200

Tab. 1.23 • *Plaques nervurées en acier galvanisé prélaqué. Valeurs minimales des recouvrements transversaux*

En principe, la longueur du rampant n'excède pas 40 m lorsque la hauteur des nervures principales est supérieure à 35 mm et 30 m lorsqu'elle est inférieure à 35 mm.

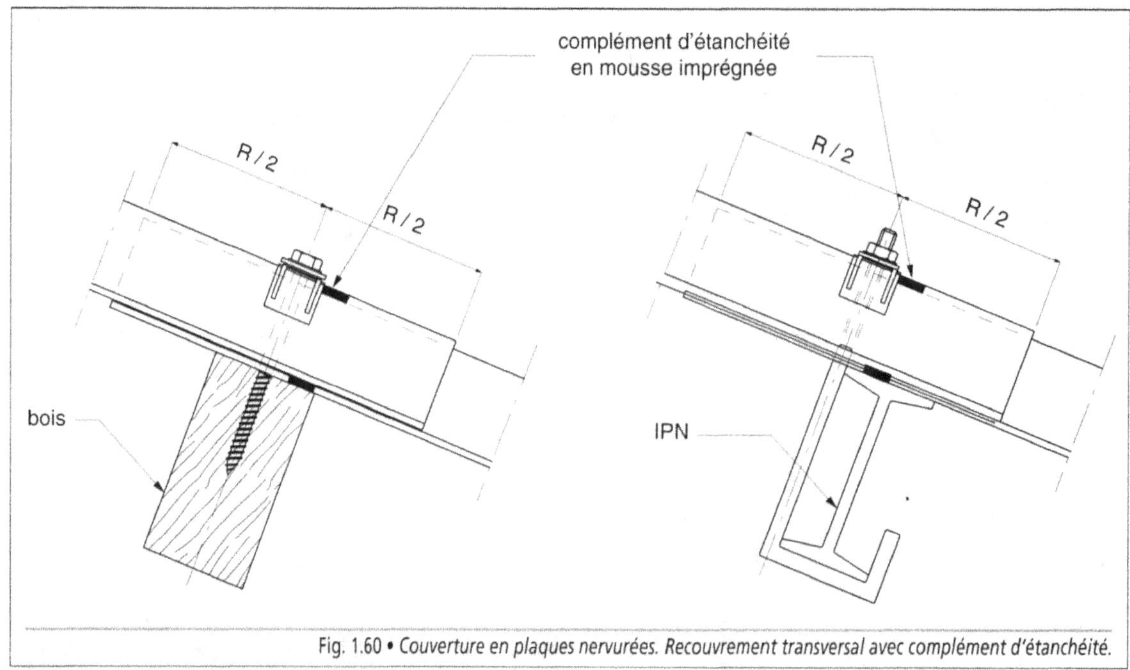

Fig. 1.60 • *Couverture en plaques nervurées. Recouvrement transversal avec complément d'étanchéité.*

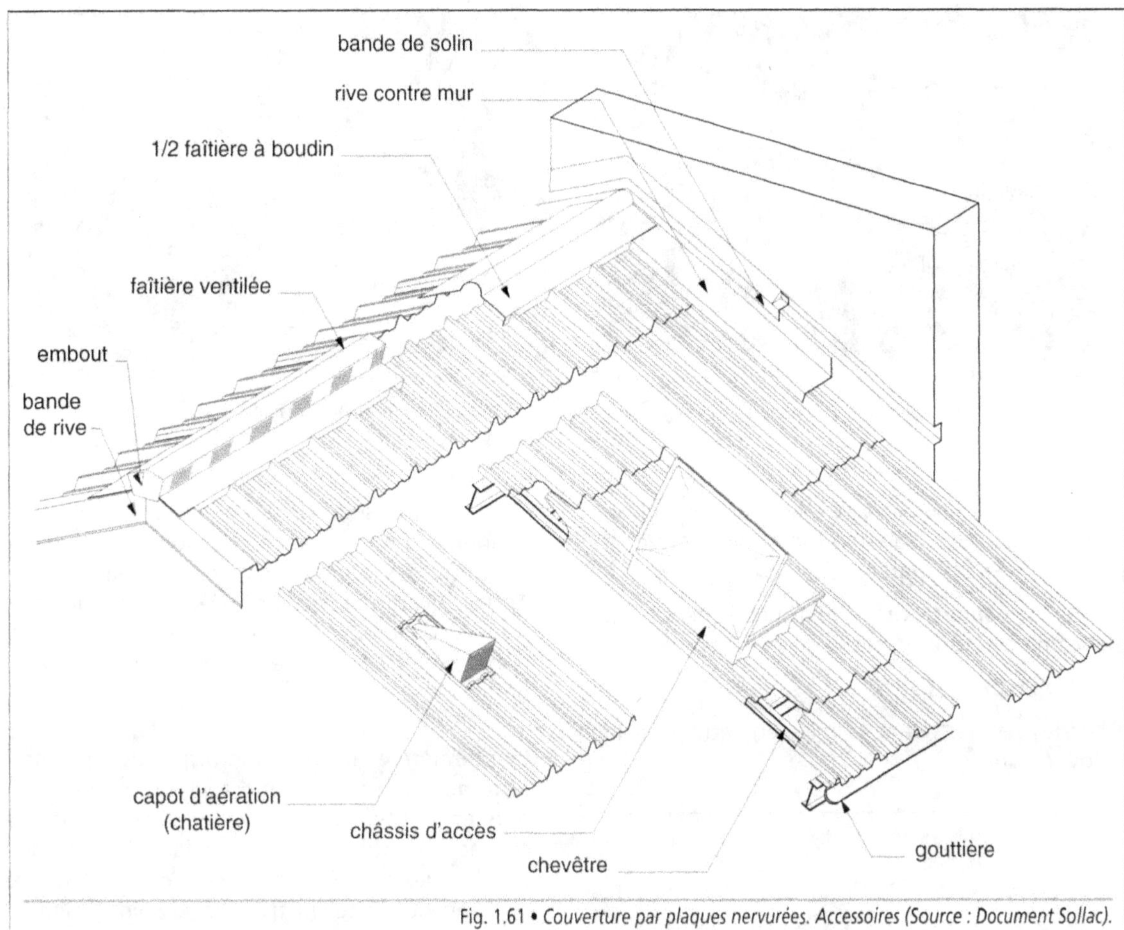

Fig. 1.61 • *Couverture par plaques nervurées. Accessoires (Source : Document Sollac).*

Comme pour les autre types de couverture, des accessoires permettent de traiter les points particuliers : faîtières, closoirs fermant les ondes, rives, chéneaux etc. (Fig. 1.61 – Photo. 1.19a et 1.19b). Ces pièces sont obtenues en partant de tôles d'acier galvanisées et prélaquées en continu ayant les mêmes caractéristiques que celles utilisées pour les plaques courantes.

L'éclairement zénithal est assuré par des plaques translucides en polyester armé de fibres de verre (PRV), de même profil et de même longueur que les plaques courantes. Elles s'insèrent dans la couverture en respectant les règles de recouvrement énoncées précédemment. Le recouvrement transversal minimal est de 200 mm. Un joint en mousse parfait l'étanchéité pour les faibles pentes ou dans certaines zones climatiques.

Le risque de condensation signalé précédemment peut être évité grâce à l'isolation thermique des locaux et à la ventilation de la sous-face des plaques. Une autre solution consiste à effectuer un flocage de la face intérieure à l'aide d'un matériau isolant et poreux de faible épaisseur.

Photo. 1.19a et 1.19b • *Couverture en plaques nervurées de tôle d'acier prélaqué –*
Juxtaposition des toitures – Chéneaux encastrés (Architecte : D. Sloan).

Associée à une couverture par plaques nervurées métalliques, l'isolation thermique peut être positionnée de la manière suivante :

• sous les pannes, sur un plafond suspendu ou sur une ossature porteuse (Fig. 1.62) ;

• entre les pannes ;

• sur les pannes avant la mise en œuvre de la couverture.

La deuxième solution présente des risques de condensation, en raison des ponts thermiques au droit des pannes qui ne sont pas isolées. Cette technique ne peut être retenue que pour recouvrir des locaux à faible hygrométrie, dans lesquels la condensation ne crée pas de gêne.

La première et la troisième disposition permettent de limiter les ponts thermiques dus aux pannes. Toutefois, compte tenu des points de contact éventuels avec la sous-face de la plaque métallique, la mise en œuvre de la dernière solution nécessite un très grand soin. Assimilable à une toiture chaude, elle est réservée aux bâtiments à faible hygrométrie. Un pare-vapeur doit être incorporé à l'isolant, la continuité du complexe étant parfaite.

Une autre technique, assimilable également à une toiture chaude, consiste à employer des panneaux isolants qui remplissent simultanément les fonctions de couverture et d'isolation thermique. Ces panneaux sandwich associent une âme en mousse rigide de polyuréthanne, dont l'épaisseur varie de 30 mm à 100 mm, à deux feuilles d'acier galvanisé prélaqué (Fig. 1.63). Ces composants font l'objet d'un Avis Technique délivré par le CSTB et suivent les mêmes règles de pose que les plaques nervurées.

Fig. 1.62 • *Couverture par bac acier nervuré –*
Isolation thermique sur plafond suspendu.

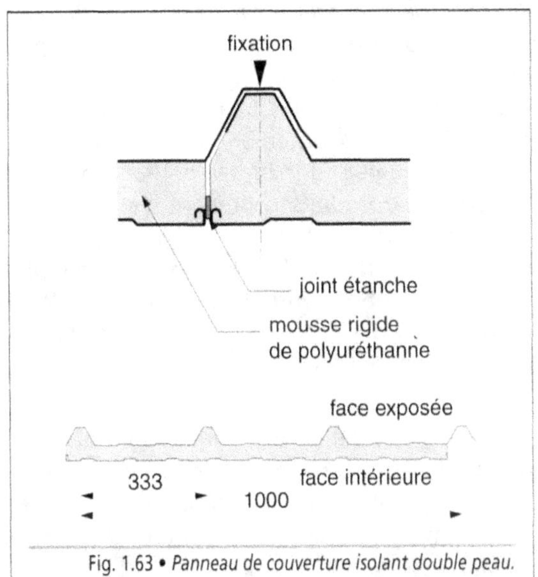

Fig. 1.63 • *Panneau de couverture isolant double peau.*

HYGROMÉTRIE DES LOCAUX	SECTION MINIMALE S DE CHAQUE SÉRIE D'OUVERTURES
Bâtiments fermés non isolés	1/500
Bâtiments isolés	
Faible	1/2 000
Moyenne	1/1 000
Bâtiments fermés non isolés et bâtiments isolés Pour chaque série d'ouvertures S ≤ 400 cm^2 par mètre linéaire de rampant	

Tab. 1.24 • *Plaques nervurées en acier galvanisé prélaqué. Sections minimales de ventilation de chaque versant de toiture rapportées à la surface projetée du versant considéré.*

En toiture froide, la ventilation de la sous-face de la couverture doit être assurée en permanence, soit par des ouvertures en pignon lorsque la longueur du bâtiment est inférieure à 12 m, soit par des entrées d'air réservées dans la rive d'égout et des sorties en faîtage, soit par des chatières. La section minimale de chaque série d'ouvertures (entrées et sorties) pour la ventilation de chacun des versants de toiture est indiquée dans le tableau n° 1.24, pour un bâti-

ment isolé ou non. Elle est calculée en fonction de l'hygrométrie des locaux, de la perméance de la couche isolante et de la surface projetée du versant, et ne doit pas excéder 400 cm^2 par mètre linéaire de rampant.

Lorsque l'isolant thermique suit le rampant, il est séparé de la sous-face de la couverture par une lame d'air continue dont l'épaisseur est au moins de 40 mm.

10.12. *Autres matériaux pour couvertures en plaques nervurées*

Les autres matériaux employés dans la réalisation des couvertures en plaques sont les suivants :

- la tôle d'acier galvanisée à chaud en continu de façon que la masse nominale du revêtement à base de zinc soit au minimum de 350 g/m^2 pour les deux faces (Z350) ;

- la tôle d'acier inoxydable permettant de couvrir des bâtiments situés dans des zones où l'atmosphère est agressive ;

- la tôle d'aluminium prélaquée ou non, employée en ambiance intérieure sèche et en atmosphère rurale non polluée, urbaine ou industrielle normale et marine ;

- le polyester armé de fibres de verre (PRV) translucide, intégré en partie courante d'une couverture par plaques métalliques de même profil afin d'assurer l'éclairement des locaux.

Les plaques nervurées sont utilisées suivant des règles proches de celles précisées précédemment ; l'espacement des supports, la pente et le recouvrement sont déterminés en fonction du matériau retenu, de la région climatique et du site, et des surcharges.

Toutefois, lors de leur mise en œuvre, il convient de contrôler la compatibilité des matériaux entre eux. Des précautions doivent être prises de manière à éviter le contact direct des plaques métalliques avec d'autres matières. Dans ce cas, il suffit d'interposer une peinture spéciale, un papier kraft ou un feutre bitumé.

Exemple

- l'acier galvanisé ne peut pas être en contact direct avec le cuivre, le bois de chêne ou de châtaignier et le plâtre ;
- l'aluminium ne peut pas être en contact direct avec le cuivre, le bronze, le plomb, l'acier non peint, le bois de chêne ou de châtaignier et le plâtre.

De même, le contact entre certains métaux, même indirect par le biais de l'écoulement des eaux de pluie, ne peut être admis à cause des risques de corrosion galvanique.

Exemple

- l'écoulement d'une toiture en cuivre dans des chéneaux en zinc peut provoquer la corrosion de ceux-ci.

10.2. Les couvertures en plaques ondulées

Les plaques ondulées utilisées pour ce type de couverture peuvent être métalliques, en fibres-ciment, en résines synthétiques opaques ou translucides ou en verre armé. Les ondes, placées dans le sens de la plus grande pente, permettent de rigidifier les plaques et de les rendre plus résistantes aux efforts qu'elles ont à supporter.

Pendant de nombreuses années, pour des raisons économiques, furent employées des plaques en fibres-ciment dont le matériau de base était l'amiante. Depuis la parution du décret n° 96-1133 du 24 décembre 1996 modifiant le décret n° 88-466 du 28 avril 1988 relatif à l'emploi des produits contenant de l'amiante, l'utilisation de ces plaques est interdite. En conséquence, les fibres d'amiante ont été remplacées par des fibres synthétiques polyvinyl-alcool (PVA) ou par des fibres de cellulose. Ces plaques peuvent être teintées en surface.

Les plaques ondulées métalliques sont en acier galvanisé, en acier inoxydable, en zinc ou en aluminium. Elles sont caractérisées par un pas d'onde de 76 mm pour une hauteur d'onde de 18 mm.

Les caractéristiques de ces plaques sont indiquées dans le tableau n° 1.25.

Les plaques sont posées sur un support composé de pannes métalliques ou en bois, dont la pente est déterminée en fonction des zones climatiques. L'entraxe maximal entre les pannes est calculé en fonction du matériau utilisé, de l'épaisseur de la plaque et de la zone climatique.

Matériaux	Longueur (m)	Largeur nominale (m)	Largeur utile (m)	Épaisseur (mm)	Nombre d'ondes	Nombre d'ondes utiles	Recouvrement transversal
Fibres-ciment	1,00 à 3,00	0,918	0,873	6,5	5	4 3/4	1/4 onde
	1,00 à 3,00	1,097	1,05	6,5	6	5 3/4	1/4 onde
Acier galvanisé	1,65 à 11,00	0,89	0,76	0,4 à 1,25	11 1/2	10	1 1/2 onde
Acier inoxydable	1,65 à 11,00	0,89	0,76	0,4 à 0,60	11 1/2	10	1 1/2 onde
Zinc	2,25	0,85	0,76	0,82	11 1/2	10	1 1/2 onde
	2,25	0,68	0,61	0,74	9 1/2	8	1 1/2 onde
Aluminium	2,00 à 12,00	0,90	0,76	0,60	11 1/2	10	1 1/2 onde
	2,00 à 12,00	1,25	1,14	0,70 à 1,20	11 1/2	10	1 1/2 onde

Tab. 1.25 • *Plaques ondulées. Caractéristiques dimensionnelles.*

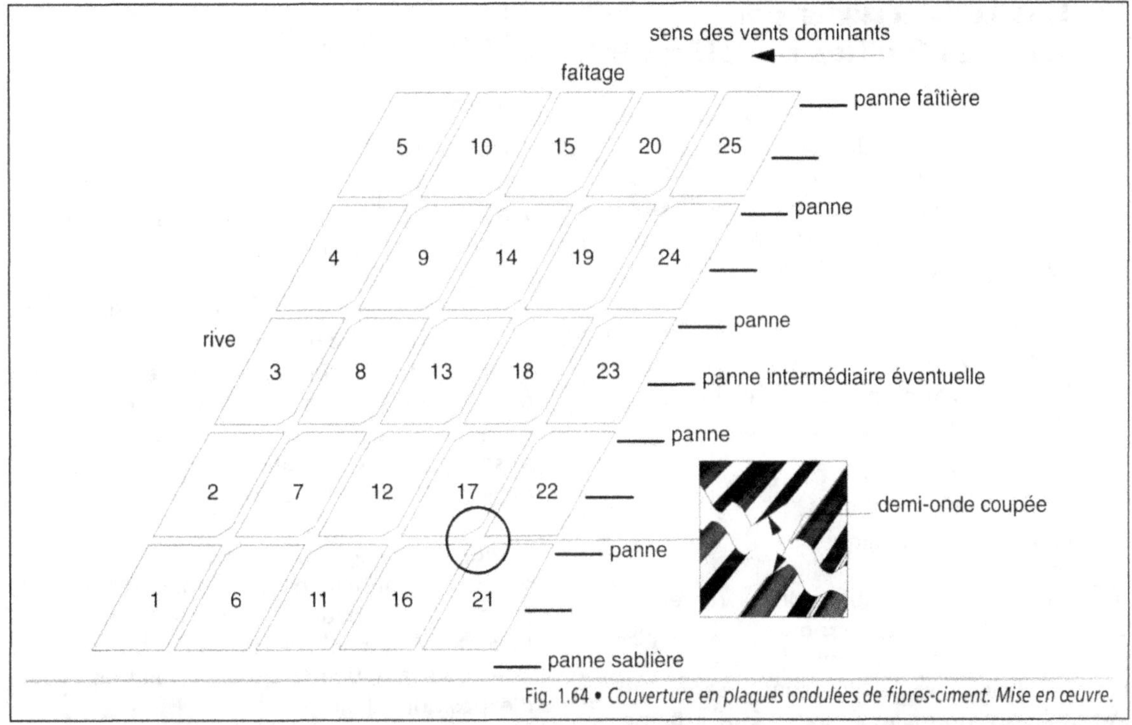

Fig. 1.64 • *Couverture en plaques ondulées de fibres-ciment. Mise en œuvre.*

Les règles applicables à ce type de couverture sont proches de celles qui régissent les couvertures en plaques nervurées. La mise en œuvre s'effectue en partant de la rive d'égout et de la rive opposée à la direction des vents dominants. Compte tenu de leur épaisseur, la pose des plaques en fibres-ciment s'effectue à joints coupés (Fig. 1.64). Le recouvrement transversal est défini en fonction de la pente et de la zone climatique où se trouve l'ouvrage. L'étanchéité est complétée par un joint souple pour les toitures à faible pente ou situées dans les zones climatiques les plus défavorables. Le recouvrement longitudinal s'effectue toujours dans le sens opposé aux vents dominants (Fig. 1.65).

Comme pour les autre types de couverture, des accessoires, en général dans le même matériau, sont utilisés afin de traiter les points particuliers : faîtières, closoirs fermant les ondes, rives, etc.

Une isolation thermique peut être combinée avec la couverture, suivant les principes énoncés précédemment. Une ventilation efficace de la sous-face doit également être assurée.

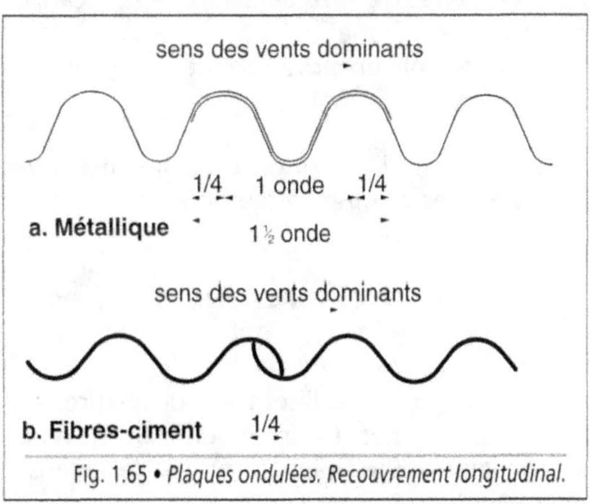

Fig. 1.65 • *Plaques ondulées. Recouvrement longitudinal.*

Avec les matériaux courants, la longueur du rampant peut atteindre de 30 m à 40 m. Ce type de couverture est particulièrement adapté aux grands halls couverts, hangars et bâtiments agricoles ou industriels.

11. Les couvertures par longues feuilles métalliques

D'une grande souplesse d'emploi, les couvertures par longues feuilles métalliques s'adaptent à toutes les formes de toiture : planes, cintrées convexes ou concaves et gauches. Les métaux couramment utilisés sont l'acier inoxydable étamé, l'acier galvanisé, l'aluminium, le cuivre et le zinc.

Le choix du matériau s'effectue en fonction des paramètres suivants :
- la situation en atmosphère polluée ou non ;
- la tenue dans le temps ;
- l'aspect général ;
- la facilité de mise en œuvre ;
- les conditions économiques.

Alors que l'acier inoxydable et le cuivre peuvent couvrir des constructions exposées à des atmosphères urbaines et industrielles polluées ou non, l'acier galvanisé et le zinc sont réservés aux atmosphères normales, rurales ou urbaines, industrielles ou marines.

Lorsque l'effet de réverbération peut occasionner une gêne (zone aéroportuaire), il est conseillé de retenir un produit mat ou ayant reçu préalablement une patine.

Tous ces matériaux suivent sensiblement les mêmes règles de mise en œuvre.

11.1. Les couvertures par feuilles en zinc

Les feuilles en zinc utilisées en couverture sont issues de bobines laminées en continu d'un alliage zinc-cuivre-titane dont les caractéristiques sont les suivantes :
- masse volumique : 7 800 kg/m^3 ;
- coefficient de dilatation : 22 x 10^{-6} m/(m.K) ;
- résistance à la traction supérieure à 150 MPa dans le sens du laminage et à 200 MPa dans le sens transversal ;

- bonne aptitude au pliage et à la soudure à l'aide d'un alliage étain-plomb.

Deux produits sont proposés :
- les feuilles dont la longueur courante est de 2,00 m, la longueur maximale étant de 3,00 m ;
- les longues feuilles de longueur supérieure à 3,00 m, la longueur maximale étant de 13,00 m.

Tous deux ont une largeur de 0,500 m ou 0,650 m et une épaisseur de 0,65 mm, 0,70 mm ou 0,80 mm. En principe, les feuilles de 0,500 m de largeur sont utilisables dans toutes les zones climatiques quel que soit le site ; celles de 0,650 m sont utilisées en site exposé de la zone II et dans tous les sites de la zone III.

Le zinc est employé à l'état naturel ou prélaqué, selon l'environnement dans lequel se trouve la construction. Il peut subir un traitement de surface par phosphatation qui lui donne un aspect proche de la patine prise après quelques années d'exposition à l'air.

11.2. Les différents systèmes de pose

Les couvertures en feuilles et longues feuilles en zinc font appel à deux techniques différentes pour assurer la jonction longitudinale de deux éléments (Fig. 1.66) :
- les couvertures à joint debout ;
- les couvertures à tasseaux et couvre-joints.

Elles nécessitent un outillage spécifique adapté à chacune des techniques. Les couvertures à joint debout présentent l'avantage d'une exécution plus rapide, donc plus économique. De plus, l'aspect du joint est plus discret que celui des couvertures à tasseaux, dans lesquelles le joint est marqué.

Dans le sens du rampant, c'est la localisation de la construction et la pente qui permettent de déterminer le type de jonction transversale entre les feuilles (Tab. 1.26 et fig. 1.67), à savoir :

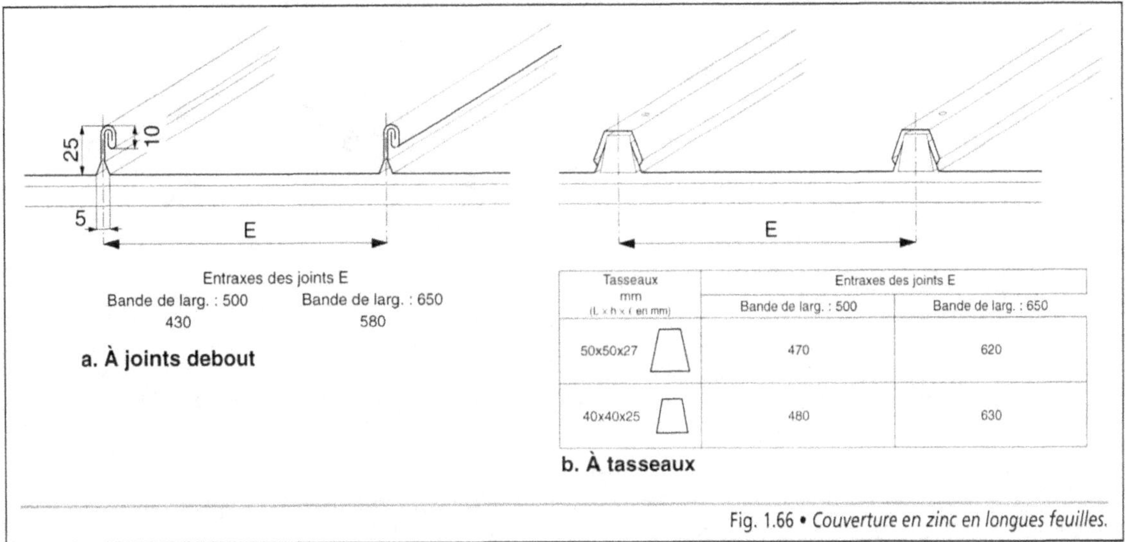

Fig. 1.66 • *Couverture en zinc en longues feuilles.*

TYPE DE COUVERTURE SYSTÈME DE JONCTION (1)		SITUATION	PENTES MINIMALES (%)		
			ZONES CLIMATIQUES		
			Zone I	Zone II	Zone III
1 – Feuilles ou longues feuilles à joints debout	À travées continues	Tous les sites	5	5	5
	Agrafure de 40 mm		47	47	47
	Double agrafure		20	20	20
	À ressauts de 10 cm (2)		5	5	5
2 – Feuilles ou longues feuilles à tasseaux	À travées continues	Site protégé	5	5	5
	Agrafure de 40 mm		25	25	25
	Agrafure de 50 mm		20	20	25
	Double agrafure		8	10	10
	À ressauts de 10 cm (2) (3)		5	5	5
	À travées continues	Site normal	5	5	6
	Agrafure de 40 mm		25	25	25
	Agrafure de 50 mm		20	25	25
	Double agrafure		10	12	14
	À ressauts de 10 cm (2) (3)		5	5	6
	À travées continues	Site exposé	6	8	10
	Agrafure de 40mm		25	25	25
	Agrafure de 50mm		20	25	25
	Double agrafure		14	16	20
	À ressauts de 10 cm (2) (3)		6	8	10

(1) Lorsque la longueur du versant en projection horizontale est supérieure à 8 m, il est nécessaire de prévoir des tasseaux de 50 mm de hauteur. (2) la pente indiquée est celle du support des coyaux* créant les ressauts. (3) La hauteur des ressauts est égale à 10 cm pour les couvertures réalisées avec des tasseaux de 50 mm, et de 8 cm avec des tasseaux de 40 mm.

Tab. 1.26 • *Feuilles et longues feuilles en zinc. Valeur minimale des pentes selon les zones climatiques et les modes de pose.*

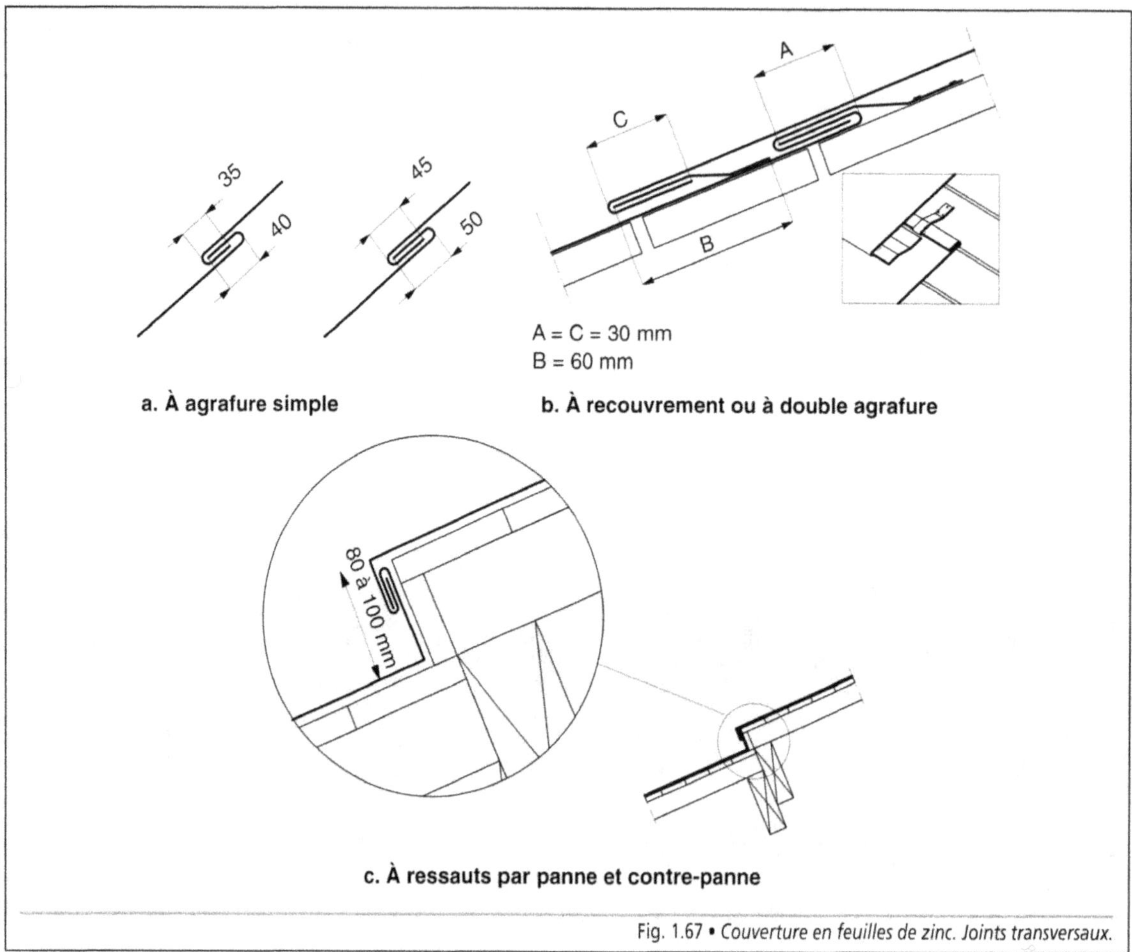

Fig. 1.67 • *Couverture en feuilles de zinc. Joints transversaux.*

- à travée continue, c'est-à-dire sans joint lorsque la feuille est suffisamment longue pour couvrir le rampant d'une longueur maximale de 13 m ;
- par agrafure simple de 4 cm ou de 5 cm ;
- par recouvrement avec agrafure ou double agrafure ;
- à ressauts dont la longueur est fonction des dimensions de la feuille de zinc.

Les couvertures en feuilles et longues feuilles en zinc sont retenues pour couvrir des bâtiments destinés à l'habitation, à des activités tertiaires, scolaires ou autres.

11.3. Le calepinage

Quelle que soit la forme de la couverture, la combinaison des joints impose d'effectuer un calepinage* (Fig. 1.68).

Les joints transversaux à simple ou double agrafure peuvent être alignés ou décalés en taille de pierre ; cette dernière solution est préférable pour la couverture à joints debout. Pour la couverture à ressaut, il est recommandé de placer les joints longitudinaux (joints debout ou tasseaux) en quinconce.

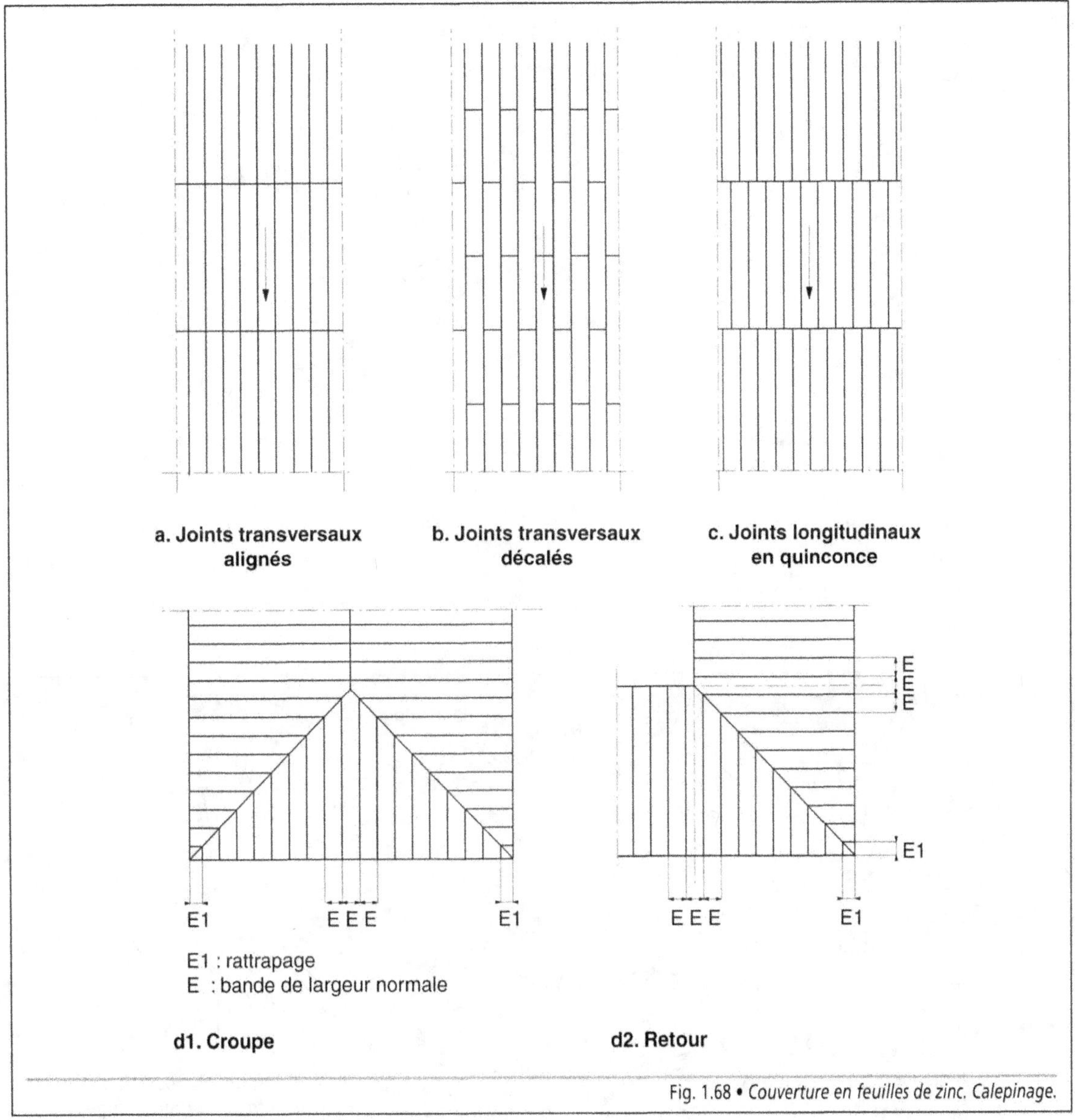

Fig. 1.68 • *Couverture en feuilles de zinc. Calepinage.*

Lorsque la couverture comporte une croupe ou un retour, une feuille de largeur normale est placée sur l'axe de la croupe ou du retour ; le rattrapage s'effectue en extrémité de la pointe.

Dans le cas d'une couverture cintrée, celle-ci peut être concave ou convexe. Lorsque le rayon de courbure est important, une meilleure rationalisation de l'utilisation des bandes conduit à employer un maximum de bandes parallèles ; les jonctions entre les différents secteurs s'effectuent soit à l'aide d'arêtiers ou de noues soit avec des éléments trapézoïdaux (Fig. 1.69 et 1.70).

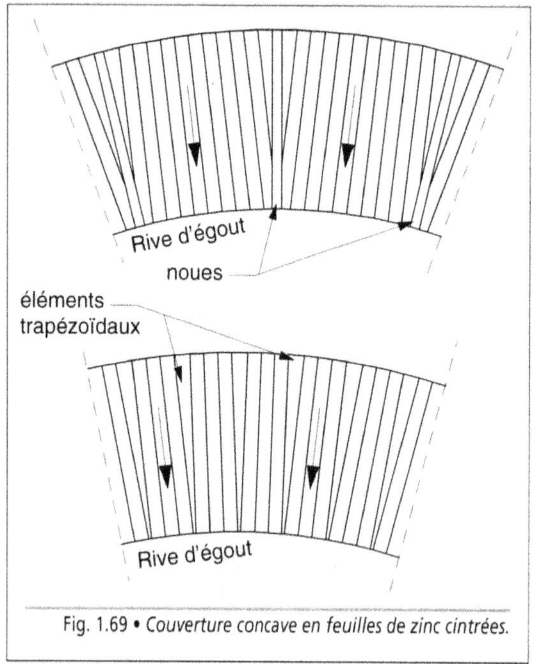

Fig. 1.69 • *Couverture concave en feuilles de zinc cintrées.*

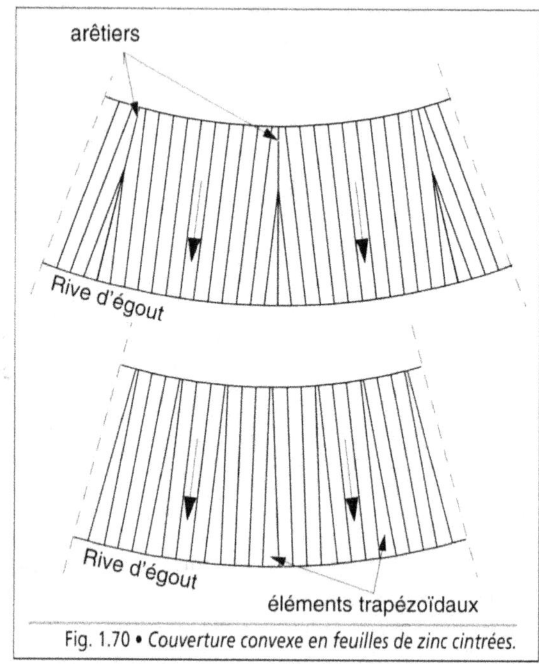

Fig. 1.70 • *Couverture convexe en feuilles de zinc cintrées.*

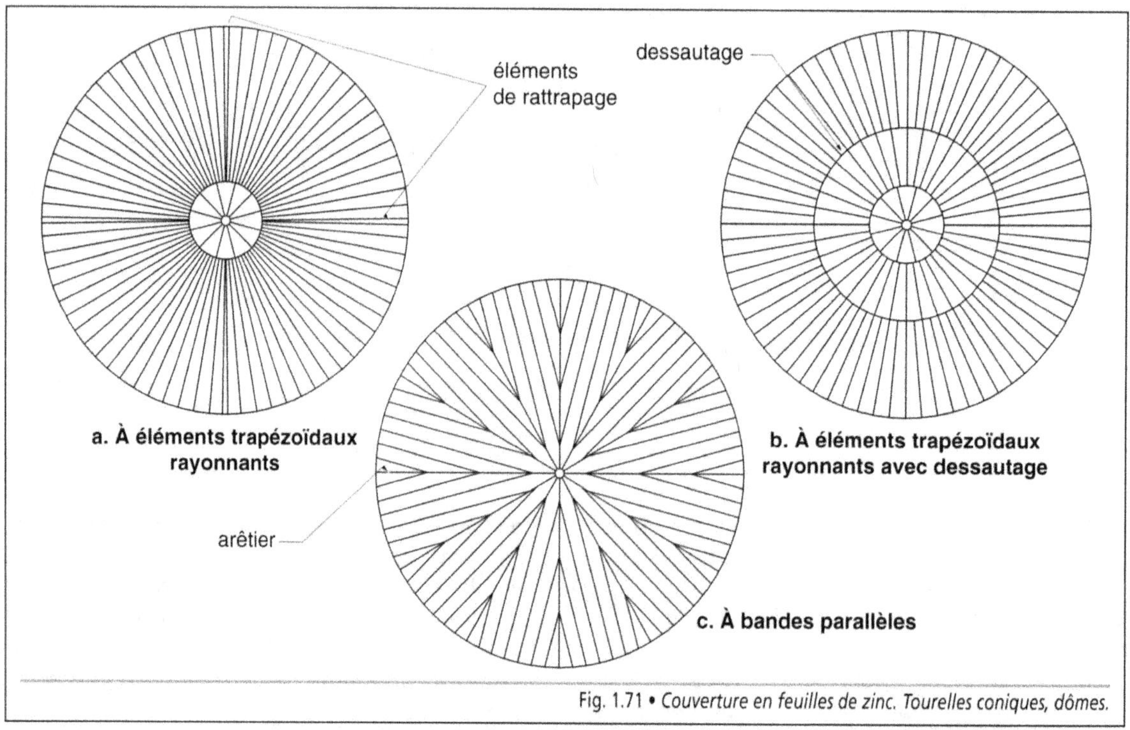

Fig. 1.71 • *Couverture en feuilles de zinc. Tourelles coniques, dômes.*

La couverture de tourelles coniques ou de dômes est réalisée à l'aide d'éléments trapézoïdaux rayonnants complétés par des éléments de rattrapage ou à l'aide de bandes à bords parallèles, la jonction étant effectuée par des arêtiers (Fig. 1.71). Lorsque la longueur du rampant est importante, un dessautage* permet de retrouver la largeur normale des feuilles. Indépendamment des notions d'économie, l'aspect esthétique est à prendre en compte.

11.4. Le support

En partie courante, quel que soit le système choisi, les couvertures en zinc sont posées sur un support en bois constitué de voliges, de frises ou de planches jointives. Le support est lui-même fixé sur une ossature en bois ou métallique.

Pour éviter tout risque de corrosion, seules sont retenues les essences suivantes : sapin, épicéa, pin sylvestre ou peuplier. Les essences telles que le chêne, le châtaignier, le red cedar, le douglas, le mélèze ou le bouleau sont exclues. Les panneaux de particules et de contre-plaqué ainsi que les panneaux composites avec isolation thermique intégrée sont admis sous réserve qu'il n'y ait pas d'incompatibilité avec le zinc et qu'ils bénéficient d'un Avis Technique.

En présence d'un support en plâtre ou en béton, la pose directe du zinc est interdite : il faut interposer une membrane neutre. Concernant les métaux, le zinc peut être au contact de l'acier inoxydable, du plomb, de l'étain ou de l'aluminium ; il ne peut pas l'être avec l'acier non protégé et le cuivre.

11.5. Les couvertures en feuilles ou longues feuilles à joints debout

Les feuilles sont façonnées de manière à permettre la réalisation du joint debout dont la

hauteur est au minimum de 25 mm et celle du pli de 10 mm (Fig. 1.66).

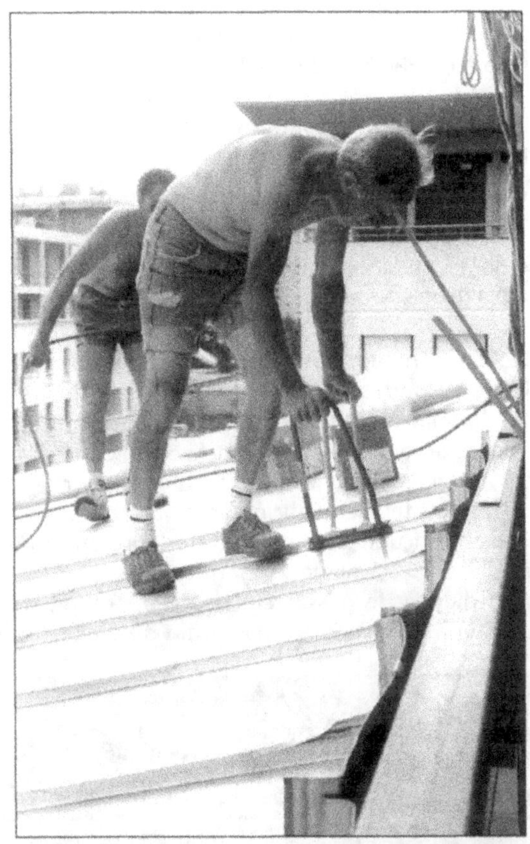

Photo. 1.20a et 1.20b • *Couverture en longues feuilles de zinc à joints debout.*

En général, ce dernier est rabattu (double pli) ; toutefois, lorsque la pente est supérieure à 373 % (75°), il est admis de ne fermer que le premier pli.

Afin de permettre la libre dilatation transversale des feuilles, la largeur du joint est au moins de 5 mm (Photo. 1.20a et 1.20b).

L'entraxe entre les joints est déterminé en fonction de la largeur de la feuille :

- pour une largeur de 0,650 m, l'entraxe est de 0,580 m ;

- pour une largeur de 0,500 m, l'entraxe est de 0,430 m.

Les éléments de couverture sont maintenus à l'aide de pattes de fixation métalliques clouées sur le voligeage. Ces pattes, dont le profil est adapté au type de joint, sont fixes ou coulissantes de manière à assurer la dilatation ou le retrait des feuilles. Leur répartition est déterminée en fonction de la pente (inférieure ou supérieure à 60 %) et de la longueur du rampant, afin d'éviter le glissement des éléments et de résister à l'arrachement par l'effet du vent.

Pentes (%)	Valeur du recouvrement (cm)	
	Zones climatiques	
	Zone I	Zones II et III
8	13	—
9	12	—
10	11	16
11	10	14
12 à 13	10	12
14	10	11
15 à 20	-	10

Tab. 1.27 • *Feuilles et longues feuilles en zinc – Jonction des feuilles par double agrafure, valeur du recouvrement transversal selon la pente.*

Lorsque le rampant a une longueur supérieure à celle de la feuille, il est nécessaire d'assembler plusieurs éléments. La jonction est réalisée selon l'un des principes énoncés au paragraphe 11.2. Le recouvrement à double agrafure impose un jeu de 20 mm afin de permettre la dilatation ou le retrait des feuilles ; sa valeur minimale est déterminée selon la pente (Tab. 1.27).

En complément des parties courantes, tous les accessoires, bandes façonnées (Fig. 1.72), couvre-joints, faîtages, rives (Fig. 1.73), noues (Fig. 1.74), grilles de ventilation ou chatières sont réalisés en zinc.

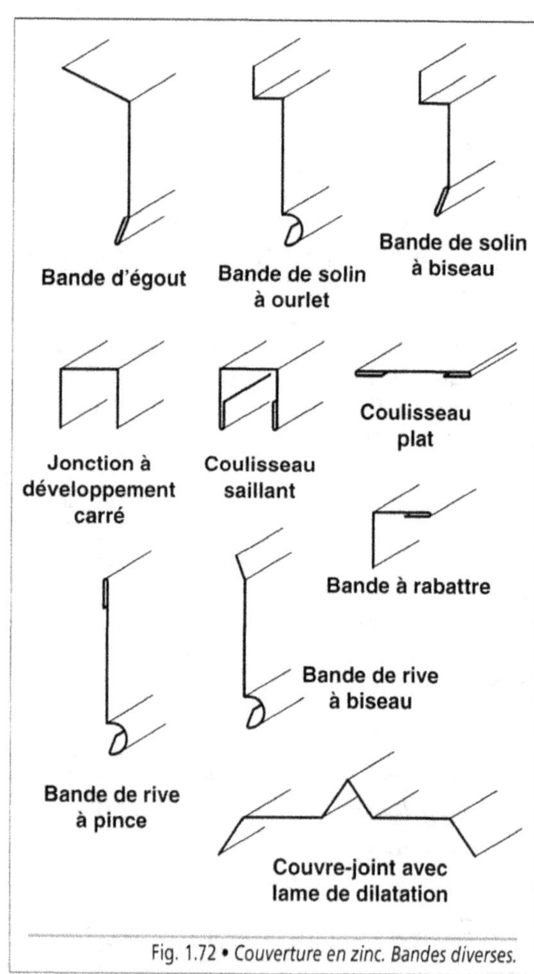

Fig. 1.72 • *Couverture en zinc. Bandes diverses.*

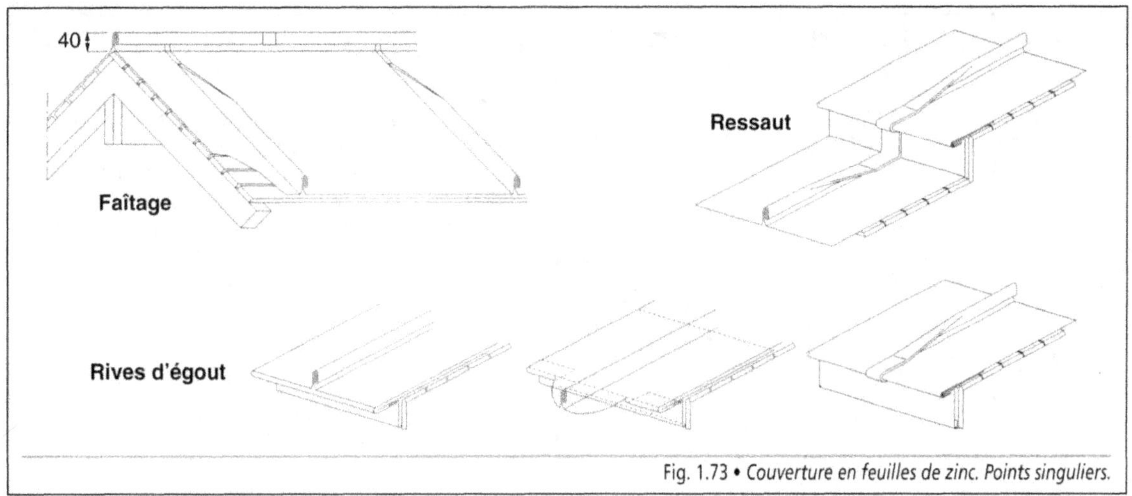

Fig. 1.73 • *Couverture en feuilles de zinc. Points singuliers.*

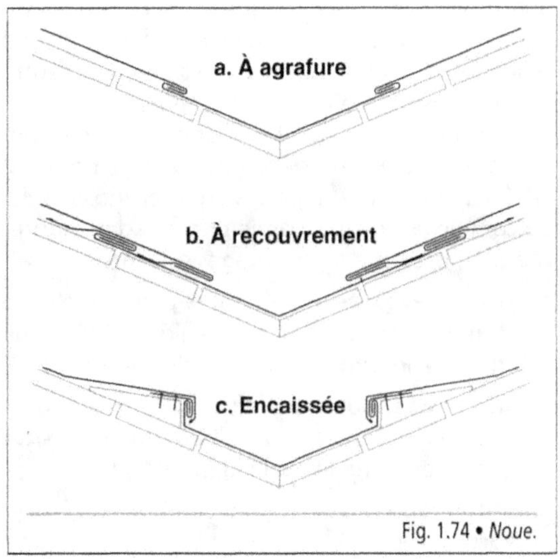

Fig. 1.74 • *Noue.*

11.6. Les couvertures en feuilles ou longues feuilles à tasseaux

Les feuilles sont façonnées de manière à venir en relevé contre les tasseaux en bois qui assurent la liaison entre elles (Fig. 1.75). Les tasseaux ont une section trapézoïdale de 40 mm × 40 mm × 25 mm ou de 50 mm × 50 mm × 27 mm ; ils sont placés dans le sens de la plus grande pente et sont fixés au voligeage par clouage. Les feuilles sont maintenues contre les tasseaux à l'aide de patte en zinc et fixées en tête sur le voligeage et sur les tasseaux. Des couvre-joints en zinc viennent ensuite habiller les tasseaux, les extrémités étant fermées par un talon permettant le libre jeu du retrait ou de la dilatation. Les liaisons transversales et les points particuliers sont traités selon les principes énoncés précédemment.

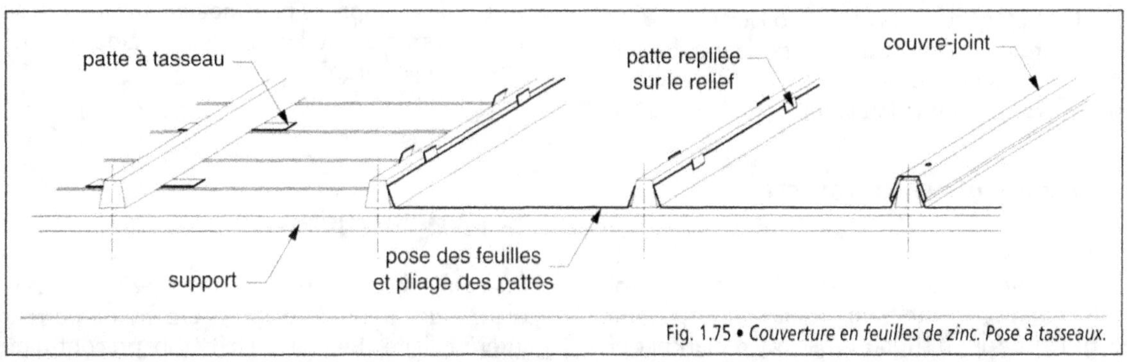

Fig. 1.75 • *Couverture en feuilles de zinc. Pose à tasseaux.*

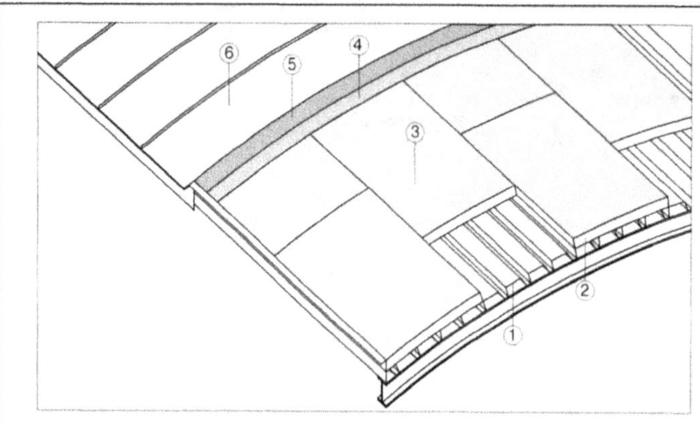

Fig. 1.76 • *Toiture compacte VM ZINC (Source : document Vieille Montagne Zinc).*

11.7. La ventilation

Concernant la ventilation, il convient de distinguer deux cas :

- le comble perdu, pour lequel la section totale des orifices de passage d'air est au moins égale à 1/5 000e de la surface projetée de la couverture ;

- le comble habitable avec une isolation thermique suivant le rampant, pour lequel la section totale des orifices de passage d'air est au moins égale à 1/3 000e de la surface projetée de la couverture.

Dans le premier cas les aérations peuvent être soit en pignon, soit en partie haute et basse des rampants. Dans le deuxième cas, les orifices doivent être linéaires et l'épaisseur de la lame d'air entre l'isolant et le support de la couverture est au minimum de 40 mm pour les rampants de longueur inférieure ou égale à 12 m, et de 60 mm pour les rampants de longueur supérieure à 12 m.

11.8. La toiture compacte

Un procédé spécifique a été mis au point par l'Union Minière de France, afin d'obtenir une toiture compacte intégrant l'isolation thermique (Fig. 1.76). Sur un support (bac acier, plancher en béton ou en bois) sont mises en place successivement des plaques d'isolant thermique en verre cellulaire posées à joints de bitume, un feutre bitume élastomère à armature en non-tissé polyester, un écran de désolidarisation de type non-tissé et la couverture exécutée à joints debout VM ZINC fixée à l'aide de pattes en acier inoxydable. Ce complexe, conçu selon le principe des toitures chaudes, présente les avantages suivants :

- réaliser des couvertures dont la pente minimale est de 5 % et la pente maximale de 170 %, de forme plane, cintrée ou à double courbure ;

- couvrir des ouvrages situés dans les trois zones climatiques, à l'exception des sites exposés en zone III et de la montagne ;

- abriter des locaux à faible ou à très forte hygrométrie.

La toiture compacte peut également être réalisée en remplaçant les feuilles de zinc par des feuilles de cuivre.

12. Les coques

Les coques sont autoportantes et permettent de couvrir de grandes surfaces sans point porteur intermédiaire. Réalisées en béton précontraint, les coques ont la forme d'une surface réglée engendrée par un hyperboloïde. D'une largeur de 2,50 m ou 2,70 m, elles permettent d'atteindre des portées maximales de 23,50 m ou 27,50 m (Fig. 1.77). Elles sont posées côte à côte, jointives ou espacées afin de réserver un jour zénithal. Le béton n'étant pas un matériau étanche, il doit être protégé par un film imperméable.

2,70 m
27,50 m

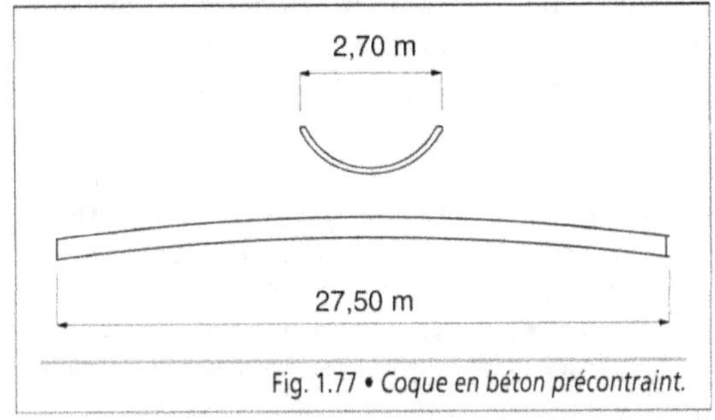

Fig. 1.77 • *Coque en béton précontraint.*

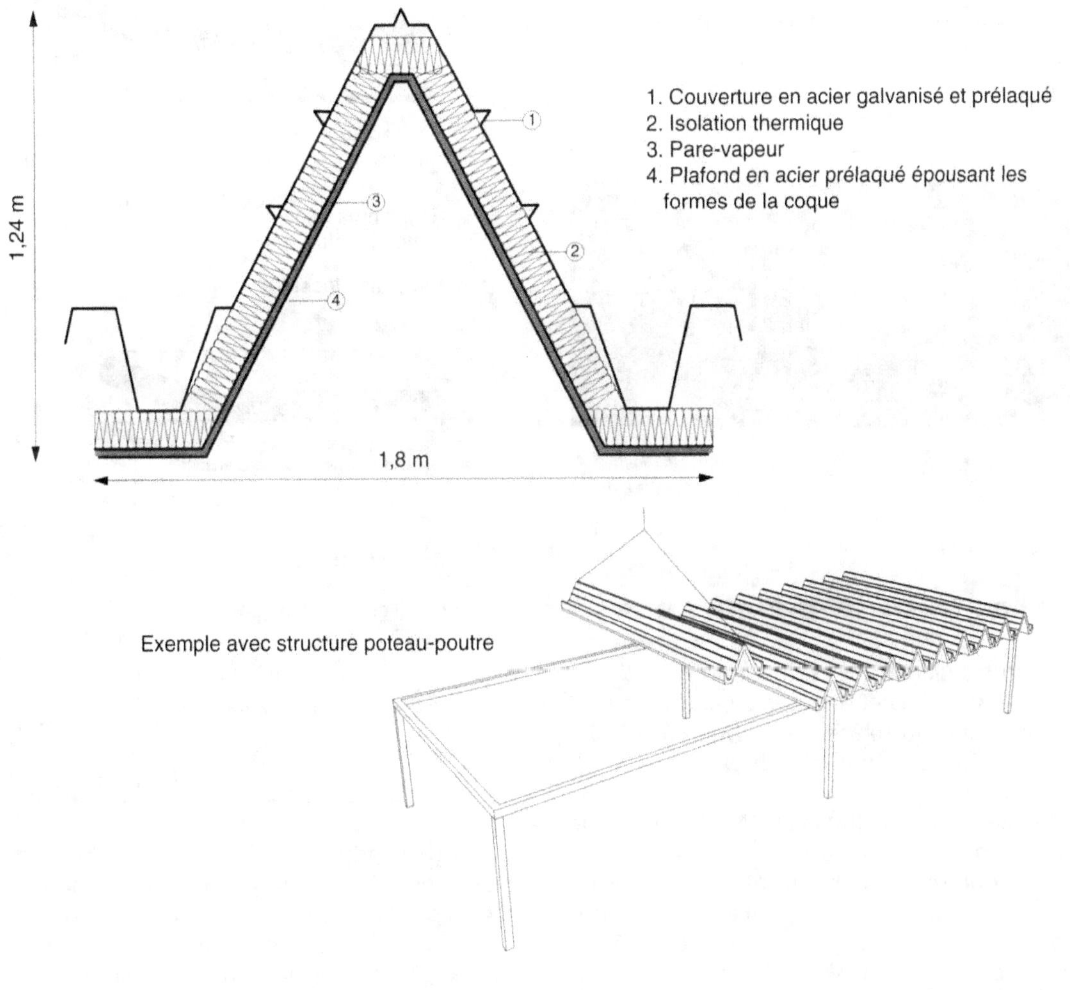

1,24 m
1,8 m
1. Couverture en acier galvanisé et prélaqué
2. Isolation thermique
3. Pare-vapeur
4. Plafond en acier prélaqué épousant les formes de la coque
Exemple avec structure poteau-poutre

Fig. 1.78 • *Coque métallique type coque M (source : document Batiroc)..*

Réalisées industriellement en acier galvanisé et prélaqué, les coques métalliques remplissent plusieurs fonctions : structure, couverture, isolation thermique, plafond et éclairement naturel (Fig. 1.78 – Photo. 1.21). Leur classement au feu est M0. Les éléments sont placés avec une pente de 5 %, soit côte à côte avec un recouvrement longitudinal et un cordon d'étanchéité, soit espacés avec une pièce de liaison assurant un jour zénithal. Selon leurs dimensions et la région dans laquelle se situe l'ouvrage, la portée peut varier de 10 m à 22 m. Un closoir ferme le tympan au droit des porteurs. Une grande variété de formes est proposée par le fabricant.

Photo. 1.21 • *Couverture industrialisée en coques métalliques M (Établissements Batiroc).*

13. Les toitures-membranes

Les toitures-membranes sont composées de lés de textiles enduits et armés, assemblés par soudure ou par couture afin de pouvoir couvrir des surfaces relativement importantes.

Le textile est le résultat d'un tissage de fils de trame et de chaîne qui offre une résistance élevée et qui reçoit une ou plusieurs couches d'enduction superficielle sur chacune des faces (Fig. 1.79). En général, les fils sont constitués de fibres de polyester, mais d'autres fibres (verre, carbone ou kevlar) peuvent être utilisées. L'enduction est réalisée à chaud, par calandrage. Elle doit être compatible avec le support (l'enduction PVC et les fibres de polyester sont compatibles). Un revêtement de surface, sous forme d'enduit ou d'enduction, complète la membrane afin de la protéger des salissures et du rayonnement ultraviolet.

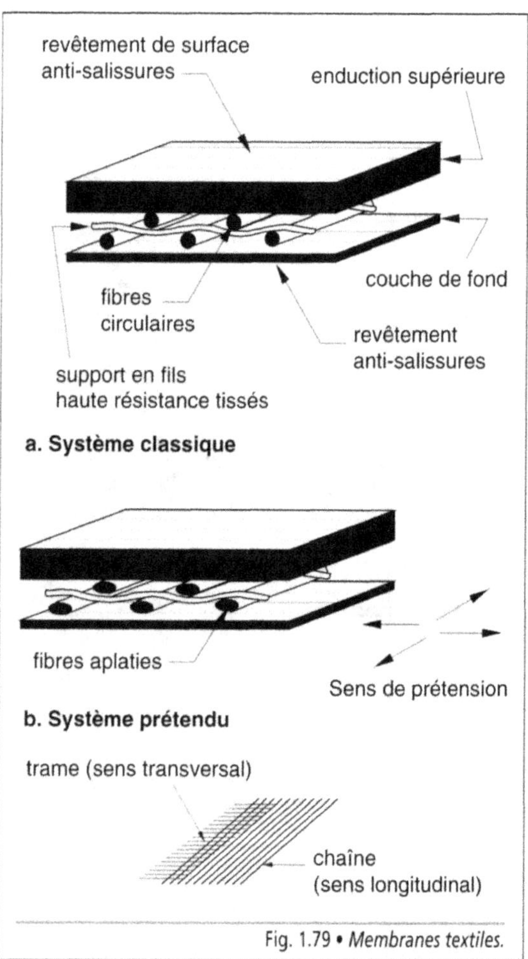

Fig. 1.79 • *Membranes textiles.*

Lors de l'enduction, la tension des fils de trame peut occasionner un phénomène d'anisotropie. Afin de l'éviter, une prétension est exercée sur les fils de trame et de chaîne avant et pendant cette phase : c'est la technique de **précontrainte contrôlée**. Elle permet d'améliorer la qualité du produit et de régulariser l'épaisseur de la couche d'enduction. Il en résulte des caractéristiques identiques dans les deux sens et des performances plus élevées.

Une membrane doit avoir les propriétés suivantes :

- assurer une parfaite étanchéité ;

- présenter une bonne résistance mécanique aux charges climatiques ;

- avoir une bonne résistance au feu, à la corrosion, au vieillissement.

Légère, de l'ordre de 500 g/m^2 à 1 200 g/m^2, elle n'offre pas un bon coefficient d'isolation thermique et acoustique. Translucide, elle permet d'assurer un certain éclairement naturel à l'intérieur (Photo. 1.22a et 1.22b).

Les toitures-membranes autorisent une grande variété de formes de couverture (Fig. 1.80). Mais qu'elles soient réalisées à titre temporaire ou définitif, compte tenu de leur spécificité, elles nécessitent une étude particulière sur les points suivants :

- la structure porteuse ;

- la reprise des efforts par l'intermédiaire de zones renforcées linéaires ou ponctuelles situées en angle ou en partie courante (Fig. 1.81) ;

- les bassins versants et la récupération des eaux de pluie.

Photo. 1.22a et 1.22b • *Toiture-membrane. Aspect extérieur (a) et ambiance intérieure (b). (Arch. : Renzo Piano – Structure : Peter Rice).*

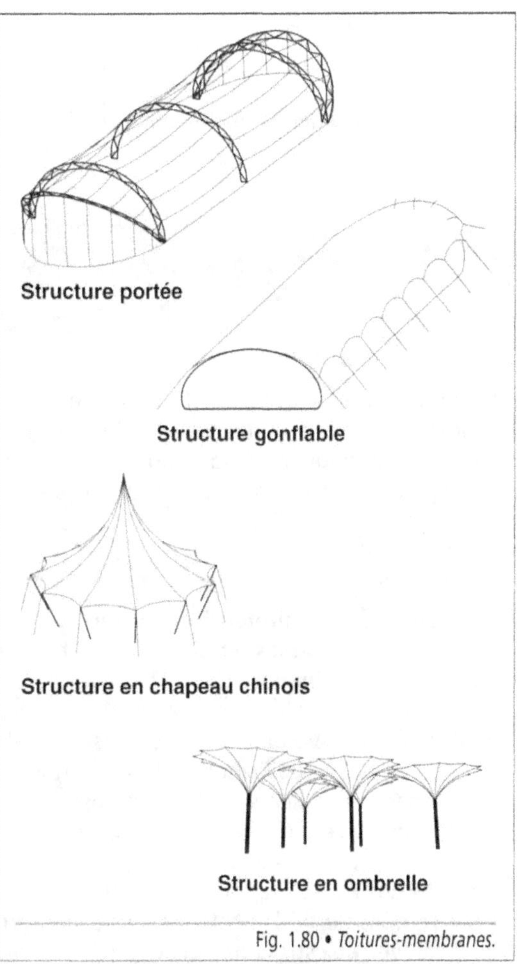

Fig. 1.80 • *Toitures-membranes.*

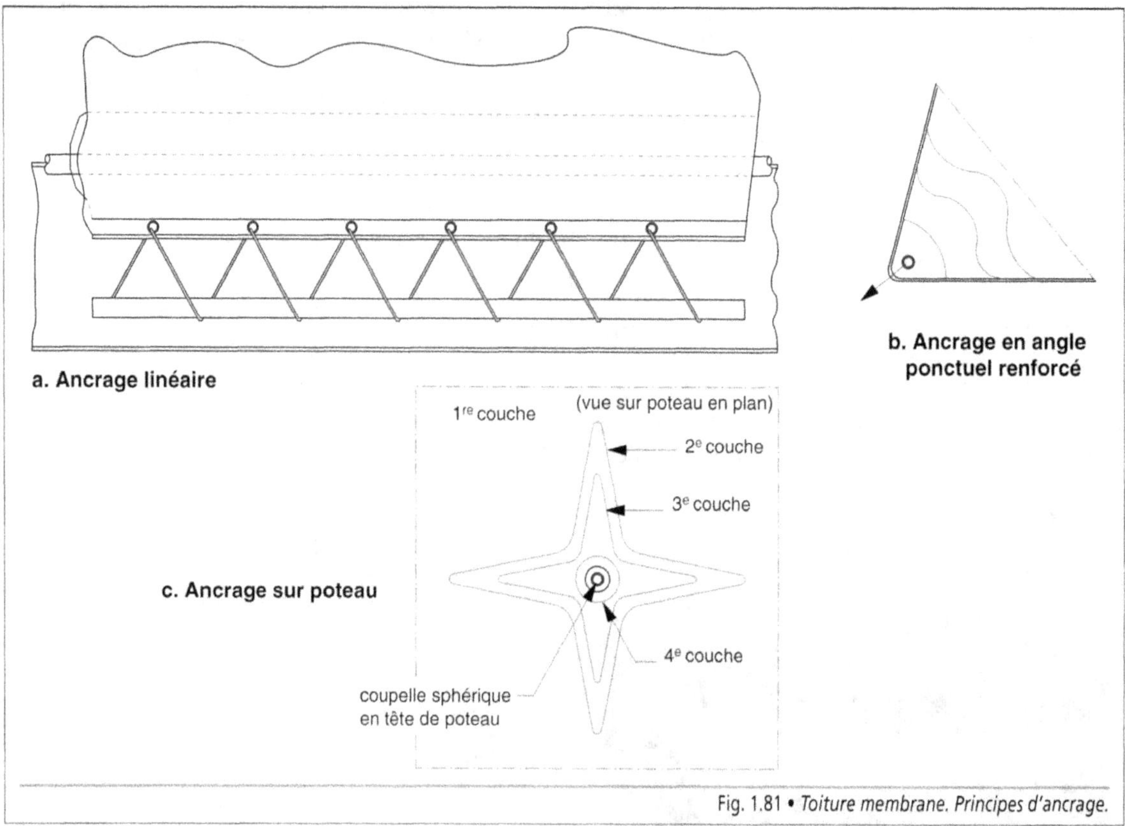

Fig. 1.81 • *Toiture membrane. Principes d'ancrage.*

Un point délicat réside dans la liaison entre la membrane formant couverture et les surfaces verticales extérieures de l'ouvrage. Enfin, elles imposent un contrôle périodique de la prétension.

Trois principes constructifs peuvent être retenus.

• **Les ouvrages à prétension surfacique** ou **structures gonflables** épousent des formes géométriques simples. L'enveloppe est mise en tension par l'air envoyé en surpression à l'intérieur du volume. La surpression (de l'ordre de 100 à 300 Pascals) est maintenue en permanence par une soufflerie qui assure, en moyenne, un renouvellement du volume d'air du bâtiment par heure. Les rives sont soit ancrées dans le sol, soit lestées à l'aide de ballasts remplis de sable ; cette seconde solution est réservée aux structures provisoires.

De conception simple, ces ouvrages sont d'un montage rapide et d'un faible coût d'investissement ; les frais de maintenance et de chauffage sont élevés.

• **Les ouvrages à prétension linéaire** sont ancrés de manière quasi continue dans une structure en forme d'arc ou de portique généralement métallique qui transmet les efforts aux fondations. De calcul complexe, ce principe permet de réaliser des couvertures de formes variées à double courbure (Photo. 1.23).

• **Les ouvrages à tension ponctuelle, ou structure tendue,** dans lesquels les membranes sont fixée à des supports internes ou en périphérie par l'intermédiaire de zones renforcées. Elles peuvent également être ancrées dans le sol. De calcul complexe, ce type de couverture autorise des formes très libres.

Cependant, les formes les plus courantes sont de type chapeau chinois ou feuille de houx.

Photo. 1.23 • *Toiture-membrane –*
Ancrage linéaire de la couverture en textile.

14. Les verrières

Les verrières ont pour rôle d'assurer l'éclairement diurne des espaces qu'elles abritent. Elles sont intégrées à la couverture en prenant appui sur la charpente de la toiture, ou indépendante, la structure étant reprise par des éléments porteurs verticaux.

Les premières verrières ont été utilisées dans les toitures en forme de sheds afin d'éclairer des ateliers et des halls de grandes surfaces. La partie vitrée se place sur la face la plus pentue, généralement orientée au nord afin d'éviter les phénomènes d'éblouissement dus au soleil.

Actuellement, des verrières aux formes multiples sont réalisées pour couvrir des halls d'entrée ou des cours intérieures, voire d'autres types de locaux (Fig. 1.82). La tenue et la qualité des verrières sont particulièrement importantes lors de la construction de serres.

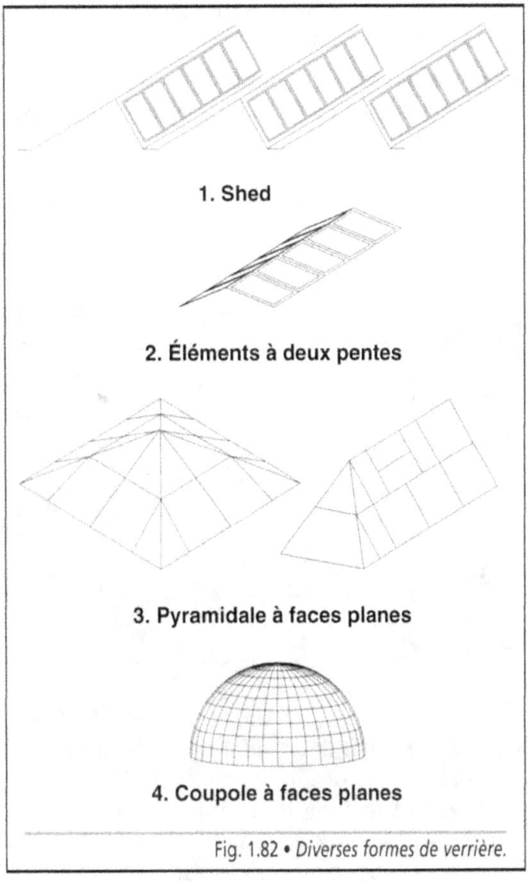

Fig. 1.82 • *Diverses formes de verrière.*

La réalisation d'une verrière impose de résoudre un certain nombre de problèmes, à savoir :

- la sécurité des personnes stationnant dessous, par l'emploi de matériaux adaptés, qui évitent les risques de blessures dus à la chute de morceaux de verre en cas de bris ;

- la thermique d'hiver et d'été (effet de paroi froide et effet de serre), qui est améliorée par l'emploi de produits transparents ou translucides à deux ou plusieurs parois, par le contrôle du flux solaire et, en été, par une ventilation efficace en sous-face de la verrière avec rejet de l'air chaud vers l'extérieur ;

- les phénomènes de condensation, en particulier dans les locaux à degré hygrométrique élevé, qui imposent des dispositions spécifiques efficaces : ventilation de la sous-face du vitrage et récupération des eaux de condensation ;

- l'entretien aisé de l'ensemble des éléments, grâce à un dispositif approprié selon l'accessibilité de la verrière.

Les verrières sont formées de deux éléments : la structure et le remplissage (Photo. 1.24).

Photo. 1.24 • *Verrière.*

- La structure doit être apte à reprendre les efforts, poids propre et charges climatiques ; elle est constituée de profilés en acier prélaqué, en aluminium, en PVC ou éventuellement en bois ; toutefois, il est souhaitable de retenir un matériau performant qui requiert un minimum d'entretien.

- Le remplissage, simple ou double paroi, est réalisé à l'aide d'un produit verrier (verre armé ou de préférence verre feuilleté) ou de matériaux à base de résines synthétiques (polyméthacrylate ou polycarbonate).

Les profilés sont placés dans le sens de la pente. Lorsque, compte tenu des surfaces à couvrir, il est nécessaire de prévoir des profils transversaux, il convient de vérifier qu'il ne forme pas rétention d'eau.

Les éléments de remplissage sont posés dans une feuillure drainée, avec un calage d'assise et un jeu périphérique, l'étanchéité étant assurée par des joints EPDM* (Éthylène-propylène-diène-

monomère) ou par des bandes préformées (Fig. 1.83). Ils peuvent également être de type vitrage extérieur attaché (VEA) ou collé (VEC).

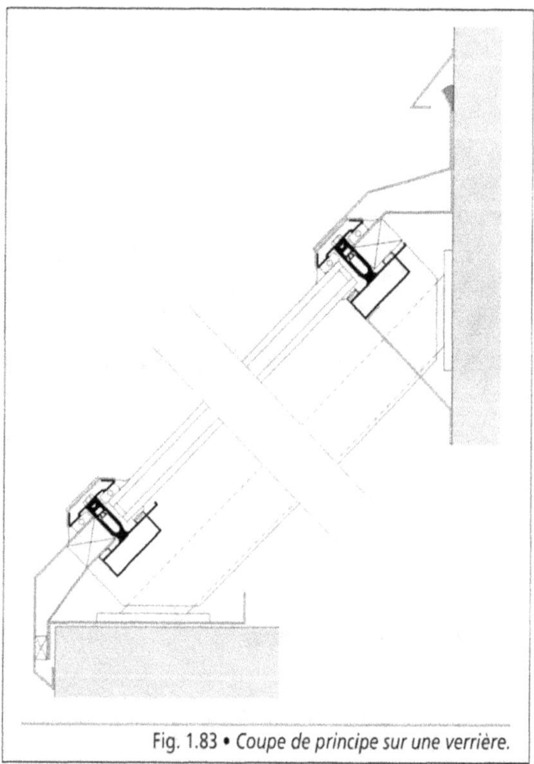

Fig. 1.83 • *Coupe de principe sur une verrière.*

En simple vitrage, la pente minimale admise est de 18 % ; elle peut être réduite jusqu'à 5 % par l'emploi d'un procédé bénéficiant d'un Avis Technique. Avec des vitrages isolants, la pente minimale est de 27 %.

Les raccordements avec les autres ouvrages sont traités à l'aide de pièces, comme vus précédemment.

15. La réglementation

La réglementation portant sur les couvertures s'attache à définir les caractéristiques des matériaux dits traditionnels ainsi que leur mode de pose. Les matériaux non traditionnels font l'objet d'Avis Techniques délivrés par le Centre Scientifique et Technique du Bâtiment (CSTB), qui permettent d'encadrer leur utilisation et leur mise en œuvre. Ces nouvelles technologies sont employées surtout dans des ouvrages présentant une certaine recherche architecturale.

DTU 39 (NF P 78-201/A1) : *Travaux de miroiterie – vitrerie.*

DTU 40.11 (NF P 32-201) : *Couverture en ardoises.*

DTU 40.14 (NF P 39-201) : *Couverture en bardeaux bitumés.*

DTU 40.21 (NF P 31-202) : *Couverture en tuiles de terre cuite à emboîtement ou à glissement à relief.*

DTU 40.211 (NF P 31-203) : *Couverture en tuiles de terre cuite à emboîtement à pureau plat.*

DTU 40.22 (NF P 31-201) : *Couverture en tuiles canal de terre cuite.*

DTU 40.23 (NF P 31-204) : *Couverture en tuiles plates de terre cuite.*

DTU 40.24 (NF P 31-207) : *Couverture en tuiles en béton à glissement et à emboîtement longitudinal.*

DTU 40.241 (NF P 31-205) : *Couverture en tuiles planes en béton à glissement et à emboîtement longitudinal.*

DTU 40.25 (NF P 31-206) : *Couverture en tuiles plates en béton.*

DTU 40.32 (NF P 34-201) : *Couverture en plaques ondulées métalliques.*

DTU 40.35 (NF P 34-205) : *Couverture en plaques nervurées issues de tôles d'acier revêtues.*

DTU 40.36 (NF P 34-206) : *Couverture en plaques nervurées d'aluminium prélaqué ou non.*

DTU 40.41 (NF P 34-211) : *Couverture par éléments métalliques en feuilles et longues feuilles en zinc.*

DTU 40.42 (NF P 34-212) : *Couverture par grands éléments métalliques en feuilles et bandes en aluminium.*

DTU 40.43 (NF P 34-213) : *Couverture par grands éléments métalliques en feuilles et bandes en acier galvanisé.*

DTU 40.44 (NF P 34-214) : *Couverture par grands éléments métalliques en feuilles et bandes en acier inoxydable étamé.*

DTU 40.45 (NF P 34-215) : *Couverture par éléments métalliques en feuilles et longues feuilles en cuivre.*

DTU 40.46 (NF P 34-216) : *Travaux de couverture en plomb sur support continu.*

DTU 40.5 (NF P 36-201) : *Travaux d'évacuation des eaux pluviales.*

DTU 60.11 (NF P 40-202) : *Règles de calcul des installations de plomberie sanitaire et des installations d'évacuation des eaux pluviales.*

Règles NV 65 modifiées 95 (NF P 06-002) : *Règles définissant les effets de la neige et du vent sur les constructions.*

Règles N 84 modifiées 95 (NF P 06-006) : *Action de la neige sur les constructions.*

NF A 35-.. : *Série de normes traitant des tôles d'acier inoxydable.*

NF A 36-3.. : *Série de normes traitant des tôles d'acier galvanisé à chaud en continu.*

NF A 50-4.. : *Série de normes traitant des tôles d'aluminium et d'alliage d'aluminium.*

NF A 51-100 : *Norme traitant des demi-produits en cuivre et alliage de cuivre et des produits laminés en cuivre à usage généraux.*

NF A 55-2.. : *Série de normes traitant du zinc allié au cuivre titane.*

NF A 55-401 : *Normes traitant des demi-produits en plomb laminés à froid.*

NF A 91-... : *Série de normes traitant des revêtements métalliques et traitement de surface.*

NF P 30-... : *Série de normes traitant de la couverture et du bardage.*

NF P 31-... : *Série de normes traitant des couvertures en tuiles de terre cuite et en tuiles en béton.*

NF P 32-... : *Série de normes traitant des couvertures en ardoises.*

NF P 33-... : *Série de normes traitant des couvertures en fibres-ciment.*

NF P 34-... : *Série de normes traitant des couvertures métalliques.*

NF P 36-... : *Série de normes traitant de l'évacuation des eaux pluviales.*

NF P 37-... : *Série de normes traitant des accessoires de couverture et des lanterneaux.*

NF P 38-... : *Série de normes traitant des plaques nervurées et ondulées en polyester armé de fibres de verre.*

NF P 39-... : *Série de normes traitant des couvertures en bardeaux bitumés.*

NF P 78-... : *Série de normes relatives aux produits verriers.*

NF P 75-... : *Série de normes relatives à l'isolation thermique.*

NF P 84-... : *Série de normes traitant des travaux d'étanchéité.*

NF P 85-... : *Série de normes traitant des joints d'étanchéité et des produits pour joints.*

Le Code de la Construction et de l'Habitation.

L'arrêté du 31 janvier 1986, modifié et complété, relatif à la protection contre l'incendie des bâtiments d'habitation.

Le règlement de sécurité contre les risques d'incendie et de panique dans les établissements recevant du public – Arrêté du Journal Officiel – *Brochure n° 1011 : Sécurité contre l'incendie.*

Organisme Professionnel de Prévention du Bâtiment et des Travaux Publics (OPPBTP) : *Prescriptions de sécurité.*

16. La pathologie

Les sinistres trouvant leur origine dans les ouvrages de couverture sont assez fréquents. Les coûts de remise en état peuvent être élevés et les frais induits sont souvent importants. Les infiltrations occasionnent des dommages tant sur le support que sur les travaux de finition ou les biens mobiliers.

Les sinistres sont classés selon les critères suivants :

• le type de couverture : petits éléments (ardoises, tuiles en terre cuite, tuiles en béton, bardeaux), grands éléments (bacs métalliques) ou membrane ;

• la zone concernée, partie courante ou points particuliers : faîtage, égout, rives, noue, pénétrations.

La qualité des produits et de leur mise en œuvre jouent un rôle prépondérant dans la pérennité de la couverture.

Les principales causes de sinistres répertoriées sont les suivantes :

• emploi d'éléments non adaptés à la pente de la toiture, recouvrement mal calculé ou absence de complément d'étanchéité occasionnant des infiltrations par siphonnage ou par capillarité ;

• ventilation de la sous-face de la couverture inexistante ou inefficace, entraînant des phénomènes de condensation (Photo. 1.25) ;

Photo. 1.25 • *Couverture en plaques nervurées de tôle d'acier prélaqué – Lame d'air de ventilation insuffisante : apparition de condensations en sous-face.*

- envol des éléments de couverture (ardoises, tuiles) en rive ou en partie courante, par suite de fixations insuffisantes ;

- infiltration de neige poudreuse, par manque d'écran sous la couverture ;

- emploi de matériaux gélifs entraînant une dégradation de la surface d'écoulement, donc une rétention d'eau et l'aggravation du phénomène ; il convient de noter que ce type de sinistre a tendance à diminuer compte tenu de l'amélioration de la qualité du produit (tuile terre cuite) ;

- défaut de fixation des bardeaux bitumés, quelquefois en nombre insuffisant ;

- mauvaise conception et mauvaise exécution des ouvrages accessoires : rives latérales, noues et chéneaux sous-dimensionnés pour recevoir les eaux des versants, solins fissurés ;

- corrosion des plaques métalliques en atmosphère agressive ou en présence de copeaux de fer ;

- sous-évaluation des phénomènes de dilatation occasionnant la déchirure du matériau ;

- vieillissement prématuré de certains éléments complémentaires de la couverture ;

- mauvaise mise en place du calage des éléments de remplissage des verrières ;

Photo. 1.26 • *Couverture en tuiles de terre cuite – Défaut d'entretien.*

- manque d'entretien : présence de mousse ou de végétation (Photo. 1.26) ;

- mouvement du support de la couverture.

Dans les régions à fortes chutes de neige, les sinistres peuvent être dus, entre autres :

- à la mauvaise conception entraînant un risque d'accumulation de la neige dans les noues ou les chéneaux encaissés ;

- à une infiltration dans les zones d'accumulation, noues et chéneaux, due à l'alternance des périodes diurnes de dégel et nocturnes de gel, lorsque la couverture n'est pas parfaitement étanche (Fig. 1.84) ;

- à une rupture du matelas neigeux entraînant sa chute sur la voie publique ou sur les constructions voisines (Fig. 1.85).

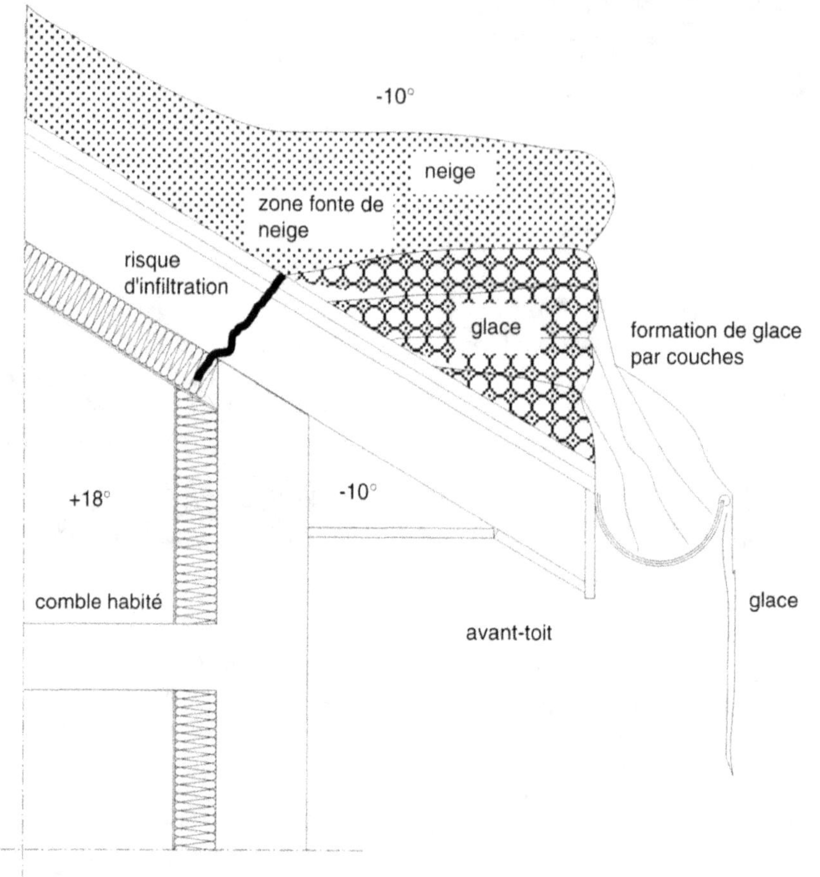

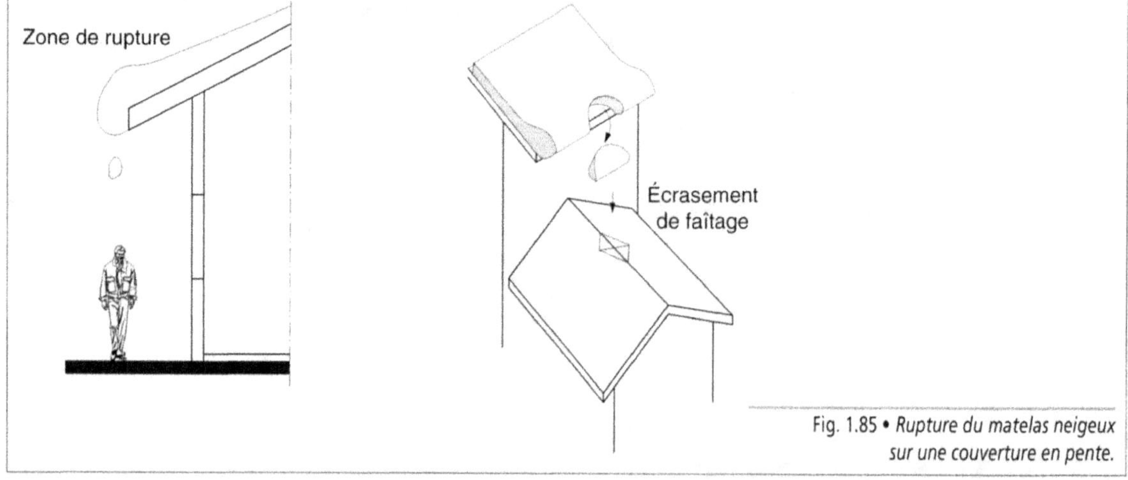

Fig. 1.84 • *Couverture. Accumulation de neige dans les gouttières.*

Fig. 1.85 • *Rupture du matelas neigeux sur une couverture en pente.*

Adresses utiles

Association pour la Certification des Matériaux Isolants (ACERMI)
84 avenue Jean Jaurès
77421 Marne-la-Vallée cedex

Association pour le développement
de l'Aluminium anodisé ou Laqué
30 avenue de Messine
75008 Paris

Centre d'Information du Cuivre
30 avenue de Messine
75008 Paris

Centre Technique des Tuiles et Briques
200 avenue de Gaulle
92140 Clamart

Fédération des Ardoisiers de France
3 rue Alfred Roll
75849 Paris cedex 17

Fédération Française des Tuiles et Briques
17 rue Letellier
75015 Paris

Office Technique pour l'Utilisation de l'Acier
(OTUA)
Immeuble Ile-de-France, 4 place de la Pyramide
92070 Paris-la-Défense cedex 33

Organisme Professionnel de Prévention du Bâtiment et des Travaux Publics (OPPBTP)
221 boulevard Davout
75020 Paris

Syndicat de la Construction Métallique
de France
20, rue Jean Jaurès
92807 Puteaux cedex

Syndicat des Fabricants de Tuiles en Béton
5 rue Louis Lejeune
92128 Montrouge cedex

Union Minière de France
Les Mercuriales
40 rue Jean Jaurès
93176 Bagnolet cedex

Bibliographie

Les toits des Pays de France – J.-Y. Chauvet – Éditions Eyrolles, Paris.

Tuiles et briques de terre cuite – Centre technique des tuiles et briques.

LES TOITURES-TERRASSES

Les toitures-terrasses sont constituées de l'ensemble des éléments qui assure une double fonction porteuse et enveloppe. Elles ont pour rôle essentiel de protéger l'ouvrage des intempéries grâce à leur étanchéité. Généralement de faible pente et habillées d'un mur acrotère, elles permettent de couvrir des bâtiments sans être un élément dominant de l'architecture.

1. La définition de la toiture-terrasse

La toiture-terrasse est une forme de couverture qui consiste à mettre en œuvre un complexe comprenant plusieurs composants. Certains sont imposés par leur fonction propre telle que la structure porteuse et l'étanchéité ; d'autres répondent à des fonctions complémentaires ou à l'utilisation éventuelle de la terrasse, à savoir : l'isolation thermique ou acoustique, la forme de pente, la protection de l'étanchéité (Fig. 2.1).

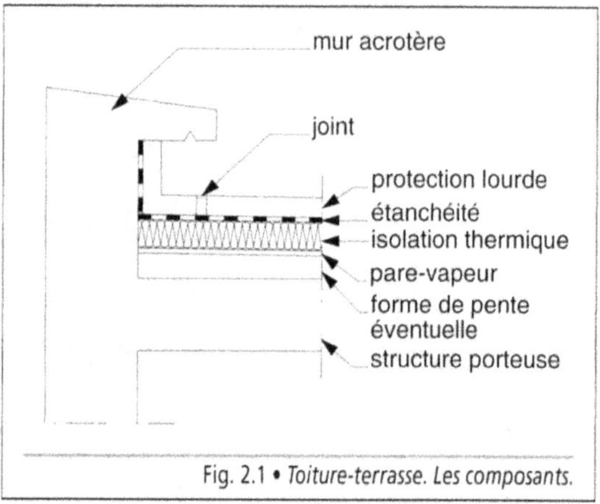

Fig. 2.1 • *Toiture-terrasse. Les composants.*

La toiture-terrasse permet de réaliser des couvertures à faible pente ou à pente nulle, qui n'apparaissent pas en façade.

Comme pour les autres formes de couverture, les qualités d'une toiture-terrasse sont les suivantes :

- la capacité de la structure à reprendre les charges occasionnées par le poids propre, les surcharges climatiques ou d'utilisation ;

- la continuité et l'imperméabilité du film étanche ainsi que ses raccords sur les émergences ;

- la résistance mécanique au choc, au poinçonnement, à l'usure et à l'arrachement ;

- la résistance au rayonnement solaire et aux ultraviolets ;

- la résistance au feu afin d'en éviter la propagation.

En complément, peuvent être pris en compte l'isolation thermique, l'isolation acoustique et l'aménagement de surface.

2. Les critères de classification

Le choix d'une toiture-terrasse est déterminé en fonction d'un certain nombre de critères, indépendamment de la nature du revêtement d'étanchéité employé.

2.1. La zone climatique

La zone climatique dans laquelle se réalise l'ouvrage permet de distinguer les toitures courantes hors climat de montagne et les toitures en climat de montagne, soumises à des conditions particulières de neige, de glace ou de basses températures. En général, sont considérés comme soumis au climat de montagne les ouvrages situés à une altitude supérieure à 900 m ou, dans certaines zones, à une altitude inférieure et exposées à des microclimats.

2.2. La structure porteuse

La structure porteuse peut être en maçonnerie, en acier ou en bois. elle doit être apte à reprendre tous les efforts que supporte le complexe toiture-terrasse, à savoir :

- les charges permanentes correspondant aux poids propre de la structure, de la forme de pente et de l'isolation thermique éventuelles, de l'étanchéité et de sa protection ainsi que les surcharges dues à la terre végétale dans le cas des terrasses-jardins ;

- les charges climatiques, vent, neige ou accumulation d'eau de pluie, définies selon les règles Neige et Vent ;

- les charges d'exploitation telles qu'elles sont indiquées dans la norme NF P 06-001 : *Bases de calcul des constructions – Charges d'exploitation des bâtiments ;*

- les surcharges occasionnelles apportées en cours d'exécution par certains procédés ;

- les charges d'entretien dont les valeurs sont fournies par la norme NF P 06-001, étant entendu que ces charges ne sont pas cumulables avec les précédentes ;

- les charges accidentelles dues aux séismes ou à l'accumulation d'eau de pluie consécutive à l'engorgement d'une descente d'eaux pluviales ;

- les sollicitations thermiques.

Lorsque la structure porteuse est en maçonnerie, les planchers sont classés en fonction de leur degré de rigidité et de leur ancrage en rive de la manière suivante (Fig. 2.2) :

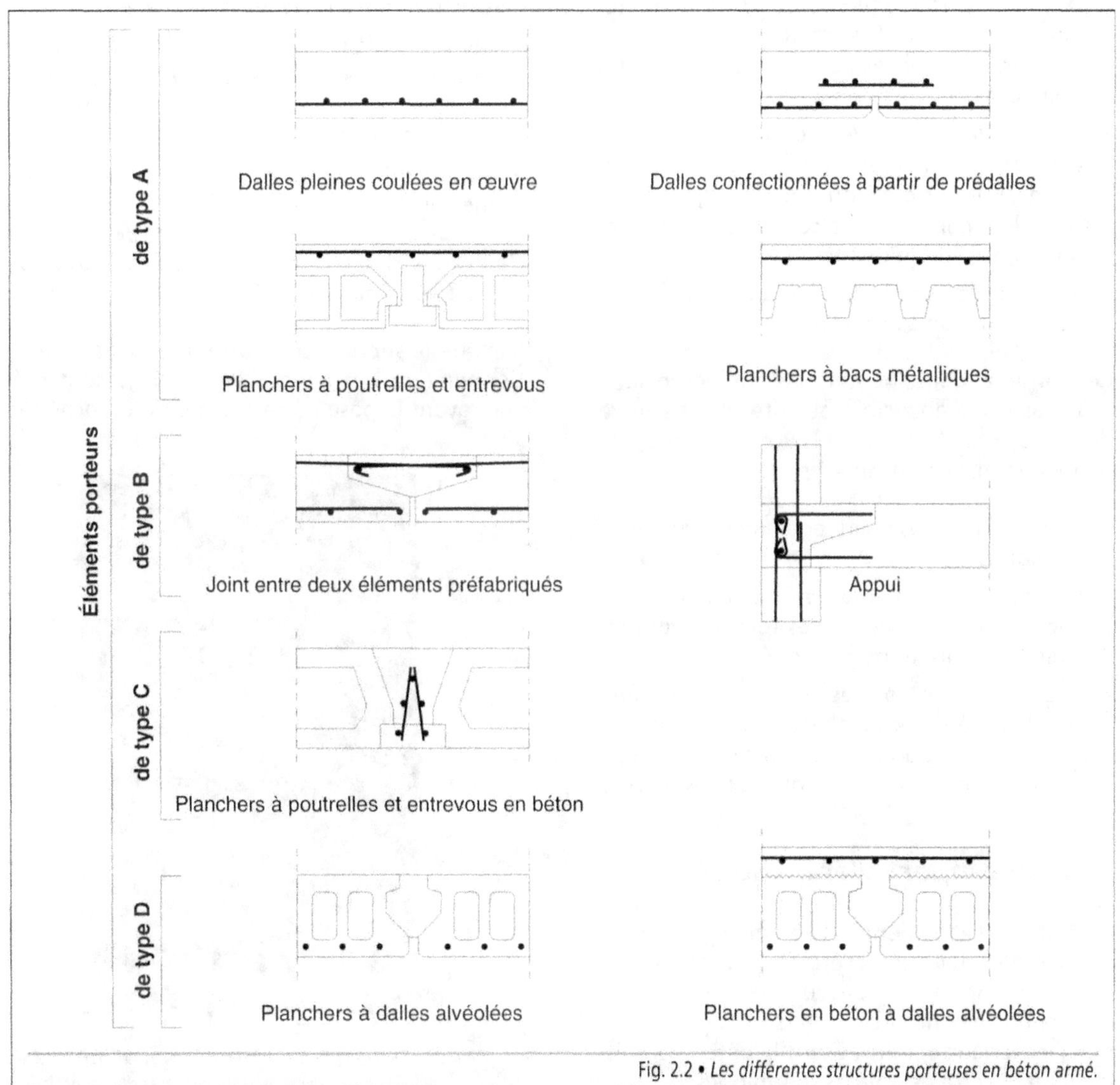

Fig. 2.2 • *Les différentes structures porteuses en béton armé.*

- maçonnerie monolithe de type A tels que les dalles pleines coulées sur coffrage ou sur prédalles, les planchers à bacs métalliques collaborants, les planchers à poutrelles et hourdis avec dalle de compression ;

- maçonnerie monolithe de type B : éléments préfabriqués en béton armé ou précontraint solidarisés par des armatures noyées dans un noyau de liaison ;

- maçonnerie fractionnée jointive de type C constituée d'éléments préfabriqués en matériaux de nature différente (béton, terre cuite ou autres) solidarisés par des blocages et des chaînages transversaux en béton armé ;

- maçonnerie fractionnée jointive de type D réalisée à partir d'éléments préfabriqués en béton armé ou précontraint posés jointifs et solidarisés par des clefs continues en béton, sans encastrement en rive ;

- dalles de béton cellulaire autoclavé armé répondant à un avis technique.

Ces dernières dalles ne sont pas utilisées lorsque la terrasse est accessible ou lorsqu'elle couvre des locaux à fort degré hygrométrique ; la pente minimale admissible est de 1 %.

La structure porteuse peut également être constituée par :

- une ossature en profilés métalliques sur laquelle prennent appui des tôles d'acier nervurées galvanisées ou prélaquées ;

- un ensemble de poutres en bois massif ou en lamellé-collé sur lesquelles repose le support d'étanchéité en bois massif, en contre-plaqué, en panneaux de particules ou en tôles d'acier.

2.3. Le support d'étanchéité

Le support d'étanchéité est l'élément sur lequel est mis en œuvre le revêtement d'étanchéité. Avant exécution des travaux, sa surface doit être parfaitement propre et sèche. Les différents matériaux employés sont le béton, le bois, le métal et certains isolants thermiques.

2.31. Le support en maçonnerie est formé par l'un des composants suivants :

- la structure porteuse elle-même dont la surface a été lissée de manière à recevoir le complexe d'étanchéité ;

- une forme de pente en béton de gravillons ou de granulats légers (pouzzolane, argile expansée, etc.) adhérente, c'est-à-dire coulée directement sur la structure porteuse ; l'emploi d'une forme de pente adhérente est interdit sur une structure porteuse en béton de type D ;

- une forme de pente en béton de gravillons ou de granulats légers fractionnée et désolidarisée de la structure porteuse par interposition de panneaux isolants ;

- une dalle flottante en béton armé coulée sur une couche isolante.

L'épaisseur d'une forme de pente en béton normal est au minimum de 3 cm au point bas.

Lorsque le support comporte des joints de fractionnement, des bandes de pontage sont prévues avant la pose du revêtement d'étanchéité.

Photo 2.1 • *Support d'isolation thermique et d'étanchéité en plaques nervurées et perforées de tôle d'acier prélaqué.*

2.32. Le support métallique est constitué par des tôles d'acier nervurées galvanisées ou prélaquées, pleines ou perforées (Photo. 2.1) ; ces dernières sont interdites au-dessus de locaux à fort ou très fort degré hygrométrique. L'étanchéité n'est jamais posée directement sur les plaques nervurées, mais avec interposition d'une couche isolante.

2.33. Le support en bois ou en dérivés du bois peut être composé par l'un des matériaux suivants :

- un parquet en bois massif dont l'épaisseur minimale est de 18 mm pour les frises et de 22 mm pour les planches ;

- un assemblage de panneaux contre-plaqué CTB-X de 12 mm d'épaisseur minimale ou de panneaux de particules CTB-H de 18 mm ;

- des panneaux composites sandwich avec une âme isolante thermiquement.

L'assemblage des panneaux impose de prévoir une bande de pontage au droit des joints (Fig. 2.3). Le support à base de bois est réservé aux terrasses dites inaccessibles.

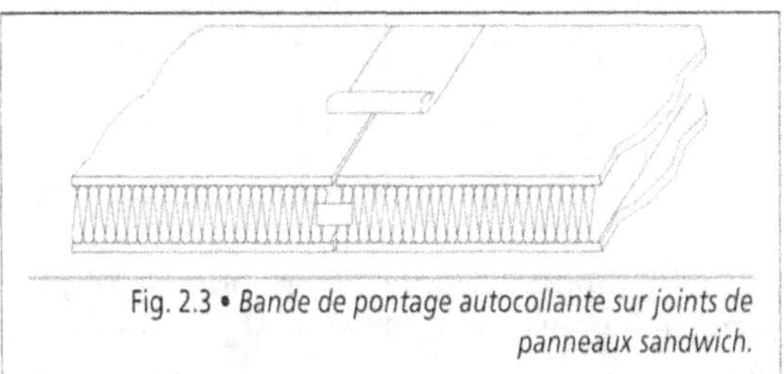

Fig. 2.3 • *Bande de pontage autocollante sur joints de panneaux sandwich.*

2.34. Le support en panneaux isolants thermiques non porteurs est posé sur un matériau dont la résistance mécanique est suffisante : béton, panneaux en bois ou dérivés, bacs nervurés en acier. La nature de l'isolant est définie au paragraphe 2.61. Les panneaux sont posés jointifs, un pontage des joints pouvant s'avérer nécessaire. La pose de la première membrane d'étanchéité doit suivre la mise en œuvre des panneaux isolants de manière à les protéger des intempéries. En cas d'arrêt momentané des travaux (en fin de journée ou en fin de semaine),

l'étanchéité doit être fermée provisoirement afin d'éviter tout risque de pénétration d'eau. D'autre part, il convient de vérifier que le coefficient de dilatation thermique de l'isolant est compatible avec ce type d'utilisation.

2.4. La pente en partie courante

La pente en partie courante est déterminée en fonction de la destination de la toiture-terrasse, du support, du matériau d'étanchéité et du mode de pose. Elle est donnée soit par la structure porteuse elle-même, soit par une forme de pente. Lorsque la toiture est courbe ou à pans multiples, la nature du revêtement d'étanchéité est déterminée par la pente maximale.

Selon l'inclinaison sur l'horizontale, la toiture-terrasse peut être à pente nulle, plate, inclinée ou rampante. Les fourchettes de pentes sont définies en fonction du support (Tab. 2.1).

Sur un support en béton, les toitures-terrasses sont classées en trois catégories :

- à pente nulle (0 %), qui ne peut être admise en climat de montagne ;

- plate dont la pente est comprise entre 1 % et 5 % ;

- inclinée de pente supérieure à 5 %.

Sur un support métallique, les toitures-terrasses entrent dans l'une des deux catégories suivantes :

- les toitures-terrasses plates dont la pente est comprise entre 3 % et 5 % ;

- les toitures-terrasses inclinées de pente supérieure à 5 %.

Sur un support en bois, les toitures-terrasses sont classées en trois catégories :

- plate dont la pente est comprise entre 1 % et 5 % ;

- rampante dont la pente est comprise entre 5 % et 15 % ;

- inclinée de pente supérieure à 15 % (Photo. 2.2).

PENTE (%)	TYPES DE TOITURE-TERRASSE	DESTINATION
Toiture-terrasse sur support en béton		
$p = 0$	Toiture-terrasse à pente nulle (non admis en climat de montagne)	Toiture inaccessible, sauf pour l'entretien Toiture technique ou zone technique Toiture piétonnière avec dalles sur plots Toiture-jardin
$1 < p \leq 5$	Toiture-terrasse plate	Toiture inaccessible, sauf pour l'entretien Toiture technique ou zone technique Toiture accessible aux piétons – circulation ou séjour Toiture accessible aux véhicules VL ou PL Toiture-jardin
$5 < p$	Toiture-terrasse inclinée	Toiture inaccessible, sauf pour l'entretien Rampe d'accès pour véhicules
Toiture-terrasse sur support en tôles d'acier nervurées		
$p^* \leq 5$	Toiture-terrasse plate	Toiture inaccessible, sauf pour l'entretien Toiture technique ou zone technique
$5 < p$	Toiture-terrasse inclinée	Toiture inaccessible, sauf pour l'entretien
Toiture-terrasse sur support en bois ou assimilé		
$1 < p^* \leq 5$	Toiture-terrasse plate	Toiture inaccessible, sauf pour l'entretien Toiture technique ou zone technique
$5 < p \leq 15$	Toiture-terrasse rampante	Toiture inaccessible, sauf pour l'entretien Toiture technique ou zone technique ($p < 7\,\%$)
$15 < p$	Toiture-terrasse rampante	Toiture inaccessible, sauf pour l'entretien
* Afin de tenir compte du fléchissement éventuel de la structure porteuse, la pente minimale admise dans la pratique est de 3 %.		

Tab. 2.1 • *Classification des toitures-terrasses selon la pente*

Photo 2.2 • *Étanchéité sur toiture inclinée en support en bois.*

Sur un support en acier ou en bois, la toiture-terrasse à pente nulle (0 %) n'est pas admise.

2.5. Le domaine d'utilisation

Le domaine d'utilisation de la toiture-terrasse, ou sa destination, permet de définir la nature du support, la pente, la qualité du revêtement d'étanchéité et de sa protection.

Les toitures-terrasses sont classées dans l'une des quatre catégories suivantes :

• inaccessible et ne recevant que la circulation réduite nécessaire à son entretien normal ;

c'est le cas le plus fréquent ; pratiquement tous les matériaux d'étanchéité sont utilisables ;

- comportant des zones techniques où sont implantés des équipements imposant un entretien spécifique ; ces zones sont traitées à l'aide de matériaux performants ;

- accessible, auquel cas il convient de préciser le type de circulation qu'elle reçoit : piétons, véhicules légers ou véhicules lourds ; les contraintes étant différentes, les matériaux d'étanchéité sont choisis afin de répondre aux efforts auxquels ils sont soumis ;

- aménagée en jardin, elle demande un traitement adapté.

2.6. *L'isolation thermique*

L'isolation thermique a de multiples fonctions à remplir :

- éviter les déperditions calorifiques en période hivernale ;

- protéger les occupants des locaux de la chaleur et du rayonnement solaire en période estivale ;

- protéger la structure porteuse des chocs thermiques afin d'éviter des fissurations ;

- éviter les condensations dues aux effets de paroi froide.

Les toitures-terrasses non isolées thermiquement sont admises lorsqu'elles couvrent des locaux non chauffés (parcs de stationnement). Les éléments porteurs verticaux doivent être en béton armé et leurs calculs tiennent compte des effets du retrait et de la dilatation.

2.61. *La nature de l'isolant thermique*

Les principaux isolants thermiques utilisés pour la constitution de toitures-terrasses sont des mousses expansées ou des matériaux fibreux tels que :

- le polystyrène expansé ou extrudé ;

- la mousse de polyuréthanne ;

- la mousse phénolique ;

- les laines minérales (de roche ou de verre) ;

- le verre cellulaire ;

- la perlite fibrée ;

- le liège expansé.

Le choix de l'isolant s'effectue en fonction des critères suivants :

- sa conductivité thermique précisée par la certification ACERMI ou conforme aux Règles Th K ;

- sa sensibilité à l'eau, qui modifie ses caractéristiques fondamentales ;

- sa perméabilité à la vapeur d'eau, pouvant imposer la présence d'un écran pare-vapeur pour éviter toute migration ;

- sa résistance mécanique à la compression ou au poinçonnement ; selon l'UEAtc, les isolants sont répartis en quatre classes : A, B, C et D, chacune étant retenue en fonction de la destination de la toiture-terrasse ;

- sa stabilité dimensionnelle, liée à ses réactions en présence d'humidité ou de chaleur ;

- son incompatibilité avec certains matériaux d'étanchéité ;

- son épaisseur mise en œuvre qui varie de 4 cm à 12 cm selon sa nature ;

- sa position dans le complexe toiture-terrasse, comme étudié au paragraphe 2.63 ; en effet, la résistance mécanique exigée n'est pas la même pour un isolant placé sous une forme en béton ou pour un isolant support d'étanchéité.

L'isolant thermique relève soit de la normalisation (panneaux à base de liège aggloméré expansé), soit de l'Avis Technique. Dans ce dernier cas, l'isolant doit bénéficier d'une certification ACERMI.

L'Avis Technique indique les dimensions extrêmes d'utilisation (longueur, largeur, épaisseur), les caractéristiques pondérales, mécaniques, hygrothermiques et de stabilité dimensionnelle, la conductivité thermique utile, le mode de pose (libre, fixé à la colle ou mécaniquement). Il indique également les limites d'emploi en fonc-tion des revêtements d'étanchéité associés, de leur mise en œuvre, de leur protection et de la destination de la toiture-terrasse.

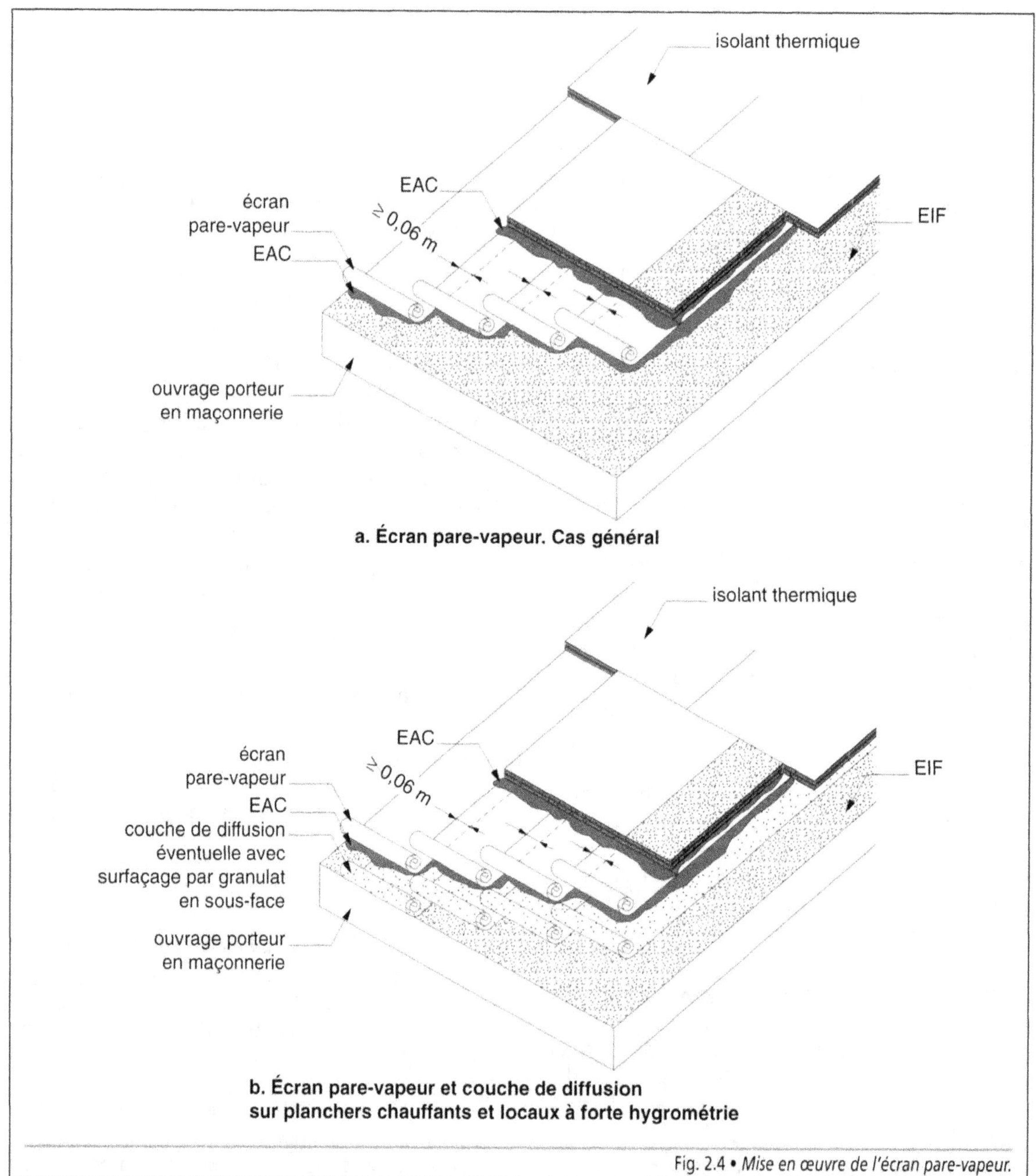

Fig. 2.4 • *Mise en œuvre de l'écran pare-vapeur.*

L'épaisseur de l'isolant est calculée sur la base de sa résistance thermique. En faible épaisseur, la pose s'effectue sur un seul lit. Pour les fortes épaisseurs, deux lits superposés à joints croisés sont admis à condition qu'ils soient solidarisés avec un enduit à chaud (EAC). Certains isolants sont mieux adaptés que d'autres pour satisfaire aux utilisations projetées.

Exemples

- le polystyrène expansé, dans le cas de terrasses inaccessibles ou accessibles aux piétons ;
- le polystyrène extrudé pour les toitures-terrasses inversées ;
- le polyuréthanne pour les terrasses inaccessibles, les terrasses accessibles protégées par dalles ou les terrasses-jardins ;
- la laine minérale, sur support bois ou métallique avec étanchéité autoprotégée ou non ;
- le verre cellulaire, après avoir reçu un surfaçage au bitume chaud, pour les terrasses accessibles aux véhicules légers ;
- les panneaux à base de matières plastiques alvéolaires ne sont pas compatibles avec une étanchéité en asphalte, compte tenu de la température élevée de mise en œuvre.

2.62. La présence d'un écran pare-vapeur

Le rôle de l'écran pare-vapeur est d'éviter toute migration de la vapeur d'eau à l'intérieur de l'isolant. Constitué par un film étanche, il est placé en sous-face de l'isolant sur un support parfaitement sec. Avant toute intervention, les supports poreux (béton, béton cellulaire) reçoivent une couche d'enduit d'imprégnation à froid (EIF).

Le choix du pare-vapeur dépend des paramètres suivants :

- la localisation géographique de l'ouvrage ;
- le classement hygrométrique des locaux ;
- le mode de chauffage des locaux ;
- la nature de la structure porteuse ;
- la nature de l'isolant thermique ;
- la technique de mise en œuvre.

En condition normale, l'écran de pare-vapeur est constitué par un feutre bitumé 36 S CF ou VV HR surfacé à l'aide d'un enduit à chaud (EAC) et fixé au support à l'EAC, par une chape de bitume armé 40 TV soudée, ou par un film polyéthylène compatible avec l'isolant (Fig. 2.4) ; les deux premiers matériaux sont définis au paragraphe 3.23.

Sur des locaux à forte hygrométrie ou sur des planchers chauffants, une couche de diffusion de la vapeur d'eau doit être placée sous le pare-vapeur afin d'égaliser des sous-pressions. Une solution consiste à prévoir un feutre 36 S VV HR perforé à sous-face liégée et une feuille d'aluminium de 0,08 mm d'épaisseur enrobée d'un produit bitumineux ; la liaison entre les deux couches est assurée par un EAC.

2.63. La position de l'isolant thermique

Dans le complexe toiture-terrasse, quatre positions sont admises pour placer l'isolant thermique (Fig. 2.5).

- **En sous-face de la structure porteuse**
  Cette solution est déconseillée car l'isolant ne joue pas pleinement son rôle et ne protège pas la structure porteuse des chocs thermiques. Toutefois, elle peut être admise lorsque la structure porteuse est en bois, selon le principe de la toiture froide ventilée, la couche d'isolation étant placée sur un faux plafond (Fig. 2.6).

- **Sur la structure porteuse et sous la forme de pente**
  Cette disposition est délicate à mettre en œuvre. En effet, la forme de pente doit être fractionnée pour absorber les effets de la dilatation, occasionnant des points faibles au niveau de l'étanchéité. Celle-ci ne peut être à la fois solidaire d'éléments liés à la structure porteuse (mur acrotère) et de la forme de pente. Pour que ce principe puisse être retenu, il est nécessaire de réaliser une forme flottante armée, totalement indépendante de la structure porteuse (Fig. 2.7).

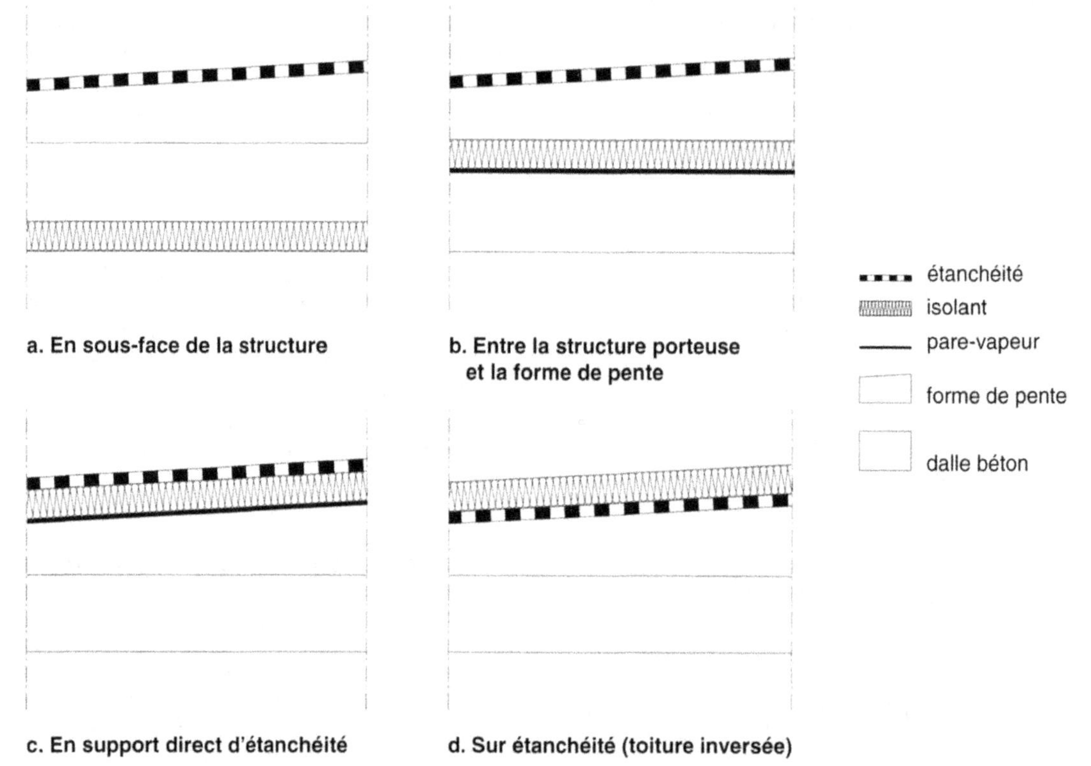

a. En sous-face de la structure
b. Entre la structure porteuse et la forme de pente
c. En support direct d'étanchéité
d. Sur étanchéité (toiture inversée)
étanchéité
isolant
pare-vapeur
forme de pente
dalle béton

Fig. 2.5 • *Les différentes positions de l'isolant dans le complexe toiture-terrasse*

protection rapportée
revêtement d'étanchéité
élément porteur
lame d'air ventilée
(e ≥ 0,06 m)
isolant
(avec pare-vapeur éventuel)
a. 1% < pente de la toiture < 5%
revêtement autoprotégé
élément porteur
lame d'air ventilée
(e ≥ 0,06 m)
isolant
(avec pare-vapeur éventuel)
b. Pente de la toiture > 5%

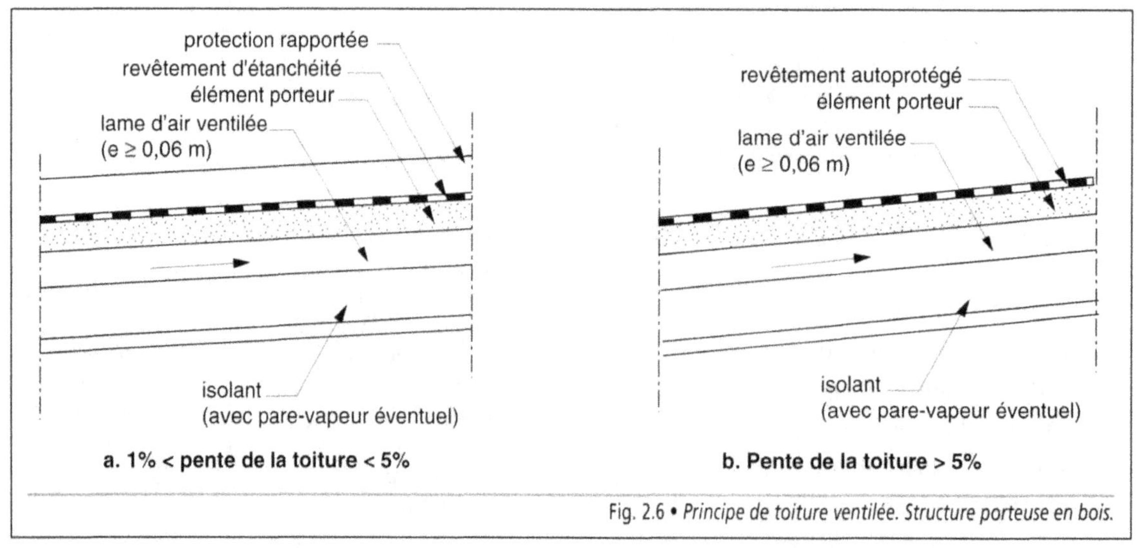

Fig. 2.6 • *Principe de toiture ventilée. Structure porteuse en bois.*

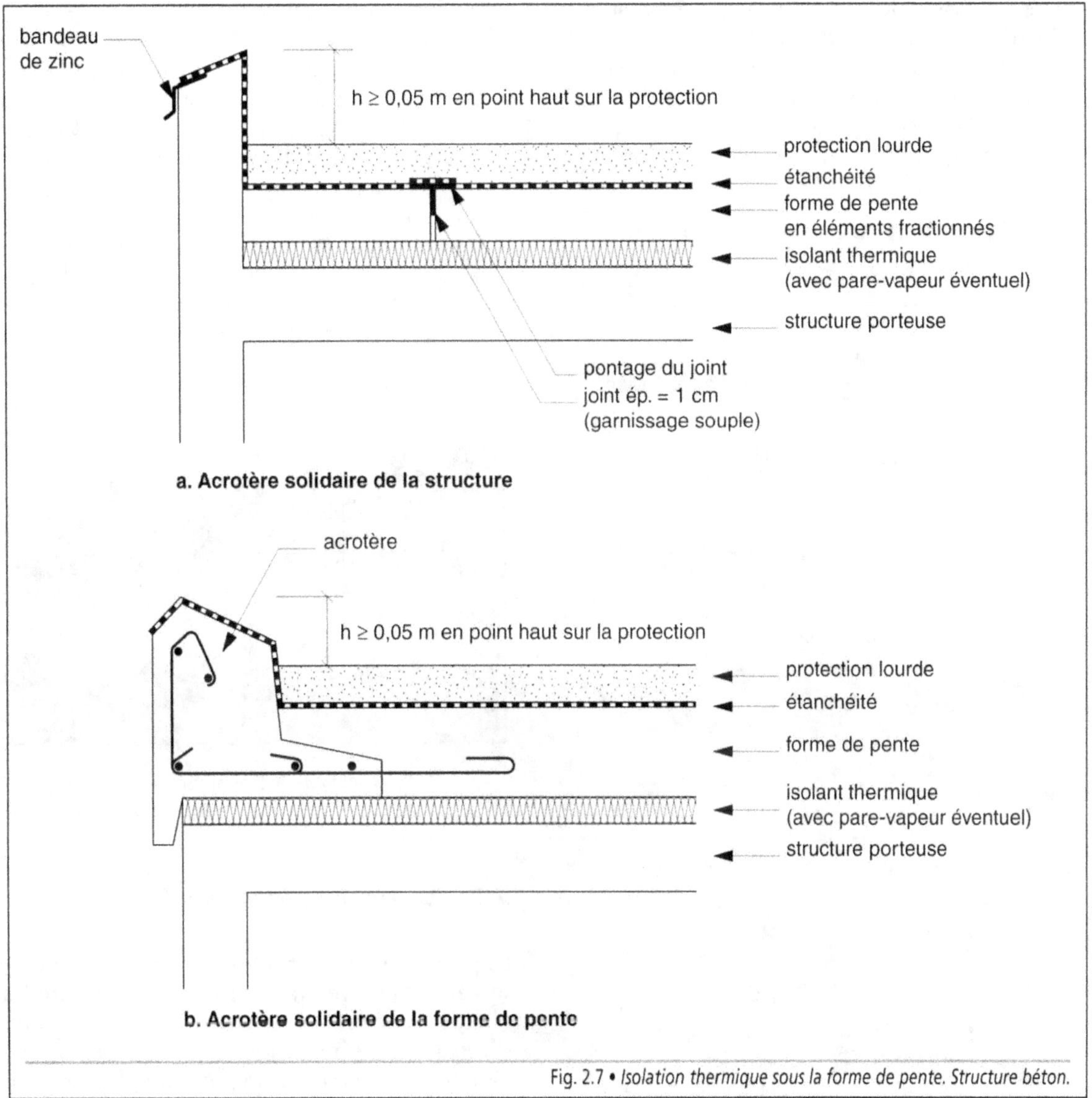

Fig. 2.7 • *Isolation thermique sous la forme de pente. Structure béton.*

• **Sur la structure porteuse ou sur la forme de pente**

C'est le cas généralement admis dans la réalisation de toiture-terrasse, que la structure porteuse soit en béton, en acier ou en bois. L'isolant thermique sert de support au revêtement d'étanchéité. Soumis à des contraintes en cours de travaux ou lors d'opération d'entretien de la toiture, il doit présenter une bonne résistance mécanique à la compression et au poinçonnement. Il doit également avoir une bonne stabilité dimensionnelle. Le choix de l'isolant s'effectue en fonction de la nature de l'étanchéité, de la pente, de la protection et de la destination de la terrasse. Il peut être libre ou fixé au support à l'aide d'un enduit à chaud (EAC) ou de fixations mécaniques. Cette solidarisation est imposée dès que la pente atteint une certaine valeur, afin d'éviter tout risque de glissement. Il en est de même en pose verticale contre les reliefs. Les Avis Techniques précisent les conditions d'utilisation.

- **Sur l'étanchéité (technique de la toiture inversée)**

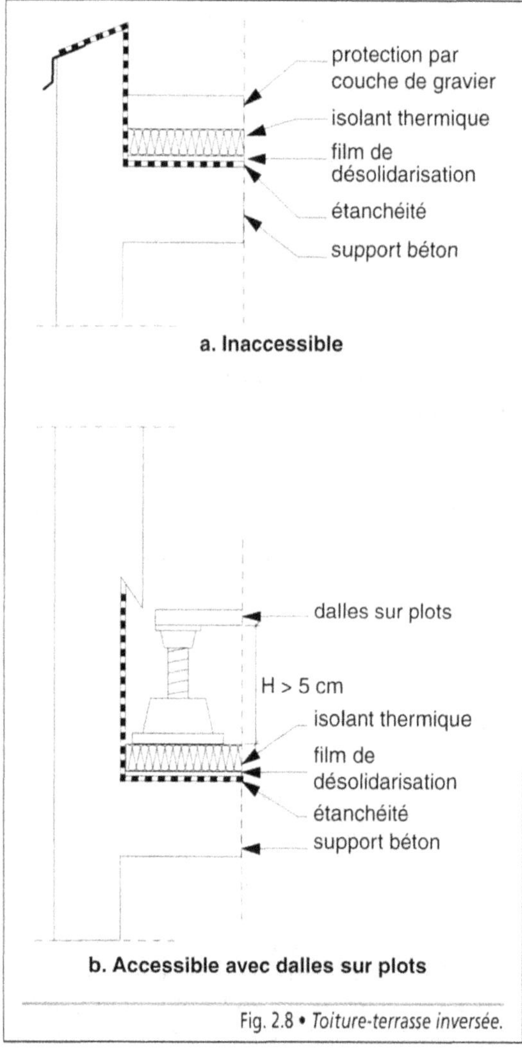

Fig. 2.8 • *Toiture-terrasse inversée.*

Ce procédé s'applique uniquement sur une structure porteuse en béton et avec une pro-

tection lourde stable. L'isolant, de type polystyrène extrudé particulièrement insensible à la présence d'eau, est désolidarisé de l'étanchéité à l'aide d'un voile non tissé. Cette utilisation fait l'objet d'un Avis Technique. Les avantages essentiels résident dans la suppression du pare-vapeur et dans le fait que l'étanchéité est protégée des chocs thermiques. La toiture inversée est réservée aux terrasses inaccessibles et à celles qui, accessibles uniquement aux piétons, ont une protection par des dallettes sur plots (Fig. 2.8 – photo. 2.3).

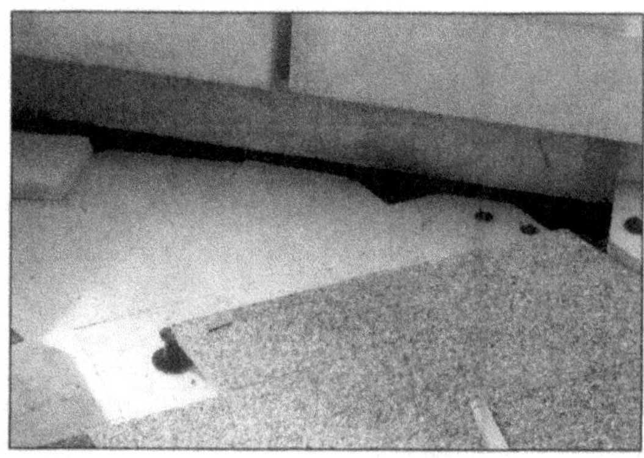

Photo 2.3 • *Toiture inversée avec dalles sur plots – Toiture-terrasse accessible aux piétons.*

2.7. La protection de l'étanchéité

La protection de l'étanchéité a pour rôle la préservation du revêtement d'étanchéité contre les agents extérieurs. Ceux-ci sont de nature diverse : atmosphériques, rayonnements UV, variations de température, sollicitations mécaniques dues à la circulation ou au séjour des usagers, vieillissement. La protection doit être adaptée à la nature du revêtement d'étanchéité, à la pente, à la destination de la toiture-terrasse, à la structure porteuse afin de ne pas occasionner de surcharges inutiles (Tab. 2.2). Elle est réalisée en parties courantes et en relevé, selon deux principes : l'étanchéité autoprotégée et l'étanchéité avec protection rapportée.

Nature de la protection	Épaisseur (mm)	Poids au m^2 daN/m^2
Asphalte sablé	15	35
Asphalte porphyré	25	60
Lit de gravillons	40	80
Lit de gravillons (forte isolation thermique)	60	120
Lit de gravillons (en montagne)	80	160
Lit de sable	30	60
Chape en mortier	30	75
Dalle en béton armé	50	125
Dalles (ép. : 4 cm) sur plots	variable	105
Pavés autobloquants	60	150
Enrobés bitumineux	40	90
Enrobés bitumineux	60	135

NB : Lorsque plusieurs protections sont combinées, il convient d'additionner les poids correspondants.

Exemple : pavés autobloquants sur lit de sable = 210 daN/m^2

Tab. 2.2 • *Surcharges apportées par les différentes protections lourdes.*

2.71. L'étanchéité autoprotégée est revêtue sur la face exposée d'un film métallique (aluminium ou cuivre) ou d'une couche à base de granulats minéraux colorés ou de paillettes d'ardoises. Ce type d'étanchéité ne peut être retenu que pour des terrasses inaccessibles.

2.72. L'étanchéité avec protection rapportée doit être adaptée à la destination de la toiture-terrasse.

- **Dans le cas des terrasses inaccessibles,** la protection est assurée par une couche en gravillons roulés d'une épaisseur minimale de 4 cm (protection meuble). Elle est portée à 6 cm lorsque le revêtement d'étanchéité est posé sur un support isolant dont la résistance thermique est supérieure à 2 m^2.K/W, et à 8 cm dans les zones de montagne. La granularité des gravillons est comprise entre 5 mm et les deux tiers de l'épaisseur de la protection.

Dans les sites exposés ou sur les constructions d'une hauteur supérieure à 28 m, la protection meuble est agglomérée sur une largeur de 2,00 m en périphérie du bâtiment et au droit des émergences.

- **Dans le cas des terrasses accessibles,** la protection en dur est obtenue soit à l'aide d'une couche d'asphalte sablé ou porphyré lorsque l'étanchéité est en asphalte, soit à l'aide d'une dalle en béton coulée en place et fractionnée à intervalles réguliers (Photo. 2.4), soit de dalles préfabriquées en béton ou en pierre, de carrelage ou de dalles béton sur plots (Fig. 2.9). Pour éviter tout transfert de mouvements de la protection sur l'étanchéité, il est nécessaire d'interposer un écran de désolidarisation formé d'un feutre non tissé associé à un film polyane ou d'une couche de sable de 3 cm.

Photo 2.4 • *Protection d'étanchéité par dalle en béton coulée en place et fractionnée.*

Selon leur mode de pose, en indépendance ou avec fixation mécanique, les membranes en PVC peuvent recevoir ou non une protection lourde.

La majorité des protections lourdes permet le classement au feu du complexe comprenant l'étanchéité, l'isolation et la protection en classe M0, incombustible.

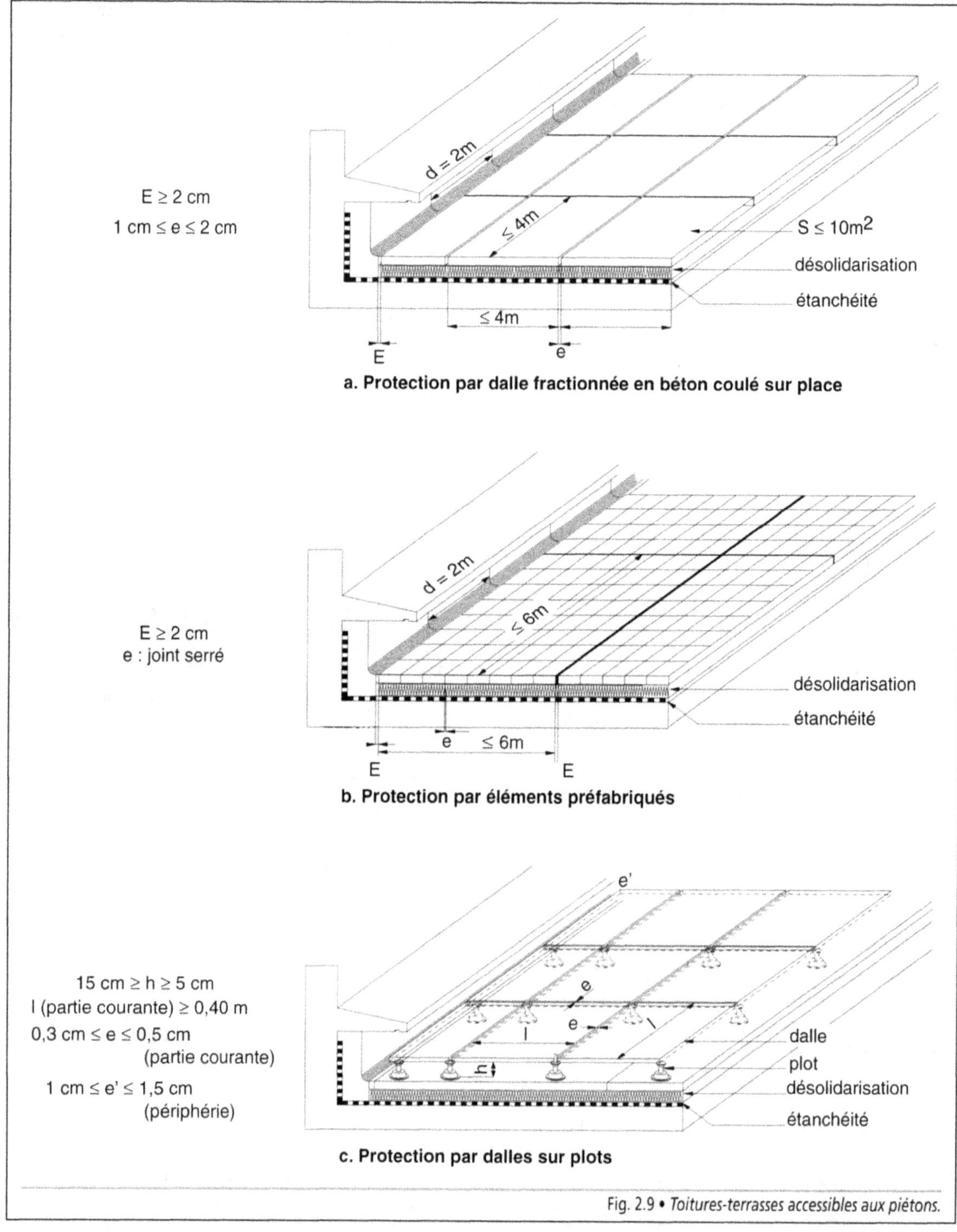

a. Protection par dalle fractionnée en béton coulé sur place

b. Protection par éléments préfabriqués

c. Protection par dalles sur plots

Fig. 2.9 • *Toitures-terrasses accessibles aux piétons.*

La protection des relevés est réalisée de la manière suivante :

- avec un matériau autoprotégé à l'aide d'un film métallique ou de granulats minéraux lorsque la terrasse est inaccessible ;

- par un solin ou une plinthe en mortier de ciment de 3 cm à 4 cm d'épaisseur, armé d'un grillage de type cage à poule, fixé en tête, lorsqu'elle est accessible.

3. Les revêtements d'étanchéité

La première fonction d'un revêtement d'étanchéité est d'être imperméable et de le rester quelles que soient les sollicitations auxquelles il est soumis. Celles-ci peuvent provenir des agents atmosphériques (variations de température, rayons ultraviolets), des mouvements du support ou de la protection (dilatation thermique, retrait) ou des contraintes d'utilisation (entretien, circulation de piétons ou de véhicules, jardins).

Les revêtements d'étanchéité sont classés en deux catégories selon les matériaux utilisés.

- Les matériaux de type traditionnel tels que les produits noirs, asphalte et feutres ou chapes de bitume armé.

- Les matériaux non traditionnels qui font l'objet d'un Avis Technique. Ils sont à base de bitume comme le bitume élastomère SBS*, ou sans bitume, à base de plastomères (polychlorure de vinyle, poly-isobutylène) ou d'élastomères (butyle, propylène). Certains produits sont mis en œuvre in situ : l'étanchéité liquide à base de résines polymérisantes étendue sur le support ou la mousse projetée (polyuréthanne) regroupant les fonctions d'étanchéité et d'isolation thermique.

La deuxième série de produits est le résultat de recherches qui ont pour but d'améliorer ses performances et sa fiabilité.

3.1. Les caractéristiques des matériaux d'étanchéité

Pour jouer pleinement son rôle, le revêtement d'étanchéité doit répondre à plusieurs critères de qualité, qui sont, entre autres :

- l'imperméabilité à l'eau ;

- l'élasticité, la souplesse à froid et la tenue à la chaleur ;

- la résistance à la fissuration du support, au poinçonnement statique et dynamique, à la compression ;

- la tenue aux racines ;

- la stabilité dimensionnelle ;

- la résistance au vieillissement ;

- le bon comportement au feu ;

- les facilités de réparation ;

- la compatibilité éventuelle avec d'autres matériaux.

Les principales caractéristiques des produits d'étanchéité sont en relation directe avec les performances attendues lors de leur utilisation. Elles sont variables d'un produit à l'autre. Des essais permettent de déterminer la résistance à la traction dans le sens longitudinal ou transversal, l'allongement, la souplesse en présence du froid et le point de ramollissement.

Exemple

Les caractéristiques des feuilles à base de bitume modifié sont les suivantes :

- point de ramollissement : entre 105 °C et 130 °C ;

- allongement élastique : entre 175 % et 200 %, selon l'armature du produit ;

- allongement à la rupture : de 1 000 % à 2 700 %, selon l'armature ;

- souplesse à froid : – 20 °C.

Le classement FIT est un classement performanciel défini pour les revêtements d'étanchéité de toitures en partie courante, constitués d'une ou de plusieurs couches. Il prend en compte les trois critères suivants (Fig. 2.10) :

- la résistance à la fatigue F (indice F1 à F5) ;

- la résistance à l'indentation ou au poinçonnement (indice I1 à I5), combinaison des résultats de deux séries d'essais au poinçonnement statique (bille) et au poinçonnement dynamique (poinçon) ;

- la tenue à la température indice T1 à T4.

Le matériau le plus performant est celui qui obtient les indices les plus élevés.

En fonction de la destination de la toiture-terrasse, du support, de la pente et de la protection, le revêtement d'étanchéité doit répondre à un classement minimal FIT correspondant au cas de figure (Tab. 2.3). Actuellement, le classement FIT ne s'applique pas aux revêtements fixés mécaniquement.

L'association à d'autres éléments de la toiture-terrasse (la protection ou l'isolation thermique) permet de répondre aux autres critères, tels que le vieillissement ou les risques de propagation de l'incendie par les couvertures conformément aux règles énoncées dans le paragraphe 3.5 du chapitre 1.

SUPPORT DIRECT DU REVÊTEMENT	**PENTE**	**EXPLOITATION ET USAGE DE LA TOITURE ET TYPE DE PROTECTION**							
		INACCESSIBLE		**ACCESSIBLE**				**TECHNIQUE**	
		Auto-protection (apparent) (1)	Protection meuble (graviers) (2)	Piétons – Protection dure	Piétons – Dalles sur plots	Véhicules – Protection dure	Jardins Protection directe par couche drainante	Auto-protection (apparent)	Protection dure par dalles sur graviers (2)
Isolant thermique	Nulle	$F_4I_2T_2$ (3) (4)	$F_3I_3T_1$ (5)	—	$F_5I_4T_3$	—	$F_3I_5T_1$	$F_4I_4T_2$	$F_3I_3T_2$ (5)
	Plate	$F_4I_2T_2$ (3) (4)	$F_3I_3T_2$ (5)	$F_4I_4T_2$	$F_5I_4T_3$	$F_4I_4T_2$	$F_3I_5T_2$	$F_4I_4T_2$	$F_3I_3T_2$ (5)
	Inclinée	$F_4I_2T_2$ (6)	—	—	—	—	—	$F_4I_4T_2$ (6)	—
Béton	Nulle	$F_4I_2T_2$	$F_3I_3T_1$	–	$F_5I_4T_3$	–	$F_3I_5T_1$	$F_4I_4T_2$	$F_3I_3T_2$
	Plate	$F_4I_2T_2$	$F_3I_3T_2$	$F_4I_4T_2$	$F_5I_4T_3$	$F_4I_4T_2$	$F_3I_5T_2$	$F_4I_4T_2$	$F_3I_3T_2$
	Inclinée	$F_4I_2T_2$	—	—	—	—	—	$F_4I_4T_2$	—
Béton + isol. inversée	Nulle	—	$F_3I_3T_1$	–	$F_3I_3T_2$ (2)	—	$F_3I_5T_1$	—	$F_3I_3T_1$
	Plate	—	$F_3I_3T_2$	$F_3I_3T_2$	$F_3I_3T_2$ (2)	—	$F_3I_5T_2$	—	$F_3I_3T_2$
Béton cellulaire	Plate	$F_4I_2T_2$	$F_3I_3T_2$	—	—	—	—	$F_4I_4T_2$	$F_3I_3T_2$
	Inclinée	$F_4I_2T_2$	—	—	—	—	—	$F_4I_4T_2$	—
Bois et pan. dérivés	Plate	$F_4I_2T_2$	$F_3I_3T_2$	—	—	—	—	$F_4I_4T_2$	$F_3I_3T_2$
	Inclinée	$F_4I_2T_2$ (6)	—	—	—	—	—	$F_4I_4T_2$ (6)	—

(1) Indice I porté à I_{3s} pour les revêtements monocouches.

(2) Indice I porté à I_4 pour les revêtements monocouches.

(3) Indice I porté à I_3 pour laine minérale sur béton et béton cellulaire.

(4) Indice I porté à I_3 sur laine minérale de Rth > 2 m^2.K/W.

(5) Indice I porté à I_4 pour laine minérale sur béton et béton cellulaire et pour polystyrène expansé.

(6) Indice T porté à T_3 si Rth > 2 m^2.K/W.

Tab. 2.3 • *Classement FIT des emplois de revêtement d'étanchéité en fonction de la destination.*

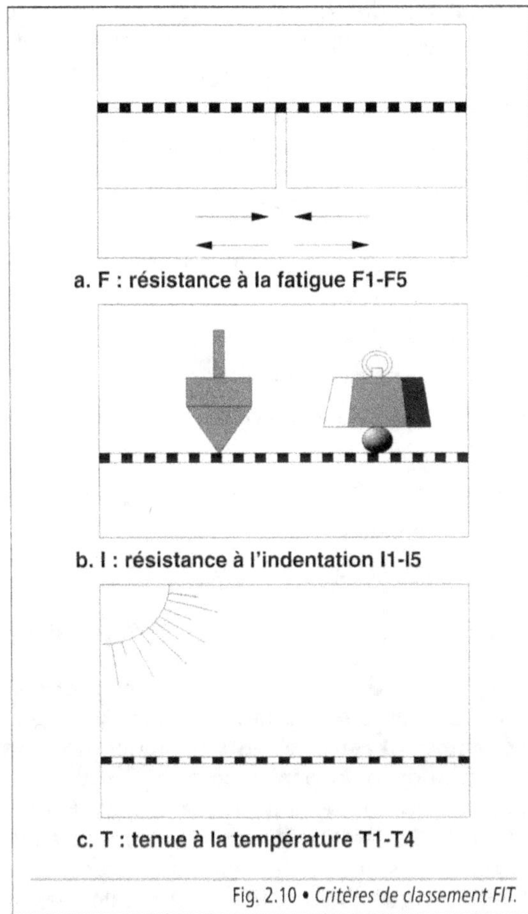

a. F : résistance à la fatigue F1-F5

b. I : résistance à l'indentation I1-I5

c. T : tenue à la température T1-T4

Fig. 2.10 • *Critères de classement FIT.*

3.2. Les matériaux de type traditionnel

Les matériaux de type traditionnel ou produits noirs, riches en carbone et en hydrogène, sont d'origine naturelle ou obtenus par distillation de matières organiques. L'asphalte et le bitume entrent dans cette catégorie.

3.21. L'asphalte

L'asphalte provient d'une roche naturelle sédimentaire poreuse, généralement du calcaire, qui s'est imprégnée de bitume à l'état natif*

pendant des millénaires. Sa teneur varie entre 6 % et 10 % de la masse de la roche d'asphalte naturel.

Par broyage calibré, il est possible d'obtenir une série de produits de plus en plus fins :

- la poudre d'asphalte tout-venant ;

- un mélange de poudre et de fines d'asphalte naturel ;

- les fines d'asphalte naturel.

Le matériau d'étanchéité utilisé sous l'appellation d'asphalte, ou asphalte coulé, est un mélange industriel réalisé à chaud, à une température de l'ordre de 200°C à 230°C, comprenant, outre les produits précédents, des fillers*, des sables et des gravillons liés par un apport complémentaire de bitume. À ces composants peuvent être ajoutés des colorants, oxydes minéraux ou pigments synthétiques compatibles, et des adjuvants ayant pour rôle d'améliorer les caractéristiques fondamentales : élasticité, résistance à la chaleur ou aux agents chimiques. Les proportions des différents constituants sont arrêtées en fonction de la qualité du produit désiré.

Le malaxage à chaud de fines d'asphalte naturel et de fillers agglomérés à l'aide de bitume permet d'obtenir le mastic d'asphalte qui est conditionné en pains.

L'asphalte destiné à l'étanchéité est classé en trois catégories en fonction de ses composants et de son utilisation.

- **L'asphalte de type A**, de qualité étanchéité, peut être pur, obtenu par mélange à chaud de poudre d'asphalte naturel et de bitume, ou sablé avec ajout de granulats. L'asphalte pur est répandu en une couche de 5 mm et l'asphalte sablé en une couche de 15 mm. L'asphalte de type A peut être utilisé sur un support en béton, en acier, en bois ou en panneaux dérivés du bois. Il constitue la base du revêtement d'étanchéité et peut recevoir une protection lourde.

Photo 2.5a et 2.5b • *Mise en œuvre d'une étanchéité en asphalte.*

• **L'asphalte de type P,** de qualité parc, est pur, sablé ou gravillonné, selon la grosseur des granulats. L'asphalte pur est utilisé en couche de 5 mm, l'asphalte sablé de 15 mm et l'asphalte gravillonné de 20 mm ou 25 mm.

L'asphalte de type P ne peut être appliqué que sur un support en maçonnerie ; il est réservé aux terrasses accessibles aux véhicules.

• **L'asphalte de type R,** de qualité rampe, est un asphalte gravillonné. Répandu en couche de 25 mm, il est réservé à la réalisation de rampes sur support en maçonnerie.

Les principales caractéristiques de l'asphalte sont les suivantes :

• imperméabilité à l'eau ;

• bonne résistance chimique ;

• bonne résistance mécanique aux chocs, à l'usure et à la fatigue ;

• bonne isolation thermique et acoustique ;

• ininflammabilité ;

• bonne tenue dans le temps.

L'asphalte est employé en pose indépendante sur des supports dont la pente n'excède pas 3 % ; la couche d'indépendance est formée d'une ou de deux couches de papier kraft. Sur les rampes, il est posé en semi-adhérence par interposition d'un papier perforé. Il est appliqué sans cylindrage soit manuellement (Photo. 2.5a et 2.5b), soit au finisseur sur une grande surface, sous réserve qu'elle soit accessible à l'engin et que la structure ait été calculée en conséquence. Il ne nécessite aucune protection complémentaire sauf dans les régions à forte opposition de température. Sa mise en œuvre impose une livraison par camions malaxeurs à cuve chauffée ou l'utilisation d'un matériel de chauffage des pains sur place.

3.22. Le bitume

Le bitume est soit d'origine naturelle, mais son extraction est peu rentable, soit un sous-produit lourd obtenu par distillation du pétrole brut dont on a extrait les fractions les plus légères : gaz, essences, fiouls.

Les qualités physiques et chimiques du bitume en font un produit de base dans la fabrication d'un large éventail de matériaux d'étanchéité. Il est insoluble dans l'eau et pratiquement inerte vis-à-vis des agents chimiques courants. Du point de vue mécanique, il est léger, ductile et souple et possède une certaine élasticité. C'est un excellent isolant acoustique et thermique. Enfin, il possède un grand pouvoir agglomérant car il adhère à la plupart des matériaux employés en construction : pierre, béton, bois, métal, verre, etc.

En qualité de liant, il entre dans la confection de l'asphalte. Il joue un rôle important dans la fabrication des feutres et des chapes armés pour la réalisation de revêtements étanches, des enduits d'application à chaud (EAC) ainsi que des enduits d'imprégnation à froid (EIF), sous forme de solution ou d'émulsion.

3.23. *Les bitumes armés*

Les bitumes armés sont des membranes constituées d'une armature traitée en usine par imprégnation de bitume jusqu'à refus ou par enrobage dans une masse bitumineuse éventuellement fillerisée. Selon les caractéristiques des armatures, celles-ci améliorent le comportement de la feuille d'étanchéité face aux contraintes de fissuration, de déformation, de poinçonnement, de vieillissement ainsi que sa résistance thermo-mécanique.

Les différentes armatures utilisées sont les suivantes :

- les feutres cellulosiques, toiles de jute (TJ) ou cartons feutres (CF) : leur limite élastique est faible, de l'ordre de 0,1 % ; ils sont sujets à des variations dimensionnelles en fonction de la température et de l'hygrométrie et sont putrescibles ; peu onéreux, ces feutres sont encore utilisés dans la réalisation de pare-vapeur ou de revêtement d'étanchéité de type multicouche ;

- le voile de verre (VV) est l'équivalent du feutre cellulosique et offre l'avantage d'être imputrescible ; sa limite élastique est de l'ordre de 1 % à 1,5 %, son coefficient de dilatation est très faible (5×10^{-6} à 10^{-5}) ; il possède une bonne rigidité mais ne peut être plié et ne présente pas une bonne résistance au poinçonnement ;

- le tissu de verre (TV) reprend les caractéristiques du voile de verre avec une meilleure résistance mécanique, en particulier au poinçonnement ;

- le non-tissé de polyester (Py) offre une excellente résistance au poinçonnement mais possède une stabilité dimensionnelle relativement faible ; combiné avec le voile de verre, il forme les armatures composites.

Deux grandes catégories de bitumes armés sont disponibles sur le marché.

3.231. Les feutres bitumés sont caractérisés par l'armature et le traitement subi par celle-ci. La désignation est déterminée en fonction de l'armature qui peut être constituée par l'un des matériaux suivants :

- le carton feutre, qui permet d'obtenir deux séries de produits : les feutres bitumés imprégnés (27 I, 36 I, 45 I) et les feutres bitumés surfacés (27 S, 36 S, 45 S) ;

- le voile de verre traité par enrobage dans une masse bitumineuse (36 S VV), ou pouvant recevoir une autoprotection par paillettes ardoisées (45 S VV ardoisé) ;

- le voile de verre haute résistance traité par enrobage dans une masse bitumineuse (36 S VV HR) ;

- le voile de verre associé à un non-tissé de polyester enrobé dans un produit bitumineux (36 S PY VV).

Les chiffres 27, 36, 45 indiquent la masse nominale d'un rouleau de 20 m^2 de feutre bitumé surfacé (S). Dans le cas d'un feutre imprégné (I), la masse nominale correspond à la moitié du chiffre indiqué.

Exemple

La masse moyenne d'un rouleau de 20 m^2 (20,00 x 1,00) est de :

27 I : 13,5 kg ; 27 S : 27 kg ;

36 I : 18 kg ; 36 S : 36 kg.

Ces produits sont utilisés pour réaliser les barrières pare-vapeur avant la pose de l'isolant thermique ou pour constituer des étanchéités provisoires. Pendant longtemps, ils ont servi de base dans la constitution des étanchéités multicouches mais ils sont remplacés par les chapes souples ou par les bitumes élastomères.

3.232. Les chapes souples de bitume armé sont des matériaux bitumineux plus épais et plus lourds que les feutres. En conséquence, elles peuvent remplacer deux feutres ou l'association feutre et enduit de collage dans les systèmes d'étanchéité de type multicouche. Elles sont obtenues par imprégnation et enrobage d'une armature à l'aide d'une masse bitumineuse.

Plusieurs produits sont disponibles sur le marché, différenciés par la nature de l'armature qui peut être la suivante :

- le carton feutre : 30 CF, 40 CF et 50 CF ;

- la toile de jute : 30 TJ, 40 TJ et 50 TJ ;

- le voile de verre : 40 VV ;

- le tissu de verre : 30 TV, 40 TV et 50 TV ;

- la toile de verre thermostable : 40 TV Th et 50 TV Th ;

- une double armature en tissu de verre et voile de verre : 40 TV VV et 50 TV VV ;

- une double armature en tissu de verre et voile de verre à haute résistance : 50 TV VV HR.

Les chiffres 30, 40, 50 indiquent la masse nominale d'un rouleau de 10 m^2 seulement. Ces chapes peuvent rester en l'état ou recevoir en sous-face un produit anti-adhérent et en surface une autoprotection. Ce traitement, minéral ou mince feuille métallique gaufrée, entraîne une variation de la masse réelle.

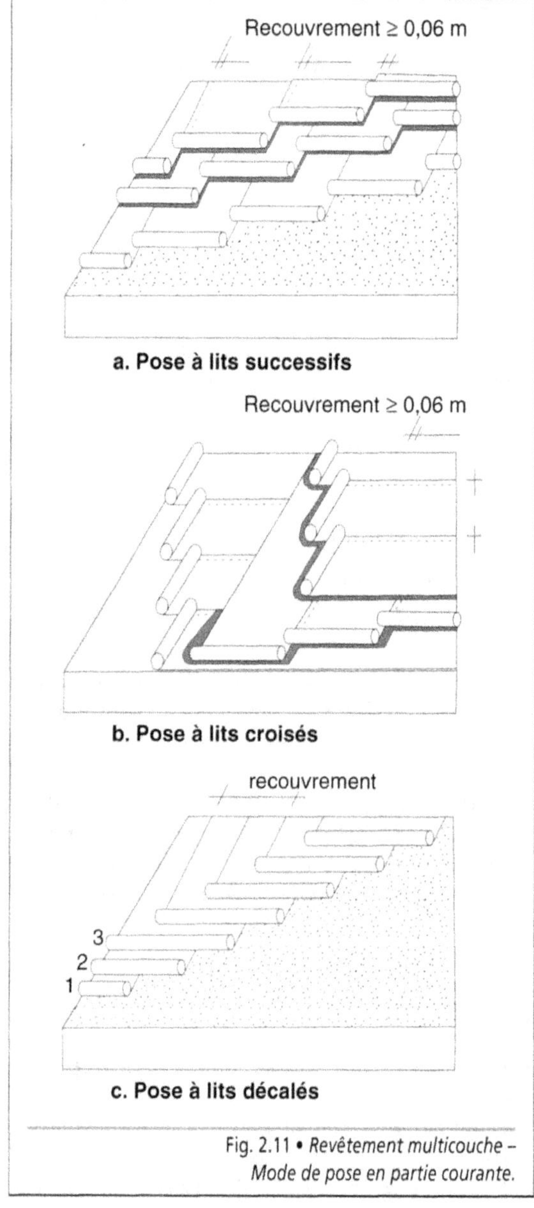

Fig. 2.11 • *Revêtement multicouche – Mode de pose en partie courante.*

L'étanchéité multicouche est formée d'au moins deux couches superposées. Les bitumes armés sont employés pour constituer l'ossature de ces revêtements d'étanchéité. Ils sont posés en indépendance, celle-ci étant assurée par l'interposition d'un écran en voile de verre, en semi-indépendance ou en adhérence sur le support. Dans les trois cas une protection lourde est nécessaire.

La pose en partie courante du revêtement s'effectue à lits successifs, croisés ou décalés (Fig. 2.11 – photo. 2.6). Le recouvrement minimal entre deux lés est de 6 centimètres et les joints transversaux sont décalés. La liaison entre deux couches est obtenue soit à l'aide de bitume à chaud (de 220 °C à 240 °C) versé régulièrement avant le déroulement de la feuille supérieure, soit par réchauffage des faces en contact à l'aide de la flamme d'un chalumeau à gaz. Des précautions doivent être prise lors de la pose sur des panneaux isolants en mousse sensibles à la chaleur. La composition d'un complexe d'étanchéité peut être modifiée et un matériau remplacé par un autre, sous réserve qu'il soit plus performant (Tab. 2.4).

Photo 2.6 • *Étanchéité de type multicouche.*

PRODUIT INITIAL	**PRODUIT DE SUBSTITUTION AMÉLIORANT LA RÉSISTANCE À LA TRACTION**					
	1	**2**	**3**	**4**	**5**	**6**
36 S CF	36 S VV-HR	36 S PY-VV	40 ou 50 TJ	40 ou 50 TV	40 TV-VV	50 TV-VV-HR
36 S VV-HR	36 S PY-VV	40 ou 50 TV	40 TV-VV	50 TV-VV-HR	—	—
40 TJ	40 ou 50 TV	40 TV-VV	50 TV-VV-HR	—	—	—
40 TV	40 TV-VV	50 TV-VV-HR	—	—	—	—
50 TJ	50 TV	50 TV-VV-HR	—	—	—	—
50 TV	50 TV-VV-HR	—	—	—	—	—
50 TV-VV-HR	En fonction de ses propres caractéristiques, ce produit ne peut pas être remplacé.					
36S PY-VV	En fonction de ses propres caractéristiques, ce produit ne peut pas être remplacé.					

PRODUIT INITIAL	**PRODUIT DE SUBSTITUTION AMÉLIORANT LA RÉSISTANCE AU POINÇONNEMENT STATIQUE**	
	1	**2**
36 S CF	50 TV-VV-HR	36 S PY-VV
36 S VV-HR	50 TV-VV-HR	36 S PY-VV
40 TJ	50 TV-VV-HR	—
40 TV	50 TV-VV-HR	—
50 TJ	50 TV-VV-HR	—
50 TV	50 TV-VV-HR	—
40 TV-VV	50 TV-VV-HR	—

Tab. 2.4 • *Produits de substitution améliorant les caractéristiques mécaniques classés.*

3.3. Les matériaux non traditionnels

Les matériaux non traditionnels ne sont pas traités par la normalisation. Il convient donc de tenir compte des Avis Techniques émis à leur sujet ou des informations fournies par les fabricants. Divers produits sont proposés sur le marché.

3.31. Les bitumes modifiés

Pour améliorer certaines performances, la flexibilité à basse température, le vieillissement, la résistance au fluage sur forte isolation thermique ou la résistance à la fatigue consécutive aux mouvements dus au support isolant ou à une structure légère (bacs métalliques), le bitume est modifié par incorporation d'élastomères ou de plastomères. Il en résulte, entre autres, une modification des caractéristiques élastiques apportant durabilité et fiabilité.

Une grande variété de produits peut être utilisée. Le plus courant est un bitume élastomère obtenu par adjonction d'un copolymère de type Styrène-Butadiène-Styrène (SBS) dont la formulation est adaptée à son utilisation.

Les fabricants fournissent des feuilles d'étanchéité en bitume élastomère SBS armées par un voile de verre, un non-tissé de polyester ou un composite polyester-voile de verre ; la nature de l'armature détermine la classe de résistance mécanique.

Lorsqu'elles restent apparentes, ces feuilles reçoivent une protection superficielle par granulats minéraux colorés, paillettes d'ardoises ou film métallique.

Compte tenu de leurs performances, elles sont employées en bicouche ou en monocouche sur pratiquement tous les supports, et sont posées en indépendance, en adhérence ou en semi-indépendance.

En bicouche, les deux couches sont solidarisées entre elles à l'aide d'un EAC ou par chauffage

au chalumeau. Dans le premier cas, l'épaisseur minimale de chacune des couches est 2 mm ; dans le deuxième cas, elle est de 3 mm pour la couche inférieure et de 2 mm pour la couche supérieure. La pose s'effectue à joints décalés, le recouvrement des lés étant de 0,06 m dans les deux sens (Fig. 2.12).

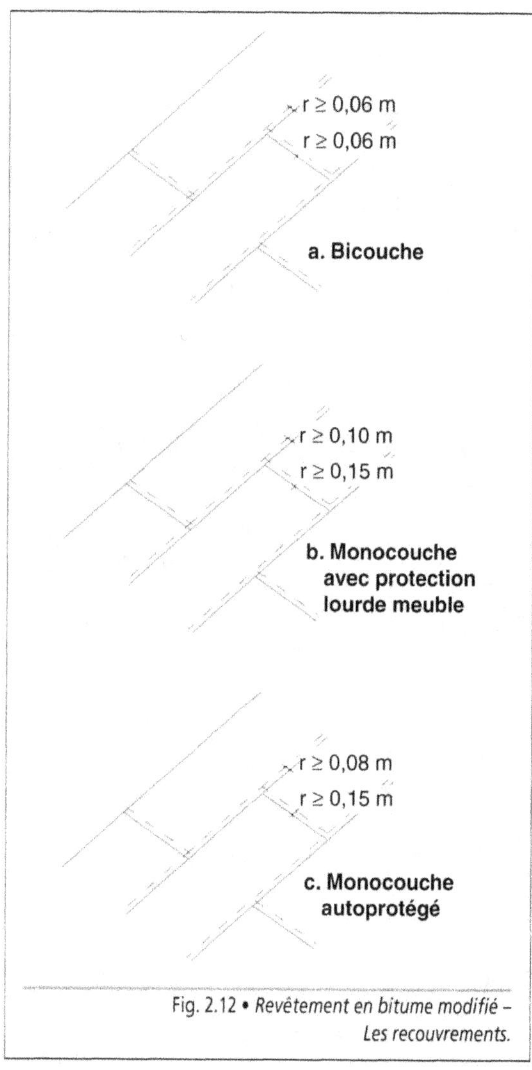

Fig. 2.12 • *Revêtement en bitume modifié –*
Les recouvrements.

En monocouche, l'épaisseur est au moins de 4 mm ; cette pose n'est pas admise en pente nulle ou avec une protection dure autre que la dalle sur plots. Le recouvrement des lés est de

0,15 m dans le sens transversal et de 0,10 m dans le sens longitudinal, cette dimension étant ramenée à 0,08 m pour les revêtements autoprotégés.

D'autres produits sont disponibles sur le marché, tels que le bitume copolymère éthylénique EBC, le bitume polypropylène APP, armé ou non d'un voile de polyester non tissé. Étant incompatibles avec l'enduit d'application à chaud (EAC), les lés sont soudés au support ou entre eux par soudage au chalumeau.

3.32. *Les membranes monocouches*

Les membranes monocouches sont des membranes à base de résines thermoplastiques (polychlorure de vinyle PVC plastifié, polyisobutylène) ou de résines élastomères (caoutchouc butyle) obtenues par calandrage, extrusion ou enduction. Afin d'améliorer leurs qualités, elles sont armées à l'aide d'un voile de verre ou d'un non-tissé en polyester.

Le produit se présente sous forme de lés soudés entre eux à l'air chaud ou au solvant de manière à former un film étanche. Celui-ci, d'une épaisseur de 1 mm à 3 mm, peut être mis en œuvre sur tous les types de support ayant une pente minimale de 1 %. Le plus grand soin doit être apporté à la réalisation des joints. La pose est effectuée soit en indépendance avec une protection lourde définie selon la destination de la toiture-terrasse, soit en semi-adhérence par collage ou par fixation mécanique. Plusieurs couleurs sont proposées par les fabricants. N'étant pas sensible aux rayons UV, le film peut rester apparent.

Lorsque le support est constitué de panneaux isolants de type mousse de polystyrène ou de polyuréthanne, il est nécessaire d'interposer un voile de verre afin d'éviter tout contact pouvant entraîner une détérioration chimique.

3.33. *La mousse de polyuréthanne projetée*

La mousse de polyuréthanne est un mélange de deux composants liquides, une résine (en général un isocyanate) et un catalyseur de réaction qui assure l'expansion lors de la projection du produit. Mise en œuvre sur un support rigide, en béton ou en plaques métalliques ondulées ou nervurées, parfaitement propre et sec, la mousse de polyuréthanne est projetée en trois passes de manière à atteindre une épaisseur de 30 mm à 40 mm qui lui permet de jouer le double rôle d'étanchéité et d'isolant thermique, aussi bien en partie courante qu'en relevé (Photo. 2.7). Sensible aux rayons ultraviolets, sa surface est protégée contre le vieillissement par un épiderme à base de résine de polyuréthanne d'une épaisseur de 0,5 mm. Elle peut également recevoir une protection lourde meuble (gravillons) après interposition d'une couche anti-poinçonnement en non-tissé de polyester.

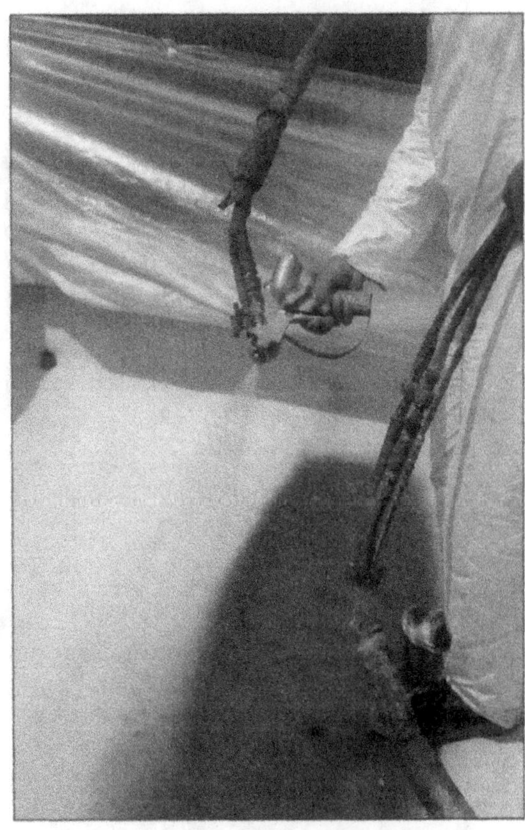

Photo 2.7 • *Étanchéité par mousse de polyuréthanne projetée.*

Avant exécution, sur support béton, il faut vérifier qu'il n'y a pas incompatibilité entre l'emploi d'un produit de cure et la mousse de polyuréthanne ; sur les plaques métalliques ou en fibres-ciment, la mousse épouse le contour des ondes ou des nervures afin d'obtenir une épaisseur régulière et d'éviter toute surconsommation. Lors de l'exécution des travaux, les reliefs et les points singuliers sont traités avant les parties courantes. Cette technique est tributaire des conditions climatiques et nécessite un matériel onéreux. Elle peut se justifier sur des toitures de formes complexes.

3.34. *Les étanchéités liquides*

Les systèmes d'étanchéité liquide (SEL) sont des émulsions ou des solutions à base de résines polymérisantes appliquées directement sur le chantier, en une ou plusieurs passes, pouvant être renforcées par une armature. L'épaisseur du film est de l'ordre de 0,7 à 1 millimètre. Mono ou bi-composants, les principales résines employées sont les epoxys, très dures, adhérant bien au support et sensibles à la fissuration de celui-ci, les polyuréthannes, de mise hors d'eau rapide et les polyesters, par projection d'un *gel coat**. Selon leur formulation, ces résines résistent plus ou moins bien aux rayons UV.

Les règles professionnelles classent les SEL en cinq catégories :

- SE 1, pour les petites surfaces ;
- SE 2 et SE 4, pour les terrasses directement circulables ;
- SE 3 et SE 5, pour les terrasses recevant une protection lourde.

Les classes SE 1, SE 2 et SE 3 sont réservées aux zones situées en plaine, les classes SE 4 et SE 5 sont utilisées en plaine ou en montagne.

Ces produits sont mis en oeuvre sur des supports en béton, après application d'une couche primaire d'accrochage afin d'améliorer la tenue et la durée de l'étanchéité. Ils sont destinés à des terrasses de forme simple ou complexe, accessibles ou non selon leur composition. Ils ne sont pas applicables sur un isolant thermique.

4. Les techniques de pose en partie courante

En partie courante, les techniques de pose tiennent compte des paramètres suivants :

- la destination de la toiture-terrasse ;
- le matériau d'étanchéité retenu ;
- la nature du support : béton, tôles d'acier nervurées, bois ou panneaux isolants ;
- la présence ou non d'un isolant thermique ;
- la pente ;
- la nature de la protection ;
- la région où se situe l'ouvrage, à savoir, dans le cas général, en zone climatique normale ; les constructions réalisées en zone de montagne font l'objet d'une étude spécifique.

Le revêtement d'étanchéité est mis en oeuvre sur le support selon trois types de liaison (Fig. 2.13). Celui-ci est déterminé en fonction du matériau d'étanchéité, de la nature du support, de la pente et des conditions d'utilisation de la toiture-terrasse.

- **La pose en indépendance,** dans laquelle le film étanche repose sur son support sans aucune liaison grâce à l'interposition d'un écran d'indépendance. La membrane d'étanchéité ne subit aucun efforts horizontaux autres que des forces de frottement. L'intérêt du système est la désolidarisation de l'étanchéité vis-à-vis du support, c'est-à-dire du comportement de celui-ci, dilatation, fissuration ou tassement. Ce type de pose est généralement employé pour les terrasses à pente nulle ou à faible pente (p ≤ 5 %) ; l'étanchéité doit être lestée par une protection lourde.

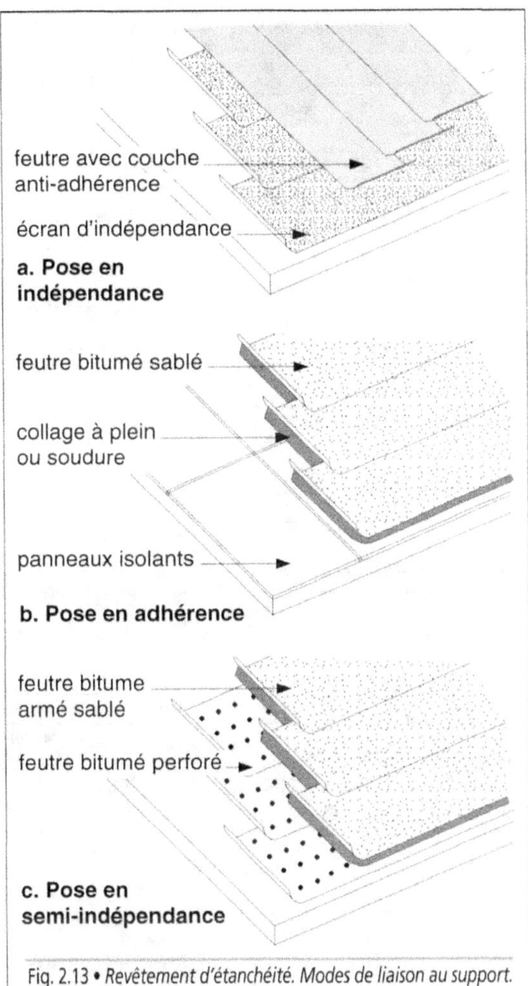

Fig. 2.13 • *Revêtement d'étanchéité. Modes de liaison au support.*

• **La pose en adhérence**, dans laquelle le film étanche est lié au support sur toute sa surface à l'aide d'une couche d'enduit à chaud ou par collage. La membrane étant solidaire du support, elle en subit les déformations ; elle doit donc avoir des qualités de robustesse et d'élasticité en conséquence. Au droit des joints de reprise ou de la jonction entre des matériaux de nature différente, des bandes de pontage sont placées afin d'éviter des mouvements excessifs. Ce principe de pose est retenu pour les revêtements de type multicouche autoprotégé, dans les sites ventés ainsi que pour les toi-

tures inclinées ou rampantes afin d'éviter des effets de glissements. Il est imposé sur certains panneaux isolants à condition qu'ils soient stables à la chaleur de l'EAC, ainsi que sur les supports en béton lors de la réalisation de rampes destinées à la circulation des véhicules.

• **La pose en semi-indépendance** est un système mixte, avec des liaisons ponctuelles au support ; il est employé lorsqu'il n'est pas possible d'effectuer une pose en adhérence. L'adhérence partielle du revêtement sur le support est obtenue par interposition d'une feuille en feutre bitumé régulièrement perforée ou par tout autre mode de fixation sur le support (collage, soudure ou fixations mécaniques). Ce procédé, utilisé sur des supports de faible stabilité dimensionnelle (isolant thermique), permet d'éviter les risques de déchirure dans l'étanchéité.

4.1. Les toitures-terrasses inaccessibles

Les toitures-terrasses inaccessibles représentent une grande partie des toitures-terrasses réalisées. Elles ne reçoivent qu'une circulation réduite, occasionnée par des travaux d'entretien.

Pratiquement, en partie courante, tous les revêtements d'étanchéité peuvent être utilisés : asphalte, multicouche, bitume élastomère, membrane, etc. Ils doivent respecter certaines règles de pose qui sont définies selon le support, la présence ou non d'un isolant thermique, la pente et la protection. L'essentiel de ces règles, pour chaque type de revêtement, est synthétisé dans les tableaux suivants, en fonction de la nature du support :

• tableau n° 2.5 : support en maçonnerie ;

• tableau n° 2.6 : support en maçonnerie avec interposition d'un isolant thermique ;

• tableau n° 2.7 : support par bacs nervurés métalliques avec isolant thermique ;

• tableau n° 2.8 : support en bois ou par panneaux dérivés du bois avec ou sans interposition d'un isolant thermique.

POSE SUR MAÇONNERIE AVEC UNE PROTECTION LOURDE

Revêtement d'étanchéité	Asphalte type A	Multicouche	Bitume élastomère SBS		Membrane
			bicouche	monocouche	
Écran d'indépendance	papier kraft	kraft ou écran VV	écran VV	écran VV	écran de protection
Revêtement d'étanchéité	asphalte pur 5 mm asphalte sablé 15 mm — — —	f.b. 36 S VV HR EAC c.a. 40 TV EAC f.b. 36 S VV HR	f. à armature composite EAC (2) f. à armature VV — —	f. à armature non-tissé — — — —	membrane écran anti-poinçonnant (3) — —
Protection meuble	gravillons : 40 mm (1)	gravillons : 40 mm	gravillons : 40 mm	gravillons : 40 mm	gravillons : 40 mm
Pente p	0 % < p < 3 %	0 % < p < 5 %	0 % < p < 5 %	1 % < p < 5 %	1 % < p < 5 %
Poids du complexe d'étanchéité	45 daN/m^2	10 daN/m^2	6,5 daN/m^2	5,5 daN/m^2	1,5 à 3 daN/m^2
Réglementation	DTU 43.1	DTU 43.1	Avis Technique	Avis Technique	Avis Technique

POSE SUR MAÇONNERIE AVEC AUTOPROTECTION

Revêtement d'étanchéité	Asphalte type A	Multicouche (semi-indépendance)	Bitume – élastomère SBS		Membrane
			bicouche	monocouche	
Écran d'indépendance	papier kraft	—	—	—	—
Imprégnation	—	EIF	EIF	EIF	fixation mécanique
Écran de semi-indépendance	—	f.b. 36 VV Hr perforé	f. en semi-indépendant	—	écran de protection
Revêtement d'étanchéité	asphalte pur 5 mm asphalte sablé 15 mm —	EAC c.a. 40 TV (4) EAC (2)	EAC (2) f. à avec armature VV —	f. à armature composite — —	membrane — —
Autoprotection minérale ou autoprotection métallique	— —	c.a. 40 TV VV Gr ou c.a. 40 TV Th	— —	— —	— —
Pente p	0 % < p < 3 %	5 % < p (5)	0 % ≤ p (6)	1 % ≤ p (6)	1 % ≤ p (6)
Poids du complexe d'étanchéité	45 daN/m^2	12,5 daN/m^2	9 daN/m^2	7,5 daN/m^2	1,5 à 3 daN/m^2
Réglementation	DTU 43.1	DTU 43.1	Avis Technique	Avis Technique	Avis Technique

f.b. : feutre bitumé. c.a. : chape armée. f. : feuille d'étanchéité.

(1) La protection complémentaire est imposée dans les régions à forte opposition de température (article 6.514 du DTU 43.1).

(2) L'E.A.C. peut être remplacé par une soudure au chalumeau selon les produits utilisés.

(3) L'écran anti-poinçonnant est nécessaire selon la qualité de la membrane.

(4) Avec protection métallique, la chape armée peut être en 40 TV ou 40 VV.

(5) Lorsque la pente est supérieure à 40 %, les lés doivent être fixés en tête.

(6) Pente maximale selon l'Avis Technique du matériau utilisé.

Tab. 2.5 • *Toiture-terrasse inaccessible – Revêtements d'étanchéité sur support en maçonnerie.*

POSE SUR ISOLATION THERMIQUE SUR SUPPORT EN MAÇONNERIE AVEC UNE PROTECTION LOURDE (1)

Revêtement d'étanchéité	Asphalte (2) type A	Multicouche	Bitume élastomère SBS		Membrane
			bicouche	monocouche	
Écran d'indépendance	2 couches papier kraft	écran VV	écran VV	écran VV	écran VV
Revêtement d'étanchéité	asphalte pur 5 mm	f.b. 36 S VV HR	f. à armature composite	f. à armature non-tissé	membrane
	asphalte sablé 15 mm	EAC	EAC (3)	—	écran anti-poinçonnant
	—	c.a. 40 TV	f. à armature VV	—	(4)
	—	EAC	—	—	—
	—	f.b. 36 S PY VV	—	—	—
Protection meuble	gravillons : 40 mm	gravillons : 40 mm	gravillons : 40 mm	gravillons : 40 mm	gravillons : 40 mm
Pente p	$0\ \% < p < 3\ \%$	$0\ \% < p < 5\ \%$	$0\ \% < p < 5\ \%$	$1\ \% < p < 5\ \%$	$1\ \% < p < 5\ \%$
Poids du complexe d'étanchéité	$45\ daN/m^2$	$10\ daN/m^2$	$6{,}5\ daN/m^2$	$5{,}5\ daN/m^2$	$1{,}5\ à\ 3\ daN/m^2$
Réglementation	DTU 43.1	DTU 43.1	Avis Technique	Avis Technique	Avis Technique

POSE SUR ISOLATION THERMIQUE SUR SUPPORT EN MAÇONNERIE AVEC AUTOPROTECTION (1)

Revêtement d'étanchéité	Asphalte	Multicouche (système adhérent)	Bitume – élastomère SBS		Membrane
			bicouche	monocouche	
Fixation	—	—	—	—	fixation mécanique
Écran	—	—	—	—	écran de protection
Revêtement d'étanchéité	—	EAC	f. en semi-indépendant	f. auto-adhésif	membrane
	—	c.a. 40 TV (5)	EAC (3)	-	-
	—	EAC (3)	f. à armature VV	-	-
Autoprotection minérale ou autoprotection métallique	—	c.a. 40 TV VV Gr	—	—	—
	—	ou c.a. 40 TV Th	—	—	—
Pente p	—	$5\ \% < p$ (6)	$0\ \% \leq p$ (7)	$1\ \% \leq p$ (7)	$1\ \% \leq p$ (7)
Poids du complexe d'étanchéité	—	$12{,}5\ daN/m^2$	$9\ daN/m^2$	$7{,}5\ daN/m^2$	$1{,}5\ à\ 3\ daN/m^2$
Réglementation	DTU 43.1	DTU 43.1 et 43.2	Avis Technique	Avis Technique	Avis Technique

f.b. : feutre bitumé. c.a. : chape armée. f. : feuille d'étanchéité.

(1) L'isolant thermique doit être compatible avec le revêtement d'étanchéité ou bénéficier d'un avis technique spécifique.

(2) Les isolants compatibles avec l'asphalte coulé sont le liège, la perlite et le verre cellulaire. Ils peuvent être seuls ou associés à certains panneaux de plastique alvéolaire utilisés en sous-couche.

(3) L'EAC peut être remplacé par une soudure au chalumeau selon les produits utilisés.

(4) L'écran anti-poinçonnant est nécessaire selon la qualité de la membrane.

(5) Avec protection métallique, la chape armée peut être en 40 TV ou 40 VV.

(6) Lorsque la pente est supérieure à 40 %, les lés doivent être fixés en tête.

(7) Pente maximale selon l'Avis Technique du matériau utilisé.

Tab. 2.6 • *Toiture-terrasse inaccessible – Revêtements d'étanchéité sur support en maçonnerie avec isolant thermique.*

POSE SUR SUPPORT EN BACS NERVURÉS MÉTALLIQUES AVEC ISOLATION THERMIQUE ET PROTECTION LOURDE

Revêtement d'étanchéité	Asphalte (1) type A	Multicouche	Bitume élastomère SBS		Membrane
			bicouche	monocouche	
Écran d'indépendance (1)	2 couches papier kraft	écran VV (2)	écran VV (2)	écran VV (2)	écran VV
Revêtement d'étanchéité	asphalte pur 5 mm	f.b. 36 S VV HR	f. à armature composite	f. à armature non-tissé	membrane
	asphalte sablé 15 mm	EAC	EAC (3)	—	écran anti-poinçonnant (4)
	—	c.a. 40 TV	film armature VV	—	
	—	EAC	—	—	
	—	f.b. 36 S PY VV	—	—	—
Protection meuble	gravillons : 40 mm	gravillons : 40 mm	gravillons : 40 mm	gravillons : 40 mm	gravillons : 40 mm
Pente p	$p = 3\%$	$3\% < p < 5\%$	$3\% < p < 5\%$	$3\% < p < 5\%$	$3\% < p < 5\%$
Poids du complexe d'étanchéité	$45\ daN/m^2$	$10\ daN/m^2$	$6,5\ daN/m^2$	$5,5\ daN/m^2$	$1,5$ à $3\ daN/m^2$
Réglementation	DTU 43.1	DTU 43.1	Avis Technique	Avis Technique	Avis Technique

POSE SUR SUPPORT EN BACS NERVURÉS MÉTALLIQUES AVEC ISOLATION THERMIQUE ET AUTOPROTECTION

Revêtement d'étanchéité	Asphalte	Multicouche (système adhérent)	Bitume – élastomère SBS		Membrane
			bicouche	monocouche	
Fixation	—	—	fixation mécanique (5)	fixation mécanique (5)	fixation mécanique
Écran	—	—	—	—	écran de protection
Revêtement d'étanchéité	—	EAC (6)	f. à armature composite	f. à armature composite	membrane
	—	c.a. 50 TV	f. à armature VV	—	—
Autoprotection métallique		c.a. 50 TVTh			
Pente p	—	$5\% < p$ (7)	$3\% \leq p$ (7)	$3\% \leq p$ (8)	$3\% \leq p$ (8)
Poids du complexe d'étanchéité	—	$12,5\ daN/m^2$	$7,5\ daN/m^2$	$7\ daN/m^2$	$1,5$ à $3\ daN/m^2$
Réglementation	DTU 43.3	DTU 43.3	Avis Technique	Avis Technique	Avis Technique

f.b. : feutre bitumé. c.a. : chape armée. f. : feuille d'étanchéité.

(1) Les isolants compatibles avec l'asphalte coulé sont le liège, la perlite et le verre cellulaire. Ils peuvent être seuls ou associés à certains panneaux de plastique alvéolaire utilisés en sous-couche.

(2) L'étanchéité de type multicouche ou bitume élastomère peut être posée en adhérence ; dans ce cas, l'écran VV est remplacé par un EAC.

(3) L'EAC peut être remplacé par une soudure au chalumeau selon les produits utilisés.

(4) L'écran anti-poinçonnant est nécessaire selon la qualité de la membrane.

(5) Soit EAC sur verre cellulaire surfacé bitume, soit fixé mécaniquement sur laine minérale

(6) Lorsque l'isolant bénéficie d'un Avis Technique relatif aux revêtements d'étanchéité traditionnels soudables, l'E.A.C. doit être supprimé.

(7) Pente > 40 % : les lés doivent être fixés en tête pour les revêtements bicouches soudés à chaud.

Pente > 20 % : les lés doivent être fixés en tête pour les revêtements bicouches avec EAC.

(8) Pente maximale selon l'Avis Technique du matériau utilisé.

Tab. 2.7 • *Toiture-terrasse inaccessible – Revêtements d'étanchéité sur support par bacs nervurés métalliques avec isolant thermique.*

ÉLÉMENT PORTEUR ET SUPPORT DU REVÊTEMENT D'ÉTANCHÉITÉ	PENTE %	PROTECTION	LIAISON DU REVÊTEMENT D'ÉTANCHÉITÉ AU SUPPORT			
			Asphalte type A $1 \leq p \leq 3$ %	Multicouche Chape bitume armé	Bitume élastomère SBS	Membrane
Bois massif	$1 \leq p \leq 5$	lourde	indépendance (1)	indépendance	indépendance ou semi-indépendance (2)	indépendance
		autoprotection	indépendance (1)	—	semi-indépendance (2)	fixé mécanique-ment
	$5 < p$	autoprotection	—	—	semi-indépendance (2)	fixé mécanique-ment
Panneaux dérivés du bois (contre-plaqué ou panneaux de par-ticules)	$1 \leq p \leq 5$	lourde	—	indépendance	indépendance ou semi-indépendance (3)	indépendance
		autoprotection	—	—	semi-indépendance (3)	fixé mécaniquement
	$5 < p$	autoprotection	—	—	semi-indépendance (4)	fixé mécaniquement
Bois massif + iso-lant thermique	$1 \leq p \leq 5$	lourde	indépendance	indépendance ou adhérence (5)	indépendance ou adhérence (5)	indépendance
		autoprotection	—	-	semi-indépendance (6) ou adhérence (5)	fixé mécanique-ment
	$5 < p$	autoprotection	—	adhérence (5) (7)	adhérence (5)	fixé mécaniquement
Panneaux dérivés du bois + isolant thermique	$1 \leq p \leq 5$	lourde	—	indépendance ou adhérence (5)	indépendance ou adhérence (5)	indépendance
		autoprotection	—	—	semi-indépendance (6) ou adhérence (5)	fixé mécaniquement
	$5 < p$	autoprotection	—	adhérence (5) (7)	adhérence (5)	fixé mécaniquement

(1) La protection lourde est imposée dans les régions à forte opposition de température (article 7.41 du DTU 43.4).

(2) La semi-indépendance est obtenue par clouage de la sous-couche.

(3) La semi-indépendance est obtenue par clouage ou par collage à froid de la sous-couche.

(4) La semi-indépendance est obtenue par clouage ou par collage à froid de la sous-couche. La pente est inférieure ou égale à 20 %.

(5) Uniquement sur des panneaux isolants à base de liège et sur ceux dont l'Avis Technique vise cette application.

(6) Uniquement sur des panneaux isolants dont l'Avis Technique vise cette application.

(7) La résistance thermique de l'isolant doit être inférieure ou égale à 2 $m^2.°C/W$.

Tab. 2.8 • Toiture-terrasse inaccessible –
Systèmes de pose des revêtements d'étanchéité en partie courante sur support en bois ou dérivés du bois avec ou sans isolant thermique.

La protection lourde est retenue pour les toitures-terrasses à faible pente (inférieure à 5 %) ou à pente nulle (Fig. 2.14). Le plus souvent, elle est constituée de gravillons roulés, solution la moins onéreuse. Le revêtement d'étanchéité autoprotégé peut être choisi quelle que soit la pente. N'étant pas maintenu par une charge, il doit être posé soit en adhérence, soit en semi-indépendance.

Dans le cas de la toiture-terrasse inversée, l'isolant thermique est placé sur l'étanchéité avec interposition d'une couche de désolidarisation (voile non tissé en fibres synthétiques) ; il est lesté par une protection lourde.

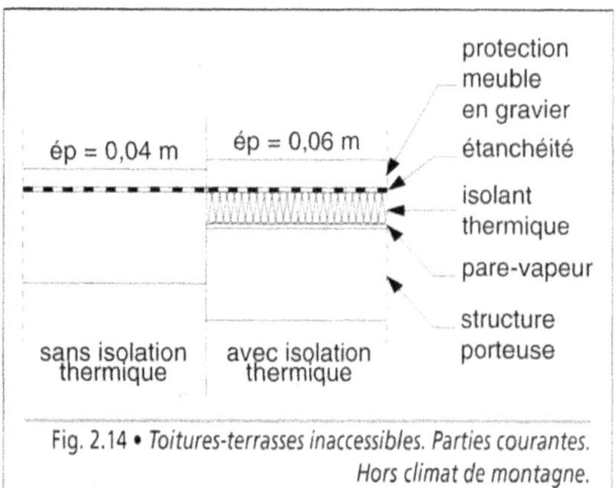

Fig. 2.14 • *Toitures-terrasses inaccessibles. Parties courantes. Hors climat de montagne.*

4.2. Les chemins de circulation et les zones techniques

Cette destination est admise sur tous les supports : béton, bois ou acier. Compte tenu des contraintes mécaniques auxquelles ils sont soumis, les revêtements d'étanchéité des chemins de circulation et des zones techniques sont renforcés. La protection doit être apte à reprendre et répartir les charges qu'elle supporte.

De plus, des dispositions sont prises afin d'assurer la sécurité du personnel d'entretien. Lorsque la hauteur des acrotères est insuffisante, les cheminements et les zones techniques sont bordés par des garde-corps comprenant une main courante et une lisse.

4.21. Les chemins de circulation

Les chemins de circulation sont réalisés sur des toitures-terrasses dont la pente maximale est de 50 %. La pose du revêtement d'étanchéité respecte les règles de pose en zones inaccessibles, en fonction du support et de la pente.

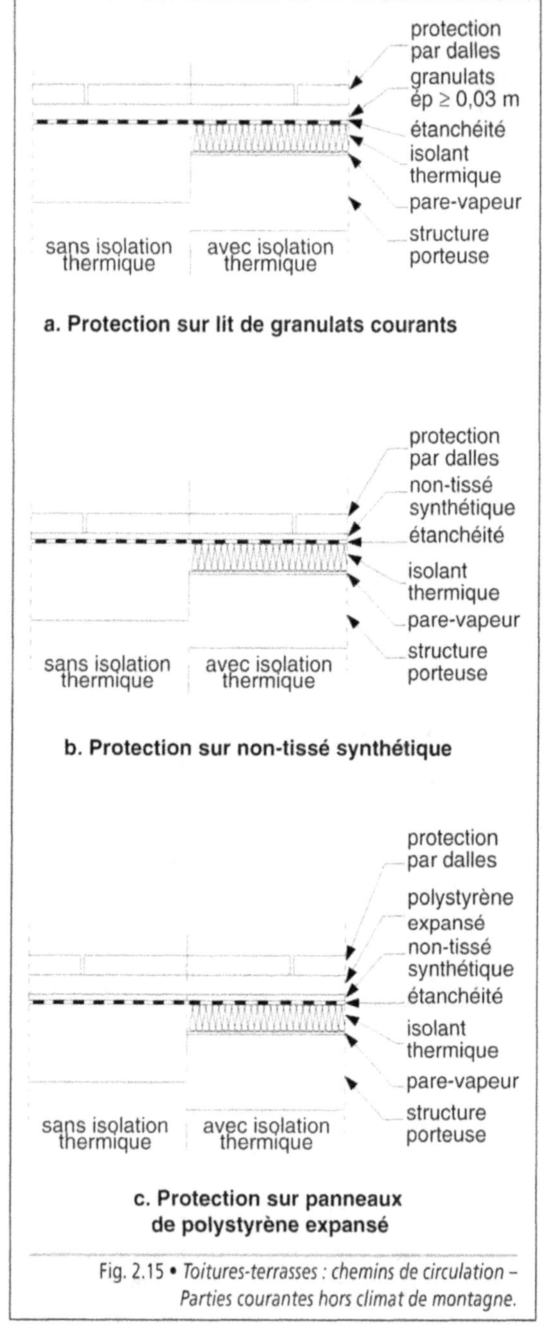

a. Protection sur lit de granulats courants

b. Protection sur non-tissé synthétique

c. Protection sur panneaux de polystyrène expansé

Fig. 2.15 • *Toitures-terrasses : chemins de circulation – Parties courantes hors climat de montagne.*

Lorsque la protection est lourde, elle est assurée par des dalles en béton posées sur une couche de désolidarisation (Photo. 2.8). Cette dernière peut être la protection meuble des parties courantes, un non-tissé synthétique, des panneaux de polystyrène expansé de 20 mm d'épaisseur posés directement sur l'asphalte ou avec interposition d'un non-tissé sur les autres procédés d'étanchéité. La largeur du cheminement correspond à deux ou trois dalles, soit 0,80 m à 1,20 m (Fig. 2.15).

Photo 2.8 • *Terrasse inaccessible avec protection en gravillons (non posée) – Circulations techniques avec une protection par dalles béton gravillonnées.*

Lorsque le revêtement est de type autoprotégé, la couche supérieure est remplacée par une couche plus épaisse offrant une meilleure résistance au poinçonnement. Elle peut également être renforcée à l'aide d'une feuille autoprotégée complémentaire ou de plaques semi-rigides améliorant les performances du complexe.

4.22. Les zones techniques

Les zones techniques sont admises sur les terrasses dont la pente maximale est de 7 %. Elles sont traitées de la même manière que les chemins de circulation ou que les terrasses accessibles. La répartition des surcharges doit être contrôlée afin d'éviter tout risque de poinçonnement localisé.

4.3. Les toitures-terrasses accessibles

Les toitures-terrasses accessibles ne peuvent être réalisées que sur une structure en béton armé. Le traitement est différent selon le type de circulation admise sur la terrasse : piétons, véhicules légers, poids lourds. Les rampes constituent un cas particulier.

4.31. Les toitures-terrasses accessibles aux piétons

Les toitures-terrasses accessibles aux piétons peuvent être traitées en asphalte, avec un revêtement multicouche en bitume ou avec un revêtement en bitume élastomère bicouche ou monocouche (Tab. 2.9). Le revêtement d'étanchéité est posé soit directement sur le support en maçonnerie, soit sur un isolant thermique. Il doit obligatoirement recevoir une protection désolidarisée des relevés en périphérie à l'aide d'un joint souple (Fig. 2.16).

Sur un revêtement en asphalte, la protection est assurée par l'une des solutions suivantes :

- une couche d'asphalte gravillonné qualité parc de 20 mm d'épaisseur avec interposition d'une couche de désolidarisation en papier kraft ;

- une dalle fractionnée en béton coulée sur un film en polyéthylène posé sur une couche de sable d'une épaisseur de 3 cm ;

- tous les autres matériaux durs admis pour cet usage, posés sur un lit de sable : carrelage collé ou scellé, dalles de béton, dalles de pierre dure ou pavés autobloquants ;

- des dalles de béton ou un platelage en bois sur plots réglables en hauteur (Photo. 2.9) et prenant appui soit directement sur l'étanchéité si la résistance au poinçonnement est suffisante, soit sur une dalle en béton coulé en place.

Sur un revêtement en multicouche bitume ou bitume élastomère, seule l'une des trois dernières protections peut être retenue.

	Revêtement d'étanchéité	Asphalte type A	Multicouche	Bitume – élastomère SBS		Toiture inversée
				bicouche	monocouche	
Pose sur maçonnerie	Écran d'indépendance	papier kraft	kraft ou écran VV	écran VV	écran VV	écran VV
	Revêtement d'étanchéité	asphalte pur 5 mm asphalte sablé 15 mm — — —	f.b. 36 S VV HR EAC c.a. 40 TV EAC f.b. 36 S VV HR (1)	f. à armature composite EAC (2) f. à armature VV — —	f. à armature non-tissé — — — —	asphalte ou multicouche (3) ou bitume élastomère — —
	Pente p	1 % < p < 3 % (4)	1 % < p < 5 % (4)	1 % < p < 5 % (4)	1 % < p < 5 % (4)	0 % < p < 5 %
	Poids du complexe d'étanchéité	45 daN/m^2	10 daN/m^2	6,5 daN/m^2	5,5 daN/m^2	—
	Réglementation	DTU 43.1	DTU 43.1	Avis Technique	Avis Technique	Avis Technique
Pose sur isolation thermique sur support en maçonnerie	Écran d'indépendance	2 couches papier kraft	kraft ou écran VV	écran VV	écran VV	—
	Revêtement d'étanchéité	asphalte pur 5 mm asphalte sablé 15 mm — — —	f.b. 36 S VV HR (1) EAC c.a. 40 TV EAC f.b. 36 S PY VV	f. à armature composite EAC (2) f. à armature VV — —	f. à armature non-tissé — — —	— — — —
Principales protections lourdes admises en fonction du revêtement d'étanchéité	Couche de désolidarisation	2 couches papier kraft	—	—	—	—
	Protection	asphalte P 20 mm (6)	—	—	—	—
	Couche de désolidarisation	couche de sable 30 mm film non-tissé				— —
	Protection	dalle en béton armé coulée en place, ou dalles préfabriquées ou pavés auto-bloquants ou dalles sur plots reposant sur une couche de protection				—
	Couche de désolidarisation	—	—	—	—	écran non-tissé
	Isolant	—	—	—	—	polystyrène extrudé
	Protection	—	—	—	—	dalles sur plots

f.b. : feutre bitumé. c.a. : chape armée. f. : feuille d'étanchéité.

(1) Sur un revêtement multicouche, lorsque la circulation de véhicules légers est admises, le f.b. 36 S VV HR est remplacé par une c.a. 40 TV.

(2) L'EAC peut être remplacé par une soudure au chalumeau selon les produits utilisés.

(3) Dans le revêtement de type multicouche, la couche supérieure est un f.b. 36 S PY VV.

(4) La terrasse de pente nulle est admise lorsque la protection est assurée par des dalles sur plots.

(5) Les isolants compatibles avec l'asphalte coulé sont le liège, la perlite et le verre cellulaire. Ils peuvent être seuls ou associés à certains panneaux de plastique alvéolaire utilisés en sous-couche.

(6) La protection en asphalte n'est pas admise pour les charges statiques.

Tab. 2.9 • *Toiture-terrasse accessible aux piétons.*

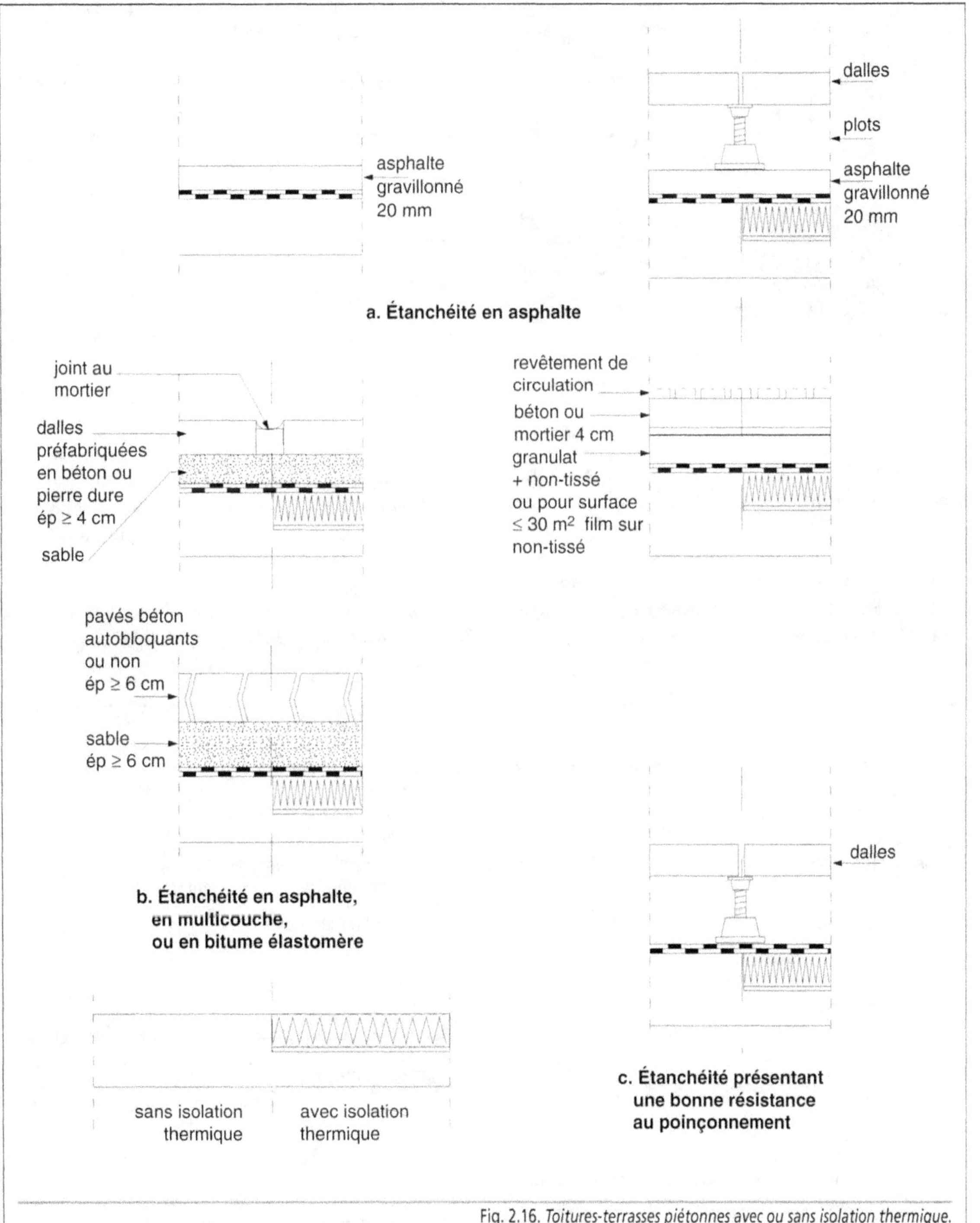

Fig. 2.16. *Toitures-terrasses piétonnes avec ou sans isolation thermique.*

Photo 2.9 • *Terrasse accessible avec protection par platelage en bois.*

Le procédé de toiture inversée peut également être admis pour ce type d'utilisation, sur un revêtement d'étanchéité en asphalte, en multi-couche ou en bitume élastomère. Des précautions particulières sont à prendre, précisées par les fabricants des matériaux isolants ou des produits d'étanchéité.

4.32. Les toitures-terrasses accessibles aux véhicules légers

Les toitures-terrasses accessibles aux véhicules légers sont conçues d'une manière similaire aux toitures-terrasses accessibles aux piétons, sous réserve que la charge par essieu soit inférieure à deux tonnes. Seule la protection lourde sur couche de désolidarisation est admise, constituée par l'un des matériaux suivants :

- un revêtement en asphalte gravillonné qualité parc de 25 mm d'épaisseur ;
- un dallage de 6 cm d'épaisseur en béton armé coulé en place et fractionné ;
- des dalles préfabriquées ou des pavés auto-bloquants ;
- un matelas de matériaux enrobés denses, sous réserve que le liant soit compatible avec les matériaux d'étanchéité (les enrobés à base de brai de goudron de houille sont incompatibles avec le bitume).

La protection par dalles sur plots et le procédé de la toiture inversée sont interdits.

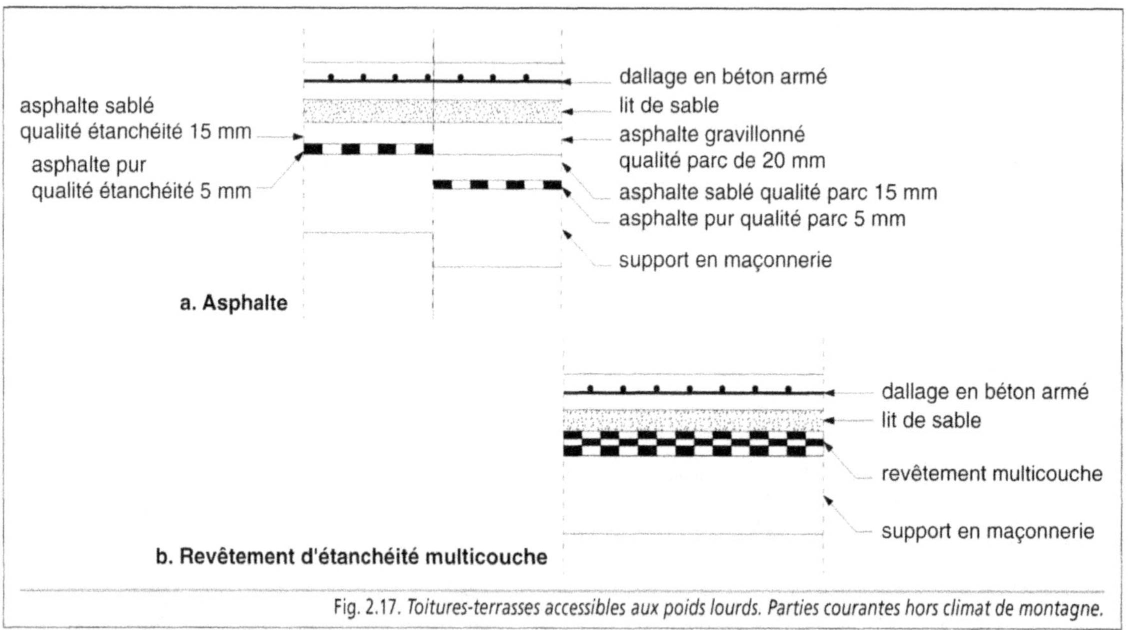

Fig. 2.17. *Toitures-terrasses accessibles aux poids lourds. Parties courantes hors climat de montagne.*

4.33. Les toitures-terrasses accessibles aux poids lourds

Les toitures-terrasses accessibles aux poids lourds sont soumises à la circulation et au stationnement de véhicules en charge supérieure à 2 t par essieu. Le support est obligatoirement un plancher en béton armé dont la pente est comprise entre 1 % et 5 %. Les matériaux d'étanchéité retenus doivent être performants. Ils reçoivent une protection en dur apte à résister aux contraintes de charge, de frottement et d'usure : dalle fractionnée en béton armé d'une épaisseur minimale de 12 cm sur couche de désolidarisation ou matériaux enrobés compatibles avec l'étanchéité (Fig. 2.17).

4.34. Les rampes

Le support est constitué par une maçonnerie de type A ou B telle que définie au paragraphe 2.2. Il comporte des butées d'ancrage afin d'éviter les risques de glissement de la protection et de reprendre les efforts transmis par celle-ci (Fig. 2.18). L'étanchéité est soit en asphalte posé en semi-indépendance, soit en multicouche à base de bitume ou de bitume élastomère posé en adhérence, comme précisé dans le tableau n° 2.10. L'asphalte peut rester apparent tandis que le complexe multicouche est protégé par une dalle en béton armé après interposition d'un film non tissé synthétique.

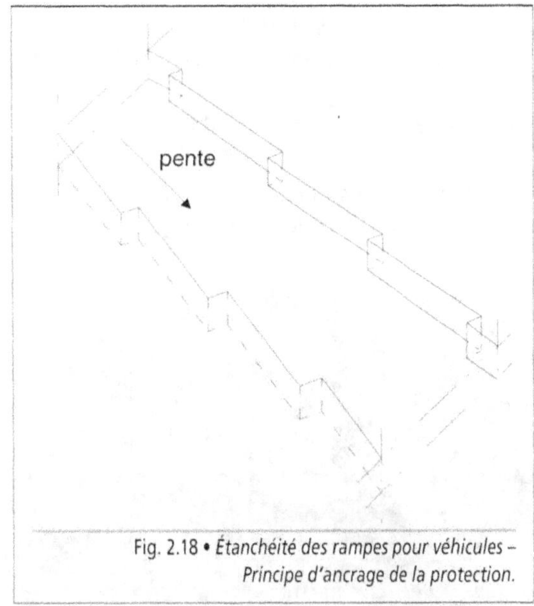

Fig. 2.18 • *Étanchéité des rampes pour véhicules – Principe d'ancrage de la protection.*

Revêtement d'étanchéité	Asphalte type R	Multicouche	Bitume élastomère SBS bicouche (1)
Mode de liaison	semi-indépendant	adhérent	adhérent
Revêtement d'étanchéité	1 résille de verre	1 couche E.I.F.	1 couche E.I.F.
	asphalte gravillonné 25 mm	1 couche E.A.C.	1 feuille à armature non-tissé
	1 résille de verre	c.a. 50TV VV HR	1 feuille à armature composite
	asphalte gravillonné 25 mm	1 couche E.A.C.	—
	—	c.a. 50TV VV HR	—
Couche de désolidarisation	—	non-tissé synthétique	non-tissé synthétique
	—	film plastique	film plastique
Protection lourde	—	dalle en béton armé (e = 60 mm)	dalle en béton armé (e = 60 mm)
Pente p	p < 15 %	p < 20 %	p < 20 %
Poids étanchéité + protection	115 daN/m^2	160 daN/m^2	157 daN/m^2
Réglementation	DTU 43.1	DTU 43.1	Avis Technique

c.a. : chape armée.

(1) Un système monocouche en bitume élastomère peut également être admis.

Tab. 2.10 • *Revêtement d'étanchéité pour rampe d'accès.*

4.4. Les terrasses-jardins

Les terrasses-jardins sont des terrasses aménagées avec des plantations et des pelouses, accessibles ou non aux piétons (Photo. 2.10). Leur étude doit tenir compte des problèmes liés à leur destination, c'est-à-dire :

- la nature de la végétation prévue ;
- le mode d'entretien de la végétation et son arrosage ;
- l'action des outils et des racines sur le revêtement d'étanchéité ;
- l'évacuation des eaux ruissellant sur les allées ou s'infiltrant dans les zones végétalisées.

Photo 2.10 • *Terrasse-jardin sur garage enterré.*

En général, le support est en maçonnerie avec ou sans isolation thermique, dont la pente varie de 0 % à 5 %. Le revêtement d'étanchéité se traite d'une manière similaire à celui des toitures-terrasses accessibles aux piétons. La protection est assurée par une dalle fractionnée en béton coulé en place sur une couche de désolidarisation. Ensuite, sont mis en œuvre les matériaux propres à l'aménagement des jardins, c'est-à-dire (Fig. 2.19) :

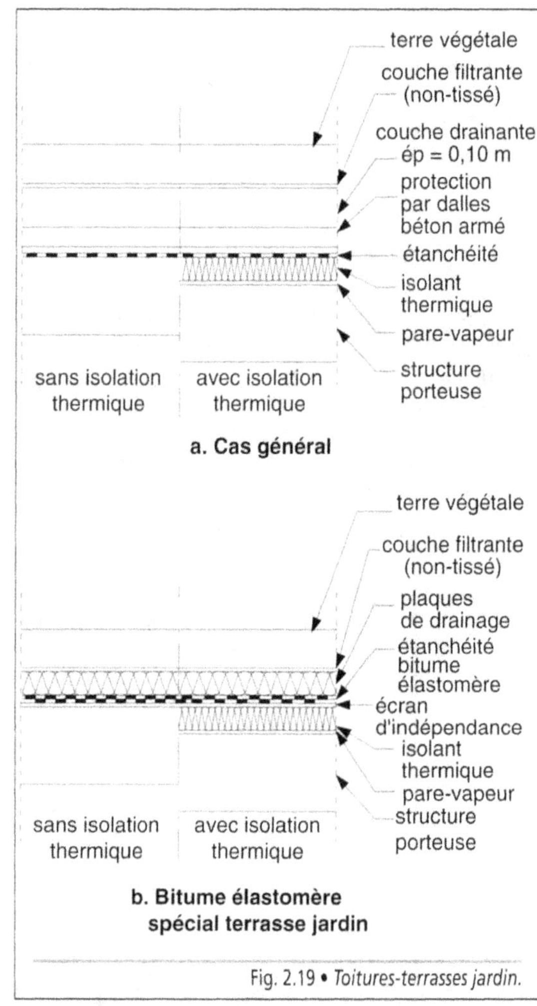

Fig. 2.19 • *Toitures-terrasses jardin.*

- une couche drainante de 10 cm d'épaisseur, en graviers ;
- une couche filtrante, en général un non-tissé synthétique ;

- la terre végétale allégée ou non dont l'épaisseur peut varier de 0,30 m à 1,00 m selon la nature des plantations.

Des produits non traditionnels bénéficiant d'un Avis Technique peuvent également être utilisés. Une solution consiste à poser un revêtement bicouche en bitume élastomère, de deux fois 3 mm d'épaisseur, à très haute résistance (classement $F_5I_5T_4$), qui permet de supprimer la dalle de protection en béton. La couche supérieure a subi un traitement anti-racines et reçoit des plaques perforées moulées de polystyrène expansé formant drainage, la couche filtrante en non-tissé, puis la terre végétale. Le revêtement monocouche n'est pas admis. Ce type de travaux impose le plus grand soin dans son exécution.

L'aménagement de jardins sur des toitures-terrasses inclinées ou rampantes nécessite des études spécifiques portant sur l'adhérence du revêtement d'étanchéité, l'amélioration de ses caractéristiques mécaniques et le maintien des terres en fonction de la pente.

Dans certaines conditions très restrictives, les terrasses-jardins non accessibles peuvent être réalisées sur des structures en acier ou en bois : l'isolation thermique est en perlite, en laine minérale ou en verre cellulaire, la pente est comprise entre 2 % et 10 % et la flèche maximale sous la charge est limitée au 1/500ᵉ de la portée pour le support en bois et au 1/300ᵉ pour les tôles d'acier nervurées.

5. Les points particuliers

Afin de parfaire la réalisation des toitures-terrasses, il est nécessaire de prévoir un certain nombre d'ouvrages complémentaires correspondant à différentes fonctions : reliefs, relevés d'étanchéité, retombées, seuils, lanterneaux, pénétrations diverses, joints de dilatation, collecte et évacuation des eaux. Quelle que soit la nature du matériau d'étanchéité et celle de son support, ces ouvrages respectent des règles d'exécution relativement proches. Les problèmes rencontrés portent sur la continuité de l'étanchéité. Elle peut être assurée soit par le matériau lui-même, soit à l'aide d'une pièce métallique complémentaire (plomb, zinc) ou dans un matériau de synthèse ayant des caractéristiques voisines.

L'implantation des ouvrages émergents doit être étudiée dès l'origine du projet sur un plan de toiture établi à cet effet. Un écartement minimal est à respecter pour la réalisation des ouvrages et leur entretien (Fig. 2.20). Les distances suivantes peuvent être retenues comme base :

- distance minimale égale à 0,25 m si la largeur ou le diamètre des émergences est inférieur à 0,40 m ;

- distance minimale égale à 0,50 m si la largeur ou le diamètre des émergences est compris entre 0,40 m et 1,20 m ;

- distance minimale égale à 1,00 m si la largeur ou le diamètre des émergences est supérieur à 1,20 m.

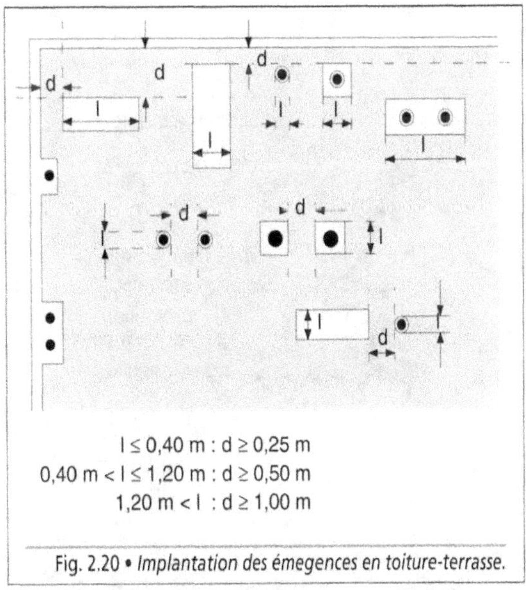

Fig. 2.20 • *Implantation des émergences en toiture-terrasse.*

Lorsque ces distances minimales ne peuvent pas être respectées, les émergences sont solidarisées dans une maçonnerie afin de n'en former qu'une seule.

Le relief des émergences placées perpendiculairement au sens d'écoulement des eaux en partie courante est considéré comme une noue de rive ; sa longueur ne doit pas excéder 10 m.

5.1. Les reliefs et les relevés d'étanchéité

En périphérie des toitures-terrasses ou à la liaison avec des superstructures, il est nécessaire de prévoir un arrêt de l'étanchéité. En général, cet arrêt est obtenu en relevant le film étanche contre un ouvrage émergent solidaire du gros œuvre, qui lui sert de support, le relief. Le relevé d'étanchéité est fixé en adhérence et reçoit une protection (Fig. 2.21). Lorsqu'un isolant thermique est interposé, il doit être compatible avec ce mode de pose et être fixé mécaniquement en tête (certaine laine de roche, perlite).

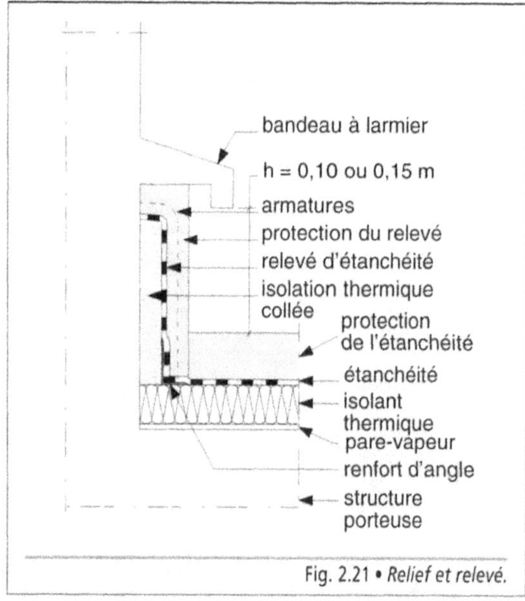

Fig. 2.21 • *Relief et relevé.*

5.11. Nature des reliefs

Les reliefs comprennent les éléments suivants :

- les acrotères ou murets situés en bordure de toiture, en principe en prolongement des façades ; les acrotères peuvent être en maçonnerie, en béton (coulés sur place ou préfabriqués) ou constitués par des costières en bois ou en métal (acier galvanisé ou aluminium) fixés solidairement à la structure ; selon leur hauteur, ils sont classés en acrotères bas ou hauts ;

- les costières ou murets situés le long d'un joint de gros œuvre, d'une superstructure ou d'une trémie ; les costières peuvent être réalisées en maçonnerie, être métalliques ou en bois ;

- les locaux situés en terrasse ;

- les souches et les pénétrations diverses ;

- les poutres saillantes et les seuils.

5.12. Forme et hauteur des reliefs

En général, les reliefs sont verticaux et leur forme est déterminée de manière à empêcher l'infiltration des eaux derrière le relevé d'étanchéité. Différents types de reliefs maçonnés peuvent être réalisés (Fig. 2.22) :

- par engravure, en veillant toutefois à conserver une section porteuse suffisante (Fig. 2.23) ;

- avec un bandeau saillant protégeant le relevé ;

- avec une protection par un couronnement ;

- par bande de solin métallique fixée mécaniquement (Photo. 2.11).

La hauteur du relief est telle que le relevé puisse être exécuté dans de bonnes conditions, afin de jouer pleinement son rôle.

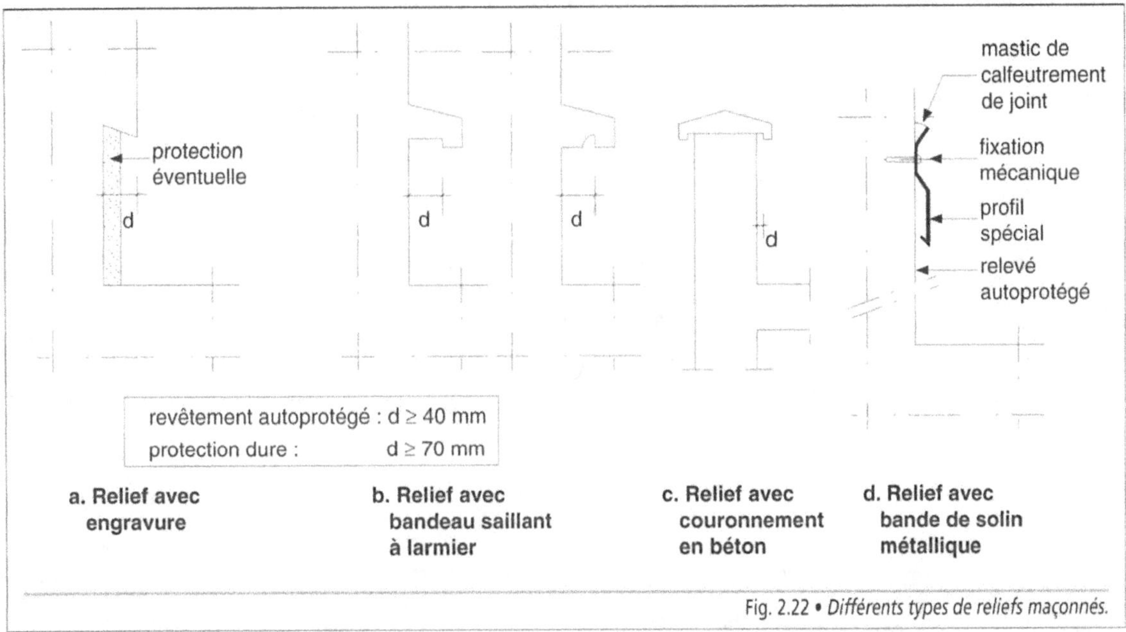

Fig. 2.22 • *Différents types de reliefs maçonnés.*

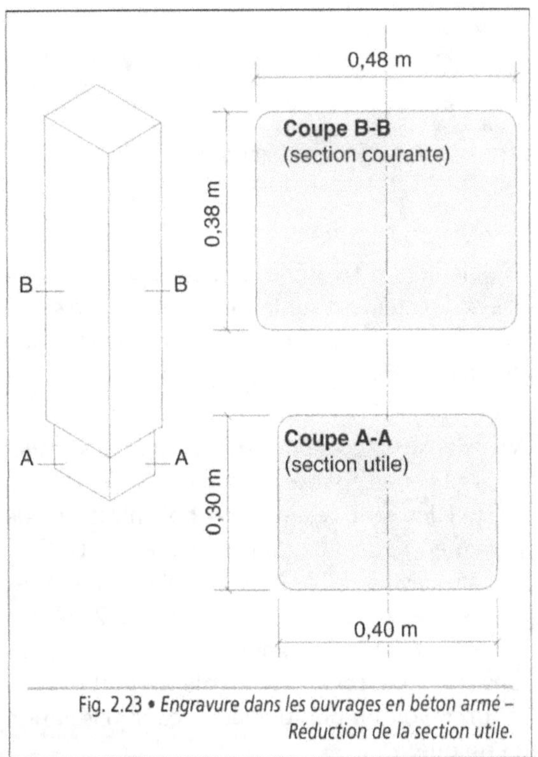

Fig. 2.23 • *Engravure dans les ouvrages en béton armé – Réduction de la section utile.*

Photo 2.11 • *Terrasse semi-accessible – Protection du relevé par bande de solin en zinc.*

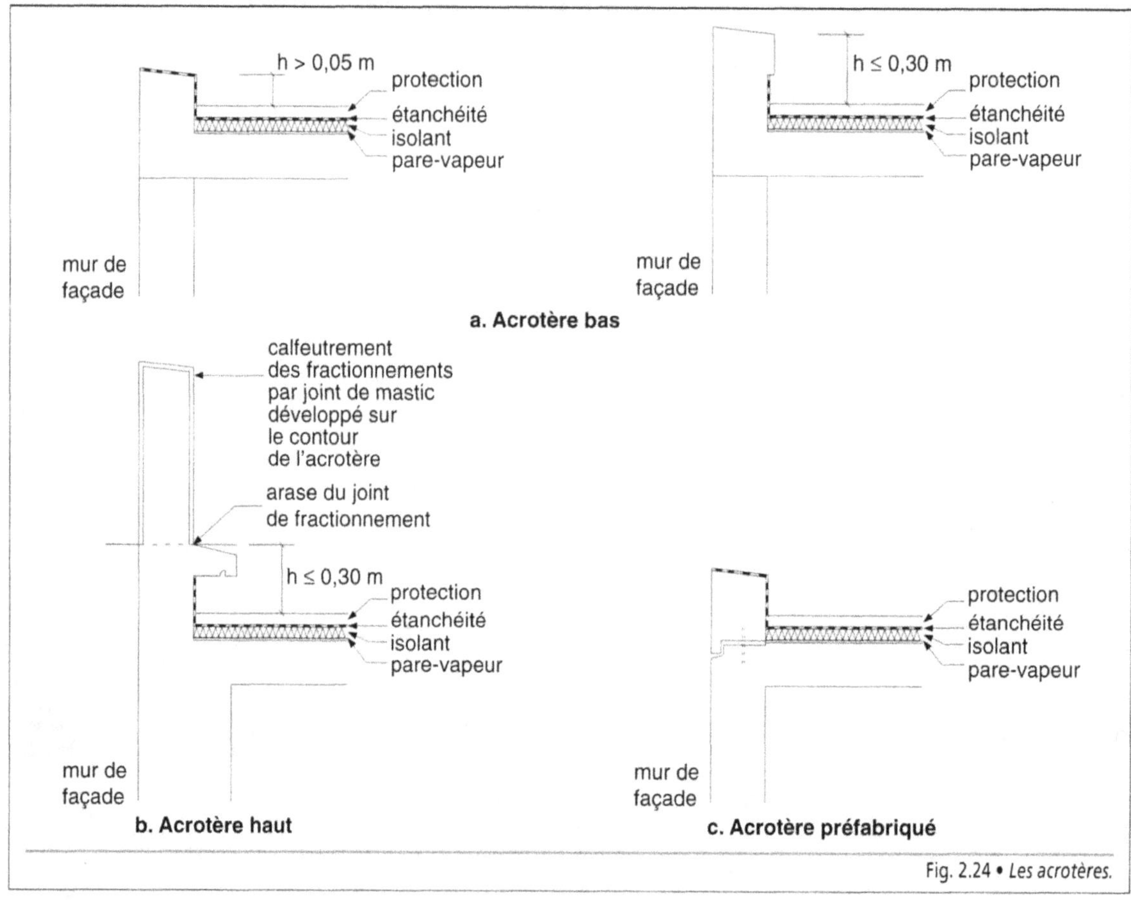

Fig. 2.24 • *Les acrotères.*

5.13. Les acrotères et les costières

Les acrotères en béton sont soit bas (hauteur inférieure à 0,30 m), soit haut, coulés sur place ou préfabriqués (Fig. 2.24). Ils doivent respecter les règles de construction appliquées aux ouvrages de maçonnerie ou de béton armé. Les acrotères hauts sont fractionnés par des joints distants de 6 m à 8 m ; un calfeutrement des joints à l'aide d'un mastic élastomère évite les risques d'infiltration. Lorsqu'ils sont préfabriqués, ils peuvent être intégrés aux panneaux des derniers niveaux ou réalisés indépendamment, auquel cas il convient de vérifier les conditions d'ancrage et de stabilité.

Les costières métalliques sont utilisées avec les structures en acier ou en bois, ou viennent en complément d'acrotères préfabriqués. Elles sont fixées directement sur le support ou sur la structure porteuse et peuvent recevoir une isolation thermique (Fig. 2.25).

Avec des structures porteuses en bois, les costières ont une épaisseur minimale de 22 mm lorsqu'elles sont réalisées en bois massif et de 19 mm en panneaux de contre-plaqué. La hauteur au-dessus du revêtement d'étanchéité est comprise entre 0,15 m et 0,30 m (Fig. 2.26). Les hauteurs supérieures imposent des dispositions spéciales. Elles sont fixées sur le support et peuvent recevoir ou non une adjonction d'isolation thermique.

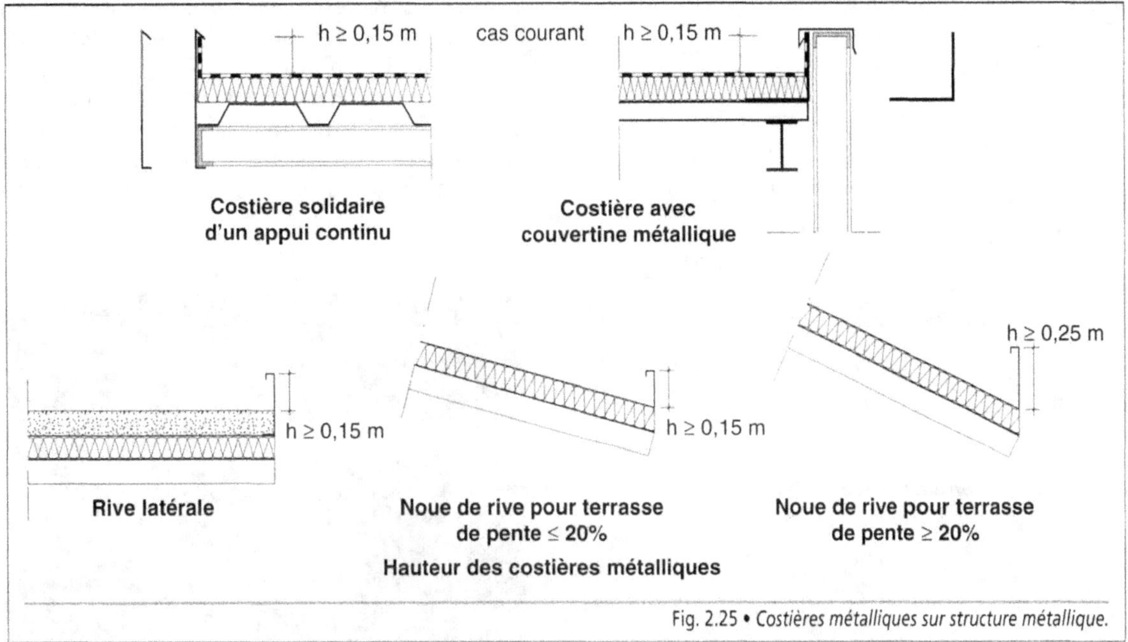

Fig. 2.25 • Costières métalliques sur structure métallique.

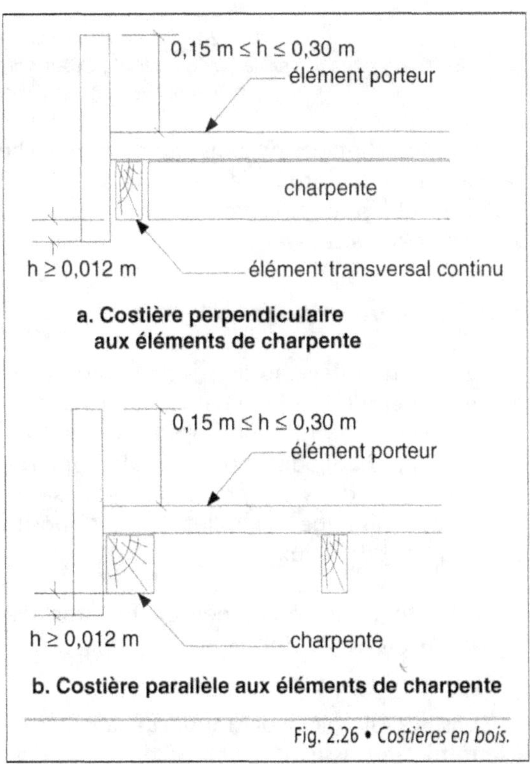

Fig. 2.26 • Costières en bois.

5.14. Les relevés d'étanchéité

Les relevés d'étanchéité sont réalisés en tenant compte des trois paramètres suivants :

- la nature du support et du relief ;
- le matériau utilisé en étanchéité courante ;
- la protection déterminée en fonction de l'utilisation de la toiture-terrasse.

Lorsque des joints verticaux ont été prévus sur les reliefs, ils reçoivent un pontage par bande verticale de 0,20 m de largeur avec un retour en talon de 0,10 m.

Les relevés venant en continuité avec l'étanchéité courante, le matériau utilisé doit présenter des caractéristiques similaires. L'angle forme un point faible et fait l'objet d'un renfort à l'aide d'une couche complémentaire. Le relief, en béton ou en acier, est imprégné d'un EIF, sauf lorsqu'il reçoit un isolant thermique, auquel cas un EAC assure la liaison avec ce support (Fig. 2.27).

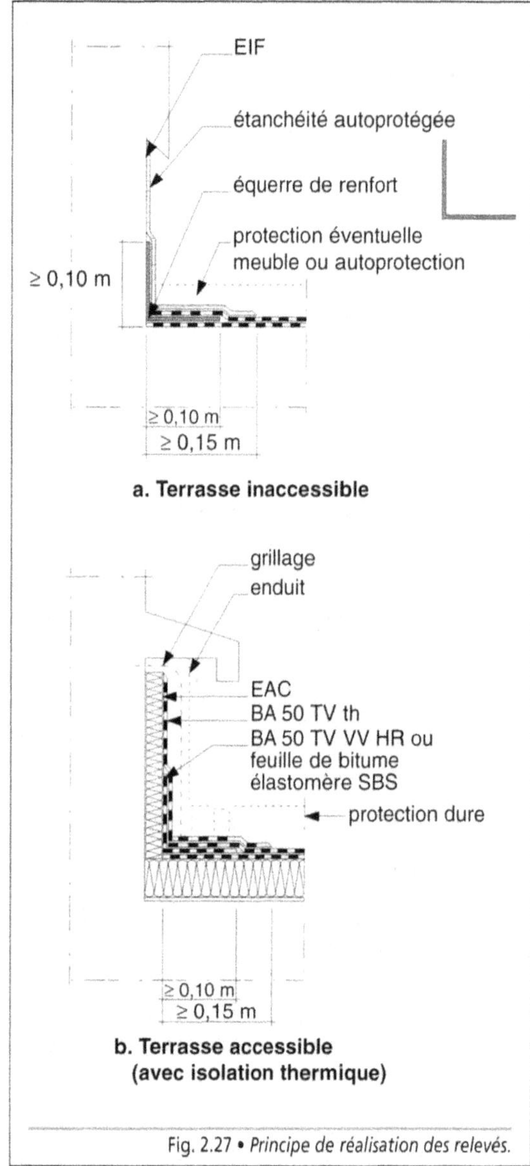

Fig. 2.27 • *Principe de réalisation des relevés.*

En terrasse inaccessible, le relevé est constitué soit par une feuille BA 50 TV Th, soit par une feuille de bitume modifié élastomère SBS avec une autoprotection minérale ou métallique (Photo. 2.12). En terrasse accessible, le relevé, sauf cas particulier, reçoit une protection lourde par enduit de ciment grillagé.

La protection des relevés des terrasses-jardins doit résister aux chocs accidentels provoqués par des outils de jardinage. Elle comporte un enduit grillagé en ciment de 0,07 m d'épaisseur, ou une feuille de bitume élastomère autoprotégée de 3,2 mm d'épaisseur, à double armature polyester avec adjuvant anti-racines, posée en adhérence.

Photo 2.12 • *Terrasse inaccessible – Relevés au pourtour des émergences par feuille d'étanchéité avec une autoprotection métallique.*

Lorsque le relief est en bois, une sous-couche constituée d'un bitume armé type 40 TV ou 50 TV est obligatoire. Elle est fixée au support à l'aide de clous à tête large.

5.15. *La hauteur du relevé*

La hauteur du relevé au-dessus de la protection de l'étanchéité est définie par les règles d'étanchéité. Elle est en relation étroite avec la hauteur H (Fig. 2.28), distance verticale comprise entre le dessus de la protection des parties courantes au voisinage du relief et le dispositif d'écartement des eaux.

Cette hauteur est déterminée en fonction des paramètres suivants (Tab. 2.11). :

• la nature du support ;

• la position du relevé par rapport à la pente de la toiture-terrasse ;

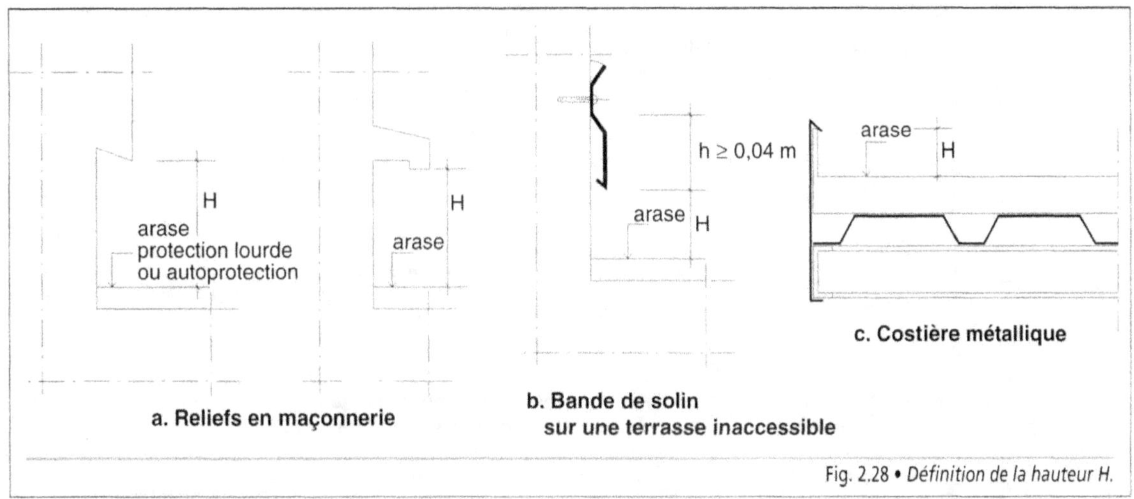

Fig. 2.28 • *Définition de la hauteur H.*

TYPE DE TOITURE-TERRASSE	PENTE P (%)	VALEUR MINIMALE DE **H** (mm)
Reliefs en maçonnerie		
Inaccessible		
Acrotères revêtus	Nulle	50
Acrotères normaux	Nulle	150
Cas général	$1 < p < 5$	100
Cas général	$5 < p$	100
Reliefs de noue en pied de versants de pente ≤ 20 %		150
Reliefs de noue en pied de versants de pente > 20 %		250
Technique	Nulle	150
	$1 < p < 5$	100
Accessible		
Protection de l'étanchéité autre que dalles sur plots	$1 < p < 5$	100
Protection de l'étanchéité par dalles sur plots	$0 < p < 5$	
– Niveau fini des dalles au-dessus du haut des relevés		100 par rapport à l'assise des plots
– Caillebotis disposé le long du relief		100 par rapport à l'assise des plots
– Bardage étanche jusque sous le niveau des dalles		100 par rapport à l'assise des plots
– Niveau fini des dalles au-dessous du haut des relevés		100 par rapport au niveau fini des dalles
Terrasse-jardin : au-dessus de la terre végétale	$0 < p < 5$	150
Reliefs métalliques		
Rives latérales	$1 < p$	150
Reliefs de noue en pied de versants	$p \leq 20$	150
Reliefs de noue en pied de versants	$20 \leq p$	250
Reliefs en bois ou en contreplaqué		
Rives latérales	$1 < p$	150*
Reliefs de noue en pied de versants	$p \leq 20$	150
Reliefs de noue en pied de versants	$20 \leq p$	250

* La valeur minimale de H peut être ramenée à 100 mm lorsque l'acrotère est revêtu d'étanchéité.

Tab. 2.11 • *Valeur minimale de H.*

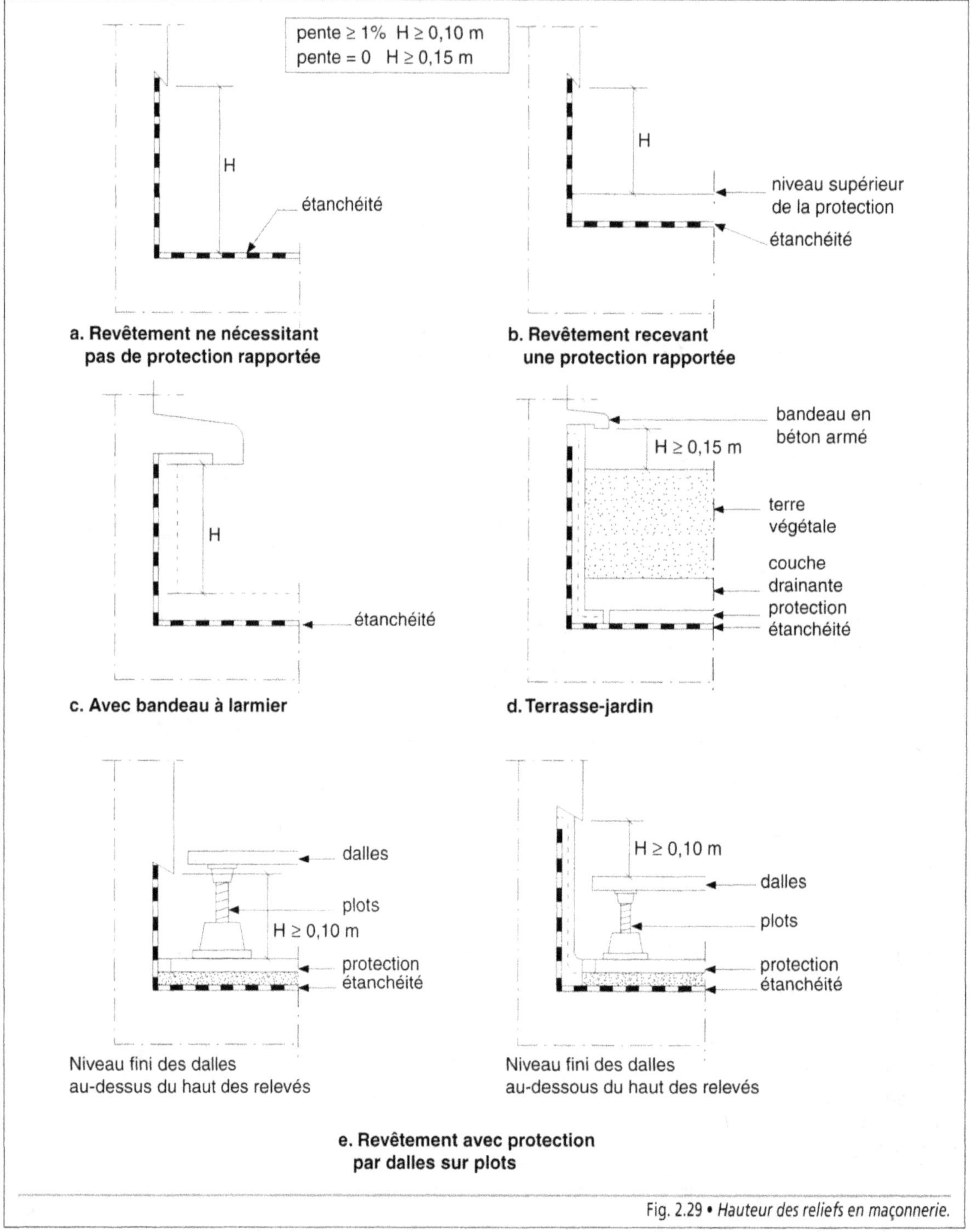

Fig. 2.29 • *Hauteur des reliefs en maçonnerie.*

- l'épaisseur du revêtement d'étanchéité et de l'isolation thermique éventuelle ;

- le type de protection de l'étanchéité et son épaisseur ;

- l'épaisseur de la forme de pente éventuelle ;

- la destination de la toiture-terrasse.

Dans les cas les plus courants, la hauteur H est de 0,10 m ou 0,15 m (Fig. 2.29).

Toutefois, la hauteur du relevé peut être réduite à 0,05 m lorsque le relief est revêtu par l'étanchéité, cas des toitures-terrasses inaccessibles à pente nulle ou des rives autres que les bas de pente (Fig. 2.30).

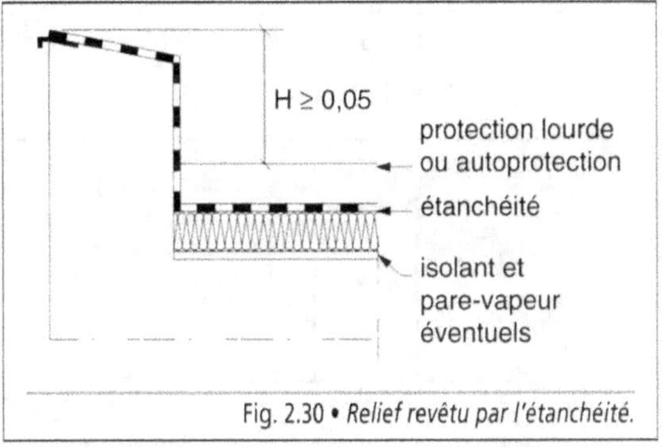

Fig. 2.30 • *Relief revêtu par l'étanchéité.*

5.2. Les bandes de rive et les retombées

Lorsque la périphérie des toitures-terrasses ne comporte pas de mur acrotère ni de costière, l'arrêt du revêtement d'étanchéité est réalisé à l'aide d'une des deux solutions suivantes (Fig. 2.31) :

- en retournant l'étanchéité pour habiller le chant de la dalle, à condition que celle-ci soit en saillie par rapport à la façade ;

- en arrêtant l'étanchéité sur une bande de rive métallique.

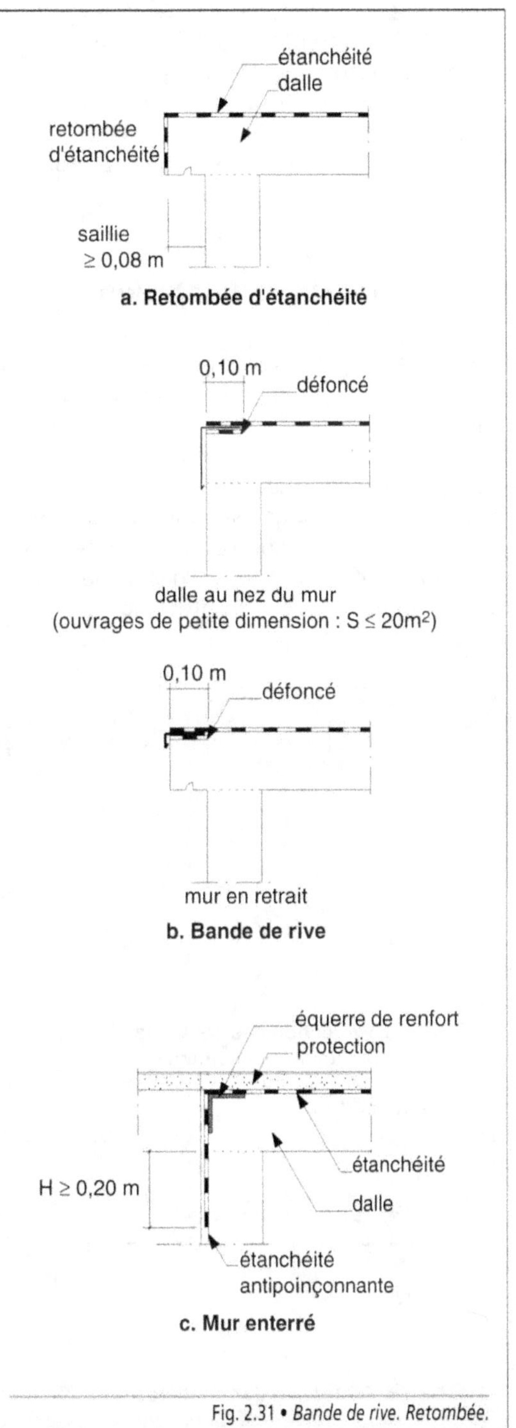

Fig. 2.31 • *Bande de rive. Retombée.*

Dans le cas d'un ouvrage enterré, le revêtement d'étanchéité est renforcé à l'aide d'une équerre d'angle. La retombée est arrêtée à vingt centimètres au minimum sous la liaison de la dalle et des poutres avec le mur extérieur. Sa protection est assurée à l'aide d'une chape antipoinçonnante ayant reçu un traitement anti-racines.

5.3. Les joints de dilatation

Lorsque le gros œuvre comporte des joints de fractionnement prenant en compte les tassements différentiels ou les phénomènes de dilatation, ces joints sont prolongés au niveau de l'étanchéité. Ils représentent un point faible de la toiture-terrasse et leur réalisation fait l'objet du plus grand soin. Plusieurs cas de figure se présentent, étant entendu que, d'une manière générale, les joints plats sont à éviter (Tab. 2.12).

UTILISATION DE LA TOITURE-TERRASSE	JOINTS SAILLANTS COURANTS	JOINTS PLATS	JOINTS PLATS SURÉLEVÉS
Inaccessible ou technique	oui	non	oui
Accessible aux piétons avec : – protection autre que les dalles sur plots	oui	oui	oui
– protection par dalles sur plots	oui	non	oui
Circulation et stationnement de véhicules	oui*	oui	oui*
Terrasse-jardin	oui	non	oui
* Sous réserve de na pas gêner la circulation normale des véhicules.			

Tab. 2.12 • *Conditions d'empoi des différents types de joints.*

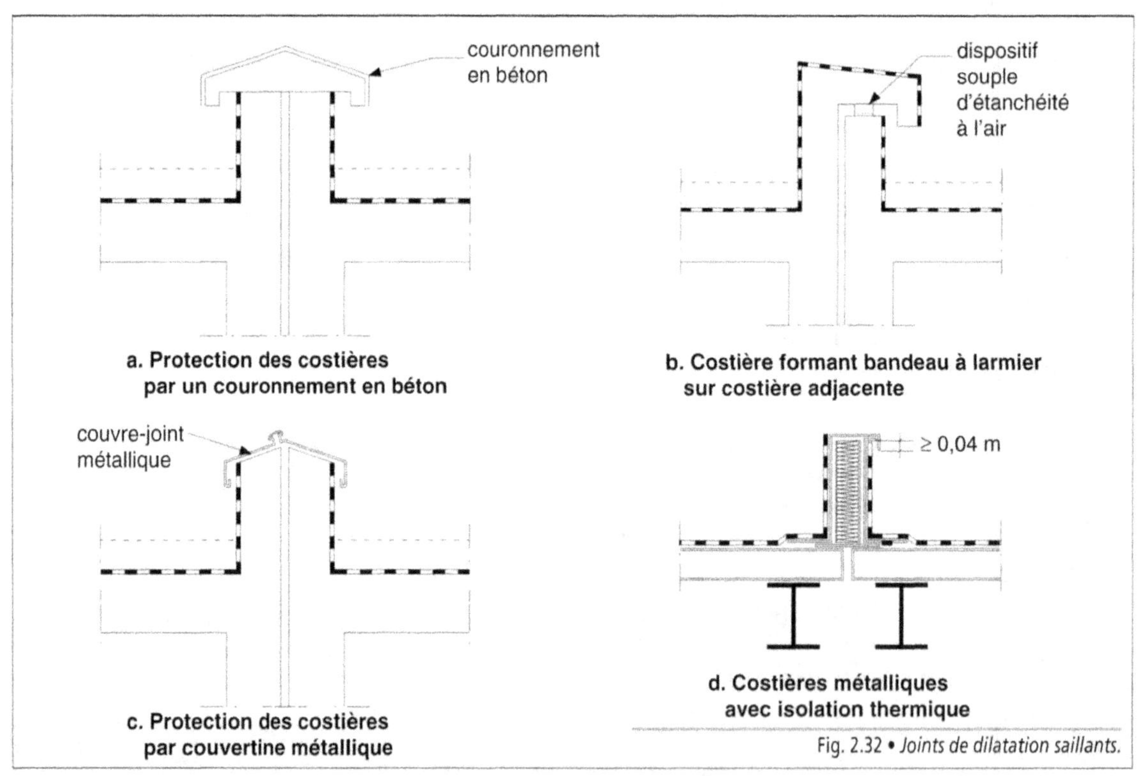

Fig. 2.32 • *Joints de dilatation saillants.*

5.31. Les joints saillants

Aisés à mettre en œuvre et donnant les meilleures garanties, les joints saillants constituent la manière courante de réaliser l'étanchéité au droit des joints de dilatation. Ils sont constitués par deux murets en maçonnerie ou deux costières métalliques sur lesquels est relevé le film étanche interrompu au droit du joint. La protection supérieure est assurée par un couronnement maçonné ou par un ouvrage métallique fixé sur un seul côté du joint (Fig. 2.32). La hauteur du relevé par rapport au niveau supérieur de la protection est au minimum de 0,15 m pour les toitures-terrasses de pente nulle et de 0,10 m pour les toitures-terrasses dont la pente est supérieure à 1 %.

Généralement employés sur les terrasses inaccessibles, ils peuvent être utilisés sur les terrasses accessibles sous réserve de ne pas créer de gêne dans la circulation.

5.32. Les joints plats

Lorsque la toiture-terrasse est accessible, le joint ne doit pas constituer une barrière. La seule solution possible est d'assurer la continuité du complexe d'étanchéité en incorporant un élément spécifique au droit du joint. Cet élément, soumis à des contraintes de cisaillement et d'élongation, doit être souple et résistant. Il est constitué par une membrane à base d'élastomère, en forme de lyre garnie à l'aide d'un cordon souple à base de caoutchouc synthétique. Son développement est au moins de 0,50 m. L'ensemble est pris en sandwich dans le revêtement étanche et protégé par une dallette en béton (Fig. 2.33 – photo. 2.13). Ce dispositif doit faire l'objet d'un Avis technique.

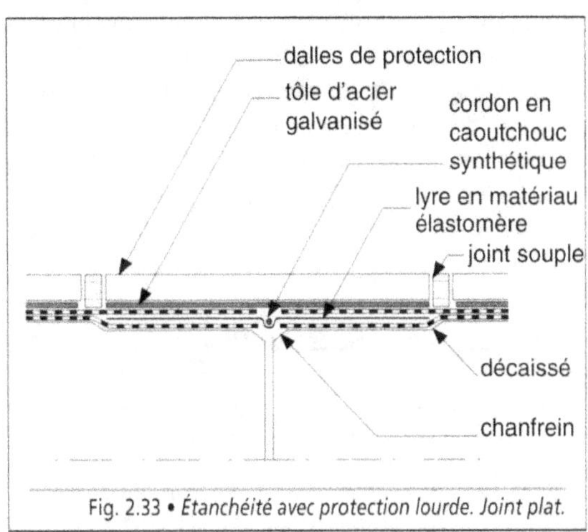

Fig. 2.33 • *Étanchéité avec protection lourde. Joint plat.*

Photo 2.13 • *Toiture-terrasse accessible aux véhicules légers – Réalisation d'un joint plat.*

La position de ces joints est étudiée dès la mise au point du projet. En effet, il est préférable de les placer en haut de pente ou parallèlement à la ligne de plus grande pente afin de ne pas couper le ruissellement des eaux. Dans la mesure du possible, le croisement de joints doit être évité car difficile à résoudre et source de sinistres.

5.33. Les joints plats surélevés

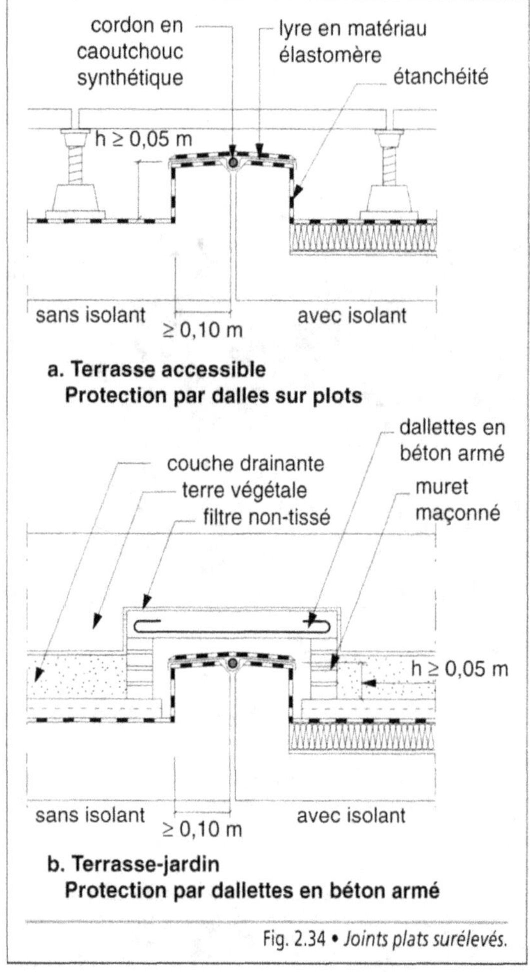

Fig. 2.34 • *Joints plats surélevés.*

Les joints plats surélevés sont des joints réalisés à l'aide de costières en béton de faible hauteur, sans que celle-ci ne puisse être inférieure à 0,05 m au-dessus de l'étanchéité ou de sa

protection. La technique de réalisation est proche de celle des joints plats. Leur avantage réside dans le fait qu'ils s'intègrent dans la réserve des dalles sur plots pour les terrasses circulables ou dans la hauteur de la terre végétale pour les terrasses-jardins (Fig. 2.34).

5.34. Les joints décalés

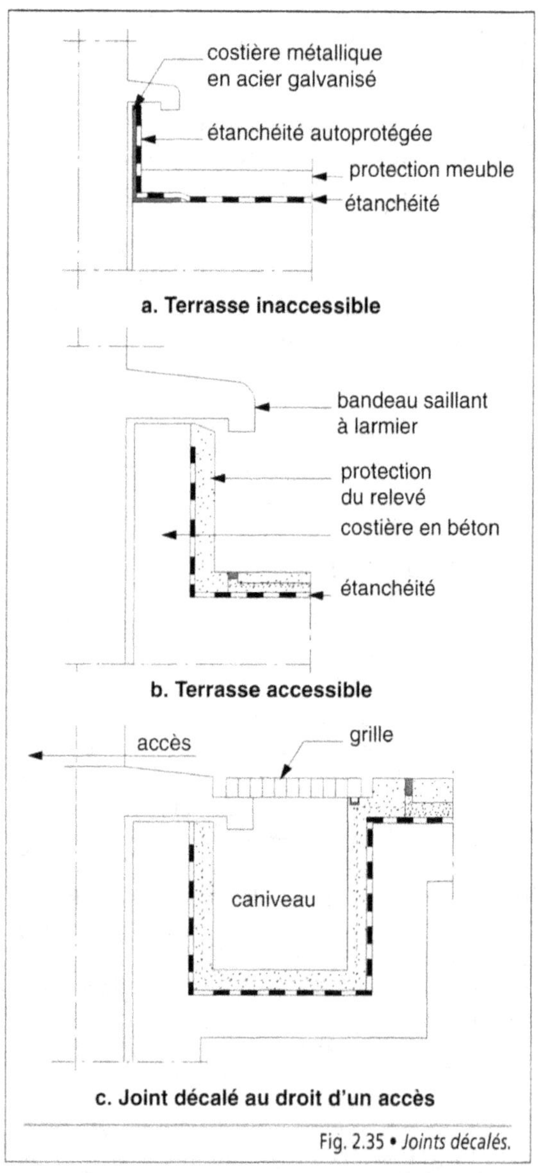

Fig. 2.35 • *Joints décalés.*

Lorsque la construction comprend plusieurs blocs de niveaux différents, ceux-ci sont séparés par des joints qui sont traités comme des joints décalés. C'est le cas, entre autres, des joints de dilatation en pied de façade séparant un immeuble d'une toiture-terrasse accessible ou non. La solution consiste à prévoir, en rive de la terrasse inférieure, un relief constitué d'un muret maçonné (terrasse accessible) ou une costière métallique (terrasse inaccessible) qui reçoit le relevé d'étanchéité. Ce dernier est protégé par un dispositif empêchant l'eau de pluie de pénétrer, un bandeau saillant à larmier (Fig. 2.35).

Afin d'éviter que le relevé ne constitue un obstacle au droit d'un accès situé en point bas d'une terrasse, il est possible de créer un caniveau recouvert d'une grille.

5.4. Les lanterneaux

Les lanterneaux sont des éléments ponctuels dont la fonction est d'assurer l'accès à la toiture-terrasse, l'éclairement ou la ventilation des locaux ou, lorsqu'ils sont équipés de dispositifs spécifiques, la sécurité des occupants par l'éva-cuation des fumées. Ils sont en polyméthacrylate de méthyle (PPMA), en polycarbonate ou en polyester renforcé verre (PRV). Leurs dimensions sont plus ou moins grandes et peuvent imposer le renfort de la structure porteuse par un chevêtre, en particulier lorsqu'elle est en acier ou en bois. Deux séries de lanterneaux sont proposés selon qu'ils viennent reposer sur des murets en maçonnerie ou qu'ils sont fabriqués avec des costières métalliques, isolantes ou non. Implantés en général dans des zones inaccessibles, ils sont éloignés de plus d'un mètre des noues. Leur raccordement à l'étanchéité s'effectue à l'aide de relevés tels qu'ils ont été traités dans le paragraphe 5.1 (Fig. 2.36).

5.5. Les pénétrations diverses

Les pénétrations doivent être positionnées à une certaine distance des rives de la toiture-terrasse de manière à permettre une exécution convenable des relevés d'étanchéité. Plusieurs types de pénétrations sont à considérer selon qu'il s'agit de souches, de caissons de ventilation mécanique, de canalisations, de passages de câbles ou de scellements dans la maçonnerie porteuse.

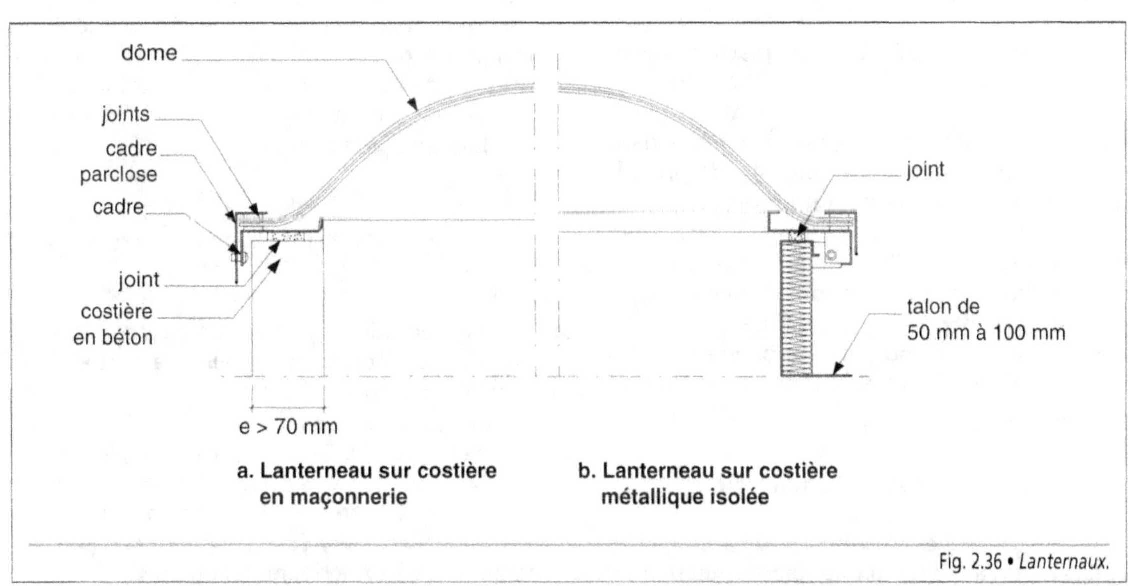

Fig. 2.36 • *Lanternaux.*

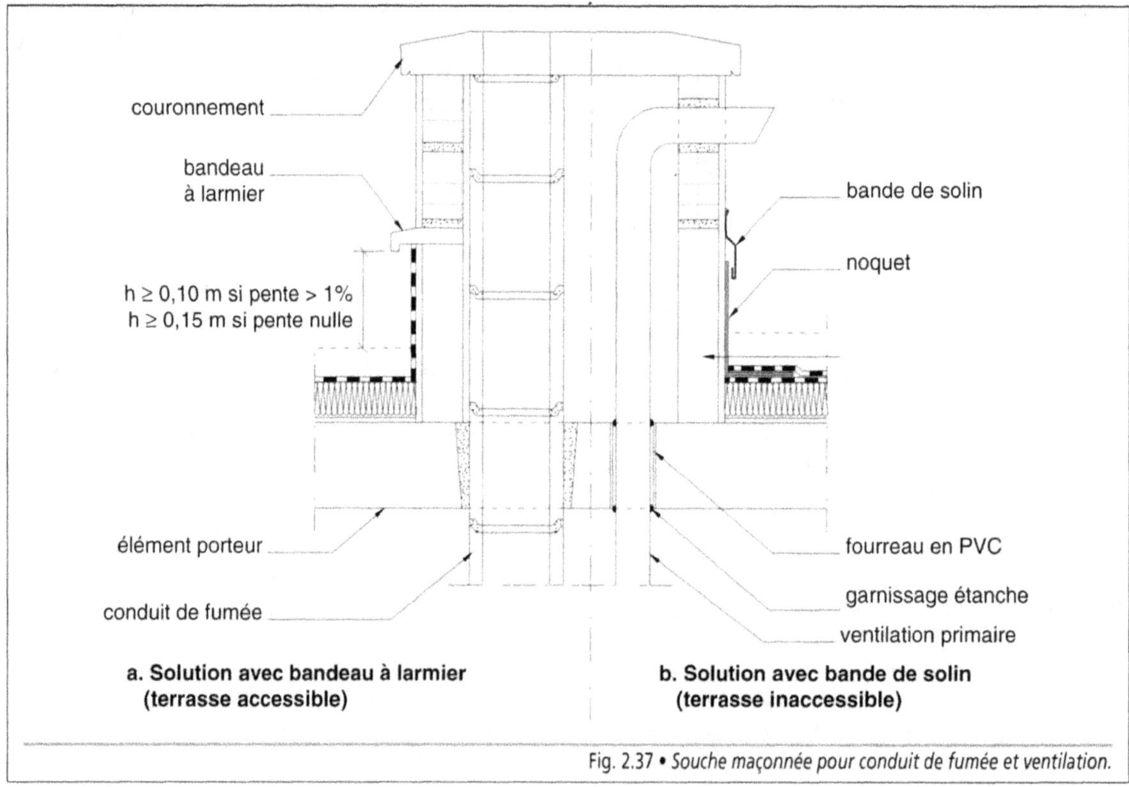

Fig. 2.37 • *Souche maçonnée pour conduit de fumée et ventilation.*

5.51. Les souches

Les souches sont exécutées en maçonnerie et assurent la sortie en terrasse des conduits de fumée, de ventilation ou de canalisations diverses. Afin de rejeter les gaz ou les vapeurs dans l'air ambiant, ces conduits doivent être prolongés à l'extérieur en traversant le couronnement ou les parois de la souche au-dessus du niveau du relevé d'étanchéité. Ce dernier est réalisé conformément à la description donnée au paragraphe 5.1. Il est protégé des infiltrations par un bandeau à larmier ou par une bande de solin métallique fixée avant exécution de l'enduit de la souche (Fig. 2.37).

5.52. Les traversées de canalisation

Les traversées de canalisation sont raccordées à l'étanchéité à l'aide d'une pièce métallique, aisément façonnable, ou en un matériau synthétique adapté à cet usage. Cette pièce est composée d'une platine assemblée à un manchon par soudure étanche. La platine est de forme carrée dont la longueur l de chaque côté est donnée par la formule :

$$l = 2 \times 0,12 \text{ m} + \phi_{ext,}$$

dans laquelle ϕ_{ext} est le diamètre extérieur de la canalisation.

Plusieurs solutions peuvent être retenues selon que le manchon vient habiller la sortie de la canalisation ou qu'il est traversant afin d'être raccordé sur la canalisation en plafond des locaux (Fig. 2.38). Dans ce dernier cas, le raccord doit se situer à une distance supérieure à 0,15 m de la sous-face de la dalle. Ces dispositions sont admises quel que soit le support de la toiture-terrasse : maçonnerie, métal ou bois.

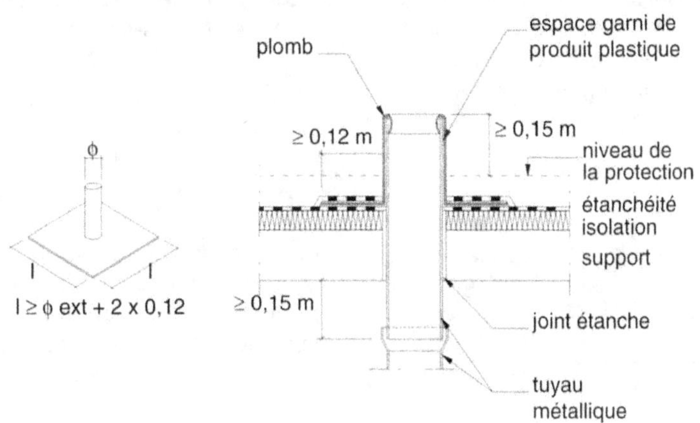

a. Platine et manchon retournés dans la canalisation

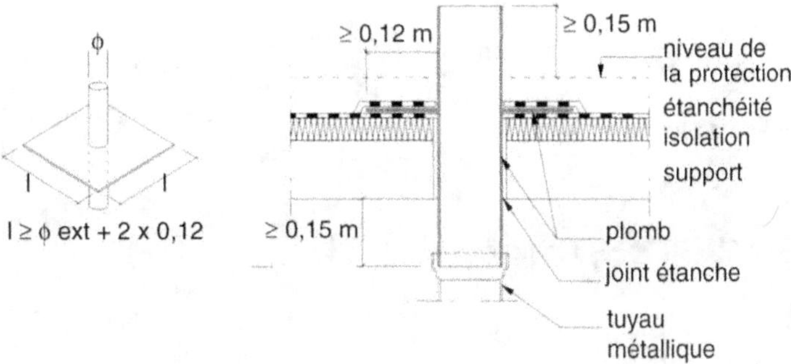

b. Platine et manchon traversants

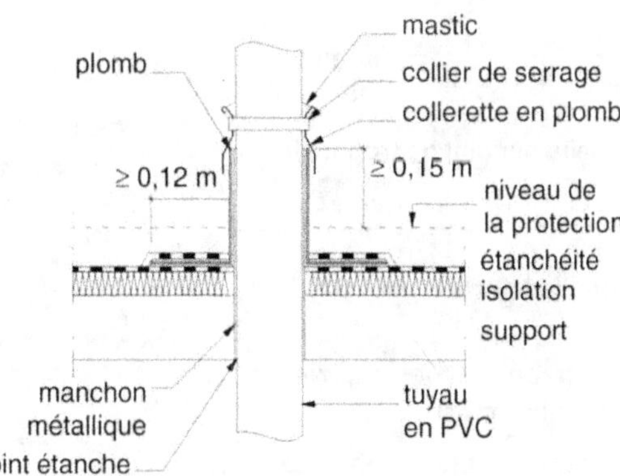

c. Platine et manchon protégés par une collerette

Fig. 2.38 • *Traversée de canalisation. Raccordement par platine.*

Lorsque la structure porteuse est en béton, la sortie de la canalisation peut être noyée dans un dé en béton revêtu d'étanchéité (Fig. 2.39) ; cette solution est particulièrement adaptée aux canalisations proches d'un relief.

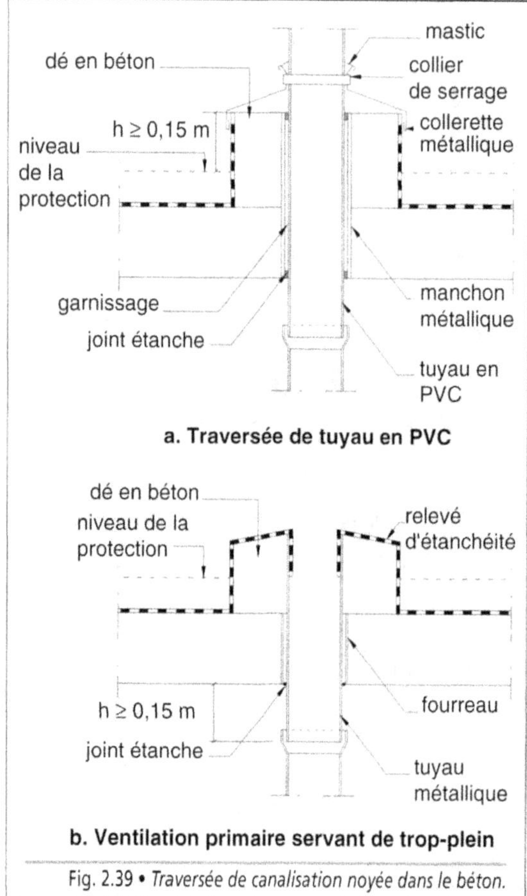

a. Traversée de tuyau en PVC

b. Ventilation primaire servant de trop-plein

Fig. 2.39 • *Traversée de canalisation noyée dans le béton.*

Les traversées de canalisation présentent trois points faibles :

- le risque d'infiltration en partie supérieure, entre la canalisation et le manchon ;

- le risque de condensation au niveau de la canalisation, occasionnant des auréoles en plafond ;

- le passage de l'eau infiltrée sous l'étanchéité par les réservations laissées dans la structure.

5.53. Les traversées diverses et les scellements

Les traversées diverses permettent le passage de câbles électriques, d'antennes de télévision ou autres réseaux. Elles sont réalisées à l'aide de crosses fixées à la structure porteuse. La continuité de l'étanchéité est assurée par une platine et un manchon en plomb serré en tête par un collier complété par un joint étanche à la pompe, la platine étant prise en sandwich dans le complexe d'étanchéité (Fig. 2.40).

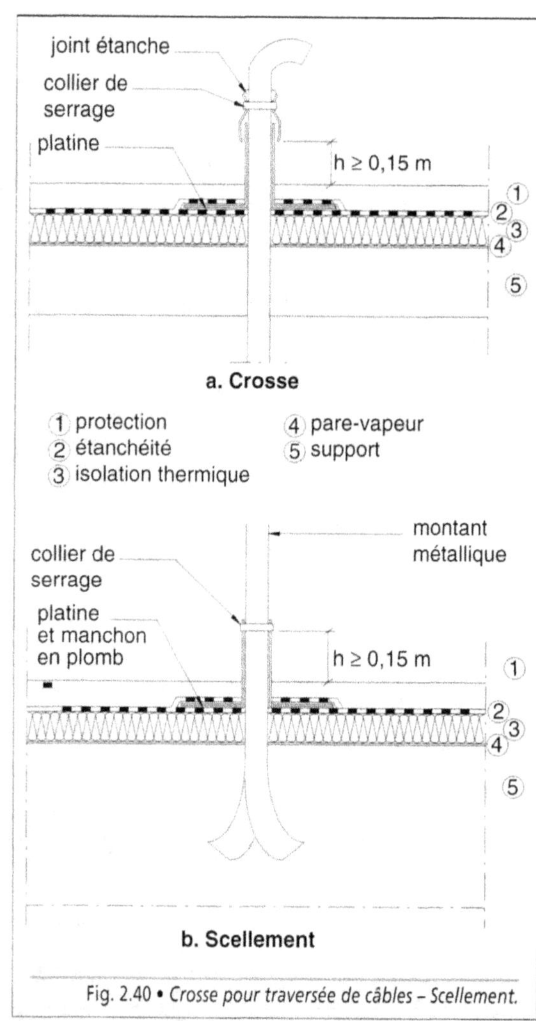

a. Crosse

b. Scellement

Fig. 2.40 • *Crosse pour traversée de câbles – Scellement.*

Les scellements de montants métalliques pour les garde-corps sont réalisés de la même manière.

5.6. Les seuils

Les seuils sont des reliefs qui permettent d'accéder sur une toiture-terrasse en évitant la pénétration de l'eau à l'intérieur des locaux. Leur hauteur doit être suffisante afin de permettre l'exécution des relevés d'étanchéité et des retours en tableau. Elle est au minimum de 0,10 m, ce qui les rend difficilement franchissables aux personnes à mobilité réduite.

Plusieurs solutions peuvent être envisagées (Fig. 2.41) :

• le seuil à relief simple est aisé à réaliser ; son inconvénient majeur réside dans la hauteur de franchissement depuis l'intérieur lorsque la protection de l'étanchéité est assurée par des dalles sur une couche de désolidarisation ; l'emploi de dalles sur plots permet, par un décrochement de la structure porteuse, de placer les dalles au niveau du seuil ;

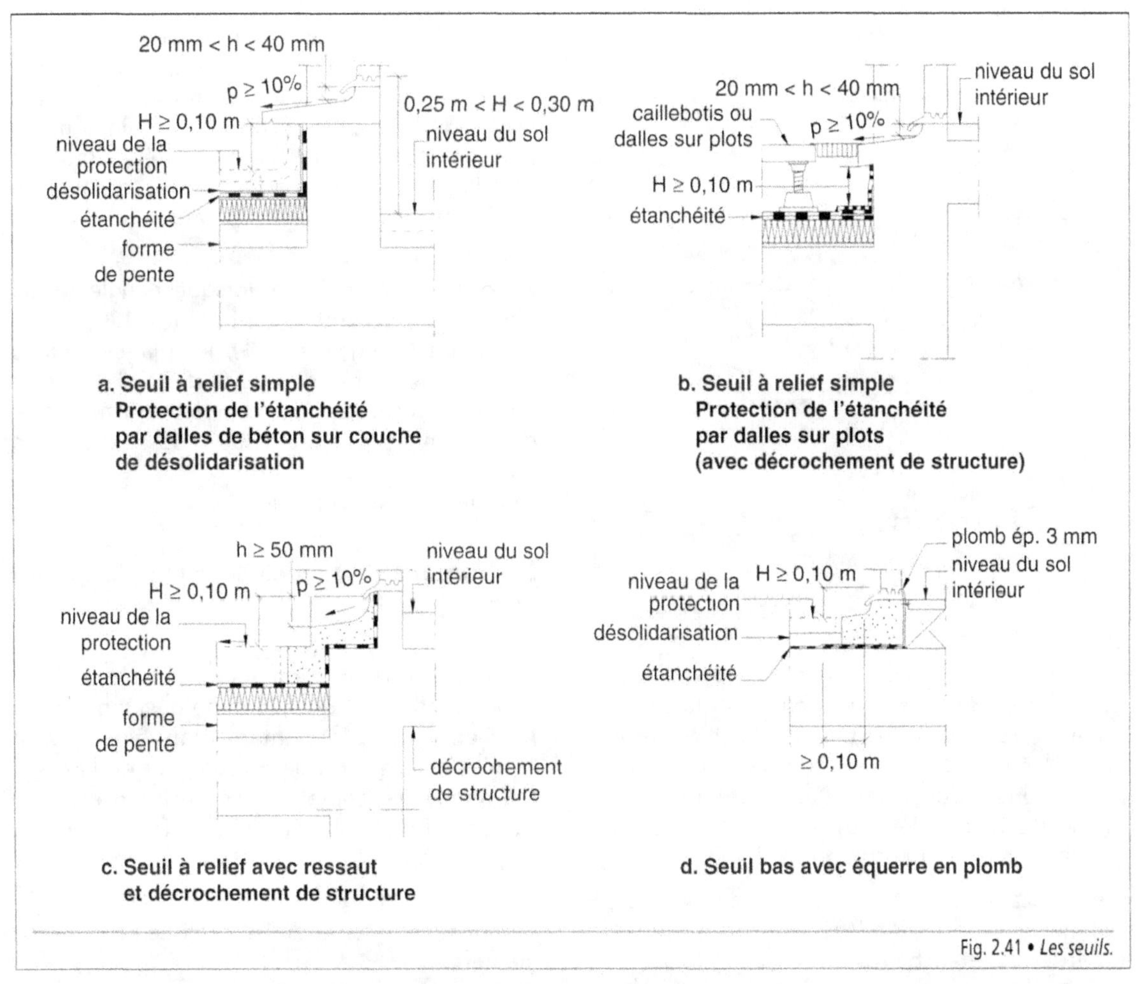

Fig. 2.41 • *Les seuils.*

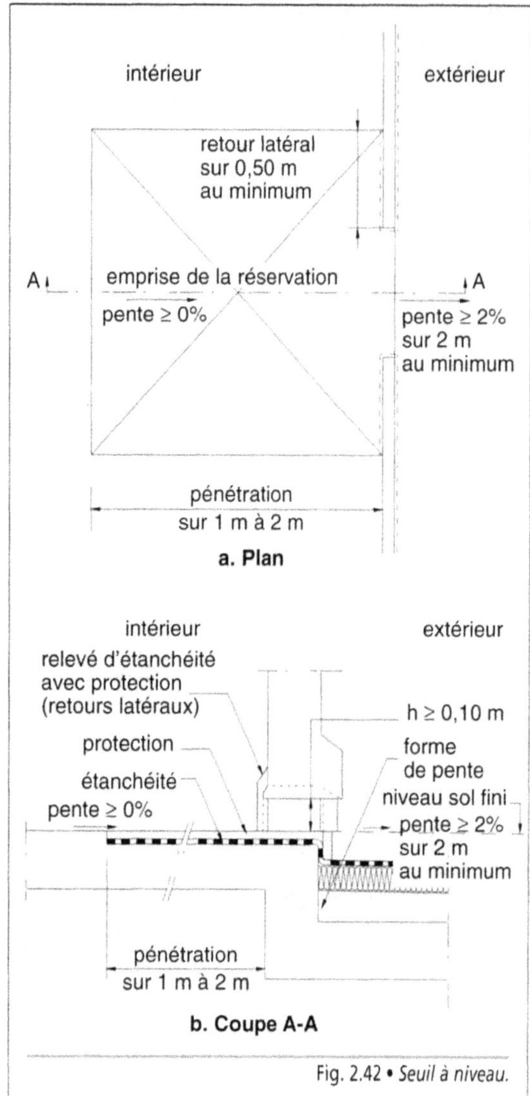

Fig. 2.42 • *Seuil à niveau.*

- le seuil à relief avec ressaut, avec ou sans décrochement de la structure horizontale permet de réduire la hauteur à franchir ; cette dernière disposition n'est admise qu'en point haut ; une garde d'eau d'une hauteur minimale de 50 mm doit être réservée au-dessus de la protection au droit du seuil ;

- le seuil bas nécessite la pose d'une pièce en plomb qui forme le relevé et assure la continuité avec l'étanchéité.

Lorsque, pour des raisons d'accessibilité au bâtiment, la continuité du niveau du sol extérieur est poursuivie vers l'intérieur sans possibilité d'interposer un seuil avec relief, l'étanchéité et sa protection lourde pénètrent dans le bâtiment sur une certaine longueur (Fig. 2.42). C'est le cas, entre autres, des entrées des immeubles recevant du public, dont l'accès s'effectue depuis une terrasse étanchée. Une autre solution consiste à prévoir un caniveau comme indiqué au paragraphe 5.34.

5.7. Les faîtages et les arêtiers

Lorsque le support est composé de bacs métalliques ou de panneaux en bois, l'intersection supérieure de deux versants contigus constitue le faîtage (Fig. 2.43). Il correspond à la ligne de partage des eaux. L'intersection latérale qui renvoie l'eau correspond à l'arêtier et la noue, en partie inférieure, collecte les eaux.

En structure métallique, lorsque l'angle formé par les deux versants est inférieur à 186° (pente inférieure ou égale à 5 %), les plaques qui se trouvent de part et d'autre du faîtage sont portées par un seul appui, d'une largeur minimale de 60 mm de part et d'autre de l'axe ; si cet angle est supérieur à cette valeur, deux appuis sont nécessaires (Fig. 2.44).

En structure bois, au droit du faîtage, l'appui est unique.

La liaison entre les supports est pontée par une bande métallique de 0,25 m de développement fixée en bordure, ce pontage étant réalisé avant la mise en place du pare-vapeur et de l'isolant thermique. Le complexe d'étanchéité est exécuté conformément aux dispositions énoncées au paragraphe 4.

L'étanchéité des arêtiers est réalisée de la même manière.

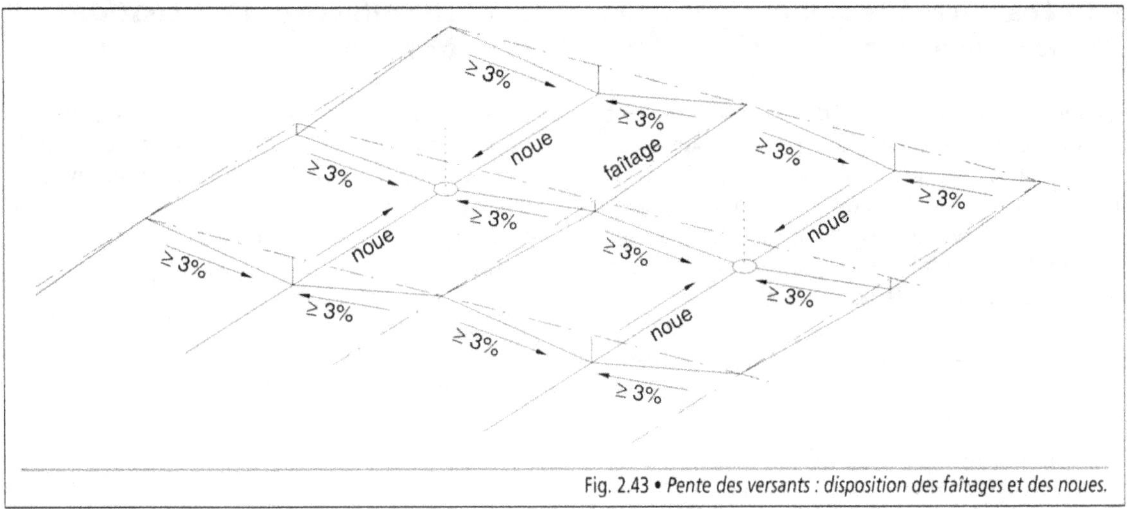

Fig. 2.43 • *Pente des versants : disposition des faîtages et des noues.*

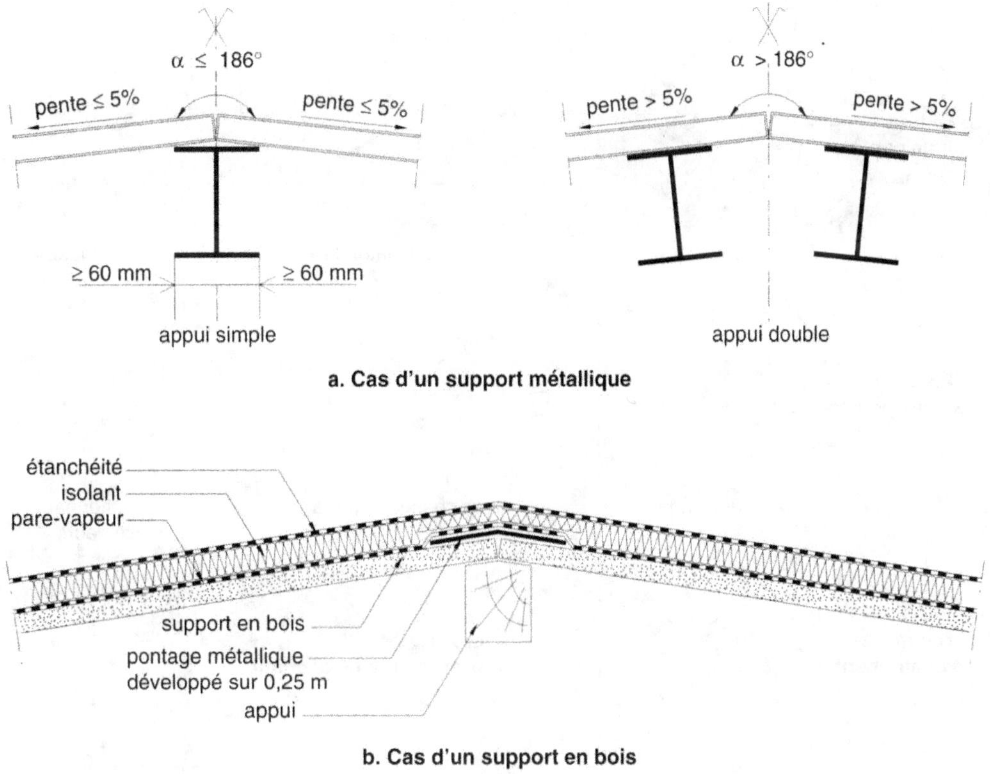

Fig. 2.44 • *Faîtages.*

5.8. Les ouvrages divers de maçonnerie

Les petits ouvrages divers de maçonnerie sont des éléments préfabriqués ou coulés sur place qui reposent sur l'étanchéité ou sur sa protection, avec interposition d'un feutre ou d'une couche de sable. Lors de leur réalisation, il convient de contrôler que la charge est convenablement répartie, sans risque de poinçonnement.

5.9. La collecte et l'évacuation des eaux

Que la toiture-terrasse soit avec une pente plus ou moins faible ou qu'elle soit à pente nulle, le principe fondamental est de pouvoir évacuer l'eau de pluie pour éviter qu'elle ne crée une surcharge mettant en péril la structure porteuse.

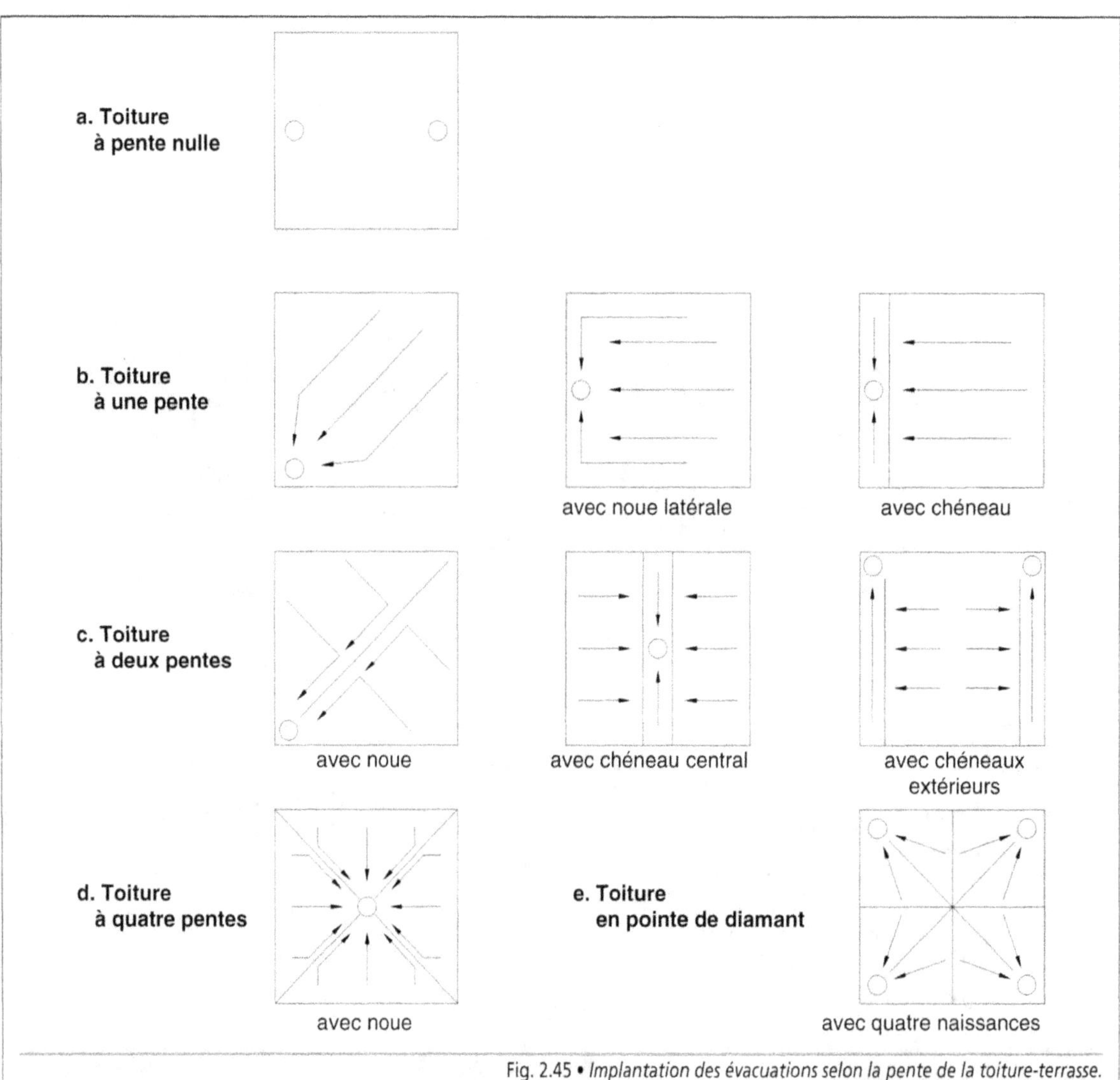

Fig. 2.45 • *Implantation des évacuations selon la pente de la toiture-terrasse.*

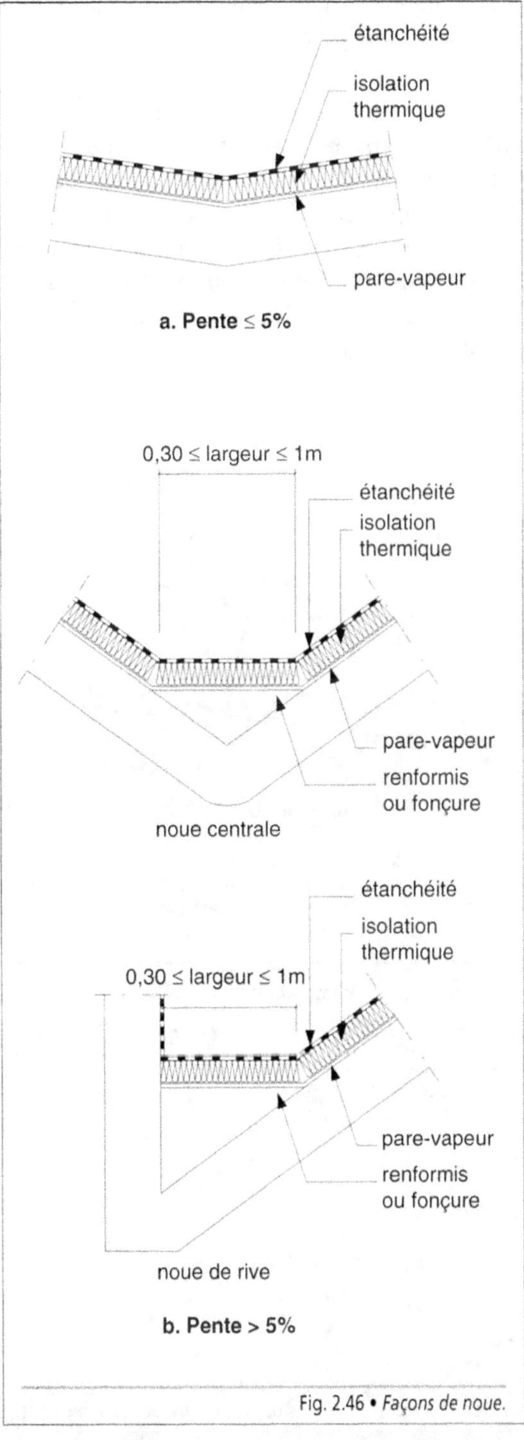

Fig. 2.46 • *Façons de noue.*

Par la pente, l'eau est dirigée directement vers les descentes ou vers une noue ou un chéneau. Leur répartition dépend de la forme et de la surface de la terrasse (Fig. 2.45). Lorsque la terrasse est à pente nulle, il convient de disposer judicieusement les entrées d'eau.

5.91. *Les noues*

Les noues sont des ouvrages de collecte des eaux pluviales. Les noues centrales correspondent à l'intersection latérale de deux versants ; les noues de rives sont formées par l'intersection d'un versant et d'un relief (Fig. 2.46). Elles ne peuvent pas être coupées par un joint de dilatation.

Dans le cas de versants de pente importante, les noues centrales comportent un pan coupé ou une fonçure* afin de permettre la bonne exécution des travaux et la circulation pour l'entretien. L'étanchéité est assurée en continuité de la partie courante, avec le même matériau. Une bande de renfort est prévue dans les cas suivants :

• lorsque la pente de la noue est nulle ;

• avec une étanchéité de type multicouche en bitume armé ;

• dans le cas d'une étanchéité monocouche.

Sur un support en bacs métalliques, la noue repose sur un seul appui lorsque l'angle est supérieur à 174° (pente ≤ à 5 %) et sur un appui double si l'angle est inférieur à cette valeur (pente > à 5 %) (Fig. 2.47).

Sur un support en bois, avant la mise en œuvre de l'étanchéité ou du pare-vapeur et de l'isolant, un pontage est réalisé par une feuille de bitume armé type BA 40, de 0,30 m de développement fixée en rive (Fig. 2.48).

L'étanchéité des noues de rive est traitée de la même manière que celle des reliefs. La hauteur du relevé au-dessus de la protection éventuelle de l'étanchéité est déterminée en fonction de la pente des versants, de la manière suivante :

- h ≥ 0,10 m pour les versants de pente p ≤ 5 % ;

- h ≥ 0,15 m pour les versants de pente p comprise entre 5 % et 20 % ;

- h ≥ 0,25 m pour les versants de pente p > 20 %.

5.92. Les chéneaux

Les chéneaux sont des ouvrages de collecte des eaux pluviales, de section généralement rectangulaire, implantés sur des toitures-terrasses inaccessibles. Ils ne doivent pas comporter de joints plats de dilatation.

Avec des éléments porteurs en maçonnerie, les chéneaux peuvent être encaissés en partie centrale entre deux versants ou en partie latérale, en rive ou en encorbellement. Lorsque les éléments porteurs sont en bois, seuls sont admis les chéneaux en encorbellement. Cette disposition n'est pas recommandée avec les structures porteuses métalliques.

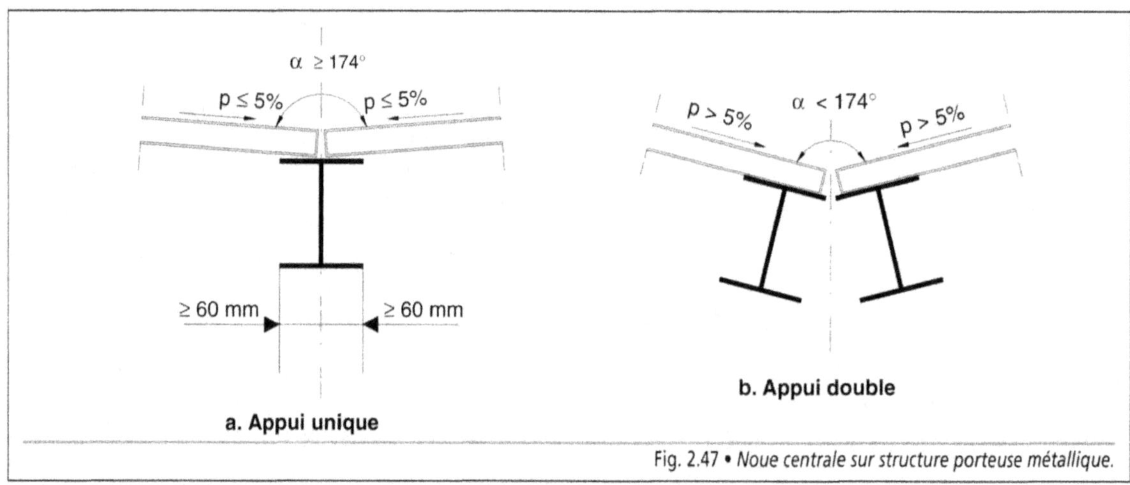

Fig. 2.47 • *Noue centrale sur structure porteuse métallique.*

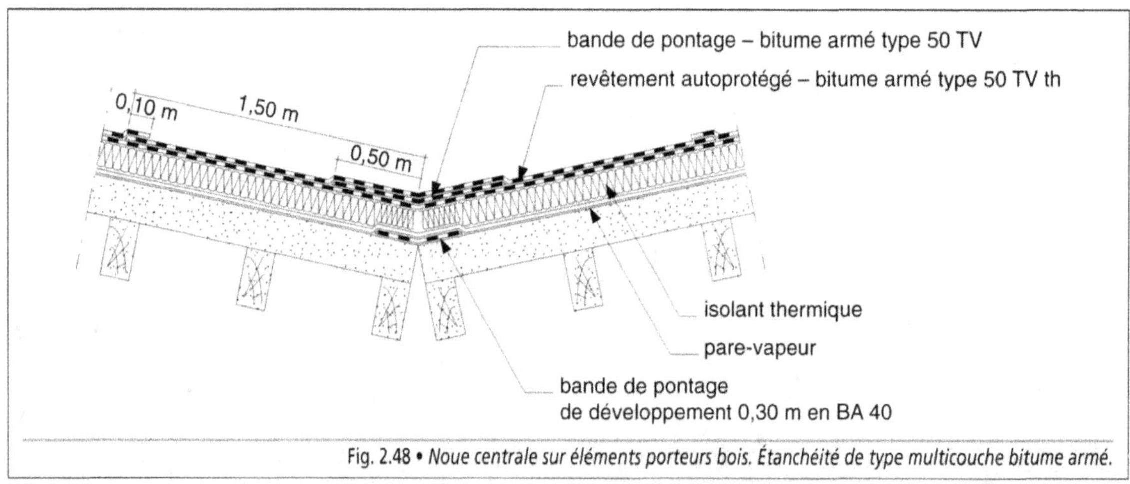

Fig. 2.48 • *Noue centrale sur éléments porteurs bois. Étanchéité de type multicouche bitume armé.*

Les chéneaux peuvent avoir une pente intérieure ou être de pente nulle.

La section minimale des chéneaux correspond à la surface de la coupe perpendiculaire au fil d'eau de hauteur égale à la profondeur utile PU, après réalisation des ouvrages d'étanchéité et d'isolation thermique éventuelle (Fig. 2.49). Elle ne peut être inférieure à 300 cm^2.

Les dimensions minimales sont les suivantes :

• la largeur est comprise entre 0,30 m et 1,00 m ;

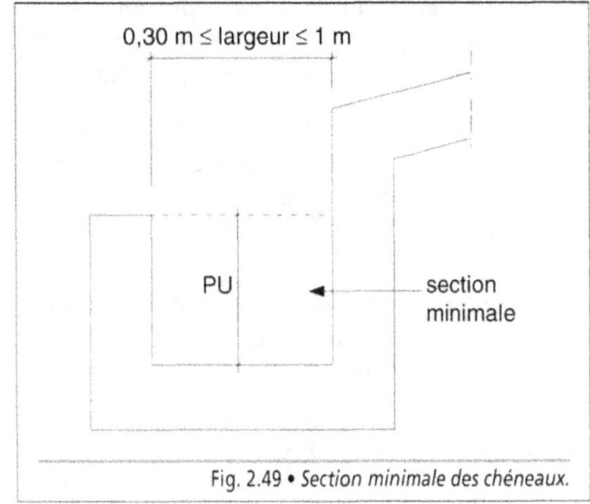

Fig. 2.49 • *Section minimale des chéneaux.*

a. Chéneaux encaissés avec revêtement d'étanchéité continu

b. Chéneaux avec revêtement d'étanchéité discontinu

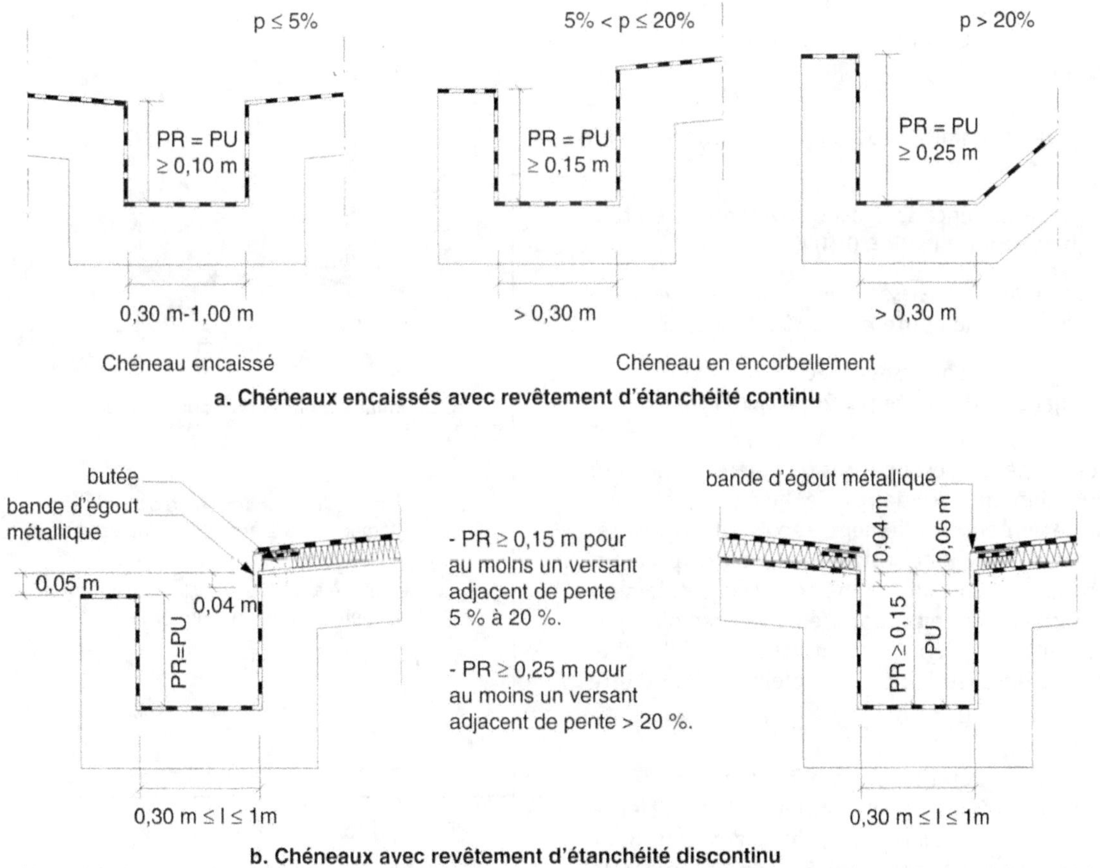

Fig. 2.50 • *Caractéristiques dimensionnelles du chéneau.*

- la profondeur utile PU est la hauteur à prendre en compte dans les calculs de la section nécessaire pour évacuer les eaux collectées ;

- la profondeur réelle PR correspond à la hauteur étanchée de la plus petite paroi latérale (chéneaux encaissés avec deux versants dissymétriques, chéneaux de rive).

La profondeur réelle PR est égale ou supérieure à la profondeur utile PU, la différence constituant la garde d'eau.

La garde d'eau n'est pas nécessaire (PU = PR) lorsque le revêtement d'étanchéité des chéneaux est en continuité avec celui des parties courantes. À l'inverse, si le revêtement d'étanchéité est discontinu, une garde d'eau de 0,05 m est imposée (PR = PU + 0,05 m).

Les valeurs admises pour la profondeur réelle PR sont les suivantes (Fig. 2.50) :

- chéneaux encaissés avec revêtement d'étanchéité continu : PR = 0,10 m ;

- chéneaux encaissés avec l'un des versants adjacents de pente p ≤ 20 % : PR = 0,15 m ;

- chéneaux encaissés avec l'un des versants adjacents de pente p > 20 % : PR = 0,25 m.

Les chéneaux désolidarisés de l'élément porteur ou, bien que solidaires de l'élément porteur, placés en encorbellement, reçoivent un revêtement d'étanchéité indépendant du revêtement en partie courante. Ils ne sont pas totalement étanches à la neige poudreuse. En cas d'engorgement, si le débordement est impossible (chéneaux encaissés), des trop-pleins doivent être prévus.

La composition du revêtement d'étanchéité est définie en fonction du support, de la présence ou non d'un isolant thermique, des matériaux utilisés en partie courante. Sur maçonnerie, une solution habituelle, à base de feuilles de bitume élastomère, est la suivante (Fig. 2.51) :

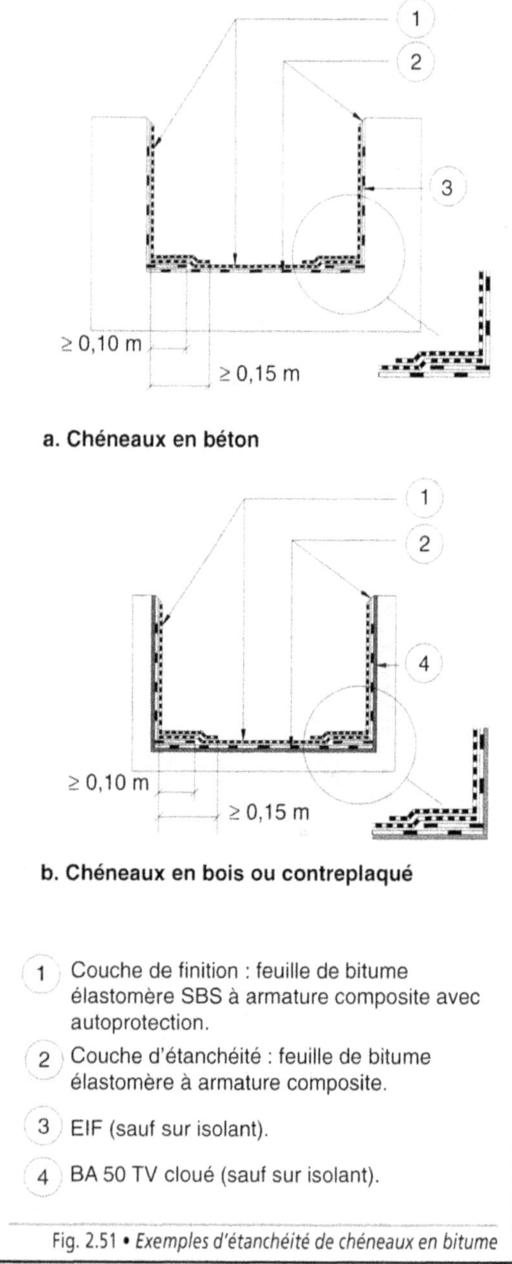

Fig. 2.51 • *Exemples d'étanchéité de chéneaux en bitume*

- un EIF, sauf lorsque le support est un panneau isolant ;

- une feuille de bitume élastomère à armature composite ;

• une couche de finition par feuille de bitume élastomère à armature composite avec auto-protection en aluminium.

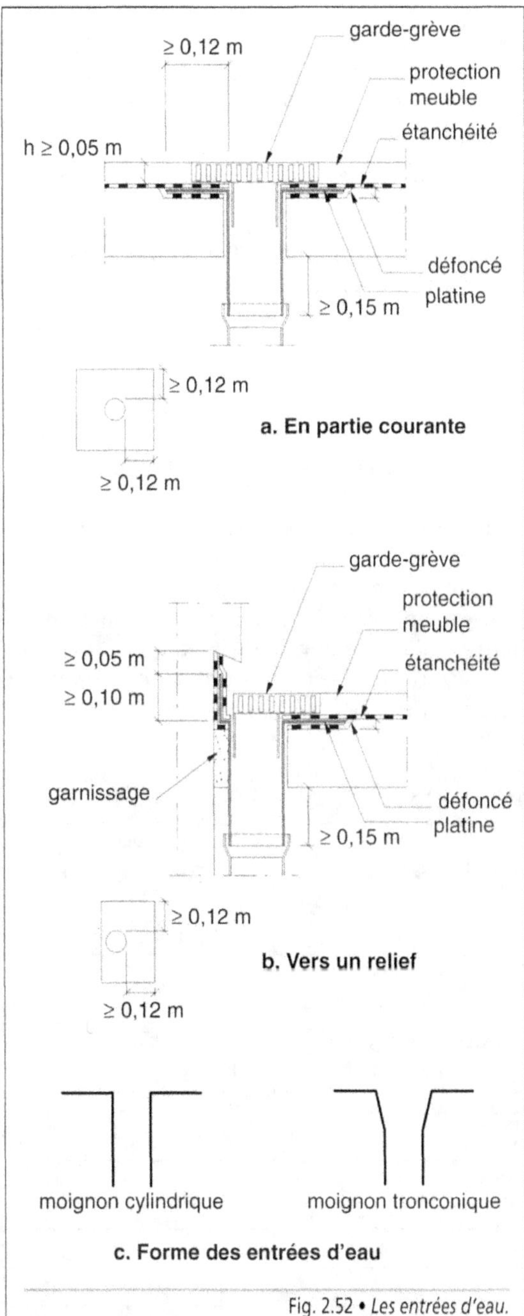

Fig. 2.52 • *Les entrées d'eau.*

Sur support bois, une sous-couche en BA 50 TV est clouée avant la mise en place des deux couches d'étanchéité.

5.93. *L'évacuation des eaux pluviales*

L'évacuation des eaux est assurée au moyen d'entrées d'eaux pluviales (EEP) composées d'une platine, prise en sandwich dans l'étanchéité, et d'un moignon, cylindrique ou conique, raccordé à la canalisation. Elles sont exécutées dans un matériau compatible avec l'étanchéité : métallique (plomb, cuivre, zinc) ou élastomère. Les entrées d'eaux pluviales sont placées soit en rive, soit en partie courante, dans un défoncé correspondant à l'emprise de la platine de manière à ne pas être en surépaisseur et former une retenue d'eau (Fig. 2.52). Toutes les EEP sont munies d'un dispositif, grille, garde-grève ou crapaudine afin d'éviter l'intrusion de corps étrangers (gravier, feuilles) pouvant provoquer une obstruction des descentes.

En cas d'engorgement, l'eau accumulée doit s'évacuer par l'un des dispositifs suivants :

• une EEP voisine, à condition de ne pas traverser les costières d'un joint de dilatation ;

• un ou plusieurs trop-pleins constitués soit d'une platine et d'un manchon, dont la somme des sections correspond à la section utile de la descente, soit d'une surverse sur le garde-grève (Fig. 2.53).

Le niveau des trop-pleins se situe entre le point le plus bas du sommet des relevés et le niveau fini de la protection de l'étanchéité.

Le trop-plein est obligatoire dans trois cas :

• en présence d'une descente unique ;

• lorsque l'eau accumulée par suite de l'engorgement d'une descente ne peut s'évacuer vers une autre descente ;

• lorsque la surcharge occasionnée par l'accumulation d'eau due à l'engorgement d'une descente met en péril la structure de l'ouvrage.

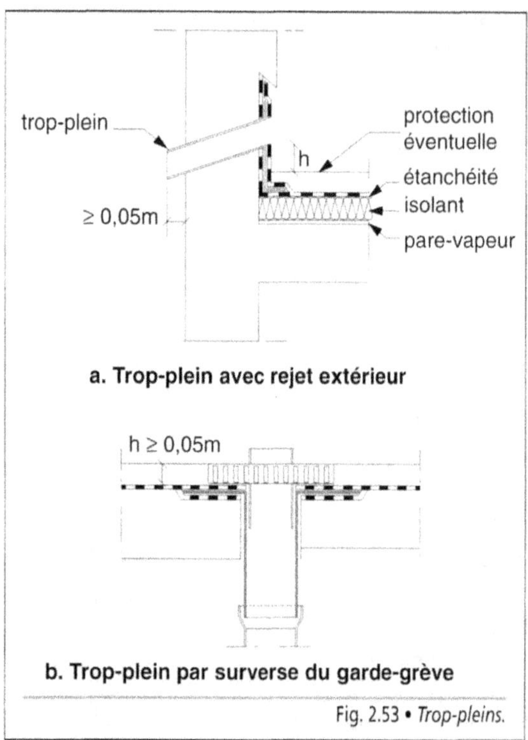

Fig. 2.53 • *Trop-pleins.*

Il en résulte que, selon la nature de la structure porteuse, chaque surface élémentaire de toi-ture-terrasse comprend au moins deux descentes d'eaux pluviales ou une descente complétée par un trop-plein (Tab. 2.13).

Dans le cas d'une étanchéité de type bicouche bitume élastomère, le raccordement de l'évacuation des eaux pluviales est réalisé de la manière suivante (Fig. 2.54) :

- la première couche d'étanchéité en partie courante ;

- la pose de la platine d'EEP enduite d'EIF sur les deux faces ;

- un renfort constitué par un bitume élastomère ;

- la deuxième couche d'étanchéité de partie courante, soudée à la première ; elle est auto-protégée ou reçoit une protection lourde.

Pour des terrasses superposées de faible superficie, l'évacuation des eaux peut s'effectuer en cascade d'une terrasse sur l'autre. La canalisation est pourvue d'un coude en sa partie inférieure, l'écoulement s'effectuant sur une protection dure et résistante, une dalle de béton par exemple (Fig. 2.55).

DISPOSITIONS	**NATURE DE LA STRUCTURE PORTEUSE**		
	Maçonnerie DTU 20.12 – NF P 10-203 DTU 43.1 – NF P 84-204 DTU 43.2 – NF P 84-205	**Acier** DTU 43.3 – NF P 84-206	**Bois** DTU 43.4 – NF P 84-207
Surface maximale collectée par une entrée d'eau	700 m^2	fond de noue : 750 m^2 déversoir latéral : 350 m^2	700 m^2
Nombre d'entrées d'eau par noue	2 EEP ou 1 EEP + 1 TP	2 EEP section majorée ou 3 EEP section normale	2 EEP section majorée ou 2 EEP + 1 TP
Distance entre 2 EEP dans une noue ou un chéneau	< 30 m	Étude d'implantation à faire	< 20 m
Distance entre 1 EEP et l'extrémité de la noue ou du chéneau	< 30 m	Étude d'implantation à faire	
Longueur maximale du rampant	30 m	Selon étude de structure	20 m
* EEP : Entrée d'eaux pluviales. ** TP : Trop-plein.			

Tab. 2.13 • *Dispositions d'évacuation des eaux pluviales selon la nature de la structure porteuse.*

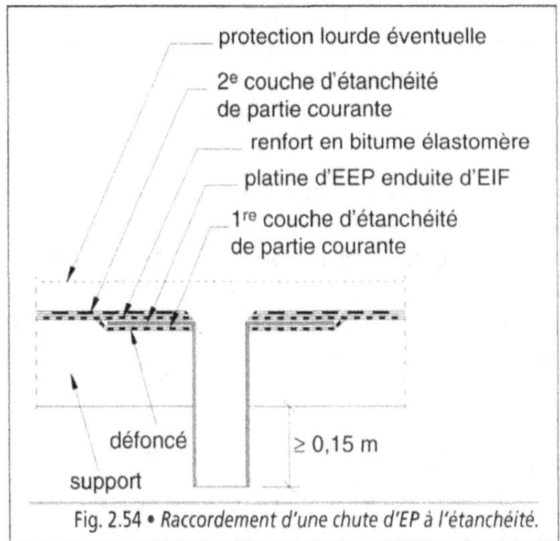

Fig. 2.54 • *Raccordement d'une chute d'EP à l'étanchéité.*

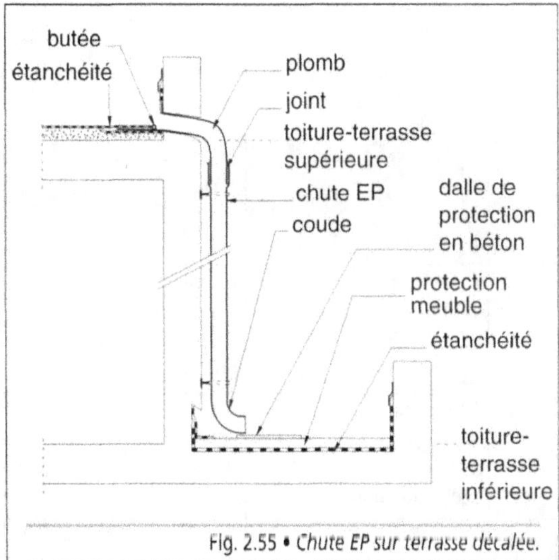

Fig. 2.55 • *Chute EP sur terrasse décalée.*

Le diamètre des descentes d'eaux pluviales est calculé de manière à évacuer un débit de $0,05$ l/s/m^2, selon les lois de l'écoulement libre. En général, il est déterminé de la manière suivante :

• entrée d'eau avec moignon cylindrique : 1 cm^2 de section de tuyaux de descente évacue 1 m^2 de surface de toiture en plan ;

• entrée d'eau avec moignon tronconique : 0,70 cm^2 de section de tuyaux pour 1 m^2 de surface de toiture en plan.

Le diamètre minimal des chutes d'eaux pluviales est de 80 mm, ou de 60 mm lorsqu'il s'agit d'un balcon. En structure acier ou bois, ce diamètre est majoré si le nombre de descentes desservant la surface intéressée est inférieur à 3.

Exemple

• Une chute de ⌀ 100 mm collecte une surface égale à :

79 m^2 en diamètre normal et 53 m^2 en diamètre majoré, avec une entrée d'eau à moignon cylindrique ;

113 m^2 en diamètre normal et 75 m^2 en diamètre majoré, avec une entrée d'eau à moignon tronconique ;

• Une chute de ⌀ 200 mm collecte une surface égale à :

314 m^2 en diamètre normal et 209 m^2 en diamètre majoré, avec une entrée d'eau à moignon cylindrique ;

449 m^2 en diamètre normal et 300 m^2 en diamètre majoré, avec une entrée d'eau à moignon tronconique.

En utilisant un système d'évacuation des eaux pluviales fonctionnant en dépression, avec des naissances conçues à cet effet pour mettre le réseau en charge, la section des canalisations est sensiblement réduite. Ce principe est particulièrement adapté aux toitures-terrasses couvrant de grande superficie.

6. Les toitures-terrasses en zone de montagne

Les toitures-terrasses en zone de montagne font l'objet d'un traitement particulier. En effet, elles doivent répondre aux contraintes spécifiques :

• écarts journaliers importants de la température de surface ;

• surcharges réparties ou localisées de neige ou de glace ;

• risque d'arrachement ou d'érosion de l'étanchéité par des déplacements de la neige ou de la glace ;

- obturation des orifices d'évacuation des eaux pluviales entraînant des phénomènes de siphonage.

La toiture de pente nulle et le principe de la toiture inversée ne sont pas admis, de même que la collecte des eaux dans des chéneaux. Seules les noues sont tolérées.

En général, la structure est en maçonnerie avec une pente comprise entre 1 % et 5 %. Mis en œuvre directement sur le support maçonné, le revêtement d'étanchéité est posé en indépen-dance ou en semi-indépendance. Lorsqu'une isolation thermique est prévue, la pose se fait en indépendance sauf avec certains isolants qui admettent une pose en adhérence.

Toutes les destinations courantes sont réalisables : toitures-terrasses inaccessibles, techniques ou accessibles aux piétons et aux véhicules, terrasses-jardins. Le revêtement d'étanchéité et la protection sont définis en conséquence. Le tableau n° 2.14 indique les différents choix du complexe d'étanchéité sur isolation thermique.

TYPE DE TOITURE	REVÊTEMENT D'ÉTANCHÉITÉ		Bitume – élastomère SBS	
	Asphalte	Multicouche	bicouche	monocouche
1 – Inaccessible avec porte-neige	Complexe A1 (1) —	Complexe M1 protection : gravier 40 mm	Complexe B1 (2) autoprotection (3)	Complexe C1 (2) autoprotection (3)
2 – Inaccessible sans porte-neige	Complexe A2 (1) protection : gravier 80 mm ou asphalte gravillonné 20 mm	Complexe M2 protection : gravier 80 mm —	Complexe B2 (2) protection : gravier 80 mm —	Complexe C2 (2) protection : gravier 80 mm —
3 – Technique avec porte-neige	Complexe A1 (1) couche de désolidarisation protection dure	Complexe M1 couche de désolidarisation protection dure	Complexe B1 (2) couche de désolidarisation protection dure	Complexe C1 (2) couche de désolidarisation protection dure
4 – Technique sans porte-neige	Complexe A2 (1) couche de désolidarisation protection dure	Complexe M2 couche de désolidarisation protection dure	Complexe B2 (2) couche de désolidarisation protection dure	Complexe C2 (2) couche de désolidarisation protection dure
5.1 – Accessible aux piétons	Complexe A1 (1) protection : plancher jointif (4) —	Complexe M1 protection : gravier 40 mm + plancher jointif (4)	— — —	— — —
5.2 – Accessible aux piétons	Complexe A2 (1) couche de désolidarisation protection dure ou gravier 80 mm + caillebotis ou asphalte gravillonné 20 mm	Complexe M2 couche de désolidarisation protection dure gravier 80 mm + caillebotis gravier 40 mm + plancher jointif	Complexe B2 (2) couche de désolidarisation protection dure — —	Complexe C2 (2) dalles sur plots —

Tab. 2.14 • Climat de montagne – Toiture-terrasse sur support maçonnerie avec isolation thermique.

TYPE DE TOITURE	REVÊTEMENT D'ÉTANCHÉITÉ			
	Asphalte	Multicouche	Bitume – élastomère SBS	
			bicouche	monocouche
6 – Accessible aux véhicules légers sans engins de déneigement	Complexe A2 (1) couche de désolidarisation protection dure	Complexe M2 couche de désolidarisation protection dure	Complexe B2 (2) couche de désolidarisation protection dure	Complexe C2 (2) couche de désolidarisation protection dure
7 – Terrasse – jardin	Complexe A2 (1) 2 papiers kraft asphalte gravillonné 20 mm couche drainante couche filtrante terre végétale	Complexe M2 couche de désolidarisation protection dure couche drainante couche filtrante terre végétale	Complexe traité anti-racines soudé en indépendance — plaque de drainage film non-tissé terre végétale	— — — — — —
COMPOSITION DU COMPLEXE D'ÉTANCHÉITÉ	**Complexe A1** (1) indépendance papier kraft asphalte A pur 5 mm asphalte A sablé 15 mm —	**Complexe M1** indépendance écran VV c.a. 40 TV + EAC c.a. 40 TV + EAC f.b. 36 S PY VV + EAC	**Complexe B1** (2) indépendance écran VV f. à armature non-tissé soudée f. à armature VV soudée —	**Complexe C1** (2) indépendance écran VV f. à armature composite soudée posée en indépendance —
	Complexe A2 (1) indépendance papier kraft asphalte A pur 10 mm asphalte A sablé 15 mm —	**Complexe M2** indépendance écran VV c.a. 40 TV + EAC c.a. 40 TV-VV-HR + EAC f.b. 36 S PY VV + EAC	**Complexe B2** (2) indépendance écran VV f. à armature non-tissé soudée f. à armature composite soudée —	**Complexe C2** (2) indépendance écran VV f. à armature non-tissé soudée posée en indépendance —
Réglementation	DTU 43.1	DTU 43.1	Avis Technique	Avis Technique

f.b. : feutre bitumé. c.a. : chape armée. f. : feuille d'étanchéité.

(1) Les isolants compatibles avec l'asphalte coulé sont le liège, la perlite et le verre cellulaire. Ils peuvent être seuls ou associés à certains panneaux de plastique alvéolaire utilisés en sous-couche.

(2) La qualité et la composition des feuilles d'étanchéité en bitume – élastomère est définie en fonction de la destination de la terrasse.

(3) La pose en semi-indépendance est conseillée pour les revêtements d'étanchéité autoprotégés (écran VV perforé).

(4) Le plancher jointif est un ouvrage fixé sur une ossature reposant directement sur la structure porteuse de la terrasse.

Tab. 2.14 • *Climat de montagne – Toiture-terrasse sur support maçonnerie avec isolation thermique.*

Concernant les toitures-terrasses inaccessibles ou techniques, deux cas sont à considérer selon qu'elles sont équipées ou non d'un porte-neige. Celui-ci a pour objectif de protéger le revêtement d'étanchéité des contraintes mécaniques dues aux surcharges de neige. C'est un ouvrage résistant, placé au-dessus de l'étanchéité sans prendre appui sur celle-ci ou sur sa protection (Fig. 2.56). Il reporte les efforts directement sur la structure porteuse. L'espace compris entre le porte-neige et l'étanchéité doit être ventilé ; une solution courante consiste à utiliser des caillebotis.

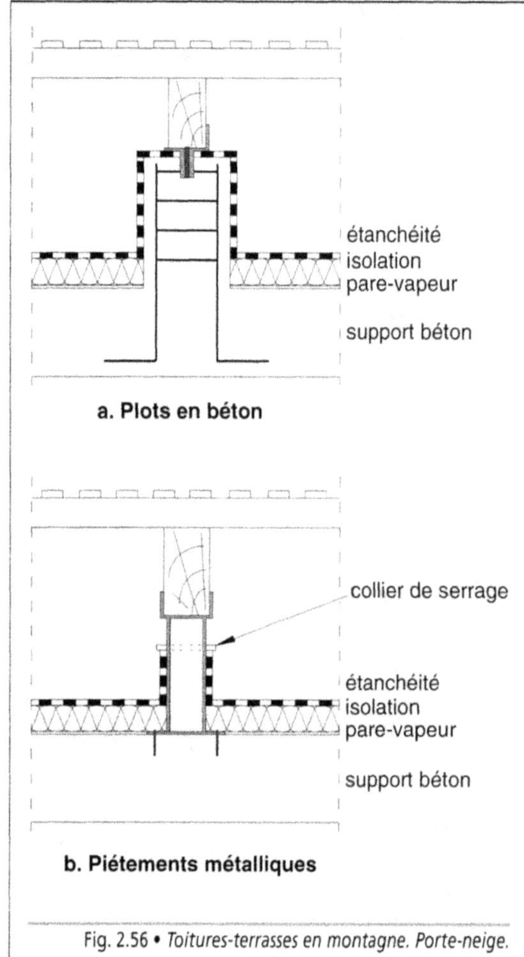

Fig. 2.56 • *Toitures-terrasses en montagne. Porte-neige.*

Une autre technique pour éviter les surcharges de neige consiste à incorporer des résistances électriques dans la dalle formant support de l'étanchéité.

Les acrotères de hauteur supérieure à 0,30 m ne sont admis que lorsqu'ils sont isolés thermiquement sur les deux faces (Fig. 2.57). Les acrotères bas (hauteur inférieure à 0,30 m) sont revêtus d'étanchéité jusqu'à l'arête extérieure.

Sur les terrasses inaccessibles de pente inférieure à 3 %, la hauteur minimale des relevés contre les superstructures est de 0,50 m sans porte-neige et de 0,20 m avec porte-neige

(Fig. 2.58). Si la pente est supérieure à 3 %, cette hauteur est de 0,20 m.

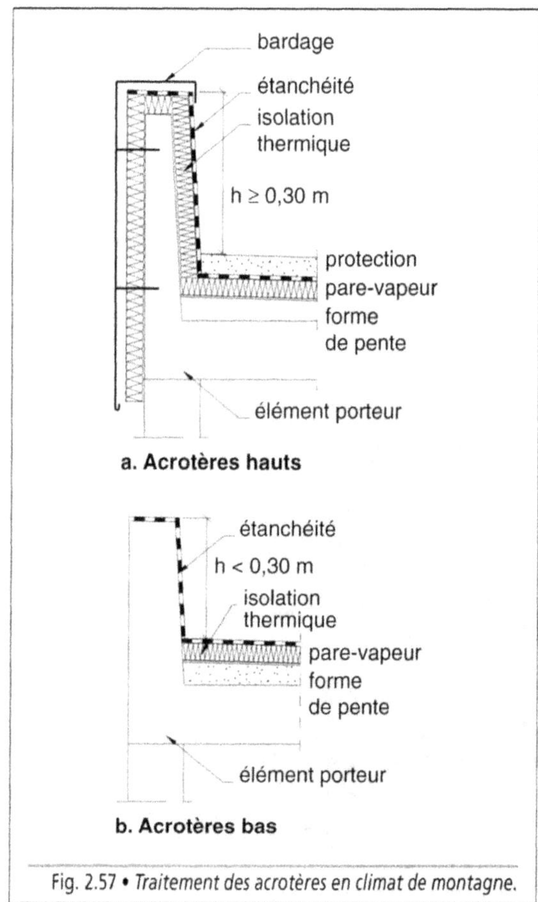

Fig. 2.57 • *Traitement des acrotères en climat de montagne.*

Pour les terrasses accessibles avec protection par dalles sur plots, la hauteur minimale des relevés est de 0,50 m au-dessus de la protection. Elle est ramenée à 0,20 m lorsqu'est prévu un caillebotis ou un porte-neige.

Les toitures-terrasses inaccessibles ou techniques peuvent être également exécutées sur des structures en acier ou en bois, avec des pentes inférieure à 5 %, sous réserve de respecter certaines règles. L'isolation thermique est en perlite, en laine minérale ou en verre cellulaire. Le revêtement d'étanchéité est de type bicouche en bitume élastomère autoprotégé à hautes performances (classement $F_5I_5T_4$). Ces principes constructifs ne sont pas évoqués dans les DTU 43.3 (NF P 84-206-1 et 2) et 43.4 (NF P 84-207-1 et 2).

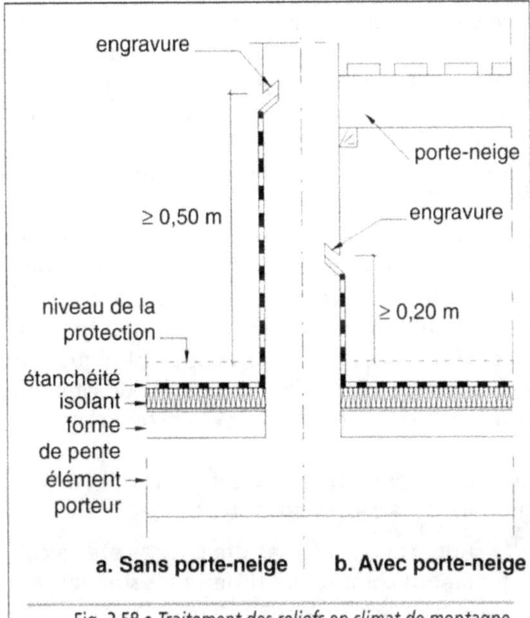

Fig. 2.58 • *Traitement des reliefs en climat de montagne. Terrasses inaccessibles. Pente comprise entre 1 % et 3 %.*

7. La réglementation

La réglementation prend en compte toutes les solutions envisageables pour réaliser une toiture-terrasse. Elle s'attache à définir les matériaux dits traditionnels ainsi que leur mode de mise en œuvre alors que les produits récents font l'objet d'un Avis Technique. Seuls les textes traitant de ces ouvrages sont cités, étant entendu que les règles constructives doivent être respectées lors de l'exécution de la structure porteuse, qu'elle soit en béton armé, en bois ou en acier.

DTU 20.12 (NF P 10-203) : *Conception du gros œuvre en maçonnerie des toitures destinées à recevoir un revêtement d'étanchéité – Cahier des clauses techniques et cahier des clauses spéciales.*

DTU 43.1 (NF P 84-204-1 et 2) : *Travaux d'étanchéité des toitures-terrasses avec éléments porteurs en maçonnerie – Cahier des clauses techniques et cahier des clauses spéciales.*

DTU 43.2 (NF P 84-205-1 et 2) : *Étanchéité des toitures avec éléments porteurs en maçonnerie de pente ≥ 5 % – Cahier des clauses techniques et cahier des clauses spéciales.*

DTU 43.3 (NF P 84-206-1 et 2) : *Mise en œuvre des toitures en tôles d'acier nervurées avec revêtement d'étanchéité – Cahier des clauses techniques et cahier des clauses spéciales.*

DTU 43.4 (NF P 84-207-1 et 2) : *Toitures en éléments porteurs en bois et panneaux dérivés du bois avec revêtement d'étanchéité – Cahier des clauses techniques et cahier des clauses spéciales.*

DTU 60.1 (NF P 40-201) : *Installations de plomberie sanitaire et installations d'évacuation des eaux pluviales – Règles de calcul.*

Règles NV65 modifiées 95 (NF P 06-002) : *Règles définissant les effets de la neige et du vent sur les constructions.*

Règles N84 modifiées 95 (NF P 06-006) : *Action de la neige sur les constructions.*

NF B 13-001 : *Roches, poudres et fines d'asphalte naturel.*

NF B 20-1.. : *Série de normes ayant trait aux produits isolants à base de laines minérales.*

NF B 57-054 : *Agglomérés expansés purs. Supports d'étanchéité non porteurs. Essais et spécifications.*

NF P 75-101 : *Isolants thermiques destinés au bâtiment. Définitions.*

NF P 84-3.. : *Série de normes ayant trait aux asphaltes et aux produits bitumineux.*

NF T 56-1.. : *Série de normes ayant trait aux produits alvéolaires à base de matières plastiques.*

NF T 65-0.. : *Série de normes ayant trait aux liants hydrocarbonés.*

NF T 66-0.. : *Série de normes ayant trait aux produits d'étanchéité à base d'asphalte ou de bitume.*

Le Code de la Construction et de l'Habitation.

L'arrêté du 31 janvier 1986, modifié et complété, relatif à la protection contre l'incendie des bâtiments d'habitation.

Le règlement de sécurité contre les risques d'incendie et de panique dans les établissements recevant du public – Arrêté du Journal Officiel – Brochure n° 1011 : Sécurité contre l'incendie.

Organisme Professionnel de Prévention du Bâtiment et des Travaux Publics (OPPBTP) : *Prescriptions de sécurité.*

8. La pathologie

Les toitures-terrasses, comme les fondations, imposent un maximum de précautions lors de leur réalisation. Les conséquences d'un désordre sont souvent très importantes alors que la recherche des zones défectueuses est longue et délicate.

Quelques points essentiels doivent être respectés ; en effet, plus que dans d'autres parties d'une construction, les réparations s'avèrent quelque fois difficiles à entreprendre.

Ces points sont les suivants :

- le respect des règles de l'art, des réglementations, des Avis Techniques et des informations fournies par les fabricants ;

- la vérification de la compatibilité des produits utilisés : isolants, matériaux d'étanchéité, protections ;

- le contrôle des conditions d'utilisation des revêtements d'étanchéité : support, pente, destination de la toiture-terrasse ;

- le soin apporté dans la mise en œuvre des différentes couches avec un bon recouvrement des lés, un joint coulé ou collé parfaitement étanche, une exécution soignée des points particuliers qui constituent des points faibles, imposant la mise en place de renforts.

Autant les travaux de réfection sont aisément effectués sur une toiture-terrasse inaccessible dès que le désordre a été décelé, autant ces travaux se révèlent très délicats pour une terrasse-jardin ou pour une terrasse technique sur laquelle sont implantés des réseaux de canalisation ou des appareils lourds et encombrants.

Les désordres les plus courants trouvent leur origine dans les causes suivantes :

- le support de la couverture n'a pas été calculé en tenant compte des différentes surcharges ;

- le poinçonnement et le percement du film étanche dus au manque de précaution lors de l'exécution de travaux sur la toiture-terrasse ;

- le mauvais fonctionnement des évacuations des eaux pluviales, occasionnant une accumulation d'eau dans les noues, donc une surcharge sur le support et son effondrement éventuel ;

- l'accumulation de neige, en particulier dans les noues ou les caniveaux, source d'infiltrations par capillarité ;

- le mauvais état des ouvrages accessoires, solin, relevé ou autres ;

- l'absence ou l'insuffisance de ventilation entraînant l'apparition de condensation en sous-face de la toiture-terrasse ;

- les ponts thermiques dus à l'absence d'isolation sur les reliefs, provoquant des condensations sur les zones froides (Fig. 2.59) ;

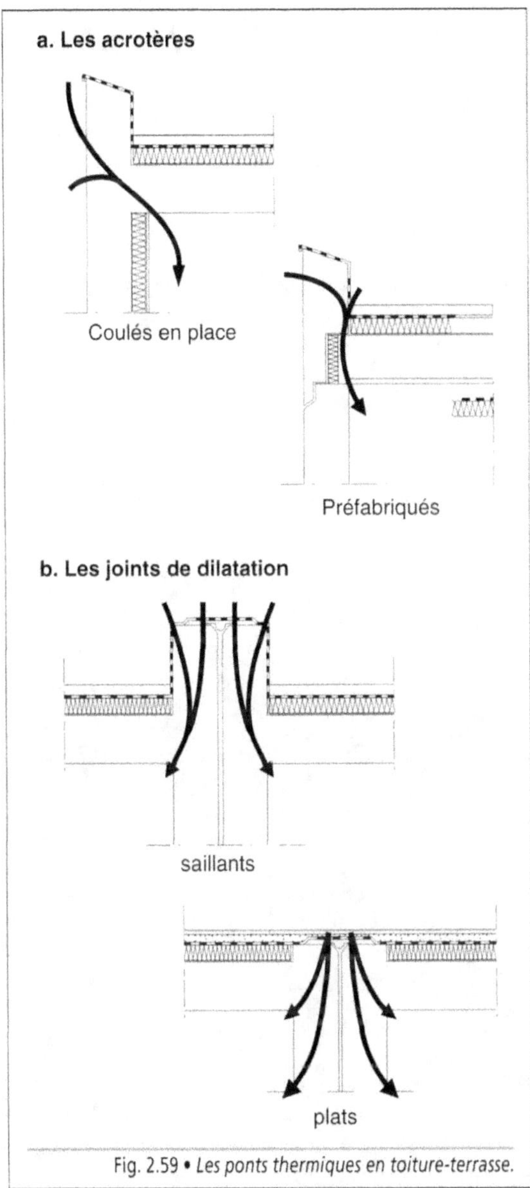

a. Les acrotères

Coulés en place

Préfabriqués

b. Les joints de dilatation

saillants

plats

Fig. 2.59 • *Les ponts thermiques en toiture-terrasse.*

rence, les conditions de pose n'ayant pas été respectées (Photo. 2.14).

Photo 2.14 • *Fluage du revêtement d'étanchéité en zone pentue.*

Adresses utiles

Centre Scientifique et Technique du Bâtiment (CSTB)
4 avenue du Recteur-Poincaré
75782 Paris cedex 16

Chambre Syndicale Nationale de l'Étanchéité
9 rue de la Pérouse
75784 Paris cedex 16

Office des Asphaltes
6-14 rue de La Pérouse
75784 Paris cedex 16

Union Européenne pour l'Agrément technique dans la construction (UEAtc)
4 rue du Docteur Poincaré
75016 Paris

• le manque d'entretien ayant pour conséquence une répartition inégale de la protection meuble sous l'action du vent ou la présence de mousse ou de végétation ;

• le fluage de la couche d'étanchéité sur une partie de toiture en pente, suite à une mauvaise mise en œuvre ou à un manque d'adhé-

Bibliographie

Couvertures, Toitures-terrasses – Bureau Véritas – Éditions Le Moniteur, Paris.

LES MENUISERIES EXTÉRIEURES

Les menuiseries extérieures font partie du système enveloppe d'une construction. Elles comprennent l'ensemble des éléments qui habille les ouvertures laissées dans les parois périphériques d'un bâtiment. Généralement verticales et exposées à des conditions climatiques rigoureuses, elles sont soumises à des contraintes importantes. C'est pourquoi elles sont conçues de manière à être performantes et à apporter un certain confort aux occupants des bâtiments. La pose demande le plus grand soin afin de leur conserver toutes leurs qualités.

1. La définition des menuiseries extérieures

L'ossature d'un bâtiment est composée d'une structure porteuse verticale formée par des voiles longitudinaux, transversaux ou par des éléments ponctuels qui reprennent les charges apportées par les planchers (Fig. 3.1). Lorsque les voiles sont longitudinaux ou transversaux, ceux qui sont en limite extérieure de l'ouvrage forment les façades et les pignons. Les ouvertures, réservées dans ces parois, sont fermées par des menuiseries extérieures.

Les menuiseries extérieures sont constituées par des composants à hautes performances technologiques. Elles sont classées en trois grandes familles :

- les fenêtres, les portes-fenêtres ;
- les portes extérieures ;
- les fermetures extérieures (volets, persiennes, jalousies).

Les menuiseries extérieures sont réalisées en différents matériaux tels que le bois, l'acier, l'aluminium ou le PVC. Les recherches actuelles portent sur les produits qui demandent un minimum d'entretien, tout en améliorant leurs performances et la qualité architecturale des ouvrages. Elles peuvent recevoir des équipements qui assurent des fonctions complémentaires : sécurité, protection solaire, occultation, etc.

Selon leurs dimensions, leur position dans une construction n'est pas neutre ; en effet, elles peuvent jouer un rôle non négligeable dans l'aménagement des locaux, chambres, salles de classe et animer une façade (Fig. 3.2 – photo. 3.1).

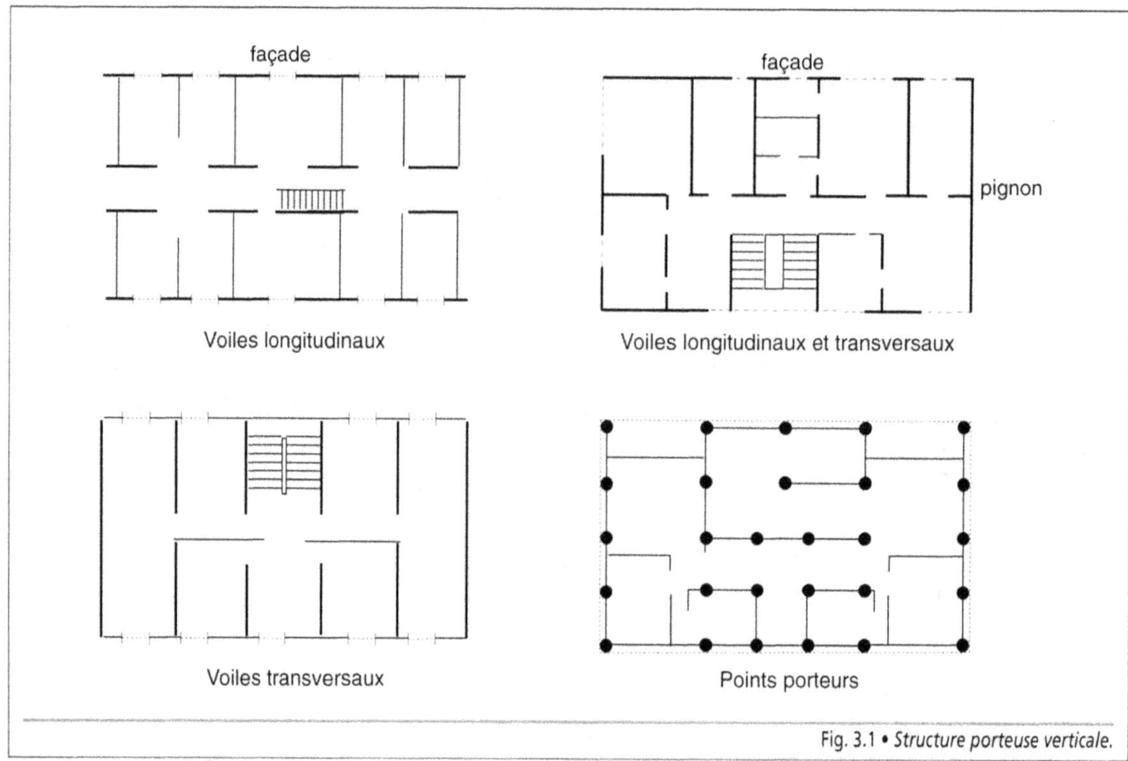

Fig. 3.1 • *Structure porteuse verticale.*

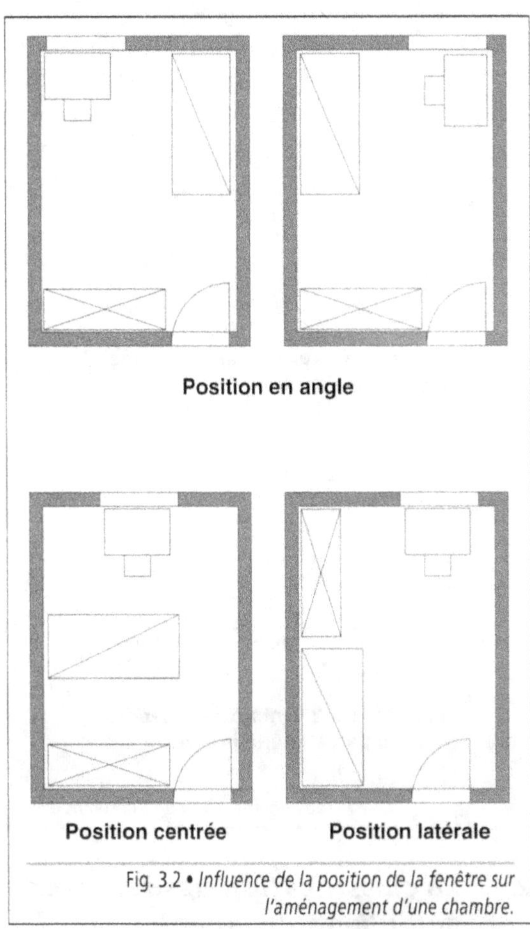

Position en angle

Position centrée **Position latérale**

Fig. 3.2 • *Influence de la position de la fenêtre sur l'aménagement d'une chambre.*

Photo. 3.1 • *Jeu de pleins et de vides en façade (Architecte P. Bouteille).*

2. Les fenêtres

À l'origine, les fenêtres correspondaient à des ouvertures pratiquées dans un mur afin d'éclairer ou de ventiler les locaux. Par extension, les fenêtres sont devenues les châssis vitrés qui ferment ces baies. Généralement carrées ou rectangulaires, elles peuvent également être de forme circulaire, ovale ou correspondre à un assemblage de ces diverses formes (Fig. 3.3).

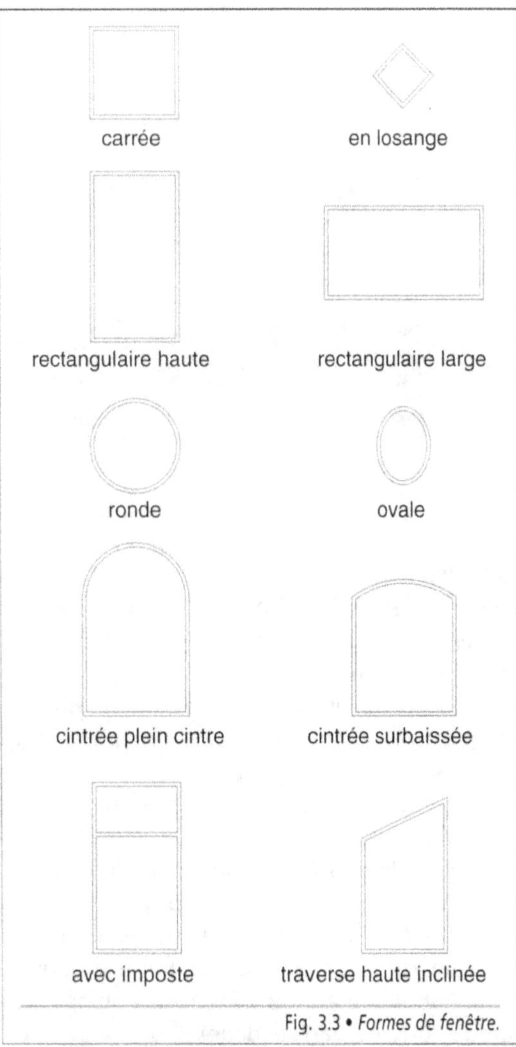

Fig. 3.3 • *Formes de fenêtre.*

Les fenêtres sont constituées d'un cadre fixe scellé dans le gros œuvre, le dormant, d'un ou de plusieurs cadres mobiles, les vantaux ouvrants qui reçoivent le vitrage, et éventuellement de châssis fixes. Ces derniers peuvent être vitrés ou non, le remplissage étant monté directement dans le cadre dormant (Fig. 3.4).

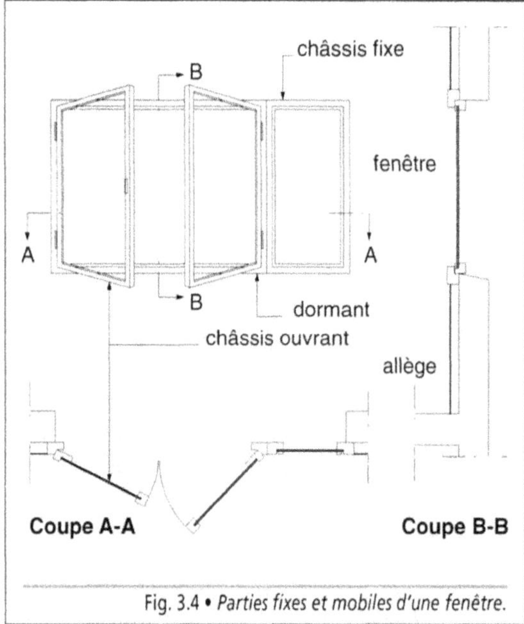

Fig. 3.4 • *Parties fixes et mobiles d'une fenêtre.*

La hauteur d'une fenêtre ne permet pas le passage normal. Afin de protéger des risques de chute, elle repose sur une allège maçonnée ou menuisée (pleine ou vitrée). Lorsque la hauteur de l'ouverture est importante, la fenêtre est complétée en partie supérieure par une imposte fixe ou ouvrante ; elle peut également être recoupée par une traverse intermédiaire délimitant un châssis fixe en partie inférieure (Fig. 3.5 – photo. 3.2a et 3.2b). La présence d'une allège vitrée impose de prendre des dispositions afin de répondre aux exigences de sécurité, en fonction de la position de la fenêtre dans le bâtiment et de l'absence de protection associée (garde-corps ou barreaudage).

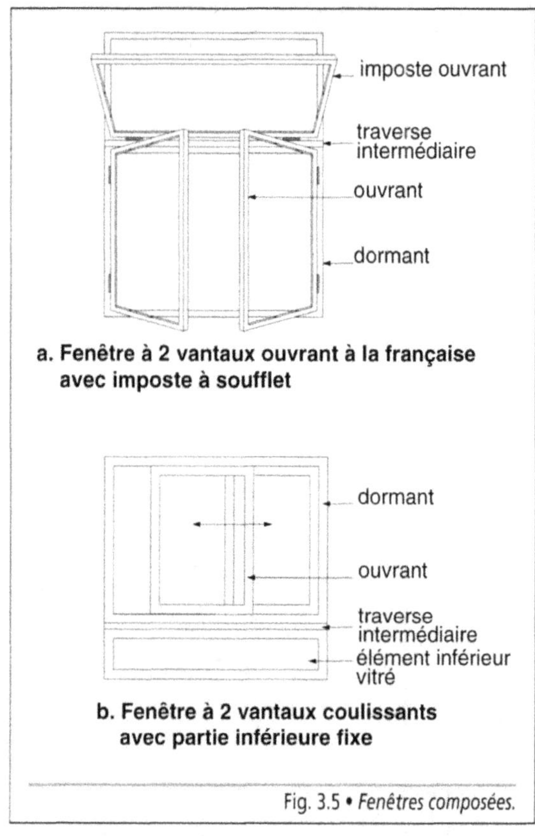

Fig. 3.5 • *Fenêtres composées.*

2.1. La classification des fenêtres selon le mouvement des ouvrants

Les fenêtres sont classées en trois grandes familles, selon le mouvement de la partie mobile :

- par rotation autour d'un axe vertical ou horizontal (fenêtres à battement ou à frappe), imposant un encombrement intérieur ou extérieur ;

- par translation horizontale ou verticale (fenêtres coulissantes), permettant une ouverture progressive et stable ;

- par combinaison des deux mouvements (fenêtres à mouvement composé) nécessitant des organes de manœuvre complexes et délicats.

Photo. 3.2a et 3.2b • *Châssis ouvrant à la française avec partie inférieure vitrée (a) – Avec garde-corps (b).*

Selon les directives communes pour l'agrément des fenêtres publiées par l'UEAtc, les fenêtres sont classées de la manière suivante, en fonction du type d'ouvrant (Fig. 3.6 et 3.7) :

0. les châssis fixes, utilisés pour des petites ouvertures ou sur des baies de grandes dimensions aisément accessibles depuis l'extérieur afin d'en assurer le nettoyage.

1. les fenêtres sur paumelles verticales, à un ou plusieurs vantaux, ouvrant vers l'intérieur (à la française) ou vers l'extérieur (à l'anglaise), autorisant un dégagement total de l'ouverture, et les **fenêtres sur paumelles horizontales** ouvrant vers l'intérieur (à soufflet) ou vers l'extérieur (à visière) ;

2. les fenêtres sur pivots, à axe vertical (pivotantes) ou à axe horizontal (basculantes) ;

3. les fenêtres à translation horizontale (coulissantes) à un ou plusieurs vantaux mobiles avec, éventuellement, un ou deux vantaux fixes ;

4. les fenêtres à translation verticale (à guillotine) ;

5. les fenêtres à mouvement composé : un vantail fonctionnant sur un axe horizontal et un axe vertical (oscillo-battant : ouvrant à la française et à soufflet), deux vantaux sur un axe horizontal supérieur pouvant coulisser dans deux glissières verticales avec projection vers l'extérieur (à l'italienne), avec projection vers l'intérieur (à la canadienne) ou l'un ouvrant vers l'intérieur et l'autre vers l'extérieur (à l'australienne) ;

6. les fenêtres spéciales, en accordéon à fermeture centrale ou panoramique.

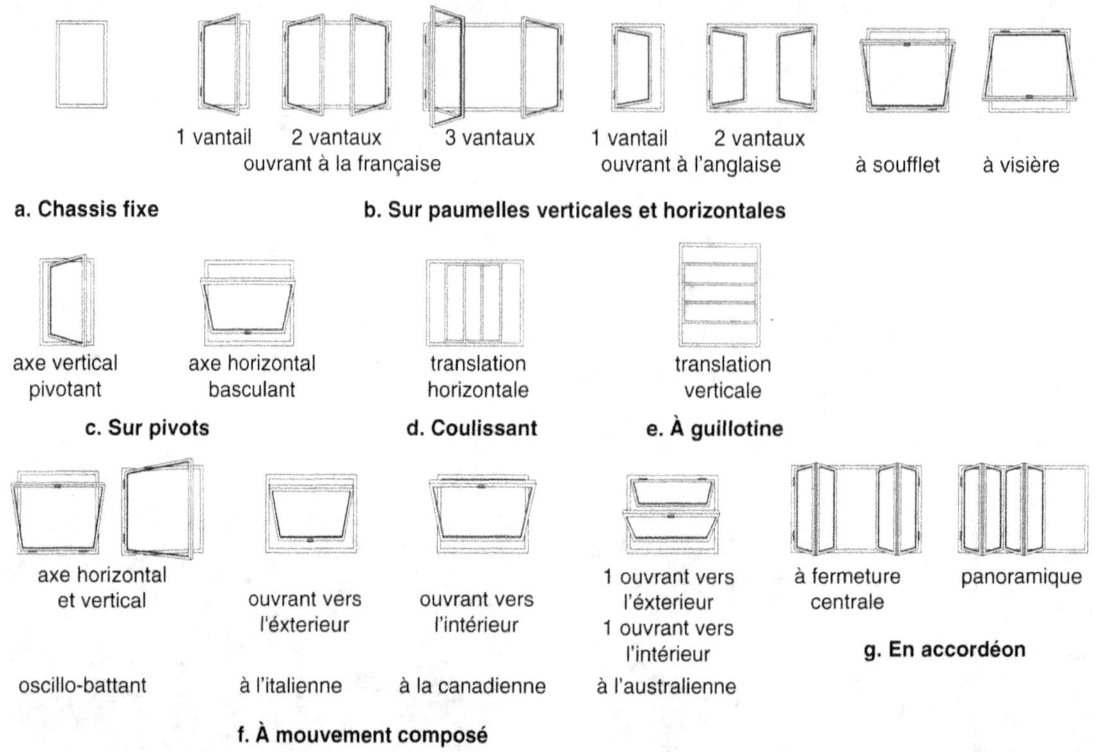

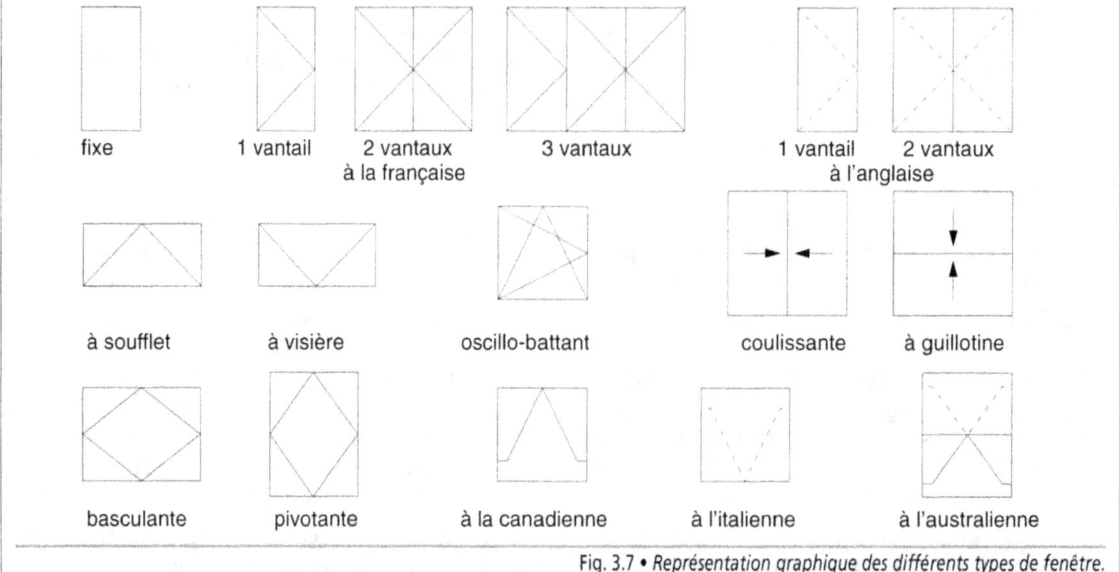

Fig. 3.6 • *Classement des fenêtres suivant le mouvement des ouvrants.*

Fig. 3.7 • *Représentation graphique des différents types de fenêtre.*

MODE D'OUVERTURE DES VANTAUX	DÉGAGEMENT DE LA BAIE (position ouverte)	DÉBATTEMENT INTÉRIEUR (position ouverte)	ACCESSIBILTÉ NETTOYAGE EXTÉRIEUR	CHOIX DES FERMETURES	VENTILATION DES LOCAUX
Fixe	—	—	XXX	X	XXX
À la française	OOO	XXX	OOO	OOO	O
À l'anglaise	OOO	OOO	XXX	X	O
À soufflet	X	X	O	X	O
Pivotant	XXX	O	OOO	XXX	O
Basculant	XXX	O	OOO	XXX	O
Coulissant	X	OOO	X	O	O
À guillotine	XXX	OOO	XXX	X	OOO
Oscillo-battant	OOO	XXX	OOO	OOO	OOO
À l'italienne	XXX	OOO	XXX	XXX	OOO
À la canadienne	XXX	XXX	O	X	O
À l'australienne	XXX	X	X	XXX	OOO
En accordéon	OOO	O	X	OOO	O
Corrélation entre le mode d'ouverture des vantaux et la fonctionalité : OOO : excellente O : acceptable X : médiocre XXX : inadaptée					

Tab. 3.1 • *Fonctionnalité des fenêtres selon le mode d'ouverture des vantaux.*

Le choix du mode de fonctionnement des ouvrants est déterminé en fonction de la destination des locaux, en vérifiant plus particulièrement les points suivants (Tab. 3.1) :

• le dégagement de la baie en position ouverte ;

• l'encombrement intérieur en position ouverte ;

• l'accessibilité des vantaux pour le nettoyage et l'entretien ;

• la manœuvre des fermetures placées en tableau lorsque la fenêtre est en position ouverte ;

• la ventilation des locaux.

En habitation, les croisées utilisées le plus couramment sont équipées d'ouvrants à la française. Elles présentent l'avantage d'être économiques mais occasionnent un encombrement intérieur. Pour les fenêtres larges, le choix peut se porter sur des châssis coulissants dont l'intérêt est de permettre une ouverture progressive, sans créer de gêne intérieure ; ils ne dégagent pas la totalité de la baie. Les châssis à soufflet équipent fréquemment les locaux de service semi-enterrés en sous-sol ; placés à une hauteur normalement inaccessible, la manœuvre s'effectue grâce à la commande à distance du compas.

Les menuiseries coulissantes ou oscillo-battantes sont mises en œuvre dans les bâtiments scolaires et les immeubles du secteur tertiaire.

2.2. Les composants des fenêtres

Les fenêtres sont formées de cadres constitués par l'assemblage de profilés. Le premier, correspondant au contour extérieur, est le bâti ou dormant ; il est fixe et scellé dans le gros œuvre. Le dormant reçoit le ou les autres cadres qui sont mobiles par rotation ou par translation, le ou les vantaux ouvrants, équipés de vitrage sur leur hauteur.

2.21. Les profilés

Les profilés ont des sections différentes selon le matériau utilisé et leur position dans la fenêtre : montant du dormant ou de l'ouvrant, traverse haute et basse du dormant ou de l'ouvrant, etc.

(Fig. 3.8 à 3.11). Ils sont dessinés de manière à obtenir le meilleur emboîtement possible, en évacuant les eaux d'infiltration éventuelles vers l'extérieur. Une chambre de décompression améliore ce rejet. Sur la traverse inférieure de l'ouvrant, le jet d'eau assure cette fonction. Les assemblages doivent être aptes à résister aux efforts mécaniques que subit le châssis, le vitrage contribuant à améliorer cette résistance.

Sur les fenêtres en bois équipées de vantaux ouvrant à la française, le vitrage peut être recoupé à l'aide de profilés ou petit bois ; avec les vitrages isolants, ce principe est rarement retenu car il multiplie les feuillures, les parcloses et les joints.

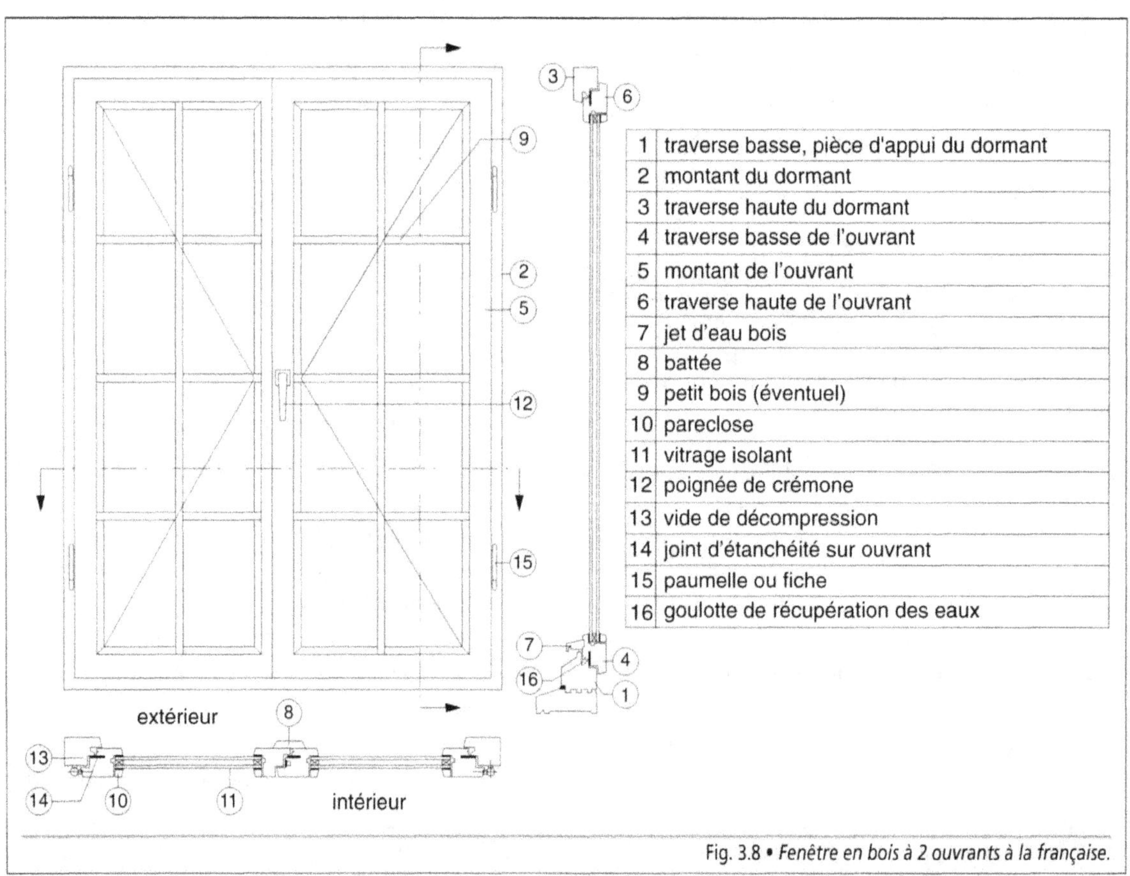

1	traverse basse, pièce d'appui du dormant
2	montant du dormant
3	traverse haute du dormant
4	traverse basse de l'ouvrant
5	montant de l'ouvrant
6	traverse haute de l'ouvrant
7	jet d'eau bois
8	battée
9	petit bois (éventuel)
10	parclose
11	vitrage isolant
12	poignée de crémone
13	vide de décompression
14	joint d'étanchéité sur ouvrant
15	paumelle ou fiche
16	goulotte de récupération des eaux

Fig. 3.8 • *Fenêtre en bois à 2 ouvrants à la française.*

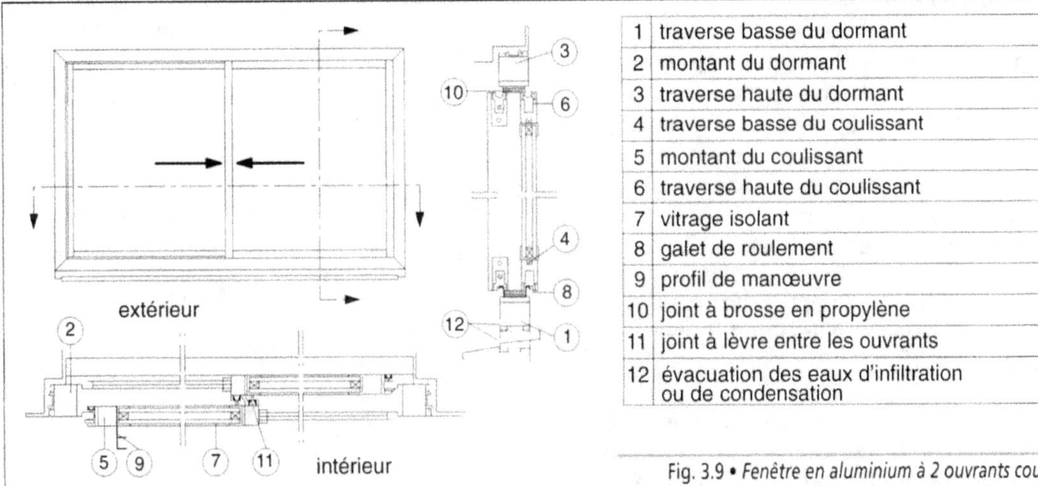

1	traverse basse du dormant
2	montant du dormant
3	traverse haute du dormant
4	traverse basse du coulissant
5	montant du coulissant
6	traverse haute du coulissant
7	vitrage isolant
8	galet de roulement
9	profil de manœuvre
10	joint à brosse en propylène
11	joint à lèvre entre les ouvrants
12	évacuation des eaux d'infiltration ou de condensation

Fig. 3.9 • *Fenêtre en aluminium à 2 ouvrants coulissants.*

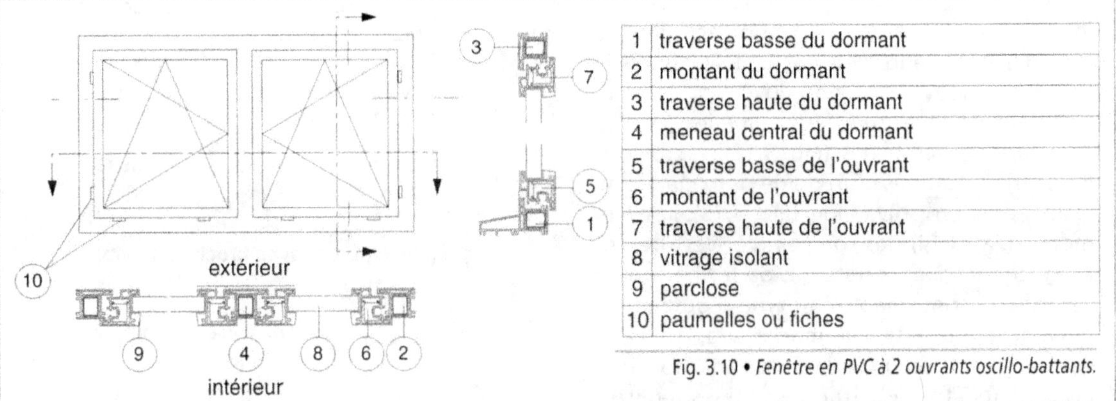

1	traverse basse du dormant
2	montant du dormant
3	traverse haute du dormant
4	meneau central du dormant
5	traverse basse de l'ouvrant
6	montant de l'ouvrant
7	traverse haute de l'ouvrant
8	vitrage isolant
9	parclose
10	paumelles ou fiches

Fig. 3.10 • *Fenêtre en PVC à 2 ouvrants oscillo-battants.*

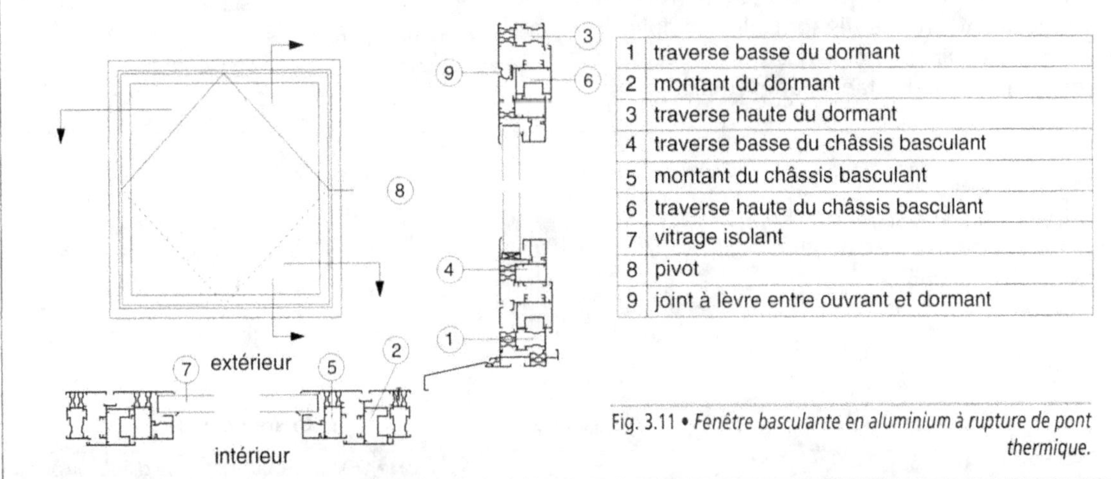

1	traverse basse du dormant
2	montant du dormant
3	traverse haute du dormant
4	traverse basse du châssis basculant
5	montant du châssis basculant
6	traverse haute du châssis basculant
7	vitrage isolant
8	pivot
9	joint à lèvre entre ouvrant et dormant

Fig. 3.11 • *Fenêtre basculante en aluminium à rupture de pont thermique.*

2.22. Les ferrements

Les ferrements sont des éléments de quincaillerie qui ont pour rôle de fixer le dormant sur le gros œuvre, d'assurer la liaison entre le dormant et les parties mobiles et de permettre leur manœuvre et leur fermeture. Ils sont conçus de manière à faciliter la mise en œuvre des fenêtres ainsi que leur changement éventuel.

- Les fixations doivent rendre le dormant solidaire du gros œuvre. Elles font l'objet du paragraphe 2.53.

- Les organes de manœuvre sont des éléments de liaison entre le dormant et les vantaux ouvrants. Ils doivent permettre l'ouverture de ceux-ci et assurer une fermeture efficace. Ils jouent également un rôle important dans la sécurité à la manœuvre des châssis. Selon le mode de mouvement des ouvrants, ils comprennent, entre autres, les paumelles (droites ou coudées), les fiches (Fig. 3.12), les pivots, les chariots équipés d'un ou de deux galets de roulements en polyamide (Fig. 3.13), les crémones (Fig. 3.14), les compas d'ouverture, les poignées et tous les systèmes de fermeture de sécurité. Ils sont adaptés au type d'ouvrant et doivent en faciliter la manœuvre, tout en garantissant la sécurité d'utilisation. Alors que pour les fenêtres à la française ou les fenêtres coulissantes les organes de manœuvre sont relativement simples, ils sont plus complexes lorsqu'ils équipent des châssis à mouvement composé, oscillo-battants par exemple.

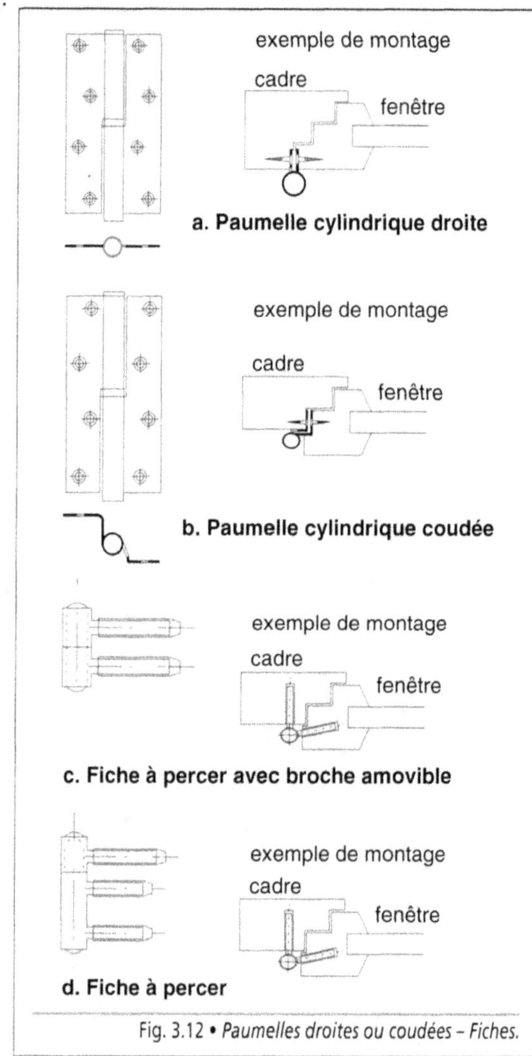

Fig. 3.12 • *Paumelles droites ou coudées – Fiches.*

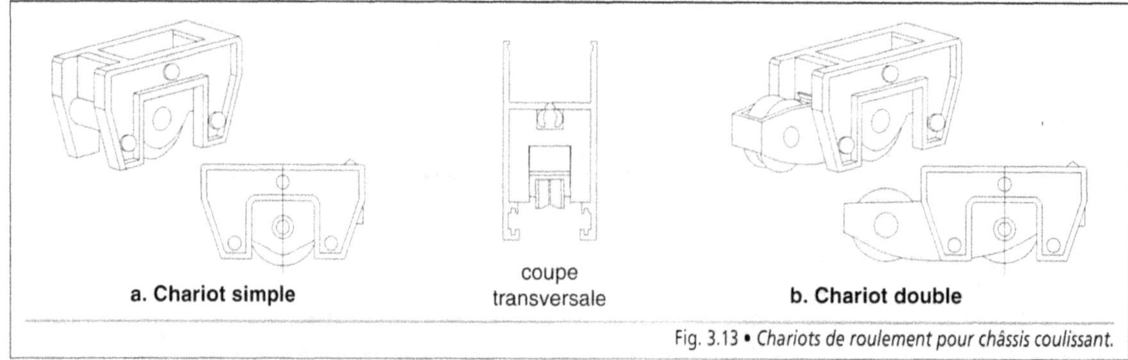

Fig. 3.13 • *Chariots de roulement pour châssis coulissant.*

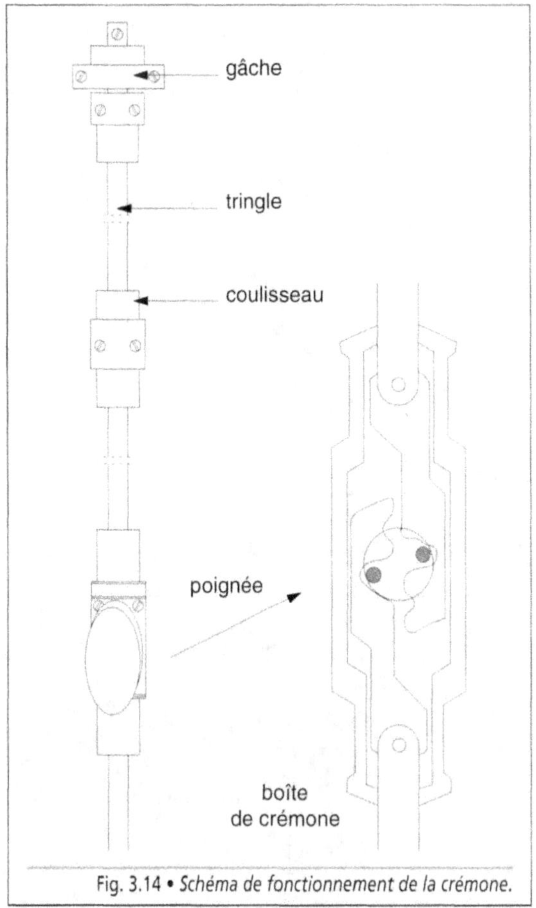

Fig. 3.14 • *Schéma de fonctionnement de la crémone.*

2.23. L'étanchéité à l'eau et à l'air

L'étanchéité à l'eau et à l'air est réalisée à deux niveaux : d'une part, entre le dormant et le gros œuvre, par un calfeutrement effectué lors de la pose, sur le périmètre du bâti ; d'autre part, entre le dormant et l'ouvrant ou à la jonction des ouvrants, par un joint d'étanchéité. L'eau, sous l'action du vent, peut s'infiltrer par le jeu existant entre l'ouvrant et le dormant. Verticalement, la chambre de décompression permet d'équilibrer les pressions extérieures et intérieures et de canaliser l'eau pour l'évacuer. D'autre part, la traverse inférieure du dormant comporte une rigole qui la collecte afin qu'elle soit rejetée vers l'extérieur par des orifices.

L'évacuation s'effectue d'autant mieux que les volumes permettant de canaliser l'eau sont maintenus à la pression extérieure grâce à la présence d'une barrière d'étanchéité à l'air placée sur la périphérie du châssis. Pour être efficace, celle-ci est positionnée sur un seul et même plan (Fig. 3.15).

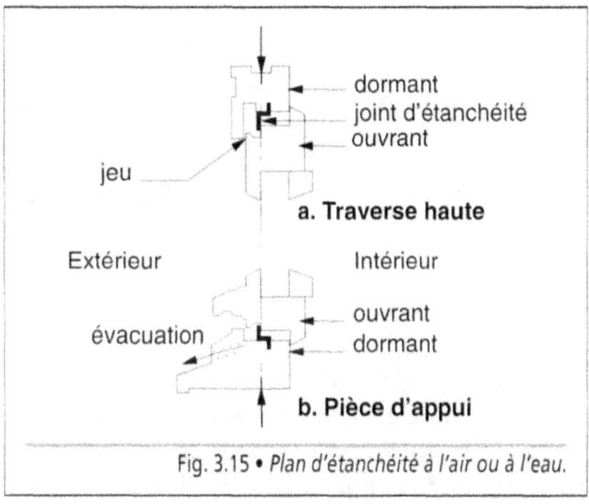

Fig. 3.15 • *Plan d'étanchéité à l'air ou à l'eau.*

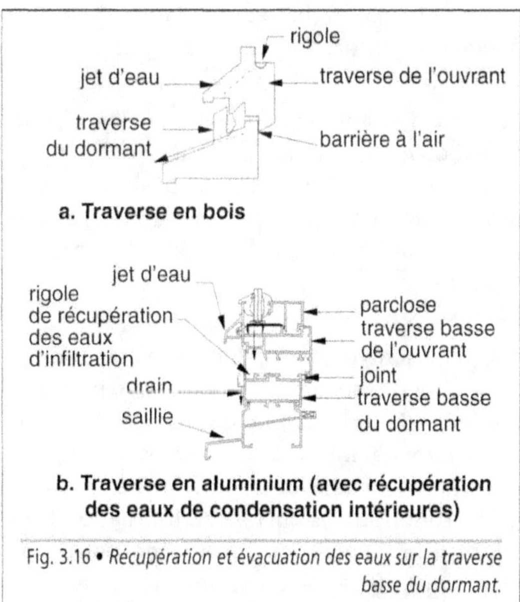

Fig. 3.16 • *Récupération et évacuation des eaux sur la traverse
basse du dormant.*

Lorsque les conditions hygrométriques dans le local l'imposent, les eaux de condensation intérieure sont collectées dans une rigole et canalisées vers l'extérieur (Fig. 3.16).

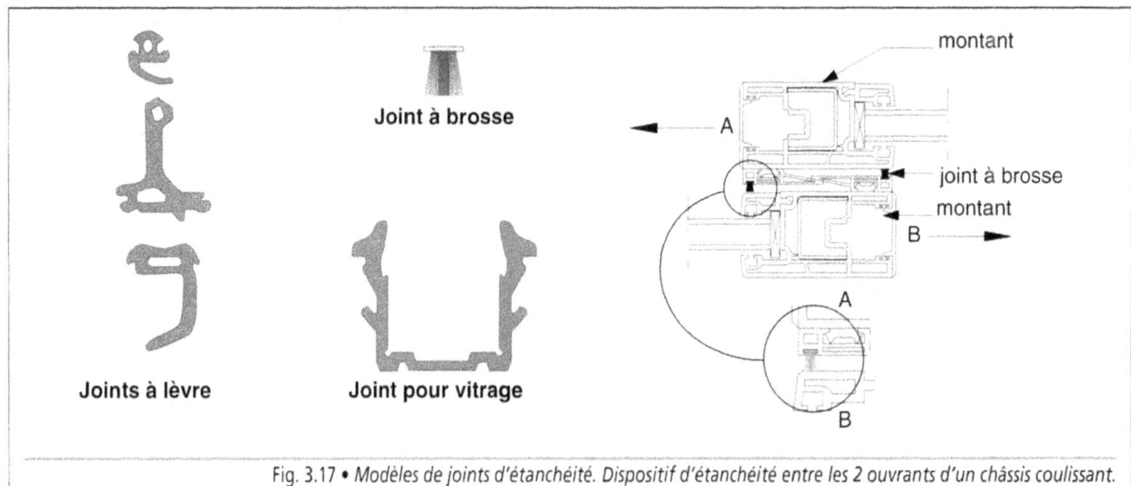

Fig. 3.17 • *Modèles de joints d'étanchéité. Dispositif d'étanchéité entre les 2 ouvrants d'un châssis coulissant.*

Les joints d'étanchéité sont incorporés ou collés sur les profils des dormants ou des ouvrants de manière à améliorer l'étanchéité à l'eau et à l'air ainsi que les performances d'isolation thermique et acoustique et, par voie de conséquence, le confort dans les locaux.

Le choix du joint est déterminé en fonction du type d'ouvrant, à frappe ou coulissant, du matériau constituant le bâti et de sa position. Ils sont mis en place, en force, dans une réservation prévue à cet effet ou collés sur une des faces de l'ouvrant.

Les joints ont un profil tubulaire, un profil à lèvre ou à brosse (Fig. 3.17). En caoutchouc synthétique (EPDM), d'une grande souplesse et d'une bonne fiabilité dans le temps, les profils à lèvre sont utilisés avec les ouvrants à frappe (à la française). Sur les ouvrants à translation (coulissants), les joints sont à brosse en polypropylène ; leur efficacité est inférieure à celle des joints comprimables.

Lorsqu'ils ont également un rôle coupe-feu, les joints doivent être en caoutchouc synthétique vulcanisé de classe M1.

2.3. Les matériaux

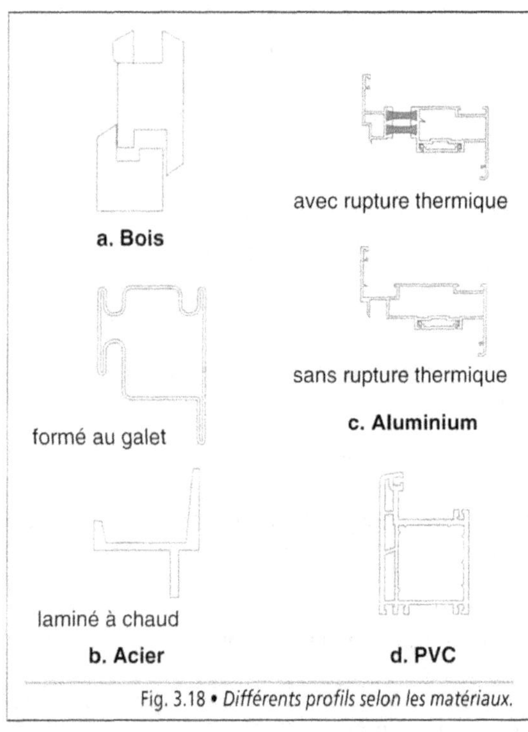

Fig. 3.18 • *Différents profils selon les matériaux.*

Les cadres dormants et ouvrants des menuiseries extérieures sont formés par l'assemblage de profilés en bois, en aluminium, en acier, en matières plastiques ou mixtes (aluminium avec parement intérieur en bois, par exemple) (Fig. 3.18). Leur section est variable d'une fabrication à l'autre et selon qu'ils sont ou non à recouvrement (Fig. 3.19). Elle est déterminée en fonction du matériau retenu, du type d'ouvrant, de la qualité recherchée et des dimensions de la fenêtre.

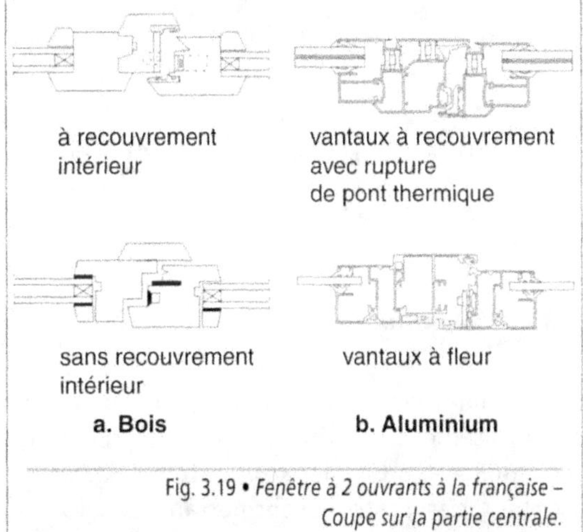

Fig. 3.19 • *Fenêtre à 2 ouvrants à la française –
Coupe sur la partie centrale.*

Exemple

- Menuiserie en bois avec ouvrants à la française :

  section des montants du dormant et des ouvrants : 54 mm × 36 mm d'épaisseur ;

  section des montants du dormant : 43 mm × 40 mm d'épaisseur, et des ouvrants : 62 mm × 40 mm d'épaisseur ;

  section des montants du dormant : 54 mm × 46 mm d'épaisseur, et des ouvrants : 67 mm × 46 mm d'épaisseur.

- Menuiserie en aluminium avec ouvrants à la française ou oscillo-battants, avec ou sans coupure thermique :

  épaisseur des montants du dormant : 50 mm, et épaisseur des montants des ouvrants : 50 mm pour les vantaux à fleur et 60 mm pour les vantaux à recouvrement.

- Menuiserie en aluminium avec ouvrants coulissants, avec ou sans coupure thermique :

  épaisseur des montants du dormant : 52 mm, et épaisseur des montants des ouvrants : 30 mm ou 34 mm.

- Menuiserie en PVC avec ouvrants à la française :

  épaisseur des montants du dormant et des ouvrants : 58 mm ou 74 mm.

Le bois a longtemps été le seul matériau utilisé dans la fabrication des menuiseries extérieures. Peu à peu, il a perdu des parts du marché, d'abord au bénéfice du métal, acier et aluminium, puis des matières plastiques. Ceci s'explique par la mise en œuvre d'un produit exigeant un minimum d'entretien. Il en est résulté un développement des menuiseries en acier laqué, en aluminium anodisé ou laqué et en matières plastiques (PVC ou mousse rigide de polyuréthanne haute densité). Le choix du matériau tient également compte d'autres paramètres : l'aspect architectural, l'isolation thermique et acoustique. Si le bois et le PVC présentent une résistance thermique acceptable, il n'en est pas de même avec le métal pour lequel le coefficient de conductivité thermique λ est défavorable.

2.31. *Le bois*

Le bois est encore couramment employé. Il offre un certain nombre d'avantages : son approvisionnement est facile ; sa fabrication peut être industrialisée ou artisanale et il possède des propriétés d'isolation thermique et acoustique satisfaisantes. Les principales essences utilisées sont des résineux (le pin, le sapin, le red cedar), des feuillus (le chêne, le châtaignier), ou des bois exotiques (le sipo, le niangon, etc.). Ces derniers présentent une meilleure stabilité dimensionnelle et une bonne durabilité. Les profilés en bois massif sont obtenus par usinage donnant la section désirée (Fig. 3.20). Ils peuvent être renforcés par contre-collage d'une lame à plat ou sur chant (profils à recouvrement). Les assemblages sont réalisés avec des liaisons mécaniques (tenons et mortaises) et par collage, éventuellement renforcés à l'aide d'équerres incorporées.

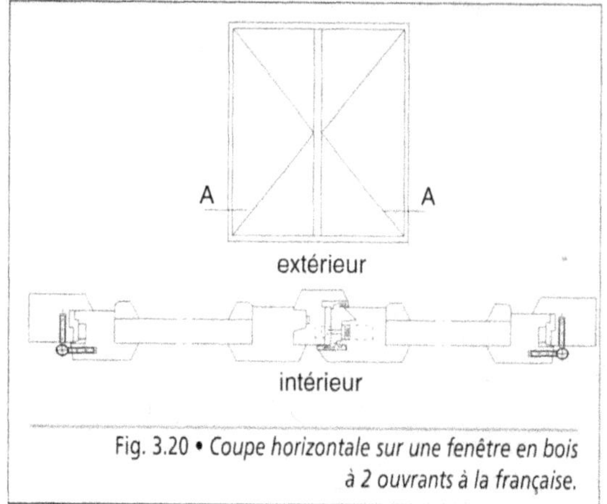

Fig. 3.20 • *Coupe horizontale sur une fenêtre en bois à 2 ouvrants à la française.*

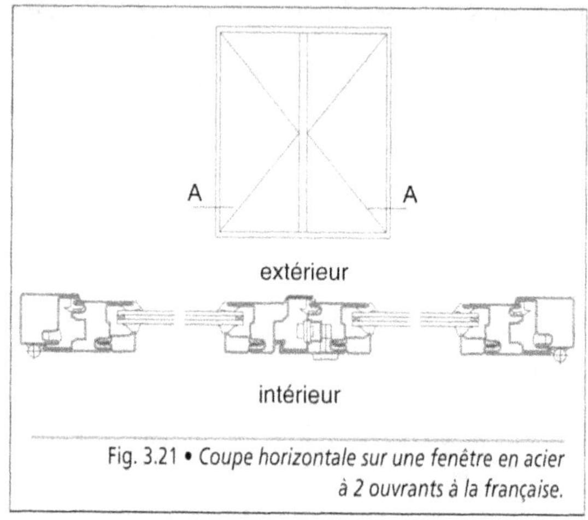

Fig. 3.21 • *Coupe horizontale sur une fenêtre en acier à 2 ouvrants à la française.*

Exposées aux intempéries, les fenêtres en bois reçoivent, en usine, un traitement fongicide et insecticide protégé par plusieurs couches de peinture, de vernis ou de lasure*. Cette protection nécessite un entretien permanent.

2.32. L'acier

L'acier est utilisé sous la forme de profilés fermés offrant une bonne rigidité. Ils sont obtenus par pliage à froid à la presse ou en continu à la machine à galets, à partir de feuillards* en tôle galvanisée (Fig. 3.21). Un autre type de profilés, laminé à chaud, plus épais, est également employé. Les profilés sont coupés à la longueur voulue puis assemblés par soudage électrique. La protection anticorrosion est exécutée en usine par électrozingage puis par application de couches de peinture cuite au four assurant une bonne tenue dans le temps. La conductivité thermique élevée de l'acier fait que ces produits sont réservés à des ouvrages n'imposant pas des conditions d'isolation thermique performantes.

L'acier inoxydable présente de bonnes caractéristiques mécaniques et ne nécessite pas de protection même en atmosphère agressive. D'un coût élevé, ces ouvrages sont réservés aux réalisations de prestige. En cours de chantier, ils sont protégés par un vernis pelable provisoire afin d'éviter les contacts avec le mortier et le plâtre.

2.33. L'aluminium

L'aluminium est un matériau léger, qui se travaille aisément et offre une bonne résistance mécanique. Les profilés sont obtenus par extrusion sur des matrices permettant des formes plus ou moins complexes (Fig. 3.22). L'assemblage des profilés se fait à coupes d'onglet (à 45°) à l'aide d'équerres, à coupes droites par montage avec des vis autotaraudeuses ou, plus rarement, par collage. Quel que soit le procédé, un produit d'étanchéité est incorporé au droit du joint. Compte tenu de sa légèreté, l'aluminium est utilisé aussi bien pour réaliser des menuiseries courantes que des menuiseries de grandes dimensions et pour tous les types d'ouvrant (Photo. 3.3). Exposé à l'air, l'aluminium est protégé par la formation d'une couche d'alumine incolore ou colorée de tonalité or, bronze, etc. Le contrôle de l'épaisseur en améliore l'efficacité : elle est de 15 µm à 19 µm (classe 15) en atmosphère courante et de 20 µm à 24 µm (classe 20) en atmosphère agressive. Les profilés peuvent également recevoir en usine un laquage à l'aide de peintures liquides ou en poudre permettant d'obtenir une finition d'aspect mat, satiné ou brillant.

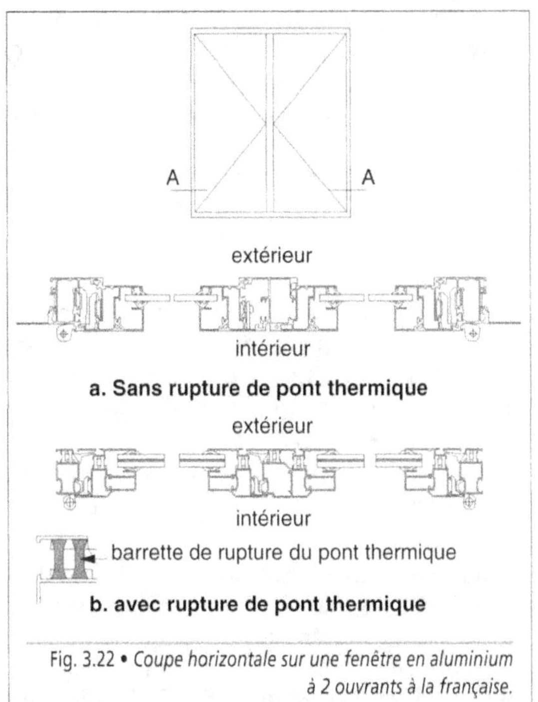

Fig. 3.22 • *Coupe horizontale sur une fenêtre en aluminium à 2 ouvrants à la française.*

Photo. 3.3 • *Châssis coulissant en aluminium.*

Pour compenser la conductivité thermique élevée de l'aluminium, les nouveaux profilés incorporent une rupture thermique réalisée à l'aide de doubles barrettes en résine de polyuréthanne ou en polyamide armé de fibres de verre (Fig. 3.23).

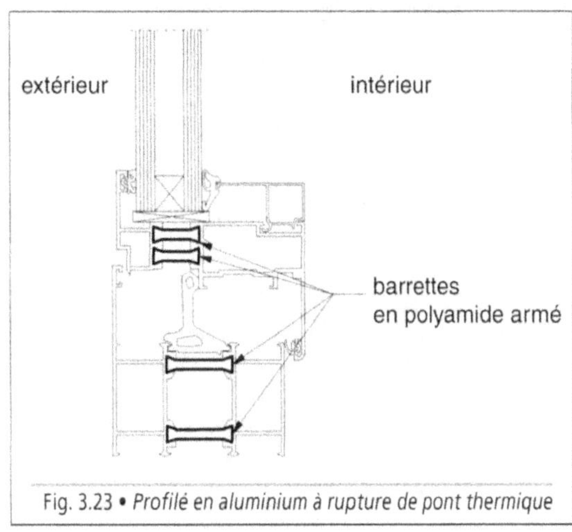

Fig. 3.23 • *Profilé en aluminium à rupture de pont thermique*

2.34. *Les matières plastiques*

Les matières plastiques présentent un certain nombre de qualités au niveau thermique et acoustique ; de plus, insensibles à la pollution atmosphérique, elles ne nécessitent aucune protection. De ce fait, elles prennent une part de plus en plus importante du marché des menuiseries extérieures.

Elles se répartissent en deux grandes familles.

Le polychlorure de vinyle (PVC) permet d'obtenir des profilés fermés d'une grande rigidité, par extrusion ou par injection (Fig. 3.24). La section et la forme sont adaptées à leur position dans la fenêtre (dormant ou ouvrant, montant ou traverse) de manière à remplir leur rôle dans les meilleures conditions possibles (Photo. 3.4).

Fabriqués en continu, les profilés en PVC sont débités à la demande, à coupes d'onglet, afin d'être assemblés entre eux par collage, l'angle pouvant être renforcé à l'aide d'équerres incorporées en aluminium. Des renforts sont également placés au droit des perçages pour les ferrures.

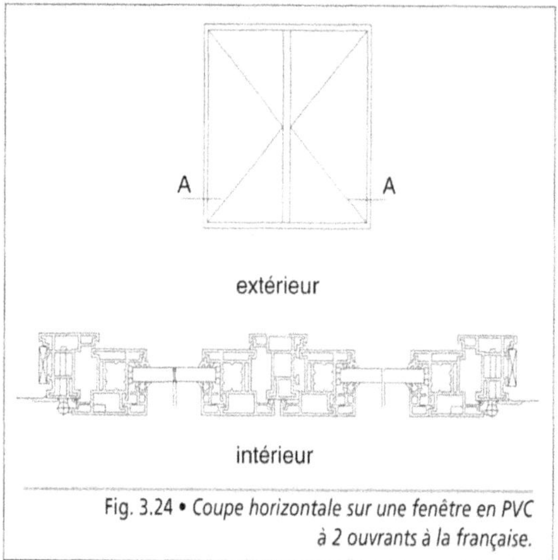

Fig. 3.24 • *Coupe horizontale sur une fenêtre en PVC à 2 ouvrants à la française.*

Photo. 3.4 • *Double fenêtre en PVC, avec châssis extérieur coulissant, pour isolation acoustique renforcée aux bruits de trafic.*

Ce matériau ayant un coefficient de dilatation linéaire élevé (8×10^{-5} pour le PVC contre $2,3 \times 10^{-5}$ pour l'aluminium et $0,3 \times 10^{-5}$ pour le bois), une dilatation différentielle des deux faces du profil peut se produire, entraînant une déformation des cadres. Celle-ci est évitée en créant des nervures dans les profilés ou en plaçant des renforts métalliques.

À l'origine, seuls des profilés blancs étaient disponibles. Actuellement, des profilés en PVC de différentes couleurs sont proposés sur le marché. Ils sont teintés soit par peinturage, soit par plaxage c'est-à-dire par collage en surface d'une feuille de PVC teintée dans la masse, soit par coextrusion*.

La mousse rigide de polyuréthanne haute densité permet de réaliser des profilés présentant de grandes qualités de résistance mécanique, de résistance aux agents chimiques, d'isolation thermique et acoustique (Fig. 3.25). Elle est injectée dans un moule à très haute résistance dans lequel est centré un insert en aluminium. Les profilés débités à la demande en coupes d'onglet sont assemblés à l'aide d'une colle à base de polyuréthanne, les angles étant renforcés au moyen d'équerres en aluminium. En finition, ils reçoivent une laque polyuréthanne donnant un grand choix de couleurs.

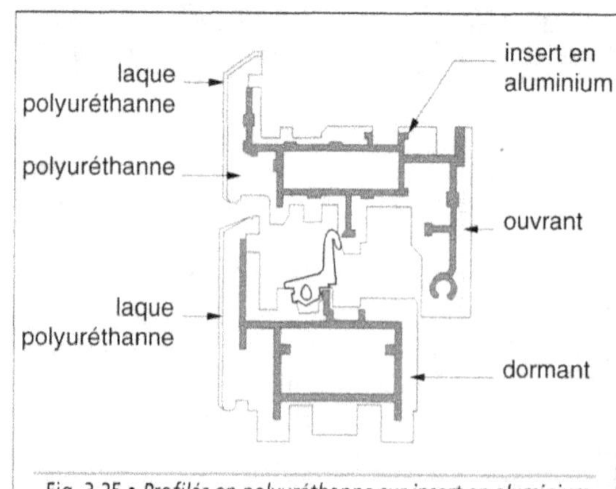

Fig. 3.25 • *Profilés en polyuréthanne sur insert en aluminium.*

2.35. Les menuiseries mixtes

Les menuiseries mixtes allient deux matériaux présentant des qualités complémentaires, fonctionnelles, économiques ou esthétiques. Elles sont constituées par l'assemblage de profilés dont la composition peut être l'une des suivantes :

* profilés en aluminium dont la face intérieure est revêtue d'un placage en bois ;

* profilés en bois avec un placage en aluminium sur la face extérieure (Fig. 3.26) ;

* profilés formés d'une âme en bois ou en acier revêtue d'un film en PVC offrant une grande rigidité et une bonne protection en atmosphère agressive.

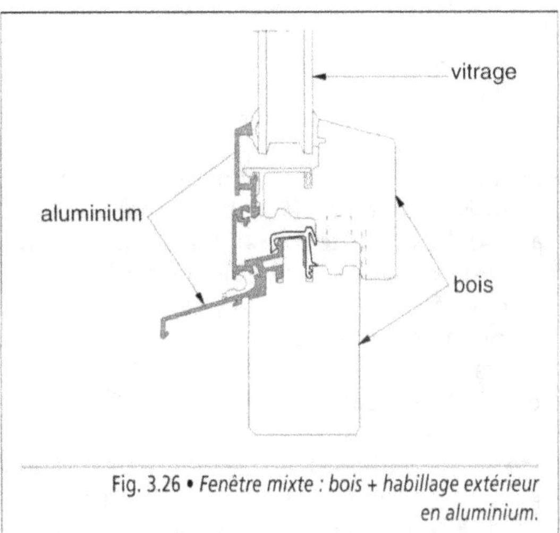

Fig. 3.26 • *Fenêtre mixte : bois + habillage extérieur en aluminium.*

2.36. Les vitrages et les matériaux verriers

Une ancienne réglementation préconisait, pour chaque pièce d'habitation, un éclairement naturel par une ou plusieurs baies dont la surface totale est au moins égale au sixième de la surface de la pièce. Par la suite, la surface vitrée a été augmentée afin d'améliorer le confort visuel. Actuellement, afin de respecter le cadre fixé par les économies d'énergie, la tendance est de revenir à des dimensions plus normales qui sont proches des anciennes règles.

Les vitrages et les matériaux verriers constituent le remplissage des vantaux dans le but d'assurer l'éclairement naturel dans les meilleures conditions de confort possible. Il en résulte que le vitrage joue un rôle en qualité de barrière thermique et acoustique, tout en évitant l'effet de paroi froide en hiver et l'effet de serre en été.

Plusieurs types de verre sont utilisés, définis en fonction de leurs performances :
* verre simple, ayant uniquement une fonction d'éclairement ;

* vitrage améliorant l'isolation thermique, constitué par deux ou trois feuilles de verre séparées par un vide d'air ;

* verre épais améliorant l'isolation acoustique ;

* verre translucide laissant passer la lumière sans permettre de voir l'intérieur des locaux ;

* vitrage de sécurité aux chocs (verre armé, verre trempé), ou aux chocs et à la chute des personnes (verre feuilleté) ;

* vitrage spécial (verre teinté, vitrage réfléchissant, vitrage à faible émissivité) ;

* vitrage composite combinant deux ou plusieurs des spécificités précédentes.

Compte tenu de l'industrialisation dans la fabrication des menuiseries extérieures, les vitrages sont fréquemment posés en usine, assurant ainsi une parfaite mise en œuvre et donnant toute garantie au niveau des joints, c'est-à-dire de l'étanchéité.

2.4. La qualité des fenêtres

Afin de remplir pleinement leur rôle, les fenêtres doivent répondre aux critères suivants :
* être stables et présenter une bonne résistance à la pression du vent ainsi qu'aux sollicitations mécaniques et aux chocs lors de leur utilisation ;

* être étanches à l'eau ;

* présenter une perméabilité à l'air aussi réduite que possible ;

* assurer la sécurité contre les chutes accidentelles ;

- assurer l'éclairage naturel en bénéficiant d'un bon confort visuel ;
- assurer un bon ensoleillement en évitant les risques d'éblouissement ;
- répondre aux notions de confort thermique et acoustique ;
- être fiables et durables.

La qualité des fenêtres est déterminée en fonction des paramètres suivants :
- les caractéristiques mécaniques applicables selon le type d'ouvrant ;
- le classement à l'air, à l'eau et au vent (AEV) ;
- les exigences au niveau de l'isolation thermique et acoustique (label ACOTHERM) ;
- la finition et la tenue en présence d'une atmosphère agressive.

Le choix du matériau et des organes de manœuvre est fondamental afin de faire face à ces exigences.

2.41. Les caractéristiques mécaniques

Les caractéristiques mécaniques portent essentiellement sur les points suivants :
- la résistance au voilement et à la déformation diagonale ;
- la résistance à la charge verticale (ouvrants à axe vertical sur paumelles ou sur pivots) ;
- la résistance aux charges appliquées sur le plan vertical (ouvrants coulissants) ;
- la résistance à l'arrachement des organes de rotation ;
- la sécurité des arrêts d'ouverture (ouvrants à soufflet ou sur pivots) ;
- la sécurité de freinage (ouvrants sur pivots) ;
- la sûreté du système de suspension (ouvrants à guillotine) ;
- l'endurance des organes de manœuvre.

Les essais permettent de définir les profils les mieux adaptés et les renforts à incorporer dans les angles ou aux points d'accrochage entre les ouvrants et les dormants.

2.42. Le classement AEV

Le classement AEV des fenêtres tient compte des trois paramètres suivants : la perméabilité à l'air (A), l'étanchéité à l'eau (E), la déformation et la résistance au vent (V). Les fenêtres sont soumises à des séries d'essais effectués dans un caisson étalonné en laboratoire qui permettent le classement suivant en fonction des résultats obtenus (Fig. 3.27) :

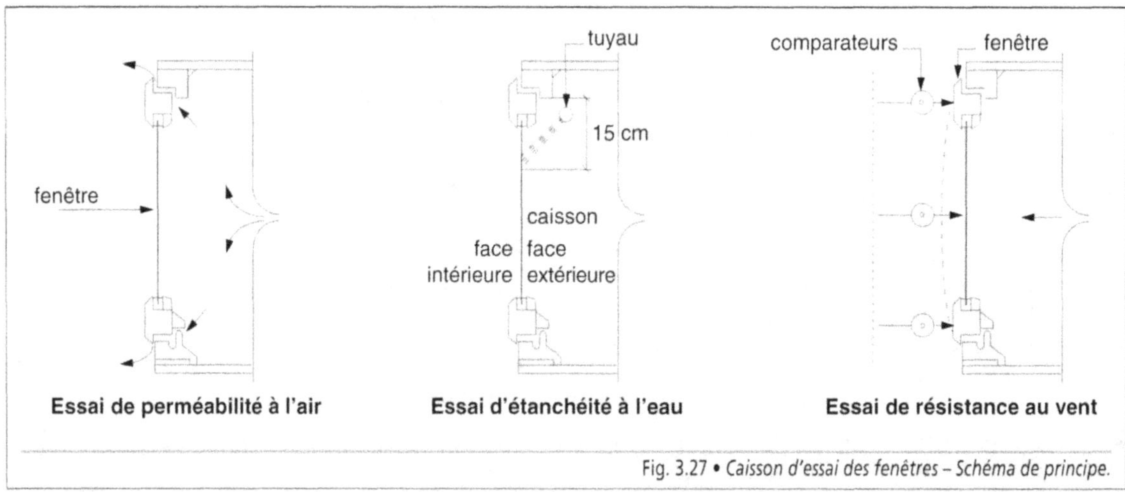

Fig. 3.27 • *Caisson d'essai des fenêtres – Schéma de principe.*

- la perméabilité à l'air dans un ordre performantiel croissant A_1 (normale), A_2 (améliorée) et A_3 (renforcée) ; pour entrer dans les classes A_2 et A_3, des dispositifs complémentaires d'étanchéité doivent être mis en œuvre (joints souples) ;

- l'étanchéité à l'eau dans l'ordre croissant E_1 (normale), E_2 (améliorée), E_3 (renforcée) et E_E (classe exceptionnelle) ;

- la déformation et la résistance au vent, dans l'ordre croissant V_1 (normale), V_2 (améliorée) et V_E (exceptionnelle).

Le choix des fenêtres s'effectue selon les quatre critères qui portent sur la localisation de la construction et la position des croisées dans celle-ci.

La région

La France est divisée en deux régions (Fig. 3.28) :

- la région A comprend les localités dont l'altitude est inférieure ou égale à 1 000 m ;

- la région B comprend les localités dont l'altitude est supérieure à 1 000 m ainsi que celles qui, situées dans le sillon rhodanien et sur le littoral méditerranéen occidental, sont à une altitude inférieure à 1 000 m (zones hachurées couvrant la totalité des départements des Bouches-du-Rhône et du Vaucluse et une partie des départements de l'Ardèche, de la Drôme, du Gard, du Var, de l'Aude et des Pyrénées Orientales).

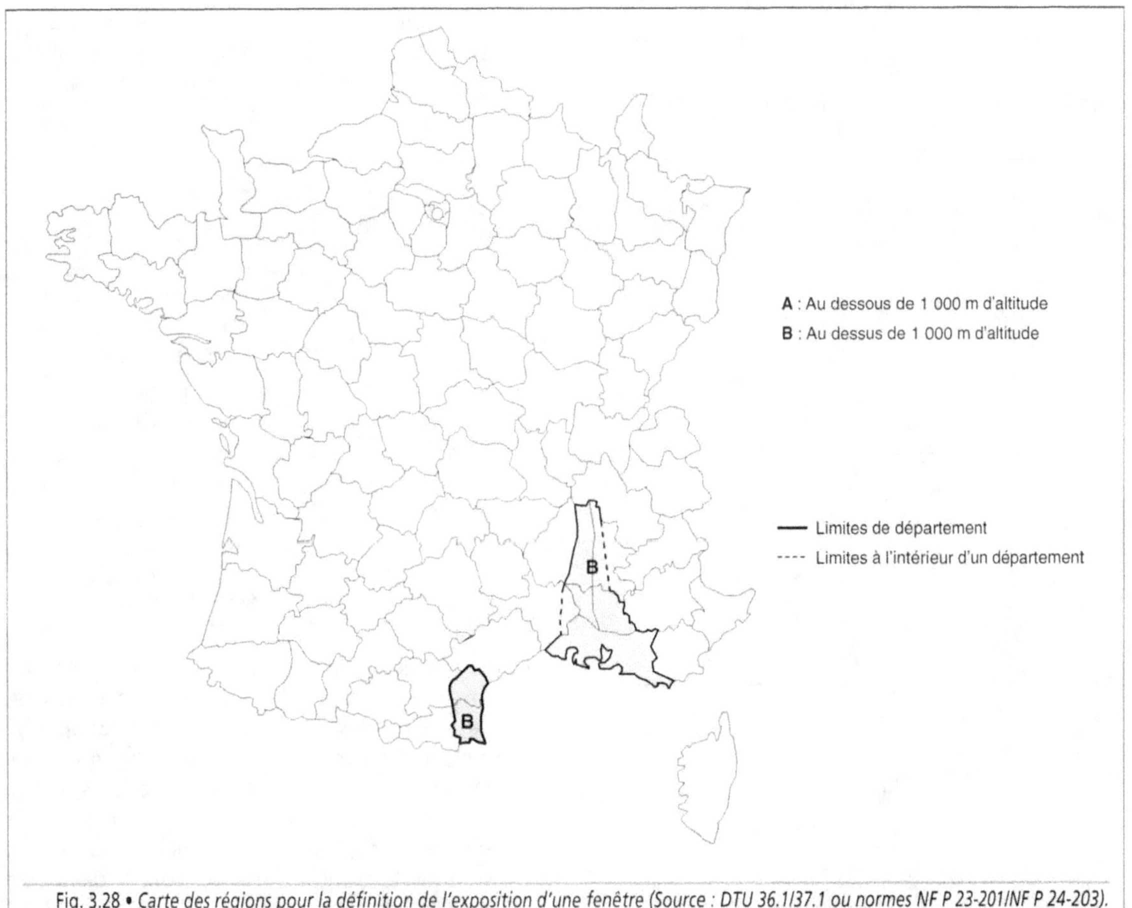

Fig. 3.28 • *Carte des régions pour la définition de l'exposition d'une fenêtre (Source : DTU 36.1/37.1 ou normes NF P 23-201/NF P 24-203).*

La situation de la construction

Quatre situations sont prises en compte :

a) les constructions situées dans les grands centres urbains dont au moins la moitié des bâtiments a plus de quatre niveaux ;

b) les constructions situées dans les villes petites et moyennes ou à la périphérie des grands centres urbains ;

c) les constructions isolées en rase campagne ;

d) les constructions isolées en bord de mer ou situées dans les villes côtières à une certaine distance du littoral.

En cas de doute sur la situation de la construction, il sera prudent de se référer à l'usage local.

La hauteur de la fenêtre au-dessus du sol

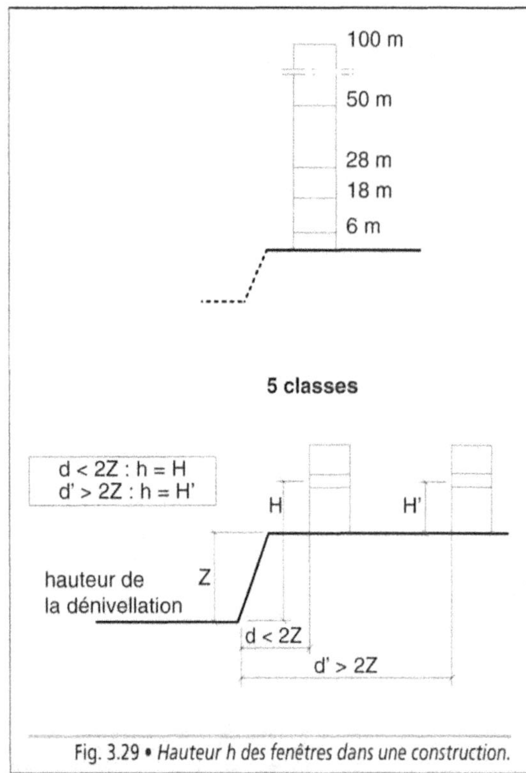

Fig. 3.29 • *Hauteur h des fenêtres dans une construction.*

Concernant la hauteur (h) de la fenêtre, les cinq classes suivantes sont retenues (Fig. 3.29) :

• à moins de 6 m au-dessus du sol ;

• entre 6 m et 18 m ;

• entre 18 m et 28 m ;

• entre 28 m et 50 m ;

• entre 50 m et 100 m.

Au-dessus de 100 m, les fenêtres font l'objet d'une étude spécifique.

Lorsque la construction est située au-dessus d'une dénivellation dont la pente moyenne est supérieure à 1/1, à une distance inférieure à deux fois la hauteur de celle-ci, la hauteur (h) de la fenêtre au-dessus du sol doit être comptée à partir du pied de la dénivellation ; à l'inverse, la hauteur est prise depuis le pied de l'immeuble.

La position des façades

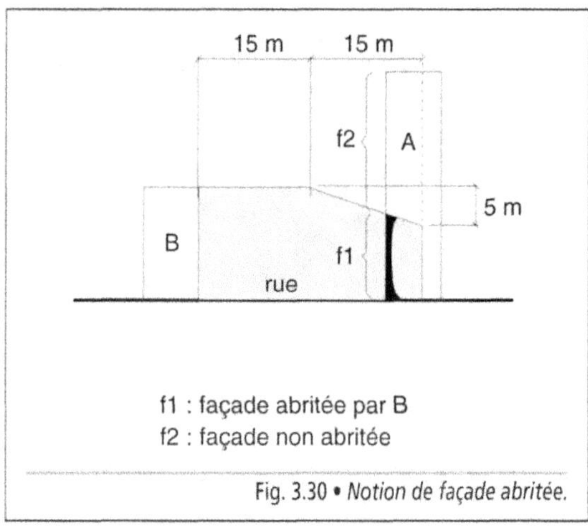

Fig. 3.30 • *Notion de façade abritée.*

Deux types de façades sont à prendre en compte : les façades abritées et les façades non abritées. Une façade est dite abritée lorsqu'elle donne sur une rue formée par une continuité de constructions et qu'elle a des vis-à-vis situés à 15 m au plus dont la hauteur est au moins égale à celle de la façade ou de la partie de façade considérée. Lorsque les vis-à-vis sont situés entre 15 et 30 m, un correctif est appliqué (Fig. 3.30).

HAUTEUR DES FENÊTRES AU-DESSUS DU SOL (m)	FAÇADES ABRITÉES Régions A et B/ Situation a et b	FAÇADES NON ABRITÉES						
		Région A / Situation				Région B / Situation		
		a	b	c	d	a	b	c
< 6	$A_1^- E_1 V_1$	$A_1^- E_1 V_1$	$A_1^- E_1 V_1$	$A_1^- E_1 V_1$	$A_1^+ E_2 V_2$	$A_1^+ E_1 V_1$	$A_1^+ E_1 V_1$	$A_1^+ E_1 V_2$
6 < H < 18	$A_1^- E_1 V_1$	$A_1^- E_1 V_1$	$A_1^- E_1 V_1$	$A_1^+ E_2 V_2$	$A_2^- E_2 V_2$	$A_1^+ E_1 V_1$	$A_1^+ E_1 V_2$	$A_2^- E_2 V_2$
18 < H < 28	$A_1^- E_1 V_1$	$A_1^+ E_2 V_1$	$A_1^+ E_2 V_1$	$A_1^+ E_2 V_2$	$A_2^- E_3 V_2$	$A_2^- E_2 V_2$	$A_2^- E_2 V_2$	$A_2^+ E_2 V_2$
28 < H < 50		$A_1^+ E_2^* V_1$	$A_1^+ E_2^* V_2$	$A_2^- E_2^* V_2$	$A_2^+ E_3 V_E$	$A_2^- E_2^* V_2$	$A_2^- E_2^* V_2$	$A_2^+ E_2^* V_2$
50 < H < 100		$A_2^- E_3 V_2$	$A_2^- E_3 V_2$	$A_2^- E_3 V_2$	$A_2^+ E_E V_E$	$A_2^+ E_3 V_2$	$A_2^+ E_3 V_E$	$A_2^+ E_3 V_E$

* : E_3 pour les fenêtres des deux derniers niveaux

Tab. 3.2 • *Classement des fenêtres selon leur position dans le bâtiment et la localisation de celui-ci.*

Prenant en compte ces considérations, un tableau récapitulatif indique les classements exigés (Tab. 3.2). Toutefois, pour les bâtiments de faible importance, une seule classe peut être admise sur l'ensemble des menuiseries extérieures ; elle correspond à la classe la plus défavorable.

2.43. Le label ACOTHERM

Le label ACOTHERM intervient au niveau de l'isolation acoustique et thermique des fenêtres. Il concerne quatre types de composants :

- les menuiseries extérieures (fenêtres et portes-fenêtres), avec ou sans entrée d'air ;

- les blocs-baies, c'est-à-dire les fenêtres et les portes-fenêtres équipées de fermetures, avec ou sans entrée d'air ;

- les menuiseries extérieures posées sur les toits en pente (fenêtres de toit) ;

- les blocs-portes extérieurs.

Toutes les menuiseries doivent comprendre leur vitrage dont la résistance thermique est au moins équivalente à celle d'un double vitrage séparé par une lame d'air de 6 mm d'épaisseur.

Le label précise les performances acoustiques et thermiques auxquelles doivent répondre les menuiseries extérieures afin d'obtenir le classement (Tab. 3.3) :

- l'isolation thermique en fonction du coefficient U ou U_{nue}, exprimé en $W/(m^2.K)$, selon le type de menuiserie, croissant du niveau Th 2 à Th 9.

- l'isolation acoustique en fonction de l'indice d'affaiblissement, exprimé en dB(A), vis-à-vis d'un bruit de trafic routier, répartie sur quatre classes de qualité croissante AC 1 à AC 4.

Compte tenu de l'orientation vers la normalisation européenne, les récentes normes ISO EN 717 sont applicables à partir du 1er janvier 2 000 et font référence à un indice d'affaiblissement acoustique pondéré R_W exprimé en dB. Un terme d'adaptation acoustique C_{tr} permet de calculer l'indice d'affaiblissement au bruit de trafic $R_{A,tr}$ (dB) et un terme correctif C, l'indice d'affaiblissement R_A au bruit rose*. Une période d'adaptation est prévue pour permettre l'application de ces nouvelles règles.

1. Isolation thermique		
Classes Th	**Menuiseries de type**	
	1.a ou 1.b U^* (W/m^2.K)	**3** U^*_{nue} (W/m^2.K)
Th 4	$3{,}25 \geq U > 2{,}95$	$3{,}50 \geq U_{nue} > 3{,}20$
Th 5	$2{,}95 \geq U > 2{,}55$	$3{,}20 \geq U_{nue} > 2{,}70$
Th 6	$2{,}55 \geq U > 2{,}25$	$2{,}70 \geq U_{nue} > 2{,}55$
Th 7	$2{,}25 \geq U > 2{,}00$	$2{,}55 \geq U_{nue} > 2{,}25$
Th 8	$2{,}00 \geq U > 1{,}80$	$2{,}25 \geq U_{nue} > 2{,}00$
Th 9	$1{,}80 \geq U$	$2{,}00 \geq U_{nue}$

Classes Th	**Menuiseries de type 2** U^*_{nue} (W/m^2.K)
Th 2	$3{,}50 \geq U_{nue} > 2{,}95$
Th 3	$2{,}95 \geq U_{nue} > 2{,}00$
Th 4	$2{,}00 \geq U_{nue} > 1{,}50$
Th 5	$1{,}50 \geq U_{nue}$

Menuiseries de type 1a = Fenêtres et portes-fenêtres.

Menuiseries de type 1b = Blocs-baies (fenêtres et portes-fenêtres équipées de fermetures).

Menuiseries de type 2 = Blocs-portes extérieurs.

Menuiseries de type 3 = Menuiseries extérieures posées dans les toits en pente (fenêtres de toit).

* U corespond au coefficient $U_{j,n}$ de la menuiserie équipée de ses fermetures ;

U_{nue} correspond au coefficient U de la menuiserie sans ses fermetures.

2. Isolation acoustique					
Classes AC	**Menuiseries**			**Blocs-baies**		
	Sans entrée d'air	**Avec entrée d'air**		**Sans entrée d'air**		**Avec entrée d'air**
	R dB(A) Mesuré	R dB(A) Mesuré	R dB(A) Calculé	R dB(A) Mesuré	R dB(A) Calculé	R dB(A) Mesuré
AC 1	28	26	27	28	29	26
AC 2	33	31	32	33	34	31
AC 3	36	34	35	36	37	34
AC 4	40	38	39	40	41	38

Tab. 3.3 • Menuiseries extérieures – Valeurs des niveaux d'isolation thermique et d'isolation acoustique vis-à-vis d'un bruit de trafic routier exigées par le label ACOTHERM.

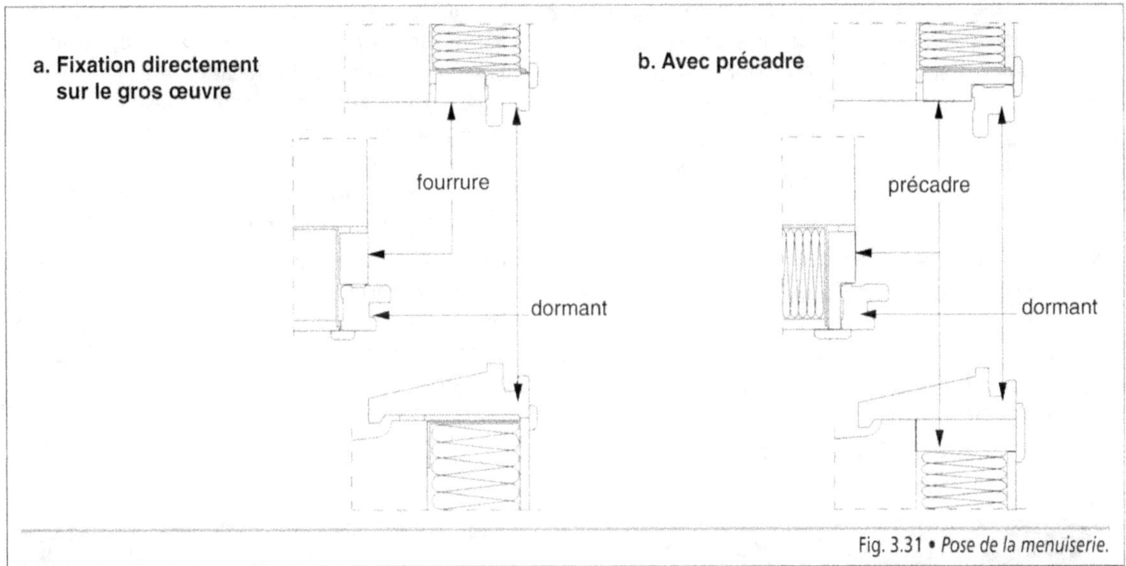

Fig. 3.31 • *Pose de la menuiserie.*

2.5. La mise en œuvre des fenêtres

La mise en œuvre des fenêtres est faite directement sur le gros œuvre ou avec l'interposition d'un précadre, en bois ou métallique, servant d'arrêt pour un doublage isolant éventuel (Fig. 3.31). D'une manière générale, la pose directe sur le gros œuvre est retenue car elle autorise une mise hors d'eau et hors d'air du bâtiment avant d'engager les travaux de second œuvre. La seconde solution permet de commencer les aménagements intérieurs alors que la pose des châssis n'intervient qu'en fin de chantier.

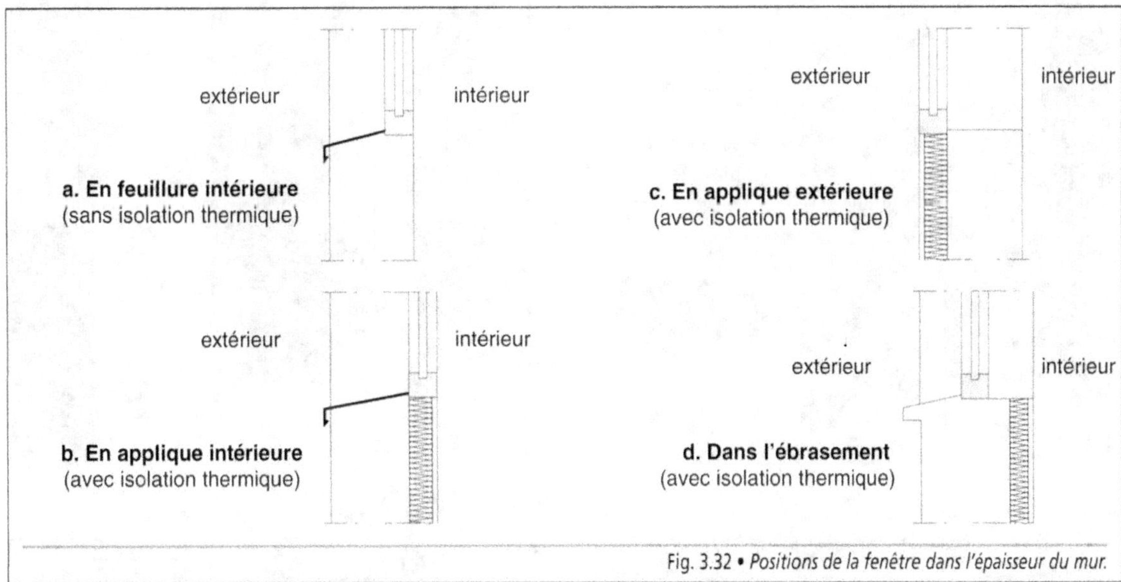

Fig. 3.32 • *Positions de la fenêtre dans l'épaisseur du mur.*

Elle est choisie lorsque les menuiseries sont réalisées avec des matériaux dont la finition exige de grandes précautions : aluminium, acier inoxydable. Dans ce cas, la construction n'étant pas à l'abri des intempéries, des fermetures provisoires sont mises en place (film plastique sur un cadre en bois).

2.51. Position de la fenêtre dans l'épaisseur du mur

Selon l'épaisseur et la constitution de la paroi extérieure, les fenêtres peuvent être placées en trois positions différentes : sur la face intérieure, sur la face extérieure ou à mi-mur, dans un ébrasement (Fig. 3.32).

- La position la plus courante est sur la face intérieure, en feuillure ou en applique. En retrait du nu de la façade, les menuiseries sont protégées des intempéries. La réservation pour la feuillure est aisément réalisable avec un gros œuvre maçonné. La feuillure présente l'avantage d'allonger le cheminement de l'eau en cas d'infiltration.

La pose en applique est plus simple quel que soit le matériau de l'ossature (béton, acier ou bois) (Photo. 3.5) ; le dormant équipé d'une fourrure sert d'arrêt au doublage isolant. Dans ce cas, des fermetures peuvent être placées en tableau.

Photo. 3.5 • *Menuiserie extérieure posée en applique intérieure avec l'interposition d'une fourrure en bois pour recevoir le doublage isolant.*

Photo. 3.6 • *Menuiserie métallique posée au nu extérieur de la façade.*

• En applique sur la face extérieure, les menuiseries sont directement exposées aux intempéries (Photo. 3.6). De ce fait, les exigences d'étanchéité sont plus grandes qu'en position intérieure. Cette solution est retenue lorsque la paroi extérieure est constituée par une façade légère ou lorsqu'une isolation thermique extérieure est prévue sur une paroi maçonnée. Le cadre dormant sert d'arrêt à l'isolation. Le choix des fermetures est limité à des éléments facilement manœuvrable de l'intérieur et ne nécessitant pas d'emprise extérieure.

• La position de la croisée dans un ébrasement, dans l'épaisseur de la paroi, ne présente un intérêt que si cette dernière est importante. Elle est relativement peu utilisée dans les constructions actuelles.

2.52. Les dimensions des réservations

Les dimensions des réservations dans le gros œuvre sont déterminées en fonction du mode de pose, en feuillure ou en applique, selon que le gros œuvre est fini (préfabrication, ossature acier ou en bois) ou qu'il reçoit un enduit en tableau (maçonnerie) (Photo. 3.7). En général, les plans d'architecture indiquent des cotes finies alors que les plans de structure portent des cotes brutes, la différence correspondant à l'épaisseur de l'enduit de finition (Fig. 3.33).

Photo. 3.7 • *Maçonnerie en blocs de béton – Réservation pour la mise en place des menuiseries extérieures.*

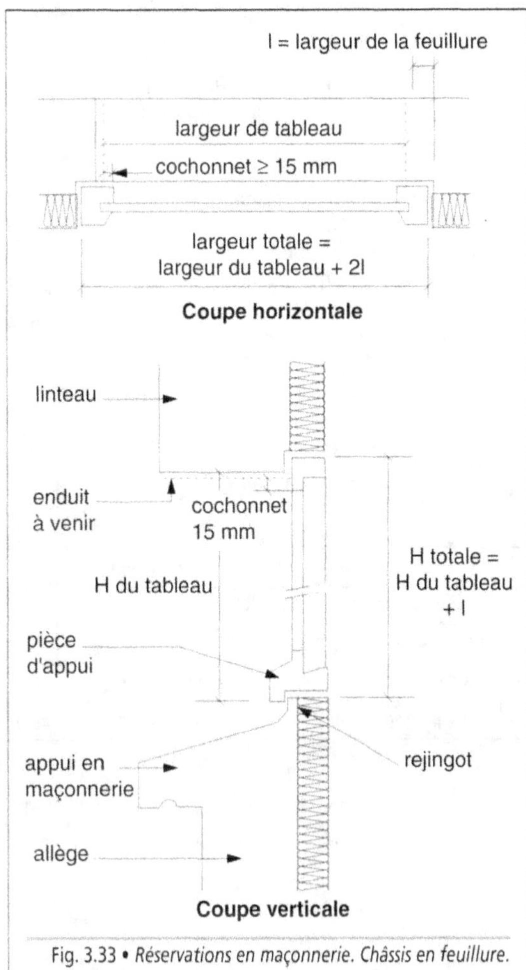

Fig. 3.33 • *Réservations en maçonnerie. Châssis en feuillure.*

Les menuiseries reposent sur une pièce d'appui directement ou par l'intermédiaire d'un joint d'étanchéité formé par un cordon préformé compressible. Lorsque le gros œuvre est en béton, le rejingot, qui reçoit la traverse inférieure du dormant, a des dimensions définies en fonction du mode d'exécution : coulé en place avant la pose de la croisée, après sa pose ou préfabriqué (Fig. 3.34 – tab. 3.4 – photo. 3.8). La largeur du profilé doit être adaptée à l'épaisseur de l'isolant thermique, lorsque ce dernier est prévu. Avec des fenêtres métalliques ou en PVC, il est fréquent de prévoir une bavette démontable qui recouvre l'appui (Fig. 3.35).

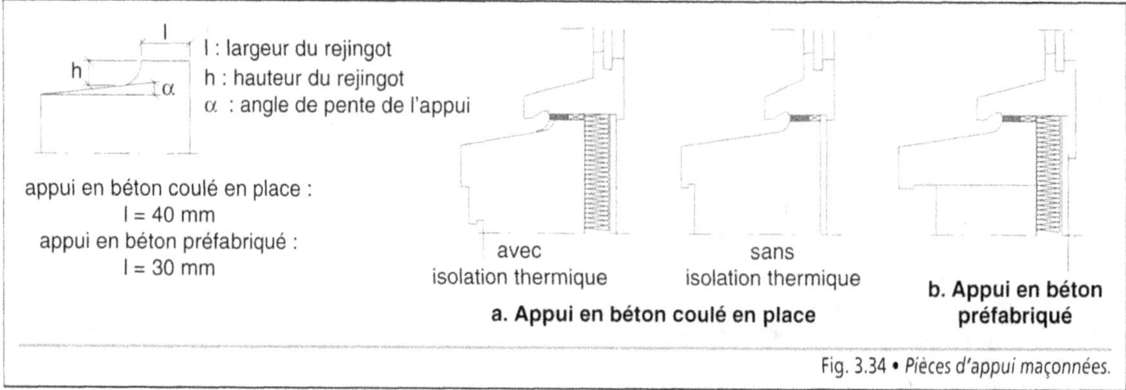

Fig. 3.34 • *Pièces d'appui maçonnées.*

TYPE D'APPUI	PENTE MINIMALE DE L'APPUI (p en %)	LARGEUR MINIMALE (l en mm)	HAUTEUR MINIMALE (h en mm)
En béton coulé en place avant la pose de la menuiserie	10	40	25
Préfabriqué en béton et mis en place	8	30	25
avant la pose de la menuiserie	10	30	20
En béton coulé en place après la pose de la menuiserie	10	40	40
N.B. : Le plan supérieur du rejingot peut présenter une légère pente. Dans ce cas, elle doit être dirigée vers l'extérieur.			

Tab. 3.4 • *Dimensions du rejingot en fonction du type d'appui.*

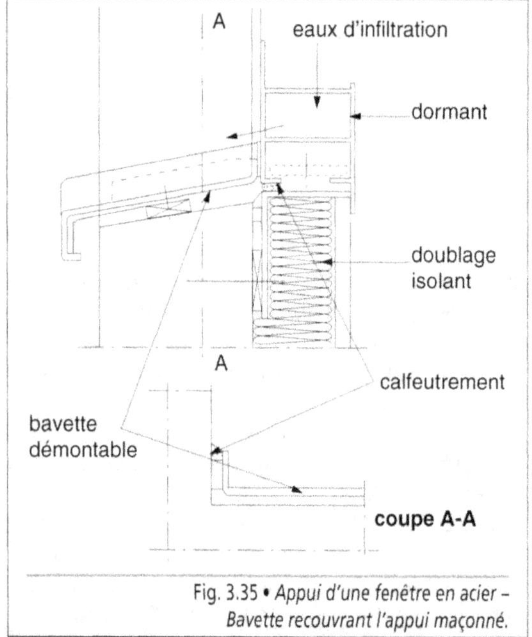

Fig. 3.35 • *Appui d'une fenêtre en acier –*
Bavette recouvrant l'appui maçonné.

Photo. 3.8 • *Menuiserie bois – Appui de la traverse inférieure du dormant sur le rejingot d'une pièce d'appui préfabriquée, avec doublage isolant thermique intérieur.*

2.53. Les fixations des fenêtres

Les fixations des fenêtres sont conçues de manière à transmettre à la structure l'ensemble des efforts qui leurs sont appliqués : poids propre, action du vent, manœuvre des parties mobiles, vibrations, chocs ou sollicitations anormales. Elles doivent être suffisamment résistantes afin de remplir leur rôle ; leur nombre et leur répartition sont adaptés aux dimensions de l'ouverture. Elles sont situées au droit des organes de rotation ou à proximité des points de condamnation de l'ouvrant sur le dormant (Fig. 3.36).

Que le dormant soit posé dans une feuillure réservée dans la maçonnerie, en applique sur la structure ou sur une fourrure rapportée, son mode de fixation est déterminé en fonction de deux paramètres (Fig. 3.37) :

- le matériau dans lequel le dormant est réalisé : bois, acier, aluminium ou PVC ;

- la qualité du support : maçonnerie, béton, métal ou bois.

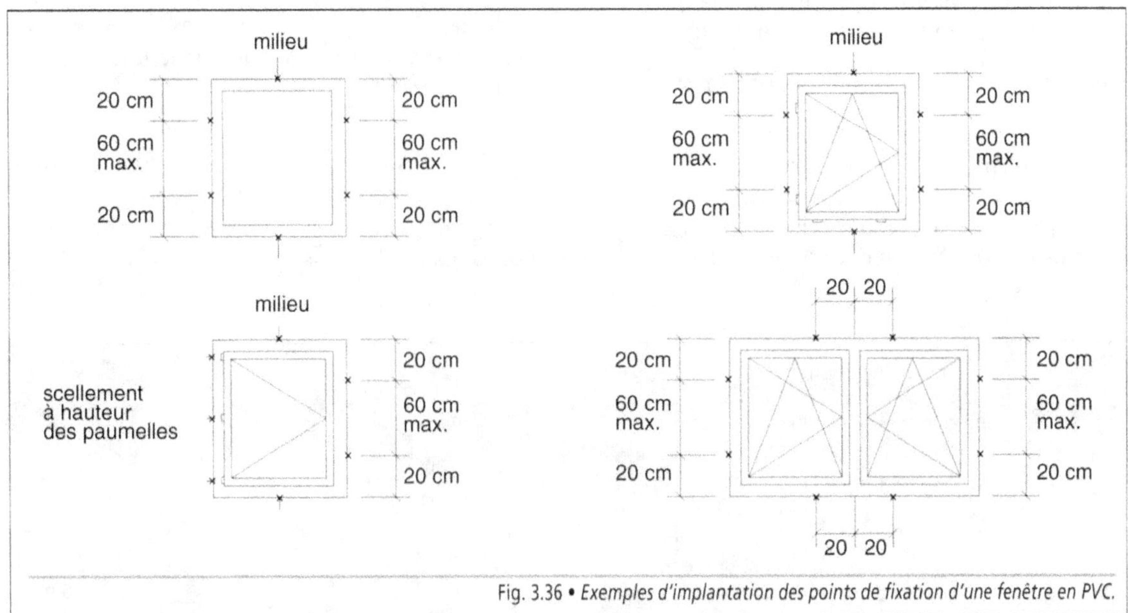

Fig. 3.36 • *Exemples d'implantation des points de fixation d'une fenêtre en PVC.*

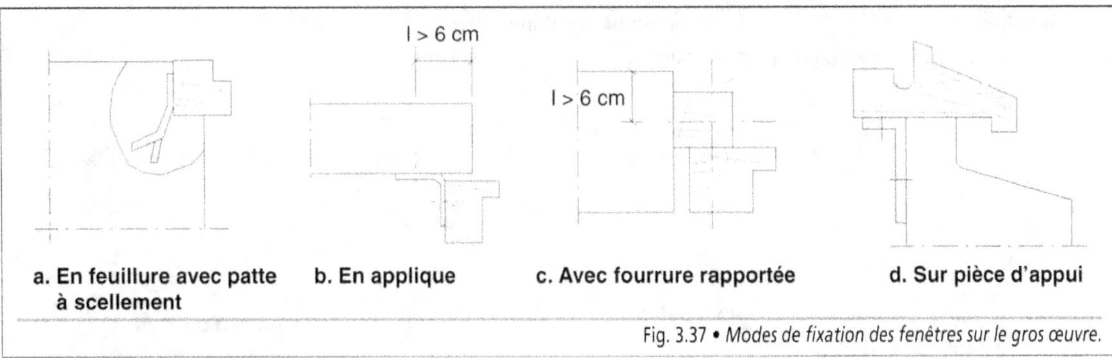

a. En feuillure avec patte à scellement   **b. En applique**   **c. Avec fourrure rapportée**   **d. Sur pièce d'appui**

Fig. 3.37 • *Modes de fixation des fenêtres sur le gros œuvre.*

Les fixations sont effectuées par voie humide, par voie sèche ou par action chimique à l'aide de l'un des procédés suivants :

- pattes à sceller dans la maçonnerie en parpaings de béton ou dans des réservations prévues dans des voiles en béton armé, employées surtout avec des menuiseries en bois ou métalliques ;

- équerres et pattes boulonnées ou vissées dans des douilles incorporées dans le béton ou dans des trous forés recevant des chevilles expansives ;

- équerres et pattes boulonnées, vissées ou collées sur un support en bois ou métallique ;

- équerres et pattes soudées sur un support métallique ;

- pisto-scellement dans une ossature métallique, sous réserve que le support ait une épaisseur minimale de 5 mm et que la fixation soit à plus de 20 mm d'une arête. En aucun cas ce procédé ne peut être retenu pour fixer un bâti sur une maçonnerie.

Avec des menuiseries en bois, la fixation de la pièce d'appui ou du seuil est obligatoire sur les châssis de largeur supérieure à 0,90 m.

Avec des menuiseries en PVC, les conditions de fixation sont plus rigoureuses. Les châssis sont fixés au linteau et à l'allège. Lorsque les dimensions des baies sont supérieures à 2,50 m, des trous ovalisés facilitent le jeu de la dilatation du cadre dormant.

Les fixations ne doivent pas traverser le calfeutrement étanche des joints entre le gros œuvre et le bâti ; elles contribuent au maintien de la compression de celui-ci.

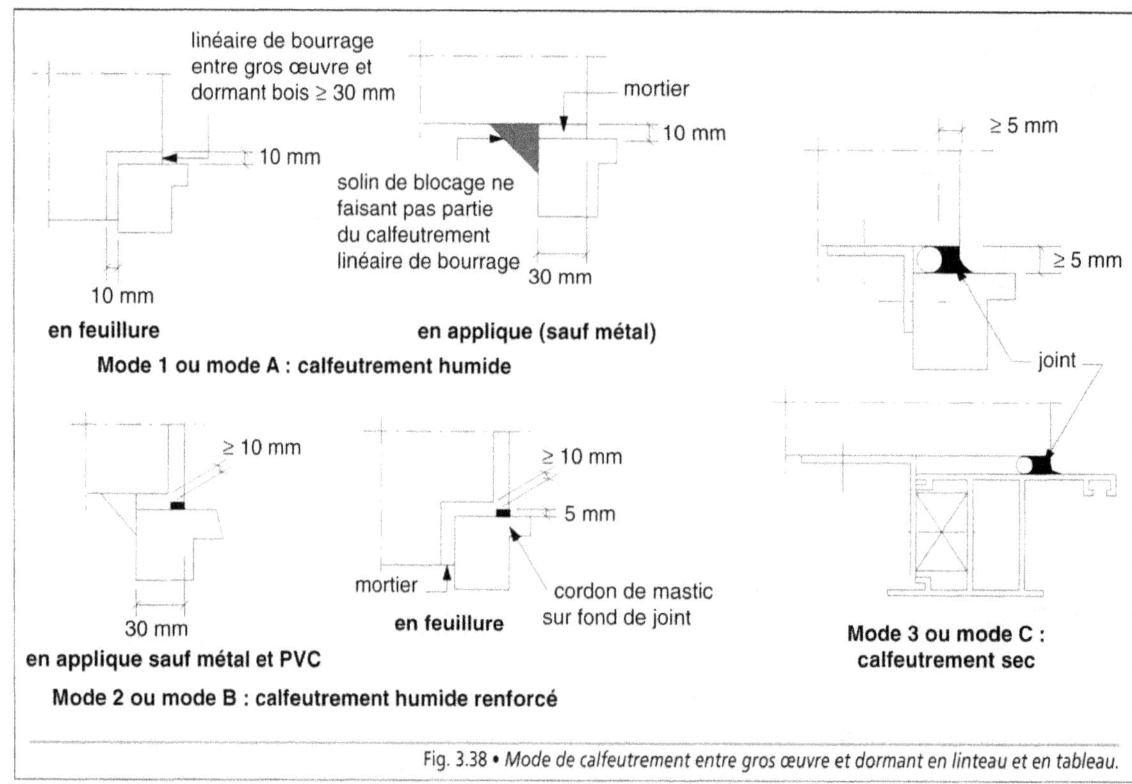

Fig. 3.38 • *Mode de calfeutrement entre gros œuvre et dormant en linteau et en tableau.*

2.54. *Le calfeutrement entre le gros œuvre et le dormant*

Le mode de calfeutrement est réalisé en tenant compte du matériau constituant les menuiseries extérieures, du principe de pose, de la localisation (en tableau, en linteau ou sur l'appui), de la région, de la situation de l'ouvrage et de la hauteur de la fenêtre au-dessus du sol. Il est exécuté selon l'un des procédés suivants (Fig. 3.38) :

- par mode humide à l'aide d'un mortier hydraulique, à condition que le cheminement de l'eau, en cas d'infiltration, soit au minimum de 30 mm et que l'épaisseur du bourrage soit supérieure à 10 mm ; ce procédé est admis uniquement en linteau et en tableau (mode 1 ou A) ;

- par mode humide renforcé à l'aide d'un mortier hydraulique, une rainure étant réservée pour recevoir un cordon d'étanchéité (mode 2 ou B) ;

- par mode sec, à l'aide d'un produit cellulaire imprégné comprimé, d'un cordon préformé dont l'écrasement est contrôlé ou d'un mastic extrudé (mode 3 ou C).

Ce dernier mode de calfeutrement est retenu avec tous les types de menuiseries ou lorsque des exigences performantielles sont demandées (Tab. 3.5) ; il impose une bonne planimétrie du support (maçonnerie de parpaings enduite).

Sur un support en maçonnerie et en feuillure, tous les modes de calfeutrement sont admis avec des menuiseries en bois ou métalliques. Sur un support métallique ou en bois, seul le mode sec est admis, après vérification de la compatibilité des matériaux et de la bonne adhérence. Avec les menuiseries en PVC, seuls sont admis le mode humide renforcé et le mode sec.

Lorsque le rejingot en béton est préfabriqué ou réalisé avant la pose de la fenêtre, le calfeutrement entre celui-ci et le dormant est réalisé de la manière suivante (Fig. 3.39) :

Hauteur des fenêtres au-dessus du sol (H en m)	**Région A et B**			
	Façades abritées	**Façades non abritées**		
	Situations a et b	Situations a et b	Situation c	Situation d
Menuiseries en bois				
H ≤ 6	1	1	1	2
6 < H ≤ 18	1	1	2	2
18 < H ≤ 28	1	2	2	3
28 < H ≤ 50	—	3	3	3
50 < H	—	3	3	3
	Situations a, b, c, d	**Situations a et b**	**Situation c**	**Situation d**
Menuiseries métalliques				
H ≤ 6	A, B, C	A, B, C	A, B, C	B, C
6 < H ≤ 18	A, B, C	A, B, C	B, C	B, C
18 < H ≤ 28	A, B, C	B, C	B, C	C
28 < H ≤ 50	—	C	C	C
50 < H	—	C	C	C
	Situations a et b	**Situations a et b**	**Situation c**	**Situation d**
Menuiseries en PVC				
H ≤ 6	2	2	2	2
6 < H ≤ 18	2	2	2	2
18 < H ≤ 28	2	2	2	2
28 < H ≤ 50	—	3	3	3
50 < H	—	3	3	3

Tab. 3.5 • *Modes de calfeutrement minimal en fonction de la situation des ouvrages.*

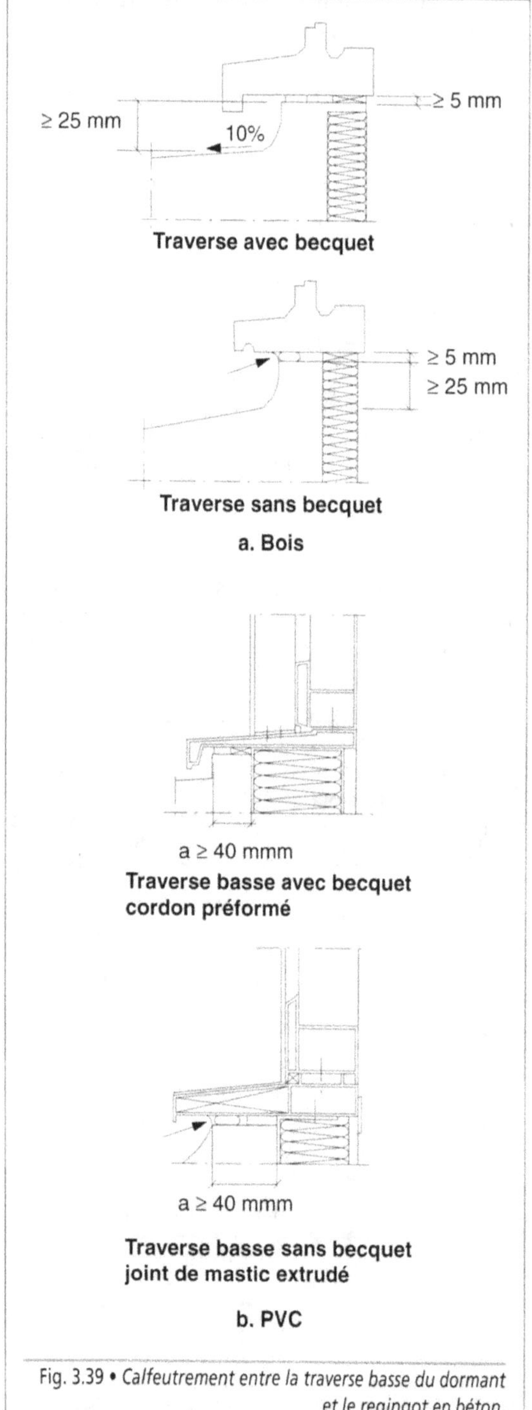

Fig. 3.39 • *Calfeutrement entre la traverse basse du dormant et le regingot en béton.*

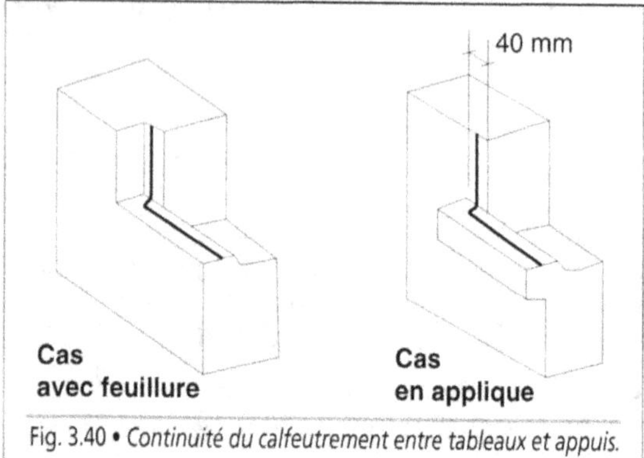

Fig. 3.40 • *Continuité du calfeutrement entre tableaux et appuis.*

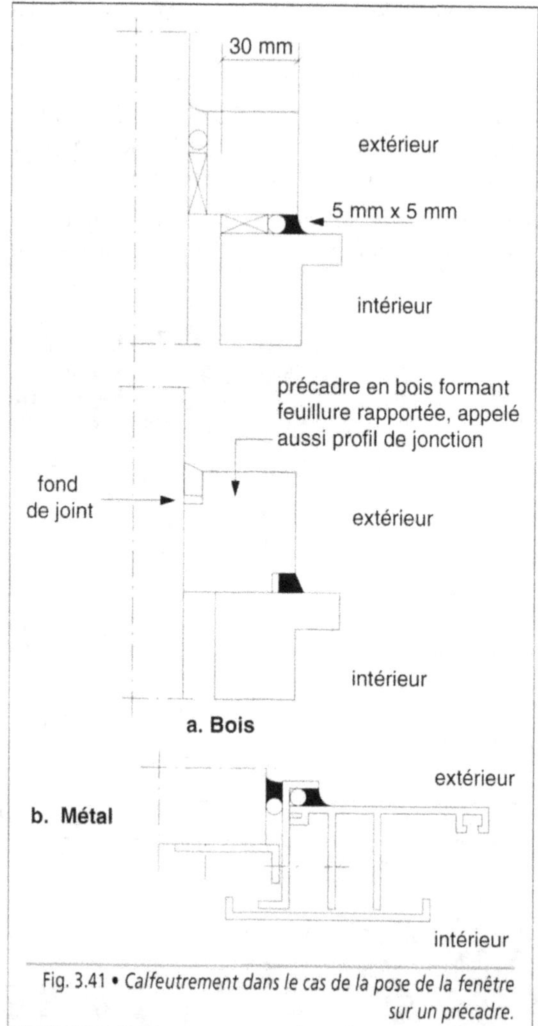

Fig. 3.41 • *Calfeutrement dans le cas de la pose de la fenêtre sur un précadre.*

- à l'aide d'un joint en mastic extrudé ou d'un cordon en mastic préformé compressible positionné avant la pose de la fenêtre, si la traverse basse dispose d'un becquet ;

- avec un joint en mastic extrudé réalisé après la pose de la fenêtre si la traverse basse est sans becquet.

La continuité du calfeutrement doit être parfaite entre les tableaux et l'appui (Fig. 3.40).

Dans le cas de la pose des menuiseries sur des précadres, le calfeutrement est prévu au niveau du joint entre le gros œuvre et le précadre et entre ce dernier et le dormant (Fig. 3.41).

2.6. La pose des vitrages

La pose des vitrages sur les châssis s'effectue dans des feuillures prévues à cet effet avec un calage adapté au mode d'ouverture et un garnissage des joints à l'aide d'un mastic ou de profilés en EPDM.

2.61. Les feuillures

Les feuillures recevant les vitrages sont ouvertes ou fermées.

■ **Les feuillures ouvertes** se rencontrent encore sur les fenêtres en bois ou en acier. Elles sont toujours vers l'extérieur et permettent la pose de vitrage de faible épaisseur (verre simple de 4 mm d'épaisseur maximale) et de dimensions réduites (demi-périmètre inférieur à 2,50 m). La section minimale des feuillures est la suivante :

- hauteur 12 mm × largeur comprise entre 16 mm et 25 mm.

Le verre est maintenu à l'aide de pointes ou de losanges en acier et d'un mastic. Ce dernier est soit à l'huile de lin (mastic de vitrier), soit à base d'élastomères, soit oléoplastique ; il assure le colmatage du jeu périphérique et l'étanchéité (Fig. 3.42).

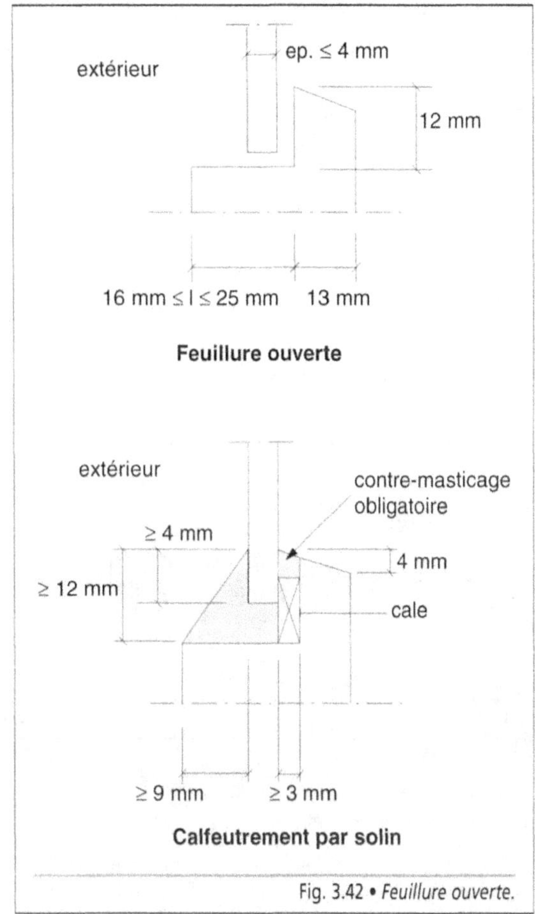

Fig. 3.42 • *Feuillure ouverte.*

■ **Les feuillures fermées** par des parcloses garantissent une bonne tenue du vitrage et une meilleure étanchéité. Elles sont obligatoires dès que le vitrage a une épaisseur supérieure à 4 mm ainsi que pour des dimensions importantes (Fig. 3.43). Elles sont donc couramment utilisées avec les vitrages isolants et sur tous les types de châssis, quel qu'en soit le matériau. Les dimensions des feuillures sont déterminées de la manière suivante :

- la largeur en fonction de l'épaisseur du vitrage ;

- la hauteur selon son périmètre (Tab. 3.6).

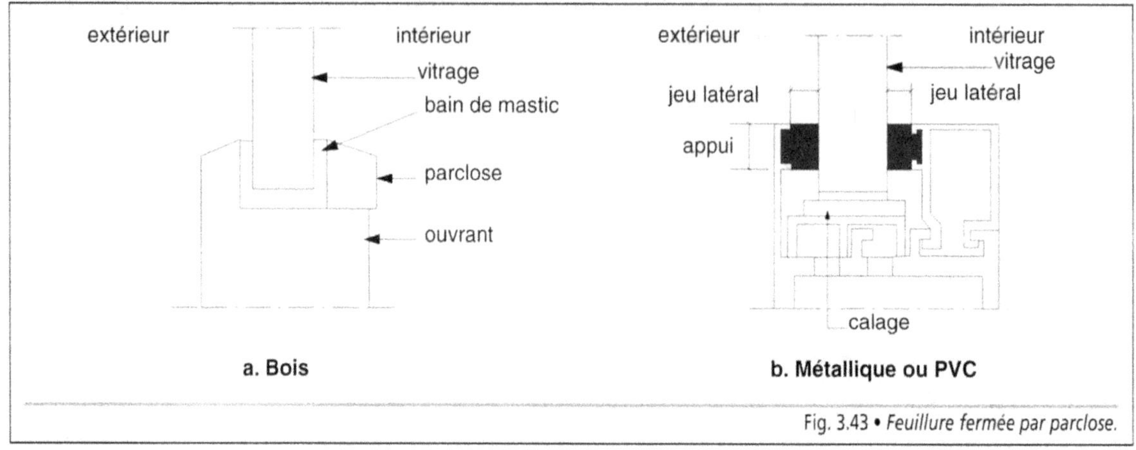

Fig. 3.43 • *Feuillure fermée par parclose.*

HAUTEUR MINIMALE DES FEUILLURES					
Nature du vitrage	**Épaisseur nominale (en mm)**	**Demi-périmètre du vitrage (p en m)**			
		$p \leq 2,5$	$2,5 < p \leq 5$	$5 < p \leq 7$	$7 < p$
Vitrage simple	$e \leq 15$	12 (2)	16	20	25
	$15 < e$	16 (2)	16	20	25
Vitrage isolant double (1)	$e \leq 20$	16 (2) (3)	20	25	30
	$20 < e$	20	20	25	30
Vitrage intervenant dans la sécurité contre les chutes de personnes		20	20	20	-

(1) La hauteur de la feuillure doit être suffisante pour permettre l'affleurement de l'intercalaire en traverse basse et en montants.

(2) Le demi-périmètre p peut être porté à 3 m si le plus grand côté ne dépasse pas 2 m, pour les vitrages simples et les vitrages isolants dont l'épaisseur e est inférieure ou égale à 16 mm.

(3) Le demi-périmètre p peut être porté à 2,75 m si le plus grand côté ne dépasse pas 2 m, pour les vitrages isolants dont l'épaisseur e est supérieure à 16 mm.

JEU MINIMAL PÉRIPHÉRIQUE	**Demi-périmètre du vitrage (p en m)**			
	$p \leq 2,5$	$2,5 < p \leq 5$	$5 < p \leq 7$	$7 < p$
jp (en mm)	3 (4)	4	5	6

(4) Dans le cas des menuiseries en bois, un jeu minimal de 2 mm est toléré pour les vitrages isolants dont l'épaisseur est au plus égale à 16 mm.

Tab. 3.6 • *Hauteurs utiles minimales des feuillures et jeu minimal périphérique en fonction de la nature des vitrages et de ses dimensions.*

Sur les menuiseries en bois, les parcloses sont clouées ou vissées ; sur les menuiseries métalliques ou en PVC, elles sont généralement clipsées (Fig. 3.44). De plus, les feuillures sont drainées de manière à évacuer les eaux de ruissellement ou de condensation éventuelles. Les vitrages sont maintenus, de préférence, à l'aide de profilés en caoutchouc synthétique (EPDM), qui jouent également un rôle d'étanchéité. Ils sont adaptés à la géométrie de la feuillure, au jeu latéral, au calage d'assise et au drainage.

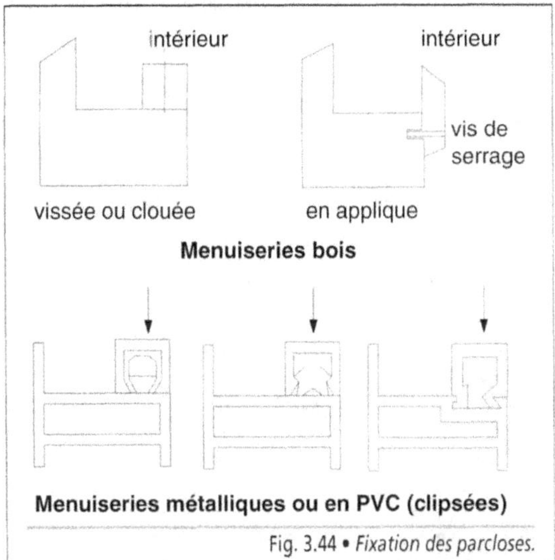

Fig. 3.44 • *Fixation des parcloses.*

■ **Les feuillures en forme de U** sont plus particulièrement utilisées sur les châssis coulissants (Fig. 3.45). Elles permettent une pose du vitrage en tiroir ou en portefeuille et ne sont pas démontables. Les profilés sont emboîtés en

force à l'aide d'une garniture sur les quatre côtés du vitrage, ce qui assure l'étanchéité et le monolithisme de l'ouvrant. Ce type de feuillure est obligatoirement drainé.

2.62. *Le calage des vitrages*

Les dimensions des feuilles de verre sont toujours inférieures à la distance entre fonds de feuillure afin de permettre un libre jeu des composants. Un calage est effectué de manière à obtenir un bon positionnement du vitrage. Les cales sont en bois dur traité ou en élastomère. Leur nombre et leur position sont définis en fonction du type d'ouvrant et du rôle qu'elles ont à remplir, à savoir (Fig. 3.46) :

- les cales d'assise transmettent le poids du vitrage au châssis et répartissent les efforts sur les organes de manœuvre et sur les fixations ;

- les cales périphériques évitent le déplacement du vitrage dans son plan, en particulier son glissement lors de la manœuvre des vantaux ;

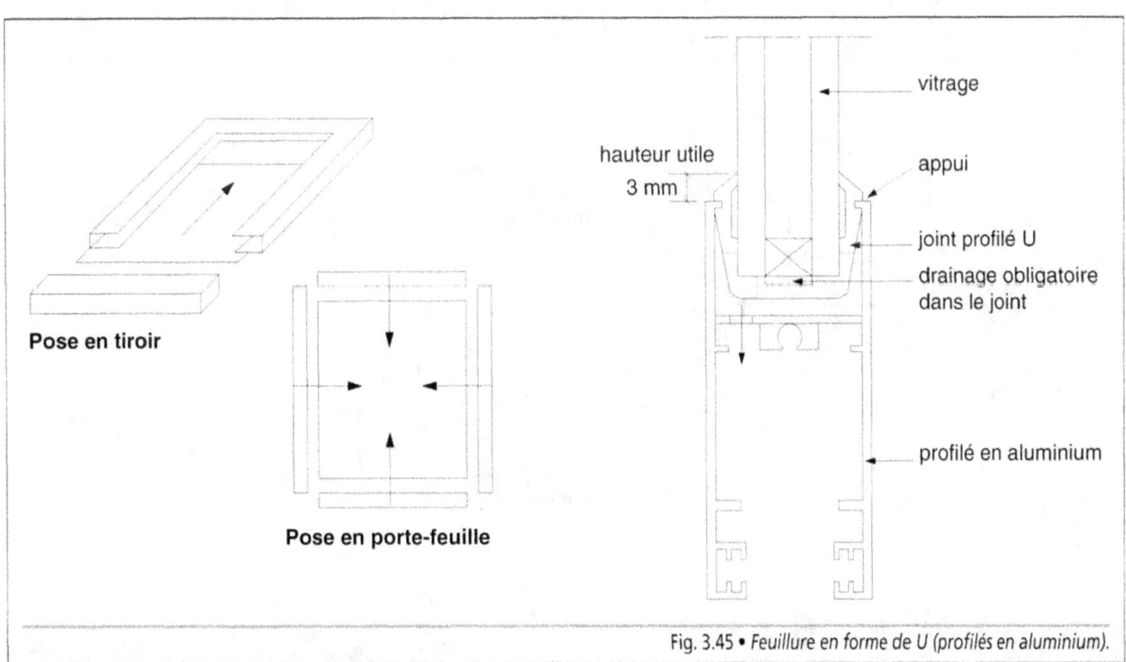

Fig. 3.45 • *Feuillure en forme de U (profilés en aluminium).*

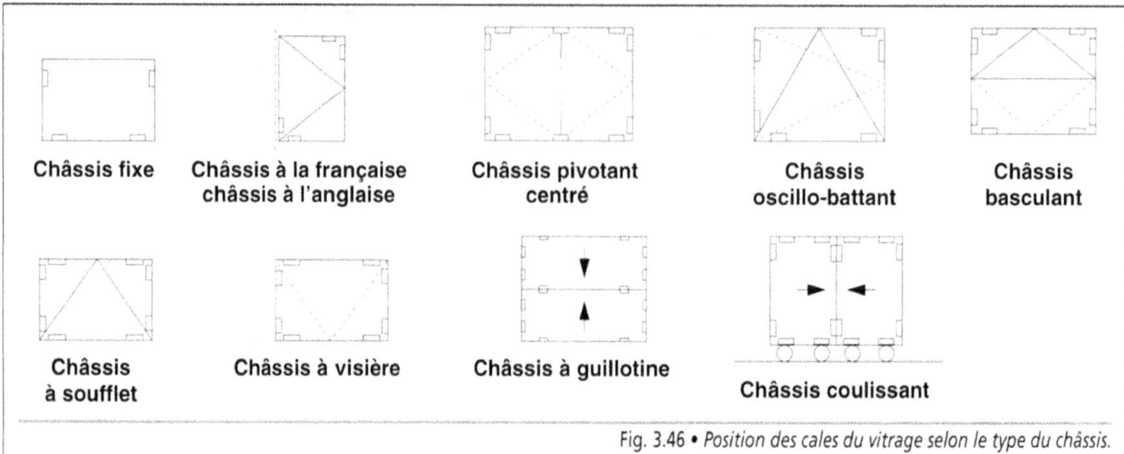

Fig. 3.46 • *Position des cales du vitrage selon le type du châssis.*

- les cales périphériques de sécurité évitent tout contact éventuel entre le vitrage et le châssis ;

- les cales latérales transmettent au châssis les sollicitations perpendiculaires au plan du verre ; lorsque le vitrage est maintenu par des profilés élastomères, ce calage n'est pas nécessaire.

En aucun cas le calage des verres ne peut interrompre le drainage.

2.63. Les contraintes thermiques

Les contraintes thermiques correspondent aux tensions internes provoquées par des écarts de température entre deux points de la surface d'un vitrage. Ce phénomène est aggravé par les défauts existant sur les bords du vitrage lors de la découpe. Ces contraintes peuvent entraîner la rupture du verre.

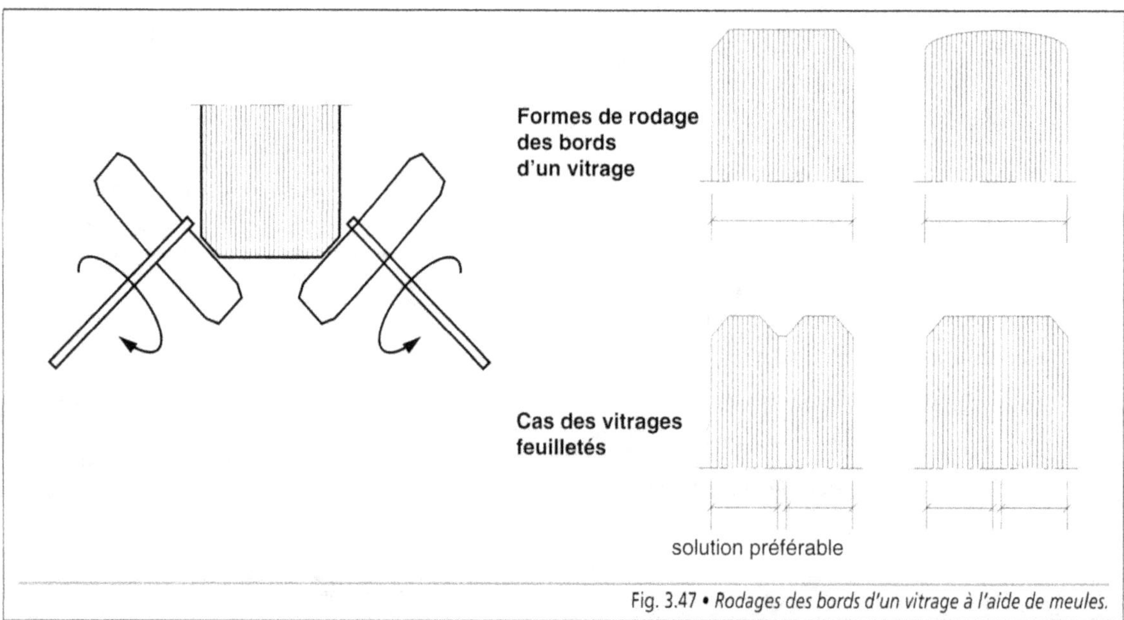

Fig. 3.47 • *Rodages des bords d'un vitrage à l'aide de meules.*

La résistance du verre aux effets des contraintes thermiques est améliorée en façonnant les bords du vitrage à l'aide d'une meule. Le rodage des arêtes supprime les amorces de rupture existantes inhérentes à la découpe du verre (Fig. 3.47).

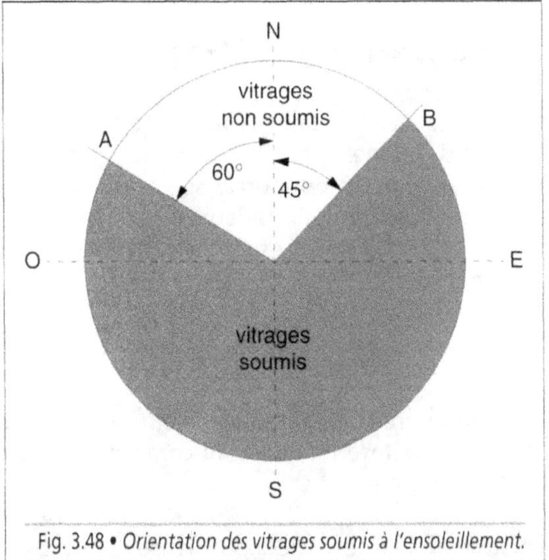

Fig. 3.48 • *Orientation des vitrages soumis à l'ensoleillement.*

Les écarts de température générés entre deux points d'un même verre dépendent des paramètres suivants :

• les conditions climatiques du site : flux solaire, écart journalier de température, orientation des façades, altitude, saison, vent, etc. ; les vitrages dont la perpendiculaire est comprise dans l'angle défini par l'arc de cercle ASB incluant les orientations est, sud et ouest (Fig. 3.48) sont considérés comme soumis à l'ensoleillement, sauf s'ils sont totalement et de façon permanente à l'abri du soleil ; l'altitude constitue un facteur aggravant ;

• la nature et la constitution des vitrages (nombre de composants, caractéristiques énergétiques) ;

• l'existence ou non de parties saillantes en façade assurant une protection des parties vitrées ;

• la nature et la proximité des feuillures ; selon leur profil et le matériau retenu, celles-ci sont à inertie thermique faible (type A), moyenne (type B), ou forte (type C), entraînant des contraintes d'autant plus importantes (Fig. 3.49) ;

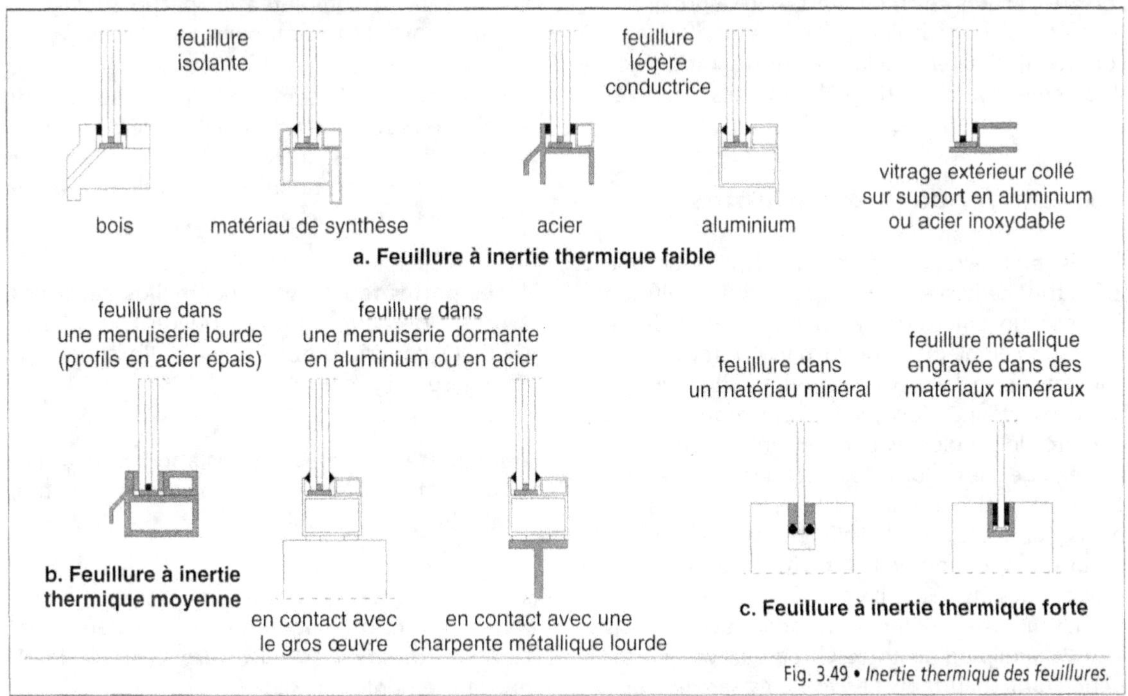

Fig. 3.49 • *Inertie thermique des feuillures.*

- la nature des parois au voisinage du vitrage, en particulier, la présence d'une allège maçonnée ou de stores.

Sous l'effet de l'ensoleillement, un vitrage s'échauffe d'autant plus que son absorption énergétique est élevée. D'autre part, les bords maintenus par les feuillures se réchauffent plus lentement que le reste de la surface. Il en résulte des tensions internes pouvant conduire à la rupture du verre. En principe, il est admis que l'écart critique de température entre deux points d'un même vitrage est égal à 25 °C. Dès que cet écart de température est dépassé, il convient de choisir un vitrage qui a subi un traitement (la trempe par exemple) propre à éviter les risques de rupture. Les valeurs maximales des coefficients d'absorption à ne pas dépasser pour utiliser du verre recuit, en simple vitrage ou en double vitrage, avec ou sans store intérieur, sont indiquées dans le DTU 39 (NF P 78-201/A1) – *Travaux de miroiterie – vitrerie*.

Lorsqu'un corps de chauffe est placé à proximité d'une paroi vitrée isolante, il convient d'en tenir compte et d'éviter que la chaleur ne soit dirigée directement vers le vitrage, les mêmes effets risquant de se produire.

2.7. *Les fenêtres chauffantes*

La mise en œuvre de fenêtres chauffantes est une idée très séduisante. En effet, cette solution propose un émetteur de chaleur par rayonnement en complément de la paroi vitrée, froide par nature, et la suppression des radiateurs ou des convecteurs. Mais elle se heurte à un grand nombre de problèmes portant, entre autres, sur le réglage des flux d'air et des vitesses de circulation afin de garantir le confort des occupants, sur la sécurité de l'alimentation électrique et sur une variation de l'efficacité en présence de voilage. Des études sont en cours en vue de réaliser des menuiseries pariétodynamiques* à châssis en PVC équipé d'un triple vitrage, le verre intérieur étant chauffant. Ces fenêtres seraient pla-

cées dans les pièces principales, les pièces de service conservant les menuiseries isolantes à double vitrage.

3. les portes-fenêtres

Les portes-fenêtres sont conçues et fabriquées selon les mêmes principes que les fenêtres. Reposant directement sur le sol, elles mettent en communication l'intérieur d'une construction avec un balcon ou une terrasse (Fig. 3.50). Les dimensions minimales en tableau sont les suivantes :

hauteur (h) 2,00 m × largeur (l) 0,90 m.

Elles sont vitrées sur toute leur hauteur, avec ou sans traverse intermédiaire ou comprennent un soubassement.

Lorsque la hauteur de l'ouverture est importante, elle est complétée en partie supérieure par une imposte fixe ou ouvrante.

Constituées par l'assemblage de profilés afin de former le bâti fixe (le dormant) et le ou les vantaux ouvrants, les portes-fenêtres sont classées en trois grandes familles, selon le mode de manœuvre de la partie mobile :

1. Les portes-fenêtres sur paumelles verticales, à un ou plusieurs vantaux, ouvrant vers l'intérieur (à la française) ou vers l'extérieur (à l'anglaise) (Fig. 3.51) ;

2. les portes-fenêtres à translation horizontale (coulissantes) à un ou plusieurs vantaux (Fig. 3.52) ;

3. les portes-fenêtres spéciales, en accordéon à fermeture centrale ou panoramique, dégageant la quasi-totalité de l'ouverture avec un faible encombrement (Fig. 3.53).

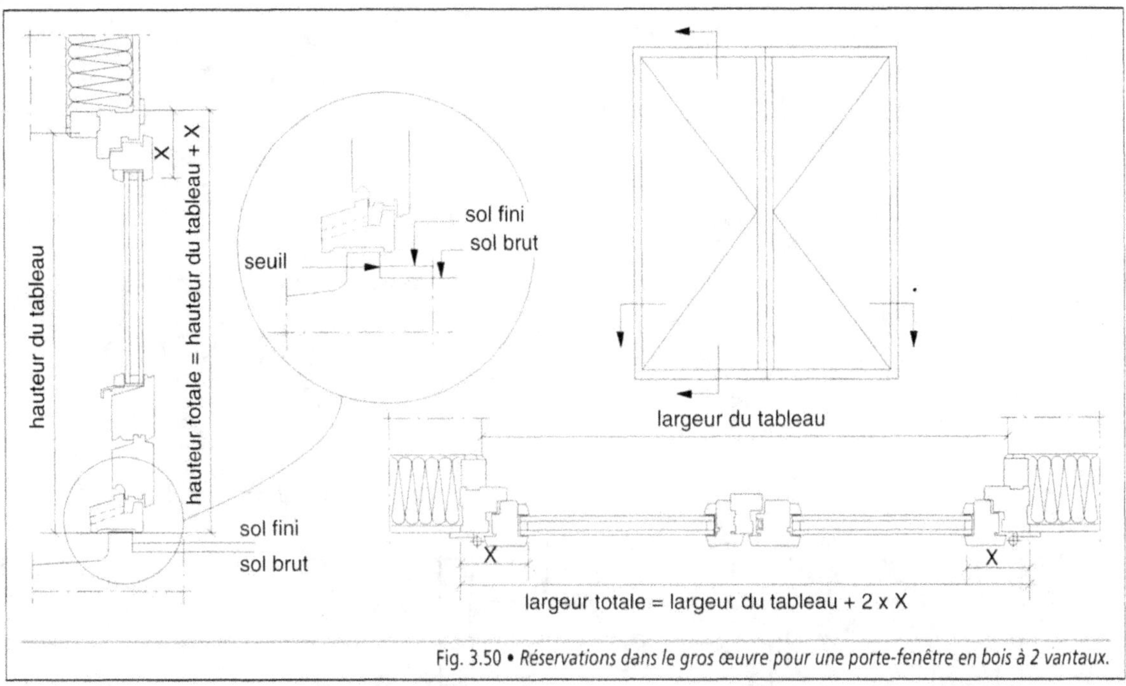

Fig. 3.50 • *Réservations dans le gros œuvre pour une porte-fenêtre en bois à 2 vantaux.*

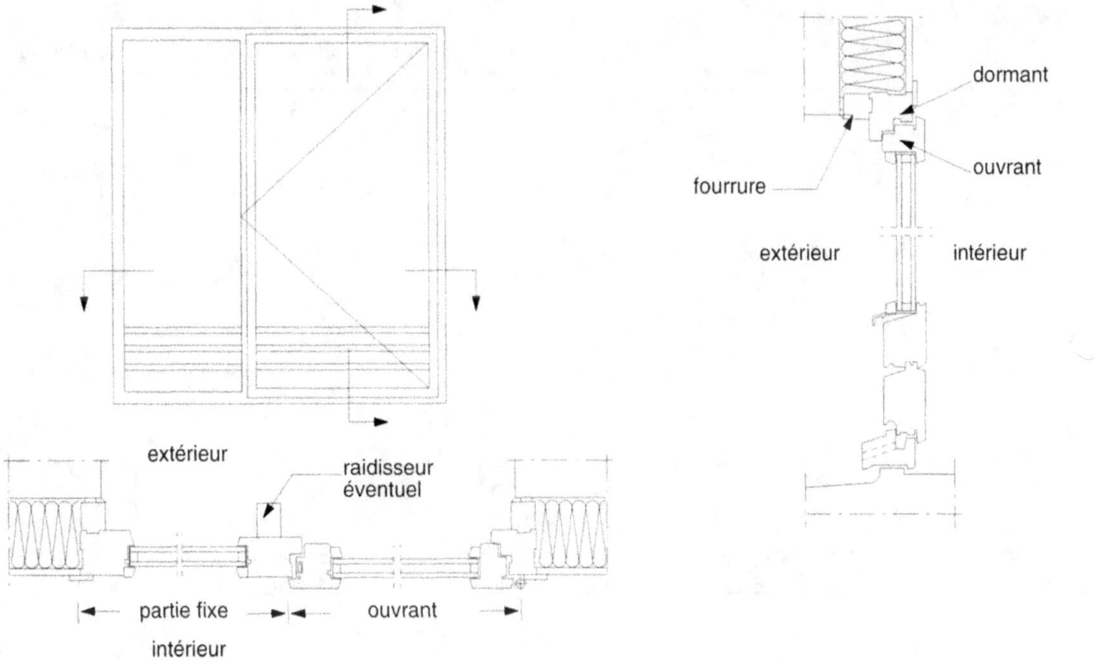

Fig. 3.51 • *Porte-fenêtre en bois ouvrant à la française avec partie fixe.*

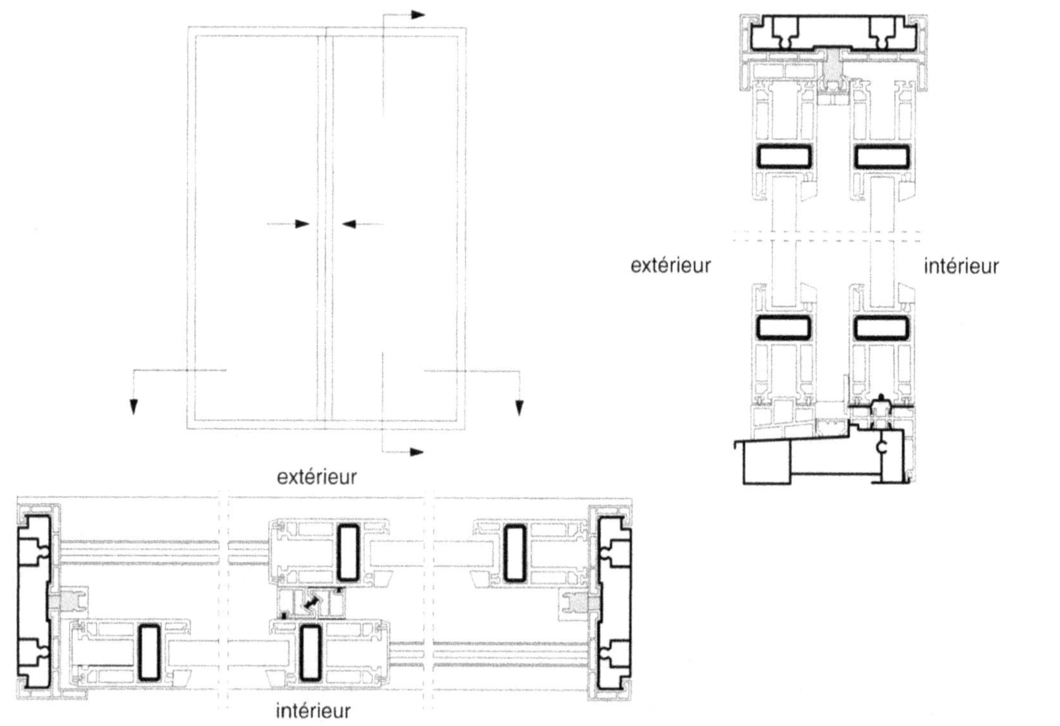

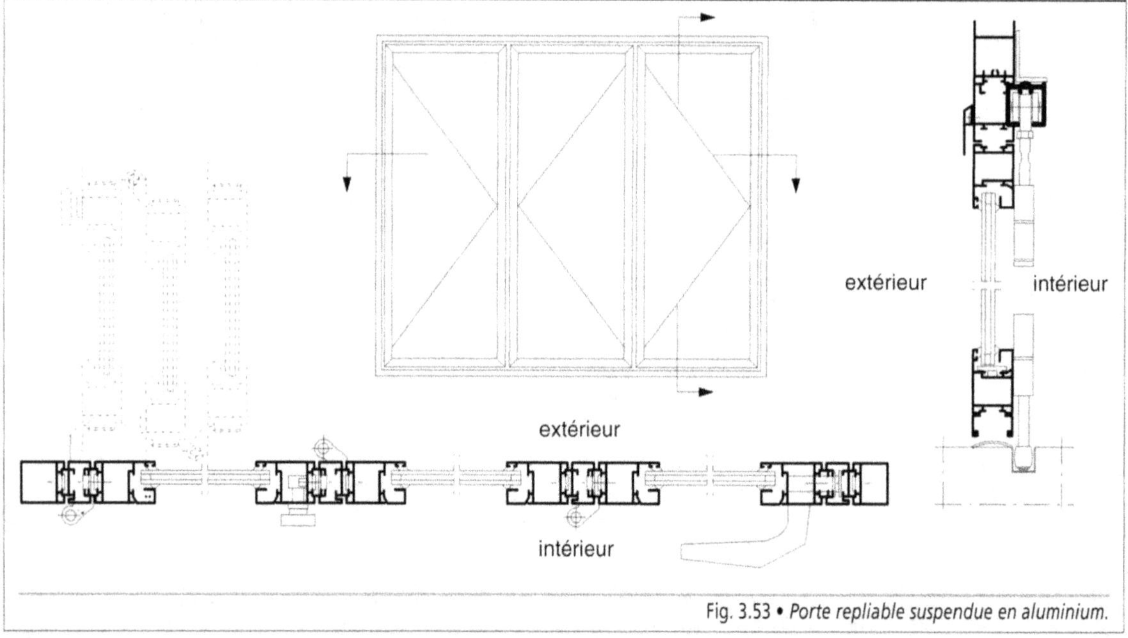

Fig. 3.52 • *Porte-fenêtre coulissante en PVC à 2 vantaux.*

Fig. 3.53 • *Porte repliable suspendue en aluminium.*

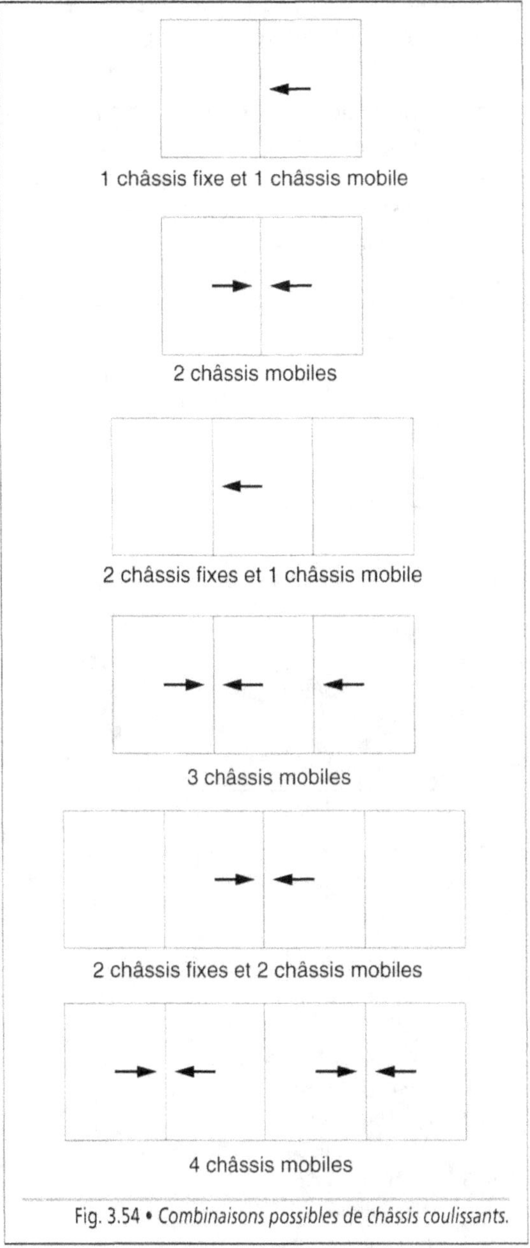

1 châssis fixe et 1 châssis mobile

2 châssis mobiles

2 châssis fixes et 1 châssis mobile

3 châssis mobiles

2 châssis fixes et 2 châssis mobiles

4 châssis mobiles

Fig. 3.54 • *Combinaisons possibles de châssis coulissants.*

ouvertures est importante, les vantaux coulissants présentent l'avantage de ne pas imposer un débattement à l'intérieur des locaux ; associés à des parties fixes latérales dont le remplissage est en général vitré, ils autorisent diverses combinaisons (Fig. 3.54). Les portes-fenêtres de type accordéon dégagent une large ouverture et permettent d'intégrer une terrasse dans un espace unique, intérieur-extérieur. Les portes-fenêtres sont également utilisées pour augmenter la surface vitrée, c'est-à-dire la quantité de lumière diurne pénétrant dans une pièce. Dans ce cas, il est nécessaire de lui adjoindre un garde-corps afin d'éviter les risques de chute. Ce dernier est soit ajouré, en bois ou métallique, soit formé par un panneau de remplissage transparent ou translucide. Sa hauteur au-dessus du sol est au minimum de 1,00 m.

Photo. 3.9 • *Stockage de portes-fenêtres en bois prêtes à l'expédition.*

Compte tenu de la dimension des châssis, les assemblages et les organes de liaison entre le dormant et les ouvrants doivent résister aux sollicitations mécaniques qu'ils subissent : effet du vent, manœuvre des vantaux, etc.

Selon les qualités qu'elles présentent à la perméabilité à l'air (A), à l'étanchéité à l'eau (E), à la déformation et à la résistance au vent (V), les portes-fenêtres reçoivent le classement AEV. Elles peuvent également répondre aux exigences du label ACOTHERM au niveau de l'isolation thermique et acoustique (Tab. 3.3). Lorsque les

Les portes-fenêtres équipées de vantaux ouvrant à la française sont les plus courantes ; elles sont employées en particulier dans l'habitation (Photo. 3.9). Lorsque la largeur des

vantaux sont coulissants, un dispositif de manœuvre améliore l'étanchéité du vantail mobile en position fermée, par affaissement sur un joint compressible (Fig. 3.55).

Lorsque la partie inférieure du vantail reçoit un élément de remplissage, celui-ci est, en général, dans le même matériau que le cadre : bois sur bois, acier sur acier, aluminium sur aluminium, PVC sur PVC.

Lorsque des panneaux viennent obturer une partie fixe, ils sont fabriqués en usine et sont composés de la manière suivante : une peau extérieure, une âme isolante et un parement intérieur. Dans les panneaux dits respirants, une lame d'air est interposée entre la peau extérieure et l'isolant thermique : ce principe est retenu lorsque la peau extérieure est un panneau en bois ou en verre (Fig. 3.56).

Le seuil des portes-fenêtres est en bois ou métallique. Il est fixé sur un élément maçonné qui permet, éventuellement, l'exécution d'un relevé d'étanchéité, dont la hauteur minimale est la suivante (Fig. 3.57) :

- 50 mm lorsqu'il n'est pas prévu d'étanchéité extérieure ;

- 100 mm au-dessus du niveau supérieur de l'étanchéité, dans les conditions courantes ;

- 200 mm au-dessus du niveau supérieur de l'étanchéité, en climat de montagne.

Toutefois, lorsque la porte-fenêtre est accessible à des personnes à mobilité réduite, la hauteur maximale du seuil est ramenée à 20 mm, imposant des dispositions particulières afin d'éviter les risques de pénétration d'eau.

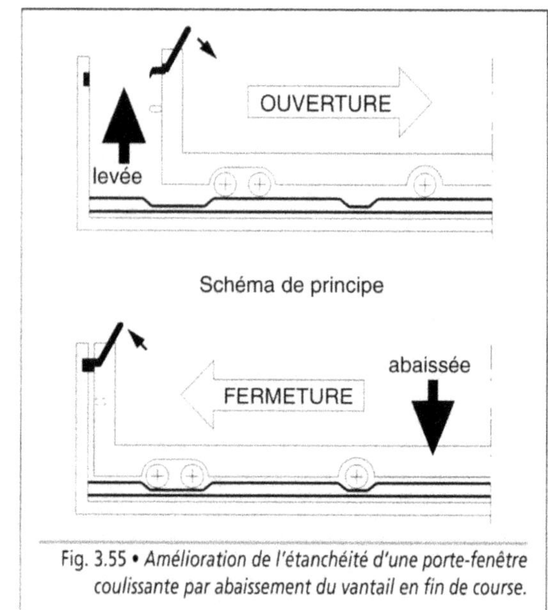

Fig. 3.55 • *Amélioration de l'étanchéité d'une porte-fenêtre coulissante par abaissement du vantail en fin de course.*

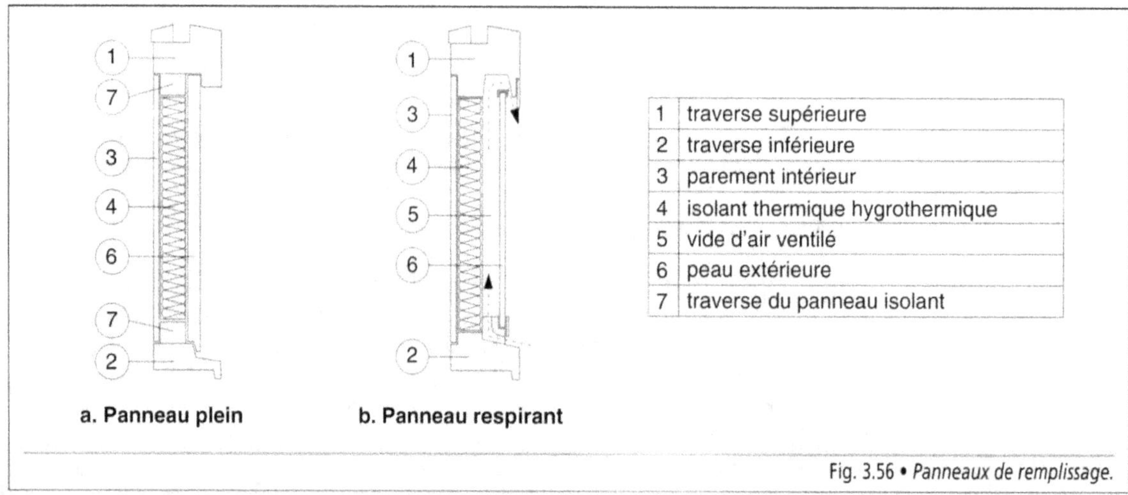

1	traverse supérieure
2	traverse inférieure
3	parement intérieur
4	isolant thermique hygrothermique
5	vide d'air ventilé
6	peau extérieure
7	traverse du panneau isolant

Fig. 3.56 • *Panneaux de remplissage.*

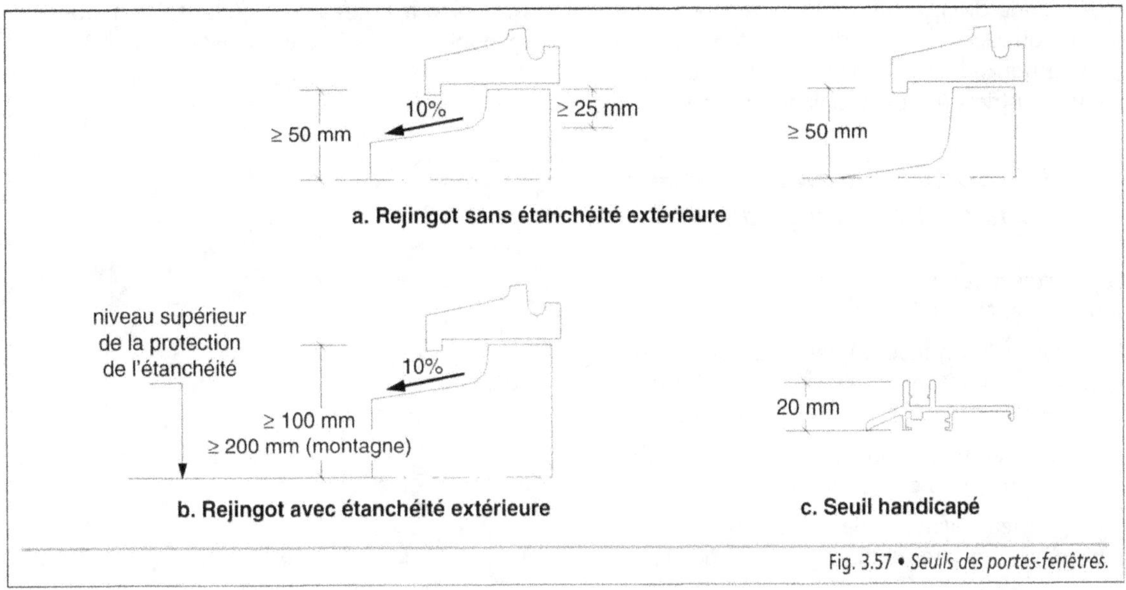

Fig. 3.57 • *Seuils des portes-fenêtres.*

4. Les portes extérieures

Les portes extérieures sont des ouvrages qui, séparant deux milieux, l'un intérieur et l'autre extérieur, permettent d'accéder dans un local ou dans un bâtiment. De ce fait, chaque face du vantail est exposée à des conditions de température et d'hygrométrie différentes (Fig. 3.58), entraînant des contraintes internes non négligeables qui peuvent occasionner des déformations (gauchissement) ou provoquer un effet de bilame*. Fermant un lieu clos, elles ont également à jouer un rôle de sécurité et, éventuellement, d'éclairement.

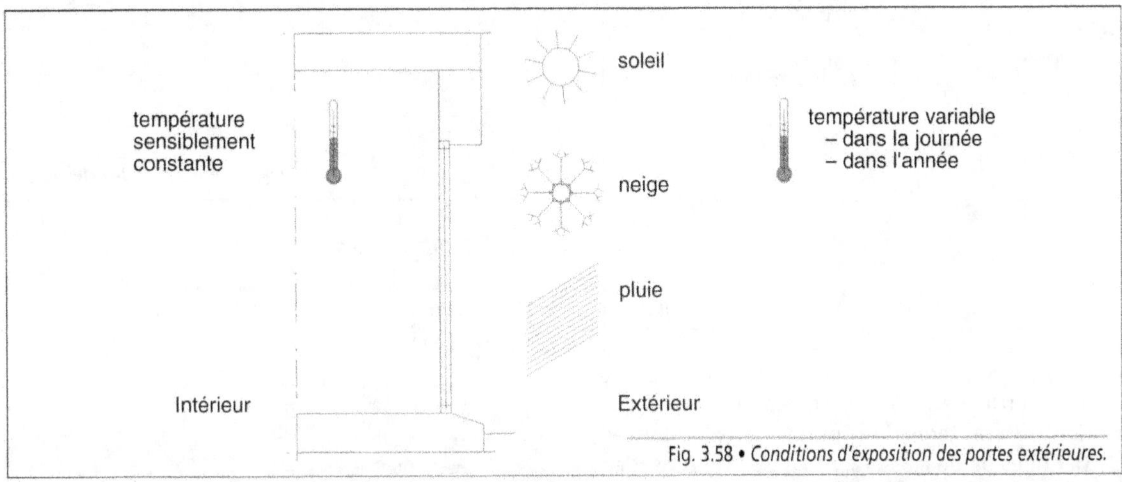

Fig. 3.58 • *Conditions d'exposition des portes extérieures.*

Une grande diversité de portes extérieures existe selon qu'elles commandent l'accès à une construction individuelle, à un immeuble, à un bâtiment industriel ou commercial, ou à un garage.

4.1. Les portes extérieures pour constructions individuelles

Les portes extérieures comprennent les composants suivants (Fig. 3.59) :

- un cadre (ou huisserie) constitué de deux ou plusieurs montants, d'une traverse haute et d'une entretoise inférieure formant seuil ;

- un vantail simple ou des vantaux doubles égaux ou non, pleins ou vitrés ;

- un panneau éventuel de remplissage, plein ou vitré, venant latéralement ou en imposte.

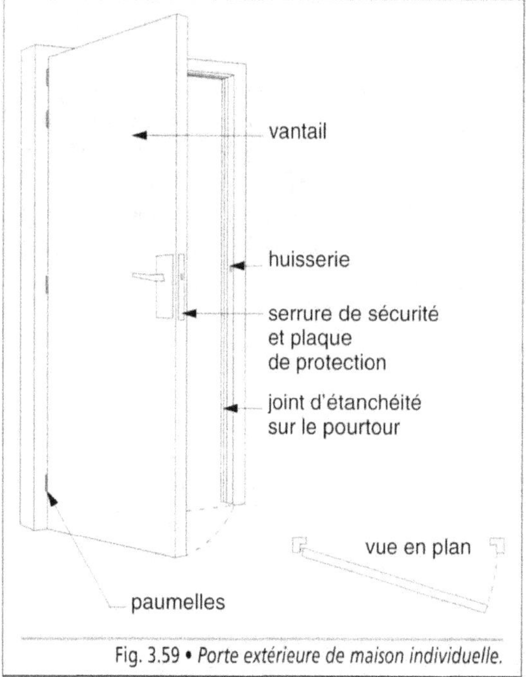

Fig. 3.59 • *Porte extérieure de maison individuelle.*

Généralement, ces éléments sont assemblés et traités en usine afin de former un **bloc-porte** qui présente l'avantage de répondre aux exigences demandées par le classement AEV et de posséder des performances acoustiques et thermiques correspondant au label ACOTHERM (Tab. 3.3).

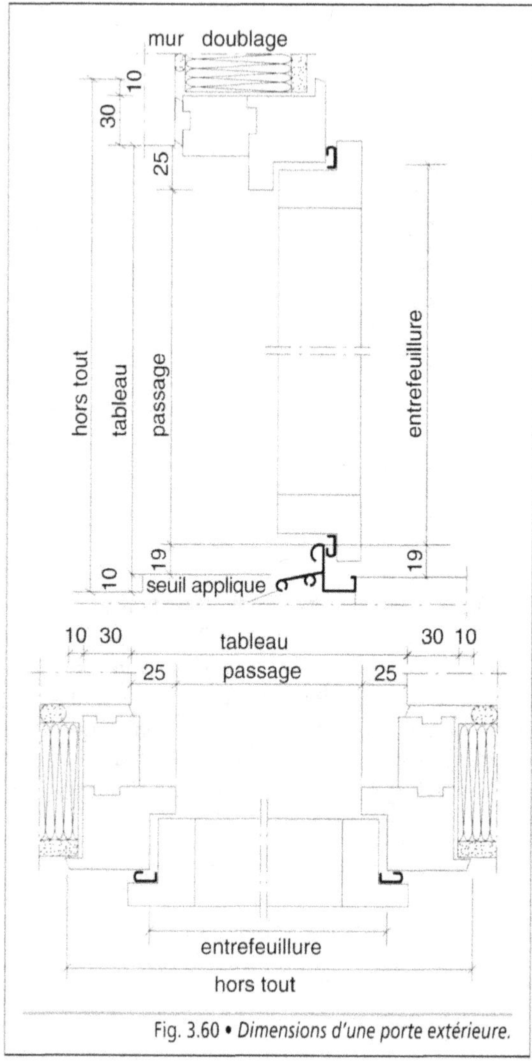

Fig. 3.60 • *Dimensions d'une porte extérieure.*

Exemple

Un bloc-porte avec un seul vantail peut recevoir un classement :

- A_3 E_E V_E ;

- indice d'affaiblissement acoustique au bruit rose : R_A = 35 db(A) à 37 db(A) ;

- isolation thermique : coefficient K = 0,96 W/(m² K) avec huisserie bois.

Les dimensions de passage sont les suivantes : hauteurs 2,00 m, 2,10 m et 2,20 m × largeurs 0,80 m, 0,90 m et 1,00 m × épaisseur 40 mm à 50 mm.

Pour des largeurs supérieures, il est préférable de prévoir deux vantaux, l'un de largeur normale, l'autre pouvant être plus étroit. Les réservations laissées dans le gros œuvre sont adaptées à ces dimensions en tenant compte des épaisseurs d'enduit et de la présence ou non de feuillures (Fig. 3.60).

L'huisserie est formée par un assemblage de profilés en bois exotique ou en acier. Elle est placée en feuillure ou en applique, rendue solidaire de la maçonnerie par scellement ou à l'aide de vis. L'étanchéité à l'air et à l'eau entre le mur et le cadre est assurée par un joint.

Le vantail, de préférence à recouvrement, est constitué par un assemblage de panneaux ou de lames en bois massif, autorisant plusieurs aspects (Fig. 3.61). Une autre solution consiste à employer un panneau composite dont l'âme isolante de type polyuréthanne est prise dans un cadre en PVC et habillée par deux parois en acier galvanisé recevant une résine époxy (Fig. 3.62). Cette formule présente l'avantage d'améliorer l'isolation thermique. Dans les deux cas, un oculus vitré peut être incorporé (Fig. 3.63).

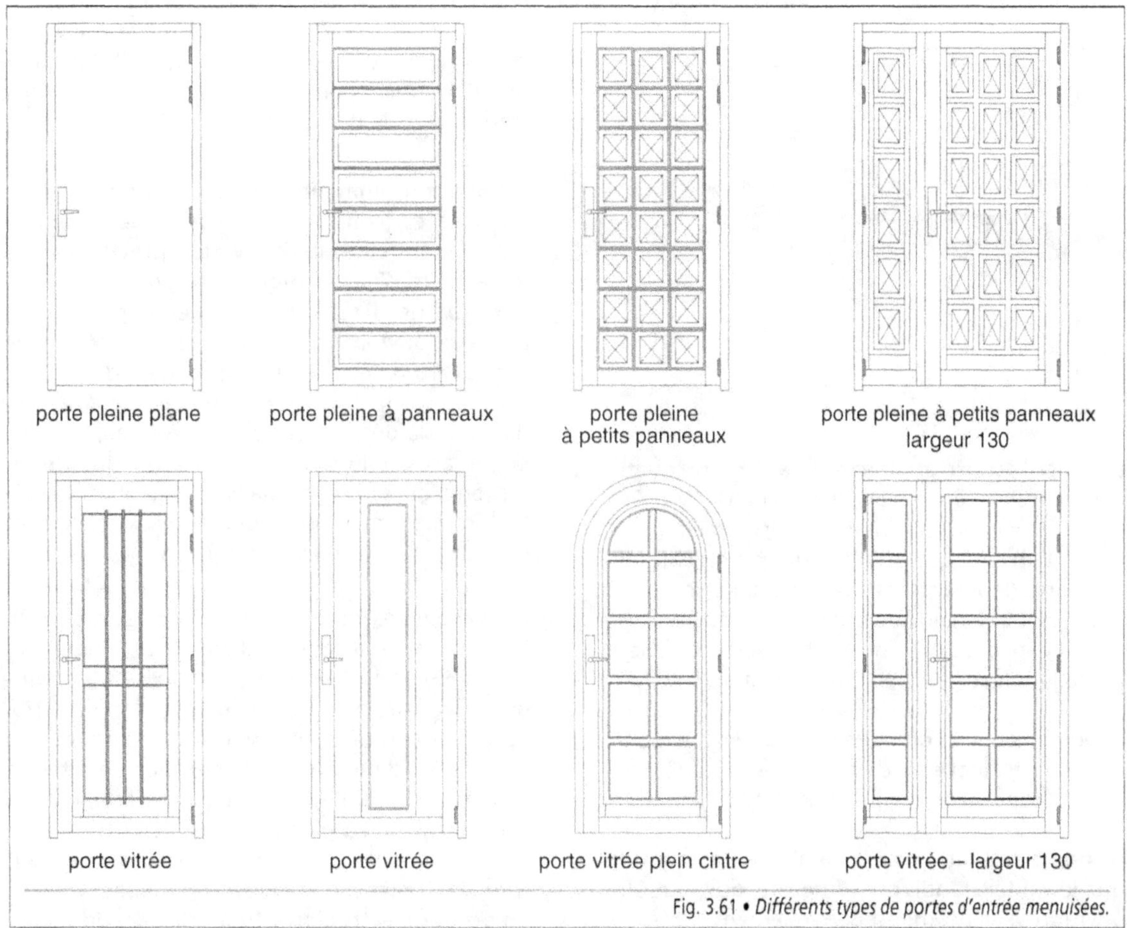

Fig. 3.61 • *Différents types de portes d'entrée menuisées.*

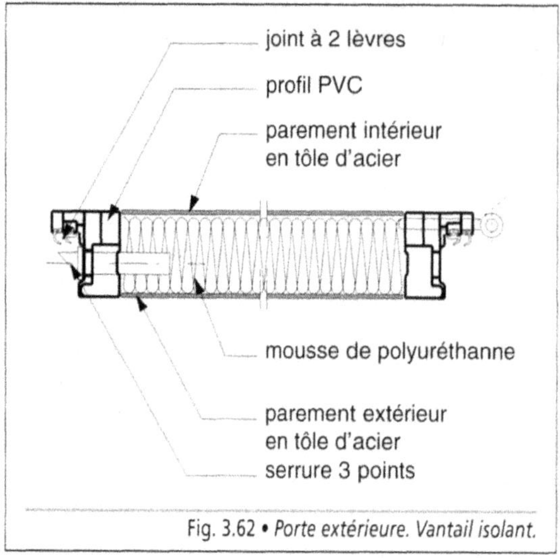

Fig. 3.62 • *Porte extérieure. Vantail isolant.*

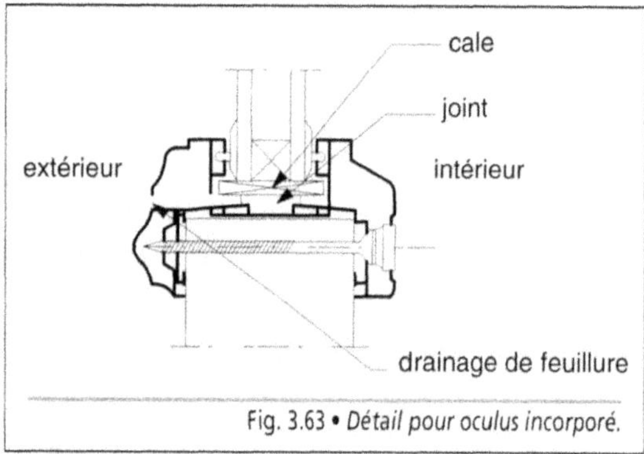

Fig. 3.63 • *Détail pour oculus incorporé.*

Le vantail est fixé au dormant par trois ou quatre paumelles et s'ouvre vers l'intérieur. L'étanchéité entre le vantail et l'huisserie est améliorée à l'aide d'un joint à lèvre collé sur les trois côtés du dormant (montants et traverse supérieure) et d'un joint balai ajustable fixé sous l'ouvrant. De plus, l'eau battante est rejetée vers l'extérieur par le jet d'eau placé en bas du vantail.

L'équipement est complété par une serrure munie d'un canon européen, d'une entrée de porte et de becs de cane ou de poignées de tirage.

La partie fixe latérale est de même composition que le vantail, tandis que l'imposte, qui peut être ouvrante à abattant, est généralement vitrée.

Afin d'améliorer la sécurité et rendre le bloc-porte anti-effraction conformément à la norme NF P 23-306 – *Menuiseries en bois – Blocs-portes palières – Spécifications minimales*, il est nécessaire de prévoir un blindage en acier, quatre paumelles renforcées assurant une meilleure tenue à l'arrachement, des ergots anti-dégondage et une crémone haute sécurité à trois, cinq ou sept points de condamnation indécrochetables.

4.2. Les portes d'entrée d'immeuble

Les portes d'entrée d'immeuble sont fabriquées sur mesure de manière à être adaptées aux bâtiments qu'elles doivent équiper : habitation, tertiaire, scolaire, commercial, industriel. Elles sont positionnées et conçues pour que l'utilisateur ou le visiteur repère aisément le point de pénétration dans le bâtiment.

■ **Dans un immeuble d'habitation**, la porte d'entrée est constituée par un large ensemble vitré venant clore la réservation prévue dans le gros œuvre. Cet ensemble comprend une ou plusieurs parties fixes latérales ou en imposte et un ou deux ouvrants à la française permettant de dégager une largeur libre minimale de 1,20 m. Fréquemment, la porte extérieure permet d'accéder à un sas fermé, côté intérieur, par une porte accessible uniquement aux utilisateurs. L'intérêt du sas réside dans le fait qu'il isole le hall d'immeuble de l'ambiance extérieure et qu'il peut recevoir les boîtes aux lettres.

Ces ensembles vitrés sont réalisés avec des profilés en bois, en acier (Fig. 3.64) ou en aluminium (Fig. 3.65). Ce dernier matériaux est souvent préféré car il nécessite peu d'entretien. Une traverse horizontale intermédiaire permet de réduire les dimensions des vitrages de sécurité aux chocs et à l'effraction (verre feuilleté ou verre Sécurit). La porte est équipée de paumelles ou de pivots, d'un ferme-porte et d'une serrure avec gâche électrique commandée depuis un portier électronique ou un clavier codé.

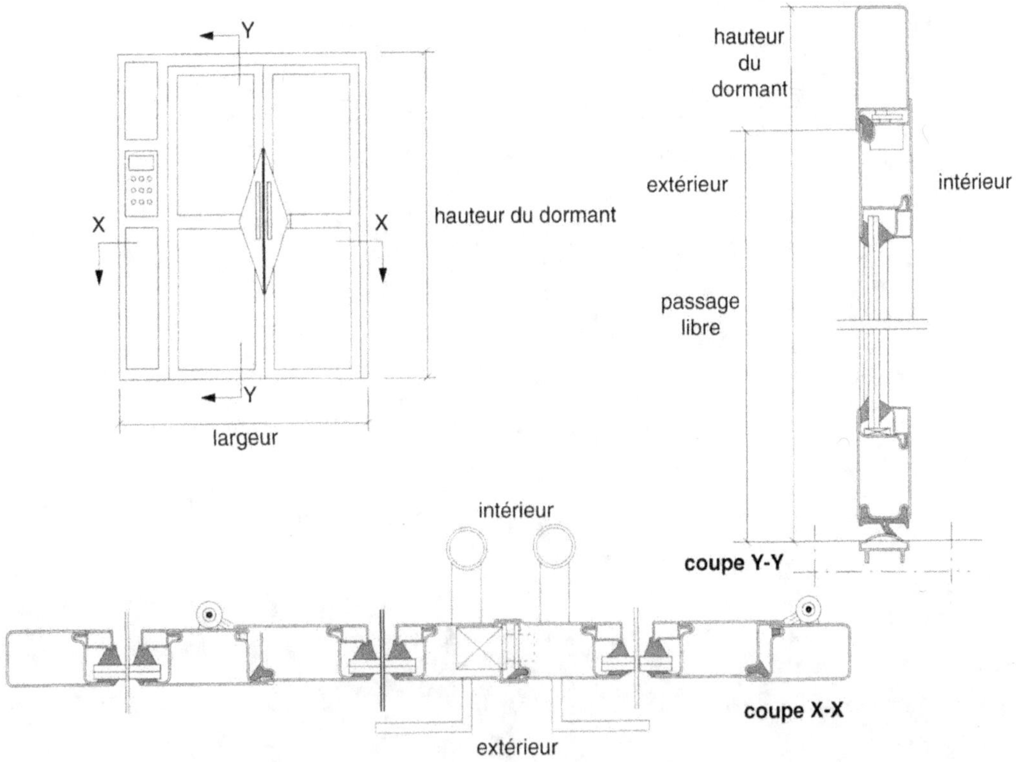

Fig. 3.64 • *Porte à 2 vantaux en profilés en acier.*

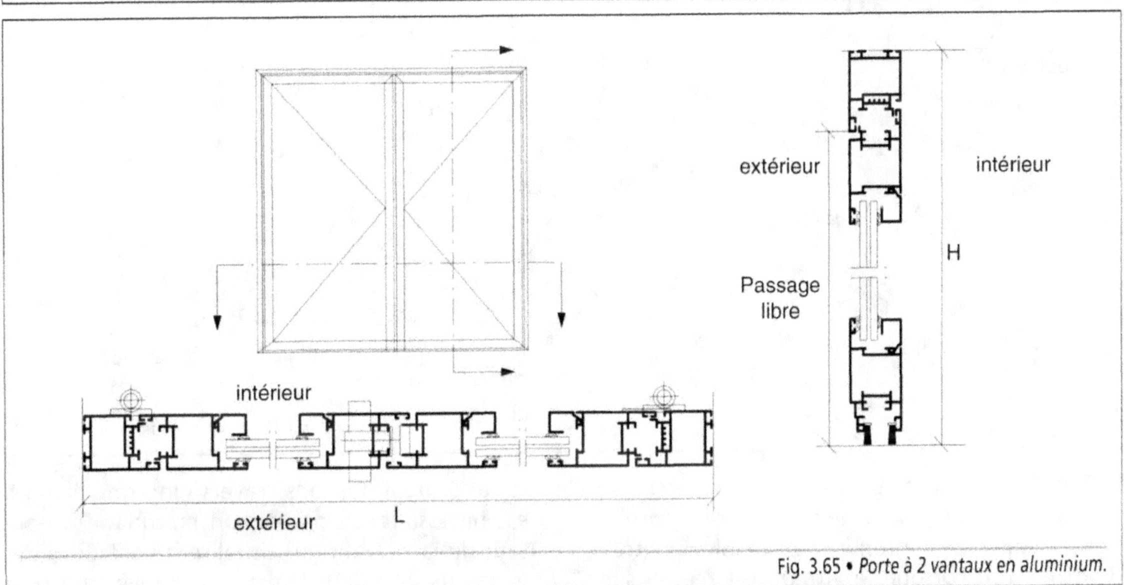

Fig. 3.65 • *Porte à 2 vantaux en aluminium.*

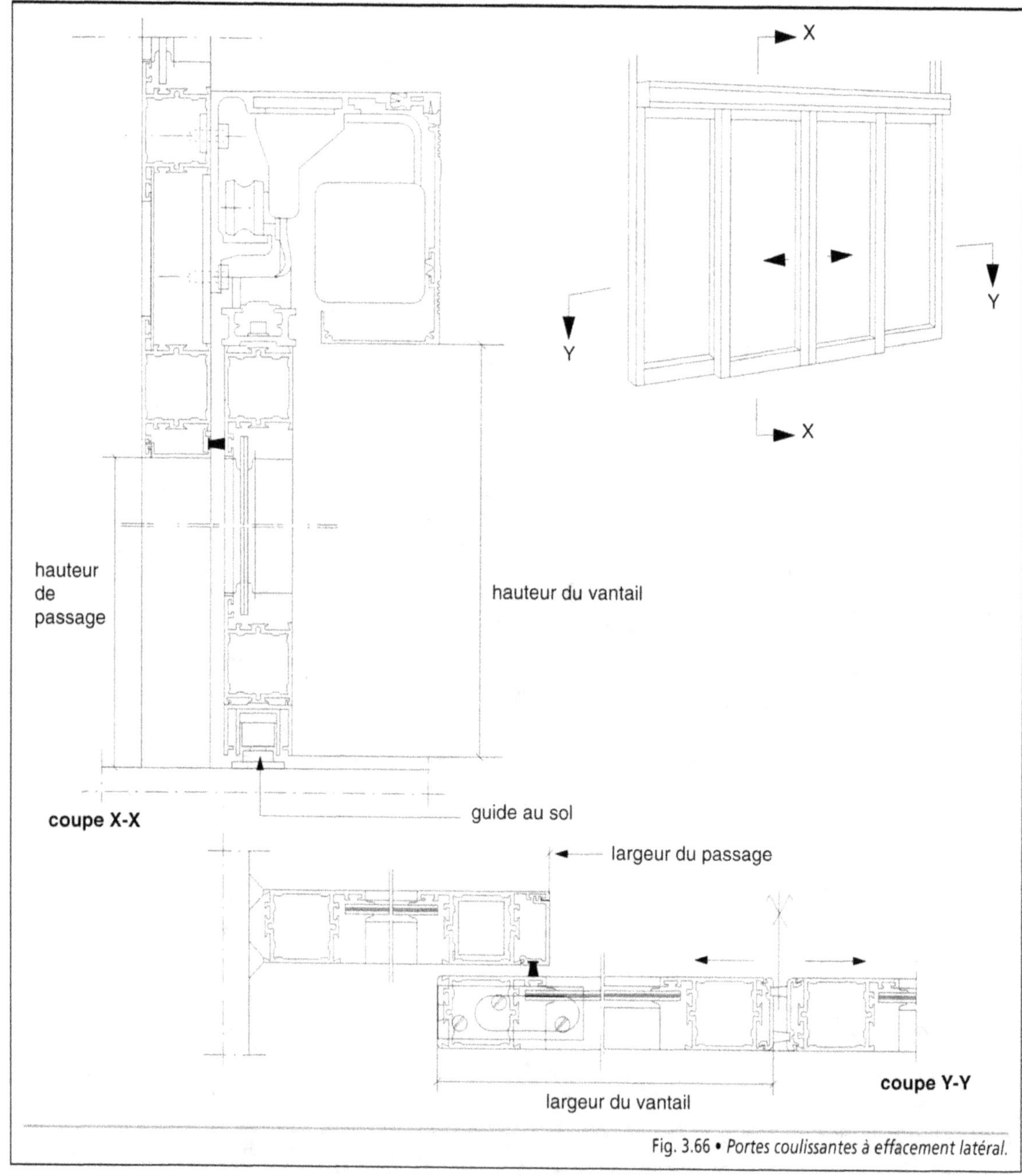

Fig. 3.66 • *Portes coulissantes à effacement latéral.*

■ **Dans les bâtiments tertiaires et commerciaux,** les portes d'entrée sont généralement incorporées dans de grands ensembles vitrés (Photo. 3.10). Lorsque le vitrage est réalisé sur toute la hauteur, sans traverse intermédiaire, il est nécessaire de prévoir un marquage à hauteur de la vue afin de visualiser la présence des éléments vitrés. Quatre types d'ouverture sont utilisés : ouvrant à la française, à l'anglaise, coulissant et pivotant. L'étanchéité à l'air est obtenue au moyen de joints à lèvre en élastomère ou de joint à brosse en polypropylène, adapté au mode de fonctionnement de l'ouvrant. Les portes coulissantes à échappement latéral dégagent une large ouverture (Fig. 3.66). La manœuvre de ces portes est fréquemment commandée automatiquement, par cellule photoélectrique, par radar (Fig. 3.67) ou par bandeau sensoriel de détection de présence fonctionnant par émission et réception de rayons infrarouges. Elles sont munies de dispositif de sécurité stoppant le mouvement en cas de présence d'un obstacle. En général, ces portes permettent l'accès à un sas qui isole l'ambiance intérieure des conditions extérieures.

Un type particulier de porte permet le passage direct de l'extérieur vers l'intérieur en interdisant tout échange d'air froid ou chaud, c'est-à-dire sans l'interposition d'un sas : **la porte tambour** (Photo. 3.11). Elle est constituée d'un

corps fixe de forme cylindrique en aluminium dans lequel quatre vantaux pivotent autour d'un axe central. L'étanchéité à l'air est assurée par des joints de type brosse. Des dispositifs spécifiques permettent la condamnation de l'accès et, inversement, la libération du passage en cas d'évacuation rapide (Fig. 3.68).

Photo. 3.10 • *Porte extérieure vitrée incorporée dans une façade vitrée.*

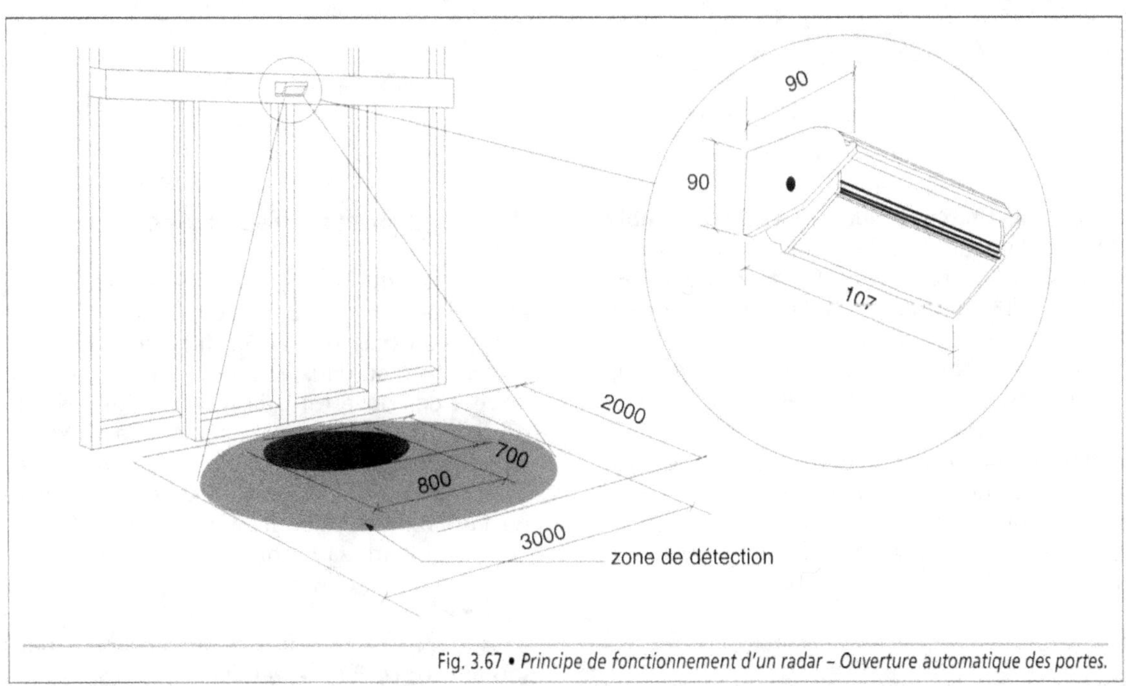

Fig. 3.67 • *Principe de fonctionnement d'un radar – Ouverture automatique des portes.*

Photo. 3.11 • *Porte tambour.*

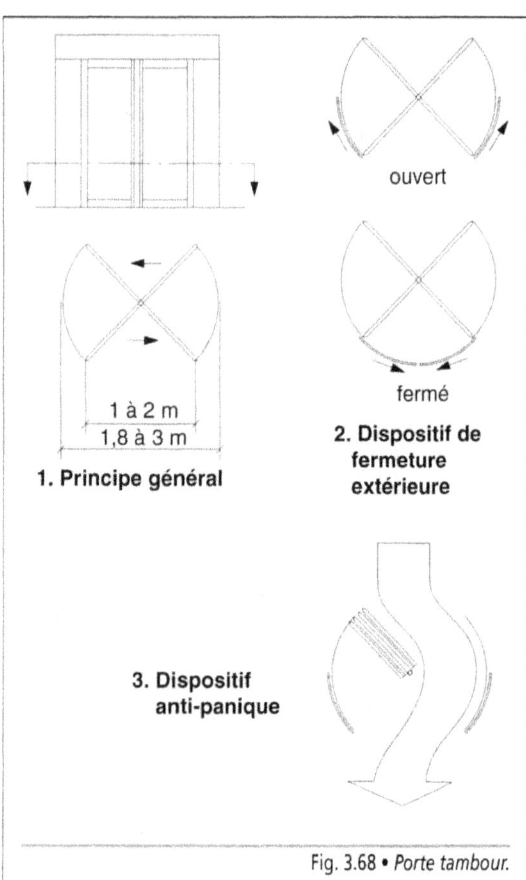

Fig. 3.68 • *Porte tambour.*

■ **Dans les établissements recevant du public (ERP),** la largeur libre de passage des portes est soumise à une réglementation spécifique afin de répondre aux conditions d'évacuation de ces bâtiments en cas de sinistre. Elle correspond à un certain nombre d'unités de passage en corrélation avec le nombre d'occupants potentiels.

■ **Dans les bâtiments de type industriel,** les portes sont traitées de manière plus sobre. Elles sont fréquemment constituées d'un assemblage de profilés en acier prélaqués ou peints in situ.

4.3. *Les portes de service*

Les portes de service sont généralement en acier, exécutées à la demande. Elles sont constituées d'un bâti fixe en profilés en L ou en T recevant un ou deux vantaux ouvrants, selon la largeur de l'ouverture. Ceux-ci sont formés d'un cadre en profilés, renforcé par des traverses, sur lequel est soudée une tôle en acier sur la face extérieure ou sur les deux faces. Afin d'améliorer l'isolation thermique, il est possible d'incorporer un panneau isolant, pris en sandwich entre les deux tôles (Fig. 3.69). Selon la destination des locaux desservis, ces portes sont équipées d'une barre anti-panique* commandant son ouverture vers l'extérieur.

4.4. Les portes de garage et les portails industriels

Les dimensions des portes de garage et des portails industriels sont adaptées au gabarit des véhicules qui ont accès aux locaux qu'ils commandent. Elles sont donc essentiellement variables. Ces composants comprennent un cadre dormant, en bois ou métallique, fixé au gros œuvre et une partie ouvrante, vantaux ou tablier, en bois, en acier ou en PVC. L'emploi de panneaux constitués d'une double paroi en tôle d'acier galvanisé avec injection de mousse de polyuréthanne permet d'améliorer l'isolation thermique.

▊ **Les portes de garages** peuvent être manœuvrées selon plusieurs dispositifs d'ouverture, à condition qu'ils soient adaptés aux dimensions du portail, à la place disponible ainsi qu'aux matériaux utilisés (Fig. 3.70 – tab. 3.7).

• Les ouvrants sont à battant sur l'extérieur ou sur l'intérieur. Ce principe est réservé aux portails en bois commandant des garages individuels. Leur défaut majeur porte sur l'encombrement nécessaire au débattement des vantaux et sur la charge apportées sur les pentures*.

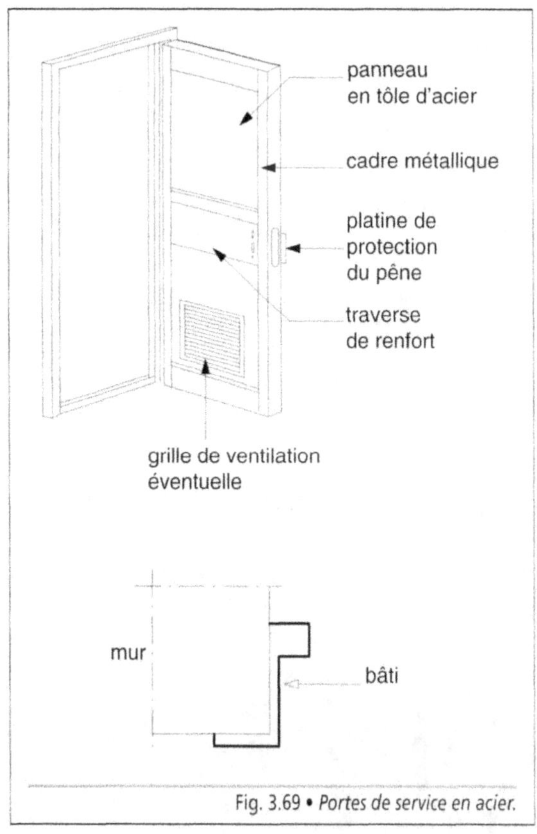

Fig. 3.69 • *Portes de service en acier.*

Mode d'ouverture des vantaux	Débattement extérieur (position ouverte)	Débattement intérieur position ouverte)	Grandes dimensions	Facilité de manœuvre	Possibilité de motorisation
À battant extérieur	XXX	OOO	XXX	O	X (4)
À battant intérieur	OOO	XXX	XXX	O	X (4)
En accordéon	OOO	O (1)	O	X	O
Coulissant	OOO	OOO (2)	O	OOO	X
Basculant	OOO	OOO	O	OOO	OOO
Sectionnel relevable	OOO	OOO (3)	OOO	OOO	OOO
En portefeuille	OOO	OOO (3)	OOO	O	OOO

OOO : excellente (1) Ecoinçon nécessaire des deux côtés.
O : acceptable (2) Ecoinçon nécessaire sur un des côtés.
X : médiocre (3) Retombée du linteau nécessaire.
XXX : inadaptée (4) Selon la dimension des vantaux.

Tab. 3.7 • *Fonctionnalité des portes de garages selon le mode d'ouverture du tablier.*

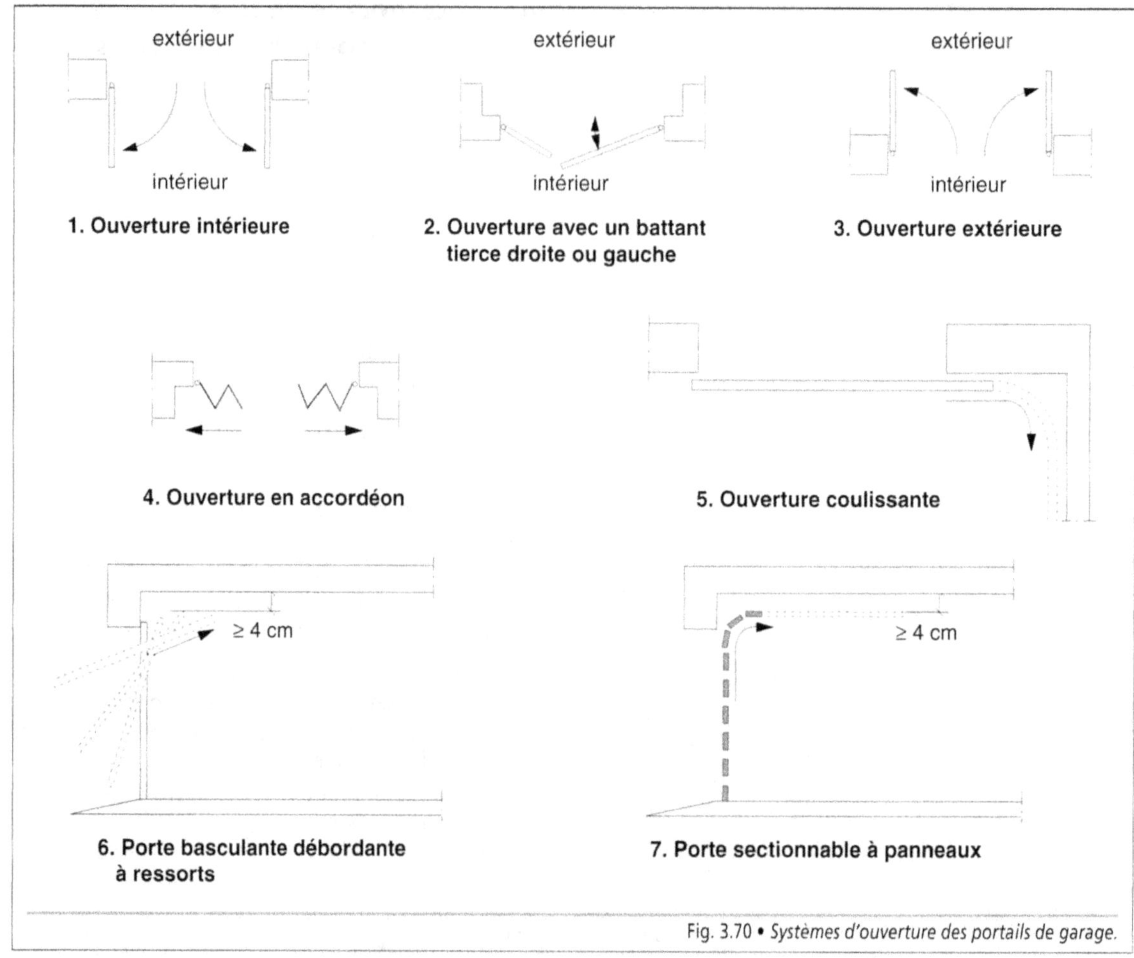

Fig. 3.70 • *Systèmes d'ouverture des portails de garage.*

- Les vantaux en bois se replient en accordéon dans les écoinçons* intérieurs. Ce principe est employé essentiellement pour les garages individuels.

- Le tablier à déplacement latéral coulisse le long d'un mur transversal. Il est composé de cinq ou six vantaux articulés entre eux et suspendus à des galets en nylon guidés sur un rail fixé au linteau. Ce système impose une retombée du linteau d'une quinzaine de centimètres.

- Le portail basculant se soulève avec un minimum d'effort afin que le tablier vienne se placer parallèlement au plafond, en position d'ouverture, sans débord extérieur. Ce débord est admis en phase de manœuvre (Fig. 3.71). Plusieurs principes de fonctionnement sont proposés, avec ou sans rails de guidage en plafond, avec ressorts compensateurs ou avec contrepoids. De manœuvre aisée et sans encombrement, ce type de portail a tendance à se généraliser.

- Les portes sectionnelles relevables sont des portes dont le tablier est constitué de panneaux horizontaux articulés et équipés à leurs extrémités de galets de roulement en Nylon coulissant dans des rails de guidage (Fig. 3.72 – photo. 3.12a et 3.12b).

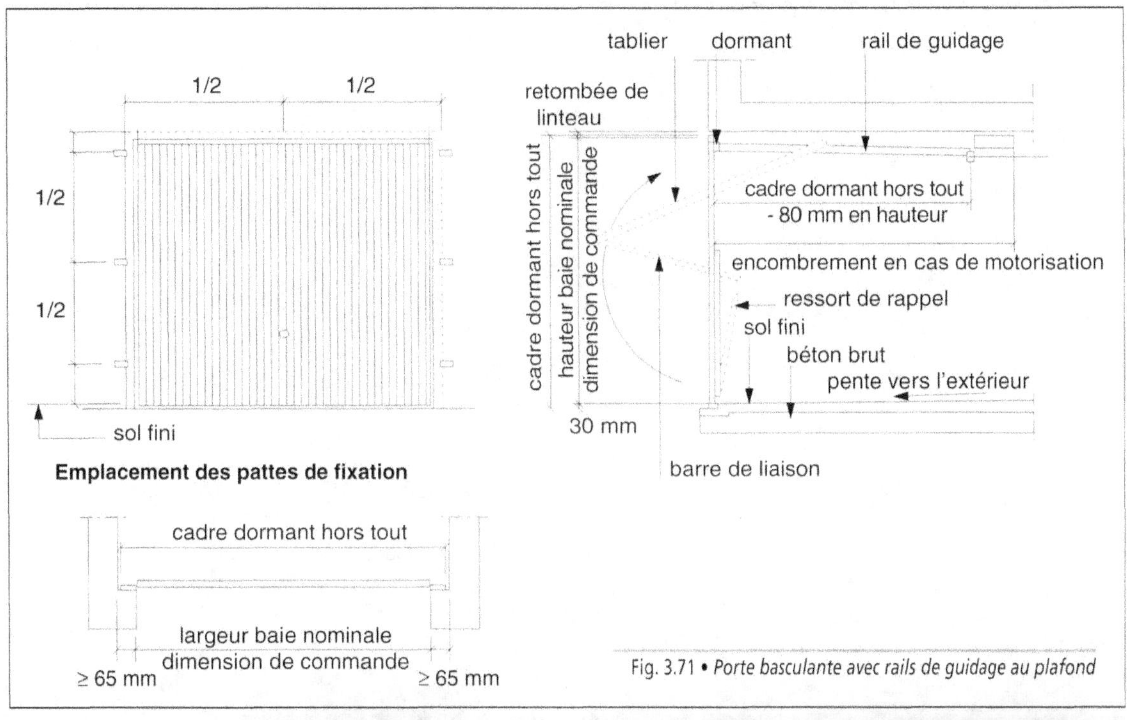

Fig. 3.71 • *Porte basculante avec rails de guidage au plafond*

Photo. 3.12a et 3.12b •
*Portail sectionnel – Vues
extérieure et intérieure.*

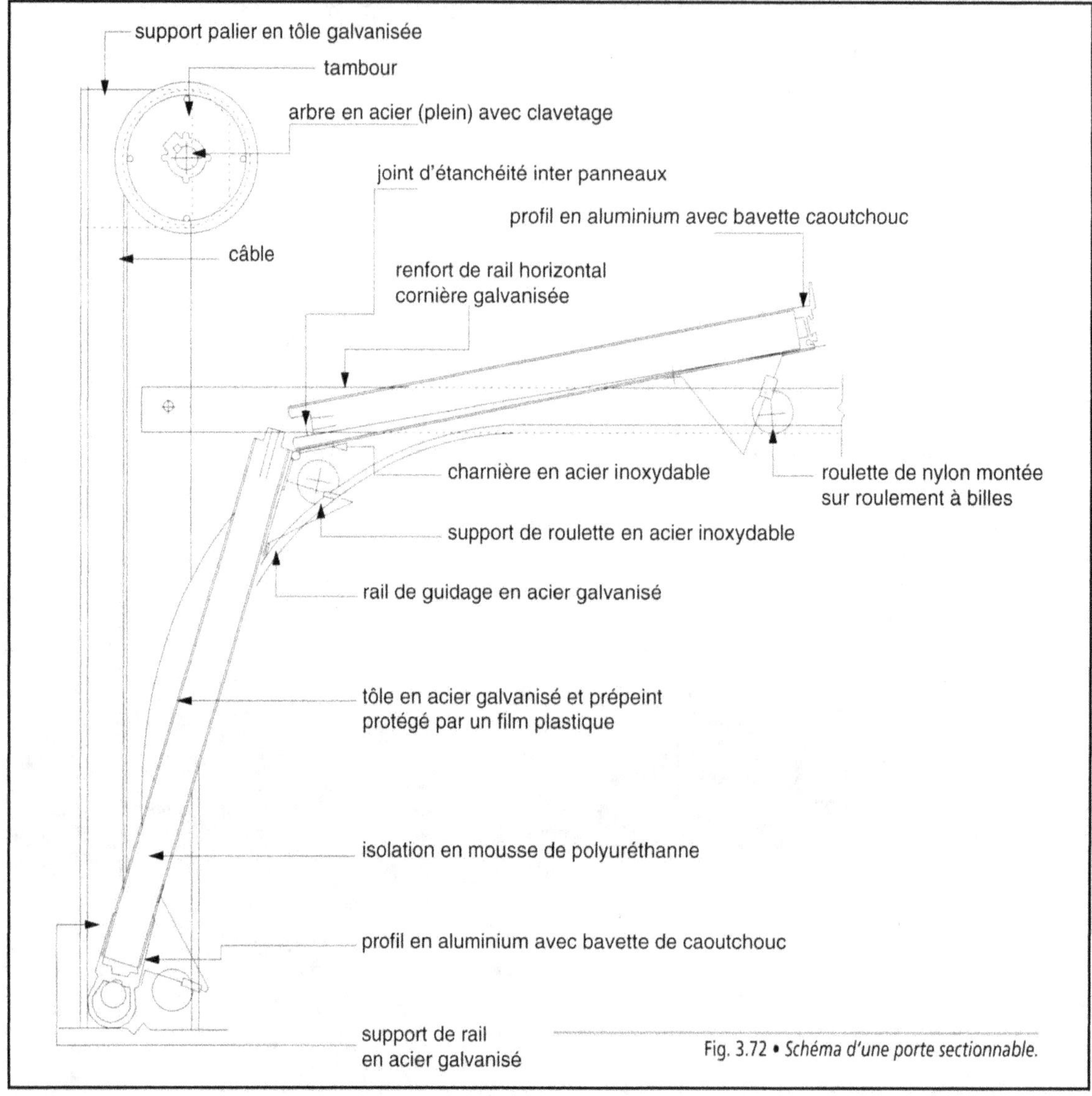

Fig. 3.72 • *Schéma d'une porte sectionnable.*

• Le portail, formé de deux ou plusieurs panneaux horizontaux, se replie sur lui-même, en portefeuille, les extrémités étant guidées par des rails verticaux.

En complément, le tablier peut recevoir un portillon de service, des hublots d'éclairement ou des grilles de ventilation (Photo. 3.13) et être équipé d'une motorisation télécommandée.

Le choix du portail tient compte des paramètres suivants :

• les dimensions usuelles de fabrication ;

• la sécurité dans le fonctionnement, en particulier avec les commandes automatiques ;

• le niveau du bruit de fonctionnement ;

• la résistance à l'effraction ;

• la facilité de manœuvre.

Photo. 3.13 • *Portails motorisés équipés de grille d'entrée d'air.*

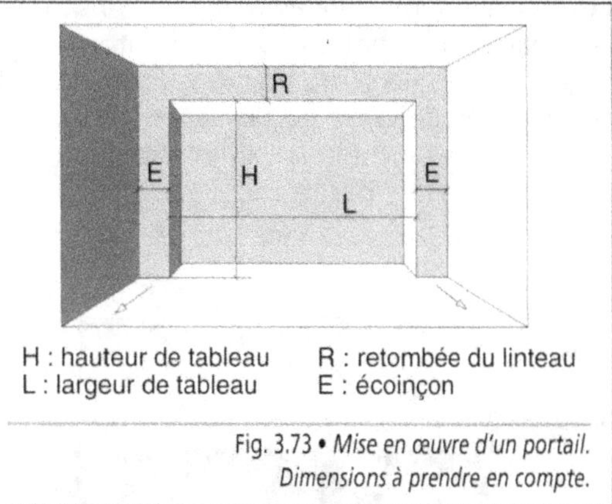

H : hauteur de tableau   R : retombée du linteau
L : largeur de tableau   E : écoinçon

Fig. 3.73 • *Mise en œuvre d'un portail.*
Dimensions à prendre en compte.

Sa pose exige de connaître un certain nombre de dimensions : largeur et hauteur du tableau, retombée du linteau, largeur de l'écoinçon (Fig. 3.73). D'autre part, lorsqu'il est suspendu à une charpente, le calcul de celle-ci doit prendre en compte la surcharge ainsi apportée.

■ **Les portails industriels** équipent des bâtiments tels que les centres de secours, les entrepôts, etc. pour lesquels ils constituent un élément prépondérant. Les systèmes d'ouverture utilisés sont les portes coulissantes, les portes accordéon repliables et les portes sectionnelles relevables.

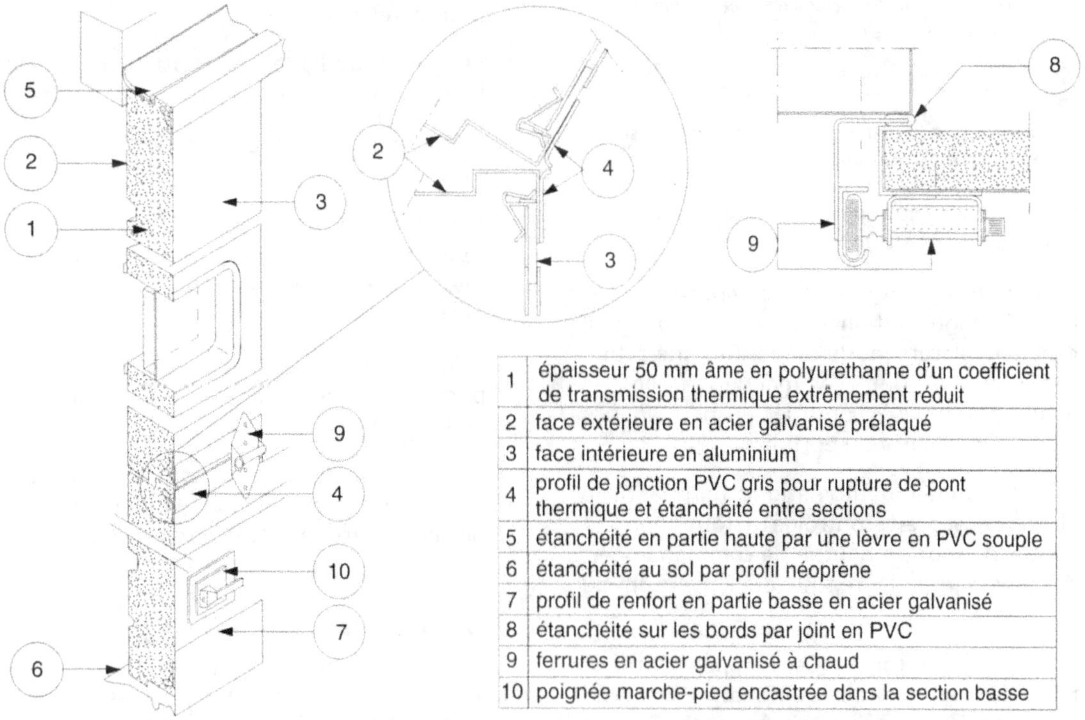

1	épaisseur 50 mm âme en polyurethanne d'un coefficient de transmission thermique extrêmement réduit
2	face extérieure en acier galvanisé prélaqué
3	face intérieure en aluminium
4	profil de jonction PVC gris pour rupture de pont thermique et étanchéité entre sections
5	étanchéité en partie haute par une lèvre en PVC souple
6	étanchéité au sol par profil néoprène
7	profil de renfort en partie basse en acier galvanisé
8	étanchéité sur les bords par joint en PVC
9	ferrures en acier galvanisé à chaud
10	poignée marche-pied encastrée dans la section basse

Fig. 3.74 • *Isolation thermique d'un portail industriel.*

Les portails sont équipés d'une motorisation à commande automatique ou semi-automatique. Compte tenu de leurs grandes dimensions, la construction doit être particulièrement robuste, tandis que l'étanchéité à l'air et l'isolation thermique ne sont pas à négliger (Fig. 3.74 – photo. 3.14).

Photo. 3.14 • *Portails industriels équipés de jupes souples d'étanchéité et de plate-forme réglable de chargement.*

Le déplacement du tablier est actionné selon l'un des quatre principes suivants :

- la fermeture manuelle qui nécessite l'action d'une ou de plusieurs personnes ;

- la fermeture motorisée qui comporte un système de motorisation et de commande assurant le déplacement du tablier par une action continue sur une commande placée de manière à pouvoir contrôler en permanence le fonctionnement du portail ;

- la fermeture semi-automatique, dans laquelle la manœuvre est contrôlée à tout moment par l'action sur un bouton de commande permettant l'arrêt, la reprise ou l'inversion du mouvement ;

- la fermeture automatique, équipée d'un système de motorisation et de commande tel qu'une fois le mouvement amorcé, il n'est plus maîtrisé.

Alors que les deux premiers procédés permettent un arrêt instantané du mouvement du tablier, il n'en est pas de même dans les deux derniers. Des dispositifs de sécurité sont nécessaires de manière à interrompre immédiatement tout mouvement du portail et à éliminer les risques d'accident. Ils sont définis dans la norme NF P 25-362 – *Fermetures pour baies libres et portails – Spécifications techniques – Règles de sécurité.* Ils portent sur les points suivants :

- la possibilité de manœuvrer le portail tant de l'extérieur que de l'intérieur ;

- la protection des zones de fin de fermeture et de fin d'ouverture, par la mise en place de détecteurs de présence ou de contact (palpeur provoquant l'arrêt du portail en cas de rencontre avec un obstacle) ;

- la protection des zones de coincement pour les portes coulissantes, par la mise en place d'un détecteur de contact ;

- l'éclairage de l'aire de débattement pendant le mouvement du portail ;

- l'interdiction éventuelle de portillon selon le type de mouvement du portail ;

- la matérialisation au sol de la zone de débattement lorsque le portail dessert des immeubles collectifs d'habitation, tertiaires ou autres ;

- la signalisation de la mise en mouvement du portail à l'aide d'un feu orange clignotant visible de l'extérieur ;

- la protection de l'aire correspondant à la zone de débattement à l'aide d'un détecteur de présence lorsque cette zone est accessible au public.

En cas de défaillance du dispositif de sécurité, le fonctionnement automatique du tablier devient impossible ; il est relayé par une manœuvre manuelle lorsque la motorisation est débrayable.

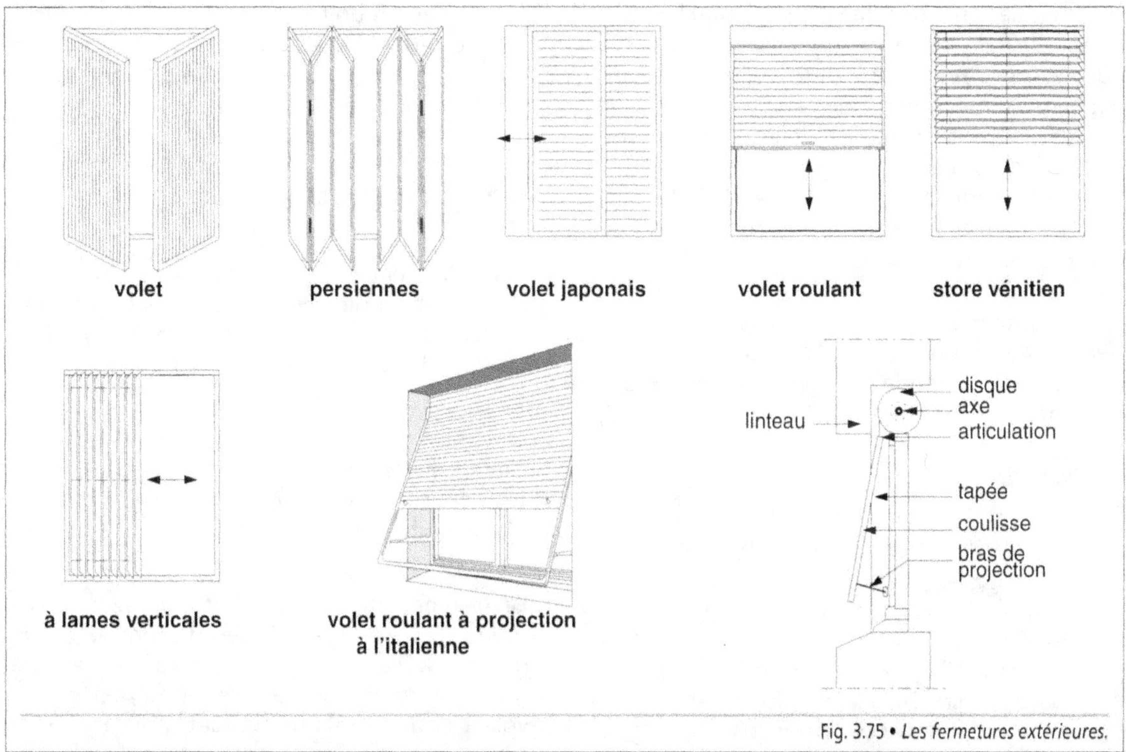

Fig. 3.75 • *Les fermetures extérieures.*

5. Les fermetures extérieures

Les fermetures extérieures correspondent à des équipements d'obturation placés devant des baies vitrées afin d'assurer des fonctions complémentaires.

Les fermetures extérieures sont différenciées selon trois critères :

- les fonctions qu'elles jouent, portant sur la protection contre l'intrusion, contre les agents atmosphériques (pluie, vent) et l'ensoleillement, contre le froid ou la chaleur, contre le bruit, etc. ;

- le mode d'ouverture qui s'effectue par rotation autour d'un axe (volets, persiennes, jalousies), translation (volets japonais), enroulement (volets roulants, grilles, stores en toile), refoulement vertical (stores vénitiens) ou horizontal

(voilage intérieur) (Fig. 3.75) ; certaines fermetures (persiennes, volets roulants) peuvent être équipées de projection à l'italienne ;

- le matériau qui les constitue, permettant de remplir la fonction dévolue dans de bonnes conditions.

Les matériaux les plus couramment utilisés sont le bois, l'acier, l'aluminium et les matières plastiques (profils en PVC extrudé). Exigeant peu d'entretien, ces dernières ont tendance à se développer bien qu'elles offrent une moins bonne résistance aux chocs et à l'effraction. Le bois et l'acier doivent être protégés par plusieurs couches de peinture entretenues régulièrement.

Selon le rôle qu'elles ont à remplir, les fermetures extérieures sont réalisées de manière différente. Le tablier est plein et continu lorsqu'il sert d'occultation ; il est réalisé en matériau composite (double paroi avec une âme isolante) lorsqu'il intervient dans l'isolation thermique ou acoustique, les joints avec le gros œuvre étant traités de manière à obtenir une bonne étanchéité à l'air. À l'inverse, il peut être ajouré afin d'assurer une ventilation ou une protection solaire. La protection contre l'effraction est obtenue avec des composants (tablier et organe de condamnation) particulièrement résistants.

Avant toute mise en œuvre, il convient de vérifier la compatibilité du type de fermeture retenu avec le mode de fonctionnement des ouvrants de la fenêtre (Tab. 3.8).

Exemple

- Les fenêtres à la française peuvent recevoir des volets battants, des persiennes ou des volets roulants ;

- Les châssis coulissants peuvent recevoir des volets roulants ; les persiennes accordéon ne sont admises qu'à la condition de désaxer la fermeture par rapport aux montants centraux des ouvrants ;

- Les châssis pivotants ou basculants ne peuvent pas recevoir de fermetures en tableau ; elles doivent être solidaires de l'ouvrant.

La manœuvre doit être aisée. Selon le principe d'ouverture, elle est manuelle ou peut être motorisée, commandée par un bouton ou une télécommande et débrayable.

5.1. Les volets

Les volets battants sont composés d'un ou de deux vantaux pleins ou persiennés se rabattant en façade. En général, ils sont réalisés en bois, sapin ou bois exotique, ou en PVC.

Les volets pleins sont constitués de lames verticales dont l'épaisseur est de l'ordre de 22 mm à 28 mm ; elles sont fixées sur des pièces d'assemblage, les barres et les écharpes.

Le ferrage est en acier électrozingué ; il comprend des pentures droites venant dans des gonds* scellés dans la maçonnerie, une espagnolette ronde qui assure la fermeture des volets et des arrêts tourniquets pour maintenir les battants ouverts contre les murs (Fig. 3.76).

Mode d'ouverture des vantaux	Volets battants	Persiennes	Volets japonais	Volets roulants	Grilles fixes	Stores à lames
Fixe	XXX	XXX	XXX	OOO	OOO	OOO
À la française	OOO	OOO	OOO	OOO	OOO	extérieur
À l'anglaise	XXX	XXX	XXX	O	XXX	intérieur
À soufflet	XXX	XXX	XXX	OOO	OOO	extérieur
Pivotant	XXX	XXX	XXX	XXX	XXX	XXX
Basculant	XXX	XXX	XXX	XXX (1)	XXX	XXX
Coulissant	X	O	O	OOO	OOO	OOO
À guillotine	O	O	OOO	OOO	OOO	OOO
Oscillo-battant	OOO	OOO	OOO	OOO	OOO	extérieur
À l'italienne	XXX	XXX	XXX	XXX (1)	XXX	extérieur (1)
À la canadienne	XXX	X	X	OOO	OOO	extérieur
À l'australienne	XXX	XXX	XXX	XXX	XXX	XXX
En accordéon	O	O	OOO	OOO	OOO	extérieur

OOO : excellente   X : médiocre   (1) À condition que les fermetures soient fixées sur les vantaux
O : acceptable   XXX : inadaptée   ouvrants.

Tab. 3.8 • *Compatibilité entre le mode d'ouverture des fenêtres et le type de fermeture.*

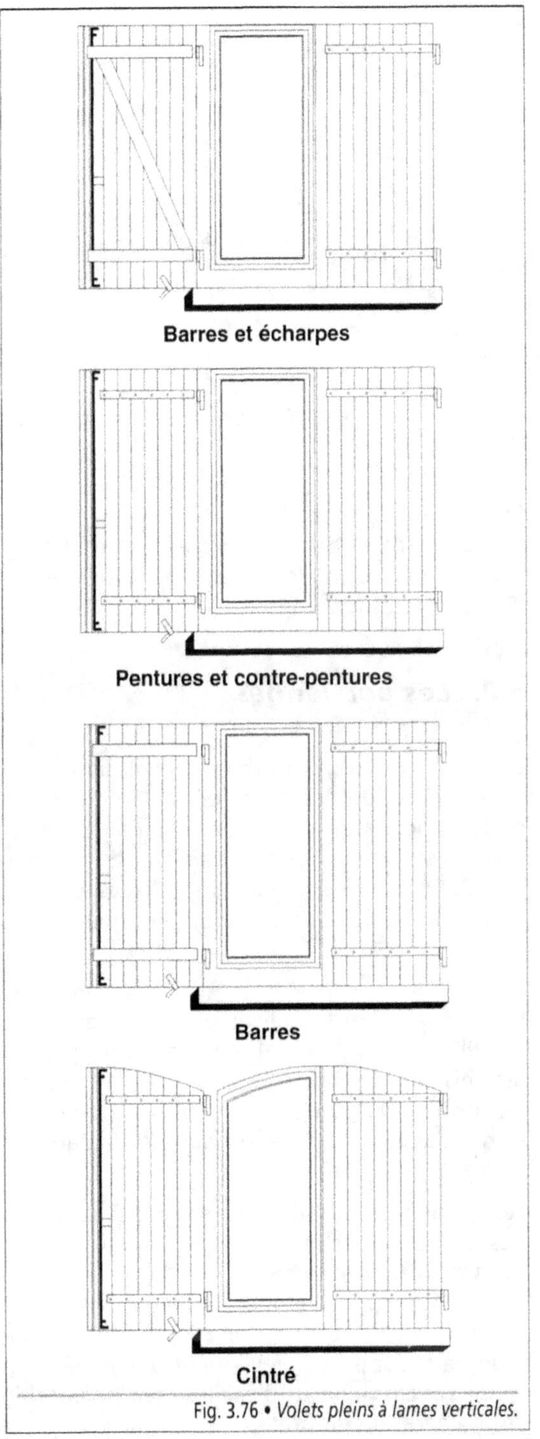

Barres et écharpes

Pentures et contre-pentures

Barres

Cintré

Fig. 3.76 • *Volets pleins à lames verticales.*

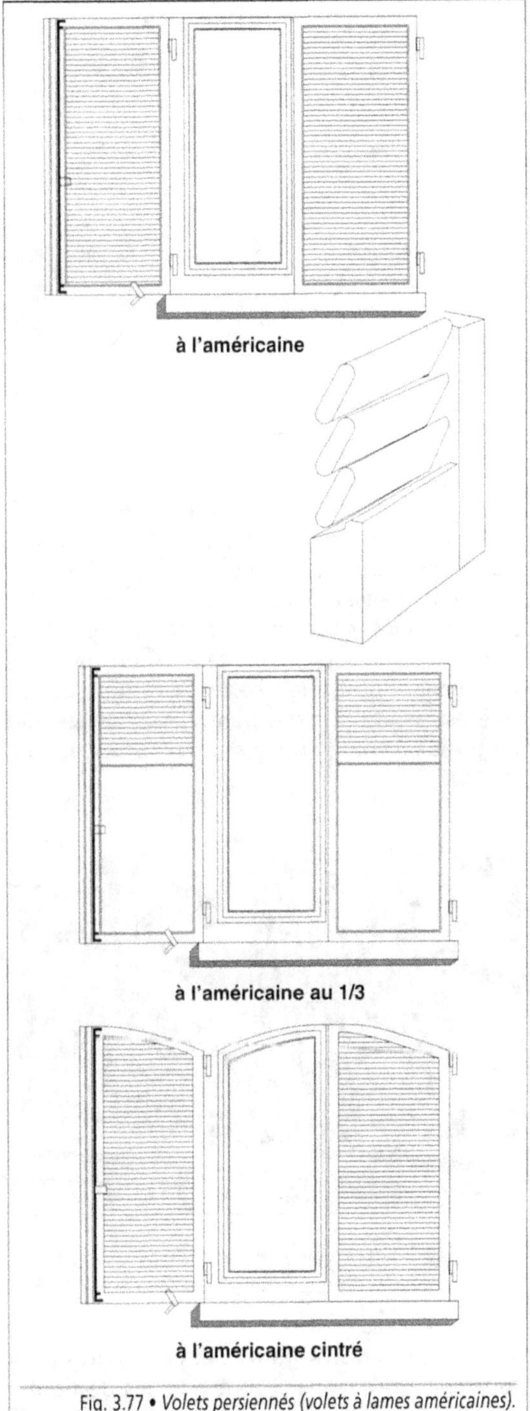

à l'américaine

à l'américaine au 1/3

à l'américaine cintré

Fig. 3.77 • *Volets persiennés (volets à lames américaines).*

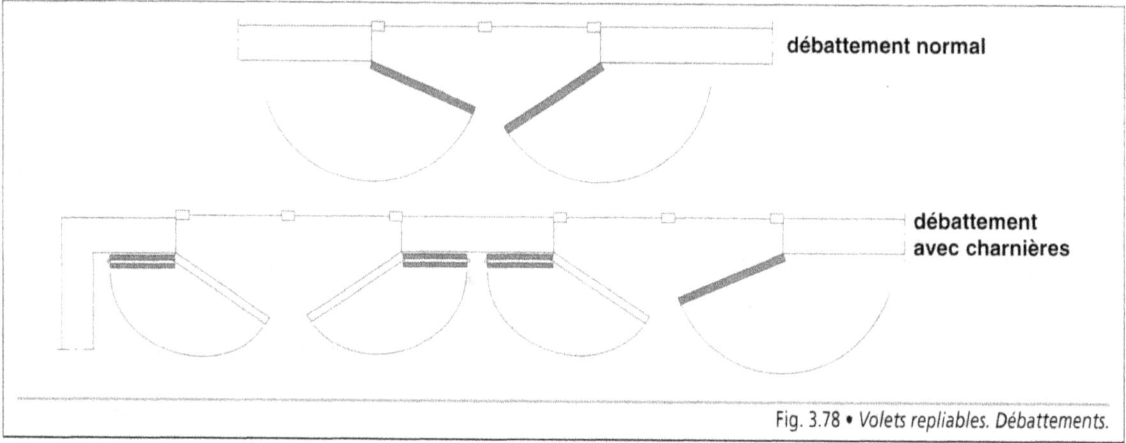

Fig. 3.78 • *Volets repliables. Débattements.*

Les volets persiennés (volets à lames américaines) sont constitués d'un bâti de 31 mm d'épaisseur dans lequel sont insérées des lames de 11 mm d'épaisseur, inclinées à 45° (Fig. 3.77). Ces lames sont réparties sur la totalité de la hauteur ou sur une partie de celle-ci, un panneau plein venant obturer le reste du vantail. Le ferrage est assuré par des pentures équerres, des pentures simples, une espagnolette et des arrêts.

Photo. 3.15 • *Volets persiennés repliables en accordéon – Centre thermal de Dax (Architecte J. Nouvel).*

Lorsque plusieurs vantaux sont nécessaires pour obturer la baie, ceux-ci sont équipés de pentures charnières permettant de les replier en façade. Ce dispositif est nécessaire lorsque l'espacement entre les fenêtres est insuffisant afin de permettre le débattement des volets (Fig. 3.78 – photo. 3.15).

5.2. Les persiennes

Les persiennes sont constituées de plusieurs vantaux étroits (de 4 à 12 selon la largeur de la baie), articulés entre eux par des paumelles et venant se replier dans l'épaisseur du tableau (Fig. 3.79). Les persiennes sont fixées sur des tapées, elles-mêmes vissées sur le dormant de la croisée.

Les vantaux sont réalisés en tôle d'acier de 10/10e mm ou de 12/10e mm, en bois par un assemblage de lames verticales de 14 mm ou en profils en PVC double paroi. La condamnation est assurée par une espagnolette plate.

Les persiennes peuvent être équipées d'un dispositif de projection à l'italienne du tablier. Dans ce cas, les éléments sont fixés dans un cadre en fer cornière, manœuvrable à l'aide de bras articulés. Cette disposition présente l'avantage de réduire l'ensoleillement d'une pièce en conservant un niveau d'éclairement acceptable et une aération naturelle.

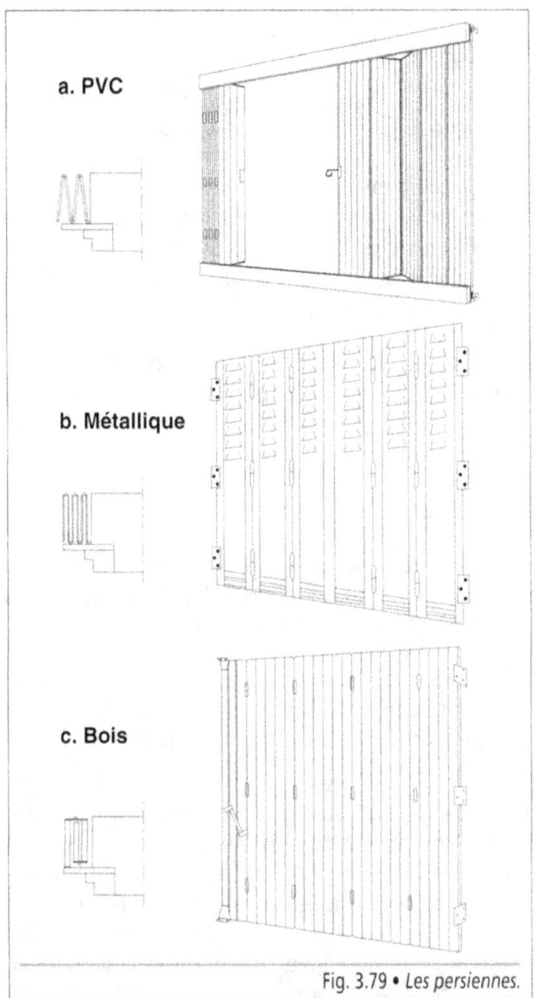

a. PVC

b. Métallique

c. Bois

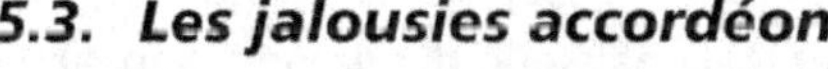

Fig. 3.79 • *Les persiennes.*

Photo. 3.16 • *Jalousies accordéon en PVC.*

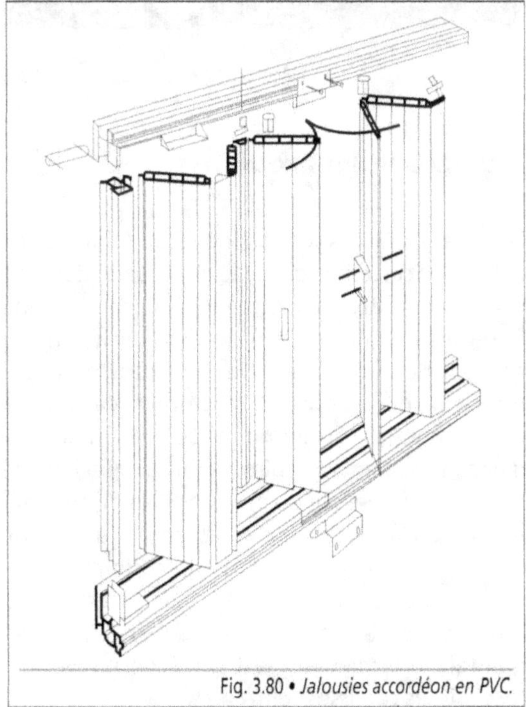

Fig. 3.80 • *Jalousies accordéon en PVC.*

5.3. Les jalousies accordéon

Les jalousies accordéon, coulissantes et pliantes, sont des fermetures composées de vantaux très étroits en PVC double paroi qui se replient contre le tableau, dans l'épaisseur du mur (Photo. 3.16). Elles sont formées d'un cadre en PVC comprenant deux rails, supérieur et inférieur, pour assurer le guidage des vantaux (Fig. 3.80). Simple à poser, venant se fixer sur le dormant de la menuiserie extérieure, elles offrent une bonne étanchéité à l'air et améliorent le coefficient d'isolation de la fenêtre.

5.4. Les volets japonais

Les volets japonais sont constitués d'un ou de deux vantaux pleins ou persiennés, en bois ou en PVC, qui se déplacent par translation le long de la face extérieure de la paroi. Munis de galets de roulement, ils sont suspendus à un rail supérieur, équipé d'une butée de fin de course, et guidés par un rail inférieur. La fermeture est assurée par une crémone (Photo. 3.17).

Photo. 3.17 • *Volets japonais en PVC.*

5.5. Les volets roulants

Les volets roulants sont formés d'un tablier dont la largeur correspond à celle de la baie. Celui-ci, coulissant entre deux guides latéraux, vient s'enrouler sur un tambour horizontal supérieur, en position ouverte. De manœuvre facile manuelle ou motorisée, ils offrent l'avantage d'une bonne fermeture avec un minimum d'encombrement. De plus, selon la qualité des lames, il est possible d'améliorer l'isolation thermique, en position fermée. Lorsque la largeur de la baie est importante, il est possible de prévoir deux ou plusieurs volets roulants actionnés séparément ou simultanément ; dans ce cas, un montant intermédiaire est placé de manière à recevoir les coulisses centrales.

Les volets roulants sont composés des éléments suivants (Fig. 3.81) :

- le tablier, formé d'un assemblage de lames horizontales agrafées entre elles ;

- les lames, en bois, en aluminium ou en PVC ; ces deux derniers matériaux permettent d'obtenir des lames à simple ou double paroi avec incorporation éventuelle d'une mousse isolante (Fig. 3.82) ;

- le tambour d'enroulement, solidaire d'un axe muni à une de ses extrémités d'une poulie et d'un dispositif démultiplicateur assurant la manutention du tablier ;

- les organes de manœuvre ;

- les coulisses de guidage, profilés en forme de U en aluminium ou en PVC, dans lesquelles glissent les extrémités des lames ;

- le caisson de volet roulant, espace dans lequel vient se placer le tambour sur lequel le tablier est enroulé en position d'ouverture.

Le caisson peut être intérieur ou extérieur soit dans une réservation prévue à cet effet, soit incorporé au bloc fenêtre, soit en saillie incorporé dans un bandeau sur la face intérieure du linteau (Fig. 3.83). Il reçoit un habillage en bois, en contre-plaqué, en aluminium ou en PVC revêtu intérieurement d'une mousse isolante. Ses dimensions sont adaptées à la longueur du tablier (hauteur de la fenêtre ou de la porte-fenêtre) et à l'épaisseur des lames. Son accès doit être aisé de manière à pouvoir visiter le mécanisme et procéder à l'échange du volet roulant.

Les coulisses sont fixées sur les tapées solidaires du dormant de la croisée ou directement sur le gros œuvre ; elles sont munies de joints à lèvre traités anti-UV afin de réduire le bruit occasionné par les effets du vent sur le tablier en position fermée ; leurs dimensions sont adaptées à l'épaisseur des lames.

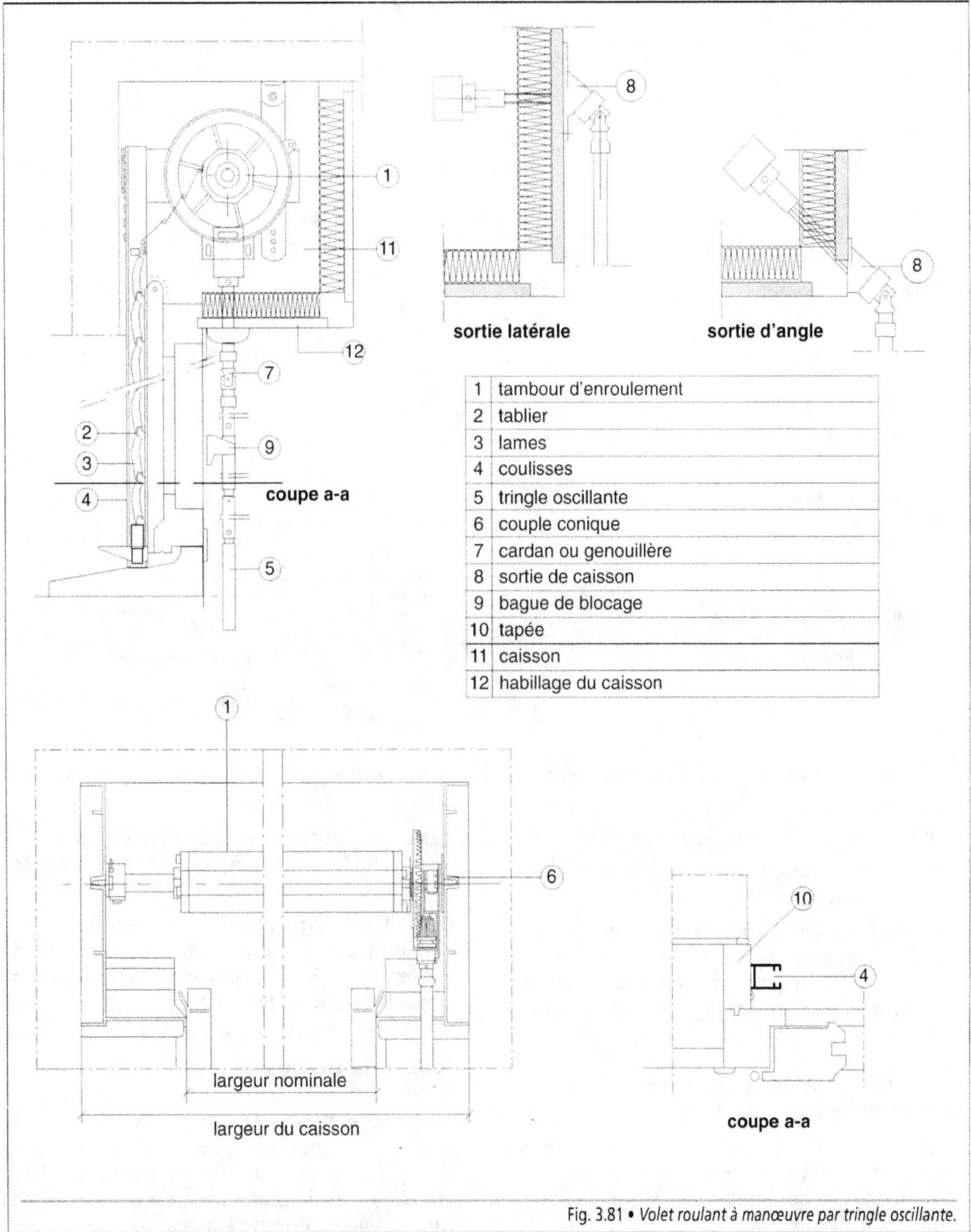

Fig. 3.81 • *Volet roulant à manœuvre par tringle oscillante.*

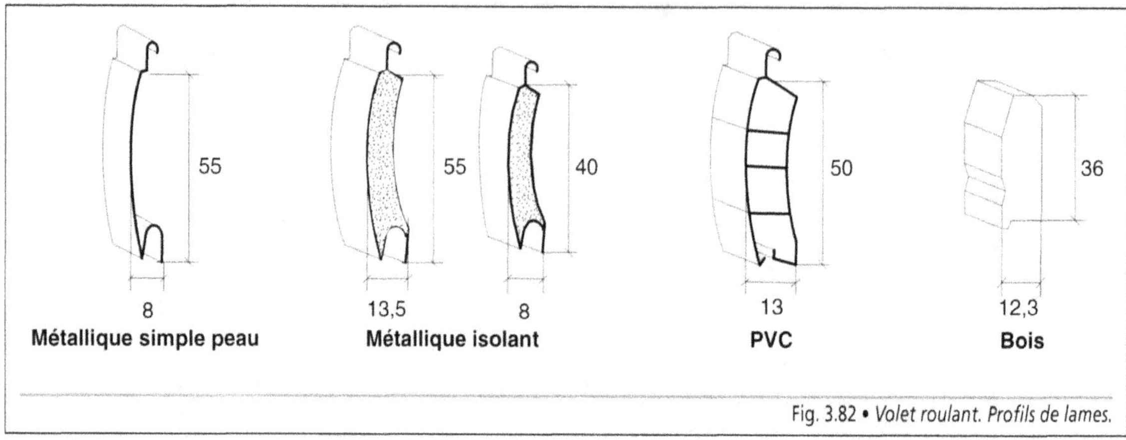

Fig. 3.82 • *Volet roulant. Profils de lames.*

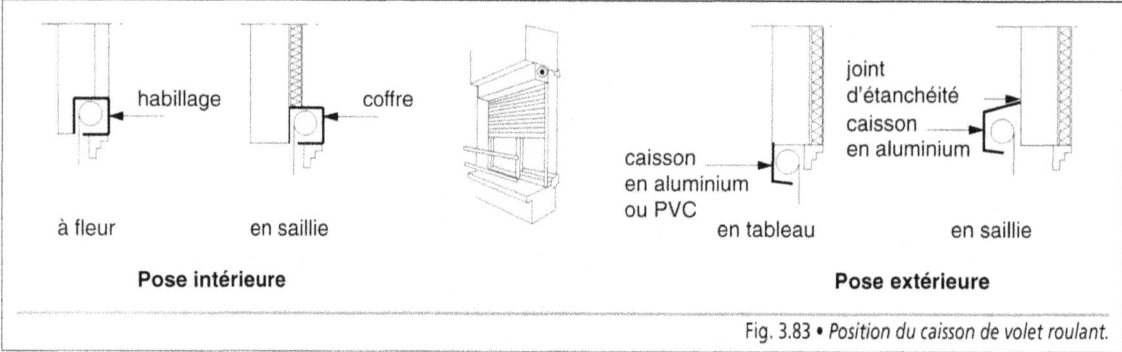

Fig. 3.83 • *Position du caisson de volet roulant.*

Les organes de manœuvre sont de trois types :

- la sangle, fixée sur la poulie en partie haute et sur un enrouleur automatique en partie basse ;

- la chaînette, passant sur une poulie crantée, fonctionnant en circuit fermé ;

- la tringle oscillante avec manivelle munie d'un cardan (ou genouillère), afin de commander, par un jeu d'engrenage, une roue dentée munie d'un frein anti-retour solidaire du tambour.

Les volets roulants peuvent recevoir les équipements complémentaires suivants :

- des guides mobiles permettant la projection à l'italienne afin d'obtenir une protection solaire tout en bénéficiant de la lumière naturelle et de l'aération ;

- des profilés pour renforcer les lames et améliorer leur rigidité ;

- des dispositifs de sécurité permettant le blocage des lames en position fermée, sans possibilité de les soulever depuis l'extérieur ;

- une manœuvre par moteur électrique commandé par un inverseur avec verrouillage interdisant la manœuvre simultanée de la montée et de la descente.

5.6. Les grilles

Les grilles sont des éléments qui ont pour but de protéger une ouverture contre l'intrusion. Elles peuvent être fixes ou articulées ; ces dernières sont utilisées, de préférence, devant des portes vitrées ou des vitrines de magasin.

5.61. Les grilles fixes

Les grilles fixes sont constituées par des bar-reaux en bois ou métalliques assemblés dans un cadre ou sur des traverses scellées en tableau (Fig. 3.84). La section des composants, carrée, rectangulaire ou ronde, est déterminée en fonc-tion des dimensions de l'ouverture à protéger, l'entraxe ne devant pas excéder une dizaine de centimètres.

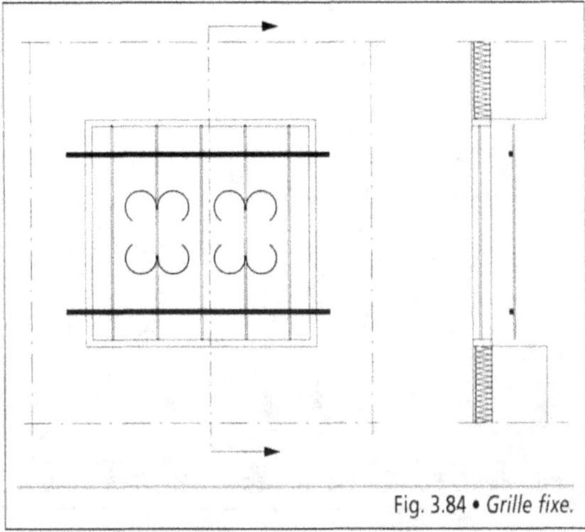

Fig. 3.84 • Grille fixe.

Selon le type d'ouvrage, des grilles décoratives sont mises en place afin d'accentuer le caractère architectural.

5.62. Les grilles articulées

Les grilles articulées sont à déplacement latéral ou à enroulement vertical (Fig. 3.85).

À déplacement latéral, le tablier métallique est constitué de montants verticaux, dont l'écarte-ment est de l'ordre d'une douzaine de centimè-tres, reliés entre eux par des croisillons. Ce type de grille peut être fractionnée en deux parties égales ou dissymétriques permettant la ferme-ture de baies jusqu'à quatre mètres de hauteur. Le guidage est assuré en partie supérieure par un rail fixe, et en partie inférieure par des galets

de roulement sur un rail fixe ou amovible. En position ouverte, le refoulement s'effectue soit en façade, soit en tableau (Fig. 3.86). En posi-tion fermée, la condamnation est obtenue à l'aide d'une serrure qui commande un ou trois points d'accrochage.

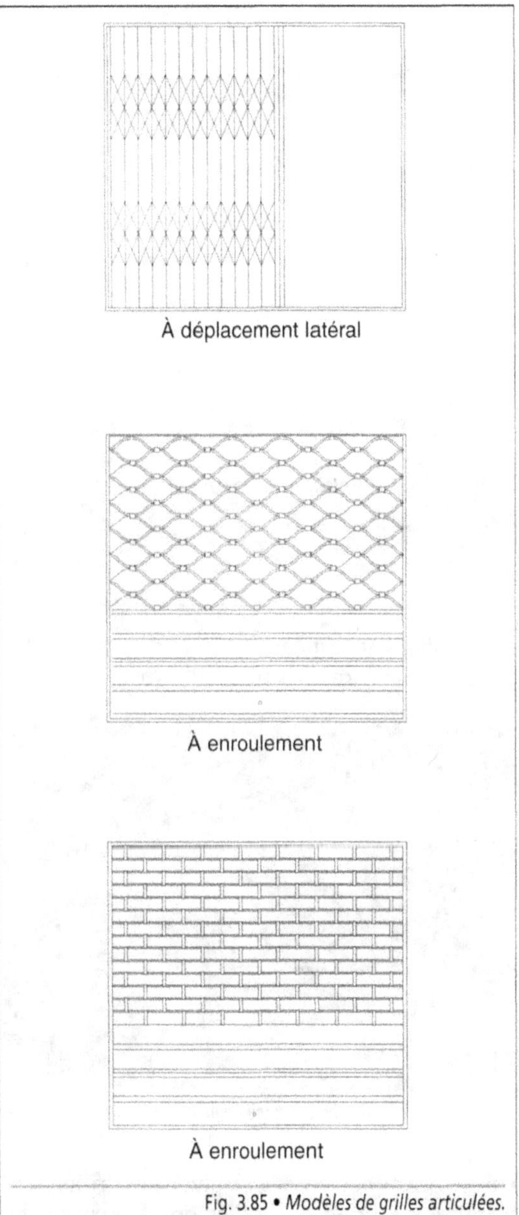

Fig. 3.85 • Modèles de grilles articulées.

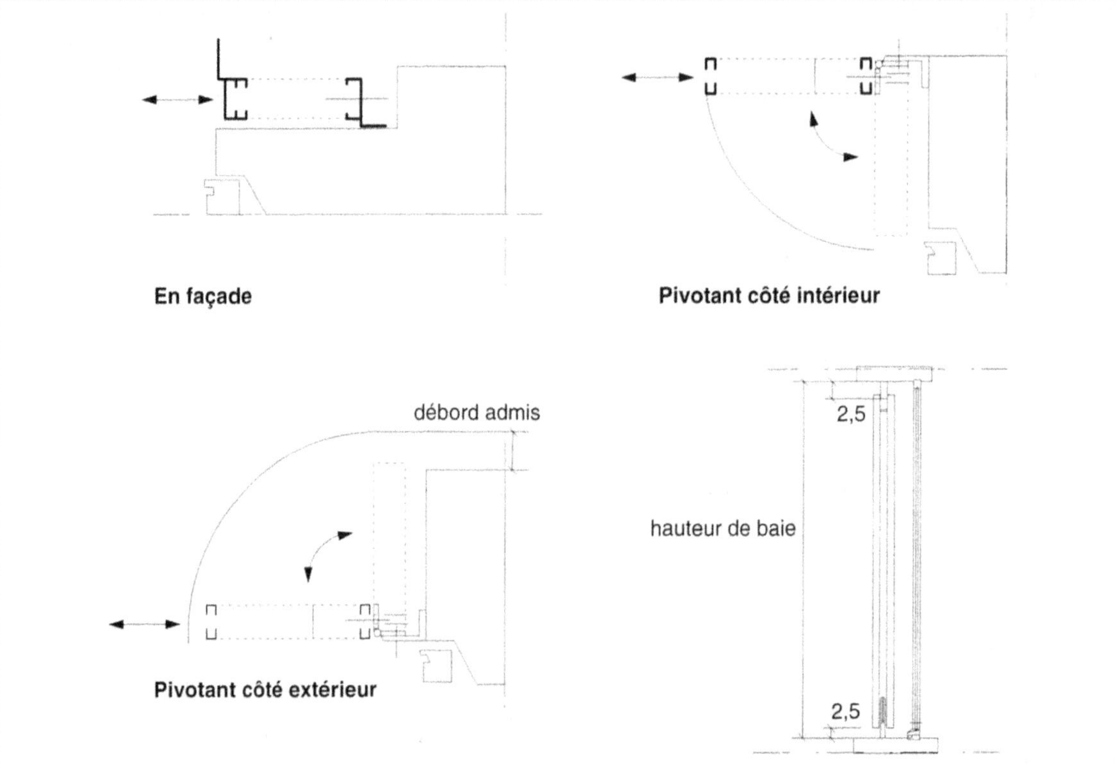

En façade

Pivotant côté intérieur

débord admis

2,5

hauteur de baie

2,5

Pivotant côté extérieur

Fig. 3.86 • *Grille articulée à déplacement latéral. Refoulement.*

À enroulement vertical, le tablier est réalisé selon l'une des manières suivantes (Photo. 3.18) :

Photo. 3.18 • *Grille articulée à enroulement vertical, à lames agrafées et en tubes en acier.*

• avec des tubes en acier galvanisé, droits horizontaux ou ondulés, reliés entre eux par des attaches verticales formant charnières d'articulation ;

• avec des lames galbées et auto-agrafées, en acier galvanisé ou en aluminium, d'une épaisseur de 7/10e à 12/10e.

La grille coulisse dans des glissières fixées de part et d'autre pour venir s'enrouler autour d'un axe sur lequel est monté un groupe moto-réducteur électrique débrayable. Sa manœuvre est commandée à l'aide d'un boîtier disposant de trois boutons : montée, descente et arrêt, placés de manière à contrôler la manœuvre. Un dispositif de sécurité prévoit l'arrêt en fin de course et rend impossible la commande simultanée de la montée et de la descente. En complément, le tablier est équipé d'une lame finale palpeuse qui provoque l'arrêt et la réouverture de la grille en cas de rencontre d'un obstacle.

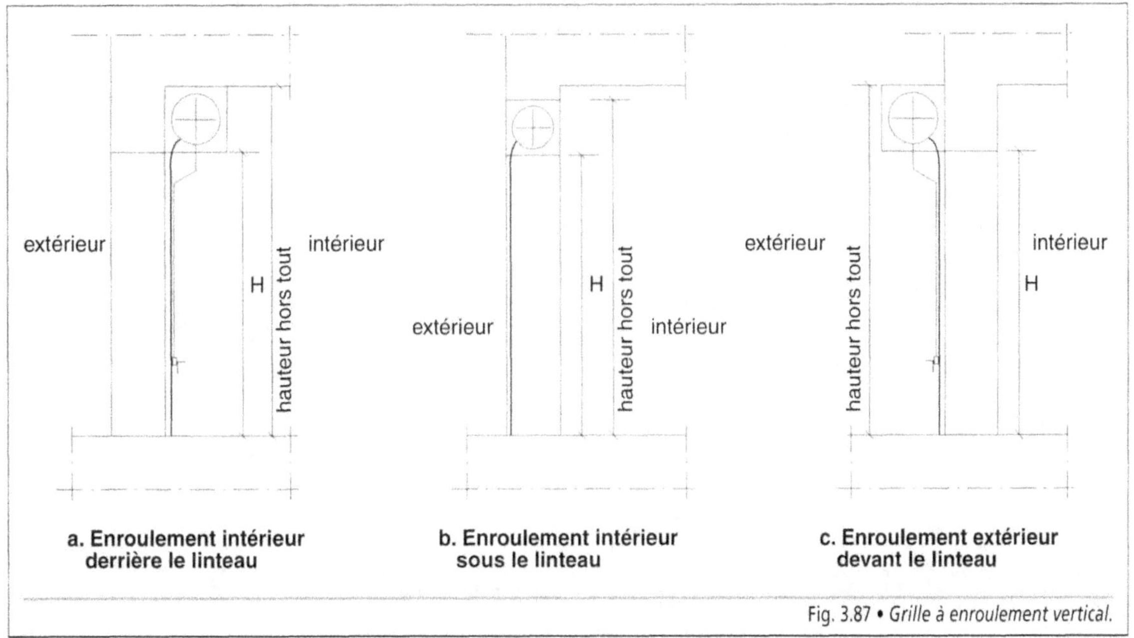

a. Enroulement intérieur derrière le linteau

b. Enroulement intérieur sous le linteau

c. Enroulement extérieur devant le linteau

Fig. 3.87 • *Grille à enroulement vertical.*

En position ouverte, le tablier vient se ranger dans un coffre juxtaposé au linteau ou placé sous celui-ci (Fig. 3.87). En position fermée, la condamnation est assurée soit avec des loqueteaux commandés par une serrure, soit par l'immobilisation du système de manœuvre.

5.7. Les stores à lames empilables

Les stores à lames empilables, ou stores vénitiens, sont constitués de lames droites en bois ou, plus couramment, de lames galbées rigides et orientables en aluminium thermolaqué, d'une largeur variant de 50 mm à 80 mm (Photo. 3.19). Les lames sont suspendues, au moins à chaque extrémité, à deux rubans assurant leur orientation et à un cordon passant dans l'axe pour les manœuvres de montée et descente. Celles-ci s'effectuent soit manuellement à l'aide d'une lacette de tirage ou d'une tige oscillante (Fig. 3.88), par motorisation et commande électrique.

Photo. 3.19 • *Stores à lames empilables avec guidage, en position extérieure.*

En position d'ouverture, les lames sont repliées dans un caisson en aluminium situé en partie supérieure de la baie. La manœuvre est soit manuelle à l'aide d'un cordon de tirage ou d'une tige oscillante (Fig. 3.88), soit motorisée et commandée électriquement.

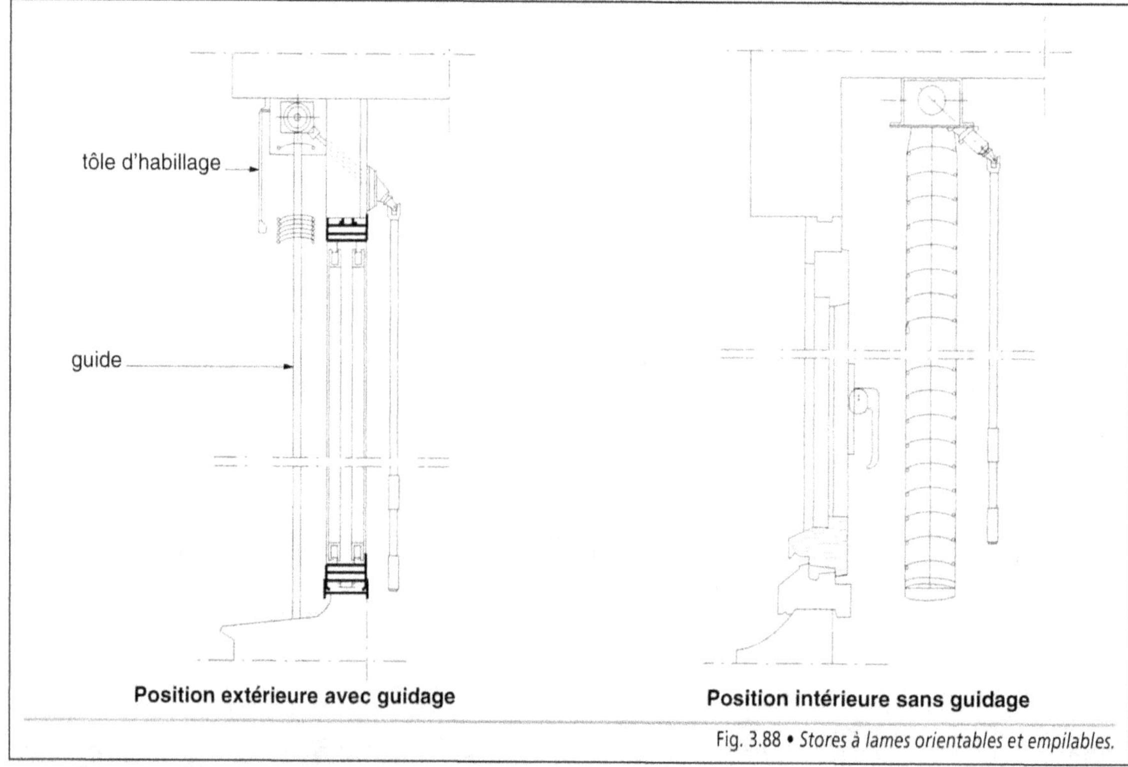

Fig. 3.88 • *Stores à lames orientables et empilables.*

Ils peuvent être utilisés comme stores d'obscurcissement, leur intérêt se trouvant dans le réglage de l'intensité de la lumière du jour par l'orientation des lames. Légers, ils sont fragiles et relativement sensibles au vent, lorsqu'ils sont posés à l'extérieur. Dans ce cas, le guidage des lames par des câbles en acier galvanisé ou par des coulisses latérales est indispensable. Dans ces conditions, ces stores constituent une assez bonne protection solaire. Ce n'est plus le cas lorsqu'ils sont placés sur la face intérieure de la baie vitrée.

Des stores à lames en tissu ou en matières synthétiques peuvent également être utilisés à l'intérieur.

5.8. Les stores en toile

Les stores en toile sont essentiellement utilisés comme protection solaire. Ils se divisent en deux groupes.

Les stores bannes sont conçus afin de protéger les baies vitrées ou les terrasses ; ils sont réalisés en toile résistante et imputrescible venant s'enrouler autour d'un axe à commande manuelle, à l'aide d'une tringle, ou motorisée. Des bras articulés permettent le déroulement du store au-dessus de la zone à protéger.

Les stores de type sunscreen, en tissu de fils de verre avec une enduction PVC, se placent devant les baies, de préférence à l'extérieur afin de remplir pleinement leur rôle (Photo. 3.20). Dans ce cas, la toile est guidée à ses deux extrémités par des câbles en nylon ou des coulisses. L'enroulement s'effectue autour d'un axe horizontal en aluminium placé dans un coffre incorporé à la menuiserie ; la manœuvre est manuelle ou motorisée (Fig. 3.89).

Photo. 3.20 • *Stores de protection solaire de type sunscreen avec guidage, en position extérieure.*

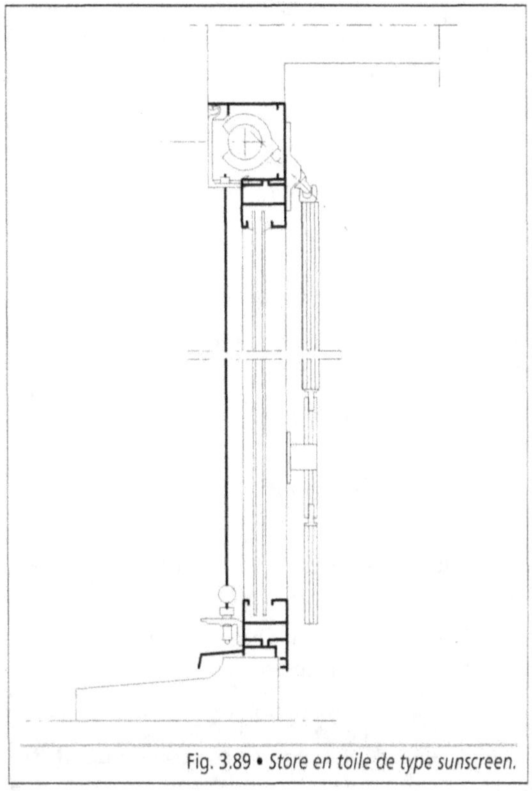

Fig. 3.89 • *Store en toile de type sunscreen.*

5.9. Les voilages et les voiles d'occultation

Les voilages et les voiles d'occultation sont des équipements de confort posés à l'intérieur des locaux. Ils permettent de réduire l'intensité de la lumière du jour jusqu'à l'obscurcissement total ou d'éliminer les effets néfastes de l'ensoleillement direct.

Les stores sur tringle, manœuvrables avec une tirette, les stores à enroulement et les stores formés de bandes verticales orientables entrent dans cette catégorie d'ouvrage.

6. La réglementation

Les menuiseries extérieures forment une famille de composants qui sont exposés aux intempéries. En conséquence, la réglementation s'attache à définir la qualité des matériaux, la dimension des profils, la performance des vitrages et des joints ainsi que les conditions d'utilisation. Les principales règles à respecter sont les suivantes :

DTU 36.1 (NF P 23-201) : *Menuiseries en bois.*

DTU 37.1 (NF P 24-203-1 et 2) : *Travaux de bâtiment – Menuiseries métalliques.*

DTU 36.1/37.1 (NF P 20-201) : *Choix des fenêtres en fonction de leur exposition. Mémento pour les maîtres d'œuvre.*

DTU 39 (NF P 78-201/A1) : *Travaux de miroiterie – vitrerie.*

NF A 50- : *Série de normes ayant trait à l'aluminium.*

NF P 20-... : *Série de normes ayant trait à la menuiserie et à la serrurerie.*

NF P 23-... : *Série de normes ayant trait à la menuiserie en bois.*

NF P 24-... : *Série de normes ayant trait à la menuiserie métallique.*

NF P 25-... : *Série de normes ayant trait aux fermetures.*

NF P 26-... : *Série de normes ayant trait à la quincaillerie.*

NF P 78-... : *Série de normes ayant trait à la vitrerie et à la miroiterie.*

Le Code de la Construction et de l'Habitation.

La nouvelle réglementation acoustique (NRA) publiée le 25 novembre 1994 et complétée par les décrets et les arrêtés d'application.

L'arrêté du 31 Janvier 1986, modifié et complété, relatif à la protection contre l'incendie des bâtiments d'habitation.

Le règlement de sécurité contre les risques d'incendie et de panique dans les établissements recevant du public – Arrêté du Journal Officiel – Brochure n° 1011 : *Sécurité contre l'incendie.*

Organisme Professionnel de Prévention du Bâtiment et des Travaux Publics (OPPBTP) : *Prescriptions de sécurité.*

7. La pathologie

Les menuiseries extérieures font partie du système enveloppe (clos et couvert). En principe, les pièces liées au gros œuvre (dormants, huisse-

ries) entrent dans le cadre de la garantie décennale, tandis que les parties mobiles (ouvrants, tabliers, fermetures) sont couvertes par la garantie de bon fonctionnement (biennale). Toutefois, les désordres et les nuisances rendant l'ouvrage impropre à sa destination sont également du ressort de la garantie décennale. Il en résulte que les performances et le fonctionnement des menuiseries seraient garantis pendant une durée de dix ans, dans des conditions normales d'utilisation. Seule la jurisprudence permet de clarifier cette situation.

Les sinistres portent sur la tenue des joints dans le temps, occasionnant des problèmes d'étanchéité à l'air et à l'eau ou des défauts d'isolation thermique et acoustique. Les autres causes de désordres trouvent leurs origines dans des erreurs de conception ou dans une mise en œuvre défectueuse.

C'est ainsi que sont signalés les incidents suivants :

- les infiltrations au droit des garnissages entre les dormants et le gros œuvre ;
- les infiltrations au droit des pièces d'appui, les gorges recueillant les eaux d'infiltration étant mal conçues et leur évacuation défectueuse ; il peut en être de même avec les gorges récupérant les eaux dues au phénomène de condensation sur les vitrages ;
- les infiltrations au niveau des parcloses ;
- la perméabilité à l'air consécutive à des garnissages ou des jointoiements mal exécutés ;
- les effets de la dilatation sur des pièces bridées, entraînant une déformation excessive ;
- les bris de glace sous l'action d'un choc thermique ;
- l'étanchéité du joint du double vitrage défectueuse occasionnant un embuage qui fait obstacle à la vue et à la lumière ;
- la non-prise en compte de la surcharge due aux menuiseries ou aux fermetures occasionnant, une déformation de la structure porteuse ;

- la pose de chevilles ou de fixations inadaptées aux efforts à reprendre ;
- le bruit occasionné par les lames de volets roulants sous l'action du vent ;
- les fermetures extérieures inadaptées aux types de fenêtres ou aux conditions d'utilisation ;
- l'inadéquation entre le principe de manœuvre du tablier des portails et l'utilisation des locaux ;
- le défaut de parallélisme des rails de guidage ;
- la section des profilés et l'épaisseur des tôles des portails insuffisantes, eu égard aux dimensions et aux sollicitations, etc.

Adresses utiles

Association pour le développement
de l'Aluminium anodisé ou Laqué
30 avenue de Messine
75008 Paris

Centre technique du Bois et de l'Ameublement
(CTBA)
10 avenue de Saint-Mandé
75012 Paris

Centre Scientifique et Technique du Bâtiment
(CSTB)
4 avenue du Recteur-Poincaré
75782 Paris cedex 16

Institut de Recherches Appliquées au Bois
(IRABOIS)
10 rue du Débarcadère
75852 Paris Cedex

Syndicat National de la construction
des Fenêtres, façades et activités annexes (SNFA)
8 rue La Pérouse
75784 Paris cedex 16

Syndicat National des Fabricants de Menuiseries
Industrialisées (SNFMI)
30 avenue Marceau
75008 Paris

Syndicat National de la Menuiserie PVC (UFPVC)
6/14 rue La Pérouse
75784 Paris cedex 16

Union Européenne pour l'Agrément Technique
de la Contruction (UEATC)
4 avenue du Recteur-Poincaré
75782 Paris cedex 16

Bibliographie

Guide pour le choix des bois en menuiserie –
Éditions CTBA et CIRAD.

LES FAÇADES LÉGÈRES

Les façades légères font partie intégrante du système enveloppe d'une construction. Elles sont constituées par l'assemblage de plusieurs éléments, montants, traverses, châssis vitrés et panneaux de remplissage, afin d'habiller l'ossature d'un bâtiment, selon un principe modulaire. Jouant le même rôle que les façades traditionnelles, elles sont exposées simultanément à l'ambiance intérieure et aux conditions atmosphériques extérieures. De ce fait, elles subissent des contraintes importantes. Les matériaux qui les composent doivent être aptes à résister aux diverses sollicitations auxquelles elles sont soumises ainsi qu'aux agressions chimiques ou autres.

1. La définition des façades légères

Lorsque l'ossature d'un bâtiment est constituée par des voiles transversaux ou des points porteurs ponctuels (Fig. 4.1), deux solutions peuvent être proposées en alternative au remplissage des façades par de la maçonnerie :

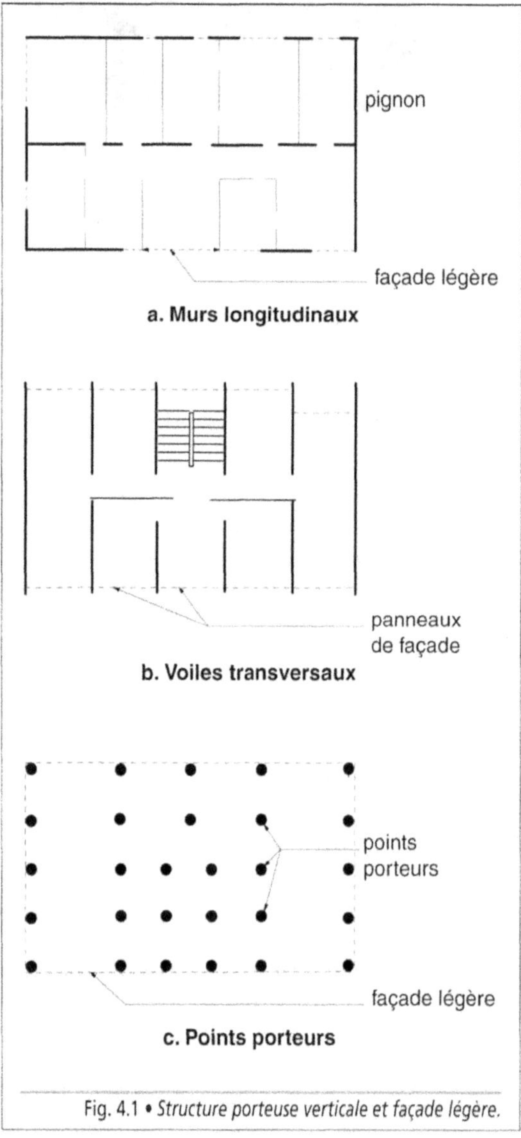

Fig. 4.1 • *Structure porteuse verticale et façade légère.*

- soit l'ouvrage est habillé d'une façade légère ;
- soit les vides laissés entre les éléments structurants sont fermés par des panneaux de façade.

Une relation étroite existe entre le principe constructif de la structure porteuse et la nature des façades légères.

Les façades légères constituent un élément, généralement vertical, de l'enveloppe du bâtiment. Séparant les espaces intérieurs de l'ambiance extérieure, elles sont plus particulièrement adaptées aux structures porteuses ponctuelles, qu'elles soient en béton armé, en acier ou en bois.

Les principales caractéristiques des façades légères sont les suivantes :

- leur fonction non porteuse : elles ne concourent pas directement à la stabilité du bâtiment ;
- leur faible masse, généralement inférieure à 100 kg/m^2 ;
- leur faible épaisseur ;
- leur fixation au nu extérieur de la structure du bâtiment par l'intermédiaire d'une ossature secondaire assurant la transmission des diverses charges (poids propre, surcharges accidentelles) et de la pression du vent à la structure porteuse ;
- l'utilisation de produits manufacturés permettant d'obtenir un ensemble fini ;
- leur composition par l'assemblage d'éléments raccordés entre eux à l'aide de joints autorisant une libre dilatation des composants.

Leurs avantages essentiels résident dans la légèreté des composants, dans le faible encombrement au sol (de l'ordre de 10 cm à 12 cm), dans la fabrication industrielle en série. Cette volonté technique autorise une intervention sur le chantier de courte durée et la possibilité d'incorporer des équipements techniques en allège. Elle impose une exécution précise, à des cotes rigoureuses, quels que soient les matériaux utilisés.

Exemple

Un mur rideau a un poids de 75 daN/m². Sur un bâtiment de 7 étages, soit sensiblement 21 m de hauteur, la charge apportée par la façade est de 21 x 75 = 1 575 daN par mètre linéaire de façade. Si celle-ci est réalisée en béton banché de 0,16 m d'épaisseur, la charge est portée à : 21 x (2 300 x 0,16) = 7 728 daN par mètre linéaire de façade, soit sensiblement cinq fois supérieure.

Les inconvénients majeurs se trouvent dans leur faible inertie thermique, particulièrement sensible en été, et dans la multiplication des joints, qui sont autant de points faibles. Le premier problème peut être résolu partiellement par le choix des matériaux constituant la peau extérieure : l'adoption de produits réfléchissants apporte une amélioration non négligeable. Quant aux joints entre les composants, il convient de les traiter avec soin afin d'éviter les infiltrations d'eau, la perméabilité à l'air ainsi que les ponts thermiques et acoustiques.

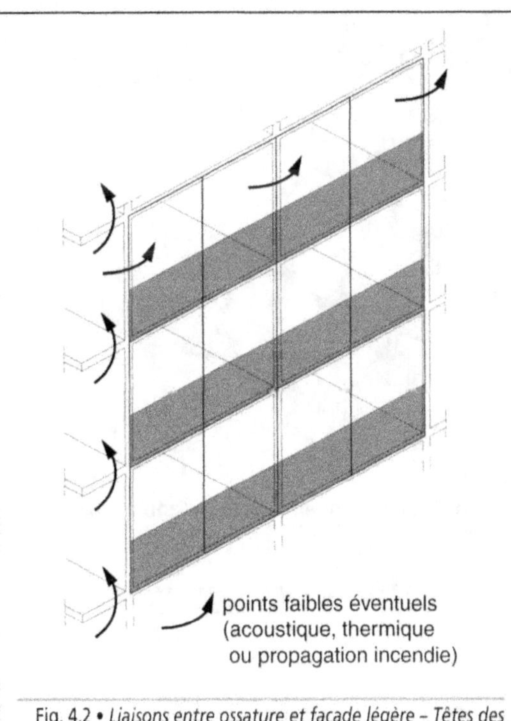

Fig. 4.2 • *Liaisons entre ossature et façade légère – Têtes des planchers, des voiles et des cloisonnements.*

Le problème se pose également au niveau des liaisons entre les façades légères et la structure porteuse (voiles, dalles des planchers) ou les cloisonnements intérieurs. Celles-ci doivent assurer une parfaite continuité des conditions d'isolation entre les locaux (Fig. 4.2). Ces difficultés trouvent une réponse plus ou moins satisfaisante selon le type de façades légères. D'autre part, le coût élevé de certains matériaux n'est pas sans influencer les choix définitifs.

2. La classification des façades légères

Les façades légères sont classées en fonction de leur position par rapport à l'ossature de la construction : le nez du plancher et les ouvrages verticaux, murs de refend ou poteaux. Elles sont réparties en quatre grandes familles : la façade rideau, la façade semi-rideau, la façade panneau et le bardage. Le choix d'un principe a une influence non négligeable sur l'aspect architectural du bâtiment selon le rythme de la trame, la structure porteuse étant apparente ou non. L'aspect des façades permet de les classer de la manière suivante (Fig. 4.3) :

- façade maillée, type même de la façade rideau, où les lignes verticales et horizontales sont légèrement accentuées par les profilés de l'ossature secondaire ;

- façade à meneau dans laquelle les voiles porteurs sont en saillie, faisant ressortir les lignes verticales ;

- façade en bande, les planchers venant en saillie pour marquer les lignes horizontales ;

- façade bardage dans laquelle le rythme est donné par le relief du bardage ;

- façade plate, où aucun élément n'est en saillie par rapport au nu de la peau extérieure ; c'est le cas des façades de verre (VEC ou VEA).

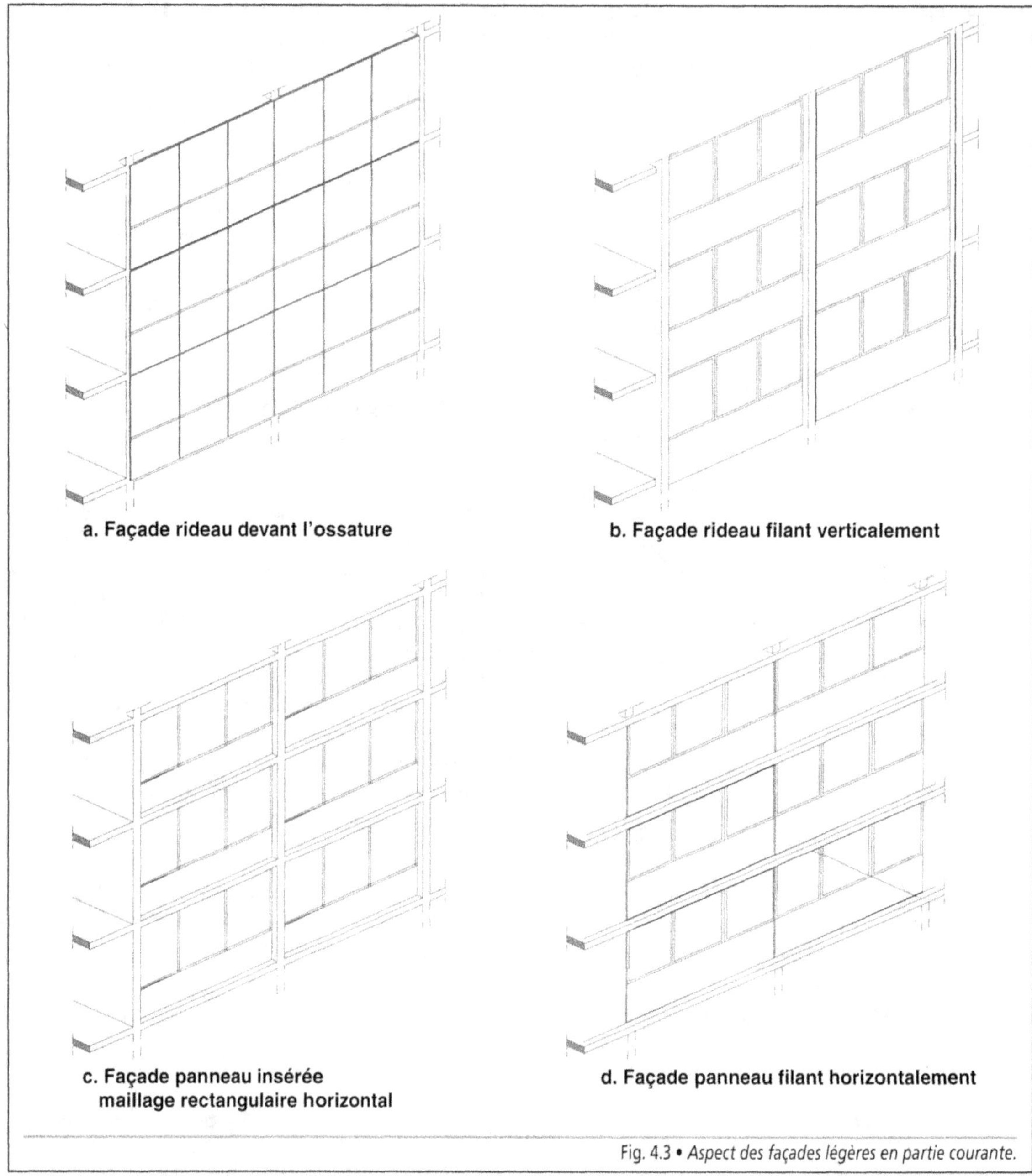

Fig. 4.3 • *Aspect des façades légères en partie courante.*

2.1. La façade rideau

La façade rideau est une façade légère constituée d'une ou plusieurs parois passant entièrement en avant du nez de plancher. Deux types de façade rideau peuvent être réalisés (Fig. 4.4).

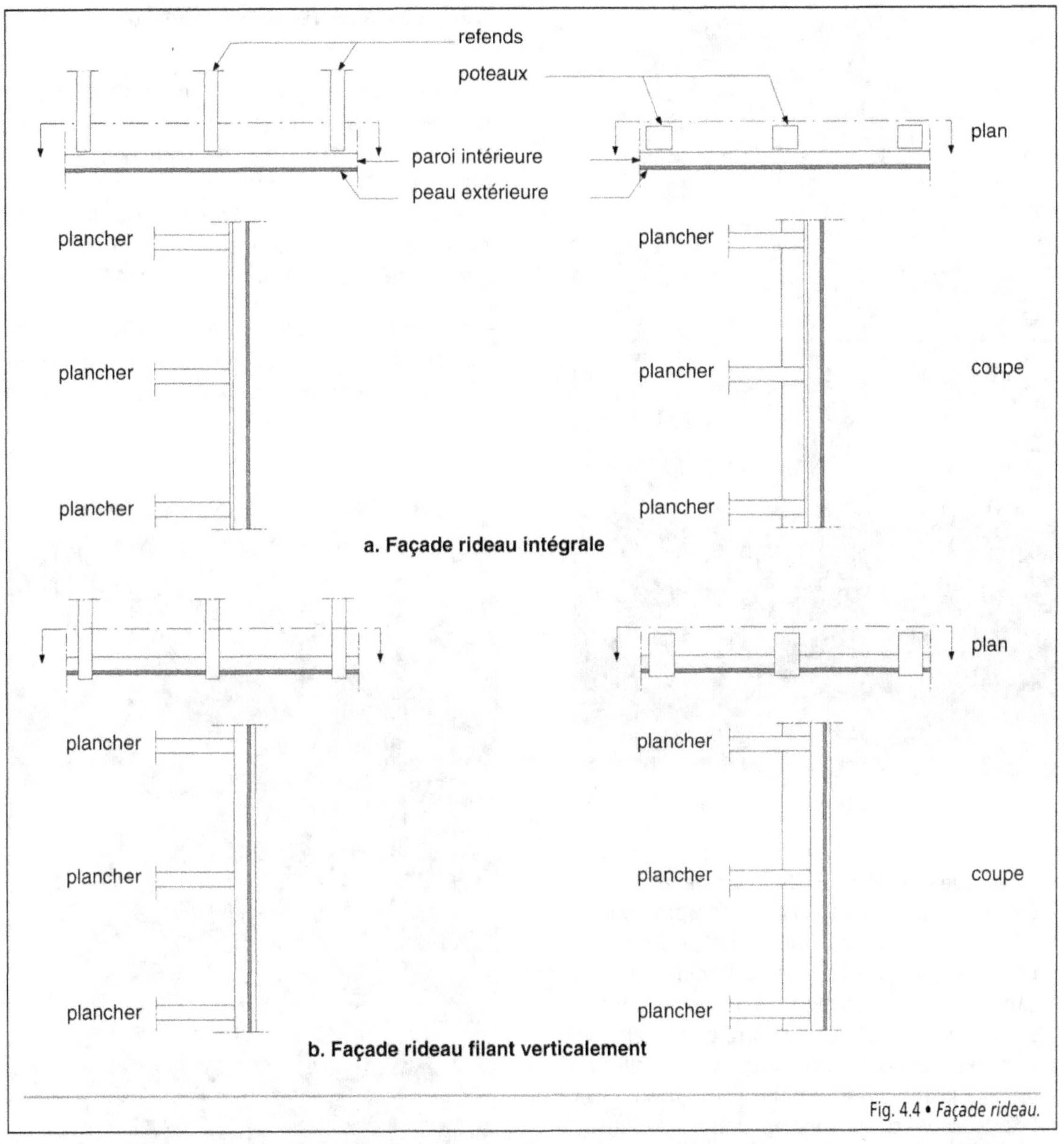

Fig. 4.4 • *Façade rideau.*

• La façade rideau intégrale, ou **mur rideau**, passe devant la structure porteuse du bâtiment, horizontale et verticale. Elle habille l'ensemble de l'ossature du bâtiment (Photo. 4.1). Les liaisons avec celle-ci se trouvent à l'intérieur de l'enveloppe. De ce fait, les risques d'infiltration, de perméabilité à l'air et les ponts thermiques sont moindres. Il n'en est pas de même au niveau de l'isolation acoustique entre les locaux, les calfeutrements devant être particulièrement soignés.

Photo. 4.1 • *Mur rideau tramé en aluminium et verre
(Architectes Bissuel, Brulas, Chamussy).*

• La façade rideau verticale passe devant le nez
des planchers ; elle est interrompue par la
structure verticale, murs de refend ou
poteaux. L'architecture est à dominante verticale. Les liaisons avec l'ossature horizontale
sont à l'intérieur de l'enveloppe ; elles possèdent les mêmes caractéristiques que celles de
la façade rideau intégrale. Les liaisons avec
l'ossature verticale sont en dehors de l'enveloppe ; elles ne sont pas protégées des intempéries. Les calfeutrements correspondants
doivent être traités avec soin afin d'éliminer
les risques d'infiltration, la perméabilité à l'air
et les ponts thermiques ; l'isolation acoustique entre locaux voisins ne pose pas de problème.

2.2. La façade semi-rideau

La façade semi-rideau est une façade légère
multiparois, dont seule la paroi extérieure est
située en avant du nez de plancher, la paroi
intérieure étant insérée entre deux planchers
directement superposés. Comme pour la façade
rideau, il convient de distinguer les deux types
suivants de façade semi-rideau (Fig. 4.5) :

• la façade semi-rideau intégrale, dont la paroi
extérieure passe devant l'ensemble de la
structure porteuse du bâtiment, horizontale
et verticale (Photo. 4.2) ;

Photo. 4.2 • *Mur semi-rideau avec parement en glace
(Babylone Avenue Architectes).*

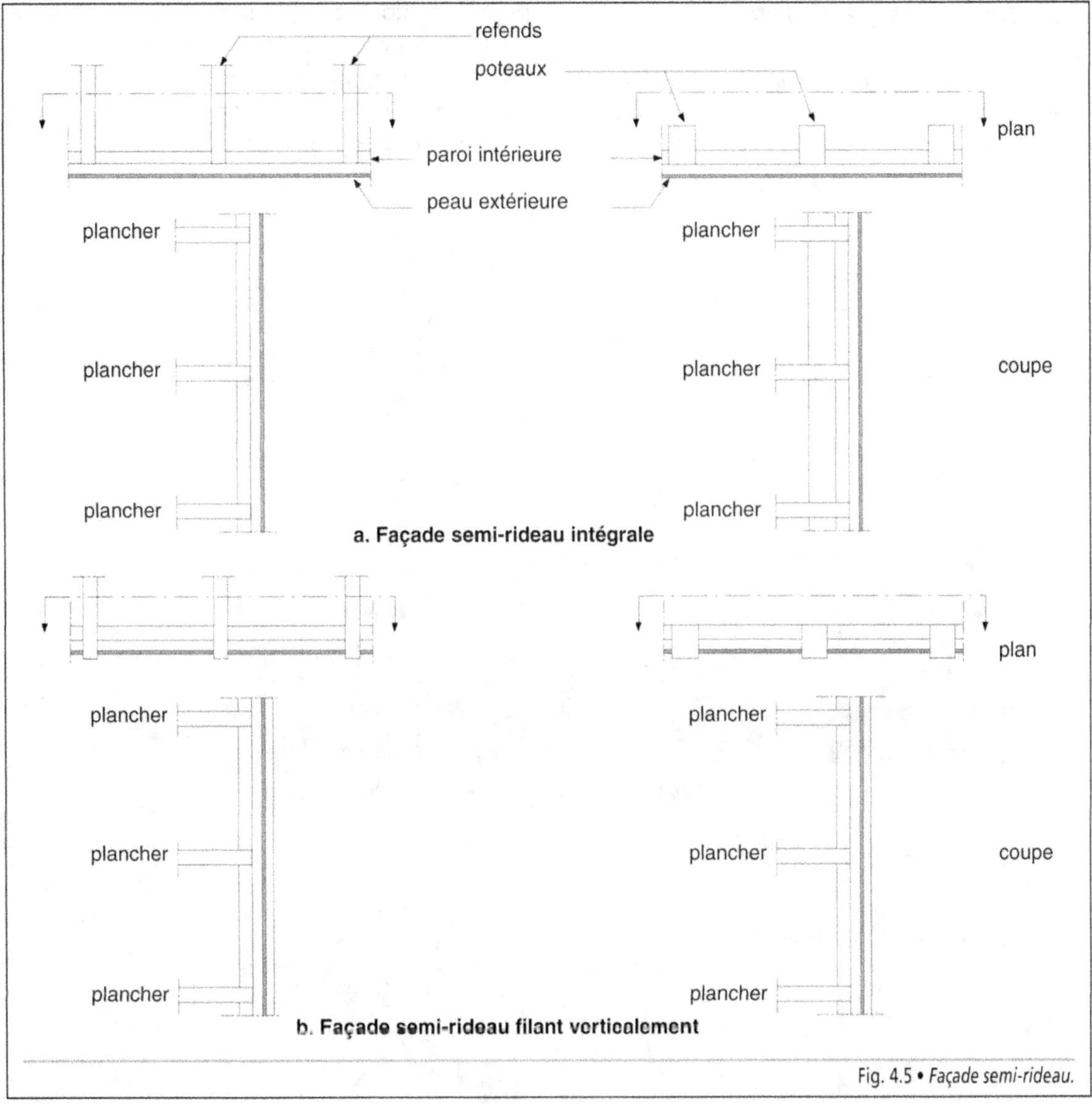

Fig. 4.5 • *Façade semi-rideau.*

• la façade semi-rideau verticale, dont la paroi extérieure, passant devant le nez des planchers, est interrompue par la structure verticale, murs de refend ou poteaux.

L'aspect extérieur de ce type de façade est semblable à celui d'une façade rideau. La différence porte sur la position et l'exécution de l'élément intérieur qui est réalisé avec des composants industrialisés ou des matériaux traditionnels, préfabriqués ou bâtis sur le chantier. Ce principe permet de résoudre les problèmes d'isolation acoustique entre locaux contigus et de répondre à la réglementation de la sécurité incendie pour la transmission des flammes d'un étage à l'autre par l'extérieur. Les inconvénients portent sur le poids, l'épaisseur et les délais de mise en œuvre.

2.3. La façade panneau

La façade panneau, ou **panneau de façade**, est une façade légère, composée d'une ou de plusieurs parois, insérée entre deux planchers direc-tement superposés. Reposant sur le plancher, elle demande un très grand soin dans la réalisation de cet appui afin d'éviter les risques d'infiltration. La façade panneau est réalisée selon deux principes (Fig. 4.6).

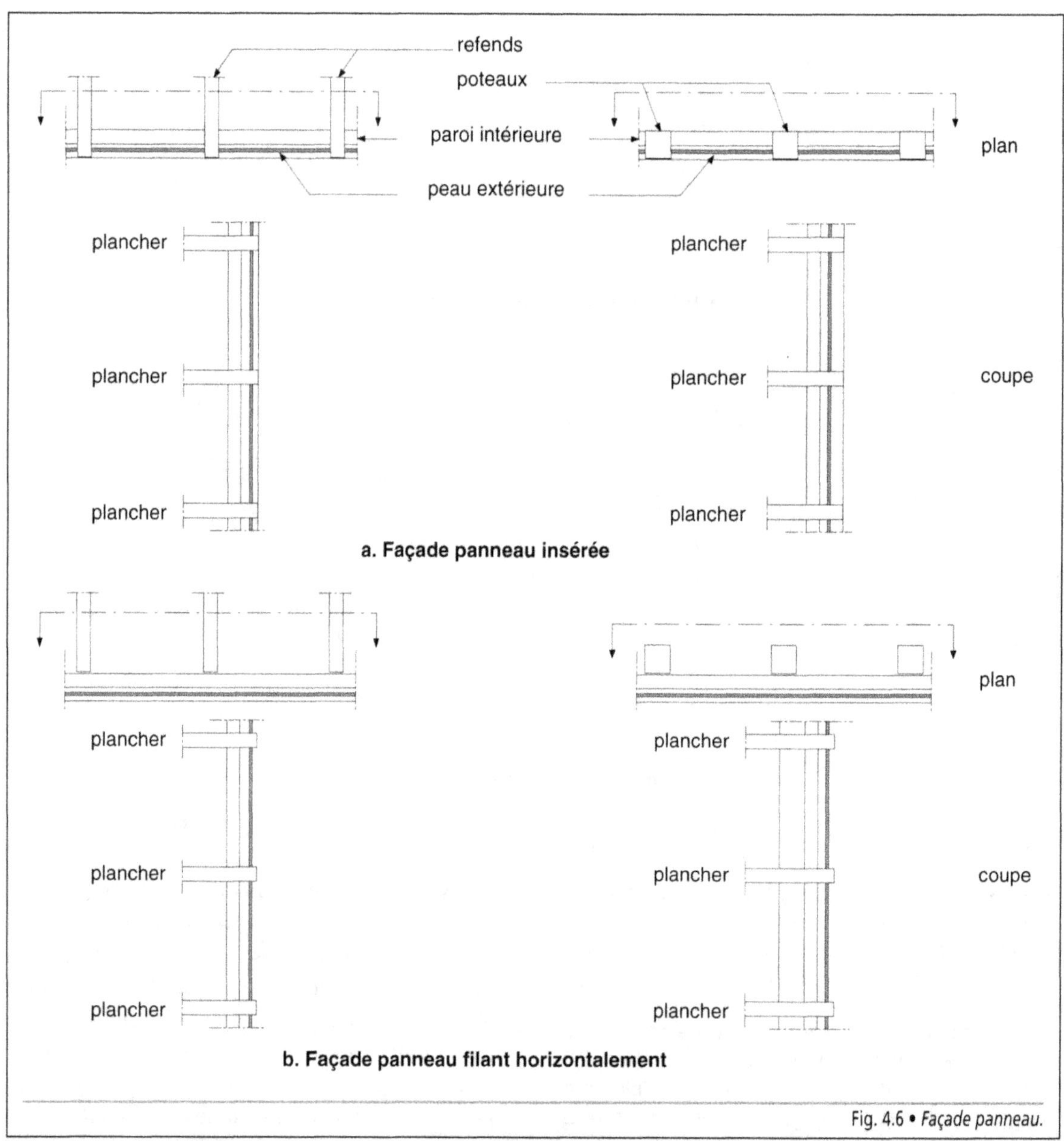

Fig. 4.6 • *Façade panneau.*

• La façade panneau est insérée dans la structure porteuse du bâtiment. La paroi extérieure est interrompue par la structure verticale, murs de refend ou poteaux (Photo. 4.3). La totalité de l'ossature de l'ouvrage est apparente, maille carrée ou rectangulaire. Ce procédé nécessite un plus grand linéaire de calfeutrement avec l'ossature, c'est-à-dire une multiplication des risques d'infiltration, de perméabilité à l'air et de ponts thermiques.

Photo. 4.3 • *Panneau de façade en aluminium moulé inséré dans une structure acier (CRB Architectes).*

• La façade panneau file horizontalement, la paroi extérieure n'étant pas interrompue par la structure verticale, murs de refend ou poteaux (Photo. 4.4). Elle donne une architecture à dominante horizontale, ce qui permet de résoudre une partie des difficultés rencontrées avec la façade panneau insérée.

2.4. Le bardage

À son origine, le bardage désigne un revêtement de mur réalisé avec des bardeaux* ou des matériaux de couverture (ardoises, clins en bois). Plus généralement, le bardage est constitué par une paroi simple ou multiple, généralement opaque, obtenue par la juxtaposition de profilés ou de plaques en métal (acier prélaqué, zinc, etc.), en bois, en matériaux de synthèse ou autres, fixés sur une ossature secondaire (Photo. 4.5).

Photo. 4.4 • *Chassis filants sur allèges préfabriquées en béton.*

Photo. 4.5 • *Bardage métallique fixé sur ossature secondaire en bois avec incorporation d'isolant par laine minérale.*

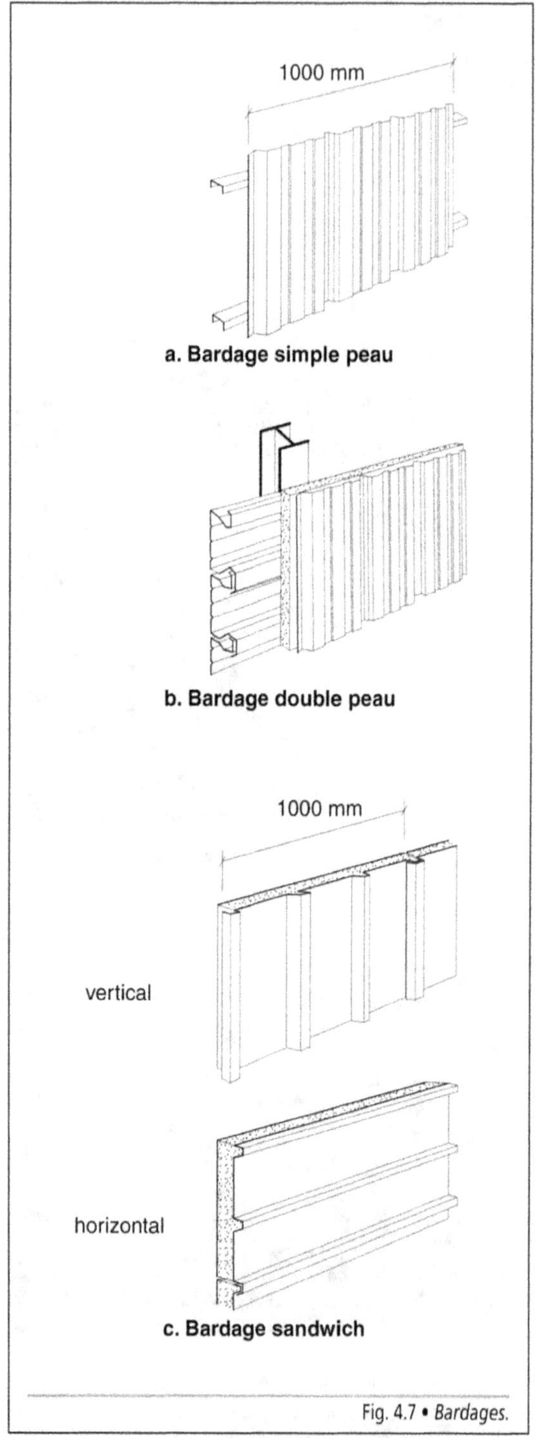

Fig. 4.7 • *Bardages*.

Selon sa composition, le bardage entre dans l'une des catégories suivantes (Fig. 4.7) :

- **le bardage à simple peau**, qui comporte une seule paroi ;

- **le bardage à double peau**, qui comprend deux parois assemblées sur le chantier et disposées de part et d'autre d'un matériau isolant ; elles peuvent être de même nature ou de nature différente ;

- **le bardage sandwich**, qui est un composant industrialisé formé de deux parois solidarisées de manière continue à l'aide d'une âme isolante.

Les parois, ou peaux, sont constituées par des profilés en tôles métalliques ayant reçu un revêtement définitif ou par des clins en bois ou en matière plastique. Elles ont une bonne résistance mécanique et aux chocs. Les joints entre les éléments sont exécutés de manière à éviter les risques d'infiltration et la perméabilité à l'air.

Le bardage simple peau est employé dans la construction des hangars ou des entrepôts qui ne nécessitent aucune isolation thermique ou acoustique. Il peut également servir à revêtir un mur maçonné et une isolation thermique extérieure, avec interposition d'une lame d'air ventilée. Les jonctions entre les profils sont réalisées de manière à rendre le bardage étanche, quelles que soient l'exposition et la hauteur du bâtiment. Les parois correspondant à cette composition entrent dans les murs de type IV selon la définition donnée par le DTU 20.1 (NF P 10-202) – *Travaux de bâtiment. Ouvrage en maçonnerie de petits éléments. Parois et murs* (Fig. 4.8).

Le bardage double peau et le bardage sandwich sont utilisés couramment dans les constructions industrielles.

En immeubles d'habitation ou de bureaux, le bardage vient en habillage d'une paroi extérieure complexe assurant l'ensemble des fonctions d'une barrière entre les ambiances intérieures et extérieures, entre autres, l'isolation thermique et acoustique.

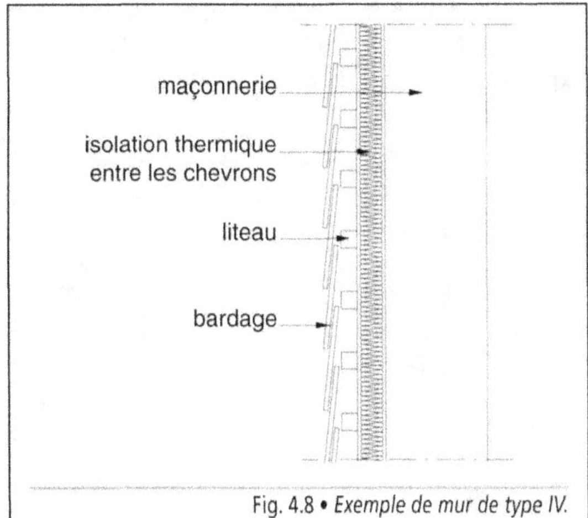

Fig. 4.8 • *Exemple de mur de type IV.*

La vêture est un procédé de revêtement des murs extérieurs qui associe un isolant thermique et sa protection extérieure dans un seul produit manufacturé. Il se présente sous la forme de plaques ou de panneaux modulables (Fig. 4.9). Le parement est constitué de matériaux rigides tels que l'ardoise, la pierre reconstituée, le métal prélaqué, l'aluminium, la terre cuite, etc. La vêture est fixée sur le mur support à l'aide de fixations mécaniques, solution plus sûre que le collage.

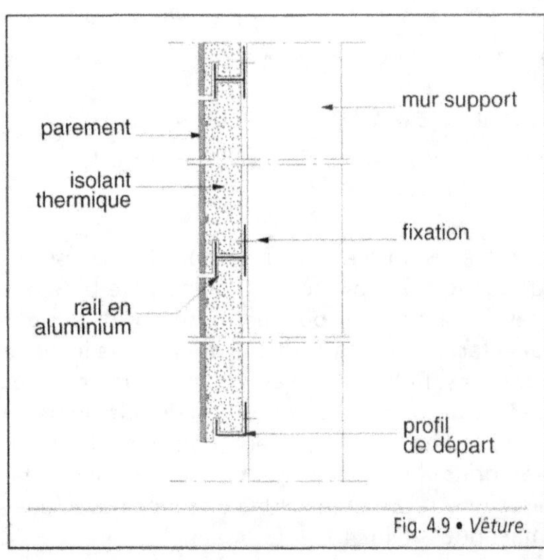

Fig. 4.9 • *Vêture.*

3. Les critères de qualité

Les façades légères ont une fonction enveloppe. À ce titre, elles ont un triple rôle à jouer, portant sur les points suivants :

- l'aspect architectural de l'édifice ;

- les conditions d'habitabilité ;

- la sauvegarde des personnes et des biens.

À cet effet, elles doivent être stables dans le temps et répondre à plusieurs critères de qualité. Ceux-ci ont pour objectif d'améliorer la résistance mécanique et la résistance aux chocs, la sécurité à l'incendie et à l'utilisation, les conditions d'habitabilité ainsi que la durabilité des matériaux sans altérer leur aspect.

3.1. Les performances de résistance mécanique

Les performances de résistance mécanique sont telles qu'aucune partie des façades légères ne puisse s'effondrer ou se détériorer sous la combinaison des actions qui les sollicitent. Celles-ci sont occasionnées par le poids propre, le poids des éléments pouvant être accrochés aux façades, les charges d'exploitation, les agents atmosphériques, en particulier le vent, les variations de température ou les mouvements du gros œuvre. Le dimensionnement des composants est défini en tenant compte des conditions les plus défavorables.

3.2. La résistance aux chocs

La résistance aux chocs a pour but d'assurer la sécurité des personnes, circulant au pied des immeubles, alors que les éléments de façade sont soumis à des chocs exceptionnels normalement prévisibles, relevant de l'occupation normale des locaux. Elle porte plus particulièrement sur la bonne tenue des éléments de remplissage et des allèges.

3.3. La sécurité à l'incendie

La sécurité à l'incendie est déterminée de manière à permettre une évacuation normale des occupants ainsi que le transport des malades et des personnes handicapées. Le choix des matériaux est effectué pour répondre aux exigences réglementaires selon le classement de la construction et afin d'éviter les désordres suivants :

- le dégagement de gaz toxiques ou de gaz favorisant le développement du feu ;

- la projection de matières enflammées (flammèches) ;

- la propagation de l'incendie vers les niveaux supérieurs par suite de la déformation de la façade sous l'action de la chaleur ou par l'extérieur (Fig. 4.10).

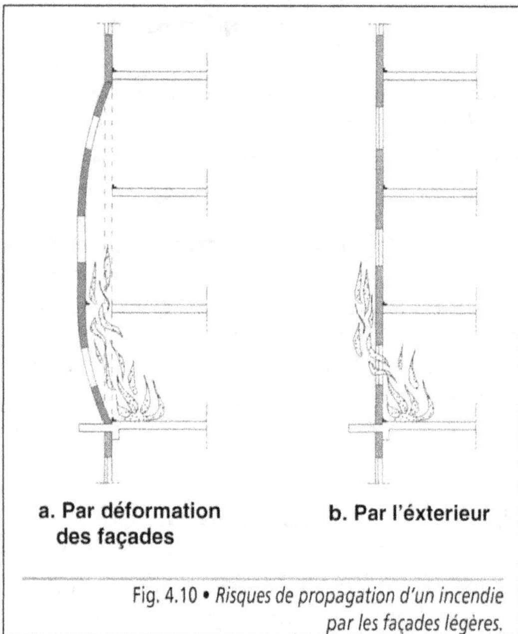

Fig. 4.10 • *Risques de propagation d'un incendie par les façades légères.*

L'application de la règle (C + D) a pour objet d'éviter la propagation d'un incendie par les ouvertures extérieures. Elle définit la hauteur, en mètres, séparant le haut d'une baie et le bas de celle qui lui est immédiatement superposée,

selon la catégorie de l'immeuble et la masse combustible M mobilisable par la façade et exprimée en MJ/m^2 (Fig. 4.11).

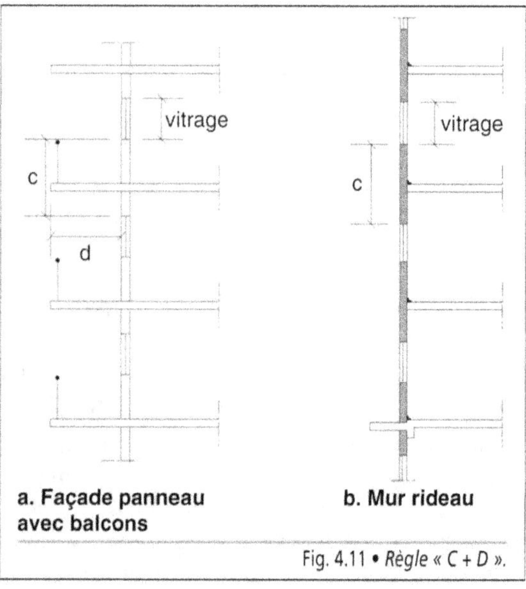

Fig. 4.11 • *Règle « C + D ».*

Exemple

- Immeubles d'habitation de 3e famille A :

  $M \leq 25\ MJ/m^2$: $C + D \geq 0{,}60$ m ;

  $25\ MJ/m^2 < M \leq 80\ MJ/m^2$: $C + D \geq 0{,}80$ m ;

  $80\ MJ/m^2 < M$: $C + D \geq 1{,}10$ m.

- Immeubles d'habitation de 3e famille B et de 4e famille :

  $M \leq 25\ MJ/m^2$: $C + D \geq 0{,}80$ m ;

  $25\ MJ/m^2 < M \leq 80\ MJ/m^2$: $C + D \geq 1{,}00$ m ;

  $80\ MJ/m^2 < M$: $C + D \geq 1{,}30$ m.

Si cette distance est insuffisante, il est nécessaire de prévoir une avancée qui allonge le parcours des flammes. Le problème ne se pose pas pour une façade en maçonnerie pour laquelle cette masse est nulle. Il n'en est pas de même avec les façades légères. La composition des éléments de remplissage devient déterminante. C'est la raison pour laquelle il est parfois nécessaire de réaliser une façade semi-rideau devant des allèges maçonnées (Fig. 4.12 – Photo. 4.6).

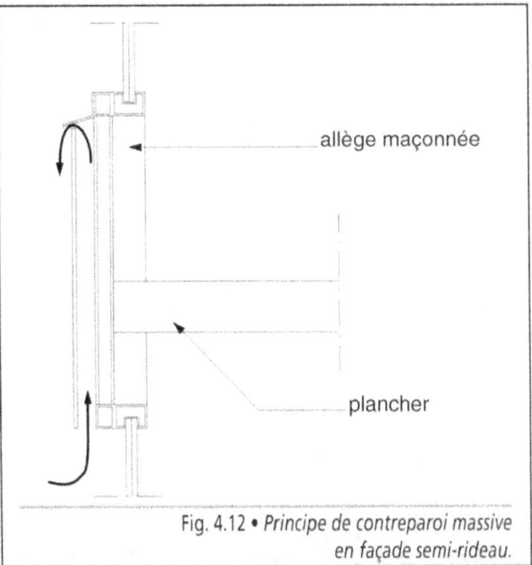

Fig. 4.12 • *Principe de contreparoi massive en façade semi-rideau.*

Photo. 4.6 • *Façade semi-rideau avec allèges maçonnées de manière à respecter la règle c + d.*

3.3. La sécurité à l'utilisation

La sécurité à l'utilisation consiste à ne pas présenter de risque pour l'occupant dans la limite d'emploi dévolue aux divers équipements. Elle intervient dès la conception des façades légères et porte sur les points suivants :

- l'utilisation normale des éléments mobiles des façades, châssis ouvrants, portes d'accès, protections solaires, etc. ;

- les risques de chute accidentelle ;

- les opérations courantes de nettoyage et de maintenance à l'aide de moyens appropriés (nacelle) ;

- la présence d'équipements techniques de chauffage ou de ventilation ;

- l'incorporation d'installations électriques en allège, celles-ci étant réalisées conformément à la norme NF C 15-100 – *Installations à basse tension*.

3.4. Les conditions d'habitabilité

Les façades légères étant considérées comme des parois extérieures, elles doivent présenter une bonne étanchéité à l'eau et à l'air. Elles prennent également en compte les notions de confort thermique, hygrothermique et acoustique, ainsi que l'éclairement naturel et l'ensoleillement afin de fournir des bonnes conditions d'habitabilité.

Les deux premières exigences demandent un parfait calfeutrement des joints, quel que soit leur niveau entre les composants suivants (Fig. 4.13) :

- le gros œuvre et l'ossature secondaire ;

- les montants et les traverses de l'ossature ;

- l'ossature et les châssis ;

- l'ossature et les éléments de remplissage ;

- les châssis et les éléments de remplissage ;

- les châssis ;

- les dormants et les ouvrants des châssis.

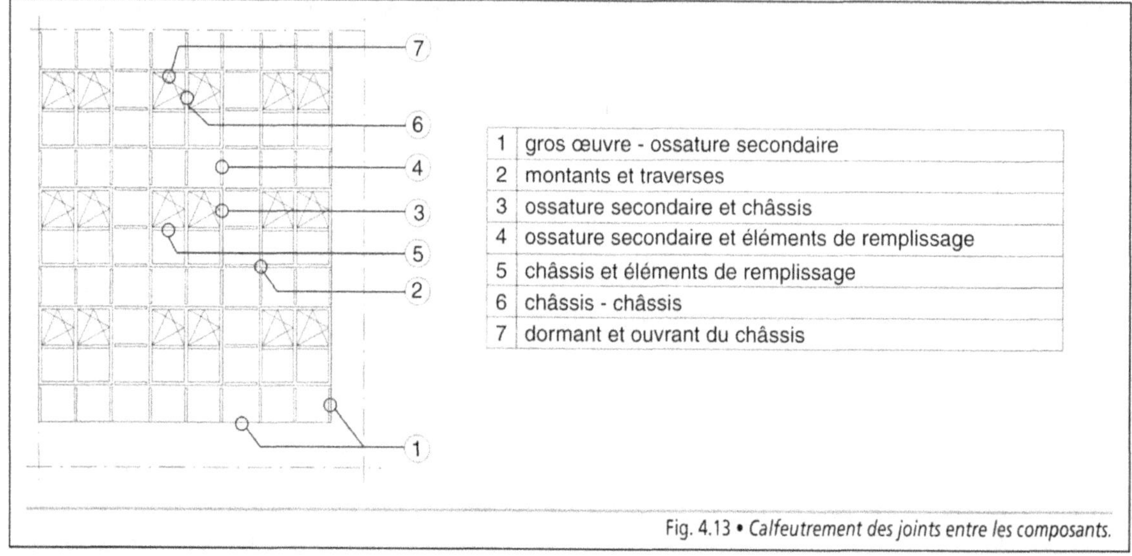

Fig. 4.13 • *Calfeutrement des joints entre les composants.*

Les conditions d'habitabilité sont améliorées en équipant le bâtiment d'une installation de conditionnement d'air.

L'étanchéité à l'eau implique qu'il ne doit pas y avoir d'infiltration occasionnant le mouillage par l'eau de pluie de parties non traitées à cet effet, pouvant entraîner leur dégradation. La conception des joints est étudiée pour empêcher ce risque d'infiltration. Deux solutions sont admises :

- la façade est étanche : les joints sont traités afin d'éliminer tout risque d'infiltration (façades en verre agrafé, certains bardages selon le mode de recouvrement) ;

- la façade n'est pas totalement étanche : il est admis que des infiltrations puissent se produire au droit des joints ; dans ce cas l'eau est canalisée puis rejetée vers l'extérieur (joints à deux étages).

Le problème est d'autant plus délicat à résoudre que le phénomène est complexe et qu'il regroupe plusieurs composantes : la pluie, le vent et la différence de pression régnant entre les deux faces.

En fonction de ces paramètres, l'action de l'eau se manifeste selon l'un des six modes suivants, qui exige, chacun, une parade spécifique (Fig. 4.14) :

- par ruissellement gravitaire du haut vers le bas : il convient d'inverser le sens de la pente ou de placer des recouvrements disposés judicieusement afin d'éloigner l'eau du joint ;

- par tension surfacique qui permet à un film d'eau d'adhérer à une paroi, même en sous-face, et de s'infiltrer dans le joint : une rupture formant goutte d'eau arrête cette progression ;

- par capillarité, dans des interstices de faibles dimensions, l'eau semblant aspirée vers l'intérieur : une augmentation de la largeur supprime ce phénomène ;

- par énergie cinétique : la pluie vient fouetter la façade avec plus ou moins d'intensité et sous un angle d'incidence variant avec la force du vent ; sous cette action, l'eau peut pénétrer dans un joint défectueux ; elle est récupérée dans une goulotte afin d'être rejetée vers l'extérieur ;

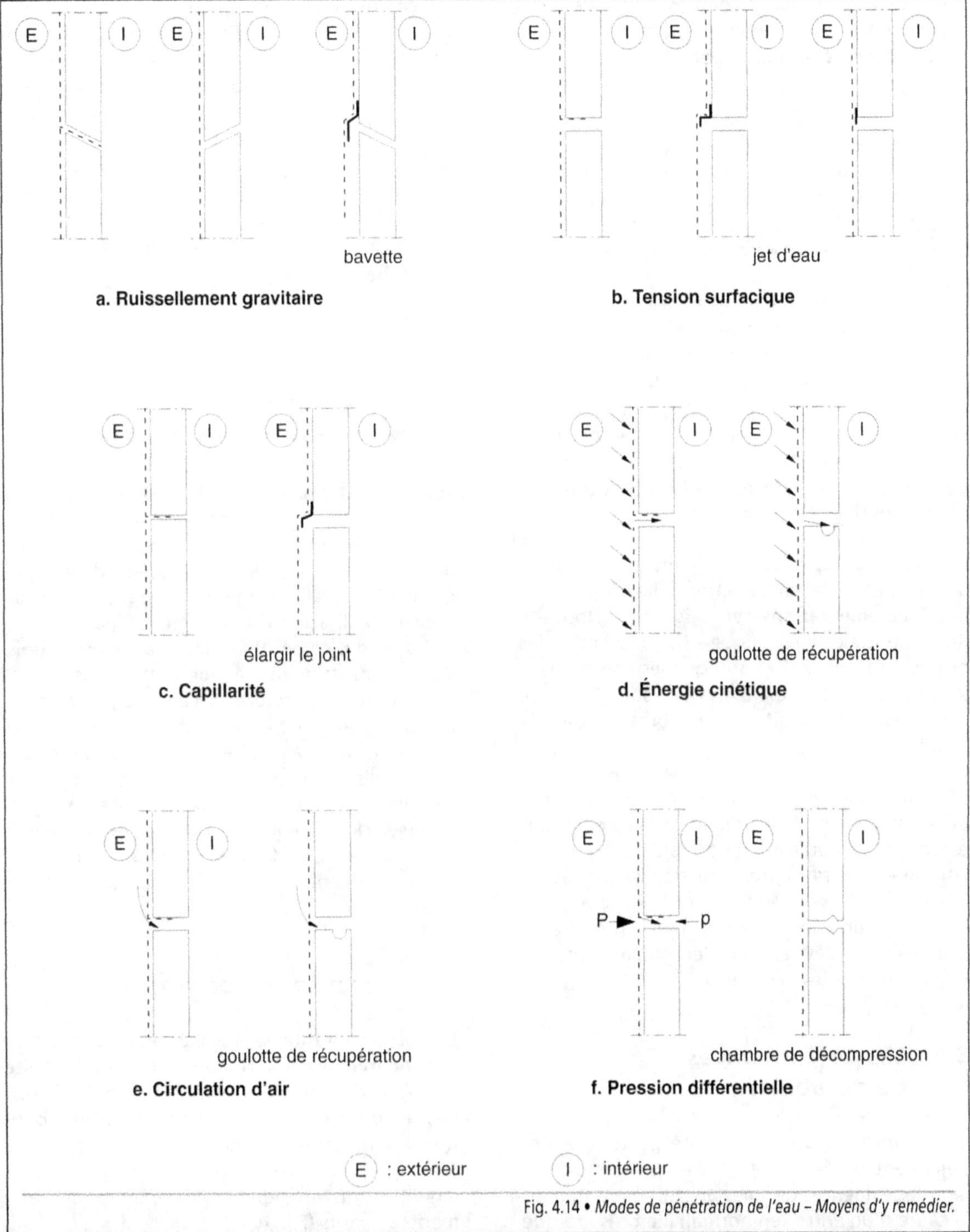

Fig. 4.14 • *Modes de pénétration de l'eau – Moyens d'y remédier.*

- par circulation d'air : l'eau est entraînée vers l'intérieur ; comme dans le cas précédent, elle est récupérée et rejetée vers l'extérieur ;

- par pression différentielle, la pression intérieure étant inférieure à la pression extérieure, une circulation d'eau se produit à l'intérieur du joint ; pour y remédier, il suffit de prévoir une chambre de décompression ventilée qui rétablit l'équilibre des pressions et canalise les eaux recueillies vers l'extérieur.

La conception et la réalisation des façades légères doivent contribuer à améliorer l'isolation thermique globale de la construction et, par voie de conséquence, son bilan thermique. Les composants, ossature et éléments de remplissage, sont choisis de manière à éviter toute trace de condensation sur les parements intérieurs, sous réserve que les locaux soient chauffés et ventilés normalement.

Les façades légères participent à l'isolation acoustique de la construction. Elles répondent aux réglementations en vigueur (Nouvelle Réglementation Acoustique – NRA). De plus, des dispositions sont prises afin que les liaisons avec le gros œuvre ne soient pas des sources d'une transmission des bruits ou des vibrations dans le bâtiment.

Les dimensions des châssis vitrés sont déterminées de manière à assurer un éclairement correspondant à l'utilisation normale des locaux, le vitrage étant transparent ou translucide. Selon l'exposition des façades, le facteur solaire du vitrage est une notion importante à prendre en compte afin d'éviter que l'ensoleillement soit une gêne pour les occupants.

3.5. Les performances de durabilité

Les performances de durabilité portent essentiellement sur le maintien des qualités découlant des exigences définies précédemment, dans le cadre d'un entretien normal. Il en résulte que

les composants (ossature secondaire, fixations, châssis, éléments de remplissage) ne peuvent pas subir de dégradation consécutive à un facteur tel que la corrosion, les insectes, les champignons, l'exposition au rayonnement ultraviolet, etc. L'aspect général des façades ne doit pas être altéré par un vieillissement prématuré. De plus, le principe de montage des façades doit permettre l'accessibilité aux composants principaux afin de remplacer les éléments défectueux.

4. Les composants et leur mise en œuvre

Selon leur typologie, les façades légères comprennent des composants qui sont assemblés soit sur le chantier, soit en usine, autorisant un montage plus rapide. Composées d'éléments industrialisés, elles exigent une grande précision dans la réalisation du gros œuvre, qu'il soit en maçonnerie, en béton armé, en acier ou en bois. Des dispositifs de rattrapage sont prévus afin de tenir compte des tolérances admises, en particulier pour les structures en maçonnerie, et des jeux nécessaires à la mise en place des panneaux de remplissage. Compte tenu de la complexité des liaisons avec les autres ouvrages (gros œuvre, cloisonnement, équipements techniques), il convient de bien coordonner les différents intervenants dès la mise au point du projet.

4.1. Les parties courantes

En partie courante, les façades légères sont conçues de manière à faire apparaître la continuité d'aspect de la peau extérieure, qu'elle soit droite ou cintrée. À l'exception des façades panneaux encadrées par quatre éléments porteurs (voiles ou poteaux et planchers), les façades légères sont, en général, composées des éléments suivants (Fig. 4.15) :

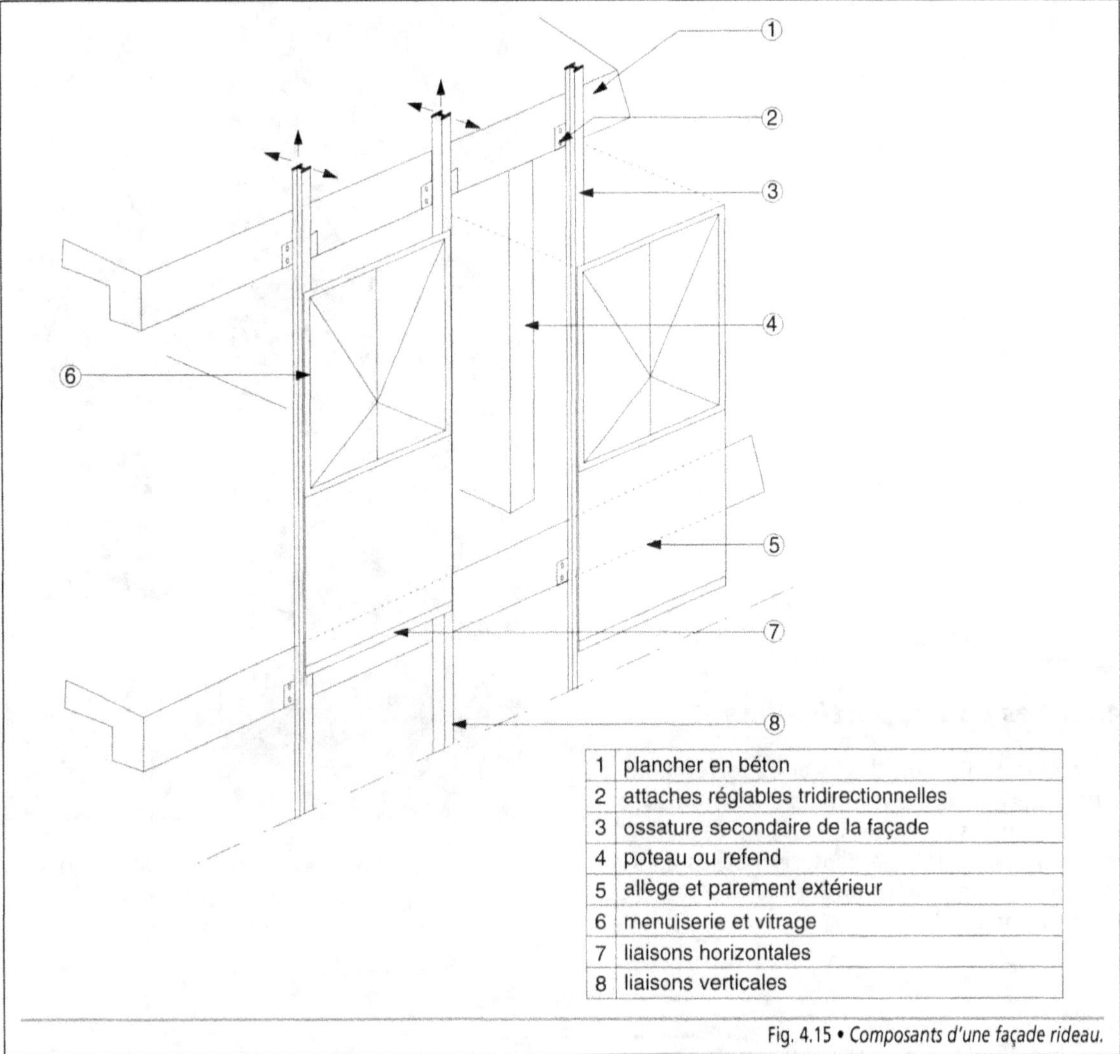

1	plancher en béton
2	attaches réglables tridirectionnelles
3	ossature secondaire de la façade
4	poteau ou refend
5	allège et parement extérieur
6	menuiserie et vitrage
7	liaisons horizontales
8	liaisons verticales

Fig. 4.15 • *Composants d'une façade rideau.*

- une ossature secondaire verticale ancrée à la structure porteuse du bâtiment et lui transmettant les sollicitations subies par la façade ; elle comprend des montants et des traverses ;

- des châssis vitrés pour l'éclairement des locaux fixés sur l'ossature secondaire ;

- des éléments de remplissage opaques également fixés sur l'ossature ;

- des jointoiements extérieurs assurant l'étanchéité à l'eau et à l'air, et des calfeutrements intérieurs assurant la continuité de l'isolation acoustique ;

- des couvre-joints, ou capots, protégeant le joint extérieur et participant à l'aspect définitif de la façade ;

- des protections solaires, des stores d'occultation et des protections de sécurité, selon les besoins.

Un autre procédé consiste à juxtaposer des panneaux de hauteur d'étage, fixés directement sur la structure porteuse, sans interposition d'ossature secondaire (Fig. 4.16).

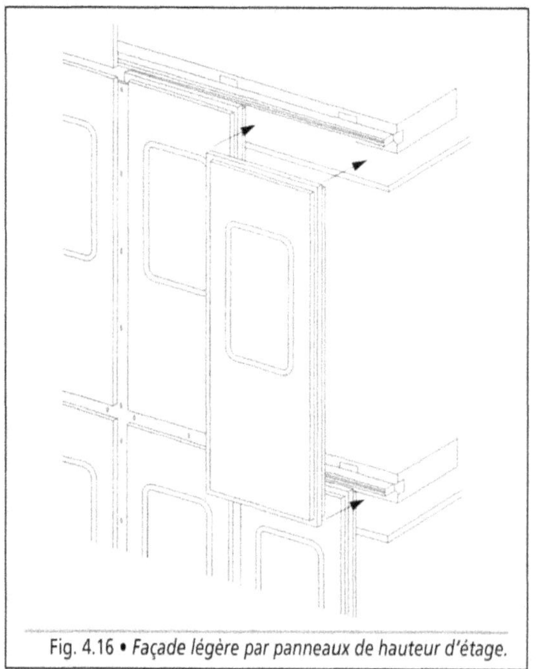

Fig. 4.16 • *Façade légère par panneaux de hauteur d'étage.*

4.2. Les points particuliers

Les points particuliers des façades portent, entre autres, sur les angles rentrants et les angles sortants, les arrêts en partie supérieure et en partie inférieure, les joints de dilatation et les liaisons avec d'autres ouvrages de façade (bardages ou murs maçonnés) (Fig. 4.17).

Photo. 4.7 • *Mur rideau – Traitement de l'angle par poteau en aluminium.*

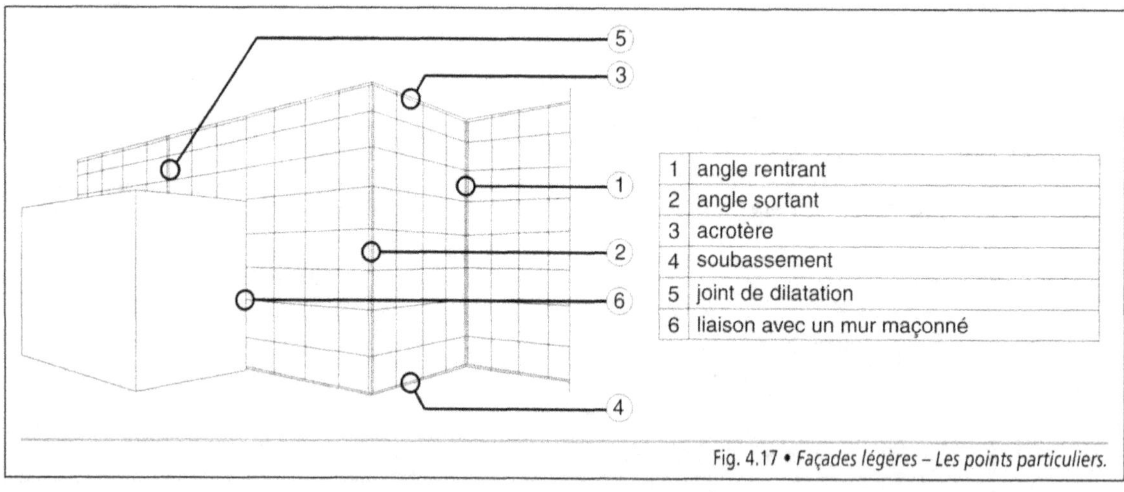

1	angle rentrant
2	angle sortant
3	acrotère
4	soubassement
5	joint de dilatation
6	liaison avec un mur maçonné

Fig. 4.17 • *Façades légères – Les points particuliers.*

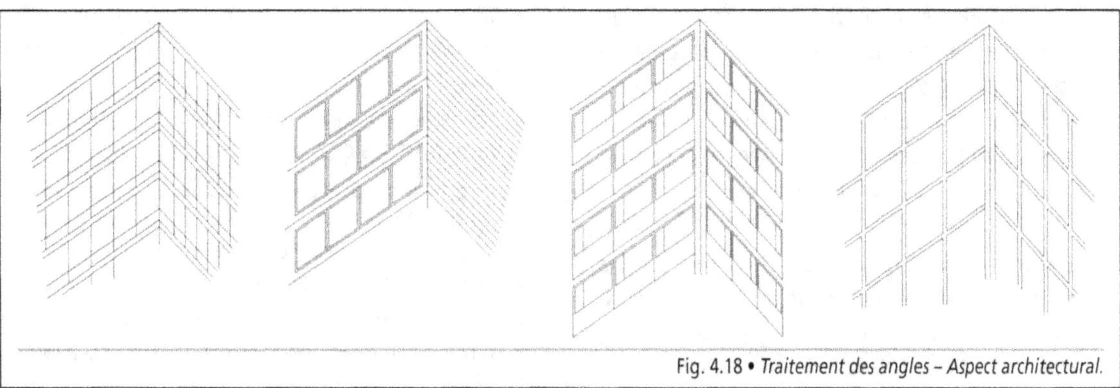

Fig. 4.18 • *Traitement des angles – Aspect architectural.*

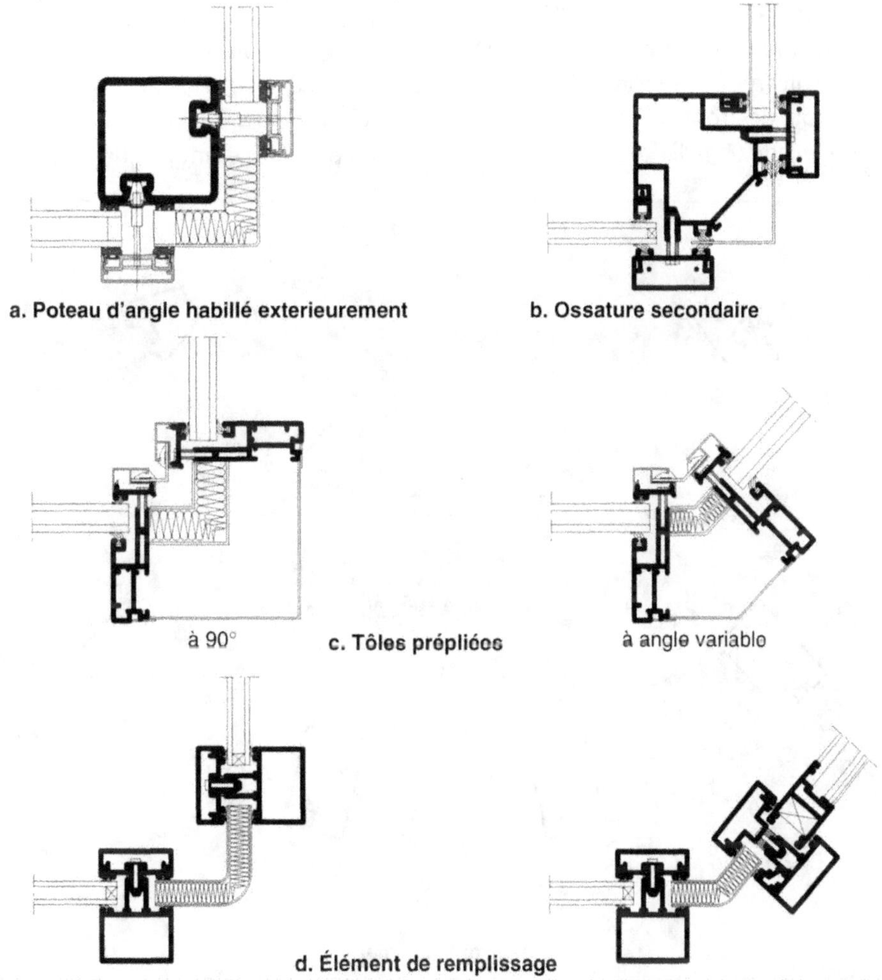

a. Poteau d'angle habillé exterieurement

b. Ossature secondaire

à 90°

c. Tôles prépliées

à angle variable

d. Élément de remplissage

Fig. 4.19 • *Façades légères – Traitement des angles.*

Constituant des points faibles, ils sont traités de manière à réduire l'incidence sur la qualité générale de l'enveloppe. Des dispositions spéciales sont mises au point afin de répondre aux problèmes à résoudre ; elles sont adaptées au type de façade légère et aux matériaux employés.

Le traitement des angles dépend de leur forme géométrique, qu'ils soient rentrants ou sortants, ouverts ou fermés, ou que les parois soient orthogonales. Les angles sont traités de manière différente selon le mode constructif retenu et l'aspect architectural donné à l'édifice (Fig. 4.18). Une solution peut être trouvée parmi les propositions suivantes, selon la volonté de marquer l'angle ou de trouver une continuité du parement de façade (Fig. 4.19) :

- un poteau d'angle en profilé de section plus importante recevant les panneaux des deux façades (Photo. 4.7) ;

- des tôles prépliées fermant l'angle entre les deux profilés d'extrémité des façades ;

- un panneau préformé en usine, coudé suivant l'angle formé par les façades, maintenu sur l'ossature secondaire de la même manière que les remplissages courants ;

- un élément de vitrage cintré pris entre des parcloses fixées sur les poteaux de l'ossature.

Dans le cas des façades concaves ou convexes, composées de facettes successives, deux solutions peuvent être retenues (Fig. 4.20) :

- les profilés de l'ossature secondaire ont une géométrie correspondant à l'angle voulu, les remplissages étant positionnés normalement ;

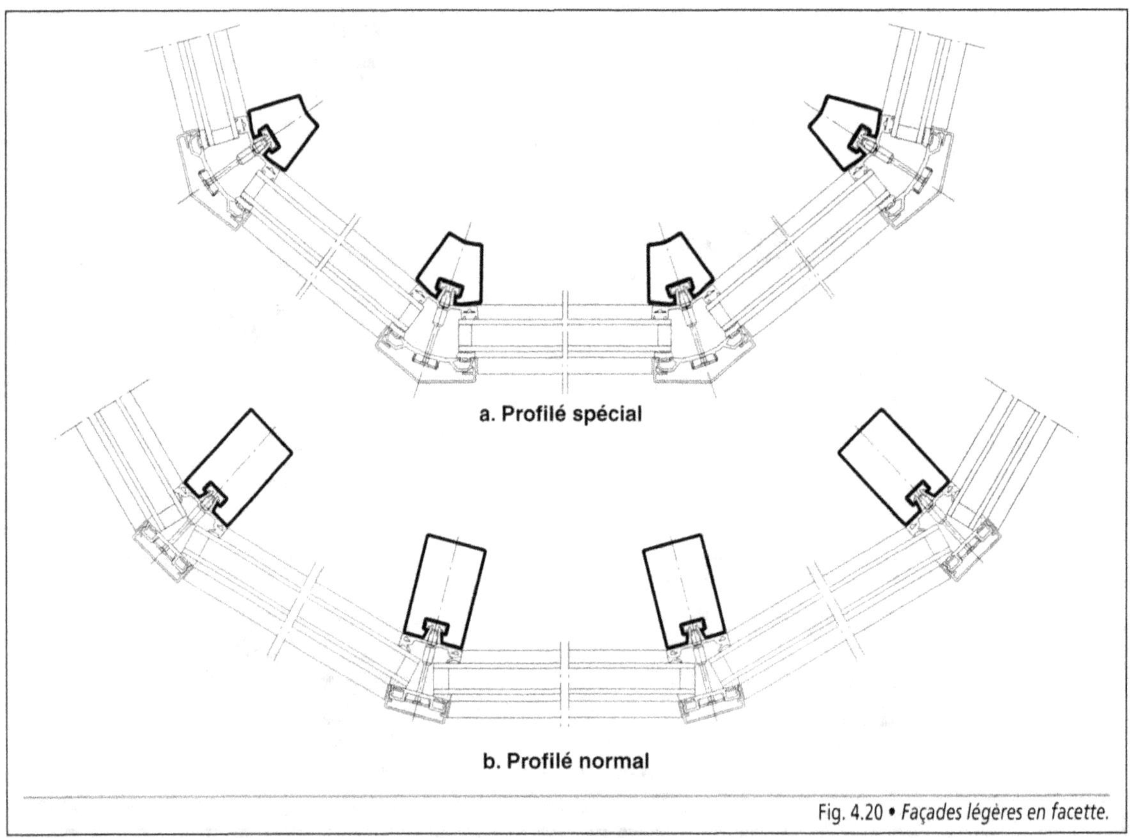

Fig. 4.20 • *Façades légères en facette.*

• les vitrages ou les remplissages sont mis en place et calés, dans les profilés courants selon l'angle formé par les facettes, à l'aide de parcloses et de garnitures ; ce dispositif n'est applicable que pour des angles très ouverts.

Les arrêts en partie supérieure et en partie inférieure de la façade légère sont traités de manière à assurer la continuité de l'isolation thermique et à éviter les risques d'infiltration ou de passage d'air (Fig. 4.21).

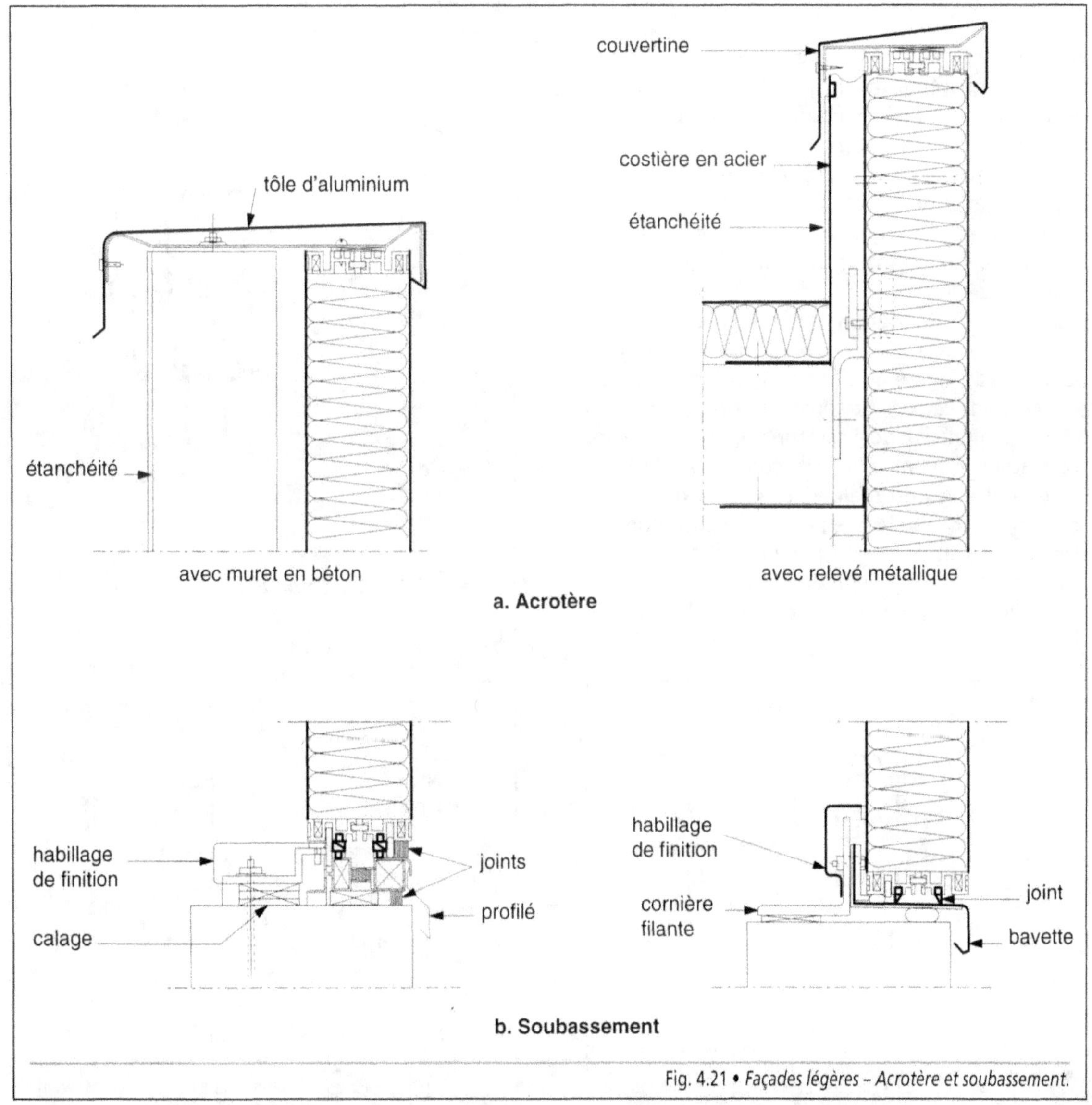

Fig. 4.21 • *Façades légères – Acrotère et soubassement.*

En acrotère, la façade légère ne doit pas servir d'appui à l'étanchéité. Celle-ci vient devant un muret en béton ou une pièce métallique solidaire du plancher qui sert de support au relevé. Les éléments de remplissage sont maintenus par une traverse supérieure. Une couvertine en métal (aluminium ou acier laqué), couronne l'ensemble et le protège de la pluie. Elle est complétée par un film souple qui ferme le joint et évite les passages d'air.

En soubassement, une pièce métallique solidaire du gros œuvre ferme le jour existant entre la façade légère et la structure. Maintenue par la traverse inférieure, elle reçoit un garnissage avec un matériau isolant et un calfeutrement étanche. Compte tenu de sa relative fragilité, la partie basse des façades légères est protégée des chocs, en particulier en bordure des voies de circulation.

Les joints de dilatation qui recoupent le gros œuvre des ouvrages entraînent une interruption de la façade légère au droit de ces joints. De part et d'autre de ceux-ci, des profilés, correspondant à un demi-montant de l'ossature secondaire, sont fixés solidairement à la structure porteuse. La liaison entre eux est réalisée à l'aide de matériaux souples, en forme de lyre ; elle est maintenue par des serreurs et protégée par des capots en tôle pouvant coulisser. L'eau qui peut s'infiltrer est recueillie, puis évacuée vers l'extérieur (Fig. 4.22).

Les liaisons avec le gros œuvre en maçonnerie ou en béton nécessitent la fabrication de pièces spéciales permettant le rattrapage des tolérances du gros œuvre. L'origine de la façade légère est marquée à l'aide d'un montant ou d'un demi-montant. Le jeu est garni avec un matériau isolant et reçoit un habillage extérieur et intérieur en métal ou en bois, selon la nature de la façade légère. Un joint élastomère assure l'étanchéité entre cette pièce et le gros œuvre (Fig. 4.23 – Photo. 4.8).

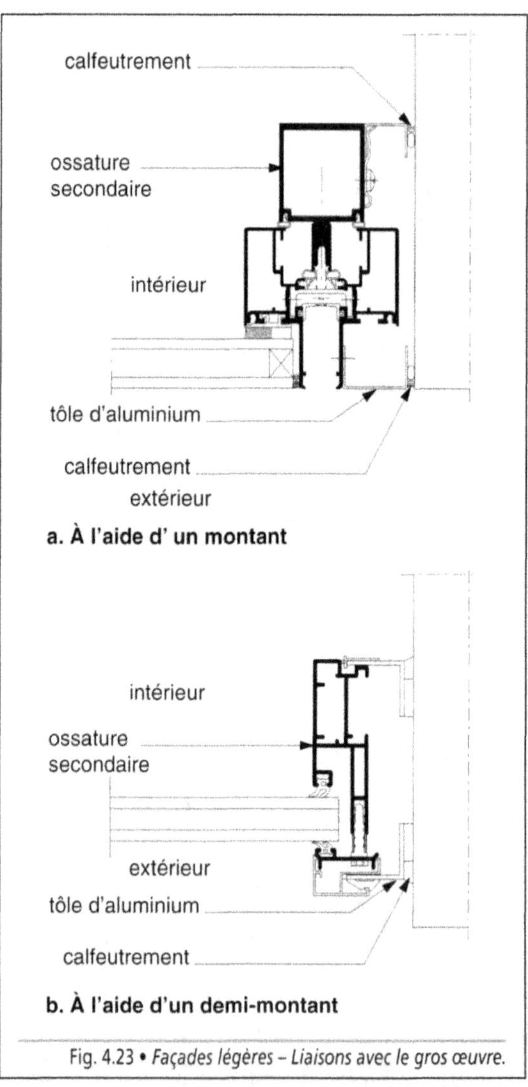

a. À l'aide d'un montant

b. À l'aide d'un demi-montant

Fig. 4.23 • *Façades légères – Liaisons avec le gros œuvre.*

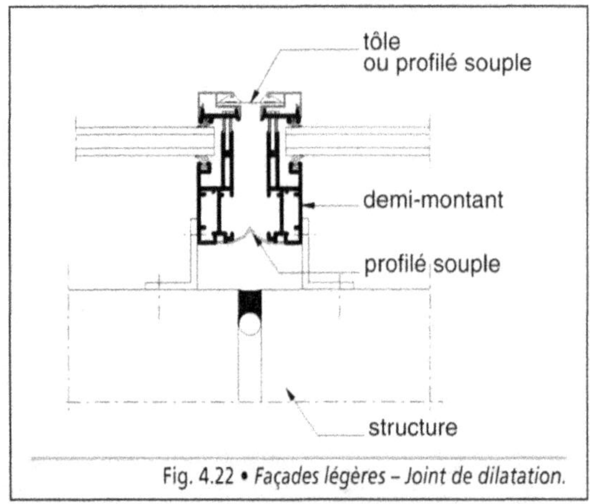

Fig. 4.22 • *Façades légères – Joint de dilatation.*

Photo. 4.8 • *Liaison entre le mur rideau en aluminium et la paroi en briques apparentes : joint d'étanchéité en élastomère.*

4.3. L'ossature secondaire

L'ossature secondaire est de type « **grille** », sorte de treillis rectangulaire en profilés tubulaires en acier, en aluminium, de préférence avec rupture de pont thermique, en bois ou en matériau de synthèse (Fig. 4.24). Elle est composée de montants correspondant à la trame et de traverses rigides (Photo. 4.9a et 4.9b).

Elle est étudiée de manière à absorber l'ensemble des mouvements que subit la façade et à reprendre tous les efforts qui la sollicitent (Fig. 4.25). Ceux-ci agissent selon les trois directions suivantes :

• verticale parallèle à la façade (direction Z) : la charge et la dilatation ;

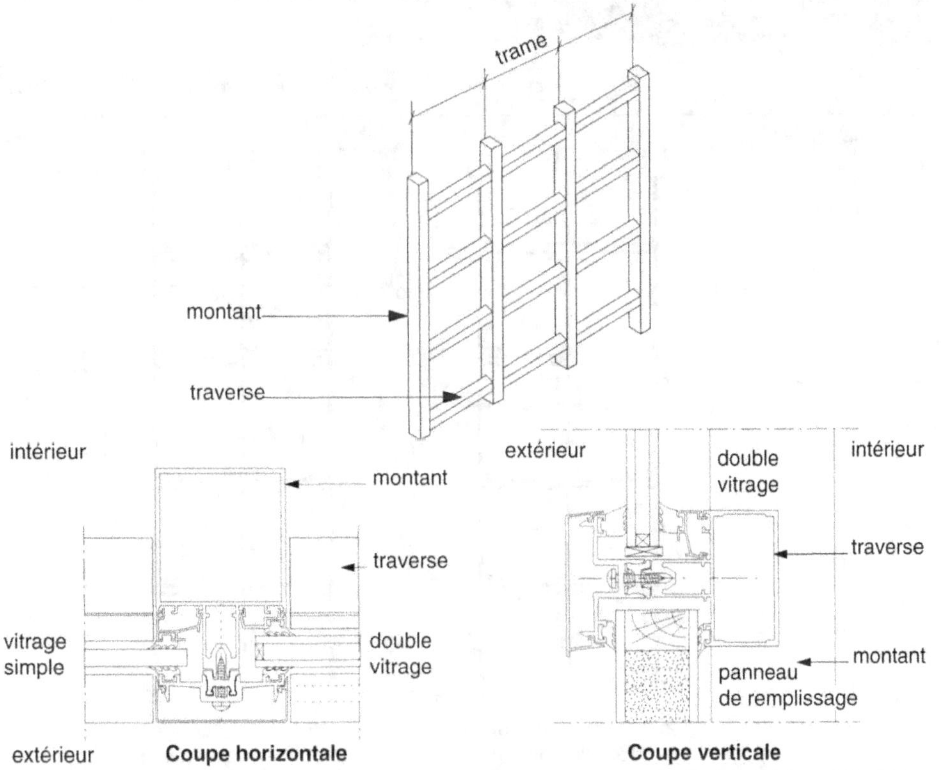

Fig. 4.24 • *Façades rideaux – Montants et traverses.*

Photo. 4.9a et 4.9b • *Ossature secondaire pour mur semi-rideau (a) et pour façade vitrée (b).*

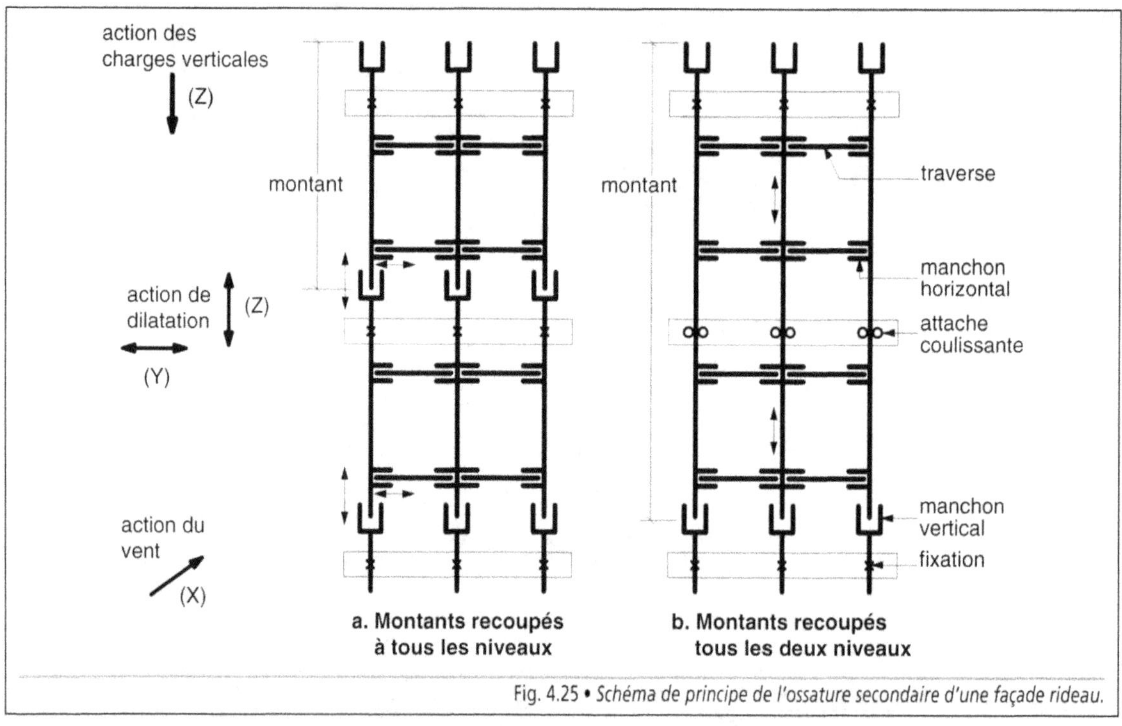

Fig. 4.25 • *Schéma de principe de l'ossature secondaire d'une façade rideau.*

- horizontale parallèle à la façade (direction Y) : la dilatation ;

- horizontale perpendiculaire à la façade (direction X) : le vent.

C'est la raison pour laquelle des jeux sont réservés, permettant la libre dilatation des différentes pièces. Sauf conditions climatiques particulières, lors des études, les températures extrêmes prises en compte sont – 20 °C et + 80 °C. Les montants sont filants sur la hauteur de la façade ; le raccord est réalisé à l'aide d'un manchon d'une longueur de 30 cm à 40 cm à chaque niveau ou un niveau sur deux (Fig. 4.26). Les traverses sont assemblées sur les montants par une liaison rigide ou avec un certain jeu. Elles peuvent être percées afin d'évacuer l'eau des infiltrations éventuelles.

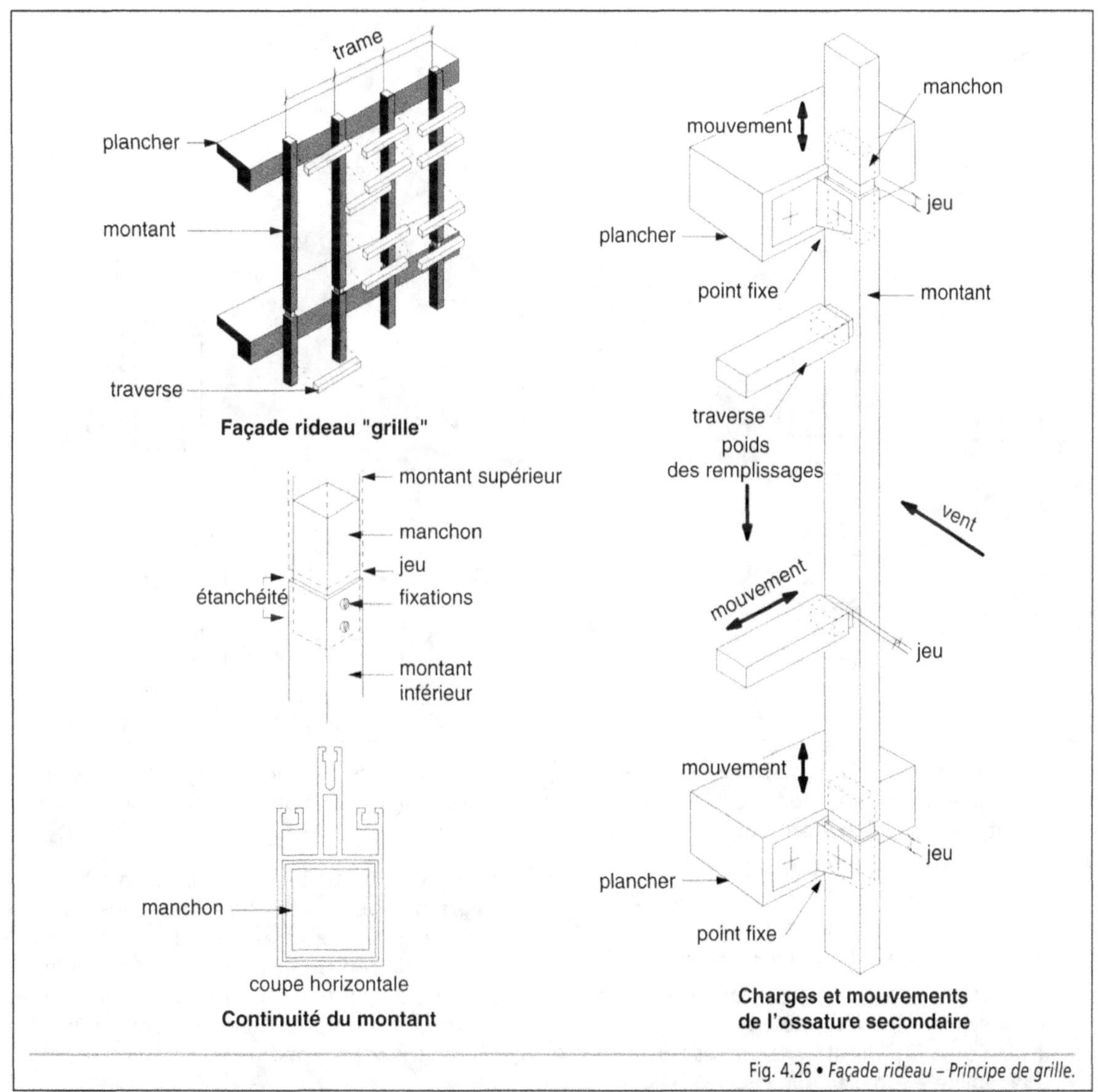

Fig. 4.26 • *Façade rideau – Principe de grille.*

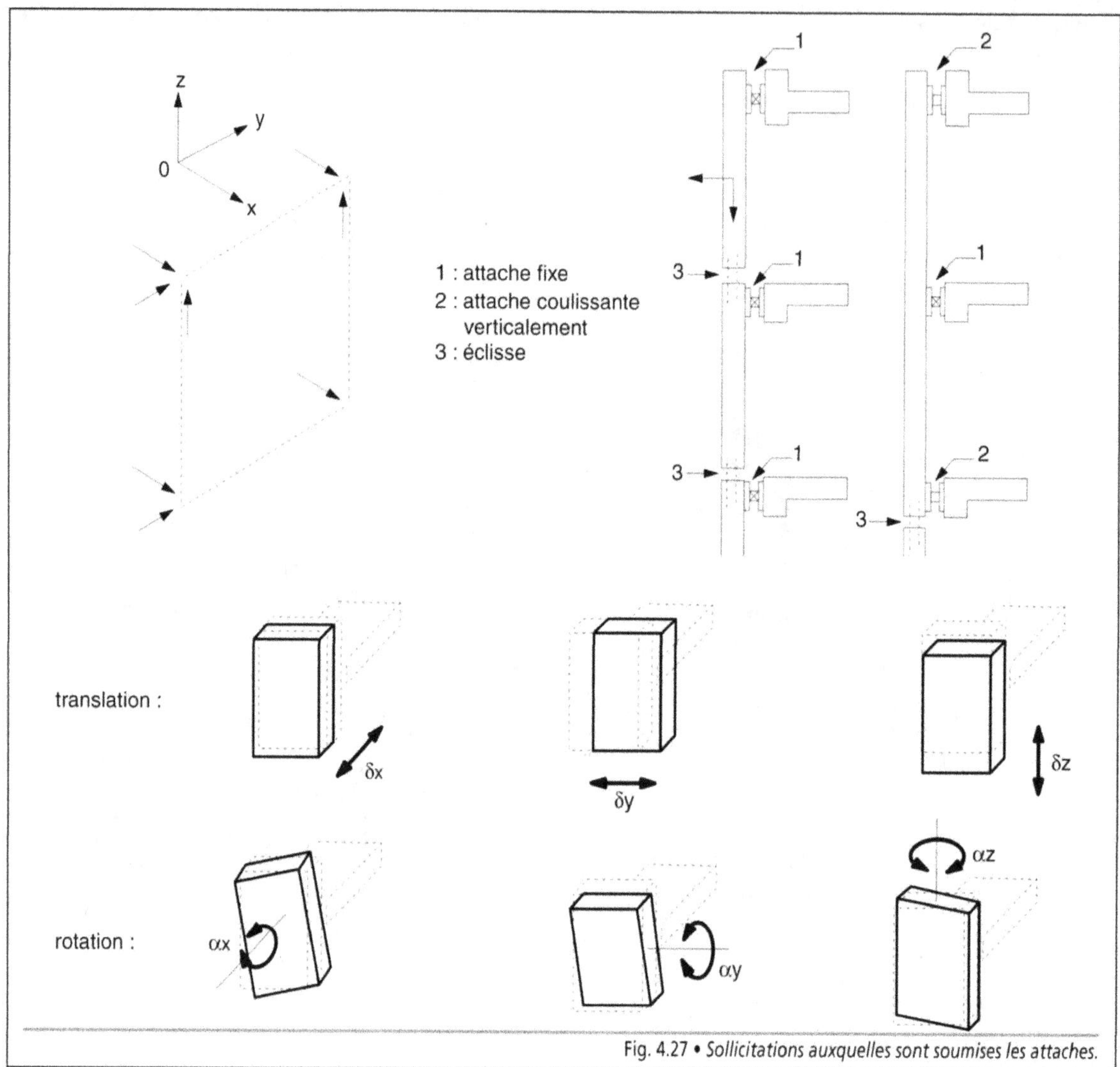

Fig. 4.27 • *Sollicitations auxquelles sont soumises les attaches.*

Les montants sont fixés à la structure du bâti-ment à l'aide **d'attaches** dont le rôle est très important, leur fonction étant double.

- Elles sont porteuses et transmettent à la structure les efforts sollicitant la façade légère. De ce fait elles sont soumises à des déplacements qui correspondent aux actions suivantes (Fig. 4.27) :

  - des actions simples : translations horizontales(direction Y) et verticales (direction Z) dans le plan de la façade, et horizontales perpendiculairement à son plan (direction X) ;

  - des actions combinées regroupant les précédentes : rotations autour de chacun des trois axes X, Y et Z.

Lorsque les attaches ne disposent d'aucun degré de liberté, elles sont fixes dans les trois directions X, Y, Z et assurent la fonction porteuse et la reprise des efforts du vent. Si elles ont un ou plusieurs degrés de liberté, elles permettent un mouvement dans la ou les directions correspondantes.

Exemple

Les attaches qui sont libres dans la direction verticale Z ne sont pas porteuses. Elles permettent la dilatation verticale et ne jouent un rôle que dans la reprise des efforts dus au vent.

• Les attaches permettent le réglage dans les trois dimensions afin de rattraper les tolérances admissibles du gros œuvre (Fig. 4.28).

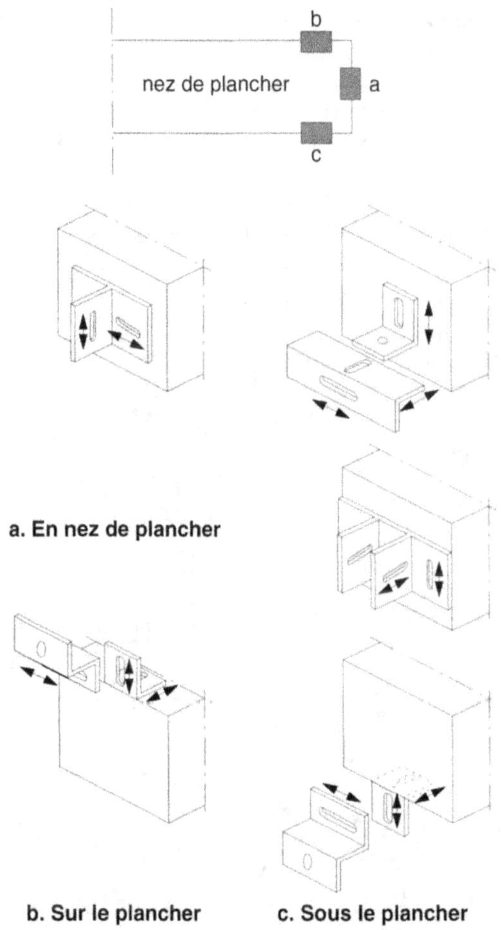

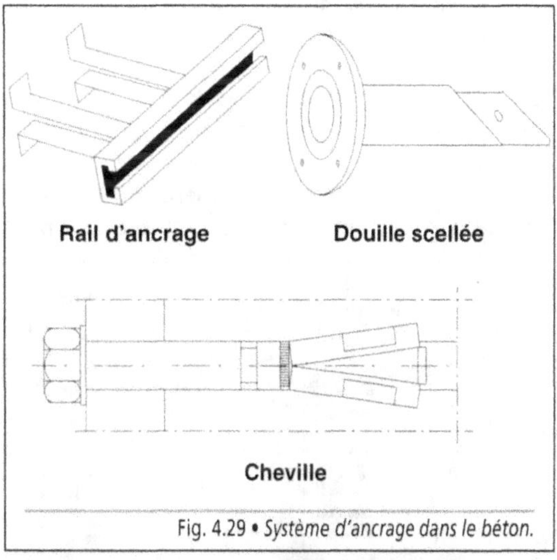

Fig. 4.28 • *Fixation de l'ossature secondaire.*

Généralement en acier galvanisé et protégées contre la corrosion, les attaches sont aisément accessibles afin de faciliter le montage et le réglage des éléments constitutifs de la façade. Elles doivent être résistantes et bien ancrées dans la structure porteuse, quel que soit le matériau de celle-ci. Pour ce faire, des profils ou des douilles d'ancrage sont noyés dans le béton (Fig. 4. 29 – Photo. 4.10), des pièces boulonnées ou soudées sont utilisées avec l'acier et des tiges filetées ou des inserts*, avec le bois. Leur répartition est telle que les contraintes sont uniformément réparties.

Fig. 4.29 • *Système d'ancrage dans le béton.*

Photo. 4.10 • *Rail de fixation Halfen noyé en nez de plancher.*

Lorsque l'inclinaison de la façade excède 15° par rapport à la verticale, en retrait ou en surplomb, des études complémentaires déterminent les dispositions spécifiques pour assurer la stabilité.

4.4. Les châssis vitrés

Les châssis vitrés sont fixés sur l'ossature secondaire. Avec les éléments de remplissage, ils constituent la façade elle-même et lui donnent son aspect définitif. En général, ils sont réalisés dans le même matériau que celui de l'ossature secondaire, ou dans un matériau compatible, d'allure plus légère : fenêtre en aluminium à rupture de pont thermique sur une ossature bois par exemple.

Selon le mode d'aération des locaux, les châssis vitrés sont fixes ou comprennent des vantaux ouvrants. Dans la première solution, les volumes de verre sont enserrés directement dans la grille formée par les montants et les traverses. Ce prin-

cipe est retenu lorsque l'immeuble est équipé d'une climatisation ou d'un conditionnement d'air.

Lorsque des fenêtres sont incorporées, le principe de manœuvre des vantaux est déterminé de manière à ne pas augmenter la section des profilés de l'ossature. En général, tous les systèmes d'ouverture sont admis, à la française, coulissants, oscillo-battants ou à l'italienne (Fig. 4.30). Toutefois, il convient d'éviter la multiplication des joints qui est préjudiciable à l'étanchéité de la façade. L'établissement du calepinage doit tenir compte de cette difficulté (Fig. 4.31). C'est pourquoi, dans certaines façades légères, les profilés des montants et des traverses de l'ossature sont étudiés de manière à former le cadre dormant des châssis, fréquemment à ouverture en projection vers l'extérieur (à l'italienne) (Photo. 4.11), pour apporter une réponse au classement des menuiseries.

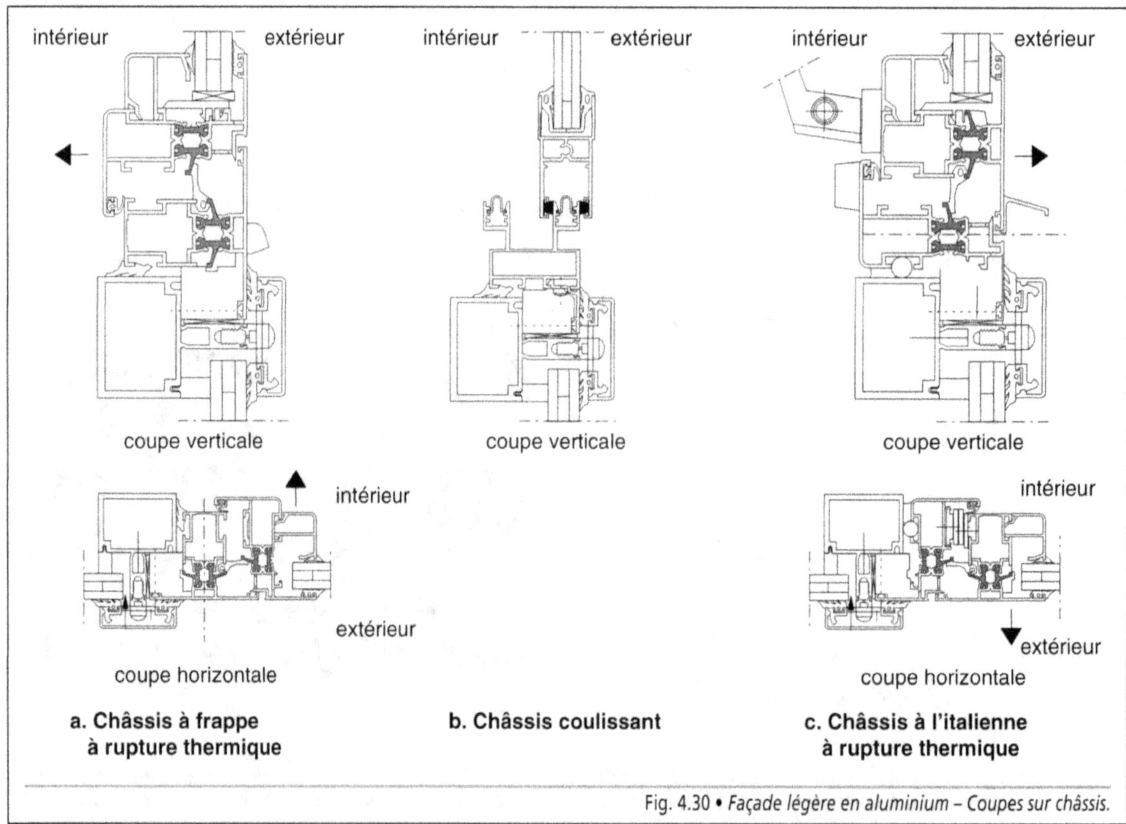

Fig. 4.30 • *Façade légère en aluminium – Coupes sur châssis.*

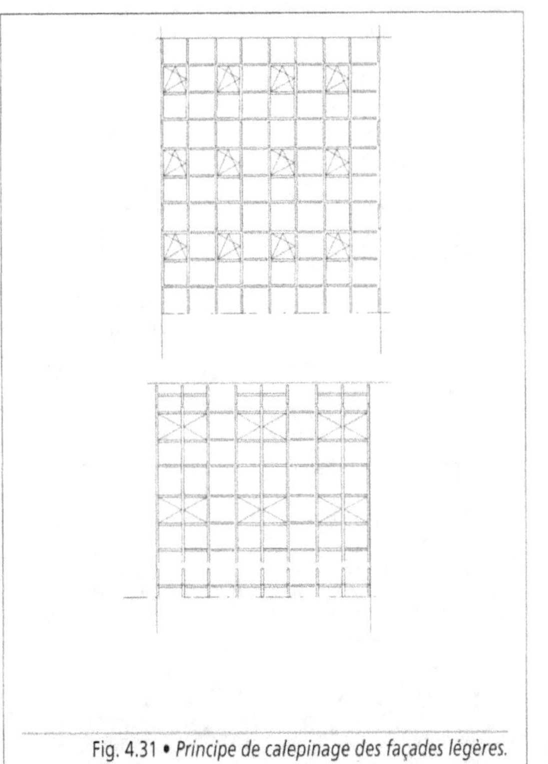

Fig. 4.31 • *Principe de calepinage des façades légères.*

Photo. 4.11 • *Façade en VEC – Châssis ouvrant à l'italienne.*

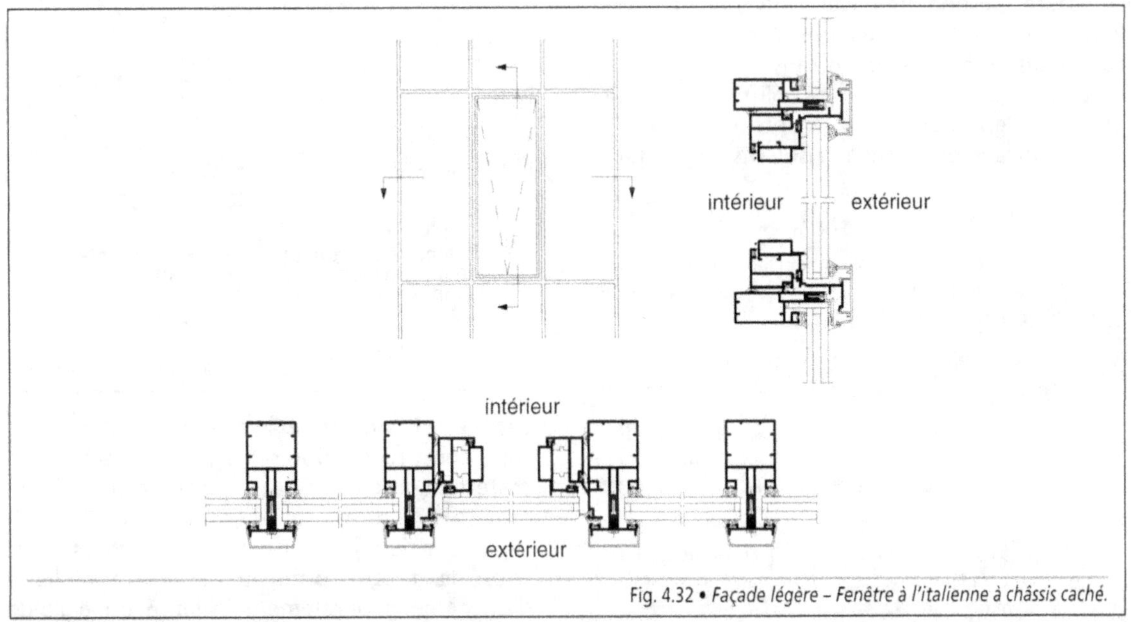

Fig. 4.32 • *Façade légère – Fenêtre à l'italienne à châssis caché.*

Afin de rendre plus aérienne l'architecture de la construction, le bâti de l'ouvrant peut être caché par le vitrage (Fig. 4.32). Ce principe présente également l'avantage d'utiliser des montants de même largeur, avec ou sans châssis ouvrants.

Quel que soit le système retenu, la plupart des vitrages sont admis : verres simples, isolants, feuilletés, transparents, translucides ou traités, les dimensions des feuillures étant adaptées à leur épaisseur. Le choix du vitrage doit tenir compte des conditions de confort pour les occupants, en thermique d'été et en ensoleillement, surtout lorsqu'il n'est pas prévu de protection solaire ou que celles-ci sont derrière la façade.

4.5. Les éléments de remplissage

Les éléments de remplissage sont des panneaux opaques qui s'insèrent en meneau, en allège ou en linteau, dans les alvéoles formées par l'ossature secondaire. Composés de plusieurs parois, ils constituent la façade dans la totalité de son épaisseur. Le maintien de ces éléments est obtenu par le serrage d'un profilé extérieur sur l'ossature secondaire avec interposition de joints en élastomère assurant l'étanchéité. La combinaison de plusieurs profils de serrage, de réducteurs de feuillure et de joints permet de jouer sur l'épaisseur des éléments à incorporer, double vitrage ou panneaux isolants (Fig. 4.33).

Exemple

- Une feuillure de 30 mm permet l'incorporation d'un élément de remplissage d'une épaisseur maximale de 24 mm ;

- une feuillure de 37 mm permet l'incorporation d'un élément de remplissage d'une épaisseur maximale de 31 mm ;

- une feuillure de 51 mm permet l'incorporation d'un élément de remplissage d'une épaisseur maximale de 45 mm ;

- une feuillure de 56 mm permet l'incorporation d'un élément de remplissage d'une épaisseur maximale de 50 mm.

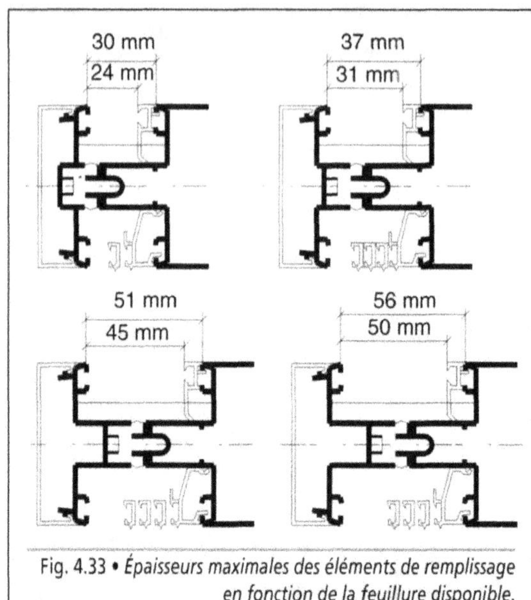

Fig. 4.33 • *Épaisseurs maximales des éléments de remplissage en fonction de la feuillure disponible.*

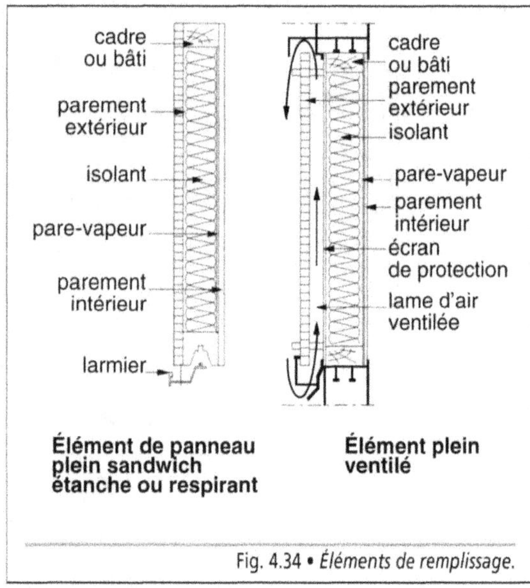

Fig. 4.34 • *Éléments de remplissage.*

Les éléments de remplissage sont soit monolithes, constitués d'une seule paroi à l'aide d'un matériau simple (verre) ou composite (aluminium à structure interne en nid d'abeille), soit composés de plusieurs parois solidarisées entre elles de façon continue par l'intermédiaire d'une âme généralement isolante ou à l'aide d'un cadre intégré ; cette dernière solution permet de ménager une lame d'air ventilée. Ils sont classés en trois grandes familles (Fig. 4.34).

4.51. Les éléments de remplissage étanches

comportent des parois extérieure et intérieure solidarisées de façon continue par une âme isolante et un cadre intégré, de manière à être imperméables à la vapeur d'eau. Selon la nature de la peau intérieure, afin d'en réduire la perméance, un pare-vapeur est placé sur la face chaude de l'isolant. Lorsque les parements sont constitués par des plaques métalliques, il convient de vérifier qu'il n'existe pas de points de contact entre les faces extérieure et intérieure, provoquant des ponts thermiques.

4.52. Les éléments de remplissage perméants

comprennent une paroi extérieure perméable à la vapeur d'eau et une paroi intérieure pouvant être perméable ou étanche. Les deux peaux sont solidarisées de façon continue par une âme isolante et un cadre intégré. Des condensations ne doivent en aucun cas se produire à l'intérieur du panneau. Afin d'éviter qu'elles se produisent au contact de la paroi froide extérieure, la vapeur d'eau migrant à travers le panneau doit pouvoir être éliminée facilement à travers cette paroi dont la perméabilité est étudiée en conséquence.

4.53. Les éléments de remplissage ventilés

comportent, derrière la paroi extérieure, une lame d'air ventilée, en communication avec l'ambiance extérieure ; la paroi intérieure peut être perméable ou étanche. Ces deux parois sont solidarisées à l'isolant grâce à un cadre intégré. Le rôle de la circulation d'air est double :

- éviter le contact de la peau extérieure avec l'isolant, provoquant un différentiel des températures des deux parements de nature à entraîner une dégradation du produit ;

- éliminer la vapeur d'eau qui peut migrer au travers de l'isolant.

Le principe des panneaux ventilés est particulièrement recommandé lorsque la peau extérieure est constituée de panneaux de bois ou de produits verriers.

4.54. La composition des éléments de remplissage

Excepté lorsqu'ils sont monolithes, les éléments de remplissage se composent d'une peau extérieure, d'une âme isolante et d'une peau intérieure. L'assemblage est obtenu soit par collage, soit à l'aide d'un cadre sertissant l'ensemble des composants. Le bâti périphérique est généralement en bois traité ou en profilés PVC.

- La paroi extérieure, par sa situation, est exposée aux chocs et aux agressions chimiques de l'atmosphère. Elle doit présenter une bonne réaction au feu, être d'un entretien aisé et ne pas permettre de voir par transparence. Les matériaux qui la composent doivent être particulièrement résistants. C'est le cas des verres feuilletés opaques ou traités, des tôles métalliques (acier inoxydable, acier prélaqué, aluminium, cuivre), des plaques de fibres-ciment, des matières de synthèse (PVC, polyester renforcé avec des fibres de verre). Un relief peut être donné à cette paroi de manière à animer la façade. Les caractéristiques techniques des matériaux usuels sont indiquées dans le tableau n° 4.1.

- Le matériau isolant doit répondre à des caractéristiques précises selon qu'il entre dans la composition de panneaux étanches, perméants ou ventilés. Il est composé de panneaux en mousse isolante ou en laine minérale bakélisée* ou de mousse de polyuréthanne injectée.

- La peau intérieure n'est pas soumise aux mêmes contraintes que la peau extérieure. Elle est définie de manière à pouvoir s'intégrer à l'aménagement des locaux. Elle est réalisée à l'aide de tôle métallique (acier galvanisé revêtu ou non, aluminium), de panneaux à base de bois (contreplaqué, panneaux de particules), de plaques de plâtre ou de matériaux de synthèse. Un contreparement peut être incorporé afin d'améliorer le comportement au feu (plaques de plâtre, de fibres-ciment, de laine de roche ou de fibres de synthèse) ou la résistance mécanique (contreplaqué CTB-X ou panneaux de particules CTB-H).

Matériau	Caractéristiques							
	Coefficient de dilatation (par °c)	Épaisseur courante (mm)	Classement CSTB (d)	Tenue à la corrosion			Réaction au feu	Aptitude à l'entretien
				Site urbain	Site industriel	Site marin		
Acier inoxydable	$17,3 \times 10^{-6}$	0,3 à 1,5	d2 à d4	OOO	OOO	OO	M0	OO
Acier prélaqué	11×10^{-6}	0,5 à 1,5	d1	OO	OO	OO	M1	OOO
Aluminium naturel	23×10^{-6}	0,8 à 4,5	d2	OO	OO	OO	M0	OO
Aluminium anodisé	23×10^{-6}	0,8 à 4,5	d4	OOO	OO	OOO	M0	OOO
Aluminium prélaqué	23×10^{-6}	0,8 à 1,5	d3	OOO	OO	OO	M1	OOO
Zinc au cuivre-titane	22×10^{-6}	0,8	d3	OOO	OO	OO	M0	OOO
Fibres-ciment	$10,5 \times 10^{-6}$	3,5 à 7	d2 à d4*	OO	OO	O	M0	OO
PVC	70×10^{-6}	1 à 1,5	–	OO	O	OO	M1	OO
Polyester	25×10^{-6}	1 à 1,5	d1	OO	O	O	M2 à M4	OO
Verre feuilleté	9×10^{-6}	4 à 12	d4	OOO	OOOO	OOOO	M0	OOO

* Selon le traitement de surface.
O : moyenne
OO : bonne
OOO : très bonne
OOOO : excellente

Tab. 4.1 • *Caractéristiques techniques des parements extérieurs des éléments de remplissage.*

4.55. Caractéristiques essentielles des éléments de remplissage

Les éléments de remplissage font l'objet d'un classement en fonction de caractéristiques essentielles permettant de choisir les matériaux les plus performants selon les conditions d'emploi et d'exploitation des panneaux. Quatre critères sont pris en compte dans le classement EdR, pour lesquels l'indice supérieur correspond aux meilleures performances (Tab. 4.2).

■ **Le comportement à l'eau (E)** est défini de manière à d'éviter tout risque de condensation à l'intérieur d'une paroi complexe, en fonction de sa composition et de l'humidité du local fermé par la façade. À cet effet, il tient compte d'une part de l'hygrométrie intérieure des locaux, d'autre part du degré de résistance à l'humidité présenté par les éléments. Un indice variant de 1 à 3 est déterminé sur la base du mode d'occupation des locaux, des conditions de chauffage et de ventilation ainsi qu'en fonction de la perméance des parois intérieures du panneau pour des conditions extérieures de 0°C et 80 % d'humidité relative.

■ **La durabilité de la paroi extérieure (d)** est établie de manière à rendre compte de la durabilité normale lorsque la façade est exposée en atmosphère couramment rencontrée en France. Pour conserver la totalité de leur aptitude à l'emploi pendant une durée de cinquante ans, les façades légères doivent recevoir un entretien normal portant sur un certain nombre de composants : la garniture des joints, la peinture des menuiseries extérieures, le suivi des revêtements extérieurs pleins. L'entretien est considéré comme normal lorsqu'il remplit les deux conditions suivantes :

E : COMPORTEMENT À L'EAU			
E1	$W/n \leq 2{,}5$ g/m^3	Locaux à faible hygrométrie	Locaux scolaires, bureaux
E2	$W/n \leq 5$ g/m^3	Locaux à hygrométrie moyenne	Habitations normalement ventilées
E3	$W/n \leq 7{,}5$ g/m^3	Locaux à forte hygrométrie	Locaux spéciaux, sanitaires de collectivités
Nota : W est la quantité de vapeur produite à l'intérieur du local par heure (g/h) n est le taux horaire de renouvellement d'air (m^3/h).			

d : DURABILITÉ		
d1	Durabilité assurée avec entretien	Aspect non conservé
d2	Durabilité assurée sans entretien	Aspect non conservé
d3	Durabilité assurée sans entretien	Aspect conservé avec entretien
d4	Durabilité assurée sans entretien	Aspect conservé sans entretien
d4+	Durabilité assurée sans entretien	Aspect conservé sans entretien

R : RÉSISTANCE DU POINT DE VUE DE LA SÉCURITÉ			
	Chocs	**Feu**	**Emplois**
R0*	Sécurité non assurée		Fond de loggia
R1	Sécurité partiellement assurée		Allège et trumeau sur allège en étage
R2	Sécurité totale	Sécurité partielle	Trumeau en étage
R3	Sécurité totale	Sécurité partielle	Allège et trumeau en rez-de-chaussée protégé
R3+	Sécurité totale	Sécurité partielle	Allège et trumeau en rez-de-chaussée exposé
* RO Correspond aux éléments hors classe qui ne remplissent pas de fonctions de sécurité.			

Tab. 4.2 • *Critères de classement EdR des éléments de remplissage.*

- le délai avant le premier entretien est égal ou supérieur à dix ans ;

- la périodicité des interventions est supérieure à cinq ans. Selon le comportement prévisible de la paroi extérieure, l'élément de remplissage est classé de 1 à 4+.

En atmosphère agressive (industrielle, marine) ou pour des expositions particulières (effet d'abrasion du au vent, embruns en front de mer, températures élevées), il conviendra de retenir des parements particulièrement performants.

■ **La résistance du point de vue de la sécurité aux chocs (R)** doit correspondre aux conditions d'emploi ou de situation des éléments dans la façade. Elle est déterminée par une série d'essais normalisés et implique que la résistance à la transmission du feu soit préalablement vérifiée. En fonction d'essais normalisés, les panneaux sont classés avec un indice qui varie de 0 à 3+.

■ **L'isolation thermique** est caractérisée par le coefficient de transmission thermique utile moyen (U) des éléments. Il est exprimé en W (m^2.K). Il varie essentiellement avec la nature du matériau isolant : mousse de polystyrène, mousse de polyuréthanne, fibres minérales, etc. Un contrôle doit être effectué en cours de fabrication afin de s'assurer qu'il n'existe aucun pont thermique.

4.6. Les composants complémentaires des façades légères

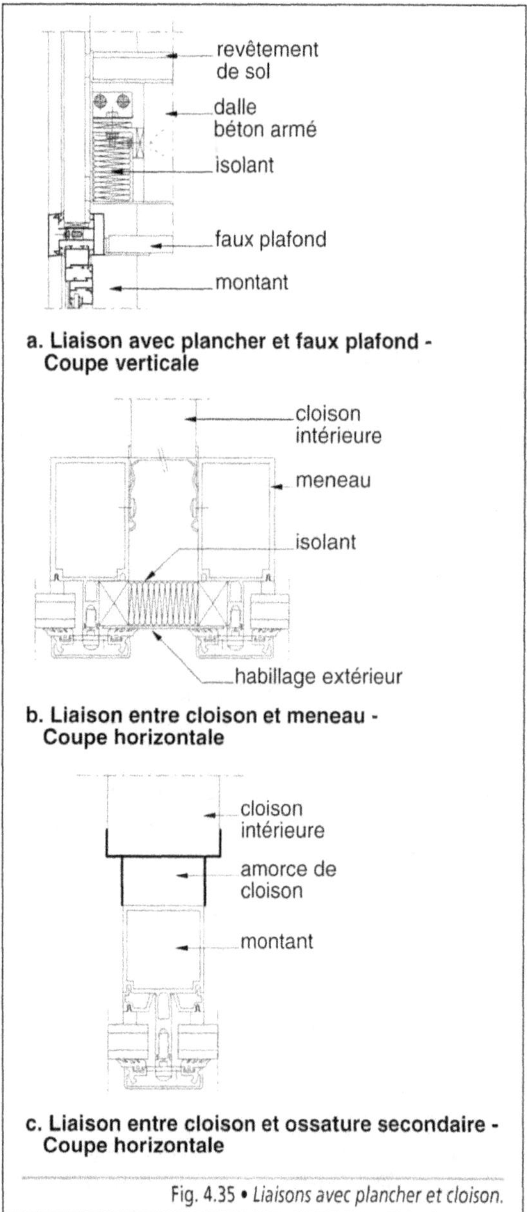

a. Liaison avec plancher et faux plafond - Coupe verticale

b. Liaison entre cloison et meneau - Coupe horizontale

c. Liaison entre cloison et ossature secondaire - Coupe horizontale

Fig. 4.35 • *Liaisons avec plancher et cloison.*

Les composants complémentaires comprennent l'ensemble des autres éléments qui entrent dans

la réalisation des façades légères afin de les rendre fonctionnelles. Ce sont, entre autres :

- les joints d'étanchéité à l'eau et à l'air en EPDM préformé ;

- les profilés de réception des cloisons et des plafonds suspendus et les calfeutrements assurant la continuité des fonctions des parois de séparation (acoustique, coupe-feu) (Fig. 4.35) ; ces éléments de liaison sont étudiés de manière à absorber les amplitudes des déplacements de la façade sous l'effet du vent et des variations dimensionnelles ;

- les couvre-joints intérieurs et les capots extérieurs de finition, plats ou avec des saillies afin de souligner les lignes architecturales (Fig. 4.36) ;

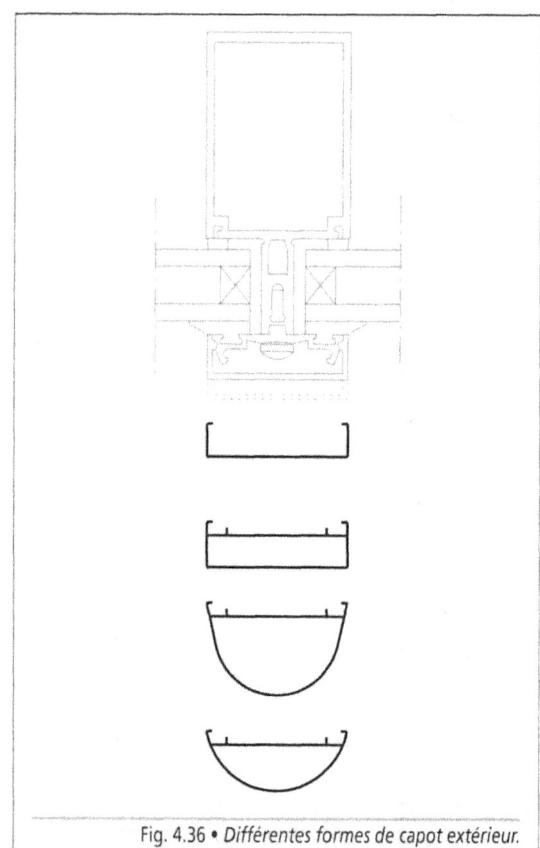

Fig. 4.36 • *Différentes formes de capot extérieur.*

• les fermetures, les volets roulants (Fig. 4.37), les protections solaires, les stores d'occultation et les pare-soleil ; certaines de ces protections sont incorporées dans les châssis, entre les deux vitrages ; d'autres, tels les pare-soleil sont placés en saillie, devant la façade ;

• les garde-corps et les protections de sécurité ;

• les entrées d'air éventuelles, répondant aux caractéristiques aérauliques et acoustiques ;

• les habillages des équipements de chauffage ou de climatisation ainsi que les plinthes électriques (Fig. 4.38).

Ces composants sont étudiés afin d'être intégrés lors du montage des façades, en tenant compte des mouvements différentiels et sans affaiblir les caractéristiques mécaniques de l'ossature secondaire. Ils sont réalisés à l'aide de matériaux compatibles avec ceux de la façade.

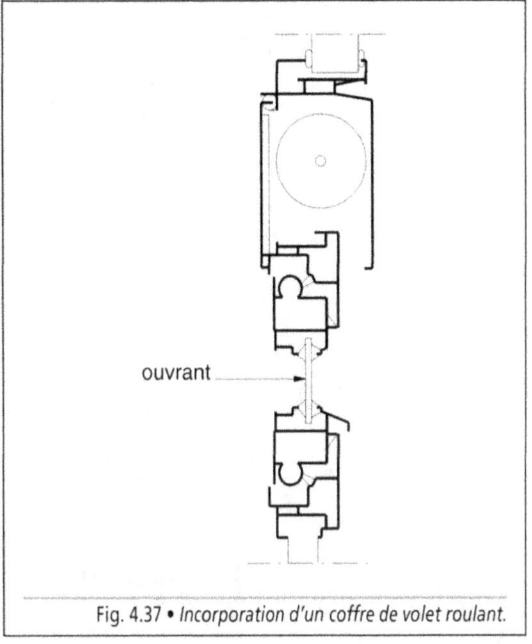

Fig. 4.37 • *Incorporation d'un coffre de volet roulant.*

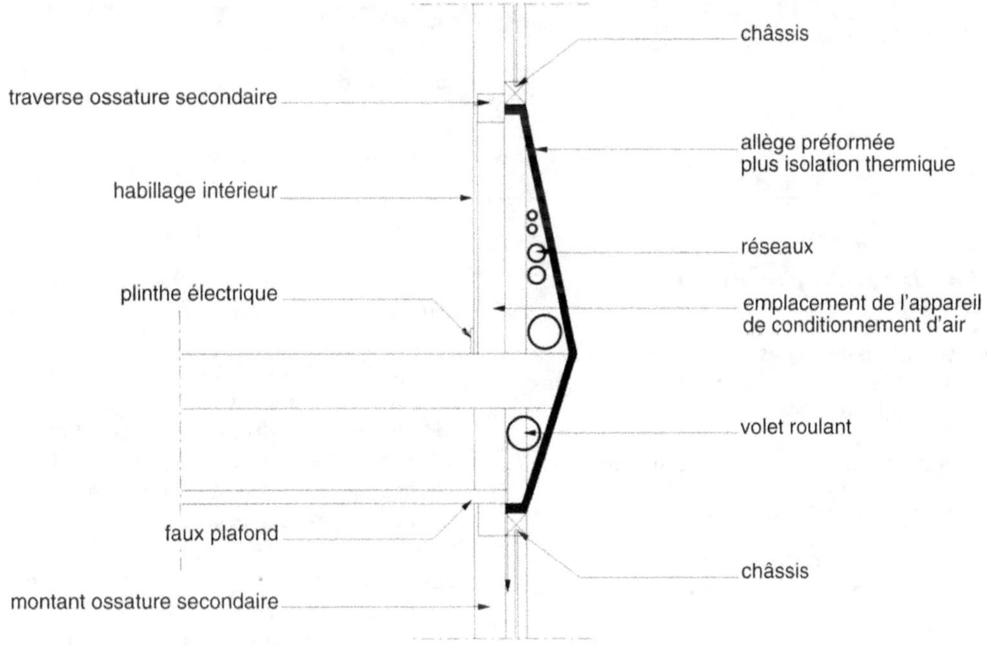

Fig. 4.38 • *Incorporation d'équipements et de réseaux en allège de façade légère.*

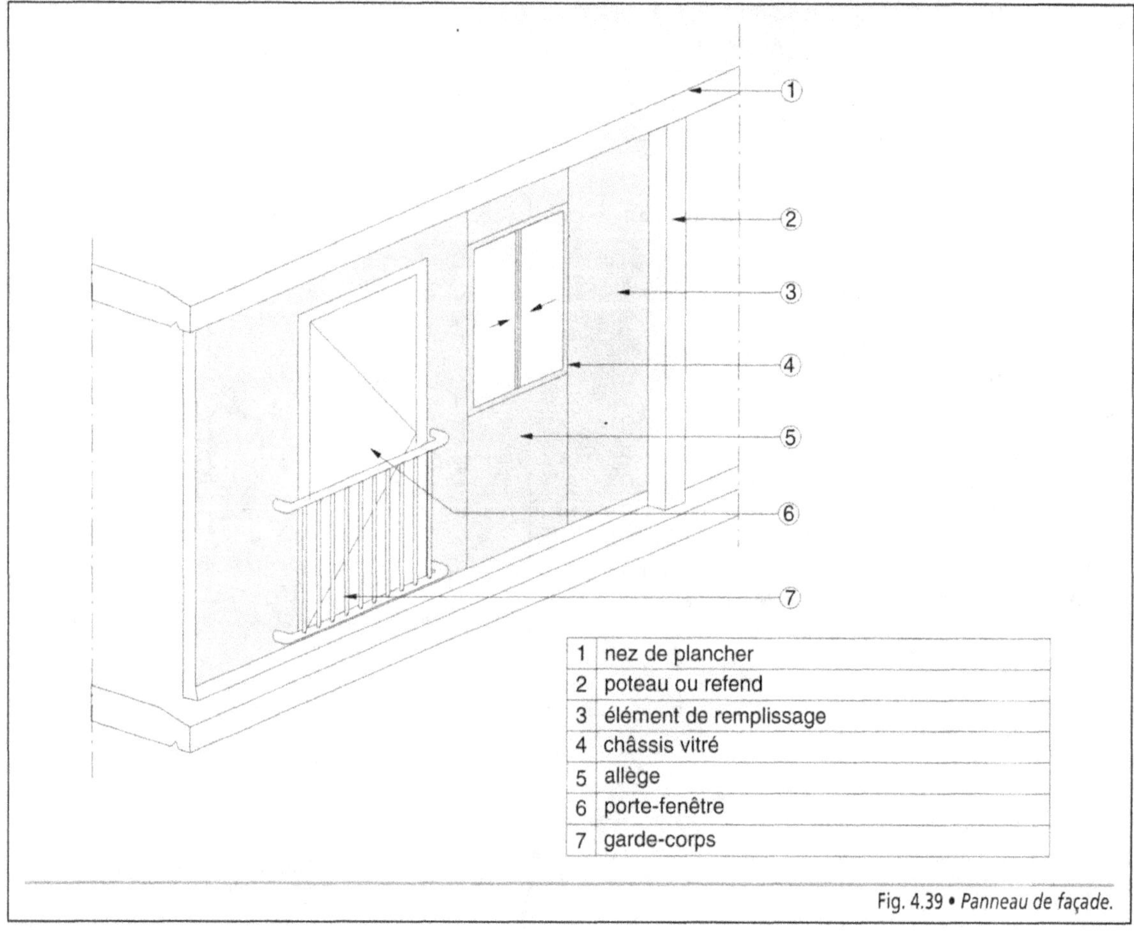

Fig. 4.39 • *Panneau de façade.*

4.7. *Les façades panneaux*

Qu'elles soient assemblées en usine ou sur le chantier, les façades panneaux sont composées des éléments suivants (Fig. 4.39) :

• un ou plusieurs châssis vitrés ouvrants ou fixes ;

• un ou plusieurs panneaux de remplissage ;

• les calfeutrements de jeux périphériques, les joints d'étanchéité et les habillages correspondants ;

• les équipements complémentaires éventuels décrits au paragraphe 4.6.

Selon le type de façades panneaux, plusieurs principes de montage sont envisagés (Fig. 4.40).

Lorsqu'elles sont filantes, elles comprennent soit une ossature secondaire, semblable à celle décrite au paragraphe 4.3, sur laquelle sont attachés les éléments composant la façade, soit des montants recevant les panneaux de hauteur d'étage. Elles peuvent également être constituées par une série de menuiseries filantes posées sur une allège préfabriquée en béton armé. Les jonctions entre les éléments de façade et les cloisons transversales doivent être soignées afin de préserver les conditions d'isolation acoustique entre les pièces contiguës.

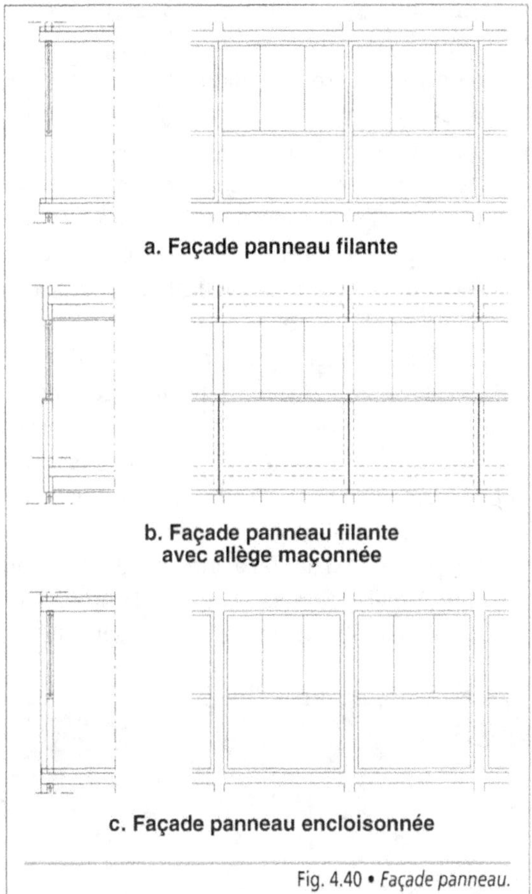

a. Façade panneau filante

b. Façade panneau filante avec allège maçonnée

c. Façade panneau encloisonnée

Fig. 4.40 • *Façade panneau.*

Insérés dans la structure porteuse, les éléments de façade sont positionnés au nu extérieur de celle-ci ou en retrait.

Les panneaux sont assemblés en usine, en un ou plusieurs éléments selon les gabarits de transport, ou directement sur le chantier. En général, un précadre métallique ou en bois, fixé sur le gros œuvre, reçoit le panneau, facilitant sa pose. À défaut de précadre, une réservation est laissée dans la maçonnerie, avec un jeu suffisant afin de pouvoir positionner l'élément de façade. Les infiltrations en partie basse sont évitées en posant le panneau sur un seuil maçonné complété par un glacis en légère pente ou à l'aide d'une bavette métallique renvoyant les eaux vers l'extérieur.

4.8. Les bardages

Comme les autres façades légères, les bardages sont fixés sur une ossature secondaire solidaire de la structure porteuse. Cette ossature est déterminée en fonction de trois paramètres :

- le type de bardage : simple peau, simple peau en protection d'une isolation extérieure, double peau, panneau sandwich, bardage intégré dans la constitution d'une paroi extérieure ;
- le matériau : acier prélaqué, zinc, bois, PVC, matière minérale, etc. ;
- la géométrie des éléments mis en œuvre : panneaux, plaques, profils à emboîtement à pose horizontale, verticale ou oblique.

4.81. Le bardage simple peau

Le bardage simple peau comporte une seule paroi fixée sur l'ossature secondaire formée de lisses horizontales ou de montants verticaux. Fréquemment utilisé pour clore des espaces de stockage réalisé en structure métallique, il est en tôle d'acier prélaquée nervurée. Les dimensions des éléments varient selon les fabrications. L'espacement entre les lisses ou les montants est déterminé en fonction de l'épaisseur de la tôle d'acier, de la section des nervures et des conditions d'exposition au vent (Fig. 4.41).

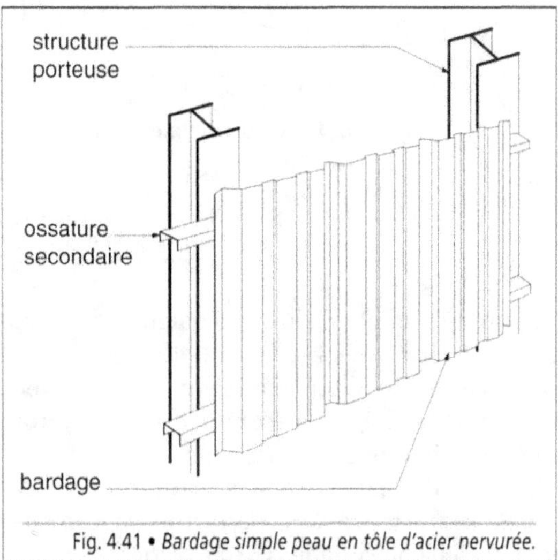

Fig. 4.41 • *Bardage simple peau en tôle d'acier nervurée.*

Sur une structure porteuse en bois, le bardage est en lames en bois massif, en bois reconstitué ou en résines synthétiques. Cette solution présente l'avantage d'être simple et économique au niveau de la fourniture, de la pose et de l'entretien.

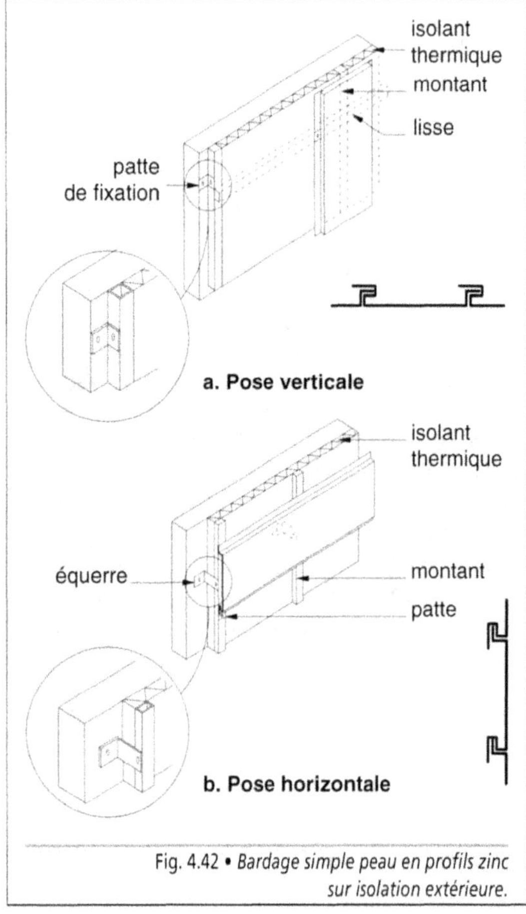

Fig. 4.42 • *Bardage simple peau en profils zinc sur isolation extérieure.*

Le bardage simple peau sert également de protection mécanique à une isolation extérieure. Dans ce cas, il intervient comme revêtement d'un mur réalisé en maçonnerie ou en béton. L'isolant thermique, fibres minérales en panneaux rigides, polystyrène expansé ou extrudé, ou autres, est fixé à la paroi soit mécaniquement, soit par collage. Le profil des éléments doit être adapté au mode de pose et permettre le rejet des eaux de pluie. Ils sont fixés sur une ossature secondaire métallique ou en bois composée de montants et de lisses (Fig. 4.42). Leur pose est verticale, horizontale ou oblique. Lorsque le bardage est constitué de lames en bois massif, les lames sont profilées de manière à éliminer toute rétention d'eau, la face intérieure étant rainurée pour éviter le tuilage (Fig. 4.43 – Photo. 4.12a et 4.12b). Ce type de bardage impose une protection par peinture ou lasure qui doit faire l'objet d'un entretien régulier. La continuité de l'isolant est assurée en utilisant des pattes de fixation déportées afin de réserver l'épaisseur nécessaire. Il est protégé par un pare-pluie, feutre bitumé ou film polyane. Une lame d'air ventile la face interne de la peau assurant l'évacuation de l'humidité provenant d'infiltrations ou de condensations éventuelles.

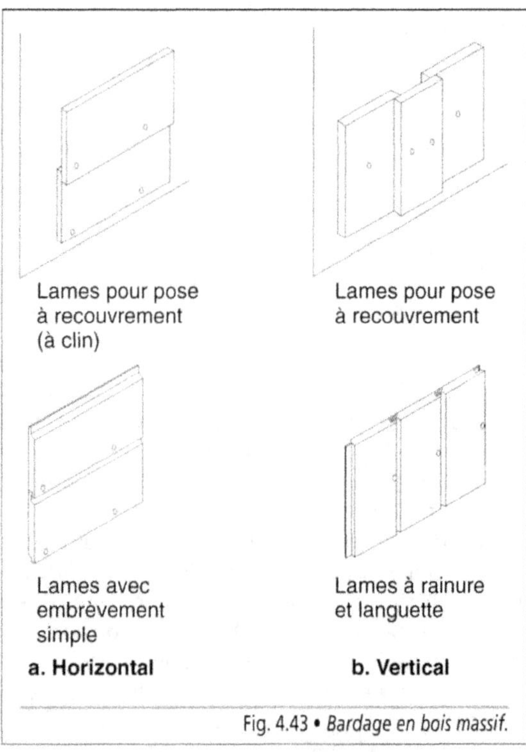

Fig. 4.43 • *Bardage en bois massif.*

Photo. 4.12 • *Bardage en bois à lames horizontales et verticales (a) (Architectes : Sud Architectes)
ou en tavaillons en red cedar cloués sur planches avec pare-pluie (b).*

Associé à un isolant thermique, le bardage peut faire l'objet du classement reVETIR applicable aux systèmes d'isolation thermique des façades par l'extérieur. Il indique les principales caractéristiques répertoriées de la manière suivante (Tab. 4.3) :

- r : facilité de réparation ou de remplacement ;
- e : fréquence d'entretien ;
- V : résistance aux effets du vent ;
- E : étanchéité à l'eau ;
- T : tenue aux chocs et au poinçonnement ;
- I : comportement au feu en cas d'incendie ;
- R : résistance thermique.

Le choix s'effectue sur la base des critères de performances, selon la position du bardage et les conditions d'emploi.

4.82. Le bardage double peau

Le bardage double peau est un bardage métallique à trame croisée comprenant les composants suivants (Photo. 4.13) :

- sur la face intérieure, un plateau nervuré suffisamment rigide, en tôle d'acier galvanisé, prenant appui sur la structure du bâtiment ;

Photo. 4.13 • *Bardage double peau en tôles d'acier nervuré prélaqué avec incorporation d'isolant par laine minérale.*

r : FACILITÉ DE RÉPARER OU DE REMPLACER
r1 : réparation malaisée ou nécessitant des produits spécifiques ;   r2 : réparation malaisée avec des produits courants ou aisée avec des produits spécifiques ;   r3 : réparation aisée avec des produits courants ; la remise en peinture reste importante ;   r4 : réparation simple à effectuer.
e : FACILITÉ D'ENTRETIEN ET PÉRIODICITÉ
e1 : entretien fréquent (de 3 à 10 ans) ;   e2 : entretien normal (de 10 à 20 ans) ;   e3 : entretien espacé (20 ans ou plus) ; pas d'entretien, mais l'aspect n'est pas conservé ;   e4 : pas d'autre entretien qu'un lavage périodique (10 ans et plus) ; l'aspect est conservé.
V : RÉSISTANCE AUX EFFETS DU VENT
V1 : pression supérieure à 510 Pa – dépression supérieure à 640 Pa ;   V2 : pression supérieure à 910 Pa – dépression supérieure à 1 140 Pa ;   V3 : pression supérieure à 1 280 Pa – dépression supérieure à 1 600 Pa ;   V4 : pression supérieure à 1 790 Pa – dépression supérieure à 2 235 Pa (vent cyclonique applicable aux DOM).
E : ÉTANCHÉITÉ RELATIVE OU TOTALE À LA PLUIE ET COMPORTEMENT À L'EAU
E1 : ne peut pas empêcher l'eau de pluie d'atteindre la paroi support ;   E2 : s'oppose au cheminement de l'eau jusqu'au support ;   E3 : comporte un dispositif de récupération et d'évacuation des eaux d'infiltration derrière la peau ;   E4 : comprend une peau étanche et des dispositions prises aux jonctions pour la récupération des eaux.
T : TENUE AUX CHOCS
T1- : parties de façade non susceptibles d'être exposées aux chocs du fait de l'environnement ;   T1+ : parties courantes de façade en étage ou en rez-de-chaussée inaccessibles, si les systèmes sont de réparation aisée ;   T2 : parties courantes de façade en étage et en rez-de-chaussée inaccessibles ;   T3 : parties de façade en rez-de-chaussée accessibles, mais protégées et peu sollicitées, balcons, loggias ;   T4 : parties de façade en rez-de-chaussée accessibles non protégées (circulation, trottoir).
I : COMPORTEMENT EN CAS D'INCENDIE
I1 : classement M4 = habitat 1re famille (distance à la limite de parcelle supérieure à 4 mètres) ;   I2 : classement M3 = habitat 1re famille (autres cas) et habitat 2e famille ; habitat 3e et 4e famille et ERP en étage avec P/H > 0,8 ;   I3 : classement M2 = habitat 3e et 4e famille et ERP (autres cas) : rdc et étage avec P/H ≤ 0,8 ;   I4 : classement M0 = IGH.
Nota : P = distance minimale à laquelle peut se trouver un immeuble vis à vis ; H = Hauteur la plus élevée des deux immeubles.
R : RÉSISTANCE THERMIQUE, EXPRIMÉE EN m^2.°C/W
R1 : 0,5 ≤ R < 1   R2 : 1 ≤ R < 2   R3 : 2 ≤ R < 3   R4 : 3 ≤ R

Tab. 4.3 • *Critères du classement « reVETIR »*

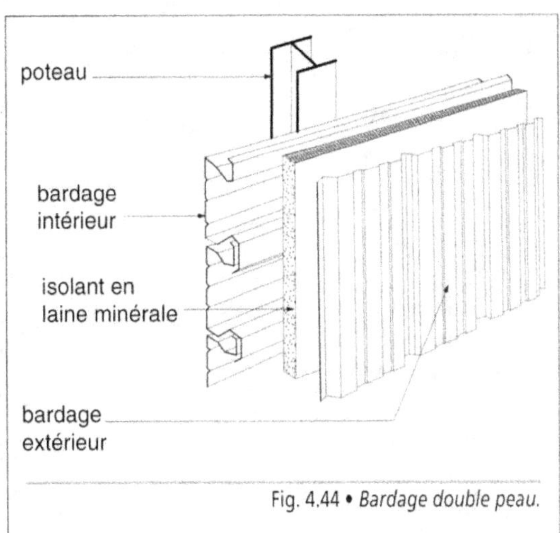

Fig. 4.44 • *Bardage double peau.*

• la peau extérieure, en tôle d'acier prélaqué, fixée soit sur une ossature secondaire, soit directement sur les nervures des plateaux ;

• l'interposition d'un isolant minéral permettant d'améliorer l'isolation thermique et acoustique de la construction (Fig. 4.44).

Ce principe constructif, économique et simple à mettre en œuvre, est utilisé dans la réalisation de nombreux entrepôts et bâtiments industriels.

4.83. *Le bardage sandwich*

Le bardage sandwich est un procédé industrialisé donnant un résultat sensiblement équivalent au bardage double peau. L'intérêt réside dans le fait

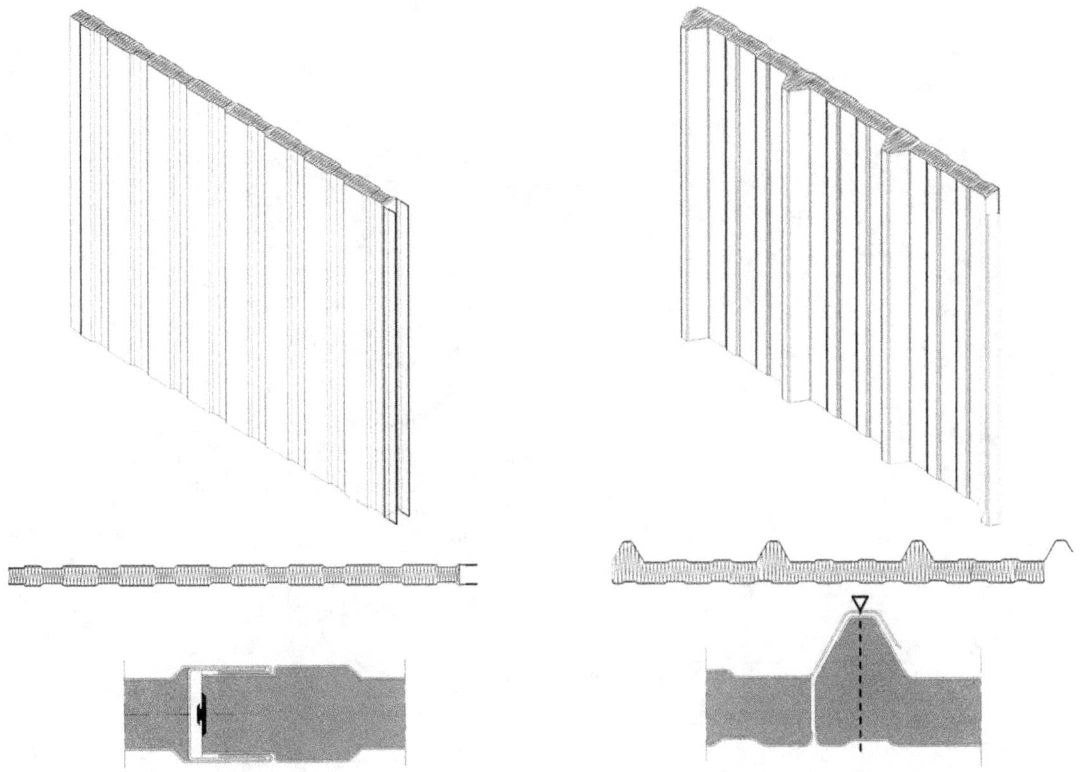

a. Liaison entre panneaux par emboîtement

b. Liaison entre panneaux par recouvrement

Fig. 4.45 • *Bardage sandwich.*

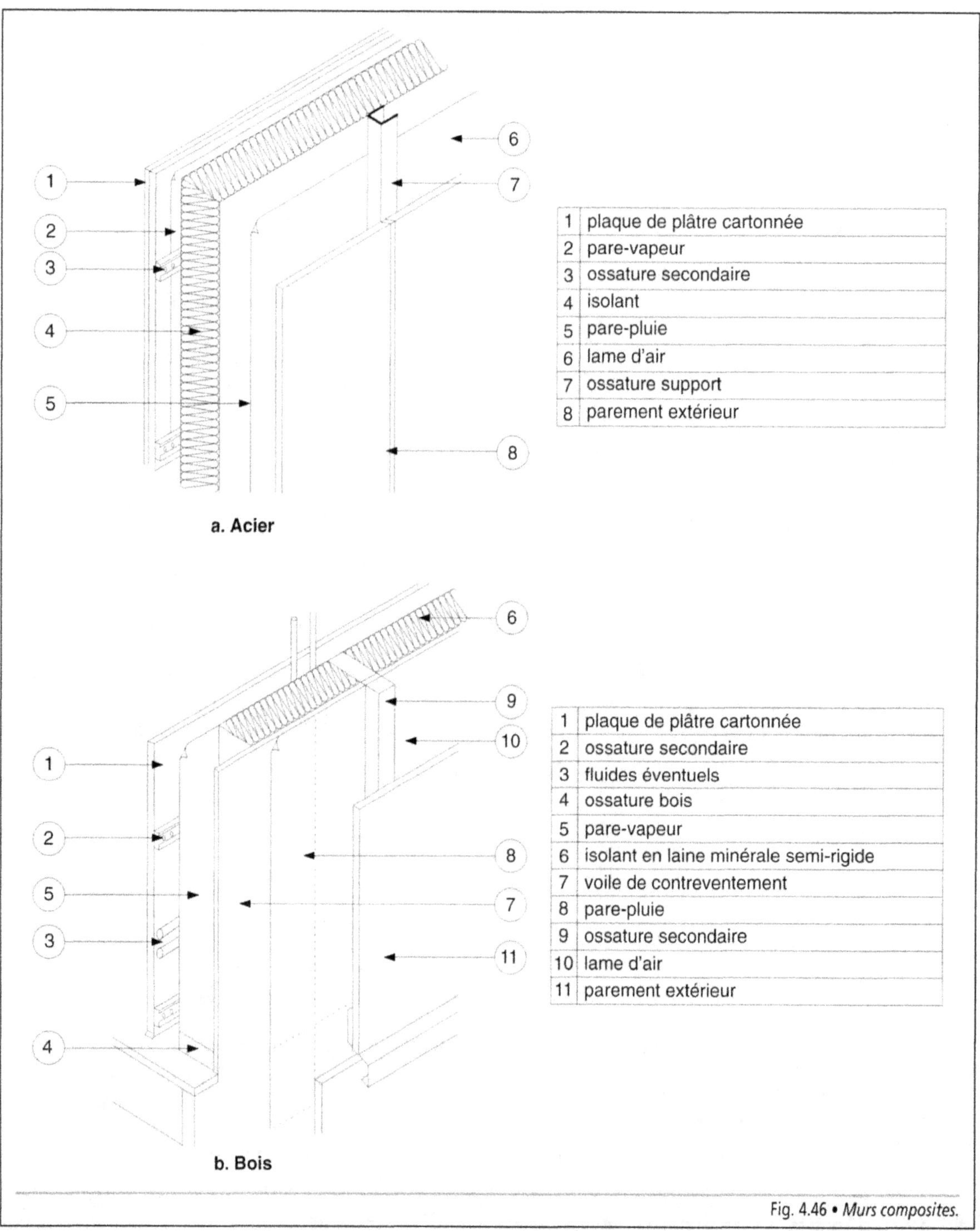

Fig. 4.46 • *Murs composites.*

que l'élément complexe assure l'ensemble des fonctions, protection intérieure et extérieure et isolation (Fig. 4.45). Les éléments sont fixés sur des lisses métalliques dont l'écartement est déterminé en fonction des conditions d'exposition et de l'épaisseur du panneau. Celle-ci peut varier de 30 mm à 100 mm, ce qui permet d'obtenir un coefficient U utile (déperditions surfaciques du panneau et déperditions linéaires des joints) compris entre 0,69 W/(m^2.K). et 0,23 W/(m^2.K). La liaison entre les panneaux est assurée par emboîtement ou par recouvrement. Ce procédé, très économique, est employé dans la construction de bâtiments industriels.

4.84. Le bardage intégré dans une paroi

Le bardage est intégré dans une paroi lors de la réalisation de murs composites. Plus légers que les murs traditionnels en maçonnerie ou en béton, ils doivent assurer les mêmes fonctions de résistance mécanique, d'isolation thermique et acoustique ou de protection incendie.

Qu'ils soient à dominante acier ou bois, les murs composites sont constitués de la manière suivante, en allant de l'intérieur vers l'extérieur (Fig. 4.46 – Photo. 4.14) :

- un doublage en plaques de plâtre cartonnées vissées sur une ossature secondaire interne en acier ou en bois ;

- un isolant à base de laine minérale rigide ou semi-rigide avec un pare-vapeur sur la face intérieure, filant devant les planchers ;

- un pare-pluie, film de feutre bitumé ou film polyane ;

- une lame d'air ventilée qui correspond à l'épaisseur des profilés, supports de la peau extérieure ;

- une ossature secondaire formée de montants et de traverses, en profilés métalliques légers ou en bois, fixée sur la structure porteuse de la construction ;

- le bardage extérieur constitué de tôles d'acier prélaquées, de profils à emboîtement en zinc ou en PVC, de lames en bois massif ou en bois reconstitué, d'éléments de terre cuite ou autres.

Photo. 4.14 • *Éorché sur la constitution de la paroi depuis la face intérieure.*

L'épaisseur de la laine minérale et des plaques de plâtre est déterminée en fonction du degré d'isolation thermique et acoustique recherché.

Les murs composites sont employés avec des structures de type poteaux-poutres en acier ou en bois afin de réaliser des immeubles d'habitation et de bureaux.

4.85. Les points particuliers

Les points particuliers des bardages sont les mêmes que ceux abordés pour les façades dans le paragraphe 4.2. Ils font l'objet d'études afin de ne pas constituer de points faibles occasionnant des infiltrations et des ponts thermiques ou phoniques. Selon le matériau de bardage, à dominante acier ou bois, ils sont traités de manière spécifique.

Entrent dans cette catégorie les points suivants (Fig. 4.47 et 4.48) :

- les joints horizontaux des panneaux ;

- les angles rentrants et les angles sortants (Photo. 4.15a et 4.15b) ;

- les arrêts inférieurs et supérieurs ;

- les raccordements sur les ouvertures, portes et fenêtres (Photo. 4.16).

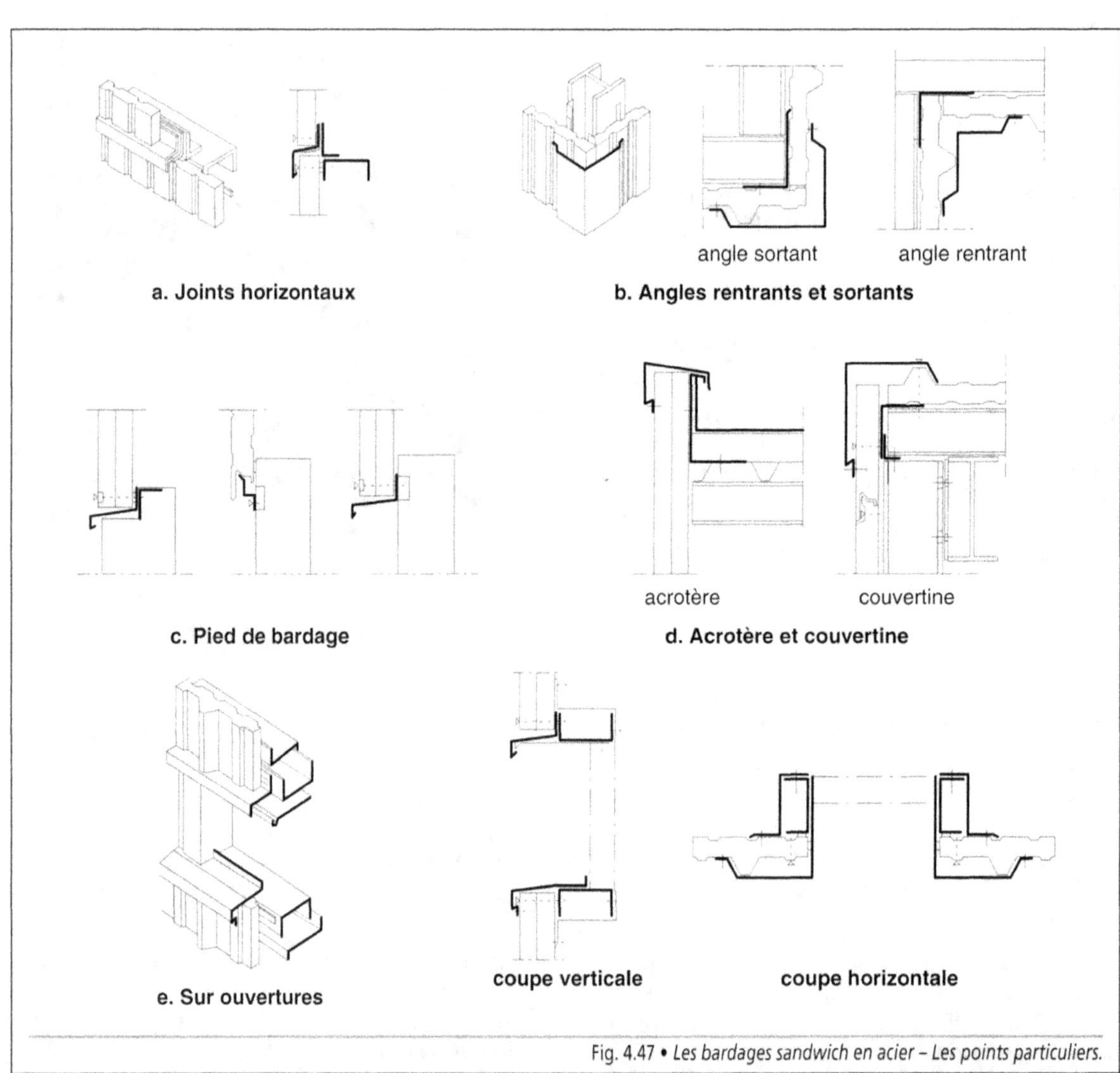

Fig. 4.47 • *Les bardages sandwich en acier – Les points particuliers.*

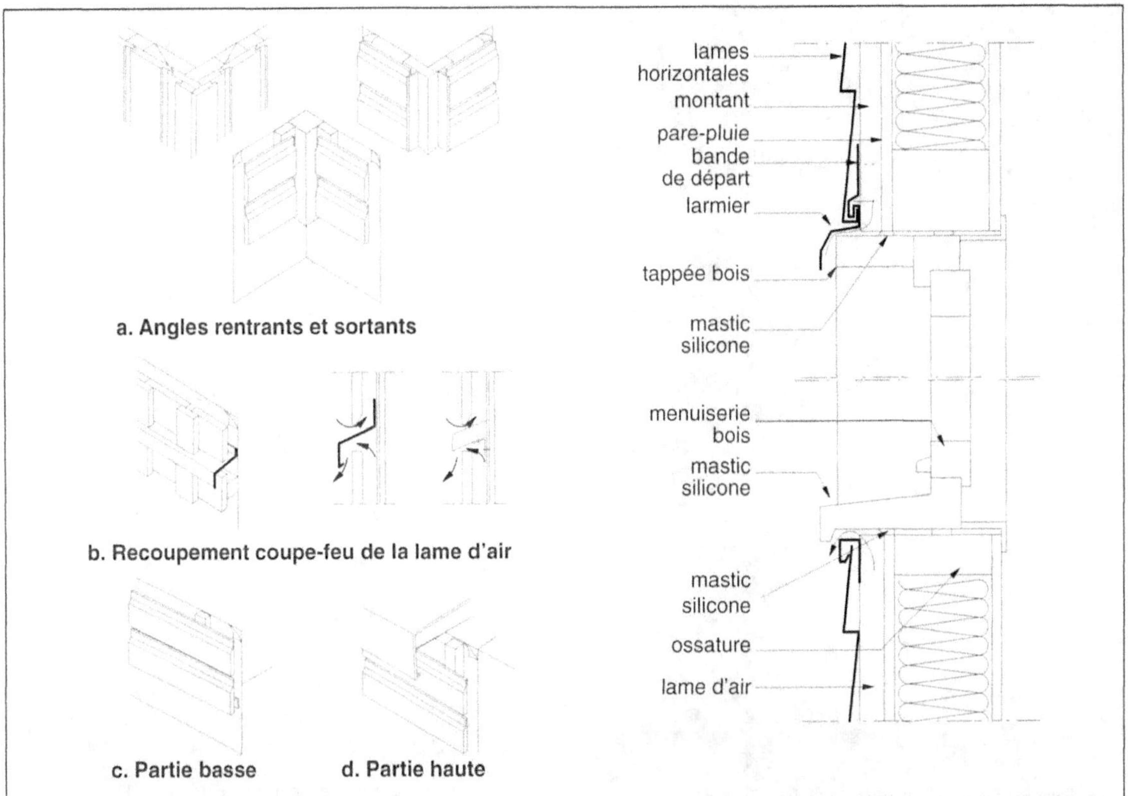

a. Angles rentrants et sortants

b. Recoupement coupe-feu de la lame d'air

c. Partie basse **d. Partie haute**

Fig. 4.48 • *Les bardages bois – Les points particuliers.*

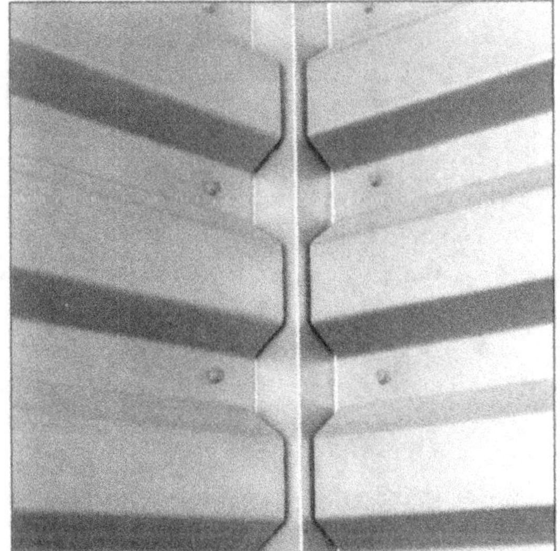

Photo. 4.15a et 4.15b • *Bardage métallique – Angle rentrant (a) et angle sortant (b).*

Photo. 4.16 • *Bardage métallique – Raccordement sur une ouverture*

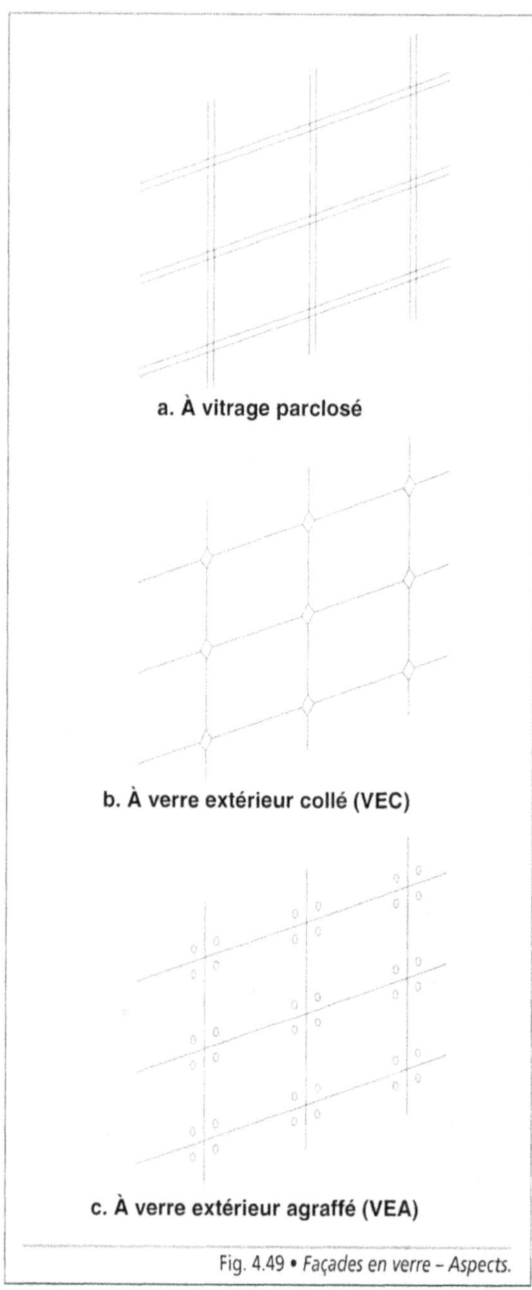

Fig. 4.49 • *Façades en verre – Aspects.*

4.9. Les façades en verre

Les façades en verre sont des façades de type rideau ou semi-rideau dans lesquelles la face extérieure des éléments de remplissage sont des matériaux verriers transparents, translucides ou opaques. Plusieurs types de façades en verre sont utilisés. Ils sont choisis selon les ouvrages ou les parties d'ouvrage à clore ou selon l'aspect architectural, accentuant ou non le principe de fixation des verres : à vitrage parclosé, à verre extérieur collé ou à verre extérieur agrafé (Fig. 4.49).

Les façades en verre font appel aux mêmes composants que les façades rideaux : ossature secondaire fixée sur le gros œuvre et éléments de remplissage du type étanche ou ventilé. Les matériaux verriers sont des vitrages simples ou isolants, des verres de sécurité ou des verres feuilletés, des verres opaques lisses ou avec des reliefs, des verres composites avec une fine feuille de pierre collée sur une des faces pour donner un aspect opalescent.

La présence de nombreux volumes vitrés, parfois de grande surface, impose le respect de certaines règles, entre autres afin d'éviter que les contraintes thermiques n'occasionnent des dégradations, comme précisé au paragraphe 2.63 du chapitre 3 : Les contraintes thermiques. D'autre part, le verre étant un matériau relativement fragile, lors du montage des façades il convient de vérifier qu'il ne subit aucune contrainte parasite occasionnée par un bridage périphérique. À cet effet, des dispositifs de rattrapage de jeu dans les trois plans sont à prévoir. Généralement, les façades en verre sont constituées d'éléments fixes dont l'entretien s'effectue de l'extérieur. Toutefois certaines fabrications admettent des châssis ouvrants à frappe (à l'italienne), généralement à bâti caché. Les performances obtenues permettent d'obtenir un bon classement AEV, une isolation acoustique conforme aux prescriptions réglementaires et un faible coefficient de transmission linéique, le coefficient U étant déterminé en fonction de la nature du vitrage utilisé. Cependant, il convient de rappeler que pour améliorer les conditions d'habitabilité, ce type de façade doit être complété par une installation de climatisation qui permet de réduire l'effet de serre plus ou moins important selon l'orientation de l'ouvrage.

Enfin, la conception et la mise en œuvre de ces façades doivent tenir compte des possibilités de dépose des cadres assurant le maintien du vitrage et de procéder aux changements en cas de bris.

4.91. Les façades à vitrage parclosé (VEP)

Les façades à vitrage parclosé sont des façades dans lesquelles les éléments de remplissage en matériaux verriers sont maintenus en place par un système de serre-vitres fixé sur l'ossature secondaire, constituée de montants et de traverses en profilés en bois ou métalliques (acier prélaqué, acier inoxydable ou aluminium) (Fig. 4.50).

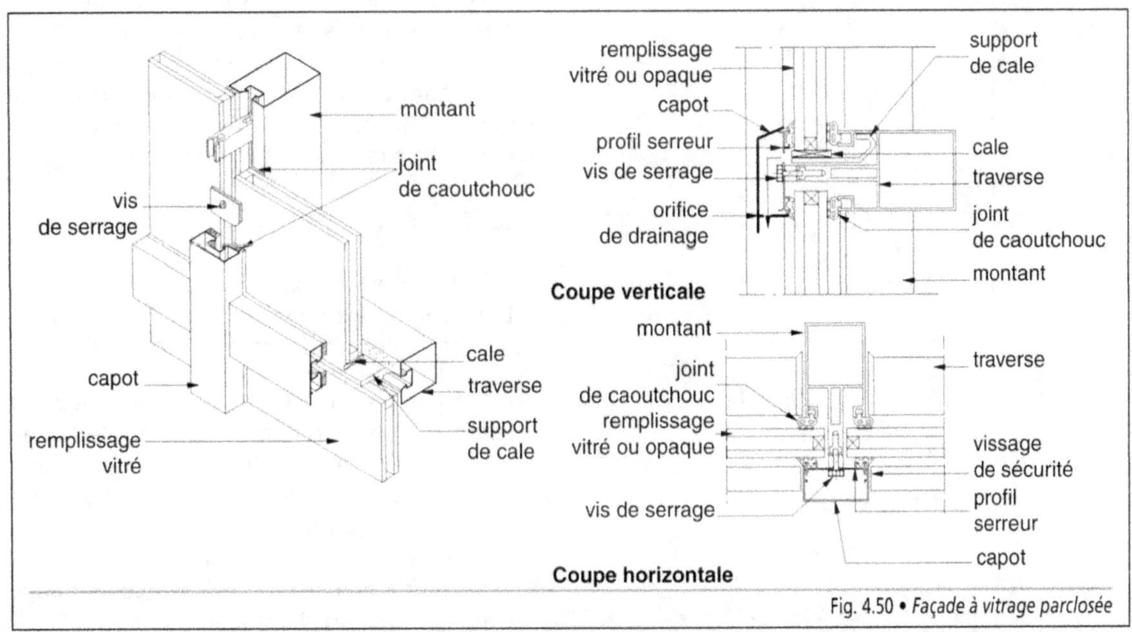

Fig. 4.50 • *Façade à vitrage parclosée*

L'étanchéité est obtenue par la pose de joints élastomères en périphérie des vitrages. Les profils utilisés assurent un drainage correct des feuillures et un rejet des eaux collectées vers l'extérieur.

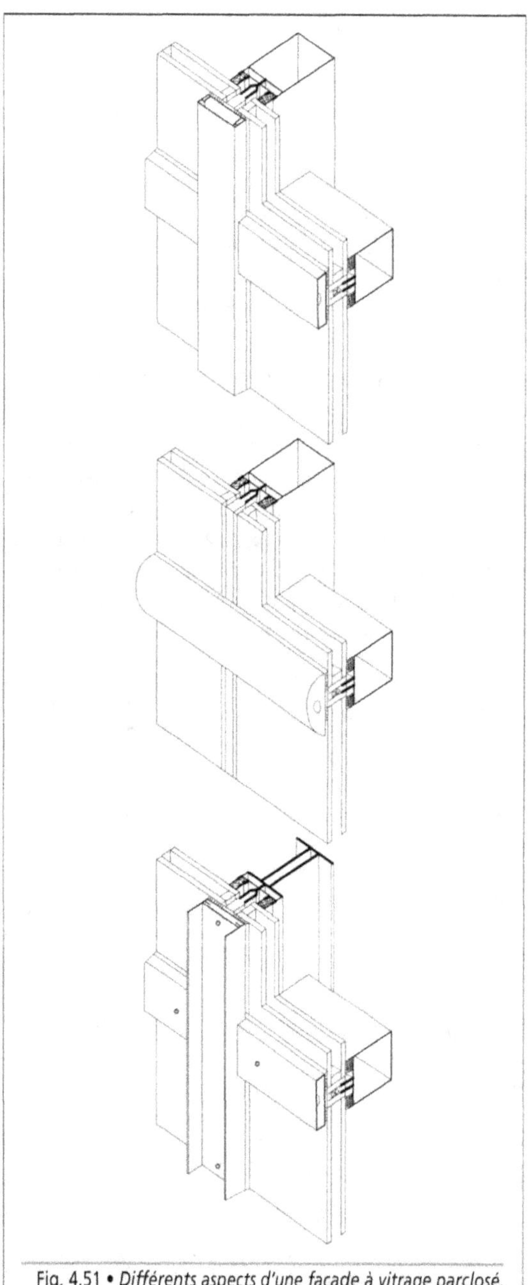

Fig. 4.51 • *Différents aspects d'une façade à vitrage parclosé.*

Le pont thermique entre l'ossature intérieure et les profilés extérieurs est évité grâce à une rupture par joint élastomère, éliminant tout risque de condensation. Extérieurement, un capot de forme adaptée à l'architecture du projet, saillant ou plat, est vissé ou clipsé sur le serre-vitre. La combinaison de profils de serrage et de réducteurs de feuillure autorise l'incorporation de vitrage d'épaisseurs différentes, de la même manière que celle d'éléments de remplissage en façade légère. Indépendamment des sujétions techniques, l'aspect de la construction est caractérisé par le rythme de la trame, la forme et la finition des capots d'habillage (Fig. 4.51).

4.92. *Les façades à verre extérieur collé (VEC)*

Les façades à verre extérieur collé sont des façades d'aspect lisse dans lesquelles la fixation du matériau verrier sur son support est assurée par collage. Le support ou bâti est fixé sur l'ossature de la façade. Dans ce type de façade, le rôle du collage est prépondérant puisqu'il transmet à l'ossature les efforts subis par les éléments de remplissage (poids propre, effet du vent). Le plan d'adhérence du collage doit être une surface continue parfaitement propre. Sur la face extérieure, le matériau de collage participe également à la fonction d'étanchéité.

Deux principes peuvent être retenus :

- Le vitrage est bordé sur sa périphérie par le bâti ; les nus extérieurs du cadre et du vitrage sont sensiblement les mêmes (Fig. 4.52) ;

- Le vitrage n'est pas bordé ; le nu extérieur du cadre est en retrait par rapport à celui du vitrage. Dans ce cas, des supports ponctuels sont placés afin de maintenir les cales d'assise. Toutefois, avec un verre simple, il est admis que le seul collage sans calage suffit après avoir vérifié qu'il n'y a pas de risque de fluage (Fig. 4.53 – Photo. 4.17).

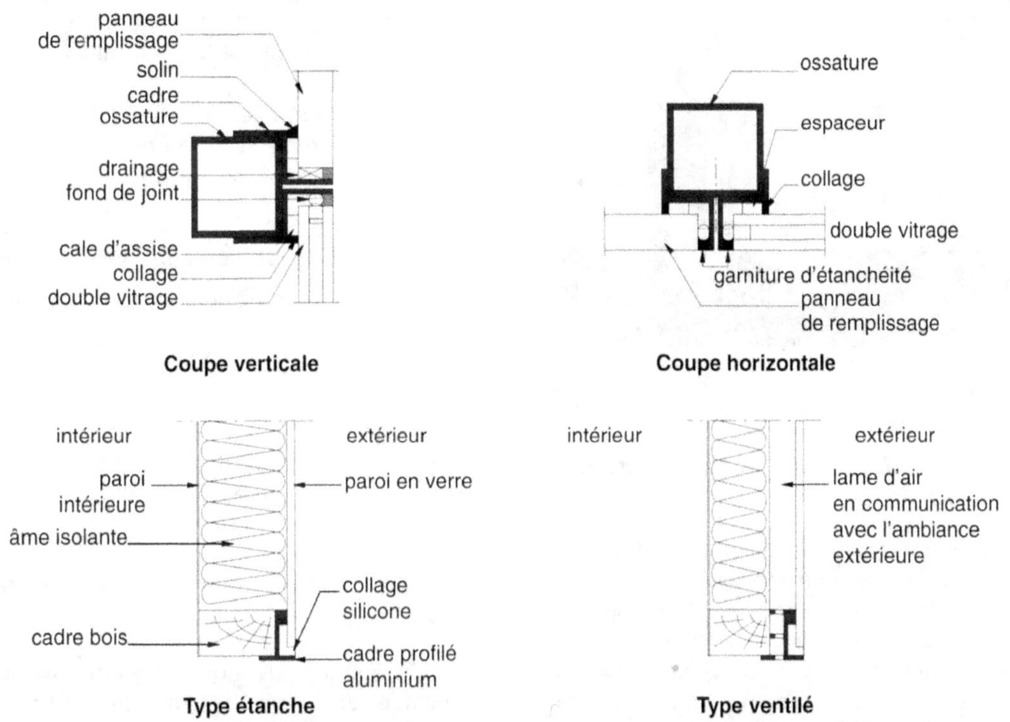

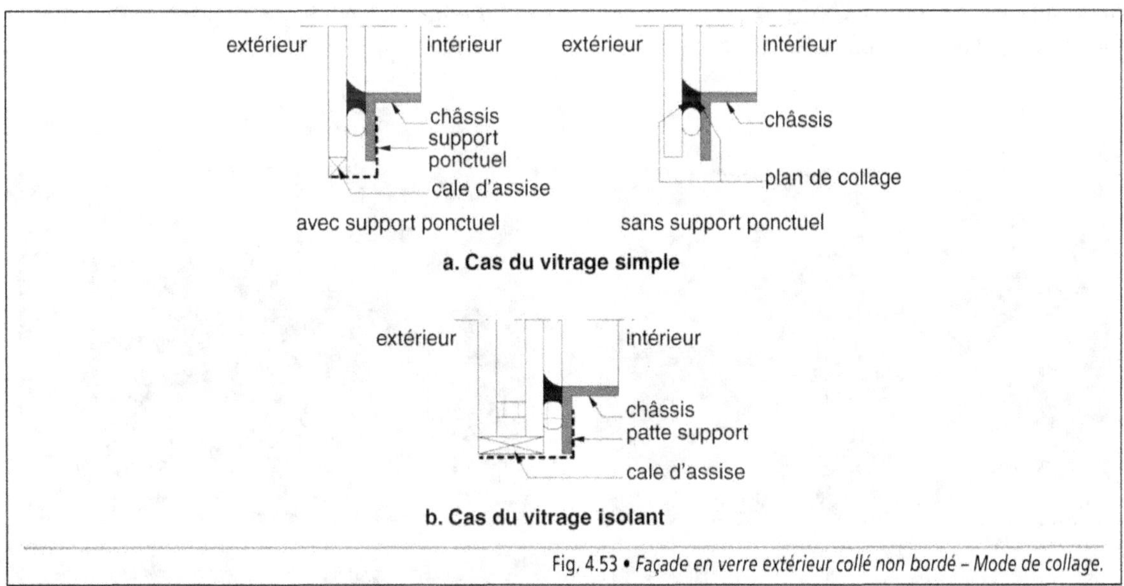

Fig. 4.52 • *Façade en verre extérieur collé – Plan de principe – Cas du verre bordé.*

Fig. 4.53 • *Façade en verre extérieur collé non bordé – Mode de collage.*

Photo. 4.17 • *Façade en VEC.*

4.93. *Les façades à verre extérieur agrafé (VEA)*

Les façades à verre extérieur agrafé font appel à un dispositif de fixation mécanique afin d'assurer le maintien en place des vitrages. D'aspect lisse, elles sont constituées par des volumes de verre trempé, fixés à l'aide de pièces en acier inoxydable sur une ossature secondaire à laquelle elles transmettent l'ensemble des efforts subis par la peau de la façade (Fig. 4.54). L'agrafe métallique est placée à chaque angle et en différents points de la périphérie du vitrage, en fonction de ses dimensions qui sont au plus de 3,00 m × 2,25 m. Elle est maintenue à l'ossature par une attache qui peut être munie d'une rotule et d'une douille coulissante afin de permettre des mouvements de faible amplitude (Photo. 4.18a et 4.18b).

L'épaisseur optimale du verre, de l'ordre de 10 mm à 19 mm, est déterminée en tenant compte des paramètres suivants :

- largeur de la trame ;

- dimensions des volumes de verre ;

- sollicitations auxquelles est soumise la façade ;

- type d'ossature secondaire retenu.

L'utilisation de verre isolant impose l'emploi d'attache qui garantit son étanchéité à l'air, qu'elle traverse une seule paroi du double vitrage ou les deux parois.

Plusieurs principes d'ossature sont envisageables :

- un assemblage de montants et de traverses en profilés en aluminium, de type ossature courante pour les façades légères ;

- une série de poutres verticales, horizontales ou croisées en câbles en acier inoxydable donnant un aspect léger et aérien (Fig. 4.55 – Photo. 4.19) ;

Photo. 4.18a et 4.18b • *Façade en VEA – Agrafage vu de l'extérieur (a) et de l'intérieur (b).*

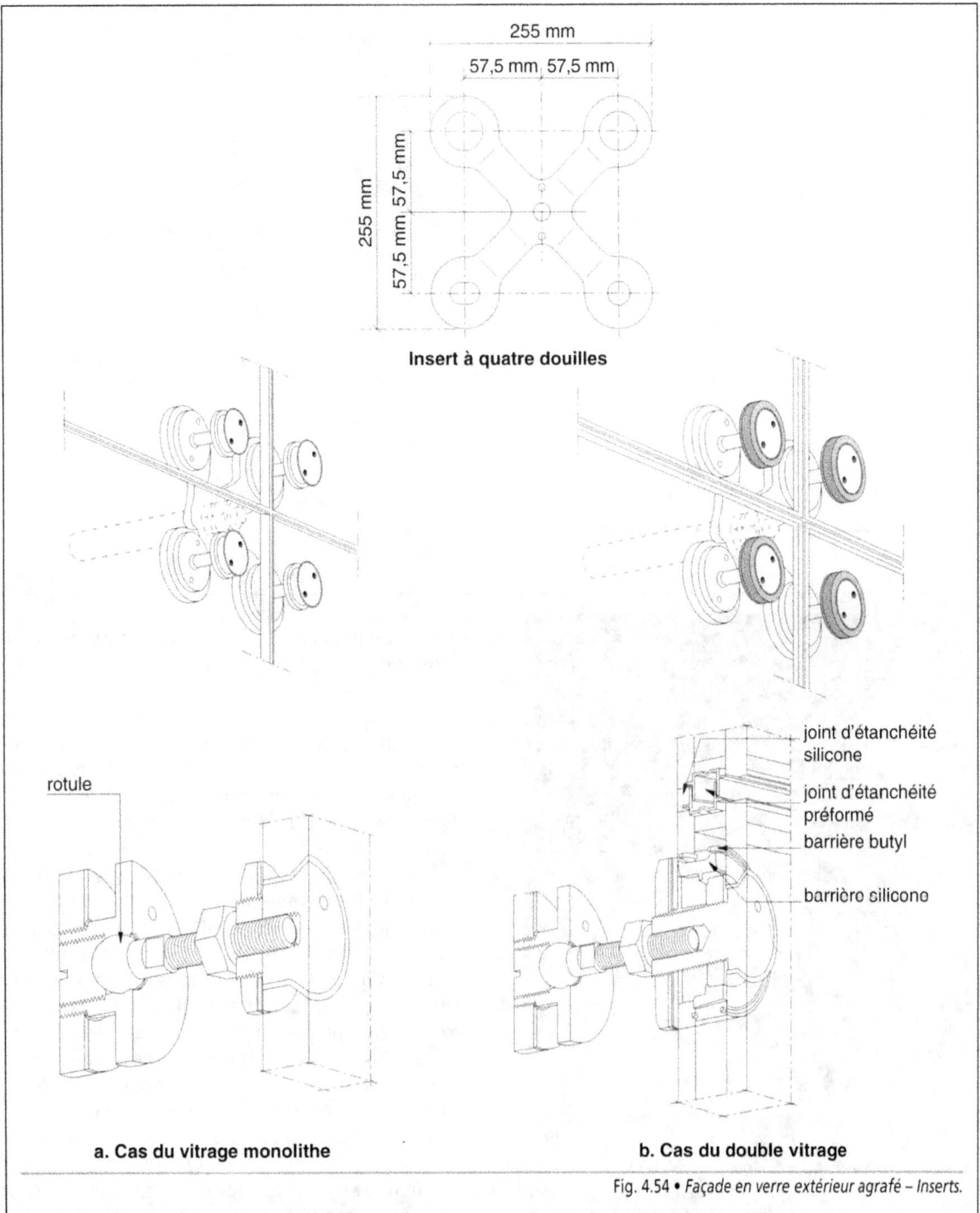

Fig. 4.54 • *Façade en verre extérieur agrafé – Inserts.*

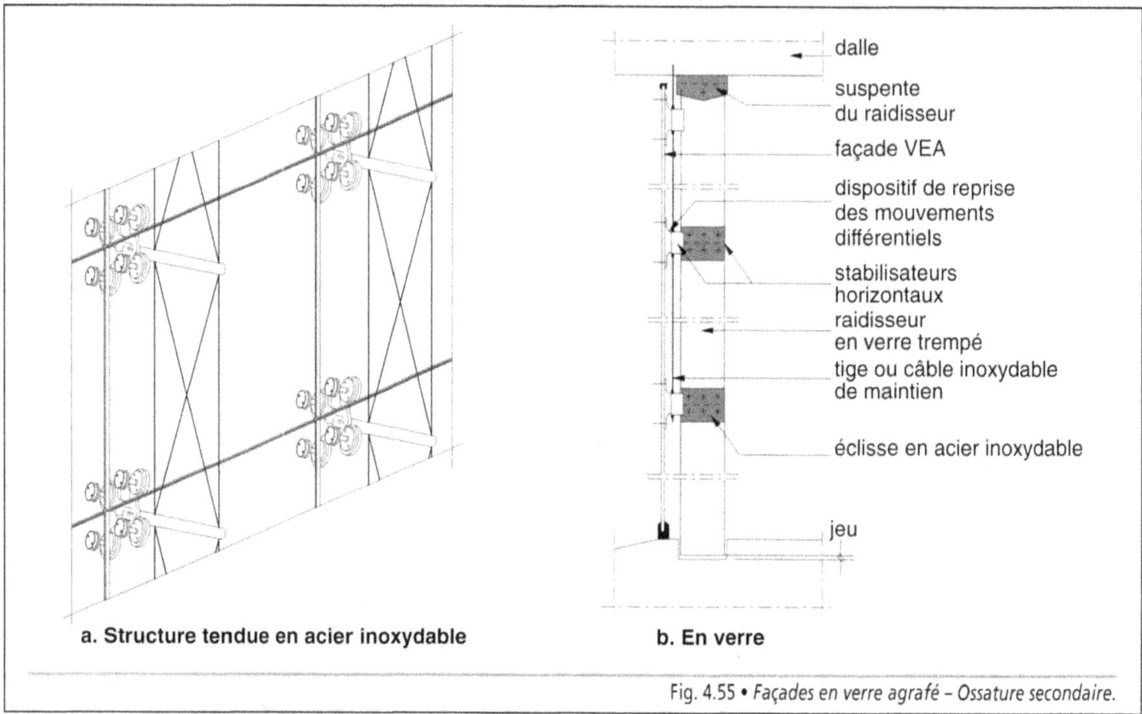

Fig. 4.55 • *Façades en verre agrafé – Ossature secondaire.*

Photo. 4.19 • *Façade en VEA – Ossature secondaire par barres et câbles en acier inoxydable.*

• des raidisseurs en verre trempé, assurant également le contreventement et fournissant une transparence totale.

L'étanchéité de la façade en VEA doit être parfaite car, contrairement aux autres types de façades qui disposent d'un système de récupération des eaux d'infiltration accidentelle, elle constitue la seule et unique barrière contre les infiltrations ou les passages d'air. Elle est réalisée entre les vitrages soit par la pose d'un joint à un étage en mastic de silicone dont la largeur varie entre 10 mm et 15 mm, soit par la mise en œuvre d'un joint à deux étages formé d'un profilé extrudé en silicone et d'un garnissage au mastic de silicone (Fig. 4.56). Ce dernier procédé, plus performant, permet d'assurer le drainage du joint en cas d'infiltration. Les façade en VEA, utilisées jusqu'alors essentiellement pour clore des halls d'immeuble ou des verrières, peuvent l'être pour les locaux courants dans des immeubles tertiaires. Dans ce cas, les joints sont obligatoirement à deux étages.

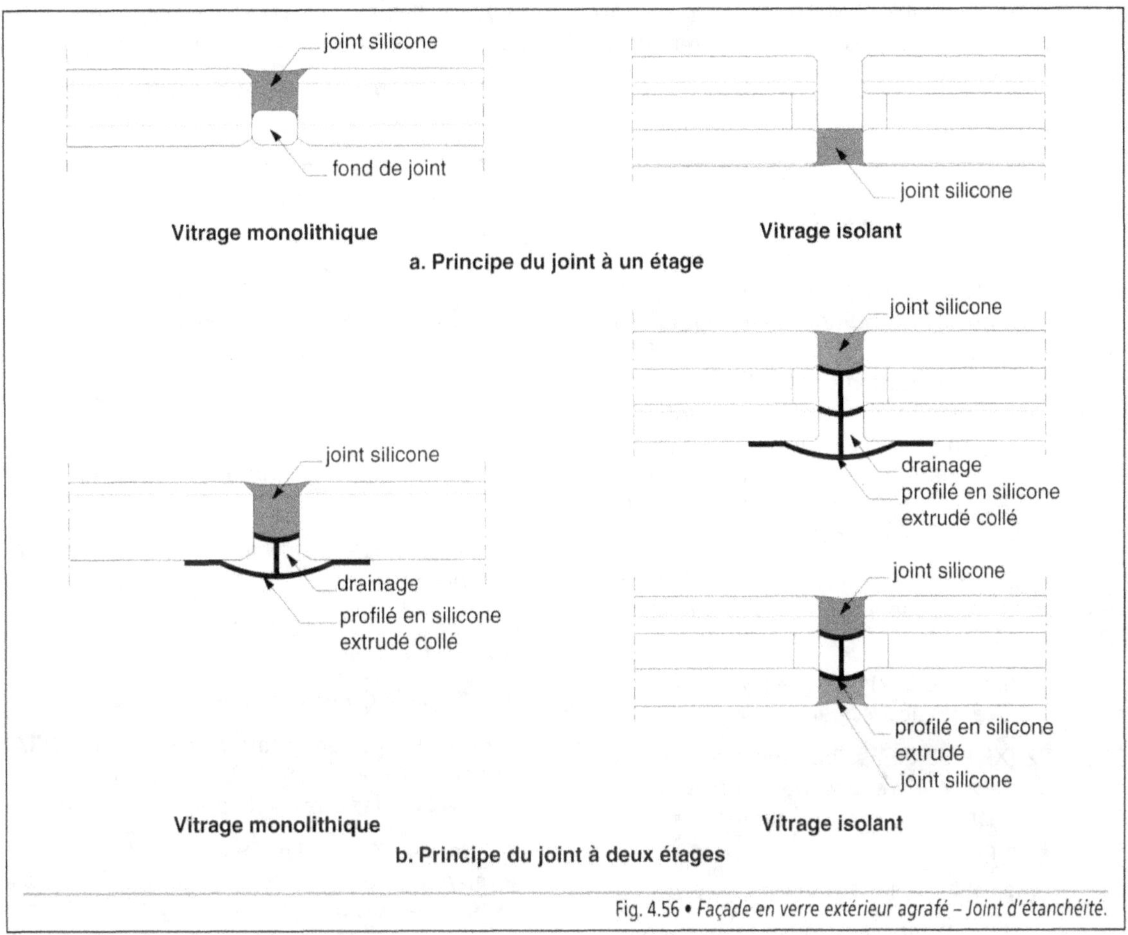

Fig. 4.56 • *Façade en verre extérieur agrafé – Joint d'étanchéité.*

Lorsque des passages sont prévus dans ce type de façades vitrées, des dispositions sont prises de part et d'autre du pan de verre afin de protéger les usagers en cas de bris de glace.

5. Les matériaux

De nombreux matériaux sont utilisés dans la réalisation des façades légères. L'aluminium, compte tenu de ses qualités, est couramment retenu pour fabriquer les ossatures secondaires. Lorsque les exigences de tenue au feu deviennent prépondérantes, il est remplacé par l'acier prélaqué ou l'acier inoxydable. Ce dernier est plus onéreux mais possède une excellente résistance en atmosphère agressive. Le bois impose des sections assez importantes. En général, il est utilisé sur une structure également en bois, après avoir reçu un traitement fongicide et insecticide. Les cadres des châssis sont exécutés dans les mêmes matériaux ou en résines synthétiques. Les éléments de remplissage font appel aux produits verriers et aux panneaux isolants en laine de roche bakélisée ou en mousse de matières plastiques. La peau extérieure est réalisée avec des produits présentant une bonne tenue aux intempéries ou aux atmosphères agressives tout en mettant en valeur l'aspect architectural de l'ouvrage, alors que la peau intérieure doit pouvoir s'intégrer dans l'aménagement des locaux.

6. La réglementation

Les façades légères sont des parois formant l'interface entre les conditions climatiques plus ou moins rigoureuses et l'atmosphère intérieure. La réglementation définit la qualité des matériaux, la dimension des profils ainsi que leurs performances et les conditions d'utilisation. Elle est complétée par les avis techniques ou les labels spécifiques. Les principales règles à respecter sont les suivantes :

DTU 20.1 (NF P 10-202) : *Travaux de bâtiment. Ouvrage en maçonnerie de petits éléments. Parois et murs.*

DTU 33.1 (NF P 28-002) : *Façades rideaux, façades semi-rideaux, façades panneaux.*

DTU 33.2 (XF P 28-003) : *Tolérances dimensionnelles du gros oeuvre destiné à recevoir des façades rideaux, des façades semi-rideaux ou des façades panneaux.*

DTU 36.1 (NF P 23-201) : *Menuiseries en bois.*

DTU 37.1 (NF P 24-203-1 et 2) : *Travaux de bâtiment. Menuiseries métalliques.*

DTU 36.1/37.1 (NF P 20-201) : *Choix des fenêtres en fonction de leur exposition. Mémento pour les maîtres d'œuvre.*

DTU 39 (NF P 78-201/A1) : *Travaux de miroiterie – vitrerie.*

DTU 41.2 (NF P 65-210) : *Revêtements extérieurs en bois.*

Règles Al (NF P 22-702) – Eurocode 9 à compter de janvier 2 001 : *Règles de conception et calcul des charpentes en alliages d'aluminium.*

Règles NV65 et annexes (NF P 06-002) : *Règles définissant les effets de la neige et du vent sur les constructions.*

NF A 01-101 : *Aluminium et alliages d'aluminium. Conditions générales de contrôle et livraison.*

NF A 02- : *Série de normes ayant trait à l'aluminium.*

NF P 20-... : *Série de normes ayant trait à la menuiserie et à la serrurerie.*

NF P 23-... : *Série de normes ayant trait à la menuiserie en bois.*

NF P 24-... : *Série de normes ayant trait à la menuiserie métallique.*

NF P 25-... : *Série de normes ayant trait aux fermetures.*

NF P 26-... : *Série de normes ayant trait à la quincaillerie.*

NF P 28-... : *Série de normes ayant trait aux façades légères.*

NF P 78-... : *Série de normes ayant trait à la vitrerie et à la miroiterie.*

Le Code de la Construction et de l'Habitation.

La nouvelle réglementation acoustique (NRA) publiée le 25 novembre 1994 et complétée par les décrets et les arrêtés d'application.

L'arrêté du 31 Janvier 1986, modifié et complété, relatif à la protection contre l'incendie des bâtiments d'habitation.

Le règlement de sécurité contre les risques d'incendie et de panique dans les établissements recevant du public – Arrêté du Journal Officiel – Brochure n° 1011 : *Sécurité contre l'incendie.*

Organisme Professionnel de Prévention du Bâtiment et des Travaux Publics (OPPBTP) : *Prescriptions de sécurité.*

7. La pathologie

Les façades légères étant un composant du système enveloppe (clos et couvert), elles sont couvertes par la garantie décennale et doivent assurer leurs fonctions pendant une durée minimale de dix ans. Les sinistres portent, entre autres, sur la tenue des composants dans le temps ainsi que sur des problèmes d'étanchéité ou d'isolation thermique et acoustique. Mais il ne faut pas exclure l'aspect mécanique entraînant une déformation de l'ossature secondaire sous l'action d'efforts anormaux. Le choc thermique et les effets de la dilatation occasionnent également des désordres ou des nuisances. Enfin, une autre cause de sinistres trouve son origine dans la mise en œuvre : fixations mal positionnées ou serrage insuffisant.

Les incidents suivants sont à prendre en compte :

- infiltration d'eau et perméabilité à l'air au droit d'assemblages mal jointoyés, dont les garnissages sont défectueux ;

- bruits dans l'ossature dus à la dilatation des composants sous l'action du soleil selon l'exposition ;

- ponts thermiques occasionnant des phénomènes de condensation et de ruissellement intérieurs, ou l'apparition de fantômes ;

- effet de serre dû à une surface importante de parties vitrées, à un mauvais choix du type de vitrage ou à l'absence de protection solaire (erreur de conception) ;

- défaut d'isolation acoustique entre deux locaux voisins ou superposés dû à des garnissages insuffisants, mal réalisés ou à des passages de canalisations ;

- décollement ou arrachage de la face extérieure mal fixée dans son cadre ;

- bris de glace ou de parement en matériau verrier sous l'action d'un choc thermique (Photo. 4.20) ;

- incompatibilité entre les matériaux des divers composants, entraînant la formation d'un couple électrolytique et la détérioration de l'un d'eux ;

- déformation de l'ossature ou glissement vertical d'un des montants suite à une mauvaise conception ou à une mise en œuvre défectueuse, occasionnant des défauts d'étanchéité et nuisant au bon fonctionnement des ouvertures ;

Photo. 4.20 • *Bris de verre en façade, consécutif à un choc thermique.*

- déformation de l'ossature des façades légères due à un tassement différentiel du gros œuvre ;

- vieillissement accéléré des différents composants par suite de l'inaptitude aux conditions d'exposition ;

- difficulté de procéder à l'entretien des panneaux extérieurs du fait de leur inaccessibilité : trop grande hauteur, absence de nacelle, etc.

Adresses utiles

Association pour le développement
de l'Aluminium anodisé ou Laqué
30 avenue de Messine
75008 Paris

Centre technique du Bois
et de l'Ameublement (CTBA)
10 avenue de Saint-Mandé
75012 Paris

Centre Scientifique et Technique
du Bâtiment (CSTB)
4 avenue du Recteur-Poincaré
75782 Paris cedex 16

Comité Français de l'Isolation (CFI)
12 rue Blanche
75009 Paris

Comité National pour le Développement
du Bois
6 avenue de Saint-Mandé
75012 Paris

EPEBat, TEC HABITAT (Classement reVETIR)
2 rue Lord-Byron
75008 Paris

Fédération Française des Professionnels
du Verre (FFPV)
10 rue du Débarcadère
75782 Paris cedex 17

Institut de Recherches Appliquées
au Bois (IRABOIS)
10 rue du Débarcadère
75852 Paris Cedex

Syndicat National de la construction
des Fenêtres, façades et activités annexes (SNFA)
10 rue du Débarcadère
75784 Paris cedex 16

Syndicat National des Fabricants
de Menuiseries Industrialisées (SNFMI)
30 avenue Marceau
75008 Paris

Syndicat National des Joints et Façades (SNJF)
8/14 rue de La Pérouse
75784 Paris cedex 16

Bibliographie

Construire en Acier – Guide de conception et de réalisation – Éditions Le Moniteur, Paris.

Construire en Bois – J. Natterer, T. Herzog, M. Volz – Presses polytechniques et universitaires romandes, Lausanne (CH)

Le guide du bardage bois – Éditions CTBA et Techniques & Architecture.

Le verre structurel – Peter Rice et Hugh Dutton – Éditions Le Moniteur, Paris.

LES CIRCULATIONS VERTICALES

Dans un bâtiment comprenant plusieurs niveaux, l'un des problèmes consiste à passer d'un niveau à l'autre en toute sécurité. Tel est l'objet des circulations verticales étudiées en fonction de la dénivellation à parcourir, de l'espace disponible ou des moyens mis en œuvre. Plusieurs réponses sont possibles : composants de type traditionnel tels que les escaliers ou les rampes pour piétons et véhicules, ou équipements plus ou moins sophistiqués comme les escaliers mécaniques ou les ascenseurs et les monte-charge. La combinaison de plusieurs solutions est envisageable. Dans ce cas, elles sont déterminées en tenant compte du type de construction, de sa destination, de son importance, de sa hauteur, du nombre de niveaux desservis, du flux des utilisateurs et des règles de sécurité qui s'y rattachent.

1. Les escaliers

Les escaliers constituent la famille la plus employée des circulations verticales. En effet, quel que soit le type de bâtiment, ils sont indispensables, soit à titre de circulation principale, comme dans une maison individuelle, soit à titre de circulation de service ou de secours dans un immeuble collectif ou dans un établissement recevant du public.

Plusieurs dispositifs permettent de passer d'un niveau à un autre, en fonction de la dénivellation et de la longueur disponible, c'est-à-dire de l'inclinaison (Fig. 5.1). De la pente la plus faible à la plus inclinée, sont utilisés les éléments suivants :

- jusqu'à 15° (27 %) : la rampe ;

- de 15° à 20° (de 27 % à 36 %) : l'escalier de plan incliné, utilisé surtout en aménagement extérieur ;

- de 20° à 40° (de 36 % à 84 %) : l'escalier d'habitation, l'inclinaison la plus confortable étant voisine de 30° (58 %) ;

- de 40° à 45° (de 84 % à 100 %) : l'escalier de cave ou l'escalier de service ;

- de 45° à 60° (de 100 % à 173 %) : l'échelle de meunier desservant des appentis ;

- de 60° à 90° (supérieur à 173 %) : l'échelle, celle dont la pente est supérieure à 75° (370 %) étant fixe et équipée d'une crinoline* de sécurité.

1.1. La définition des escaliers

L'escalier est un composant important puisqu'il permet de monter ou de descendre afin de changer de niveau. Il est composé d'un ensemble de marches ou de degrés, conçu de manière à être parcouru par les utilisateurs avec un minimum d'effort et un maximum de sécurité.

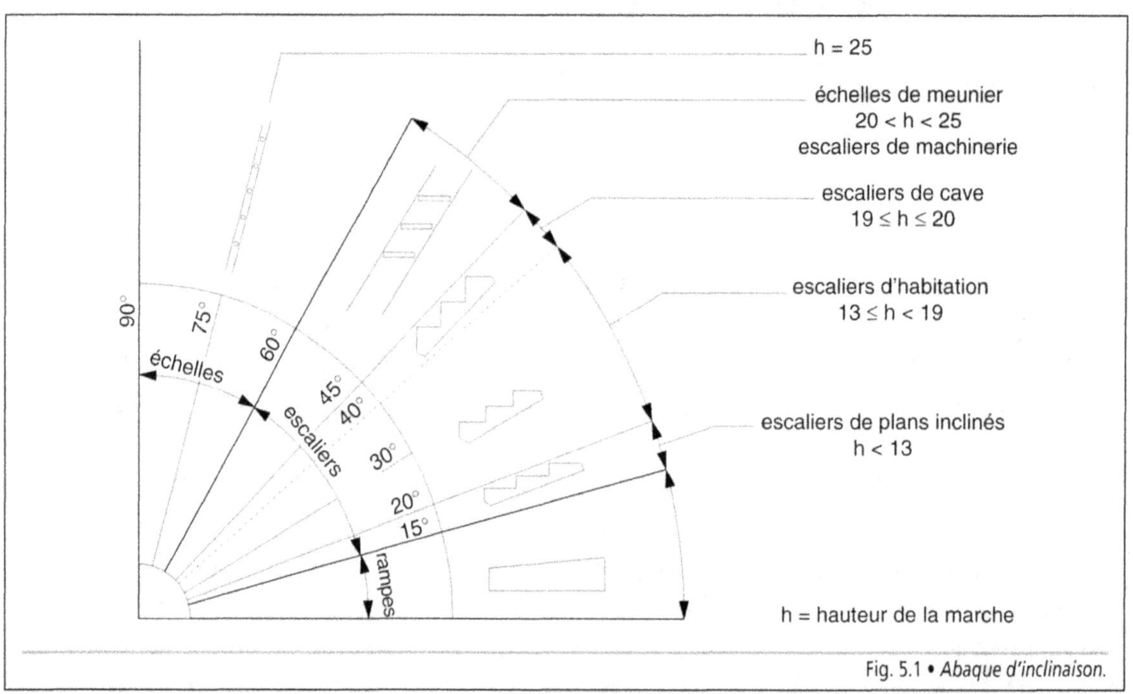

Fig. 5.1 • *Abaque d'inclinaison.*

L'escalier peut être considéré comme purement fonctionnel ; il ne joue qu'un rôle de service ou de sécurité dans un bâtiment. Il peut également participer à l'architecture d'un bâtiment (Photo. 5.1), à la décoration d'un hall d'immeuble (escalier monumental ou d'apparat) ou plus simplement d'une pièce de séjour dans une maison individuelle ou dans un appartement en duplex.

Photo. 5.1 • *Escalier métallique extérieur (Architecte D. Sloan).*

Sa conception et les matériaux utilisés doivent présenter une bonne résistance mécanique afin de répondre aux contraintes auxquelles il est soumis (poids propre et surcharges d'utilisation) et aux conditions de stabilité.

L'escalier est défini par les caractéristiques suivantes qui permettent d'en tracer l'épure et de le réaliser (Fig. 5.2) :

- **la hauteur d'étage** ou hauteur à monter est égale à la distance verticale entre le niveau du sol fini du palier de départ et celui du palier d'arrivée ;

- **le palier** est une plate-forme placée en extrémité de la volée : palier de départ, palier d'arrivée ;

- **la volée** est l'ensemble des marches comprises entre deux paliers successifs ; en principe, elle comprend de 20 à 22 marches ; si le nombre de marches est supérieur, il est nécessaire de prévoir un palier intermédiaire ou **palier de repos** ;

- **la trémie d'escalier** correspond au vide réservé dans le plancher afin de placer l'escalier et les paliers intermédiaires éventuels ;

- **la cage d'escalier** correspond au volume nécessaire pour sa mise en place ; elle peut être à l'intérieur ou à l'extérieur du bâtiment ;

- **l'emmarchement** est égal au passage libre utile des marches ; il est déterminé en fonction de la destination de l'escalier et du nombre d'usagers qui l'empruntent ;

- **le giron** est la distance horizontale entre deux nez de marches consécutives ; en général, il est compris entre 20 cm et 30 cm ;

- **la hauteur de marche** est la distance verticale entre deux nez de marches consécutives ; la hauteur courante est comprise entre 13 cm et 18 cm ;

- **la pente** de l'escalier correspond au rapport, exprimé en pourcentage, de la hauteur entre les deux paliers qui limitent une volée sur la longueur de celle-ci en projection horizontale ; elle peut également être indiquée en degré lorsque la référence est l'angle d'inclinaison de l'escalier par rapport à l'horizontale ;

- **l'échappée** est la hauteur libre de passage au droit du nez de marche, sous un palier ou sous une volée immédiatement supérieure ; la hauteur minimale admise est de 2,20 m et exceptionnellement de 2,00 m ; une hauteur plus importante donne un meilleur confort visuel à l'utilisateur qui descend l'escalier ;

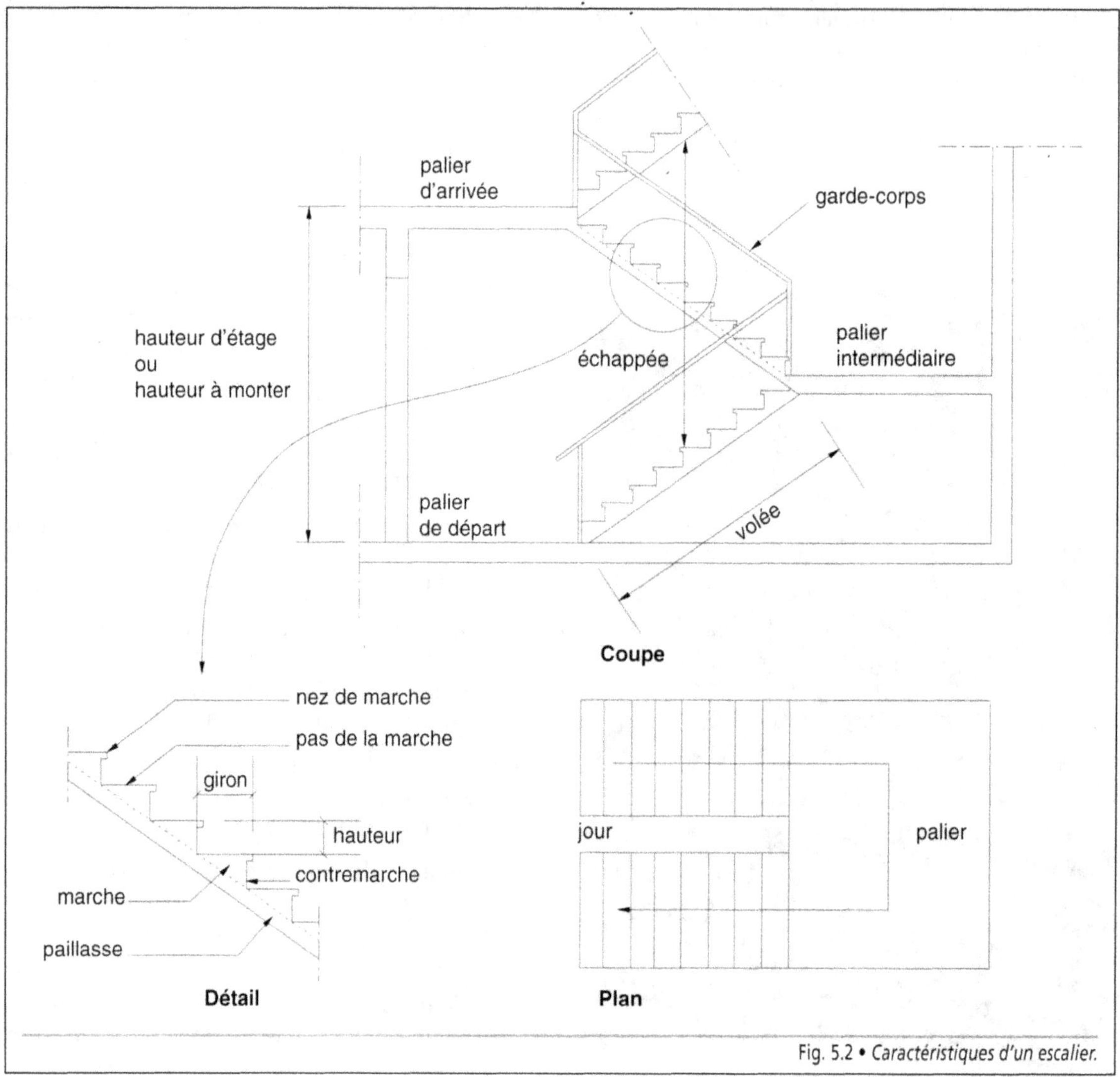

Fig. 5.2 • *Caractéristiques d'un escalier.*

- **le jour de l'escalier** correspond à l'espace central autour duquel se développent les volées de l'escalier ;

Les données fondamentales qui servent à construire un escalier sont les suivantes (Fig. 5.3) :

- la hauteur d'étage ou hauteur à monter ;
- la hauteur et le giron des marches ;
- la largeur de l'emmarchement ;
- l'encombrement de l'escalier en surface et dans l'espace ;

- la hauteur de l'échappée à vérifier.

La hauteur de sol à sol, la hauteur et le giron des marches permettent de déterminer le nombre de marches et l'encombrement de l'escalier.

Inversement, connaissant la hauteur à monter et le nombre de marches, il est possible de calculer la hauteur et le giron de celles-ci et, par voie de conséquence, l'emprise au sol de l'escalier ainsi que les dimensions des trémies à réserver dans les planchers des niveaux desservis.

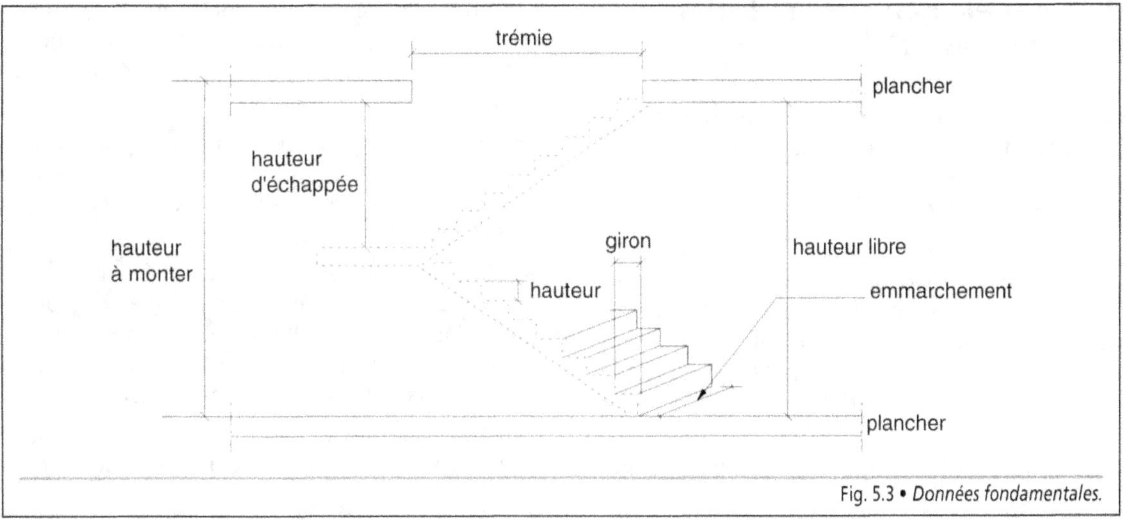

Fig. 5.3 • *Données fondamentales.*

Dans les bâtiments comportant plusieurs niveaux non desservis par un ascenseur de profondeur suffisante, les dimensions de l'escalier doivent être telles que le transport des meubles encombrants et d'une personne couchée sur un brancard soient possibles. Cette contrainte impose une largeur minimale de 1,20 m pour les volées et de 1,25 m pour les paliers dans le cas d'un escalier droit, et une largeur minimale de volée de 1,225 m pour un escalier hélicoïdal (Fig. 5.4).

Sur les documents graphiques, le sens de montée est toujours défini par une flèche.

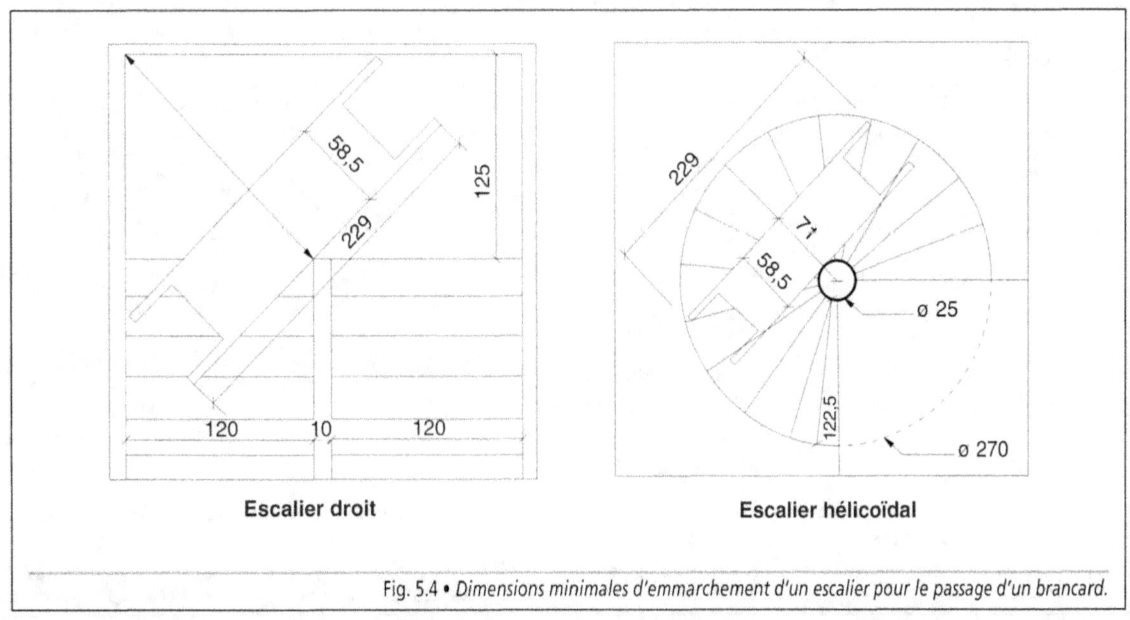

Fig. 5.4 • *Dimensions minimales d'emmarchement d'un escalier pour le passage d'un brancard.*

1.2. Les éléments constitutifs d'un escalier

Un escalier est constitué d'un certain nombre de composants définis selon la fonction qu'ils remplissent : structure porteuse, fonction propre à l'escalier, sécurité (Fig. 5.5).

■ **Les éléments structurels** jouent un rôle porteur par la reprise des efforts et par le franchissement. Ils assurent le transfert des charges apportées par les marches vers l'ossature de la construction. Les matériaux retenus doivent avoir des caractéristiques mécaniques qui répondent à ce rôle. Entrent dans cette catégorie des composants verticaux (mur d'échiffre, noyau central ou fût) et des composants qui suivent le rampant (paillasse, limon, faux-limon, crémaillère).

- **Le mur d'échiffre** est le mur qui ferme la cage d'escalier ; il peut servir de support à la paillasse, au limon ou à la crémaillère ainsi qu'aux paliers intermédiaires.

- **Le noyau central**, ou fût, est un élément vertical sur lequel sont fixées les marches ou la paillasse qui travaillent généralement en console. Ce principe est utilisé pour les escaliers hélicoïdaux (escaliers en colimaçon).

- **La paillasse** est une dalle en béton armé dont la pente correspond à celle de l'escalier. Sa

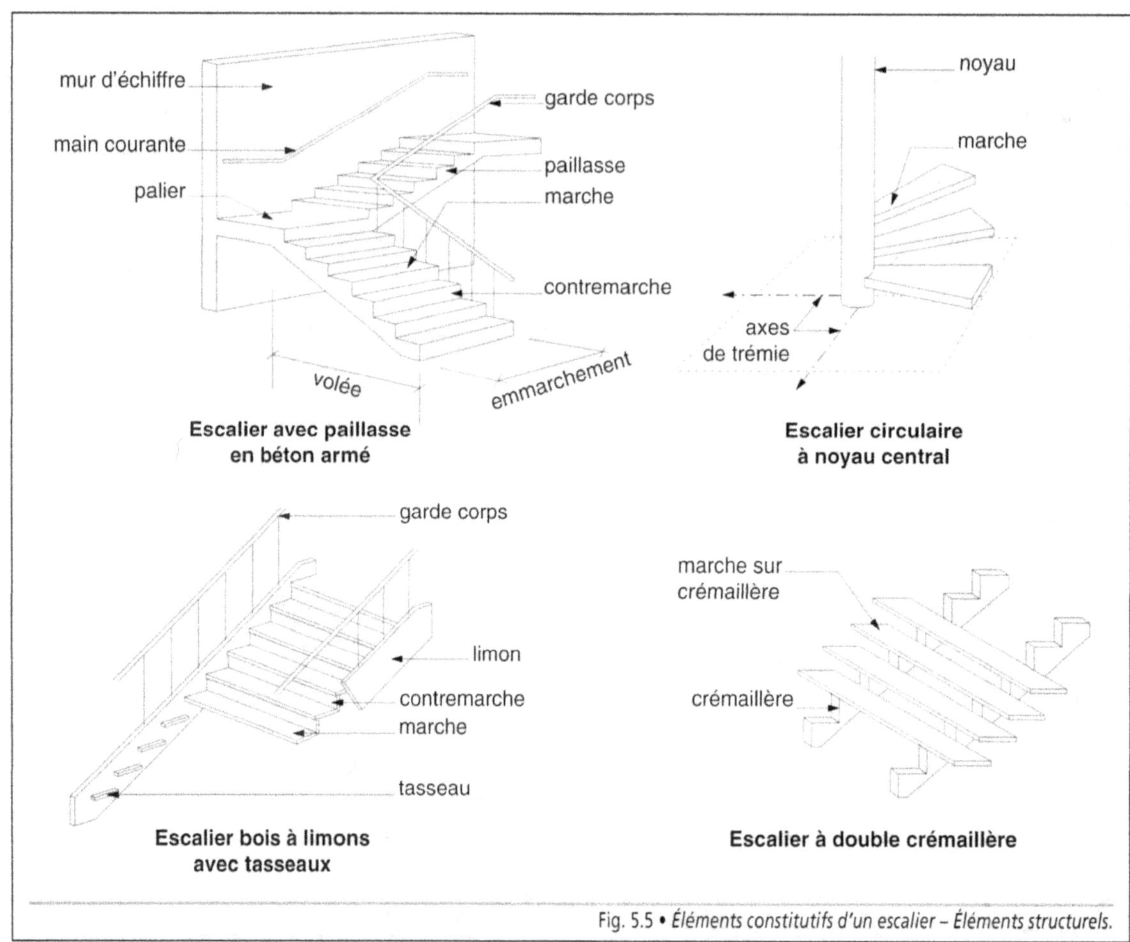

Fig. 5.5 • *Éléments constitutifs d'un escalier – Éléments structurels.*

partie supérieure est une succession de degrés qui forme les marches. En général, elle repose sur les paliers ou les planchers.

- **Le limon** est une pièce sur laquelle prennent appui les marches et les contremarches, soit sur des liteaux (escalier en bois) ou des cornières (escalier métallique), soit dans des entailles réservées à cet effet. Droit ou courbe, il porte de palier à palier.

- **La crémaillère** est une poutre rampante, dont la face supérieure est formée d'une série de redents sur lesquels sont fixées les marches. Droite ou hélicoïdale, elle peut être placée en extrémité des marches ou en position centrale.

- **Le faux-limon et la fausse crémaillère** ne sont pas des éléments de franchissement. Ils sont fixés par des scellements contre un mur d'échiffre et joue le même rôle que le limon et la crémaillère.

▨ **Les éléments fonctionnels** interviennent dans l'utilisation normale de l'escalier. Ils sont constitués par :

- **la marche**, partie horizontale sur laquelle prend appui le pied afin de monter ou de descendre l'escalier ;

- **la contremarche**, partie verticale qui ferme l'escalier en reliant la partie arrière d'une marche à la partie avant de la marche immédiatement supérieure ; lorsque l'environnement le permet, elle peut être supprimée, laissant apparaître un jour entre les marches.

▨ **Les éléments de sécurité** regroupent les deux types de composants suivants :

- **le garde-corps** rampant ou rampe d'escalier, qui a pour rôle d'éviter les risques de chute ;

- **la main courante**, qui est une lisse continue pour une volée ; elle est fixée sur le mur d'échiffre ou sur la rampe et facilite l'utilisation de l'escalier.

1.3. Le calcul du giron et de la hauteur des marches

L'escalier doit être parcouru avec un minimum d'effort. Ceci implique qu'il y ait une continuité dans le mouvement du marcheur, c'est-à-dire, dans le pas. Sur un plan horizontal, la distance parcourue par un pas est de l'ordre de 63 cm. Il convient donc de retrouver une longueur sensiblement équivalente lors de la montée ou de la descente d'un escalier.

Dans un bâtiment, la hauteur à monter H correspond à un nombre entier n de marches, marche palière comprise (Fig. 5.6). Il en résulte que :

$$H = n \times h \text{ (hauteur de marche).}$$

La longueur de la volée de l'escalier L est donnée par la formule :

$$L = (n\text{-}1) \times g \text{ (giron de la marche),}$$

la marche palière n'étant pas prise en compte.

Or sur une volée d'escalier, si h est la hauteur et g le giron de la marche, la **formule de Rondelet** permet de déterminer leurs valeurs en fonction de celle du module m correspondant à la longueur du pas :

$$m = 2h + g, \text{ avec } 57 \text{ cm} \leq m \leq 65 \text{ cm.}$$

Lorsque la pente de l'escalier croît, la valeur du module m diminue de manière à réduire l'effort de l'utilisateur et inversement.

Un abaque à plusieurs entrées permet de déterminer les caractéristiques de l'escalier (Fig. 5.7). Sont indiqués : en abscisse, le giron g de la marche exprimé en centimètres ; en ordonnée, la hauteur h de la marche (en centimètres) ; en diagonale, la pente p de l'escalier (en degré) coupée par les droites correspondant au module m (en centimètres). L'abaque permet de déterminer une zone préférentielle dans laquelle doit se trouver la valeur du module en fonction des autres paramètres. Une classification des escaliers résulte de la lecture de la pente ; elle recoupe les indications données en début du paragraphe 1.

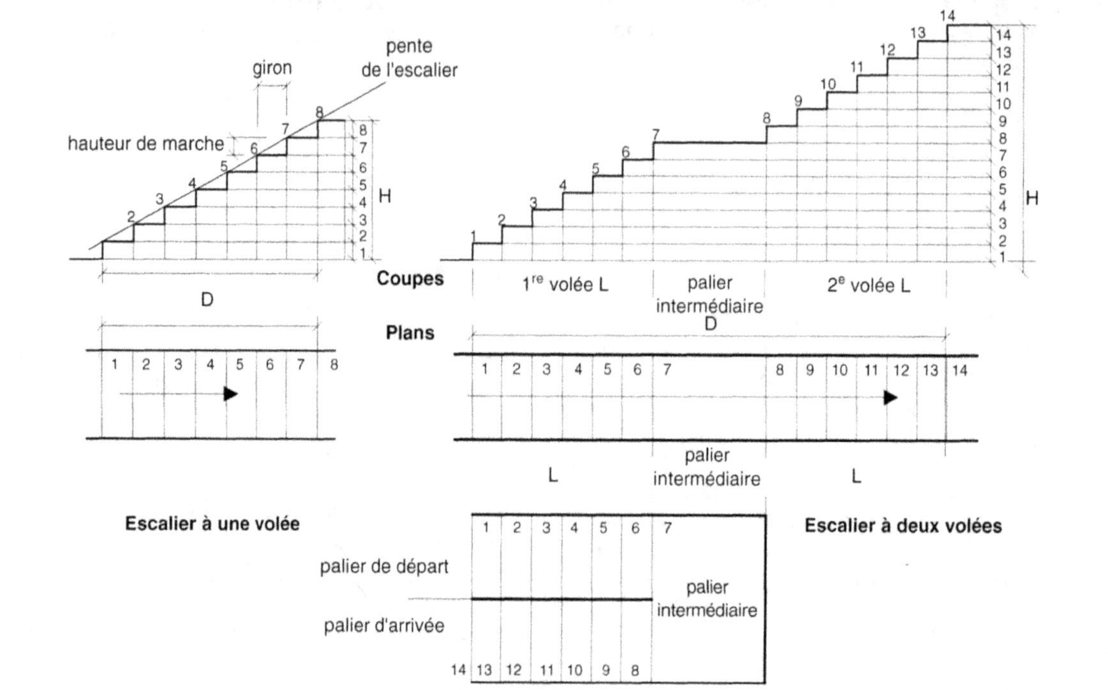

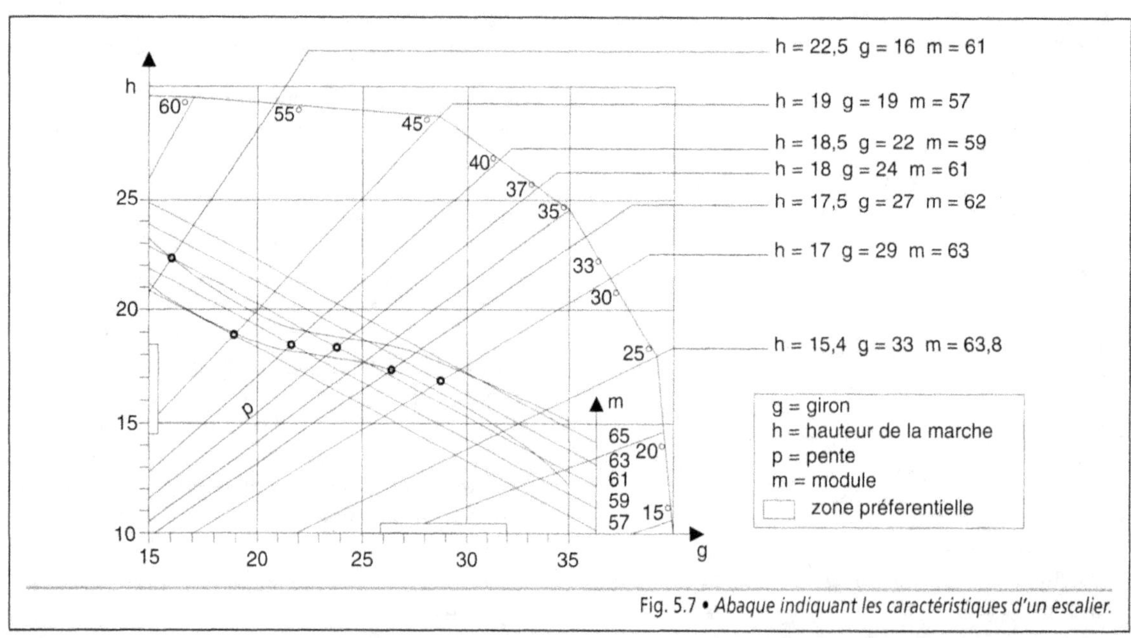

Fig. 5.6 • *Nombre de marches d'un escalier.*

Fig. 5.7 • *Abaque indiquant les caractéristiques d'un escalier.*

palier
intermédiaire
cage
palier
intermédiaire
ligne de jour
ligne de foulée
ou de giron
jour
giron
volée
e/2 e/2
e ≤ 1,10 m
50 à 60 cm
e > 1,10 m

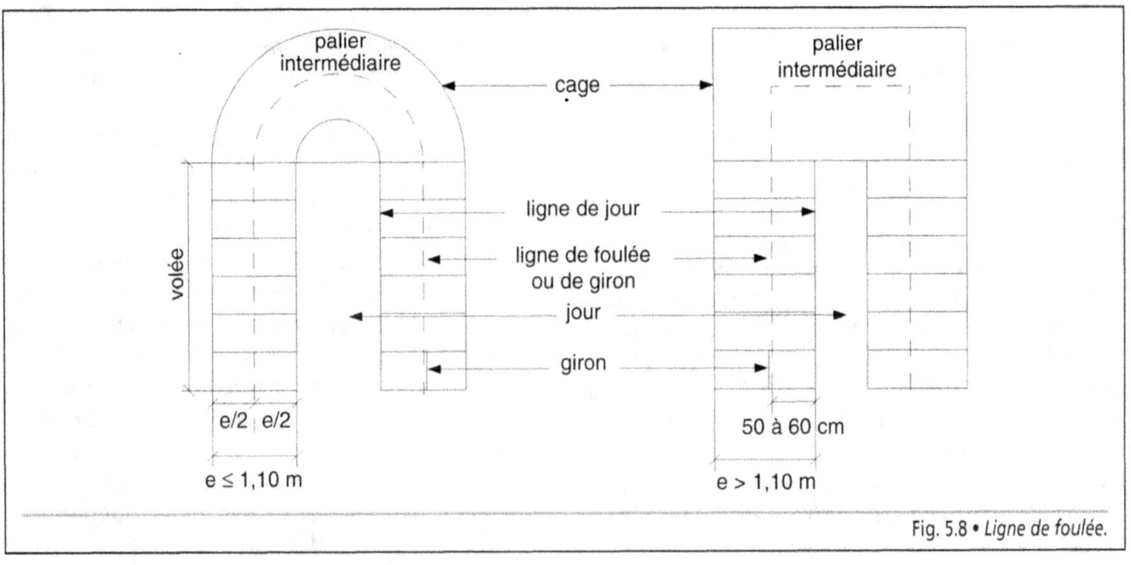

Fig. 5.8 • *Ligne de foulée.*

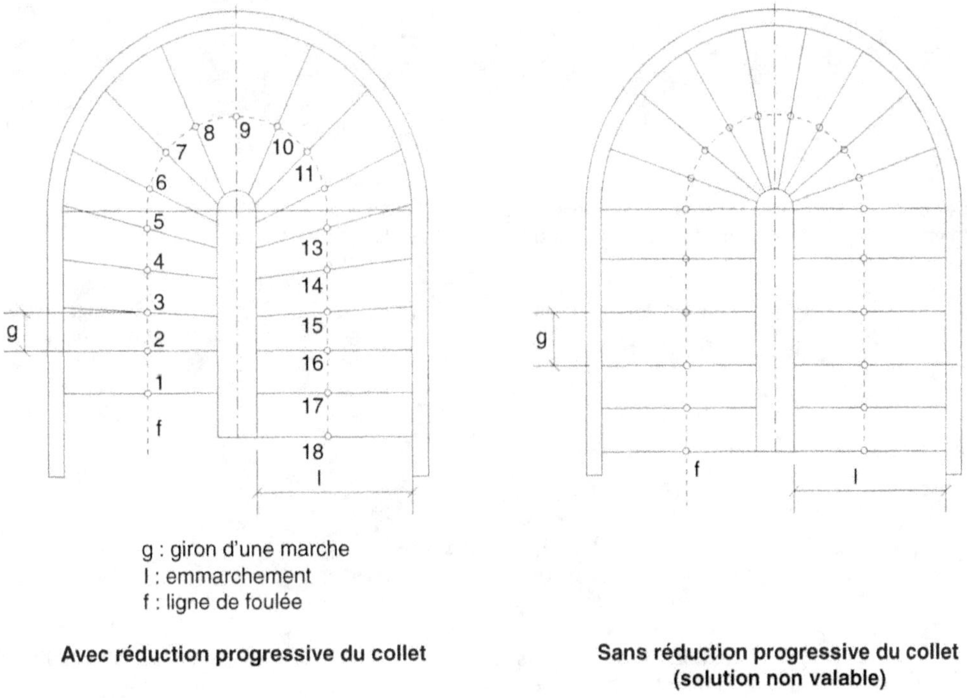

8 9
7 10
6 11
5
4 13
3 14
g 2 15
1 16
f 17
18
l
g
f
l
g : giron d'une marche
l : emmarchement
f : ligne de foulée
Avec réduction progressive du collet
Sans réduction progressive du collet
(solution non valable)

Fig. 5.9 • *Escalier balancé.*

Exemple

- pour un escalier à 45°, de pente égale à 100 % :
  h = 19 cm, g = 19 cm et M = 57 cm ;
- pour un escalier à 33°, de pente égale à 65 % :
  h = 17,5 cm, g = 27 cm et M = 62 cm ;
- pour un escalier à 25°, de pente égale à 47 % :
  h = 15,4 cm, g = 33 cm et M = 63,8 cm.

Le calcul des marches s'effectue le long d'une ligne conventionnelle qui correspond à la projection sur un plan horizontal du trajet effectué par une personne empruntant l'escalier, **la ligne de foulée**. Selon la dimension de l'emmarchement, elle est située de la manière suivante :

- s'il est inférieur à 1,10 m, la ligne de foulée est dans l'axe des marches ;
- s'il est supérieur à 1,10 m, elle est à une distance comprise entre 50 cm et 60 cm de la **ligne de jour**, bord intérieur des marches ; c'est la position d'une personne qui utilise l'escalier en se tenant à la main courante (Fig. 5.8).

Lorsque l'escalier présente un encombrement trop important par rapport à la surface disponible, qu'il n'est pas possible de développer des volées droites avec un palier de repos, il est nécessaire de réaliser un **escalier balancé**. Le balancement consiste à faire tourner les marches autour d'un axe en conservant la même valeur du giron le long de la ligne de foulée et en réduisant progressivement la largeur du collet des marches dans le quartier tournant (Fig. 5.9). La valeur minimale du **collet** est de l'ordre de 6 cm à 8 cm. Mais, afin de pouvoir utiliser l'escalier à proximité de la ligne de jour (ou ligne de collet) en toute sécurité, il est souhaitable que cette largeur soit de l'ordre de 12 à 15 cm. En effet, les marches droites suivies de marches rayonnantes créent un changement de pente brusque et dangereux. Plusieurs méthodes permettent de dessiner le balancement des escaliers.

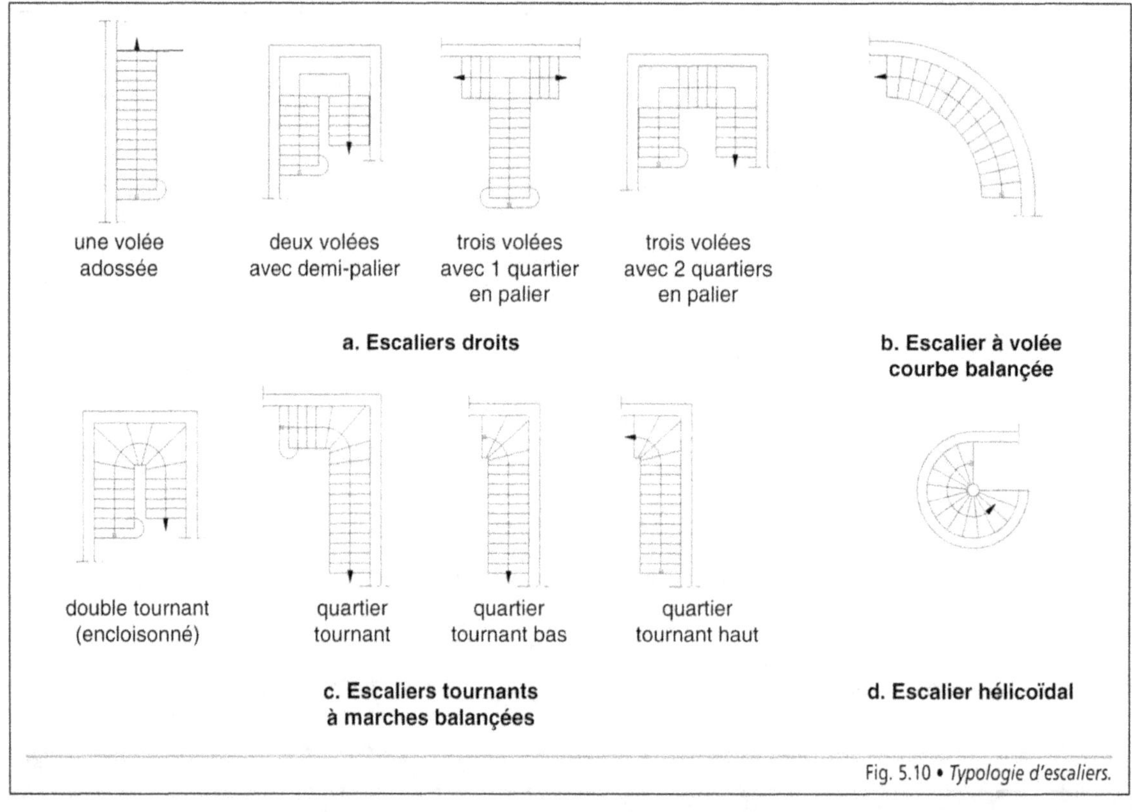

Fig. 5.10 • *Typologie d'escaliers.*

1.4. La typologie des escaliers

La typologie d'un escalier tient compte de sa géométrie, du principe constructif et de l'espace disponible. Selon la hauteur d'étage, il comprend une ou plusieurs volées séparées par un ou des paliers de repos. Son implantation dans le bâtiment est étudiée de manière à reporter les charges sur les paliers ou sur les murs porteurs. Il peut donc se trouver au centre d'un volume, être adossé à un mur d'échiffre droit ou courbe, ou encloisonné dans une cage d'escalier. Les escaliers sont classés dans l'une des quatre catégories suivantes (Fig. 5.10) :

Photo. 5.2 • *Escalier métallique sur poutre tridimensionnelle à volée courbe (Architectes : P. Chaix et J. P. Morel).*

- **l'escalier droit** à une ou plusieurs volées est le plus couramment utilisé dans les bâtiments ;

- **l'escalier à volée courbe** à marches balancées se rencontre plus particulièrement dans les immeubles du secteur tertiaire ou dans les édifices publics, mettant en valeur son caractère architectural (Photo. 5.2) ;
- **l'escalier tournant** à marches balancées est employé lorsque l'emprise au sol doit être réduite, entre autres dans les maisons individuelles ;
- **l'escalier hélicoïdal** ou à vis avec ou sans noyau central est utilisé en qualité d'escalier secondaire dans les immeubles d'habitation dont les niveaux sont normalement desservis par des ascenseurs. Le principal avantage réside dans son encombrement réduit. D'autre part, fermé dans une cage d'escalier et respectant certaines règles de construction, il convient parfaitement en qualité d'escalier de secours.

Photo. 5.3 • *Escalier de secours hélicoïdal en béton armé.*

293

Placé le plus souvent dans le volume de la construction, l'escalier peut également se trouver à l'extérieur. Cette solution, courante pour les escaliers de secours, est parfois retenue sur des bâtiments comportant deux ou trois niveaux desservis indépendamment (Fig. 5.11 et Photo 5.3).

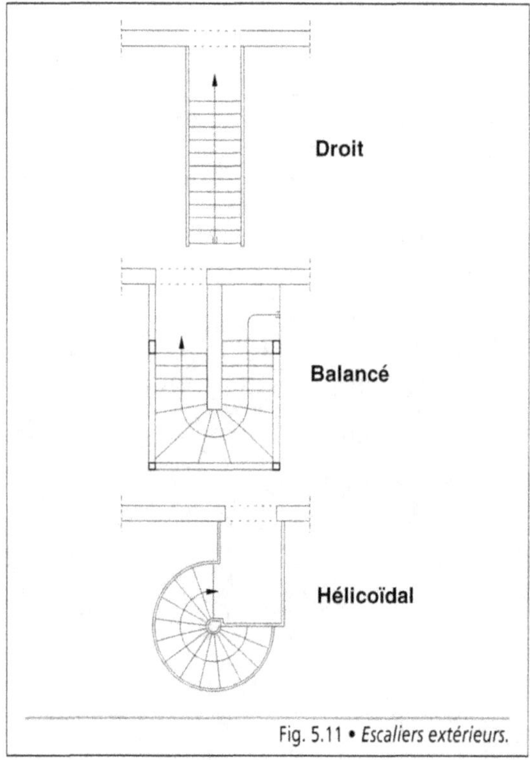

Fig. 5.11 • *Escaliers extérieurs.*

1.5. Le mode constructif

Le mode constructif d'un escalier dépend de plusieurs critères qui, après analyse, permettent de retenir la solution la mieux adaptée : la localisation et la destination de l'escalier, les charges, la typologie, les composants, les matériaux et leur mise en œuvre. L'escalier est exécuté sur le chantier ou fabriqué en usine. Dans ce dernier cas, il peut être livré sous la forme de produit semi-fini ou fini, en cours de travaux ou comme un équipement en fin de chantier.

1.51. La localisation et la destination de l'escalier

L'escalier est placé à l'intérieur ou à l'extérieur de la construction. Indépendamment de sa fonction fondamentale, il peut avoir ou non un rôle à jouer dans l'architecture et dans l'aménagement de l'espace. Le mode constructif prend en compte ces paramètres qui influent sur la conception, le choix des matériaux et leur mise en œuvre.

• **L'escalier d'honneur** (ou d'apparat) reste apparent afin de marquer une volonté architecturale et constituer un point fort dans l'aménagement intérieur d'un hall. De ce fait, son emmarchement est souvent surdimensionné. Fréquemment placé contre une façade permettant de l'éclairer avec la lumière du jour, il peut être entouré de trois parois (escalier à la française). Une autre solution consiste à réaliser un escalier courbe prenant appui sur un mur de même courbure ou mis en valeur au centre d'un espace (Fig. 5.12).

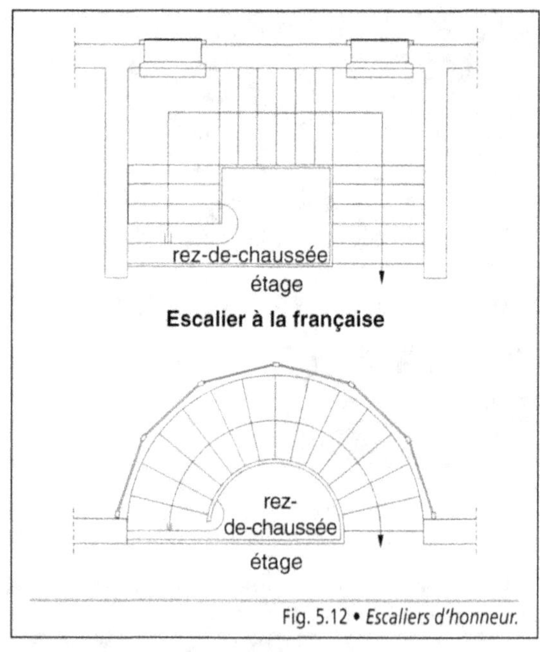

Fig. 5.12 • *Escaliers d'honneur.*

- **L'escalier principal** est réalisé selon les mêmes principes. Il peut également se développer en ligne droite entre deux murs d'échiffre, recoupé ou non par un ou plusieurs paliers intermédiaires bénéficiant d'un éclairage naturel (escalier à l'italienne) (Fig. 5.13).

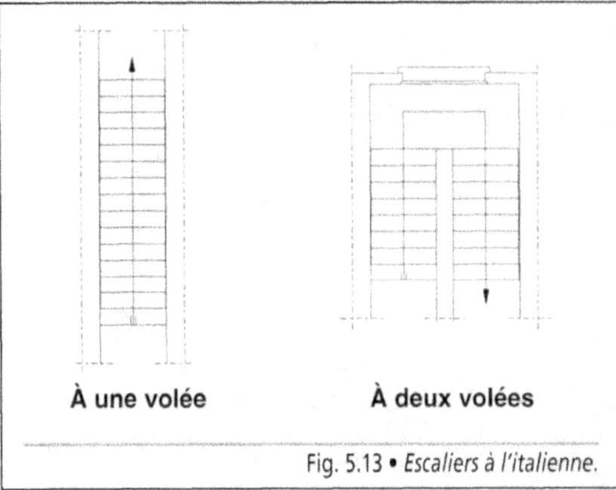

Fig. 5.13 • *Escaliers à l'italienne.*

- **L'escalier secondaire** ou de service est situé de préférence dans une zone moins noble du bâtiment, ne bénéficiant pas nécessairement du jour naturel. Il est dimensionné dans le respect des normes, soit à volées droites, soit à volées hélicoïdales. Souvent réalisé avec un souci d'économie, il est encloisonné (Fig. 5.14).

- **L'escalier de secours** a des règles très strictes à respecter. Placé à l'intérieur d'une construction, il est obligatoirement encloisonné et exécuté avec des matériaux qui répondent parfaitement au rôle qui lui est dévolu. Son emmarchement est dimensionné en fonction du nombre de personnes susceptibles de l'emprunter en cas de sinistre. Placé à l'extérieur, il doit permettre une utilisation en toute sécurité effective et subjective (aspect visuel, effet de vertige).

Selon le type de bâtiment, les dispositions constructives sont différentes. Elles sont déterminées en fonction des contraintes retenues. C'est ainsi qu'il faut distinguer les cas suivants :

- la maison individuelle ;

- le bâtiment d'habitation desservi ou non par un ascenseur ;

- l'immeuble de bureaux ou administratif ;

- la construction scolaire ;

- le bâtiment industriel classé ou non ;

- l'établissement recevant du public (ERP) ;

- l'immeuble de grande hauteur (IGH).

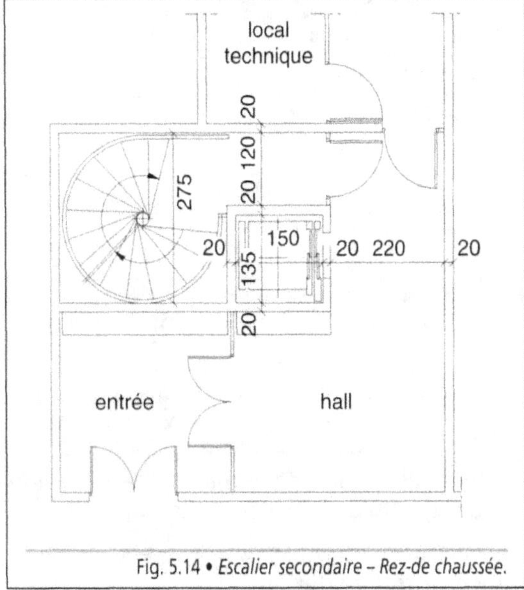

Fig. 5.14 • *Escalier secondaire – Rez-de chaussée.*

1.52. *Les charges et le report des efforts*

Selon sa position, intérieure ou extérieure, les charges supportées par l'escalier sont différentes. Dans le premier cas, il n'est soumis qu'à son poids propre et aux charges d'exploitation. Encloisonné, les parois de la cage peuvent participer au contreventement du bâtiment. Dans le second cas, sont également prises en compte les charges climatiques, surcharges de neige éventuelles et effets du vent ; le contreventement est indispensable.

Les charges d'exploitation sont précisées dans la norme NF P 06.001 – *Bases de calcul des constructions – Charges d'exploitation des bâtiments* (Tab. 5.1). Les éléments constitutifs de l'escalier sont étudiés en partant de ces hypothèses et selon la reprise des efforts. Toutefois, les charges prises en compte dans les circulations ne peuvent pas être inférieures à celles des locaux desservis.

DESTINATION DE LA CONSTRUCTION	CHARGES D'EXPLOITATION (daN/m^2)
Bâtiments à usage d'habitation (1)	250
Bâtiments administratifs publics	400
Bâtiments de bureaux privés	250
Établissements d'enseignement	400
Bâtiments hospitaliers et assimilés	250
Bâtiments à forte concentration du public (2)	500
(1) À l'exclusion des marches isolées. (2) Établissements de spectacles, salles d'exposition, stades.	

Tab. 5.1 • *Charges d'exploitation à prendre en compte pour le calcul des escaliers selon le type de construction (Source : NF P 06-001).*

Le report de la charge des marches se fait selon l'un des quatre principes suivants (Fig. 5.15) :

- en appui sur toute sa surface, elle ne subit aucun effort de flexion ;

- encastrée à ses deux extrémités dans une paroi ou prenant appui sur un limon ou une crémaillère, elle est soumise à des contraintes de flexion ;

- supportée en son milieu par une crémaillère, chaque demi-marche travaille en porte-à-faux ;

- encastrée à l'une de ses extrémités dans une paroi, une poutre ou un noyau central, elle se comporte comme une console sur toute sa longueur.

Dans le premier cas, la marche est portée, sans contraintes autres que celles de compression ou de poinçonnement ; dans les trois autres cas, elle devient porteuse et ses caractéristiques mécaniques sont calculées en conséquence.

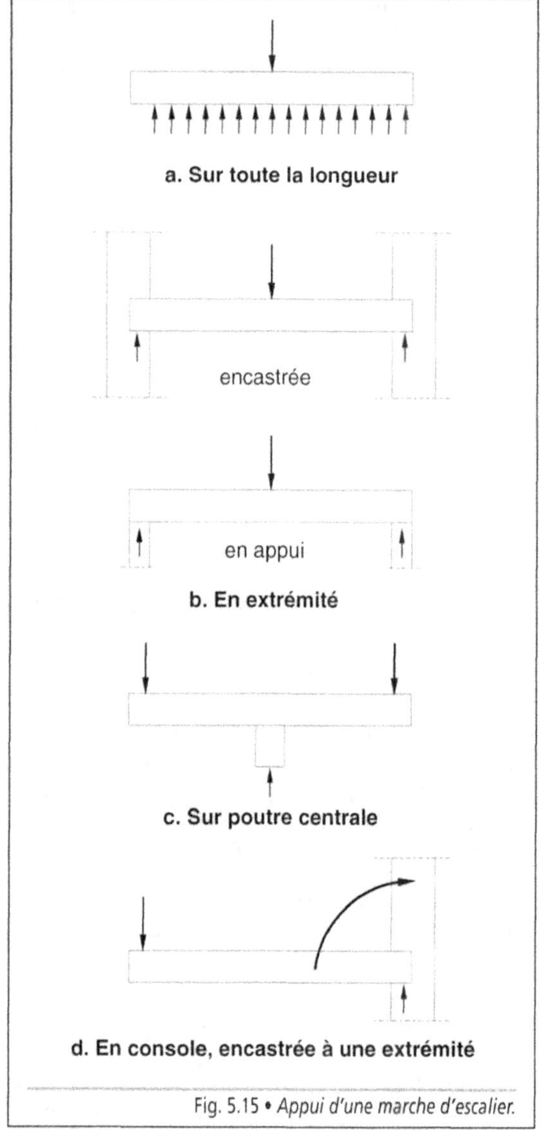

Fig. 5.15 • *Appui d'une marche d'escalier.*

Le principe porteur des volées est déterminé en fonction des paramètres suivants : le type d'escalier (droit, balancé, courbe ou hélicoïdal), le support des marches (paillasse, limon, crémaillère ou noyau central), le matériau et sa mise en œuvre (béton armé, acier ou bois).

Les solutions suivantes peuvent être proposées (Fig. 5.16) :

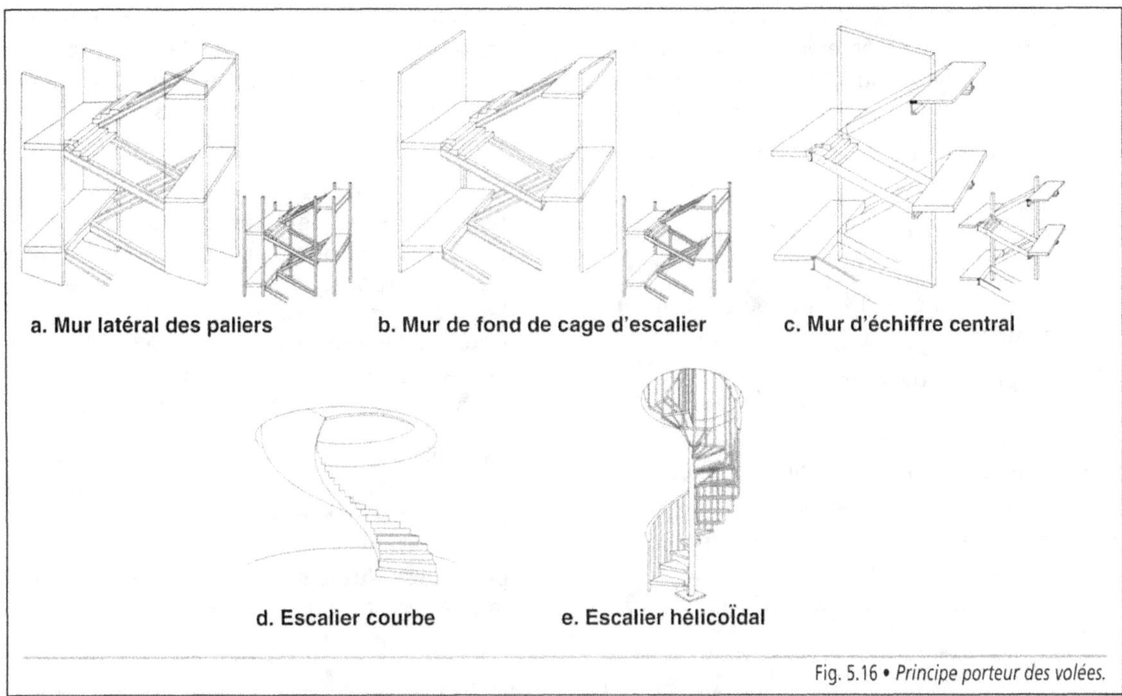

Fig. 5.16 • *Principe porteur des volées.*

- les volées s'appuient sur les paliers qui sont portés par des murs porteurs ou un ensemble de poteaux-poutres ;

- les volées et les paliers d'extrémité forment une poutre brisée prenant appui à ses deux extrémités sur des murs porteurs ou des poutres ;

- les volées et les paliers sont repris en console dans un voile central ou dans un mur d'échiffre ;

- les volées, de hauteur d'étage, sont ancrées dans les planchers inférieurs et supérieurs, c'est le cas des escaliers éloignés d'une paroi ;

- les volées reportent les charges sur le plancher inférieur.

Les deux premiers principes sont plus particulièrement retenus pour des escaliers à volées droites. Les deux suivants sont utilisés pour des escaliers à volées droites ou courbes. Le dernier correspond surtout aux escaliers de type hélicoïdal avec un noyau central.

1.53. La typologie de l'escalier

Le mode constructif d'un escalier tient compte de sa typologie telle qu'elle a été définie au paragraphe 1.4, qu'il soit à volée droite, courbe ou hélicoïdale, à une ou plusieurs volées, à quartier tournant avec marches balancées.

1.54. Les composants

Ainsi qu'il a été indiqué dans le paragraphe 1.2 – Les éléments constitutifs, l'escalier comprend une structure porteuse, des marches et une protection contre les chutes. Chacun de ces composants a une influence sur le mode constructif. Ils sont exécutés avec des matériaux compatibles qui assurent la pérennité de l'escalier.

1.541. La structure porteuse

La structure porteuse est la partie de l'escalier qui transfert les charges supportées par les marches vers l'ossature de la construction, planchers ou parois verticales. Afin d'obtenir un bon report des charges de l'escalier, la structure porteuse est réalisée selon l'un des principes suivants :

- adossée à un ou plusieurs murs d'échiffre droits ou courbes ;

- portée de plancher à plancher ou de palier à palier ;

- suspendue à une dalle supérieure ou à une charpente ;

- formée par un noyau central.

En fonction du principe retenu, l'escalier est plus ou moins aérien. Lors qu'il n'est pas encloisonné, il participe à l'impression d'agrandissement de l'espace dans lequel il se trouve.

La structure est réalisée selon différentes techniques qui tiennent compte de l'emmarchement, des surcharges et du matériau retenu. Le dimensionnement des éléments porteurs est calculé en conséquence.

- **La paillasse de la volée**, droite, courbe ou balancée, est en béton armé coulé sur le chantier. Elle porte de palier à palier, les marches étant incorporées. Pour les escaliers courants, l'épaisseur de la paillasse est de l'ordre d'une douzaine de centimètres. Dans le cas des escaliers à l'italienne, la volée droite est encastrée dans les murs d'échiffre latéraux (Fig. 5.17).

- **La paillasse de la volée** est préfabriquée en béton armé, portant de palier à palier. Les marches sont pleines (Photo. 5.4) ou évidées (Fig. 5.18). Avec la seconde solution, le composant est plus léger à mettre en place mais il impose une finition des marches.

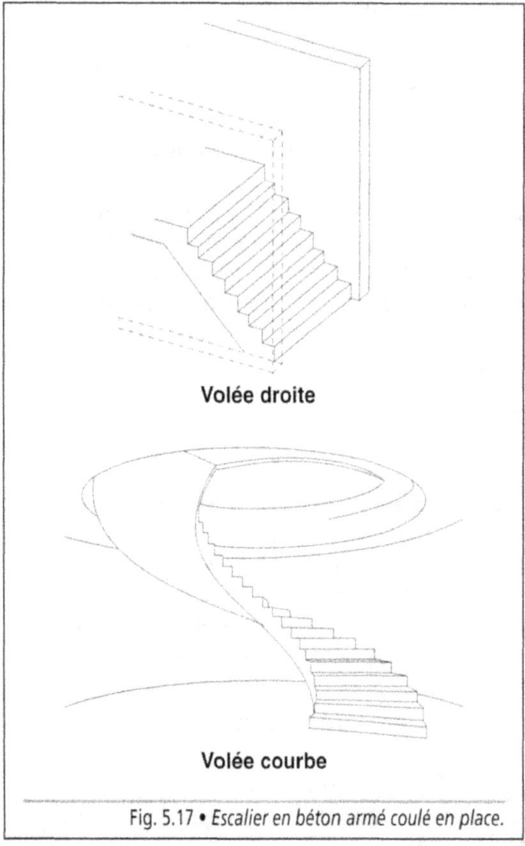

Fig. 5.17 • *Escalier en béton armé coulé en place.*

Photo. 5.4 • *Volées d'escalier préfabriqué en béton armé.*

- **La poutre crémaillère**, au nombre d'une, de deux, voire plus, droites, courbes ou balancées, est réalisée en béton armé, en profilés métalliques ou en bois lamellé collé et ancrée au niveau des paliers (Fig. 5.19). Le nombre et la section des poutres crémaillères sont déterminées en fonction de l'aspect général de l'escalier afin qu'il s'intègre dans le volume qui le reçoit, la largeur étant adaptée à l'emmarchement.

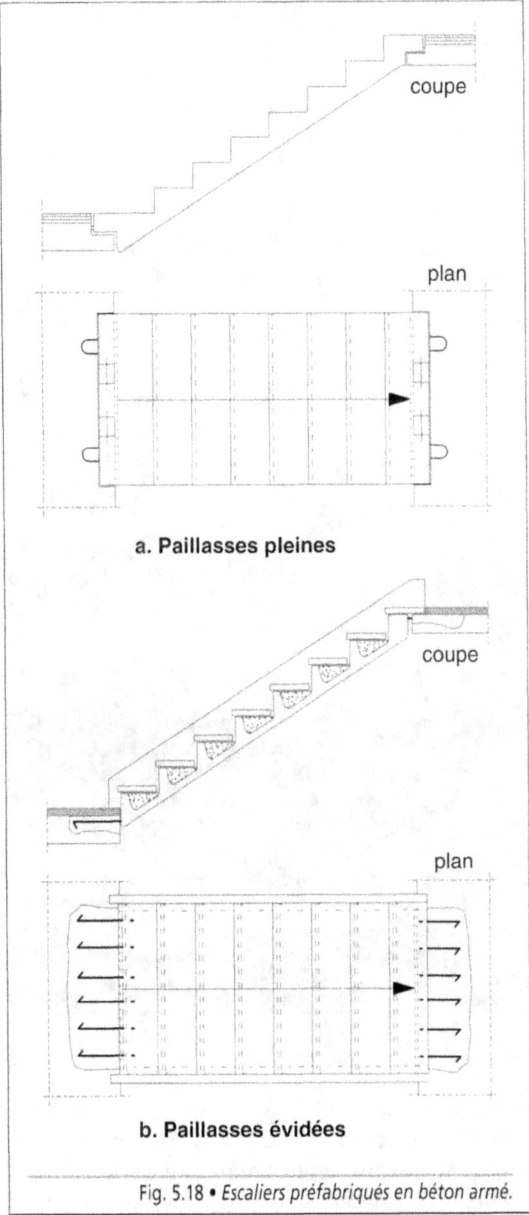

Fig. 5.18 • *Escaliers préfabriqués en béton armé.*

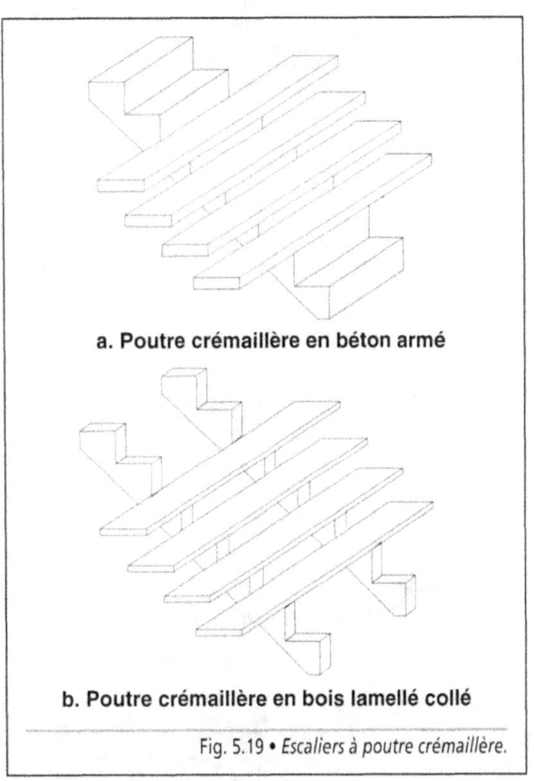

Fig. 5.19 • *Escaliers à poutre crémaillère.*

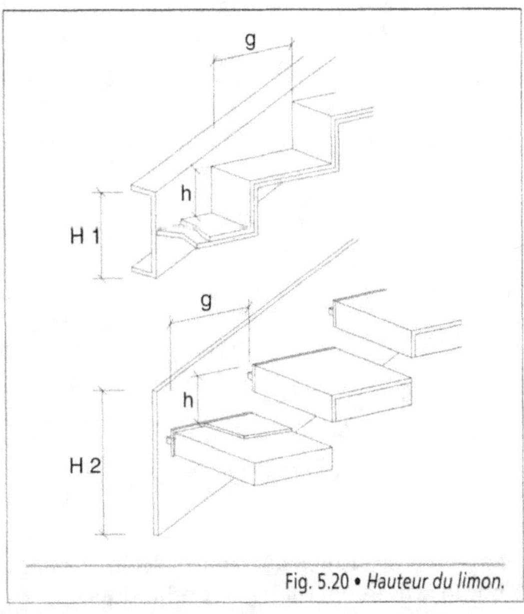

Fig. 5.20 • *Hauteur du limon.*

• **Le limon ou le limon à crémaillère** est en métal ou en bois, fixé contre une paroi ou formant poutre rampante. Sa hauteur doit tenir compte de la pente de l'escalier, du giron et de la hauteur des marches (Fig. 5.20).

ou sans noyau central. Dans le premier cas, le noyau central reporte les charges sur le premier niveau (Photo. 5.5). Dans le second cas, les volées sont ancrées dans les paliers inférieurs et supérieurs (Fig. 5.21).

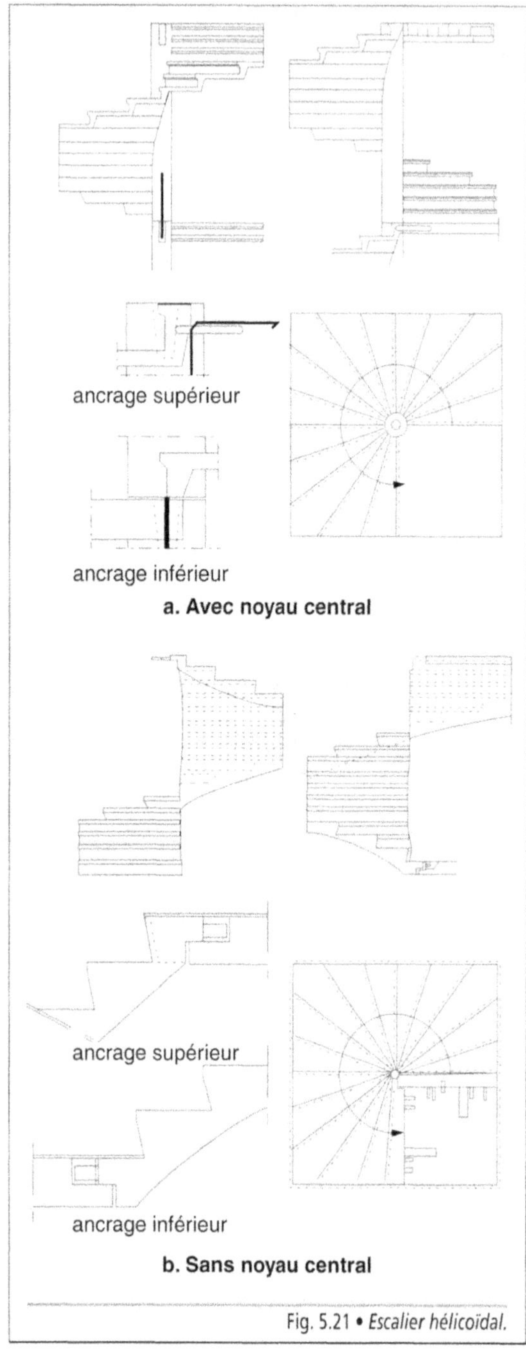

Fig. 5.21 • *Escalier hélicoïdal.*

• **La volée d'escalier de type hélicoïdal** est en béton armé, généralement préfabriquée, avec

Photo. 5.5 • *Escalier hélicoïdal préfabriqué en béton armé.*

• **L'escalier hélicoïdal** est en métal ou en bois. Deux solutions sont possibles : soit les marches sont fixées mécaniquement sur le fût, soit la partie du fût correspondant à la hauteur de la marche est incorporée à celle-ci et les marches sont empilées les unes sur les autres afin de former l'escalier (Fig. 5.22).

• **Les marches sont indépendantes**, en prise dans le mur d'échiffre en maçonnerie ; celui-ci peut être en position centrale pour un escalier à double volée (Fig. 5.23).

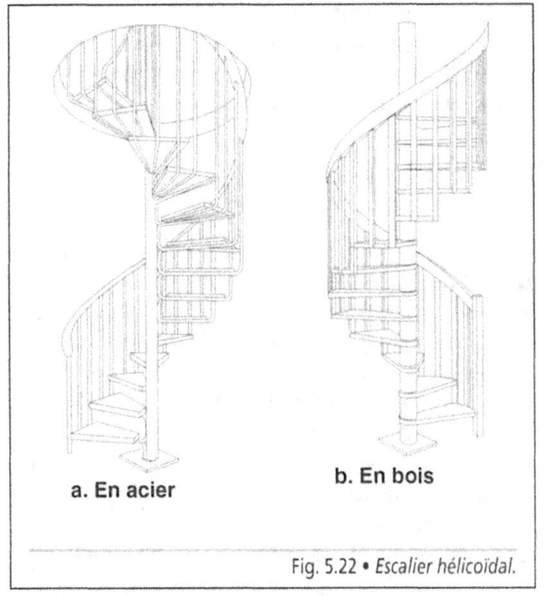

Fig. 5.22 • *Escalier hélicoïdal.*

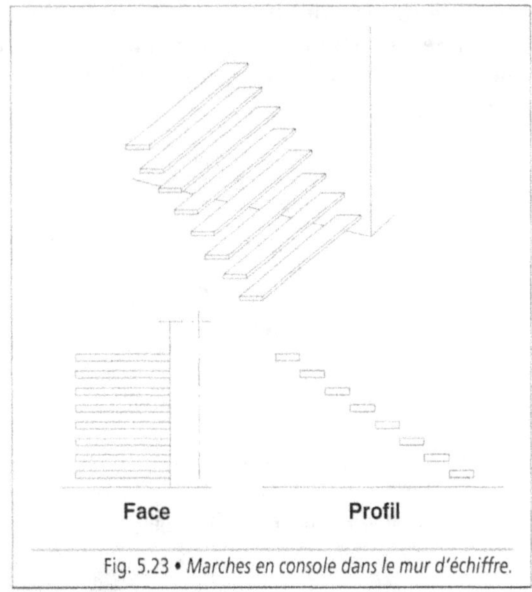

Fig. 5.23 • *Marches en console dans le mur d'échiffre.*

Ces différentes techniques sont récapitulées dans le tableau n° 5.2.

STRUCTURE	TYPOLOGIE	MATÉRIAUX					CONTRE-MARCHE
		Béton armé coulé	Béton armé préfabriqué	Acier	Bois massif	Bois lamellé-collé	
Paillasse	Droite	O	O	N	N	N	O
	Courbe	O	O	N	N	N	O
	Balancée	O	O	N	N	N	O
Poutre crémaillère	Droite	O	O	O	N	O	O ou N
	Courbe	O	O	O	N	O	O ou N
	Balancée	O	O	O	N	O	O ou N
Limon	Droite	O	O	O	O	O	O ou N
	Courbe	N (1)	O	O	O	O	O ou N
	Balancée	N (1)	O	O	O	O	O ou N
Limon à crémaillère	Droite	O	O	O	O	O	O ou N
	Courbe	N (1)	O	O	O	O	O ou N
	Balancée	N (1)	O	O	O	O	O ou N
Hélicoïdale	Avec fût central	N (1)	O	O	O	O	O ou N
Hélicoïdale	Sans fût central	O (1)	O	N	N	N	O
Marches indépendantes	Adossée	O	O	O	N	O	N

O : Réalisation possible.
N : Réalisation impossible.
(1) Compte tenu de la complexité du coffrage, cette technique est délicate à réaliser.

Tab. 5.2 • *Compatibilité de la structure porteuse des escaliers avec les matériaux utilisés.*

Quel que soit le principe retenu, les conditions d'ancrage dans les planchers de départ et d'arrivée ou dans les parois verticales sont prépondérantes (Fig. 5.24).

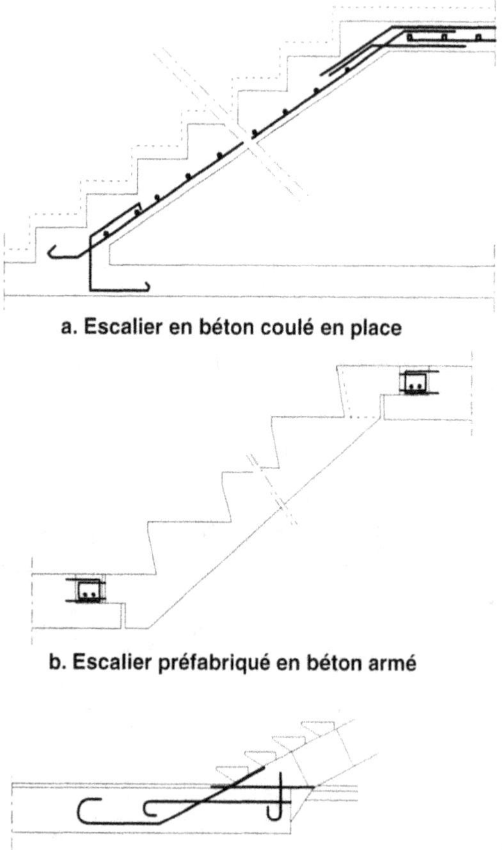

a. Escalier en béton coulé en place

b. Escalier préfabriqué en béton armé

c. Escalier à crémaillère centrale en acier

Fig. 5.24 • *Conditions d'ancrage de la structure porteuse.*

Afin de tenir compte du bon déroulement du chantier, la technique à privilégier est celle qui permettra une bonne accessibilité. À cet effet, les marches sont soit laissées à l'état brut, soit remplacées provisoirement par des plateaux et livrées finies en fin de travaux, soit posées finies et protégées efficacement. Dans ce cas, les escaliers sont mis en place suivant l'avancement de la construction.

Dans les maisons individuelles ou dans les appartements en duplex, l'escalier, considéré comme un élément de décoration, est posé lors des finitions, c'est-à-dire en fin de travaux.

1.542. Les marches

Les marches sont soit portées par une paillasse, par deux limons ou par deux crémaillères, soit autoportantes sur une crémaillère centrale, soit encastrées dans un mur d'échiffre ou dans un noyau central. Les matériaux qui les constituent doivent tenir compte des efforts à reprendre : compression, flexion, torsion et poinçonnement. L'épaisseur est calculée en conséquence. La liaison avec le support est obtenue par scellements, par fixations mécaniques (Fig. 5.25) ou, pour les escaliers métalliques, par soudure.

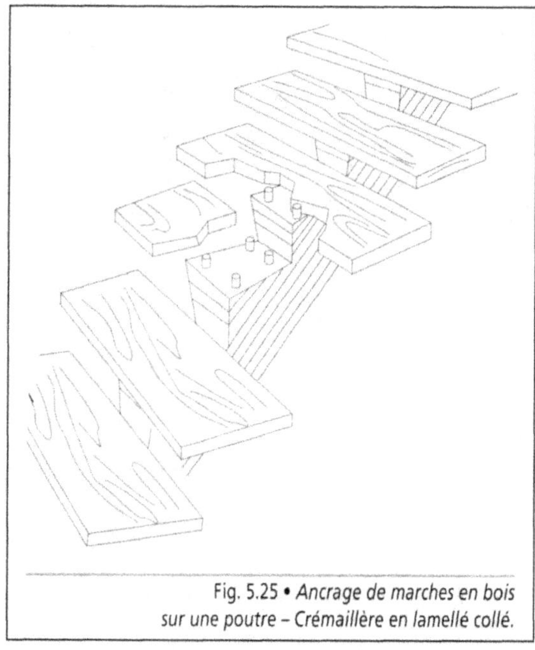

Fig. 5.25 • *Ancrage de marches en bois sur une poutre – Crémaillère en lamellé collé.*

• **Droites**, les marches sont de forme simple, parallélépipède rectangle en appui à ses deux extrémités, ou de forme profilée à épaisseur variable lorsqu'elles sont encastrées (Fig. 5.26).

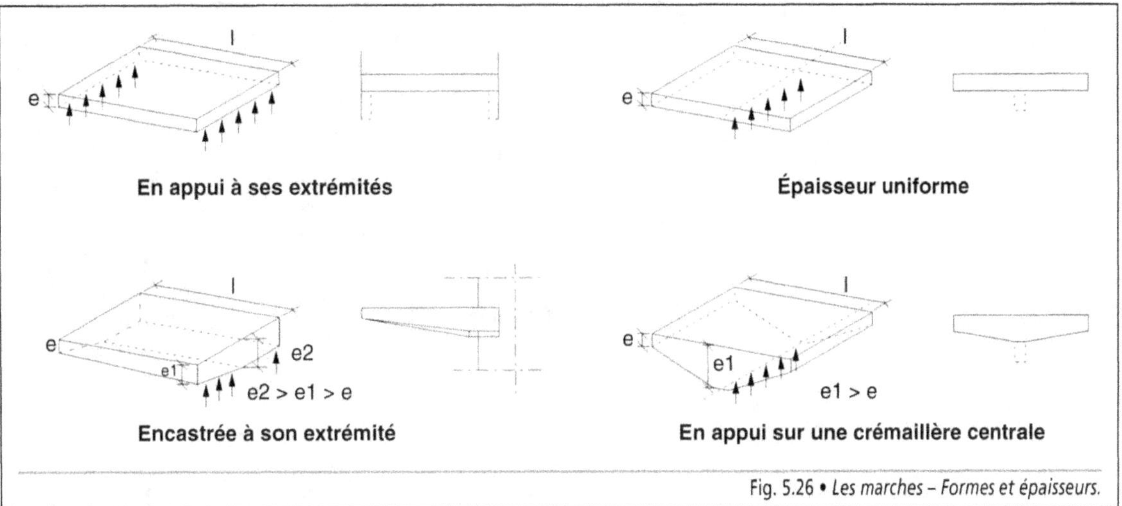

Fig. 5.26 • *Les marches – Formes et épaisseurs.*

• **Balancées**, elles ont une forme trapézoïdale et la largeur des extrémités est différente (escalier à quartier tournant).

La contremarche peut participer à la stabilité de l'ouvrage (escalier en bois) (Fig. 5.27) ou être incorporée à la marche dont le profil est en forme d'équerre (béton moulé, tôle pliée, bois lamellé collé) (Fig. 5.28).

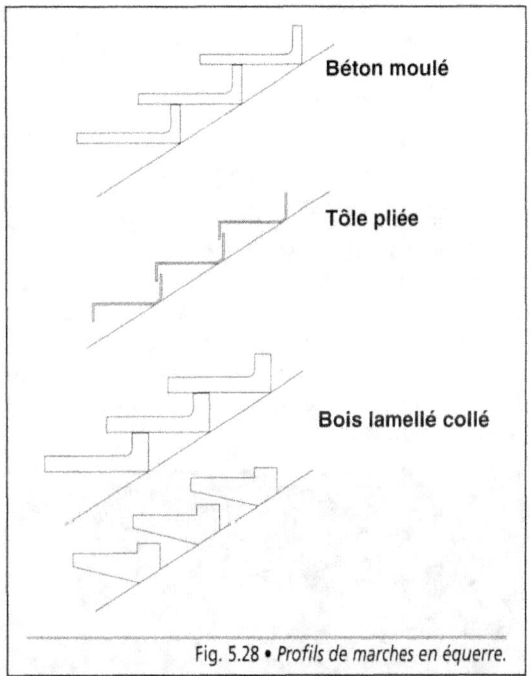

Fig. 5.28 • *Profils de marches en équerre.*

Les matériaux utilisés sont la pierre, le béton armé coulé en place ou préfabriqué, le métal sous la forme de tôle façonnée, de tôle à relief ou de caillebotis en acier galvanisé (Fig. 5.29), l'aluminium ou la fonte d'aluminium, le bois massif ou le bois lamellé collé, la dalle de verre sablé non glissante.

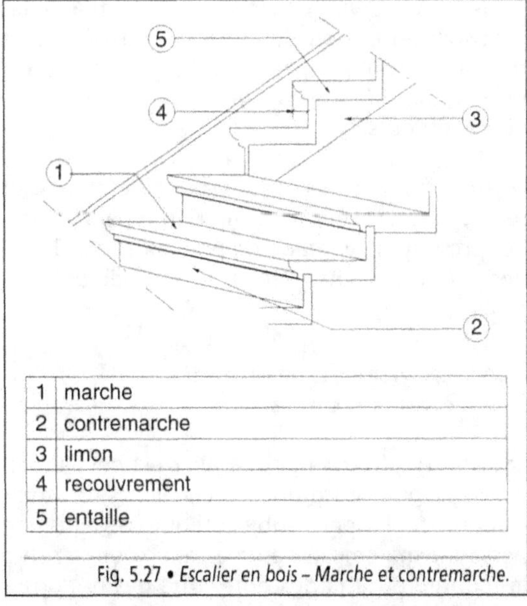

1	marche
2	contremarche
3	limon
4	recouvrement
5	entaille

Fig. 5.27 • *Escalier en bois – Marche et contremarche.*

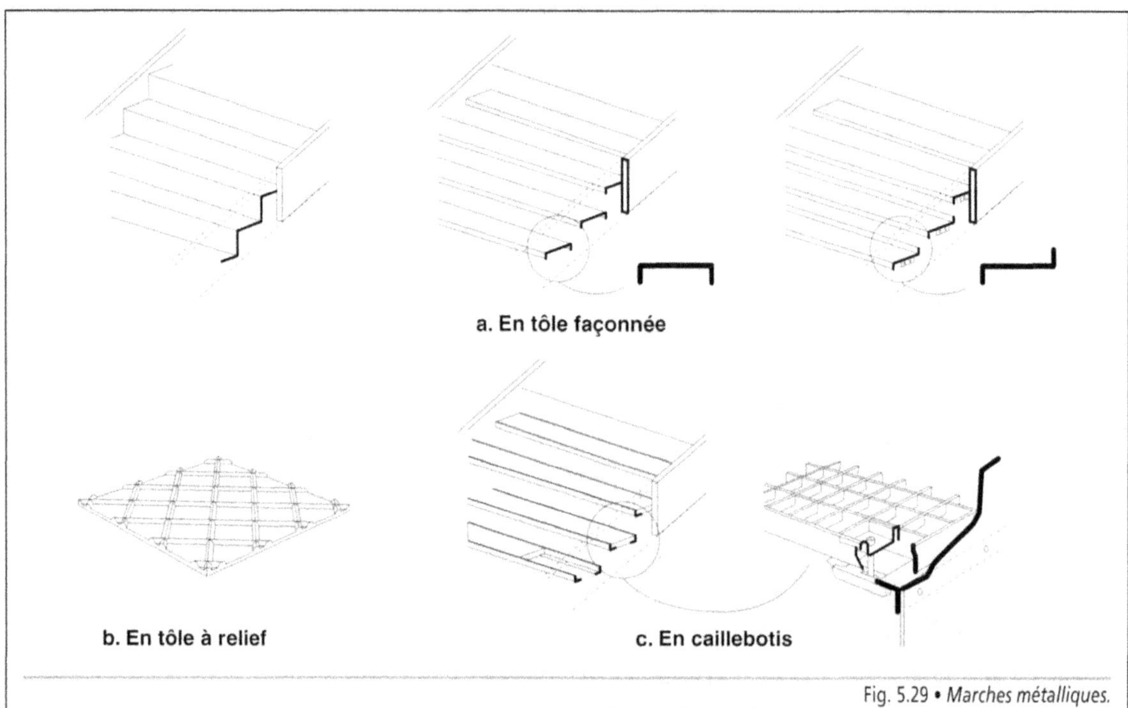

Fig. 5.29 • *Marches métalliques.*

Ils sont laissés à l'état brut (béton armé, verre), teintés dans la masse (béton armé), poncés (pierre) ou reçoivent un revêtement de sol anti-dérapant et de bonne résistance à l'usure. Le choix du matériau de la marche ou de son revê-tement est effectué en tenant compte du stan-ding de la construction et de la destination de l'escalier (Photo. 5.6).

Photo. 5.6 • *Revêtement de marche en pierre avec nez de marche en barrette de carborundum.*

Les marches en pierre sont destinées aux esca-liers placés dans un hall d'immeuble. En béton fini, elles sont utilisées fréquemment pour les escaliers de service ou de secours. En tôle, elles sont sonores et doivent recevoir un revêtement de sol approprié. Le caillebotis métallique est réservé aux bâtiments industriels ou aux esca-liers extérieurs.

Lorsque les marches sont livrées à l'état brut et reçoivent un revêtement ultérieurement, l'esca-lier présente l'avantage de pouvoir servir dès sa pose, durant le chantier, sans risque de détério-ration.

1.543. Les éléments de protection contre les chutes

La sécurité effective de l'escalier est dévolue au garde-corps. Toutefois, il convient de tenir compte de l'aspect subjectif que ressent une personne qui emprunte un escalier, que ce soit à la montée ou à la descente. Une des notions à prendre en compte est la perception visuelle qu'elle a de l'escalier et de son environnement. Entouré de parois, l'utilisateur perçoit une impression de sécurité. Il n'en est plus de même lorsque l'escalier est largement ouvert et qu'il semble suspendu dans le vide ou lorsque le garde-corps est très ajouré. Les personnes sujettes au vertige hésiteront à l'emprunter. De plus, la présence des contremarches constitue également un élément sécuritaire.

La protection contre les chutes est assurée soit par une paroi continue, pleine ou ajourée, soit par un garde-corps rampant, ou rampe d'escalier, positionné à l'extrémité des marches. La hauteur de protection du garde-corps est au minimum de 0,90 m, mesurée à l'aplomb du nez de la marche lorsqu'il est rampant et de 1,00 m dans les parties horizontales (Fig. 5.30). Lorsque l'escalier est construit entre deux parois continues, l'une de celles-ci est équipée d'une main courante placée à 5 cm de la paroi et à une hauteur de 0,90 m (Fig. 5.31).

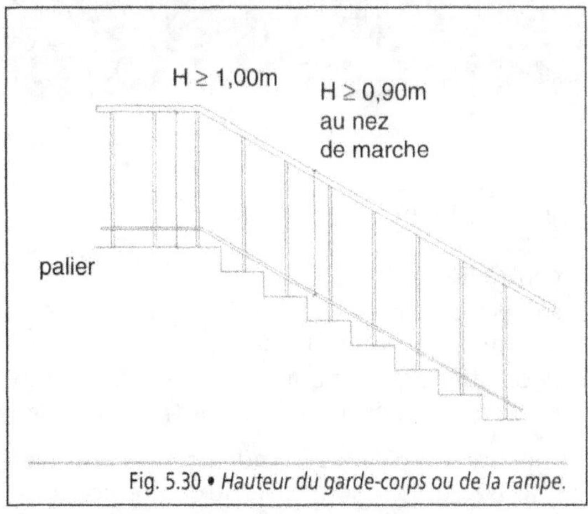

Fig. 5.30 • *Hauteur du garde-corps ou de la rampe.*

Selon le matériau utilisé, la rampe est pleine ou ajourée, épaisse ou mince, avec des barreaudages, des balustres ou un panneau de remplissage (Fig. 5.32 – Photo. 5.7). Celui-ci peut être plein et opaque, translucide ou transparent, selon que le matériau est une tôle d'acier peinte, un métal déployé peint (Fig. 5.33), une

tôle d'aluminium perforée, une résine de synthèse ou un verre feuilleté. Elle comprend obligatoirement une main courante.

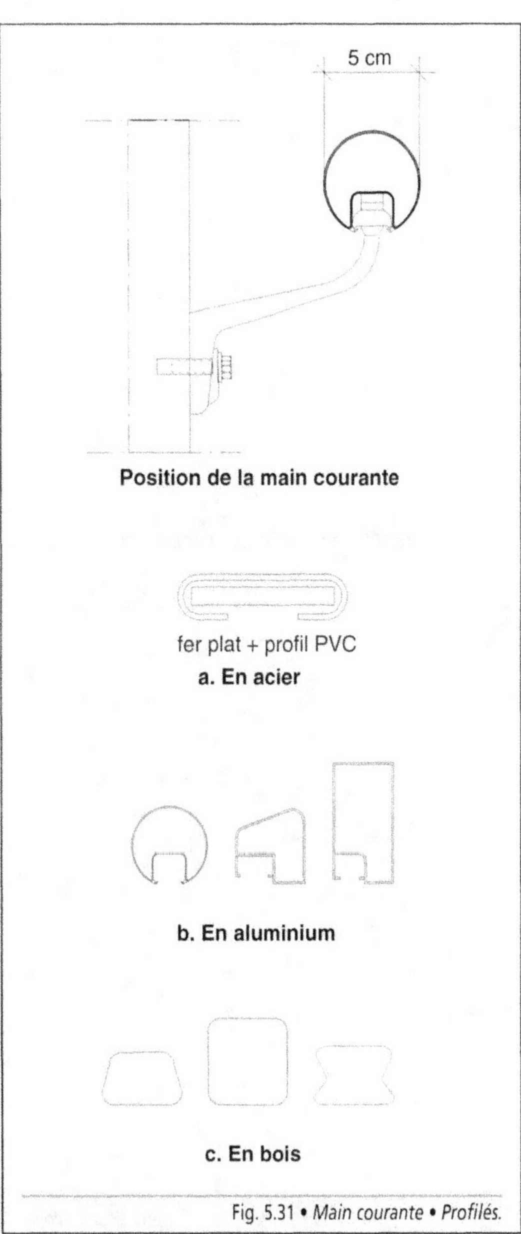

Fig. 5.31 • *Main courante • Profilés.*

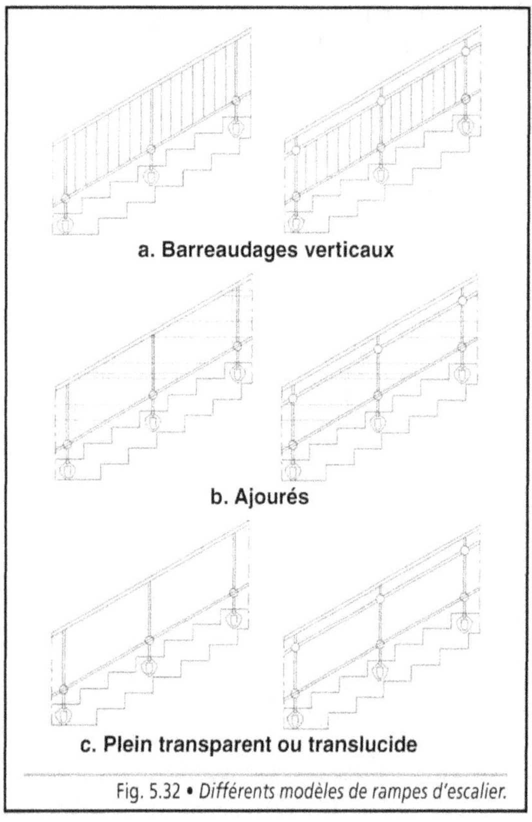

a. Barreaudages verticaux

b. Ajourés

c. Plein transparent ou translucide

Fig. 5.32 • *Différents modèles de rampes d'escalier.*

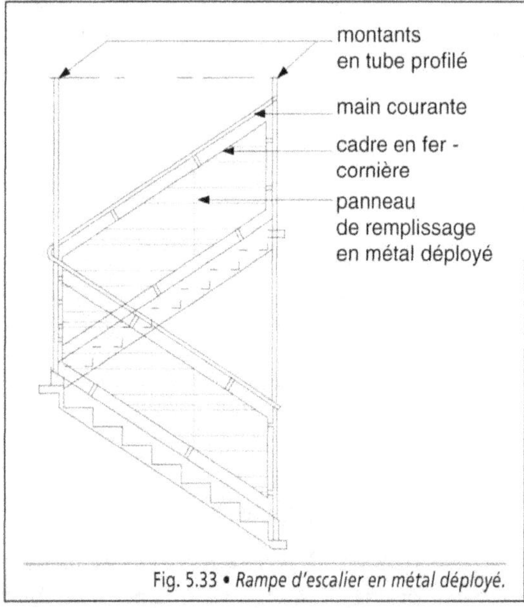

Fig. 5.33 • *Rampe d'escalier en métal déployé.*

Photo. 5.7 • *Escalier métallique avec garde-corps en tôle d'acier perforée.*

La rampe a un triple rôle à jouer :
- sécuritaire, en garantissant les utilisateurs contre les chutes ;
- subjectif, en mettant en confiance les personnes qui empruntent l'escalier ;
- décoratif, en formant un ensemble harmonieux avec les autres composants de l'escalier.

Sa fixation est réalisée à l'aide de montants scellés ou boulonnés, soit sur la structure porteuse, soit sur les marches, latéralement ou sur le dessus de celles-ci (Fig. 5.34).

Les règles de sécurité sont satisfaites lorsque la rampe répond aux normes NF P01-012 et NF P01-013 relatives aux spécifications dimensionnelles et aux essais des garde-corps. Si elle est ajourée, les dimensions des vides sont les suivantes (Fig. 5.35) :

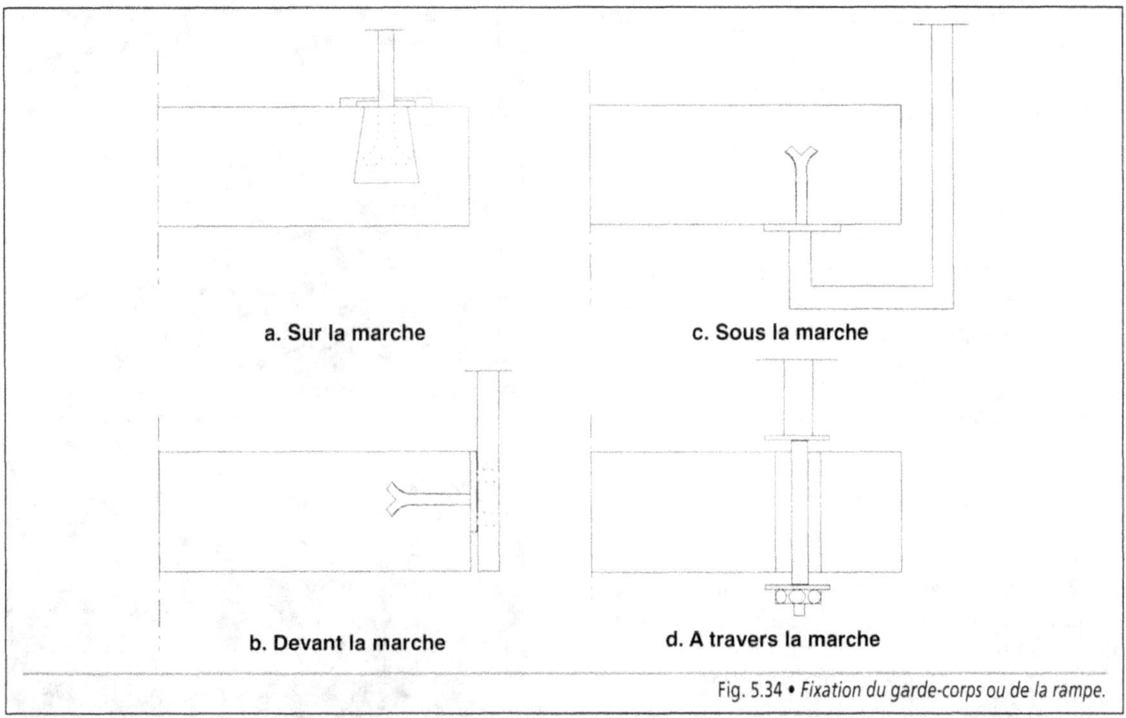

Fig. 5.34 • *Fixation du garde-corps ou de la rampe.*

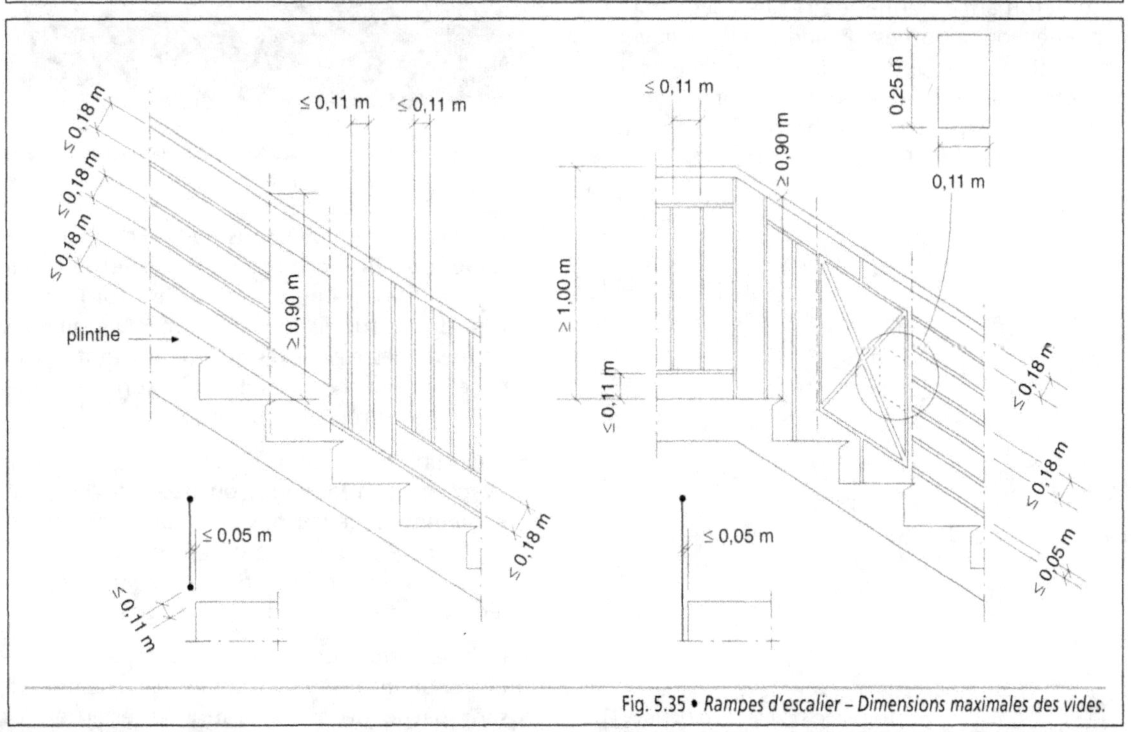

Fig. 5.35 • *Rampes d'escalier – Dimensions maximales des vides.*

- entre barreaudages verticaux, la distance n'excède pas 11 cm ;

- entre lisses parallèles à la pente, la distance est inférieure à 18 cm ; elle est de 5 cm entre la lisse inférieure et le nez des marches lorsqu'il n'y a pas de limon ;

- entre éléments autres que verticaux et parallèles à la pente, les vides ne doivent pas permettre le passage d'un gabarit rectangulaire de 25 cm × 11 cm, quelle que soit son orientation dans le plan de la rampe.

Le vide laissé entre la lisse inférieure d'une rampe en saillie et le nu de la volée est égal au plus à 5 cm.

Lorsque l'escalier a un rôle décoratif, la rampe y participe de manière à composer un ensemble cohérent. Le matériau est choisi en conséquence : béton armé, acier inoxydable, aluminium, bois ou pierre massive. Cette dernière, compte tenu de son coût élevé, est réservée aux rampes d'escalier monumental.

- Le béton armé permet de réaliser des rampes pleines ou ajourées. Pleines, elles peuvent constituer des poutres dans lesquelles sont encastrées les marches. En préfabrication, le garde-corps peut être incorporé à la marche lors du moulage (Fig. 5.36 – Photo. 5.8).

Photo. 5.8 • *Escalier hélicoïdal préfabriqué en béton armé, le garde-corps étant coulé avec la marche.*

Fig. 5.36 • *Escalier hélicoïdal en béton préfabriqué – Garde-corps incorporé à la marche.*

- L'acier est employé sous forme de barreaudage, de tôle perforée et, quelquefois, pour réaliser des garde-corps en fer forgé d'un aspect plus sophistiqué. Les tubes métalliques forment des suspentes auxquelles sont accrochées les marches. Ces produits sont protégés contre la corrosion et peints.

- L'aluminium est utilisé sous forme de rampe avec des barreaudages ou des lisses. Il peut également recevoir des panneaux de remplissage en verre feuilleté ou en résine synthétique. Il présente un double avantage : sa légèreté et sa tenue dans le temps.

- Le bois permet de réaliser des rampes dont les barreaudages sont plus ou moins massifs. Faisant partie de la décoration intérieure, ces pièces peuvent être chantournées* et entrent dans les travaux de menuiserie. Les essences choisies sont celles couramment employées dans l'industrie du bâtiment.

1.55. Les matériaux et leur mise en œuvre

Le mode constructif prend en compte la spécificité propre aux matériaux et à leur mise en œuvre. Selon la typologie, les principaux matériaux retenus sont le béton armé, l'acier, l'aluminium, le bois et les matériaux usuels de revêtement.

Préalablement à toute intervention sur le chantier, une épure à l'échelle 1/1 de l'escalier est dessinée en atelier afin de définir les coffrages pour le béton armé ou le débit des pièces de bois ou des profilés métalliques.

Alors que le béton armé est un matériau d'aspect lourd et sécurisant, le métal et le bois permettent une réalisation plus légère mais plus bruyante.

Un escalier peut être réalisé en combinant plusieurs matériaux, à condition que le résultat soit cohérent. Ainsi, des composants de type léger sont associés à des éléments lourds, par exemple : une rampe en aluminium sur une volée en béton armé. L'inverse ne peut être admis par manque de cohérence.

En position extérieure, l'escalier, lorsqu'il n'est pas encloisonné, est soumis aux intempéries ; le choix des matériaux doit en tenir compte : si le béton armé et l'aluminium ne posent pas de problèmes particuliers, le bois et l'acier doivent recevoir une protection contre le pourrissement ou la corrosion.

1.551. Le béton armé

Le béton armé est un matériau qui s'adapte à toutes les formes par son moulage ou son coffrage. Il permet donc de réaliser les escaliers quelle que soit leur typologie : volées avec paillasses, poutres crémaillères droites ou courbes (Photo. 5.9), escaliers hélicoïdaux avec ou sans noyau central. Les armatures sont calculées en fonction de la portée des pièces en béton armé et des charges à reprendre (Fig. 5.37). Alors que les escaliers à volées droites ne présentent pas de grandes difficultés, les escaliers courbes et hélicoïdaux exigent un très grand soin au niveau du coffrage de la sous-face lorsque celle-ci demeure apparente. La qualité du fini et la rapidité d'exécution associées à des aspects économiques font que les escaliers en béton armé sont fréquemment préfabriqués (Photo. 5.10). Les industriels proposent un large éventail de produits finis ou semi-finis, qui peuvent atteindre des poids importants, de l'ordre de 3 tonnes à 5 tonnes, nécessitant des engins de levage puissants.

Photo. 5.9 • *Coffrage et ferraillage d'un escalier et des garde-corps.*

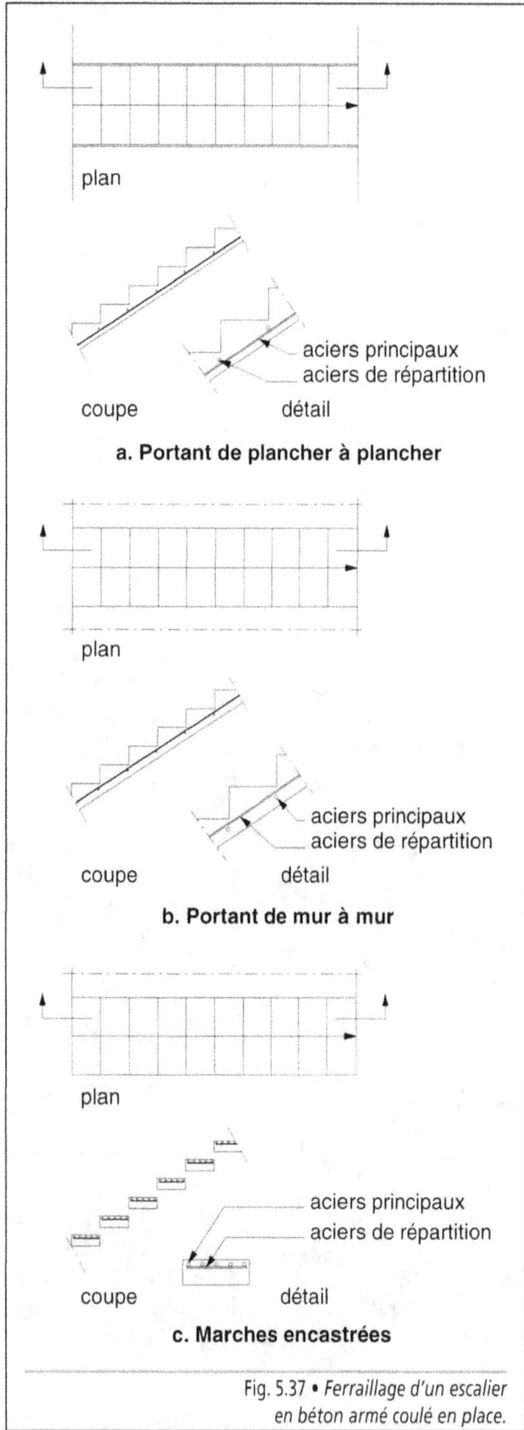

Fig. 5.37 • *Ferraillage d'un escalier en béton armé coulé en place.*

Photo. 5.10 • *Moule de préfabrication d'escalier en béton armé.*

Le béton armé présente plusieurs avantages. L'emploi de coffrage de bonne qualité permet d'obtenir un escalier dont les faces vues restent brutes de décoffrage. Associé à des marches en pierre, il participe à la décoration de centres commerciaux ou de hall d'entrée d'immeubles administratifs. De plus, offrant une bonne réponse à la résistance au feu et aux exigences acoustiques, il est couramment utilisé pour les escaliers de service ou de secours à l'intérieur des bâtiments quelle que soit leur hauteur. Enfin, ne craignant pas les intempéries, il intervient dans la construction des escaliers extérieurs.

1.552. L'acier

L'acier est employé sous la forme de profilés, de tôles, de tubes ou de câbles afin de privilégier au mieux les caractéristiques de ce matériau, selon les nuances réservées pour l'industrie du bâtiment. Assemblés entre eux par soudure ou boulonnage, ces éléments constituent les structures porteuses sous la forme de limons, de crémaillères de noyaux ou de suspentes. Les limons et les crémaillères reportent les charges sur les planchers ou sur des consoles fixées sur des parois verticales (Fig. 5.38 – Photo. 5.11).

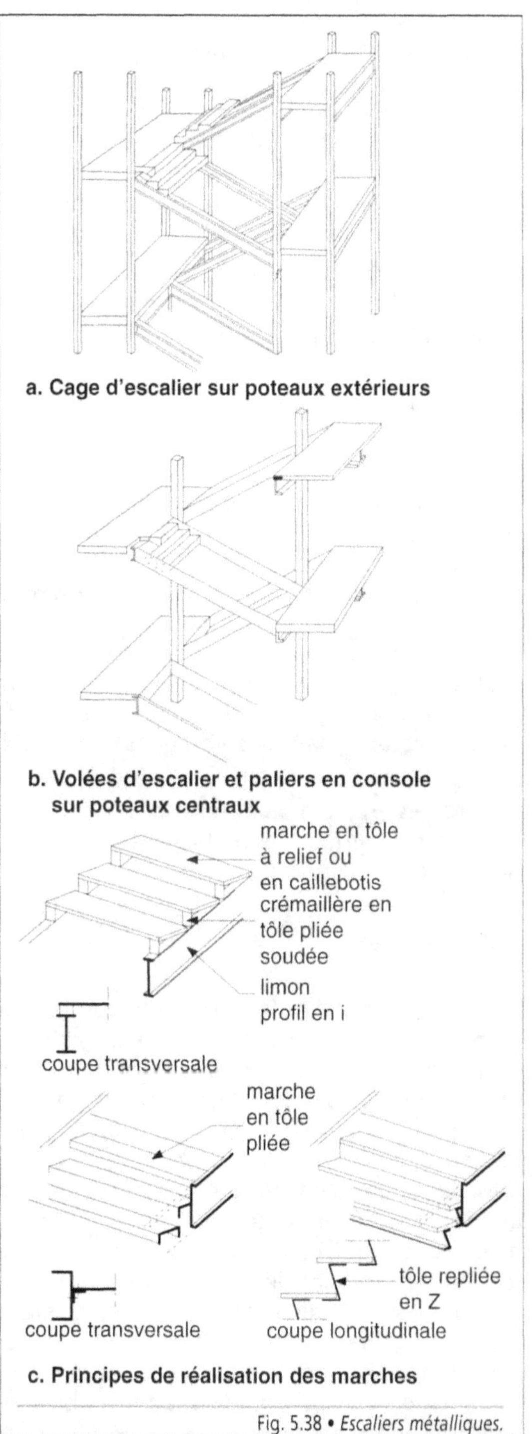

a. Cage d'escalier sur poteaux extérieurs

**b. Volées d'escalier et paliers en console
sur poteaux centraux**

c. Principes de réalisation des marches

Fig. 5.38 • *Escaliers métalliques.*

Photo. 5.11 • *Escalier métallique à volées droites.*

Si les profilés du commerce (profilés en U, I ou H) sont couramment employés pour réaliser des escaliers dans les bâtiments industriels, les escaliers des immeubles d'habitation ou du secteur tertiaire font appel à des produits plus élaborés. Dans ce cas, le limon ou la poutre crémaillère droite ou courbe est constitué par un caisson en tôles soudées (Fig. 5.39). Les marches peuvent également être suspendues à leurs extrémités à des tubes ou des câbles formant le garde-corps à condition de respecter la réglementation, l'intervalle n'excédant pas 11 cm.

Les avantages de l'acier sont, entre autres, son taux de travail élevé, sa facilité de mise en œuvre et la légèreté de l'ouvrage fini. Ses inconvénients, non négligeables, portent sur la nécessité d'une protection contre la corrosion, sur la transmission des bruits d'impact et sur la mauvaise tenue au feu. Ce matériau ne peut pas être retenu pour les escaliers de secours dans un bâtiment, mais uniquement en extérieur.

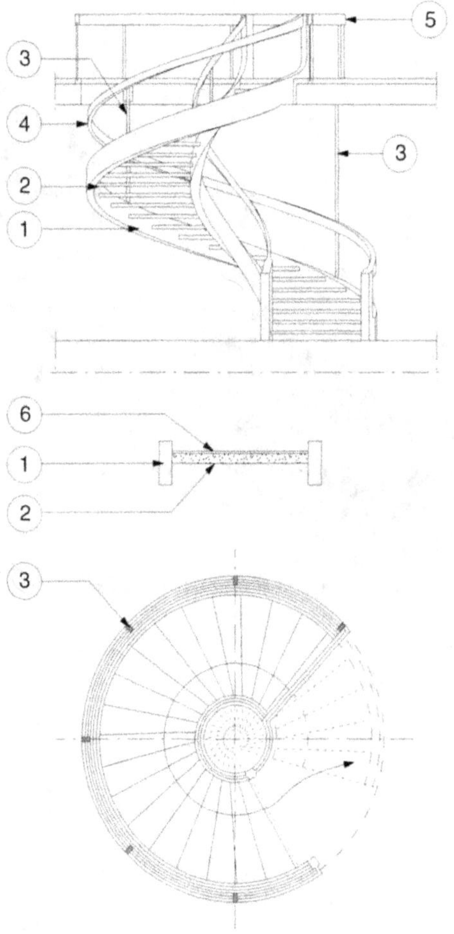

Les escaliers réalisés en acier sont aériens et de forme épurée, s'intégrant parfaitement dans la décoration intérieure. Ils sont fréquemment utilisés pour desservir des immeubles de bureaux. Dans les constructions de standing, le choix se porte sur les aciers inoxydables. En extérieur, compte tenu de la rapidité du montage, de nombreux escaliers de secours sont construits en acier traité contre la corrosion.

1.553. L'aluminium

L'aluminium est retenu surtout pour les escaliers intérieurs correspondant à une hauteur d'étage.

L'aluminium moulé permet de réaliser des marches monoblocs qui s'empilent les unes sur les autres afin de former un escalier hélicoïdal à fût central, le garde-corps étant fixé en extrémité des marches. L'avantage essentiel du matériau est double : il est léger et ne nécessite aucune protection. Il présente deux inconvénients non négligeables : le coût et l'impact du pas sur les marches occasionnant des vibrations et du bruit.

Les profilés en aluminium sont souvent associés à d'autres matériaux ; ils participent à la fabrication des garde-corps.

1.554. Le bois

Le bois est utilisé sous forme de bois massif (Photo. 5.12a et 5.12b), de bois lamellé collé ou de produits dérivés. Il est débité en pièces de sections et de longueurs déterminées, assemblées pour former l'escalier (Fig. 5.40). L'assemblage est effectué avec des boulons, des vis à bois, des clous ou par collage. Les pièces métalliques sont d'une nuance appropriée et protégées contre la corrosion. Les éléments de franchissement sont des pièces de forte section en bois massif ou, de préférence, en bois lamellé collé. Ce dernier sert, entre autres, à fabriquer des poutres ou des crémaillères courbes qui peuvent recevoir des marches faites en bois ou dans tout autre matériau.

1	limon en profil à caisson
2	marche en profil à caisson insonorisé
3	suspentes en acier
4	rampe et main courante
5	garde-corps
6	revêtement des marches

Fig. 5.39 • *Escalier métallique courbe.*

Photo. 5.12a et 5.12b • *Escalier en bois avec garde-corps par barreaudage en bois (a) – Escalier en bois de type échelle de meunier (b).*

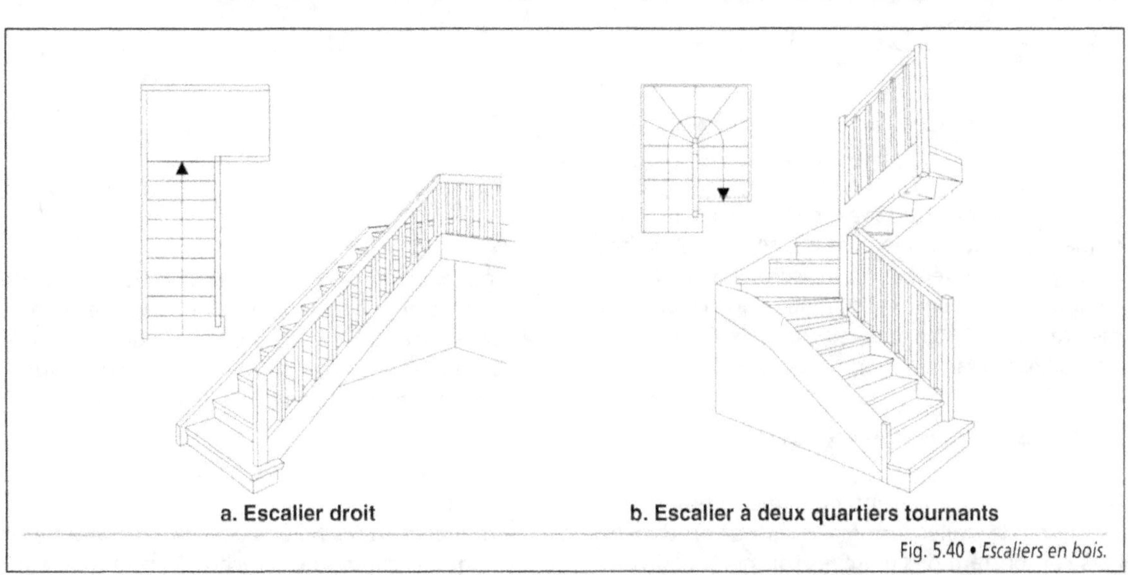

a. Escalier droit

b. Escalier à deux quartiers tournants

Fig. 5.40 • *Escaliers en bois.*

313

Le bois doit présenter une résistance mécanique correspondant à cette utilisation, ainsi qu'une résistance biologique selon qu'il est à l'intérieur ou à l'extérieur. La norme NF B 50.100 – *Bois et Ouvrages en bois – Analyse des risques biologiques – Définition des classes* – définit cinq classes et les risques biologiques correspondants (Tab. 5.3). Les escaliers intérieurs sont en classe de risque 1 et les escaliers extérieurs en classe de risque 3. Certaines essences purgées de l'aubier peuvent être utilisées sans traitement de préservation dans les deux localisations. En extérieur, hormis le chêne et le châtaignier, ce sont essentiellement des essences exotiques (doussié, niangon, sipo, etc.). Une fois assemblé, l'escalier est protégé des intempéries à l'aide d'un vernis, d'une peinture ou d'une lasure.

CLASSES	ÉTAT DU BOIS	HUMIDITÉ DE SERVICE	RISQUES BIOLOGIQUES
1	Toujours sec	H < 18 %	insectes
2	Sec et humidifié occasionnellement	H < 20 %	insectes
3	Soumis en alternance à l'humidité et au sec	H > 20 %	pourriture et insectes
4 et 5	Soumis en permanence à l'humidité	H > 20 %	pourriture et insectes

Tab. 5.3 • *Escaliers en bois – Définition des classes de risques biologiques.*

Compte tenu de son aspect chaud et esthétique, ce matériau est couramment choisi pour la réalisation d'escalier intérieur en maison individuelle ou comme accès à une mezzanine. Dans ce cas, en général, l'ensemble des composants (limons ou crémaillères, marches, garde-corps) est en bois.

1.555. Les autres matériaux structurants

D'autres matériaux sont également employés. La pierre de taille permet la réalisation d'escaliers comportant des marches soit portées à cha-

que extrémité, soit prises en console dans un mur suffisamment épais, l'encastrement étant au moins de 25 cm. Cette technique, longtemps utilisée, ne l'est pratiquement plus compte tenu de son coût élevé (Fig. 5.41).

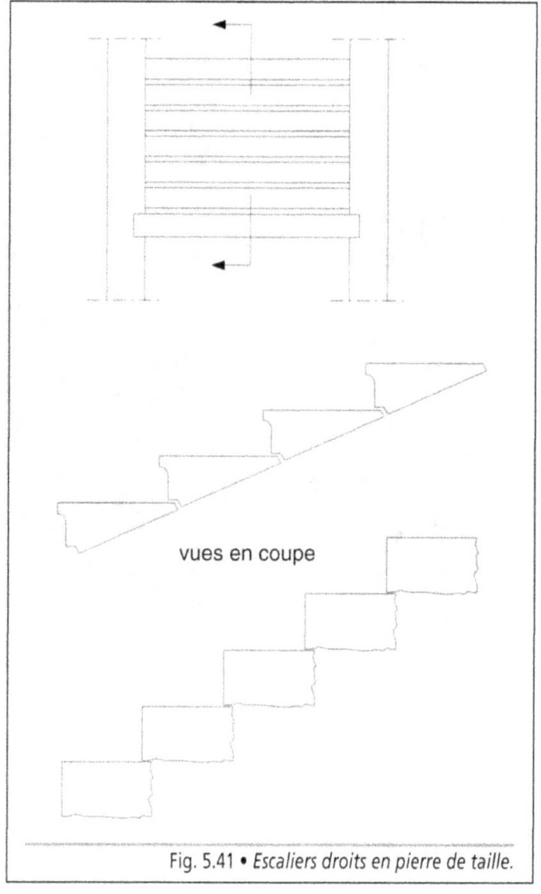

Fig. 5.41 • *Escaliers droits en pierre de taille.*

La maçonnerie en briques creuses de terre cuite hourdées au mortier bâtard ou au plâtre permet la construction d'escaliers dits sur **voûtes sarrasines,** voûtes à double courbure dont la partie supérieure forme les marches et les contremarches.

1.556. Les matériaux de revêtement

Les marches et les paliers peuvent rester à l'état brut ou recevoir une couche de protection ou un revêtement. De nombreux matériaux sont utilisés minces ou épais, qui doivent présenter une bonne résistance à l'usure et au poinçonnement. En principe, ils répondent au classement UPEC des escaliers (usure, poinçonnement, résistance à l'eau et aux produits chimiques).

Ces matériaux sont déterminés en fonction de la destination de l'escalier et de l'importance du passage. Cette dernière permet de définir les deux classes suivantes :

- FT : escaliers à faible trafic ;
- TI : escaliers à trafic intense.

Les escaliers intérieurs destinés aux maisons individuelles entrent dans la catégorie FT. Les escaliers extérieurs sont systématiquement en catégorie TI. Pour les autres, il convient d'effectuer une analyse du trafic afin de définir leur classement.

Le classement UPEC* des revêtements de sol appliqué aux marches des escaliers intérieurs doit être au moins équivalent à celui du local ou des locaux desservis par l'escalier et au minimum celui indiqué dans le tableau n° 5.4.

DESTINATION DE LA CONSTRUCTION	CLASSEMENT UPEC
Maisons individuelles	U2s P2 E1 C0 (1)
	U2 P2 E1 C0 (2)
Immeubles collectifs	U3 P2 E1 C0
Bâtiments administratifs publics ou privés	U3 P3 E1 C0
Bâtiments commerciaux	U3s P3 E1 C0
Hôtels, restaurants	U3 P2 E1 C0
Villages de vacances	U3s P2 E2 C0
Établissements d'enseignement (3)	U4 P3 E2 C1
Bâtiments hospitaliers et assimilés	U4 P3 E2 C1
Bâtiments hospitaliers – escaliers de secours	U3 P3 E2 C1

(1) Le revêtement du plat de marche habille également le nez de marche.
(2) Le revêtement du plat de marche est complété par un nez de marche.
(3) Y compris pour les bâtiments d'hébergement.

Tab. 5.4 • *Classement UPEC des revêtements d'escalier en fonction du type de construction (Source : Cahier du CSTB – « Classement des locaux »).*

Le choix du matériau de revêtement des marches et des paliers s'effectue en prenant en compte plusieurs paramètres :

- la destination et l'emplacement de l'escalier, l'aspect architectural imposant un matériau de haute tenue ;
- le type de construction, le degré d'usure du matériau étant à adapter à l'intensité du trafic (classement UPEC) ;
- la localisation, suivant que l'escalier est exposé aux intempéries ou non, afin d'éliminer les matériaux non adaptés ;
- la réglementation portant sur la sécurité incendie, la réponse aux règles acoustiques ;
- la compatibilité entre la marche formant support et le revêtement scellé ou collé ;
- les conditions de durabilité et d'entretien ;
- l'économie globale du projet.

En fonction du type de revêtement, de son épaisseur et de son mode de pose, il est possible de définir la réserve (r) qu'il convient de prévoir en cours d'exécution.

L'épaisseur de la réserve (r) est la suivante (Fig. 5.42) :

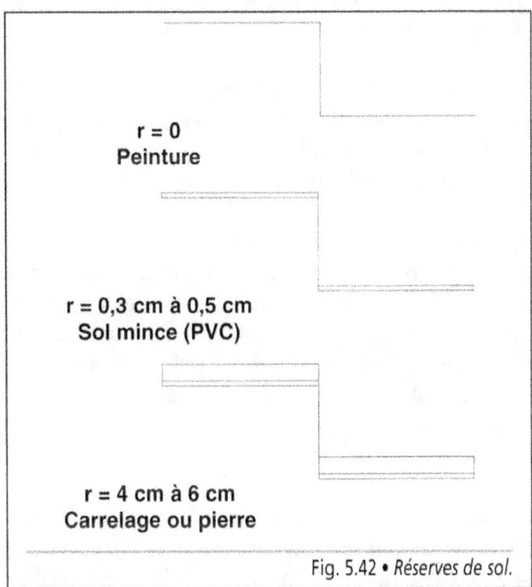

Fig. 5.42 • *Réserves de sol.*

- nulle avec un sol incorporé dans la marche ou une peinture (Photo. 5.13) ;

Photo. 5.13 • *Revêtement de sol mince sur des marches en béton armé.*

- de 3 mm à 5 mm avec un revêtement de sol mince ;

- de l'ordre de 10 mm avec un revêtement de sol dur collé ;

- de 40 mm à 60 mm avec un revêtement de sol dur scellé (carrelage ou pierre).

Lorsque cette réserve est importante, la partie vue de la contremarche et de la joue latérale doit être habillée.

Livrés bruts, les marches et les paliers sont réservés aux escaliers de service. Les matériaux sont le béton, le bois massif traité, la tôle en acier à relief ou le caillebotis en acier galvanisé.

Lorsque les marches et les paliers sont protégés par un film pelliculaire, celui-ci a également pour rôle de faciliter l'entretien. Ce sont des peintures de sol à base de résines alkyde, polyuréthanne, polyester ou époxydique. Elles peuvent nécessiter l'application d'une couche primaire. Ce traitement de surface est employé pour les escaliers secondaires ou réservés au service.

Les matériaux de revêtement sont la pierre (escalier d'honneur), le carrelage en grès ou en terre cuite (escalier principal), le bois massif (escalier d'appartement), les sols minces avec ou sans nez de marche incorporé, de type PVC soudable à chaud ou autres (escalier d'immeuble courant). Ces derniers peuvent habiller l'ensemble constitué par la marche, le nez de marche et la contremarche.

Concernant la pierre, une taille très fine doit être proscrite (polie mate ou polie brillante) afin de ne pas la rendre glissante en présence d'eau due au lavage ou à la pluie en extérieur. Une barrette à base de carborundum peut être incrustée en nez de marche. De plus, en extérieur, la pierre ne doit pas être gélive.

1.6. L'escalier et le règlement de sécurité contre les risques d'incendie

Le règlement de sécurité contre les risques d'incendie a pour objectif prioritaire de préserver les vies humaines. En raison de sa fonction, l'escalier permet l'évacuation des personnes en cas d'incendie, ceci en toute sécurité. À cet effet, il doit respecter des règles de construction définies selon la catégorie du bâtiment desservi :

- immeubles d'habitation ;
- établissements recevant du public (ERP) ;
- établissements classés ;
- immeubles de grande hauteur (IGH).

Chaque catégorie est subdivisée afin de tenir compte du nombre de niveaux ou de la hauteur du dernier plancher par rapport au niveau accessible aux engins de secours, de l'importance de l'effectif accueilli et de la destination du bâtiment. Ces paramètres permettent d'établir les conditions d'une bonne évacuation des personnes et le nombre d'escaliers à prévoir à l'intérieur du volume bâti ou à l'air libre.

1.61. Escalier intérieur

Lorsque l'escalier est à l'intérieur du bâtiment, les matériaux retenus doivent répondre à plusieurs critères, entre autres, de stabilité et de tenue au feu. Sauf cas particulier, l'escalier est obligatoirement **encloisonné** et dispose d'un système de désenfumage dont la commande se trouve en rez-de-chaussée à proximité de son accès. Les parois ont un degré pare-flammes ou coupe-feu défini selon leur situation, de même que les blocs-portes de communication (Tab. 5.5). Le débouché au rez-de-chaussée donne directement sur l'extérieur ou dans un hall largement ventilé.

Lorsqu'il dessert des étages l'escalier ne peut être en continuité avec celui qui conduit aux sous-sols (Fig. 5.43).

Le matériau retenu est de préférence le béton armé.

BÂTIMENTS D'HABITATION		
Éléments / **Classement des bâtiments**	**2ᵉ famille**	**3ᵉ et 4ᵉ familles**
Structure Volées, marches, paliers	Aucune exigence	Matériaux incombustibles
Parois de la cage • en façade • en position intérieure	PF 1/2 h CF 1/2 h	PF 1/2 h CF 1 h (1)
Bloc-porte de la cage	Aucune exigence (2)	PF 1/2 h Avec ferme-porte ouvrant vers la sortie
Revêtements : marches, sols : murs, plafonds, rampants	Aucune exigence M2 (3)	M3 M0
(1) Les imposts et les oculus peuvent être PF 1 h. (2) Sauf si le plancher bas du niveau le plus haut est situé à plus de 8 m du sol. (3) Le bois est autorisé en hall d'entrée, si la sortie est directe sur l'extérieur.		
ÉTABLISSEMENTS RECEVANT DU PUBLIC		
Structure **Degré de stabilité au feu exigé**	**Exigence pour les parois**	**Blocs-portes et éléments verriers**
Aucune exigence SF 1/2 h SF 1 h SF 1h 1/2	PF 1/4 h CF 1/2 h CF 1 h CF 1 h	PF 1/4 h PF 1/2 h PF 1/2 h PF 1/2 h
Revêtements • marches, sols • murs, plafonds, rampants	M3 M1	
ESCALIER DIT À L'ABRI DES FUMÉES		
	Exigence pour les parois CF 1 h	Blocs-portes et éléments verriers PF 1/2 h

Tab. 5.5 • *Structure et revêtements des cages d'escalier – Résistance et réaction au feu.*

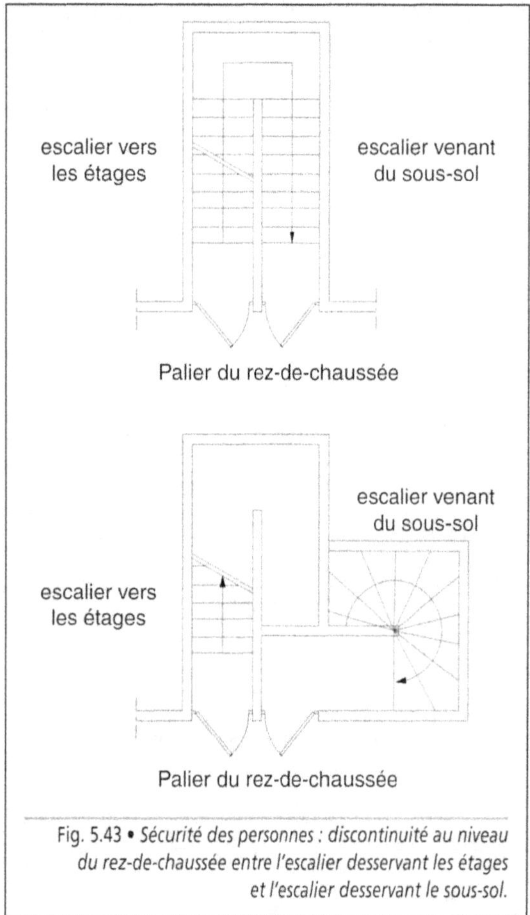

Fig. 5.43 • *Sécurité des personnes : discontinuité au niveau du rez-de-chaussée entre l'escalier desservant les étages et l'escalier desservant le sous-sol.*

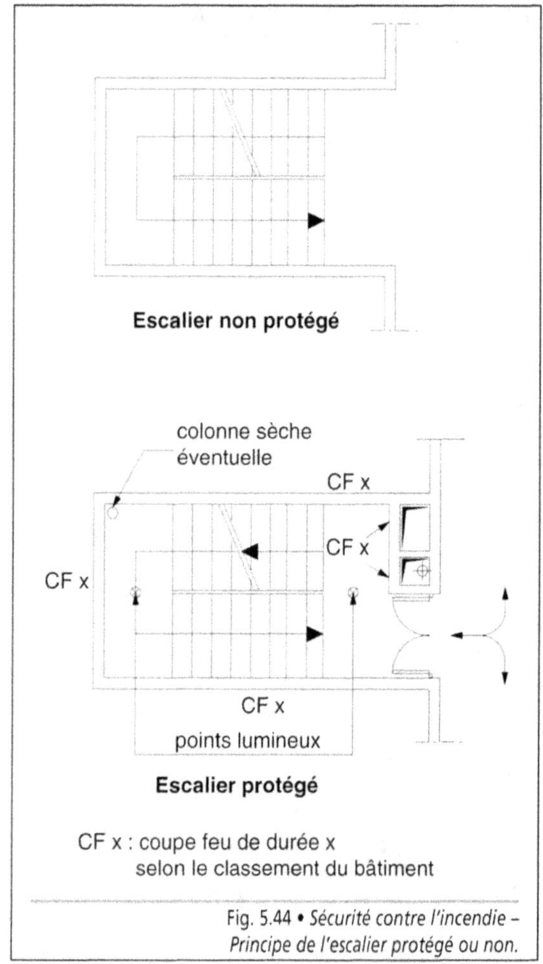

Fig. 5.44 • *Sécurité contre l'incendie – Principe de l'escalier protégé ou non.*

L'escalier est dit **protégé** lorsqu'il a les caractéristiques suivantes :

- être desservi à chaque niveau par une circulation horizontale protégée avec laquelle il ne communique que par une seule issue (Fig. 5.44) ;

- ne comporter aucune gaine, trémie, canalisation, accès à des locaux divers, ascenseurs, à l'exception de ses propres canalisations électriques d'éclairage, des canalisations d'eau et de chutes d'eau métalliques ;

- comporter un éclairage électrique constitué par une dérivation issue directement du tableau principal, avec sa propre protection, ou par des blocs autonomes non permanents.

L'escalier est dit **à l'abri des fumées** lorsqu'il est fermé sur toutes ses faces par des parois de degré coupe-feu une heure à l'exception des impostes et oculus qui doivent être de degré pare-flammes une heure. Le bloc-porte séparant l'escalier de la circulation est pare-flammes de degré une demi-heure. La porte d'une largeur de 0,80 m est munie d'un ferme-porte et s'ouvre dans le sens de la sortie en venant des locaux. En position ouverte, elle ne doit pas constituer un obstacle à la circulation des personnes dans l'escalier (Fig. 5.45).

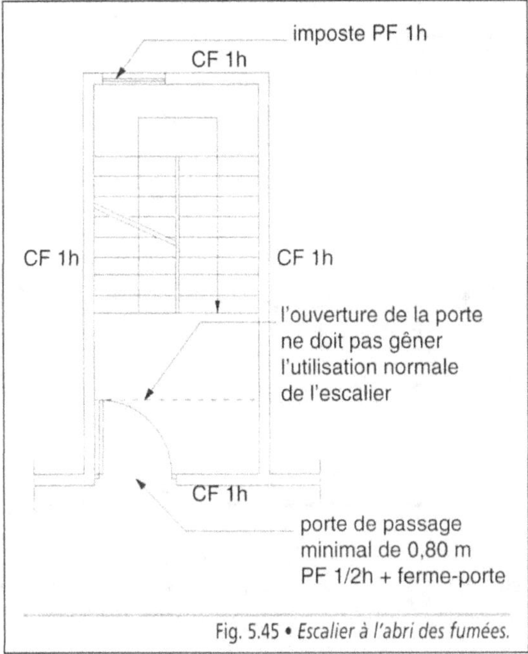

Fig. 5.45 • *Escalier à l'abri des fumées.*

1.62. Escalier à l'air libre

L'escalier à l'air libre doit posséder une paroi donnant sur l'extérieur, disposant d'une ouverture dont la surface est au moins égale à la moitié de celle de la paroi. De plus, la distance minimale d entre cette ouverture et les autres baies est définie de la manière suivante (Fig. 5.46) :

Photo. 5.14 • *Escalier métallique extérieur de secours.*

- 2,00 m pour les baies latérales ;
- 4,00 m pour les baies situées sur une façade en retour ;
- 8,00 m pour les baies en vis-à-vis.

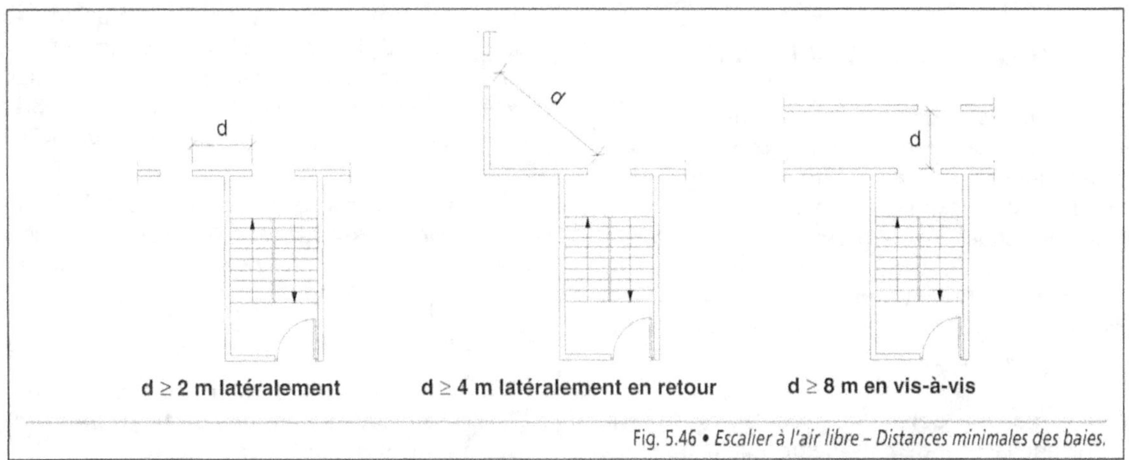

Fig. 5.46 • *Escalier à l'air libre – Distances minimales des baies.*

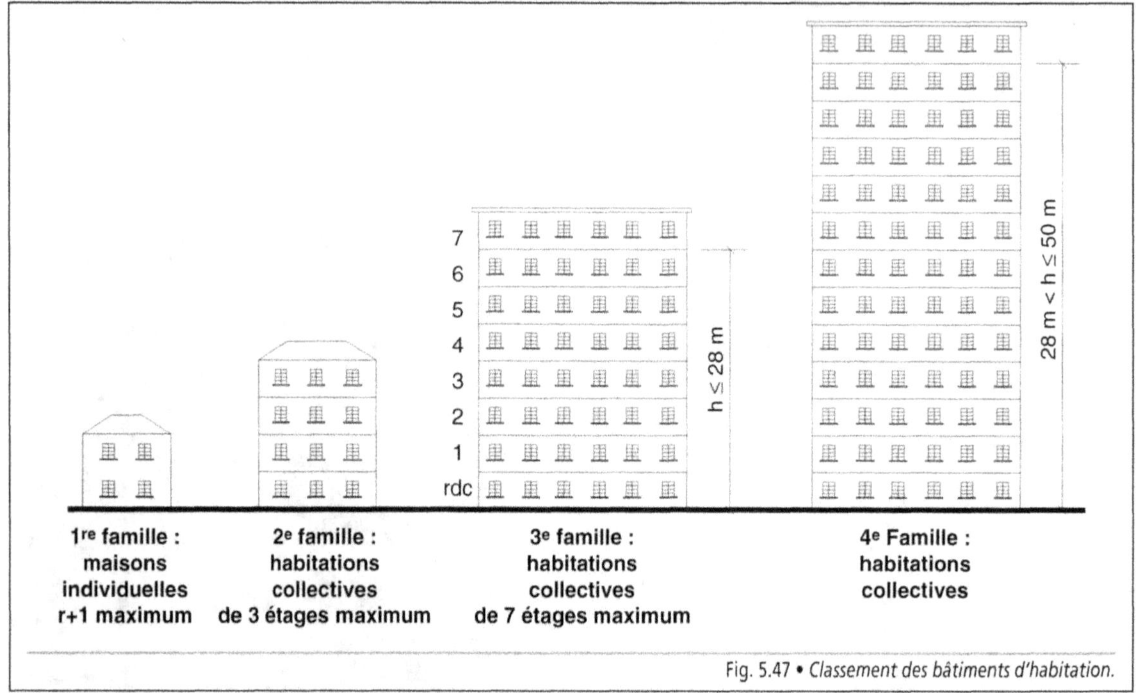

Fig. 5.47 • *Classement des bâtiments d'habitation.*

Les conditions de tenue au feu étant moins rigoureuses, la structure de l'escalier peut être en béton, en acier (Photo. 5.14), voire en bois pour des immeubles de faible hauteur. Lorsque l'escalier n'est pas protégé des intempéries, il convient de vérifier que celles-ci ne rendent pas les marches glissantes.

1.63. *Les immeubles d'habitation*

Les immeubles d'habitation sont classés en quatre familles. La première famille correspond aux habitations individuelles d'un étage sur rez-de-chaussée au maximum ; elle présente un minimum de risques. La quatrième famille comprend les immeubles collectifs dont le plancher bas du logement le plus haut est situé à plus de 28 m et moins de 50 m au-dessus du niveau du sol accessible aux engins de secours (Fig. 5.47).

D'une manière générale, les escaliers doivent offrir une largeur de passage de 1,20 m au mini-mum. Toutefois, dans les immeubles de grande hauteur, en cas de création d'un escalier de secours ne remplissant pas d'autre fonction, il est possible de ramener sa largeur à une valeur minimale de 0,80 m.

Les dispositions prises afin d'assurer l'évacuation des personnes portent sur la nature des parois et la distance à parcourir depuis le logement le plus éloigné pour atteindre l'escalier. Excepté lorsque la circulation est à l'air libre, cette distance ne peut excéder 15 m (Fig. 5.48).

Concernant les parcs de stationnement, les escaliers doivent être disposés afin que les usagers aient à parcourir la distance maximale suivante :

- 40 m lorsqu'ils ont le choix entre plusieurs escaliers ;

- 25 m lorsqu'il n'y a qu'un seul escalier ou qu'ils se trouvent dans une partie de bâtiment formant cul-de-sac.

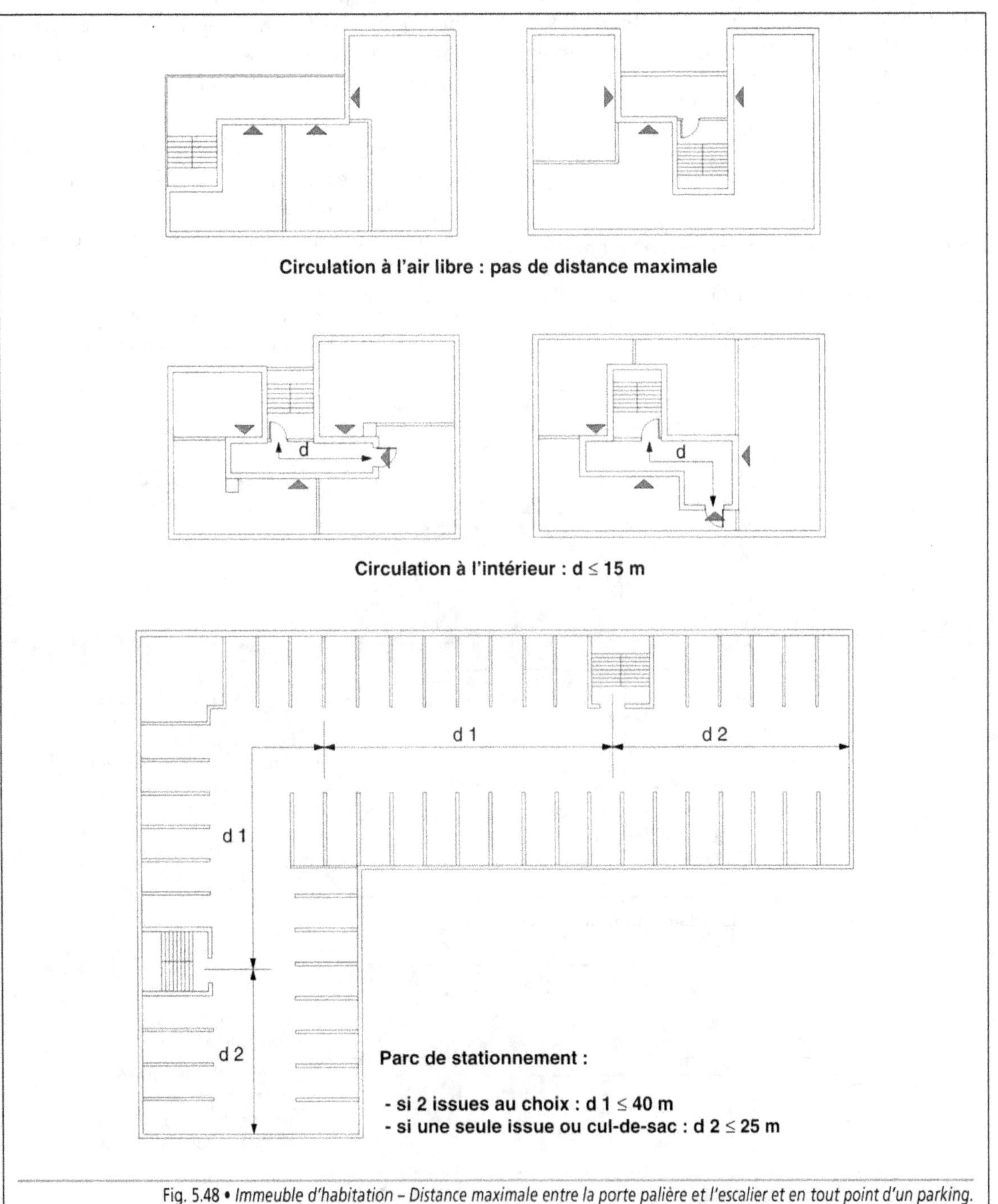

Fig. 5.48 • *Immeuble d'habitation – Distance maximale entre la porte palière et l'escalier et en tout point d'un parking.*

Les parois des cages d'escalier ont un degré de résistance au feu adapté à leur position dans le bâtiment (en façade ou non) et à la famille de l'immeuble (Tab. 5.5). Il en est de même pour la réaction au feu des revêtements de ces parois. Les escaliers des habitations de troisième et de quatrième familles doivent être réalisés en matériaux incombustibles.

1.64. Les établissements recevant du public

Les établissements recevant du public sont classés en cinq catégories, la cinquième correspondant aux petits établissements.

Dans ce type de bâtiments, les escaliers sont déterminés en fonction de la nature de l'exploitation de l'établissement et du nombre de personnes appelées à le fréquenter.

Le règlement de sécurité contre les risques d'incendie et de panique dans les établissements recevant du public précise un certain nombre de dispositions à prendre, les principales étant énoncées ci-après.

• Les escaliers sont judicieusement répartis dans le bâtiment de manière à en desservir facile-

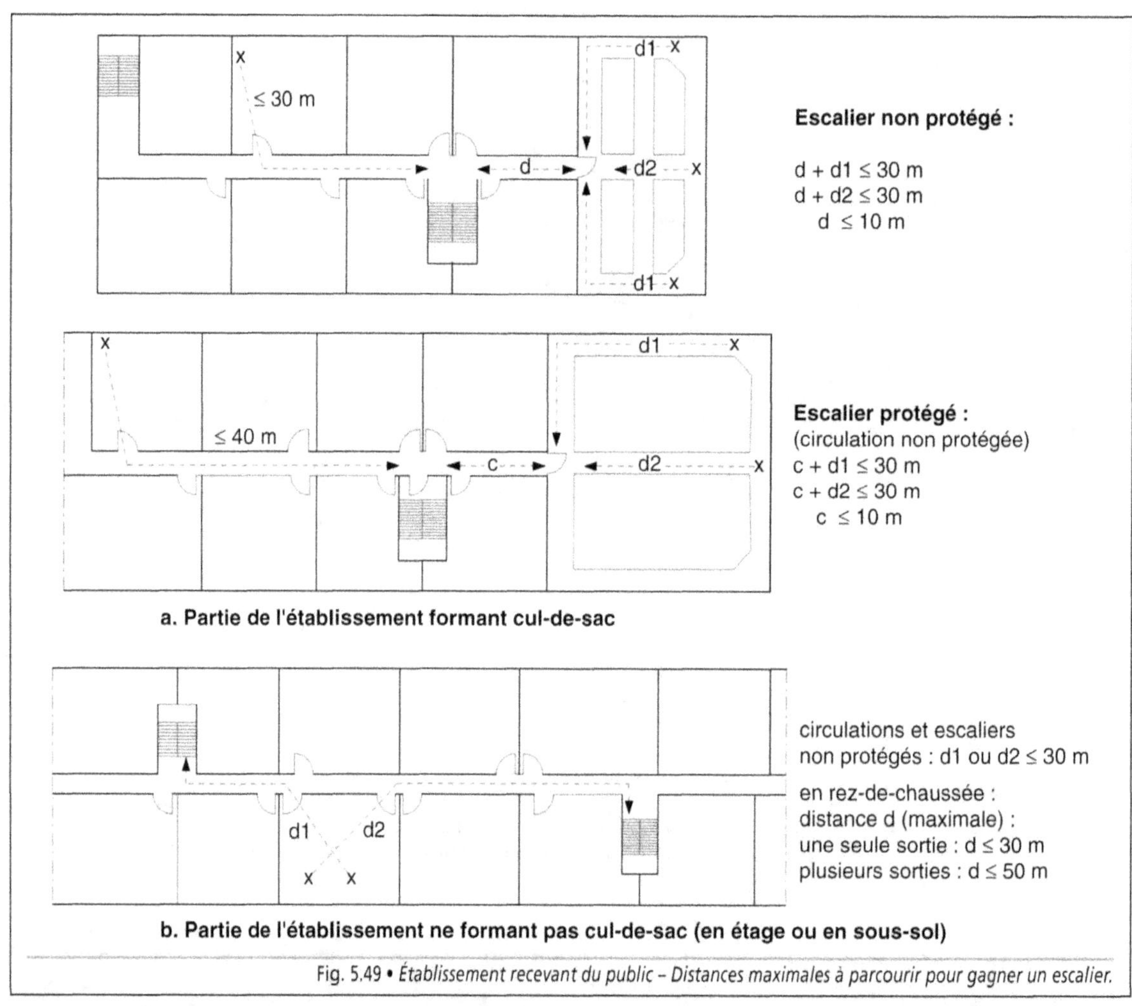

Fig. 5.49 • *Établissement recevant du public – Distances maximales à parcourir pour gagner un escalier.*

ment toutes les parties et à diriger rapidement les occupants vers les sorties sur l'extérieur (article CO 49).

La distance maximale à parcourir est de 40 m pour gagner un escalier protégé. Elle est ramenée à 30 m pour les parties formant cul-de-sac. Lorsque l'escalier est non protégé, la distance maximale est de 30 m (Fig. 5.49).

Le débouché au niveau du rez-de-chaussée d'un escalier encloisonné s'effectue directement sur l'extérieur ou à proximité d'une sortie ou d'un dégagement protégé donnant sur l'extérieur. Dans ces deux derniers cas la distance à parcourir n'excède pas 20 m.

- Les escaliers desservant les étages sont continus jusqu'au niveau permettant l'évacuation sur l'extérieur. Lorsqu'il n'y a pas continuité parfaite, il est admis que les escaliers soient reliés entre eux par un dégagement de même largeur, libre de tout encombrement (article CO 50).

- Les dimensions sont déterminées en fonction de l'effectif global pouvant emprunter le ou les escaliers (articles CO 36 à 38). L'unité de passage est une largeur type définie de manière à autoriser le passage d'une personne. Sa valeur minimale est de 0,90 m, pouvant être ramenée à 0,60 m dans certaines conditions. Elle est à adapter en fonction du nombre d'unités de passage de l'escalier.

Exemple

Nombre d'unités de passage (n)	Dimensions (en mètre)	
	Entre murs	Entre mains courantes
1	0,90 m	0,80 m
2	1,40 m	1,20 m
n ≥ 3	n × 0,60 m	n × 0,60 m

- Les marches ne doivent pas être glissantes (article CO 51). Lorsqu'il n'est pas prévu de contremarches, les marches successives doivent se recouvrir de 5 cm (Fig. 5.50).

Les escaliers d'une largeur égale à une unité de passage au moins sont munis d'une main courante placée à une hauteur maximale de 1,00 m. Ceux qui correspondent à deux unités de passage ou plus comportent une main courante de chaque côté.

- Suivant les cas, l'escalier peut être non protégé, encloisonné ou à l'air libre (article CO 52, 53, 54).

- Les typologies admises sont les suivantes :
  - escaliers droits à une ou plusieurs volées ayant moins de 25 marches chacune (article. CO 55) et dont les paliers ont une largeur au moins égale à celle des escaliers ;
  - escaliers tournants, à balancement continu, sans autre palier que ceux desservant les étages (article. CO 56).

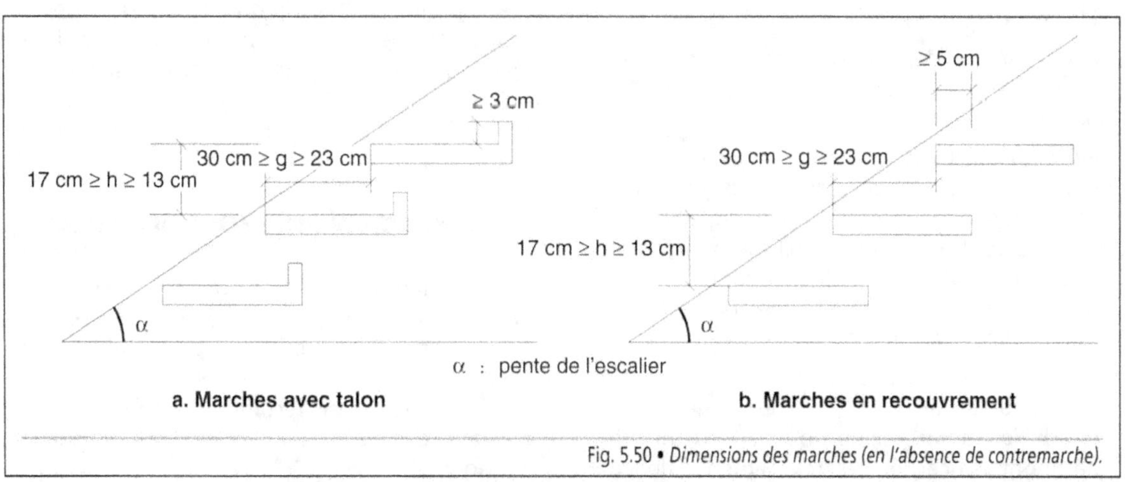

Fig. 5.50 • *Dimensions des marches (en l'absence de contremarche).*

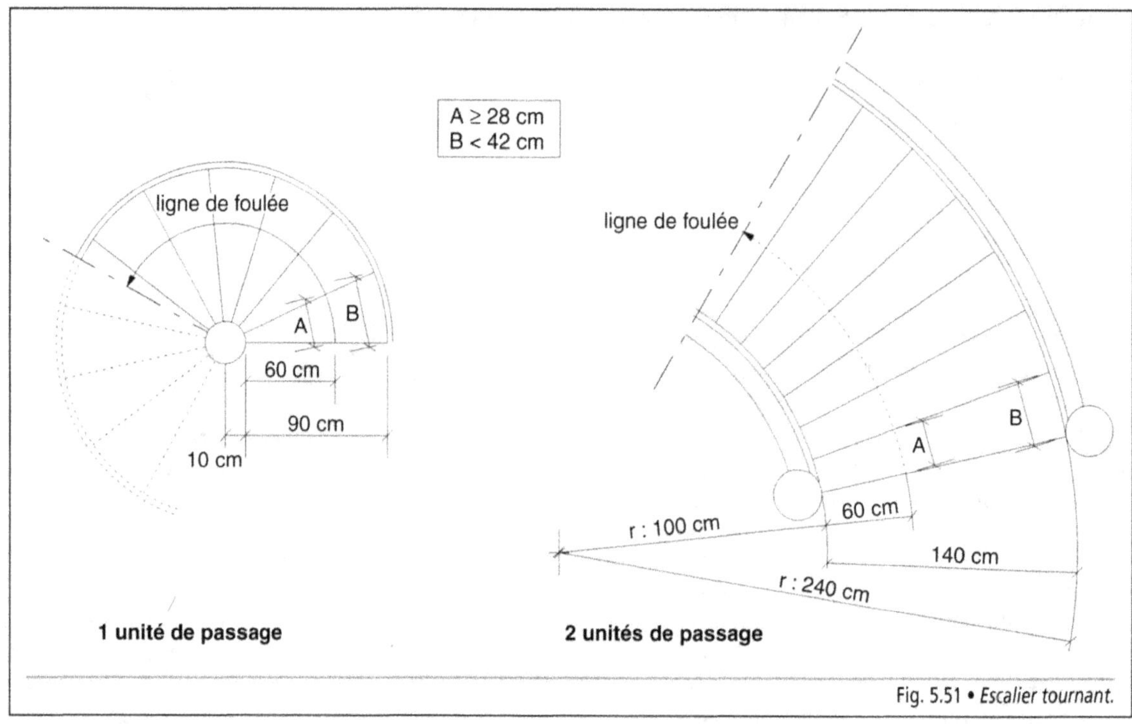

Fig. 5.51 • *Escalier tournant.*

Les escaliers droits sont établis de façon que les marches répondent aux règles de l'art. Le giron g et la hauteur h doivent respecter les valeurs suivantes :

$60\ \text{cm} \leq 2h + g \leq 64\ \text{cm}$;

$13\ \text{cm} < h < 17\ \text{cm}$;

$28\ \text{cm} < g < 36\ \text{cm}$.

Les hauteurs des marches sont constantes, sauf, éventuellement, pour la marche de départ.

Pour les escaliers tournants, le giron g et la hauteur h des marches sont mesurés sur la ligne de foulée située à 0,60 m du noyau ou du vide central. Le giron extérieur doit être inférieur à 0,42 m (Fig. 5.51). Lorsqu'il ne comprend qu'une unité de passage, la main courante est placée sur le côté extérieur.

• Les parois des cages d'escaliers ont un degré de résistance au feu défini en fonction du degré de stabilité exigé pour la structure du bâtiment concerné. Les revêtements de ces parois doivent être classés M1 alors que le revêtement des marches et des paliers peut être classé M3.

1.65. Immeubles de grande hauteur

Dans les immeubles de grande hauteur, des dispositions spéciales doivent être prises en liaison avec les services départementaux de sécurité.

2. Les escaliers mécaniques

Les escaliers mécaniques sont des installations qui comprennent une suite de marches escamotables sans fin destinées au transport des personnes dans une direction montante ou descendante, permettant d'accéder à des niveaux différents sans fatigue de la part de l'usager.

2.1. Les composants des escaliers mécaniques

Les escaliers mécaniques sont livrés assemblés par le fabricant. En général, ils ne sont pas fermés dans un volume clos et peuvent être utilisés tant à l'intérieur d'un bâtiment qu'à l'extérieur.

Ils comprennent les éléments suivants (Fig. 5.52) :

- **la structure porteuse métallique**, sans appui intermédiaire ;

- **les marches**, éléments sur lesquels stationnent les utilisateurs ; leur surface est rainurée dans le sens de la marche afin de s'engrener avec les peignes placés en extrémité du palier de départ ou d'arrivée et de faciliter la transition des passagers ; elles sont complétées par des contremarches assurant la continuité de l'escalier mécanique ;

- **le système d'entraînement**, constitué par au moins deux chaînes en mailles d'acier sur lesquelles les marches reposent par le biais de deux galets de chaîne et de deux galets de marches ; elles sont entraînées par un moteur électrique propre à l'escalier mécanique ;

- **le système de freinage**, pour l'arrêt de l'appareil et son maintien dans cette position ;

- **la machinerie** située sous le palier supérieur, comportant le moteur d'entraînement, et **une station de retournement** sous le palier inférieur, toutes deux accessibles à l'aide d'une trappe ;

- **la balustrade** de part et d'autre des marches, surmontée d'une main courante mobile positionnée à une hauteur au-dessus du nez des marches comprise entre 0,90 m et 1,10 m et se déplaçant à la même vitesse que celles-ci (Fig. 5.53) ; en partie horizontale, l'ensemble est prolongé au-delà de la ligne de peigne sur une longueur minimale de 0,30 m ;

- **l'habillage de la face inférieure** afin d'intégrer l'escalier dans son environnement.

L'angle d'inclinaison α de l'escalier mécanique a une valeur maximale de 30° à 35°. Pour cette dernière valeur, la dénivellation ne peut dépasser 6 m et la vitesse nominale doit être inférieure à 0,50 m/s.

La charpente métallique est conçue en fonction de la dénivellation et de l'angle d'inclinaison. Elle repose sur les points d'appui de la trémie par l'intermédiaire de plaques antivibratiles afin d'éviter les transmissions de vibrations dans le bâtiment.

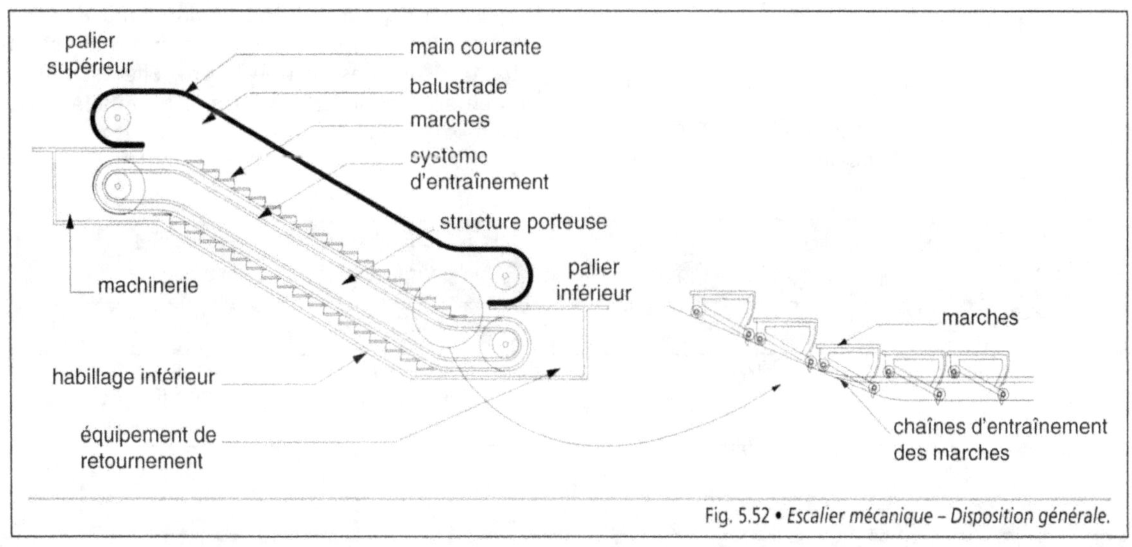

Fig. 5.52 • *Escalier mécanique – Disposition générale.*

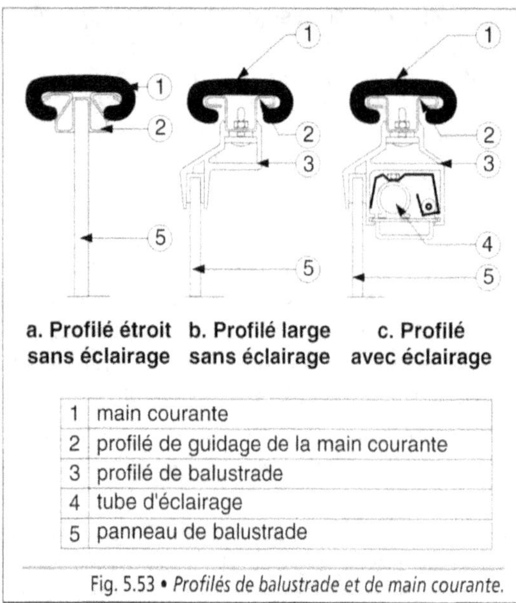

a. Profilé étroit sans éclairage **b. Profilé large sans éclairage** **c. Profilé avec éclairage**

1	main courante
2	profilé de guidage de la main courante
3	profilé de balustrade
4	tube d'éclairage
5	panneau de balustrade

Fig. 5.53 • *Profilés de balustrade et de main courante.*

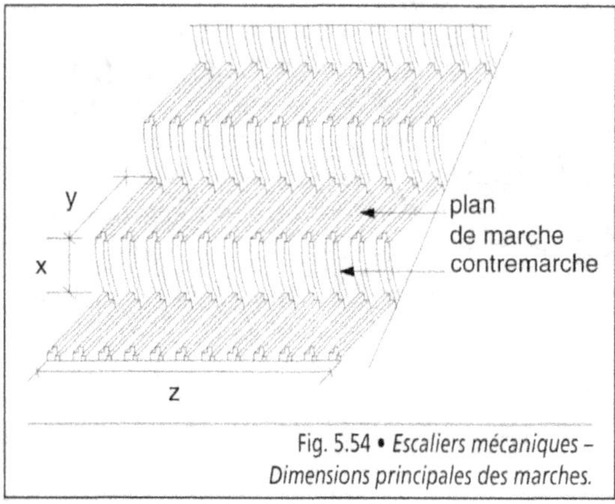

Fig. 5.54 • *Escaliers mécaniques – Dimensions principales des marches.*

Les dimensions des marches sont les suivantes (Fig. 5.54) :

- profondeur $y \geq 0,38$ m ;
- hauteur $x \leq 0,24$ m ;
- emmarchement z compris entre 0,60 m et 1,10 m.

La vitesse nominale d'un escalier mécanique est déterminée en fonction de l'angle d'inclinaison α. Elle ne peut excéder les valeurs suivantes :

- 0,75 m/s pour $\alpha \leq 30°$;
- 0,50 m/s pour $30° < \alpha \leq 35°$.

Chaque escalier mécanique dispose d'un moteur électrique installé dans une machinerie incorporée à l'appareil. Le moteur est commandé par des contacteurs et des relais électriques protégés contre les courts-circuits. Un interrupteur principal assure la coupure des conducteurs actifs d'alimentation. Dans certains établissements recevant du public, un arrêt d'urgence peut être installé à chaque extrémité.

Le fonctionnement de l'appareil est soit permanent, soit avec une mise en route automatique commandée par un tapis contact ou par une cellule électrique lors du passage de l'utilisateur.

La capacité théorique des escaliers mécaniques correspond au nombre de personnes pouvant être transportées en une heure. Elle est déterminée en fonction de la largeur nominale et de la vitesse (Tab. 5.6).

LARGEUR NOMINALE (m)	VITESSE NOMINALE (v en m/s)		
	0,5	**0,65**	**0,75**
0,60	4 500 personnes/h	5 850 personnes/h	6 750 personnes/h
0,80	6 750 personnes/h	8 775 personnes/h	10 125 personnes/h
1,00	9 000 personnes/h	11 700 personnes/h	13 500 personnes/h

Tab. 5.6 • *Escaliers mécaniques – Capacité théorique en personnes transportées.*

2.2. L'installation des escaliers mécaniques

Les escaliers mécaniques sont installés dans un grand nombre de bâtiments, essentiellement dans des constructions qui accueillent du public, plus rarement dans des immeubles privés. Ils desservent les différents niveaux de centres commerciaux, de gares, d'aéroports, d'immeubles de bureaux, de centres de loisirs ou de musées, etc. Ils doivent répondre aux réglementations spécifiques des établissements correspondants.

La mise en place des escaliers mécaniques impose de connaître les dimensions fondamentales afin de prévoir les réservations nécessaires lors de l'exécution du gros œuvre, entre autres (Fig. 5.55) :

- la longueur L_1 de l'appareil, c'est-à-dire la distance entre appuis, comprenant les paliers inférieur et supérieur ;
- les longueurs L et U des paliers inférieur et supérieur ;
- la longueur N de la projection horizontale de la partie inclinée de l'escalier mécanique ;
- la dénivellation H (comprise entre 2 m et 6 m) ;
- la hauteur libre h_1, qui ne doit jamais être inférieure à 2,30 m mesurée à l'aplomb du nez des marches ;
- l'angle d'inclinaison α ;
- la dimension P de la cuvette dont la hauteur est de l'ordre de 1,15 m ;
- la largeur nominale des marches z ;
- la largeur hors tout M_1 ou M_2 de la trémie dans le plancher, selon le type d'installation, un ou deux appareils en parallèle ou en ciseau (Tab. 5.7).

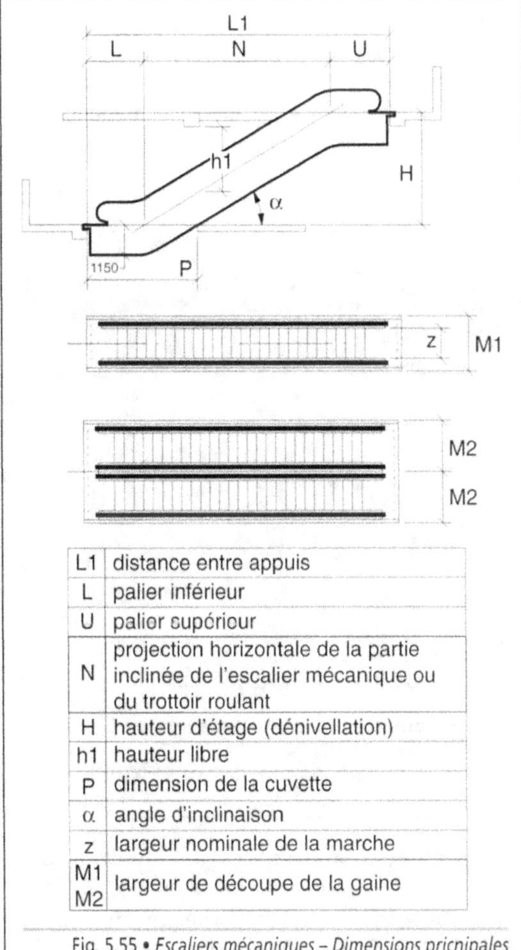

L1	distance entre appuis
L	palier inférieur
U	palier supérieur
N	projection horizontale de la partie inclinée de l'escalier mécanique ou du trottoir roulant
H	hauteur d'étage (dénivellation)
h1	hauteur libre
P	dimension de la cuvette
α	angle d'inclinaison
z	largeur nominale de la marche
M1 M2	largeur de découpe de la gaine

Fig. 5.55 • *Escaliers mécaniques – Dimensions pricnipales et réservations.*

LARGEUR NOMINALE DE LA MARCHE (mm)	L + U (mm)		P (mm)	
	$\alpha = 30°$	$\alpha = 35°$	$\alpha = 30°$	$\alpha = 35°$
600	5 100	5 100	4 600	4 300
de 800 à 1100	5 100	5 100	4 600	4 300

α : angle d'inclinaison de l'escalier mécanique

LARGEUR NOMINALE DE LA MARCHE (mm)	DÉCOUPE DE LA GAINE (mm)	
	M1	M2
600	1 270	1 240
800	1 470	1 440
1000	1 670	1 640

Tab. 5.7 • *Escaliers mécaniques – Valeurs de L + U, P, M1 et M2, pour une vitesse nominale maximale de 0,5 m/s (Source : norme ISO 9589).*

Exemple

Pour l'installation d'un appareil, les réservations des trémies ont les dimensions suivantes :

- dans le plancher inférieur $P \times M_1$;
- dans le plancher supérieur $P_1 \times M_1$, formule dans laquelle P_1 est calculé en fonction de la longueur du palier supérieur U, la dénivellation H, de l'angle d'inclinaison α et de la hauteur libre h_1.

Lorsque les escaliers mécaniques desservent plusieurs niveaux, leur mise en place se fait selon différents principes (Fig. 5.56) :

- un ensemble d'escaliers n'assure que la montée dans les étages, la disposition en continu raccourcit le trajet parcouru mais exige une emprise plus importante que la disposition interrompue ;

- deux ensembles d'escaliers sont installés côte à côte, l'un pour la montée, l'autre pour la descente, ; la disposition en ciseau raccourcit au minimum le temps de transport ; la disposition parallèle interrompue est utilisée, de préférence, dans les bâtiments à forte densité de passagers, centres commerciaux, gares, etc.

3. Les ascenseurs

Les ascenseurs sont des appareils élévateurs installés à demeure afin d'assurer le transport des personnes ou des marchandises pour accéder aux différents niveaux d'un bâtiment. Prévus à l'origine pour équiper des immeubles ayant au minimum quatre ou cinq étages, les ascenseurs s'imposent actuellement dans l'habitat collectif et dans le tertiaire comme éléments de confort, quelle que soit la hauteur. Ils trouvent également leur utilité dans les constructions industrielles, commerciales, hospitalières ou autres pour le transfert des charges d'un niveau à un autre. L'apport des nouvelles technologies permet de garantir une meilleure fiabilité et une grande sécurité dans le respect des règles de construction.

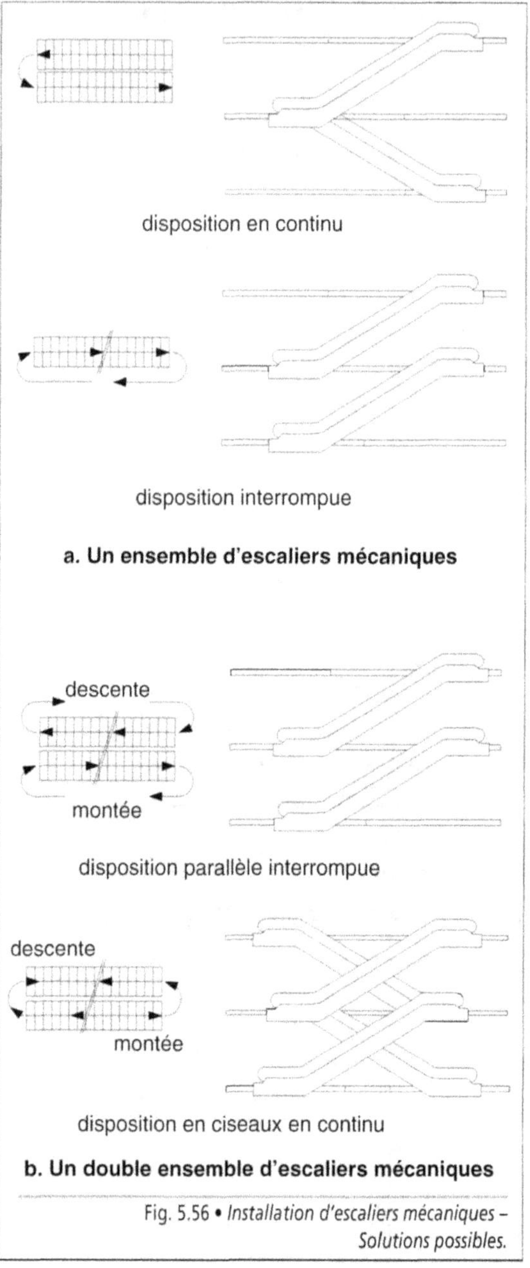

Fig. 5.56 • *Installation d'escaliers mécaniques – Solutions possibles.*

Les ascenseurs sont placés à l'intérieur ou à l'extérieur du bâtiment, dans un volume dont les parois sont en béton armé ou en structure métallique habillée en tôle ou en verre feuilleté (ascenseurs panoramiques) (Photo. 5.15).

Photo. 5.15 • *Ascenseurs extérieurs à parois vitrées.*

En général, ces appareils sont à déplacement vertical, mais une inclinaison inférieure à 15° par rapport à la verticale est admise.

3.1. Le classement des ascenseurs

Les ascenseurs sont classés selon quatre critères qui portent sur le service assuré, le mode de fonctionnement, la charge nominale et la vitesse nominale.

3.11. Classement en fonction du service assuré

Selon le service assuré, les ascenseurs entrent dans l'une des cinq classes suivantes :

- **classe I** : ascenseurs destinés au seul transport des personnes ;

- **classe II** : ascenseurs destinés principalement au transport des personnes et, accessoirement, au transport des charges ;

- **classe III** : ascenseurs destinés au transport des lits ;

- **classe IV** : ascenseurs destinés principalement au transport des charges accompagnées par des personnes ;

- **classe V** : monte-charge réservé uniquement aux transports des charges non accompagnées, dont la cabine est inaccessible aux personnes.

Les dimensions de la cabine sont déterminées en fonction de la charge nominale et du nombre de personnes admises. Dans le cas de la classe V, elles ne doivent pas dépasser les valeurs suivantes : 1 m^2 en surface, 1 m en profondeur et 1,20 m en hauteur.

3.12. Classement selon le mode de fonctionnement

Le déplacement de la cabine peut être assuré de différentes façons, en fonction de son mode d'entraînement (Fig. 5.57).

L'ascenseur électrique est un appareil dans lequel la cabine est fixée à un câble ou à une chaîne entraîné par un treuil accouplé à un moteur électrique. Selon le mode d'entraînement, elle est équilibrée par un contrepoids ou une masse d'équilibre. L'ascenseur nécessite un local, ou machinerie, pour loger les mécanismes. Permettant des vitesses lentes ou rapides, ce mode de fonctionnement est utilisé couramment dans la construction.

L'ascenseur hydraulique est un appareil dans lequel le mouvement de la cabine est assuré par l'action du piston d'un vérin sous l'effet de la pression hydraulique. L'intérêt de l'ascenseur hydraulique réside dans les faibles dimensions de la machinerie implantée en partie inférieure de la gaine et dans l'absence éventuelle de contrepoids. Les inconvénients portent sur la course limitée des pistons et la faible vitesse de déplacement qui n'excède pas 1,00 m/s.

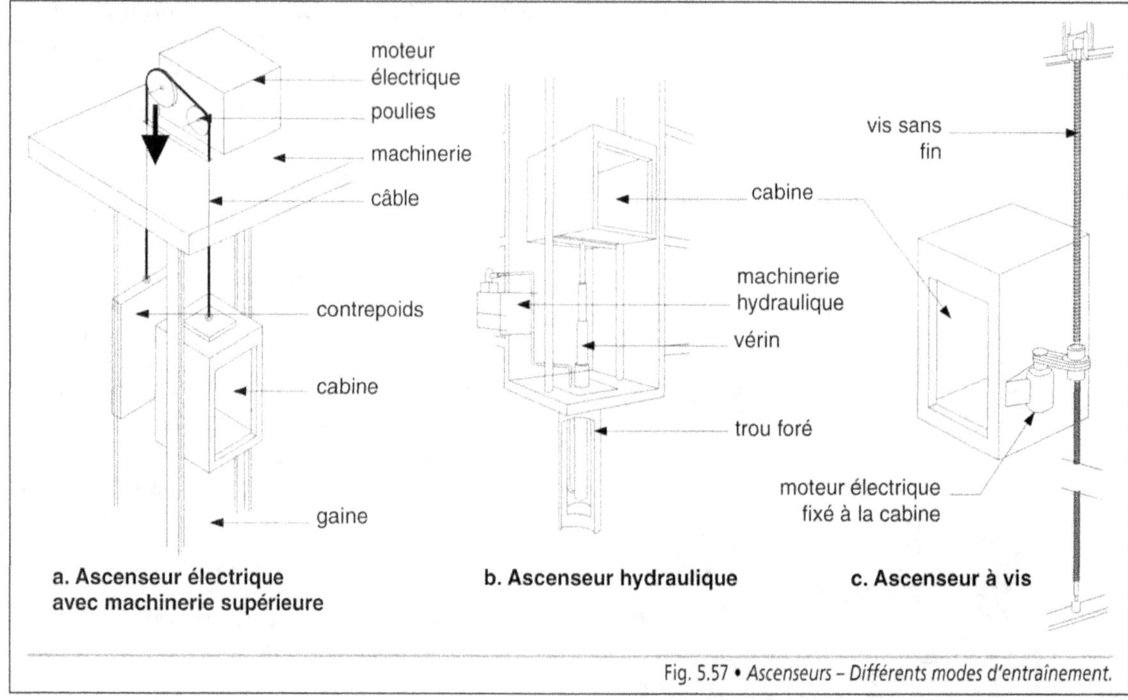

Fig. 5.57 • *Ascenseurs – Différents modes d'entraînement.*

L'ascenseur à vis ne nécessite ni contrepoids ni machinerie. Le moteur électrique est fixé sur l'une des parois de la cabine ; il entraîne un écrou qui se déplace à faible vitesse le long d'une vis sans fin. Afin d'éviter les risques de flambement de la vis, ce principe n'est retenu que sur de petites dénivellations et de faibles charges. Il est relativement peu employé.

3.13. Classement selon la charge nominale

La charge nominale des ascenseurs est déterminée en fonction de la destination du bâtiment desservi. Elle est indiquée en kilogrammes selon l'une des valeurs suivantes : 320, 400, 630, 800, 1 000, 1 250, 1 600, 2 000, 2 500 ou plus. La charge nominale permet de définir les dimensions de la cabine et une équivalence en nombre de personnes admises : 4, 5, 8, 10, etc.

Les appareils à faible charge nominale sont destinés aux bâtiments d'habitation ou de bureaux, alors qu'à forte charge nominale ils équipent les bâtiments industriels, les centres commerciaux ou les établissements hospitaliers.

3.14. Classement selon la vitesse nominale

La vitesse nominale est la vitesse selon laquelle la cabine se déplace dans la gaine. Elle est exprimée en mètres par seconde et permet de distinguer les appareils lents des appareils rapides. Les vitesses nominales courantes sont les suivantes : 0,40 m/s, 0,63 m/s, 1,00 m/s, 1,60 m/s ou 2,50 m/s. Selon l'installation, les ascenseurs électriques se réfèrent à l'une de ces vitesses nominales, alors que les appareils hydrauliques sont à déplacement lent : leur vitesse est inférieure ou égale à 1,00 m/s.

Des valeurs inférieures ou supérieures peuvent être retenues dans des cas particuliers : 0,25 m/s pour les monte-voitures ; 4,00 m/s ou 6,30 m/s pour les ascenseurs des immeubles de grande hauteur.

3.2. Les différents composants

Selon le modèle d'ascenseur, celui-ci comprend un certain nombre de composants fixes et mobi-les de manière à en assurer un fonctionnement normal en toute sécurité (Fig. 5.58).

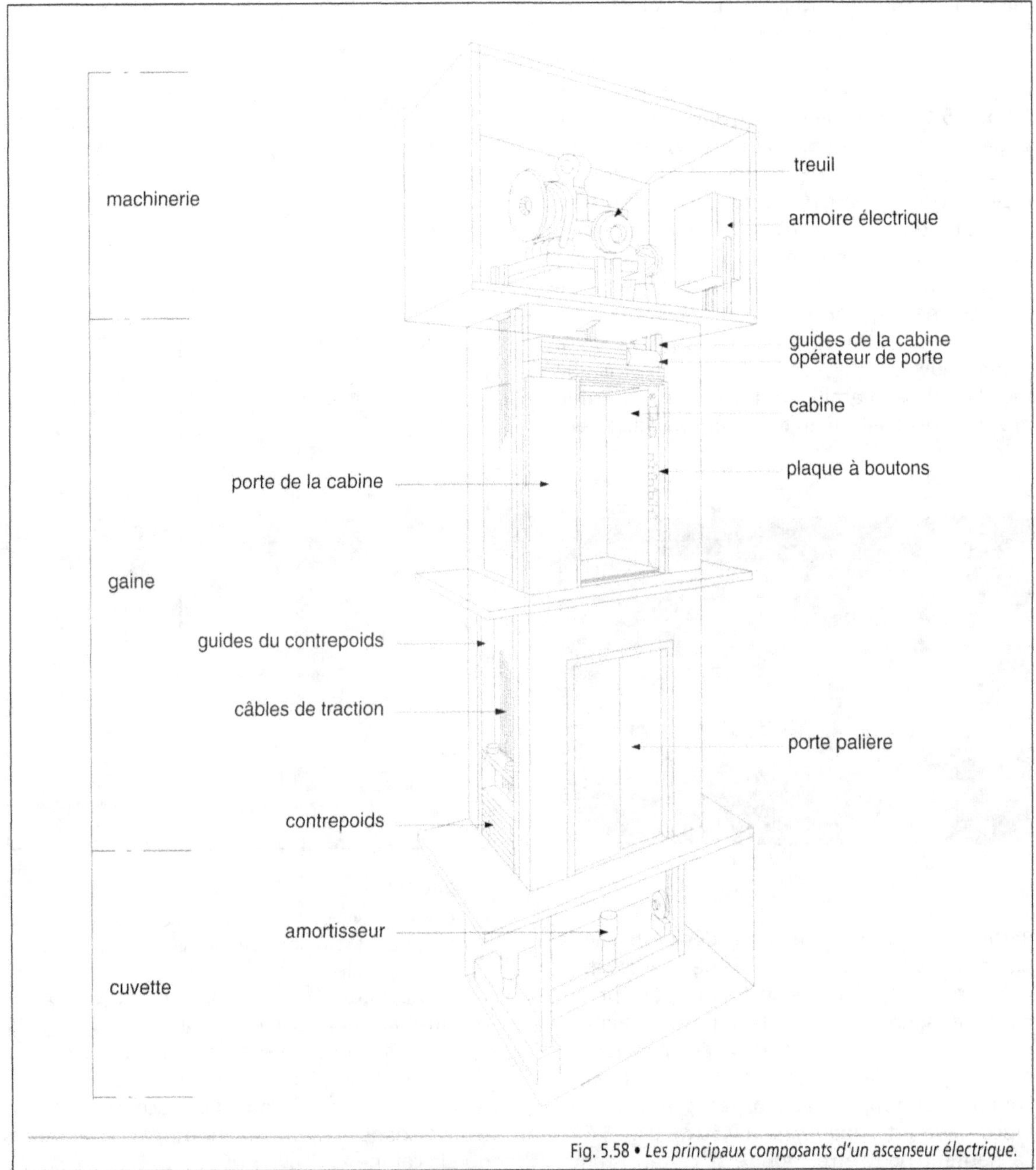

Fig. 5.58 • *Les principaux composants d'un ascenseur électrique.*

3.21. La gaine

L'ascenseur doit être isolé de son environnement en étant placé dans une gaine comprenant des parois, un plancher et un plafond. Les dimensions sont déterminées de manière à installer la totalité des équipements.

La gaine est entièrement ou partiellement close (Photo. 5.16). Lorsqu'elle participe à la non propagation d'un incendie, elle est encloisonnée dans des parois, un plancher et un plafond pleins répondant à des critères de résistance au feu. Elle doit être convenablement ventilée, mais ne peut pas être utilisée pour ventiler des locaux autres que ceux propres à l'ascenseur. De plus, elle ne peut contenir aucun élément étranger à l'installation de celui-ci. Les parois de la gaine peuvent être maçonnées et recevoir une façade palière métallique, les raccords entre le gros œuvre et le bâti en tôle étant parfaitement colmatés.

Photo. 5.16 • *Gaine d'ascenseur – Vue intérieure.*

Partiellement close, la hauteur des parois de la gaine, dans les zones normalement accessibles aux personnes, doit être suffisante pour prévenir tout risque d'accident. La hauteur minimale est de 3,50 m sur la façade de la porte palière et de 2,50 m pour les autres faces. La distance horizontale par rapport aux organes mobiles de l'ascenseur est supérieure à 0,50 m (Fig. 5.59). La hauteur peut être réduite si cette distance

augmente. Dans ce cas, l'ascenseur ne participe pas à la protection du bâtiment contre la propagation de l'incendie.

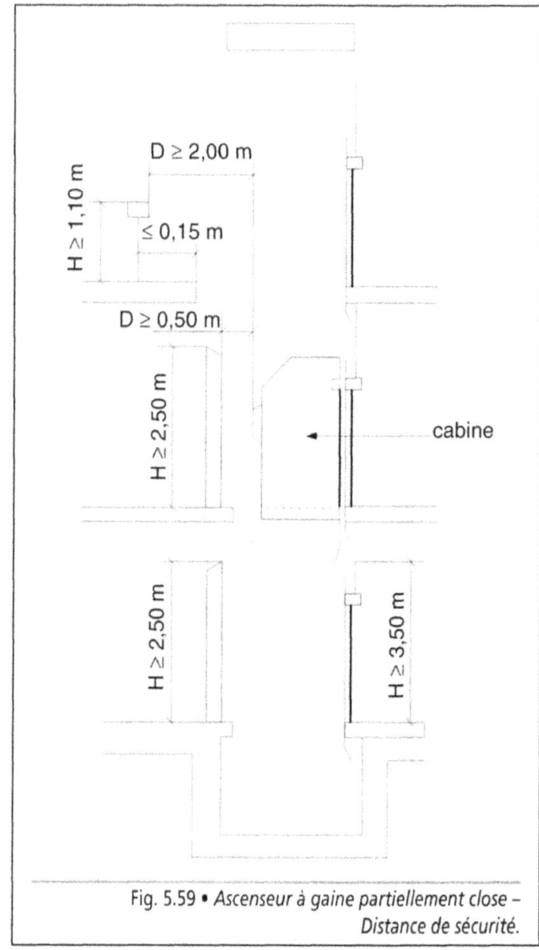

Fig. 5.59 • *Ascenseur à gaine partiellement close –*
Distance de sécurité.

Exemple

La hauteur minimale admise est de 1,10 m pour une distance égale ou supérieure à 2,00 m.

La gaine peut contenir plusieurs ascenseurs à condition que les parties mobiles des différents appareils soient séparées par une paroi ajourée, en métal déployé par exemple. Le contrepoids ou la masse d'équilibrage d'un ascenseur doit se trouver dans la même gaine ou partie de gaine que la cabine.

Dans les immeubles d'habitation, lorsque l'ascenseur dessert des niveaux de logements et des parkings ou des caves en sous-sol, la gaine doit être en maçonnerie de degré coupe-feu compatible avec la catégorie du bâtiment :

- 2ᵉ famille : parois CF 1/2 h ;

- 3ᵉ et 4ᵉ familles : parois CF 1 h.

En étage, son accès est direct depuis les parties communes. En sous-sol, il se fait par l'intermédiaire d'un sas d'une surface supérieure à 3 m^2, dont les portes sont pare-flammes 1/2 h et équipées de ferme-porte (Fig. 5.60).

La gaine se prolonge en partie inférieure par **une cuvette**, située au-dessous du niveau le plus bas desservi par la cabine (Fig. 5.61).

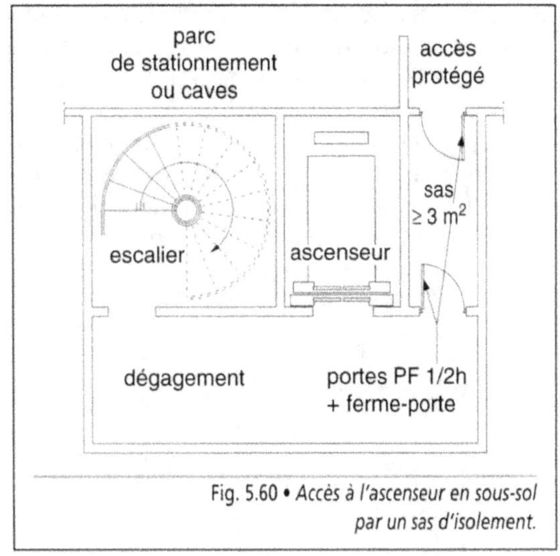

Fig. 5.60 • *Accès à l'ascenseur en sous-sol par un sas d'isolement.*

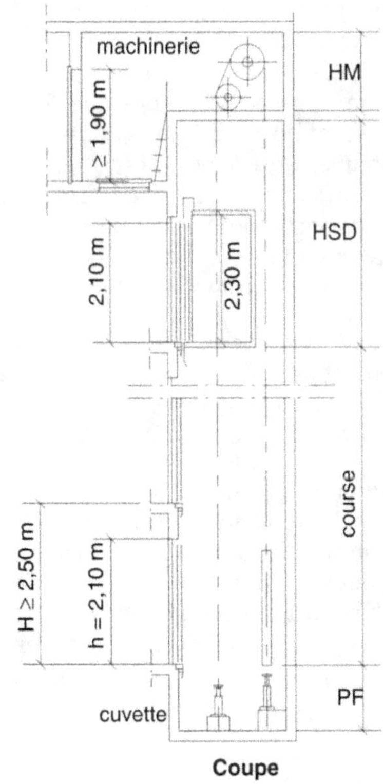

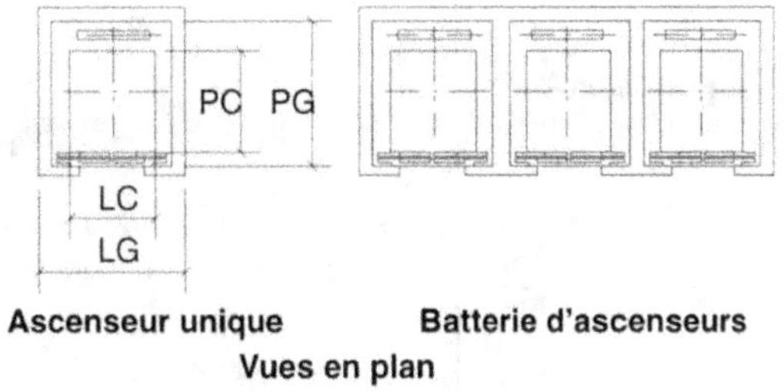

H	hauteur du niveau de sol à sol
HM	hauteur de la machinerie
HSD	hauteur sous la dalle de machinerie
PF	profondeur de la cuvette
LG	largeur de la gaine
LC	largeur de la cabine
PG	profondeur de la gaine
PC	profondeur de la cabine

Fig. 5.61 • *Gaine et ascenseur.*

Elle reçoit les amortisseurs, des dispositifs de sécurité et différents équipements éventuels tels que poulies de renvoi. Une échelle, fixée à demeure et placée en dehors du gabarit des pièces en mouvement, permet d'accéder à la cuvette depuis la porte palière (Fig. 5.62). Lorsqu'il existe des risques d'humidité ou d'infiltration, le fond et les parois doivent recevoir un revêtement étanche.

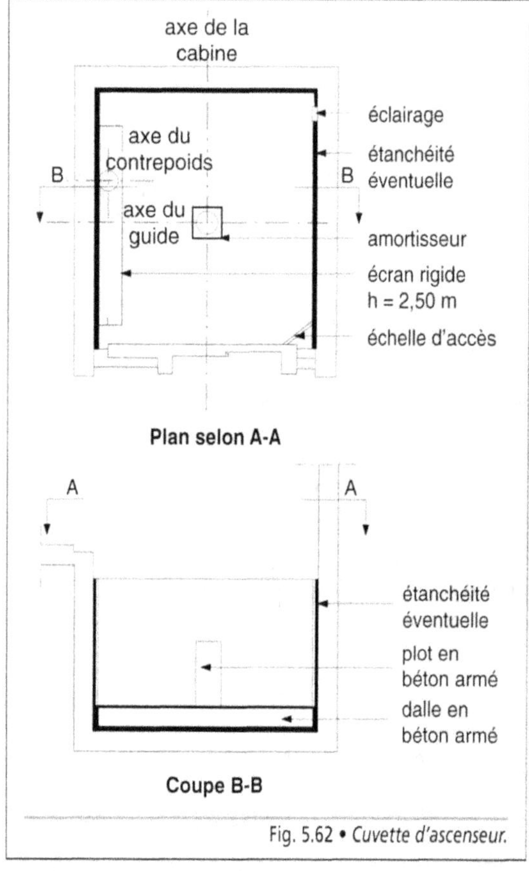

Fig. 5.62 • *Cuvette d'ascenseur.*

À l'extrémité supérieure de la gaine, un espace libre, **la réserve supérieure**, est prévu au-dessus du toit de la cabine et du contrepoids lorsqu'ils sont en position haute. Celle-ci correspond à l'arrêt de la cabine au niveau le plus haut ou le plus bas. En général, la hauteur de la réserve est incorporée dans la distance entre le sol du dernier niveau desservi et le plafond de la gaine ou **hauteur sous dalle**.

La hauteur sous dalle et la profondeur de la cuvette sont calculées en fonction du type d'ascenseur et de la vitesse nominale. Elles sont indiquées dans les tableaux communiqués par les ascensoristes (Tab. 5.8). Ajoutées à la course de la cabine, la somme correspond à la hauteur totale de la gaine, distance entre le fond de la cuvette et le plafond de la réserve. La course de la cabine est donnée par la formule : $(n-1) \times h$, dans laquelle n est le nombre de niveaux et h la hauteur des niveaux, qui ne peut être inférieure à 2,50 m.

Les deux espaces, cuvette et réserve, sont équipés d'un éclairage placé à demeure et d'un dispositif d'alarme permettant de libérer une personne travaillant à l'intérieur de la gaine.

Qu'elle soit en béton armé ou en acier, la structure de la gaine est calculée de manière à supporter l'ensemble des efforts dus au fonctionnement de l'appareil ou à sa mise en sécurité par l'action du parachute ou d'un dispositif de blocage. Les parois, le plancher et le plafond de la gaine sont constitués de matériaux durables et incombustibles, dont la résistance mécanique correspond aux contraintes qu'ils ont à subir. Sur les ascenseurs panoramiques, les panneaux de verre sont de type verre feuilleté ou en résine synthétique de résistance équivalente, de même que les parois de la cabine (Fig. 5.63).

Placée à l'extérieur du bâtiment, la gaine reprend également les efforts dus au vent. L'ensemble des pièces constitutives doit être protégé contre les intempéries et la corrosion atmosphérique.

En général, la gaine d'ascenseur n'est pas implantée au-dessus d'un espace accessible aux personnes. Lorsque cette éventualité se produit, (ascenseur partant d'un rez-de-chaussée au-dessus d'une circulation en sous-sol), les deux dispositions suivantes doivent être prises :

• le plancher de la cuvette est calculé pour une charge minimale de 5 000 N/m^2 ;

• une pile est bâtie sous les amortisseurs du contrepoids afin de reporter les charges au niveau des fondations, à moins qu'il ne soit muni d'un parachute.

CHARGE NOMINALE (kg)	NOMBRE DE PERSONNES	VITESSE NOMINALE (m/s)	NOMBRE MAXIMAL DE NIVEAUX	COURSE MAXIMALE (m)	PROFONDEUR DE LA CUVETTE (m)	HAUTEUR SOUS DALLE (m)
630	8	1,00	12	32	1,35	3,55
		1,60	18	50	1,50	3,65
800	10	1,00	12	32	1,40	3,65
		1,60	18	50	1,55	3,75
		2,50	28 – 31 (1)	80	1,80	4,35 – 4,65 (1)
1 000	13	1,00	12	32	1,40	3,65
		1,60	18	50	1,55	3,75
		2,50	28 – 31 (1)	80	1,80	4,35 – 4,65 (1)
		4,00	31	80	3,20	4,90
1 250	16	1,00	12	32	1,40	4,00
		1,60	18	50	1,55	4,10
		2,50	28 – 31 (1)	80	1,80	4,35 – 4,65 (1)
		4,00	31	80	3,20	5,30
1 600	21	1,00	12	32	1,40	4,00
		1,60	18	50	1,55	4,10
		2,50	28 – 31 (1)	80	1,80	4,60 – 4,70 (1)
		4,00	31	80	3,20	5,40

(1) Nombre de niveaux et dimensions déterminés selon le mode d'entraînement.

Tab. 5.8 • *Profondeur de la cuvette et hauteur sous dalle selon le type d'ascenseurs électriques équipés d'une machinerie supérieure (Source : Ascenseurs Schindler – ligne Building).*

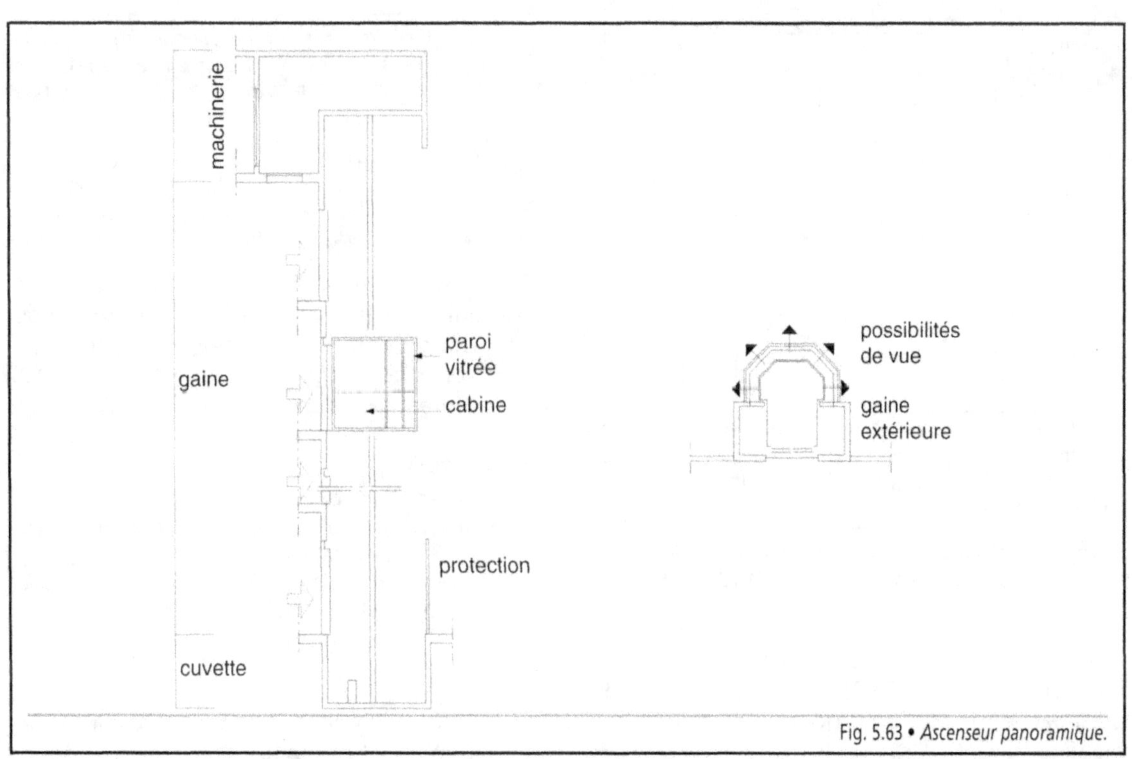

Fig. 5.63 • *Ascenseur panoramique.*

3.22. La cabine

La cabine est l'organe des ascenseurs qui reçoit les personnes et les charges à transporter. C'est l'interface entre les utilisateurs et l'appareil. Elle est traitée en conséquence, en tenant compte du type d'utilisation de l'ascenseur. L'équipement et les revêtements sont de grande qualité esthétique lorsqu'elle équipe un immeuble de grand standing ou un hôtel de luxe ; ils sont standard dans les immeubles courants et très résistants pour les monte-charge ou les monte-malades.

La surface maximale de la cabine est définie en fonction des charges nominales de l'appareil, comme indiqué dans le tableau n° 5.9.

CHARGE NOMINALE Masse (kg)	SURFACE UTILE MAXIMALE DE LA CABINE (m²)	CHARGE NOMINALE Masse (kg)	SURFACE UTILE MAXIMALE DE LA CABINE (m²)
100 (1)	0,37	900	2,20
180 (2)	0,58	975	2,35
225	0,70	1 000	2,40
300	0,90	1 050	2,50
375	1,10	1 125	2,65
400	1,17	1 200	2,80
450	1,30	1 250	2,90
525	1,45	1 275	2,95
600	1,60	1 350	3,10
630	1,66	1 425	3,25
675	1,75	1 500	3,40
750	1,90	1 600	3,56
800	2,00	2 000	4,20
825	2,05	2 500 (3)	5,00

(1) Minimum pour un ascenseur d'une personne.
(2) Minimum pour un ascenseur de deux personnes.
(3) Au-delà de 2 500 kg, ajouter 0,16 m² par tranche de 100 kg supplémentaire.

Tab. 5.9 • *Correspondance entre la charge nominale et la surface utile maximale de la cabine (Source : NF EN 81-1 et EN 81-2, novembre 1998).*

La hauteur courante est de 2,20 mètres, le minimum admis étant de 2,00 mètres. Le nombre de passagers est le plus petit nombre obtenu de la manière suivante :

- par rapport à la surface utile minimale de la cabine (Tab. 5.10) ;
- par la formule (charge nominale) / 75, arrondi au nombre entier inférieur.

NOMBRE DE PASSAGERS	SURFACE UTILE MINIMALE DE LA CABINE (m²)	NOMBRE DE PASSAGERS	SURFACE UTILE MINIMALE DE LA CABINE (m²)
1	0,28	11	1,87
2	0,49	12	2,01
3	0,60	13	2,15
4	0,79	14	2,29
5	0,98	15	2,43
6	1,17	16	2,57
7	1,31	17	2,71
8	1,45	18	2,85
9	1,59	19	2,99
10	1,73	20	3,13 (1)

(1) Au-delà de 20 passagers, ajouter 0,115 m² par passager supplémentaire.

Tab. 5.10 • *Correspondance entre le nombre de passagers et la surface utile minimale de la cabine (Source : NF EN 81-1 et EN 81-2, novembre 1998).*

Exemple

- charge nominale 320/75 = 4,24 soit 4 personnes ;
- charge nominale 630/75 = 8,40 soit 8 personnes ;
- charge nominale 1 000/75 = 13,33 soit 13 personnes.

Dans les appareils de classe II et III entraînés hydrauliquement, la surface de la cabine, pour une charge nominale donnée, peut être supérieure à la valeur indiquée par le tableau n° 5.9, sans toutefois excéder celles du tableau n° 5.11.

Exemple

- Ascenseurs électriques :
  charge nominale : 400 kg ; surface maximale : 1,17 m² (1,00 m × 1,10 m) ;
  charge nominale : 630 kg ; surface maximale : 1,66 m² (1,10 m × 1,50 m) ;
- Ascenseurs hydrauliques :
  charge nominale : 400 kg ; surface maximale : 1,68 m² (1,10 m × 1,50 m) ;
  charge nominale : 630 kg ; surface maximale : 2,42 m² (1,10 m × 2,10 m).

CHARGE NOMINALE Masse (kg)	SURFACE UTILE MAXIMALE DE LA CABINE (m^2)	CHARGE NOMINALE Masse (kg)	SURFACE UTILE MAXIMALE DE LA CABINE (m^2)
400	1,68	1 000	3,60
450	1,84	1 050	3,72
525	2,08	1 125	3,90
600	2,32	1 200	4,08
630	2,42	1 250	4,20
675	2,56	1 275	4,26
750	2,80	1 350	4,44
800	2,96	1 425	4,62
825	3,04	1 500	4,80
900	3,28	1 600 (1)	5,04
975	3,52		
(1) Au-delà de 1 600 kg, ajouter 0,40 m^2 par tranche de 100 kg supplémentaire.			

Tab. 5.11 • *Ascenseurs hydrauliques – Surface utile maximale de la cabine selon la charge nominale (Source : EN 81-2, novembre 1998).*

La cabine est entièrement fermée par des parois, un plancher et un toit pleins. Ces éléments ont une résistance mécanique apte à résister aux charges et aux efforts qui leur sont appliqués en fonctionnement normal, lors d'une prise du parachute ou lors du contact de la cabine avec les amortisseurs. Les parois peuvent être vitrées à condition d'être en verre feuilleté de résistance adéquate (ascenseurs panoramiques). Seules les ouvertures suivantes sont admises : la porte d'accès pour les usagers, les trappes et les portes de secours, les orifices de ventilation.

La cabine est reliée aux câbles ou aux pistons des vérins hydrauliques par l'intermédiaire d'un support métallique, **un étrier** lorsque la charge est centrée ou **une chaise** lorsqu'elle est excentrée (Fig. 5.64). Cet élément transmet tous les mouvements à la cabine et assure son maintien le long des guides par le biais des coulisseaux.

L'accès à la cabine se fait par une baie équipée d'une **porte de cabine** dont la hauteur minimale est de 2,00 mètres. Pour des raisons de sécurité et

éviter les risques de chute dans la gaine en l'absence de la cabine, la manœuvre de la porte de cabine est fréquemment couplée avec celle de la porte palière.

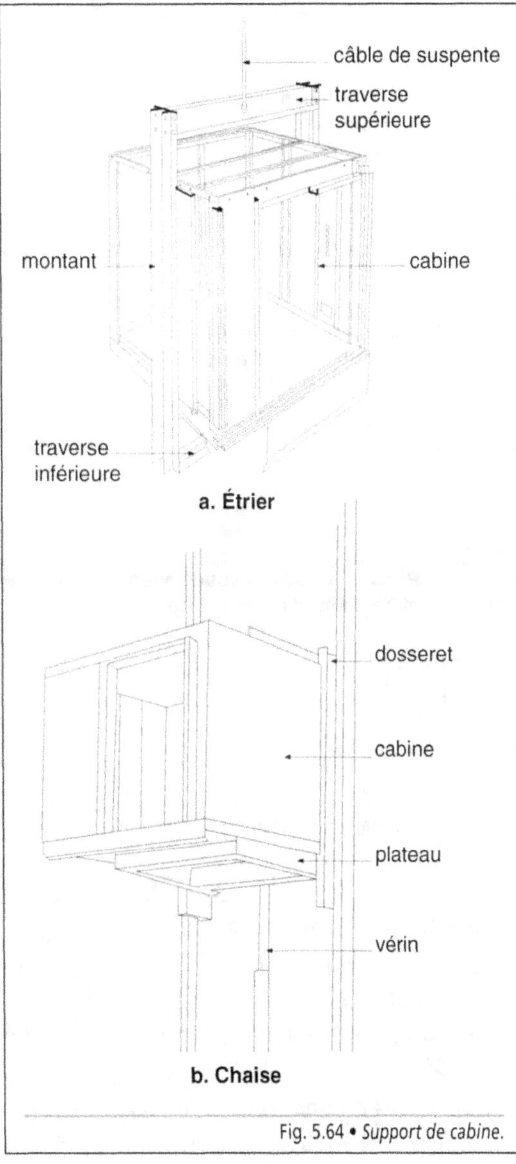

Fig. 5.64 • *Support de cabine.*

La porte de cabine est pleine. Toutefois, dans le cas de certains ascenseurs, elle est constituée par des panneaux en métal déployé.

L'ouverture des portes s'effectue selon l'un des principes suivants (Fig. 5.65) :

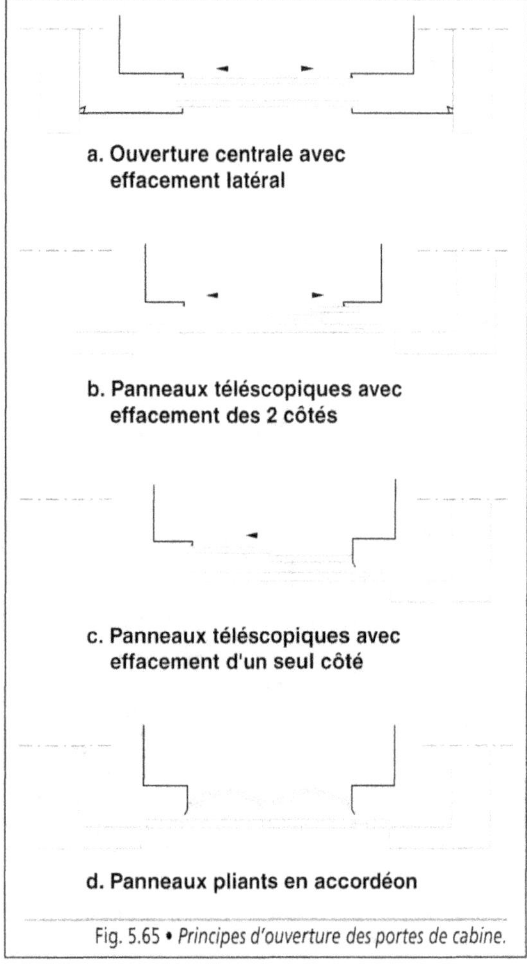

Fig. 5.65 • *Principes d'ouverture des portes de cabine.*

- par effacement latéral des vantaux ;
- par vantaux télescopiques s'effaçant sur les deux côtés ;
- par vantaux télescopiques s'effaçant sur un des côtés ;
- par vantaux pliants en accordéon ;
- par éléments coulissants verticalement vers le haut, dans le cas d'ascenseur de charge.

Les portes sont munies de plusieurs dispositifs de sécurité de manière à éviter tout risque d'accident, en particulier avec les portes à ouverture automatique :

- cellule photoélectrique interdisant la fermeture des vantaux tant que le faisceau lumineux est coupé ;
- palpeur provoquant l'arrêt et la réouverture des portes dans le cas où une personne ou un objet est heurté ;
- contrôle par contact électrique de la fermeture des portes de manière à interdire le fonctionnement de l'appareil si la porte reste ouverte ;
- déverrouillage de secours depuis l'extérieur en cas d'arrêt intempestif de la cabine, après avoir pris toutes les précautions nécessaires.

Chaque ouverture palière comporte un seuil de résistance suffisante pour le passage des charges.

La cabine peut être équipée d'une ou de deux portes s'ouvrant sur des faces opposées (Fig. 5.66).

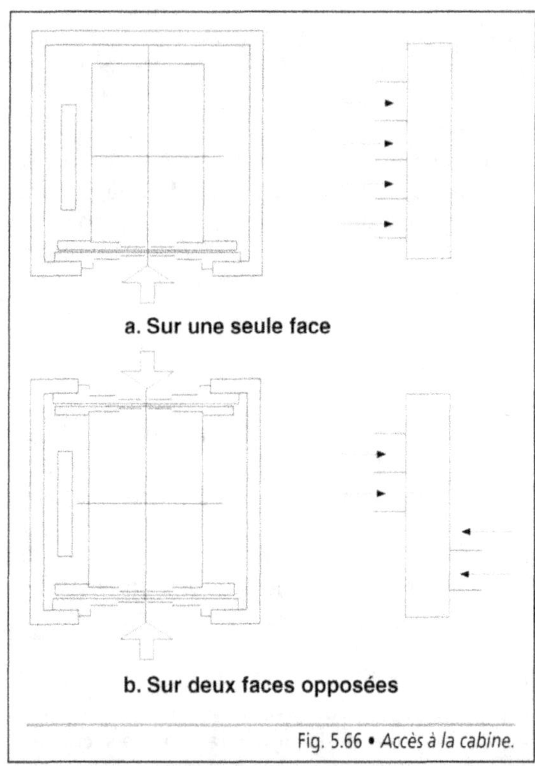

Fig. 5.66 • *Accès à la cabine.*

Sauf cas exceptionnel, les portes permettent d'accéder à un espace commun. En effet, la desserte directe d'espace privé, sans être interdite, impose des contraintes non négligeables : sécurité des personnes et des biens, degré coupe-feu des portes identique à celui de la paroi dans laquelle elle est aménagée (arrêté du 31.01.1986, article 97) et accès de secours à la cabine depuis les parties communes.

Fig. 5.67 • *Panneaux de commande.*

Les parois de la cabine reçoivent un habillage en rapport avec son utilisation. Pour les usages courants (habitation), le revêtement est de type plastifié ou stratifié. Les tôles d'acier prépeintes sont réservées aux cabines des monte-charge et les tôles d'acier inoxydable aux ascenseurs desservant des immeubles de bureaux ou des hôtels de bon standing. Le sol est constitué par des dalles en résines plastiques ou en caoutchouc synthétique, d'un classement UPEC égal à celui des parties communes de l'immeuble et d'un entretien facile. Le plafond est réalisé comme les parois ou avec des diffuseurs lumineux. La cabine doit être éclairée en permanence lorsque l'ascenseur est en cours de fonctionnement. L'équipement est complété par une plaque précisant la charge nominale, le nombre de personnes et le nom du fabricant, ainsi que par un tableau de commande dont le fond contraste avec la tonalité des parois. Les boutons sont clairement identifiés et portent les indications suivantes (Fig. 5.67) :

• commande des niveaux ;

• réouverture ou fermeture des portes ;

• interrupteur d'arrêt, de couleur rouge identifié par le mot stop ;

• dispositif d'alarme avec son symbole sur fond jaune ;

• témoin lumineux de surcharge pour les ascenseurs de charge.

D'autres accessoires sont installés sur demande : téléalarme ou télésurveillance, mains courantes, miroir, cendrier, strapontin, etc.

3.23. *Les portes palières*

L'accès à la cabine se fait par des ouvertures dans la gaine, équipée de portes palières, dont les dimensions de passage libre sont les mêmes que celles des portes de cabine (Photo. 5.17). Composées d'un bâti et d'un ou de plusieurs vantaux, elles sont exécutées en tôle d'acier de manière à présenter une bonne résistance mécanique. La finition est obtenue à l'aide de peinture laquée ou d'un revêtement plastifié. L'acier inoxydable présente une meilleure qualité de finition et une bonne résistance. Le tableau de commande comportant les boutons et les indicateurs éventuels du sens de marche est soit incorporé dans l'huisserie ou la façade palière, soit dans la maçonnerie, à proximité immédiate.

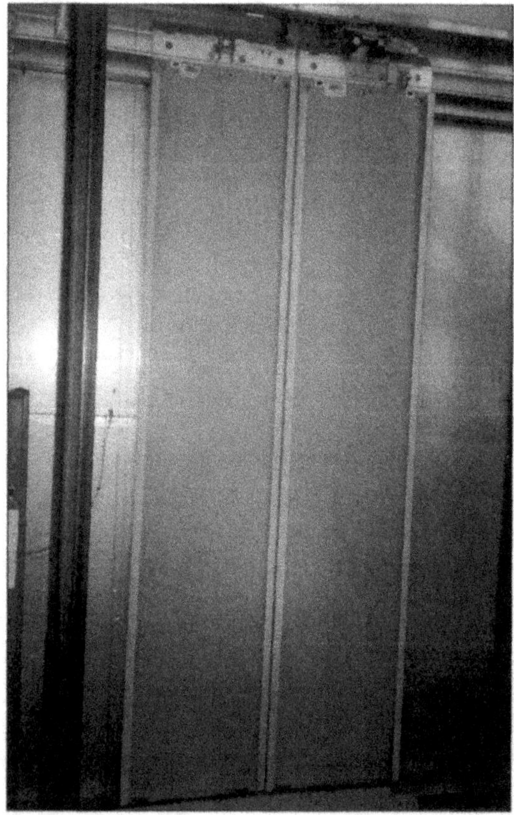

Photo. 5.17 • *Face intérieure des portes palières coulissantes et dispositif de commande.*

Le comportement au feu des portes palières est tel qu'elles répondent à la réglementation applicable au bâtiment considéré (Photo. 5.18). À défaut de précision, elles doivent être pare-flammes 1/2 heure ou coupe-feu 1/4 heure. Si la gaine ne participe pas à la propagation de l'incendie, aucun critère n'est exigé.

Les portes palières sont équipées de dispositifs de sécurité identiques à ceux des portes de cabine. En fonctionnement normal, l'impératif est double :

• l'ouverture de la porte palière à un niveau quelconque n'est pas possible tant que la cabine n'est pas arrêtée à ce niveau ;

• l'appareil ne peut pas fonctionner si une porte palière est ouverte.

Photo. 5.18 • *Essai de tenue au feu d'une porte palière d'ascenseur de type coulissant.*

Un système de déverrouillage, utilisable uniquement par le personnel de dépannage, est accessible depuis l'extérieur. Dans les ascenseurs équipant les immeubles d'habitation ou de bureaux, le couplage de la porte de cabine et de la porte palière améliore les conditions de sécurité.

Lorsque les parois de la gaine sont bâties en maçonnerie, des réservations sont prévues de manière à pouvoir poser les portes palières (Fig. 5.68).

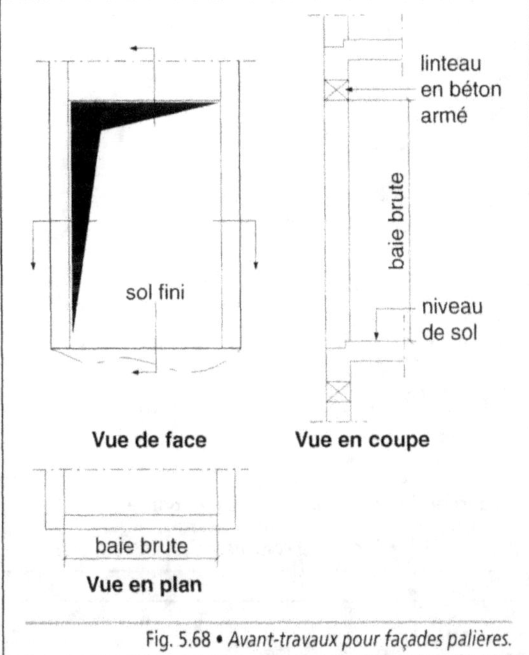

Fig. 5.68 • *Avant-travaux pour façades palières.*

3.24. *Le contrepoids et la masse d'équilibrage*

Le contrepoids est un organe mobile constitué par une masse qui vient contrebalancer la masse de la cabine et tout ou partie de la charge nominale. Il joue un double rôle :

- réduire l'énergie consommée lors du déplacement de la cabine ;

- assurer l'adhérence des câbles.

La masse d'équilibrage n'intervient que pour réduire l'énergie consommée.

L'un et l'autre sont formés par des gueuses en fonte maintenues en place dans un étrier métallique équipé de coulisseaux. Ils circulent le long de guides verticaux dans la même gaine que la cabine, parallèlement à celle-ci et dans le sens opposé.

Les appareils à entraînement électrique à adhérence sont équipés d'un contrepoids. L'utilisation d'une masse d'équilibrage est admise sur les ascenseurs à entraînement électrique fonctionnant par attelage (à tambour et câbles ou à pignons et chaînes) et sur les ascenseurs à entraînement hydraulique.

3.25. *Le dispositif d'entraînement et les guides*

Le dispositif d'entraînement est défini selon le mode de fonctionnement de l'ascenseur qu'il soit électrique ou hydraulique.

3.251. L'ascenseur électrique fonctionne selon l'un des deux principes suivants :

- **par adhérence** de câbles dans les gorges d'une poulie ;

- **par attelage,** c'est-à-dire, à l'aide soit d'un tambour et de câbles, soit d'un pignon et d'une chaîne.

Dans le système par adhérence, la cabine est fixée à l'extrémité d'une nappe de câbles à l'autre extrémité de laquelle se trouve le contrepoids (Fig. 5.69). La nappe passe sur la poulie d'un treuil entraîné par un moteur électrique. Le profil de la gorge de la poulie est étudié de manière à coincer les câbles et obtenir la meilleure adhérence possible.

D'une manière générale, le groupe moteur comporte les éléments suivants (Fig. 5.70) :

- un moteur asynchrone* à courant alternatif ou continu ;

- un volant d'inertie ;

- un système d'entraînement regroupant une vis tangente, une roue hélicoïdale et une poulie d'adhérence ;

- un dispositif de freinage agissant automatiquement en cas de coupure de courant.

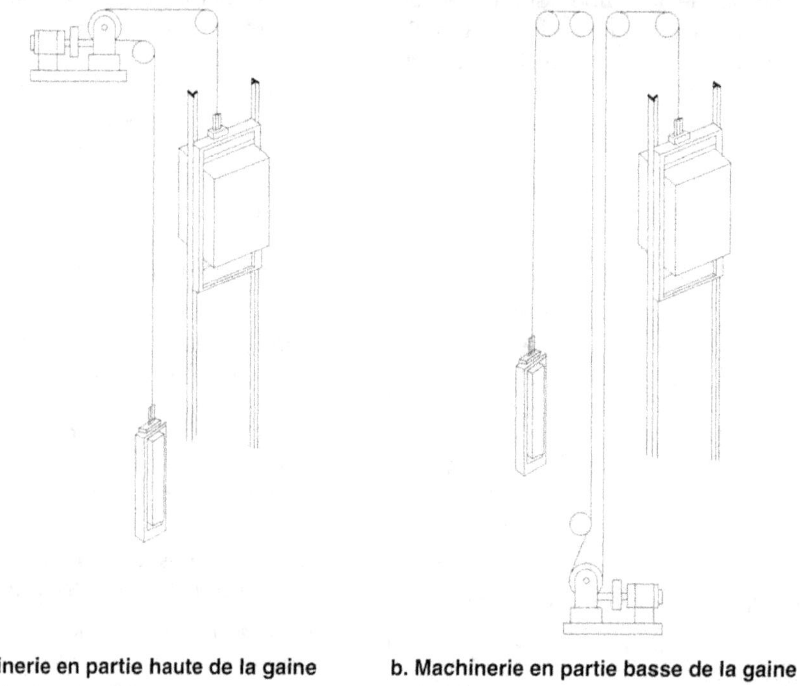

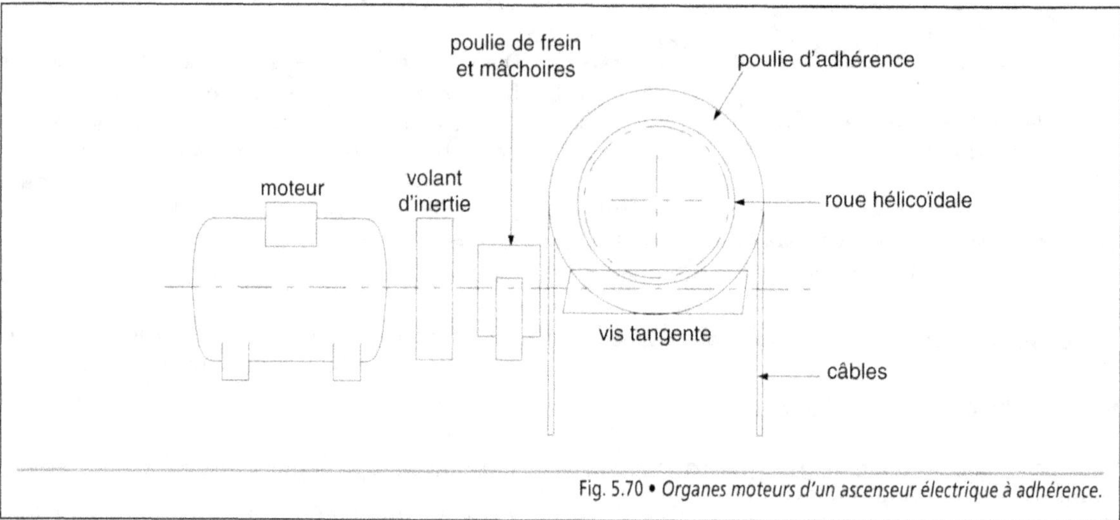

Fig. 5.69 • *Principe de l'ascenseur électrique à adhérence.*

Fig. 5.70 • *Organes moteurs d'un ascenseur électrique à adhérence.*

En position normale, le frein est serré. Dès la mise en route de l'appareil, son ouverture est commandée par un électro-aimant ; il reste ouvert pendant la période de fonctionnement.

En cas d'immobilisation de la cabine entre deux niveaux, une manœuvre doit permettre de l'amener en face d'une porte palière. Si l'effort manuel pour la déplacer en montée, avec sa charge nominale, ne dépasse pas 400 N, le groupe moteur est équipé d'un dispositif de manœuvre manuelle de secours. Lorsque cet effort est supérieur à 400 N, le système de rappel fonctionne électriquement.

L'installation est complétée en machinerie par tous les organes de coupure afin de garantir une parfaite sécurité de fonctionnement.

Le choix du moteur électrique est effectué en fonction des considérations de trafic, de vitesse et de confort lors des démarrages et des arrêts. Plusieurs techniques sont utilisées.

- Le moteur asynchrone à une vitesse convient pour les trafics peu importants, à faible vitesse (0,63 m/s), c'est-à-dire pour de petits immeubles d'habitation. Les inconvénients majeurs résident dans la mauvaise précision d'arrêt et dans l'usure rapide de certaines pièces.

- Le moteur asynchrone à deux vitesses permet une meilleure précision de la mise à niveau lors de l'arrêt. Il améliore les conditions de confort au démarrage et à l'arrêt. La vitesse maximale est de l'ordre de 1,20 m/s. Il convient pour de petits immeubles d'habitation ou de bureaux et pour les ascenseurs de charge.

- Le moteur asynchrone à vitesse variable (groupe Ward-Léonard), alimenté en courant continu, permet le réglage de la vitesse en jouant sur la tension du courant d'alimentation du moteur. Il offre toutes les possibilités de trafic intense et de rapidité de déplacement entre les niveaux avec un bon confort au démarrage et à l'arrêt. D'un coût élevé, il est peu à peu abandonné au profit de nouvelles technologies permettant des machines plus compactes et sans volant d'inertie.

- Le moteur asynchrone est accouplé à un variateur de vitesse à thyristors jouant un triple rôle : d'interrupteur, de redresseur et d'amplificateur de puissance. Cet ensemble possède des qualités équivalentes à celles du groupe à vitesse variable et permet un isonivelage automatique.

- Le moteur asynchrone à variation continue de fréquence est d'une grande souplesse. Il est très fiable pour des vitesses allant jusqu'à 6,00 m/s et offre un meilleur rendement global avec une maintenance réduite.

3.252. L'ascenseur hydraulique fonctionne soit par **action directe** lorsque la cabine est fixée directement sur le piston (Photo. 5.19), soit par **action indirecte**, la cabine étant reliée au piston par des organes de suspension (câbles ou chaînes) (Fig. 5.71). Lorsque la course est de faible hauteur, le vérin est simple. Le cylindre est logé dans un tube de protection installé dans une réservation forée dans le sol. Sa longueur est égale à la course de la cabine. Pour des appareils desservant des immeubles de plusieurs niveaux, le vérin est de type télescopique avec ou sans guidage externe (Fig. 5.72).

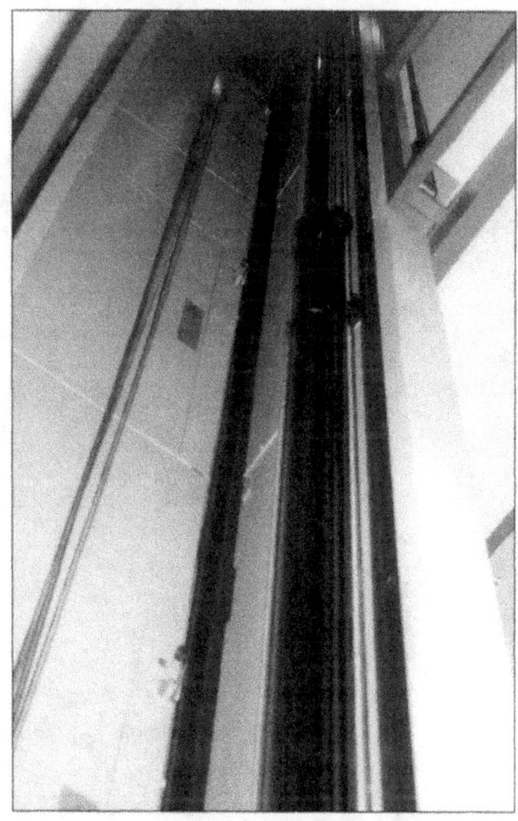

Photo. 5.19 • *Vérin d'ascenseur hydraulique à action directe.*

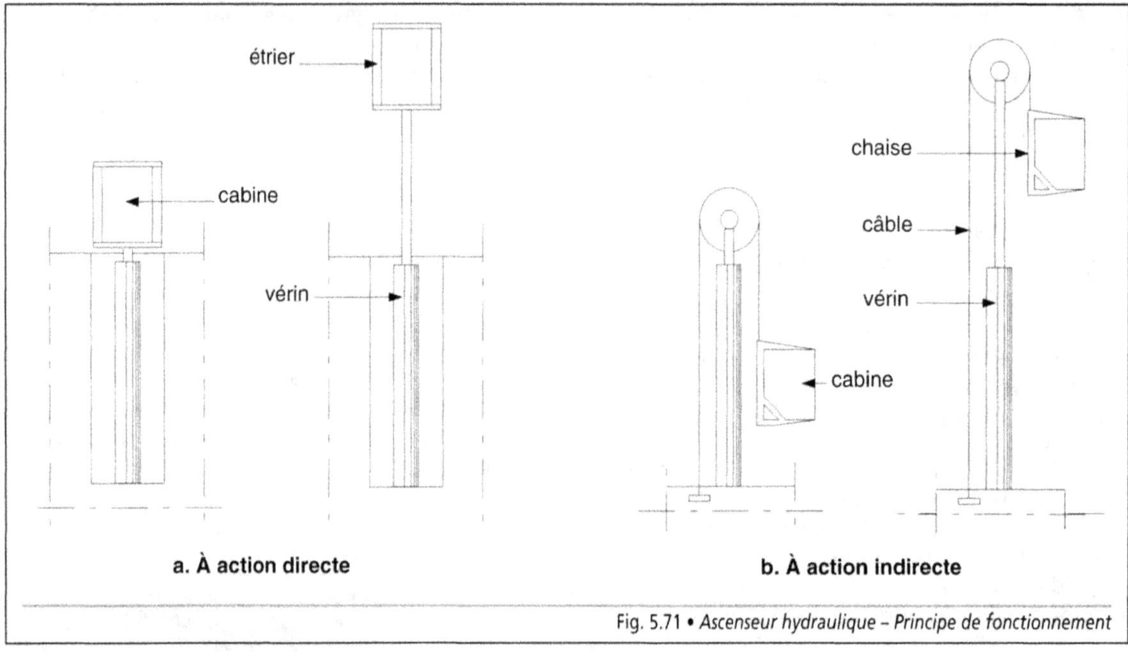

Fig. 5.71 • *Ascenseur hydraulique – Principe de fonctionnement*

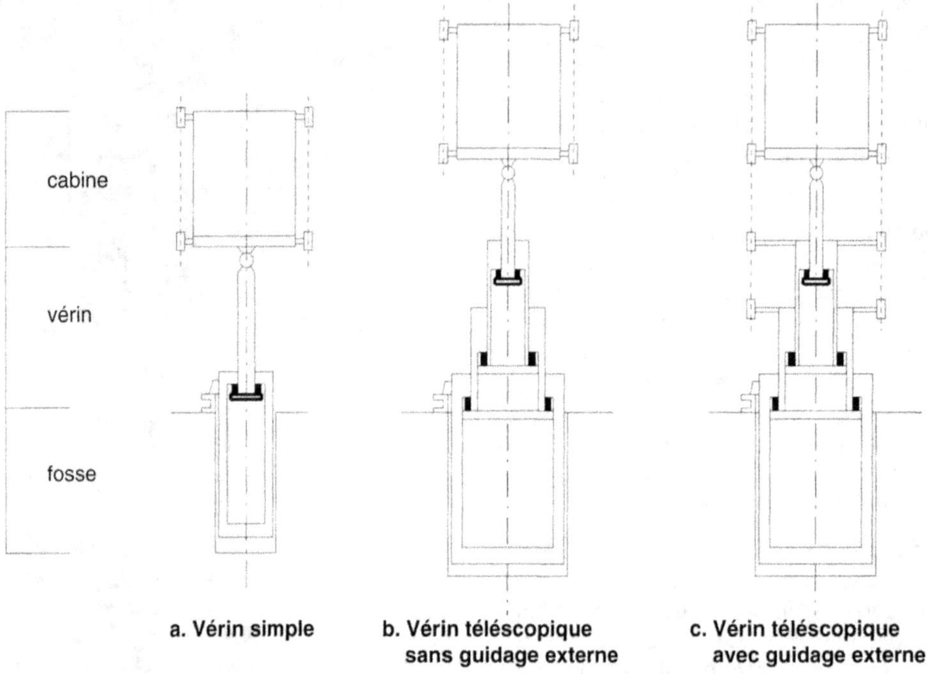

Fig. 5.72 • *Ascenseurs hydrauliques – Différents types de vérins.*

Le vérin peut être à simple effet ou à double effet. À simple effet, il n'intervient que pour pousser la cabine dans le sens de la montée. La descente s'effectue sous l'action de la pesanteur. À double effet, le mouvement de la cabine est assuré dans les deux sens par l'action du vérin.

Selon la position du ou des vérins, la liaison entre la cabine et le piston est réalisée de la manière suivante (Fig. 5.73) :

• la cabine est maintenue par l'étrier placé sur le vérin en position centrale ;

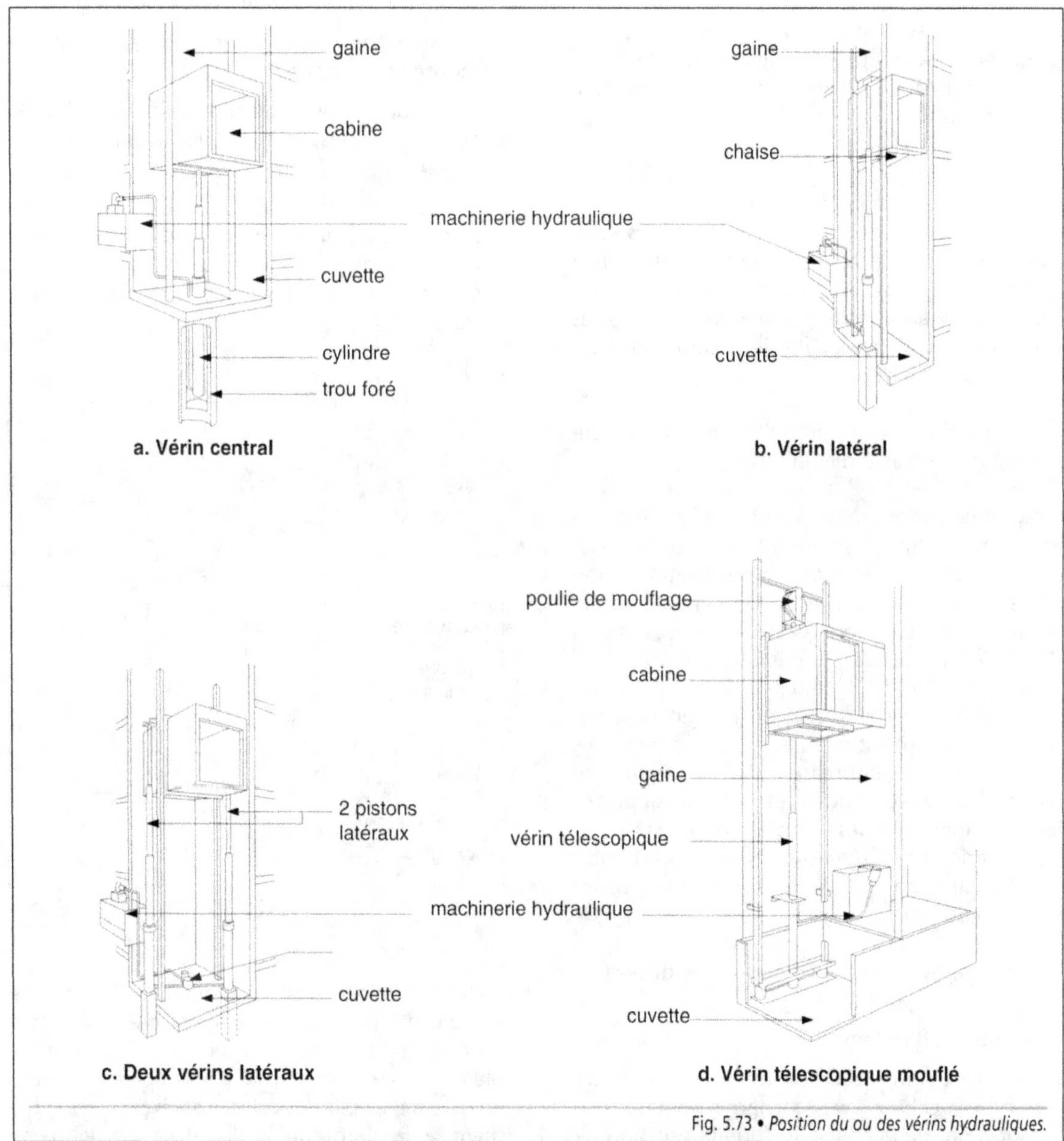

Fig. 5.73 • *Position du ou des vérins hydrauliques.*

- la cabine est en porte-à-faux, supportée par une chaise lorsque le vérin est sur le côté ;

- lorsque la charge utile est importante, l'appareil comporte deux pistons placés de part et d'autre de l'étrier de la cabine ; ils sont reliés hydrauliquement entre eux afin d'équilibrer les pressions ;

- l'étrier est suspendu à un système de câbles sur lequel agissent le ou les vérins placés en position latérale (vérin à action indirecte ou à mouflage).

L'inconvénient de la première solution est d'imposer un tube noyé dans le sol pour contenir le cylindre du vérin. Les deux dernières solutions sont plus particulièrement adaptées aux ascenseurs de charge. Le vérin à action indirecte présente l'avantage de pouvoir loger le ou les vérins dans la gaine, à côté de la cabine, mais il a une course limitée.

Afin de réduire les efforts, l'appareil peut être équipé d'une masse d'équilibrage.

Le système hydraulique est composé d'un réservoir pour le fluide avec une pompe immergée, d'un régulateur de débit pour obtenir une vitesse constante et inverser le sens d'écoulement, de canalisations et d'accessoires divers (Fig. 5.74). Il peut être complété par un refroidisseur du fluide lorsqu'il existe un risque d'échauffement de celui-ci ou par un réchauffeur si l'appareil est exposé à des températures très basses. Les matériaux utilisés doivent être compatibles avec le fluide et aptes à supporter les pressions prévues. L'installation est apparente afin de permettre une intervention rapide ; elle doit donc être protégée contre les chocs mécaniques.

Le système hydraulique comporte les dispositifs de sécurité suivants :

- un robinet d'isolement ;

- un clapet anti-retour de manière à pouvoir retenir la cabine avec sa charge nominale en tout point de la course lorsque la pression de la pompe tombe en dessous de la pression minimale de fonctionnement ;

- un limiteur de pression placé entre la pompe et le clapet anti-retour, réglé pour limiter la pression à 140 % de la pression à pleine charge ;

- un manomètre pour vérifier la pression ;

- des soupapes de direction correspondant à la montée et à la descente de la cabine ;

- une soupape de rupture capable d'arrêter la cabine en descente et de la maintenir à l'arrêt ;

- un réducteur de débit pour que la cabine avec sa charge nominale ne dépasse pas la vitesse nominale de descente de plus de 0,3 m/s, en cas de fuite importante sur le circuit hydraulique.

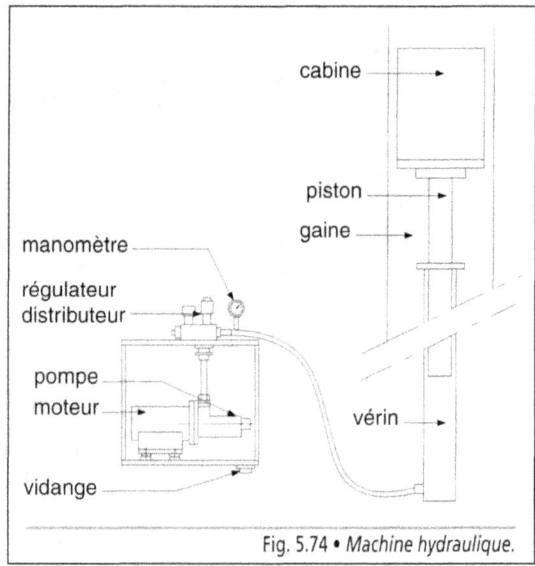

Fig. 5.74 • *Machine hydraulique.*

3.253. Les guides assurent le guidage de la cabine et du contrepoids ou de la masse d'équilibrage à raison d'un minimum de deux guides pour chaque élément. Ils sont constitués par des profilés rigides en acier reliés par des éclisses et fixés mécaniquement à la paroi ou à l'ossature de la gaine

(Fig. 5.75). La fixation doit permettre de compenser, soit automatiquement, soit par un simple réglage, les déformations dues au tassement normal du bâtiment ou au fluage du béton.

Les guides supportent les efforts dus au guidage soit de la cabine et des composants qui s'y rattachent (câbles, chaînes ou piston), soit de la masse du contrepoids ou de la masse d'équilibrage. Dans le cas des ascenseurs extérieurs non totalement encloisonnés, les effets du vent sont également pris en compte.

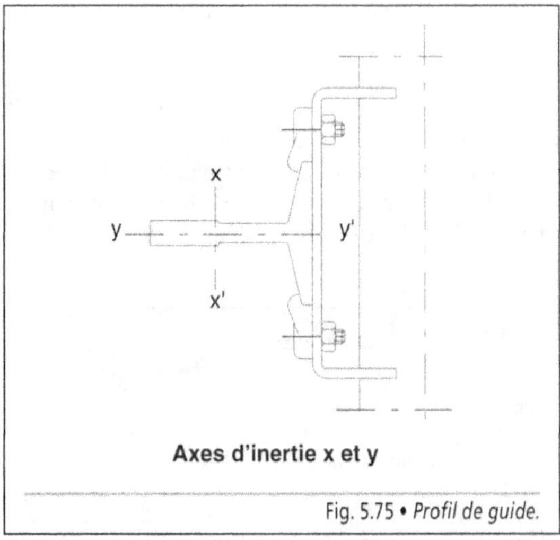

Fig. 5.75 • *Profil de guide.*

Les guides sont soumis aux contraintes suivantes :

- de flexion et de flambage, déterminées en fonction de l'action des charges en mouvement et de l'enclenchement éventuel du parachute ;

- de torsion de la semelle, calculées dans les mêmes conditions ;

- d'adhérence, consécutives au freinage d'urgence ou au blocage de la cabine du à l'action d'un dispositif de sécurité.

Les fixations sont soumises à des efforts d'arrachement.

Les contraintes dans les guides de cabine sont calculées en tenant compte du mode de chargement de la cabine et de sa position par rapport aux guides : axée, désaxée ou en porte-à-faux (Fig. 5.76).

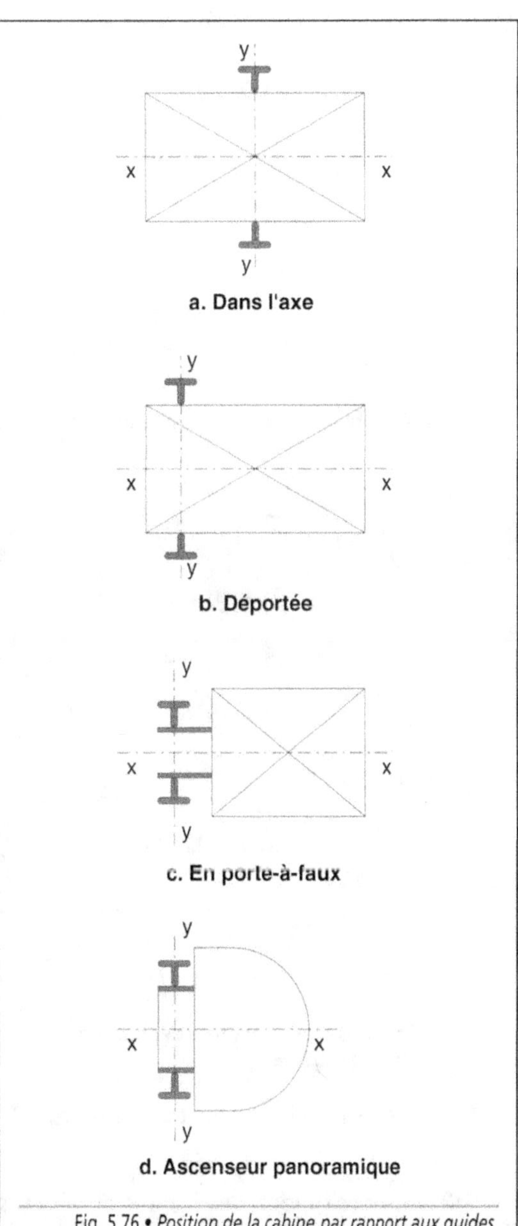

Fig. 5.76 • *Position de la cabine par rapport aux guides.*

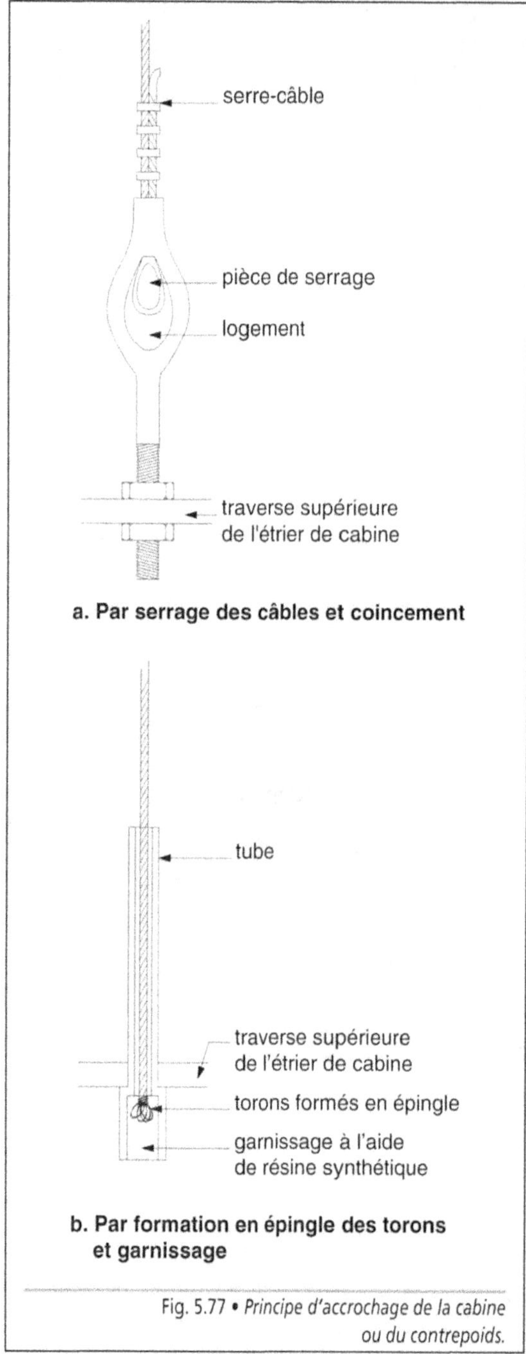

a. Par serrage des câbles et coincement

**b. Par formation en épingle des torons
et garnissage**

Fig. 5.77 • *Principe d'accrochage de la cabine
ou du contrepoids.*

La résistance des guides, des éclisses et de leurs fixations doit être suffisante pour reprendre les

charges et les efforts qui leur sont appliqués et ne pas affecter le bon fonctionnement de l'ascenseur et la sécurité.

3.254. Les organes de suspension sont constitués par des câbles en acier d'un diamètre minimal de 8 mm ou par des chaînes en acier à mailles parallèles. Leur nombre est au minimum de deux par élément suspendu : cabine, contrepoids ou masse d'équilibrage. Un dispositif égalise automatiquement la tension sous l'action de la charge. La fixation est assurée par serrage des câbles, formation en épingle des torons et garnissage avec une résine synthétique, manchon de sertissage ou tout autre système équivalent (Fig. 5.77).

Dans les immeubles relativement hauts (de l'ordre de 30 m et plus), la masse de la nappe de câbles devient importante. Afin de régulariser le couple moteur tout au long de la course, elle est équilibrée à l'aide d'un **câble de compensation** et d'une poulie de tension (Fig. 5.78).

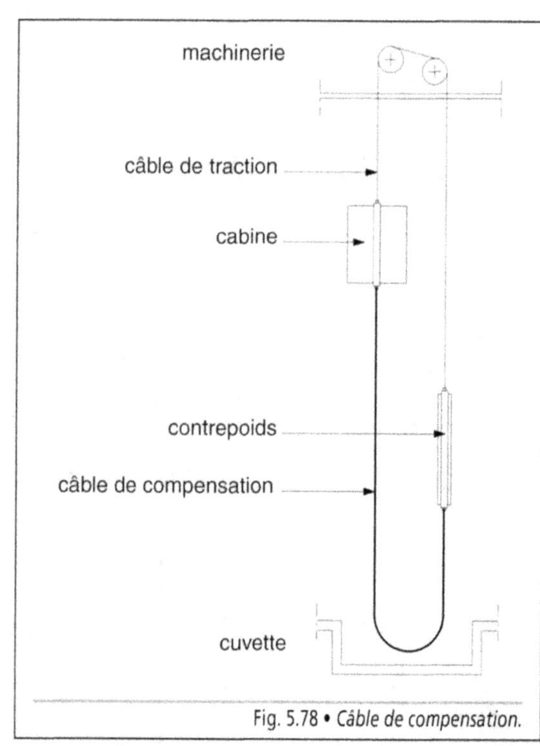

Fig. 5.78 • *Câble de compensation.*

Quelle que soit la position de la cabine, la masse de l'ensemble cabine et contrepoids est constante. Lorsque la vitesse des ascenseurs est supérieure à 3,50 m/s, cet équipement est complété par un dispositif anti-rebond.

3.26. La machinerie

La machinerie est le local dans lequel se trouvent l'ensemble des organes moteurs assurant le mouvement et l'arrêt des ascenseurs, ainsi que les poulies et les armoires de commande. Elle est affectée exclusivement à cet usage ; elle ne doit renfermer ni canalisations, câbles ou organes destinés à des services autres que ceux des ascenseurs. Toutefois, les équipements suivants sont admis :

- le matériel servant à la climatisation de ces locaux, à l'exclusion de chauffage à vapeur et à eau chaude sous pression ;
- les installations de détection d'incendie compatibles.

D'autre part, des organes tels que les poulies de renvoi et les poulies de traction peuvent être installés dans la gaine en respectant certaines règles.

La position de la machinerie dépend du mode de fonctionnement de l'ascenseur. Quelle que soit son implantation, elle ne doit pas être une source de gêne pour les locaux voisins (appartements bureaux, etc.), en particulier sur le plan acoustique.

Lorsque l'ascenseur est électrique, la machinerie est à proximité immédiate de la gaine. En général, elle se trouve au-dessus de la gaine. Dans ce cas, le plancher est calculé pour supporter la charge amenée par les organes moteurs, la cabine, le contrepoids, les câbles et les divers accessoires (Fig. 5.79). Elle peut également être située à côté de la gaine, en partie inférieure (Fig. 5.80). Cette position présente l'avantage de supprimer les superstructures dans les combles ou en terrasse afin de répondre à des considérations d'architecture ou d'urbanisme. L'inconvénient est double : d'une part, l'installation est plus complexe, avec des poulies de renvoi ; d'autre part, elle est plus onéreuse.

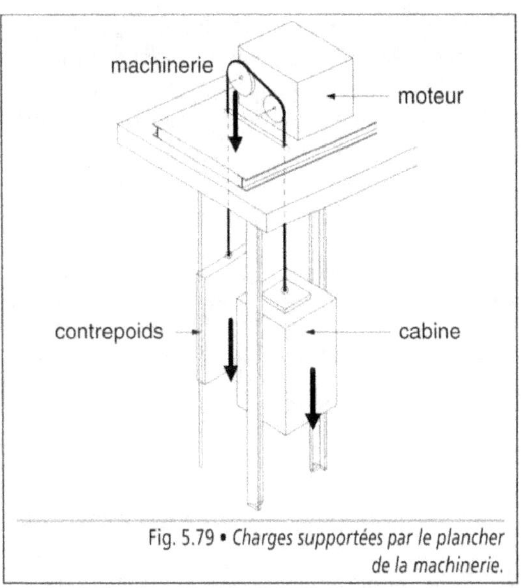

Fig. 5.79 • *Charges supportées par le plancher de la machinerie.*

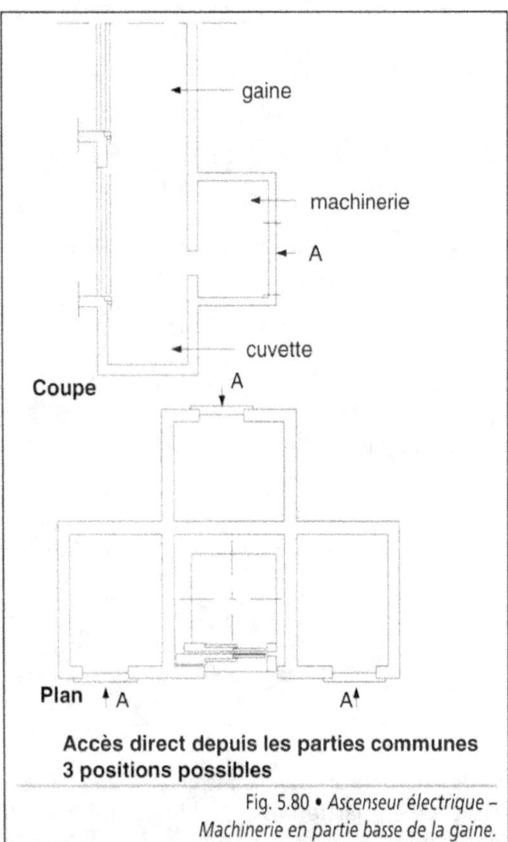

Fig. 5.80 • *Ascenseur électrique – Machinerie en partie basse de la gaine.*

Grâce à la miniaturisation des composants, de nouvelles séries d'appareils, mises sur le marché, permettent la suppression de la machinerie. Le moteur d'entraînement est placé dans la partie supérieure de la gaine (Fig. 5.81).

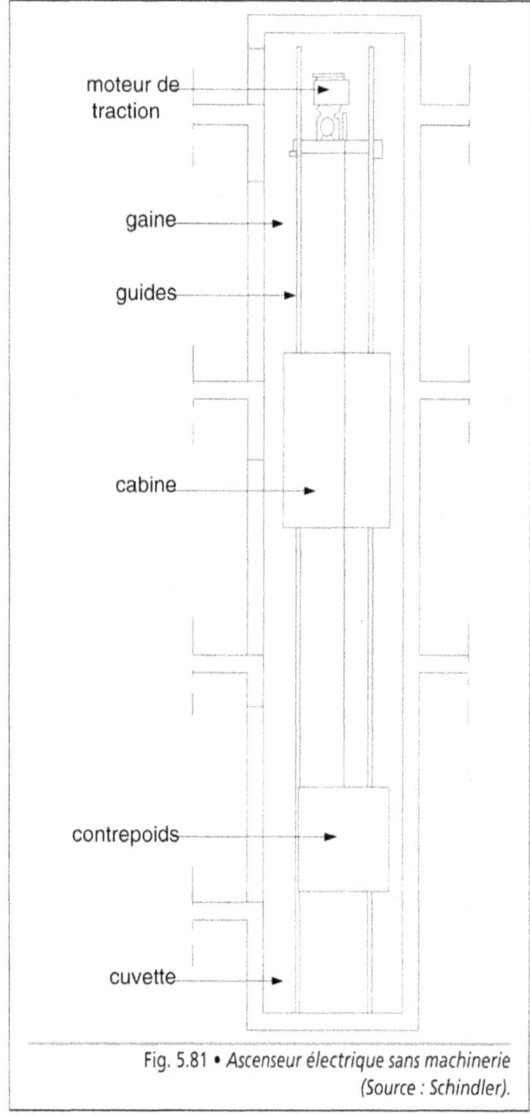

Fig. 5.81 • *Ascenseur électrique sans machinerie (Source : Schindler).*

Sur les ascenseurs hydrauliques, la machinerie est située en partie basse de l'immeuble, à côté de la gaine.

Les dimensions du local machinerie sont déterminées en fonction du type d'équipement, en réservant une surface libre devant eux afin de travailler en toute sécurité : moteurs, tableaux de manœuvre, armoires électriques. La hauteur libre est au minimum de 2,00 m ; elle peut être ramenée à 1,80 m dans les zones de circulation. En général, les caractéristiques sont communiquées par l'ascensoriste.

L'accès à la machinerie est réservé au seul personnel chargé de l'entretien de l'appareil. Il se fait de préférence par un escalier ou à l'aide d'une échelle fixe. Lorsque la machinerie est desservie par un palier situé au même niveau, la porte d'accès s'ouvre vers l'extérieur. Les dimensions minimales de passage sont les suivantes : largeur 0,60 m × hauteur 1,80 m. Lorsque le local est accessible au moyen d'une échelle, la trappe dispose d'un passage minimal de 0,80 m × 0,80 m. La porte, ou la trappe, est munie d'une serrure à clé pouvant être décondamnée depuis l'intérieur.

Les parois, le plancher et la couverture de la machinerie sont construits de manière à supporter les charges et les efforts auxquels ils sont soumis. Ils sont constitués par des matériaux ne favorisant pas la création de poussières et évitant tout risque de transmission des bruits et des vibrations dans le bâtiment. Les sols sont antidérapants. Des réservations sont prévues pour le passage des câbles ou des conduits hydrauliques. Leurs sections sont telles que la chute d'objet dans la gaine ne peut se produire (Fig. 5.82). Un ou plusieurs crochets, portant l'indication de la charge admissible, sont placés en plafond pour la manutention du matériel.

La machinerie est convenablement ventilée afin d'éviter toute surchauffe des moteurs. Lorsqu'ils ouvrent directement sur l'extérieur, les orifices de ventilation sont disposés de manière à protéger l'appareillage des intempéries. La machinerie dispose également d'un éclairage installé à demeure, l'interrupteur étant à proximité de l'accès.

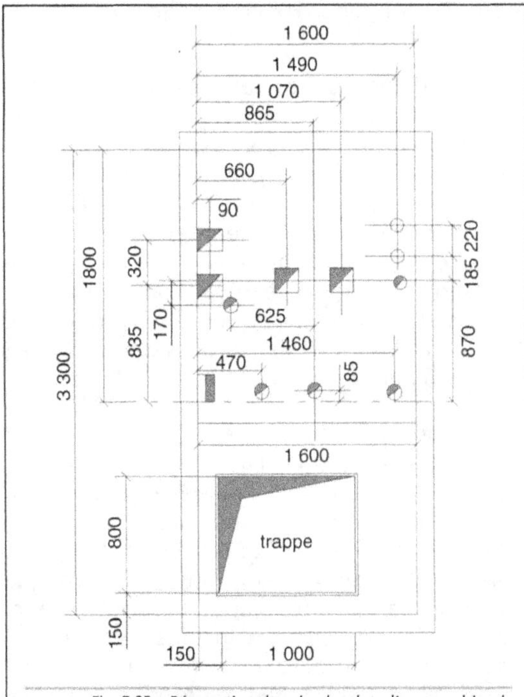

Fig. 5.82 • *Réservation dans le plancher d'une machinerie ascenseur de type 630 kg – Accès par trappe (dimensions en mm).*

Une liaison électrique entre la machinerie et la cabine est réalisée depuis l'armoire électrique à l'aide d'un câble fixe alimentant une boîte de connexion placée dans la gaine, sensiblement à mi-hauteur. De cette boîte part un câble souple, **le pendentif**, relié à la cabine et suivant tous ses mouvements (Fig. 5.83).

3.27. *Les organes de sécurité*

Ces organes ont un rôle important à jouer, en assurant la sécurité des utilisateurs des ascenseurs, des personnels chargés de l'entretien et des charges transportées. Ils se situent à plusieurs niveaux : dans la gaine, en cabine, sur les portes d'accès, sur le dispositif d'entraînement, dans la machinerie ainsi que sur l'alimentation électrique, comme indiqué précédemment.

Afin d'éviter la sensation de claustrophobie que peuvent ressentir les utilisateurs bloqués dans une cabine lors d'une panne, celle-ci est fréquemment équipée d'un système de téléalarme ou de télésurveillance.

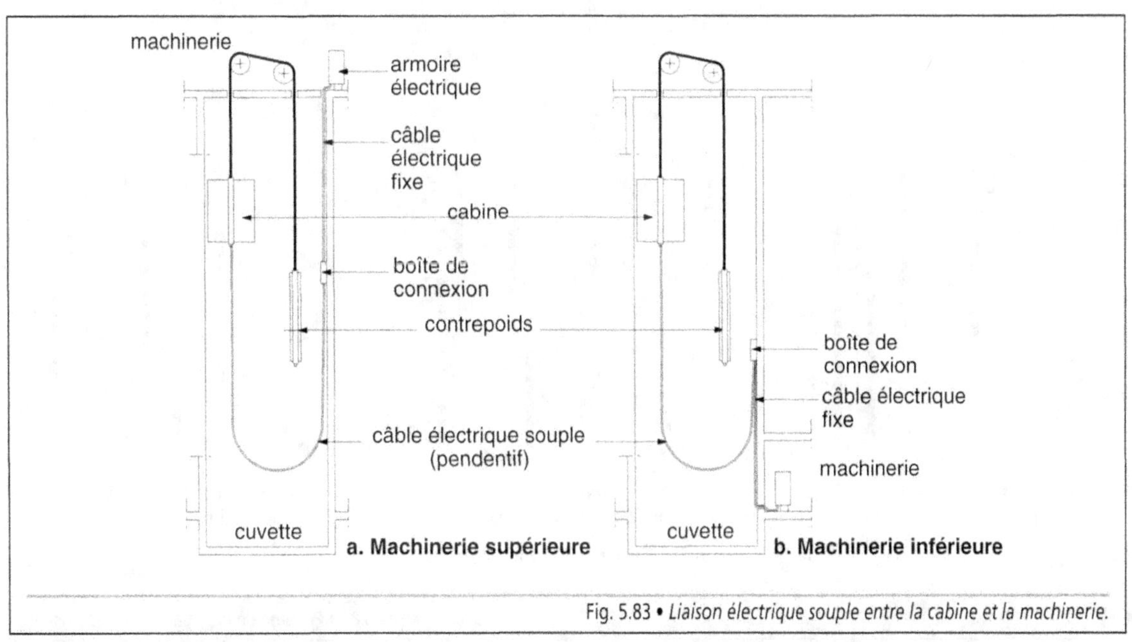

Fig. 5.83 • *Liaison électrique souple entre la cabine et la machinerie.*

Dans la gaine, les organes de sécurité sont constitués par les éléments suivants :

- **le parachute** a pour rôle d'arrêter la cabine, le contrepoids ou la masse d'équilibrage en cas de rupture des organes de suspension ; il agit en prenant appui sur les guides ; équipant la cabine, il doit être à prise amortie si la vitesse nominale est supérieure à 1,00 m/s ; il peut être à prise instantanée avec effet amorti si cette vitesse est inférieure à 1,00 m/s ou à prise instantanée (vitesse nominale inférieure à 0,63 m/s) ;

- **les amortisseurs** de cabine et de contrepoids ou de masse d'équilibrage sont placés à l'extrémité inférieure de leur course ; ils sont à accumulation d'énergie (faible vitesse) ou à dissipation d'énergie (quelle que soit la vitesse) ;

- **les dispositifs hors-course de sécurité** sont placés de manière à intervenir aussi près que possible des niveaux d'arrêt extrêmes, sans pour autant provoquer des coupures intempestives ; ils doivent agir avant que la cabine ou les autres éléments ne soient au contact des amortisseurs.

3.28. Les organes de commande

Pendant de nombreuses années, dans les hôtels et les immeubles de bureaux, la cabine était commandée par une personne affectée à son service. Ce temps est révolu. De nos jours, la manœuvre de la cabine est obtenue à l'aide d'un **boîtier de commande** intérieur ou sur les paliers desservis. Il comprend plusieurs boutons correspondant aux niveaux, à l'ouverture ou à la fermeture des portes et au maintien de l'appareil à l'arrêt. Trois principes sont proposés, adaptés à l'intensité du trafic (Fig. 5.84).

- **La manœuvre à blocage** enregistre le premier appel palier, lorsque l'ascenseur est libre : la cabine se dirige vers l'étage correspondant. Les autres appels paliers ne sont pas enregistrés. Aussi longtemps que l'ascenseur est occupé, le voyant lumineux d'occupation de chaque tableau palier reste allumé. Un nouvel appel palier n'est accepté que lorsque l'appareil est libre. Le tableau de commande de la cabine ne peut recevoir qu'un seul ordre pour un étage déterminé et elle se rend directement à cet étage.

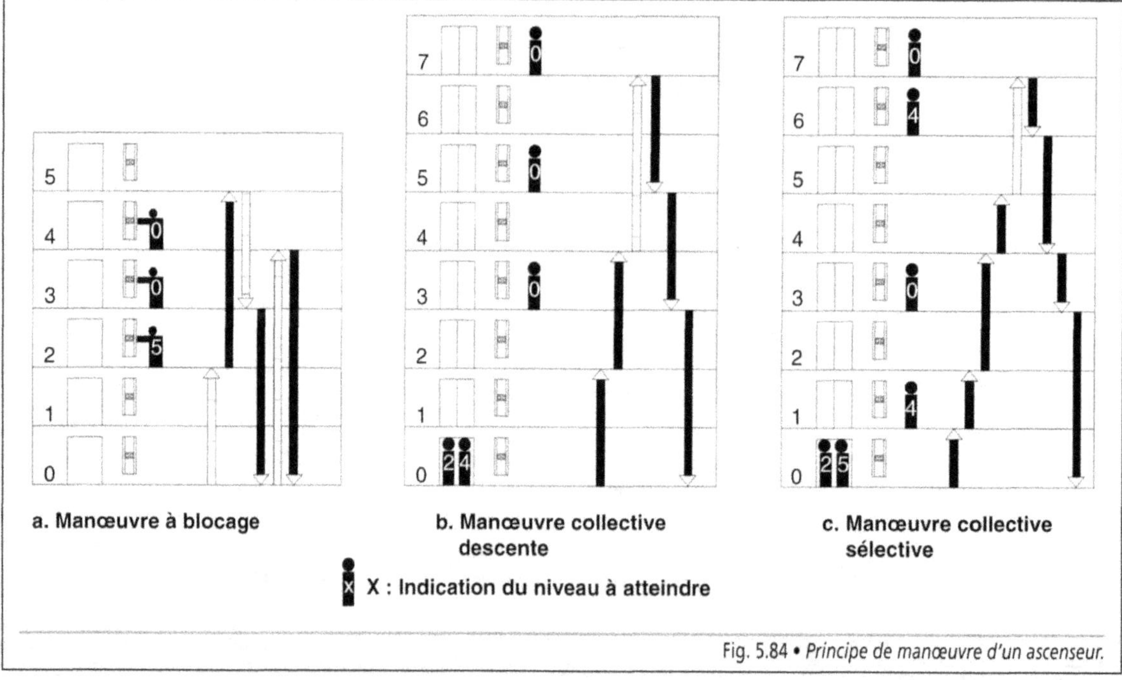

Fig. 5.84 • *Principe de manœuvre d'un ascenseur.*

Ce principe, assez limité, dessert les immeubles comprenant peu d'étages et à faible trafic.

Exemple de manœuvre

1) à l'origine, l'ascenseur se trouve au niveau 0 ;

2) l'utilisateur du niveau 2 appelle l'ascenseur afin de rejoindre le niveau 5 ;

3) puis l'ascenseur se rend au niveau 3 pour répondre à l'appel de l'utilisateur qui désire se rendre au niveau 0 ;

4) enfin, l'ascenseur remonte au niveau 4, à l'appel de l'utilisateur qui descend au niveau 0.

• **La manœuvre collective descente** enregistre les appels paliers (un seul bouton par niveau) et les ordres donnés en cabine. La sélection des étages étant effectuée, le voyant lumineux des boutons d'appel s'éclaire afin de signaler l'enregistrement. L'ascenseur dessert à la montée les ordres donnés en cabine, dans l'ordre logique, sans tenir compte des appels paliers. Il inverse son sens de marche lorsqu'il a répondu à tous les ordres donnés en cabine et que le niveau le plus haut demandé est atteint. À la descente, tous les ordres provenant de la cabine ou des paliers sont satisfaits. Lorsque la cabine est à pleine charge, un dispositif évite les arrêts inutiles sur les appels paliers. À l'arrivée de la cabine, un indicateur de direction précise, sur le tableau palier, le sens du prochain déplacement. Ce type de manœuvre, compte tenu de son rendement élevé, est couramment utilisé dans les immeubles d'habitation.

Exemple de manœuvre

1) l'ascenseur se trouve au niveau 0 ;

2) à la demande des utilisateurs, l'ascenseur se rend successivement aux niveaux 2 et 4 ;

3) puis, l'ascenseur monte au niveau 7, le plus élevé, pour répondre à l'appel de l'utilisateur qui désire se rendre au niveau 0 ;

4) à la descente, l'ascenseur collecte les personnes aux niveaux 5 et 3, qui rejoignent également le niveau 0.

• **La manœuvre collective sélective** enregistre les appels paliers et les ordres donnés en cabine. les tableaux des paliers comportent deux boutons d'appel permettant de sélectionner la destination, l'un pour la montée, l'autre pour la descente. À la montée, l'ascenseur dessert les ordres donnés en cabine et les appels paliers pour monter. Il en est de même à la descente. Le changement du sens de marche intervient lorsque, pour une direction donnée, il n'y a plus ni ordre ni appel à satisfaire. À pleine charge, la cabine ne marque plus les arrêts sur appels paliers, mais ceux-ci restent enregistrés. Compte tenu du gain de temps et de la fluidité, ce principe est retenu lorsque le trafic est particulièrement dense, c'est-à-dire dans les immeubles de bureaux ou les centres commerciaux.

Exemple de manœuvre

1) l'ascenseur se trouve au niveau 0 avec deux utilisateurs qui se rendent aux niveaux 2 et 5 ;

2) à la montée, l'ascenseur s'arrête au niveau 1 à l'appel d'un utilisateur qui se rend au niveau 4 ;

3) puis l'ascenseur s'arrête successivement aux niveaux 2, 4 et 5 pour déposer les personnes qui se rendent à ces niveaux ;

4) ensuite l'ascenseur répond à l'appel de l'utilisateur qui se trouve au niveau le plus élevé, le niveau 7, et désire aller au niveau 0 ;

5) à la descente, l'ascenseur collecte l'utilisateur du niveau 6 qui se rend au niveau 4, et celui du niveau 3 qui rejoint également le niveau 0.

D'autres procédés permettant d'améliorer la marche des ascenseurs et de réduire le temps d'attente sont à l'étude. Par exemple, le panneau d'étage sur lequel l'utilisateur indique le niveau où il désire se rendre, les boutons de cabine n'étant plus indispensables.

3.3. Le programme de charge des ascenseurs

Le programme de charge des ascenseurs est établi en fonction de la population de l'immeuble desservi, de sa catégorie : habitations, bureaux, hôtels, immeubles de grande hauteur ou autres.

Il tient compte de plusieurs paramètres. Les ascensoristes disposent de logiciels performants pour retenir la solution la mieux adaptée.

Les immeubles sont desservis soit par un seul ascenseur, soit par plusieurs. Une batterie d'ascenseurs est constituée par un groupe d'appareils liés électriquement, de même vitesse nominale, desservant les mêmes niveaux, dont les portes d'accès sont visibles entre elles et disposant à chaque niveau d'une commande palière commune (Fig. 5.85). Les charges nominales et les dimensions de cabine peuvent être différentes. Ils sont situés dans une gaine unique ou dans des gaines séparées (cas des ascenseurs prioritaires). Les dimensions des halls d'accès sont en rapport avec le nombre d'appareils.

3.31. *Immeubles d'habitation*

Dans les immeubles d'habitation, la population à prendre en compte correspond au nombre de personnes habitant les niveaux situés au-dessus du hall de départ. À défaut d'indications précises, en général il est admis une personne par pièce principale plus une personne par logement. Dans le cas d'immeubles de vacances, (stations de sports d'hiver ou bord de mer), le nombre de personnes est porté à deux par pièces principales plus une par logement.

> ### *Exemple*
> - immeuble d'habitation : un appartement de quatre pièces correspond à cinq personnes ;
> - immeuble de vacances : un appartement de deux pièces correspond à cinq personnes.

Le hall de départ d'un ascenseur est le lieu auquel accèdent les piétons venant de la voie publique. Lorsque cet accès peut se faire à différents niveaux, le hall de départ est celui situé au niveau le plus bas. Le passage par les parkings n'est pas considéré comme un accès normal des piétons.

Les niveaux desservis sont les suivants :

- les niveaux habitables ;
- le niveau du hall de départ et éventuellement les autres niveaux d'accès normaux des piétons ;
- les niveaux de parking ou de sous-sol.

La qualité de service pour le transport des personnes tient compte des trois critères suivants :

- la durée de parcours ;
- la capacité d'absorption du trafic de pointe ;
- l'intervalle maximal probable.

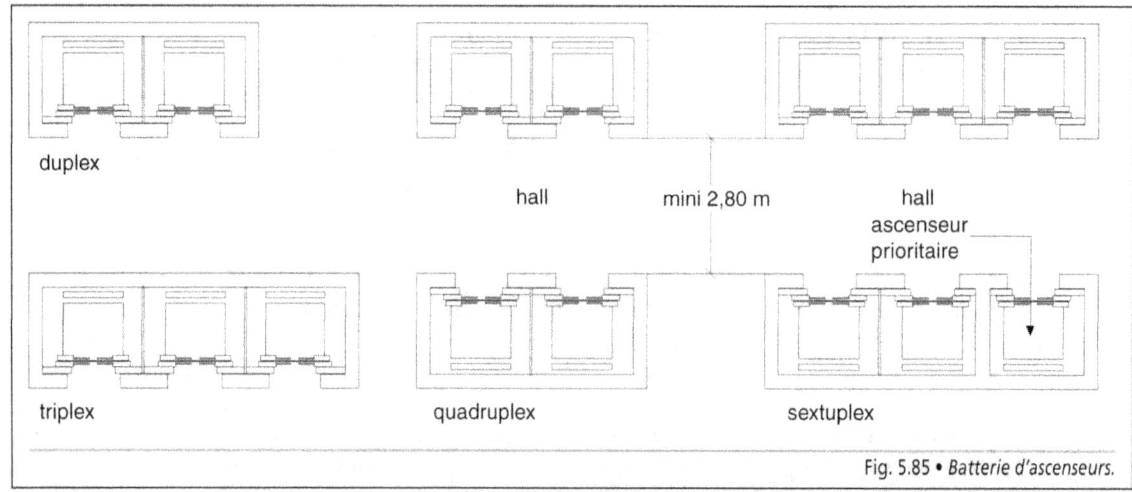

Fig. 5.85 • *Batterie d'ascenseurs.*

La durée de parcours est égale au rapport de la course, distance qui sépare les deux niveaux extrêmes desservis, à la vitesse nominale de l'appareil. La qualité du service est d'autant meilleure que cette durée diminue. Elle ne doit pas dépasser 40 à 50 secondes.

La capacité d'absorption du trafic de pointe est considérée comme satisfaite lorsque l'installation d'ascenseurs est capable de transporter en cinq minutes à la montée un effectif égal à 7,5 % de la population totale.

L'intervalle maximal probable correspond au temps moyen qui s'écoule dans le hall de départ entre deux départs consécutifs à la montée soit d'un appareil isolé, soit de deux appareils d'une batterie d'ascenseurs. Ce temps moyen est la somme des temps élémentaires suivants :

- entrée des passagers depuis le hall de départ ;
- fermeture des portes ;
- parcours en montée avec arrêt aux différents niveaux demandés par les usagers ;
- à chaque niveau, ouverture des portes, sorties des passagers et fermetures des portes ;
- parcours en descente jusqu'au hall de départ, sans arrêt intermédiaire ;
- ouverture des portes au niveau de départ.

Cet intervalle ne doit pas excéder 80 à 100 secondes, temps relativement important.

Selon les dimensions de la cabine, l'ascenseur peut transporter les personnes valides, les personnes handicapées utilisant des fauteuils roulants normaux, les malades allongés sur un brancard, les voitures d'enfants, les meubles encombrants courants (sommiers), les cercueils, les pompiers équipés de leur matériel portable. Les conditions d'un service convenable sont satisfaites lorsque le nombre et les caractéristiques des appareils sont déterminés en fonction de la hauteur du bâtiment et du nombre de niveaux conformément au tableau n° 5.12.

Les cabines de type 320 sont de petites dimensions (1,00 × 0,85 m) et ne permettent le transport que des personnes.

ÉTAGES	HAUTEUR MAXIMALE	NOMBRE ET CARACTÉRISTIQUES DES APPAREILS
13		2 ascenseurs 1 000 kg
12	← 36 m	
11		
10		2 ascenseurs 1 000 et 630 kg
9		
8	← 24 m	
7		1 ascenseur 1 000 kg
6	← 18 m	
5		
4		1 ascenseur 630 kg
3	← 9 m	
2		
1		
R		Hall de départ
-1		
-2		
-3		

Tab. 5.12 • *Équipement théorique d'un bâtiment d'habitation selon le nombre de niveaux et la hauteur.*

Celles de type 630 ont des dimensions moyennes (1,10 × 1,40 m) autorisant le transport de personnes handicapées en fauteuil roulant et de voiture d'enfants.

Celles de type 1 000 sont plus vastes (1,10 × 2,10 m) et permettent le transport de malades allongés sur un brancard, de meubles encombrants et de cercueils.

Des abaques indiquent les solutions admissibles pour un immeuble d'habitation, qu'il y ait un ascenseur isolé ou une batterie d'ascenseurs. Elles prennent en compte les paramètres suivants :

- la population de l'immeuble ;

- le nombre de niveaux desservis ;

- la course correspondant à la distance séparant les deux niveaux extrêmes desservis ;

- la charge nominale des appareils ;

- la vitesse nominale ;

- le nombre possible d'ascenseurs.

3.32. Immeubles de bureaux

Pour les immeubles de bureaux, il convient de spécifier les données essentielles en fixant des priorités à retenir :

- la population globale ;

- les niveaux où se trouve concentrée la majeure partie du personnel ;

- le nombre de niveaux au-dessus du niveau de départ ;

- le nombre de niveaux en sous-sol ;

- la distance séparant les niveaux extrêmes.

L'étude des différents trafics possibles est indispensable : montée en période de pointe, desserte en temps normal, desserte inter-étage. Les logiciels permettent de déterminer le nombre et les caractéristiques des ascenseurs et d'en visualiser le fonctionnement virtuel. L'objectif est d'optimiser leur marche en réduisant les temps d'attente, sans avoir à réaliser une installation démesurée. Un principe de commande adapté améliore la fluidité du trafic.

3.33. Immeubles de grande hauteur

Dans les immeubles de grande hauteur, il est possible de fractionner la dénivellation en plusieurs zones d'égale valeur, desservies chacune par un ou plusieurs ascenseurs. C'est ainsi que pour un bâtiment divisé en deux zones, une première batterie d'appareils dessert le niveau de départ et la zone inférieure et une seconde batterie d'ascenseurs express, le niveau de départ et la zone supérieure (Fig. 5.86).

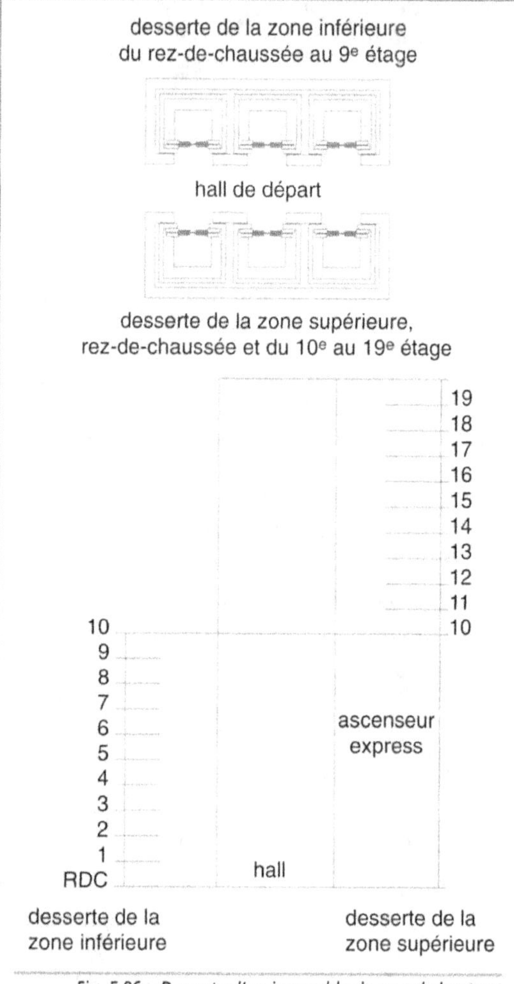

Fig. 5.86 • *Desserte d'un immeuble de grande hauteur.*

Dans ces immeubles, comme dans certains établissements recevant du public, un ou plusieurs ascenseurs, placés dans des gaines indépendantes, sont équipés d'un dispositif d'**appel prioritaire** réservé aux pompiers (Fig. 5.85). L'objectif est d'assurer une intervention rapide des services de secours en cas d'incendie.

Des dispositions particulières sont prises lorsque les ascenseurs sont susceptibles d'être utilisés par des personnes à mobilité réduite ou par des non-voyants.

3.4. Les caractéristiques des ascenseurs et la mise en service

L'installation d'un ascenseur impose de recueillir un ensemble d'informations. D'une part afin de définir les caractéristiques fondamentales, d'autre part afin de réaliser les travaux de gros œuvre et d'alimentation électrique, ainsi que les réservations à prévoir. Pour ces derniers, l'ascensoriste doit fournir les renseignements portant sur le type d'ascenseur, l'implantation du matériel et la puissance électrique demandée.

3.41. Les caractéristiques fondamentales à collationner sont les suivantes :

- le type d'immeuble desservi : habitation, tertiaire, commercial, industriel ou autres, et la qualité des prestations attendues ;

- le nombre d'appareils prévus ;

- leur position : intérieure ou extérieure au bâtiment ;

- leur destination : transport de personnes, de charges, monte-malades, monte-voitures ou autres ;

- leur mode de fonctionnement : ascenseur électrique ou hydraulique ;

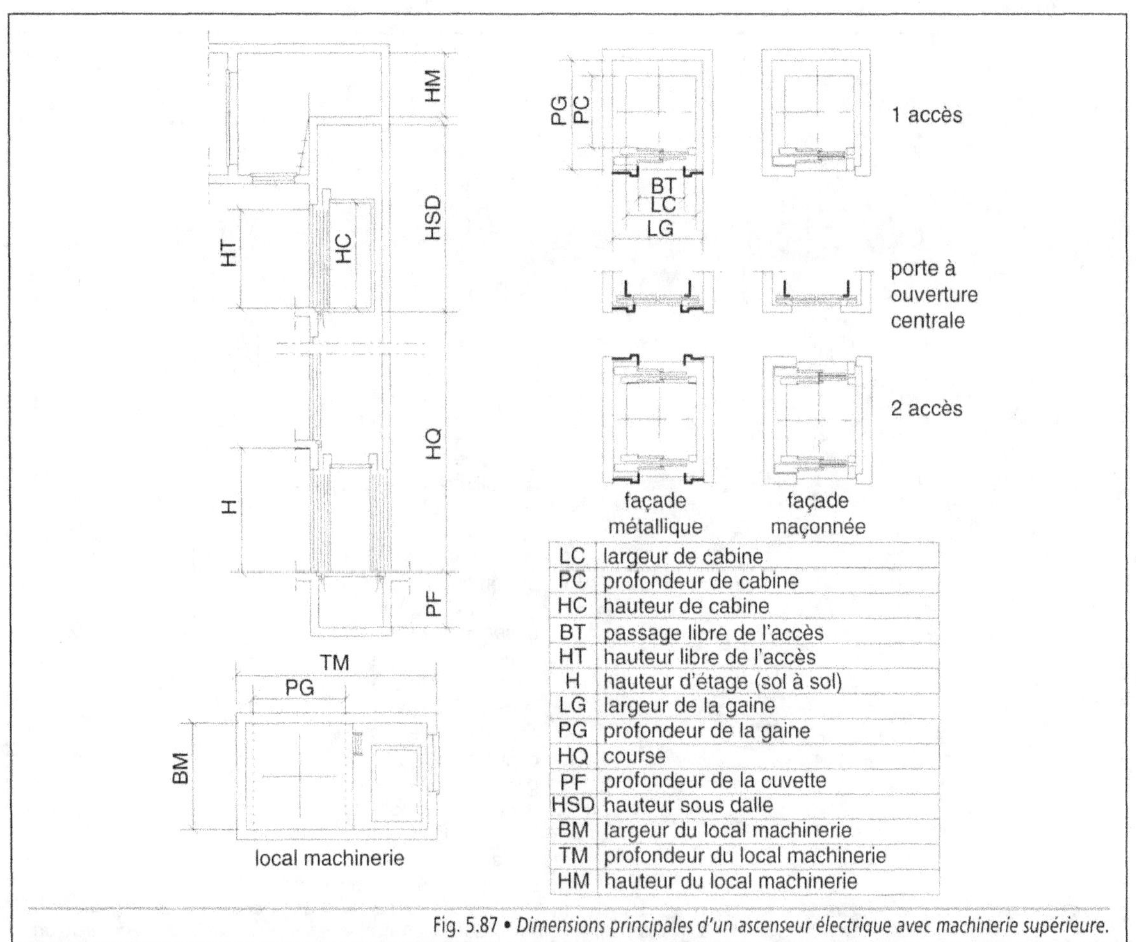

LC	largeur de cabine
PC	profondeur de cabine
HC	hauteur de cabine
BT	passage libre de l'accès
HT	hauteur libre de l'accès
H	hauteur d'étage (sol à sol)
LG	largeur de la gaine
PG	profondeur de la gaine
HQ	course
PF	profondeur de la cuvette
HSD	hauteur sous dalle
BM	largeur du local machinerie
TM	profondeur du local machinerie
HM	hauteur du local machinerie

Fig. 5.87 • *Dimensions principales d'un ascenseur électrique avec machinerie supérieure.*

- leur charge nominale et leur vitesse nominale ;

- le nombre de niveaux desservis et la longueur de la course ;

- l'accès à la cabine par une ou deux faces ;

- la distance de sol à sol entre les différents niveaux ;

- la constitution de la gaine ; participe-t-elle à la protection incendie du bâtiment ?

- la position de la machinerie : en partie supérieure ou inférieure de la gaine ;

- la qualité de finition de la cabine et des portes palières ;

- le principe de commande.

Selon les réponses apportées à ces paramètres, l'ascensoriste détermine le ou les appareils les mieux adaptés. Puis, il communique les plans correspondants sur lesquels sont mentionnés les principales cotes de la cabine, de la gaine et de la machinerie, ainsi que les travaux complémentaires à réaliser par les autres corps d'état (Fig. 5.87 et 5.88).

3.42. La mise en service des ascenseurs ne peut être effective qu'après une procédure qui a pour objectif de garantir la sécurité lors de son utilisation. Elle comprend trois volets :

- l'examen de la conformité de l'installation avec le cahier des charges et les documents normatifs ;

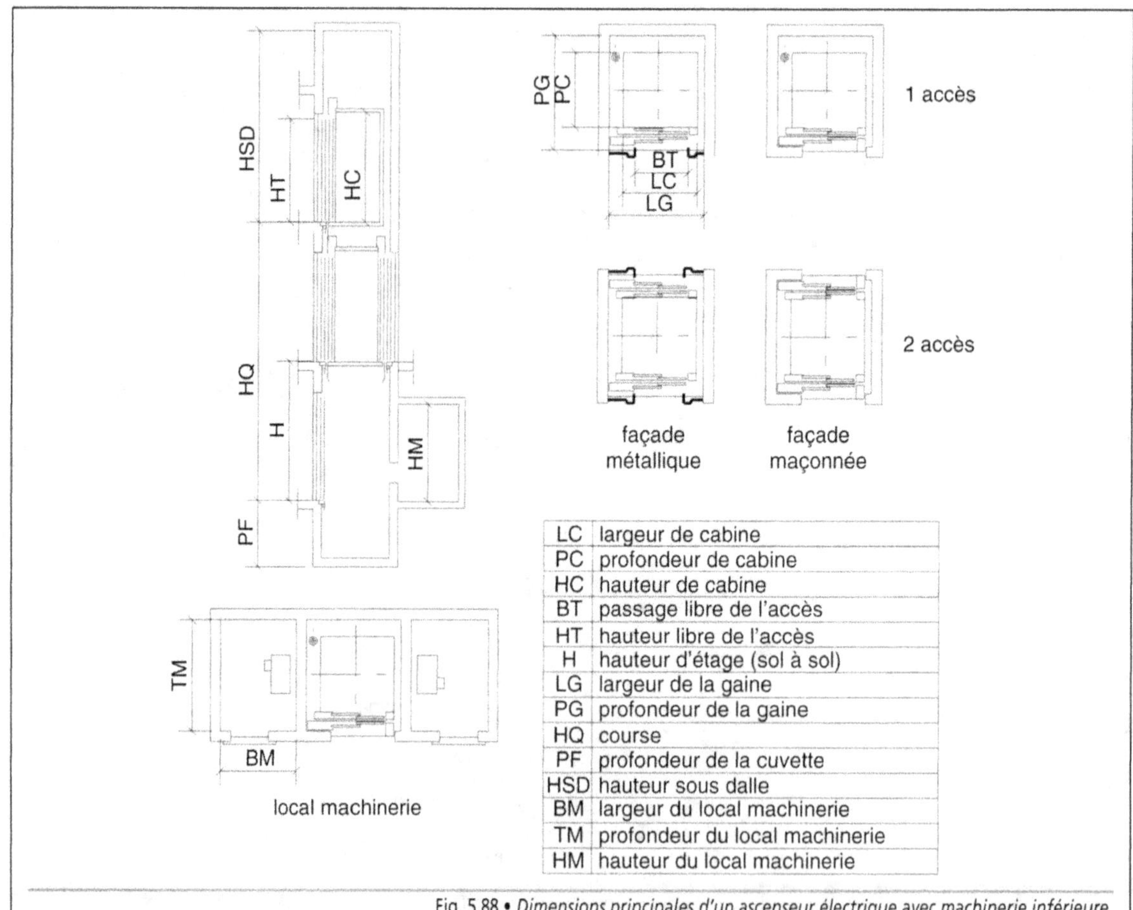

LC	largeur de cabine
PC	profondeur de cabine
HC	hauteur de cabine
BT	passage libre de l'accès
HT	hauteur libre de l'accès
H	hauteur d'étage (sol à sol)
LG	largeur de la gaine
PG	profondeur de la gaine
HQ	course
PF	profondeur de la cuvette
HSD	hauteur sous dalle
BM	largeur du local machinerie
TM	profondeur du local machinerie
HM	hauteur du local machinerie

Fig. 5.88 • *Dimensions principales d'un ascenseur électrique avec machinerie inférieure.*

- les essais et les vérifications des composants accompagnés de la remise des certificats d'essais (essai au feu des portes palières, par exemple) ;

- la fourniture d'un manuel d'instruction donnant les informations relatives à l'utilisation normale de l'appareil et aux opérations de secours.

Dans le cas d'un ascenseur électrique, les opérations de contrôle portent sur les points suivants :

- les dispositifs de verrouillage ;

- les dispositifs électriques de sécurité (Tab. 5.13) ;

- les éléments de suspension et leurs attaches ;

- le système de freinage ;

- l'installation électrique avec la mesure de l'isolement des différents circuits et la vérification de la mise à la terre ;

- l'adhérence, avec des essais en montée, la cabine étant vide ou en descente, la cabine étant chargée à 125 % de sa charge nominale ;

DISPOSITIFS CONCERNÉS	PARAGRAPHES CORRESPONDANT
Contrôle de la fermeture des portes de visite et de secours et des portillons de visite	5.2.2.2.2
Dispositif d'arrêt en cuvette	5.7.3.4 a)
Dispositif d'arrêt dans le local de poulies	6.4.5
Contrôle du verrouillage des portes palières	7.7.3.1
Contrôle de la fermeture des portes palières	7.7.4.1
Contrôle de la fermeture des vantaux sans verrou	7.7.6.2
Contrôle de la fermeture de la porte de cabine	8.9.2
Contrôle du verrouillage de la trappe et de la porte de secours en cabine	8.12.4.2
Dispositif d'arrêt sur le toit	8.15 b)
Contrôle de l'allongement relatif anormal d'un câble ou d'une chaîne dans le cas de deux câbles ou de deux chaînes de suspension	9.5.3
Contrôle de la tension des câbles de compensation	9.6.1 e)
Contrôle du dispositif anti-rebond	9.6.2
Contrôle de l'enclanchement du parachute	9.8.8
Détection de la survitesse	9.9.11.1
Contrôle du retour en position normale du limiteur de vitesse	9.9.11.2
Contrôle de la tension du câble de limiteur de vitesse	9.9.11.3
Contrôle du dispositif de protection contre la vitesse excessive de la cabine en montée	9.10.5
Contrôle du retour en position détendue normale des amortisseurs	10.4.3.4
Contrôle de la tension de l'organe de transmission de la position de la cabine (dispositif hors course de sécurité)	10.5.3.1 b)
Dispositif hors course de sécurité pour ascenseur à adhérence	10.5.3.1 b)
Contrôle du verrouillage de la porte de cabine	11.2.1 c)
Contrôle de la position du volant amovible de dépannage	12.5.1.1
Contrôle de la tension de l'organe de transmission de la postion de la cabine (dispositif de contrôle de ralentissement)	12.8.4 c)
Contrôle du ralentissement dans le cas d'amortisseurs à course réduite	12.8.5
Contrôle du mou des câbles ou des chaînes pour ascenseur à treuil attelé	12.9
Contrôle des interrupteurs principaux au moyen de contacteurs disjoncteurs	13.4.2
Contrôle du nivelage, de l'isonivelage et de l'anti-dérive	14.2.1.2 a)
Contrôle de tension de l'organe de transmission de la position de la cabine (nivelage et isonivelage)	14.2.1.2 a)
Dispositif d'arrêt en manœuvre d'inspection	14.2.1.3 c)
Limitation de la cabine en manœuvre de mise à quai	14.2.1.5 b)
Dispositif d'arrêt en manœuvre de mise à quai	14.2.1.5 i)

Tab. 5.13 • *Liste des dispositifs électriques de sécurité à contrôler (Source : NF EN 81-1, novembre 1998).*

- la vitesse de déclenchement du limiteur de vitesse ;

- le bon fonctionnement du parachute de la cabine et du contrepoids ou de la masse d'équilibrage ;

- le bon fonctionnement des amortisseurs à accumulation d'énergie ou à dissipation d'énergie ;

- le dispositif de demande de secours depuis la cabine ;

- le dispositif d'alarme placé en gaine, dans la cuvette et dans la réserve supérieure ;

- le dispositif de protection contre la vitesse excessive de la cabine à la montée ;

- les essais de fonctionnement en charge et en surcharge.

Après la mise en route, les ascenseurs font l'objet d'un entretien permanent et de visites de contrôle périodiques, consignées dans un registre prévu à cet effet.

4. La réglementation

Comme pour tout ouvrage d'un bâtiment, les circulations verticales font l'objet d'une réglementation qui porte, entre autres, sur les règles de construction, la mise en œuvre, le dimensionnement déterminé en fonction des conditions d'utilisation, les matériaux utilisés, la sécurité contre les risques d'incendie.

Les nouvelles règles de calcul, mises en place à l'échelon européen, les eurocodes, remplacent progressivement les anciennes : règles BA, BAEL, BPEL, cm, CB, FPM 88, FA, FB et BF 88. Il en est de même avec les euronormes EN en lieu et place des normes NF, en particulier pour les ascenseurs, l'accent étant porté sur la sécurité d'utilisation.

Eurocode 1 : *Bases de calcul et action sur les structures.* Plus particulièrement la partie 2.2 *« Actions sur les structures en cas d'incendie ».*

Eurocode 2 : *Calcul des structures en béton.*

Eurocode 3 : *Calcul des structures en acier.*

Eurocode 5 : *Calcul des ouvrages en bois.*

DTU 21 (NF P 18-201) – Additif N° 1 : *Exécution des travaux en béton – Prescriptions particulières applicables aux marches préfabriquées indépendantes en béton armé pour escalier.*

DTU 21 3(NF P 19-201) – *Dalles et volées d'escalier préfabriquées en béton armé simplement posées sur appuis sensiblement horizontaux.*

DTU 31.1 (NF P 21-203) : *Charpente et escalier en bois.*

DTU 32.1 (NF P 22-201) : *Construction métallique. Charpente en acier.*

DTU 32.2 (NF P 22-202) : *Construction métallique. Charpente en alliage d'aluminium.*

DTU 52.1 (NF P 61-202) : *Travaux de bâtiment – Revêtements de sol scellés.*

DTU 53.2 (NF P 62-203) : *Travaux de bâtiment – Revêtements de sol plastiques collés.*

Règles NV 65 modifiées 95 (NF P 06-002) : *Règles définissant les effets de la neige et du vent sur les constructions.*

Règles N 84 modifiées 95 (NF P 06-006) : *Action de la neige sur les constructions.*

NF P 01-012 : *Dimensions des garde-corps. Règles de sécurité relatives aux dimensions des garde-corps et rampes d'escalier.*

NF P 01-013 : *Essais des garde-corps. Méthodes et critères.*

NF P 06-001 : *Bases de calcul des constructions. Charges d'exploitation des bâtiments.*

NF P 21-210 : *Escaliers en bois. Terminologie.*

NF P 21-211 : *Escaliers en bois. Spécifications.*

NF P 82-... : *Série de normes traitant des ascenseurs, monte-charge et escaliers mécaniques.*

Le Code de la Construction et de l'Habitation.

La nouvelle réglementation acoustique (NRA) publiée le 25 novembre 1994 et complétée par les décrets et les arrêtés d'application.

L'arrêté du 31 janvier 1986, modifié et complété, relatif à la protection contre l'incendie des bâtiments d'habitation.

Le règlement de sécurité contre les risques d'incendie et de panique dans les établissements recevant du public – Arrêté du Journal Officiel – Brochure n° 1011 : *Sécurité contre l'incendie.*

Les règles d'accessibilité aux personnes à mobilité réduite.

Organisme Professionnel de Prévention du Bâtiment et des Travaux Publics (OPPBTP) : *Prescriptions de sécurité.*

5. La pathologie

Compte tenu de leur importance dans les constructions comportant plusieurs niveaux, les circulations verticales relèvent tant de la garantie décennale que de la garantie de bon fonctionnement. Les deux cas suivants entrent dans le cadre de la garantie décennale :

- la structure de l'ouvrage ou les éléments fixés dans le gros œuvre sont défectueux et occasionnent des risques non négligeables pour les utilisateurs ;

- la fonction dévolue à l'objet n'est pas assurée de manière pérenne.

L'étude de la pathologie porte sur les trois types de circulation verticale étudiés précédemment.

5.1. Les escaliers

Concernant les escaliers, il convient d'attirer l'attention sur les désordres dont les conséquences peuvent être graves.

Ils sont dus aux fautes suivantes, cette liste n'étant pas exhaustive :

- l'erreur de conception telle qu'une échappée insuffisante ou un mauvais report des charges (escalier hélicoïdal à fût central) ;

- la mise en œuvre défectueuse : des armatures mal positionnées peuvent entraîner la ruine d'un escalier en béton armé ; la fixation des marches sur leur support mal exécutée occasionne leur déplacement ou leur chute ;

- le non-respect des normes pour l'exécution des garde-corps et des rampes d'escalier ainsi que leur mauvaise fixation ;

- le revêtement des marches ne correspondant pas à l'emploi : revêtement glissant ou d'une qualité insuffisante en regard du trafic ;

- l'insuffisance de protection contre la corrosion pour les escaliers extérieurs et le manque d'entretien.

5.2. Les escaliers mécaniques et les ascenseurs

Ces équipements sont soumis à une réglementation draconienne. Il en résulte que le nombre d'accidents graves est faible, sous réserve du respect des conditions d'utilisation et d'entretien de ces appareils.

Concernant les ascenseurs , une cause importante d'accidents a disparu avec l'interdiction d'installer des ascenseurs à parois lisses, dépourvus de porte de cabine (loi n° 89-421 du 23 juin 1989). L'aspect le plus traumatisant reste l'isolement des personnes enfermées dans la cabine d'un appareil en panne et l'effet de claustrophobie qui en résulte. C'est pourquoi sont installés des systèmes de liaison avec l'extérieur (téléalarme ou télésurveillance). Une autre cause d'accident, heureusement exceptionnelle, consiste en la possibilité pour un utilisateur d'accéder à la gaine alors que la cabine ne se trouve pas au niveau correspondant.

Adresses utiles

Fédération des Ascenseurs et Industries
de Service (FAIS)
48 boulevard Malesherbes
75008 Paris

Syndicat National de Montage-Levage
et des Activités Associées (SNMLAA)
10 rue du débarcadère
75852 Paris Cedex 17

Bibliographie

Les escaliers – A. Stein – Éditions Eyrolles, Paris.

Technique de construction des escaliers – W. Mannes – Éditions Eyrolles, Paris.

6

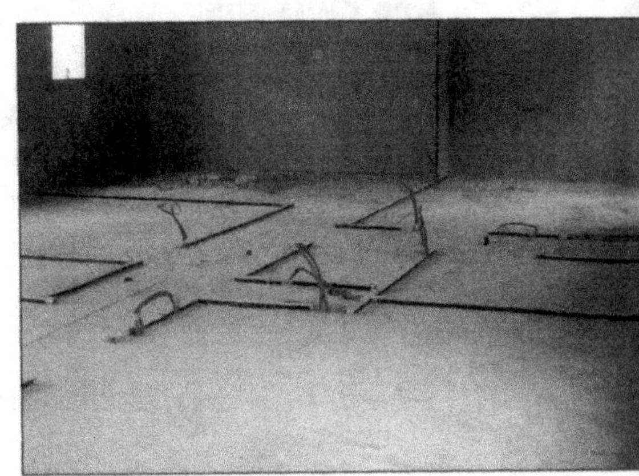

LA DIVISION DES ESPACES

Dans un bâtiment il est nécessaire de diviser les espaces pour une meilleure utilisation. C'est la fonction qui est dévolue aux cloisons, aux plafonds ainsi qu'aux planchers techniques. Ces éléments ne font pas partie du système structurel. Ils ont rarement un rôle porteur mais peuvent, parfois, être intégrées dans le contreventement général de la construction. La liaison entre les différents volumes ainsi créés est assurée par des ouvertures pratiquées dans les parois verticales et obturées par des portes de communication dont le degré d'isolation correspond à celui de la cloison.

1. Les cloisons

Les cloisons ont pour rôle essentiel de partager verticalement le volume initial d'un niveau donné en une série de volumes partiels. Elles interviennent également pour doubler des parois, murs porteurs ou autres, ainsi que pour habiller des éléments de structure afin d'en améliorer certaines caractéristiques.

1.1. La définition des cloisons

Les cloisons sont des parois verticales non porteuses, bâties à l'intérieur d'un bâtiment. Leur fonction première est de délimiter, de manière définitive ou temporaire, des espaces dans lesquels sont effectuées des activités différentes. Elles constituent une barrière visuelle ou non et peuvent remplir des fonctions secondaires qui en améliorent les performances. À ce titre, elles jouent un rôle important en apportant la réponse à certains phénomènes physiques tels que :

- l'isolation thermique ;
- l'isolation acoustique ;
- la correction acoustique ;
- le contrôle des ambiances hygrothermiques ;
- le contrôle des nuisances ;
- la protection contre les risques d'incendie, etc.

Afin de pouvoir remplir ces rôles multiples, les principales caractéristiques des cloisons portent, entre autres, sur les points suivants :

- la résistance mécanique car, bien que non porteuses, les cloisons doivent être aptes à reprendre leur poids propre et, éventuellement, à résister à la mise en charge consécutive à la flèche prise par une structure horizontale ;
- la solidité leur permettant de supporter les charges qui peuvent être suspendues (appareils sanitaires, convecteurs, luminaires, meubles de rangement, etc.) ;

- la résistance aux efforts horizontaux auxquels elles sont normalement soumises ;
- la résistance aux chocs et aux effets dus aux battements des portes ;
- la possibilité d'incorporer des réseaux de fluides ;
- l'intégration architecturale intérieure, selon la forme de la cloison, droite ou courbe, sa composition, la présence de vitrage et le revêtement mural qu'elle reçoit.

Lorsque les locaux présentent certains risques, une réponse appropriée est apportée par des cloisons bâties avec des matériaux spécifiques et selon un mode de mise en œuvre adéquat. C'est le cas, entre autres :

- des laveries collectives, buanderies, cuisines, douches dans lesquelles règne une ambiance humide proche de la saturation, avec des risques de projection ou de ruissellement d'eau ;
- des installations de cuisson dans les cuisines collectives, et des installations de fours occasionnant une température supérieure à 50 °C pendant une longue durée ;
- des circulations dans les centres hospitaliers, les centres commerciaux ou les bâtiments industriels où le mouvement des lits ou des chariots provoque des chocs sur les parois.

1.2. La classification des cloisons

Les cloisons sont classées selon trois critères déterminants : la destination, le degré de mobilité, les matériaux et leur mise en œuvre.

D'autres paramètres peuvent être également être retenus, entre autres la nature de la structure interne : pleine, creuse ou avec un remplissage rapporté.

1.21. La destination

La destination correspond à la fonction première de la cloison. Elle permet de définir trois types de cloisons ayant chacune des caractéristiques principales et un mode de pose appropriés : les cloisons de distribution, les cloisons de doublage, les cloisons séparatives (Fig. 6.1).

1.211. Les cloisons de distribution assurent la séparation entre plusieurs pièces d'une même unité fonctionnelle (appartement ou ensemble de bureaux) de manière à délimiter des espaces dans lesquels sont exercées des activités différentes.

Exemple

- Habitation :
  cloison entre le séjour et la chambre ;
  cloison entre les chambres ;
  cloison entre la salle de bains et la chambre.

- Tertiaire :
  cloison entre les bureaux et les salles de réunion ;
  cloison entre les bureaux et les circulations.

1.212 Les cloisons de doublage sont rapportées devant une autre paroi afin d'en améliorer certaines performances. Elles peuvent également venir habiller des éléments de structure ou des équipements techniques pour en assurer la protection.

Exemple

- devant la face intérieure de la façade : améliorer l'isolation thermique ;
- devant une paroi intérieure : améliorer l'isolation acoustique d'une gaine d'ascenseur ou d'une cage d'escalier ;
- devant une paroi extérieure ou intérieure : apporter une correction acoustique ;
- devant une ossature métallique : améliorer sa tenue au feu ;
- devant une gaine de chauffage : abaisser la température superficielle de la face vue.

1.213. Les cloisons séparatives sont bâties entre des unités fonctionnelles distinctes soit par la propriété, soit par l'affectation. Elles répondent à des exigences particulières, entre autres au niveau de l'isolation acoustique ou thermique et du comportement au feu.

Exemple

- Habitation :
  - cloison de séparation entre deux appartements ;
  - cloison de séparation entre un appartement et les parties communes.

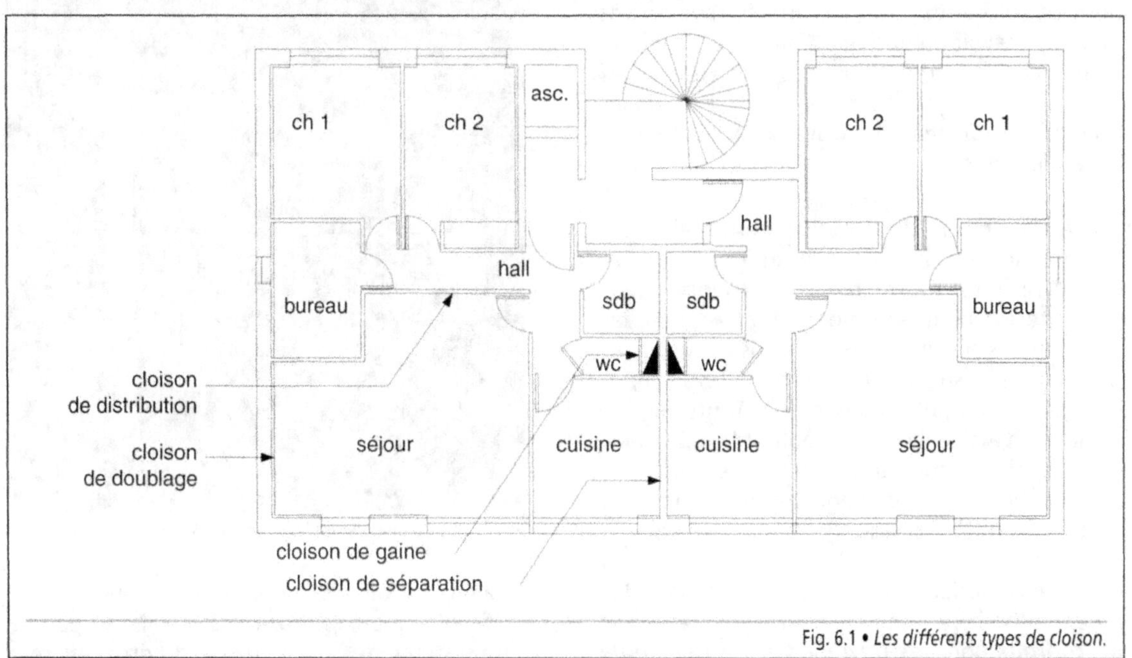

Fig. 6.1 • *Les différents types de cloison.*

- Équipement scolaire :
  - cloison de séparation entre une salle de classe et un laboratoire ;
  - cloison de séparation entre les salles de classe et les dégagements.

- Immeuble commercial, industriel, immeuble de grande hauteur :
  - cloison de sectionnement des grandes superficies afin d'éviter la propagation d'un incendie

1.22. Le degré de mobilité

En fonction du degré de mobilité, il est possible de choisir un mode constructif et d'influer sur la période d'intervention dans le déroulement du chantier. Trois grandes classes de cloisons sont définies : fixes, démontables ou mobiles.

1.221. Les cloisons fixes ont pour objectif de délimiter les espaces de manière définitive, sans possibilité de remise en cause future. En principe, elles sont donc destinées à rester en place pendant la durée de vie du bâtiment. Toute modification ultérieure entraîne des travaux lourds. Elles sont bâties sur place par voie humide (éléments hourdés au plâtre pouvant ou non recevoir un enduit au plâtre) ou par voie sèche (carreaux ou plaques de plâtre), après l'exécution du gros œuvre et la mise hors d'eau du niveau, mais avant les travaux de revêtement sol et de finition.

1.222. Les cloisons démontables sont réalisées à l'aide d'éléments industrialisés et interchangeables, livrés finis et assemblés sur le chantier. Leur implantation peut être modifiée et adaptée en fonction des activités exercées dans les locaux et des besoins en surface. À cet effet, elles se déposent et se remontent aisément. Toutefois, ce principe n'est réellement applicable que dans les bâtiments modulaires ou tramés, afin de reconstituer les équipements intérieurs dans les locaux modifiés. Les longueurs des éléments sont des multiples de 0,30, module de base des dimensions horizontales en coordination modulaire*, selon la norme NF P 01-101 – *Dimensions de coordination des ouvrages et des éléments*

de construction. Elles ont pour longueur : 0,60 m, 0,90 m, 1,20 m, etc. Généralement, elles sont mises en place après l'achèvement des sols, des plafonds et des peintures.

Dans certains immeubles tertiaires, l'aménagement des espaces est de type paysager, c'est-à-dire sans cloisonnements réellement apparents. Dans ce cas, les bureaux sont séparés par des cloisons basses, considérées comme des équipements intérieurs, voire par du mobilier de rangement. Seuls les bureaux exigeant une certaine confidentialité ou les locaux sanitaires sont séparés à l'aide de cloisons de distribution fixes.

Photo. 6.1 • *Mur mobile composé de panneaux acoustiques.*

1.223. Les cloisons mobiles sont construites à l'aide d'éléments industrialisés finis, suspendus à un système de rails solidaires du gros œuvre.

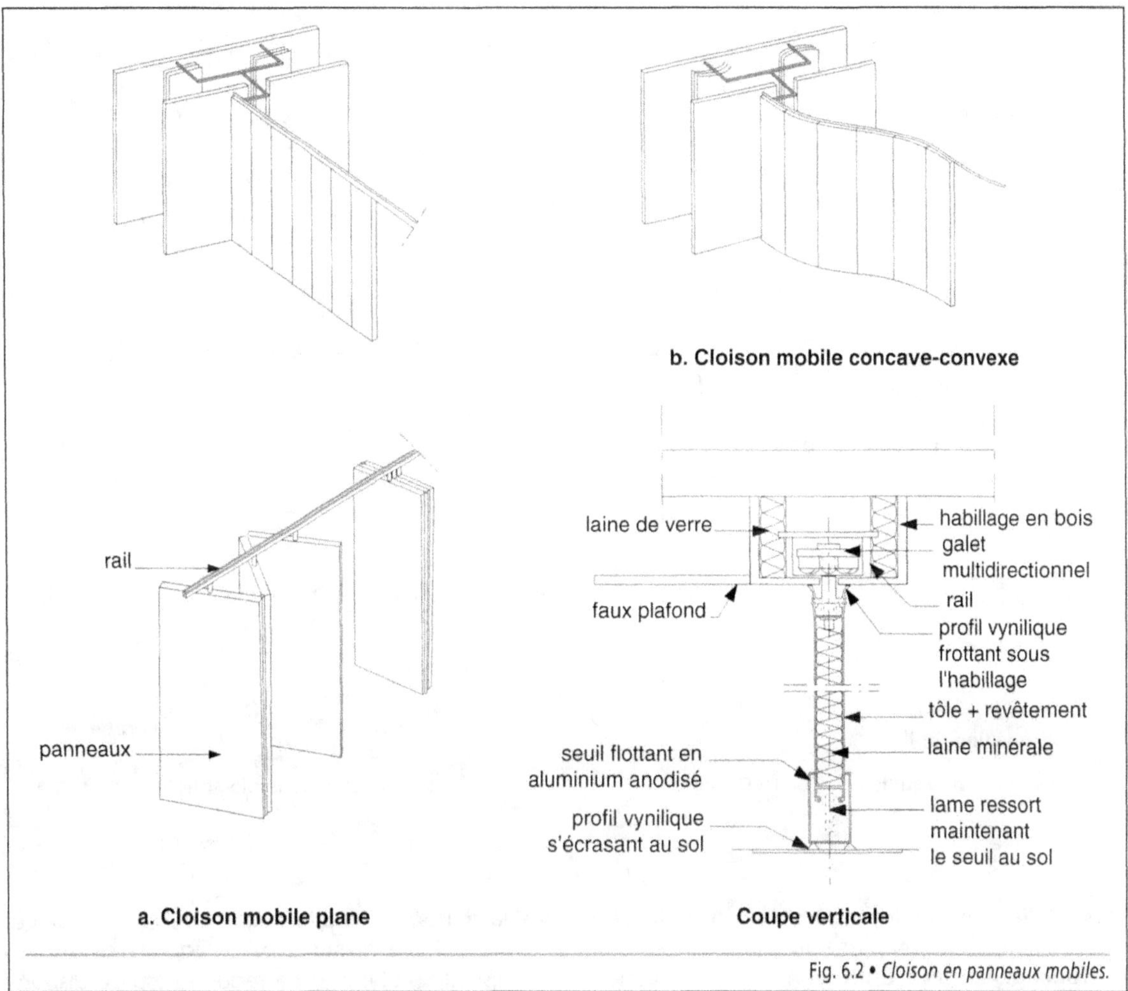

Fig. 6.2 • *Cloison en panneaux mobiles.*

Ces éléments se déplacent aisément de manière à réunir ou à séparer rapidement deux espaces contigus. Selon le degré d'isolation acoustique désiré, elles sont constituées soit par des panneaux mobiles afin de former un mur mobile, soit à l'aide de cloisons extensibles à un ou deux vantaux.

Les panneaux mobiles sont formés d'un caisson métallique recevant un habillage de finition en usine et comportant un remplissage isolant thermique et acoustique (Photo. 6.1). Ils sont munis de traverses télescopiques hautes et basses assurant un blocage en sol et en plafond. Les chants ont un profil qui assure l'emboîtement des panneaux les uns dans les autres afin de constituer des parois planes ou courbes. Ce type de cloison peut être équipé de portes de communication. Suspendus à des chariots mono directionnels ou multi directionnels, les panneaux, guidés par le rail en plafond, sont repliables dans des rangements (Fig. 6.2).

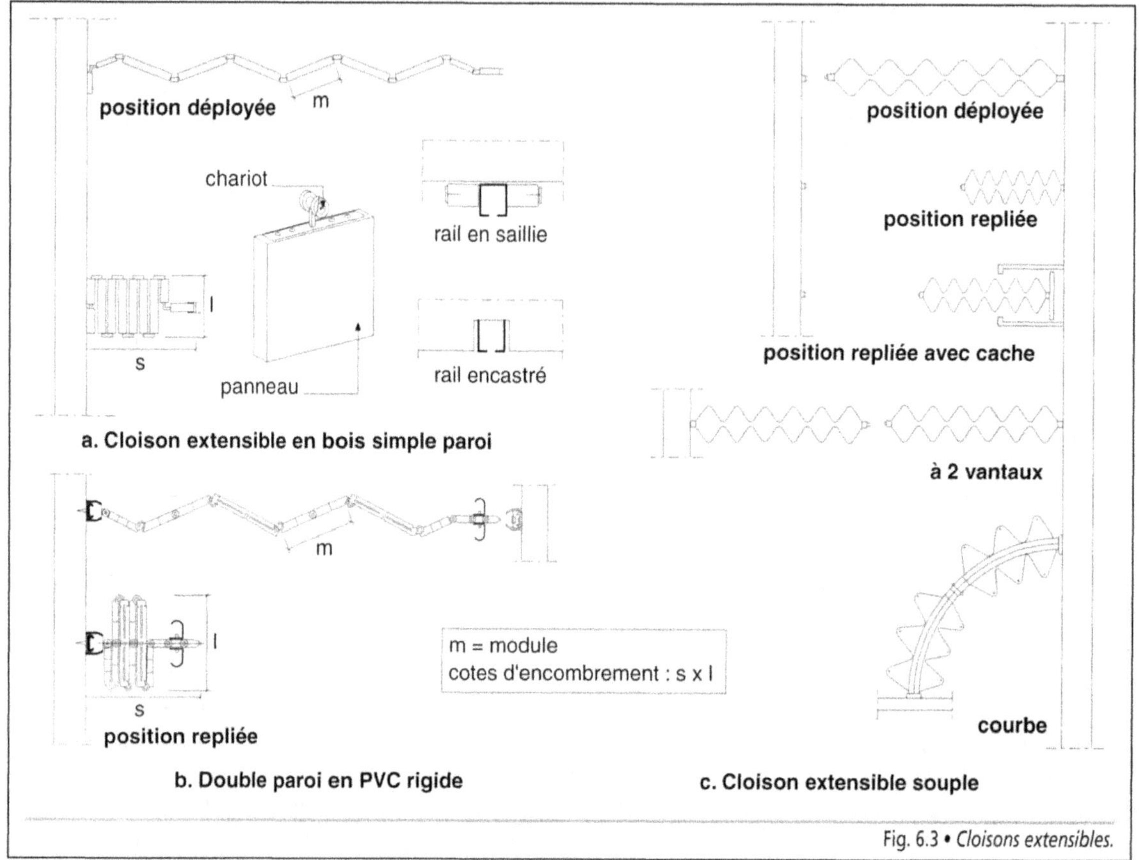

Fig. 6.3 • *Cloisons extensibles.*

Lorsqu'elles sont déployées, **les cloisons extensibles** offrent un aspect plissé ou en dents de scie. En fonction de leur utilisation, elles ont l'une des compositions suivantes (Fig. 6.3) :

- double paroi rigide composée de panneaux en bois ou en plastique, assemblés entre eux par une charnière sur toute la hauteur ;

- simple paroi rigide de même composition que la précédente ;

- paroi souple avec une armature métallique recouverte de tissu plastifié.

Le choix du type de cloison mobile dépend de la fonction qui lui est dévolue. Allant de la solution la plus simple à la plus sophistiquée, une proposition de classement pourrait être la suivante :

- la cloison extensible souple ou la cloison extensible rigide à simple paroi, comme séparation visuelle seule, afin de réduire l'espace disponible (isoler un coin cuisine d'une salle à manger) ;

- la cloison extensible rigide à double paroi, d'un indice d'affaiblissement acoustique de l'ordre de 30 dB(A), pour une séparation nécessitant un certain degré d'isolation acoustique entre les différents espaces (créer plusieurs salles de restaurant ou de réunion) ;

- les panneaux mobiles, d'un indice d'affaiblissement acoustique de l'ordre de 50 dB(A) à 55 dB(A), pour des séparations imposant une isolation acoustique renforcée ou une correction acoustique (diviser une grande salle en plusieurs salles de conférence) ;

les panneaux mobiles de composition spécifique, afin de réaliser des séparations ayant un degré coupe-feu ou pare-flammes déterminé.

1.23. Les matériaux et leur mode de mise en œuvre

Selon le matériau retenu, la réalisation des cloisons fait appel à des techniques différentes de mise en œuvre afin de répondre aux performances exigées dans un cadre économique précis. Les matériaux utilisés se présentent sous les formes et les dimensions les plus variées. La mise en œuvre s'effectue selon l'une des quatre techniques suivantes :

- **le montage par voie humide**, les éléments étant assemblés et liés par un liant, plâtre ou mortier, l'une ou les deux faces de la cloison recevant un enduit au plâtre ou au mortier ;

- **le montage par voie semi-humide**, les carreaux étant assemblés au liant-colle, les deux faces de la cloison pouvant recevoir ou non un enduit de lissage ;

- **le montage à sec** par l'emploi de plaques ou de panneaux de hauteur d'étage, placées les unes à côté des autres, prêtes à recevoir le revêtement de finition ;

- **l'assemblage d'éléments finis** en usine.

La première solution exige des délais de séchage du plâtre relativement longs. La tendance est de la remplacer par le montage semi-humide ou à sec, qui permet une plus grande rapidité de pose en garantissant la propreté du chantier. La troisième solution, par son grand éventail de possibilités, est la plus employée dans la construction des immeubles d'habitation ou de bureaux et de bâtiments scolaires.

Les cloisons livrées finies sont réservées essentiellement au secteur tertiaire.

1.231. Les éléments manufacturés à enduire, de petites dimensions, sont assemblés sur le chantier. Ils sont en terre cuite (briques pleines, briques creuses, briques plâtrières de 3,5 cm à 11 cm), en béton (parpaings pleins ou creux de 5 cm à 15 cm d'épaisseur) ou en béton léger (blocs pleins de 7 cm à 15 cm d'épaisseur).

Le produit le plus couramment employé est la **brique plâtrière** (Fig. 6.4). Les caractéristiques dimensionnelles sont indiquées dans le tableau n° 6.1.

BRIQUES À SIMPLE RANGÉE D'ALVÉOLES			
Dimensions (cm)	Masse unitaire (kg)	Nombre au m²	Masse surfacique de l'ouvrage brut (kg/m²)
3,5 × 20 × 40	2,5	12	30
3,5 × 25 × 40	3,1	10	31
4 × 20 × 40	2,8	12	33,6
4 × 25 × 40	3,5	10	35
5 × 20 × 40	3,2	12	38,4
5 × 25 × 40	3,9	10	39
BRIQUES À DOUBLE RANGÉE D'ALVÉOLES			
Dimensions (cm)	Masse unitaire (kg)	Nombre au m²	Masse surfacique de l'ouvrage brut (kg/m²)
5 × 20 × 40	3,7	12	44,4
5 × 25 × 40	4,4	10	47
6 × 20 × 40	4,0	12	48
6 × 25 × 40	5,2	10	52
7 × 20 × 40	4,5	12	54
8 × 20 × 40	5,0	12	60

Tab. 6.1 • *Caractéristiques des briques plâtrières pour cloison et doublage.*

Les principaux avantages de ce type de cloison sont les suivants :

- une bonne résistance mécanique et aux chocs ;

- une bonne tenue au feu, ces matériaux étant ininflammables et ne dégageant pas de gaz toxiques en cas d'incendie ;

- une faible sensibilité à l'humidité.

Les inconvénients majeurs portent sur les points suivants :

- la nécessité de recourir à une main d'œuvre qualifiée, apte à monter les briques et à les enduire ;

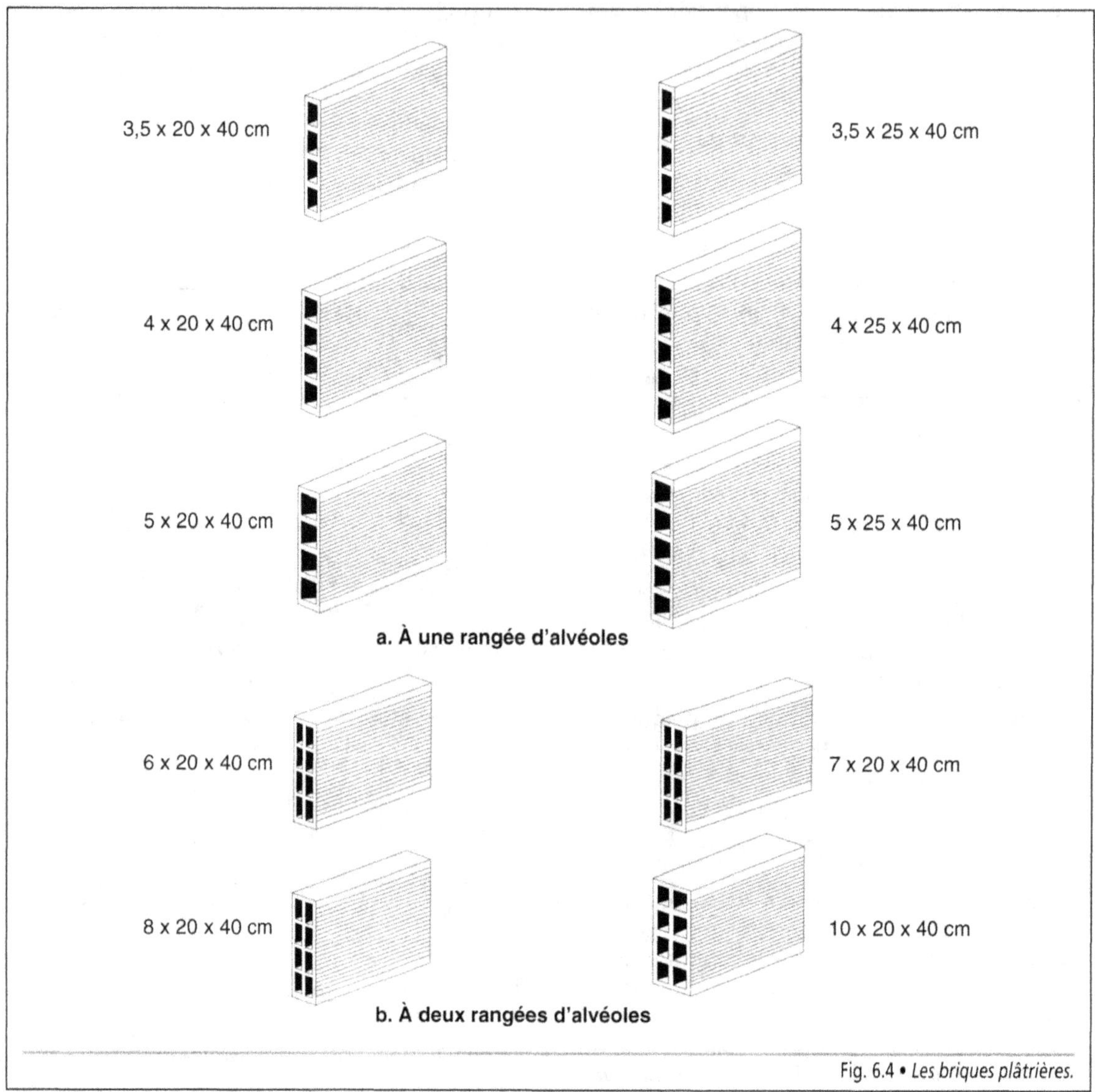

Fig. 6.4 • *Les briques plâtrières.*

- l'exécution des enduits au plâtre est un travail délicat, réalisé en une ou deux passes, afin d'obtenir une planimétrie parfaite ;

- le temps de séchage relativement long des travaux au plâtre ;

- le nettoyage du chantier après l'intervention du plâtrier ;

- l'incompatibilité entre le plâtre et certains matériaux.

Le comportement acoustique et thermique de ces cloisons est moyen.

1.232. Les éléments manufacturés, de dimensions moyennes, sont assemblés sur le chantier et reçoivent ou non un enduit de lissage afin de parfaire l'état de surface. Entrent dans cette catégorie les carreaux en terre cuite, les carreaux de plâtre et les blocs en béton cellulaire.

Les carreaux en terre cuite sont assemblés à l'aide de clavettes de centrage, le joint étant garni avec un liant-colle spécifié par le fabricant. La désolidarisation en tête est obtenue par la mise en place d'une bande résiliante. Les caractéristiques principales de ce produit sont indiquées dans le tableau n° 6.2. Les avantages sont sensiblement les mêmes que ceux des éléments de petites dimensions en terre cuite, sans en avoir les inconvénients. La mise en œuvre est rapide, le temps de séchage de l'enduit de lissage est relativement bref et le chantier reste propre (Photo. 6.2a et 6.2b).

recevant un enduit pelliculaire atteint un affaiblissement acoustique de l'ordre de 50 dB.

CARREAUX À UNE RANGÉE D'ALVÉOLES			
Dimensions courantes (cm)	Masse unitaire (kg)	Nombre au m^2	Masse surfacique de l'ouvrage brut (kg/m^2)
4* × 66,6 × 50	13	3	39
5 × 66,6 × 50	15	3	45
6 × 66,6 × 50	18	3	49

* Uniquement pour les cloisons de doublage.

CARREAUX À DEUX RANGÉES D'ALVÉOLES			
Dimensions courantes (cm)	Masse unitaire (kg)	Nombre au m^2	Masse surfacique de l'ouvrage brut (kg/m^2)
7 × 66,6 × 50	19,5	3	58,5
10 × 50 × 50	17,2	4	68,8
10 × 66,6 × 50	23	3	69

Tab. 6.2 • *Caractéristiques des carreaux de terre cuite pour cloison et doublage.*

Afin de parfaire leurs performances, les carreaux de terre cuite peuvent être associés à un autre matériau tel que la laine minérale (Fig. 6.5). Une cloison bâtie avec ces éléments et

Photo. 6.2a et 6.2b • *Cloison en carreaux de terre cuite – Pose du premier rang (a) et paroi bâtie (b).*

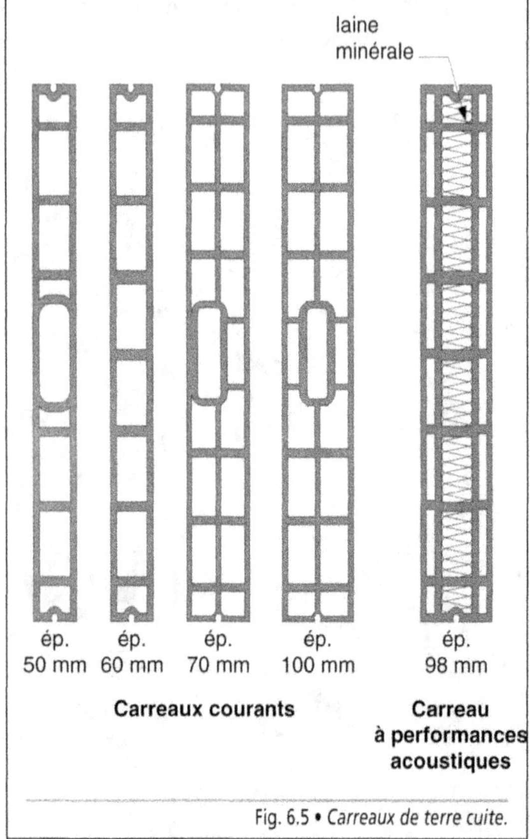

Fig. 6.5 • *Carreaux de terre cuite.*

Les carreaux de plâtre naturels ou artificiels, pleins ou alvéolaires, à parements lisses, sont assemblés à l'aide d'un liant-colle. Leur principal avantage est de ne pas nécessiter d'enduit. Fabriqués à partir d'un mélange d'eau, de plâtre et d'adjuvants, ils doivent être exempts de tout défaut, bullages, épaufrures ou fissures, et ne pas présenter de déformations visibles à l'œil. L'assemblage entre eux est assuré par les gorges et les tenons qui se trouvent sur la tranche, améliorant la tenue des joints (Fig. 6.6).

Plusieurs types de carreaux de plâtre sont disponibles sur le marché. Les dimensions courantes sont les suivantes : longueur 0,66 m × hauteur 0,50 m ou 0,38 m, pour une épaisseur de 40 mm, 50 mm, 60 mm, 70 mm ou 100 mm. Selon les conditions d'emploi, il convient de

retenir les carreaux possédant les qualités requises (Tab. 6.3) :

- le carreau standard sert à bâtir les cloisons de distribution ou de doublage dans les conditions normales ;

- le carreau hydrofugé, de couleur bleue, est destiné aux cloisons de salle de bains ou de cuisine dans des locaux privés ;

- le carreau hautement hydrofugé, de couleur verte, est réservé aux cloisons des pièces à fort degré d'humidité dans les ensembles collectifs (laveries, sanitaires, etc.) ;

- le carreau à très haute dureté (THD), de couleur verte, a son emploi pour les cloisons soumises à une circulation intense (bâtiments scolaires et hospitaliers) ;

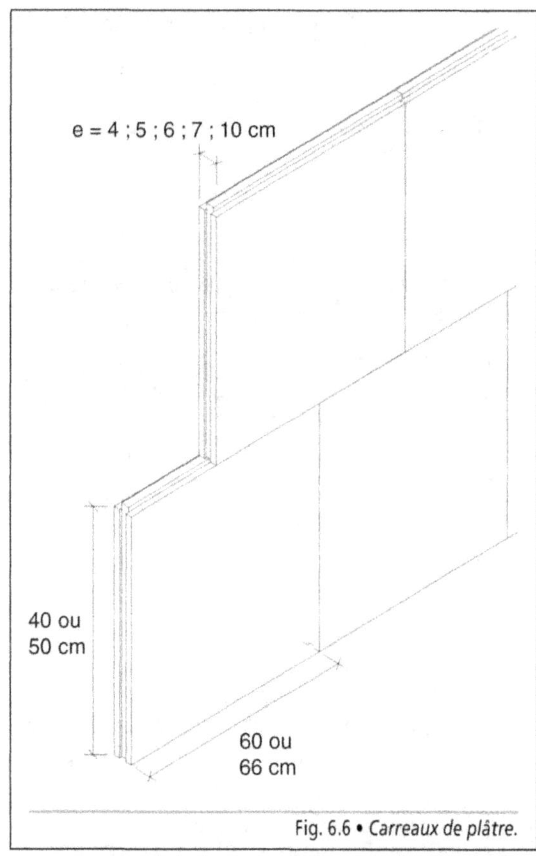

Fig. 6.6 • *Carreaux de plâtre.*

• le carreau alvéolé, plus léger, est utilisé dans les aménagements intérieurs sans surcharger sur les planchers.

CARREAUX STANDARDS

Dimensions (cm)	Masse unitaire (kg)	Nombre au m^2	Masse surfacique de l'ouvrage brut (kg/m^2)
4* × 66 × 50	13	3	39
5 × 66 × 50	17	3	51
6 × 66 × 50	20	3	60
7 × 66 × 50	24	3	72
10 × 66 × 38	26	4	104
10 × 66 × 50	34	3	102

* Uniquement pour les cloisons de doublage.

CARREAUX HYDROFUGÉS

Dimensions (cm)	Masse unitaire (kg)	Nombre au m^2	Masse surfacique de l'ouvrage brut (kg/m^2)
5 × 66 × 50	17	3	51
6 × 66 × 50	20	3	60
7 × 66 × 50	24	3	72
10 × 66 × 38	26	4	104
10 × 66 × 50	34	3	102

CARREAUX HAUTEMENT HYDROFUGÉS

Dimensions (cm)	Masse unitaire (kg)	Nombre au m^2	Masse surfacique de l'ouvrage brut (kg/m^2)
7 × 66 × 50	28	3	84
10 × 66 × 38	30	4	120

CARREAUX THD

Dimensions (cm)	Masse unitaire (kg)	Nombre au m^2	Masse surfacique de l'ouvrage brut (kg/m^2)
7 × 66 × 50	28	3	84
10 × 66 × 38	30	4	120
10 × 66 × 50	40	3	120

CARREAUX ALVÉOLÉS

Dimensions (cm)	Masse unitaire (kg)	Nombre au m^2	Masse surfacique de l'ouvrage brut (kg/m^2)
6 × 66 × 50	17	3	51
7 × 66 × 50	18	3	54

Tab. 6.3 • *Caractéristiques des carreaux de plâtre pour cloison et doublage.*

Les blocs de béton cellulaire constituent une autre famille de produits. Compte tenu de leurs caractéristiques (tenue au feu, légèreté), ils sont plus particulièrement utilisés pour bâtir des cloisons exigeant un degré coupe-feu ou pare-flammes élevé ainsi que dans les travaux de réhabilitation.

1.233. Les plaques et les panneaux de grandes dimensions ont une longueur qui correspond en général à la hauteur d'étage. Fabriqués selon diverses techniques en fonction du matériau qui les constitue, ils sont disponibles sous les formes suivantes :

• plaques de plâtre ;

• panneaux de bois agglomérés, pleins ou alvéolés ;

• panneaux sandwich dont la composition et l'épaisseur sont définies pour remplir les fonctions assurées par la cloison ; l'âme est constituée par un nid d'abeille en papier bakélisé, par une résille cartonnée ou par une plaque de polystyrène ou de polyuréthanne (Fig. 6.7) ;

• panneaux composites comprenant une plaque de parement associée à un isolant thermique (polystyrène ou polyuréthanne) ou acoustique (laine minérale) ; ces derniers sont surtout utilisés comme cloisons de doublage (Fig. 6.8).

Les plaques de plâtre dont la face est cartonnée constituent le système le plus employé dans la construction. Elles servent de parement intérieur, horizontal ou vertical, et peuvent recevoir les finitions usuelles (peinture, papiers peints ou autres). Fabriquées industriellement avec un mélange de plâtre, d'eau et d'adjuvants, elles ont les dimensions suivantes :

• largeur courante de 1,20 m ;

• longueur s'échelonnant de 2,50 m à 3,60 m ;

• épaisseur de 9,5 mm, 12,5 mm, 15 mm, 18 mm et 23 mm.

Elles doivent être planes, sans ondulation apparente ni cassure, le carton étant parfaitement solidaire du plâtre. Les bords longitudinaux sont amincis, droits, arrondis ou biseautés (Fig. 6.9).

a. Âme en résille cartonnée

b. Âme en nid d'abeille en papier bakélisé

c. Âme en polystyrène

Fig. 6.7 • *Panneaux sandwich.*

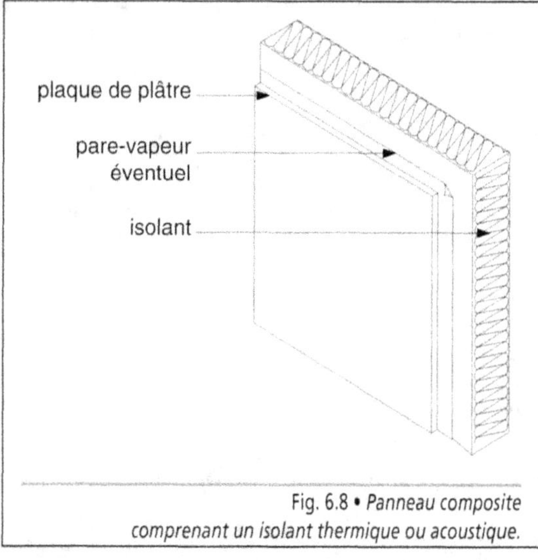

Fig. 6.8 • *Panneau composite comprenant un isolant thermique ou acoustique.*

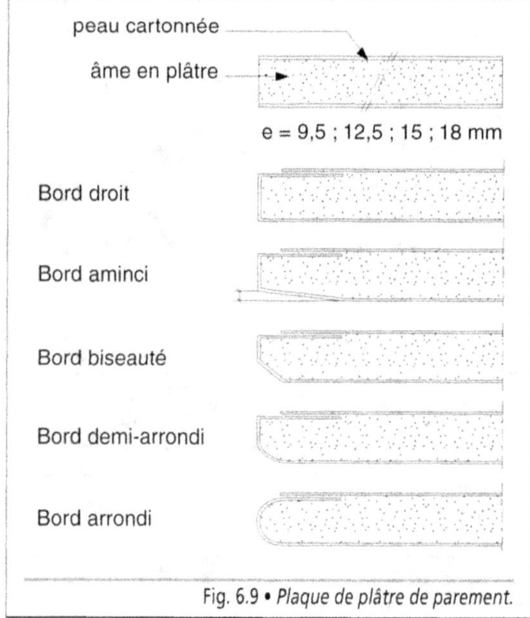

Fig. 6.9 • *Plaque de plâtre de parement.*

Différents types de plaques de parement sont utilisés :

• les plaques standard, destinées à l'usage courant ;

• les plaques hydrofugées, employées pour les locaux présentant un fort degré d'humidité ;

- les plaques haute dureté, qui présentent une meilleure résistance aux chocs, utilisées pour les circulations à grand trafic ;

- les plaques spéciales feu, destinées aux ouvrages exigeant une bonne résistance au feu.

D'une manière générale, dans les bâtiments courants (immeubles d'habitation, tertiaires, scolaires, hôteliers, hospitaliers), les plaques de plâtre permettent de bâtir des cloisons sèches à ossature ou sous forme de panneaux sandwich ou de complexes.

Elles sont de plus en plus préconisées pour les raisons suivantes :
- rapidité d'exécution ;
- propreté du chantier ;
- économie du projet ;
- qualité de l'aspect fini ;
- main d'œuvre facile à former.

Fixées à la paroi maçonnée à l'aide de points de colle, les plaques de plâtre sont également utilisées en habillage en remplacement d'un enduit au plâtre. L'épaisseur nécessaire est légèrement supérieure, mais elles présentent les avantages de la rapidité d'exécution et de la propreté des travaux.

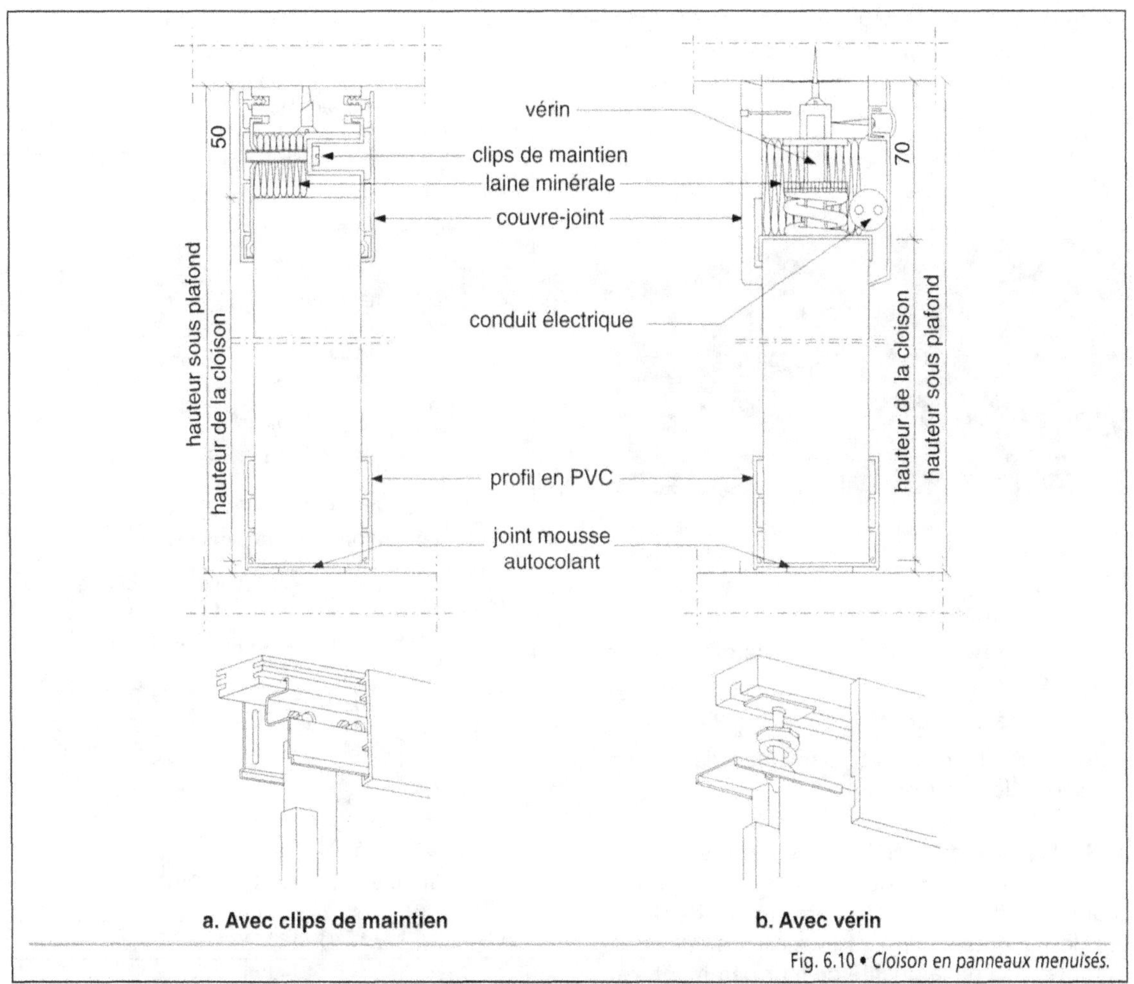

Fig. 6.10 • *Cloison en panneaux menuisés.*

Les panneaux menuisés en aggloméré de bois correspondent à une autre technique dans la réalisation de cloisons. D'une épaisseur de 35 mm, 50 mm ou 70 mm, ils sont rainurés sur toute leur hauteur afin de permettre un assemblage avec une fausse languette en bois. Ils sont maintenus en partie basse dans une lisse en PVC et en partie haute par un clip de maintien ou par un vérin de fixation prenant appui sur une lisse en bois (Photo. 6.3). L'espace supérieur est garni de laine minérale puis reçoit un couvre-joint en bois ou en PVC (Fig. 6.10). Au droit du raccordement avec les murs ou des angles de cloison, la liaison est assurée par des montants ou des poteaux en bois (Fig. 6.11). Dans les pièces humides (salles d'eau), il est nécessaire de protéger les chants des panneaux à leur jonction en partie courante ou en pied de la cloison à l'aide d'un mastic à base de silicone ou d'une plinthe en plastique collée.

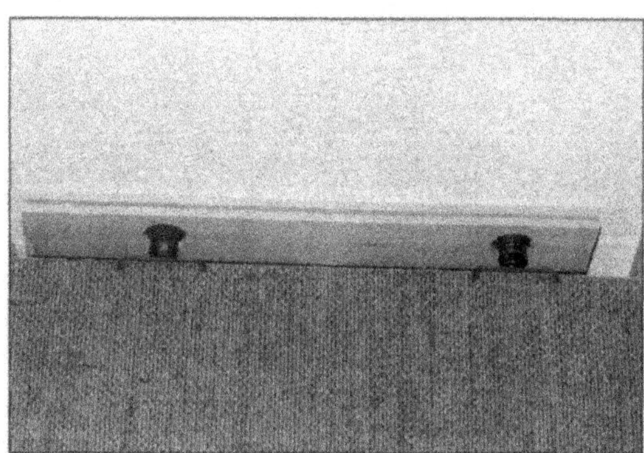

Photo. 6.3 • *Cloison menuisée maintenue en plafond à l'aide de vérins.*

Plusieurs finitions sont proposées :

- brute prête à peindre ou à recevoir les papiers peints ;

- avec un revêtement par un film en PVC ;

- avec un revêtement par placage d'une essence de bois résistante.

1.234. Les panneaux finis sont constitués soit de composants industrialisés livrés et montés sur le chantier, soit d'éléments assemblés sur des lisses et des montants pour former les cloisons. Compte tenu de la qualité de leur parement, ces panneaux sont posés en fin de travaux, après l'achèvement des revêtements de murs et de sols.

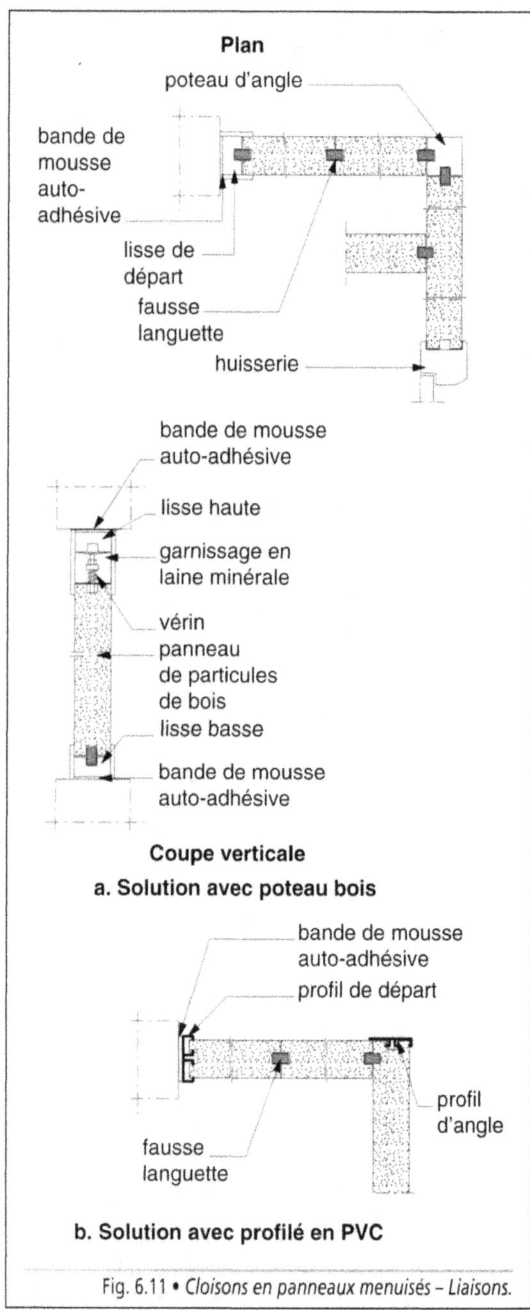

Fig. 6.11 • *Cloisons en panneaux menuisés – Liaisons.*

Utilisés pour constituer des cloisons fixes ou démontables, les panneaux nécessitent un grand soin lors de la mise en œuvre. Ils présentent le double avantage d'une grande rapidité de pose et d'une finition soignée.

Les matériaux utilisés sont le bois, le métal, le PVC ou le verre. En bois, ces panneaux sont identiques à ceux décrits dans le paragraphe 1.233. Ils sont employés dans les immeubles d'habitation ou de bureaux.

Afin d'obtenir une bonne isolation acoustique, les panneaux métalliques, de forme plane ou cintrée, sont de type sandwich comprenant une âme en laine minérale. Les parements sont en tôle d'acier de grande résistance, laqué ou revêtu d'un placage mélaminé, en tôle d'acier inoxydable ou d'aluminium anodisé.

Deux techniques sont utilisées dans la mise en œuvre des panneaux :

- montés en usine et équipés de vérins de rattrapage afin de compenser les tolérances du gros œuvre, ils sont maintenus au sol et en plafond dans un rail et assemblés entre eux à l'aide d'une fausse languette ;

- montés sur le chantier, ils sont fixés sur des raidisseurs métalliques.

Des vitrages peuvent être incorporés, soit sur toute la hauteur, soit sur une allège. Ils sont simples, épais ou doubles, en fonction des conditions d'isolation à obtenir.

Modulaires, ces cloisons sont plus particulièrement destinées aux immeubles tertiaires ou au secteur hospitalier (Fig. 6.12).

Les panneaux stratifiés haute pression forment une famille spécifique. D'une épaisseur de 10 mm, ils sont très résistants aux chocs et faciles à poser ou à entretenir. Imputrescible, ce matériau est particulièrement recommandé en milieu à fort degré d'humidité.

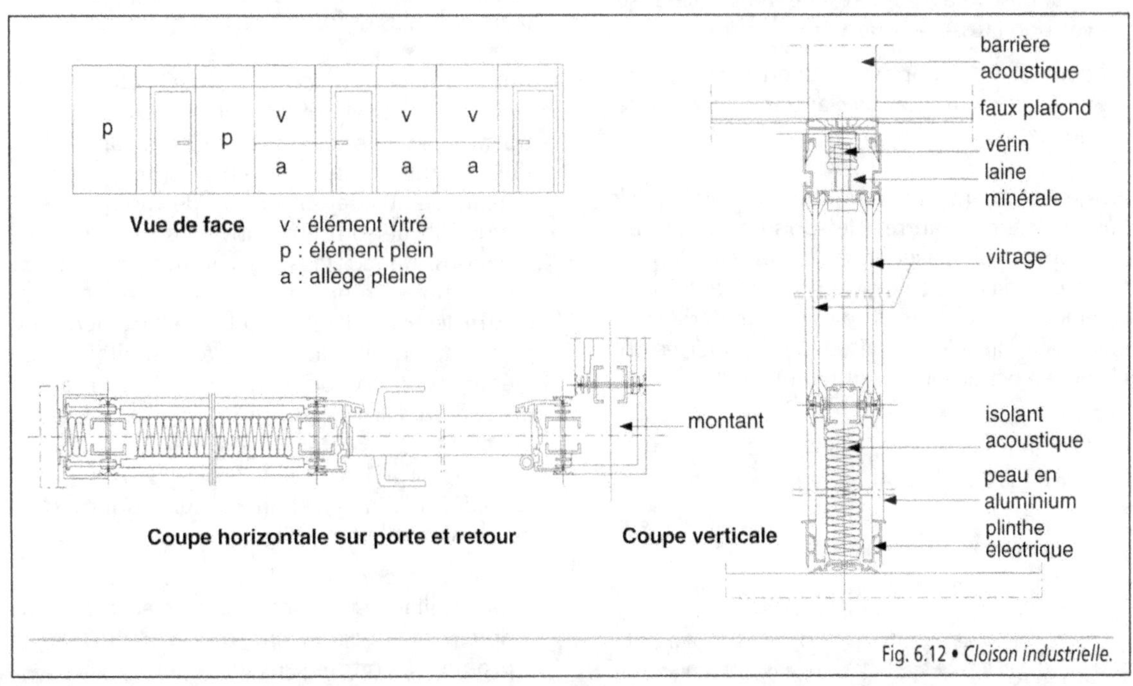

Fig. 6.12 • *Cloison industrielle.*

1.3. Les cloisons de distribution

Les cloisons de distribution, qu'elles soient planes ou courbes, sont réalisées selon différentes techniques, les plus courantes étant les suivantes :

- le hourdage au plâtre ou au mortier de briques plâtrières ou de parpaings destinés à recevoir un enduit ;

- le montage à l'aide d'un liant-colle d'éléments en terre cuite de grande dimension recevant un enduit pelliculaire de finition, de carreaux de plâtre ou de blocs de béton léger ;

- l'assemblage au liant-colle de panneaux alvéolaires de hauteur d'étage ou de panneaux sandwich, disposant de deux plaques de parement en plâtre ;

- l'utilisation de plaques de plâtre de hauteur d'étage fixées sur une ossature en bois ou en acier galvanisé ;

- l'assemblage de panneaux pleins ou alvéolaires à base d'agglomérés de bois solidarisés avec une fausse languette ;

- l'emploi de composants industrialisés finis emboîtés les uns dans les autres ou fixés à des raidisseurs.

En général, dans une même unité fonctionnelle (appartement ou autres), les cloisons de distribution sont réalisées avec un seul matériau selon une technique de mise en œuvre unique. Toutefois, la combinaison de deux ou plusieurs matériaux est envisagée lorsqu'il est nécessaire d'apporter une réponse à des problèmes différents.

Exemple

- Immeuble d'habitation :
  - cloisons courantes en panneaux alvéolaires avec parement en plaques de plâtre ;
  - cloisons entre le coin jour et le coin nuit en plaques de plâtre fixées sur une ossature en acier galvanisé avec incorporation de laine minérale afin d'obtenir une meilleure isolation acoustique ;
  - cloisons fermant les gaines techniques en carreaux de plâtre pour une bonne résistance au feu.

- Immeuble de bureau :
  - cloisons fermant les locaux sanitaires et les locaux techniques en carreaux de plâtre ou en carreaux de terre cuite ;
  - cloisons entre bureaux en composants industrialisés finis, facilement modifiables.

Les cloisons sont construites après l'achèvement du gros œuvre de l'étage concerné. Lorsque le bâtiment comporte quelques niveaux (de l'ordre de trois ou quatre), il est recommandé d'attendre sa mise hors d'eau et de bâtir les cloisons en commençant par les étages supérieurs. Ce processus assure une mise en charge progressive des planchers, sans occasionner de report sur les cloisons déjà en place. Lorsque le nombre d'étages est plus important, il est possible de commencer le montage des cloisons par les étages inférieurs, dès que trois ou quatre niveaux sont achevés en gros œuvre. Il convient alors de prendre quelques précautions telles que la mise hors d'eau provisoire et l'interposition d'un matériau résilient au droit des cloisons afin d'absorber les déformations du gros œuvre.

Après achèvement de la cloison, l'état de surface doit être tel qu'il permette l'exécution des travaux des revêtements de finition par application d'une peinture ou par pose collée de papiers peints, de tenture ou de carreaux céramiques. Ils ne sont entrepris qu'après égrenage et époussetage. Dans les cuisines et les salles d'eau, un revêtement de protection efficace contre les ruissellements et rejaillissements est placé au droit des appareils sanitaires ou ménagers ; il est complété par un joint étanche (mastic au silicone) entre le revêtement et les appareils.

La planitude doit répondre aux normes retenues habituellement (Fig. 6.13) :

- planitude générale : l'écart entre le point le plus saillant et le point le plus en retrait ne doit pas excéder 5 mm sous la règle de 2 m promenée en tous sens sur la paroi ;

• planitude locale : l'écart entre le point le plus saillant et le point le plus en retrait ne doit pas excéder 0,5 mm sous la règle de 20 cm.

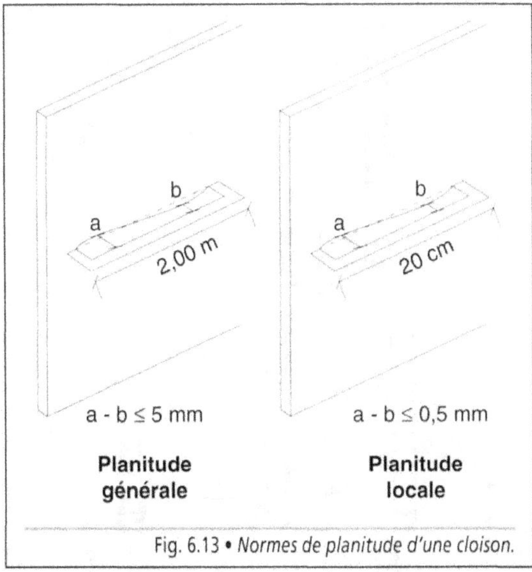

Fig. 6.13 • *Normes de planitude d'une cloison.*

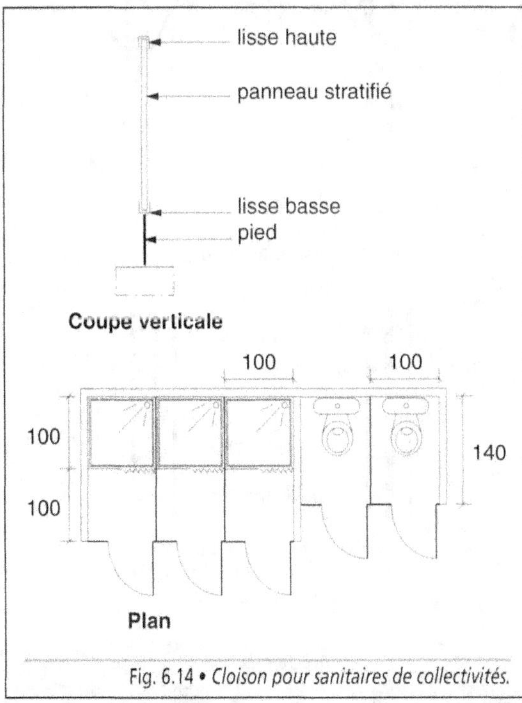

Fig. 6.14 • *Cloison pour sanitaires de collectivités.*

En milieu humide dans les bâtiments abritant des collectivités, dans les centres nautiques ou de balnéothérapie, les cloisons des cabines pour les sanitaires ou les douches sont réalisées avec des matériaux imputrescibles, panneaux stratifiés haute pression ou plaques de PVC armé maintenues par des montants et des traverses hautes et basses. Elles sont fixées à l'aide de vérins afin de dégager un espace de quelques centimètres au-dessus du sol et permettre le lavage à grande eau (Fig. 6.14 – Photo. 6.4).

Photo. 6.4 • *Cloisons de distribution en PVC dans un centre de balnéothérapie.*

1.31. Les cloisons en briques plâtrières

Les cloisons en briques plâtrières sont réalisées par empilage des briques disposées par rangées horizontales à joints décalés (Fig. 6.15). Elles sont hourdées au plâtre ou au mortier de ciment ou de chaux. Ensuite elles reçoivent un enduit à base de plâtre ou de mortier. Ce travail doit respecter certaines règles portant sur l'épaisseur des briques, le nombre d'alvéoles et la composition de la cloison finie afin de ne pas provoquer de tensions internes dans le matériau (Fig. 6.16).

• Les cloisons hourdées au plâtre doivent recevoir un enduit au plâtre.

• Les cloisons bâties en briques plâtrières d'une épaisseur inférieure à 7 cm ou ne comportant qu'une seule rangée d'alvéoles présentent les deux cas de figures suivants :

- la cloison est enduite sur les deux faces, les enduits sont de même composition sur chaque face (à base de plâtre, de mortier de chaux, de ciment ou de mortier bâtard) ;

- la cloison est enduite sur une seule face (cloison de doublage), l'enduit est obligatoirement au plâtre.

- Pour recevoir un enduit au mortier sur une seule face, la cloison doit être bâtie avec des briques d'une épaisseur minimale brute de 7 cm et comporter au moins deux rangées verticales d'alvéoles.

Les cloisons montées et enduites au mortier sont souvent réservées aux locaux de service ou à fort taux d'humidité.

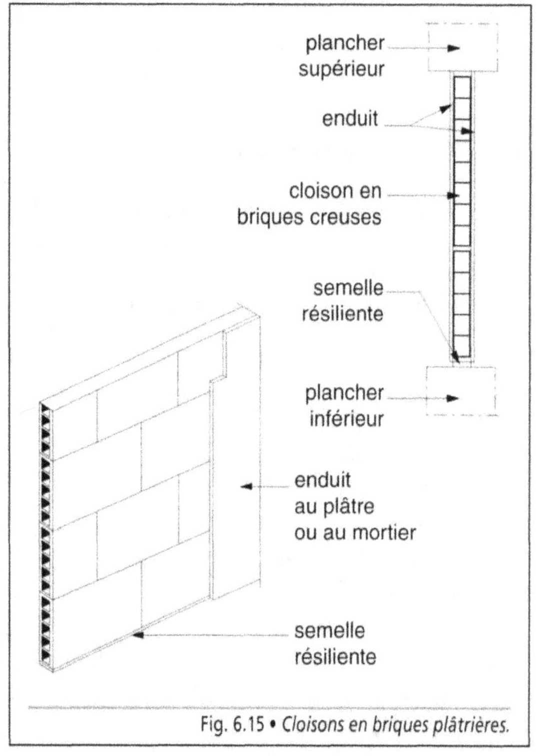

Fig. 6.15 • *Cloisons en briques plâtrières.*

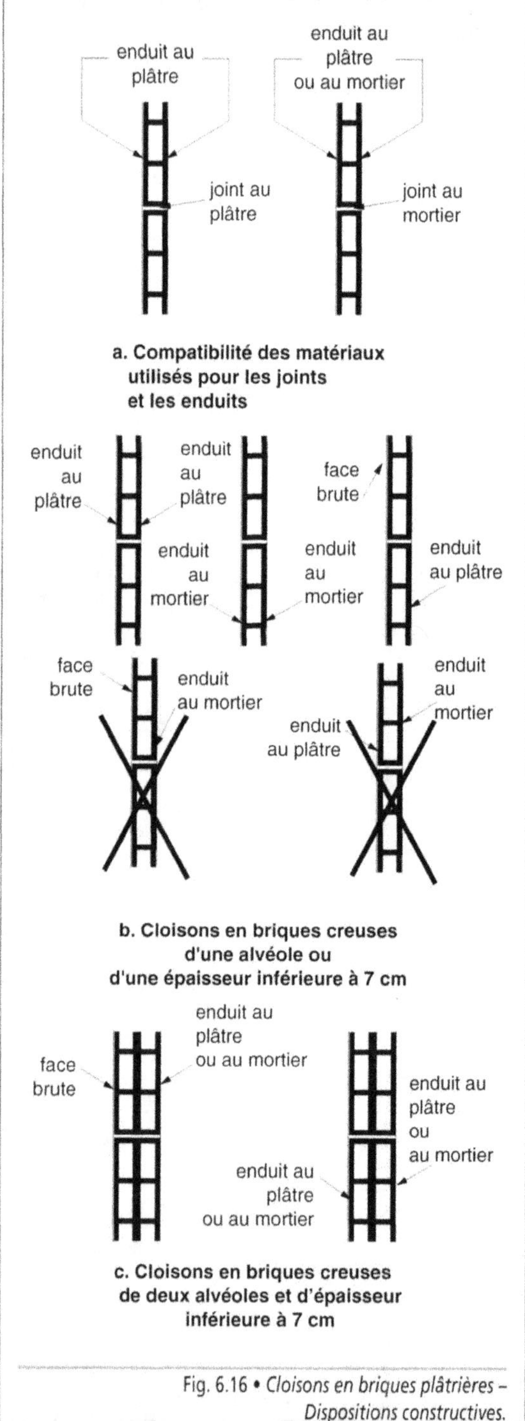

Fig. 6.16 • *Cloisons en briques plâtrières – Dispositions constructives.*

Dispositions constructives

Un certain nombre de dispositions constructives doivent être prises afin de tenir compte des différents problèmes qui se posent lors de la construction des cloisons. Ils portent, entre autres, sur la déformation du gros œuvre, la liaison avec le sol et les plafonds, la liaison avec les murs et les huisseries, les raccordements entre cloisons et quelques points particuliers (Fig. 6.17).

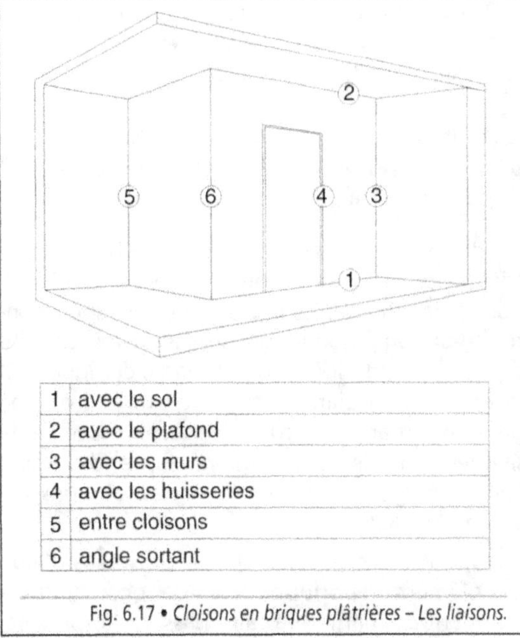

1	avec le sol
2	avec le plafond
3	avec les murs
4	avec les huisseries
5	entre cloisons
6	angle sortant

Fig. 6.17 • *Cloisons en briques plâtrières – Les liaisons.*

■ **La déformations du gros œuvre** impose de prendre des précautions particulières lors du montage des cloisons, afin d'éviter l'apparition de désordres dans celles-ci. Ce problème se pose, entre autres, avec les structures légères ou les planchers de grande portée permettant la réalisation de plateaux sans points porteurs. Les planchers et les poutres, bien que correctement dimensionnés, subissent des déformations sous l'action des surcharges entraînant des flèches admissibles qui peuvent être préjudiciables à la bonne tenue de la cloison, en particulier

lorsqu'elles s'ajoutent au fluage du béton. Afin d'éviter tout risque de fissuration, il convient d'adopter l'une des dispositions suivantes :

- la cloison est bâtie entre deux planchers : une semelle en matériau résilient de 10 mm d'épaisseur (liège aggloméré asphalté) est interposée en partie basse, avant le premier rang de briques ; cette semelle a pour but d'absorber la déformation de la dalle et ne pas mettre en charge la cloison (Fig. 6.15) ;

- la cloison est bâtie sur un plancher déformable sans être bloquée en tête (cas de faux plafond) : cette semelle est également indispensable ;

- la cloison est bâtie sur un plancher peu déformable, mais n'est pas bloquée en tête : la semelle n'est pas nécessaire.

D'autre part, les cloisons sont obligatoirement interrompues au droit des joints de gros œuvre, le couvre-joint n'étant fixé que sur l'un des côtés (Fig. 6.18).

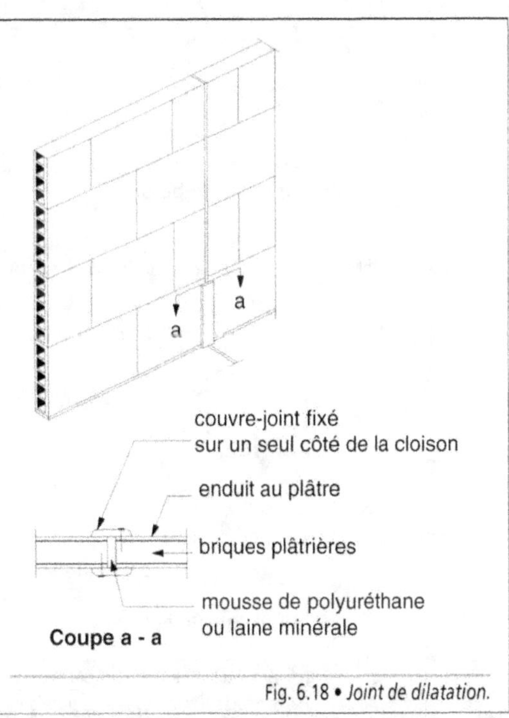

Fig. 6.18 • *Joint de dilatation.*

■ **La liaison avec le sol** est assurée par la pose d'un lit de plâtre ou de mortier sur lequel repose le premier rang de briques, avec interposition ou non d'un matériau résilient, selon les cas étudiés au paragraphe précédent. Dans les pièces dites humides (cuisines, salles d'eau et W-C), afin d'éviter les remontées capillaires et les dégradations des pieds de cloison consécutives à des contacts avec l'eau, les précautions suivantes doivent être prises au niveau du rang d'assise (Fig. 6.19) :

* il vient reposer sur un socle en béton dépassant de 2 cm le niveau du sol fini ;

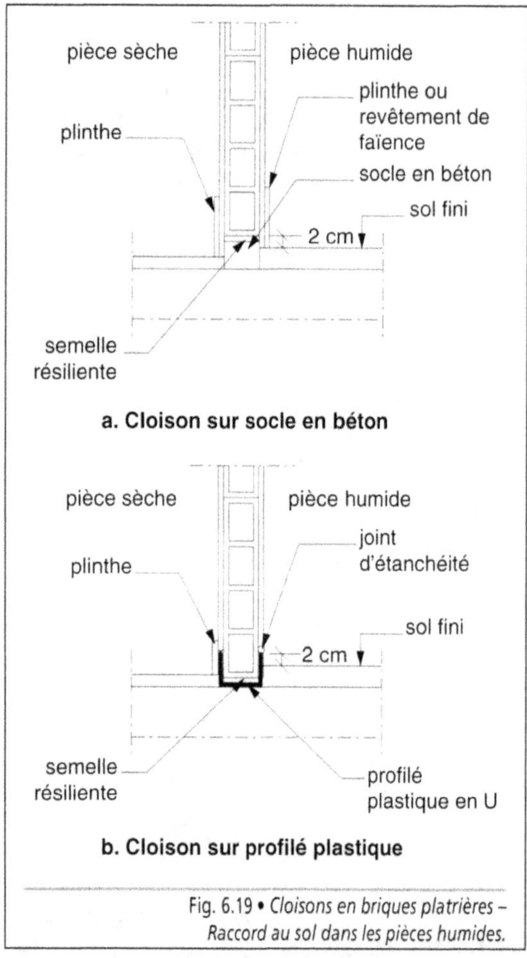

Fig. 6.19 • *Cloisons en briques platrières – Raccord au sol dans les pièces humides.*

* il est bâti dans un profilé plastique en forme de U, de largeur égale à l'épaisseur de la cloison et dont la hauteur des ailes est telle qu'elles affleurent à 2 cm au-dessus du niveau du sol fini, disposition qui demande un soin particulier au droit des angles.

■ **La liaison avec les plafonds** est adaptée au matériau constituant le plafond. Dans le cas général des planchers en béton armé, en hourdis ou des plafonds en terre cuite, les briques du dernier rang sont coupées de façon que l'espace soit de l'ordre de 2 cm à 3 cm afin de pouvoir le garnir au plâtre ou au mortier. Dans le cas de structures déformables, une lisse en bois est fixée en plafond, sur laquelle vient se bloquer la cloison.

■ **La liaison avec les murs et les huisseries de porte** est assurée par des pattes de scellement disposées tous les deux ou trois rangs.

Un des points faibles des cloisons en briques plâtrières porte sur sa continuité au-dessus des blocs-portes. En général, les rangs de briques sont montés en prolongation les uns sur les autres. La difficulté apparaît lorsqu'un tube électrique est incorporé pour alimenter un interrupteur ou une prise de courant. « **Le coup de sabre** » causé par la saignée verticale peut occasionner une fissuration. Elle est évitée en retenant l'une des solutions suivantes (Fig. 6.20) :

* assurer la continuité de la cloison à l'aide d'éléments de briques plâtrières posés verticalement de manière à faire passer le tube électrique dans les alvéoles, en prenant soin de décaler les joints.

* traiter la partie supérieure de la porte en imposte, partie intégrante du bloc-porte ;

* placer deux montants dont la longueur correspond à la hauteur de sol à plafond, reliés par une traverse intermédiaire formant le bâti de la porte, puis effectuer le remplissage supérieur en briques ou avec tout autre matériau ;

La première solution, plus contraignante à exécuter, permet de conserver la continuité du parement et du revêtement.

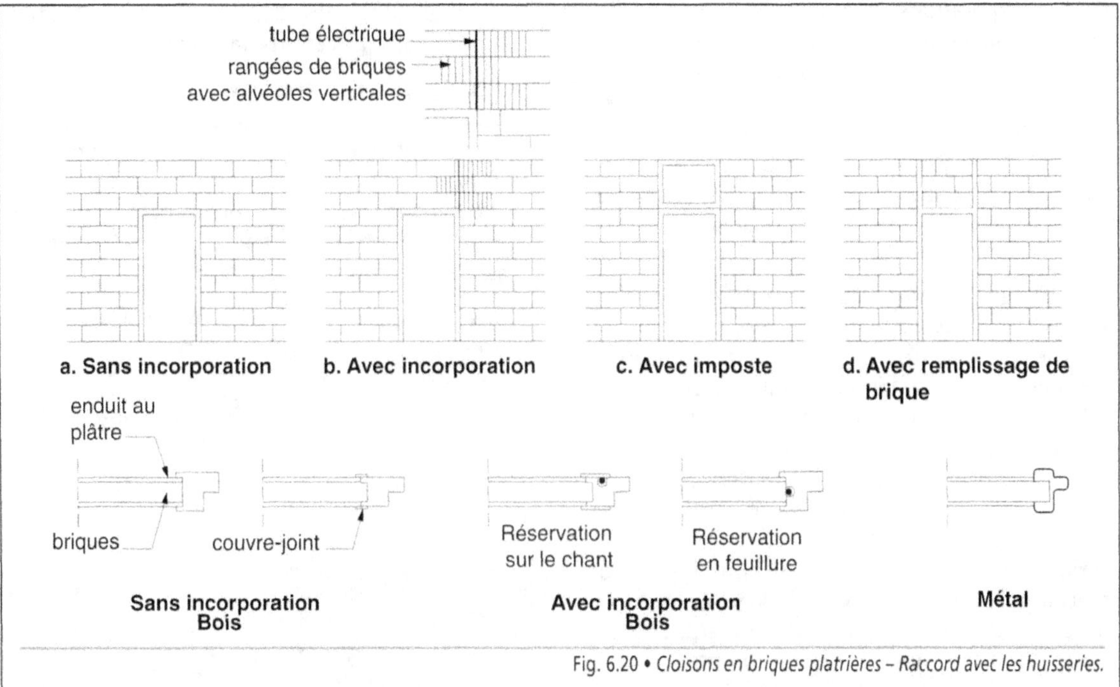

Fig. 6.20 • *Cloisons en briques platrières – Raccord avec les huisseries.*

La deuxième solution impose un pontage des joints au droit de la liaison du montant et de la cloison à l'aide d'un calicot, avant la réalisation des revêtements muraux.

La troisième solution marque une rupture nette de la cloison au droit de la porte, influençant la décoration intérieure.

■ **Le raccordement entre deux cloisons** est assuré par harpage des briques de manière à former une chaîne d'angle ou à l'aide d'un poteau d'angle en bois, sur lequel viennent buter les deux cloisons (Fig. 6.21). Entre cloison et doublage de mur, la jonction est réalisée par pénétration traversante ou non selon qu'ils sont bâtis simultanément ou non.

■ **Les angles saillants** font l'objet d'une protection rapportée lorsqu'ils sont exposés à un passage intense ou à des chocs. Elle est assurée soit par un potelet en bois rainuré afin de recevoir les cloisons, soit par un profilé, en forme de cornière, en bois ou en acier galvanisé.

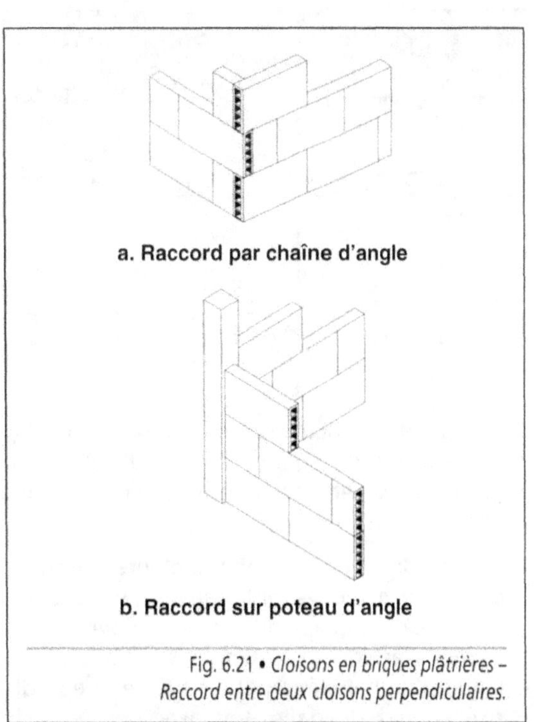

Fig. 6.21 • *Cloisons en briques plâtrières – Raccord entre deux cloisons perpendiculaires.*

■ Les incorporations sont admises dans les cloisons en briques plâtrières, sous réserve qu'elles soient exécutées conformément aux règles en vigueur. Dans tous les cas, le tracé en oblique est interdit. Il ne peut être qu'horizontal ou vertical, limité à une longueur minimale. Les saignées sont effectuées à la disqueuse et garnies avec le même liant que celui qui a servi à bâtir la cloison.

■ Les dimensions des cloisons réalisées avec des briques plâtrières sont définies en fonction de l'épaisseur. La hauteur maximale et la distance maximale entre les raidisseurs sont indiquées dans le tableau n° 6.4. Ceux-ci sont constitués par des poteaux, des parois perpendiculaires ou des retours de cloison. Toutefois, la hauteur peut être dépassée dans la limite de 30 % et la longueur, dans la limite de 15 %, sous réserve que la surface maximale entre les raidisseurs soit inférieure ou égale à celle portée dans le tableau précédent. Lorsque la cloison est bâtie sous rampant, c'est la hauteur moyenne qui est prise en compte.

ÉPAISSEUR BRUTE DE LA CLOISON (mm)	HAUTEUR MAXIMALE (m)	DISTANCE HORIZONTALE MAXIMALE ENTRE RAIDISSEURS (m)	SURFACE MAXIMALE ENTRE RAIDISSEURS (m^2)
35	2,60	5,00	10
40 à 55	3,00	6,00	14
60 à 75	3,50	7,00	20
80 à 110	4,00	8,00	25

Tab. 6.4 • *Cloisons en briques creuses – Dispositions limites en fonction de l'épaisseur de la cloison .*

■ Les points particuliers sont traités selon des règles spécifiques adaptées à leur localisation. Entrent dans cette catégorie de travaux les points suivants (Fig. 6.22) :

• **les cloisons en surplomb** : implantées en rive d'un plancher, elles sont réalisées avec des briques dont l'épaisseur est au minimum de 5 cm ; elles sont maintenues en place soit à l'aide d'un habillage par un bandeau en bois fixé en nez de dalle, soit avec des renforts ponctuels formés par des équerres métalliques protégées contre la corrosion ;

• **les cloisons non fixées en partie haute** : elles sont maintenues en tête par une lisse en bois disposant d'une feuillure de même épaisseur que la cloison ; la lisse est fixée à ses deux extrémités, sur le gros œuvre ou sur un raidisseur vertical ; la lisse en bois peut être remplacée par un profilé métallique ;

• **les cloisons en épi** : elles comportent obligatoirement un raidisseur vertical à leur extrémité.

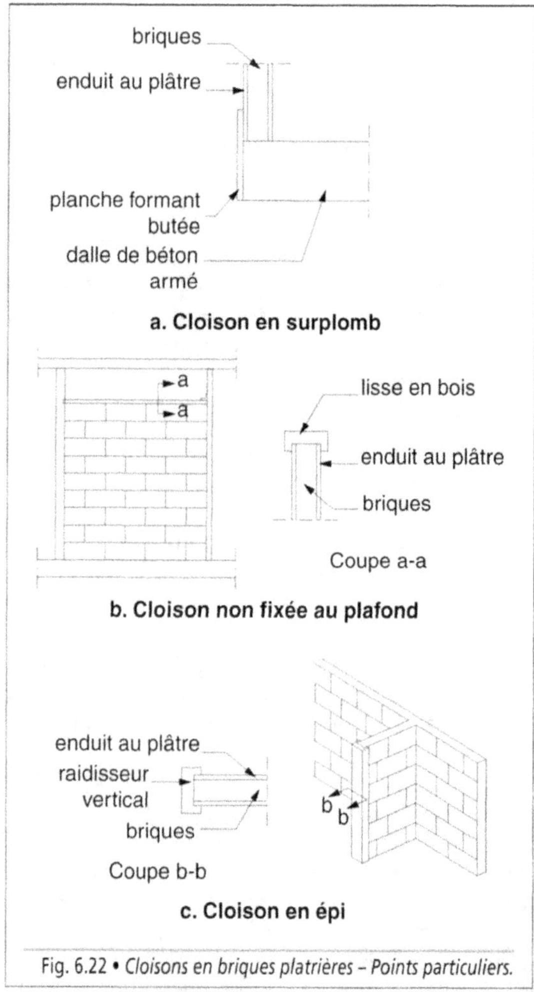

Fig. 6.22 • *Cloisons en briques plâtrières – Points particuliers.*

1.32. *Les cloisons en carreaux de plâtre*

Les cloisons en carreaux de plâtre sont réalisées par assemblage des éléments à l'aide d'un liant-colle à base de plâtre mélangé à des ajouts actifs (rétenteurs d'eau, régulateurs de prise, fongicides, etc.) et à des charges inactives. Les tranches doivent être exemptes de poussière et de salissures pouvant nuire à une bonne solidarisation. Afin d'obtenir une meilleure tenue de la cloison, les joints verticaux sont décalés d'une assise sur l'autre d'une distance supérieure à trois fois l'épaisseur de la cloison (Photo. 6.5).

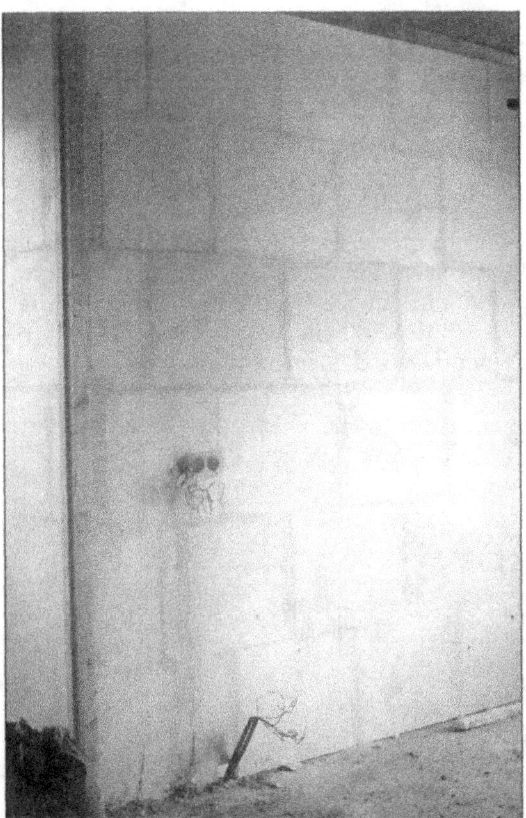

Photo. 6.5 • *Cloison de distribution en carreaux de plâtre.*

La grande dimension est posée parallèlement à l'assise, à l'exception du rang supérieur, pour lequel il est admis de placer les éléments verti-

caux de manière à éviter des raccords en plafond avec des fractions de carreaux de faible hauteur (Fig. 6.23).

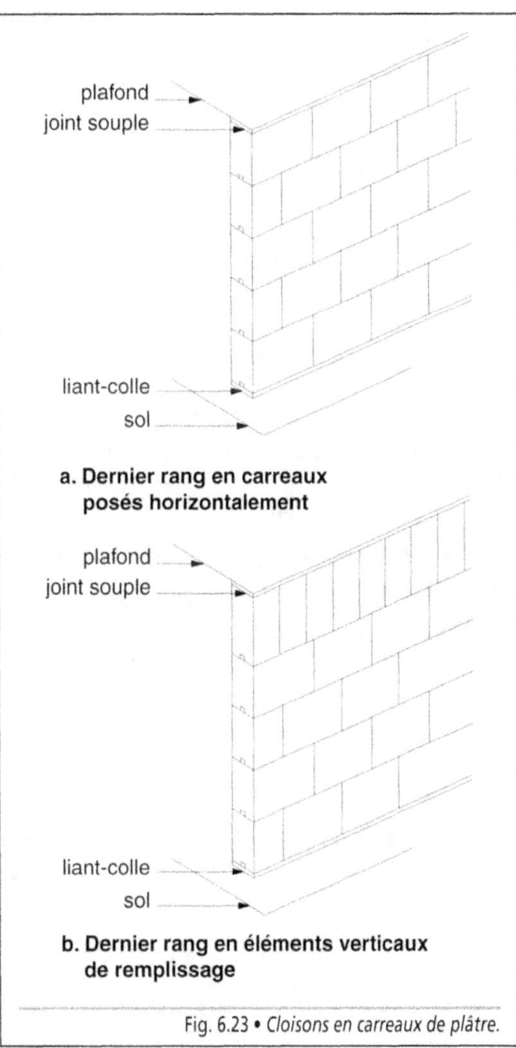

a. Dernier rang en carreaux posés horizontalement

b. Dernier rang en éléments verticaux de remplissage

Fig. 6.23 • *Cloisons en carreaux de plâtre.*

Dispositions constructives

Les dispositions constructives sont sensiblement les mêmes que pour les cloisons en briques plâtrières. Elles portent sur la déformation du gros œuvre, la liaison avec le sol et les plafonds, la liaison avec les murs et les huisseries, les raccordements entre cloisons et différents points particuliers.

■ **La déformation du gros œuvre** est absorbée en interposant une bande de matériau résilient ou en injectant de la mousse de polyuréthanne en partie supérieure, à la jonction entre la cloison et la structure horizontale. Les joints de dilatation ou de rupture créés dans le gros œuvre sont prolongés dans les cloisons et garnis à l'aide de laine minérale ou de mousse.

■ **La liaison avec le sol** est obtenue en étendant une couche de liant-colle sur laquelle est posé le premier rang de carreaux, avec interposition ou non d'une bande de matériau résilient. Dans les pièces humides (cuisines, salles d'eau et W.-C.), afin d'éviter les remontées capillaires et les dégradations des pieds de cloison, il convient de prendre les précautions suivantes au niveau du rang d'assise (Fig. 6.24) :

• le réaliser à l'aide de carreaux spéciaux hydrofugés ;

• le faire reposer sur un socle en béton dépassant de 2 cm le niveau du sol fini ;

• le bâtir dans un profilé plastique en forme de U, de largeur égale à l'épaisseur de la cloison et dont la hauteur des ailes soit telle qu'elles affleurent à 2 cm au-dessus du niveau du sol fini ; cette disposition n'est admise que pour des cloisons de longueur inférieure à 3,50 m et un soin particulier doit être pris au droit des angles.

■ **La liaison avec les plafonds** est réalisée en fonction du matériau qui constitue le plafond. Les carreaux du dernier rang sont coupés de manière à obtenir un espace aussi réduit que possible, de l'ordre de 2 cm, qui est garni à l'aide d'un mélange de plâtre et de liant-colle. Les différents cas suivants sont à prendre en compte (Fig. 6.25) :

• avec les planchers en béton (dalle pleine ou poutrelles), l'interposition d'une bande de matériau résilient de largeur égale à l'épaisseur de la cloison ou un garnissage effectué à l'aide de mousse de polyuréthanne expansée in situ est nécessaire ; le raccord est caché par un couvre-joint souple ; lorsque la cloison répond à un classement de résistance au feu, le choix du matériau résilient ne doit pas modifier ce classement ;

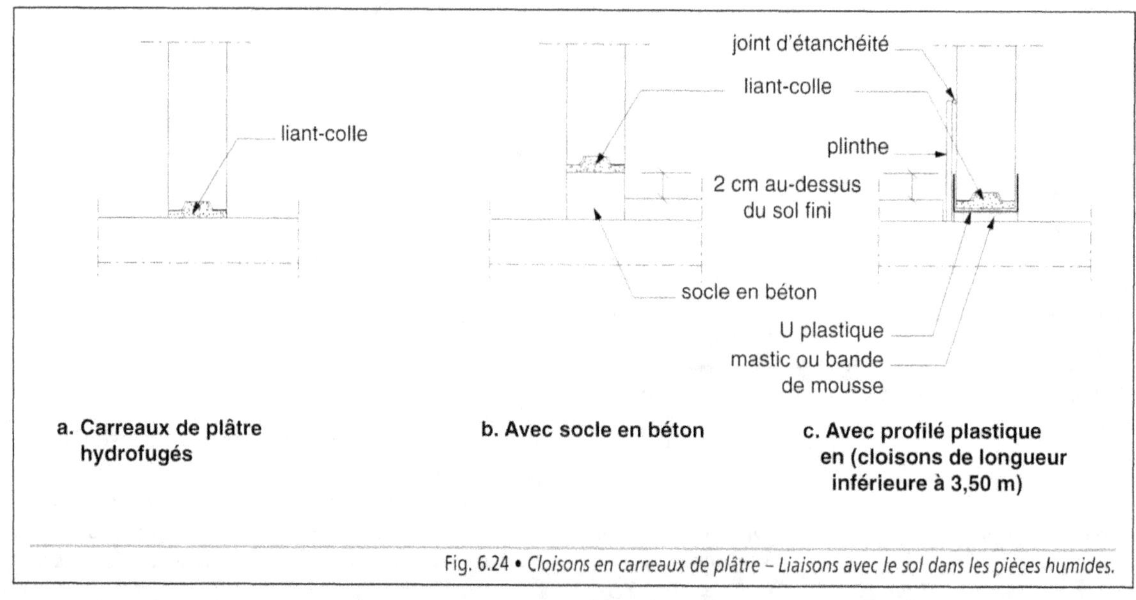

Fig. 6.24 • *Cloisons en carreaux de plâtre – Liaisons avec le sol dans les pièces humides.*

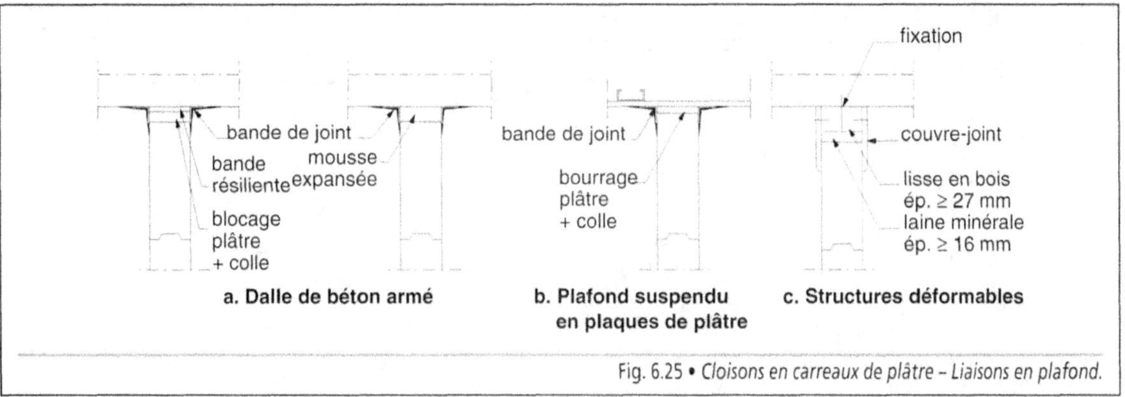

Fig. 6.25 • *Cloisons en carreaux de plâtre – Liaisons en plafond.*

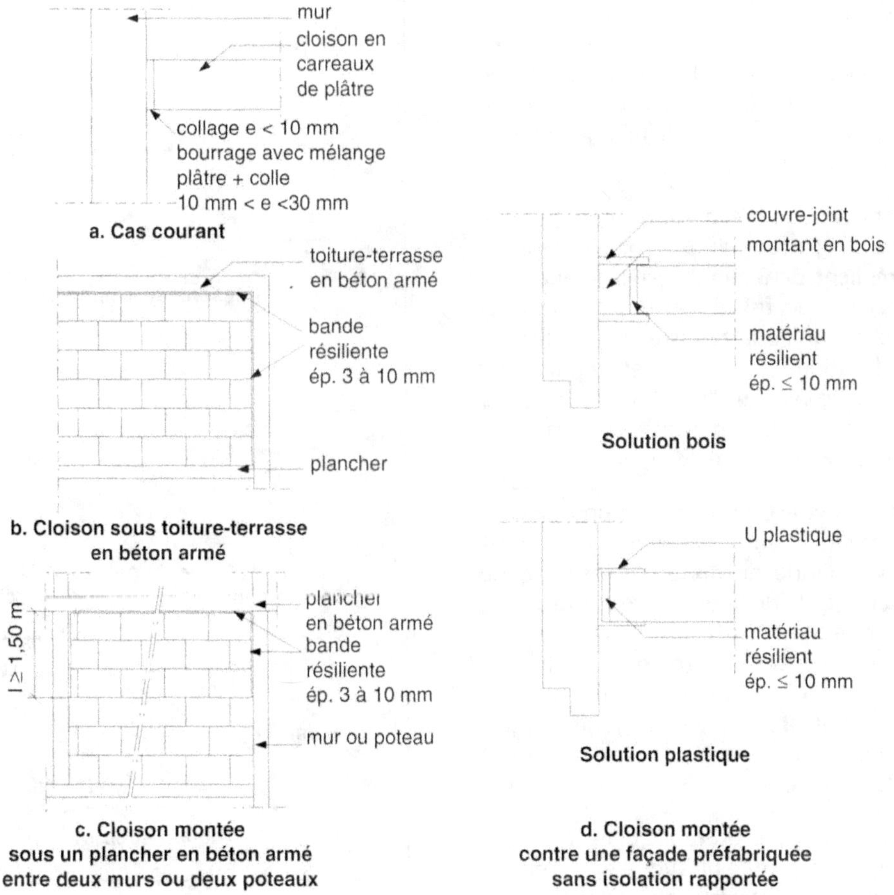

Fig. 6.26 • *Cloisons en carreaux de plâtre – Liaisons avec les murs.*

- avec les plafonds en plaques de parement en plâtre fixées sur une ossature, la liaison s'effectue sans interposition de matériau résilient ;
- avec des structures particulièrement déformables, deux techniques peuvent être retenues : soit le joint est garni à l'aide de mousse de polyuréthanne expansée *in situ* d'une épaisseur de 10 mm à 30 mm, soit une lisse en bois est mise en place, sur laquelle sont vissés deux tasseaux qui assurent le maintien de la cloison, le vide étant garni avec un matériau résilient, laine de roche ou mousse de polyuréthanne, le degré coupe-feu de la cloison étant conservé.

■ **La liaison avec les murs** est réalisée par collage à l'aide du liant-colle utilisé pour les joints courants. Les carreaux sont coupés de manière à laisser un jeu aussi réduit que possible, de l'ordre de 10 mm. Lorsque le jeu est supérieur, le garnissage s'effectue avec un mélange de plâtre et de liant-colle (Fig. 6.26).

Au dernier niveau des bâtiments couverts par une toiture-terrasse, l'interposition d'une bande de matériau résilient de 3 mm à 10 mm d'épaisseur limite les risques de fissuration dus aux mouvements horizontaux de la terrasse sous l'effet des variations climatiques. Le raccord est masqué par un couvre-joint constitué d'une bande de papier et d'enduit. Cette liaison doit assurer la stabilité de la cloison, sans avoir trop de rigidité.

Lorsque la cloison est montée sous un plancher en béton armé et entre deux murs ou deux poteaux, une bande de matériau résilient, de largeur égale à celle de la cloison, est interposée entre celle-ci et la sous-face du plancher, sur toute sa longueur et en retombées verticales, contre les murs ou les poteaux, sur une hauteur minimale de 1,50 m, le reste du joint vertical étant traité normalement. Un couvre-joint vient recouvrir l'ensemble.

Dans le cas des façades préfabriquées, un montant en bois ou un profilé plastique en forme de U est fixé sur la face intérieur afin de recevoir la cloison. Un matériau résilient est interposé de manière à permettre la libre dilatation.

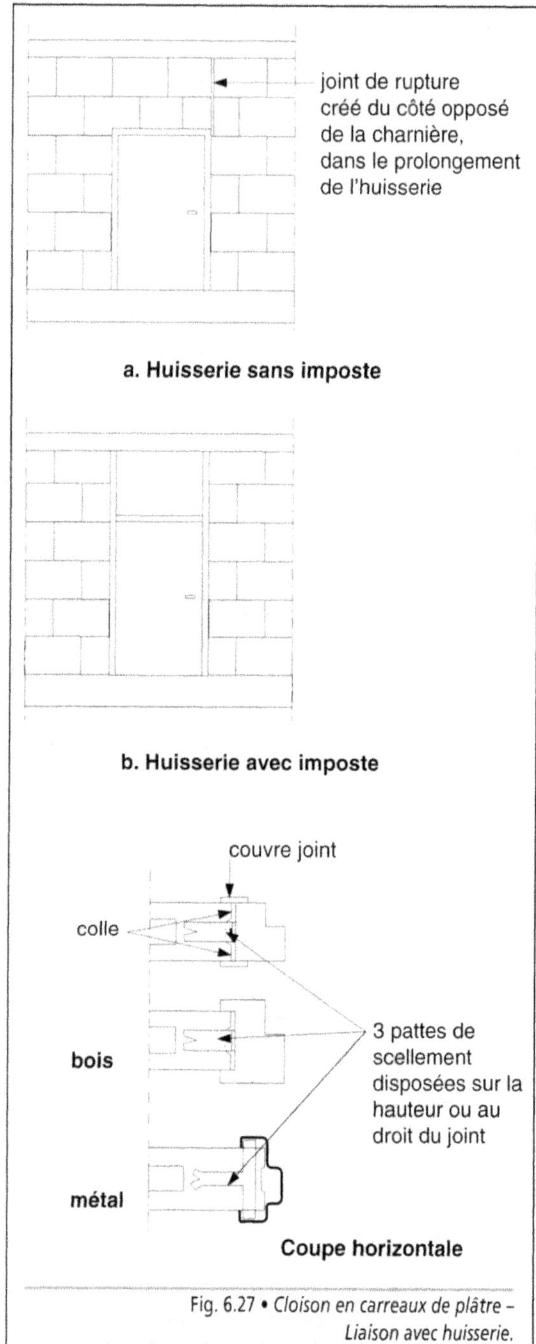

Fig. 6.27 • *Cloison en carreaux de plâtre – Liaison avec huisserie.*

■ **La liaison avec les huisseries** est renforcée par au moins trois pattes à scellement par montant, placées au niveau des paumelles et de la serrure, au droit des joints horizontaux. Avec des huisseries métalliques, les carreaux sont encastrés dans le profil de l'huisserie et collés en fond de celui-ci, la liaison étant assurée par des pattes à scellement coulissantes (Fig. 6.27).

Dans le cas de structure déformable, les risques de fissuration de la cloison existent au droit de la porte, lors de l'ouverture et de la fermeture de celle-ci. Afin d'y remédier, il convient de créer un joint de rupture au droit du montant opposé à la charnière, de l'huisserie au plafond. La saignée est garnie avec un mastic ou une mousse, puis cachée par un couvre-joint. Une autre solution consiste à prévoir des blocs-portes avec imposte montant jusqu'au plafond.

La liaison avec les poteaux raidisseurs se fait selon le même principe, le nombre de pattes à scellement étant au minimum de quatre.

Le raccordement entre cloisons est assuré par harpage une assise sur deux, le collage s'effectuant sur la totalité des surfaces en contact (Fig. 6.28). Entre cloison et doublage de mur, la jonction est réalisée par pénétration non traversante ou par juxtaposition.

Les angles saillants font l'objet d'une protection rapportée semblable à celle utilisée sur les cloisons en briques.

■ **Les incorporations** font l'objet d'une coordination entre l'entreprise de cloisons et celles des lots techniques. Les canalisations électriques sont, dans la mesure du possible, incorporées dans les plinthes et les huisseries. Si tel n'est pas le cas, l'encastrement des canalisations électriques est effectué conformément au DTU 70-1 (NF P 80.201) – *Installations électriques des bâtiments à usage d'habitation*. Certaines règles doivent être respectées en fonction de l'épaisseur des cloisons (Fig. 6.29). Aucune saignée horizontale n'est tolérée dans les cloisons de 5 cm d'épaisseur.

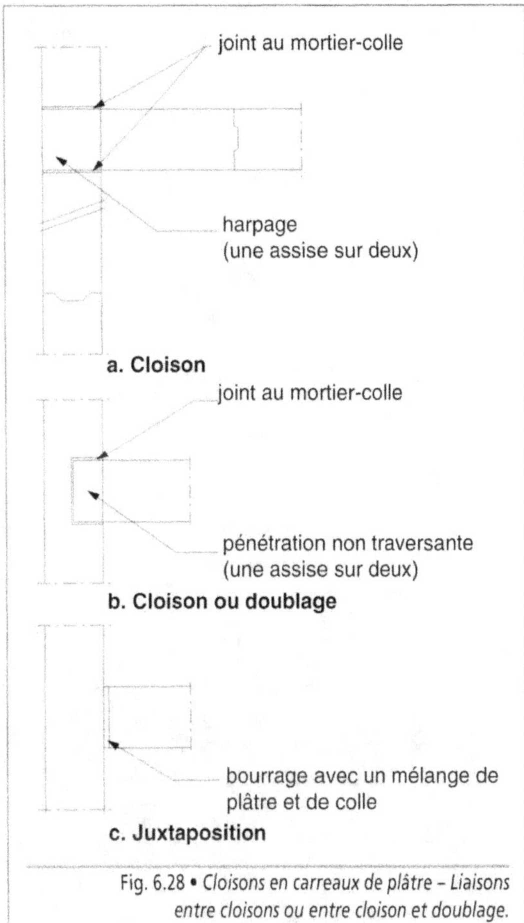

Fig. 6.28 • *Cloisons en carreaux de plâtre – Liaisons entre cloisons ou entre cloison et doublage.*

Les canalisations d'eau sont admises dans les cloisons dont l'épaisseur est égale ou supérieure à 70 mm, à condition de passer dans un fourreau d'un diamètre extérieur maximal de 21 mm (Fig. 6.30). Deux canalisations alimentant un même appareil (eau chaude et eau froide) peuvent passer dans une même saignée de 50 mm de largeur maximale. Lorsque plusieurs saignées sont nécessaires sur un panneau de cloison, elles sont obligatoirement du même côté. Les longueurs des saignées sont limitées horizontalement et verticalement en fonction de l'épaisseur des carreaux de plâtre (Tab. 6.5). Quelle que soit l'incorporation, le tracé en oblique est interdit et les saignées doivent être effectuées à la rainureuse.

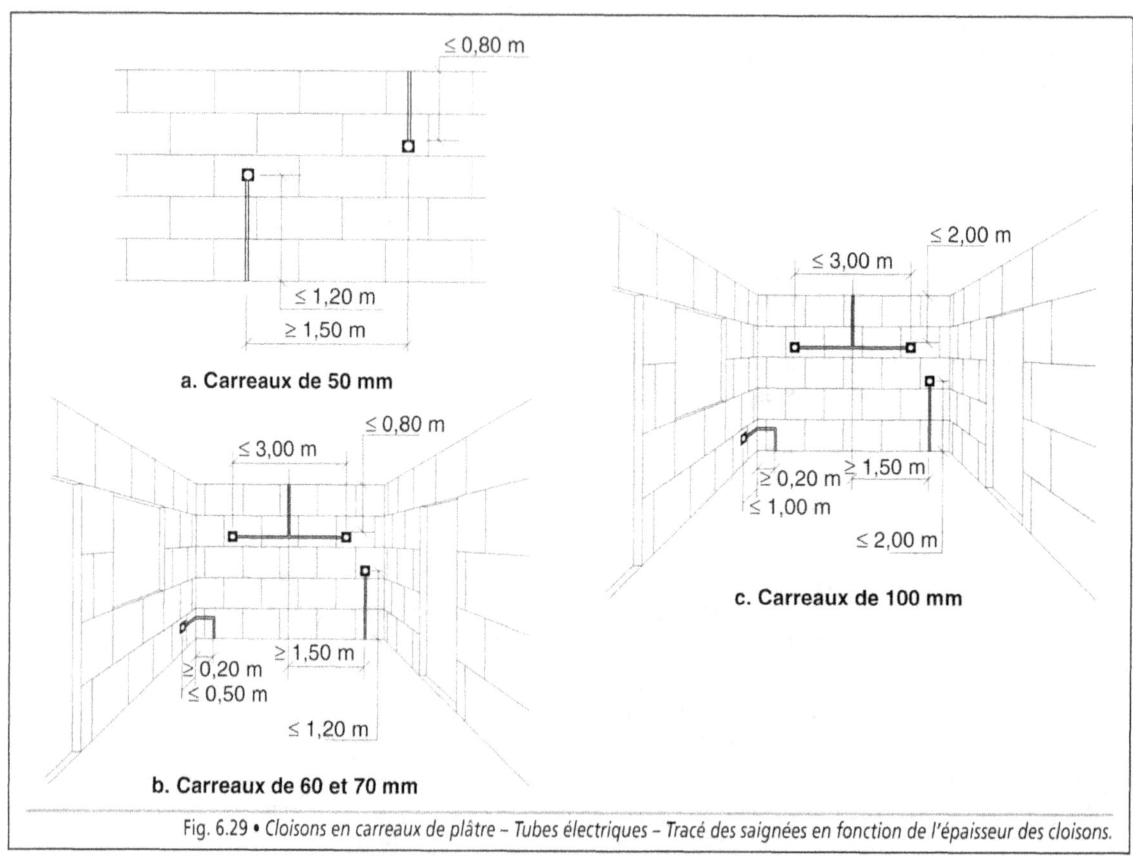

Fig. 6.29 • *Cloisons en carreaux de plâtre – Tubes électriques – Tracé des saignées en fonction de l'épaisseur des cloisons.*

DISPOSITIONS CONSTRUCTIVES	CLOISONS EN CARREAUX DE PLÂTRE	
	Épaisseur en mm	
	70	100
Diamètre extérieur maximal du fourreau (mm)	21	21
Épaisseur minimale en fond de saignée (mm)	15	15
Épaisseur minimale d'enrobage (mm)	15	15
Tracé horizontal maximal (m)	0,40	0,40
Tracé vertical maximal (m)	1,20	1,50
Tracé oblique	-	–
Entraxe minimal de deux canalisations (m)	0,70*	0,70*

* Dans le cas d'une saignée double, l'entraxe est ramené à 0,15 m.

Tab. 6.5 • *Cloison en carreaux de plâtre – Dispositions pour la pose de canalisations d'eau encastrées.*

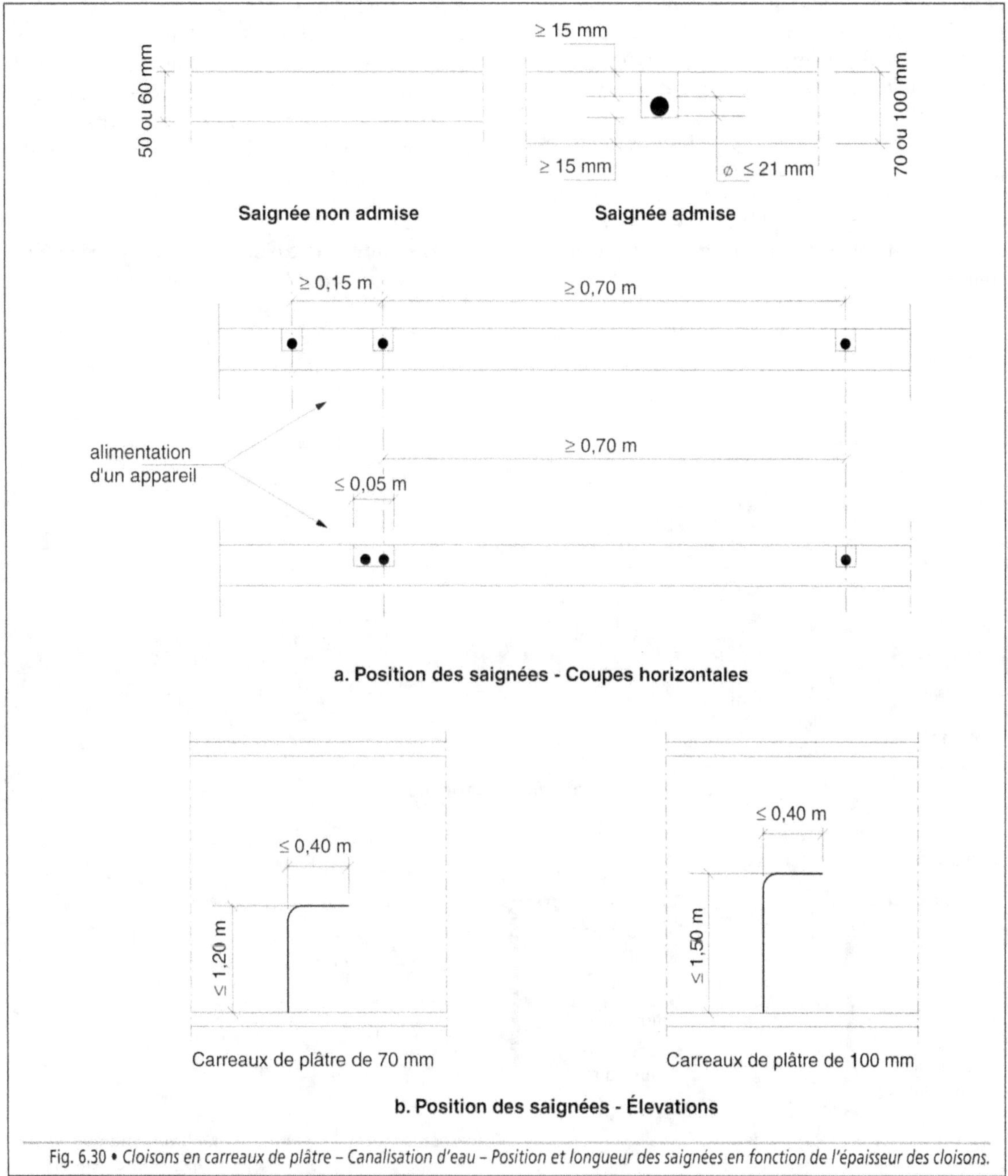

Fig. 6.30 • *Cloisons en carreaux de plâtre – Canalisation d'eau – Position et longueur des saignées en fonction de l'épaisseur des cloisons.*

La **fixation des charges** est possible en prenant un certain nombre de précautions. Les objets lourds ne doivent pas engendrer de moment de renversement supérieur à 30 kgm en charge ponctuelle et 15 kgm en charge linéaire (Fig. 6.31). La fixation des objets légers (inférieurs à 15 kg) est assurée par des crochets de type X ; celle des charges moyennes (inférieures à 30 kg), avec des chevilles simples ou autotaraudeuses ; celle des charges lourdes (supérieures à 30 kg), avec des fixations traversantes munies de contre-plaques, avec des taquets bois scellés au plâtre ou en multipliant les points d'ancrage afin de mieux répartir la charge.

■ **Les dimensions des cloisons** réalisées avec des carreaux de plâtre sont définies en fonction de l'épaisseur. La hauteur maximale et la distance maximale entre les raidisseurs sont indiquées dans le tableau n° 6.6. Toutefois, des tolérances sont admises dans les mêmes limites que pour les cloisons en briques.

■ **Les points particuliers** sont traités de la même manière que pour les cloisons en briques.

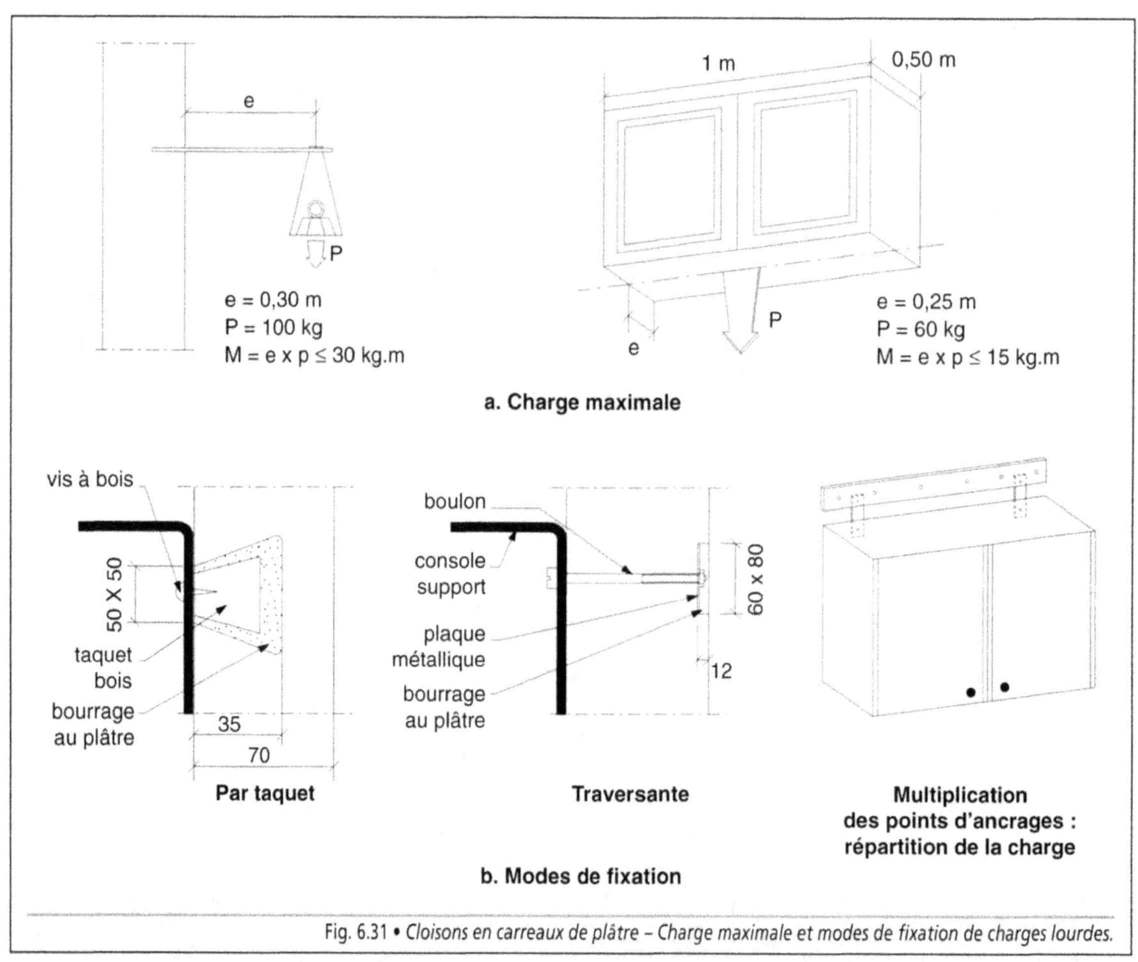

Fig. 6.31 • *Cloisons en carreaux de plâtre – Charge maximale et modes de fixation de charges lourdes.*

DISPOSITIONS NORMALES		
Épaisseur brute de la cloison (mm)	Hauteur (m)	Distance horizontale entre raidisseurs (m)
40	2,60	4,00
50	2,60	5,00
60	2,60	5,00
70	3,00	6,00
100	4,00	8,00

DISPOSITIONS LIMITES			
Épaisseur brute de la cloison (mm)	Hauteur maximale (m)	Distance horizontale maximale entre raidisseurs (m)	Surface maximale entre raidisseurs (m^2)
50	3,40	5,75	13
60	3,40	5,75	13
70	3,90	6,90	18
100	5,20	9,20	32

Tab. 6.6 • *Cloisons en carreaux de plâtre – Dispositions normales et dispositions limites en fonction de l'épaisseur de la cloison brute.*

1.33. Cloisons en plaques de plâtre

Les cloisons constituées par des plaques de plâtre assurent la séparation entre les différents locaux d'une même entité (Photo. 6.6).

Photo. 6.6 • *Cloison de distribution en plaques de plâtre.*

Toutefois, elles ne sont pas admises dans les locaux collectifs dont les parois peuvent recevoir des projections d'eau importantes ou être l'objet de ruissellements fréquents. C'est le cas, entre autres, des douches, cuisines, laveries, etc. Seules peuvent être utilisées les plaques spéciales pour locaux à fort degré hygrométrique et bénéficiant d'un Avis Technique. Dans les pièces humides privatives (cuisine, salle d'eau, W.-C.), afin d'éviter les risques de remontées d'humidité dans les cloisons, la partie inférieure est posée soit sur une lisse en matériau imputrescible, soit dans un profilé en forme de U en matière plastique, ces éléments dépassant de 2 cm la réserve de sol (Fig. 6.32).

Les cloisons en plaques de plâtre sont réalisées selon l'une des deux techniques suivantes :

- **les cloisons à ossature**, dans lesquelles les plaques de plâtre sont vissées sur une ossature en bois ou métallique ;

- **les panneaux sandwich** mis en place les uns à côté des autres et liés entre eux à l'aide d'un clavetage.

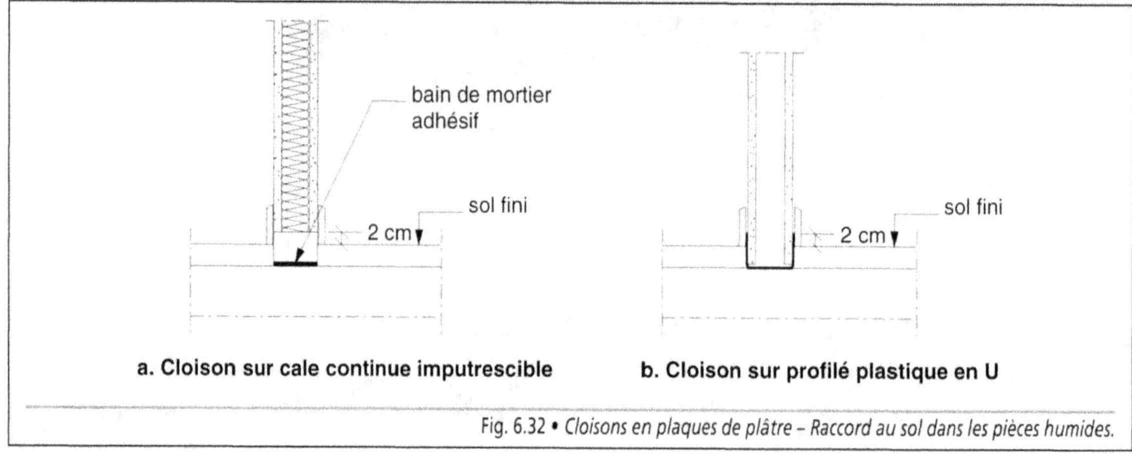

Fig. 6.32 • *Cloisons en plaques de plâtre – Raccord au sol dans les pièces humides.*

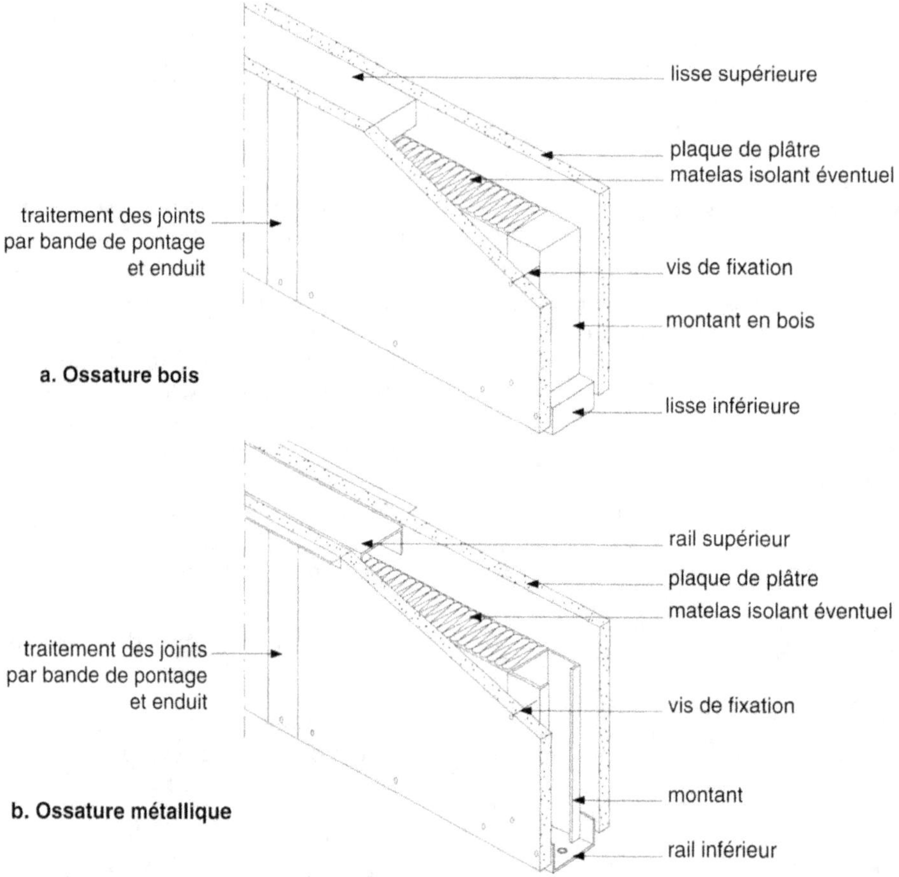

Fig. 6.33 • *Cloisons à ossature.*

1.331. Les cloisons à ossature sont constituées par des plaques de parement en plâtre fixées soit sur des montants en bois cloués sur une lisse en bois au sol et en plafond, soit sur des profilés de tôle d'acier galvanisé maintenus dans un rail métallique haut et bas (Fig. 6.33). L'entraxe des montants est de 40 cm ou 60 cm correspondant à l'utilisation normale des plaques de 1,20 m de large. Des renforts sont incorporés aux points particuliers ou au droit des appareils suspendus (appareils sanitaires, radiateurs, etc.).

▓ **L'ossature en bois** est composée de montants dont la section est telle que la largeur minimale d'appui est égale à :

- 35 mm en partie courante des plaques ;
- 50 mm au droit du joint entre deux plaques lorsque celles-ci sont vissées ;
- 60 mm au droit du joint entre deux plaques lorsqu'elles sont clouées.

La seconde dimension est déterminée en fonction de l'épaisseur de la cloison.

Exemple :

Pour une cloison de 70 mm bâtie avec des plaques de 12,5 mm, les montants ont les sections suivantes :
- 45 mm × 35 mm et 45 mm × 50 mm si les plaques sont vissées ;
- 45 mm × 35 mm et 45 mm × 60 mm si les plaques sont clouées.

▓ **L'ossature métallique** est la plus couramment employée. Les montants, en forme de U, ont une section telle que la face d'appui est de 35 mm, l'autre dimension étant définie en fonction de l'épaisseur de la cloison finie. Selon les dimensions et les performances de celle-ci, les montants peuvent être simples ou accolés (Photo. 6.7).

Exemple

- pour une cloison de 72 mm, les montants ont une largeur de 48 mm et reçoivent une plaque de 12,5 mm de part et d'autre ;
- pour une cloison de 98 mm, les montants ont une largeur de 48 mm et reçoivent deux plaques de 12,5 mm de part et d'autre ;
- pour une cloison de 100 mm, les montants ont une largeur de 70 mm et reçoivent une plaque de 15 mm de part et d'autre.

Photo. 6.7 • *Ossature métallique pour cloison de distribution.*

Les montants sont ajustés à une longueur légèrement inférieure à la hauteur comprise entre les rails supérieur et inférieur. Un premier montant est placé contre la paroi de départ. Puis ils sont disposés de telle façon que l'ouverture soit dans le sens de la pose des plaques (Fig. 6.34).

La hauteur maximale admissible pour les cloisons constituées par une seule plaque du sol au plafond est indiquée dans le tableau n° 6.7. Elle est déterminée en fonction de l'entraxe des montants, de leur section et de la nature des parements. Lorsque la hauteur de la cloison est supérieure à la longueur des plaques, il est nécessaire de prévoir un joint horizontal. Sa position est décalée d'un parement à l'autre ainsi que pour un même parement composé de deux plaques (Fig. 6.35).

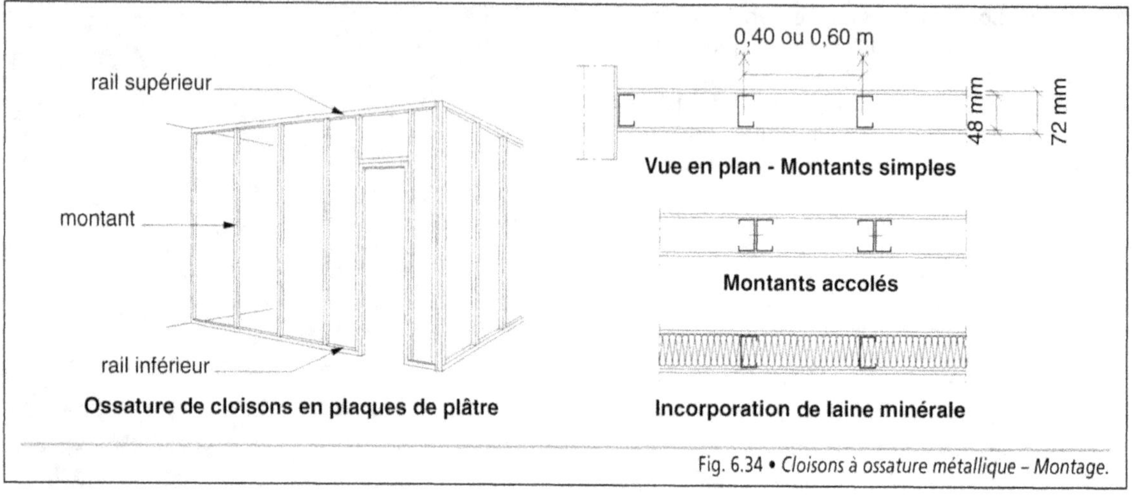

Fig. 6.34 • *Cloisons à ossature métallique – Montage.*

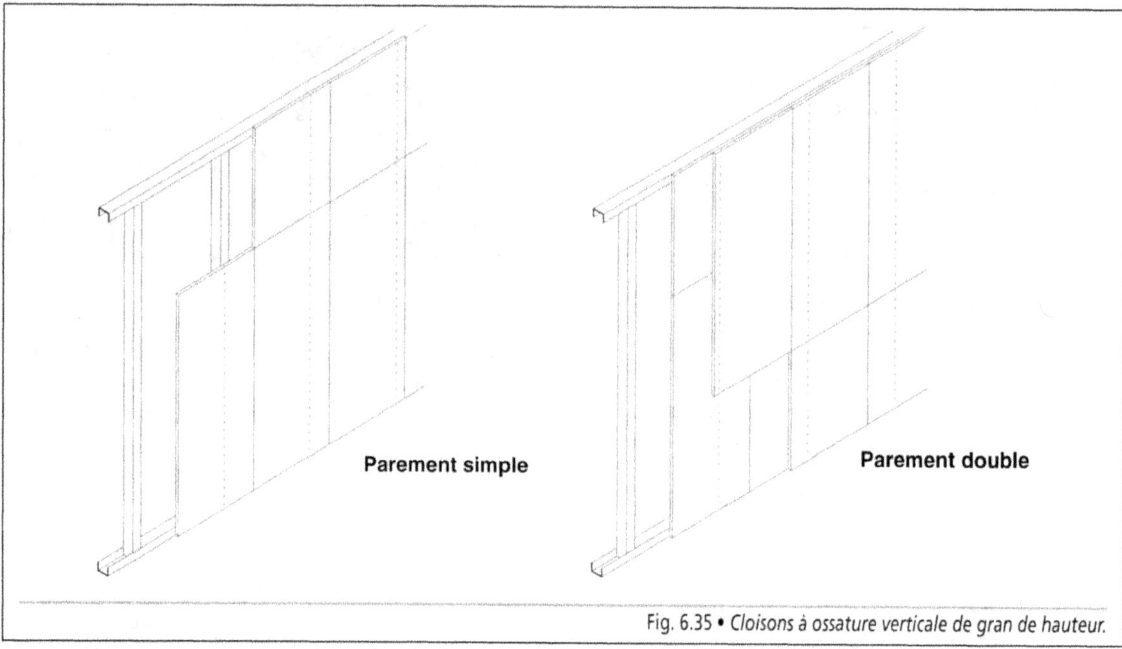

Fig. 6.35 • *Cloisons à ossature verticale de gran de hauteur.*

La fixation du rail inférieur au sol est effectuée par clouage, vissage ou collage sur toute sa longueur. Cette dernière disposition est préconisée lorsqu'un système de chauffage est incorporé dans la dalle. Des précautions particulières sont à prendre lorsque le rail est posé sur une dalle brute. Si le revêtement de sol est de type épais, carrelage scellé ou chape flottante, une protection contre les risques d'humidité est nécessaire. Elle est réalisée à l'aide d'un feutre bitumé 27 S ou d'un film en polyéthylène de 100 µm, dépassant de 2 cm le niveau du sol fini (Fig. 6.36). Ce principe est également retenu dans les pièces humides.

CLOISON DE 72 mm D'ÉPAISSEUR À PAREMENT SIMPLE DE 12,5 mm			
Entraxe des montants (m)	**Pose des montants**	**Hauteur maximale (m)**	**Masse surfacique de l'ouvrage brut (kg/m²)**
0,60	montants simples	2,60	22
	montants accolés	3,00	22
0,40	montants simples	2,80	22
	montants accolés	3,30	23
CLOISON DE 98 mm D'ÉPAISSEUR À PAREMENT DOUBLE DE 12,5 mm			
Entraxe des montants (m)	**Pose des montants**	**Hauteur maximale (m)**	**Masse surfacique de l'ouvrage brut (kg/m²)**
0,60	montants simples	3,00	42
	montants accolés	3,60	42
0,40	montants simples	3,30	42
	montants accolés	3,60*	43
* 3,60 m est la longueur standard maximale des plaques de parement en plâtre.			

Tab. 6.7 • *Cloisons courantes en plaques de parement en plâtre – Dispositions limites en fonction de l'écartement et du mode de pose des montants de 48 mm.*

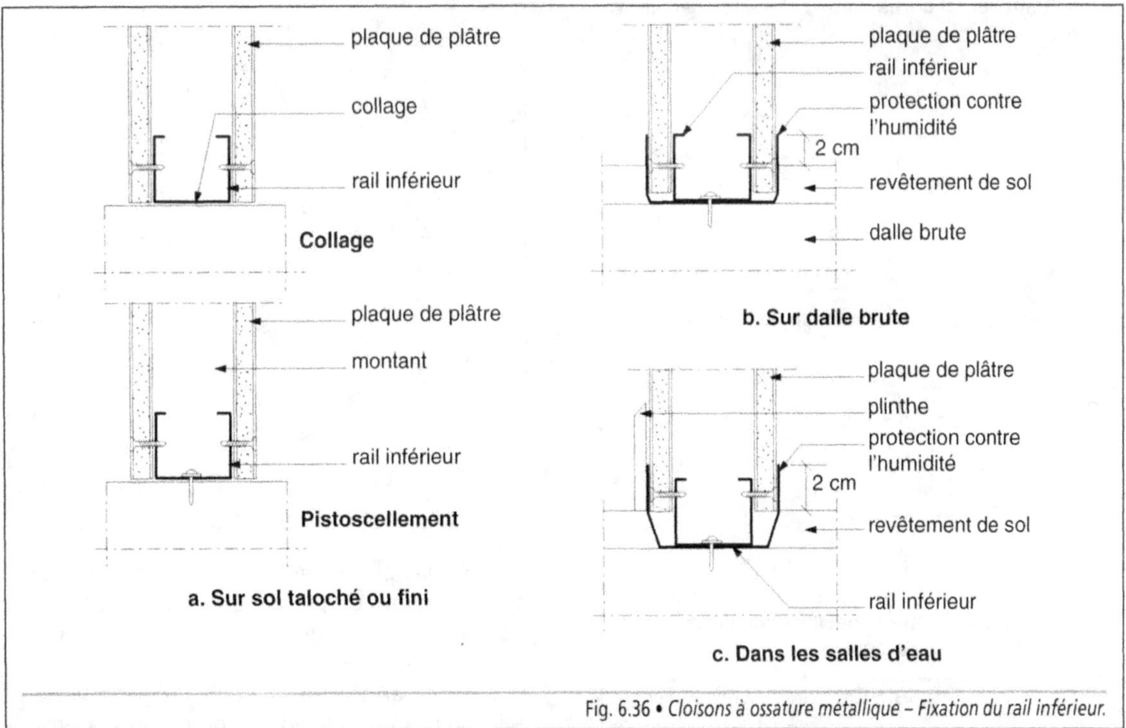

Fig. 6.36 • *Cloisons à ossature métallique – Fixation du rail inférieur.*

Le rail supérieur est fixé mécaniquement ou par collage, en fonction de la nature du plafond. Les solutions suivantes sont préconisées (Fig. 6.37) :

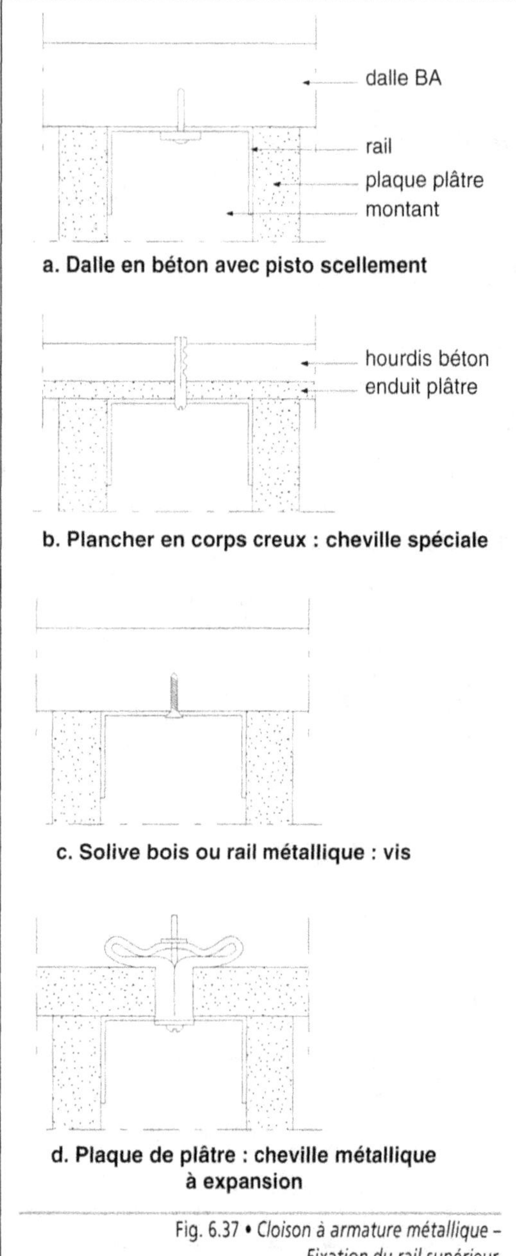

a. Dalle en béton avec pisto scellement

b. Plancher en corps creux : cheville spéciale

c. Solive bois ou rail métallique : vis

d. Plaque de plâtre : cheville métallique à expansion

Fig. 6.37 • *Cloison à armature métallique – Fixation du rail supérieur.*

- pistoscellement, chevilles ou collage dans une dalle pleine en béton armé ;
- chevilles spéciales dans les corps creux des planchers à poutrelles ;
- vissage ou clouage dans un solivage en bois ;
- vissage dans l'ossature d'un plafond en plaques de plâtre ;
- chevilles spéciales ou collage sur les plaques de plâtre.

■ **Le traitement des joints** entre les plaques de plâtre en partie courante et au droit des raccords avec le gros œuvre, en mur ou en plafond, est effectué à l'aide de bandes de renfort pour joints en papier spécial. Préalablement à l'exécution de ces travaux, il convient de s'assurer que les supports sont parfaitement sains et exempts de toute poussière. Les bandes sont collées et serrées avec un enduit spécial, la partie amincie étant garnie à l'aide du même produit arasé et lissé au nu du parement des plaques (Fig. 6.38).

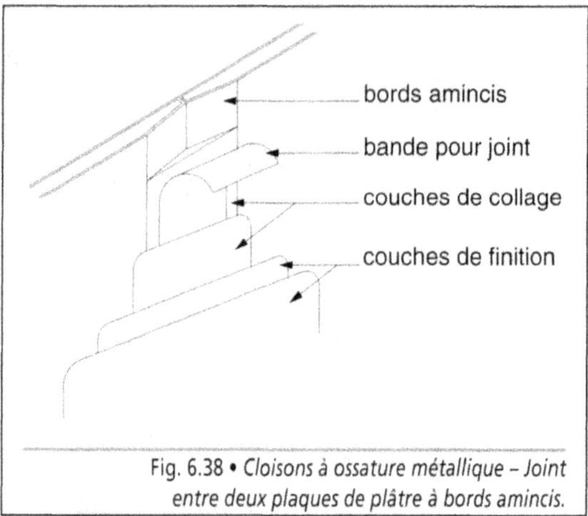

Fig. 6.38 • *Cloisons à ossature métallique – Joint entre deux plaques de plâtre à bords amincis.*

Lorsque les bords ne sont pas amincis, (raccords sur des coupes de plaques), la zone d'application de l'enduit est élargie afin d'en atténuer la surépaisseur. Les angles saillants sont traités soit avec une bande armée, soit à l'aide d'une cornière en acier galvanisé. Au droit des intersections de joints, il convient d'éviter la superposition des bandes de renfort. Celle qui se trouve au raccord de plaques à bords coupés doit être interrompue.

■ **Les points particuliers** sont traités de la manière suivante :

• la liaison avec les parois verticales, les raccords d'angle et les raccords en té sont réalisés en fixant un montant soit mécaniquement, soit par collage (Fig. 6.39) ;

• au droit des huisseries, le rail inférieur est interrompu ; un montant de la hauteur de la cloison est fixé de part et d'autre du bâti, un second montant est placé dans la hauteur de l'imposte, solidaire du premier de manière à rigidifier la cloison au niveau de ce point faible (Fig. 6.40) ;

• au droit des raccords d'angles ou de cloisons perpendiculaires, les rails hauts et bas sont interrompus de manière à permettre le passage des plaques (Fig. 6.41).

L'intérêt majeur de ce procédé est de permettre la réalisation de cloisons qui sont adaptées aux différents besoins : simple délimitation d'espaces, amélioration de l'isolation thermique ou acoustique entre deux espaces, protection contre les risques d'incendie. En effet, il suffit de modifier la composition de la cloison pour changer ses performances :

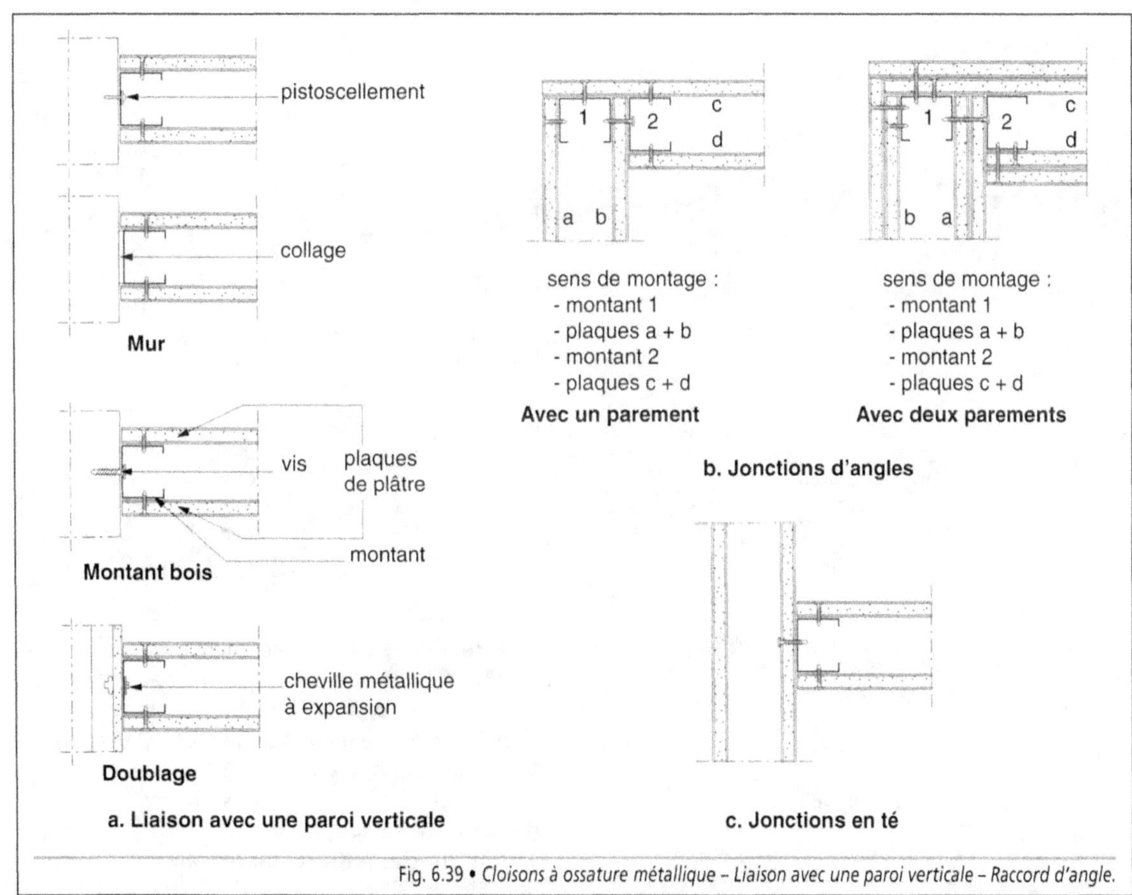

Fig. 6.39 • *Cloisons à ossature métallique – Liaison avec une paroi verticale – Raccord d'angle.*

399

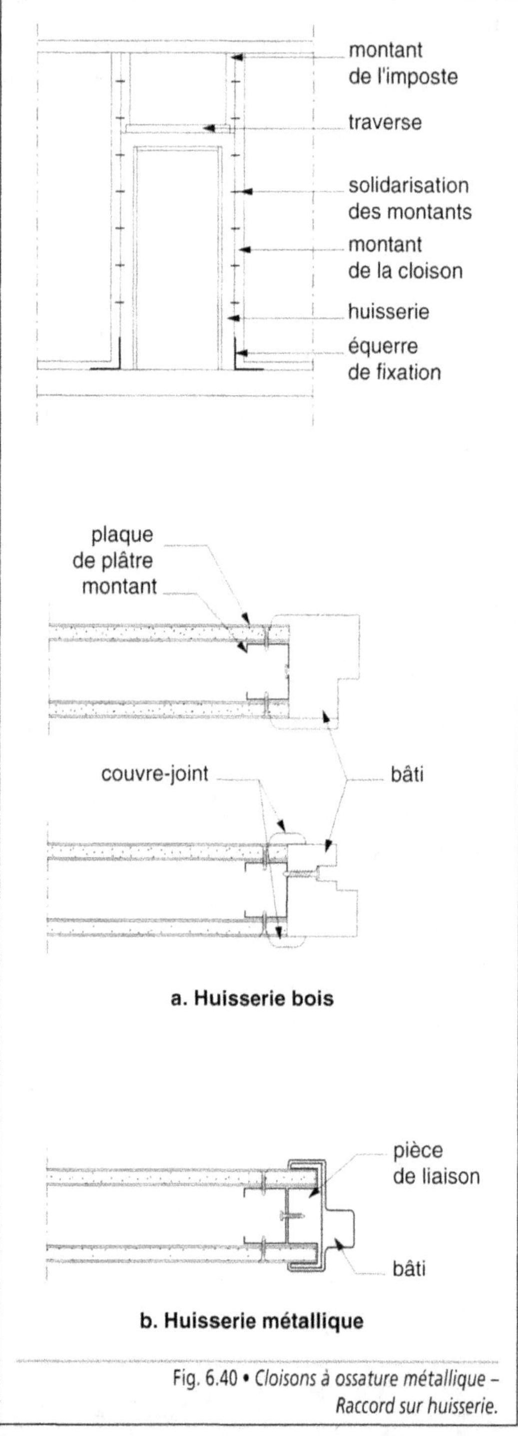

a. Huisserie bois

b. Huisserie métallique

Fig. 6.40 • *Cloisons à ossature métallique –*
Raccord sur huisserie.

- l'isolation acoustique, en doublant les plaques de parement de part et d'autre et en incorporant une laine minérale ;

- l'isolation thermique, en incorporant une laine minérale ;

- la protection contre les risques d'incendie, en utilisant des plaques spéciales.

La mise en œuvre est aisée et rapide, les réseaux pouvant être incorporés à la pose, sans difficulté.

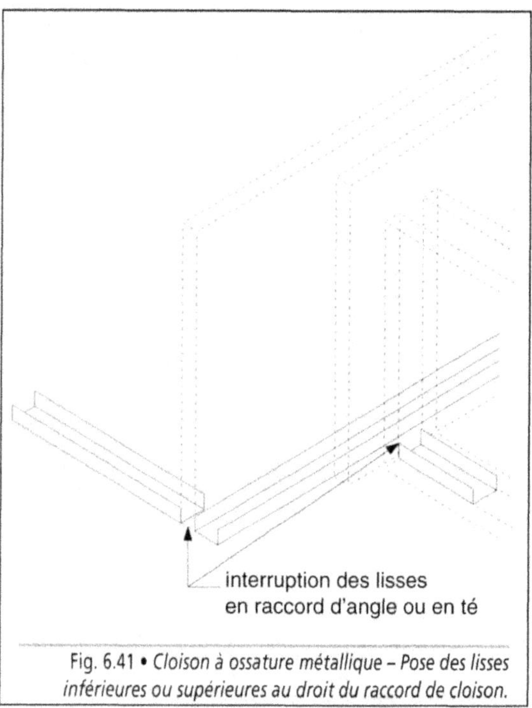

Fig. 6.41 • *Cloison à ossature métallique – Pose des lisses*
inférieures ou supérieures au droit du raccord de cloison.

Une meilleure résistance mécanique est obtenue par la simple adaptation des montants : montants simples ou accolés, montants rapprochés (entraxe de 0,40 m au lieu de 0,60 m), montants de 35 mm ou de 50 mm de largeur (Fig. 6.42). La reprise des charges lourdes (lavabo, W.-C. suspendu, radiateur) s'effectue en plaçant des renforts sur les panneaux concernés (Fig. 6.43).

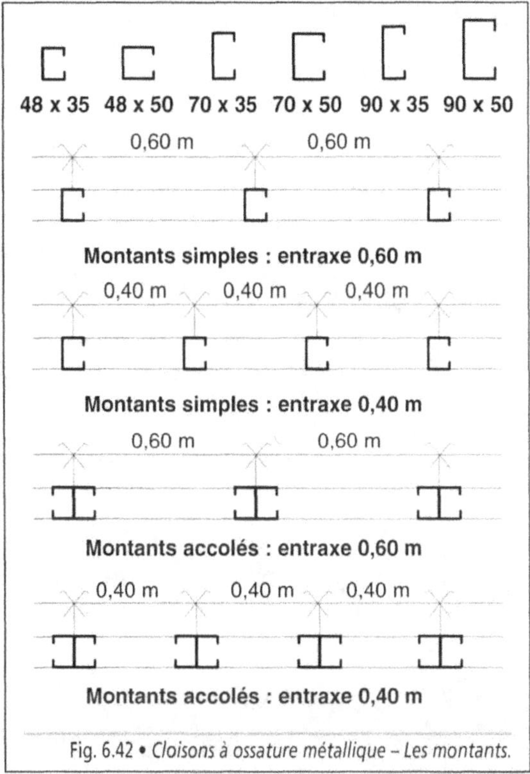

Fig. 6.42 • *Cloisons à ossature métallique – Les montants.*

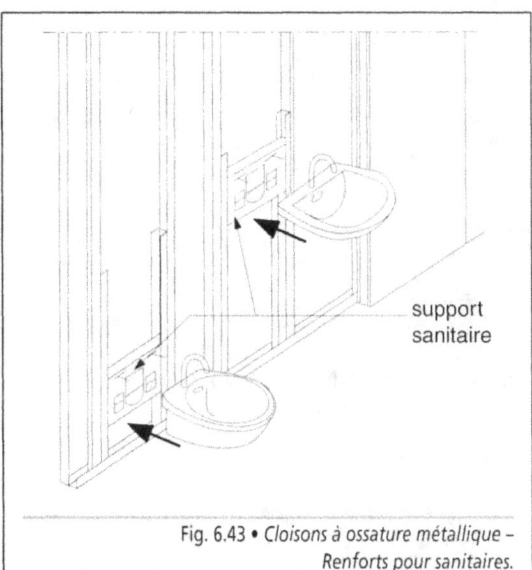

Fig. 6.43 • *Cloisons à ossature métallique –*
Renforts pour sanitaires.

1.332. Les panneaux sandwich sont composés de deux plaques de parement et d'une âme constituée par une résille cartonnée, un nid d'abeille en papier bakélisé ou un panneau de polystyrène expansé. Après le traçage des cloisons et la mise en place des huisseries, une lisse basse et une lisse haute sont fixées au sol et en plafond, comme pour les cloisons à ossature (Photo. 6.8a et 6.8b). Un montant est placé en extrémité contre les murs afin de parfaire la liaison entre le mur et la cloison. Les panneaux sont placés les uns à côté des autres et assemblés entre eux à l'aide d'un clavetage (Fig. 6.44 – Photo. 6.9). Ces tasseaux sont également employés pour assurer la liaison avec les cloisons perpendiculaires ou avec les huisseries.

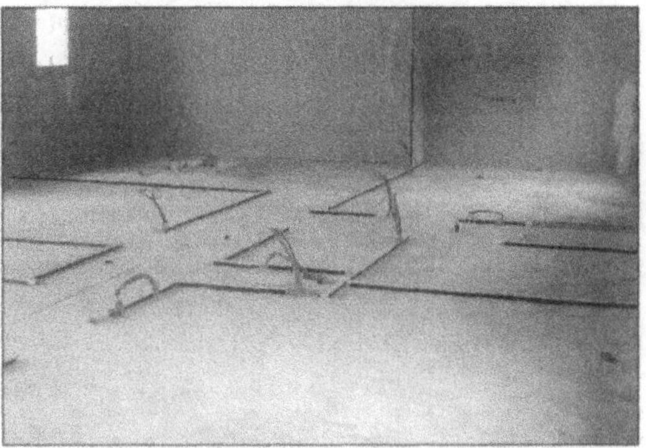

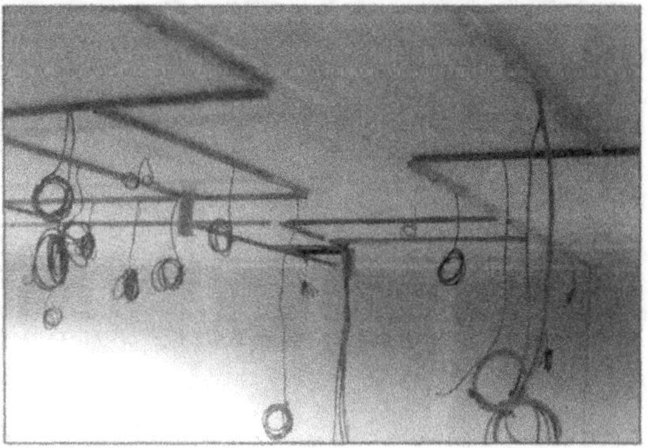

Photo. 6.8a et 6.8b • *Cloison de distribution en panneaux sandwich – Pose des lisses basses (a) et des lisse hautes (b).*

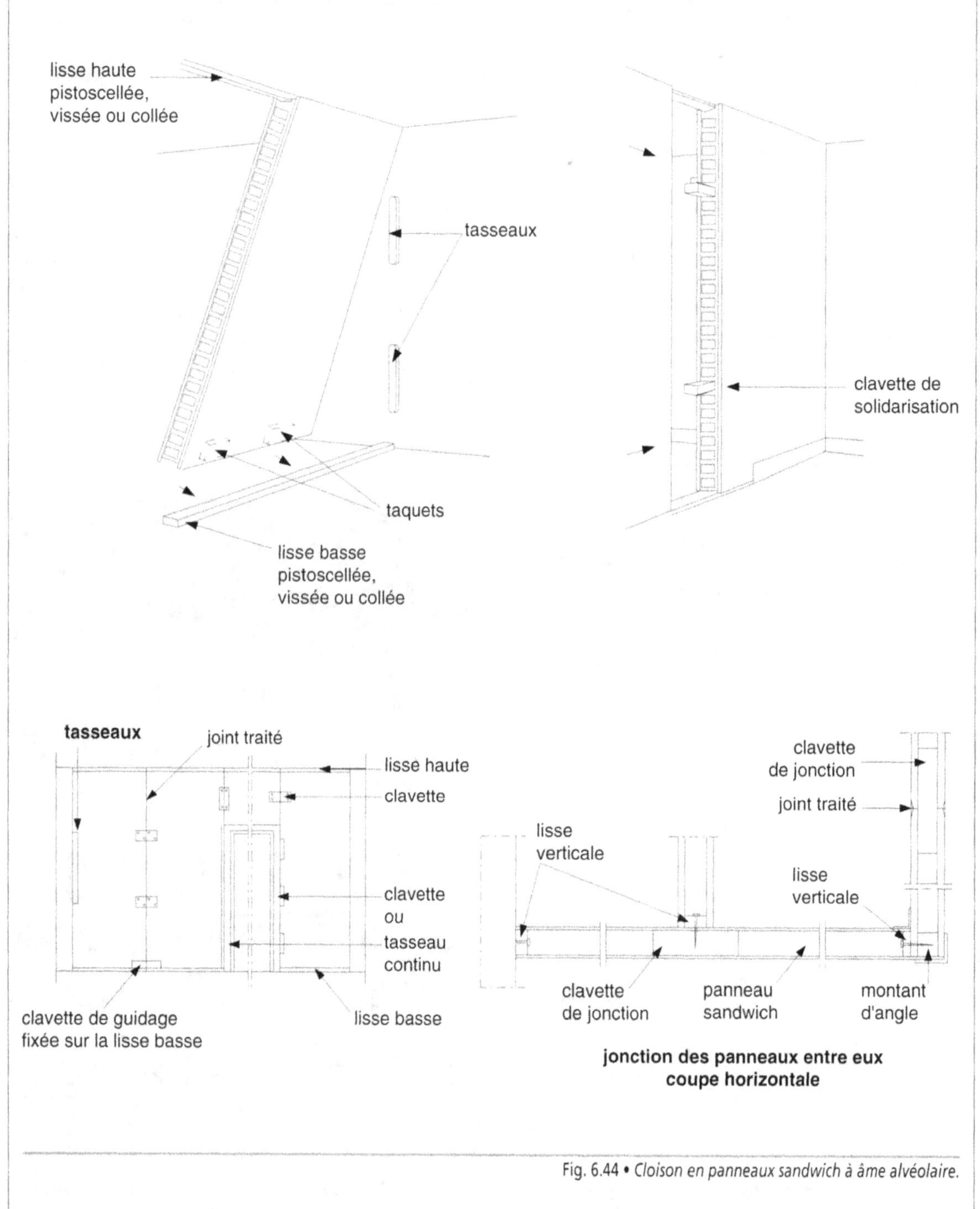

Fig. 6.44 • *Cloison en panneaux sandwich à âme alvéolaire.*

l'incorporation d'un isolant qui améliore les performances du doublage ;

Photo. 6.10 • *Cloison de doublage de parois extérieures.*

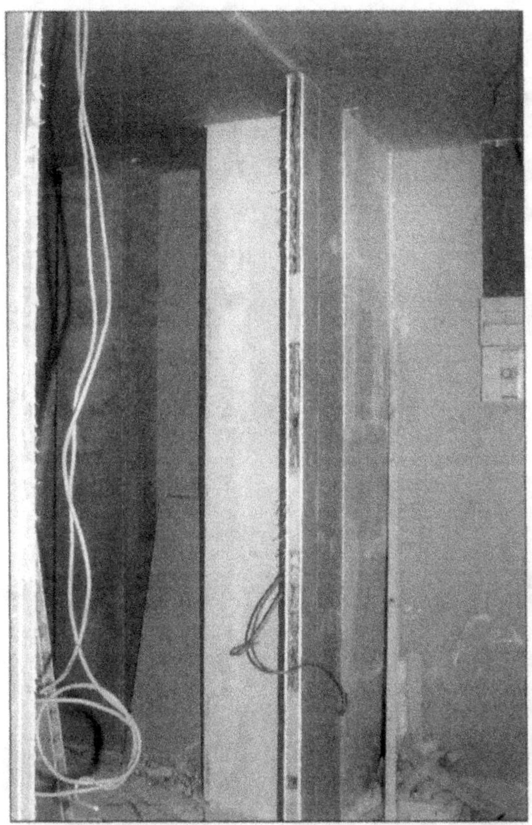

Photo. 6.9 • *Cloison de distribution en panneaux sandwich –*
Clavetage.

1.4. Les cloisons de doublage

Les cloisons de doublage sont bâties devant une autre paroi afin d'en améliorer les performances thermiques ou acoustiques (Photo. 6.10) ou devant une structure pour en assurer la protection contre les risques d'incendie.

Elles sont réalisées selon l'un des deux principes suivant :

• par l'emploi des mêmes matériaux et avec les mêmes procédés de montage que pour bâtir les cloisons de distribution ; un vide d'air peut être réservé ou non afin de l'écarter de la paroi principale et permettre éventuellement

Photo. 6.11 • *Cloison de doublage en briques plâtrières*
et isolation thermique en laine de verre.

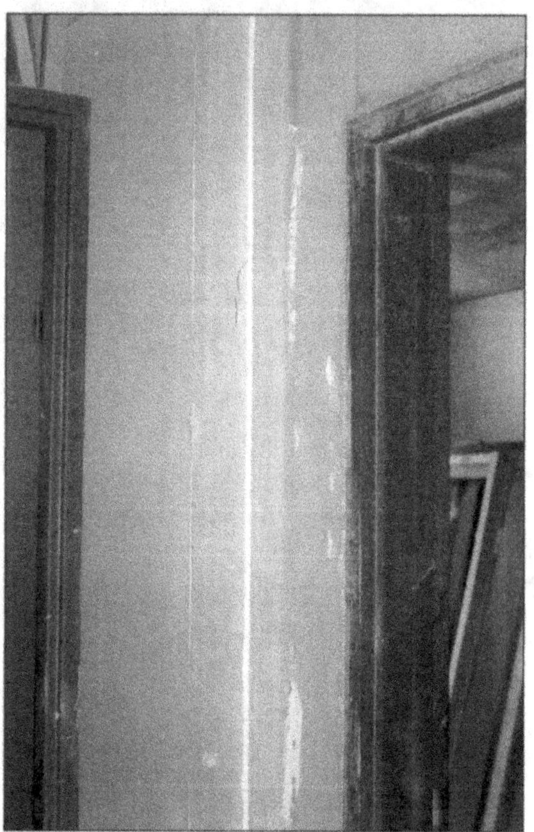

Photo. 6.12a et 6.12b • *Cloison de doublage à l'aide de panneaux isolants – Plâtre et polystyrène (a) – Plâtre et laine minérale (b).*

• par la mise en œuvre des **complexes manufacturés** constitués d'un panneau isolant collé sur une plaque de parement ou de **panneaux sandwich** dans lesquels l'isolant est inséré entre deux plaques de parement, généralement des plaques de plâtre.

Dans le premier cas, la cloison est bâtie en briques plâtrières (Photo. 6.11), en carreaux de terre cuite, en béton cellulaire ou en carreaux de plâtre. Les règles de construction doivent être respectées comme pour les cloisons de distribution, en tenant compte du fait qu'une seule face ne peut être enduite.

Dans le second cas, les panneaux sont posés suivant des règles spécifiques.

En fonction de l'objectif recherché, l'isolant est à base de polystyrène expansé, de mousse de polystyrène extrudé ou de polyuréthanne, ou de laine minérale (laine de verre ou de roche) (Photo. 6.12a et 6.12b). Moins performante en qualité d'isolant thermique, la laine minérale a l'avantage d'assurer une meilleure isolation acoustique. Cette dernière est améliorée par la présence d'une lame d'air entre l'isolant et la paroi support ou par le doublement des plaques de parement (Fig. 6.45).

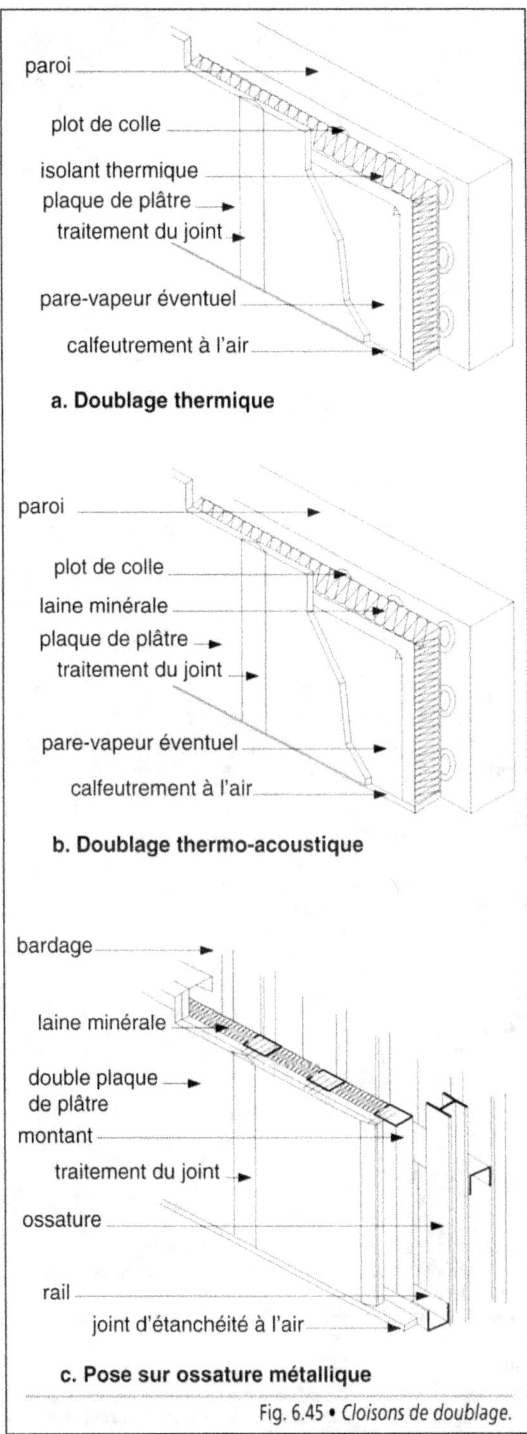

Fig. 6.45 • *Cloisons de doublage.*

Le choix de l'isolant thermique se fait en tenant compte de plusieurs paramètres :

- l'hydrophilie de l'isolant ;
- la présence éventuelle d'une lame d'air entre le mur et le doublage ;
- l'absence de condensation superficielle ou dans l'épaisseur de la paroi ;
- la tenue au feu, le degré d'inflammabilité et le dégagement de gaz toxiques.

Les complexes et les panneaux sandwich sont classés en trois catégories en fonction de la perméance des produits : P1, P2 et P3 (Tab. 6.8).

CATÉGORIE	PERMÉANCE EN g/m^2.h mm Hg	
	Complexes	Panneaux sandwich
P1	$P > 60.10^{-3}$	$P > 300.10^{-3}$
P2	$60.10^{-3} > P > 15.10^{-3}$	$300.10^{-3} > P > 15.10^{-3}$
P3	$15.10^{-3} \geq P$	$15.10^{-3} \geq P$

Tab. 6.8 • *Classement des complexes et des panneaux sandwich en fonction de la perméance.*

Ils sont utilisés selon la nature de la paroi en maçonnerie, le type de mur, sa résistance thermique et la localisation de la construction (Tab. 6.9). En cas de besoin, une barrière pare-vapeur peut être incorporée afin d'éviter toute migration de vapeur d'eau.

La nature de l'isolant thermique et le mode de pose ne doivent pas entraîner la détérioration de l'isolation acoustique entre les locaux attenants (Fig. 6.46).

Dans les constructions à ossature en bois ou en acier, les cloisons de doublage font partie intégrante des parois composites traitées au chapitre 4, paragraphe 4.84.

D'autres matériaux sont utilisés dans la composition des panneaux sandwich et des complexes de manière à apporter une réponse à un problème particulier. Entre dans cette catégorie un certain nombre de produits spécifiques.

CATÉGORIE DES COMPLEXES ET DES SANDWICH	MODE DE POSE	MAÇONNERIE (DTU 20.1)*	BÉTON		POSE EN ZONES TRÈS FROIDES
			e > 15 cm (DTU 23.1)*	e < 15 cm (DTU 22.1)*	
Complexe P1	collée sans cale	type IIa	type II	–	–
	sur tasseaux	**type IIb (1)**	**type II**	–	–
	collée avec cales	type IIb (1)	**type II**	–	–
Complexe P2	collée sans cale	type IIa	type II	type II	–
	sur tasseaux	**type IIb (1)**	**type II**	**type II**	–
	collée avec cales	type IIb (1)	type II	type II	–
Complexe P3	collée sans cale	type IIa	type II	type II	oui
	sur tasseaux	**type IIb (1)**	**type II**	**type II**	**oui**
	collée avec cales	type IIb (1)	type II	type II	oui
Sandwich P1	**sur tasseaux**	**type IIb (1) ou III**	**type II ou III**	–	–
Sandwich P2	**sur tasseaux**	**type IIb (1) ou III**	**type II ou III**	**type II ou III**	–
Sandwich P3	**sur tasseaux**	**type IIb (1) ou III**	**type II ou III**	**type II ou III**	**oui**

* DTU 20.1 : *Travaux de bâtiment – Ouvrages en maçonnerie de petits éléments – Parois et murs.*
* DTU 23.1 : *Travaux de bâtiment – Murs en béton banché.*
* DTU 22.1 : *Travaux de bâtiment – Murs extérieurs en panneaux préfabriqués de grandes dimensions.*
(1) : Pour ce type de mur, les tasseaux sont obligatoirement disposés verticalement.

Tab. 6.9 • *Choix du doublage par complexe ou par panneaux sandwich suivant la classe du mur à doubler (Source : DTU 25.42 ou NF P 72-204-1).*

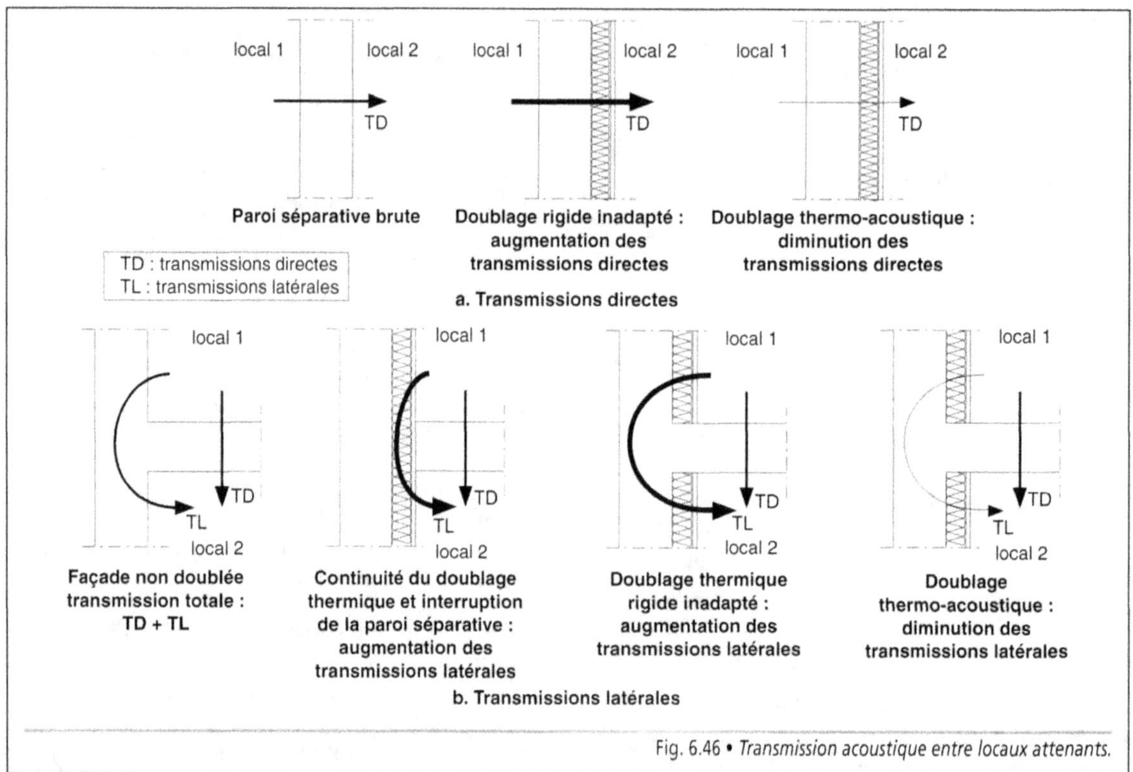

Fig. 6.46 • *Transmission acoustique entre locaux attenants.*

Le polystyrène expansé ou la laine minérale jouant le rôle d'isolant, le parement intérieur peut être composé de la manière suivante :

- une plaque de fibres de bois enrobées de ciment Portland, afin d'assurer la correction acoustique d'une salle (Photo. 6.13) ;

- un panneau de bois agglomérés extra-dur afin d'habiller la partie inférieure des murs d'une salle de sports pour résister aux chocs ou à l'impact du ballon, de handball par exemple.

Photo. 6.13 • *Cloison de doublage à l'aide de panneaux composites de fibres de bois agglomérées au liant hydraulique et de polystyrène (isolation thermique et correction acoustique).*

Les plaques à base de plâtre spécial ou fibres et de liants minéraux permettent de réaliser des cloisons dont le degré coupe-feu et pare-flammes est élevé (CF 2 h, PF 3 h) ou d'assurer la protection d'éléments de structure (Fig. 6.47). Ces matériaux, classés M0, ne dégagent ni fumée ni gaz toxique et ne propagent pas les flammes par formation de gouttelettes.

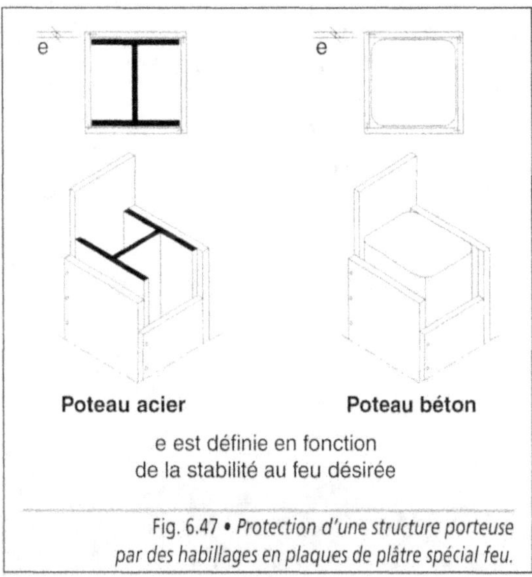

Fig. 6.47 • *Protection d'une structure porteuse par des habillages en plaques de plâtre spécial feu.*

Le doublage des conduits de fumée bâtis à l'intérieur des bâtiments est réalisé avec un matériau classé M1, carreaux de plâtre ou autres. D'une épaisseur minimale de 50 mm, il est désolidarisé du conduit par un vide d'air ventilé de 30 mm d'épaisseur. La résistance thermique de l'ensemble de la paroi doit être suffisante pour que la température superficielle de la face vue de l'habillage soit inférieure ou égale à 50 °C dans les parties habitables, et à 80 °C dans les parties non habitables (combles perdus ou autres).

1.41. Mise en œuvre

Les cloisons de doublage sont mises en œuvre par collage sur le support ou par fixation mécanique sur une ossature en bois ou métallique, le mode de pose étant retenu selon la composition.

La pose par collage s'effectue à l'aide d'un liant-colle adhésif compatible avec l'isolant ou la plaque de parement. Le support doit être propre, sain, sans poussière ni trace d'humidité ou de produits gras. La surface doit être régulière ; de légers désaffleurs peuvent être admis à condition d'être absorbés par les plots de colle. Celle-ci est appliquée sur la face de l'isolant par plots espacés de 30 cm à 40 cm ou par bandes horizontales (Fig. 6.48).

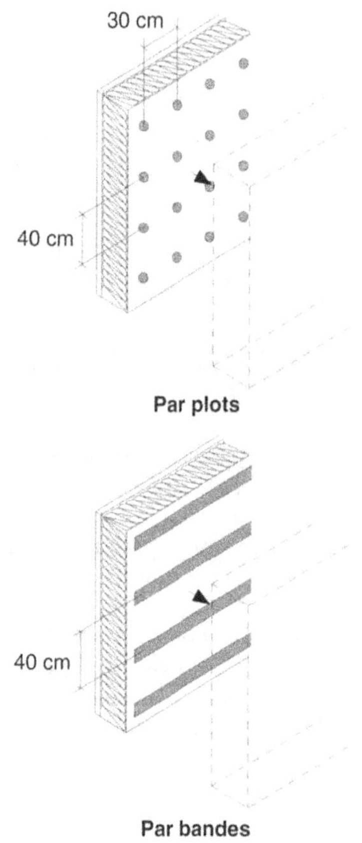

place pendant la durée de durcissement de la colle. Une lame d'air peut être réservée entre le doublage et son support, en incorporant dans chaque plot une cale en matériau imputrescible. Dans le cas de paroi à doubler de grande hauteur, un tasseau horizontal est fixé au support au droit de la jonction afin de permettre une fixation mécanique des panneaux (Fig. 6.49). Cette disposition est retenue lorsque la hauteur H est supérieure aux dimensions suivantes :

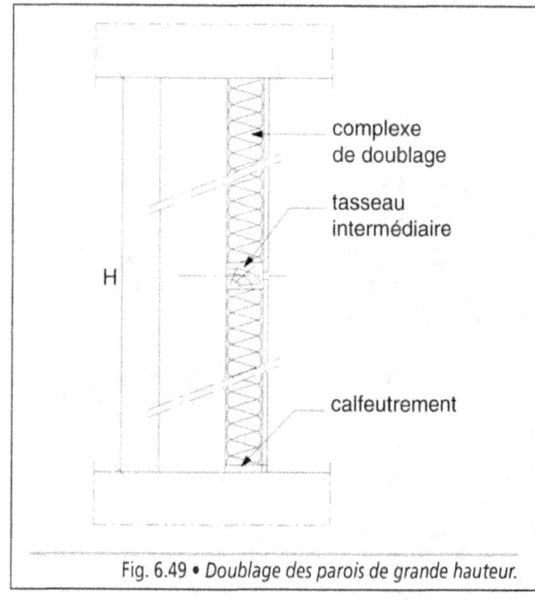

Fig. 6.49 • *Doublage des parois de grande hauteur.*

- 3,60 m pour les panneaux composés d'isolant en plastique alvéolaire ;

- 3,00 m pour les panneaux composés d'isolant à base de fibres minérales.

Ce procédé ne peut pas être retenu avec les panneaux sandwich.

La pose par fixation mécanique est effectuée sur une ossature (tasseaux en bois ou profilés en acier galvanisé) solidaire de la paroi par scellement ou par chevillage. Ce principe de pose est admis pour les panneaux sandwich et pour les complexes isolants dont l'épaisseur de l'isolant est inférieure ou égale à 80 mm. Les dimensions

Fig. 6.48 • *Pose par collage des complexes de doublage.*

Le panneau est appliqué à l'avancement contre la paroi à doubler, buté en tête sous le plafond, calé en pied et en affleurement avec les panneaux posés précédemment. Il est maintenu en

de l'ossature sont telles que la largeur d'appui est de 35 mm en partie courante et de 50 mm au droit du joint entre deux panneaux, la fixation étant généralement réalisée à l'aide de vis. L'entraxe des montants est déterminé en fonction du mode de pose des plaques, le grand côté étant soit perpendiculaire, soit parallèle aux profilés (Tab. 6.10).

TYPE DU DOUBLAGE	POSE PERPENDI-CULAIRE (m)	POSE PARALLÈLE (m)
Complexe composé d'une plaque de plâtre de 9,5 mm et :		
• d'un isolant alvéolaire 30 mm < e < 80 mm	0,60	0,40
• d'un isolant alvéolaire e < 30 mm	0,50	0,30
• d'un isolant fibreux e < 80 mm	0,50	0,30
Complexe composé d'une plaque de plâtre de 12,5 mm ou de 15 mm	0,60	0,40
Panneaux sandwich	(tasseaux haut et bas)	1,20

Tab. 6.10 • *Entraxe des montants selon la nature du doublage et le mode de pose.*

Le traitement des joints et des raccords avec le gros œuvre est effectué selon la méthode employée pour les cloisons de distribution en plaques de plâtre décrite au paragraphe 1.33.

1.42. Les points particuliers

En doublage extérieur, les points particuliers se rencontrent quel que soit le mode de réalisation de cette cloison. Ils portent essentiellement sur la liaison entre les cloisons de doublage et les menuiseries extérieures. Le traitement de ce joint doit faire l'objet de soins attentifs de manière à résoudre les problèmes d'étanchéité

à l'eau et à l'air. Des dispositions sont prises afin de répondre aux exigences suivantes :

• assurer la stabilité de la menuiserie extérieure indépendamment du doublage, directement sur la paroi support ;

• éviter la pénétration d'eau et d'humidité dans le doublage grâce à un joint d'étanchéité entre la maçonnerie et le dormant des menuiseries, comme indiqué chapitre 3, paragraphe 2.54 ;

• assurer l'étanchéité à l'air du doublage ; lorsqu'elle est mal exécutée, il n'est pas rare de sentir un courant d'air par les boîtiers d'électricité encastrés dans le doublage ;

• permettre à l'ensemble de la paroi (mur extérieur et doublage) de présenter des caractéristiques hygrothermiques satisfaisantes, par une continuité de l'isolant sans ponts thermiques, afin d'éviter tout risque de condensation.

Comme indiqué dans le chapitre 3, paragraphe 2.51, la position la plus courante de la menuiserie est sur la face intérieure, en feuillure ou en applique. La cloison de doublage s'arrête sur le dormant si sa largeur est suffisante ou, dans le cas inverse, sur une fourrure qui est interposée (Fig. 6.50). Cette solution est retenue quel que soit le matériau utilisé pour les menuiseries extérieures, bois, acier ou matières plastiques.

Les incorporations des diverses canalisations doivent se faire, dans la mesure du possible, avant le montage de la cloison de doublage, qu'elle soit en brique plâtrière, en carreau ou en plaque de plâtre. La fixation des charges dans le doublage est admise à l'aide de chevilles à expansion, sous réserve qu'elles soient inférieures à 30 kg. Celles qui sont supérieures à 30 kg sont fixées dans la structure.

En doublage intérieur, la continuité doit être assurée au droit du raccordement du doublage et des huisseries afin de ne pas diminuer les performances de la paroi. De même, les angles sont traités pour obtenir une parfaite continuité du doublage et de l'isolant, éventuellement en plaçant un renfort d'angle.

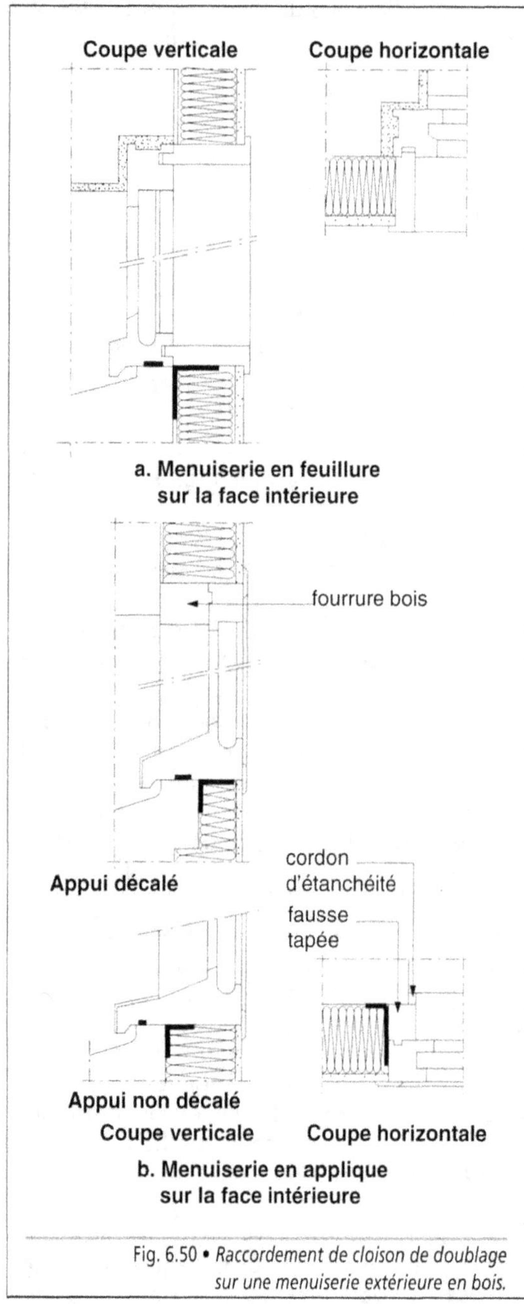

Fig. 6.50 • *Raccordement de cloison de doublage sur une menuiserie extérieure en bois.*

Dans les pièces humides, les précautions préconisées au paragraphe 1.33 pour les cloisons de distribution sont applicables.

1.5. Les cloisons séparatives

Les cloisons séparatives ont pour rôle essentiel de séparer des unités fonctionnelles dont les affectations sont différentes au niveau de la propriété ou de l'utilisation.

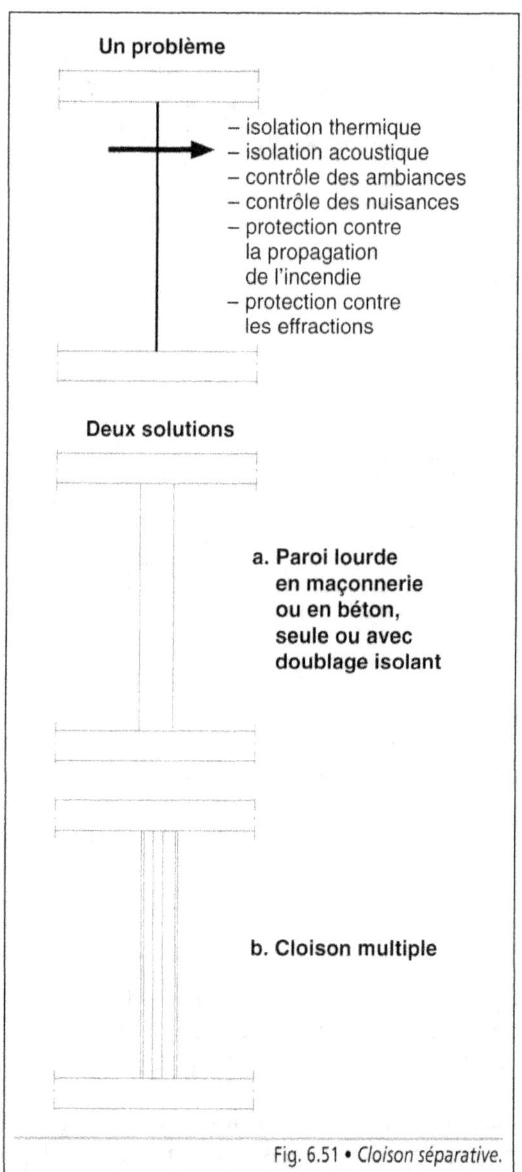

Fig. 6.51 • *Cloison séparative.*

Elles assurent les mêmes fonctions que les parois lourdes construites en maçonnerie ou coulées en béton à l'intérieur d'un bâtiment, sans reprendre la surcharge des planchers (Fig. 6.51).

Leur composition et la qualité des matériaux sont déterminées de manière à apporter la meilleure réponse aux phénomènes suivants :

- isolation acoustique ;
- isolation thermique ;
- protection contre l'intrusion ;
- protection contre les risques d'incendie.

Ces cloisons comprennent plusieurs parois qui sont montées de sol brut à plafond brut dès l'achèvement du gros œuvre dans le niveau concerné. Elles sont réalisées avant toute autre intervention portant sur les sols, les doublages, les plafonds ou les cloisons de distribution. Ces dispositions sont prises afin de conserver les qualités premières qui portent essentiellement sur la résistance aux chocs et l'isolation acoustique. Cette dernière est basée sur le principe masse-ressort-masse, par opposition aux parois lourdes basées sur la seule loi de masse. Ceci implique qu'il n'y ait aucun point de contact entre les faces intérieures des parements (Photo. 6.14).

Photo. 6.14 • *Écorché sur une cloison de séparation composée de plaques de plâtre fixées sur une ossature métallique – Isolation acoustique par un matelas de laine minérale.*

En général, aucune porte de communication n'est prévue dans ce type de cloison, afin de ne pas diminuer ses performances. Si une porte doit être incorporée (accès à un appartement ou à un bureau depuis les parties communes), elle répond à des critères compatibles avec ceux de la cloison : affaiblissement acoustique, protection contre les risques de propagation d'incendie, etc.

Les seuls points faibles se trouvent au droit du raccord de la cloison avec les éléments verticaux et horizontaux de la structure. Leur élimination est obtenue par un garnissage parfait de la liaison. Dans le même objectif, il est recommandé d'éviter toute incorporation de canalisations. Si celles-ci doivent être encastrées, dans la mesure du possible, elles n'affectent qu'une seule paroi (Photo. 6.15).

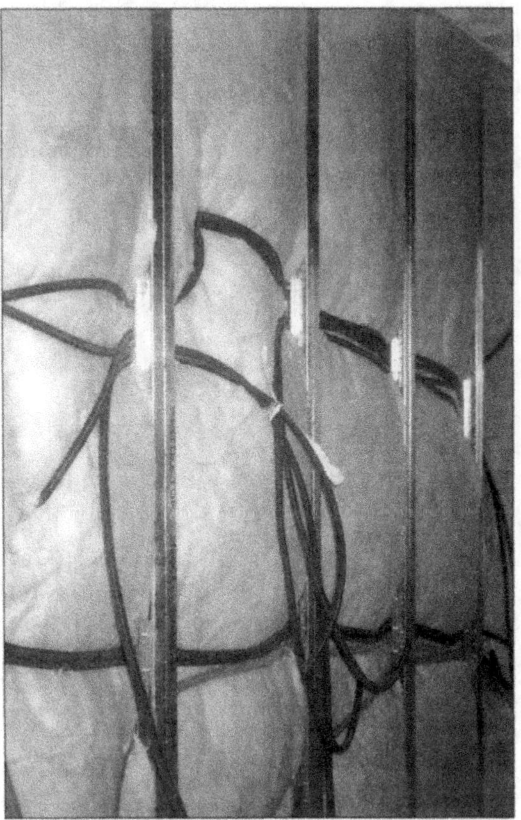

Photo. 6.15 • *Cloison de séparation – Incorporation des canalisations électriques.*

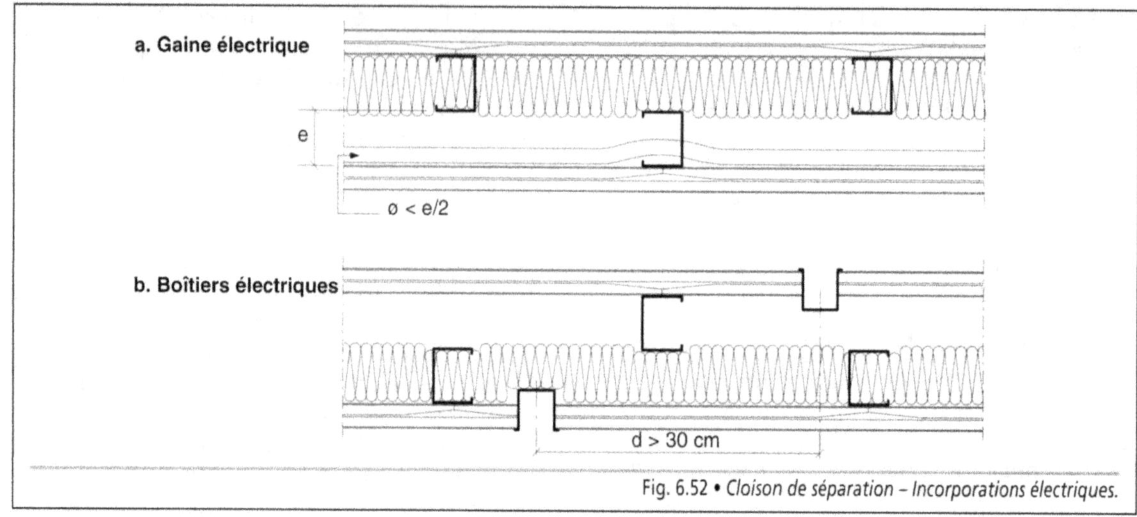

Fig. 6.52 • *Cloison de séparation – Incorporations électriques.*

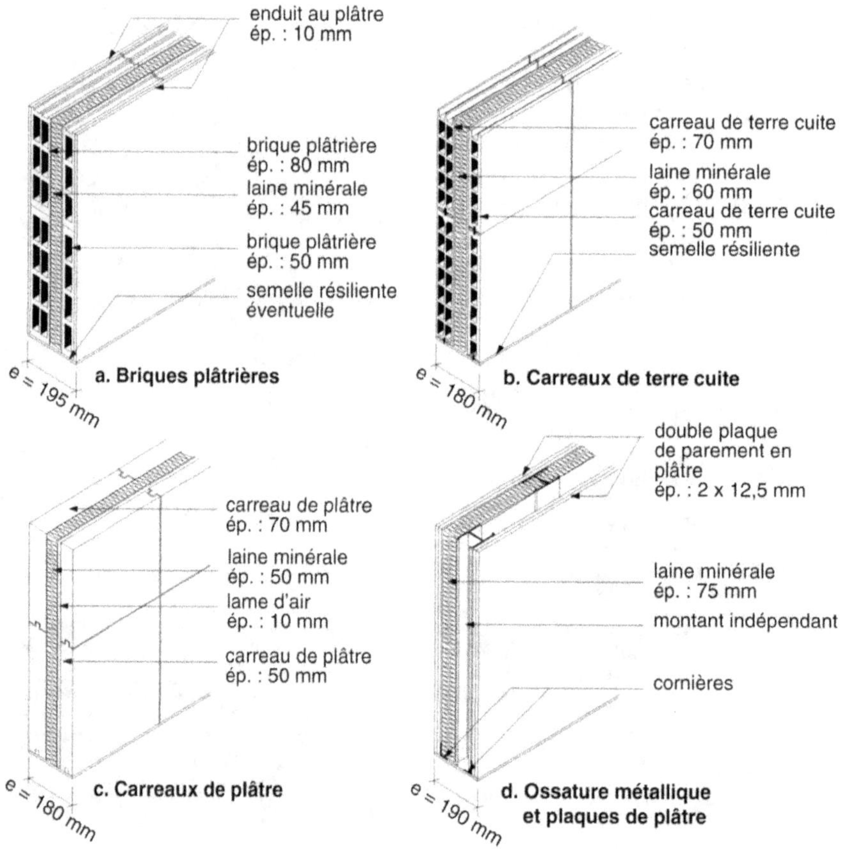

Fig. 6.53 • *Cloisons de séparation.*

Lorsqu'elles sont prévues sur les deux faces de la cloison de séparation, les deux parements sont indépendants et fixés sur des ossatures différentes, avec un intervalle le plus large possible, les traversées des parois étant suffisamment éloignées les unes des autres (Fig. 6.52).

Les cloisons de séparation sont bâties selon les mêmes principes que les cloisons de division ou de doublage, avec les mêmes matériaux et en prenant les mêmes précautions (pour les pièces humides, par exemple). Leur composition est déterminée en fonction des performances à privilégier : isolation acoustique, isolation thermique, protection contre les risques de propagation d'incendie. L'une des solutions suivantes peut être retenue (Fig. 6.53) :

- un matelas de laine minérale, pris en sandwich entre deux cloisons en briques plâtrières d'épaisseur et de masse différentes ;

- une paroi complexe en carreaux de terre cuite et laine minérale associée à un autre carreau de terre cuite ou à un autre matériau ;

- une couche de laine minérale prise en sandwich entre deux parois de carreaux de plâtre d'épaisseur différente ;

- un parement en plaques de plâtre, fixé sur une ossature en bois ou métallique, avec incorporation d'une ou de deux couches de laine minérale ; en général, la solution bois est réservée aux constructions à ossature en bois.

La technique de la cloison à ossature permet d'adapter la composition au degré d'isolation acoustique souhaité, son épaisseur étant déterminée en conséquence. Les meilleurs résultats sont obtenus en prévoyant une série de montants pour chacun des parements (Photo. 6.16), l'intervalle entre ceux-ci étant garni à l'aide d'une ou de deux couches de laine minérale de type rigide ou semi-rigide. Les parements, de préférence dissymétriques, sont constitués d'une ou de plusieurs plaques de plâtre posées à joints décalés (Fig. 6.54 – tab. 6.11). Les points particuliers tels que les jonctions de cloisons en angle ou en T et les raccords avec les huisseries sont traités avec le plus grand soin (Fig. 6.55).

Photo. 6.16 • *Cloison de séparation à double ossature métallique décalées.*

Compte tenu de leur composition, ces cloisons ont un degré coupe-feu ou pare-flammes suffisant afin de répondre à la réglementation incendie en vigueur.

De telles cloisons sont couramment utilisées en séparation de logement dans les bâtiments à ossature en bois ou métallique, dans les résidences hôtelières, les constructions scolaires, etc. La hauteur atteint aisément 4,00 m, voire plus à l'aide de montants doubles ou d'espacements plus serrés. Dans le cas de grande hauteur, comprise entre 5,00 m et 9,00 m, les montants sont solidarisés entre eux avec une bande formée d'une plaque de plâtre.

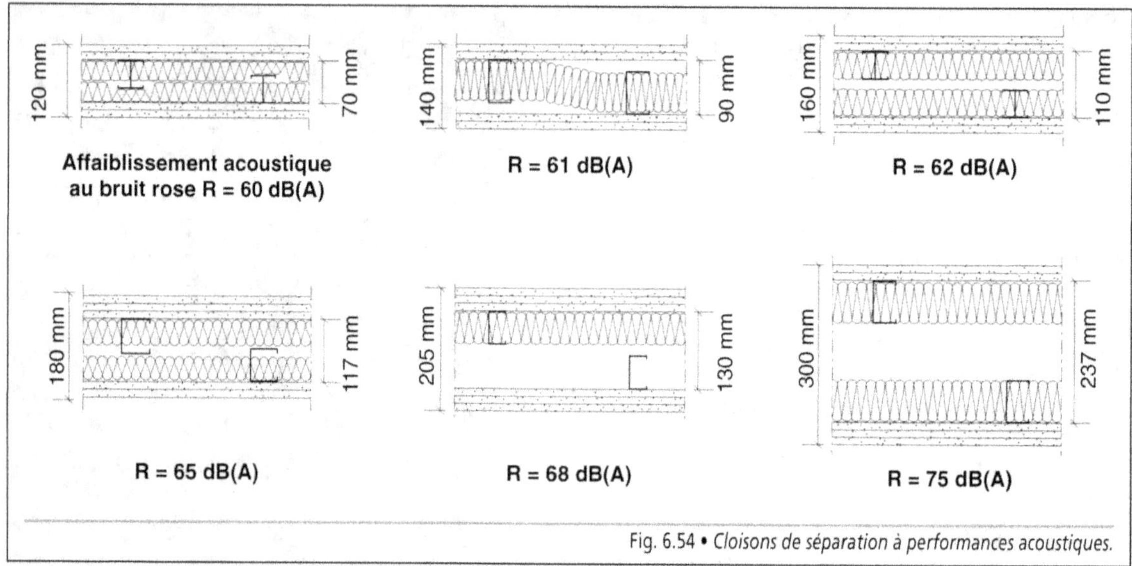

Fig. 6.54 • *Cloisons de séparation à performances acoustiques.*

TYPE ET ÉPAISSEUR (mm)	TYPE OSSATURE (1) (mm)	HAUTEUR LIMITE (m)		NOMBRE DE PLAQUES (2)	MASSE SURFACIQUE DE L'OUVRAGE (kg/m²)	LAINE MINÉRALE		INDICE AFFAIBLISSEMENT ACOUSTIQUE R (dB(A)) (4)	DEGRÉ COUPE-FEU (5)
		Montants simples (m)	Montants accolés (m)			Épaisseur (mm)	Position (3)		
S120	48	–	2,75	4	44	2 × 30	parallèle	60	1 h
S140	70-35	2,90	3,45	4	44	60	en onde	61	1 h
S150	70-50	3,10	3,70	4	44	60	en onde	61	1 h
S160	70-35	2,90	3,45	4	44	45	en onde	61	1 h
S160	70-50	3,10	3,70	4	44	75	parallèle	62	1 h
S170	70-50	3,10	3,70	4	44	75	en onde	64	1 h
S180	90-50	3,55	4,25	4	45	75	parallèle	64	1 h
S180	70-50	3,10	3,70	5	55	2 × 45	parallèle	65	1 h
S195	70-50	3,45	4,10	6	65	75	en onde	67	2 h
S205	90-50	4,00	4,75	6	65	75	parallèle	68	2 h
S225	100-50	4,25	5,05	6	66	75	en onde	69	2 h
S300	70-50	3,10	3,70	5	56	2 × 45	parallèle	75	1 h 30
S300	100-50	3,80	4,50	5	56	2 × 45	parallèle	75	1 h 30

(1) Entraxe des montants : 0,60 m.

(2) Épaisseur des plaques de plâtre : 12,5 mm.

(3) Position de la laine minérale parallèle : à plat sur un parement ; position de la laine minérale en onde : entre les ossatures.

(4) Indice d'affaiblissement acoustique au bruit rose.

(5) Plaques de plâtre normales.

Tab. 6.11 • *Cloisons de séparation à ossature métallique – Performances en fonction de la composition (Source : document Plâtres Lafarge).*

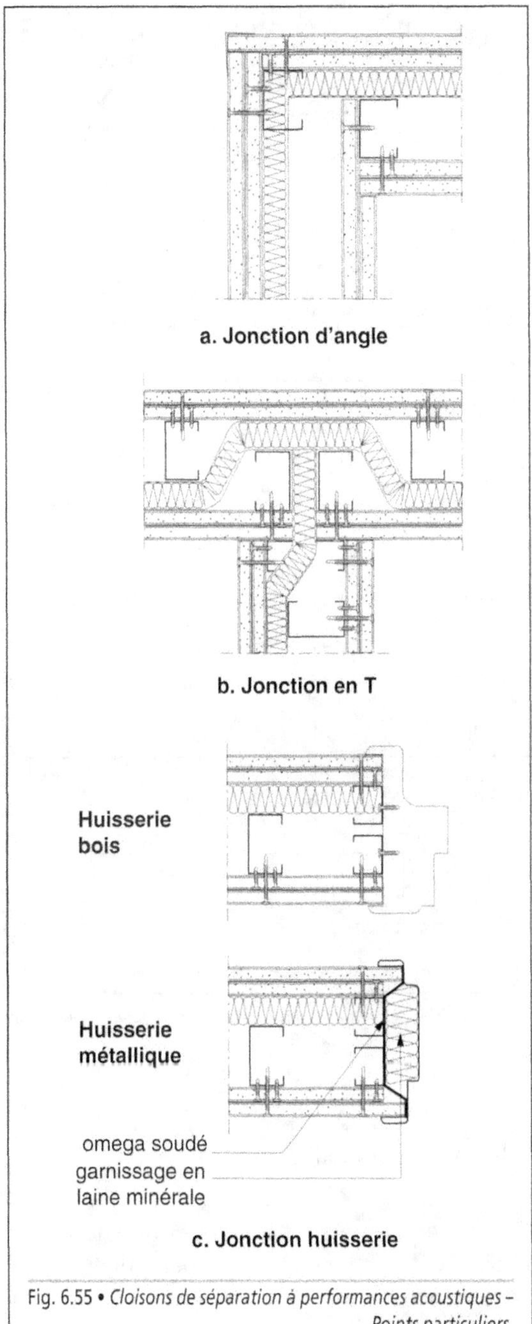

Fig. 6.55 • *Cloisons de séparation à performances acoustiques – Points particuliers.*

La résistance à l'effraction est renforcée en incorporant une grille en métal déployé de

2 mm à 3 mm d'épaisseur, clipsée sur les montants (Fig. 6.56). Ce type de cloison est utilisé, entre autres, pour séparer les appartements des parties communes.

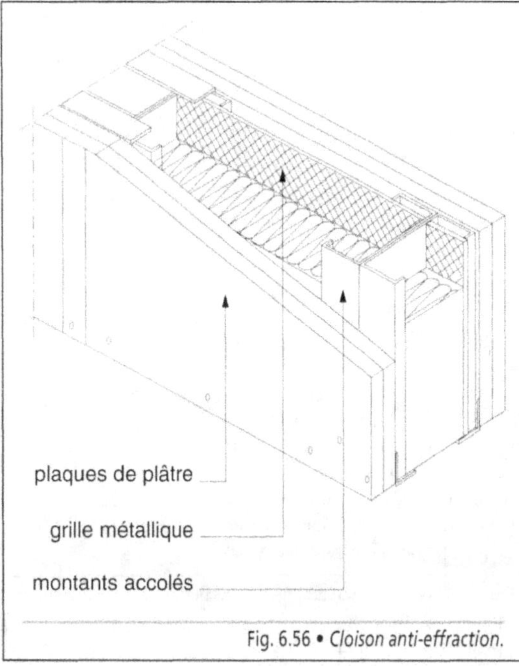

Fig. 6.56 • *Cloison anti-effraction.*

1.6. Les performances d'une cloison

Les performances d'une cloison répondent à deux critères essentiels :

- la position qu'elle occupe dans le bâtiment : cloison de distribution ou de doublage, cloison de séparation ;

- la destination de la construction : immeuble d'habitation ou de bureaux, établissement scolaire, hospitalier, industriel ou commercial.

C'est la raison pour laquelle le choix d'une technique est effectué en tenant compte des objectifs à atteindre : résistance mécanique, isolation thermique ou acoustique (Tab. 6.12), tenue au feu, etc. Il porte tant sur le matériau que sur sa mise en œuvre en partant de plusieurs paramètres (Tab. 6.13) :

TYPES DE CLOISON	ÉPAISSEUR (mm)	MASSE SURFACIQUE (kg/m²)	INDICE D'AFFAIBLISSEMENT ACOUSTIQUE R (dB(A)) (1)
Briques plâtrières enduites sur deux faces	50 60 70	55 65 75	33 34 35
Carreaux de terre cuite	50 60 70 100	45 49 59 69	32 32 34 34
Carreaux de plâtre pleins	50 60 70 100	51 60 72 104	31 33 34 38

Plaques de plâtre sur ossature métallique (2)
• avec un vide d'air et :
  1 plaque de plâtre sur chaque face
  2 plaques de plâtre sur chaque face
• avec un matelas de laine minérale et :
  1 plaque de plâtre sur chaque face
  2 plaques de plâtre sur chaque face
• avec un matelas de laine minérale et :
  2 plaques de plâtre sur chaque face
	
	72
	98
	
	72
	98
	
	140
		
		22
		43
		
		23
		43
		
		44
			
			37
			45
			
			42
			50
			
			61

Panneaux-sandwich avec plaques de plâtre sur une âme en résille • plaques de 9,5 mm • plaques de 12,5 mm	 50 72	 17 21	 31 33
Panneaux de particules de bois agglomérés	50 70	27 37	31 32
(1) Indice d'affaiblissement acoustique au bruit rose. (2) Épaisseur des plaques de plâtre : 12,5 mm.			

Tab. 6.12 • *Masse et indice d'affaiblissement acoustique pour différents types de cloison.*

• la masse ;

• le mode de mise en œuvre ;

• la rapidité de mise en œuvre ;

• la résistance mécanique ;

• la tenue à l'humidité ;

• les caractéristiques acoustiques ;

• les caractéristiques thermiques ;

• le classement de réaction au feu ;

• le degré de mobilité.

Ce dernier critère peut être déterminant dans le choix d'un type de cloison, en particulier lors de l'aménagement de bureaux ou de locaux commerciaux, car il autorise la modification des espaces. C'est la raison pour laquelle il convient de privilégier les caractéristiques qui font tendre vers le meilleur résultat.

TYPES DE CLOISON	POIDS	MISE EN ŒUVRE	DÉLAI D'EXÉCUTION	RÉSISTANCE MÉCANIQUE	TENUE À L'HUMIDITÉ	ISOLATION ACOUSTIQUE	ISOLATION THERMIQUE	TENUE AU FEU
Briques plâtrières	X	XX	XX	OO	O	X	X	OO
Carreaux courants de terre cuite	X	OO	OO	OO	O	X	X	OO
Carreaux courants de plâtre pleins	X	OO	OO	O	XX	X	X	O
Carreaux de plâtre alvéolaires	O	OO	OO	O	XX	XX	X	X
Blocs de béton cellulaire	O	OO	OO	O	X	X	O	OO
Plaques de plâtre sur ossature métallique :								
• avec un vide d'air et 1 plaque de plâtre sur chaque face	OO	OO	OO	X	XX	XX	O	O
• avec un matelas de laine minérale et 2 plaques de plâtre sur chaque face	O	O	O	OO	XX	OO	OO	OO
Panneaux sandwich avec plaques de plâtre sur une âme en résille	OO	OO	OO	X	XX	XX	XX	XX
Panneaux de particules de bois agglomérées	O	OO	OO	O	XX	X	XX	X
Cloisons industrialisées courantes	OO	OO	OO	X	O	X	O	XX

OO : très favorable
O : favorable
X : passable
XX : défavorable

Tab. 6.13 • *Critères d'appréciation des matériaux couramment utilisés pour les cloisons.*

2. Les plafonds

Les plafonds correspondent à la surface horizontale ou inclinée qui délimite la partie supérieure d'un volume bâti. Ils sont constitués soit par un enduit exécuté en sous-face d'un plancher, soit par des composants fixés ou suspendus à une structure porteuse, ossature ou charpente du bâtiment. Leur rôle peut être multiple, indépendamment de celui qu'il joue dans la finition d'une pièce (Fig. 6.57). C'est ainsi que les plafonds enduits interviennent dans l'isolation acoustique, dans la protection de la structure contre l'incendie, tandis que les plafonds suspendus, selon leur composition et leur mode de mise en œuvre, peuvent remplir l'une ou plusieurs des fonctions suivantes :

• l'isolation thermique et acoustique ;

• la correction acoustique ;

• la création d'un plénum pour le passage des réseaux de fluides ;

• la décoration dans l'aménagement intérieur des locaux ;

• le support des luminaires et bouches de chauffage ou de ventilation ;

• la diffusion d'un éclairage régulier ;

• le chauffage des locaux par rayonnement ;

• la protection contre les risques d'incendie ;

• la protection antipoussière.

Exemple

La protection de la structure contre les risques d'incendie est assurée par l'un des procédés suivants qui améliore la stabilité au feu ou le degré pare-flammes ou coupe-feu :

• une projection de produits fibreux sur la structure ou en sous-face des planchers ;

• un faux plafond fixé sous un plancher ou sous une couverture ;

• un faux plafond suspendu sous la structure de la toiture ou du plancher garantissant la durée de stabilité au feu.

Le classement de résistance et de réaction au feu du produit retenu doit être justifié par un procès-verbal établi par un laboratoire agréé.

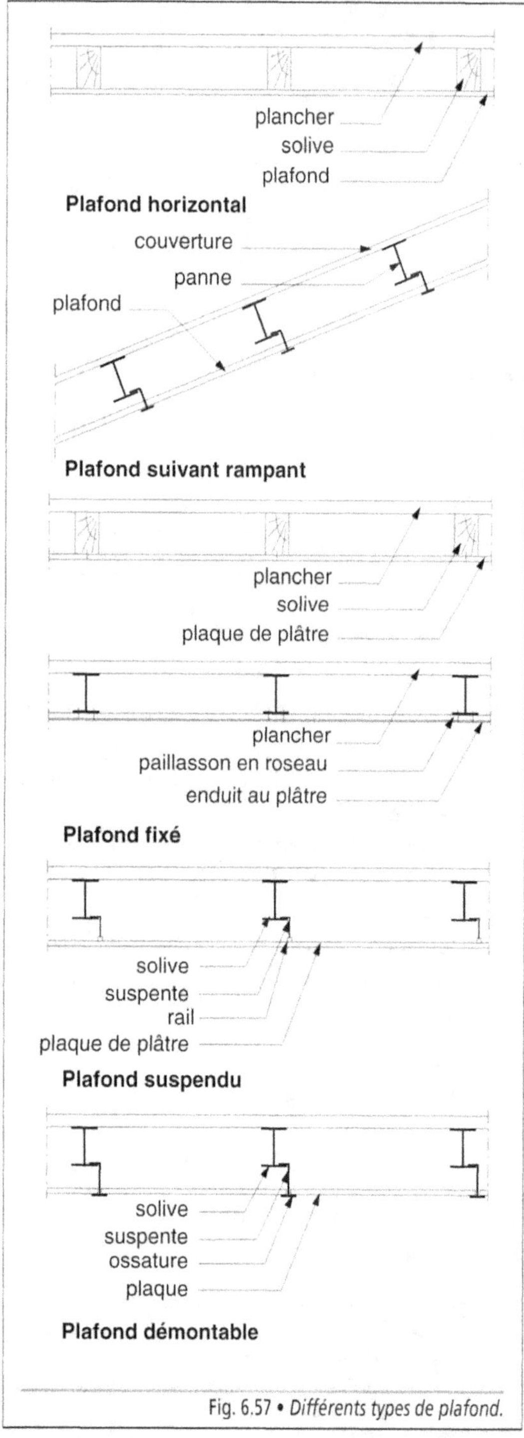

Fig. 6.57 • *Différents types de plafond.*

2.1. Les plafonds enduits

Les plafonds sont réalisés par la projection d'un enduit en sous-face des structures horizontales ou inclinées. Selon la nature du support et son état de finition, l'épaisseur de l'enduit varie en fonction du rôle qu'il joue dans la construction. Il peut être (Fig. 6.58) :

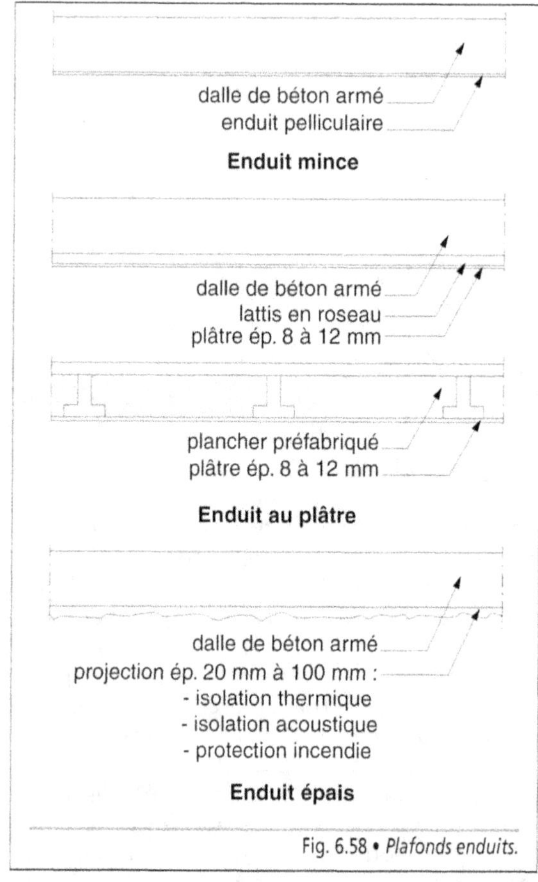

Fig. 6.58 • *Plafonds enduits.*

- mince, correspondant à une couche de surfaçage ;

- épais, exécuté au plâtre ;

- très épais, réalisé avec des produits spéciaux afin de répondre à une fonction complémentaire.

L'un des composants étant l'eau, les enduits ne peuvent pas être appliqués sur des supports gelés, ni lorsque la température ambiante est inférieure à 0 °C.

■ **Les enduits minces ou pelliculaires**, d'une épaisseur inférieure au millimètre, sont exécutés sur des surfaces planes ou courbes, régulières et ne laissant apparaître aucun défaut. Leur rôle est de parfaire l'aspect du support avant la mise en œuvre des revêtements. Ils sont réalisés par projection et laissés à l'état brut sous l'aspect d'une fine gouttelette ou subissent un ratissage donnant un fond lisse et uni. D'une grande rapidité d'exécution, ils exigent la protection des ouvrages déjà en place (Photo. 6.17).

Photo. 6.17 • *Projection d'un enduit pelliculaire.*

■ **Les enduits au plâtre** ont une épaisseur de 8 mm à 12 mm. Ils sont exécutés selon l'une des manières suivantes :

• manuellement à la volée, avec ou sans nu ni repère, en une ou deux couches, la première de dégrossissage et la seconde de finition ;

• mécaniquement, en une seule couche avec ou sans nu ni repère (Photo. 6.18).

Photo. 6.18 • *Projection d'un enduit au plâtre.*

Afin d'améliorer l'adhérence, une barbotine*, mélange de plâtre, de sable et d'adjuvant, est projetée sur les supports dont la surface est lisse.

Les tolérances de planitude sont celles couramment admises, c'est-à-dire :

• planitude locale : une règle de 20 cm appliquée en tout point de l'enduit ne doit pas faire apparaître d'écart supérieur à 1 mm entre les points les plus saillants et ceux qui sont les plus en retrait ;

• planitude générale : une règle de 2 m appliquée en tout point de l'enduit ne doit pas faire apparaître, entre les points les plus saillants et les plus en retrait, d'écart supérieur à 10 mm pour les enduits exécutés sans nu ni repère, et à 5 mm pour ceux qui sont exécutés avec nus et repères.

Le support doit être propre, exempt de traces d'efflorescence et de poussière et les balèvres* arasées. Il est constitué par l'un des composants de maçonnerie suivants :

• la sous-face brute d'une dalle en béton armé coulé en place, après vérification qu'il n'y a pas d'incompatibilité entre les produits de décoffrage et l'enduit ;

• la sous-face brute d'un plancher préfabriqué comprenant des poutrelles et des hourdis creux en ciment ou en terre cuite ;

• un lattis ou des paillassons en roseaux incorporés en sous-face d'une dalle en béton armé, le bon accrochage des paillassons devant être contrôlé ;

• des panneaux en fibres de bois agglomérées à l'aide d'un liant, utilisés en fond de coffrage d'une dalle en béton armé.

Avec ce dernier support, il est nécessaire de prévoir une armature formée par un grillage en acier galvanisé à mailles carrées 30 mm × 30 mm, agrafé sous les panneaux.

Les inconvénients majeurs des plafonds enduits au plâtre portent sur le délai d'exécution et de séchage ainsi que sur les gravois importants qu'ils occasionnent. C'est une des raisons pour lesquelles ils sont fréquemment remplacés par des plaques de parement en plâtre posées en sous-face du plancher, solution qui permet éga-lement de réserver un espace pour le passage des câbles électriques ou l'incorporation de luminaires en plafond.

■ **Les enduits épais** sont généralement à base soit de fibres minérales agglomérées à l'aide d'un liant hydraulique ou synthétique, soit un mélange de plâtre et de billes de polystyrène ou de perlite. Ils sont projetés sur des surfaces exemptes de poussières et leur épaisseur varie de 20 mm à 100 mm afin de répondre aux fonctions qu'ils ont à jouer. En effet, selon leur composition, ces enduits peuvent intervenir dans l'isolation thermique, le contrôle des condensations, la correction acoustique et la protection incendie. Ils peuvent rester bruts, être talochés, recevoir une peinture ou une couche de finition. Cette dernière protège les enduits des chocs, mais elle en modifie les caractéristiques. Ils sont couramment utilisés en sous-face des planchers sur sous-sol ou vide sanitaire pour améliorer le degré coupe-feu. Dans d'autres conditions d'emploi, ils peuvent être cachés par un faux plafond rapporté.

2.2. Les plafonds fixés

Les plafonds fixés sont appliqués directement sous un support, plancher en béton armé, ossature métallique ou en bois, parfaitement stabilisé afin que les déformations éventuelles ne puissent occasionner des désordres sur le plafond.

Les plafonds sont réalisés à l'aide de l'un des matériaux suivants :

• des lattes bois ou des lattis en roseaux recevant un enduit au plâtre ;

• des plaques de parement en plâtre à peindre, pleines ou perforées (Photo. 6.19) ;

• des plaques à base de fibres minérales ;

• des panneaux complexes comprenant un isolant et une plaque de plâtre ou d'aggloméré de bois ;

• des panneaux sandwich isolants.

Photo. 6.19 • *Plafond en plaques de plâtre perforées (correction acoustique).*

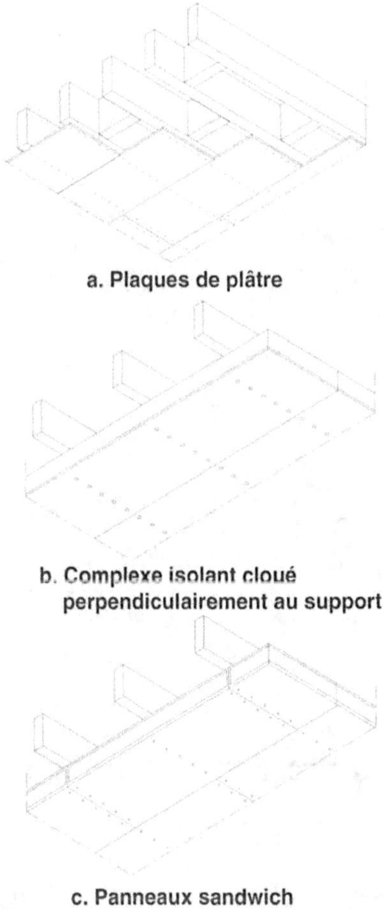

Fig. 6.59 • *Plafonds fixés.*

Cette technique demande une réserve de faible hauteur. Les enduits au plâtre sont de plus en plus remplacés par les plaques ou les panneaux, faciles à mettre en œuvre et laissant un chantier propre.

Les plaques ou les panneaux sont posées bord à bord, à joints croisés. Ils sont fixés par collage, clouage ou vissage, sur un support sain, après protection des profilés métalliques ou traitement des pièces en bois de la structure porteuse. Le joint est soit calicoté, soit laissé apparent lorsque les rives sont chanfreinées (Fig. 6.59). Ces plafonds doivent respecter les tolérances de planimétrie habituelles.

2.3. Les plafonds suspendus

Les plafonds suspendus sont des parois placées horizontalement ou suivant un plan d'inclinaison à l'intérieur d'un bâtiment, afin de limiter la hauteur des volumes habitables et de permettre le passage des réseaux dans l'espace ainsi réservé. Ils sont réalisés selon des techniques de pose adaptées à la destination des locaux, aux matériaux utilisés et à la structure porteuse. Celle-ci est constituée soit par un plancher en béton armé, en acier ou en bois, soit par une charpente.

L'espace situé entre le plafond suspendu et la sous-face du plancher ou de la couverture est **le plénum** (Fig. 6.60). Il peut être :

- ventilé lorsqu'il se trouve directement sous la couverture ;
- fermé et étanche ;
- réservé au passage des fluides, lorsque sa hauteur le permet ;
- utilisé pour la ventilation des locaux, en soufflage ou en reprise d'air.

Les différents matériaux utilisés sont la terre cuite, les plaques de plâtre de revêtement, les panneaux sandwich et les éléments industrialisés (dalles en fibres minérales comprimées, lames métalliques, etc.).

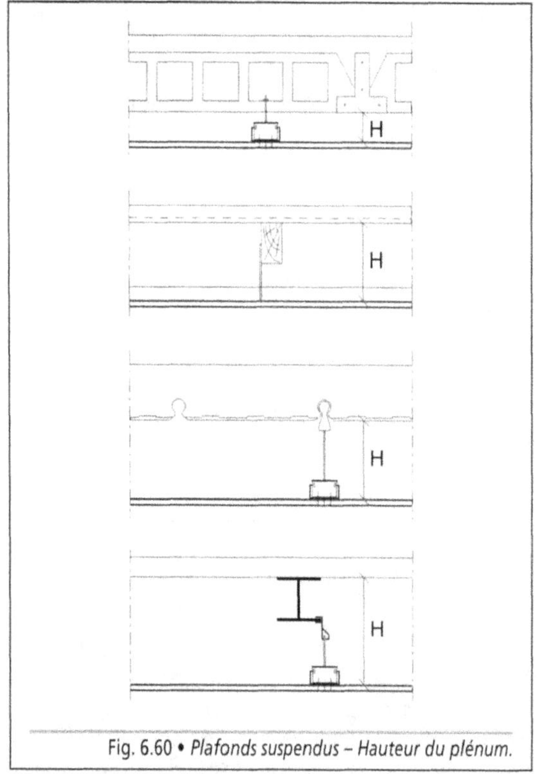

Fig. 6.60 • *Plafonds suspendus – Hauteur du plénum.*

Photo. 6.20 • *Plafond en éléments de terre cuite.*

2.31. **Les plafonds suspendus en éléments de terre cuite**

Les plafonds suspendus en éléments de terre cuite sont constitués par la juxtaposition d'éléments creux, ou briques, suspendus par un système d'accrochage non rigide à une ossature porteuse. Les briques ont une épaisseur de l'ordre de 25 mm à 35 mm ; les autres dimensions sont les suivantes :

• longueur 40 cm ou 50 cm ;

• largeur 20 cm ou 25 cm.

La pose s'effectue à joints croisés, les joints étant garnis au mortier de ciment ou, plus généralement, au plâtre (Photo 6.20). Les crochets sont en acier galvanisé, adaptés au modèle de briques et au support.

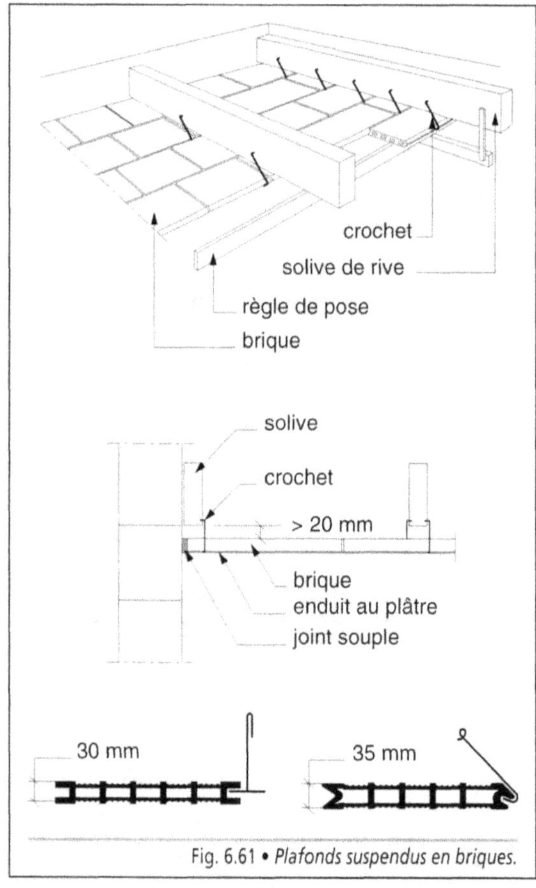

Fig. 6.61 • *Plafonds suspendus en briques.*

Conçus de manière à permettre le libre jeu du solivage sans influence sur le plafond, ils sont fixés alternativement de part et d'autre des solives ou des poutrelles, perpendiculairement à la longueur de la brique. Un espace d'au moins 2 cm doit être réservé entre le dessus des briques et le dessous du support (Fig. 6.61). En périphérie, à la liaison avec le gros œuvre, un jeu est réservé, garni au plâtre, afin d'éviter la mise en compression des briques.

Le plafond est réalisé selon deux principes :

- avec une armature longitudinale continue : fil d'acier galvanisé noyé dans le joint en plâtre ;
- sans armature.

En finition, les briques reçoivent un enduit au plâtre.

Ce type de plafond présente un certain nombre d'avantages, entre autres une bonne résistance mécanique et une excellente tenue au feu. L'isolation thermique est améliorée en déroulant un feutre de laine minérale d'épaisseur convenable. Compte tenu des difficultés rencontrées dans l'exécution, telles qu'énoncées précédemment, il est peu à peu abandonné ou réservé aux maisons individuelles.

2.32. Les plafonds suspendus en plaques de plâtre de parement

Les plafonds suspendus en plaques de plâtre de parement sont mis en œuvre horizontalement sous des combles perdus (plafonds placés sous la charpente dans les maisons individuelles ou dans le dernier niveau d'immeubles en habitat collectif), en finition sous des planchers en béton armé, en habillage et en protection sous des structures porteuses en bois et en acier, ou avec une certaine inclinaison, en suivant le rampant d'une couverture.

La pose des plafonds intervient, en général, après l'exécution des cloisons de séparation et de doublage et avant le montage des cloisons de distribution.

Ces plafonds sont constitués de la manière suivante (Fig. 6.62) :

- une ossature secondaire formée par des profilés en acier galvanisé en forme de U ou de Ω, placés perpendiculairement à la structure porteuse, avec un entraxe de 0,50 m ou 0,60 m ;

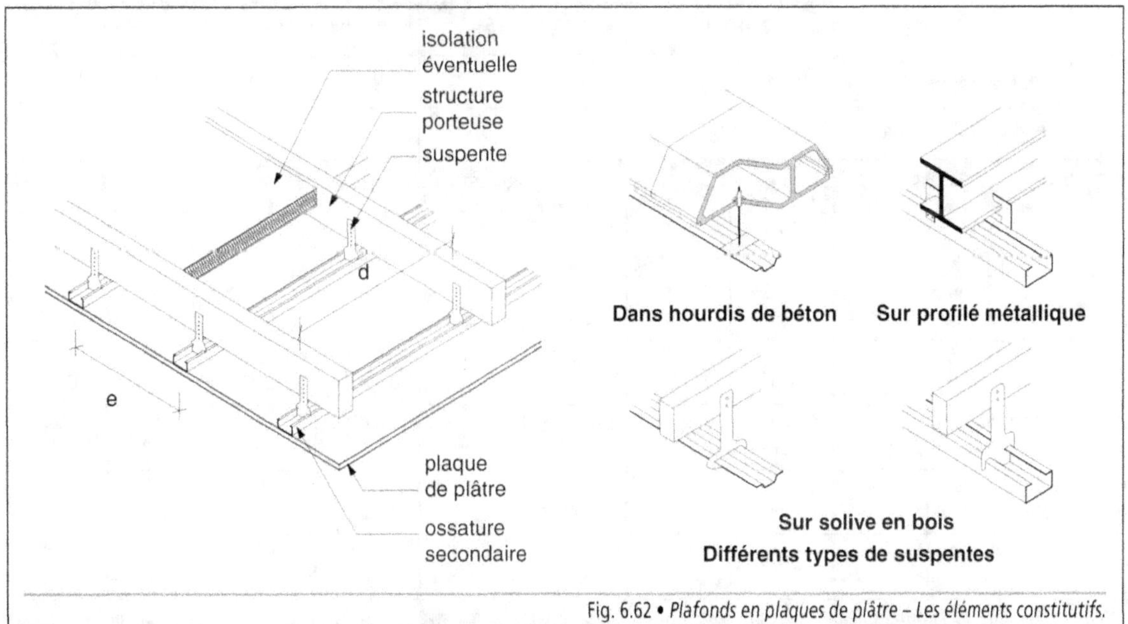

Fig. 6.62 • *Plafonds en plaques de plâtre – Les éléments constitutifs.*

- des suspentes métalliques adaptées à la structure porteuse, permettant de réserver la hauteur de plénum désirée et dont l'écartement correspond à la portée maximale des profilés, (Tab. 6.14) ;
- des plaques de plâtre de parement fixées sur l'ossature secondaire, d'épaisseur identique à celle des plaques utilisées pour les cloisons ;
- l'adjonction éventuelle d'un matelas de laine minérale ou de matériaux isolants permettant d'améliorer l'isolation thermique, acoustique et la résistance au feu de la structure.

Les plaques sont posées jointives, leur plus grande dimension se trouvant perpendiculaire aux lignes d'ossature (pose dite perpendiculaire), ce qui correspond au sens de plus grande résistance mécanique des plaques (Fig. 6.63).

Les joints entre elles et au droit des parois verticales sont colmatés avec des bandes de pontage et un enduit spécial.

La nature de l'isolant est déterminée en fonction du rôle complémentaire que joue le faux plafond. L'isolation thermique est obtenue soit avec un matelas de laine minérale déroulée à l'avancement de la pose des plaques (Photo. 6.21), soit avec un matériau soufflé (laine minérale, billes de polystyrène) lorsque le faux plafond vient en sous-face d'un comble perdu. Les panneaux sandwich ou les complexes isolants sont également utilisés. L'isolation acoustique est assurée par l'incorporation d'un matelas de laine minérale et en jouant sur l'épaisseur des plaques du plafond (Fig. 6.64). La protection contre l'incendie est résolue selon le même principe, le degré coupe-feu étant en rapport direct avec la hauteur du plénum. Les performances sont améliorées par l'emploi de plaques de plâtre de classement M0 (Fig. 6.65).

	NOMBRE ET TYPE DE PLAQUES							
	1 BA 13		**1 BA 15**		**1 BA 18**		**2 BA 13**	
Entraxe des ossatures	60 cm	50 cm	60 cm	50 cm	60 cm	50 cm	60 cm	50 cm
Poids du plafond (kg)	12		14,5		17		22	
TYPE D'OSSATURES	**PORTÉES MAXIMALES (m)**							
S 47	1,25	1,30	1,20	1,25	1,20	1,25	1,10	1,15
S 55	1,30	1,40	1,30	1,35	1,25	1,30	1,20	1,25
M48-35 simple	2,10	2,20	2,05	2,15	2,00	2,10	1,90	2,00
M48-35 double	2,50	2,60	2,40	2,50	2,35	2,45	2,25	2,35
M70-35 simple	2,65	2,75	2,55	2,65	2,45	2,55	2,35	2,45
M70-35 double	3,10	3,25	3,00	3,15	2,95	3,10	2,80	2,95
M70-50 simple	2,80	2,90	2,70	2,80	2,65	2,75	2,55	2,65
M70-50 double	3,35	3,50	3,25	3,40	3,15	3,30	3,00	3,15
M90-35 simple	3,05	3,15	2,95	3,05	2,90	3,00	2,75	2,85
M90-35 double	3,60	3,75	3,50	3,65	3,40	3,55	3,25	3,40
M90-50 simple	3,20	3,35	3,15	3,30	3,05	3,20	2,90	3,05
M90-50 double	3,80	4,00	3,70	3,90	3,60	3,80	3,40	3,60

Tab. 6.14 • *Plafonds suspendus en plaques de plâtre – Portées maximales des ossatures métalliques (Source : document Plâtre Lafarge).*

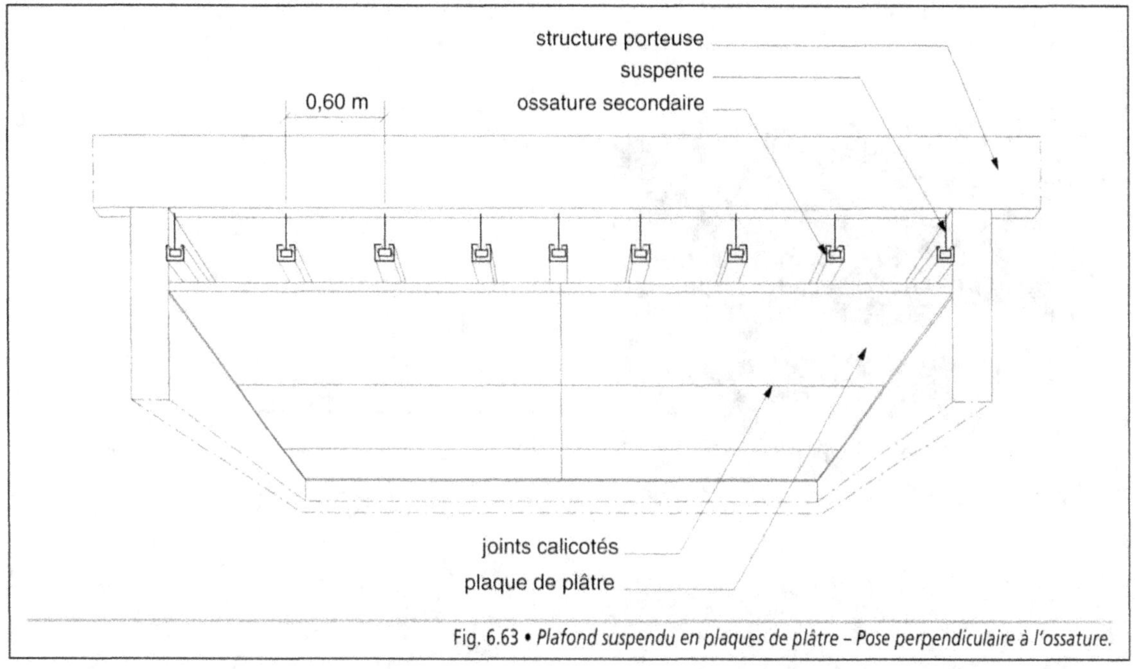

Fig. 6.63 • *Plafond suspendu en plaques de plâtre – Pose perpendiculaire à l'ossature.*

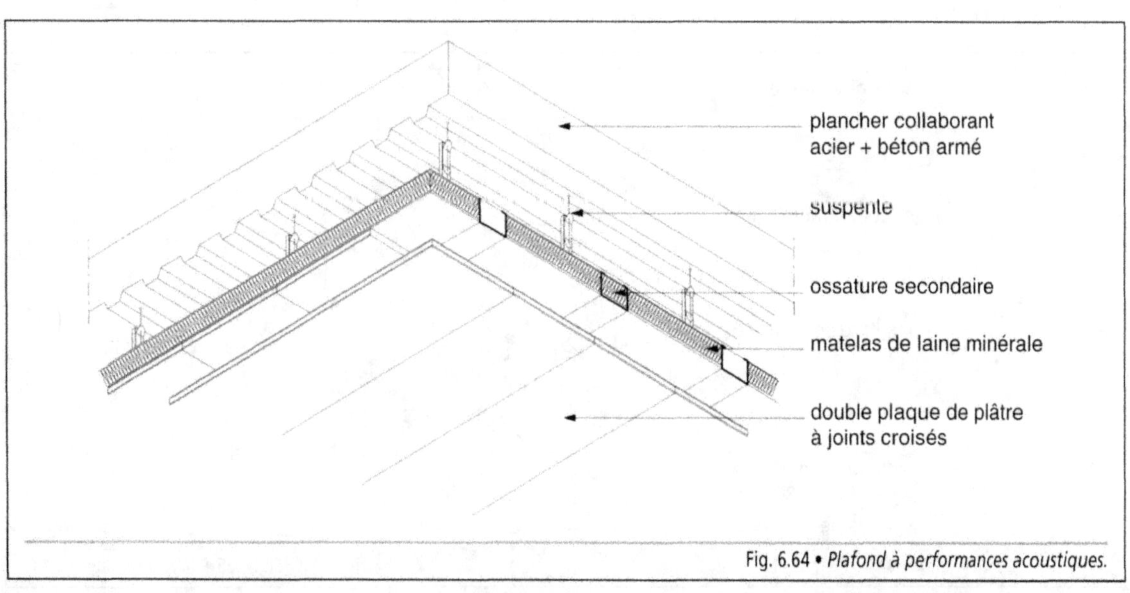

Fig. 6.64 • *Plafond à performances acoustiques.*

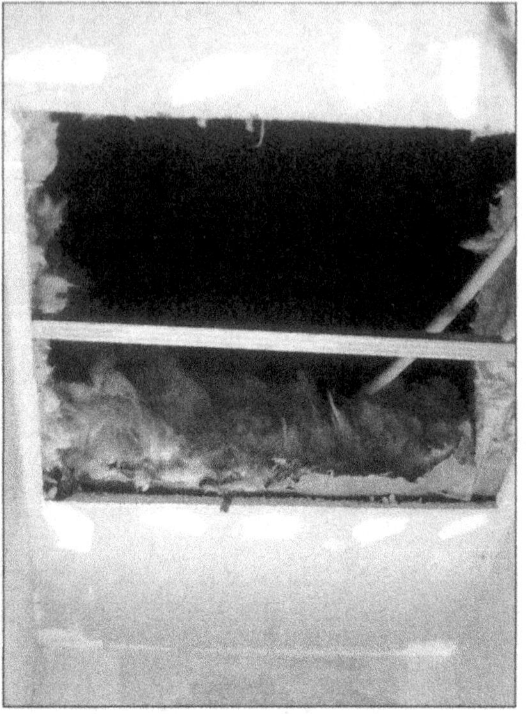

Photo. 6.21 • *Plafond suspendu en plaques de plâtre avec isolation thermique par matelas de laine minérale.*

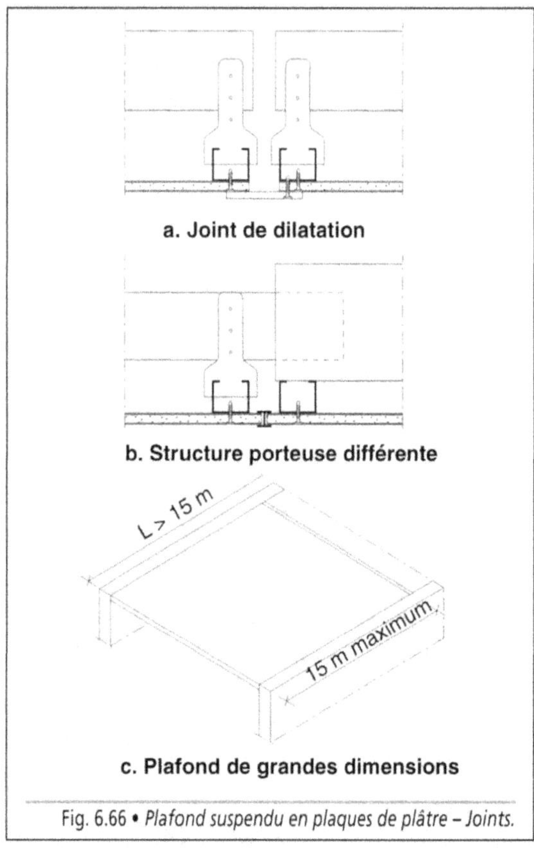

Fig. 6.66 • *Plafond suspendu en plaques de plâtre – Joints.*

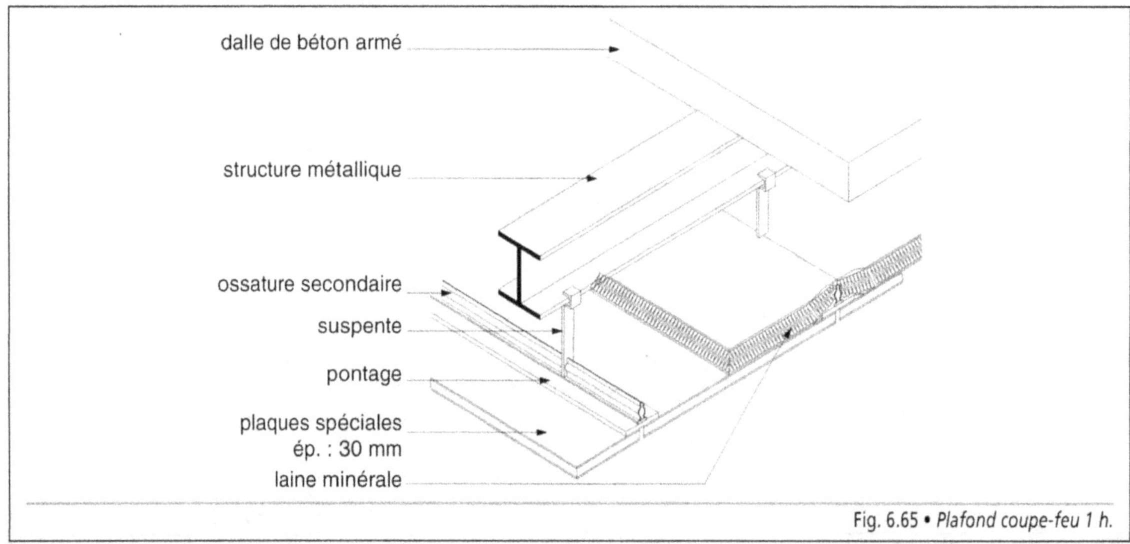

Fig. 6.65 • *Plafond coupe-feu 1 h.*

Afin de permettre les mouvements différentiels, le plafond est interrompu par un joint dans les cas suivants (Fig. 6.66) :

- au droit des joints de dilatation de la structure ;
- au droit de la jonction entre des supports de nature ou de comportement différents ;
- tous les 15 m environ pour les grandes dimensions.

Le joint est matérialisé par une double ligne d'ossature. Il est habillé par un couvre-joint dont la nature n'altère pas les qualités du faux plafond.

Ce système de faux plafond doit respecter les conditions de tolérance édictées précédemment. Étant un « procédé à sec », sa mise en œuvre est rapide et laisse un chantier propre. Léger (de 11 kg à 20 kg au m^2), il est de plus en plus employé, soit en remplacement des plafonds en briques, soit pour constituer le plafond dans les bâtiments à ossature en acier ou en bois, soit comme sous-face d'un plancher préfabriqué en béton armé, à la place d'un enduit au plâtre.

2.33. Les plafonds suspendus en staff

Le staff est un matériau à base de plâtre aggloméré autour d'une armature qui améliore sa cohésion. Cette armature est constituée soit par de la filasse de jute ou de chanvre, soit par des fibres de verre, soit, pour les pièces de surface importante, par une toile de jute, une toile métallique non corrodable ou un non-tissé. L'épaisseur des plaques est de l'ordre de 15 mm à 20 mm.

Les plafonds en staff peuvent être réalisés horizontalement ou suivant une certaine pente, être plans ou moulurés afin d'épouser des courbures ou des formes complexes. Ils assurent une fonction architecturale en habillant des sous-faces de structure ou en délimitant des volumes. Ils peuvent également jouer un rôle complémentaire dans l'isolation thermique et acoustique, dans la correction acoustique ainsi que dans la protection contre les risques d'incendie. Ils ne sont pas admis dans les locaux présentant un taux d'hygrométrie très élevé (piscine, sauna) ou soumis à des températures supérieures à 45 °C.

Les plafonds en staff sont constitués par un assemblage de plaques préfabriquées fixées par un système de patins de scellement ou de suspentes en polochon* à un support (Fig. 6.67), structure porteuse du bâtiment ou ossature secondaire entretoisée formée de lattes en bois traité ou de profilés en acier protégé contre la corrosion (Fig. 6.68).

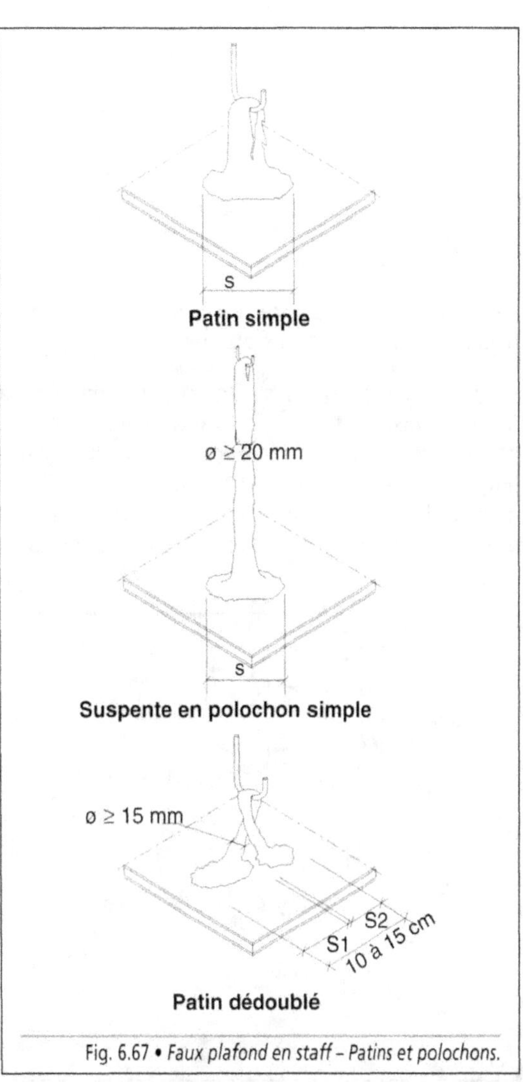

Fig. 6.67 • *Faux plafond en staff – Patins et polochons.*

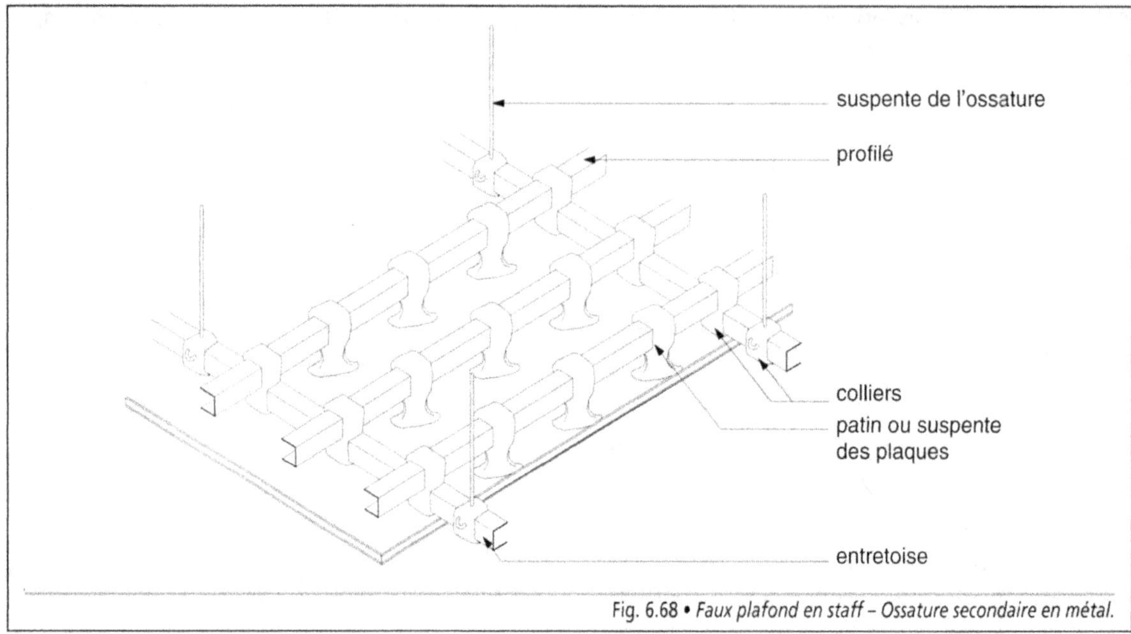

Fig. 6.68 • *Faux plafond en staff – Ossature secondaire en métal.*

Le nombre des suspentes est déterminé en fonction des dimensions des plaques de staff.

La pose des plaques s'effectue de manière à orienter les joints longitudinaux vers la source lumineuse, les joints transversaux étant décalés (Fig. 6.69). L'espacement maximal des alignements de scellements dans les deux sens est défini en fonction de l'épaisseur des plaques (Tab. 6.15). Celles-ci sont posées avec un espace de l'ordre de 5 mm, puis scellées à l'aide d'un cordon polochonné appliqué et pénétrant dans le joint. Afin de prévenir des désordres dus à la déformation du gros œuvre, les rives du plafond sont désolidarisées des parois ou des pénétrations diverses, le joint étant garni à l'aide d'un matériau résilient.

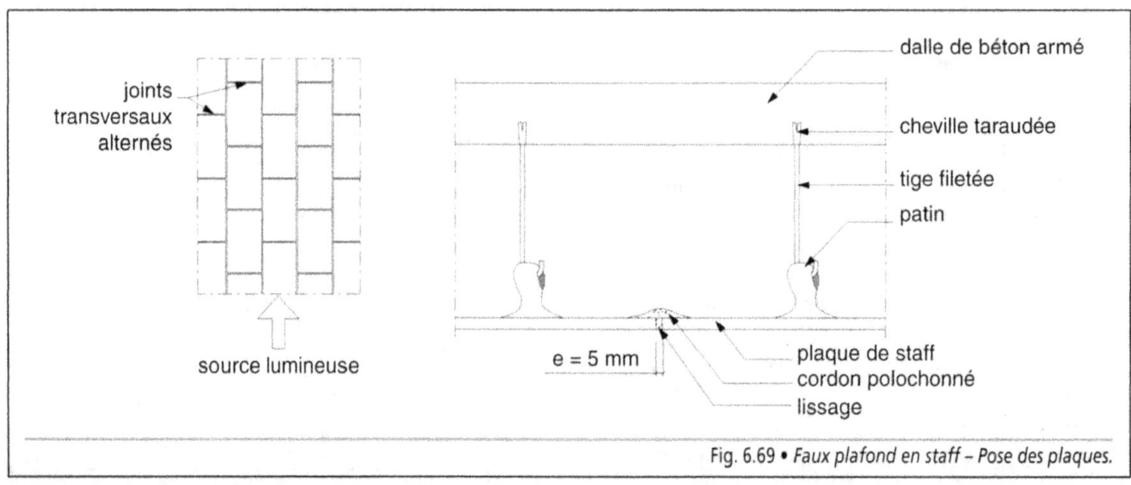

Fig. 6.69 • *Faux plafond en staff – Pose des plaques.*

Les plafonds couvrant de grandes superficies sont coupés par des joints de fractionnement exécutés de manière à respecter l'esthétique architecturale. Les conditions de planéité sont celles qui sont appliquées habituellement : pas d'écart supérieur à 3 mm sous la règle de 2,00 m et à 0,6 mm sous celle de 20 cm. Après l'achèvement des travaux, l'aspect de surface doit être tel que le plafond puisse recevoir une peinture de finition ou un revêtement.

	ÉPAISSEURS NOMINALES DES PLAQUES (mm)		
	10	12	15
ESPACEMENT MAXIMAL (m)	0,40	0,46	0,55

Tab. 6.15 • *Plafond suspendu en plaques de staff – Espacement maximal des scellements dans les deux sens, selon l'épaisseur des plaques.*

Lorsqu'une isolation complémentaire est prévue, elle est mise en place à l'avancement.

2.34. Les plafonds suspendus démontables

Les plafonds suspendus démontables sont constitués par l'assemblage d'éléments autoportants accrochés à la structure porteuse du bâtiment par l'intermédiaire d'une ossature secondaire apparente ou non. Horizontaux, inclinés ou de forme courbe, ils peuvent être continus ou discontinus, relativement étanches à l'air ou ventilés, selon les fonctions qui leur sont dévolues.

Ils peuvent être utilisés tant à l'intérieur des bâtiments qu'à l'extérieur, en habillage de sous-face d'auvent ou de passage traversant. Dans ce dernier cas, il convient de vérifier qu'ils ont été étudiés pour cette utilisation : matériaux insensibles à l'humidité et éléments maintenus afin de ne pas subir les effets de soulèvement dû au vent.

2.341. Les critères de classement

Ces plafonds sont classés selon trois critères : la nature du matériau, la forme, l'aspect de surface.

■ **La nature du matériau** permet de définir cinq familles de produits :
- les composants à base de matériaux d'origine minérale (plâtre, laine minérale comprimée) ;
- les composants à base de matériaux d'origine végétale (bois, fibres de bois, bois reconstitué, contre-plaqué) ;
- les composants métalliques (acier laqué, acier inoxydable, aluminium) ;
- les composants constitués de matériaux de synthèse (PVC, mousse) ;
- les composites associant deux ou plusieurs matériaux (laine de roche et film synthétique, mousse isolante et fibres de bois agglomérées, laine minérale revêtue d'un voile de verre).

■ **La forme** permet de classer les plafonds en six groupes principaux (Fig. 6.70) :
- **les bacs**, carrés ou rectangulaires, ont des bords relevés sur les quatre côtés ; leurs dimensions sont généralement de 600 mm × 600 mm ou 1 200 mm × 600 mm ; ils sont utilisés en pose horizontale ou suivant rampant ;
- **les panneaux**, carrés ou rectangulaires, sont des éléments plans, la face inférieure pouvant être en relief ; les modules ont les dimensions suivantes : 300 mm × 300 mm, 600 mm × 600 mm ou 1 200 mm × 600 mm ; leur mode de pose est semblable à celle des bacs (Photo. 6.22) ;
- **les bandes**, dont la longueur est beaucoup plus importante que la largeur, possèdent des bords relevés sur les côtés longitudinaux ; selon les fabrications, les largeurs varient de 80 mm à 200 mm pour une longueur de l'ordre de 5,00 m ; généralement utilisées en pose horizontale (Photo. 6.23), jointives ou non, elles peuvent être également placées verticalement ou inclinées ;
- **les lames** sont des éléments plans ou courbes de grande longueur par rapport à la largeur ;

elles sont posées horizontalement ou verticalement ; dans le premier cas, elles sont solidarisées entre elles par rainure et languette ou par une fausse languette ;

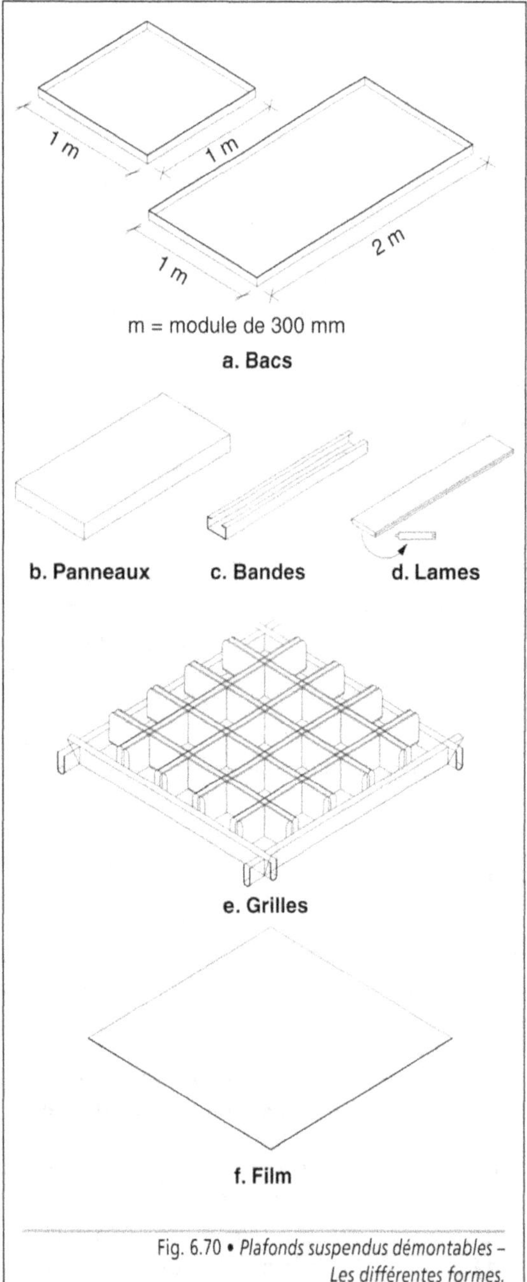

Fig. 6.70 • *Plafonds suspendus démontables – Les différentes formes.*

Photo. 6.22 • *Plafond suspendu suivant rampant composé de panneaux isolants avec parement fini en usine.*

Photo. 6.23 • *Plafond suspendu démontable constitué de bandes métalliques horizontales.*

- **les grilles et les caissons**, selon leurs dimensions, ont une maille qui va de 30 mm × 30 mm pour une hauteur de l'ordre de 25 mm à 50 mm, jusqu'à 300 mm × 300 mm et une hauteur de l'ordre de 100 mm à 150 mm ;

- **les films** en textile ou en résine synthétique d'une épaisseur qui s'échelonne du dixième de millimètre au millimètre sont tendus sur une ossature porteuse ou sur un rail périphérique.

■ **L'aspect de surface** dépend de la nature du matériau et de la qualité de la peau apparente. Il joue un rôle dans la décoration et dans les fonctions du plafond. En général, les produits sont livrés finis, la face vue ayant un des aspects suivants (Fig. 6.71) :

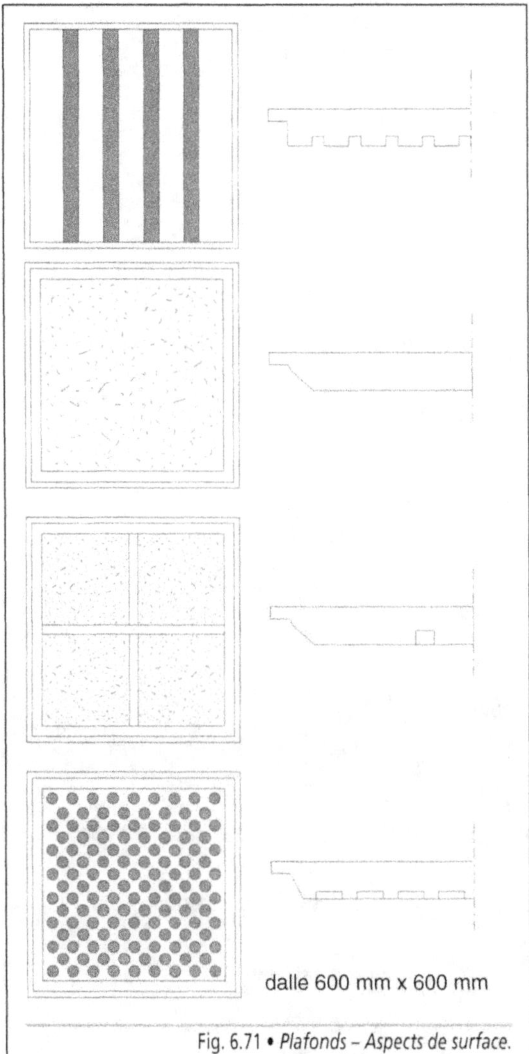

Fig. 6.71 • *Plafonds – Aspects de surface.*

• lisse, brillant ou mat (bacs ou bandes métalliques laqués, films plastiques tendus) ;

• perforé (bacs ou bandes métalliques laqués recevant un matelas de laine minérale, panneaux en fibres minérales comprimées) ;

• fissuré (panneaux en fibres minérales comprimées, plâtre) ;

• avec un relief, nervures ou figures géométriques (bacs métalliques, panneaux en fibres minérales).

Généralement plans, les plafonds peuvent également épouser des formes courbes pour des raisons esthétiques ou techniques. Ils sont réalisés à l'aide de panneaux cintrés préformés en métal ou en laine minérale de haute densité (Fig. 6.72).

2.342. Les éléments constitutifs

Les éléments constitutifs sont déterminés en fonction du type de faux plafond et plus particulièrement de la nature et de la forme du vélum. Ils comprennent les composants suivants : des suspentes, une ossature, un vélum, une isolation éventuelle et des équipements complémentaires.

■ **Les suspentes** sont des pièces métalliques dont la hauteur est réglable. Le profil et la forme sont adaptés d'une part à la structure du bâtiment sur laquelle elles viennent se fixer, d'autre part aux profilés de l'ossature du plafond.

■ **L'ossature** est constituée de manière différente selon qu'il s'agit d'un plafond formé de panneaux ou de bandes. Avec des panneaux, elle comprend des profils porteurs en acier galvanisé, suspendus à la structure du bâtiment, et des entretoises. Leur forme est en T ou en Z afin de supporter les panneaux et les bacs. Elle peut être apparente, semi-apparente ou cachée (Fig. 6.73). En général, les panneaux fixés sur une ossature non apparente sont difficilement démontables.

Avec des bandes ou des lames, le profil porteur est plus complexe afin de pouvoir les clipser (Photo. 6.24).

■ **Le vélum** constitue le parement du faux plafond. Selon les composants, il est plan, courbe, avec un relief, continu ou non. De nombreux produits sont proposés par les fabricants, le choix étant déterminé en fonction du rôle dévolu au plafond. Le vélum est arrêté en rive par une cornière, apparente ou en retrait.

431

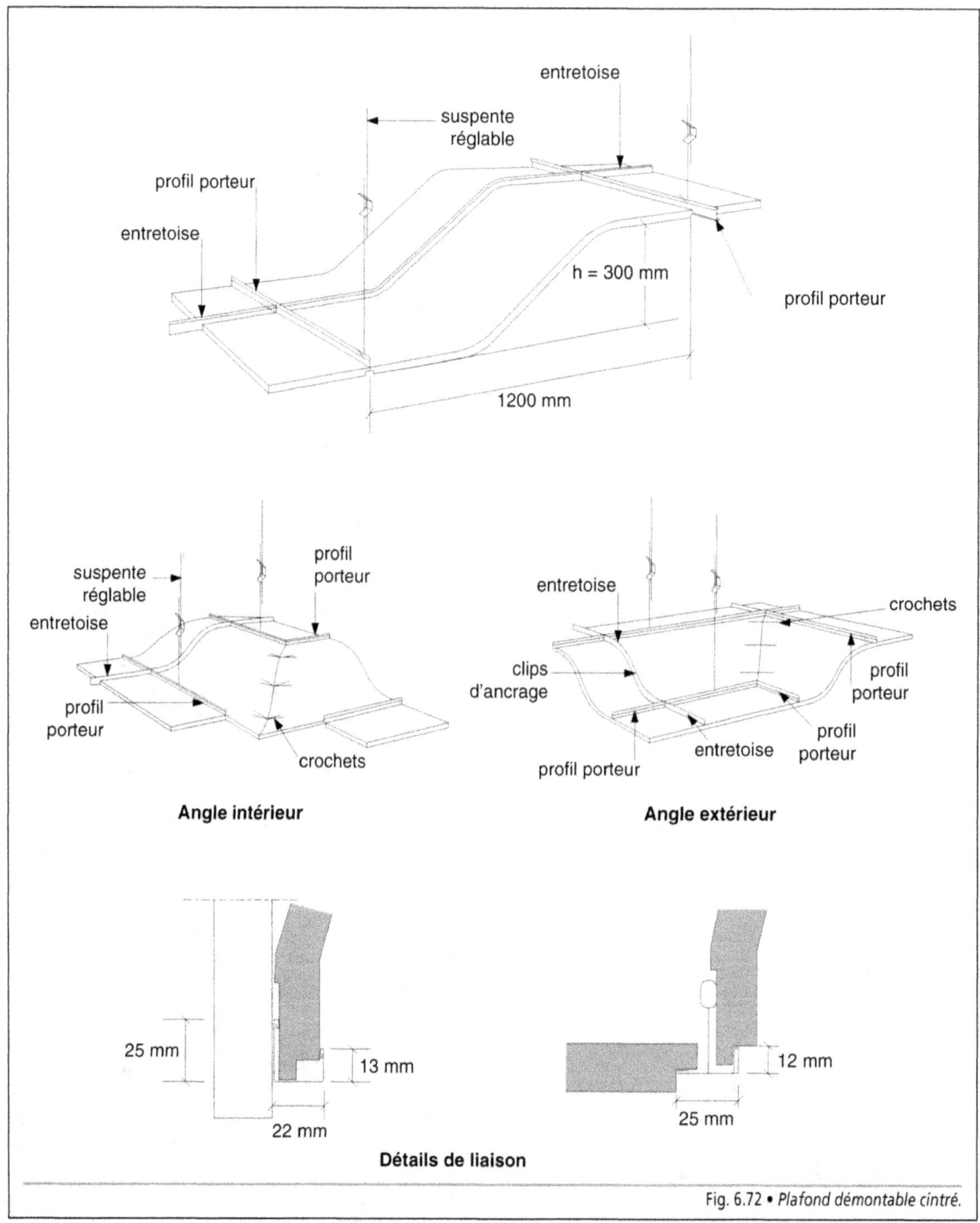

Fig. 6.72 • *Plafond démontable cintré.*

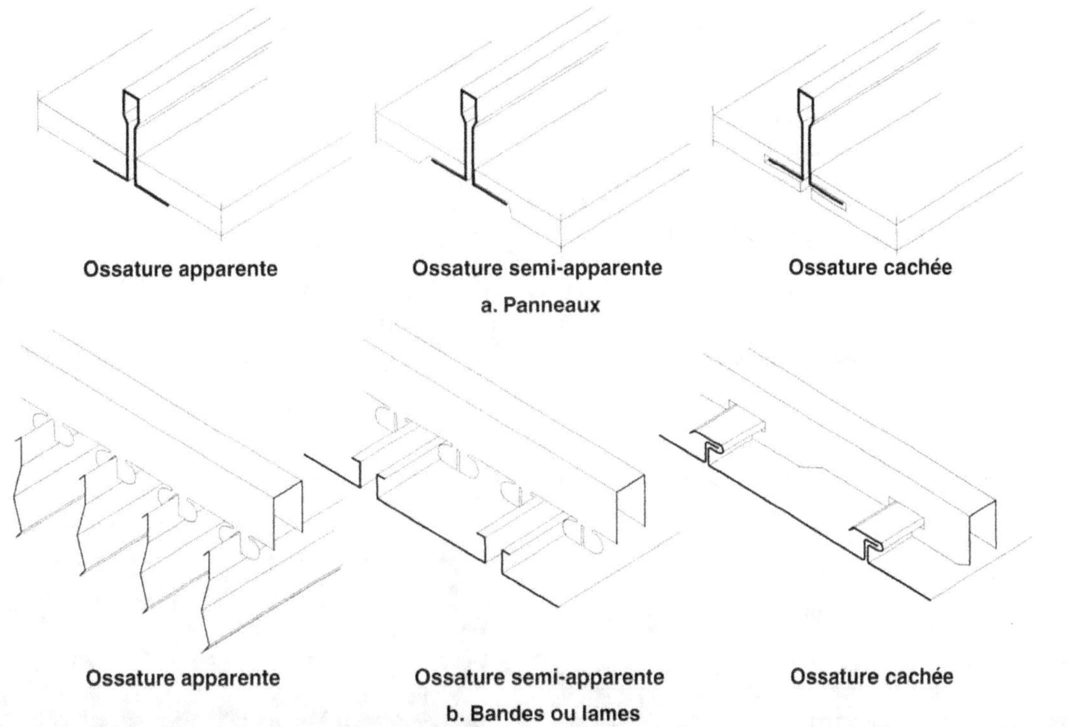

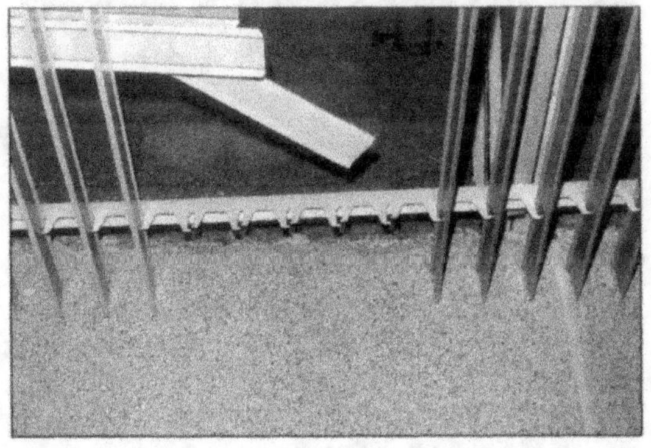

Ossature apparente   Ossature semi-apparente   Ossature cachée

a. Panneaux

Ossature apparente   Ossature semi-apparente   Ossature cachée

b. Bandes ou lames

Fig. 6.73 • *Plafonds suspendus démontables – Les ossatures.*

Photo. 6.24 • *Plafond suspendu démontable constitué de bandes métalliques verticales clipsées sur le profil porteur.*

■ **L'isolation éventuelle** joue un rôle d'isolant thermique ou acoustique, voire les deux. Le matelas de laine minérale est couramment uti-

lisé. Lorsque le vélum n'est pas continu, il est complété par un film sombre.

■ **Les équipements complémentaires** intégrés dans le plafond ont pour objectif d'assurer le confort dans les locaux. Ils sont adaptés à la forme des composants du plafond et peuvent imposer une hauteur minimale du plénum. En général, ils sont constitués des éléments suivants :

• des luminaires et des spots pour l'éclairage (Fig. 6.74) ;

• des bouches de ventilation et de reprise d'air ;

• des détecteurs de fumée ou de chaleur en vue de la détection des incendies ;

• des résistances chauffantes afin de réaliser un chauffage électrique par rayonnement à basse température (Fig. 6.75).

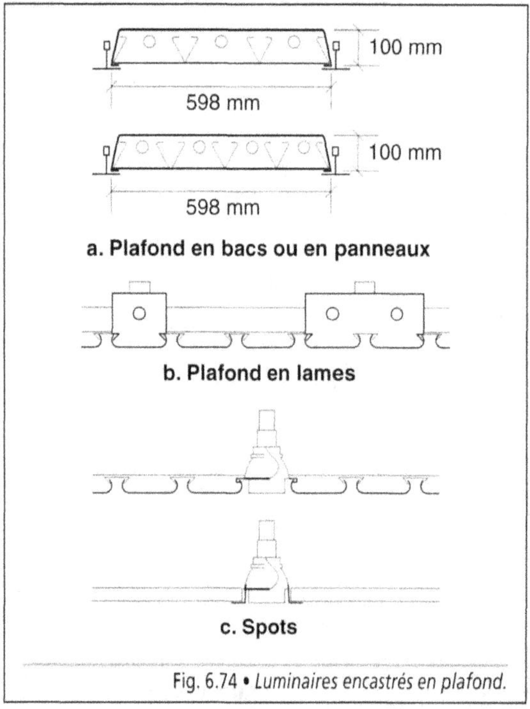

a. Plafond en bacs ou en panneaux

b. Plafond en lames

c. Spots

Fig. 6.74 • *Luminaires encastrés en plafond.*

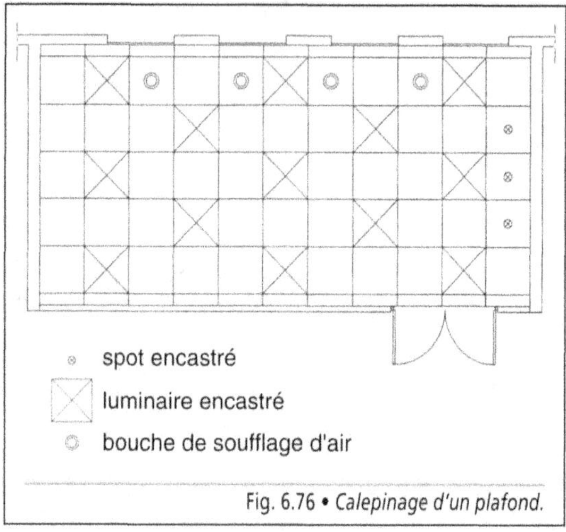

⊙ spot encastré

⊠ luminaire encastré

⊚ bouche de soufflage d'air

Fig. 6.76 • *Calepinage d'un plafond.*

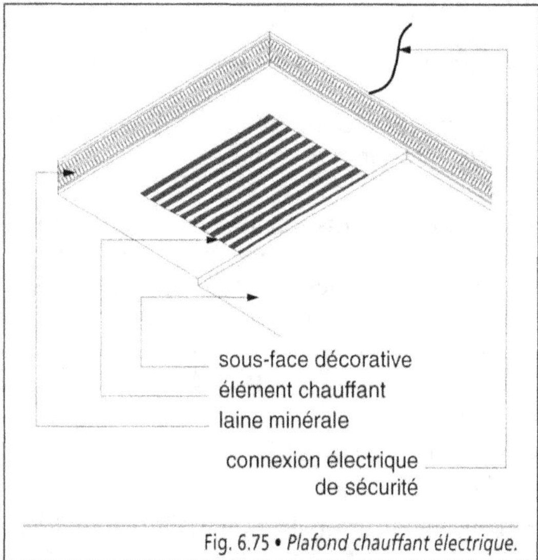

sous-face décorative
élément chauffant
laine minérale
connexion électrique
de sécurité

Fig. 6.75 • *Plafond chauffant électrique.*

Un calepinage permet de combiner les différents équipements incorporés afin d'obtenir une bonne répartition (Fig. 6.76 – Photo. 6.25). Les ossatures secondaires et les suspentes doivent être calculées et positionnées en conséquence.

Photo. 6.25 • *Calepinage d'un plafond – luminaire encastré et bouche de soufflage d'air.*

2.343. Les fonctions et les qualités essentielles

Le plafond suspendu démontable remplit une ou plusieurs fonctions combinées entre elles. Certaines peuvent imposer des caractéristiques contradictoires. Il convient de retenir celles qui sont prépondérantes. Une analyse des différents besoins permet de choisir le produit apportant la meilleure réponse. Les qualités essentielles portent sur l'intégration du plafond dans son environnement, sur les problèmes physiques ou la fiabilité dans le temps.

■ **La décoration** est un des points déterminants dans le choix d'un faux plafond, en particulier dans les locaux d'accueil ou dans les immeubles du secteur tertiaire . Par le grand choix de formes, de couleurs proposées et les différents modes de pose, le plafond participe directement à l'architecture intérieure des locaux.

■ **L'éclairage des locaux** est abordé de deux manières différentes (Fig. 6.77) :

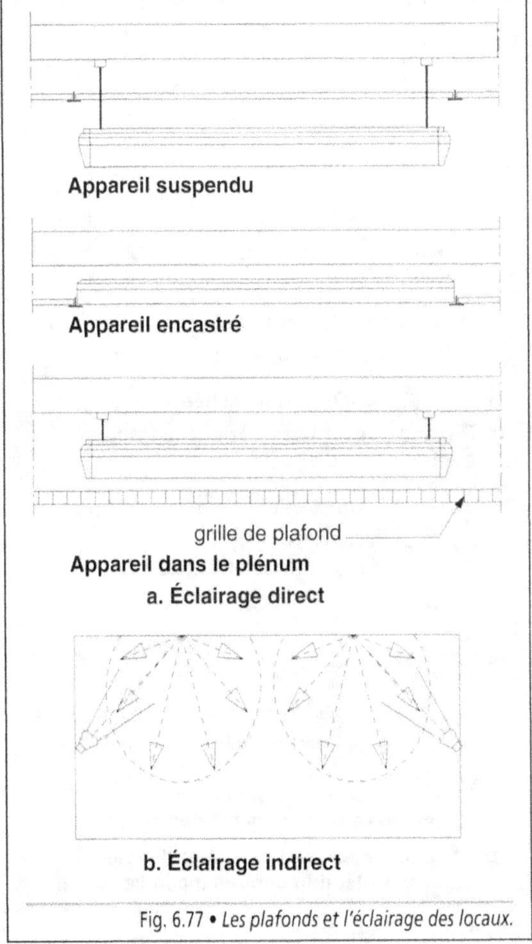

Fig. 6.77 • *Les plafonds et l'éclairage des locaux.*

• en éclairage direct, les luminaires peuvent être suspendus sous le vélum, encastrés dans le plafond sous réserve que la hauteur libre du plénum soit suffisante pour placer les appareils ou incorporés dans le plénum et

cachés par une grille en métal laqué blanc assurant une meilleure répartition de la lumière dans le local ;

• en éclairage indirect, le facteur de réflexion de la lumière doit être de l'ordre de 80 %.

■ **La correction acoustique** est une des fonctions principales du plafond dans certains locaux (salles de classe, salles de spectacles, etc.). En effet, par sa composition, par ses formes ou les perforations que présente sa surface, le coefficient d'absorption est modifié, permettant d'adapter le temps de réverbération et l'indice RASTI* d'une salle selon son utilisation (Fig. 6.78). Le coefficient d'absorption est caractérisé par l'indice pondéré αW dont la valeur doit être la plus proche de 1,00, signifiant que le matériau absorbe le bruit à 100 % et qu'aucune énergie acoustique n'est réfléchie. Cinq classes sont ainsi définies, de A à E, A correspondant au taux d'absorption maximal.

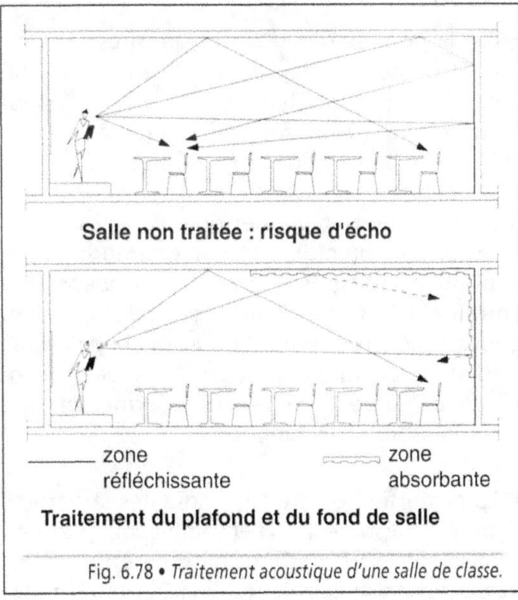

Fig. 6.78 • *Traitement acoustique d'une salle de classe.*

■ **L'isolation acoustique** n'est pas une des qualités premières de ce type de plafond. En effet, celui-ci étant démontable par définition, il existe un grand nombre de joints constituant autant de sources de fuites possibles. Toutefois, selon le type de composant retenu et le matériau constitutif, il est possible de tenir compte d'un affaiblissement acoustique latéral du plafond, Dn, indiqué en dB(A). La présence d'un matelas de laine minérale, d'une épaisseur de 50 mm, améliore les performances du plafond de l'ordre de 3 dB(A).

■ **L'isolation thermique** est assurée de trois manières :

- par l'emploi d'un matelas de laine minérale déroulé directement sur les éléments du plafond conformément aux essais effectués en laboratoire ;

- par la pose de panneaux en laine minérale traitée, d'une épaisseur de 50 mm à 80 mm, dont la face apparente est revêtue d'un voile peint ou d'un film d'aluminium gauffré, posés sur une ossature apparente ; cette réponse est satisfaisante dans les locaux tels que les ateliers ;

- par la pose de panneaux composites comprenant un isolant thermique (laine minérale ou mousse de polystyrène) et un parement apportant la résistance mécanique à base de fibres de bois agglomérées à l'aide d'un liant.

Il est important de vérifier que, dans les locaux où le degré d'humidité relative est important, le plafond ne soit pas la cause de condensation entraînant la formation de gouttelettes d'eau pouvant gêner l'exploitation normale des lieux. L'isolation thermique doit être étudiée en conséquence et la face revêtue permettre une légère absorption momentanée.

■ **La protection contre l'incendie des structures** peut être assurée par l'ensemble du plafond, c'est-à-dire le vélum, l'ossature secondaire, les suspentes et une couche éventuelle de matériaux isolants en laine minérale. La pérennité de cette fonction implique que le plafond ne soit démontable qu'exceptionnellement et qu'il soit reconstitué dans son intégralité lors de sa

remise en place. La hauteur du plénum joue un rôle dans la valeur de cette protection. Pour justifier de leurs performances, les plafonds doivent avoir fait l'objet d'essais par un laboratoire agréé, dans leurs conditions de pose, y compris vis-à-vis des rives. Celui-ci établit un procès-verbal indiquant le classement de résistance et de réaction au feu. De nombreux produits sont classés M0 ou M1, satisfaisant aux conditions d'installation dans les bâtiments soumis à la réglementation contre l'incendie (Fig. 6.79).

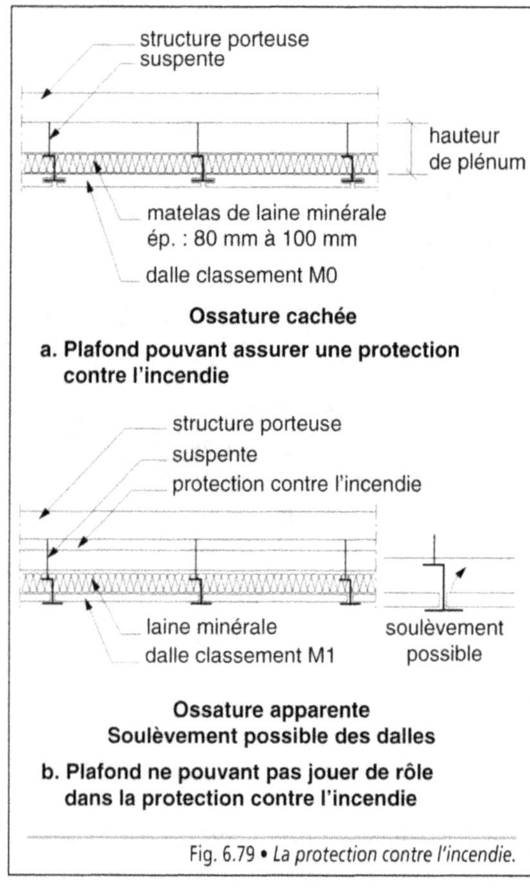

Fig. 6.79 • *La protection contre l'incendie.*

Les équipements incorporés dans le plafond sont étudiés afin de ne pas entraîner de discontinuité dans la valeur de protection offerte par le plafond.

Lorsque les déposes sont fréquentes ou que les plafonds sont démontables par simple poussée (panneaux posés sur des profilés en forme de T), la résistance au feu des structures est calculée sans tenir compte de la présence du faux plafond.

■ **L'habillage des réseaux en plafond** n'impose pas une continuité du vélum, sauf lorsque le plénum doit être ventilé. Selon les fluides transportés par les réseaux, la destination des locaux et le rendu architectural, les solutions suivantes peuvent être retenues :

• les panneaux ou les bacs posés de manière jointive ;

• les bandes ou les lames jointives ou non ;

• les grilles.

L'utilisation d'éléments non jointifs implique l'emploi de peinture sombre en sous-face des planchers.

■ **La résistance mécanique** est prise en compte de deux manières. D'une part, les éléments étant autoportants, ils sont suffisamment rigides pour ne pas se déformer après la pose. D'autre part, pour répondre à certaines utilisations (salles polyvalentes, salles de sports), ils présentent une bonne résistance aux chocs et aux impacts des ballons ou des balles de tennis, et ils sont maintenus dans l'ossature afin d'éviter tout risque de soulèvement.

■ **La résistance à l'humidité** est une qualité indispensable lorsque les plafonds sont utilisés dans des locaux à haut degré hygrométrique. Les éléments doivent présenter une bonne stabilité en milieu humide, c'est-à-dire lorsque le taux d'humidité relative de l'air est supérieur à 70 % pour une température de 20 °C, et pour les emplois en extérieur (Fig. 6.80). Le choix se porte alors sur des matériaux insensibles à l'humidité de l'air ou à la présence d'eau, les suspentes et les supports étant traités à cet effet.

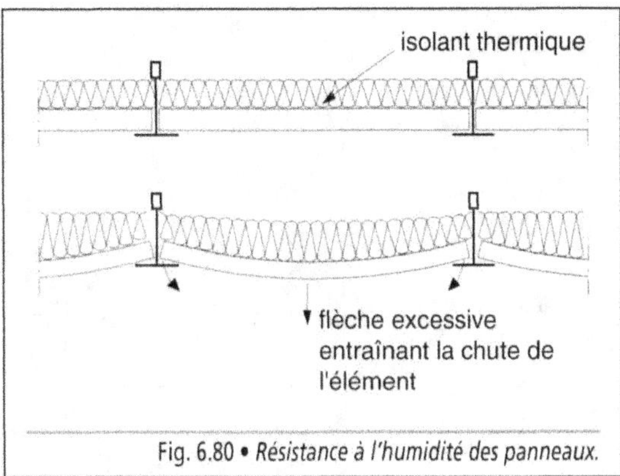

Fig. 6.80 • *Résistance à l'humidité des panneaux.*

■ **L'adaptation au nettoyage** est une qualité essentielle car elle permet de prolonger la durée d'un plafond. Les salissures ont pour origine d'une part la manipulation lors de la dépose et de la repose des panneaux, d'autre part la ventilation lorsque celle-ci n'est pas équipée de filtres suffisamment efficaces. Il convient donc de choisir un produit qui ne retienne pas les poussières et qui facilite le nettoyage à l'aspirateur ou au chiffon humide.

■ **L'hygiène et les propriétés bactériologiques** sont des qualités exigées lorsque les plafonds équipent certaines salles telles que cuisines collectives, laboratoires, etc. Les matériaux utilisés doivent répondre à des normes spécifiques, ne posséder aucun élément susceptible de favoriser un développement de micro-organismes. En cas de besoin, ils doivent pouvoir être correctement désinfectés à l'aide de produits agréés.

■ **La maniabilité** porte sur la pose et la dépose aisée du plafond en fonction de la fréquence des démontages. Cette qualité est en relation étroite avec la nature des réseaux de fluides qui passent dans le plénum. Le choix se porte sur des composants qui peuvent subir des manipulations sans détérioration ni dommages (bacs ou plaques posés sur une ossature secondaire ou lames clipsées).

Le tableau n° 6.16 récapitule les principales caractéristiques des différents types de plafonds et donne une première indication sur leur utilisation.

Fonction et qualité	Destination	Logements sous combles	Bureaux	Salles de réunion	Halls d'immeuble	Salles de classe	Cuisines collectives	Salles de restaurant	Ateliers sous sheds	Salles polyvalentes	Gymnase	Piscines	Circulations intérieures	Circulations extérieures	ERP
Décoration					X			X							X
Éclairage			X	X		X							X		X
Correction acoustique			X	X		X		X	X	X	X				
Isolation acoustique		X	X	X		X									X
Isolation thermique		X							X	X	X	X			
Protection incendie			X				X	X							X
Habillage de réseaux				X		X							X	X	
Résistance mécanique										X	X				
Résistance à l'humidité							X	X				X		X	
Adaptation au nettoyage					X	X	X	X		X	X		X	X	
Propriétés bactériologiques							X	X							
Maniabilité					X		X						X	X	

Tab. 6.16 • *Principales caractéristiques des plafonds en fonction de la destination des locaux*

3. Les planchers surélevés

Les planchers surélevés, ou planchers techniques, ont pour rôle de constituer un plan horizontal délimitant un plénum au-dessus du plancher structurant des locaux dans lesquels ils sont implantés. Le vide ainsi créé permet le passage des câbles et des réseaux desservant les appareils installés dans la salle concernée. Ces planchers équipent les locaux techniques, les salles d'ordinateurs, les salles de contrôle, les centraux téléphoniques, les laboratoires, les studios d'enregistrement, les salles d'examen radiologique ou par scanner, etc.

Ils sont utilisés, entre autres, dans des bâtiments tertiaires, industriels ou commerciaux, les banques, les centres de recherches et les centres hospitaliers.

3.1. Les éléments constitutifs

Le plancher surélevé est constitué par un ensemble de produits industrialisés, aisément mis en œuvre, modifiables et adaptables selon les besoins. Leur pose et leur dépose doivent pouvoir être effectuées à tout moment, dans des délais réduits afin de ne pas créer de gêne majeure dans le bon fonctionnement des installations techniques.

Le plancher surélevé comprend les éléments suivants (Fig. 6.81) :

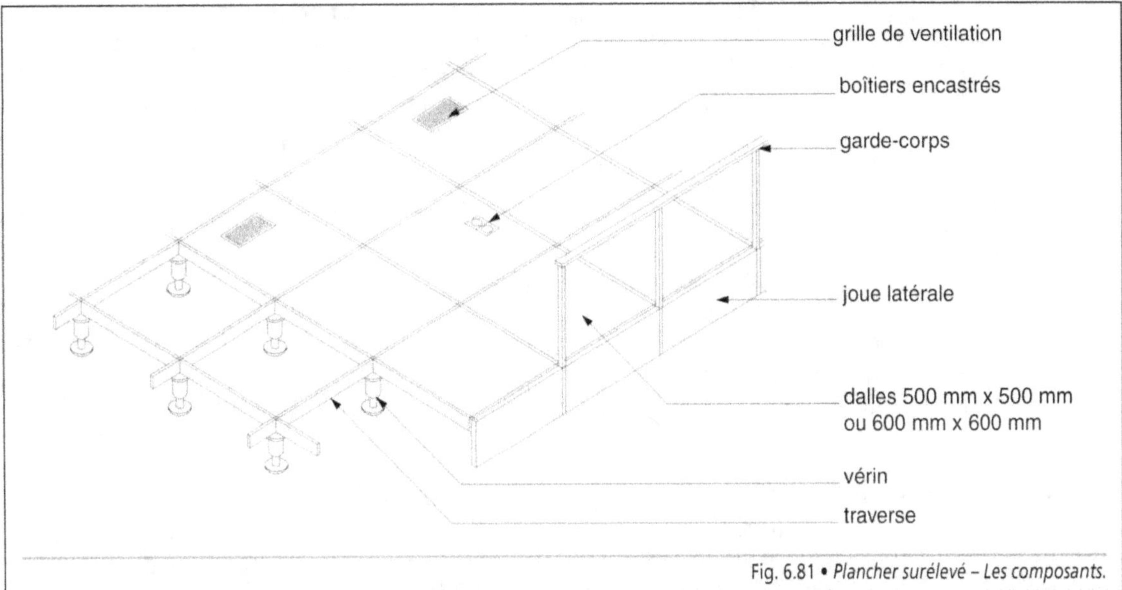

Fig. 6.81 • *Plancher surélevé – Les composants.*

- l'ossature, formée par les vérins qui reportent les charges verticales sur la structure porteuse et par des entretoises assurant sa stabilité horizontale lorsque la hauteur du plenum est importante ;

- les traverses, éléments horizontaux reliant les vérins entre eux afin de renforcer la résistance mécanique du plancher aux charges verticales, aux efforts latéraux dus aux charges roulantes et d'obtenir une meilleure étanchéité à l'air du plénum ;

- les dalles, de forme carrée, au format de 500 mm × 500 mm ou 600 mm × 600 mm, ce dernier format étant un multiple du module de base en coordination dimensionnelle (m = 30 cm) ;

- les différents accessoires qui répondent au parachèvement des travaux, tels que : dalles perforées, grilles de ventilation, boîtiers encastrés, joues latérales et garde-corps pour les planchers ne couvrant pas la totalité de la pièce, rampes ou escaliers d'accès.

Les vérins sont composés d'une base pouvant être ou non fixée sur le sol du local, d'une tête recevant les angles des dalles ou les traverses et d'un dispositif de réglage en hauteur avec blocage assurant la mise à niveau de la face supérieure du plancher.

Les dalles amovibles sont constituées par un bac en acier galvanisé avec une âme en aggloméré de bois (Fig. 6.82) ou en tôle d'aluminium nervurée. Elles peuvent rester brutes ou recevoir un revêtement en textile aiguilleté, en vinyle souple ou en caoutchouc, à l'exclusion de tout revêtement sur sous-couche en mousse.

La hauteur libre du plénum est égale à la distance entre la sous-face des dalles ou des traverses et la structure porteuse horizontale du local. Correspondant à la hauteur utile, elle est au minimum de 50 mm à 60 mm, (Fig. 6.83). La hauteur finie est la distance qui sépare le dessus de la dalle brute et le dessus du revêtement du plancher surélevé. Lorsque cette hauteur est supérieure à 500 mm, le plancher est rigidifié à l'aide d'entretoises ou de traverses. La pratique veut que celles-ci soient utilisées dès que la hauteur dépasse 250 mm à 300 mm.

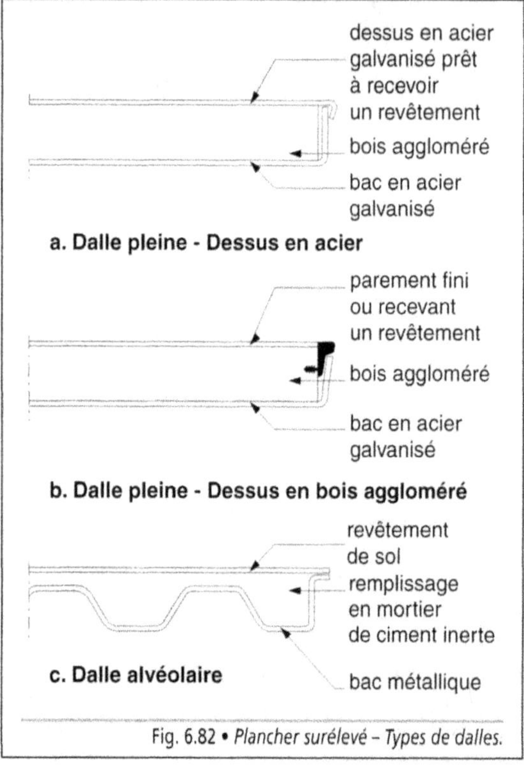

Fig. 6.82 • *Plancher surélevé – Types de dalles.*

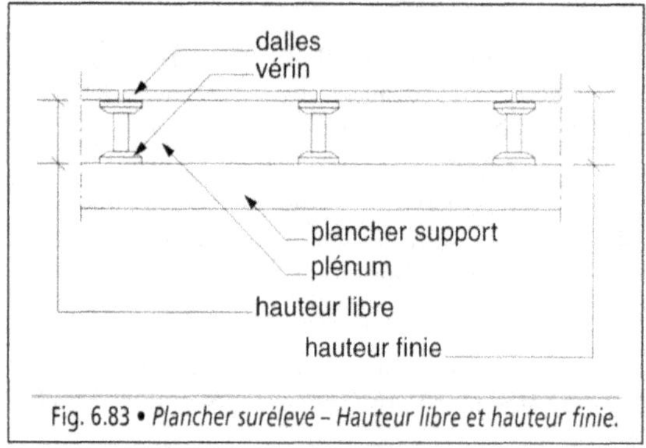

Fig. 6.83 • *Plancher surélevé – Hauteur libre et hauteur finie.*

• si cette réservation n'a pas été prévue à l'origine du projet, le niveau fini se trouve à une cote supérieure à celle des locaux attenants, nécessitant des marches ou une rampe pour y accéder.

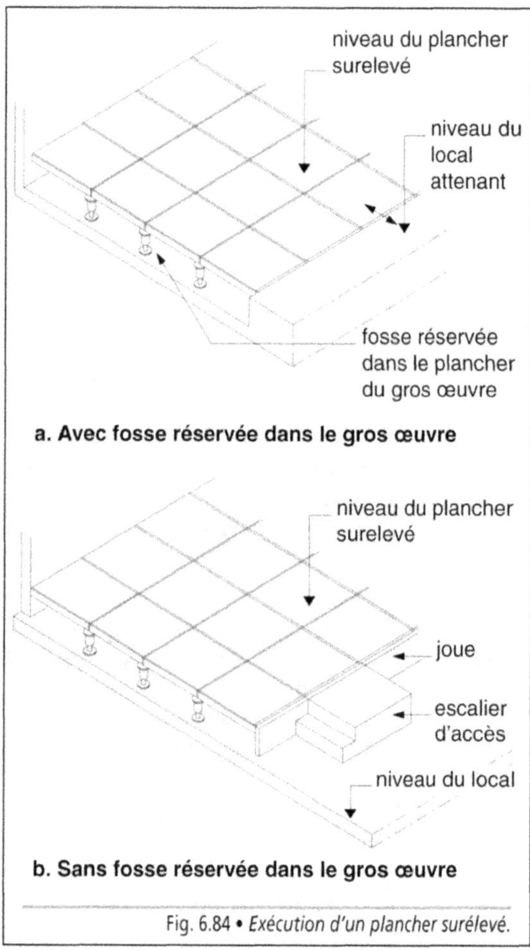

Fig. 6.84 • *Exécution d'un plancher surélevé.*

La mise en œuvre du plancher surélevé s'effectue selon l'une des deux techniques suivantes (Fig. 6.84) :

• la solution la plus courante est de réaliser une réservation dans le gros œuvre permettant de le positionner afin que son niveau fini soit le même que celui des locaux voisins ;

3.2. Les caractéristiques des éléments constitutifs

Les caractéristiques des éléments constitutifs portent sur l'ensemble des composants : vérins, traverses et dalles. Elles définissent les tolérances de fabrication à respecter, la résistance mécanique aux efforts verticaux et latéraux et la résistance électrique transversale assurant l'évacuation des charges électrostatiques.

3.21. Les dalles sont soumises à des séries de contrôles de fabrication, d'essais de résistance mécanique, de résistance électrique transversale et de comportement au feu (Fig. 6.85).

■ **La concavité et la convexité** sont définies en appliquant une règle suivant les deux médianes de la surface supérieure. La flèche f ne doit pas excéder 1,25 pour 1000 de la longueur de la dalle.

■ **Le gauchissement** est déterminé en faisant reposer la dalle par ses quatre angles, chacun sur un plot rigide matérialisant un plan de référence. Lorsque trois des angles sont appliqués sur les plots supports, la distance d entre le dessus du quatrième plot et le dessous de la dalle est inférieure à 1 mm.

■ **L'équerrage** est caractérisé par le fait que l'écart e entre la longueur des deux diagonales AB et CD, mesurée au droit de la ligne de contact des dalles, est inférieur à une valeur égale à 0,09 % de la cote nominale théorique AB et CD.

■ **La résistance mécanique** est calculée en partant des résultats d'essais effectués sous l'action d'une charge statique, le support étant considéré comme indéformable.

Sous l'action d'une charge P1 placée au milieu du côté, la flèche F ne doit pas excéder 1/300ᵉ de la longueur.

L'essai correspondant à l'effort réparti n'est pas représentatif des performances des dalles. Il est admis que la valeur de la charge répartie PR dépend de la charge ponctuelle P1 ; elle est donnée par la formule suivante :

$$PR = 5 \times P1.$$

Un coefficient de sécurité k intègre les déformations dues au fluage et les diverses incertitudes. La valeur du coefficient k est fixée à 2,5.

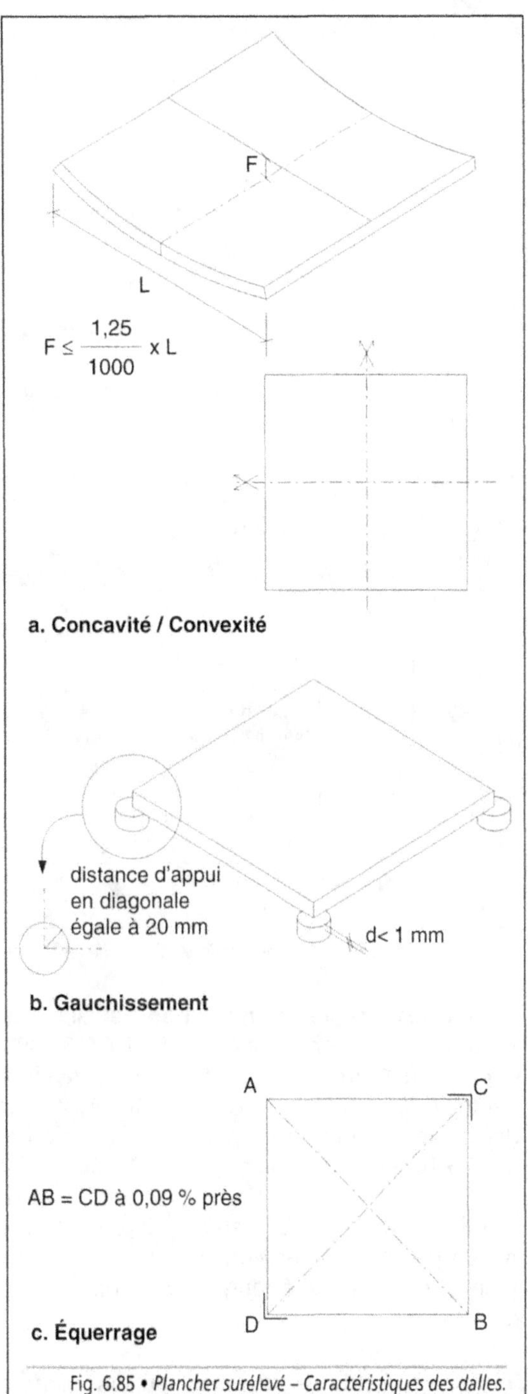

Fig. 6.85 • *Plancher surélevé - Caractéristiques des dalles.*

Exemple

Pour une dalle de format 600 mm × 600 mm, :

- flèche due à la concavité et à la convexité : f ≤ 0,75 mm ;

- distance du gauchissement : d < 1 mm ;

- écart de la longueur des deux diagonales AB et CD définissant l'équerrage : e < 0,76 mm ;

- flèche sous l'action d'une charge P1 placée au milieu du côté : F < 2 mm.

Quatre classes de résistance sont définies, qui permettent de choisir le plancher en fonction des surcharges qu'il aura à reprendre (Tab. 6.17).

CLASSE	EFFORT P1 (daN)	EXEMPLES D'UTILISATION
1	> 200	Bureau, micro-informatique, etc.
2	> 300	Locaux informatiques et techniques sans équipement lourd, centraux téléphoniques, salles de contrôle, etc.
3	> 400	Informatique lourde, ateliers, stockage, etc.
Exceptionnelle*	> 500	Locaux avec charges roulantes intenses, équipement lourd, applications spéciales, etc.

* La classe exceptionnelle nécessite une étude spécifique en fonction de la valeur demandée.

Tab. 6.17 • *Plancher surélevé – Classes de résistance.*

■ **La résistance électrique transversale** est mesurée conformément à la norme NF P 62-001 – *Revêtements de sol résiliants – Comportement électrostatique – Classification.* La résistance électrique transversale du plancher est comprise entre 5.10^5 et 2.10^{12} ohms.

La mise à la terre du plénum est assurée au moyen d'une tresse en cuivre d'une section de 5 mm², à raison d'une rangée sur deux et d'un vérin sur deux.

■ **La réaction et la résistance au feu** sont conformes aux réglementations en vigueur. La réaction au feu dépend des matériaux utilisés. En général, la sous-face, en acier galvanisé ou en aluminium, reste brute ; elle est classée M0 ou M1. En surface, le classement est déterminé en fonction du revêtement retenu (vinyle : M2, stratifié : de M1 à M3).

3.22. *Les vérins* sont vérifiés en les soumettant à l'action d'une charge excentrée, l'axe de l'effort étant vertical et parallèle à l'axe du vérin. Celui-ci est réglé à sa hauteur moyenne H d'utilisation (Fig. 6.86). L'effort P3 appliqué au centre d'une plaque de 40 mm × 40 mm doit avoir au minimum la valeur suivante :

$$P3 \geq 2 \times P1,$$

P1 étant la charge ponctuelle placée en milieu du côté de la dalle.

L'essai à la stabilité latérale permet de vérifier la tenue des planchers surélevés à ossature auto-porteuse.

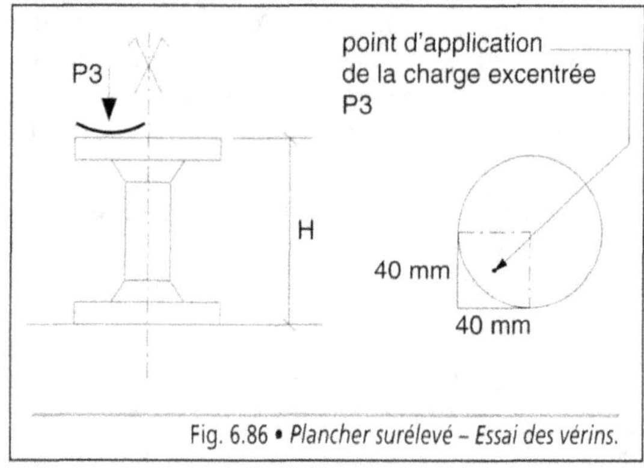

Fig. 6.86 • *Plancher surélevé – Essai des vérins.*

3.23. *Les traverses* sont soumises à des efforts verticaux. L'essai est réalisé pour l'ensemble composé de la dalle, de la traverse et du vérin, à une hauteur conventionnelle de 200 mm.

3.3. Les dispositions constructives

Le plancher surélevé est mis en œuvre après l'achèvement de tous les travaux du second œuvre, à l'exception du montage des cloisons démontables qui prennent appui sur lui.

Préalablement, il convient de vérifier que le gros œuvre du local a les caractéristiques mécaniques suffisantes pour recevoir le plancher surélevé et peut résister aux efforts suivants :

- le poids propre et les contraintes apportées par le plancher surélevé ;

- les charges statiques et dynamiques prescrites pour celui-ci ;

- les efforts transmis par les vérins et plus particulièrement le poinçonnement.

Le poids d'un plancher surélevé est de l'ordre de 20 kg à 40 kg au mètre carré, en fonction de la nature de ses composants et de sa hauteur.

Le calepinage des dalles détermine l'implantation des vérins ainsi que les axes de départ en tenant compte des découpes en rives. Celles-ci ne peuvent être inférieures à 100 mm. Une bonne coordination avec les lots techniques permet de contrôler que la position des vérins est compatible avec le passage de tous les réseaux (électricité, courants faibles, fluides ou gaines diverses).

Le niveau ayant été matérialisé, la pose peut commencer par le centre du local, par l'un des côtés ou par l'un des angles (Fig. 6.87). Les dalles des rives sont placées en fin de travaux, qu'elles soient en périphérie ou autour d'émergences (poteaux ou gaines techniques).

Un plan précis de la position et des dimensions des découpes à réserver dans le plancher doit être établi. Il permet de prévoir les renforts nécessaires. Si ces découpes sont complexes ou ne laissent qu'une partie pleine inférieure à 100 mm sur un ou plusieurs côtés, le plancher est renforcé à l'aide de traverses ou de vérins complémentaires qui assurent sa stabilité.

Selon la nature de la paroi contre laquelle vient buter le plancher surélevé, la rive peut se présenter de la manière suivante :

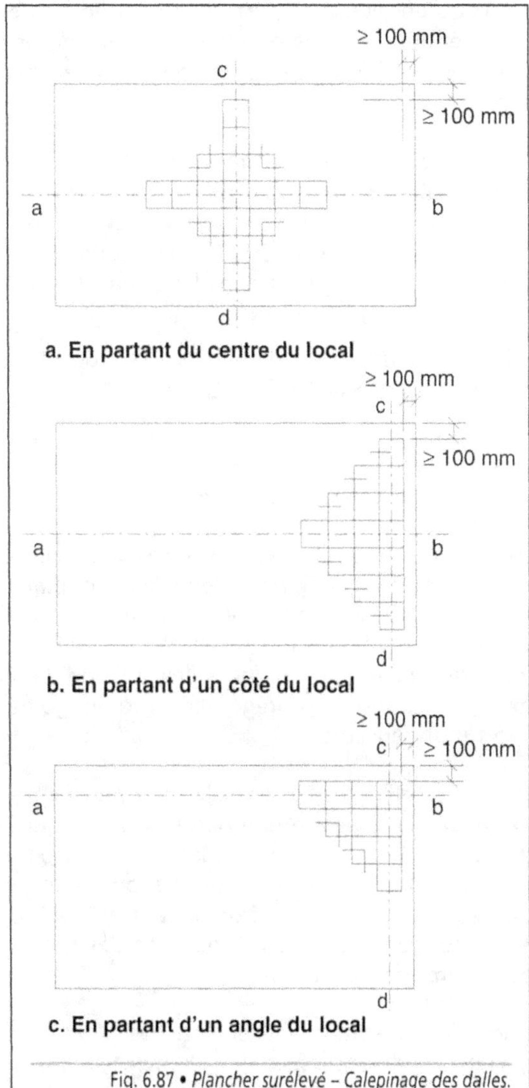

a. En partant du centre du local

b. En partant d'un côté du local

c. En partant d'un angle du local

Fig. 6.87 • *Plancher surélevé – Calepinage des dalles.*

- contre une paroi lourde, les dalles de rive sont ajustées à la paroi avec un jeu suffisant pour en permettre la dépose (plancher réalisé dans une fosse réservée dans le gros œuvre) ;

- contre une paroi légère (mur rideau, paroi vitrée), chaque vérin de rive est fixé au sol et contreventé afin de stabiliser cette dernière sur toute sa longueur ;

- en l'absence de paroi, une joue latérale ferme le plénum ; pour parer aux risques de chutes, elle est complétée par un garde-corps fixé sur la structure porteuse.

En zone de sismicité, conformément aux règles PS 92 – NF P 06-014, des dispositions particulières sont prises dans les bâtiments à risque normal des classes C et D et dans les bâtiments à risque spécial implantés dans les zones II et III. Elles portent sur les points suivants :

- la fixation de la base des vérins au support par collage ou procédé mécanique ;

- la mise en place d'entretoises solidarisant les vérins entre eux, dès que la hauteur du plénum est supérieure à 250 mm.

Lorsqu'un joint de dilatation traverse le local, sa continuité est assurée dans l'épaisseur du plancher surélevé, sur un même plan vertical. Des vérins sont implantés de part et d'autre du joint qui est garni, au niveau des dalles, à l'aide d'un matériau plastique, protégé par un couvre-joint fixé sur un seul côté.

Un compartimentage du plénum peut être exigé par la réglementation contre les risques d'incendie. Dans ce cas les zones ont une superficie maximale de 300 m^2 pour une longueur au plus égale à 30 m. Le cloisonnement est réalisé en matériaux de classe M0 ou avec des parois pare-flammes 1/4 d'heure.

L'horizontalité du plancher surélevé doit être parfaite. Sur une surface de 5,00 m × 5,00 m, la différence de niveau par rapport à l'horizontale ne peut excéder 3 mm. Sur la surface totale du plancher, cet écart doit rester en deçà de 10 mm. En fait, lorsqu'il est accessible depuis plusieurs locaux voisins, l'horizontalité est conditionnée par les niveaux des différents seuils. La planéité est contrôlée en plaçant une règle de 2,00 m, sous laquelle la flèche ne doit pas être supérieure à 2 mm.

Il convient de noter que ce type de plancher est installé uniquement dans les locaux classés E1

et C0, selon le classement UPEC des revêtements.

4. Les ouvrages de communication

Les ouvrages assurant la communication entre les différents espaces clos avec des parois verticales, murs maçonnés ou cloisons, sont constitués par des ouvertures ou des passages réservés lors de leur construction. Ils sont soit laissés libres, soit obturés par une porte (Fig. 6.88).

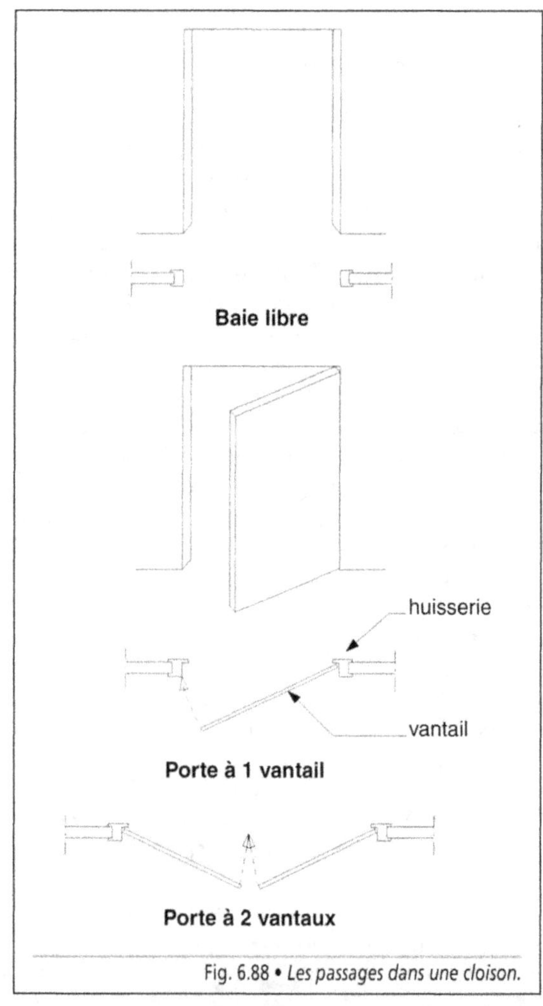

Fig. 6.88 • *Les passages dans une cloison.*

4.1. La définition des portes

La porte est un ouvrage mobile formé d'un ou de plusieurs vantaux. Lorsqu'elle est ouverte, elle permet la communication entre deux espaces clos. Fermée, elle s'oppose au passage entre ceux-ci.

La porte fait partie d'un ensemble dénommé bloc-porte composé d'un bâti ou huisserie fixé sur la cloison et d'un ou de plusieurs vantaux. Toutefois, usuellement, le terme de porte désigne indifféremment l'ensemble du bloc-porte ou sa partie mobile. Elle doit être résistante et indéformable.

4.2. La classification des portes

Les portes sont classées en tenant compte de plusieurs paramètres : la destination, le mode d'ouverture, les fonctions spécifiques, les composants et les matériaux.

4.21. La destination est déterminée selon la position que les portes occupent dans une construction ou les locaux dont elles commandent l'accès. Elle est précisée par la dénomination employée (Fig. 6.89).

- **Les portes palières** séparent les espaces privatifs des parties communes dans un immeuble. Elles doivent être résistantes à l'effraction, étanches à l'air, posséder un bon degré d'isolation acoustique et ne pas être sensibles aux écarts de température entre la face interne et la face externe.

- **Les portes de communication** permettent le passage entre deux pièces ou dégagements d'une même unité fonctionnelle (logement, ensemble de bureaux dans une même société). En habitation, la largeur courante du passage libre est de 0,80 m.

- **Les portes de placard** assurent la fermeture de ces éléments de rangement ; conçues de manière à limiter leur débattement, elles sont souvent de type coulissant ou accordéon.

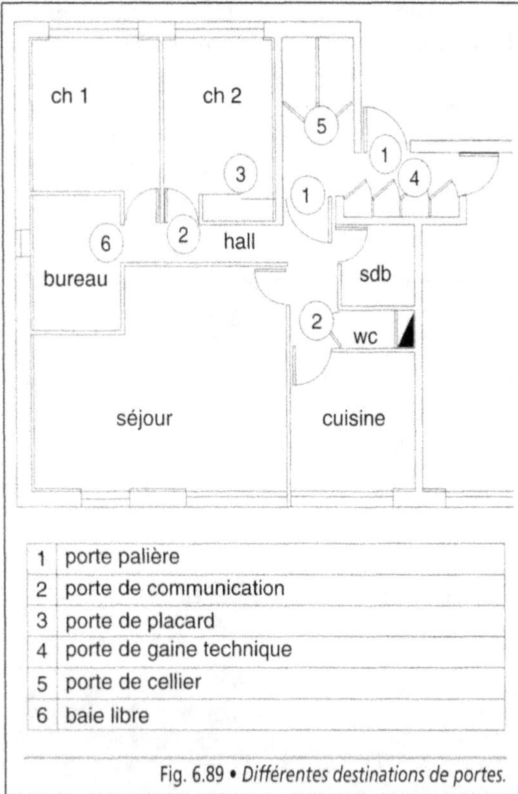

1	porte palière
2	porte de communication
3	porte de placard
4	porte de gaine technique
5	porte de cellier
6	baie libre

Fig. 6.89 • *Différentes destinations de portes.*

- **Les portes des locaux techniques** ont pour fonction de réserver l'accès de ceux-ci au seul personnel d'entretien ; elles sont équipées d'une serrure antipanique afin de pouvoir évacuer rapidement les lieux en cas de sinistre. Selon les locaux qu'elles commandent, elles peuvent avoir un degré coupe-feu ou pare-flammes.

- **Les portes de gaines techniques** assurent l'accès à celles-ci, sans avoir à pénétrer à l'intérieur, compte tenu de leurs dimensions.

- **Les portes de celliers ou de caves** desservent des locaux qui sont généralement non chauffés et ventilés. Elles doivent être aptes à absorber les variations de température ou du degré d'humidité.

4.22. Le mode d'ouverture est défini en fonction du mouvement de la partie mobile, c'est-à-dire du vantail ou des vantaux. Plusieurs modes d'ouverture sont ainsi déterminés (Fig. 6.90).

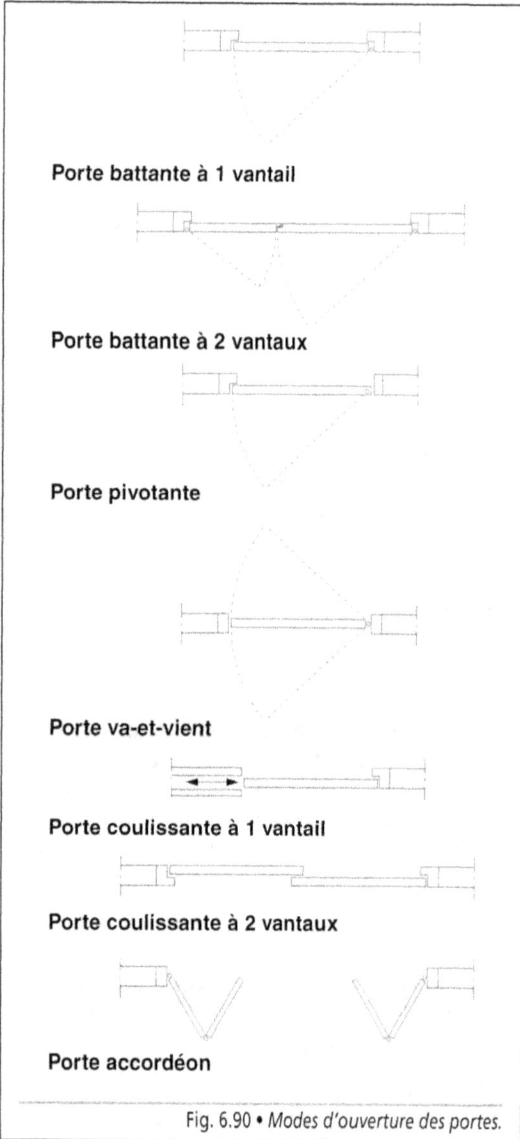

Fig. 6.90 • *Modes d'ouverture des portes.*

- **Les portes battantes** sont constituées d'un ou de deux vantaux fixés à l'huisserie par des paumelles verticales ou des pivots qui permettent, par rotation, de dégager la totalité du passage. Du fait de sa simplicité, ce mode d'ouverture est le plus courant.

- **Les portes pivotantes** comprennent un ou deux vantaux qui tournent autour d'un axe vertical passant par des pivots fixés au sol et sur la traverse supérieure, à proximité d'un des pieds de l'huisserie. Le débattement ne permet pas de dégager la totalité de l'ouverture.

- **Les portes va-et-vient** correspondent à une variante des portes battantes ou pivotantes dans laquelle le ou les vantaux s'ouvrent indifféremment en poussant ou en tirant. Placés sur des points de passage fréquentés, les vantaux sont équipés d'un oculus de manière à vérifier que le passage est libre.

- **Les portes coulissantes** comprennent un ou plusieurs vantaux ouvrant par translation latérale dans leur plan, les panneaux étant suspendus ou guidés par un rail. Le passage dégagé correspond à la largeur d'un ou de deux vantaux selon le mode de montage. Facilement manœuvrable et de faible encombrement, ce type de porte équipe des façades de placard.

- **Les portes pliantes** ou **portes accordéon** sont des portes dont les éléments constitutifs se replient les uns sur les autres. Elles présentent l'avantage d'un faible encombrement.

Le mode d'ouverture a une influence sur la largeur du passage libre dégagé par le vantail, l'encombrement correspondant à son déplacement et l'implantation de la porte dans la cloison.

- En habitation, afin de permettre le passage des personnes à mobilité réduite, le passage libre des portes palières est de 0,90 m, et celui des portes de communication de 0,80 m pour une hauteur de 2,025 m. Toutefois, cette largeur peut être inférieure (0,70 m ou 0,60 m) ou supérieure lorsque les portes comprennent deux vantaux. Dans ce cas, elle est portée à 1,10 m ou plus, avec des vantaux égaux ou inégaux.

- Dans les établissements recevant du public, les portes doivent dégager une largeur libre correspondant au nombre d'unités de passage exigé, sans que le débattement ne gêne la circulation (Fig. 6.91).

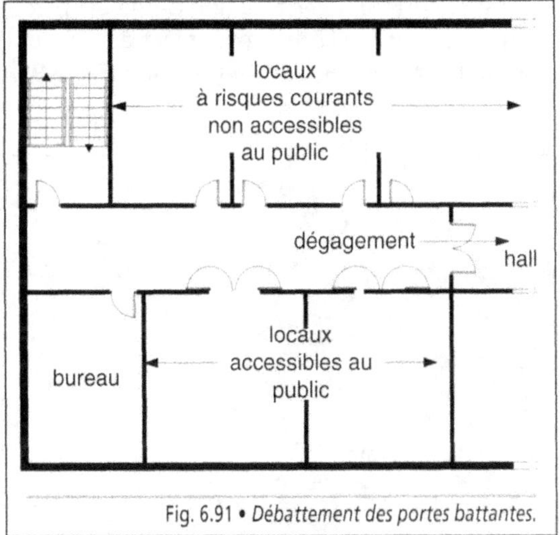

Fig. 6.91 • *Débattement des portes battantes.*

• Les portes battantes laissent un passage libre sensiblement égal à la dimension comprise entre les deux pieds d'huisserie. Les portes coulissantes à un vantail ou deux vantaux dégagent la totalité de l'ouverture lorsqu'elles s'effacent derrière une cloison. Composées de deux vantaux coulissant l'un devant l'autre, ces portes libèrent un accès inférieur à la moitié de la largeur de la baie. Les portes pliantes, compte tenu de l'encombrement des panneaux repliés de part et d'autre de la baie, ne dégagent pas la totalité de l'ouverture (Fig. 6 92).

• Les portes va-et-vient présentent l'encombrement maximal, puisque ouvrant de part et d'autre de la cloison. Les portes battantes et pivotantes nécessitent un encombrement égal au débattement du vantail ou des vantaux, dans la pièce sur lesquelles elles ouvrent. Les portes coulissantes ont le plus faible encombrement, puisqu'elles fonctionnent dans le plan de la cloison (Fig. 6.93).

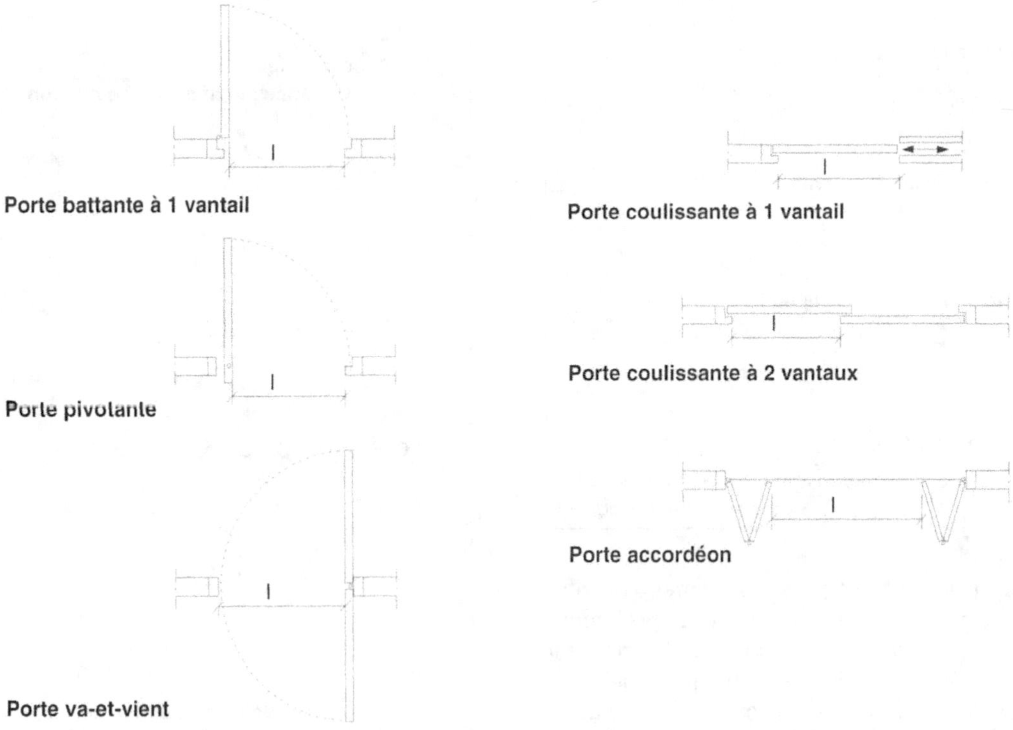

Fig. 6.92 • *Largeur de passage libre (l) selon le mode d'ouverture.*

rière la porte. En général, une butée est placée au sol ou sur la plinthe de manière à éviter que le vantail ne vienne heurter la cloison (Fig. 6.94).

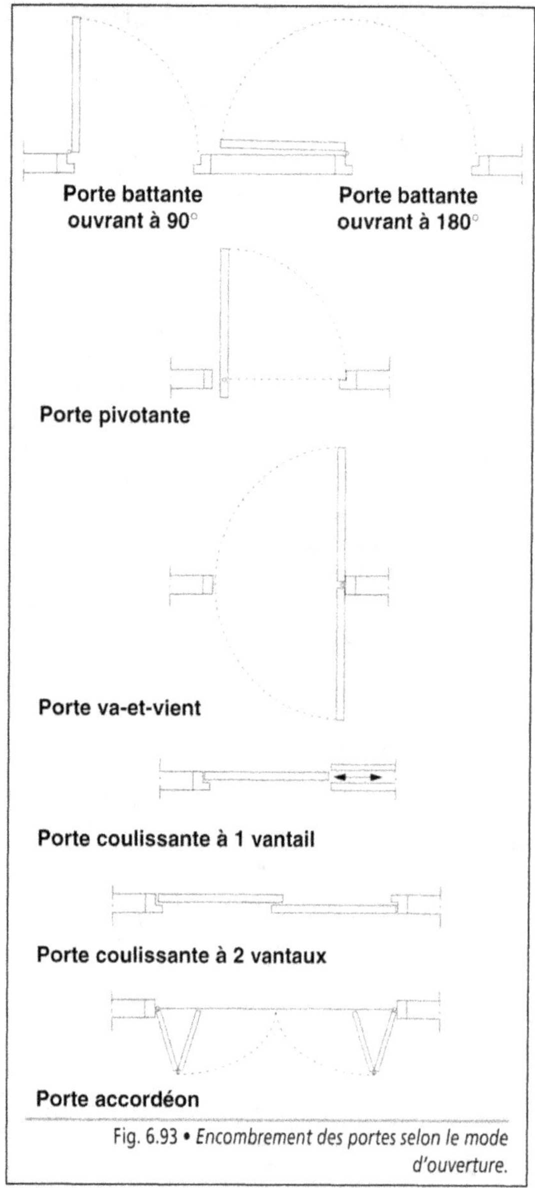

Fig. 6.93 • *Encombrement des portes selon le mode d'ouverture.*

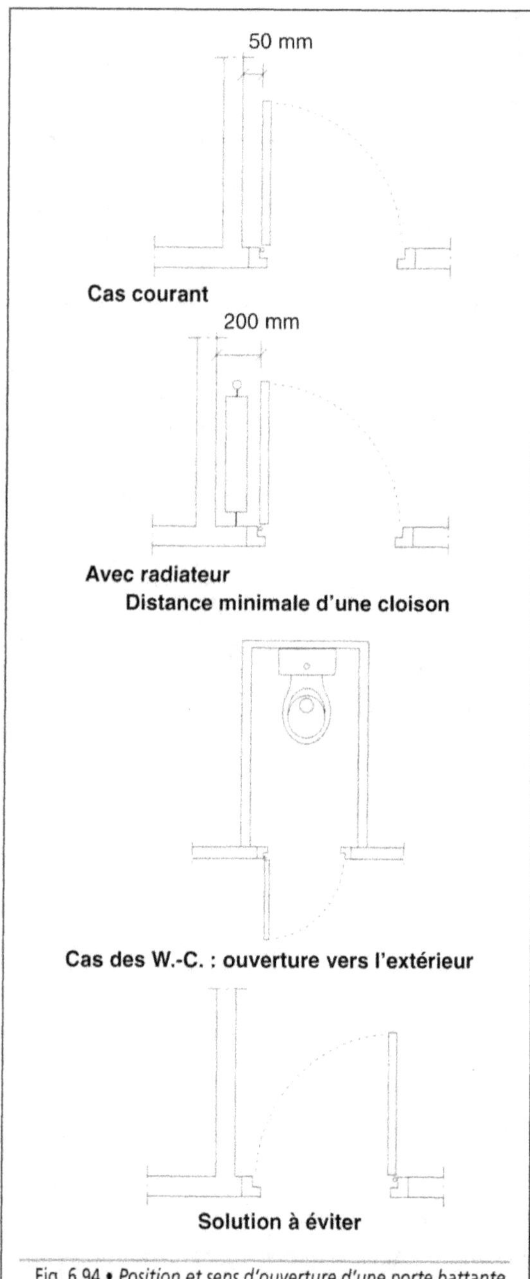

Fig. 6.94 • *Position et sens d'ouverture d'une porte battante.*

• Habituellement, les portes battantes s'ouvrent vers la pièce qu'elles desservent, de préférence contre une cloison de distribution. L'écartement du montant de l'huisserie est tel que le débattement de l'ouvrant soit au moins de 90°. Cette distance est augmentée lorsque des équipements (radiateurs ou autres) sont implantés der-

Toutefois, il est admis que, pour des raisons de sécurité, l'ouverture se fasse vers l'extérieur. C'est le cas des locaux techniques ou des locaux de faible surface (W.-C.), dans lequel le corps d'une personne prise d'un malaise peut bloquer l'ouverture de la porte. Lorsque deux portes sont placées dans deux cloisons formant un angle dans un local, leur sens d'ouverture ou leur position doit être tel que leur manœuvre ne se contrarie pas et ne crée pas de gêne (Fig. 6.95).

• Le sens d'ouverture d'une porte est déterminé de la manière suivante (Fig. 6.96) :

– l'utilisateur étant placé du côté des feuillures réservées dans l'huisserie, l'ouverture s'effectue à droite en tirant lorsque l'axe de rotation (les paumelles) est situé à droite et à gauche dans le cas inverse ;

– l'utilisateur étant placé à l'opposé des feuillures, l'ouverture s'effectue à droite en poussant lorsque l'axe de rotation est à droite et à gauche dans le cas inverse.

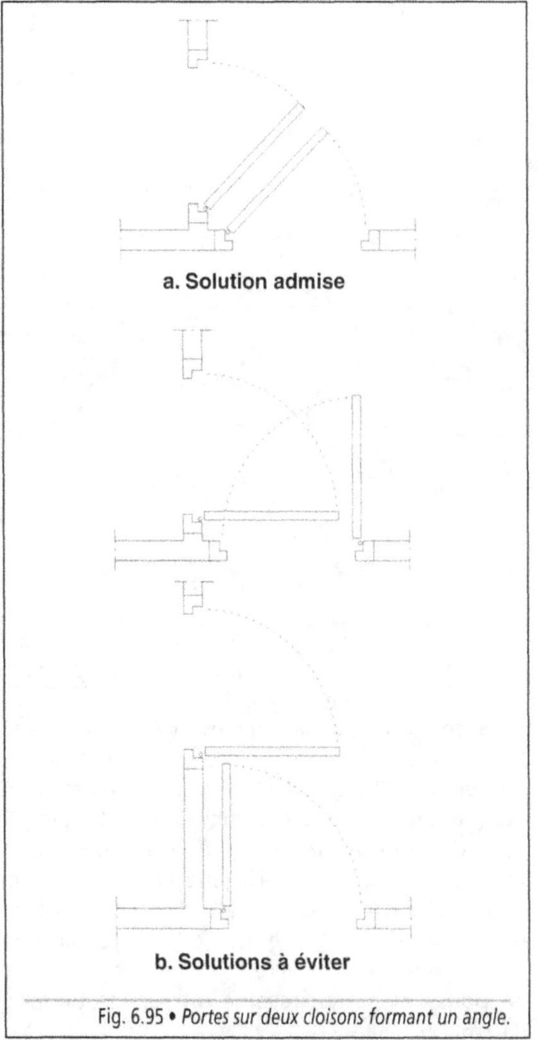

Fig. 6.95 • *Portes sur deux cloisons formant un angle.*

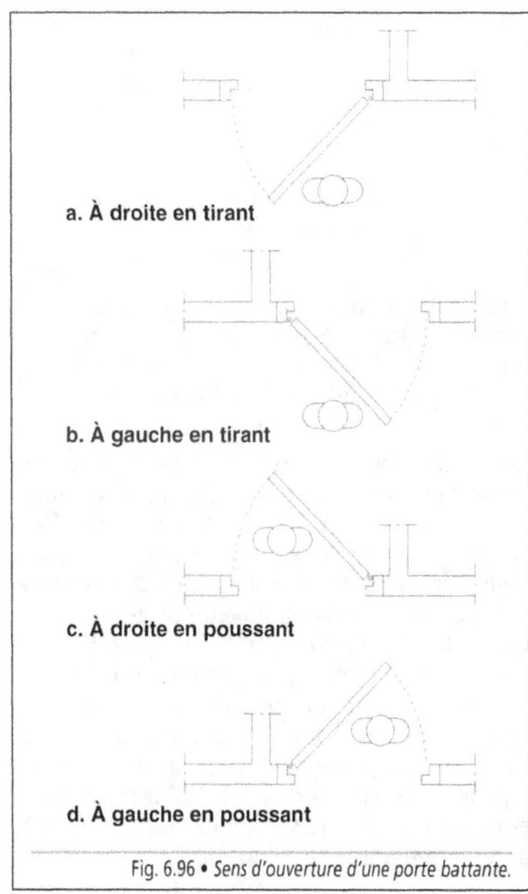

Fig. 6.96 • *Sens d'ouverture d'une porte battante.*

4.23. Les fonctions spécifiques sont assurées par les portes afin de protéger certains locaux de l'agression d'agents extérieurs. L'ensemble du bloc-porte doit être conçu et réalisé afin de jouer pleinement le rôle qui lui est dévolu : résistance au feu, fonction acoustique, thermique et anti-effraction. En aucun cas il ne peut être modifié lors de la pose, qui doit être effectuée dans des cloisons de qualité au moins équivalente. La position et l'aspect de son parement font que la porte intervient également dans l'architecture intérieure.

■ **La fonction pare-flammes ou coupe-feu** est exigée pour les portes qui équipent des bâtiments (établissements recevant du public, établissements scolaires, etc.) ou des locaux spécifiques (locaux techniques, escaliers de secours, dégagements, etc.). Pour remplir cette fonction les portes doivent répondre à quatre critères :

- une résistance mécanique satisfaisante ;

- une étanchéité aux flammes ;

- pas d'émission de gaz inflammable depuis la face non exposée au feu ;

- une bonne isolation thermique.

Ces conditions étant remplies, les blocs-portes bénéficient d'un degré pare-flammes ou coupe-feu correspondant à une durée déterminée, variant de 1/2 h à 6 h. En général, le degré demandé est d'une demi-heure ou d'une heure. Cette exigence correspond à un bloc-porte comprenant une huisserie métallique ou en bois dur (de masse volumique supérieure ou égale à 550 kg/m^3), un vantail en bois à âme pleine ou à parement en tôle d'acier avec un remplissage isolant et des joints appropriés (Fig. 6.97). Il est équipé d'un ferme-porte, dispositif qui ramène automatiquement le vantail en position fermée après le passage de l'utilisateur.

Les portes coulissantes, automatisées et munies de joints adéquats, servent à compartimenter des zones de protection afin d'éviter la propagation d'incendie dans une construction.

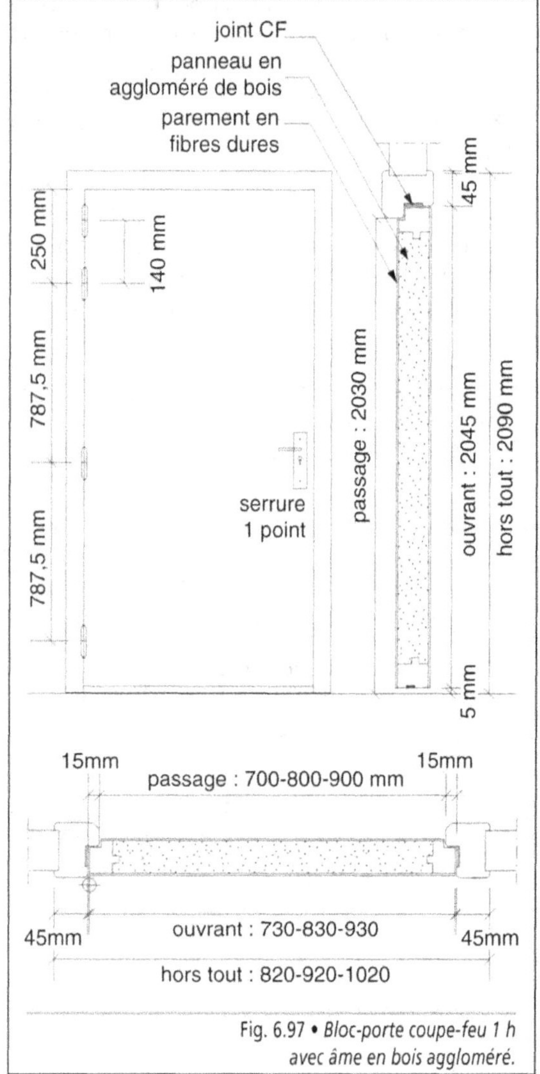

Fig. 6.97 • *Bloc-porte coupe-feu 1 h avec âme en bois aggloméré.*

■ **La fonction acoustique** est déterminée par l'indice d'affaiblissement acoustique R exprimé en dB(A). Selon la qualité des composants et en particulier du vantail et des joints, l'indice R varie de 30 dB(A) à 44 dB(A) (Fig. 6.98). En habitation, cet indice est en général supérieur ou égal à 38 dB(A). Lorsque cette fonction est prépondérante, il est préférable de prévoir une double porte qui s'ouvre l'une en tirant, l'autre en poussant et qui réserve un espace tampon (Fig. 6.99).

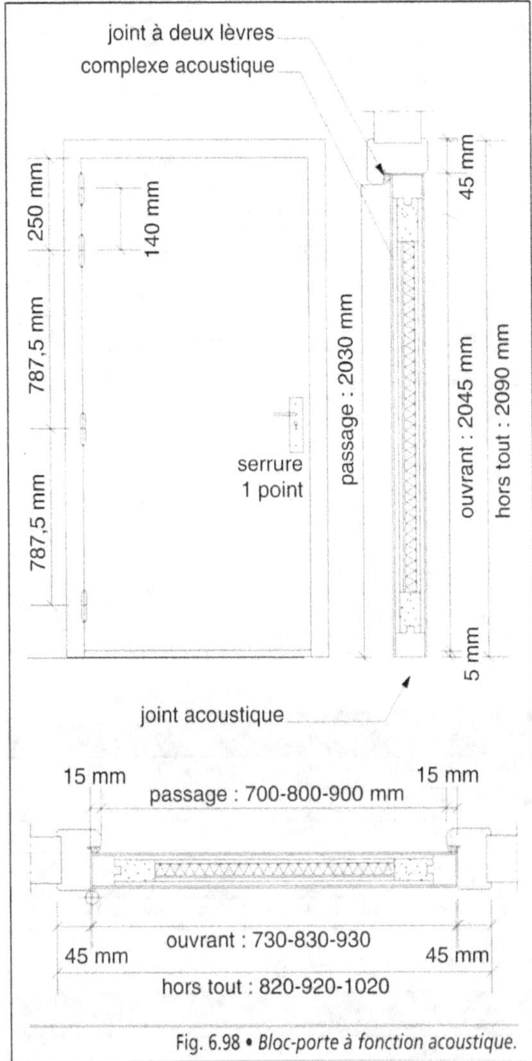

Fig. 6.98 • *Bloc-porte à fonction acoustique.*

caractérisée par une durée, temps nécessaire à forcer la porte. Les blocs-portes doivent être fixés dans une paroi suffisamment résistante. Ils sont composés d'un vantail comprenant un blindage métallique incorporé, de paumelles anti-dégondables et d'une serrure de sécurité à trois ou cinq points (Fig. 6.100).

Les blocs-portes intérieurs ayant les caractéristiques requises peuvent bénéficier d'un **classement de qualité FASTE**. Celui-ci fait référence à la résistance au feu (F), l'affaiblissement acoustique (A), la stabilité en climat différentiel (S), la transmission thermique (T) et la résistance à l'effraction (E) (Tab. 6.18 et 6.19).

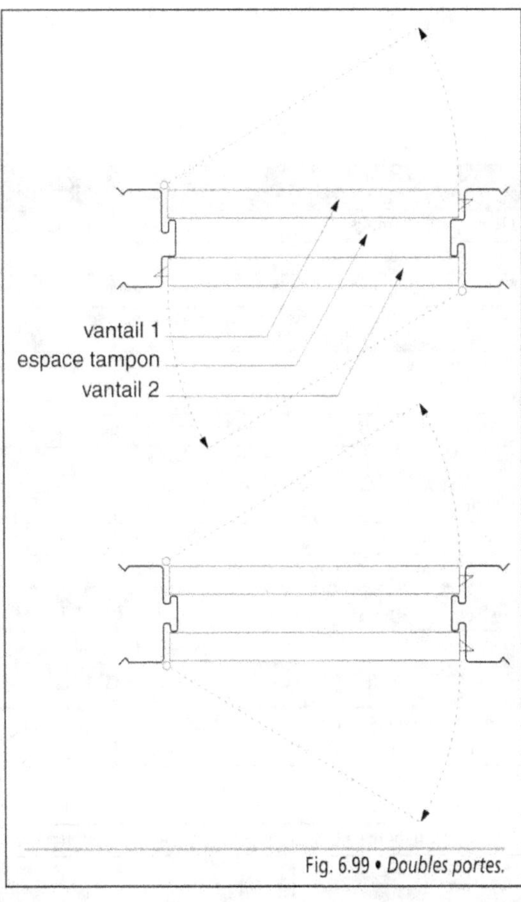

Fig. 6.99 • *Doubles portes.*

▨ **La fonction thermique** est définie par le coefficient U qui dépend de la composition du vantail, de la qualité des joints et du matériau constituant le bâti : une huisserie métallique est moins performante qu'une huisserie en bois, l'écart étant de l'ordre de 0,7 W/(m2.K).

▨ **La fonction anti-effraction** est assurée par les blocs-portes qui présentent une bonne résistance à une action généralement mécanique ayant pour but d'accéder à un local. Elle est

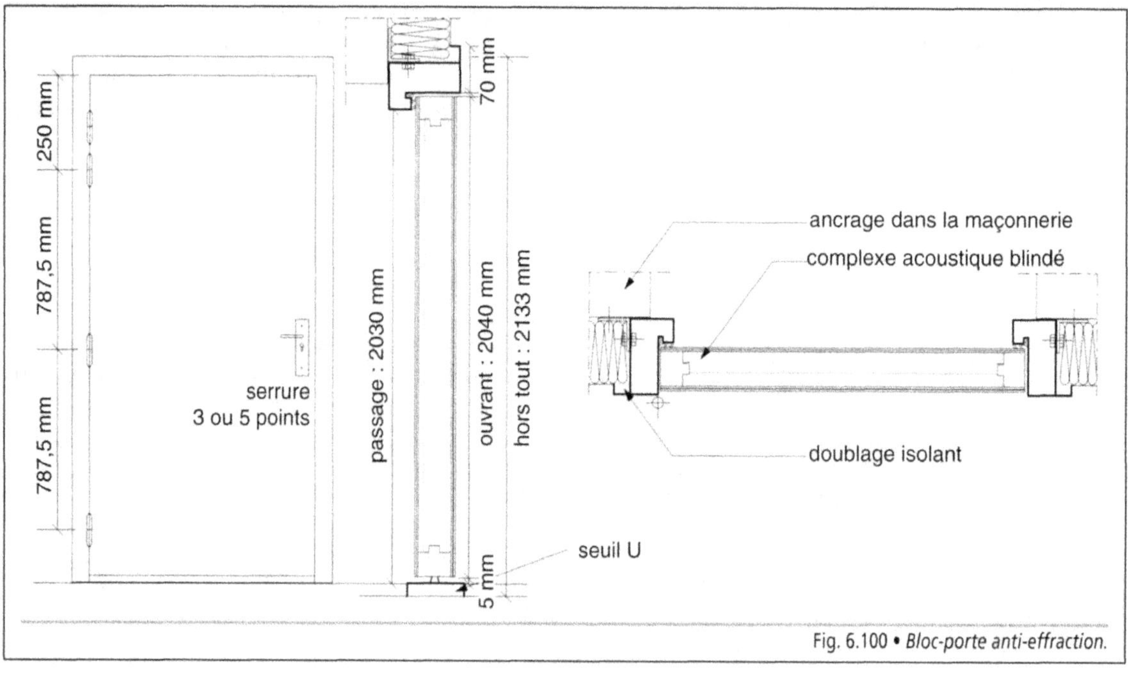

Fig. 6.100 • *Bloc-porte anti-effraction.*

RÉSISTANCE AU FEU (F)						
Degré pare-flammes	non classé	PF 1/4 h	PF 1/2 h	PF 1 h	PF > 1 h	
Degré coupe-feu	non classé	CF 1/4 h	CF 1/2 h	CF 1 h	CF > 1 h	
* Au-delà d'un degré d'une heure, la performance est indiquée sur le procès-verbal.						
INDICE D'AFFAIBLISSEMENT ACOUSTIQUE (A)						
R exprimé en dB(A)	$R < 28$	$28 \leq R \leq 30$	$31 \leq R \leq 33$	$34 \leq R \leq 36$	$37 \leq R \leq 39$	$40 \leq R \leq 42$
Classement	non classé	28/30	31/33	34/36	37/39	40/42
* Au-delà de 42 dB(A), la valeur réelle est indiquée.						
STABILITÉ (S)						
Flèche en mm	$f > 4,5$	$4,5 \geq f \geq 2,5$	$2,5 \geq f \geq 1,5$	$1,5 \geq f$		
Classement	non classé	4	2	1		
La flèche correspond à la déformation maximale du vantail par rapport aux montants.						
COEFFICIENT DE TRANSMISSION THERMIQUE (T)						
U en W/m².°C	non classé	≤ 3	$\leq 2,5$	≤ 2	$\leq 1,5$	≤ 1
ESSAIS ANTI-EFFRACTION (E)						
Classement de résistance* à l'effraction du bloc-porte	non classé	5 min.	10 min.	12 min.	A-20 min.	B-20 min.
Niveau de performance A2P minimal de la serrure	–	1 étoile	2 étoiles	3 étoiles	3 étoiles	3 étoiles
* La durée indiquée correspond au temps de dissuasion en fonction de la résistance du bloc-porte (NF P 20-311 et NF P 20-551).						

Tab. 6.18 • *Blocs-portes intérieurs – Classement FASTE.*

F	PF : 1/2 h
	CF : 1/2 h
A	30
S	2
T	2
E	10 min

Tab. 6.19 • *Modèle de classement FASTE.*

4.24. Les composants qui constituent les blocs-portes sont les suivants : un bâti ou huisserie, un ou plusieurs vantaux ouvrants, une imposte éventuelle, des accessoires de quincaillerie, des habillages, un seuil et des joints répondant aux diverses fonctions (Fig. 6.101).

■ **L'huisserie** est un ouvrage dormant, c'est-à-dire fixe, limitant une baie libre dans la paroi ; sa largeur correspond à l'épaisseur de celle-ci. Elle reçoit ou non un vantail, qui est incorporé lors de la fabrication en usine ou posé sur le chantier, après la construction des cloisons. En général, l'huisserie est réalisée en bois massif ou en profilé d'acier soudé. D'autres matériaux sont plus rarement utilisés, tels que le bois aggloméré ou le PVC. Le profil de l'huisserie est adapté au mode d'ouverture de la porte (Fig. 6.102).

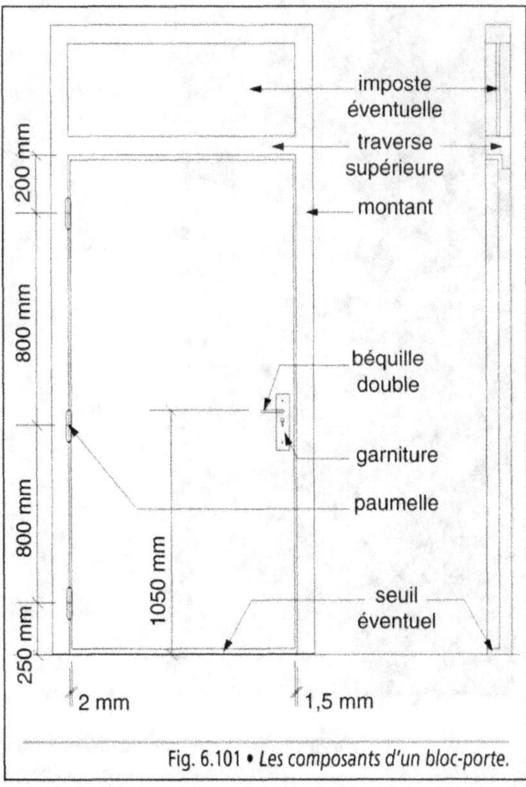

Fig. 6.101 • *Les composants d'un bloc-porte.*

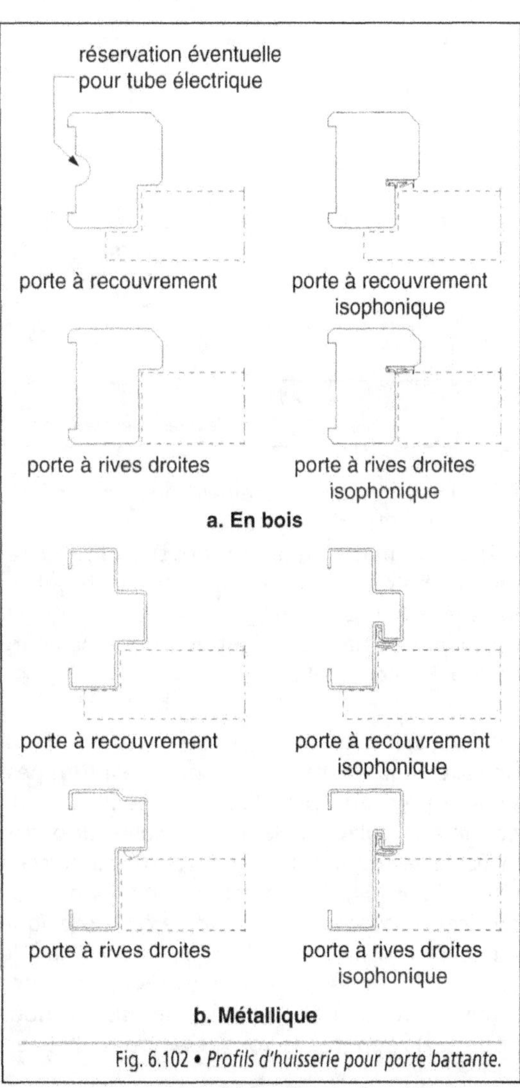

Fig. 6.102 • *Profils d'huisserie pour porte battante.*

Lorsque le bloc-porte n'est pas monté en usine, l'huisserie est rendue indéformable à l'aide d'écharpes et d'une barre d'écartement (Fig. 6.103).

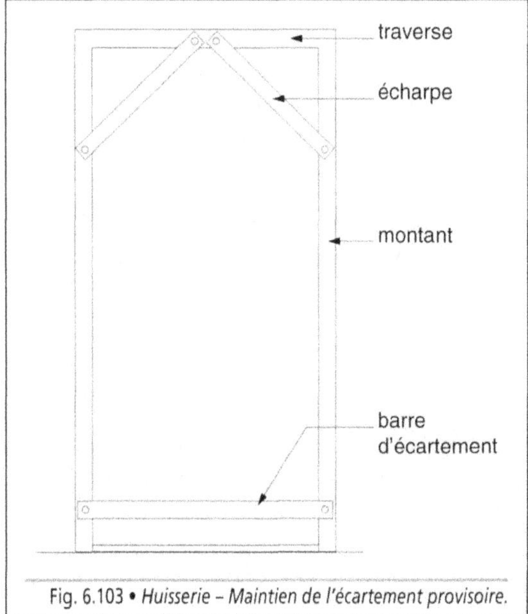

Fig. 6.103 • *Huisserie – Maintien de l'écartement provisoire.*

Afin de répondre à certaines fonctions spécifiques, les huisseries métalliques sont garnies à l'aide d'un matériau approprié. Dans les ouvrages en béton, elles peuvent être incorporées dans les outils de coffrage avant le bétonnage, procédé qui permet d'obtenir une meilleure liaison (Photo. 6.26).

■ **Le vantail** constitue la partie mobile du bloc-porte. Lorsqu'il est fermé, il s'oppose à tout passage. Il peut être plan (porte plane), constitué par un assemblage de lames verticales sur barres et écharpes ou de panneaux (porte menuisée), vitré (Fig. 6.104). Les matériaux utilisés pour sa fabrication sont le bois massif, le contre-plaqué ou le bois aggloméré, l'aluminium, l'acier, le verre et les matières plastiques (PVC, polyester armé). Un grand nombre de fabrications apporte la réponse à tous les modes d'ouverture.

Le vantail d'une porte battante plane peut être à rive droite ou à recouvrement. Dans ce cas, le chant comporte une feuillure afin que le panneau, en position fermée, recouvre le bâti sur une certaine largeur (Fig. 6.105).

Le vantail est composé d'une âme, alvéolaire ou pleine, qui reçoit un placage de faible épaisseur sur chacune des faces (Fig. 6.106). Le parement est en bois, en acier, en aluminium ou en stratifié. Avec les deux premiers matériaux, plusieurs états de surface sont obtenus : brut à peindre, préimprimé pour recevoir une couche de finition, prépeint dans l'état définitif ou avec une finition spéciale. Avec les deux autres matériaux, la porte est livrée finie.

Photo. 6.26 • *Huisserie incorporée dans les banches lors du coulage d'une paroi en béton.*

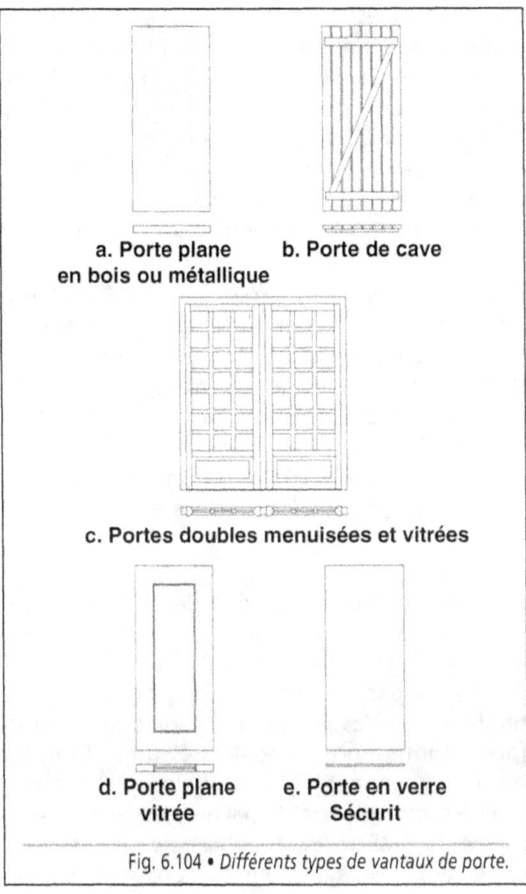

Fig. 6.104 • *Différents types de vantaux de porte.*

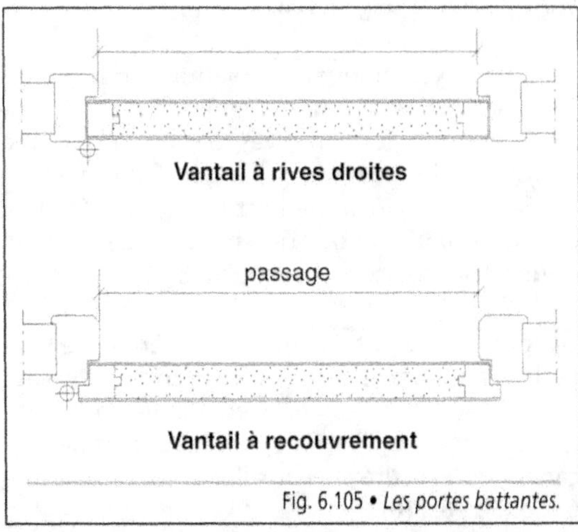

Fig. 6.105 • *Les portes battantes.*

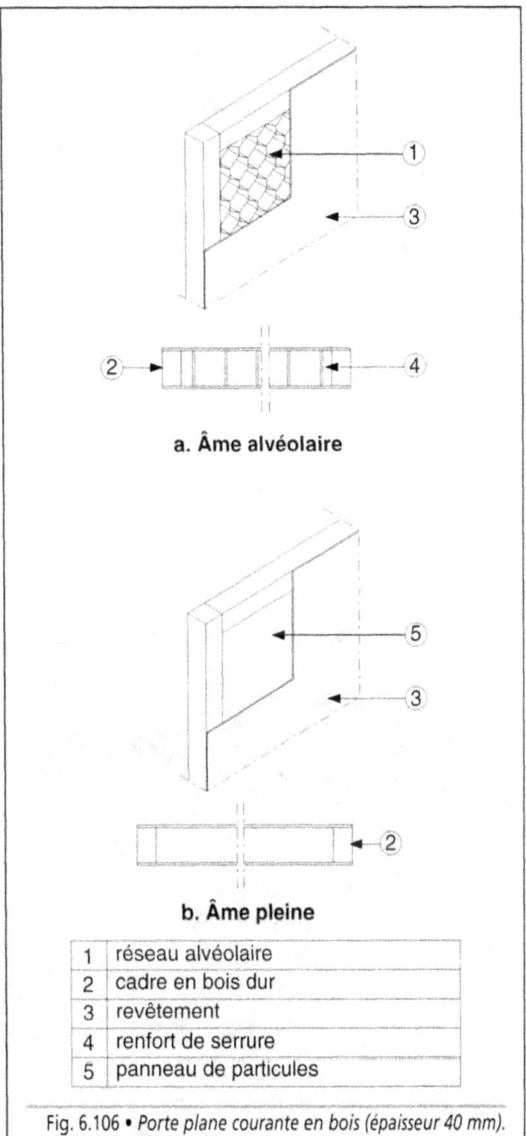

1	réseau alvéolaire
2	cadre en bois dur
3	revêtement
4	renfort de serrure
5	panneau de particules

Fig. 6.106 • *Porte plane courante en bois (épaisseur 40 mm).*

L'âme alvéolaire est composée d'une résille confectionnée avec des lamelles de bois ou de carton. Maintenue dans un cadre en bois dur, elle a pour propriété de rigidifier le vantail. Dans les portes métalliques, ce cadre est en acier. Les portes à âme alvéolaire sont légères et leurs performances limitées. Elles sont donc réservées aux portes de communication ou de rangement.

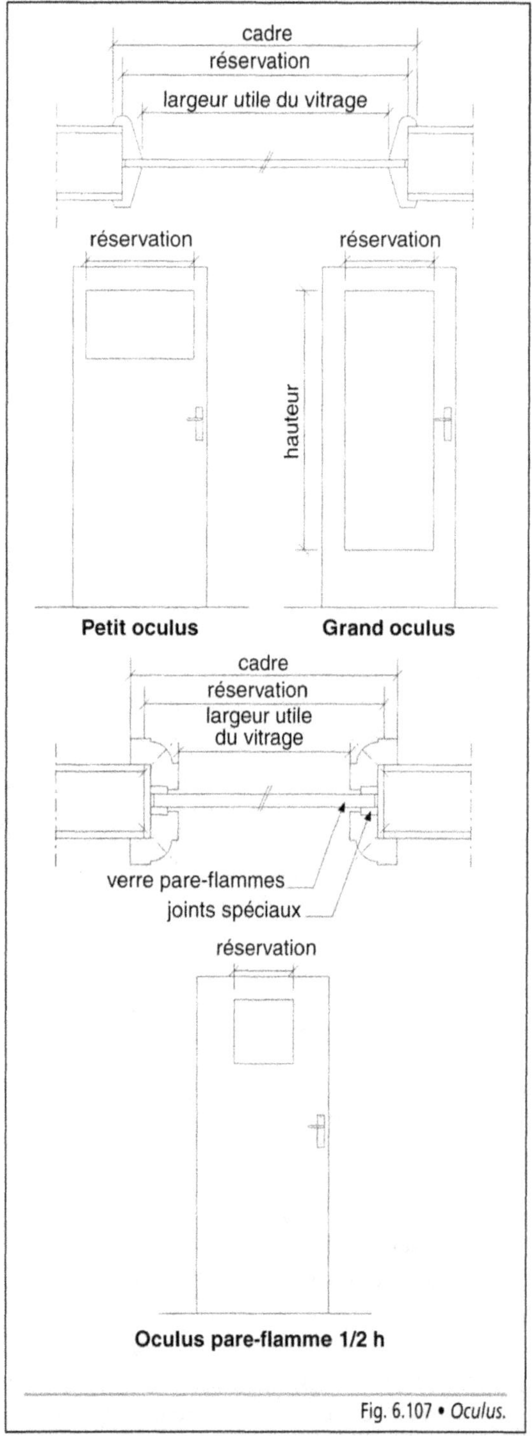

Fig. 6.107 • *Oculus.*

L'âme pleine est formée d'un panneau de particules de bois agglomérées à l'aide d'une résine, d'un panneau sandwich ou de mousses synthétiques mises en œuvre par injection, maintenu dans un cadre. Elle peut être renforcée par des plaques en acier ou des panneaux en fibres dures, la qualité des matériaux étant déterminée en fonction du rôle joué par la porte.

L'incorporation d'un oculus dans un vantail a pour but soit de laisser passer la lumière, soit de voir au travers de la porte. Il est réalisé à l'aide d'un verre translucide ou transparent et de dimensions en relation avec sa fonction (Fig. 6.107). Les portes coupe-feu ou pare-flammes sont équipées d'oculus dont la qualité du verre correspond à la performance du bloc-porte.

Pour des raisons de sécurité, dans les établissements recevant du public, les vitrages doivent pouvoir résister aux chocs. De ce fait, ils sont constitués par des verres trempés, des verres feuilletés ou des verres armés lorsque leur surface est inférieure ou égale à 0,50 m². Dans les parties communes des immeubles d'habitation, seuls les vitrages dont la partie basse est située à moins de 1,25 m du sol fini doivent respecter cette règle. Dans les constructions scolaires, les recommandations du ministère de l'Éducation nationale préconisent l'emploi généralisé de verre feuilleté (Fig. 6.108).

Sauf cas exceptionnel, les vantaux des portes battantes utilisés couramment ont des dimensions normalisées. En rives droites, pour une épaisseur de 40 mm, la largeur du passage d'une porte à un vantail est de 0,60 m, 0,70 m, 0,80 m et 0,90 m pour une hauteur de 2,025 m et une épaisseur de 40 mm (Fig. 6.109).

Les portes battantes entièrement en verre sont réalisées en verre de sécurité trempé avec des chants façonnés. La mise en dimensions ainsi que toutes les opérations de découpe et de perçage sont exécutées avant l'opération de trempage (Fig. 6.110).

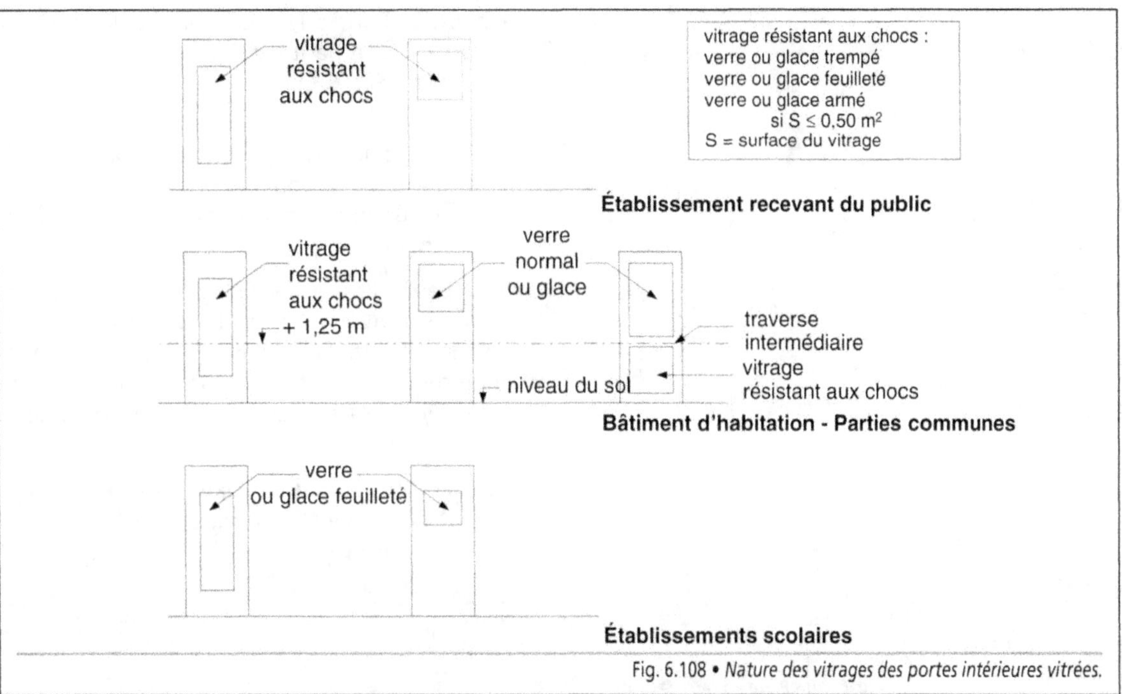

Fig. 6.108 • *Nature des vitrages des portes intérieures vitrées.*

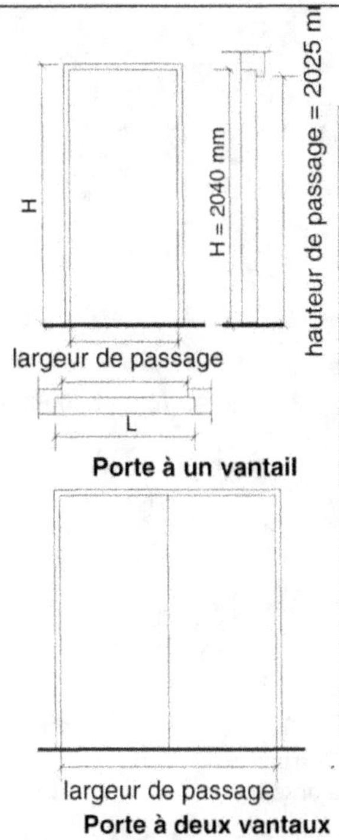

dimensions du vantail						
L	630	730	830	930		
H 2040						
portes à 1 vantail						
vantail	630	730	830	930		
passage	600	700	800	900		
portes à 2 vantaux égaux						
vantail	1260	1460	1660	1860		
passage	1230	1430	1630	1830		
portes à 2 vantaux inégaux						
vantail	1060	1160	1260	1460	1560	1660
passage	1030	1130	1230	1430	1530	1630

Fig. 6.109 • *Dimensions normalisées des vantaux de portes battantes sans recouvrement.*

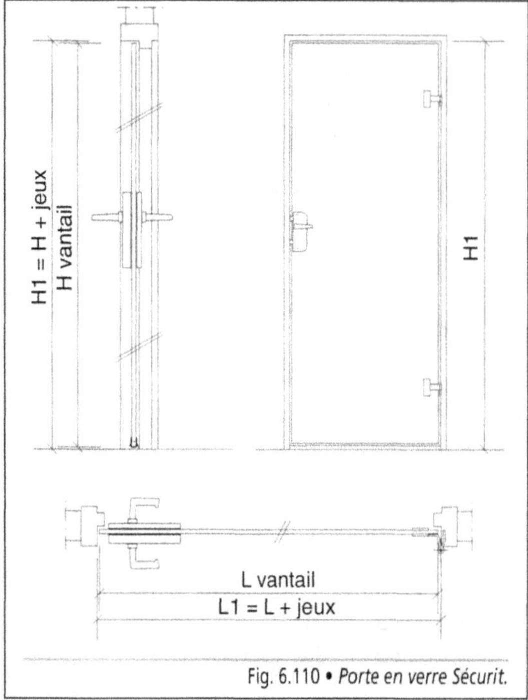

Fig. 6.110 • *Porte en verre Sécurit.*

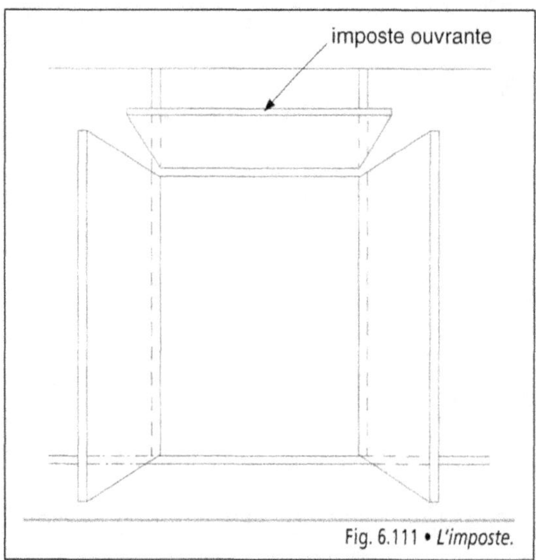

Fig. 6.111 • *L'imposte.*

■ **L'imposte** est un élément plein ou vitré, fixe ou ouvrant situé en partie supérieure d'un bloc-porte composé. Elle est séparée du vantail par une traverse intermédiaire. Elle est nécessaire lorsque l'ensemble du bloc-porte correspond à la hauteur libre du niveau habitable, tout en conservant une hauteur normalisée de passage de 2,025 m (Fig. 6.111).

■ **Les accessoires de quincaillerie** sont adaptés au mode d'utilisation de la porte. Un grand nombre d'équipements peut équiper une porte, selon son affectation.

• **Les paumelles et les fiches** sont des ferrures qui assurent la fixation des vantaux ouvrants sur les montants du bâti et en permettent la manœuvre par rotation autour d'un axe vertical. Elles sont au nombre de trois ou quatre par vantail.

• **Les serrures** sont des organes réalisés en acier ayant pour objectif de maintenir la porte en position fermée.

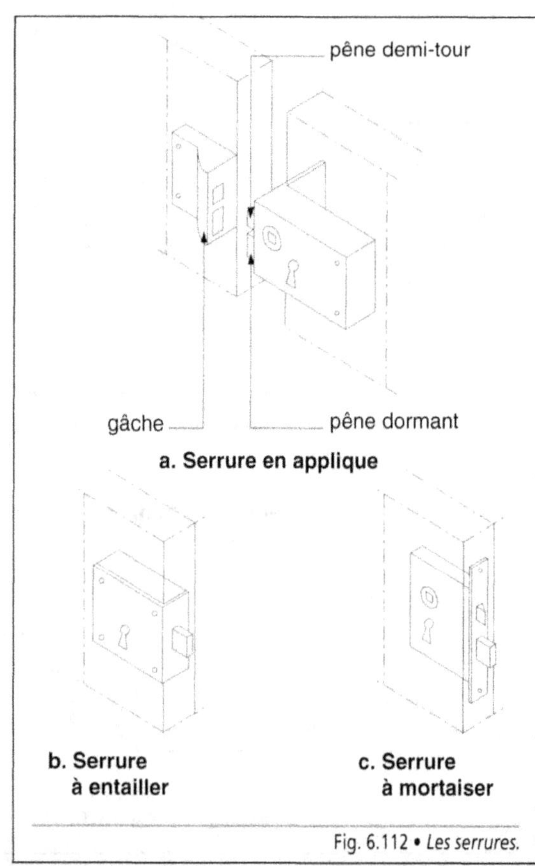

Fig. 6.112 • *Les serrures.*

De nombreux modèles sont disponibles, qui peuvent être posés en applique sur le vantail ou dans une réservation (serrures à entailler et serrures à mortaiser ou à larder dans les portes isoplanes en bois) (Fig. 6.112). Les portes pare-flammes ou coupe-feu sont obligatoirement équipées de serrures à mortaiser.

Les serrures sont simples, avec un pêne dormant demi-tour actionné par un bec de cane ou équipées d'un système de condamnation (portes commandant des locaux sanitaires), d'un pêne dormant fonctionnant avec une clé ou un cylindre de sûreté. Elles sont commandées manuellement, avec une béquille ou une clé, électriquement avec une gâche électrique, à l'aide d'une carte magnétique, ou à distance par un dispositif adéquat.

La multiplication du nombre de clés dans les immeubles collectifs et les organismes importants est évitée par la mise en place d'un organigramme qui résout l'accès aux différents locaux de manière rationnelle et avec la sécurité requise. La combinaison des serrures et des clés est étudiée pour que chaque clé qui commande des portes situées en amont autorise l'accès aux locaux situés en aval alors que l'inverse est impossible (Tab. 6.20).

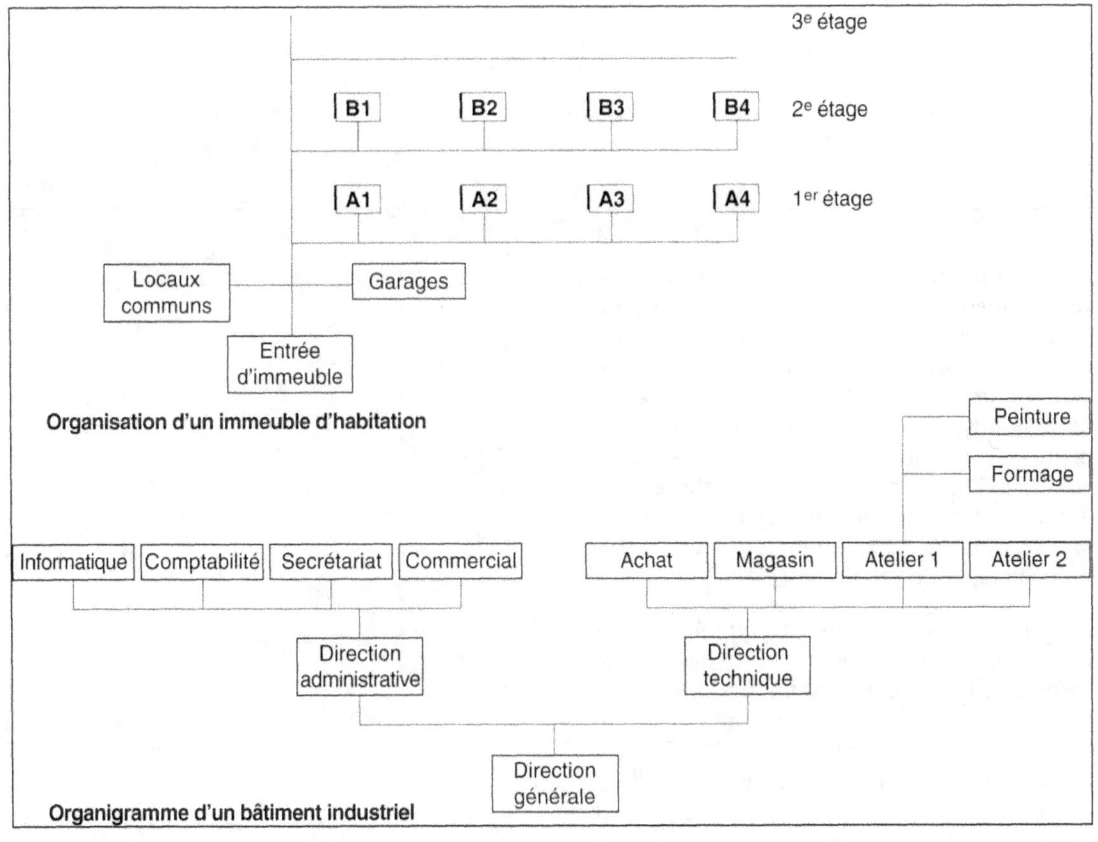

Tab. 6.20 • *Modèles d'organigramme.*

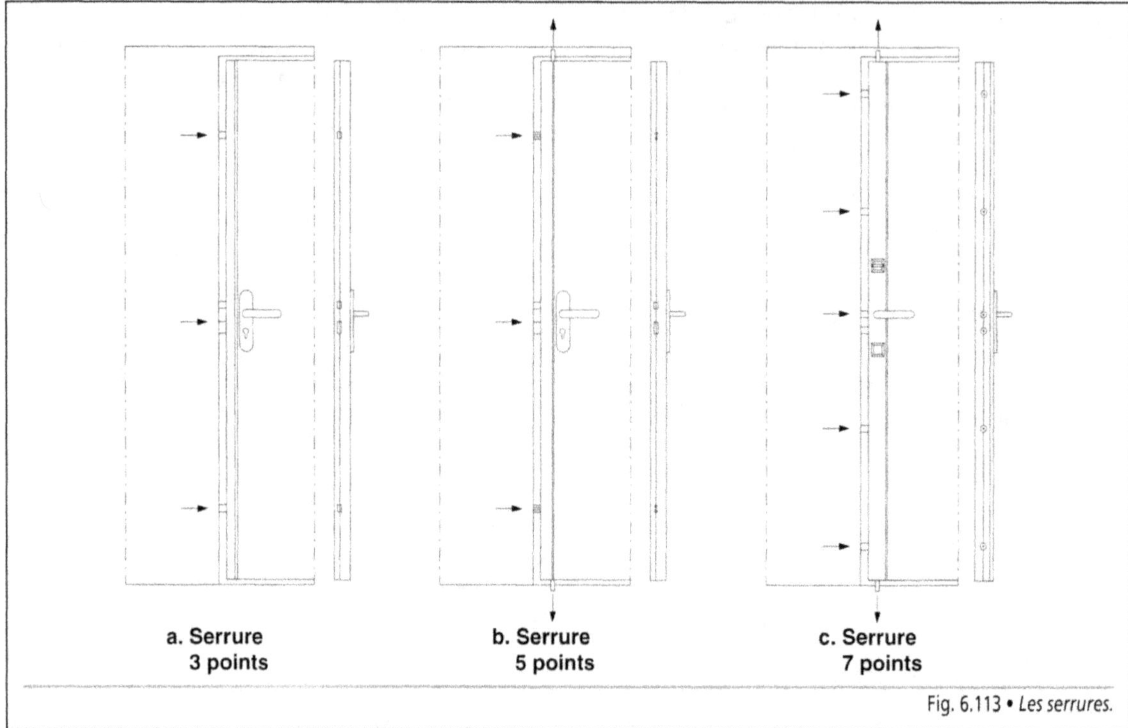

Fig. 6.113 • *Les serrures.*

• **Les serrures de sûreté multipoints** comportent plusieurs pênes dormants (trois, cinq ou sept) assurant un verrouillage aux points correspondants et une meilleure répartition sur la hauteur du vantail (Fig. 6.113). Certaines fabrications peuvent bénéficier d'un label (1 à 3 étoiles) auprès des compagnies d'assurances. Elles équipent les portes palières des appartements ainsi que les portes d'accès aux locaux renfermant des objets ou des documents de grande valeur.

• **Les serrures antipanique** sont utilisées sur les portes de locaux techniques ou d'issues de secours de manière à en permettre une ouverture rapide. Elles sont constituées par une barre horizontale qui est équipée d'un ressort de rappel et commande une serrure. Celle-ci est à un point latéral, à deux points haut et bas ou à trois points, latéral, haut et bas, avec ou sans possibilité d'accès depuis l'extérieur (Fig. 6.114).

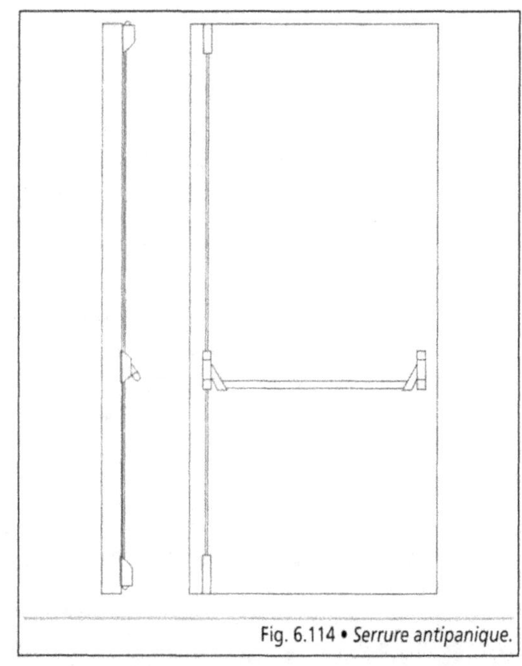

Fig. 6.114 • *Serrure antipanique.*

- **Les garnitures** sont constituées par les plaques qui habillent les entrées de la serrure sur le vantail. Munies d'une béquille, d'une poignée ou d'un aileron de tirage selon la porte qu'elles équipent, les plaques sont solidarisées entre elles à l'aide d'un jeu de vis (Fig. 6.115). Réalisées en aluminium anodisé ou en résine synthétique, elles jouent un rôle dans l'aspect général de la porte.

- **Les ferme-portes automatiques** ont pour rôle le rappel du vantail de manière à le maintenir en position fermée après le passage de l'utilisateur, ou d'en limiter l'ouverture. Il est constitué d'un coffre en acier ou en aluminium et d'un bras, articulé ou coulissant, qui assure la manœuvre. L'un des éléments est fixé sur la traverse du dormant et l'autre sur le vantail (Fig. 6.116).

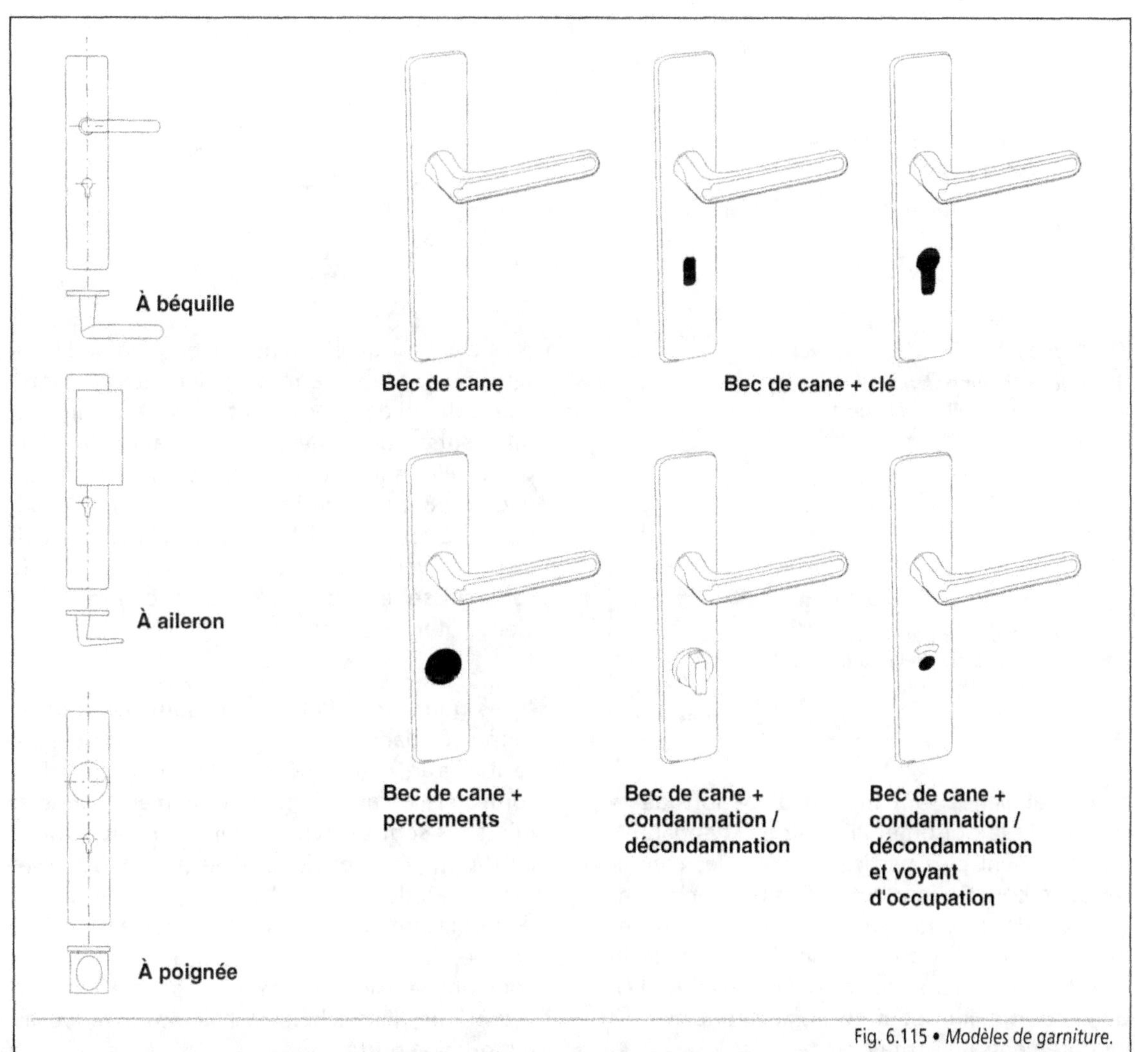

Fig. 6.115 • *Modèles de garniture.*

461

Ils fonctionnent sous l'action de la pression hydraulique ou à l'aide d'un mécanisme électromagnétique avec témoins de position. Ils ont leur utilité dans le confort des locaux, la sécurité et la protection incendie : les portes coupe-feu et pare-flammes doivent être équipées de ferme-portes.

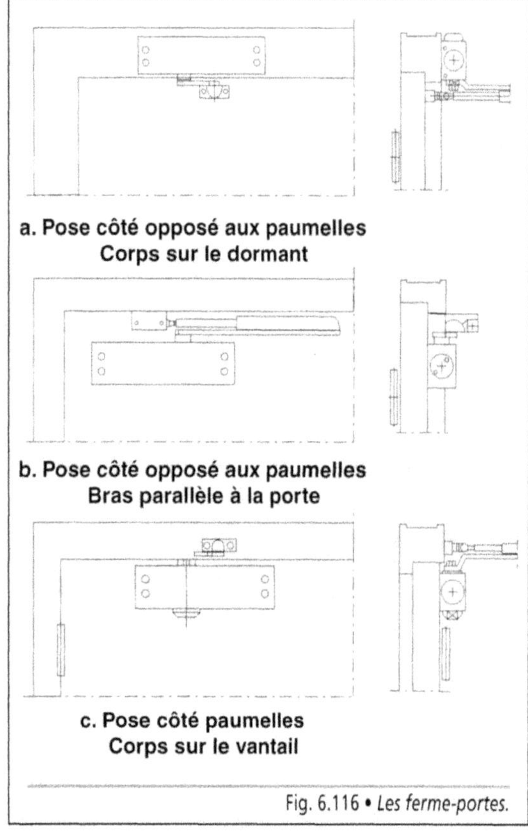

Fig. 6.116 • *Les ferme-portes.*

■ **Les habillages** sont mis en place lorsque le joint entre la cloison et l'huisserie est apparent. Ils concernent plus particulièrement les menuiseries en bois. Ce sont de simples baguettes plates avec des arrondis sur une des faces ou des moulures profilées qui sont clouées sur la partie vue des montants et de la traverse (Fig. 6.117). Un décor mouluré peut être également fixé sur les parements du vantail.

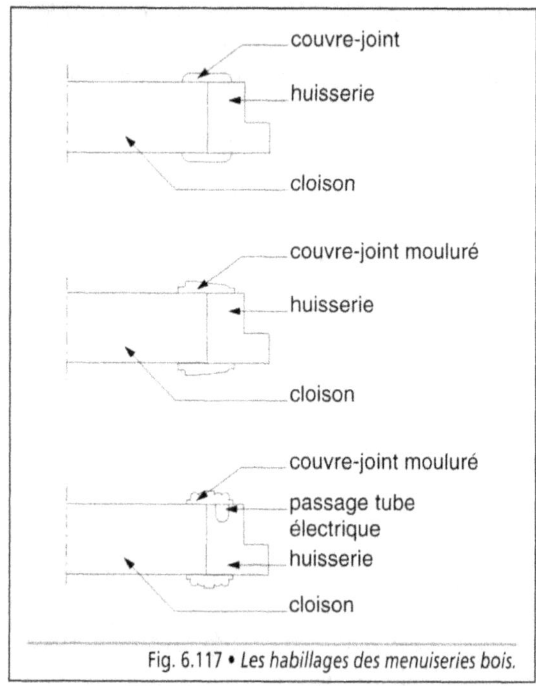

Fig. 6.117 • *Les habillages des menuiseries bois.*

■ **Le seuil** est un élément fixé en pied de l'huisserie ou sur le sol afin de délimiter les revêtements de sol des pièces contiguës, lorsqu'ils sont différents, ou d'améliorer la qualité du bloc-porte. Plusieurs modèles de seuils sont utilisés (Fig. 6.118) : **le seuil bombé** en acier ou en laiton vissé ou collé sur le sol, **le seuil plat** métallique fixé verticalement sur les montants et **le seuil suisse**, en bois ou en acier, contre lequel vient buter le vantail.

■ **Les garnitures d'étanchéité** sont des profilés rapportés dans la liaison entre l'huisserie et le vantail afin d'en améliorer le contact et d'en contrôler l'étanchéité. Couramment appelés joints, ils sont de type à lèvres, en caoutchouc EPDM ou polypropylène, fixés sur l'huisserie et sur le seuil de manière à être comprimés lors de la fermeture du vantail. Lorsque le seuil est bombé, le joint est de type balai, fixé sous l'ouvrant. Ils jouent un rôle dans l'isolation acoustique, l'étanchéité à l'air ou la tenue au feu du bloc-porte.

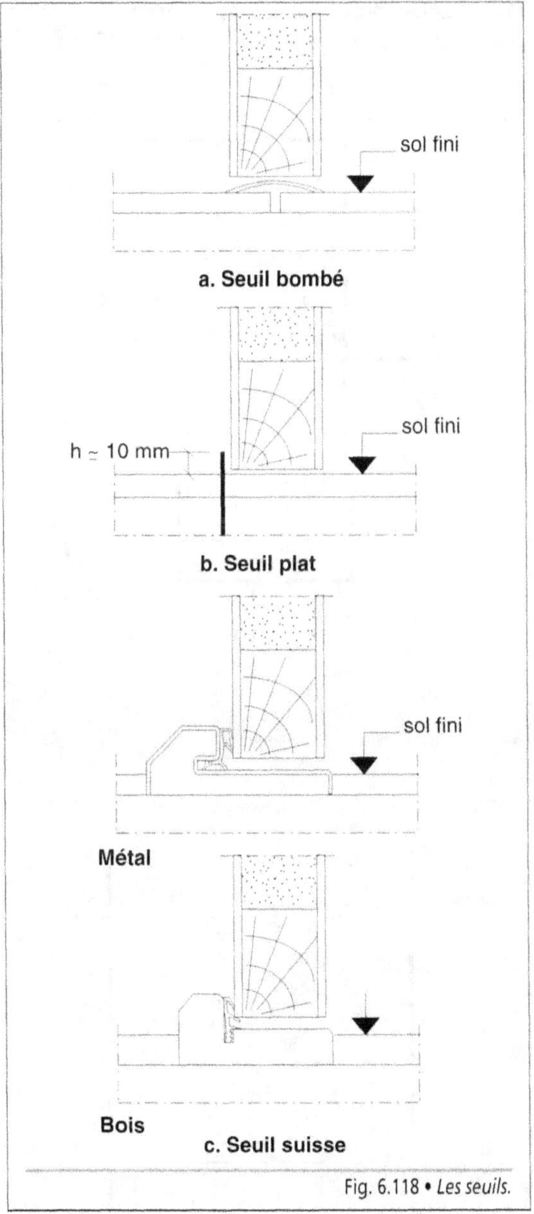

Fig. 6.118 • *Les seuils.*

communication sont en acier galvanisé et fabriqués de manière à permettre la réalisation d'une contre-cloison. Ils sont équipés d'un rail de suspension et d'un rail de guidage au sol caché derrière la cloison (Fig. 6.119).

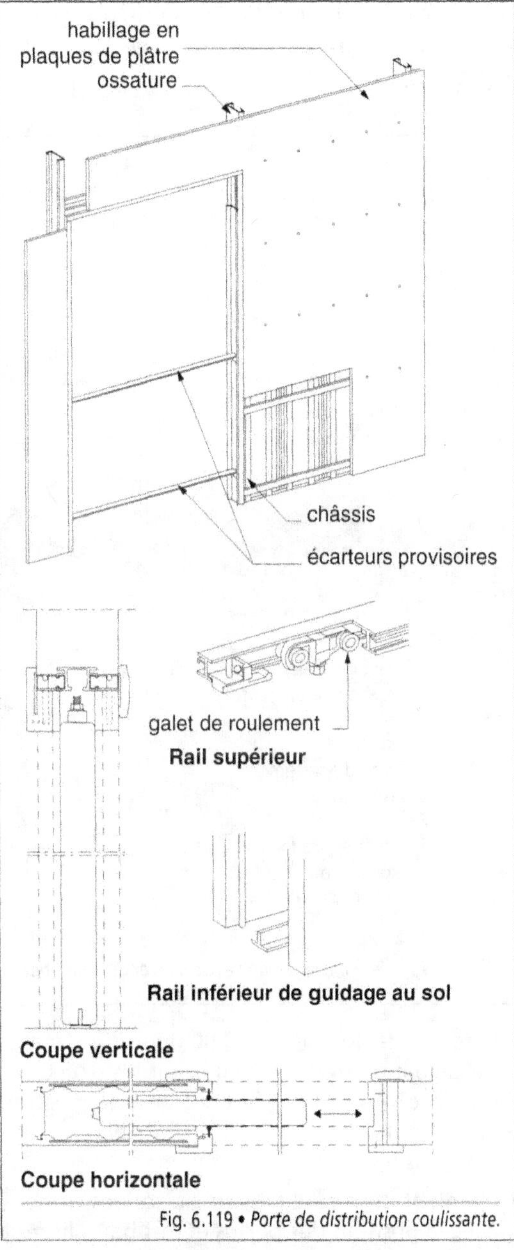

Fig. 6.119 • *Porte de distribution coulissante.*

■ Les bâtis pour les portes coulissantes ou accordéon comportent des rails de guidage haut et bas et un habillage périphérique, l'ensemble étant en aluminium ou en PVC lorsque ces portes équipent des éléments de rangement. Les bâtis des portes coulissantes de

5. La coordination entre les ouvrages

Dès l'achèvement du gros œuvre et la mise hors d'eau et hors d'air d'un niveau, les travaux de cloisonnement des espaces peuvent être entrepris. À cet effet, il est nécessaire d'effectuer quelques travaux préliminaires, en particulier (Fig. 6.120) :

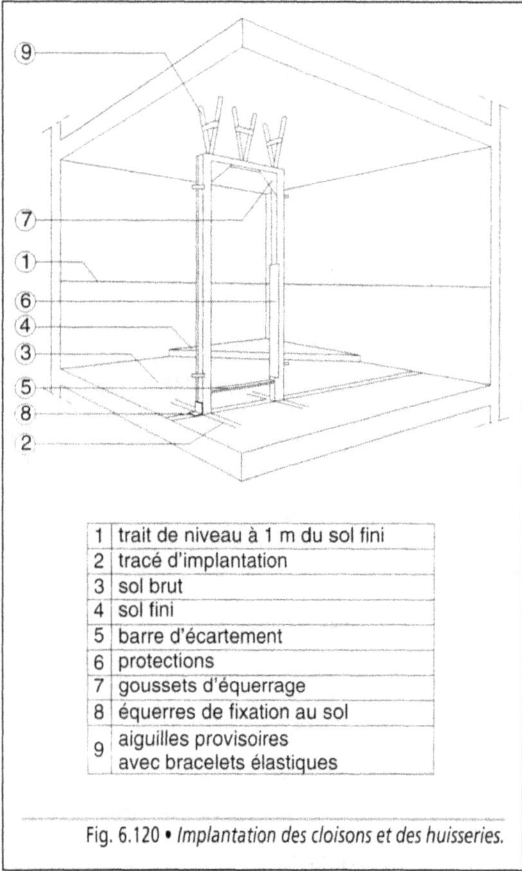

1	trait de niveau à 1 m du sol fini
2	tracé d'implantation
3	sol brut
4	sol fini
5	barre d'écartement
6	protections
7	goussets d'équerrage
8	équerres de fixation au sol
9	aiguilles provisoires avec bracelets élastiques

Fig. 6.120 • *Implantation des cloisons et des huisseries.*

• le repérage du niveau ± 0,00 du sol fini, matérialisé par un trait à + 1,00 m sur les structures en place ; il sert de référence pour la position en hauteur des sols, des blocs-portes, des plafonds ;

• l'implantation et le traçage au sol des cloisons avec la position des portes et des baies libres.

Ensuite, la chronologie des interventions comporte les opérations suivantes (Fig. 6.121) :

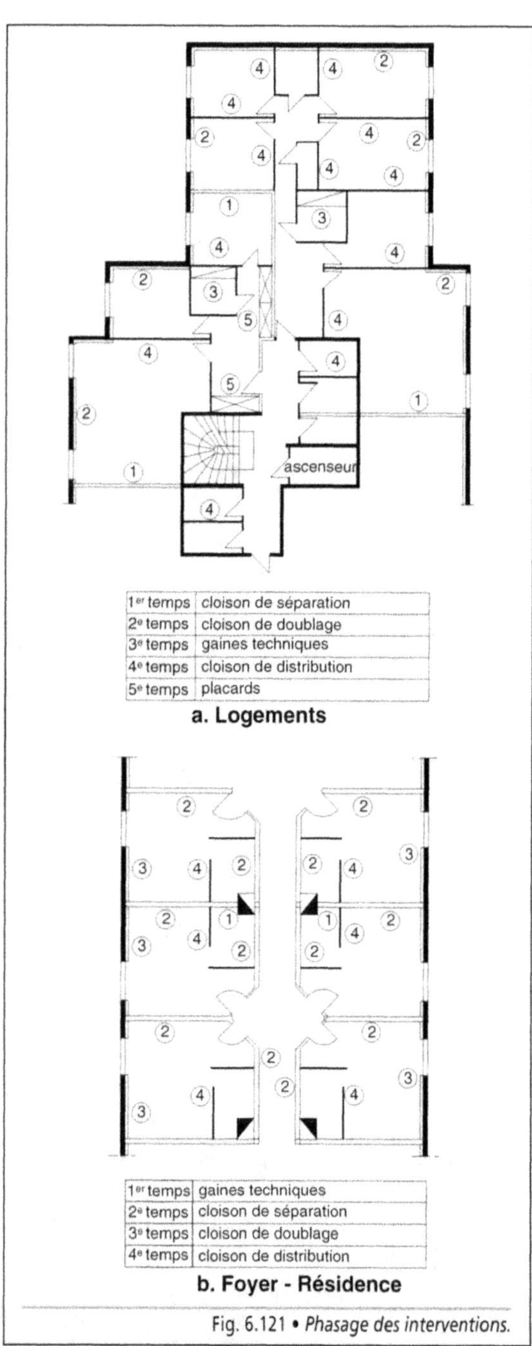

1er temps	cloison de séparation
2e temps	cloison de doublage
3e temps	gaines techniques
4e temps	cloison de distribution
5e temps	placards

a. Logements

1er temps	gaines techniques
2e temps	cloison de séparation
3e temps	cloison de doublage
4e temps	cloison de distribution

b. Foyer - Résidence

Fig. 6.121 • *Phasage des interventions.*

- la construction des cloisons de séparation, après la pose des huisseries ou des blocs-portes incorporés dans celles-ci ;

- le montage des cloisons de doublage ;

- le montage des cloisons des gaines techniques, après le passage des conduits verticaux ;

- la réalisation des plafonds sur la totalité des locaux ;

- la pose des huisseries ou des blocs-portes positionnés dans les cloisons de distribution ;

- la construction des cloisons de distribution ;

- les travaux de revêtement ;

- l'exécution du plancher surélevé éventuel ;

- les travaux de finition.

Dans un immeuble d'habitation, ce mode opératoire présente l'avantage de réaliser des plafonds sur de grandes surfaces correspondant à une unité fonctionnelle. À l'inverse, la solution dans laquelle le plafond est posé successivement dans chacune des pièces de cette unité, c'est-à-dire dans des surfaces de petites dimensions, est un travail plus délicat à réaliser.

En phase provisoire, avant la construction des cloisons, les huisseries sont maintenues en place à l'aide d'une fixation au sol (équerres pistoscellées ou solin maçonné lorsqu'une réserve de sol est prévue) et en plafond (aiguilles en bois et bracelets élastiques) (Fig. 6.120 – Photo. 6.27).

Plusieurs entreprises interviennent dans la réalisation de ces travaux.

- Dans le cas de cloisons traditionnelles (briques plâtrières), l'entreprise de menuiserie procède au traçage et à la pose des huisseries. Il est suivi par les entreprises techniques qui placent les tubes électriques non câblés et les fluides. Ensuite, l'entreprise de plâtrerie bâtit les cloisons.

- Dans le cas de cloisons industrialisées (plaques de plâtre sur ossature métallique), le « plaquiste » peut implanter les cloisons, poser les blocs-portes, puis monter les cloisons après le passage des lots techniques.

Photo. 6.27 • *Maintien des huisseries métalliques avant la construction des cloisons de distribution.*

Une bonne coordination entre les diverses entreprises de menuiserie, de cloisons et des lots techniques est indispensable. Une solution plus performante consiste à disposer d'une entreprise qui bénéficie des qualifications portant sur les travaux de menuiserie, d'électricité et de plâtrerie, auquel cas elle exécute l'ensemble des ouvrages de division des espaces, y compris la pose des plafonds.

En réalité, le phasage n'est pas aussi simple.

D'une part, il doit être adapté à différents paramètres tels que :

- la nature de la construction : maison individuelle, immeuble ;

- la destination : habitat, tertiaires, activités diverses ;

- l'incorporation des réseaux : canalisations d'eau, de gaz, conduits électriques.

D'autre part, le phasage tient compte des fonctions significatives à privilégier lors de la création des locaux. C'est alors qu'un problème se pose au niveau des liaisons entre les composants. Deux cas retiennent l'attention : le raccord entre les différents types de cloisons et le raccord entre les cloisons et les plafonds.

5.1. *La coordination entre les différents types de cloisons*

La coordination entre les différents types de cloisons permet de déterminer l'ordre d'intervention sur le chantier ainsi que le mode de liaison entre ces cloisons.

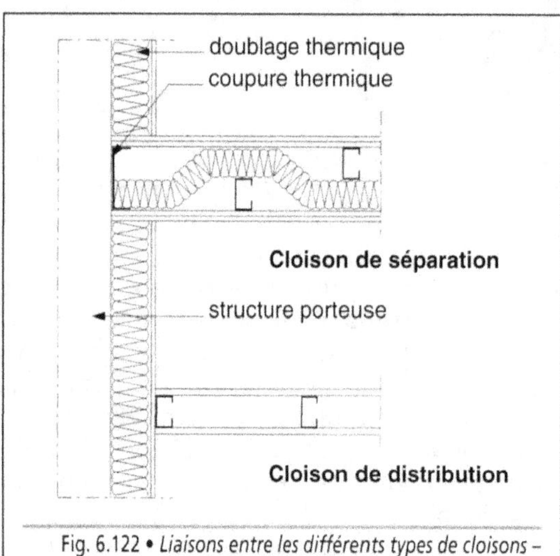

Fig. 6.122 • *Liaisons entre les différents types de cloisons – Cas des cloisons à ossature métallique et plaques de plâtre.*

Sauf cas particulier, les cloisons de séparation sont bâties les premières, suivies par les doublages et par les cloisons de distribution. Cet ordonnancement privilégie la fonction acoustique et la protection contre les risques de propagation d'in-

cendie entre deux unités fonctionnelles distinctes ainsi que la continuité de la fonction thermique au droit de la séparation entre deux locaux d'une même unité (Fig. 6.122).

5.2. *La coordination entre composants verticaux et horizontaux*

La coordination entre les composants verticaux et horizontaux permet de déterminer l'ordre des opérations de montage des différents types de cloisons, de la pose des plafonds et des planchers surélevés, lorsque ceux-ci sont prévus. La chronologie des travaux tient compte de trois facteurs essentiels :

- le respect des principales caractéristiques des ouvrages afin qu'ils jouent pleinement leur rôle de protection et d'isolation ;

- la continuité aussi parfaite que possible de celles-ci au niveau des liaisons ;

- le mode de mise en œuvre des composants, qu'ils soient fixes, démontables ou mobiles.

Plusieurs cas de figures se présentent, parmi lesquels les plus fréquents sont les suivants (Fig. 6.123) :

- d'une manière générale, les cloisons de séparation sont réalisées avant les plafonds suspendus, lesquels viennent buter contre elles ;

- de même, les cloisons de doublage sont montées avant les plafonds ;

- dans une unité fonctionnelle (appartement, ensemble de locaux), les plafonds sont réalisés avant les cloisons de distribution ; toutefois, les plafonds démontables sont posés après les cloisons fixes et avant les cloisons mobiles ;

- les planchers surélevés sont exécutés après l'ensemble des cloisons de séparation, de doublage ou de distribution ; seules les cloisons mobiles démontables et légères sont admises sur ces planchers.

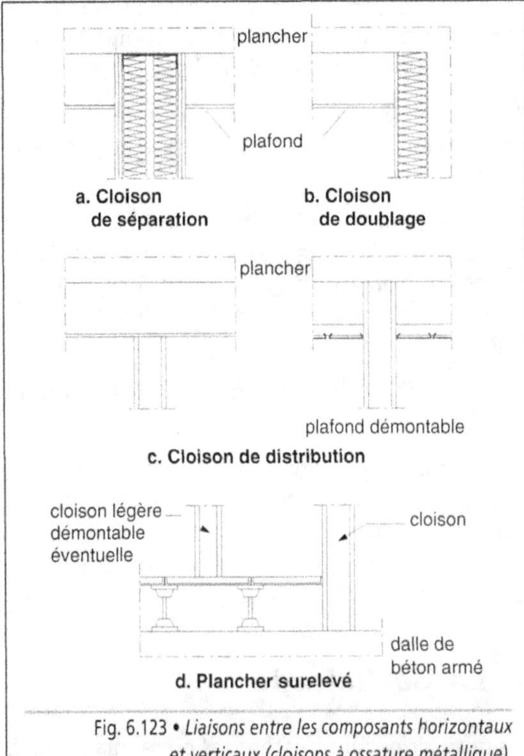

Fig. 6.123 • *Liaisons entre les composants horizontaux et verticaux (cloisons à ossature métallique).*

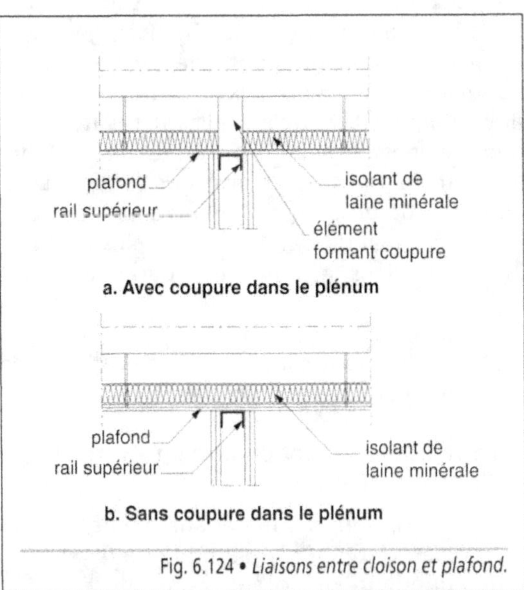

Fig. 6.124 • *Liaisons entre cloison et plafond.*

Lorsque les plafonds sont posés avant les cloisons, à l'aplomb de celles-ci, une barrière formant coupure est exécutée dans la hauteur du plénum afin de conserver les qualités de la séparation ; une autre solution, moins parfaite, consiste à renforcer le plafond pour le faire participer aux fonctions de la cloison (Fig. 6.124). Des précautions doivent être prises afin que le passage des réseaux dans le vide du plafond n'entraîne pas une diminution des performances.

6. La réglementation

Comme pour tout ouvrage d'un bâtiment, les ouvrages de division des espaces font l'objet d'une réglementation qui définit les qualités principales des produits ainsi que les règles de pose lorsqu'elles ne sont pas traditionnelles. Les principaux textes sont les suivants :

DTU 20.1 (NF P 10-202) : *Parois et murs en maçonnerie de petits éléments.*

DTU 25.1 (NF P 71-201) : *Travaux de bâtiment. Enduits intérieurs en plâtre.*

DTU 25.221 (NF P 71-202) : *Travaux de bâtiment. Plafonds constitués par un enduit armé en plâtre.*

DTU 25.222 (NF P 72-201) : *Travaux de bâtiment. Plafonds fixes. Plaques de plâtre à enduire. Plaques de plâtre à parement lisse.*

DTU 25.231 (NF P 68-202) : *Travaux de bâtiment. Plafonds suspendus en éléments de terre cuite.*

DTU 25.232 (NF P 68-201) : *Travaux de bâtiment. Plafonds suspendus. Plaques de plâtre à enduire. Plaques de plâtre à parement lisse directement suspendues.*

DTU 25.31 (NF P 72-202) : *Ouvrages verticaux de plâtrerie ne nécessitant pas l'application d'un enduit au plâtre. Exécution des cloisons en carreaux de plâtre.*

DTU 25.41 (NF P 72-203) : *Travaux de bâtiment. Ouvrages en plaques de parement en plâtre. Plaques à faces cartonnées.*

DTU 25.42 (NF P 72-204) : *Travaux de bâtiment. Ouvrages de doublage et habillage en complexes et sandwich. Plaques de parement en plâtre isolant.*

DTU 25.51 (NF P 73-201) : *Travaux de bâtiment. Mise en œuvre des plafonds en staff.*

DTU 57.1 (NF P 67-103) : *Planchers surélevés (à libre accès) – Éléments constitutifs – Exécution.*

DTU 58.1 (NF P 68-203) : *Travaux de mise en œuvre – Plafonds suspendus.*

DTU 59.1 (NF P 74-201) : *Peinture. Travaux de peinture des bâtiments.*

NF P 01-101 : *Dimensions de coordination des ouvrages et des éléments de construction.*

NF P 05-311 : *Normes de performance dans le bâtiment. Présentation des performances des cloisons non porteuses construites avec des composants de même origine.*

NF P 13-... : *Série de normes traitant des produits céramiques.*

NF P 14-... : *Série de normes traitant des produits agglomérés de béton.*

NF P 20-... : *Série de normes traitant des portes et des blocs-portes.*

NF P 23-3.. : *Série de normes traitant des menuiseries en bois et des portes intérieures.*

NF P 26-... : *Série de normes traitant de la quincaillerie.*

NF P 72-... : *Série de normes traitant des éléments en plâtre.*

NF P 73-... : *Série de normes traitant des éléments en staff et en stuc.*

NF P 78-... : *Série de normes traitant de la vitrerie.*

Le Code de la Construction et de l'Habitation.

La nouvelle réglementation acoustique (NRA) publiée le 25 novembre 1994 et complétée par les décrets et les arrêtés d'application.

L'arrêté du 31 Janvier 1986, modifié et complété, relatif à la protection contre l'incendie des bâtiments d'habitation.

Le règlement de sécurité contre les risques d'incendie et de panique dans les établissements recevant du public – Arrêté du Journal Officiel – Brochure n° 1011 : *Sécurité contre l'incendie.*

Les règles d'accessibilité aux personnes à mobilité réduites.

Organisme Professionnel de Prévention du Bâtiment et des Travaux Publics (OPPBTP) : *Prescriptions de sécurité.*

7. La pathologie

Les désordres qui affectent les éléments de division des espaces occasionnent des gênes dans l'occupation des locaux et, parfois, des accidents de personnes. Ils entraînent des coûts importants dans la remise en état. En effet, généralement, les réparations sont effectuées dans des bâtiments finis, livrés aux utilisateurs, c'est-à-dire équipés et meublés ; elles nécessitent des déplacements et des protections de mobilier ainsi que la reprise des travaux de finition. Lorsque ces désordres sont généralisés ou que l'usage normal du bâtiment n'est plus possible, ils entrent dans le cadre de la garantie décennale.

Les désordres sont consécutifs à des erreurs de conception et de mise en œuvre.

Les erreurs de conception portent, entre autres, sur les points suivants :

• la prescription de matériaux inadaptés au type de cloison ou de plafond et à la destination ultérieure des locaux ;

- le défaut d'isolation acoustique entre deux locaux attenants (Fig. 6.125) ;

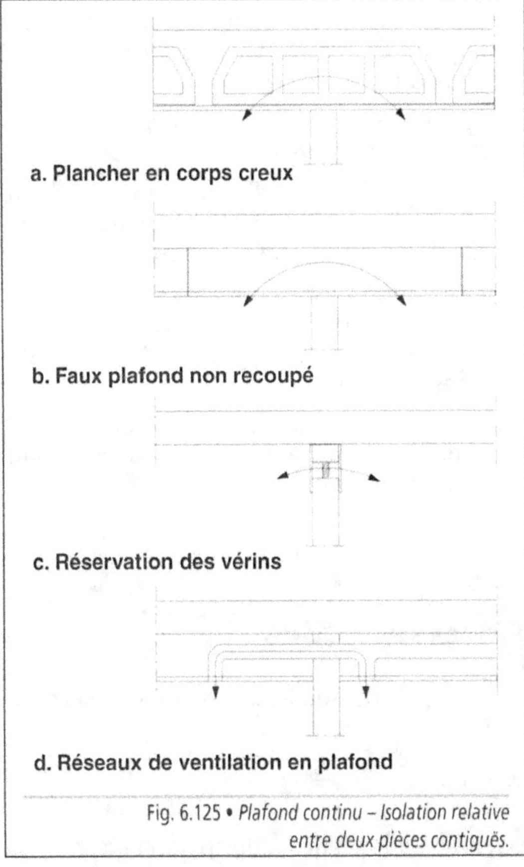

a. Plancher en corps creux

b. Faux plafond non recoupé

c. Réservation des vérins

d. Réseaux de ventilation en plafond

Fig. 6.125 • *Plafond continu – Isolation relative entre deux pièces contiguës.*

- la surcharge excessive apportée par une cloison sur le plancher support, entraînant une flèche importante et sa déformation ; cette dernière provoque d'une part l'apparition de fissures à 45° dans la cloison du niveau concerné ainsi qu'un décollement des rangées de briques ou de carreaux et, d'autre part, la mise en compression de la cloison du niveau sous-jacent ;

- l'emploi illusoire de cloisons amovibles dans un bâtiment non tramé ;

- l'absence ou l'insuffisance de l'isolant thermique occasionnant des phénomènes de con-

densation dans les angles ou sur les parois intérieures (Photo. 6.28) ;

- l'absence de barrière phonique dans le vide du plafond, au droit des cloisons, le vélum n'ayant pas la qualité requise pour atteindre à lui seul le seuil d'isolation acoustique exigé ;

- le choix d'un matériau, d'une forme ou d'un dessin des plaques du plafond ne répondant pas à l'exigence de correction acoustique ou à un degré hygrométrique important ;

- le choix d'un type de porte de communication non adapté à la qualité exigée pour la cloison.

Photo. 6.28 • *Effet de condensation sur une paroi et apparition de moisissures suite à un défaut d'isolation thermique et à une ventilation insuffisante des locaux.*

Les erreurs de mise en œuvre portent sur les points suivants :

- la mauvaise implantation des cloisons ; en général, la réparation se fait en cours des travaux, sans autres répercussion qu'un retard dans le déroulement du chantier ;

- la réalisation d'enduit au mortier de ciment sur une face de la cloison occasionnant un déséquilibre des tensions dans les briques pouvant entraîner un éclatement des parois de celles-ci ;

- l'absence d'une couche de matériau résilient à la liaison avec les structures horizontales ou verticales entraînant la mise en charge de la cloison et sa détérioration (Photo. 6.29) ;

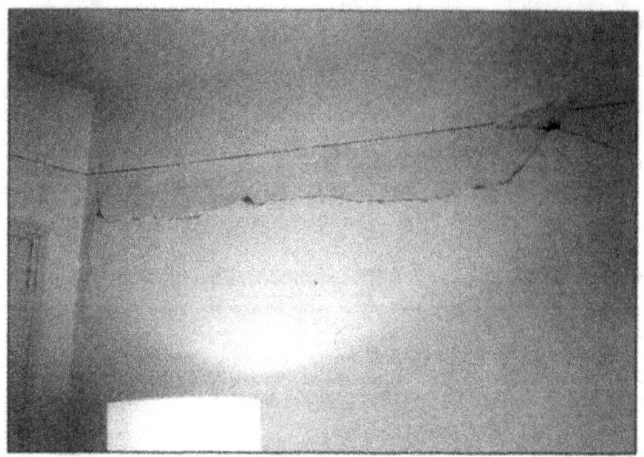

Photo. 6.29 • *Éclatement des briques par mise en charge de la cloison.*

- le manque de liaison entre les huisseries et les cloisons de distribution pouvant entraîner des fissurations de ces dernières ;

- le mauvais enchaînement des travaux, sans coordination effective avec les corps d'état techniques nécessitant des saignées dans les cloisons entraînant une perte de résistance mécanique et un affaiblissement de l'isolation acoustique des cloisons de séparation ;

- l'oubli de profilés en matière plastique en partie basse des cloisons situées dans des pièces humides ou des raccords mal exécutés, entraînant leur détérioration par remontées d'humidité ;

- le manque d'adhérence des plots de colle de la cloison de doublage due à un mauvais dépoussiérage du support ou à l'incompatibilité entre la colle et l'un des éléments ;

- le cintrage de la cloison de doublage en panneaux sandwich dû à la mise en compression de ceux-ci, placés en force entre le plancher et le plafond ;

- l'absence de pare-vapeur dans la cloison de doublage exposée à des migrations de vapeur d'eau, occasionnant des condensations dans l'isolant ;

- la mise en œuvre défectueuse du matelas isolant en laine de roche dans la cloison à parois multiples, celle-ci ne répondant plus à son rôle de séparation acoustique ;

- le mauvais garnissage entre les cloisons de doublage et les cadres dormants des menuiseries extérieures, occasionnant des passages d'air et des déperditions ;

- le décollement de l'enduit au plâtre exécuté en plafond sur un support dont le degré d'humidité est élevé ;

- la surépaisseur de l'enduit au plâtre en plafond, préjudiciable à sa bonne tenue ;

- la déformation et la fissuration des plafonds fixés directement sous la charpente en bois, suite aux mouvements de celle-ci ;

- la migration des produits de traitement des bois au travers des plaques de plâtre fixées sous les pièces de charpente, occasionnant des taches indélébiles ;

- la résistance mécanique insuffisante de la fixation des plafonds suspendus entraînant leur affaissement ou leur chute.

Adresses utiles

Centre technique du Bois et de l'Ameublement (CTBA)
10 avenue de Saint-Mandé
75012 Paris

Syndicat National de l'Industrie du Plâtre
3 rue Alfred Roll
75017 Paris

Union Nationale des Entrepreneurs Plâtriers-Plaquistes, Staffeurs et Stucateurs
6/14 rue La Pérouse
75784 Paris Cedex 16

Bibliographie

Techniques et pratique du plâtre – Jean Festa – Éditions Eyrolles, Paris.

7

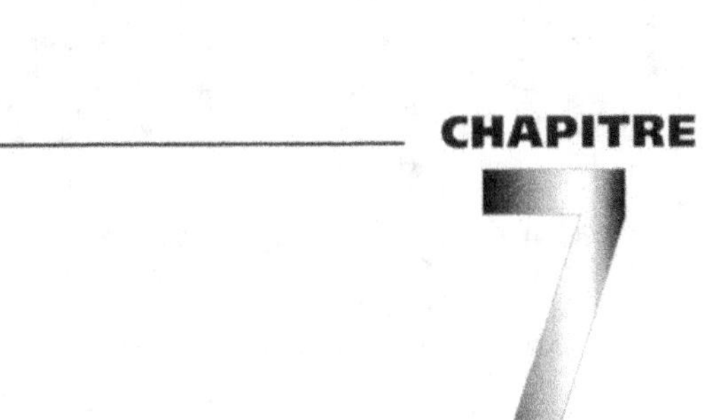

LES MATÉRIAUX DU SECOND ŒUVRE

Les matériaux du second œuvre couvrent un large éventail afin de répondre aux multiples fonctions des composants pour lesquels ils sont utilisés. Quelle relation existe-t-il entre l'élément de couverture, le panneau de façade légère et celui de cloison intérieure ? Pour chacun d'eux, des matériaux présentent les qualités requises : matériaux qui entrent dans le gros œuvre (la terre cuite, la pierre, le béton, le bois, les métaux, etc.), d'autres plus spécifiques du second œuvre (le plâtre, l'aluminium, les produits verriers, les matières plastiques, etc.), sans oublier les matériaux nouveaux qui peuvent être de haute technicité (les céramiques techniques, certains matériaux composites) ou de grande diffusion (les plastiques renforcés de fibres de verre, les sandwich).

1. Le plâtre

Le plâtre est un matériau naturel et traditionnel dont l'emploi remonte à l'Antiquité, qui a su s'adapter aux évolutions du monde moderne tant au niveau de la fabrication qu'au niveau des produits et des utilisations. Il provient de la calcination d'une roche sédimentaire, **le gypse** (pierre à plâtre), qui se trouve dans plusieurs régions de France : Bassin parisien, Provence, etc. C'est un sulfate de calcium di-hydraté dont la formule chimique est $SO_4Ca,2H_2O$. Sa composition est la suivante :

- chaux (CaO) : 32,6 % ;

- acide sulfurique (SO_4H_2) : 46,5 % ;

- eau (H_2O) : 20,9 %.

En général, le gypse contient également des impuretés telles que du calcaire, de l'argile, des sables ou des oxydes divers. Elles doivent être éliminées pour obtenir un plâtre homogène, de caractéristiques régulières.

Sous l'action de la chaleur, le gypse perd ses molécules d'eau ; il en résulte une poudre blanche plus ou moins grossière dont la finesse est obtenue par mouture : **le plâtre**, un semi hydrate du sulfate de calcium ($SO_4Ca,1/2H_2O$) qui présente une grande affinité pour l'eau. Associé à celle-ci dans certaine proportion, il forme une pâte dont la prise est plus ou moins rapide. Il fait partie des liants et des enduits hydrauliques.

Le plâtre est également produit directement à partir d'anhydrite naturelle (SO_4Ca), peu répandue en France.

1.1. La fabrication du plâtre

Après extraction et broyage dans des concasseurs, le gypse passe dans des fours fixes ou rotatifs afin d'y subir une cuisson plus ou moins prolongée. Lors de celle-ci, et suivant la température à laquelle elle s'opère, le gypse subit une série de transformations, passant par les phases suivantes (Tab. 7.1) :

TEMPÉRATURE DU FOUR	NATURE DU PHÉNOMÈNE	NATURE DU PRODUIT
100 °C	Séchage du gypse	
110 °C		Incuit
110 à 160 °C	Perte de l'eau	Plâtre semi-hydrate
170 à 250 °C	Élimination du reste d'eau	Anhydrite III
250 à 600 °C	Réactions internes	Surcuit – Anhydrite II
600 à 900 °C		Matières inertes
1 100 °C	Réactions internes	Anhydrite I
1 200 à 1 400 °C	Désagrégation totale	

Tab. 7.1 • *Fabrication du plâtre – Les différentes phases selon la température du four*

- vers 100 °C, il se dessèche en absorbant de la chaleur et perd une partie de l'eau qu'il contient ; tout produit qui n'atteint pas la température de 110 °C est un incuit ;

- entre 110 °C et 160 °C, il perd l'eau faiblement combinée en absorbant de la chaleur et se transforme en **plâtre semi-hydrate**, composant principal du plâtre usuel ;

- entre 170 °C et 250 °C, une nouvelle réaction se produit : l'eau restante est éliminée, il ne subsiste qu'un produit relativement instable, le sulfate de calcium anhydre (SO_4Ca) ou **anhydrite III** ; étant très avide d'eau, ajouté au plâtre usuel, il en active la prise ;

- entre 250 °C et 600 °C, les réactions intéressent directement la molécule SO_4Ca ; le produit obtenu est un **surcuit**, l'**anhydrite II**, capable de se combiner à l'eau et de faire prise dans des délais très longs ; inutilisable seul, il entre dans la composition des plâtres à enduit ;

- entre 600 °C et 900 °C, le résultat devient inerte, incapable de faire prise en présence d'eau ;

- vers 1 100 °C, une nouvelle réaction permet d'obtenir un produit soluble, l'**anhydrite I**, à prise très lente, pouvant s'échelonner de quelques heures à plusieurs jours (de 15 à 20 jours) ; bien que de durcissement élevé, il est peu utilisé ;

- au-delà de 1 100 °C et vers 1 400 °C, le produit se désagrège totalement.

La cuisson est réalisée selon l'une des deux voies suivantes :

- la voie humide exige une préparation industrielle complexe et coûteuse ; elle permet d'obtenir le semi-hydrate α, qui présente une bonne résistance mécanique ;

- la voie sèche est plus économique car les transformations se produisent à des températures inférieures ; le composé obtenu est le semi-hydrate β, dont les qualités diffèrent de celles du semi-hydrate α ; il est couramment employé dans la composition des plâtres.

À la sortie des fours, les produits, semi-hydrates ou surcuits, sont stockés pendant un certain temps dans des silos de mûrissage où ils se stabilisent et s'homogénéisent.

Prélevés dans des proportions définies, ils sont mélangés et broyés afin d'obtenir le plâtre (Fig. 7.1). Le tamisage, ou blutage, permet d'établir un classement mécanique des finesses et de définir des catégories de plâtres. Celles-ci

répondent à des caractéristiques précises de temps de prise ou de dureté.

L'adjonction d'adjuvants à faibles doses (accélérateurs ou retardateurs de prise), lors de la fabrication, a pour objectif d'adapter la prise des plâtres à la réalisation des ouvrages particuliers. Le produit fini est stocké avant d'être livré sur les chantiers ou vers les usines de transformation.

1.2. Les caractéristiques du plâtre

Les principales caractéristiques du plâtre sont en relation étroite avec sa finesse de mouture.

1.21. La finesse de mouture est définie de deux manières :

- par la surface spécifique Blaine, surface développée totale de tous les grains contenus dans un gramme de plâtre ; elle est exprimée en cm^2/g et s'échelonne de 1 500 cm^2/g à 12 000 cm^2/g ;

- par tamisage à l'aide de tamis en acier inoxydable à mailles carrées de 2 000 µm, 800 µm, 400 µm, 200 µm et 100 µm ; partant de la masse initiale à analyser, il suffit de peser le refus sur chaque tamis et d'en déterminer le pourcentage par rapport à la masse initiale.

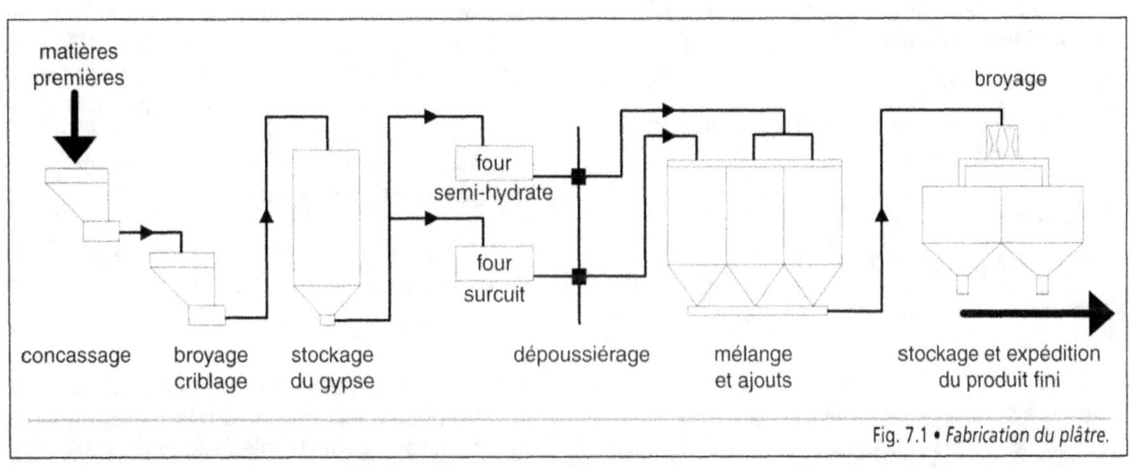

Fig. 7.1 • *Fabrication du plâtre.*

La finesse des plâtres pour enduits intérieurs est indiquée dans le tableau n° 7.2.

TAMIS OUVERTURE DES MAILLES EN μm	POURCENTAGE DU PASSANT	
	Plâtre gros	Plâtre fin
800	< 96	≥ 96
100	< 45	≥ 45

Tab. 7.2 • *Finesse de mouture des plâtres pour enduits intérieurs.*

La rapidité de prise est une des caractéristiques essentielles du plâtre. Mélangé avec une certaine quantité d'eau, le plâtre se réhydrate plus ou moins rapidement afin de reconstituer le matériau d'origine, le sulfate de chaux dihydraté ($SO_4Ca,2H_2O$). Il forme une pâte qui va durcir progressivement. C'est le phénomène de prise qui s'accompagne d'un dégagement de chaleur et d'une augmentation de volume. **La durée de prise** correspond à la phase pendant laquelle le plâtre présente une consistance pâteuse et peut être travaillé. Elle ne doit pas être trop rapide pour en permettre le travail. Un plâtre qui a fait sa prise ne peut pas être réhydraté ni utilisé (**plâtre mort**).

Durant cette période, trois instants sont déterminés avec précision car ils servent de point de repère dans l'emploi du plâtre :

t_0 = le temps d'origine, moment où le plâtre est mélangé à l'eau ;

t_1 = le début de prise ;

t_2 = la fin de prise qui correspond à la fin d'emploi du plâtre.

Pour un plâtre à enduire, manuel et traditionnel, le temps d'utilisation peut varier de 40 à 60 minutes selon la composition. Cette durée se décompose en trois phases :

- l'attente : de 5 à 9 minutes ;
- l'emploi : de 19 à 30 minutes ;
- la finition : de 13 à 25 minutes.

Pour un plâtre à enduire, projeté traditionnel, le temps d'utilisation est de l'ordre de 2 heures 30 qui se décompose comme suit :

- l'application : 1 heure ;
- la dressage : 1 heure ;
- la finition : 15 à 30 minutes.

Le choix du plâtre s'effectue en fonction du mode de mise en œuvre et de l'importance des travaux, petites ou grandes surfaces à recouvrir.

Aucun ajout d'adjuvant ne doit être effectué sur le chantier afin de modifier la durée d'emploi.

1.22. La vitesse de réaction dépend de plusieurs paramètres : la nature des produits, la finesse de mouture, la quantité d'eau de gâchage, la température ambiante et l'adjonction d'adjuvants.

Les produits ont une vitesse de prise différente selon leur degré de cuisson dans le four :

- le semi-hydrate est à prise lente ;
- l'anhydrite est à prise rapide ;
- les surcuits sont à prise et à durcissement très lents.

Les travaux de plâtrerie sont réalisés à l'aide d'un mélange de ces trois composants, le dosage étant effectué en fonction de la nature de l'ouvrage : cloison à bâtir, dégrossissage, enduit, etc. Les mélanges les plus courants de plâtre pour les enduits sont à base de semi-hydrate (2/3) et d'anhydrite II (1/3). Dans ce cas, le premier composant assure un commencement de prise pour une utilisation rapide de la gâchée, alors que le surcuit étale le durcissement dans le temps et facilite la finition de l'enduit.

La finesse de mouture et la quantité d'eau de gâchage ont une influence sur la rapidité de prise.

1.23. La quantité d'eau de gâchage est déterminée pour chaque qualité de plâtre, le pourcentage optimal d'eau devant être respecté. Le taux de gâchage E/P est défini par le rapport pondéral de l'eau nécessaire au travail d'une certaine quantité de plâtre. Il est de l'ordre de 40 % à 100 % du poids de plâtre (Tab. 7.3). Plus le plâtre est fin, plus il faut d'eau pour former la pâte. Cette quantité varie également avec le mode d'application, qu'il soit manuel ou par projection mécanique.

NATURE DU PLÂTRE	QUANTITÉ D'EAU DE GÂCHAGE POURCENTAGE EN POIDS E/P
Plâtres à bâtir	45 à 55
Plâtres gros	75 à 100
Plâtres fins pour enduits intérieurs :	
• manuels	100
• manuels THD*	40 à 50
• manuels allégés	70 à 80
• à projeter	55 à 65
• à projeter THD*	50
• à projeter allégés	65 à 75
Plâtre de surfaçage	40 à 50
Plâtre pour protection incendie	70 à 75
* THD : de très haute dureté.	

Tab. 7.3 • *Quantité optimale d'eau de gâchage selon la nature du plâtre.*

Un excès d'eau entraîne un certain nombre de phénomènes :

• la durée de séchage, opération éliminant la partie de l'eau non nécessaire au phénomène d'hydratation, est plus longue : selon les qualités du plâtre et la ventilation des locaux, le temps de séchage peut atteindre une à plusieurs semaines.

Exemples de temps de séchage

• plâtre pour bâtir : 1 mois ;

• plâtre pour dégrossir : 2 mois ;

• plâtre pour enduire : 3 semaines à 2 mois, selon la saison ;

• plâtre projeté traditionnel : 1 mois ;

• plâtre allégé manuel ou à projeter : 2 semaines ;

• plâtre pour la protection incendie : 2 à 3 semaines par centimètre d'épaisseur.

• la diminution de la résistance mécanique ;

• le risque de retrait occasionnant des fissurations de l'enduit ;

• l'augmentation de la porosité.

À l'inverse, une quantité d'eau insuffisante occasionne une mauvaise mise en œuvre, un gonflement excessif du plâtre et une accélération du séchage. Cette dernière se produit également lorsque les travaux de plâtrerie sont effectués en période estivale par vent chaud. Certains supports imposent une humidification avant les travaux d'enduit. C'est le cas, entre autres, des parois en briques de terre cuite.

1.24. La température ambiante agit sur la prise du plâtre. Le temps de prise le plus court est obtenu à une température de l'ordre de 35 °C. Les délais s'allongent lorsque la température s'abaisse au voisinage de 0°C ou s'élève jusque vers 80 °C.

Il est vivement déconseillé d'entreprendre le travail du plâtre dans les conditions suivantes :

• dès que la température avoisine + 2 °C ;

• lorsque des risques de gel existent ;

• sur des supports gelés ;

• lorsque la température excède 35 °C, en particulier en sous-face de plancher chauffant.

1.25. La masse volumique sèche est différente selon la qualité du plâtre. Elle est comprise entre 750 kg/m^3 et 1 000 kg/m^3 pour le plâtre à enduire courant, gros ou fin. Elle est de l'ordre de 1 100 kg/m^3 à 1 300 kg/m^3 pour le plâtre gâché serré ou très serré, projeté ou de très haute dureté.

1.26. Les caractéristiques mécaniques portent sur la résistance à la traction et à la compression. Les essais sont effectués sur des éprouvettes réalisées avec des échantillons du plâtre à évaluer. Leurs dimensions sont les suivantes : 40 mm × 40 mm ×

160 mm. Les conditions de procédure sont précisées dans la norme NF B 12.401 – *Plâtre – Technique des essais*. La valeur de la contrainte de rupture à la traction par flexion est déterminée en cassant l'éprouvette par augmentation progressive d'une charge P placée en son milieu (Fig. 7.2). Ensuite, les deux demi-éprouvettes sont utilisées pour procéder à l'essai de rupture à la compression. Elles sont placées entre les plateaux d'une presse. Ces essais sont effectués au bout d'un certain laps de temps : 2 heures, 7 jours, 14 jours et 28 jours.

Pour une même variété de plâtre, les valeurs de la résistance mécanique baissent de manière significative lorsque la quantité d'eau de gâchage augmente.

Le module d'élasticité a une valeur qui varie entre 5 000 MPa et 10 000 MPa selon la qualité du plâtre.

La dureté de surface se mesure après durcissement selon deux méthodes.

En laboratoire, l'essai à la bille d'acier de 10 mm permet de déterminer les valeurs de la dureté du plâtre sur des éprouvettes, de mêmes dimensions que précédemment, dans les conditions définies par la norme NF B 12.401. En mesurant l'empreinte laissée par la bille sous l'action d'un effort de 200 N, il est possible de calculer la dureté, exprimée en N/mm^2 ou en MPa. Les valeurs retenues sont les suivantes :

- plâtre normal : dureté $\geq$ 6 MPa ;

- plâtre très haute dureté : dureté $\geq$ 25,5 MPa.

Sur les chantiers, la dureté des enduits est évaluée à l'aide d'un appareil, le **duromètre Shore C**. Il a l'aspect d'une grosse montre gousset et fonctionne selon le principe du rebondissement. En appuyant l'appareil sur la surface du plâtre, un mécanisme libère une masselotte qui rebondit en déplaçant une aiguille sur un cadran gradué de 0 à 100. Le rebond est d'autant plus fort que le plâtre est dur. Les valeurs admises sont indiquées dans le tableau n° 7.4.

Nature de l'ouvrage	Dureté Shore C	Tolérance locale
Enduits manuels	45	40
Enduits projetés	65	60
Enduits THD	80	75
Carreaux de plâtre	55	–

Tab. 7.4 • *Valeurs minimales de la dureté mesurée au duromètre Shore C.*

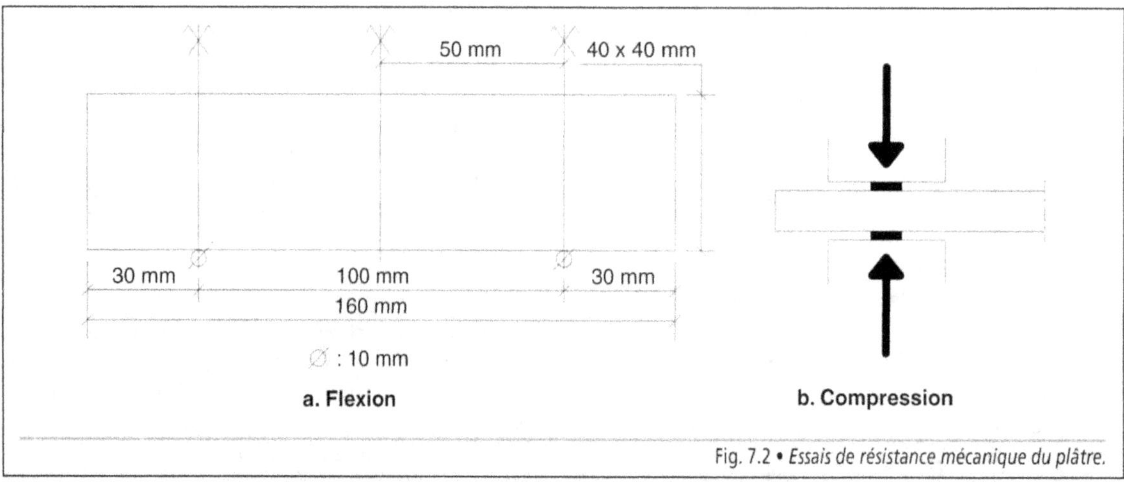

Fig. 7.2 • *Essais de résistance mécanique du plâtre.*

1.27. L'adhérence du plâtre doit être telle qu'il puisse se maintenir sur son support. Le plâtre adhère bien sur les briques, les pierres, les paillassons en roseaux, les matériaux présentant des aspérités ou les métaux. Sur les ouvrages en béton lisse, il est nécessaire de prévoir une barbotine* d'adhérence, après avoir vérifié qu'il n'y a pas de risque d'incompatibilité avec les produits de décoffrage. L'adhérence sur le bois pose des problèmes liés au mouvement du bois. Elle est améliorée par l'adjonction de connecteurs métalliques non corrodables (acier galvanisé). Le plâtre empêche le bois de respirer ; il peut favoriser la pénétration de l'humidité et faciliter sa dégradation.

L'emploi du plâtre est incompatible avec celui de quelques matériaux : le contact direct avec l'acier non protégé est à proscrire, de même qu'un enduit au mortier de ciment ne peut être exécuté sur une cloison bâtie au plâtre. En effet, la corrosion du métal entraîne la formation de rouille et provoque des taches indélébiles. Ce désordre est évité par une protection efficace de l'acier ou par l'emploi d'une qualité inoxydable.

1.28. Le comportement face à l'humidité et à la chaleur est en rapport direct avec les transformations subies par le plâtre au cours de sa fabrication.

Le plâtre, en raison de sa porosité, absorbe une certaine quantité d'eau. Ce phénomène peut être une qualité ou un inconvénient :

- une qualité pour les enduits à l'intérieur d'un bâtiment car ils assurent la régulation de l'hygrométrie ambiante ;

- un inconvénient lorsque, placé au contact de l'eau, en pied de cloison par exemple, celle-ci chemine par capillarité et entraîne un affaiblissement de la résistance mécanique, remettant en cause la durabilité de l'ouvrage ; l'apparition de moisissures aggrave le phénomène et accélère le processus de dégradation.

Exposé à l'action de la chaleur, le plâtre est soumis à une réaction de déshydratation semblable à celle produite lors de la cuisson du gypse. En absorbant une grande quantité de calories, il subit des transformations internes et libère une partie importante de son eau de constitution, sous la forme de vapeur d'eau. C'est la raison pour laquelle le plâtre est classé M0, matériau incombustible. Il est utilisé pour protéger les structures contre les effets de l'incendie et assurer une stabilité au feu d'une durée d'autant plus grande que l'enduit est plus épais.

En raison de son coefficient de conductivité thermique relativement faible, le plâtre contribue également à améliorer l'isolation thermique des parois (Tab. 7.5).

NATURE DES OUVRAGES EN PLÂTRE	MSSE VOLUMIQUE (kg/m^3)	COEFFICIENT DE CONDUCTIBITLITÉ THERMIQUE (λ en W/m °C)
Plâtres gâchés serrés à très serrés Plâtres THD Plâtres projetés	de 1 100 à 1 300	0,50
Plâtres courants manuels Plaques de plâtre Carreaux de plâtre à parements lisses Plaques de plâtres spéciales feu	de 800 à 1 000	0,35
Plâtres allégés à la perlite : • plâtre + 100 % de granulat léger	700 à 900	0,30
• plâtre + 200 % de granulat léger	500 à 700	0,25

Tab. 7.5 • *Valeurs du coefficient de conductivité thermique des ouvrages en plâtre.*

Le coefficient de dilatation thermique, déterminé sur des plâtres pour enduit, au taux de gâchage E/P = 0,9 a les valeurs moyennes suivantes :

22.10^{-6} m/m.K pour des températures variant de 20 à 50°C ;

17.10^{-6} m/m.K, de 50 à 100°C.

TYPES DE PLÂTRE	TYPES DE SUPPORT									
	Terre cuite	Blocs de béton	Béton banché	Béton cellulaire (1)	Lattis bois	Lattis métallique	Fibres bois enrobées de ciment (1)	Plaques de plâtre perforées	Carreaux de plâtre	Charpente métallique
Plâtres pour enduits intérieurs :										
• plâtres gros	O	O	–	–	O	O	O	–	–	–
• plâtres fins	O	O	O	O	O	O	O	O	–	–
Plâtres à projeter	O	O	O	O	–	O	O	O	–	–
Plâtres à très haute dureté	O	O	O	O	–	O	O	–	–	–
Plâtres allégés										
• mise en œuvre manuelle	O	O	O	O	–	O	O	O	–	–
• mise en œuvre projetée	O	O	O	O	–	O	O	O	–	–
Plâtres de surfaçage	O	–	O	O	–	–	–	–	O	–
Plâtres pour protection incendie	O	O	O	O	O	O	O	–	–	O
(1) Le support peut imposer une préparation particulière avant l'application de l'enduit.										

Tab. 7.6 • *Domaines d'utilisation des plâtres.*

Ces caractéristiques sont complétées par d'autres telles que la plasticité, la cohésion, la facilité de mise en œuvre, l'aspect de surface et la valeur du pH*, indication du degré de basicité. Afin d'éviter toute difficulté lors des travaux de peinture, la valeur du pH des plâtres pour enduits manuels ou projetés, normaux ou à très haute dureté (THD), doit être comprise entre 6,5 et 9,5.

1.3. Les catégories de plâtre et leur emploi

Il existe un grand nombre de variétés de plâtre qui autorisent les utilisations les plus diverses, tant dans l'industrie et le bâtiment (Tab. 7.6) que dans le domaine artistique.

1.31. Les plâtres à bâtir sont employés pour réaliser les joints lors du montage des cloisons en briques de terre cuite. De haute dureté, ils présentent une bonne résistance mécanique et une grande adhérence.

1.32. Les plâtres pour enduits intérieurs sont destinés aux enduits de murs, de cloisons et de plafonds par application manuelle ou en projection mécanique. Ils sont classés selon les quatre critères suivants :

• la granulométrie : gros (G) ou fin (F) ;

• le mode d'application : manuelle (M) ou par projection mécanique (P) ;

• le temps d'emploi : trois classes d'emploi sont définies en fonction de la durée croissante du temps de prise (1 : court, 2 : allongé, 3 : très long) ;

• la dureté : normale (N) ou très haute dureté (THD).

Les classes d'emploi sont établies conformément à la norme NF B 12.301 – *Plâtre pour enduits intérieurs à application manuelle ou mécanique de dureté normale ou de très haute dureté – Classification, désignation, spécification.* Elles correspondent à des phases d'évolution de la pâte mesurées en laboratoire et exprimées par des temps repères A, B et C (Tab. 7.7).

CLASSES DES PLÂTRES	REPÈRES EN MINUTES (T)		
	A	B	C
Plâtre classe n° 1	T < 10	8 < T < 25	15 < T < 32
Plâtre classe n° 2	T < 32 (1)	15 < T < 50	25 < T < 80
Plâtre classe n° 3	(1)	80 < T < 180	180 < T

(1) Le repère A n'est pas défini pour les plâtres de la classe n° 3 ni pour certains plâtres de la classe n° 2 qui présentent une consistance élevée dès la fin du gâchage et satisfont immédiatement à la spécification.

Tab. 7.7 • *Classes d'emploi des plâtres pour enduits intérieurs.*

La désignation des plâtres résulte de cette classification.

Exemple

PFM – 2N : plâtre fin pour enduit manuel, n°2, dureté normale ;

PGM – 1N : plâtre gros pour enduit manuel, n°1, dureté normale ;

PFP – 3N : plâtre fin à projeter, n°3, dureté normale ;

PFP – 3THD : plâtre fin à projeter, n°3, très haute dureté.

Leur composition est déterminée afin d'adapter le temps total au type de support et au mode d'application (Tab. 7.8). **Les plâtres gros** sont réservés aux travaux de dégrossissage alors que **les plâtres fins** servent à la réalisation des enduits.

Lorsque les surfaces à enduire sont importantes, la mise en œuvre est effectuée à l'aide d'une **machine à projeter** (Fig. 7.3). Elle assure le gâchage du plâtre, le transport de la pâte à l'aide d'un tuyau et la projection pneumatique. La finition de l'enduit se fait manuellement. La mise en œuvre par projection améliore l'adhérence du plâtre sur le support.

CARACTÉRISTIQUES		UNITÉS	PLÂTRES MANUELS TRADITIONNELS					PLÂTRES PROJETÉS	
			Lutèce gros	Lutèce V2	Lutèce 80	Lutèce blanc	Lutèce THD	Lutèce 2X	Lutèce THD
Application	Taux de gâchage	%	100	100	100	100	50	55*	50*
	Consommation	kg/m^2/cm d'ép.	8	8	8	8	12	10	12
	Épaisseur	mm	–	8 à 12	8 à 12	8 à 12	8 à 12	8 à 12	8 à 12
Temps d'utilisation	Attente	minutes	10	7	6	7	5	60	60
	Emploi	minutes	14	19	24	27	24	60	60
	Finition	minutes	6	17	18	22	16	30	15
	Temps total	minutes	30	43	48	56	45	2 heures 30	2 heures 15
Rendement moyen	par sac par cm d'ép.	m^2	5	5	5	5	3,5	4	3,5
Comportement après application	Temps de séchage		3 semaines à 2 mois selon la saison et la ventilation des locaux					1 mois	1 mois
	Dureté Shore (C)		> 45	> 45	> 45	> 45	> 85	> 65	> 85
Références techniques	Réglementation		NF P 71-201 (DTU 25.1)						
	Norme NF B 12-301		PGM-1N	PFM-2N	PFM-2N	PFM-2N	PFM-2THD	PFP-3N	PFP-3THD

* Le DTU préconise un taux de gâchage de 60 % ; mais le plâtre doit être à bonne consistance selon le type de support.
Lutèce gros : forte granulométrie, destiné aux applications de dégrossissage.
Lutèce V2 : temps total très court, recommandé pour les petits chantiers.
Lutèce 80 : destiné aux chantiers de moyenne surface.
Lutèce blanc : temps d'attente écourté, destiné aux chantiers de grande surface.
Lutèce THD : recommandé pour les locaux intérieurs soumis à un passage intense.

Tab. 7.8 • *Plâtres pour enduits intérieurs (Source : Documents Plâtres Lambert).*

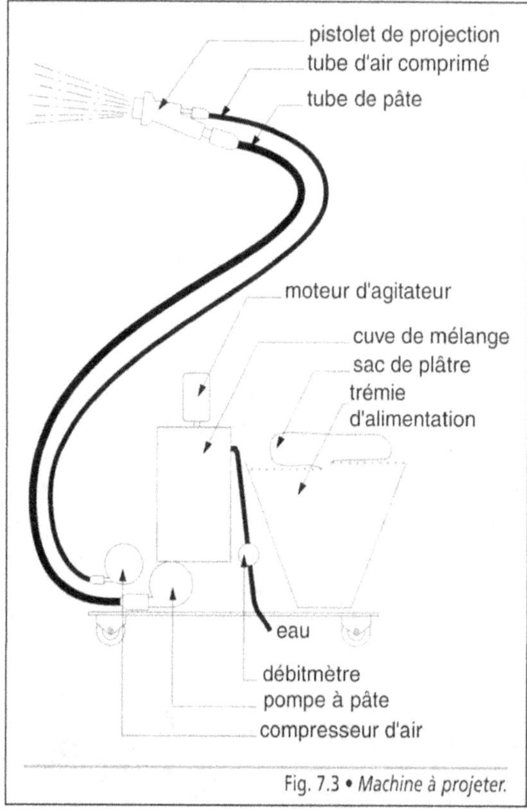

Fig. 7.3 • *Machine à projeter.*

Les plâtres à très haute dureté présentent une bonne résistance à l'abrasion et aux chocs. La dureté Shore C est supérieure à 80 (plâtre mis en œuvre manuellement) ou à 85 (plâtre projeté), avec un taux de gâchage de l'ordre de 40 % à 50 %. Ils sont particulièrement recommandés dans les lieux soumis à des conditions de service sévère : circulations à passage intense, établissements scolaires, hospitaliers, etc. Bons supports pour recevoir un revêtement céramique collé, ils peuvent être utilisés afin de constituer les enduits dans les pièces humides.

1.33. *Les plâtres pour enduits extérieurs* sont des plâtres spéciaux applicables en pâte pure ou en mortier, sous la forme d'un mélange avec du sable fin. Caractérisés par un faible taux de gâchage (40 %), ils possèdent une grande souplesse d'emploi et ont une dureté Shore supé-

rieure à 85. Le support doit être sain, parfaitement propre et exempt de tout excès d'humidité afin d'obtenir une bonne adhérence de l'enduit.

1.34. *Les plâtres allégés* sont des plâtres dans lesquels sont incorporés des granulats légers de grande finesse, généralement de la perlite* expansée, qui leur confèrent une faible densité et une grande souplesse. Selon le dosage, la masse volumique sèche varie de 500 kg/m^3 à 700 kg/m^3. Pouvant être mis en œuvre manuellement ou par projection, ils présentent une bonne adhérence sur les supports lisses, qu'ils soient à faible ou à fort pouvoir d'absorption (béton banché ou béton cellulaire). Gâchés avec un taux de l'ordre de 70 % à 80 %, leur dureté Shore C est supérieure à 65. L'enduit réalisé en une seule passe a une épaisseur qui varie de 3 mm à 25 mm selon la composition du plâtre (Tab. 7.9).

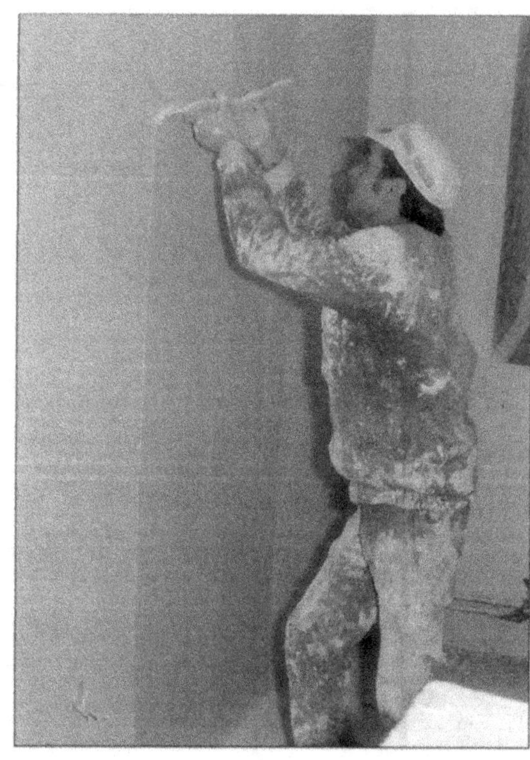

Photo. 7.1 • *Ratissage d'un enduit pelliculaire sur une paroi verticale.*

CARACTÉRISTIQUES		UNITÉS	PLÂTRES MANUELS TRADITIONNELS				PLÂTRES PROJETÉS		
			Lutèce 2000 C	Lutèce 2000 L	Lutèce 3000 C	Lutèce 3000 L	Lutèce 3000 L	Lutèce projection 33 X	Lutèce projection 33 X Plus
Application	Taux de gâchage	%	73	73	67	67	73	67	73
	Consommation	kg/m^2/cm d'ép.	8	8	9	9	9	8,5	8,5
	Épaisseur	mm	8 à 12	8 à 12	3 à 25	3 à 25	3 à 25	8 à 12	8 à 12
Temps d'utilisation	Attente	minutes	30	45	30	45	45	60	60
	Emploi	minutes	25	45	25	45	45	60	60
	Finition	minutes	20	30	20	30	30	45	45
	Temps total	heures	1 h 15	2 h	1 h 15	2 h	2 h	2 heures 45	2 heures 45
Rendement moyen	par sac par cm d'ép.	m^2	4	4	3,5	3,5	3,5	3,5	4
Comportement après application	Temps de séchage		15 jours à 1 mois		7 à 15 jours		7 à 15 jours	15 jours à 1 mois	
	Dureté Shore (C)		> 65	> 65	> 65	> 65	> 65	> 65	> 65
Références techniques	Réglementation		NF P 71-201 (DTU 25.1)		AT 9/97-633			NF P 71-201 (DTU 25.1)	
	Norme NF B 12-301		PFM-2N	PFM-3N	PFM-2N	PFM-3N	PFP-3N	PFP-3N	PFP-3N

Lutèce 2000 C s'emploie directement après gâchage mécanique sans perte de temps.
Lutèce 2000 L, par son temps d'emploi allongé, peut traiter des chantiers importants.
Lutèce 3000 C s'applique directement sur des supports délicats.
Lutèce 3000 L s'applique directement sur des supports délicats, avec un temps d'emploi plus long.
Lutèce Projection 33 X offre une pâte souple et aérée qui facilite les opérations de dressage et de lissage.
Lutèce Projection 33 X Plus offre une bonne tenue sur tous les supports et une qualité de finition uniforme et homogène.

Tab. 7.9 • *Plâtres allégés (Source : documents Plâtres Lambert).*

Le temps de séchage est de deux semaines environ. L'enduit peut être teinté dans la masse et recevoir un traitement décoratif de surface : finition grattée, brossée ou talochée.

Ces plâtres permettent également de réaliser des enduits très performants dans les domaines de la protection incendie, de l'isolation thermique et du traitement acoustique.

1.35. Les plâtres de surfaçage sont destinés à corriger les défauts de surface et à assurer la finition des parois de béton banché. Possédant un grand pouvoir garnissant et une très bonne adhérence, ils sont appliqués par projection mécanique puis étalés et lissés manuellement de manière à former un enduit pelliculaire d'une épaisseur de l'ordre de 1 à 2 mm (Photo. 7.1). Leur granulométrie est très fine (refus nul sur le tamis de 200 μm), le taux de gâchage est de l'ordre de 40 % et le temps d'utilisation varie de 1 heure à 24 heures selon les produits.

1.36. Les plâtres techniques sont des matériaux dont la composition comprend des ajouts de manière à assurer une fonction spécifique. Entrent dans cette catégorie les produits suivants :

• **les plâtres pour la protection incendie** sont appliqués par projection soit directement sur le matériau à protéger, soit sur un treillis métallique ; classés M0, ils présentent une bonne résistance aux chocs thermiques ; l'épaisseur de la couche formée est de l'ordre de 10 mm à 60 mm, selon le degré de protection ; dans la composition de ces plâtres entrent de la perlite, de la vermiculite ou des fibres minérales ;

• **les plâtres pour la correction acoustique** sont des mélanges de plâtre et de vermiculite expansée ; ils sont appliqués par projection dans le but de créer des surfaces absorbantes et de modifier le temps de réverbération dans les locaux dont les parois sont constituées de matériaux réverbérants (béton, métal, etc.) ; ils présentent l'avantage de suivre toutes les courbes et toutes les formes du support.

1.37. Les autres produits issus du plâtre sont, entre autres :

- **les plâtres à mouler**, produit aux résistances mécaniques élevées, dont l'état de surface est d'excellente qualité ;

- **les plâtres pour staff**, à base de semi-hydrate, dont la cohésion est améliorée par l'incorporation d'une armature en jute, chanvre ou fibres de verre ;

- **les plâtres pour stuc**, mélange de plâtre très fin, d'alun*, de poudre de roches calcaires (craie ou marbre), de chaux éteinte, de colle et de divers pigments colorés ; ce produit est destiné à la décoration et imite le marbre ou la pierre polie.

1.38. Les produits manufacturés sont des carreaux ou des plaques, réalisés à l'aide de plâtre spécial pour préfabrication. Celui-ci est constitué d'un fort pourcentage de semi-hydrate et d'ajouts gâchés à un taux de 80 % à 90 % d'eau. Ses principales caractéristiques sont les suivantes :

- une bonne fluidité pour faciliter le coulage lors de la fabrication ;

- un durcissement rapide ;

- des performances mécaniques élevées.

Les carreaux de plâtre sont fabriqués à partir d'un mélange de plâtre, d'eau et d'adjuvants, dans des moules de grande précision, puis séchés automatiquement en étuve (Fig. 7.4). Ils peuvent être pleins ou alvéolés. L'adjonction éventuelle de fibres minérales augmente les caractéristiques mécaniques. À leur pourtour, les carreaux sont munis de tenons et de mortaises qui facilitent le montage et améliorent la tenue des joints (Fig. 7.5). Le module est calculé de manière à avoir 3 ou 4 éléments par mètre carré, dans des épaisseurs allant de 40 mm à 150 mm, selon le type de cloison. L'épaisseur de 40 mm est destinée uniquement à la réalisation de cloisons de doublage.

La gamme de carreaux de plâtre, différenciés par leur couleur, comprend les qualités suivantes, répondant chacune à des utilisations spécifiques (Tab. 7.10) :

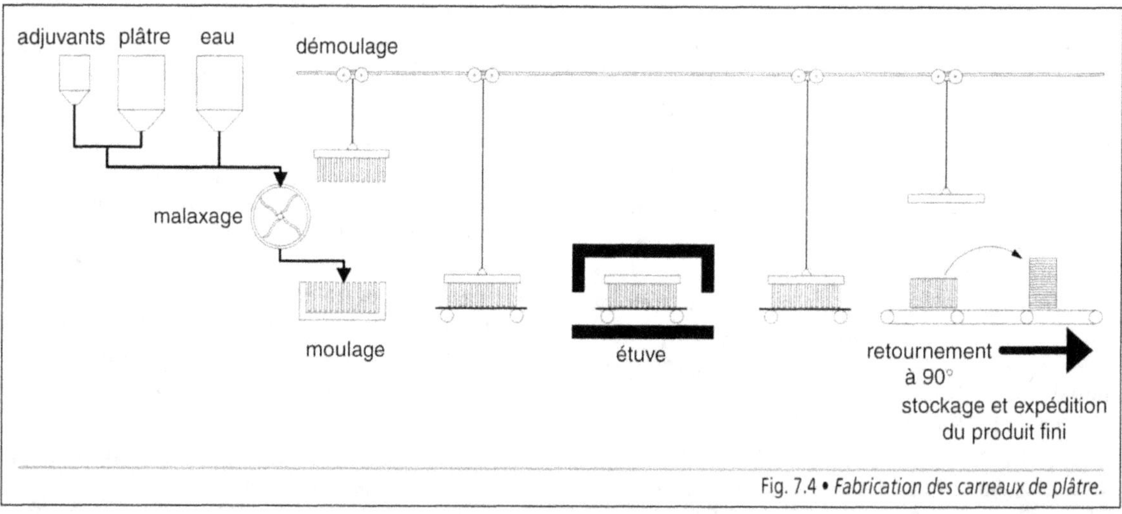

Fig. 7.4 • *Fabrication des carreaux de plâtre.*

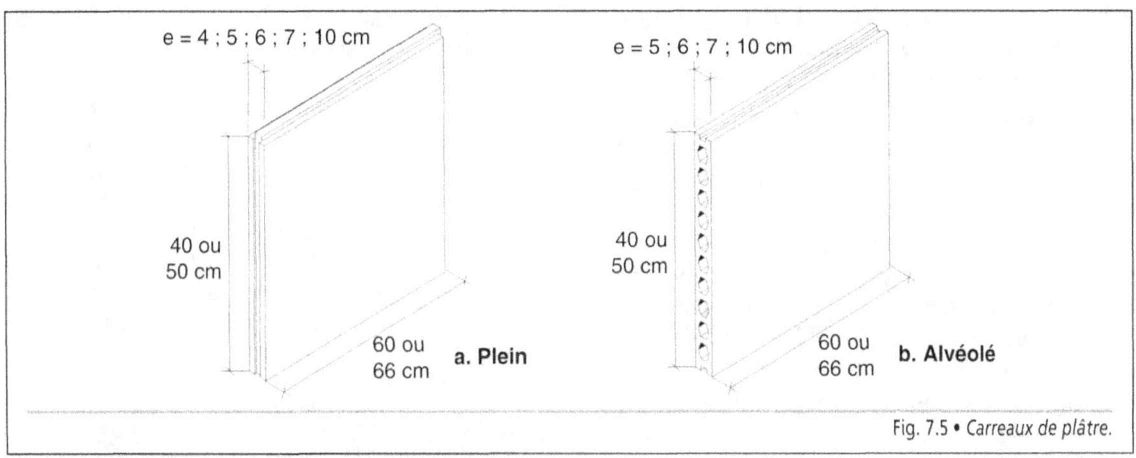

Fig. 7.5 • *Carreaux de plâtre.*

ÉPAISSEURS STANDARD (mm)	MASSE UNITAIRE MOYENNE (kg) (1)	DURETÉ SUPERFICIELLE	INDICE D'AFFAIBISSEMENT ACOUSTIQUE dB (A) (1)	RÉSISTANCE AU FEU DEGRÉ COUPE-FEU (heure) (1)	RÉSISTANCE THERMIQUE $(m^2.K)/W$ (1)
Carreaux standards					
40 à 100	13 à 34	≥ 55	30 à 38	2 à 4	0,11 à 0,29
Carreaux hydrofugés (couleur bleue)					
50 à 100	17 à 34	≥ 55	30 à 38	2 à 6	0,14 à 0,29
Carreaux hautement hydrofugés couleur verte)					
70 à 100	28 à 40	≥ 80	35 à 41	3 à 4	0,14 à 0,20
Carreaux à très haute dureté THD (couleur rose)					
70 à 100	28 à 40	≥ 80	35 à 41	3 à 4	0,14 à 0,20
Carreaux alvéolés					
50 à 100	12 à 25	≥ 55	28 à 34	3/4 h à 3	0,20 à 0,32
Carreaux porteurs					
100	32	≥ 85	41	2	0,20
Carreaux de plâtre légers isolants					
60 à 150 (2)	12 à 24	≥ 55	27 à 32	3/4 h à 3 h (2)	0,76 à 3,45 (2)

(1) Selon épaisseur des carreaux de plâtre.
(2) Selon la composition du carreau ainsi que la nature et l'épaisseur de l'isolant.

EXEMPLES					
Carreaux de plâtre avec isolation par laine de roche (couleur violette)					
épaisseur	isolant				
70	40	≥ 55	29	2	1,10
100	70	≥ 55	30	2	1,90
Carreaux avec billes de polystyrène (couleur beige)					
70	-	≥ 55	29	1	0,50

Tab. 7.10 • *Les carreaux de plâtre (Source : Syndicat National des Industries du Plâtre).*

- **le carreau standard** sert pour bâtir les cloisons de distribution ou de doublage exposées à des conditions normales ; il est classé M0 ;

- **le carreau hydrofugé** (de couleur bleue) ne craint pas l'humidité ; il est destiné aux cloisons de salle de bains ou de cuisine dans des locaux privés ;

- **le carreau hautement hydrofugé** (de couleur verte), plus performant vis-à-vis des conditions hygroscopiques, est réservé aux cloisons des pièces humides dans les ensembles collectifs (cuisines centrales, laveries, sanitaires, etc.) ;

- **le carreau à très haute dureté THD** (de couleur rose), présente une bonne résistance superficielle et de bonnes caractéristiques en compression ; il est utilisé pour bâtir les cloisons soumises à une circulation intense et à des chocs (bâtiments scolaires, hospitaliers, industriels) ;

- **le carreau alvéolé**, plus léger, trouve son emploi dans les aménagements intérieurs afin d'éviter les surcharges sur les planchers ;

- **le carreau porteur**, d'une épaisseur de 100 mm, permet la construction de refends intérieurs supportant de faibles surcharges dans des bâtiments à rez-de-chaussée ;

- **le carreau de plâtre léger isolant** (de couleur violette pour les carreaux à âme isolante et beige

pour les carreaux allégés) offre un gain de poids et une amélioration de l'isolation thermique.

Les plaques de parement en plâtre sont constituées d'une âme en plâtre coulée en usine entre deux feuilles de carton qui forment à la fois le parement et l'armature (Fig. 7.6 – Photo. 7.2). La longueur de la table centrale est au minimum de 200 m et la vitesse d'avancement est telle que cette distance est parcourue en quelques minutes, correspondant à la durée de prise du plâtre.

Photo. 7.2 • *Fabrication des plaques de parement en plâtre – Répartiteur de la pâte.*

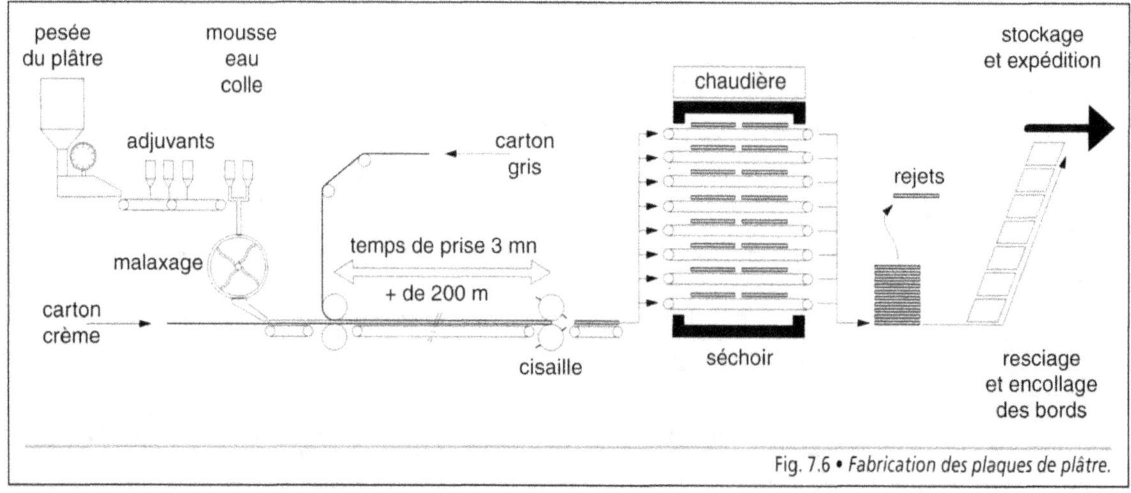

Fig. 7.6 • *Fabrication des plaques de plâtre.*

Coupées à la longueur voulue, les plaques passent dans un séchoir avant d'être sciées à la largeur normalisée de 1,20 m. En fin de chaîne, les bords sont encollés puis fermés.

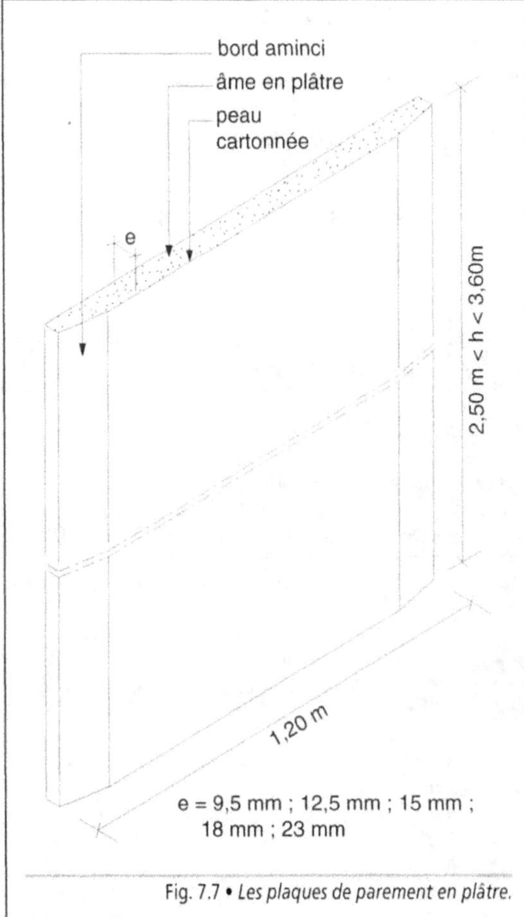

Fig. 7.7 • *Les plaques de parement en plâtre.*

Destinées à la réalisation de cloisons, d'habillage et de plafond, les plaques standard ont les dimensions suivantes : longueur : 2,50 m à 3,60 m, largeur : 1,20 m, pour une épaisseur de 9,5 mm, 12,5 mm, 15 mm, 18 mm et 23 mm (Fig. 7.7). Elles permettent de couvrir une surface maximale, tout en étant aisément manipulables (Photo. 7.3). En finition courante, les rives longitudinales sont amincies afin d'améliorer l'aspect de la jonction entre les plaques, effectuée à l'aide de bandes de joint collées.

Photo. 7.3 • *Approvisionnement d'un niveau en plaques de parement en plâtre.*

D'autres finitions des rives longitudinales peuvent être obtenues : droite, biseautée ou arrondie, afin de répondre à des modes d'assemblage différents (pose à joints vifs restant apparents), comme indiqué chapitre 6, paragraphe 1.233.

Ces plaques trouvent également leur emploi dans la constitution de panneaux sandwich, à âme alvéolaire ou isolante (Photo. 7.4), ou d'éléments composites. À cet effet elles peuvent recevoir un parement à très faible perméabilité (feuille d'aluminium) dont le rôle est d'arrêter la migration de la vapeur d'eau de l'intérieur vers l'extérieur. Cette disposition a pour rôle d'éviter tout risque de condensation dans l'épaisseur de l'isolant thermique du doublage des murs extérieurs.

Des plâtres spéciaux sont utilisés dans la fabrication de plaques particulières, dont la peau en carton est traitée pour répondre aux qualités suivantes :

• les plaques hydrofugées employées pour les locaux présentant un fort degré d'humidité ;

• les plaques à haute dureté THD, présentant une meilleure résistance aux chocs, utilisées pour les circulations à grand trafic ;

• les plaques « spéciales feu », destinées aux ouvrages exigeant une bonne résistance au feu.

Photo. 7.4 • *Panneaux sandwich avec plaques de parement en plâtre et âme en polystyrène.*

Les plaques de plâtre M0 sont des plaques spéciales, avec une armature en fibres de verre, dont les faces ne sont pas revêtues de carton. Bénéficiant d'un classement de réaction au feu M0, elles sont destinées aux locaux pour lesquels des exigences de comportement au feu sont demandées : établissements recevant du public (ERP), immeubles de grande hauteur (IGH).

2. L'aluminium

L'aluminium est un métal non ferreux couramment employé dans la construction, dont l'utilisation est relativement récente (deuxième moitié du XXe siècle). Il n'existe pas à l'état natif et se présente sous forme d'oxyde, le minerai principal étant la **bauxite**, composée d'alumine, d'oxyde fer et de silice (Tab. 7.11). Un traitement chimique permet d'obtenir l'alumine (Al_2O_3) qui a l'aspect d'une poudre blanche. Elle est décomposée par réaction électrolytique à une température de 950 °C, dans des cuves contenant un électrolyte dont le constituant principal est la cryolithe* fondue et des cathodes en carbone. La réaction a la formulation suivante :

$$2\ Al_2O_3 \text{ (solution)} + 3\ C \text{ (solide)}$$
$$= 4\ Al \text{ (liquide)} + 3\ Co_2 \text{ (gaz)}.$$

COMPOSANTS	FORMULE CHIMIQUE	POURCENTAGE
Alumine	Al_2O_3	48 à 60
Oxyde de silicium	SiO_2	3 à 7
Oxyde ferrique	Fe_2O_3	15 à 23
Oxyde de titane	TiO_2	2 à 3
Chaux	CaO	1 à 3
Eau combinée	H_2O	10 à 14

Tab. 7.11 • *Les principaux composants de la Bauxite.*

SYMBOLE	ANCIENNE DÉSIGNATION	ÉLÉMENTS
Al	A	Aluminium
Cr	C	Chrome
Cu	U	Cuivre
Fe		Fer
Mg	G	Magnésium
Mn	M	Manganèse
Ni	N	Nickel
Pb		Plomb
Si	S	Silicium
Sn		Étain
Ti	T	Titane
Zn		Zinc

Tab. 7.12 • *Principaux métaux entrant dans la composition des alliages d'aluminium.*

L'aluminium fondu s'accumule au fond, mélangé à diverses impuretés ou à d'autres métaux en faible pourcentage. Il est recueilli par siphonnage afin d'être raffiné par électrolyse ou par ségrégation.

L'aluminium pur à 99,99 % est un métal malléable, ductile, de faible résistance mécanique et dont la résistance à la corrosion est remarquable. C'est la raison pour laquelle l'aluminium pur est associé à différents métaux (Tab. 7.12), afin de former des alliages dont les qualités sont liées à la nature des composants (Tab. 7.13).

ÉLÉMENTS	INFLUENCE SUR L'ALLIAGE
Cuivre	Améliore les caractéristiques mécaniques Facilite l'usinage Confère aux alliages une bonne aptitude aux traitements de surface Réduit les capacités de déformation Diminue la résistance à la corrosion (risque d'effet de pile) Rend le soudage délicat
Magnésium	Augmente la résistance à la corrosion Augmente l'aptitude à la mise en forme Améliore l'aptitude aux traitements de surface d'anodisation Facilite l'usinage
Manganèse	Confère aux alliages une excellente résistance à la corrosion Augmente l'aptitude aux déformations plastiques
Silicium	Diminue le coefficient de dilatabilité linéaire

Tab. 7.13 • *Influence des composants sur les qualités des alliages d'aluminium.*

La résistance mécanique est améliorée à l'aide de traitements thermiques (la trempe*) ou mécaniques (l'écrouissage)

2.1. La dénomination et la composition des alliages d'aluminium

La dénomination et la composition des alliages sont définies en fonction des transformations qu'ils subissent. Les alliages d'aluminium corroyés sont désignés sous l'appellation EN AW (Tab. 7.14). Le corroyage consiste en une déformation du métal avec un allongement généralement dans une direction privilégiée afin d'obtenir des produits semi-finis selon le profil souhaité. Il est réalisé à chaud ou à température ambiante. À chaud, le corroyage modifie la texture de solidification et améliore l'homogénéité et les caractéristiques mécaniques du produit.

DÉSIGNATION NUMÉRIQUE	COMPOSANTS PRINCIPAUX
Série 1000 EN AW – 1xxx	Aluminium EN AW – Al
Série 2000 EN AW – 2xxx	Aluminium – Cuivre EN AW – Al Cu
Série 3000 EN AW – 3xxx	Aluminium – Manganèse EN AW – Al Mn
Série 4000 EN AW – 4xxx	Aluminium – Silicium EN AW – Al Si
Série 5000 EN AW – 5xxx	Aluminium – Magnésium EN AW – Al Mg
Série 6000 EN AW – 6xxx	Aluminium – Magnésium – Silicium EN AW – Al Mg Si
Série 7000 EN AW – 7xxx	Aluminium – Zinc EN AW – Al Zn
Série 8000 EN AW – 8xxx	Aluminium – autres éléments EN AW – Al Fe

Tab. 7.14 • *Composition et désignation des alliages d'aluminium corroyés.*

À température ambiante, le métal subit un écrouissage, déformation plastique qui entraîne une modification de l'état structural du métal et un allongement des grains dans un sens donné. Ces transformations s'effectuent au cours d'opérations telles que le laminage, le matriçage, le filage et le forgeage.

Les pièces moulées sont réalisées à l'aide d'un alliage dont le code européen est EN AC, suivi d'une désignation numérique ou des principaux composants.

2.2. Les caractéristiques des alliages d'aluminium

Les caractéristiques des alliages d'aluminium couramment utilisés portent sur l'aspect physique, mécanique et chimique. Les principales propriétés sont les suivantes :

- la légèreté : sa masse spécifique est de 2 700 kg/m^3, soit sensiblement trois fois inférieure à celle de l'acier ;

- la charge à la rupture : de l'ordre de 22 daN/mm^2 ;

- le module d'élasticité, ou module de Young : 72 000 MPa, soit trois fois plus faible que celui de l'acier ;

- le coefficient de dilatation linéaire : 24×10^{-6} m/(m.K), soit le double de celui de l'acier ;

- dureté Brinell : 700 MPa ;

- le point de fusion : 658 °C ;

- la conductivité thermique : 230 W/m.K, valeur élevée comparativement à celle des autres matériaux de construction (acier : 52, béton : 1,75, matières plastiques : 1,00 à 1,50, verre : 1,10, bois : 0,15 à 0,23) ;

- la résistivité électrique : 2,65 $\mu\Omega$ cm, ce qui en fait un bon conducteur ;

- le pouvoir réflecteur : de 85 % à 90 %, dans le spectre visible, valeur qui a tendance à diminuer lorsque l'aluminium est terni ou recouvert de poussière ;

- le pouvoir émissif : de l'ordre de 5 % à 10 % de celui du corps noir, c'est-à-dire relativement faible ;

- la soudabilité : bonne, les assemblages étant homogènes ;

- la réaction en présence d'oxygène : grande affinité ; exposé à l'air, sa surface se couvre d'une fine pellicule transparente d'alumine qui assure sa protection naturelle.

Les caractéristiques mécaniques des alliages d'aluminium sont étudiées grâce à des séries d'essais semblables à ceux appliqués aux aciers. Les essais de traction à température ambiante sont les plus importants. Ils déterminent la résistance à la traction, la limite conventionnelle d'élasticité et l'allongement à la rupture. Les autres essais portent sur la dureté, la flexion par choc, l'aptitude au pliage et au soudage. Les sections des profilés des ossatures en alliage d'aluminium sont calculées en appliquant les règles Al (NF P 22-702).

À l'aide de réactions chimiques ou électrochimiques, les alliages sont soumis à des essais de corrosion. L'objectif est d'étudier la détérioration et son évolution dans le temps, lors de l'exposition dans leur environnement : en atmosphère courante, industrielle ou en milieu salin.

2.3. La compatibilité des alliages d'aluminium avec les autres matériaux

L'aluminium fait partie de la famille des métaux électronégatifs. Lorsqu'il est placé au contact de métaux électropositifs, une corrosion se produit, plus ou moins importante, en fonction des conditions d'exposition (humidité, atmosphère agressive) et de l'écart de potentiel. Il importe donc de vérifier les risques de formation de couples électrolytiques qui peuvent se produire entre les différents métaux. Certains, comme le cuivre ou le plomb, ne peuvent être employés avec l'aluminium.

En atmosphère sèche, le contact de l'aluminium avec l'acier ne pose pas de difficulté ; toutefois l'acier non protégé se corrode et la rouille tache l'aluminium. En atmosphère humide ou marine, il subit des attaques localisées. Afin d'éviter ce phénomène, les éléments en acier reçoivent une protection efficace (peinture au chromate de zinc, cadmiage, électrozingage) ou sont fabriqués en acier inoxydable non magnétique. Ce matériau est retenu, entre autres, pour les pièces de fixation et la visserie.

De même, des précautions particulières doivent être prises afin d'éviter tout contact avec les liants hydrauliques tels que le ciment, la chaux, ou les matériaux comme le mortier ou le béton en phase pâteuse. En effet, les projections de ciment provoquent une réaction chimique avec la couche d'anodisation qui engendre des taches indélébiles. Dans les ouvrages qui les associent au béton, les éléments en aluminium doivent être protégés par un film isolant, en plastique ou à base de bitume, même à titre provisoire en cours de travaux.

2.4. Les traitements de surface

Les alliages d'aluminium peuvent recevoir un traitement de surface dont le rôle est le suivant :

- protéger le métal contre la corrosion en atmosphère courante ou en atmosphère particulièrement agressive ;

- améliorer la résistance à l'usure ;

- faciliter l'adhérence d'un revêtement, peinture, vernis, colle ;

- maintenir la pérennité de l'aspect de surface ;

- modifier les propriétés optiques ;

- créer un aspect décoratif par l'emploi d'aluminium laqué, les teintes étant choisies dans la collection RAL*.

Plusieurs modes opératoires sont proposés :

- électrochimique par anodisation qui améliore et régularise artificiellement l'épaisseur de la couche d'alumine (Fig. 7.8), celle-ci étant incolore ou teintée (bronze, or, etc.) ;

- électrostatique par pulvérisation à basse pression d'un mélange de pigments de couleur enrobé dans une résine polymérisée par cuisson à une température de 170 °C à 250 °C ; la couche formée a une épaisseur minimale de 40 µm ou 60 µm selon le label et les conditions d'exposition ; les résines d'enrobage les plus courantes sont des résines époxydiques, de polyester ou acryliques (Tab. 7.15) ; préala-

blement, les profilés subissent une préparation de surface : dégraissage (élimination les salissures), dérochage (mise à vif du métal), passivation (neutralisation des sels en excédent) et séchage ; cette technique est destinée aux composants exposés à des risques de forte corrosion ;

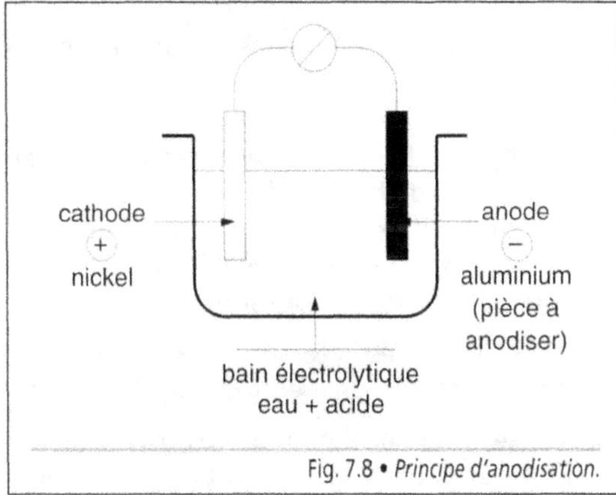

Fig. 7.8 • *Principe d'anodisation.*

- chimique par l'application d'une peinture ou d'un vernis sur des profilés préalablement préparés ;

- physique à l'aide du dépôt d'un film plastique par colaminage, procédé utilisé en atmosphère corrosive ;

- mécanique par brossage et polissage donnant un aspect mat ou brillant.

Nature des résines	Propriétés	Utilisation
Époxyde	Ne résiste pas aux rayons ultra-violets	Intérieur
Polyester	Adhère sur tous les supports	Intérieur et extérieur
Acrylique	Résiste aux acides et aux bases	Intérieur et extérieur

Tab. 7.15 • *Laquage – Résines d'enrobage.*

Le traitement par anodisation est effectué dans des ateliers spécialisés bénéficiant du label

EWAA (*Européan – Wrought – Aluminium Association*) ou EURAS (*Européan Anodisers*). Afin d'assurer une excellente protection, la couche d'alumine est caractérisée par les paramètres suivants :

- sa densité et son épaisseur correspondant à la qualité du colmatage ;

- sa résistance à l'usure et à la lumière ;

- sa continuité régulière dans le but d'éviter les corrosions ponctuelles.

L'épaisseur de la couche est déterminée en tenant compte de la localisation de l'ouvrage et des conditions d'exposition, intérieures et extérieures, telles qu'elles sont définies dans le tableau n° 7.16. Trois classes sont définies :

- la classe 10 est réservée aux travaux intérieurs ; l'épaisseur est comprise entre 10 et 14 microns ;

- la classe 15 est utilisée pour les travaux extérieurs, en atmosphères rurale et urbaine normales ; l'épaisseur est comprise entre 15 et 19 microns ;

- la classe 20 est réservée aux expositions en atmosphère agressive ; l'épaisseur est comprise entre 20 et 24 microns.

L'anodisation résiste bien aux solvants. Elle est sensible aux produits acides (pH < 5) ou basiques (pH > 8).

2.5. Les produits en alliages d'aluminium

Le secteur du bâtiment est l'un des principaux débouchés de l'industrie de l'aluminium. Les produits finis ou semi-finis sont obtenus par laminage, par filage ou par moulage, en partant d'alliages dont les composants sont définis en tenant compte du mode de transformation (Fig. 7.9).

- **Le laminage** comprend trois phases : un ébauchage à chaud à une température de l'ordre de 400 °C à 450 °C, suivi d'un laminage à froid jusqu'à l'épaisseur finale et d'une opération de planage. Il permet la fabrication des tôles et des bandes lisses ou comportant des dessins et des reliefs (tôles nervurées, striées, etc.). Par pliage à la presse ou à la machine à galets, les bandes sont transformées en éléments profilés.

EXPOSITION	CARACTÉRISTIQUES PRINCIPALES	TYPES DE CONSTRUCTIONS
Ambiances intérieures		
Saine et sèche	Hygrométrie faible ou moyenne	Bureaux, salles d'enseignement
Humide	Hygrométrie forte	Piscines
Agressive	Risques de corrosion chimique	Serres. locaux industrieles
Atmosphères extérieures		
Rurale	Non polluée	Campagne
Urbaine normale	Présence d'usines (gaz et fumées)	Zone urbaine moyenne
Industrielle normale	Risques de corrosion atmosphérique	Zone industrielle
Industrielle sévère	Forte teneur en composés chimiques	Présence de raffineries. cimenteries
Marine	Moins de 10 km du littoral	Front de mer
Mixte	Marine et industrielle ou urbaine	Villes en bord de mer
Sévère	Températures élevées, embruns, poussières	

Tab. 7.16 • *Conditions d'expositions intérieures et extérieures.*

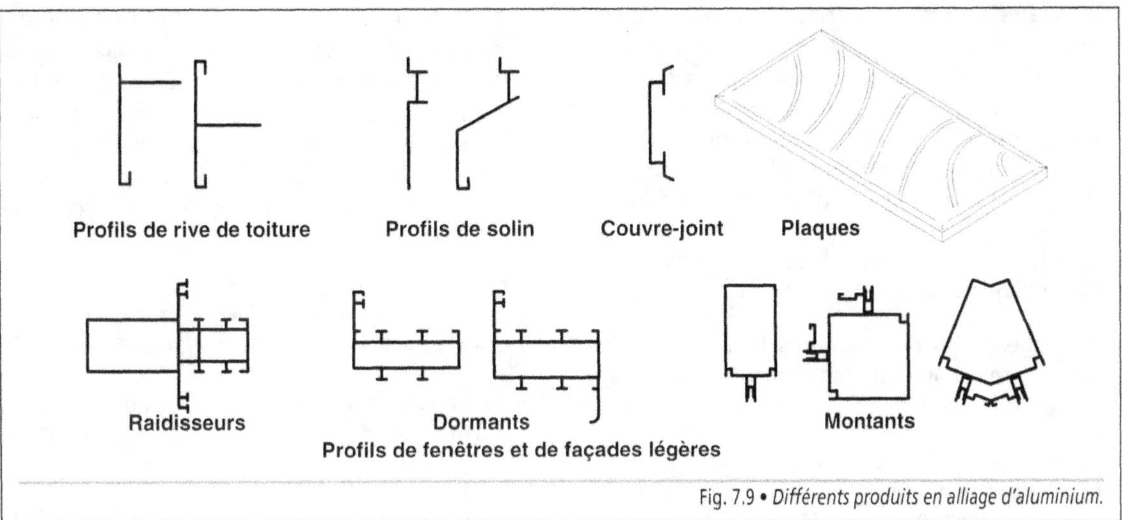

Fig. 7.9 • *Différents produits en alliage d'aluminium.*

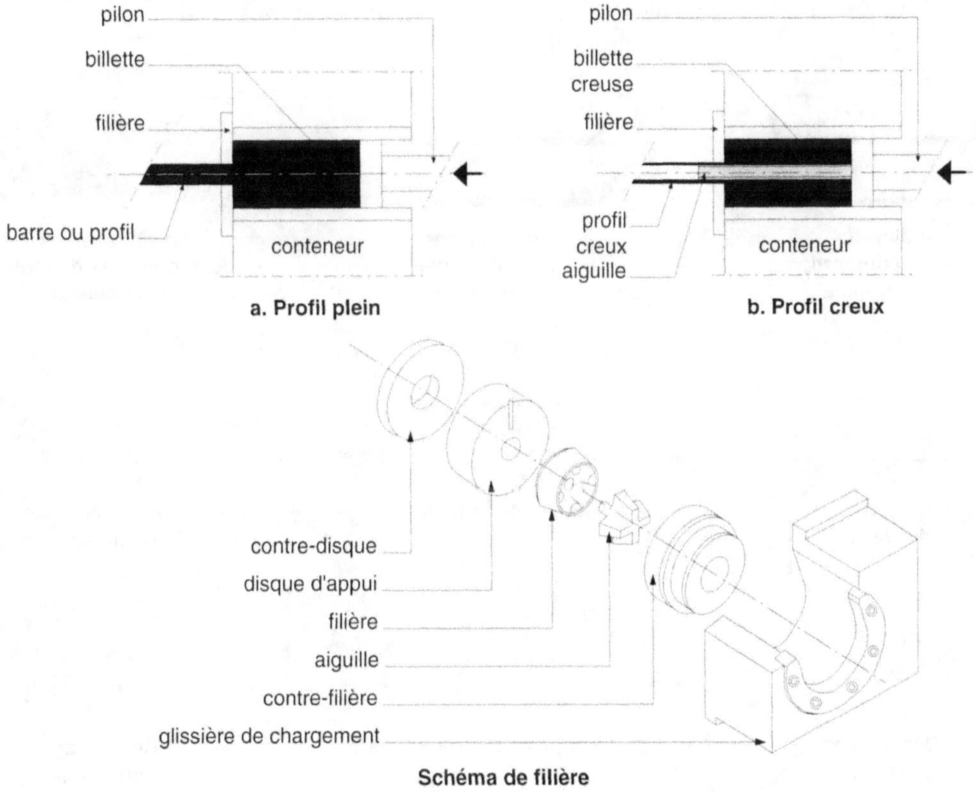

Fig. 7.10 • *Procédés de filage de l'aluminium.*

- **Le filage** s'effectue à chaud sur une presse hydraulique équipée d'un conteneur à la sortie duquel est fixée une filière. Cette dernière est une plaque en acier, découpée selon le profil souhaité, dans l'épaisseur finie, à travers laquelle l'aluminium est filé sous l'action d'un pilon. Celui-ci est plat pour les profils pleins ou se termine par une aiguille pour les profils creux de forme plus ou moins complexe (Fig. 7.10).

- **L'étirage** a pour but d'amener les barres et les tubes creux aux dimensions requises par déformation continue.

- **Le moulage** sert à réaliser des pièces particulières dont le profil est étudié afin de faciliter le coulage. Selon le procédé, les pièces sont de petites dimensions ou relativement importantes, pouvant peser une tonne ou plus. Partant d'un modèle, le moule comprend deux demi-coquilles confectionnées soit en sable aggloméré à l'aide d'une résine pour les séries peu importantes, soit en métal pour les grandes séries ou les pièces de grande précision. L'alliage, porté à une température de l'ordre de 750 °C, est coulé par gravité ou injecté sous pression (Fig. 7.11).

Des opérations complémentaires peuvent être nécessaires pour obtenir la forme définitive :

- **le repoussage** façonne la feuille selon la forme désirée à l'aide d'un tour tournant à une vitesse de 2000 tours/minute ;

- **l'emboutissage** provoque la déformation et le cintrage de la feuille sous l'action d'un mandrin agissant sous pression ;

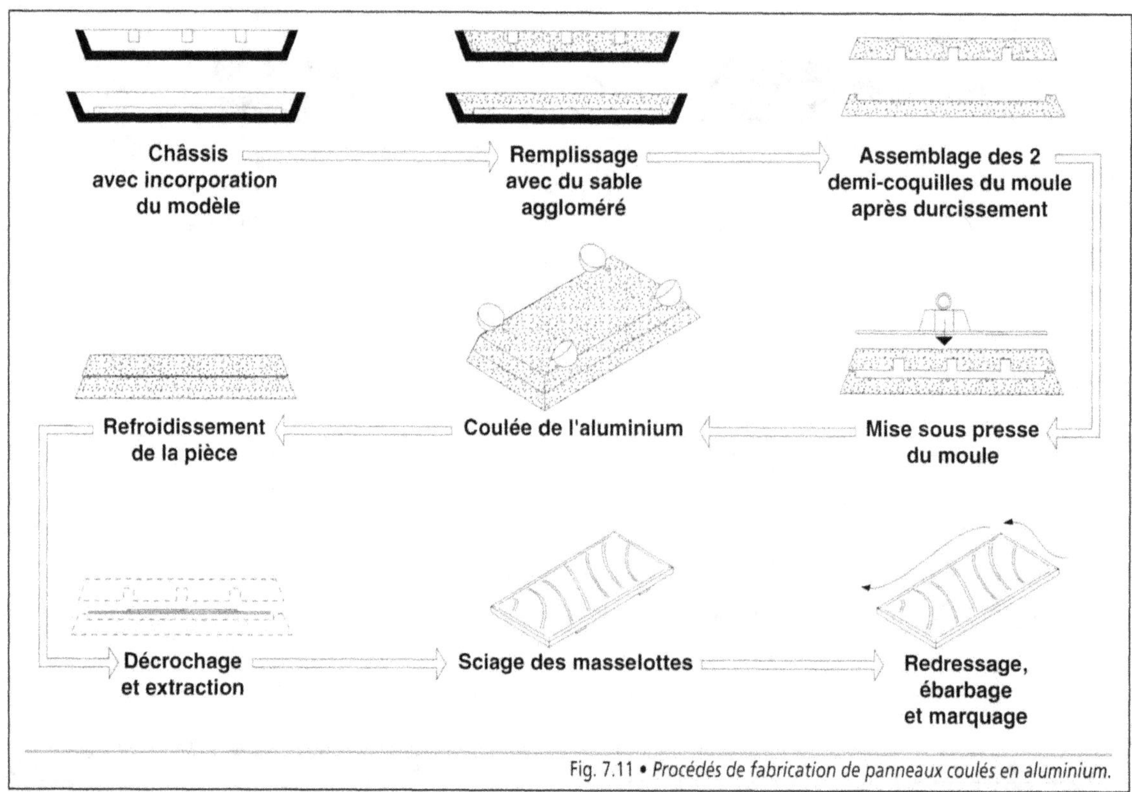

Fig. 7.11 • *Procédés de fabrication de panneaux coulés en aluminium.*

- **le matriçage** a pour but de réaliser des pièces de forme massive qui présentent une bonne précision dimensionnelle et une résistance mécanique élevée, selon l'orientation des fibres ;

- **le cintrage**, à froid ou à chaud, donne des formes courbes à des profilés ; éventuellement, il est complété par un traitement thermique ;

- **le pliage** rabat des tôles ou des bandes planes afin de former un angle ouvert ou droit ;

- **l'usinage** regroupe des opérations qui transforment un produit brut en composant fini : **le tronçonnage** pour couper les barres aux longueurs et angles définis par les plans d'exécution, **le délignage** ou **délardage** pour enlever tout ou partie d'une saillie d'un profilé, **le perçage** pour réaliser des trous ronds (passage de fixations) ou **le fraisage** pour les trous de forme quelconque (drainage de profilé).

Les demi-produits laminés comprennent des produits tels que les tôles, les bandes, les tôles à relief, les tôles et les bandes revêtues.

- **Les tôles** sont des produits de section transversale rectangulaire, dont l'épaisseur uniforme est comprise entre 0,20 mm et 6 mm pour les tôles minces, et supérieure à 6 mm pour les tôles moyennes ou épaisses. Elles peuvent être planes, ondulées, nervurées ou perforées.

- **Les bandes** ont une section transversale rectangulaire et une épaisseur uniforme supérieure à 0,20 mm, sans excéder le dixième de la largeur. Leur largeur est inférieure à celle des tôles.

- **Les tôles à relief** sont des tôles qui ont été imprimées en relief sur une face lors du laminage. Cette opération est effectuée à l'aide d'un cylindre gravé selon le motif désiré : damier, losange, grain d'orge ou autres.

- **Les tôles et les bandes revêtues** reçoivent un revêtement soit en cours de laminage, soit après transformation, de manière à présenter

une meilleure résistance à la corrosion ou un aspect décoratif.

Ces produits répondent à des tolérances d'épaisseur, d'équerrage, de planéité, de tuilage et de courbure. Ils servent pour les toitures, les bardages, les cloisons, les habillages ou la décoration (Photo. 7.5).

Photo. 7.5 • *Façades et couverture en tôle d'aluminium (Babylone Avenue Architectes).*

Les demi-produits filés regroupent **les barres**, **les profilés courants** et **les profilés de précision**. Les barres sont des éléments pleins, de section transversale carrée, circulaire, ovale, polygonale et uniforme sur toute leur longueur. Les profilés sont généralement creux ; ils ont une section transversale et une épaisseur constantes sur leur longueur. De forme complexe, les profilés de précision doivent répondre à des exigences de tolérance sur leurs dimensions et leurs formes. Des barrettes de rupture thermique peuvent être incorporées en cours de fabrication (Fig. 7.12). Les profilés sont définis par les dimensions suivantes :

- A : épaisseur des parois à l'exception de celles qui se trouvent à la périphérie des espaces fermés des profilés creux ;

- B : épaisseur des parois se trouvant à la périphérie des espaces fermés des profilés creux ;

- E : longueur de la patte des profilés avec des extrémités ouvertes ;

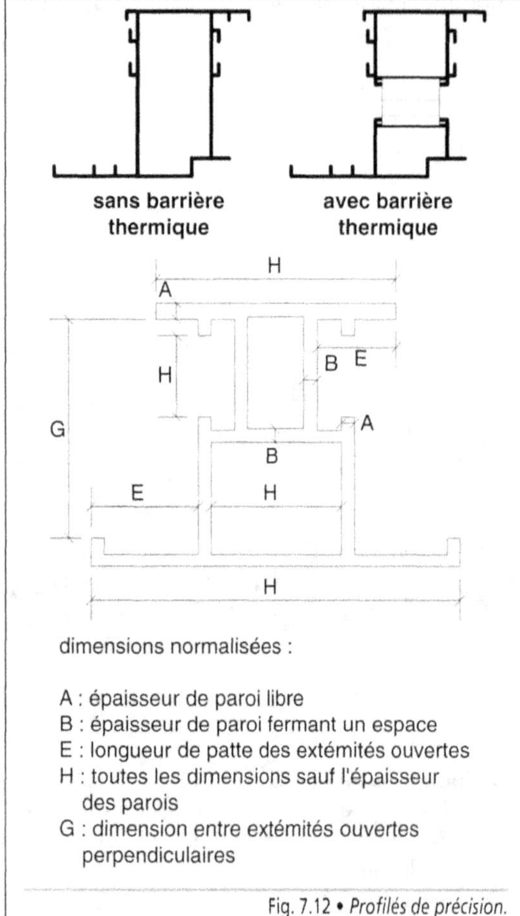

Fig. 7.12 • *Profilés de précision.*

Les produits étirés sont commercialisés sous la forme de **barres pleines** et de **tubes creux** à section transversale constante. Les tubes creux ne comprennent qu'un seul trou sur toute leur longueur et les parois sont à épaisseur constante. La section est de forme circulaire, carrée, rectangulaire, hexagonale et orthogonale régulière.

Les produits moulés se trouvent sous la forme de plaques et de pièces de forme simple ou complexe telles que les panneaux de parement avec ou sans relief (Photo. 7.6), les pivots de fenêtre, les poignées de porte ou de fenêtre, les nœuds d'assemblage, etc.

Photo. 7.6 • *Panneaux de façade en aluminium moulé (CRB Architectes).*

- H : toutes les dimensions à l'exception de l'épaisseur des parois et de la dimension G ;

- G : dimensions, à l'exception de l'épaisseur de paroi, entre les extrémités ouvertes perpendiculaires.

Les profilés sont réalisés avec un alliage dont la composition permet une bonne aptitude au filage et de bonnes caractéristiques mécaniques (Tab. 7.17). Comme les tôles, les profilés peuvent recevoir un revêtement de surface, en une ou plusieurs couches, à partir de peintures en poudre, de vernis liquides ou par l'application d'un film polymère. Les profilés sont employés dans les structures légères, les façades, les cloisons et les menuiseries.

EN AW – 6060 ou EN AW – Al Mg Si							
Si	Fe	Cu	Mn	Mg	Cr	Zn	Al
0,30 – 0,60	0,10 – 0,30	0,10	0,10	0,35 – 0,60	0,05	0,15	le reste
EN AW – 6063 ou EN AW – Al Mg 0,7 SI							
Si	Fe	Cu	Mn	Mg	Cr	Zn	Al
0,20 – 0,60	0,35	0,10	0,10	0,45 – 0,90	0,10	0,10	le reste

Tab. 7.17 • *Composition d'alliages courants d'aluminium corroyé (EN 573-3 ou NF A 02-122).*

Les produits composites sont essentiellement des structures sandwich qui comportent une âme en forme de nid d'abeilles en aluminium prise entre deux peaux du même métal (Fig. 7.13). Celles-ci peuvent être anodisées ou recevoir un revêtement plastifié. Ces produits, très légers, trouvent leur utilisation dans la fabrication de panneaux plans ou cintrés qui entrent dans la composition des façades légères ou des cloisons industrialisées.

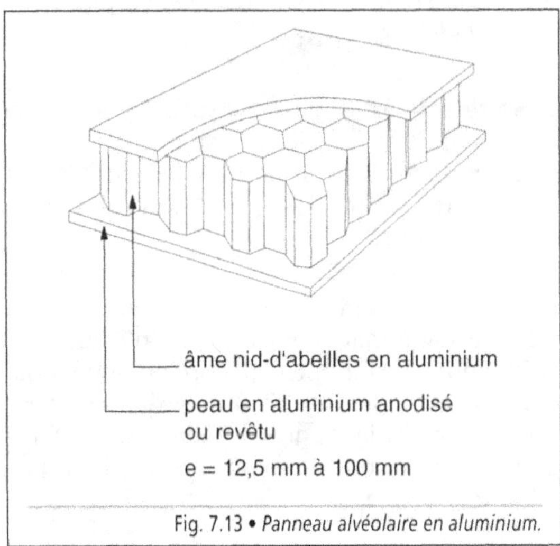

Fig. 7.13 • *Panneau alvéolaire en aluminium.*

3. Les matériaux verriers

Le verre est un matériau relativement ancien. Son utilisation, sous la forme de récipients, remonte à la plus haute antiquité. Les premiers vitraux, apparus au Moyen Orient, se développent en Europe au cours du Moyen Âge. En 1665, Colbert crée la Manufacture Royale des Glaces dans le but de fabriquer des verres plans à faces parallèles de grande qualité, destinés aux miroirs de la Galerie des Glaces du Château de Versailles. Les feuilles sont obtenues par soufflage puis usinées et polies. À la fin du XVIIe siècle, la coulée du verre sur une table métallique est mise au point, l'égalisation de l'épaisseur étant effectuée à l'aide d'un rouleau de fonte.

L'utilisation du **verre plat** se développe dans l'industrie du bâtiment vers le milieu du XIXe siècle, avec l'apparition de nouvelles techniques de fabrication. En effet, le vitrage apporte une amélioration de la qualité de l'habitat. La construction du *Crystal Palace* à Londres, en 1851, fait l'apologie du métal et du verre. À la fin du XIXe siècle, par analogie à l'industrie métallurgique, les recherches s'orientent vers une fabrication industrialisée en continu, d'abord par étirage du verre depuis le bain de fusion, puis par « flottage » sur un bain d'étain en fusion.

Le verre plat est présent dans la construction sous des formes les plus diverses, qu'il soit transparent, translucide ou opaque.

La glace, autre produit transparent, offre des propriétés optiques supérieures grâce à un parallélisme quasi parfait des deux faces de la feuille.

Les fibres de verre, d'utilisation plus récente puisque datant de la moitié du XXe siècle, forment une autre famille de produits qui qui joue un rôle important dans l'isolation et le renfort de tissus et de matériaux composites.

Le verre cellulaire, quant à lui, est un isolant thermique performant dont l'emploi est encore peu répandu, compte tenu de son coût de fabrication.

3.1. La composition du verre

Le verre est un complexe de silicates de soude et de chaux résultant de la fusion de plusieurs composants choisis pour répondre aux critères suivants :

- le faible coût de la matière première ;

- la température de fusion la moins élevée possible ;

- l'absence de cristallisation au cours du refroidissement ;

- la facilité de mise en forme ;

- la stabilité chimique du produit final ;

- les bonnes performances mécaniques et physiques.

Les principaux constituants qui entrent dans la fabrication du verre sont les suivants (Tab. 7.18) :

- un corps vitrifiant, la silice (SiO_2), sous la forme de sable, dont la température de fusion se situe autour de 1 800 °C ;

- un fondant, la soude (Na_2O), sous la forme de carbonate et de sulfate, dont le but est d'abaisser la température de fusion ;

- un stabilisant, la chaux (CaO), sous la forme de calcaire, afin de donner au verre sa stabilité chimique ;

- divers oxydes, tels que la magnésie (MgO) et l'alumine (Al_2O_3), qui améliorent les propriétés physiques du verre et sa résistance à l'action des agents atmosphériques ;

- des éléments secondaires dont le rôle est de purifier et de neutraliser la masse en fusion (feldspath, charbon de bois) ;

- du calcin, ou débris de verre de même composition, afin d'accélérer la fusion du mélange ;

- des oxydes métalliques qui donnent la coloration dans la masse de certains vitrages.

CONSTITUANTS	FONCTIONS	PROPORTIONS EN POIDS
Silice	Corps vitrifiant	60 % à 75 %
Soude	Fondant	10 % à 17 %
Chaux	Stabilisant	< 12 %
Magnésie et alumine	Améliorant	< 10 %
Feldspath et charbon de bois	Purifiant et neutralisant	–
Calcin	Accélérant	–
Oxydes métalliques	Colorant (1)	–
(1) Utilisés uniquement pour la coloration des vitrages.		

Tab. 7.18 • *Composition du verre plat*

3.2. La fabrication du verre plat et de la glace

Le verre plat et la glace constituent la part la plus importante des matériaux verriers employés dans l'industrie du bâtiment. C'est la raison pour laquelle, les procédés de fabrication se modernisent sans cesse.

Tous les composants sont transportés, pesés et mélangés automatiquement avant d'être humidifiés pour obtenir une meilleure homogénéisation du mélange. Puis ils sont enfournés dans des fours à bassin de grandes dimensions, fonctionnant en continu et pouvant contenir jusqu'à 1 500 tonnes de verre.

Dans le four de fusion, l'élaboration du verre comporte trois phases majeures :

- la fusion au cours de laquelle les matières premières sont portées à une température de l'ordre de 1 500 °C ;

- l'affinage dont le rôle est d'homogénéiser le verre fondu et d'éliminer les bulles gazeuses qui sont emprisonnées ;

• le conditionnement thermique pendant lequel le verre en fusion est refroidi pour atteindre un degré de viscosité correspondant aux exigences du procédé de fabrication.

La fabrication du verre plat s'effectue selon deux grands procédés qui ont été généralisés et fournissent des produits de qualité.

Le procédé par étirage permet la fabrication du **verre étiré**, depuis le bain de fusion, par la manipulation d'une barre métallique. L'étirage peut être vertical ou horizontal (Fig. 7.14). La feuille de verre étiré a une épaisseur constante de 2 mm à 6 mm. Elle dépend de la vitesse d'étirage et de la température du bain. Plus l'étirage est rapide ou plus la température est élevée, plus la feuille est mince. Ensuite, le verre est dirigé vers un four de recuisson et l'atelier de découpe.

Le procédé *Float-glass*, mis au point par la Société britannique *Pilkington*, au milieu du XXe siècle, permet la fabrication du verre plat de grande qualité et de la glace en continu. Le verre, élaboré dans un four de grande capacité, se déverse sur un bain d'étain en fusion. Ayant une masse spécifique inférieure à celle de l'étain, il « flotte » parfaitement sur la surface de celui-ci (Fig. 7.15). Par effet de capillarité, une feuille se forme, d'une épaisseur constante de 6,4 mm environ, dont les faces sont rigoureusement parallèles. Afin de modifier l'épaisseur, des barres sont placées à la sortie entre le four et le bain d'étain, accélérant ou ralentissant le déroulement de la bande de verre. Celle-ci est polie : pour la face inférieure, par le contact du verre avec le métal en fusion et, pour la face supérieure, par l'action du feu.

La feuille de verre passe ensuite dans le tunnel de recuisson calorifugé où elle subit un refroidissement progressif contrôlé avant d'être découpée à la demande.

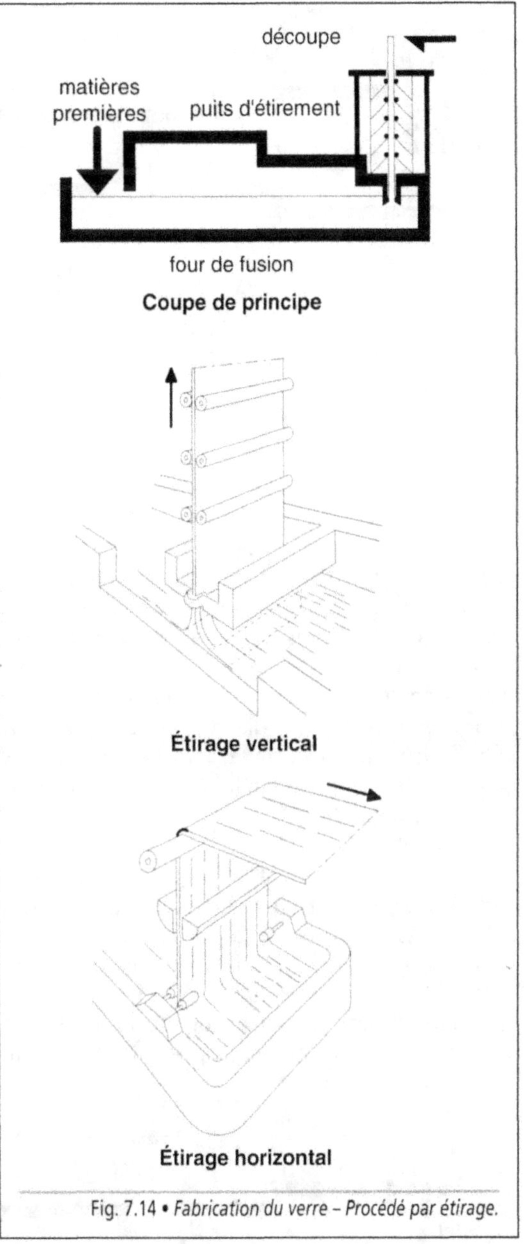

Fig. 7.14 • *Fabrication du verre – Procédé par étirage.*

Compte tenu de ses capacités de production et de la qualité des produits, le procédé *Float* a tendance à supplanter les autres systèmes de production.

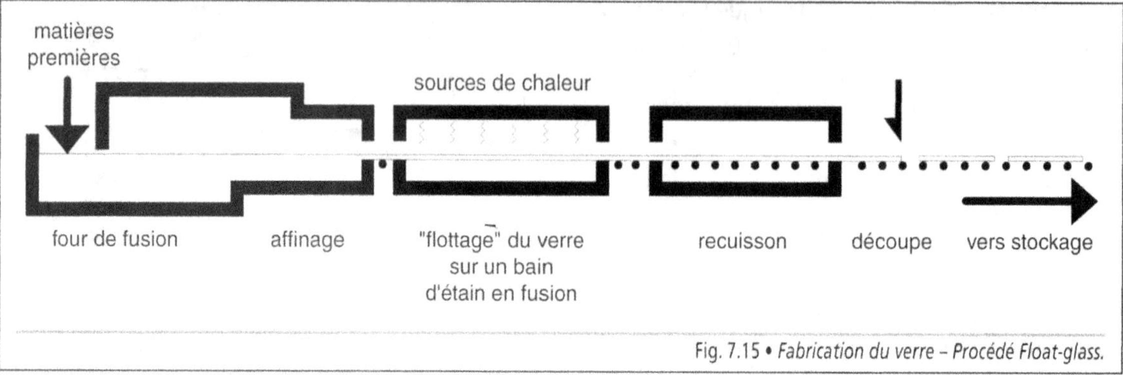

Fig. 7.15 • *Fabrication du verre – Procédé Float-glass.*

La fabrication de la glace demande une grande régularité dans l'épaisseur de la feuille et le parallélisme des deux faces. Le verre en fusion s'écoule du bassin et passe entre deux rouleaux lamineurs, pour former un ruban ininterrompu de glace brute et striée. La largeur du ruban est constante, son épaisseur varie en fonction de l'écartement des rouleaux et de la vitesse d'écoulement du verre. Après le passage dans l'unité de recuisson, la glace brute pénètre dans le *twin* où elle subit des opérations de doucissage* et de polissage qui lui donnent son poli et sa transparence (Fig. 7.16).

La glace est également fabriquée avec le procédé Float qui présente le gros avantage de supprimer les opérations de doucissage et de polissage à la sortie du four de recuisson.

Les glaces spéciales, en raison de leurs dimensions ou de leur qualité, sont fabriquées de manière artisanale : **la fabrication en pots**. Les matières premières sont introduites dans des creusets en briques réfractaires, les pots, et portées à la température adéquate. La coulée se fait soit sur laminoir pour les épaisseurs inférieure à 19 mm, soit sur une table sur laquelle la glace est étendue et aplanie à l'aide d'un cylindre. Ensuite, le doucissage et le polissage lui donnent son fini définitif.

Le verre et la glace peuvent subir divers traitements soit en cours de fabrication, soit à la sortie du four, qui en modifient les qualités ou l'aspect.

Lors de la fabrication du verre, un certain nombre de défauts peuvent apparaître :

• **les défauts optiques** susceptibles d'altérer la vision et de provoquer des distorsions optiques ;

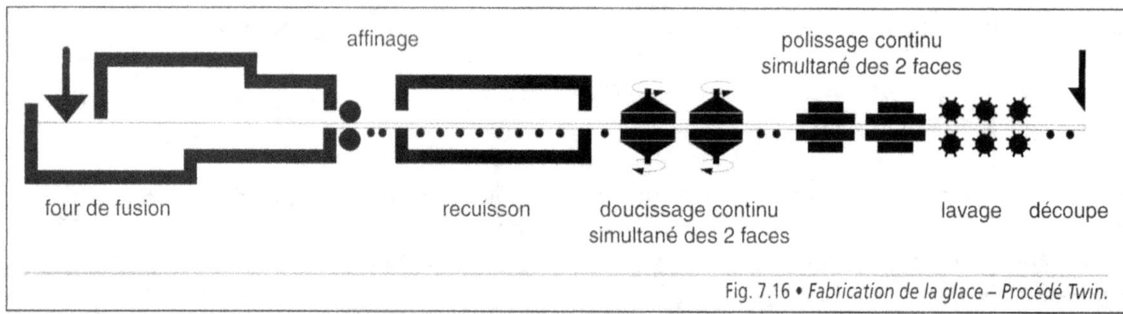

Fig. 7.16 • *Fabrication de la glace – Procédé Twin.*

- **les défauts d'aspect**, de dimensions nettement délimitées, correspondant à l'inclusion de gaz ou de sels, ou à une dégradation ponctuelle ;

- **les défauts non mesurables** intéressant l'ensemble de la feuille de verre, tels que l'irisation, le moirage, les empreintes des rouleaux ou la présence d'impuretés ;

- **les défauts de bords** spécifiques à la découpe ou correspondant à des amorces de rupture ;

- **les défauts de planéité** apparaissant sous la forme bombée ou ondulée.

Les tolérances de défauts, de dimensions et d'équerrage sont précisées dans des documents normatifs en fonction de la qualité et de la destination du produit : vitrage courant, vitrage sélectionné ou vitrage complexe.

3.3. Le rôle du verre dans le bâtiment

Dans le bâtiment, le verre est utilisé traditionnellement comme matériau de l'enveloppe, incorporé dans les menuiseries d'une façade (Photo. 7.7). Il intervient également pour clore ou séparer des espaces, soit avec l'extérieur, comme façade légère entièrement vitrée (VEP, VEC, VEA), soit en intérieur, comme composant des cloisons.

Afin de jouer ce rôle, le verre doit assurer une ou plusieurs fonctions telles que :

- l'éclairement naturel des locaux ;

- un meilleur confort dans ceux-ci par une bonne isolation thermique et en réduisant l'effet de paroi froide ;

- une bonne isolation acoustique en façade ou entre locaux contigus ;

- une certain maîtrise de l'énergie solaire en évitant l'effet de serre ;

- la protection contre l'intrusion et la sécurité des personnes et des biens.

Photo. 7.7 • *Verrières (Architectes Dubosc et Landowsky).*

De plus il participe à l'aspect architectural de la construction et à sa décoration intérieure.

En conséquence, indépendamment des caractéristiques mécaniques, le choix d'un vitrage est effectué en prenant en compte des paramètres qui portent sur ses caractéristiques physiques et photométriques. Les plus importants sont le facteur de transmission lumineuse (T_l en %), le facteur de transmission énergétique (T_e en %) le facteur de transmission totale de l'énergie solaire ou facteur solaire (g), le coefficient de transmission thermique (U en $W/m^2.K$ – ancien coefficient K), l'indice d'affaiblissement acoustique pondéré (R_W en dB). D'autres paramètres interviennent également, tels que : le facteur de réflexion lumineuse extérieure et intérieure (R_{IE} et R_{II} en %), le facteur de transmission de l'ultraviolet (T_{uv} en %), le facteur de réflexion énergétique extérieure et intérieure (R_{eE} et R_{el} en %), le facteur d'absorption énergétique (A_e en %), le *Shading coefficient** (SC), l'indice d'affaiblissement acoustique au bruit rose et au bruit de trafic (R_A et $R_{A,tr}$ en dB) (Tab. 7.19 et 7.20). Peuvent être également prises en compte les indications suivantes : le facteur lumineux correspondant à l'illuminant (D_{65}) ou l'indice général de rendu des couleurs (R_a).

CARACTÉRISTIQUES	ABRÉVIATIOS	UNITÉS	NORMES
Facteurs lumineux			
Transmission lumineuse	T_l	%	EN 410
Réflexion lumineuse extérieure	R_{IE}	%	EN 410
Réflexion lumineuse intérieure	R_{II}	%	EN 410
Transmission du rayonnement ultraviolet	T_{UV}	%	EN 410
Facteurs énergétiques			
Transmission énergétique	T_e	%	EN 410
Réflexion énergétique extérieure	R_{eE}	%	EN 410
Réflexion énergétique intérieure	R_{el}	%	EN 410
Absorption énergétique	A_e	%	EN 410
Double vitrage			
Absorption énergétique du verre extérieur	A_{e1}	%	EN 410
Absorption énergétique du verre intérieur	A_{e2}	%	EN 410
Facteur solaire	g_{EN410}		EN 410
	$g_{ISO9050M1}$		ISO 9050 M1
Shading coefficient	SC		EN 410
Coefficient de transmission thermique	U	$W/(m^2.K)$	EN 673
Indice d'affaiblissement acoustique pondéré	R_W	dB	EN 717-1
Terme d'adaptation acoustique pour le bruit rose	C	dB	EN 717-1
Terme d'adaptation acoustique pour le bruit de trafic	C_{tr}	dB	EN 717-1
Indice d'affaiblissement acoustique pour le bruit rose	R_A	dB	EN 717-1
Indice d'affaiblissement acoustique pour le bruit de trafic	$R_{A,tr}$	dB	EN 717-1

Tab. 7.19 • *Caractéristiques physiques et photométriques des vitrages – Abréviations, unités et normes.*

Caractéristiques	Unités	Simples vitrages											Doubles vitrages	
		Planilux (1)		Antelio – clair (2)		Cool-lite (2) Neutre -Gris		Starélio (2)	Parsol Bronze (3)	Eko plus (4)		Stadip 33,1 (5)	Planilux (1)	
Référence						SR 132	SN 150						4(6)4	6(12)6
Épaisseur	mm	4	6	6	6	6	6	6	6	6	6	6	14	24
Poids	kg/m^2	10	15	15	15	15	15	15	15	15	15	15,5	20	30
Position de la couche	face	–	–	1	2	2	2	2	–	1	2	–	–	–
Facteurs lumineux														
T_l	%	90	89	47	47	32	50	54	49	75	75	89	81	79
R_{lE}	%	8	8	32	26	13	8	19	5	13	12	8	14	14
R_{ll}	%	8	8	26	32	26	16	4	5	12	13	8	14	14
Ultraviolets T_{UV}	%	56	53	20	20	22	31	34	19	31	31	2	44	38
Facteurs énergétiques														
T_e	%	83	79	51	51	30	46	38	49	59	59	75	70	64
R_{eE}	%	8	7	26	19	11	7	16	5	13	11	7	13	12
R_{el}	%	8	7	19	26	26	16	13	5	11	13	7	10	14
A_e	%	9	14	23	30	59	47	46	46	28	30	18	7	10
Facteur solaire														
g_{EN410}		0,85	0,82	0,57	0,59	0,44	0,58	0,50	0,61	0,67	0,64	0,79	0,75	0,72
$g_{ISO9050MI}$		0,85	0,82	0,58	0,60	0,44	0,58	0,48	0,61	0,64	0,62	0,78	0,75	0,71
Shading coefficient		0,98	0,95	0,66	0,68	0,51	0,66	0,57	0,70	0,76	0,74	0,91	0,87	0,83
Coefficient U	W/(m^2.K)	5,8	5,7	5,7	5,7	5,5	5,7	5,8	5,7	–	–	5,7	3,3 (6)	2,8 (6)
Indice d'affaiblissement acoustique														
R_W	dB	30	31	–	–	–	–	–	–	–	–	36	30	33
C	dB	– 1	– 1	–	–	–	–	–	–	–	–	– 1	– 1	– 1
C_{tr}	dB	– 3	– 2	–	–	–	–	–	–	–	–	– 3	– 3	– 3
R_A	dB	29	30	–	–	–	–	–	–	–	–	35	29	32
$R_{A.tr}$	dB	27	29	–	–	–	–	–	–	–	–	33	27	30

(1) Glace claire.
(2) Contrôle solaire.
(3) Glace teintée.
(4) Verre peu émissif.
(5) Verre feuilleté.
(6) Avec lame d'air.
N.B. : les vitrages cités sont donnés à titre indicatif, l'éventail des compositions étant beaucoup plus large.

Tab. 7.20 • *Analyse comparative des caractéristiques physiques et photométriques de différents vitrages (Source : document SGG).*

3.4. Les caractéristiques et les propriétés

Le verre est un matériau isotrope, propriété due à sa nature amorphe. Ses caractéristiques et ses propriétés sont les mêmes dans toutes les directions (Fig. 7.17).

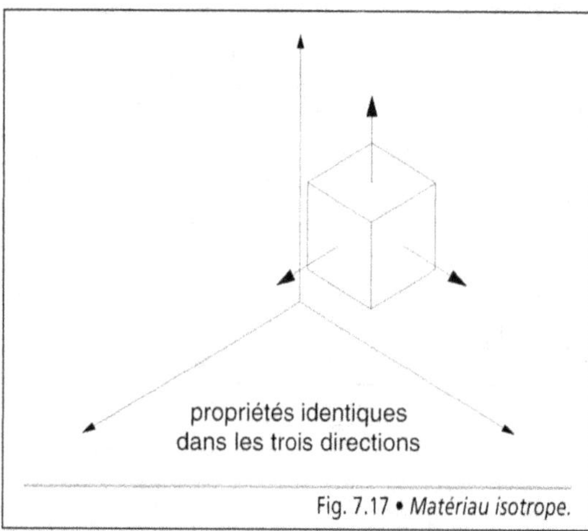

Fig. 7.17 • *Matériau isotrope.*

Les principales caractéristiques du verre peuvent être analysées sous l'aspect mécanique, physique et chimique.

3.41. Les caractéristiques mécaniques regroupent les notions de masse et de résistance.

- La masse spécifique est de 2 500 kg/m^3 ; il en résulte que la charge amenée par un vitrage est égale à 2,5 kg par m^2 par mm d'épaisseur.

Exemple

Un vitrage de 1,50 m de largeur sur 2,00 m de hauteur apporte la surcharge permanente suivante :

- en verre de 4 mm :

$$3,00 \text{ m}^2 \times 4 \text{ mm} \times 2,5 = 30 \text{ kg} ;$$

- en double vitrage 4(6)4 :

$$3,00 \text{ m}^2 \times 8 \text{ mm} \times 2,5 = 60 \text{ kg} ;$$

- en glace de 10 mm :

$$3,00 \text{ m}^2 \times 10 \text{ mm} \times 2,5 = 75 \text{ kg} ;$$

- si les dimensions du vitrage sont portées à 3,00 m × 4,00 m, la surcharge, pour une glace de 10 mm est de 300 kg.

Les dimensions des pièces supportant des vitrages doivent être calculées afin de reprendre ces surcharges, auxquelles viennent se superposer les efforts du vent pour les vitrages extérieurs.

- La résistance à la rupture à la compression est très bonne : 1 000 N/mm^2.

- La résistance à la rupture à la traction a une valeur égale à 50 N/mm^2.

- La résistance à la rupture à la flexion est de l'ordre de 40 N/mm^2 pour un verre courant. Elle varie de 120 N/mm^2 à 200 N/mm^2 pour une glace trempée suivant l'épaisseur et le façonnage des bords.

- Le module d'élasticité, ou module de Young a pour valeur 70 000 MPa.

- Le coefficient de Poisson est égal à 0,22.

- La dureté, selon l'échelle de Mohs*, se situe dans la partie médiane. Sa valeur est de 6,5 : le verre est rayé par le diamant, le carborandum, quelques aciers durs et certains sables siliceux.

Sous l'action d'un effort (action du vent), le verre se déforme et reprend sa forme initiale dès qu'il est libéré des contraintes. C'est un matériau élastique qui ne présente pas de déformation permanente. Mais le verre est un matériau fragile, car il se brise dès que la valeur de la charge à la rupture est atteinte, sans manifester aucun signes annonciateurs. Ces caractéristiques peuvent être modifiées par des traitements tels que le recuit ou la trempe.

3.42. Les caractéristiques physiques du verre portent sur les propriétés suivantes : photométriques, thermiques et acoustiques.

■ Les caractéristiques photométriques du verre sont directement liées au rôle de ce dernier face au rayonnement solaire.

Le rayonnement solaire, qui atteint la Terre, est composé en grande partie du rayonnement direct, plus élevé en altitude qu'au niveau de la mer, auquel il convient d'ajouter le rayonnement diffus provenant essentiellement de la voûte céleste et des nuages. Correspondant à une gamme de longueur d'onde qui s'échelonne de 0,28 µm à 2,5 µm, il se répartit de la manière suivante : l'ultraviolet (de 0,28 µm à 0,38 µm), le visible (de 0,38 µm à 0,78 µm) et l'infrarouge (de 0,78 µm à 2,5 µm) (Tab. 7.21). La sensation lumineuse perçue est due au seul rayonnement visible compris entre 0,38 µm et 0,78 µm. Les ultraviolets ont pour effet d'entraîner un vieillissement accéléré et la décoloration des objets alors que les infrarouges apportent une sensation de chaleur.

Le rôle du vitrage est de laisser pénétrer la lumière en arrêtant, dans la mesure du possible, les rayons ultraviolets et infrarouges.

Lorsque le rayonnement solaire vient frapper un vitrage, il se répartit en trois parties (Fig. 7.18) :

– une première est réfléchie ;

– une deuxième est transmise ;

– une troisième est absorbée par le matériau.

Les rapports de chacune de ces trois parties sur le flux incident définissent le facteur de réflexion directe (R), le facteur de transmission directe (T) et le facteur d'absorption (A). La relation qui lie ces trois facteurs est la suivante :

$$R + T + A = 1.$$

Ces facteurs sont calculés en tenant compte de la répartition spectrale relative du rayonnement solaire.

La partie absorbée est soit rejetée vers l'extérieur, soit retransmise vers l'intérieur. Les facteurs de réémission vers l'extérieur (q_e) et de réémission vers l'intérieur (q_i) satisfont à la relation suivante :

$$A = q_e + q_i.$$

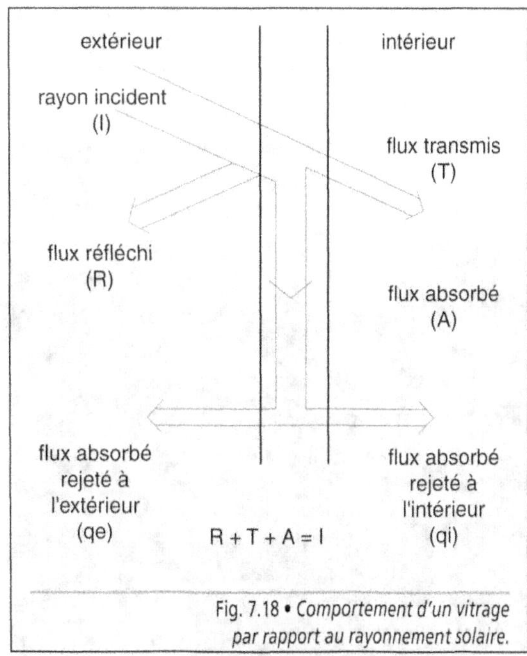

Fig. 7.18 • *Comportement d'un vitrage par rapport au rayonnement solaire.*

Rayonnement solaire	Ultraviolet		Visible		Infrarouge		Ensemble du spectre	
	0,28 à 0,38 µm		0,38 à 0,78 µm		0,78 à 2,5 µm		0,28 à 2,5 µm	
	W/m²	%	W/m²	%	W/m²	%	W/m²	%
Direct	10,50	1,50	349,00	49,50	298,60	42,35	658,10	93,35
Diffus	7,40	1,00	34,00	4,80	5,70	0,85	47,10	6,65
Total	17,90	2,50	383,00	54,30	304,30	43,20	705,20	100,00

Tab. 7.21 • *Répartition de l'énergie solaire directe et diffuse reçue par une façade verticale pour une hauteur de soleil de 30°.*

Pour une incidence donnée, ces rapports dépendent de l'épaisseur du vitrage, de sa teinte et, dans le cas du verre à basse émissivité, de la nature de la couche d'oxydes métalliques.

Les facteurs de transmission et de réflexion lumineuses d'un vitrage sont les rapports du flux lumineux transmis ou réfléchi au flux lumineux incident. Ils sont déterminés à partir d'une source lumineuse conventionnelle : l'illuminant D_{65}.

Le facteur de transmission lumineuse est de l'ordre de 85 % à 90 % pour les vitres ou les glaces simples courantes, et de 80 % pour les doubles vitrages isolants ; il peut être inférieur à 50 % pour des glaces de contrôle solaire.

Photo. 7.8 • *Vitrage à réflexion lumineuse.*

Le facteur de réflexion lumineuse varie de 10 % à 15 % pour les vitrages courants. Il peut atteindre une valeur supérieure à 50 % pour des glaces réfléchissantes (Photo. 7.8).

Le facteur solaire (g) exprime le pourcentage d'énergie solaire totale transmise à l'intérieur d'un local par rapport à l'énergie incidente. Il correspond à la somme du facteur de transmission directe de l'énergie solaire (T) et du facteur de réémission vers l'intérieur (q_i) : $g = T + q_i$. Il est calculé conformément à des conventions définies par les normes. Plus le pourcentage est élevé et plus la transmission de l'énergie solaire au travers du vitrage est importante, entraînant une influence non négligeable sur le confort thermique. Le facteur solaire est de 82 % pour un verre normal de 6 mm ; il est de l'ordre de 70 % à 75 % pour un double vitrage et varie de 20 % à 60 % pour une glace de contrôle solaire. Il intervient dans le calcul du bilan énergétique des vitrages.

Les facteurs énergétiques correspondent aux facteurs de transmission (T_e), de réflexion (R_e) et d'absorption énergétiques (A_e), c'est-à-dire à la partie des flux énergétiques transmis, réfléchis et absorbés par rapport au flux énergétique incident. Ils sont déterminés pour les longueurs d'onde comprises entre 0,3 µm et 2,5 µm et sont exprimés en pourcentage. Ils jouent un rôle dans l'étude du confort des locaux en thermique d'hiver ou d'été.

■ **Les caractéristiques thermiques** du verre portent sur les aptitudes du verre en présence d'une source de chaleur.

La température de fusion est de l'ordre de 1 200 °C.

Le point de ramollissement est atteint vers 550 °C.

La réaction au feu est très bonne : le verre est incombustible ou classé M0.

La chaleur volumique est égale à 2 195 kj/m^3 K.

Le coefficient de dilatation linéaire est de 8 à 10.10^{-6} m/m K.

Exemple

Un vitrage de 3 m de longueur, sous une élévation de température de 40 °C, subit un allongement de :

$$3 \times 9.10^{-6} \times 40\ °C = 1,08\ mm.$$

Les dispositions doivent être prises afin de ne pas brider le vitrage et lui laisser la possibilité de se dilater librement.

La conductivité thermique a une valeur qui s'échelonne de 0,85 W/(m.K) à 1,15 W/(m.K) selon la qualité du verre.

Le coefficient U exprime les transferts thermiques, en régime permanent et par unité de surface, à travers une paroi par conduction, convection et rayonnement. Pour le verre, il est déterminé au travers de la partie centrale, sans tenir compte des effets de bord. Sa valeur est relativement élevée. Elle dépend de l'épaisseur et de la qualité du verre et, pour les verres isolants, du nombre de parois vitrées, de l'épaisseur et de la nature de la lame intermédiaire (Fig. 7.19).

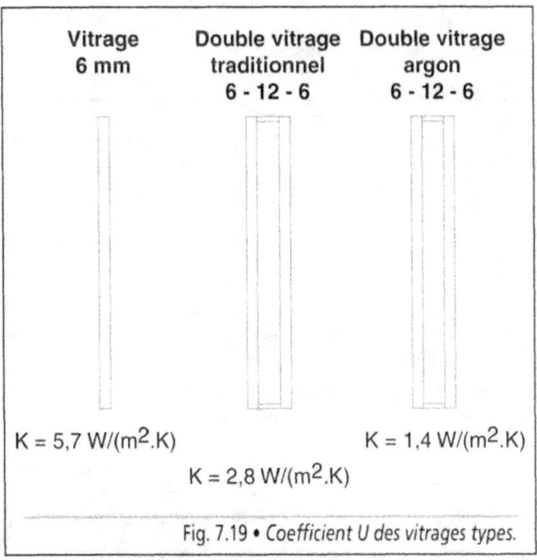

Fig. 7.19 • *Coefficient U des vitrages types.*

Exemple

vitrage de 6 mm d'épaisseur : U = 5,7 W/(m².K) ;

double vitrage courant 6(12)6 : U = 2,8 W/(m².K) ;

vitrage isolant performant : U = 1,7 W/(m².K) ;

vitrage isolant performant, l'argon remplaçant l'air : U = 1,4 W/(m².K).

Plus la valeur du coefficient est élevée, plus les déperditions calorifiques sont importantes. Il en résulte qu'en période hivernale, la température de la face intérieure étant faible, une sensation de froid est ressentie à proximité, connue sous le nom **d'effet de paroi froide**. Inversement, en été, lorsque le soleil pénètre dans une pièce, il crée un rayonnement thermique non négligeable, connu sous le nom d'**effet de serre**.

Les contraintes thermiques du verre ont pour origine le réchauffement partiel d'un vitrage sous l'effet de l'ensoleillement. Elles peuvent provoquer sa rupture sous l'action de tensions internes dues à un écart de température entre deux zones d'un même verre, ou **écart critique**.

Exemple

Un vitrage absorbant, soumis à l'action du soleil, s'échauffe d'autant plus vite que son coefficient d'absorption énergétique est élevé. Pris dans une feuillure, les bords se réchauffent moins vite que la partie centrale. Lorsque l'écart de température atteint le seuil critique, les contraintes internes le fragilisent et peuvent provoquer sa rupture.

La valeur de l'écart critique dépend des paramètres suivants :

- la nature du produit verrier et la constitution des vitrages (nombre de composants, état des bords du verre, caractéristiques énergétiques, valeur du coefficient U) ;

- les conditions de pose (nature et inertie thermique des feuillures, inclinaison du vitrage) ;

- les conditions climatiques du site (orientation des façades, écart journalier de température, flux solaire) ;

- la nature des parois au voisinage du vitrage (présence de stores intérieurs, proximité de corps de chauffe, vitrage devant une paroi opaque).

Le DTU 39 (NF P 78-201-1) – *Travaux de miroiterie – vitrerie* indique les méthodes de calcul des écarts critiques et fixe les exigences pour le choix des vitrages susceptibles d'être exposés à l'ensoleillement.

L'écart de température admissible entre deux zones d'un même vitrage est de l'ordre de 35 °C pour les verres courants et de 150 °C à 200 °C pour les verres ayant subi un traitement thermique.

■ **Les caractéristiques acoustiques** du verre sont déterminées afin d'assurer une bonne isolation au bruits aériens. À travers une paroi non poreuse, comme le verre, la transmission de ces bruits dépend essentiellement de deux paramètres :

- la masse et la rigidité, liées à l'épaisseur et aux dimensions ;

- le mode de fixation du verre dans le châssis, rigide ou souple. Pour chaque produit, les industriels indiquent l'indice d'affaiblissement acoustique pour les seize premiers tiers d'octave (de 100 Hz à 3 150 Hz). Déterminé en laboratoire, l'indice R_W, exprimé en dB, est affecté de deux correctifs C et C_{tr}, généralement négatifs, qui permettent de calculer les indices d'affaiblissement acoustique au bruit rose R_A et au bruit de trafic $R_{A,tr}$, exprimés également en dB.

> *Exemple :*
>
> - L'indication $R_W(C ; C_{tr}) = 39(-1 ; -5)$ correspond aux valeurs suivantes :
>   - indice d'affaiblissement acoustique pondéré $R_W = 39$;
>   - indice d'affaiblissement acoustique au bruit rose $R_A = 38$;
>   - indice d'affaiblissement acoustique au bruit de trafic $R_{A,tr} = 34$.
> - L'indication $R_W(C ; C_{tr}) = 41(0 ; -4)$ correspond aux valeurs suivantes :
>   - indice d'affaiblissement acoustique pondéré $R_W = 41$;
>   - indice d'affaiblissement acoustique au bruit rose $R_A = 41$;
>   - indice d'affaiblissement acoustique au bruit de trafic $R_{A,tr} = 37$.

3.43. Les caractéristiques chimiques du verre sont bonnes, en particulier vis-à-vis des liquides alcalins et des acides ; mais l'acide fluorhydrique attaque sa surface. Il est inodore et n'absorbe pas les odeurs.

De perméabilité nulle, le verre ne se laisse traverser par aucun fluide, liquide ou gazeux.

La durabilité est bonne car il ne vieillit pas et ne subit pas de changement de couleur ni de jaunissement. Toutefois, en présence d'une humidité permanente, la dissolution des éléments basiques peut le ternir.

3.5. Les différents produits verriers

FONCTIONS À ASSURER	TYPES DE VITRAGE
Transmission lumineuse élevée	Glace extra-claire
Cloisons de séparation	Verre ondulé Verre profilé Dalles et briques de verre
Sécurité aux chocs	Verre armé Verre trempé Verre feuilleté Verre émaillé Dalles et briques de verre
Sécurité des personnes et des biens	Verre feuilleté Dalles et briques de verre
Sécurité au feu	Verre pare-flammes Verre coupe-feu
Sécurité aux rayonnements	Verre au plomb
Sécurité aux balles	Verre pare-balles
Protection solaire	Verre teinté Verre à basse émissivité Verre sérigraphié
Isolation thermique	Vitrage double ou multiple Verre à basse émissivité
Isolation acoustique au bruit aérien	Verre épais Verre feuilleté Vitrage double ou multiple

Tab. 7.22 • *Détermination du type de vitrage selon la fonction à assurer.*

Les produits verriers proposés dans le commerce sont nombreux. Afin de répondre aux diverses fonctions énumérées dans le paragraphe 3.3, le choix s'effectue parmi les produits de base, les produits transformés ou techniques (Tab. 7.22).

3.51. *Les produits verriers de base* sont des matériaux de grande diffusion obtenus directement à la sortie des chaînes de fabrication. Entrent dans cette catégorie : le verre plan, la glace, différents types de verre (le verre armé, ondulé, profilé), la glace teintée, les dalles, les pavés et les briques de verre.

- **Le verre plan** (ou verre à vitre) et **la glace** sont les produits les plus couramment employés dans le bâtiment. Le verre plan est étiré ou plus généralement flotté. Ce dernier mode de fabrication lui confère des qualités sensiblement équivalentes à celles de la glace, la plus importante portant sur le coefficient de transmission lumineuse (Tab. 7.23). Les différences existant entre le verre et la glace correspondent aux proportions des composants. Ils peuvent être fabriqués en épaisseur normalisée jusqu'à 19 mm pour des dimensions courantes de 6 000 mm × 3 210 mm, à l'exception du verre de 2 mm pour lequel les dimensions n'excèdent pas 3 210 mm × 2 550 mm. Indépendamment de leur utilisation comme vitrage, ils entrent dans la composition de nombreux produits verriers : glace trempée, verre feuilleté, vitrage isolant, etc.

- **La glace extra-claire** est une glace dont la composition comporte une faible teneur en oxydes de fer, ce qui lui confère une transmission lumineuse plus élevée que les verres courants (Tab. 7.23). Seule ou associée en verre feuilleté, elle trouve son application lorsque le vitrage doit présenter des qualités optiques particulières : vitrines et devantures de magasins.

- **Le verre imprimé** est le résultat du passage de la feuille de verre entre deux rouleaux lamineurs dont l'un, ou les deux, comporte un dessin qui s'imprime sur le verre. N'étant plus transparent, mais translucide, ce type de vitrage laisse passer une certaine quantité de lumière tout en préservant l'intimité. Clair ou teinté, il peut être assemblé avec d'autres éléments afin de constituer des produits transformés : verre feuilleté, vitrage isolant.

ÉPAISSEUR (mm)	VERRE ÉTIRÉ (%) (1)	GLACE (%) (2)	GLACE (%) (3)	GLACE EXTRA-CLAIRE (%) (3)
2	90	90	–	–
3	88	88	90	91
4	87	87	90	91
5	86	86	89	91
6	85	85	89	91
8	–	83	87	91
10	–	81	86	91
12	–	79	85	91
15	–	76	84	90
19	–	72	82	90

(1) Source : norme NF B 32-002.
(2) Source : norme NF B 32-003.
(3) Source : Saint-Gobain Glass Vision.

Tab. 7.23 • *Coefficient minimal de transmission lumineuse.*

- **Le verre armé** est obtenu par l'incorporation d'une armature en fils métalliques à la sortie du four. Il peut être imprimé ou non. L'armature a pour rôle de retenir les éclats de verre en cas de rupture, offrant une sécurité relative vis-à-vis des utilisateurs. Il trouve son emploi en couverture, l'espacement des supports étant strictement limité, en cloisonnement intérieur, etc.

- **Le verre ondulé** se présente en plaques armées de largeur standard dont l'onde est obtenue par l'application du verre sur une forme, immédiatement après son passage entre les rouleaux lamineurs. Une fois mis en forme, le ruban pénètre dans un four de recuisson, avant d'être découpé aux longueurs courantes. Les arêtes sont rodées et les bords reçoivent un enduit protecteur. Combiné avec d'autres systèmes de couverture ou de cloisonnement intérieur, les éléments en verre ondulé assurent l'éclairement diurne des locaux.

• **Le verre profilé** est un verre coulé translucide, armé ou non, présentant une section en forme de U (Fig. 7.20). D'une largeur de 262 mm pour une épaisseur de 6 mm et d'une grande rigidité, il est utilisé en cloison ou en bardage, pour clore de grandes ouvertures sans support intermédiaire. Le montage est effectué en simple épaisseur ou en double épaisseur.

• **La glace teintée** est une glace dans la masse de laquelle sont incorporés des oxydes métalliques. Elle est fabriquée selon le procédé *Float*. Cinq coloris sont proposés : bronze, corail, ambre, gris et vert. Elle joue un rôle dans le contrôle des apports solaires, grâce au coefficient d'absorption énergétique relativement élevé. Toutefois, ce produit est remplacé par des glaces de contrôle solaire plus performants.

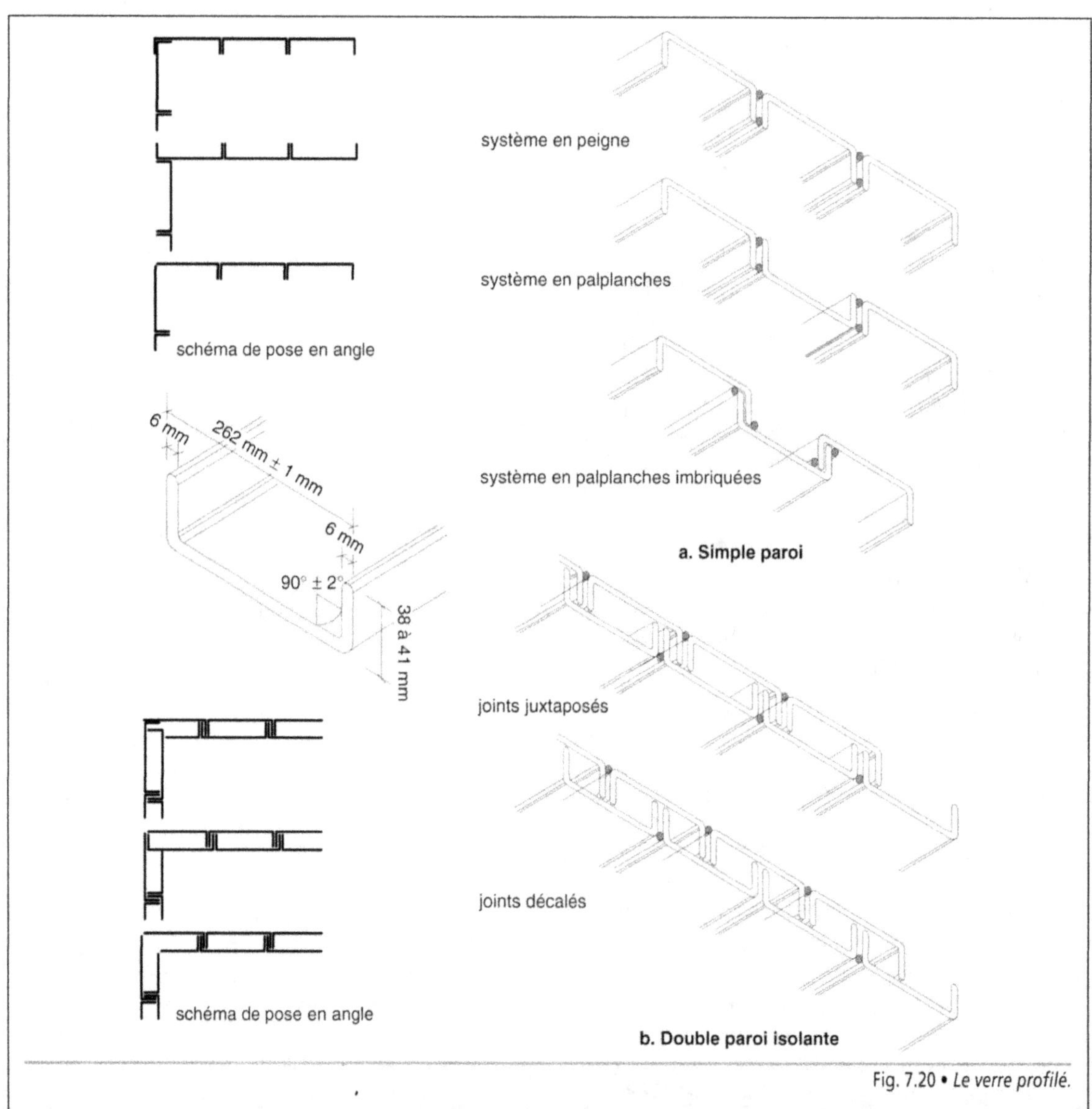

Fig. 7.20 • *Le verre profilé.*

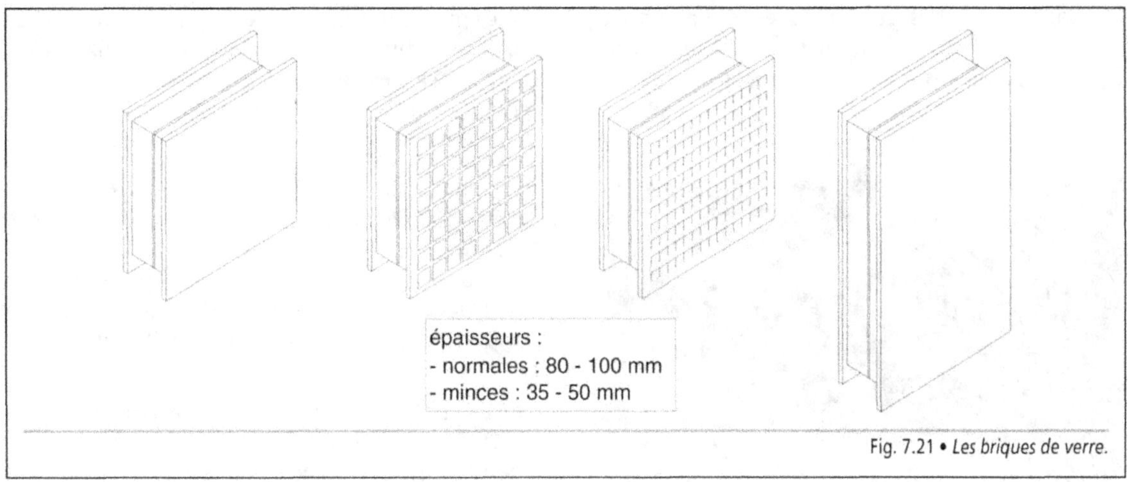

Fig. 7.21 • *Les briques de verre.*

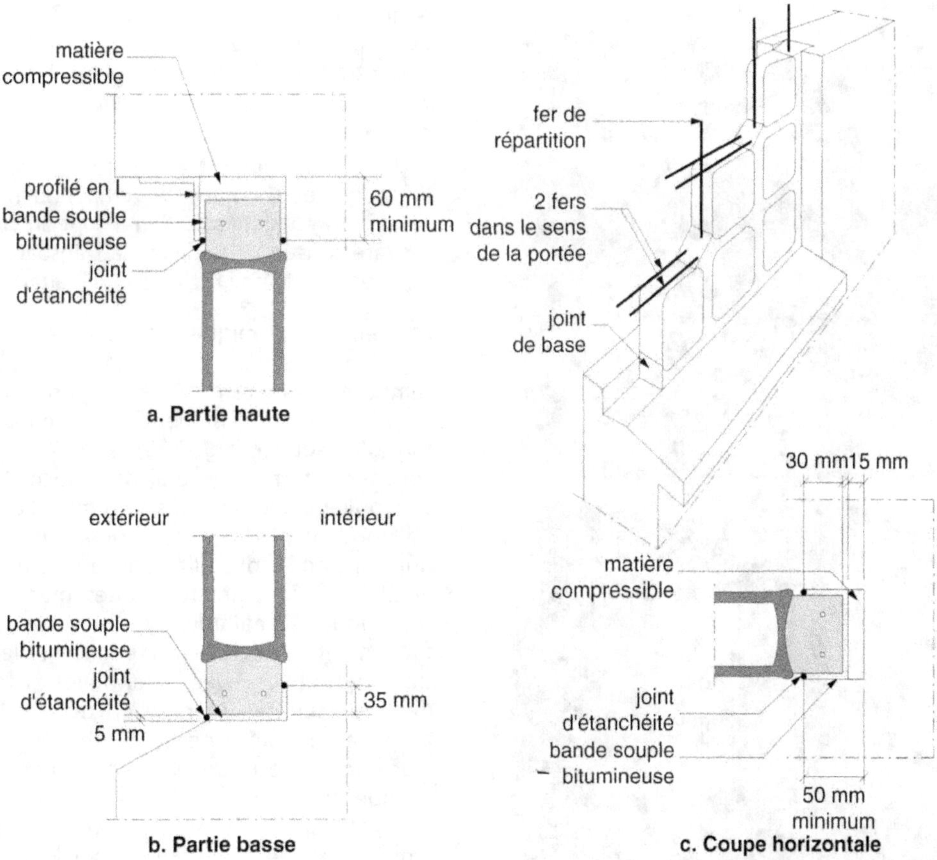

Fig. 7.22 • *Pavés de verre – Principe de pose.*

Les dalles, les pavés et les briques de verre sont fabriqués à l'aide de moules dans lesquels le verre est coulé à une température de l'ordre de 1 200 °C.

Photo. 7.9a et 7.9b • *Pose de briques de verre.*

Une presse équipée d'une matrice donne sa forme définitive aux dalles ou aux pavés (Fig. 7.21). Les briques creuses sont soudées à chaud, à près de 1 000 °C. Elles contiennent de l'air inerte à basse pression.

Leur incorporation dans les parois maçonnées ou les planchers suit des règles techniques précises afin d'éviter les risques de fissuration. L'indépendance des panneaux de verre par rapport à la structure porteuse doit être rigoureusement respectée (Fig. 7.22 – Photo. 7.9a et 7.9b).

3.52. Les produits verriers transformés sont issus des produits de base. Ils subissent un traitement ou un assemblage pour apporter la réponse à des fonctions définies : sécurité, isolation thermique et acoustique, protection solaire, décoration ou aspect architectural. À cet effet, le verre peut être trempé, feuilleté, isolant, à basse émissivité, émaillé, sérigraphié ou galbé.

■ **Le verre trempé** est le résultat d'un traitement thermique ou chimique (la trempe) qui modifie les propriétés physiques du verre, tout en conservant ses caractéristiques initiales : la transparence ou la translucidité, le poli ou le relief, l'inaltérabilité.

La **trempe thermique** est obtenue par le passage du verre dans un four où il est porté à sa température de ramollissement (environ 700 °C) et par un refroidissement brutal dans un courant d'air soufflé (Fig. 7.23). Le durcissement des couches externes et celui des couches internes se trouvent décalés dans le temps. Les couches ne pouvant pas glisser les unes sur les autres, une tension se produit dans la masse du verre, améliorant ses caractéristiques mécaniques et thermiques. Préalablement le verre doit être façonné et découpé selon la forme et les dimensions définitives, avec les entailles et les perçages nécessaires à sa mise en œuvre. En effet, après la trempe, il ne peut subir aucun travail mécanique modifiant son apparence. Le verre trempé se brise de la même manière que le verre courant, mais les morceaux sont de petites dimensions avec des angles émoussés, réduisant les risques de blessures et de coupures profondes. Il est connu sous le nom de verre Sécurit.

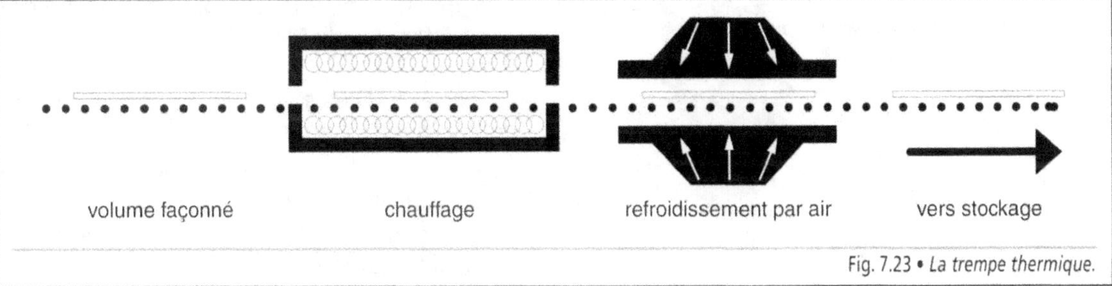

Fig. 7.23 • *La trempe thermique.*

La trempe chimique est effectuée par immersion des verres dans un bain adéquat, à température élevée. Un échange se produit entre les ions du verre et ceux du bain. N'intéressant que les couches superficielles du verre, la feuille subit une mise en compression. Les contraintes sont inférieures à celles produites avec la trempe thermique et les propriétés légèrement différentes (Tab. 7.24) :

- il se brise comme le verre ordinaire ;

- il peut se découper et se façonner après la trempe ; au droit de la coupe ou du façonnage, l'effet de la trempe disparaît sur une largeur de l'ordre de 20 mm ;

- il offre une bonne résistance aux chocs thermiques.

Ce principe de trempe est utilisé, entre autres, pour les feuilles entrant dans la composition des verres feuilletés à haute résistance.

Les verres et les glaces trempés sont couramment employés dans le bâtiment. Leurs performances les rendent souvent obligatoires pour de nombreux usages, en particulier lorsque les bris de verre risquent d'occasionner des blessures aux utilisateurs : portes ou cloisons vitrées, transparentes ou translucides.

■ **Le verre feuilleté** est un verre composite comprenant deux ou plusieurs feuilles de verre assemblées entre elles à l'aide d'un ou de plusieurs films de butyral de polyvinyle (PVB), de 0,38 mm d'épaisseur (Fig. 7.24), ou d'un film de méthacrylate de méthyle (MM), d'une épaisseur de 1,2 mm. Il est fabriqué selon deux principes.

- Dans le procédé de feuilletage par laminage, le film plastique résistant est placé entre les feuilles de verre, sur toute la surface. L'adhérence est rendue parfaite grâce à un traitement thermique sous pression en autoclave.

- Dans le procédé par coulage, l'intercalaire liquide est versé entre les feuilles de verre et réagit chimiquement afin de former le produit fini.

PROPRIÉTÉS	UNITÉS	VERRE RECUIT	VERRE TREMPÉ THERMIQUEMENT	VERRE TREMPÉ CHIMIQUEMENT
Contrainte à la rupture en traction	MPa	50	50	100
Contrainte à la rupture en flexion	MPa	40	250	400
Résistance aux chocs thermiques	°C	60	200	220
Résistance à la chaleur constante	°C	75	220	240

Tab. 7.24 • *Propriétés comparées du verre recuit et du verre trempé.*

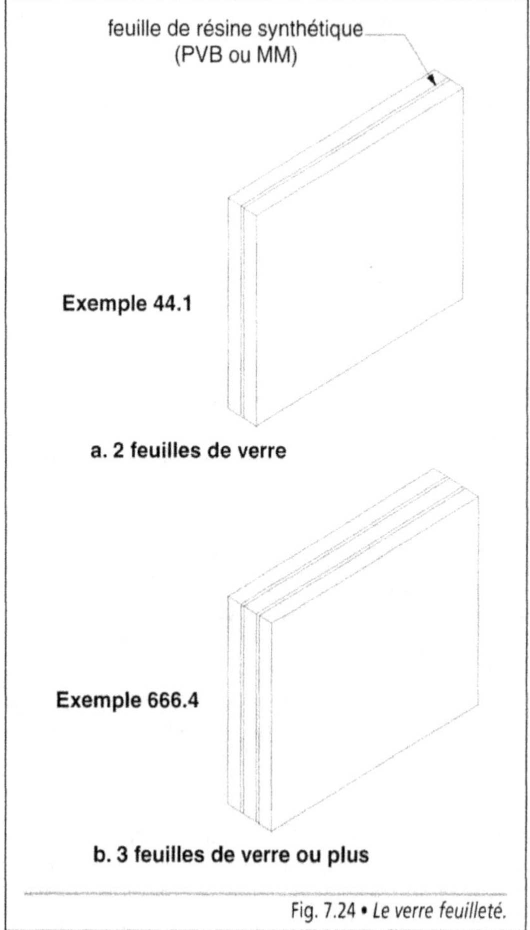

Fig. 7.24 • *Le verre feuilleté.*

La première méthode est la plus courante. La bonne application des matériaux rend le verre feuilleté parfaitement transparent et sans défaut.

Ce type de produit est particulièrement adapté lorsque les notions de protection et de sécurité s'imposent. En effet, en cas de bris, l'intercalaire joue le rôle d'armature : il absorbe l'énergie du choc et retient les fragments de verre, minimisant les risques de blessures. Il est recommandé, sinon exigé, pour le vitrage des ouvertures dans certains bâtiments (constructions scolaires). Selon la nature du film, il est classé combustible non inflammable M1 ou combustible difficilement inflammable M2.

Les verres feuilletés se répartissent en trois catégories selon le nombre de feuilles de verre :

- le type A est composé de deux feuilles de verre et d'un intercalaire ; il est utilisé en vitrerie courante (fenêtres, parois vitrées, couvertures, garde-corps, etc.) ;

- le type B est constitué par trois feuilles de verre et deux intercalaires ; il trouve son emploi dans la réalisation de vitrines, de vitrages pour des locaux spécifiques demandant une protection renforcée ;

- le type C comprend au moins quatre feuilles de verre et trois intercalaires ; il est réservé à la protection de guichets de banques, de vitrines d'objets précieux, etc.

La désignation indique le type du vitrage (A, B, C), la nature du film intercalaire (PVB ou MM), le code précisant sa composition, la nature du ou des vitrages. Dans le cas d'intercalaire en butyral de polyvinyle (PVB), le code correspond à l'épaisseur nominale de chacune des feuilles de verre, suivi d'un chiffre dont la valeur est égale au nombre de film en PVB. Si le film est en méthacrylate de méthyle, le code porte la mention MM et le nombre de feuilles de verre.

Exemple

- 33.1 = 2 feuilles de verre de 3 mm d'épaisseur assemblées par 1 film PVB ;

- 44.1 = 2 feuilles de verre de 4 mm d'épaisseur assemblées par 1 film PVB ;

- 44.2 = 2 feuilles de verre de 4 mm d'épaisseur assemblées par 2 films PVB ;

- 66.2 = 2 feuilles de verre de 6 mm d'épaisseur assemblées par 2 films PVB ;

- 666.4 = 3 feuilles de verre de 6 mm d'épaisseur assemblées par 4 films PVB ;

- MM 33 = 2 feuilles de verre de 3 mm d'épaisseur assemblées par 1 film MM ;

- MM 666 = 3 feuilles de verre de 6 mm d'épaisseur assemblées par 2 films MM.

En jouant sur la nature, l'épaisseur et le nombre de chaque constituant, les verres feuilletés ont des caractéristiques différentes (Tab. 7.25). Lorsque le composant verrier est une glace claire, le facteur lumineux est de l'ordre de 80 % à 90 % et la transmission des rayons ultraviolets est inférieure à 2 %. D'autres combinaisons sont possibles par l'emploi de glace teintée, de glace de contrôle solaire, de verre imprimé, etc. De même, le film peut être transparent ou teinté ou remplir des fonctions complémentaires (résistance au feu).

de déshydratation. Un intercalaire périphérique maintient l'espacement entre les deux feuilles et assure l'étanchéité de la lame d'air (Fig. 7.25). L'isolation thermique peut être améliorée en augmentant l'épaisseur de la lame d'air ou en remplaçant l'air par un gaz plus performant. Selon la composition, le coefficient U est abaissé de 3,3 W/(m^2.K) à 1,1 W/(m^2.K) (Tab. 7.26). Ce type de vitrage trouve son intérêt dans l'amélioration du confort thermique, l'élimination de l'effet de paroi froide et la réduction des dépenses dues au chauffage.

Type de verre feuilleté (NF P 78-303)	Épaisseur (mm)	Surface maximale (m^2)
33.2	6,8	0,5
44.2	8,8	2
55.2	10,8	4,5
66.2	12,8	6

N.B. : Prise en feuillure sur les quatre côtés.
Hauteur de prise en feuillure : de 16 mm à 20 mm.
Produit de calfeutrement compatible avec l'intercalaire.

Tab. 7.25 • *Verre feuilleté – Surface maximale admise en allège et en garde-corps de balcon.*

Les vitrages de sécurité sont composés de plusieurs verres feuilletés dans lesquels est incorporé un réseau électrique en fils de cuivre de 0,08 mm de diamètre, selon un module tramé avec un espacement régulier, relié à une centrale d'alarme. En cas d'effraction, le circuit électrique est coupé, déclenchant automatiquement le dispositif d'alarme. Ce principe est retenu pour la protection des vitrines, des collections, des salles d'informatiques ou d'autres locaux renfermant des objets précieux.

■ **Le verre isolant** est défini en fonction du type d'isolation recherché : thermique, acoustique ou thermo-acoustique.

Le vitrage isolant thermique est, en général, un vitrage constitué de deux feuilles de verre ou de glace scellées entre elles de façon hermétique et enfermant un volume d'air en état permanent

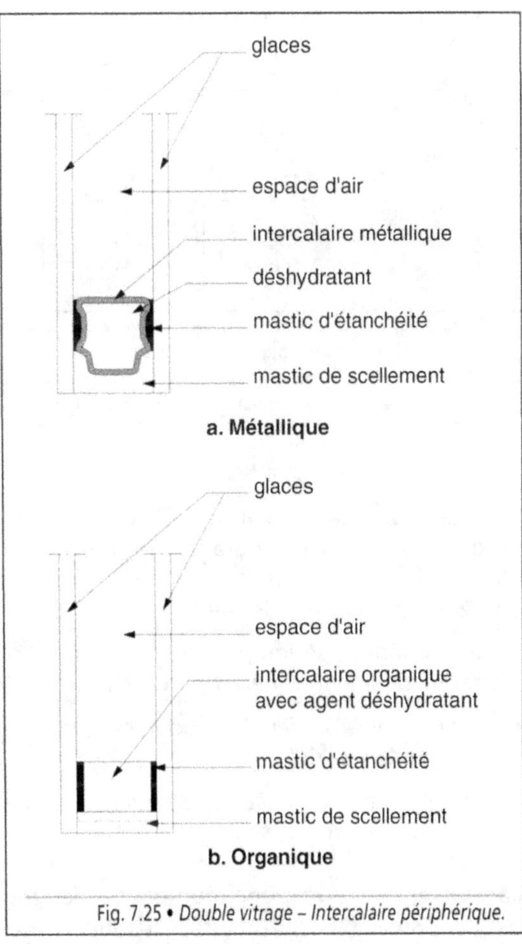

Fig. 7.25 • *Double vitrage – Intercalaire périphérique.*

TYPE DE VITRAGE	COMPOSITION (1)	ÉPAISSEUR (mm)	MASSE SURFACIQUE (kg/m^2)	COEFFICIENT U ($W/m^2.K$)	FACTEUR LUMINEUX T_1 %	FACTEUR SOLAIRE g EN 410
Simple vitrage	4	4	10	5,8	90	0,85
	6	6	15	5,7	89	0,82
	10	10	25	5,6	86	0,78
	12	12	30	5,6	85	0,75
	15	15	37,5	5,5	84	0,72
	19	19	47,5	5,3	82	0,69
Verre feuilleté	33.1	6	15,5	5,7	89	0,79
	44.1	8	20,5	5,7	87	0,77
	55.1	10	25,5	5,6	86	0,75
Double vitrage normal (air)	4(6)4	14	20	3,3	81	0,75
	4(12)4	20	20	2,9	81	0,76
	6(12)6	24	30	2,8	79	0,72
	6(16)6	28	30	2,7	79	0,72
Double vitrage à isolation renforcée (air)	4(12)4*	20	20	1,7	76	0,59
	6(12) 6*	24	30	1,6	75	0,57
	4(16)4*	24	20	1,4	76	0,59
	6(16) 6*	28	30	1,4	75	0,57
Double vitrage à isolation renforcée (argon)	4(12)4*	20	20	1,3	76	0,59
	6(12) 6*	24	30	1,3	75	0,57
	4(16)4*	24	20	1,1	76	0,59
	6(16) 6*	28	30	1,1	75	0,57
Double vitrage à isolation renforcée (argon)	4**(12)4	20	20	1,3	71	0,42
	6**(12) 6	24	30	1,3	69	0,41
	4**(16)4	24	20	1,1	71	0,42
	6**(16) 6	28	30	1,1	69	0,41

(1) Le premier chiffre indique l'épaisseur du verre extérieur.
* Glace pour isolation thermique renforcée, type Planitherm futur de SGG, avec la couche peu émissive placée en position 3.
** Glace pour isolation thermique renforcée, type Planistar de SGG, avec la couche peu émissive placée en position 2.
N.B. : les vitrages cités sont donnés à titre indicatif, l'éventail des comositions étant beaucoup plus large

Tab. 7.26 • *Caractéristiques thermiques de différents types de vitrage (Source : document SGG).*

Le double vitrage normal comprend des verres ou des glaces d'usage courant. Afin de remplir d'autres fonctions, il est constitué de verres ou de glaces spécifiques tels que :

• verre imprimé, sérigraphié ou glace émaillée opaque pour éviter la transparence ;

• verre trempé ou feuilleté pour remplir une fonction de sécurité ;

• verre de contrôle solaire ou à basse émissivité pour éviter l'effet de serre.

Par convention, un vitrage multiple est désigné par une série de chiffres qui correspond aux épaisseurs successives du verre extérieur, de la lame d'air et du verre intérieur. Afin de faciliter la nomenclature des produits, les faces sont numérotées en allant de l'extérieur vers l'intérieur (Fig. 7.26).

Exemple

4(6)4 : deux verres de 4 mm et une lame d'air de 6 mm ;

4(8)4 : deux verres de 4 mm et une lame d'air de 8 mm ;

6(12)6 : deux verres de 6 mm et une lame d'air de 12 mm ;

33.1(12)4 : un verre extérieur feuilleté, une lame d'air de 12 mm et un verre intérieur normal de 4 mm ;

4(12)33.1 : un verre extérieur normal de 4 mm, une lame d'air de 12 mm et un verre intérieur feuilleté.

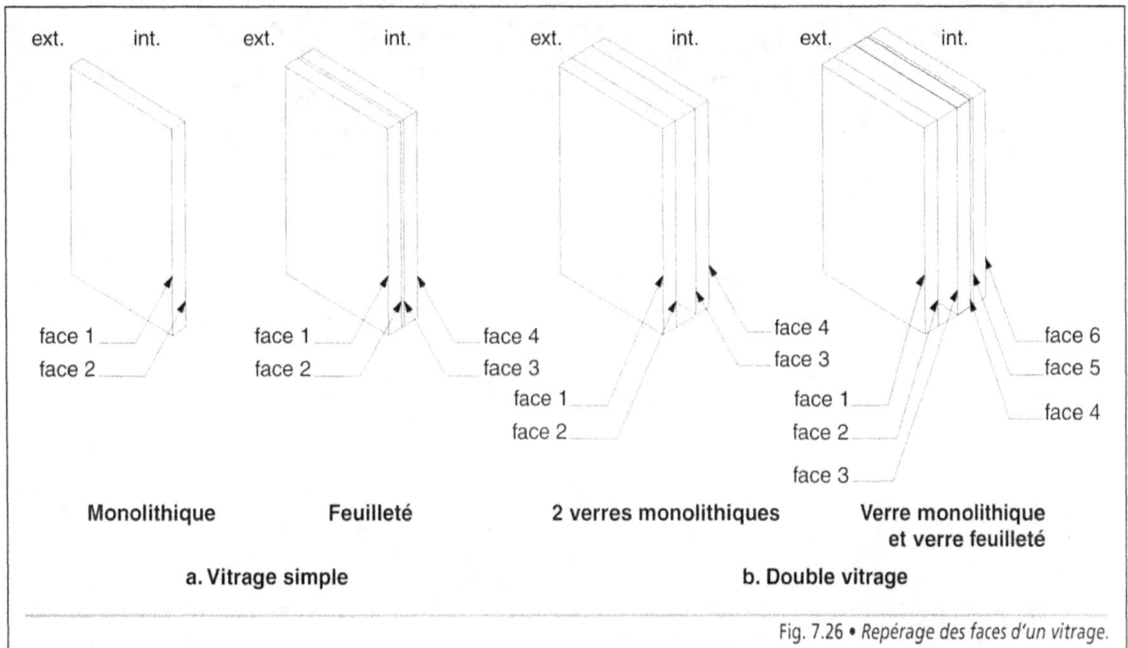

Fig. 7.26 • *Repérage des faces d'un vitrage.*

Le vitrage isolant acoustique fait intervenir la loi de masse. Il est composé soit d'un verre monolithe dont l'épaisseur varie de 10 mm à 19 mm, voire plus, soit d'un verre feuilleté avec interposition d'une couche de résine, soit d'un vitrage multiple avec deux feuilles de verre d'épaisseur différente (Tab. 7.27). Le choix du vitrage s'effectue en fonction de sa localisation et des rôles complémentaires éventuels qu'il peut jouer : châssis en façade, façade vitrée (VEP, VEC, VEA), cloisonnement intérieur.

Le vitrage isolant thermo-acoustique est un double vitrage composé de manière à assurer la double fonction d'isolation thermique et acoustique, voire des fonctions complémentaires de sécurité ou de contrôle solaire. Les meilleurs résultats sont obtenus en combinant une glace épaisse et un verre feuilleté séparés par une lame d'air de 12 mm à 16 mm (Tab. 7.27). Dans ce cas, il convient de tenir compte de la masse surfacique qui peut atteindre 45,5 kg pour une épaisseur totale de 30 mm, dans la composition suivante : 10(12)44.1. La mise en œuvre du vitrage joue un rôle prépondérant dans le résultat final. Un double vitrage est efficace lorsqu'il apporte une bonne isolation acoustique dans toutes les fréquences où la source de bruit est la plus forte.

En général, les doubles vitrages isolants bénéficient du label **CEKAL**, organisme de qualification des vitrages, qui prend en compte les performances en isolation thermique et acoustique. En thermique, seuls les doubles vitrages présentant un coefficient U inférieur à 2 W/(m^2.K) reçoivent l'appellation « Thermique renforcée » (TR). En acoustique, ils sont répartis en six classes (AR1 à AR6) selon la valeur de l'indice d'affaiblissement exprimé en dB (Tab. 7.28).

■ **La glace de contrôle solaire** est une glace recouverte d'une ou de plusieurs couches d'oxydes métalliques dont le rôle est de contrôler les apports solaires. L'application des oxydes s'effectue selon deux procédés :

• la pyrolyse, qui consiste à déposer une couche d'oxydes à très haute température, de grande résistance et de bonne tenue dans le temps ;

• la pulvérisation cathodique sous vide, qui permet d'appliquer plusieurs couches, moins résistantes mais plus performantes, et offrant une plus grande diversité.

Type de vitrage	Composition (1)	Épaisseur (mm)	Masse surfacique (kg/m^2)	Indices		
				R_W (dB)	R_A (dB)	$R_{A,tr}$ (dB)
Verre ou glace	3	3	7,5	29	27	24
	4	4	10	30	29	27
	5	5	12,5	30	29	28
	6	6	15	31	30	29
	8	8	20	32	31	30
	10	10	25	33	32	31
	12	12	30	34	34	32
	15	15	37,5	36	35	33
	19	19	47,5	37	36	34
Verre feuilleté	33.1	6	15,5	32	31	30
	44.1	8	20,5	33	32	31
	55.1	10	25,5	35	33	32
	66.2	13	31	35	34	32
Verre feuilleté acoustique	33.1	6	15,5	36	35	33
	44.1	8	20,5	37	36	35
	55.1	10	25,5	38	37	36
	66.2	13	31	39	38	37
Double vitrage	4 (6) 4	14	20	30	29	27
	4 (12) 4	20	20	30	30	27
	8 (16) 8	32	40	34	33	30
Double vitrage acoustique	4 (6) 6	16	25	34	33	30
	4 (12) 8	24	30	34	33	30
	4 (16) 8	28	30	35	34	30
	4 (6) 10	20	35	35	35	32
	6 (12) 10	28	40	37	36	33
Double vitrage acoustique et sécurité	4 (12) 33.1	22	25,5	34	33	30
	8 (6) 33.1	20	35,5	38	37	34
	8 (6) 44.1	22	40,5	39	38	35
	10 (12) 44.1	30	45,5	41	41	37
	44.2 (20) 64.2	40	47	47	45	40

(1) Le premier chiffre indique l'épaisseur du verre extérieur.

R_W : Indice d'affaiblissement acoustique pondéré.

R_A : Indice d'affaiblissement acoustique au bruit rose.

$R_{A,tr}$: Indice d'affaiblissement acoustique au bruit de trafic.

N.B. : les vitrages cités sont donnés à titre indicatif, l'éventail des compositions étant beaucoup plus large.

Tab. 7.27 • *Indices d'affaiblissement acoustique de différents types de vitrage (Source : document SGG).*

Classes AR	I	II	III	IV	V	VI
$R_{A,tr}$ (dB)	25	28	31	33	35	38

$R_{A,tr}$: indice d'affaiblissement acoustique au bruit de trafic.

Tab. 7.28 • *Classement AR des vitrages, établi par CEKAL, selon l'indice d'affaiblissement acoustique.*

En jouant sur les teintes, il est possible de moduler les facteurs lumineux, énergétiques et solaire afin de trouver un bon compromis correspondant aux impératifs de la construction (Tab. 7.29).

Caractéristiques — Référence	Unités	SIMPLES VITRAGES						DOUBLES VITRAGES (3)									
		Argent	Antelio (1)	Cool-lite (1) Argent — SS 108	Cool-lite (1) Argent — SS 132	Starélio (1)	Parsol (2) Gris	Climalit solar control	Climalit solar control	Climalit solar control	Climalit solar control	Climat plus Isolation renforcée	Climat plus Isolation renforcée	Climat plus solar control	Climat plus solar control	Climat plus solar control — SR 132	Climat plus solar control — SN 140
Verre extérieur		–	–	–	–	–	–	Antelio Argent	Antelio Argent	Reflectasol clair	Reflectasol clair	Planilux	Planistar	Antelio Argent	Antelio Argent	Cool lite neutre-gris	Cool lite neutre-gris
Verre intérieur		–	–	–	–	–	–	Planilux	Planilux	Planilux	Planilux	Planitherm	Planilux	Ekoplus	Ekoplus	Planitherm F	Planitherm F
Composition		–	–	–	–	–	–	6(12)6	6(12)6	6(12)6	6(12)6	6(12)6	6(12)6	6(12)6	6(12)6	6(12)6	6(12)6
Épaisseur	mm	6	6	6	6	6	6	24	24	24	24	24	24	24	24	24	24
Poids	kg/m^2	15	15	15	15	15	15	30	30	30	30	30	30	30	30	30	30
Position de la couche (a)	face	1	2	2	2	2	–	1	2	1	2	–	–	1	2	2	2
Position de la couche (b)	face	–	–	–	–	–	–	–	–	–	–	3	2	3	3	3	3
Facteurs lumineux																	
T_l	%	67	67	8	32	54	41	61	61	29	29	75	69	52	52	27	34
R_{lE}	%	31	31	42	13	19	5	35	35	54	46	12	12	37	37	14	11
R_{ll}	%	31	31	37	26	4	5	33	33	45	52	13	13	30	30	26	22
Ultraviolets T_{UV}	%	34	34	3	15	34	17	24	24	4	4	25	10	15	15	9	11
Facteurs énergétiques																	
T_e	%	64	64	6	26	38	44	52	52	35	35	46	36	39	39	18	22
R_{eE}	%	25	23	37	14	16	5	28	26	41	33	22	27	31	29	14	13
R_{el}	%	23	25	46	30	13	5	–	–	–	–	–	–	–	–	–	–
A_e	%	11	13	57	60	46	51	–	–	–	–	–	–	–	–	–	–
A_{e1}	%	–	–	–	–	–	–	12	13	17	25	18	34	12	14	64	60
A_{e2}	%	–	–	–	–	–	–	8	9	7	7	14	3	18	18	4	5
Facteur solaire																	
g_{EN410}		0,67	0,67	0,18	0,40	0,50	0,57	0,59	0,59	0,41	0,42	0,60	0,41	0,54	0,54	0,26	0,30
$g_{ISO9050MI}$		0,67	0,67	0,18	0,39	0,48	0,57	0,59	0,59	0,42	0,44	0,57	0,38	0,54	0,54	0,25	0,29
Shading coefficient		0,77	0,77	0,20	0,46	0,57	0,66	0,68	0,68	0,47	0,49	0,68	0,47	0,62	0,62	0,30	0,35
Coefficient U	$W/(m^2 \cdot K)$	5,7	5,7	4,4	5,1	5,8	5,7	2,8	2,8	2,8	2,8	1,6	1,6	1,9	1,9	1,6	1,6

(1) Contrôle solaire.
(2) Glace teintée.
(3) Lame d'air.
(a) couche de contrôle solaire.
(b) couche faiblement émissive.
A_{e1} : Absorption énergétique du verre extérieur du double vitrage.
A_{e2} : Absorption énergétique du verre intérieur du double vitrage.
N.B. : les vitrages cités sont donnés à titre indicatif, l'éventail des compositions étant beaucoup plus large.

Tab. 7.29 • *Caractéristiques de vitrages de contrôle solaire et de vitrages à basse émissivité (Source : document SGG).*

Dans la constitution d'un double vitrage, la couche d'oxydes est positionnée sur le verre extérieur, en face n° 1 ou n° 2. Cette position est déterminée en fonction des paramètres suivants :

- la résistance de la couche, le procédé par pulvérisation ne pouvant être placé qu'en face n° 2 ;

- les performances souhaitées ;

- l'aspect architectural.

En face n° 1, le vitrage est réfléchissant et la façade restitue son environnement. Le repérage de la couche d'oxydes métalliques se fait aisément en plaçant un objet sur le volume (Fig. 7.27).

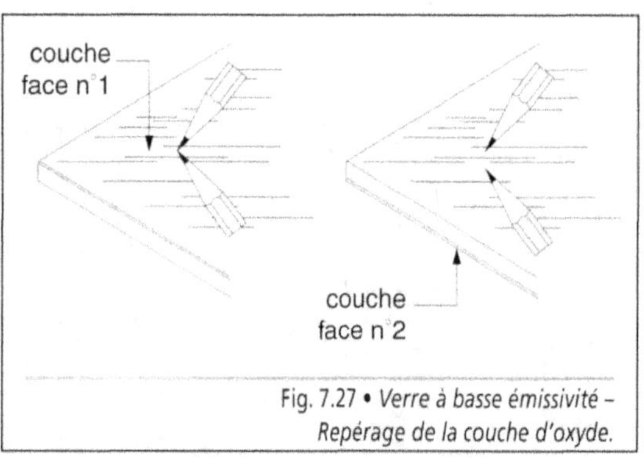

Fig. 7.27 • *Verre à basse émissivité – Repérage de la couche d'oxyde.*

La glace de contrôle solaire trouve son intérêt dans la composition des verres feuilletés et des vitrages isolants, en améliorant leurs performances.

■ **La glace à basse émissivité** est une glace claire sur laquelle sont déposées une ou plusieurs couches d'oxydes métalliques, par pyrolyse ou par pulvérisation sous vide. Ayant une faible émissivité, ce type de glace entre dans la composition des doubles vitrages hautement performants. Afin d'obtenir le meilleur rendement, la couche est généralement placée en face n° 3. En effet, alors que l'émissivité normale ε_n du verre est de 0,89, celle d'un verre peu émissif peut être inférieure à 0,10. En contrepartie, le facteur lumineux se trouve diminué (Tab. 7.29). Il convient donc de retenir un système de vitrage pour lequel le rapport entre la transmission lumineuse et le facteur solaire est optimal.

Une autre utilisation de la glace à basse émissivité réside dans la constitution de **vitrage chauffant électrique** (Fig. 7.28). Celui-ci est composé d'un double vitrage qui comporte une couche peu émissive connectée à une alimentation électrique basse tension par l'intermédiaire d'électrodes disposées en rive. L'avantage est double :

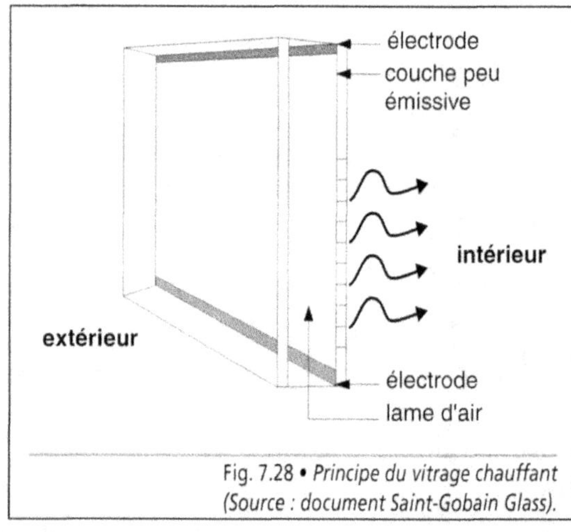

Fig. 7.28 • *Principe du vitrage chauffant (Source : document Saint-Gobain Glass).*

- d'une part au niveau du confort, en résolvant le problème de l'effet de paroi froide ;

- d'autre part au niveau du chauffage, en le combinant avec d'autres sources de chaleur reliées à un thermostat qui assure la régulation de la température dans la pièce.

■ **La glace émaillée opaque** est une glace dont l'une des faces est enduite d'une peinture qui se polymérise à très haute température et se transforme en émail, avant de subir la trempe. Elle présente une grande durabilité et une stabilité dans le temps. Les teintes sont rattachées à la collection RAL. Ce type de vitrage n'étant pas conçu pour être observé par transparence, doit être placé devant une paroi opaque. Il est utilisé pour habiller des façades légères, allèges ou éléments de remplissage, ainsi qu'en décoration intérieure. En extérieur, des précautions particulières doivent être prises de manière à éviter les risques de rupture thermique.

Le verre sérigraphié est une glace sur laquelle est déposé au moyen d'un écran textile, un motif en émail translucide ou opaque qui est cuit à très haute température. Les motifs, incolores ou de couleur, sont soit des figures géométriques (Fig. 7.29), soit des dessins originaux d'inspiration minérale ou végétale, soit des logotypes personnalisés.

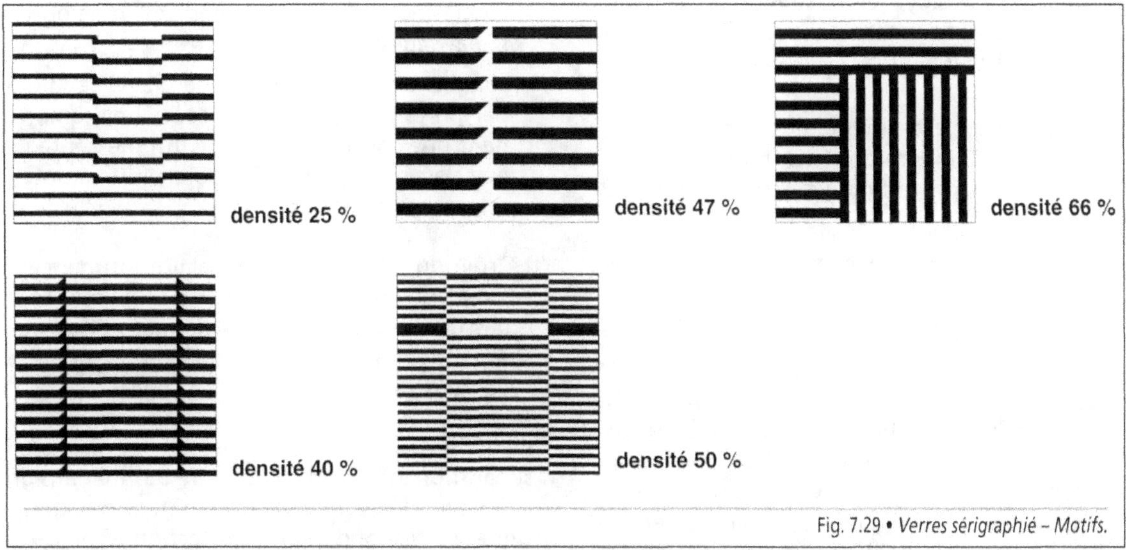

Fig. 7.29 • *Verres sérigraphié – Motifs.*

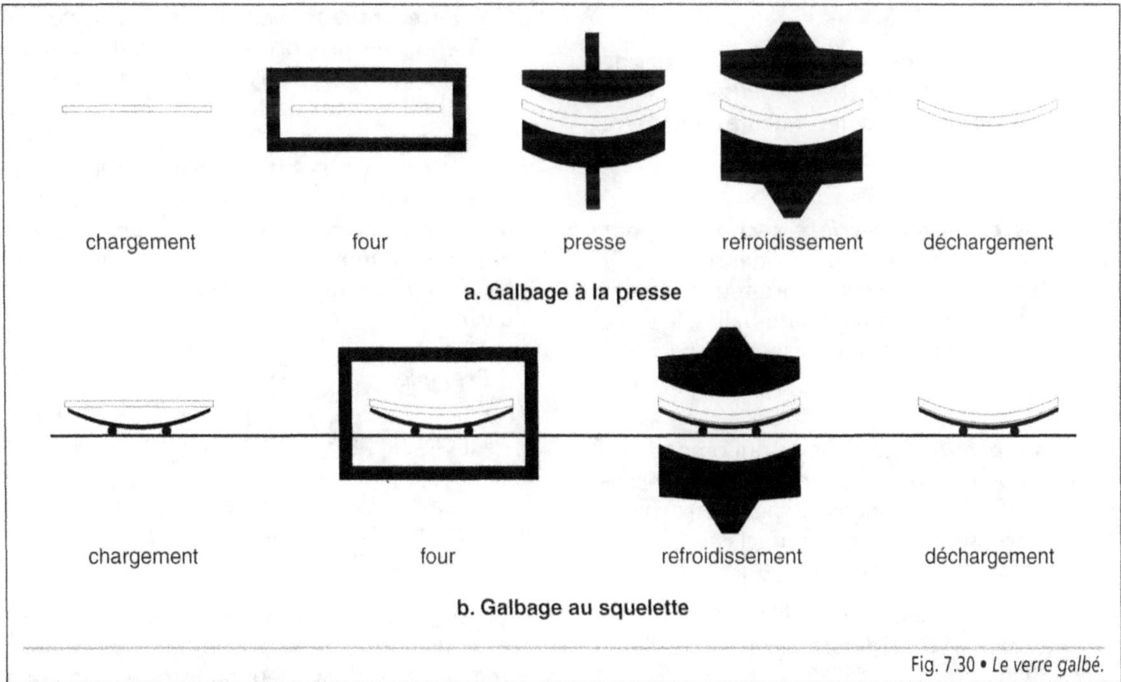

Fig. 7.30 • *Le verre galbé.*

Ce procédé apporte au produit les propriétés de la glace trempée, ainsi qu'une grande durabilité. Indépendamment de ses qualités de décoration, le verre sérigraphié peut agir comme un filtre pour éviter l'éblouissement dû au soleil lorsqu'il est employé en extérieur ou comme protection de l'intimité entre deux pièces contiguës en intérieur.

Le verre galbé est obtenu en réchauffant le verre à sa température de ramollissement (700 °C). Deux techniques sont utilisées (Fig. 7.30) :

- la feuille de verre est chauffée puis passe dans une presse qui lui donne sa forme définitive, avant d'être refroidie par un courant d'air ;

- la feuille est placée sur un gabarit, ou squelette, ayant la forme exacte du produit à fabriquer ; l'ensemble est introduit dans un four où, sous l'action de la chaleur, le verre se ramollit et, par gravité, vient épouser avec précision la forme du moule ; le passage entre deux caissons de soufflage assure son refroidissement.

Le second procédé est retenu pour effectuer de grandes séries. Lorsque le refroidissement est rapide, le verre prend les qualités du verre trempé.

3.53. *Les produits verriers techniques* ont pour objet de répondre à des exigences particulières. Ils regroupent le verre pare-feu, le vitrage antirayonnement, le vitrage pare-balles, le verre solaire, le vitrage respirant et le verre de structure.

■ **Le verre pare-feu** est un verre qui répond aux critères couramment admis en protection incendie. Selon les fabrications, il peut être pare-flammes (classe E) ou coupe-feu (classe EI). Il se présente sous les formes suivantes :

- glace claire armée d'un treillis métallique à mailles carrées de 12,5 mm, classée pare-flammes 30 minutes ;

- glace claire traitée thermiquement, classée pare-flammes 30 minutes ;

- complexe verrier composé de glaces séparées par un espaceur en acier, le vide étant comblé à l'aide d'un gel foisonnant ; il est classé coupe-feu 30 ou 60 minutes, en fonction de l'épaisseur du gel ;

- complexe verrier composé de glaces séparées par un espaceur d'un type spécial et comprenant une couche intercalaire intumescente ; il est classé coupe-feu de 30 à 120 minutes, selon la composition.

Le rôle du gel ou de l'intercalaire intumescent est d'offrir un écran efficace à la chaleur, tout en assurant l'étanchéité aux flammes et au gaz chauds pendant une durée au moins égale à celle du classement.

Ce type de vitrage est utilisé en façade et en séparation intérieure. Il doit être monté dans un châssis ou dans une ossature dont les caractéristiques correspondent à la protection exigée.

■ **Le verre antirayonnement** est un verre qui comprend une proportion importante d'oxyde de plomb incorporée au cours de sa fabrication, lorsqu'il est en état de fusion. Sa masse spécifique est de l'ordre de 5 000 kg/m^3, selon le pourcentage de plomb, soit sensiblement le double de celle du verre normal ; cette surcharge doit être prise en compte lors des études. L'équivalence en plomb est exprimée en millimètres d'épaisseur par rapport à l'épaisseur nominale du verre.

Exemple

- un verre de 6 mm d'épaisseur ayant un taux de plomb de 33 % a une équivalence plomb de 2 mm d'épaisseur ;

- un verre de 12 mm d'épaisseur ayant un taux de plomb de 30 % a une équivalence plomb de 3,5 mm d'épaisseur.

Il conserve un coefficient de transmission lumineuse, de l'ordre de 80 % pour une épaisseur de 8 mm. Il est employé seul ou associé à un autre vitrage afin de former un verre feuilleté ou un vitrage isolant.

Sa propriété étant d'atténuer l'effet des rayons ionisants (X et γ), ce vitrage est une protection efficace contre ce type de rayonnements, dans les secteurs de la recherche et de la médecine.

■ **Le verre pare-balles** est un verre feuilleté utilisé afin d'assurer la sécurité des personnes contre les risques d'agression. Des essais normalisés sont réalisés à l'aide d'armes à feu. Ils permettent un classement de résistance en fonction du type de projectile arrêté par le vitrage et de définir la composition de celui-ci. Une mention particulière NS est portée si, sous l'action de l'impact, aucun éclat ne vient détériorer une feuille d'aluminium de 0,02 mm d'épaisseur placée à 300 mm de la face opposée au tir (Fig. 7.31). Selon les performances, l'épaisseur du vitrage varie de 13 mm (protection pour une carabine 22 LR) à 87 mm (protection contre un fusil de chasse ou un fusil de calibre 7,62), pour une masse surfacique qui va de 31 kg/m^2 à 205 kg/m^2.

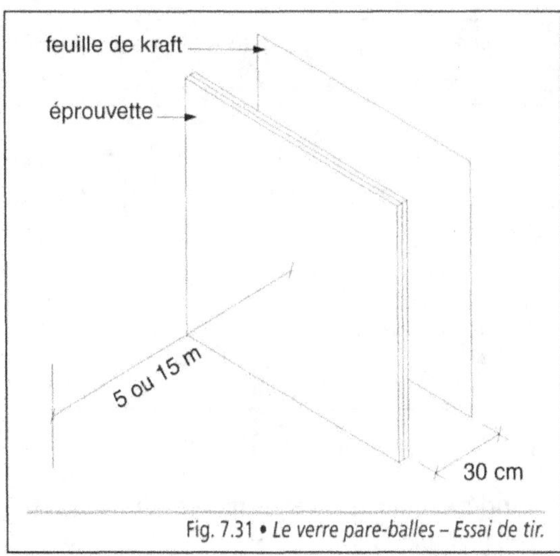

Fig. 7.31 • *Le verre pare-balles – Essai de tir.*

Ce matériau trouve son emploi dans la réalisation de cloisons vitrées ou de guichets dans les établissements financiers ainsi que dans des installations à hauts risques.

■ **Le verre solaire** est un vitrage composé de deux feuilles de verre, entre lesquelles sont incorporées des cellules solaires, la glace extérieure étant extra-claire. Il transforme l'énergie solaire en électricité. Chacun des éléments est équipé de deux connexions électriques ; ils sont tous reliés entre eux afin de former un générateur de courant continu. Ce type de vitrage peut être utilisé en façade, en toiture ou en verrière.

■ **Le vitrage respirant** est un vitrage double ou triple, dans lequel la lame d'air est mise en communication avec l'ambiance extérieure grâce à des orifices de géométrie et de perméance appropriées. Cette disposition permet d'éviter les risques de condensation dans la lame d'air. Ils présentent des avantages non négligeables tels que :

• une bonne isolation thermique ;

• des performances acoustiques améliorées, la lame d'air ayant une épaisseur plus importante que dans les vitrages isolants courants ;

• la possibilité d'incorporer un store à lames orientables.

Les inconvénients portent sur l'épaisseur totale du système et sur l'efficacité des filtres qui, dans le temps, reste une inconnue. Les interventions pour le nettoyage ou le remplacement ne peuvent pas être programmées avec précision. L'emploi dans les zones non polluées semblent actuellement ne pas poser de problème.

■ **Le verre, matériau de structure**, apparaît dans la réalisation de marches d'escaliers, dans la constitution de planchers ou de poutres. Il exige des qualités particulières qui tiennent compte des facteurs de vieillissement et doivent garantir aux usagers le même niveau de sécurité qu'un matériau de structure habituel. C'est une approche similaire qui conduit à la réalisation de façades entièrement vitrées du type des vitrages extérieurs collés (VEC) ou des vitrages extérieurs agrafés (VEA), équipées de raidisseurs en verre.

3.6. La mise en œuvre des produits verriers

La mise en œuvre des produits verriers exige une bonne connaissance du matériau et de son support (Photo. 7.10). Quelle que soit la nature du produit, plusieurs règles doivent être respectées. Elles portent sur l'épaisseur du vitrage à mettre en place, son indépendance, son maintien en place, l'étanchéité de l'ensemble vitré, la compatibilité entre les matériaux et la sécurité pour les utilisateurs des locaux.

Photo. 7.10 • *Mise en œuvre d'un volume vitré dans son ossature.*

■ **L'épaisseur du vitrage** est déterminée en fonction des contraintes auxquelles il est soumis. Le problème se pose plus particulièrement pour les vitrages extérieurs, qu'ils viennent en façade verticale ou oblique ou qu'ils soient posés en couverture. Dans ces conditions, l'épaisseur tient compte des paramètres suivants :

- la localisation de la construction et la position du vitrage dans le bâtiment (orientation de la façade, niveau des châssis au-dessus du sol) ;

- les charges climatiques : pression du vent pour les éléments de façade à laquelle s'ajoute la surcharge de la neige pour les couverture, conformément aux Règles NV 65 et N 84 modifiées 95 (NF P 06-002 et 06-006) portant sur les surcharges de neige et sur l'action du vent ;

- les caractéristiques du vitrage, en particulier ses dimensions, sa nature (verre normal, armé, trempé, feuilleté, isolant), les conditions de pose, le nombre d'appuis (deux, trois ou quatre côtés) et le type de feuillures lorsqu'elles sont prévues. Dans le cas des verres recuits, une épaisseur minimale doit être respectée (Tab. 7.30).

ÉPAISSEUR NOMINALE (mm)	LARGEUR MAXIMALE (m)
3	0,66
4	0,92
5	1,50
6	2,00

Cas particuliers

H du vitrage > 50 m au-dessus du sol : $E \geq 6$ mm.

Surface du vitrage > 5 m^2 :

- $E \geq 6$ mm (si la partie basse du vitrage est à plus de 0,60 m du sol) ;

- $E \geq 8$ mm (si la partie basse du vitrage est à moins de 0,60 m).

Tab. 7.30 • *Épaisseur des vitrages recuits.*

■ **L'indépendance** des matériaux verriers, recuits ou trempés, impose une mise en œuvre qui n'induise pas de contraintes susceptibles d'entraîner des ruptures (dilatation, contraction ou déformation du support, tassement ou fluage de la structure porteuse). En conséquence, ils ne doivent pas être en contact direct avec les composants du gros œuvre ou des menuiseries ; des jeux sont ménagés par la mise en place de cales et de joints souples en EPDM.

Le maintien des matériaux verriers doit être tel qu'ils ne puissent jamais quitter leur emplacement sous l'action des efforts auxquels ils sont normalement soumis (poids propre, vent, vibrations) ; lorsque des fixations mécaniques sont utilisées, celles-ci sont calculées afin de résoudre ce problème.

L'étanchéité des matériaux verriers entre eux ou avec leur support doit être satisfaisante à l'eau, à l'air et au bruit, lorsqu'ils sont employés en façade. En séparation intérieure entre locaux contigus, le mode de pose répond aux exigences acoustiques demandées, les joints et les liaisons étant définis en conséquence.

La compatibilité entre les différents produits utilisés pour la pose des matériaux verriers est contrôlée aussi bien avec le verre lui-même qu'avec le support ou les produits de protection de celui-ci. L'incompatibilité peut être d'ordre chimique ou physique.

La sécurité est une notion importante qui intervient à deux niveaux : à l'utilisation et à la pose.

L'utilisation du verre répond à des exigences de sécurité très strictes, en particulier lorsqu'elle est assurée vis-à-vis des personnes. Trois aspects sont pris en compte :

- la sécurité des personnes contre la chute de fragments de verre, qui concernent surtout les vitrages des façades et des couvertures ;

- la sécurité contre la chute des personnes qui intéresse les vitrages employés en allège ou en garde-corps ainsi que ceux utilisés dans certains établissements, scolaires, hospitaliers ;

- la sécurité contre la chute d'objets sur une toiture ou une verrière éclairant des locaux occupés.

Le verre doit également protéger les biens contre le vol par effraction.

Des essais de choc normalisés sont effectués afin de vérifier la capacité du matériau à jouer son rôle. Selon le cas, le verre sélectionné est un verre armé, destiné à des ouvertures de petites dimensions, un verre trempé, un verre feuilleté, des dalles ou des pavés de verre. Les exigences de sécurité sont définies en fonction des conditions d'emploi du verre (Tab. 7.31).

EXIGENCES DE SÉCURITÉ	VITRAGES APPROPRIÉS
Sécurité contre les risques de blessure par chute de fragments en cas de bris	Verre armé Verre trempé Verre feuilleté Dalles et pavés de verre
Sécurité contre la chute de personnes	Verre feuilleté Dalles et pavés de verre
Sécurité contre la chute d'objets, de grêle ou les jets de pierre	Verre armé Verre trempé Verre feuilleté Dalles et pavés de verre
Sécurité des personnes et des biens	Verre feuilleté Dalles et briques de verre

Tab. 7.31 • *Réponses aux exigences de sécurité.*

Dans le cas d'un vitrage de type isolant, le verre de sécurité peut être positionné sur la face extérieure, sur la face intérieure ou être imposé sur les deux faces (Fig. 7.32). Lorsqu'il comprend un seul verre feuilleté, il est conseillé de le placer du côté intérieur pour deux raisons, sous réserve qu'il n'y ait pas de risque de blessure consécutive à des chutes de bris de verre (cas des niveaux de plain-pied) :

- en cas de choc intérieur, il remplit sa fonction contre les risques de blessures ;

- en cas de cambriolage, la rupture du verre normal extérieur en occasionne la gêne.

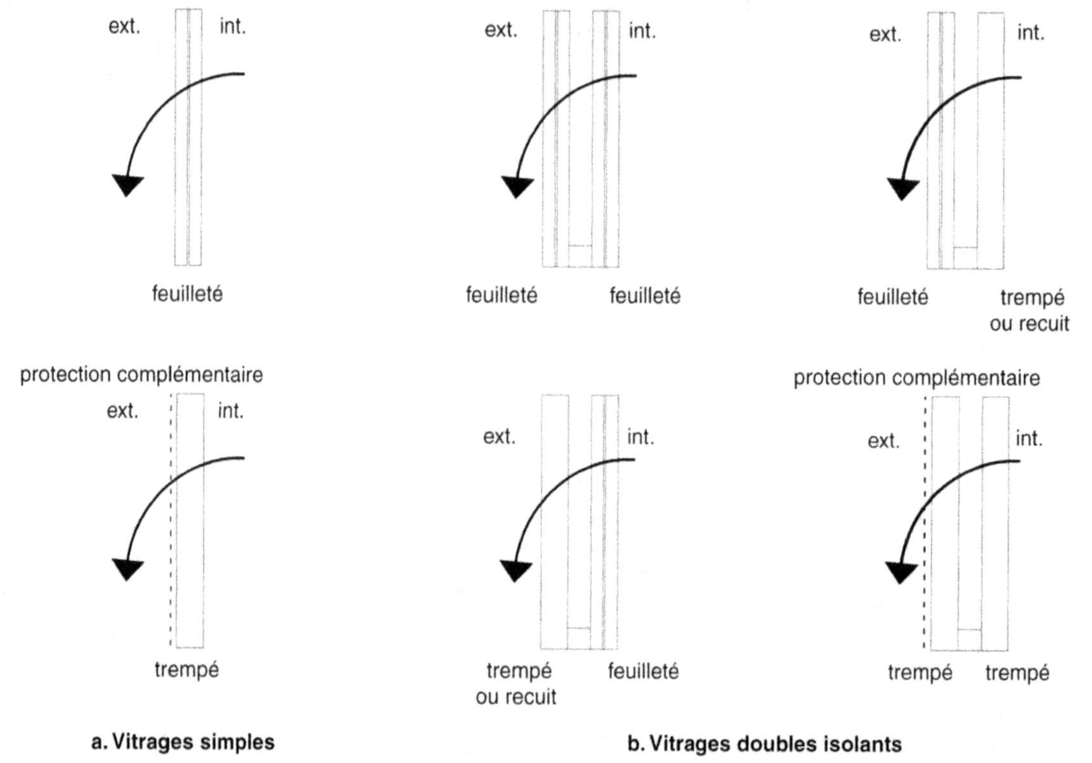

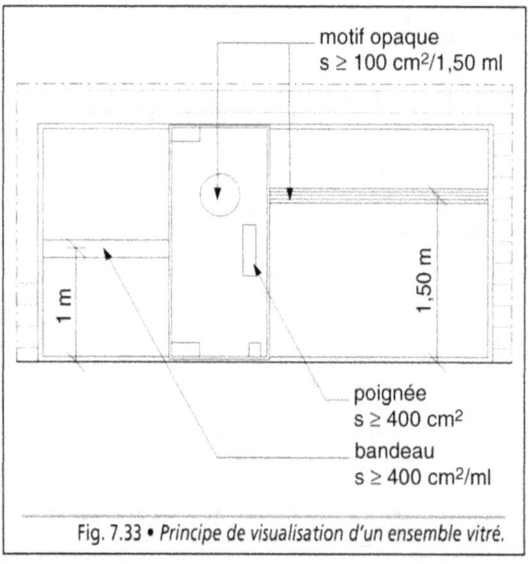

Fig. 7.32 • *Vitrages de sécurité en allège.*

Fig. 7.33 • *Principe de visualisation d'un ensemble vitré.*

La pose est effectuée dans le respect des règles de sécurité habituelles. Les ensembles et les portes vitrées transparentes, qui équipent les entrées de bâtiments, sont munis de plaques de visualisation placées à hauteur de vue (Fig. 7.33). Si des vitrages sont accessibles, les arêtes des bords libres sont façonnées et abattues afin de ne pas rester brutes et coupantes (Fig. 7.34).

3.7. Les fibres de verre

Les fibres de verre se présentent soit sous forme de fibres courtes, **la verranne**, fabriquées en discontinu, soit sous forme de fibres longues, **la silionne**, obtenues en continu.

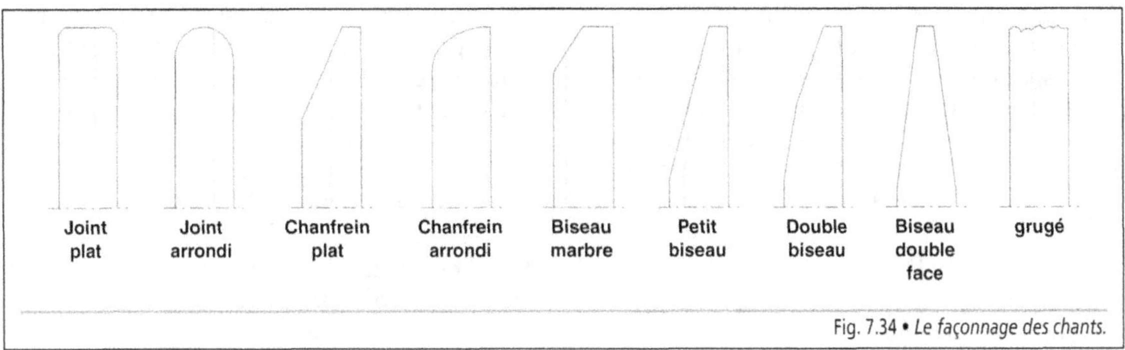

Fig. 7.34 • *Le façonnage des chants.*

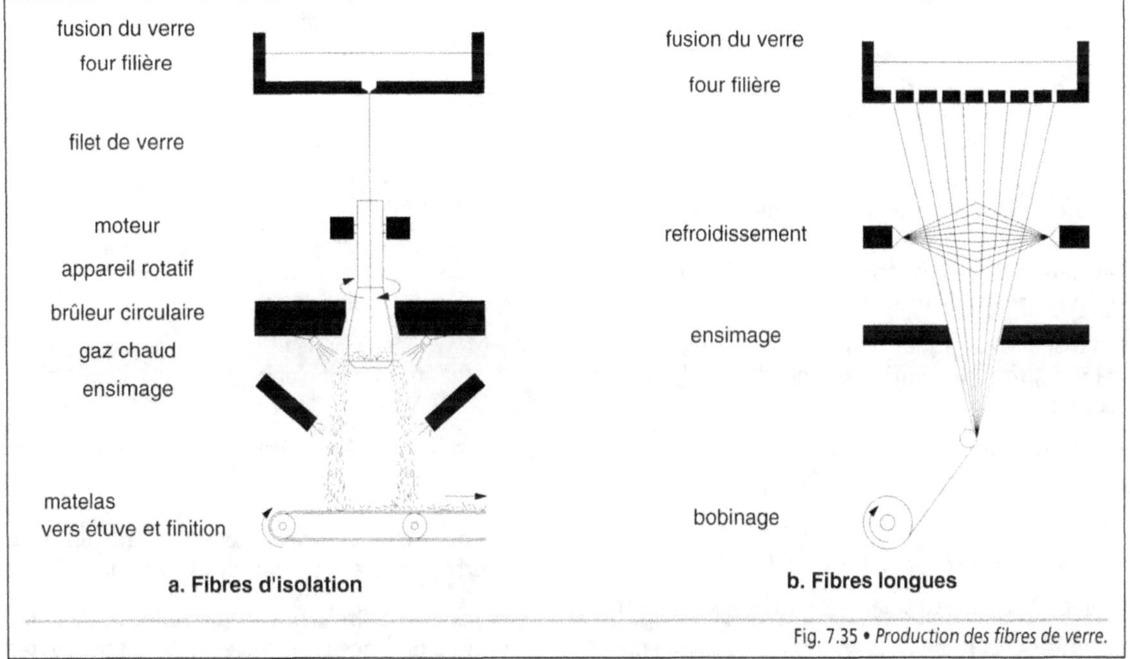

Fig. 7.35 • *Production des fibres de verre.*

Elles sont produites par centrifugation ou par étirage (Fig. 7.35). En fonction de la nature des composants, les fibres de verre ont des caractéristiques adaptées à leurs utilisations : isolation thermique et acoustique, renfort des matériaux composites de grande diffusion ou de hautes performances (Tab. 7.32).

PROPRIÉTÉS OU UTILISATIONS	CLASSEMENT
Usage général – bonnes propriétés électriques	E
Hautes propriétés diélectriques	D
Haute teneur en alcali	A
Bonne résistance chimique	C
Hautes résistances mécaniques	S ou R
Bonne résistance aux alcalis	AR
Usage en milieu acide	E-CR
Fabrication en continu – Silionne	C
Fabrication en discontinu – Verranne	D

Tab. 7.32 • *Classement des fils de verre (NF B 38-106).*

3.71. Le procédé par centrifugation fait passer le fil de verre, dès sa sortie du four, au centre d'un dispositif tournant à grande vitesse et dont la périphérie est percée de micro-orifices. Les fibres sont rabattues sur un tapis roulant par un courant d'air chaud et forment un matelas recouvert d'une fine pellicule de résines chimiquement inertes (phase d'ensimage*) qui jouent un double rôle :

- protéger le produit contre les attaques des agents atmosphériques ;

- lier les fibres entre elles.

Le matelas de fibres de verre est envoyé vers une étuve où la résine est polymérisée, puis il est dirigé vers les ateliers de finition dans lesquels il reçoit les supports appropriés à son utilisation, principalement l'isolation thermo-acoustique, sous forme de **laine de verre**.

Les caractéristiques principales de la laine de verre sont les suivantes :

- masse volumique apparente : $7\ kg/m^3$ à $130\ kg/m^3$ ($10\ kg/m^3$ à $20\ kg/m^3$ pour les produits courants) ;

- chaleur spécifique : 0,23 W/h ;

- conductivité thermique : 0,037 W/(m.K) à 0,056 W/(m.K) ;

- matériau classé incombustible M0 ;

- matériau inattaquable par les agents atmosphériques ;

- relativement élastique, elle peut se stocker et se transporter sous des volumes réduits.

La laine de verre bénéficie d'une certification ACERMI qui garantit les propriétés techniques des produits isolants, entre autres, la résistance thermique R, exprimée en $m^2.K/W$, définie par la relation :

$$R = e/\lambda,$$

où e est l'épaisseur du produit et λ sa conductivité thermique.

Elle entre dans l'élaboration de nombreux composants destinés à l'isolation thermique et acoustique des locaux. L'épaisseur du matelas est déterminée en fonction de la correction à apporter. Selon les produits, elle peut varier de 13 mm (isolation acoustique en sol) à 260 mm (isolation de combles ou de plafonds).

Seule ou après traitement, elle est utilisée en vrac, en flocons, en rouleaux, en matelas, en panneaux rigides ou semi-rigides ou sous forme de coquilles.

Exemple

- revêtue d'un papier kraft pare-vapeur, en rouleaux ou en panneaux rigides ou semi-rigides, elle assure l'isolation thermique des combles aménagés ou non, ainsi que l'isolation acoustique des cloisons intérieures ;

- revêtue d'une feuille d'aluminium, elle intervient dans l'isolation thermique et acoustique des conduits extérieurs de ventilation ;

- associée à une plaque de plâtre, elle forme l'un des composants des doublages isolants ou des cloisons de séparation ;

- renforcée d'un voile de verre armé, elle est employée en isolation extérieure des façades (Fig. 7.36).

Les matelas, les feutres et les panneaux en laine de verre sont classés selon deux paramètres :

- la perméabilité conventionnelle à l'air K_c, définie par mesure directe sur une éprouvette ou par le calcul ; plus la valeur de K_c est élevée, plus la perméabilité est grande ;

- la masse volumique nominale ρ.

La classe est exprimée par deux lettres, la première indiquant la nature du produit (V pour verre) et la seconde, la valeur de la perméabilité conventionnelle à l'air.

Ces données permettent de déterminer la conductivité thermique utile λ exprimée en W/(m.K) (Tab. 7.33).

PERMÉABILITÉ CONVENTIONNELLE À L'AIR ($Kc\ m^2$)	CLASSE	MASSE VOLUMIQUE NOMINALE ρ en kg/m³	CONDUCTIVITÉ THERMIQUE UTILE λ enW/(m.K)
$Kc \leq 0,6.10^{-9}$	VA.1	$7 \leq \rho < 9,5$	0,047
	VA.2	$9,5 \leq \rho < 12,5$	0,042
	VA.3	$12,5 \leq \rho < 18$	0,039
	VA.4	$18 \leq \rho < 25$	0,037
	VA.5	$25 \leq \rho \leq 65$	0,034
$0,6.10^{-9} < Kc \leq 0.8.10^{-9}$	VB.1	$7 \leq \rho < 9,5$	0,051
	VB.2	$9,5 \leq \rho < 12,5$	0,045
	VB.3	$12,5 \leq \rho < 18$	0,041
	VB.4	$18 \leq \rho < 25$	0,038
	VB.5	$25 \leq \rho \leq 65$	0,035
$0,8.10^{-9} < Kc \leq 1,1.10^{-9}$	VC.1	$7 \leq \rho < 9,5$	0,056
	VC.2	$9,5 \leq \rho < 12,5$	0,049
	VC.3	$12,5 \leq \rho < 18$	0,044
	VC.4	$18 \leq \rho < 25$	0,040
	VC.5	$25 \leq \rho \leq 130$	0,036
$1,1.10^{-9} < Kc \leq 1,7.10^{-9}$	VD.2	$9,5 \leq \rho < 12,5$	0,054
	VD.3	$12,5 \leq \rho < 18$	0,048
	VD.4	$18 \leq \rho < 25$	0,043
$1,7.10^{-9} < Kc \leq 5.10^{-9}$	VE.3	$55 \leq \rho < 80$	0,037
	VE.4	$80 \leq \rho \leq 130$	0,039

Tab. 7.33 • *Classification des laines de verre destinées à l'isolation thermique.*

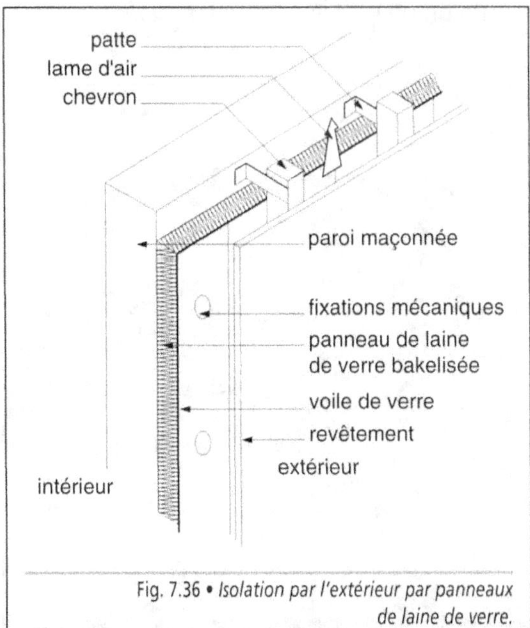

Fig. 7.36 • *Isolation par l'extérieur par panneaux de laine de verre.*

Exemple

- un feutre de laine de verre classé VC.1 a une perméabilité conventionnelle K_c comprise entre $0,8.10^{-9}$ et $1,1.10^{-9}$ inclus et une masse volumique nominale ρ variant de 7 kg/m³ à 9,5 kg/m³ ; la conductivité utile λ est de 0,056 W/(m.K).

3.72. Le procédé par étirage consiste à faire filer le verre en fusion au travers de filières, dont le diamètre varie de 5 µm à 24 µm, avant qu'il soit étiré à grande vitesse et envoyé sur des bobines. Comme précédemment, la phase d'ensimage assure la protection et la liaison entre les fibres.

3.8. Le verre cellulaire

Le verre cellulaire, également appelé mousse de verre, est le résultat d'une expansion d'un mélange de verre et de carbone dans un four de moussage où il est porté à haute température.

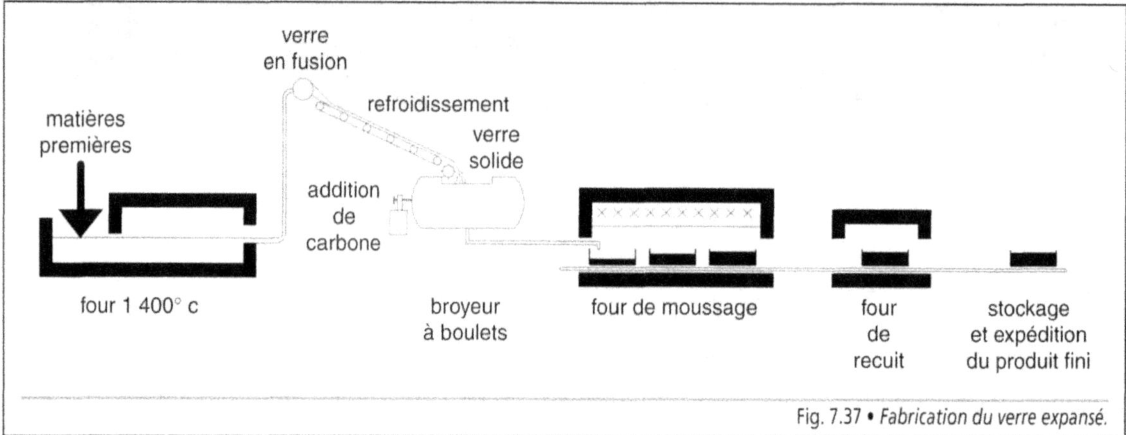

Fig. 7.37 • *Fabrication du verre expansé.*

Le produit est refroidi progressivement dans un four de recuit, avant d'être débité aux dimensions d'utilisation (Fig. 7.37). La quantité d'énergie nécessaire à la fabrication a une influence directe sur le coût du produit, handicap qui peut être compensé par ses performances.

De couleur noir, c'est un matériau isolant rigide à structure cellulaire fermée. Il se présente en panneaux plats ou curvilignes ou sous la forme de coquilles, découpables à la scie et dégageant une odeur d'hydrogène sulfuré.

Ses caractéristiques essentielles sont les suivantes :

- la masse volumique apparente est comprise entre 120 kg/m^3 et 165 kg/m^3 selon les produits ;

- la conductivité thermique est prise égale à 0,050 W/(m.K) ;

- le coefficient de dilatation linéaire est de 9.10^{-6}/K, c'est-à-dire assez proche de celui du béton ou de l'acier, garantissant un collage sur l'un ou l'autre de ces matériaux ;

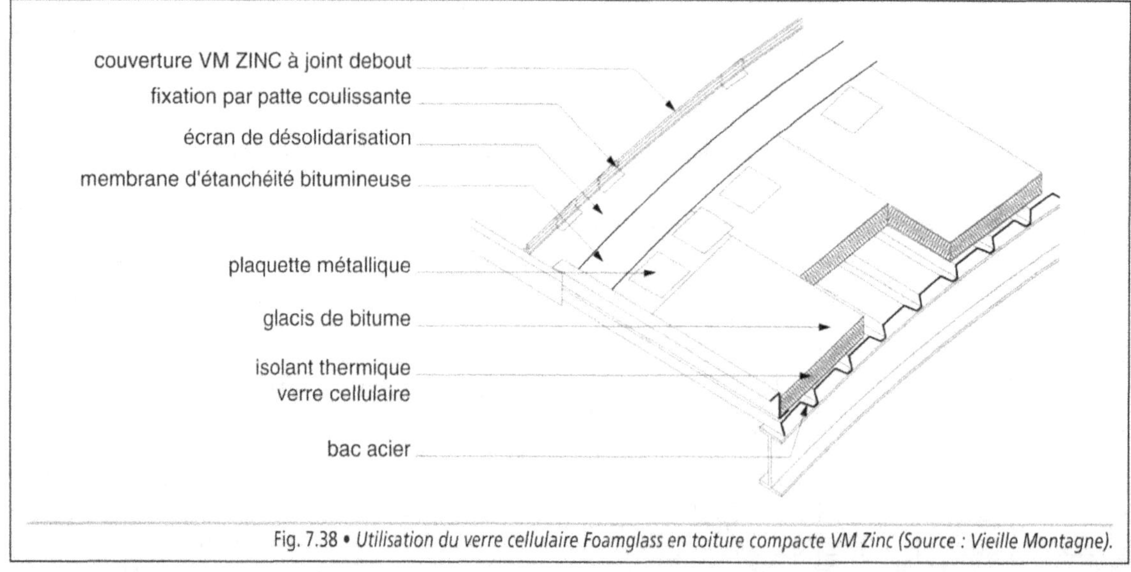

Fig. 7.38 • *Utilisation du verre cellulaire Foamglass en toiture compacte VM Zinc (Source : Vieille Montagne).*

- la résistance à la compression est comprise entre 0,7 N/mm^2 et 1,6 N/mm^2, rendant le matériau autoporteur ;

- il est étanche à l'eau et à la vapeur d'eau, incombustible (classé M0), inaltérable et imputrescible ;

- il n'attire pas les insectes ni les rongeurs.

Toutes ces qualités font que le verre cellulaire est employé en isolation thermique des couvertures (Fig. 7.38) et des toitures-terrasses, sous les dallages ainsi que dans des ouvrages de haute qualité technique.

Photo. 7.11 • *Canalisations en matières plastiques.*

4. Les matières plastiques

Les matières plastiques forment une famille de matériaux très diversifiée qui couvre une grande partie des besoins dans le second œuvre du bâtiment. De création récente, elles font leur apparition dès la fin du XIXe siècle, avec le nitrate de cellulose, plus connu sous le nom de celluloïd. Au début du XXe siècle, la première matière de synthèse est mise au point sous la forme d'un phénoplaste, la bakélite. Grâce à la chimie industrielle, la carbochimie puis la pétrochimie, de nouveaux produits sont créés qui ont pour nom : le méthacrylate de méthyle (Plexiglas), le polystyrène, le polyvinyle, suivis du polyéthylène et des silicones vers 1941. Mais c'est surtout au milieu du XXe siècle que l'industrie des matières plastiques connaît son essor, l'utilisation dans la construction se développant au fil des décennies. Leur évolution se poursuit de nos jours.

Les matières plastiques sont essentiellement composées de matériaux de synthèse d'origine minérale. Les constituants de base sont le carbone, l'hydrogène et l'oxygène auxquels s'adjoignent des atomes de chlore, de fluor, de silicium, etc. Les racines sont multiples : cellulosique, styrénique, vinylique, éthylénique, acrylique, etc (Photo. 7.11).

4.1. L'élaboration et la structure moléculaire

Les matières plastiques trouvent leur origine dans un produit de base, **le monomère**, molécule de faible masse moléculaire (inférieure à 100), constitué par un ou plusieurs atomes de carbone auxquels sont accrochés des atomes d'hydrogène, d'oxygène, de chlore, de fluor ou autres. Par réaction chimique, sous l'action de la température, de la pression ou de catalyseurs, les monomères sont transformés en molécules géantes, ou macromolécules, de masse moléculaire élevée (de 10 000 à 100 000 et plus), les **polymères**. La structure moléculaire des polymères se présente sous la forme d'une chaîne linéaire, d'une nappe bidirectionnelle ou multidirectionnelle, ou d'un réseau spatial (Fig. 7.39). La nature et la densité des liaisons entre les atomes permettent de définir les propriétés chimiques du matériau. Celui-ci offre une grande rigidité lorsque les liaisons sont denses, alors qu'il présente une certaine souplesse lorsqu'elles sont plus lâches. La combinaison de monomères de même nature donne naissance à un **homopolymère** ; de nature différente, à un **copolymère** ou un **tripolymère**.

Exemple

- le monomère éthylène donne naissance au polymère polyéthylène (PE) ;

- le monomère chlorure de vinyle donne naissance au polymère polychlorure de vinyle (PVC) ;

- le monomère styrène donne naissance au polymère polystyrène (PS) ;
- les monomères urée et formol donnent naissance au copolymère urée-formol (UF), de la famille des aminoplastes ;
- les monomères acrylonitrile, butadiène et styrène donnent naissance au tripolymère acrylonitrile-buta-diène-styrène (ABS).

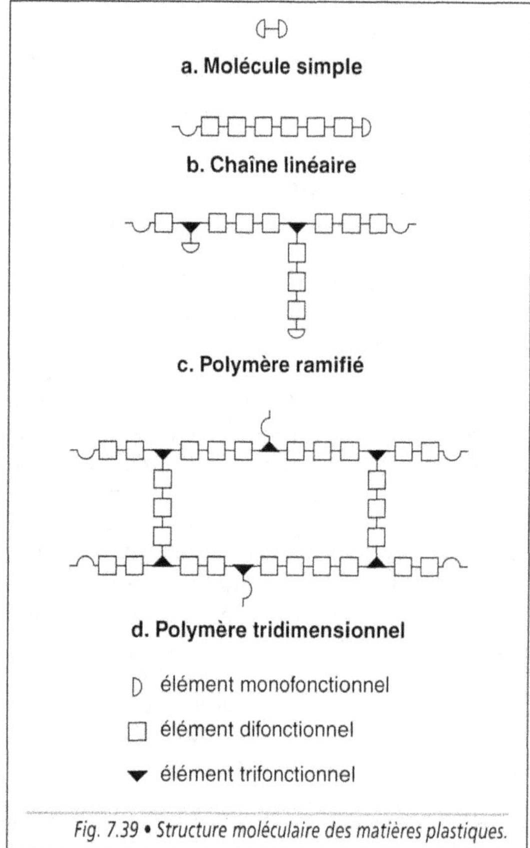

Fig. 7.39 • Structure moléculaire des matières plastiques.

Trois procédés de transformation permettent de passer des monomères aux polymères : la polymérisation, la polycondensation et la polyaddition.

La polymérisation s'effectue en partant de molécules de base identiques, sous l'action de la pression, de la température ou des deux, et en présence d'un catalyseur. Le polymère présente une structure macromoléculaire dans laquelle l'ordonnancement est linéaire ou réticulé. La molécule de base est répétée plusieurs milliers de fois. Sont ainsi obtenus le polystyrène, le polychlorure de vinyle, le polyéthylène, etc.

La polycondensation est une réaction lente établie entre deux monomères de fonction différente. Une fonction de l'élément A se combine avec une fonction de l'élément B. La réaction peut être stoppée à un stade intermédiaire, l'achèvement étant repris lors de la mise en œuvre du produit. Le résultat est un polycondensat dont la structure moléculaire peut être linéaire ou réticulée dans un plan ou dans l'espace. Ce procédé permet la fabrication d'aminoplastes tels que l'urée-formol ou la mélamine-formol, de polyester insaturé, de polycarbonate, etc.

La polyaddition est relativement peu utilisée. Elle correspond à l'addition successive de monomères sur une molécule initiatrice. Selon ce procédé, sont fabriqués les polyuréthannes, un des rares produits que le transformateur prépare directement en partant de monomères.

4.2. La classification des matières plastiques

Les matières plastiques sont regroupées dans trois grandes classes : **les résines thermodurcissables** ou **duromères**, **les résines thermoplastiques** ou **plastomères** et **les élastomères**. Leurs caractéristiques, fondamentalement différentes, sont liées au processus d'élaboration. Le tableau n° 7.34 indique les abréviations utilisées pour les principales résines.

4.21. Les résines thermodurcissables, ou duromères, ont une structure moléculaire qui se présente sous la forme d'un réseau tridimensionnel. Sous l'action de la chaleur, les liaisons se renforcent et se rigidifient définitivement, de manière irréversible. Elles sont d'autant plus rigides que le réseau tridimensionnel qui les caractérise est dense.

MATIÈRES PLASTIQUES	ABRÉVIATIONS USUELLES
Résines thermodurcissables	TD
Mélamine formol	MF
Mélamine phénol	MP
Urée-formol	UF
Polyester insaturés	UP
Polyuréthanne	PU
Époxyde	EP
Silicone	SI
Résines thermoplastiques	TP
Polystyrène	PS
Polystyrène choc	PSC
Polystyrène expansé	PSE
Polychlorure de vinyle	PVC
Polychlorure de vinyle surchloré	PVC-C
Chlorure de vinyle – propylène	VC/P
Polychlorure de vinylidène	PVCD
Polyfluorure de vinylidène	PVDF
Polyéthylène	PE
Polyéthylène basse densité	PEbd
Polyéthylène haute densité	PEhd
Polypropylène	PP
Polyester saturé :	
• Polybutylène téréphtalate	PBT
• Polyéthylène téréphtalate	PET
Polyfluoréthylène	PFE
Polyoxyméthylène	POM
Polyamide	PA
Polyméthacrylate de méthyle	PMMA
Polycarbonate	PC
Polymère à cristaux liquides	LCP
Acrylonitrile butadiène styrène	ABS
Résines élastomères	
Polyisopropylène	IR
Polybutadiène	BR
Polychloroprène	CR
Éthylène propylène diène monomère	EPDM
Butadiène styrène	SBR

Tab. 7.34 • *Principales résines et leurs abréviations usuelles*

Ces résines se comportent de la même manière que le béton. L'objet fini ainsi réalisé est, en général, infusible et insoluble. Toutefois, il est possible d'arrêter la réaction à un stade donné et de conserver le produit à l'état de semi-polymérisé dans des conditions précises, et à l'abri de la chaleur. La phase ultime de la polymérisation s'effectue lors de la mise en œuvre finale, sous la double action d'une élévation de température et d'un catalyseur. Sur le plan industriel, ces résines sont transformées dans des moules chauffés.

Entrent dans cette catégorie les résines suivantes : les phénoplastes et les aminoplastes (MF, MP, UF,), les polyuréthannes (PU), les polyesters insaturés (UP), les époxydes (EP) et les silicones (SI).

4.22. Les résines thermoplastiques, ou plastomères, ont une structure moléculaire de type linéaire. Par chauffage et refroidissement successif, leur état de viscosité se modifie de manière réversible. Elles peuvent être travaillées sous l'action de la chaleur puis se stabilisent et se solidifient en se refroidissant. Leur comportement est analogue à celui du verre. Au stade industriel, la transformation de ces produits s'effectue dans des moules refroidis.

Les thermoplastiques constituent une famille importante, dans laquelle sont classées les résines suivantes : les polychlorures de vinyle (PVC), les polystyrènes (PS), les polyéthylènes (PE), les polyméthacrylates de méthyle (PMMA), les polycarbonates (PC), les polyoxyméthylènes (POM), les polyesters saturés (PET ou PBT), les polyamides (PA), les cellulosiques, etc.

4.23. Les élastomères sont des substances qui, sous l'aspect mécanique, sont souples, déformables et douées d'une haute élasticité. Ils sont constitués par de longues chaînes moléculaires repliées sur elles-mêmes au repos. Sous l'action d'une contrainte externe, elles se déploient, puis reprennent leur géométrie initiale dès que cesse la sollicitation, qu'elle soit de compression, de traction ou de torsion. Proches du caoutchouc naturel, ils ont également une grande capacité pour emmagasiner l'énergie provoquée par des chocs répétés ou pour absorber les vibrations. Ils se présentent sous forme de solide ou d'émulsion, le latex, dispersion stable d'un polymère dans un milieu aqueux. Lors de leur transformation, ils sont associés à divers additifs organiques ou miné-

raux, tel le noir de carbone, avant de subir **la vulcanisation**. Cette opération est effectuée par adjonction de soufre, de peroxydes organiques (pour les silicones) ou d'oxydes métalliques (pour les polychloroprènes). Elle a pour objet de fixer les liaisons de manière irréversible, sans supprimer leur flexibilité.

Cette famille regroupe des résines telles que les silicones (SI), le polyuréthanne (PU), le polyisoprène (IR), le polybutadiène (BR), le polychloroprène (CR), le styrène-butadiène-styrène (SBS), l'éthylène-propylène-diène-monomère (EPDM), etc.

1 – Résines thermodurcissables de grande diffusion		
Phénoplastes Aminoplastes Polyuréthanne Polyester insaturé		
2 – Résines thermodurcissables techniques		
Époxy Silicones Poyimides		
3 – Résines thermoplastiques de grande diffusion		
Qualité		
courante	intermédiaire	d'aspect
Polychlorure de vinyle Polystyrène Polyéthylène basse densité	Polyéthylène haute densité Polypropylène	Polyméthacrylate de méthyle Cellulosique
4 – Résines thermoplastiques techniques		
Qualité		
technique	thermique	
Polyamide Polyoxyméthylène Polycarbonate Polyester saturé Polysulfuré	Polyfluoré Cristaux liquides	

Tab. 7.35 • *Classement technico-économique des polymères.*

4.24. Une classification technico-économique différencie les polymères de grande diffusion, dont le prix de fabrication est relativement faible, et les polymères techniques, plus onéreux mais plus performants. Elle prend en compte différentes fonctions et conditions d'emploi (Tab. 7.35).

4.3. Les autres constituants

Les matières plastiques ne peuvent pas être employées à l'état pur. En général, la plasturgie* utilise des polymères livrés sous la forme de poudre solide pulvérulente, de résine liquide, de pâte, de mastic ou, après opération complémentaire, de granulés. Afin de passer au stade industriel et de pallier certains défauts, il est nécessaire d'incorporer des constituants complémentaires : les charges, les adjuvants ou les renforts. En fonction de leur nature et du dosage, ils peuvent ou non modifier les propriétés fondamentales.

4.31. Les charges sont des matières dont l'objectif principal est de réduire les coûts de fabrication. Neutres, elles ne changent pas fondamentalement les qualités des matières plastiques. Elles sont de type minéral et constituées par des poudres de craie, de kaolin, de noir de carbone, de silice ou de talc. Certaines, toutefois, peuvent avoir une influence sur la résistance à la chaleur, la résistance mécanique aux chocs ou à l'abrasion (la farine de bois, les charges organiques).

4.32. Les adjuvants sont des produits qui, incorporés aux matières plastiques en cours d'élaboration, améliorent une ou plusieurs de leurs propriétés ainsi que les conditions de transformation. Ils sont classés selon leur fonction principale (Tab. 7.36).

• **Les plastifiants** donnent une plus grande souplesse aux matières plastiques. Ils réduisent la fragilité et permettent une meilleure ouvrabilité.

FONCTIONS PRINCIPALES	ACTIONS SUR LES MATIÈRES PLASTIQUES
1 – Les plastifiants	Donner une plus grande souplesse Réduire la fragilité Assurer une meilleure ouvrabilité
2 – Les stabilisants	Améliorer la stabilité sous l'action de : • la chaleur • la lumière • les rayons ultraviolets • les agents chimiques Offrir une bonne résistance au vieillissement
3 – Les ignifugeants	Améliorer la tenue au feu Retarder la combustion Ralentir le processus de combustion
4 – Les fongicides et les bactéricides	Résister aux micro-organismes Agir sur la qualité alimentaire des produits
5 – Les agents moussants	Créer une structure cellulaire Alléger le matériau
6 – Les antistatiques	Dissiper l'énergie électro-statique
7 – Les colorants et les pigments	Colorer la matière Améliorer certaines propriétés physiques Assurer la protection contre l'action : • de la lumière • des rayons ultraviolets
8 – Les solvants	Faciliter les opérations : • d'enduction • d'imprégnation • de peinturage
9 – Les lubrifiants	Faciliter les opérations de moulage Obtenir des surfaces lisses et brillantes
10 – Les démoulants	Faciliter la phase de démoulage

Tab. 7.36 • *Classification des principaux adjuvants.*

- **Les stabilisants** interviennent pour assurer la stabilité des polymères exposés à l'action de la chaleur, de la lumière ou des agressions chimiques. Ils s'opposent au vieillissement. Entrent dans cette catégorie **les antioxydants**, **les antiultraviolets** et **les antiozonants**.

- **Les ignifugeants** sont des additifs incorporés soit lors de la polymérisation, soit au cours de la mise en œuvre des résines afin d'en modi-

fier les propriétés thermiques. Ils agissent selon trois principes différents :

- l'addition de charges minérales inertes améliore la tenue au feu ;

- la formation d'un résidu charbonneux à la surface du polymère retarde la combustion ;

- le dégagement de gaz ralentit le processus de combustion (dérivés halogénés).

- **Les fongicides** et **les bactéricides** augmentent la résistance aux micro-organismes.

- **Les agents gonflants**, par réaction chimique en cours de transformation, entraînent la formation d'un gaz au sein de la matière afin d'obtenir une structure cellulaire et un allégement du produit.

- **Les antistatiques** assurent la dissipation de l'énergie électrostatique qui s'accumule sur certaines surfaces plastiques après frottement.

- **Les colorants et les pigments**, d'origine minérale ou de synthèse, sont incorporés dans la masse et modifient l'aspect du matériau en lui conférant une coloration. Leur qualité doit être telle que la couleur résiste à la lumière, aux intempéries et à la chaleur, que l'opacité* soit satisfaisante, qu'ils soient stables chimiquement et non toxiques. Ces additifs peuvent également couvrir d'autres fonctions telles que :

- l'amélioration de certaines caractéristiques physiques ;

- la protection des produits contre l'action de la lumière ou des rayons ultraviolets ;

- la sécurité au niveau de la signalisation ou du repérage (canalisations, câblerie électrique).

- **Les solvants** interviennent dans les opérations d'enduction, d'imprégnation ou de peinturage.

- **Les lubrifiants** facilitent le moulage et permettent d'obtenir des surfaces lisses et brillantes, tandis que **les démoulants** (paraffines ou cires) rendent plus aisée la phase de démoulage.

4.33. Les renforts améliorent les caractéristiques mécaniques des matières plastiques. Ils se présentent sous la forme de fibres de verre ou de polyester pour les produits de grande diffusion peu onéreux, et de fibres de verre spécifiques, de carbone, d'aramide* ou de bore pour les produits de haute technicité. Ces matériaux forment la famille des composites à matrice renforcée, objet du paragraphe 5.1.

4.4. Les caractéristiques des matières plastiques

Les caractéristiques portent sur l'ensemble des matières plastiques : résines de synthèse, semi-produits ou produits transformés par les fabricants. Toutefois, seules ces deux dernières catégories intéressent l'industrie du bâtiment.

Compte tenu de la grande diversité des matières plastiques, les propriétés dépendent essentiellement de la qualité des résines, des additifs et des méthodes de transformation. Certains matériaux sont très performants dans un domaine, résistance mécanique par exemple, et médiocres dans un autre, vieillissement ou stabilité dimensionnelle. Les caractéristiques sont déterminées par des séries d'essais effectués dans des conditions d'ambiance précises.

4.41. Les essais portent sur les aspects mécaniques, thermomécaniques et physico-chimiques, sur la tenue au feu et sur le vieillissement du matériau.

■ **Les essais mécaniques** permettent d'étudier la résistance du matériau à court terme et à long terme.

Les essais de traction sont essentiels car ils mesurent l'allongement et la résistance à la rupture d'une éprouvette de dimensions définies par les normes sous l'action d'une charge. Selon les courbes obtenues, les matières plastiques sont classées en fragiles, viscoplastiques ou ductiles et élastiques (Fig. 7.40). Pratiqués sur les

films, ils apportent des précisions sur le comportement à la déchirure.

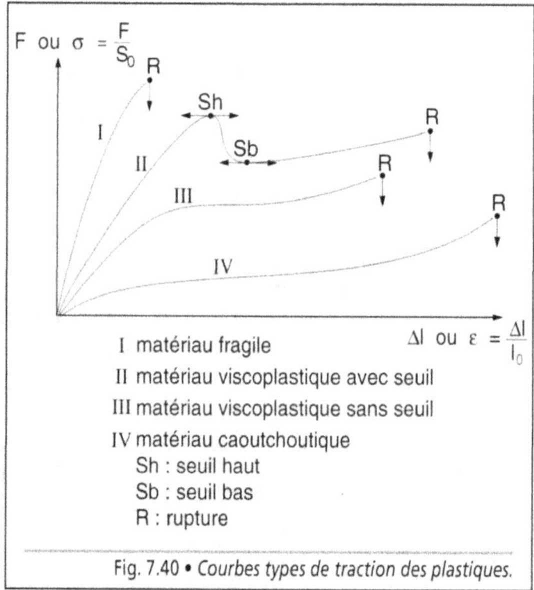

Fig. 7.40 • *Courbes types de traction des plastiques.*

Les essais de flexion déterminent la résistance à la flexion et la flèche maximale admissible, ainsi que le module de Young à la flexion.

Les essais tribologiques ont trait aux phénomènes de frottement et de glissement. Ils analysent la résistance au déplacement ainsi que l'usure par altération ou perte de matière à la surface d'un élément soumis à une action mécanique.

D'autres essais portent sur la résistance à la compression, au choc afin de définir la fragilité, au cisaillement pour les plastiques renforcés et de dureté de surface (dureté Brinell ou dureté Shore A ou D).

Le comportement à long terme fait l'objet d'essais qui permettent l'analyse des phénomènes de fluage, de relaxation, de fatigue dynamique (limite d'endurance d'un matériau soumis à une sollicitation dynamique), de fissuration sous l'action d'une contrainte (contrôle des propriétés d'amorçage et de propagation des fissures dans le matériau).

■ **Les essais thermomécaniques** sont effectués afin d'étudier le coefficient de dilatation linéaire, la stabilité dimensionnelle, le retrait, les températures sous lesquelles le matériau a une réaction dans les conditions suivantes : déformation à la chaleur, fragilité à froid, fléchissement sous charge et ramollissement Vicat pour les thermoplastiques.

■ **Les essais physico-chimiques** permettent de déterminer la masse volumique absolue et la masse volumique apparente, les différentes propriétés thermiques (conductivité et stabilité thermique), optiques (transparence, facteur de transmission du flux lumineux total et indice de réfraction) et électriques (résistivité et résistance sous basse et haute tension).

■ **Les essais de tenue au feu**, réalisés sur des éprouvettes en laboratoire, ont pour objet l'analyse du comportement des matières plastiques exposées à une source de chaleur. L'échantillon passe par les stades successifs suivants :

- l'échauffement, à l'origine, n'a que peu d'effet ;
- la dégradation thermique se traduit par la fusion et la formation d'une phase liquide ou d'une phase gazeuse, avec dégagement éventuel de gaz toxiques ;
- l'inflammation peut être spontanée ou provoquée, selon la composition des macromolécules ;
- la combustion occasionne une régression des surfaces ; sa vitesse de propagation est plus ou moins rapide, accompagnée ou non de production de gaz ou de formation de fumées ayant un certain degré d'opacité.

L'action destructrice du feu est accentuée par les effets thermiques dus à la convection et au rayonnement.

En fonction de leur comportement au feu, les matières plastiques sont classées selon deux méthodes :

- de M0 (incombustible) à M4 (combustible facilement inflammable), de nombreux produits étant M1 (combustible non inflammable) ou M2 (combustible difficilement inflammable) ;
- selon le classement UL 94 défini par les *Underwriter's Laboratories* et repris par la norme ISO 1210.

■ **Les essais de vieillissement** soumettent des échantillons à des conditions de service et d'exposition aux agents atmosphériques afin de connaître la vitesse d'altération et les transformations dans la texture du matériau. **La durée de vie** correspond au laps de temps nécessaire pour qu'une propriété physique ou chimique atteigne un seuil critique déterminé.

Le vieillissement physique est consécutif à une évolution irréversible du plastique et de ses qualités d'utilisation, sans qu'il y ait de modification chimique des macromolécules.

Le vieillissement chimique est dû à une transformation de la structure moléculaire sous une action photochimique ou thermique.

Le vieillissement, physique ou chimique, résulte de la conjugaison des contraintes d'utilisation et d'une exposition dans un milieu ambiant défavorable : soleil, températures élevées ou basses, variations brutales de température, humidité, pluie, etc. Il entraîne une migration des adjuvants, des réactions chimiques internes, une dégradation mécanique en surface et des risques de fissuration.

4.42. *Les caractéristiques mécaniques* des matières plastiques sont les suivantes :

- la masse volumique est comprise entre 900 kg/m^3 et 2 200 kg/m^3 pour les matières plastiques compactes et de l'ordre de 10 kg/m^3 à 100 kg/m^3 pour les produits alvéolaires ; la légèreté est un des principaux avantages, facilitant sa manutention et sa mise en œuvre ;
- la résistance à la traction est essentiellement variable d'une résine à l'autre ; elle varie de

10 MPa à 80 MPa pour les produits compacts et de 200 MPa à 800 MPa pour les plastiques renforcés ;

- la résistance à la compression est une fois et demie à deux fois plus élevée que la résistance à la traction, c'est-à-dire de l'ordre de 15 MPa à 120 MPa ; celle des mousses alvéolaires est faible, qualité qui influe sur le choix du matériau isolant du sol ;

- le module d'élasticité ou module de Young s'échelonne de 2 200 MPa à 3 500 MPa ;

- le coefficient d'allongement est de l'ordre de 80 % à 100 % pour certains thermoplastiques, mais il peut atteindre 400 % et plus pour certaines fibres synthétiques ;

- la résistance aux chocs est moyenne ou bonne selon le produit ;

- la résistance aux rayures est variable d'une résine à l'autre ; elle est très bonne pour tous les matériaux qui sont utilisés en habillage ou en revêtement.

4.43. *Les caractéristiques physiques* regroupent les propriétés suivantes :

- le coefficient de dilatation linéaire est de l'ordre de 1 à 7.10^{-5} m/(m.K) pour les thermodurcissables, et de 5 à 15.10^{-5} m/(m.K) voire plus pour les thermoplastiques ; il est nettement plus élevé que celui des métaux usuels et impose de prévoir des jeux suffisants lors d'assemblages métal-plastique ;

Exemple

Pour un tuyau en PVC, la dilatation est de 0,07 mm par mètre par degré d'écart, soit sur une canalisation de 10 m de longueur, soumise à des écarts de température de 30 °C, une variation de 21 mm nécessitant l'emploi de manchon de dilatation.

- la réaction à la chaleur est généralement mauvaise ; la température maximale d'utilisation des matières plastiques courantes se situe autour de 70 °C à 80 °C, en dehors des polyéthylènes (100 °C à 120 °C) et de quelques plastiques de haute technicité ; à basse température, la plupart deviennent fragiles ;

- la conductivité thermique varie de 0,1 W (m.K) à 1 W/(m.K) ; elle est plus faible pour les matières plastiques alvéolaires, de l'ordre de 0,030 W/(m.K) à 0,050 W/(m.K), excellents isolants thermiques ;

- l'isolation électrique est bonne d'une manière générale ; la résistivité varie de 10^{12} pour certains thermodurcissables à 10^{18} pour les polystyrènes et les polyéthylènes ;

- la stabilité dimensionnelle dépend de plusieurs paramètres dont le relâchement des tensions internes, la perte ou l'absorption d'eau et la dilatation ;

- la transparence est une des qualités essentielles pour les produits qui concurrencent le verre ; pour une épaisseur de 3 mm, le facteur de transmission lumineuse est de 92 pour le polyméthacrylate et de 88 pour le polycarbonate ;

- la tenue aux rayons ultraviolets est très variable d'un produit à l'autre ; elle est bonne pour le polyméthacrylate alors que le polycarbonate doit recevoir un traitement antiultraviolet.

4.44. *Les caractéristiques chimiques* portent sur la réaction des résines synthétiques exposées à l'action de produits chimiques :

- la bonne tenue des matières plastiques vis-à-vis des agents chimiques permet leur emploi dans l'industrie ; toutefois, le comportement varie d'un produit à l'autre et il n'est pas le même en présence des acides, des bases ou des solvants ; le polychlorure de vinyle et le polyéthylène présentent une résistance moyenne ;

- le pouvoir d'absorption d'eau est faible, souvent inférieur à 0,1 % en 24 heures ; il est de l'ordre de 0,01 % pour la plupart des polyéthylènes ; toutefois, certains plastiques, les polyamides, ont une tendance à absorber l'eau (de 1 % à 4 %) entraînant un gonflement ;

- en phase transitoire, les ouvriers et les utilisateurs peuvent présenter des réactions sous forme d'allergies dues aux solvants.

Les caractéristiques essentielles des grandes familles de matières plastiques sont regroupées dans le tableau n° 7.37.

Caractéristiques	Unités	MATÉRIAUX														
		PS cristal	PS choc	PS expansé	PEbd	PEhd	PP copolymère	PBT	PET	PFTE	POM	PA	PVDF	PPMA	PC	LCP
Masse volumique (1)	kg/m³	1 050	1 040	20 à 60	920	950	900 à 1 150	1 310	1 300	2 160	1 410	1 100	1 770	1180	1 200 à 1 400	1 650
Indice de réfraction		1,59	—	—	—	—	—	—	1,64	—	—	—	1,42	1,49	1,59	—
Transmission lumineuse	%	90	—	—	—	—	—	—	—	—	85 à 90 (2)	—	93 (2)	92	88	—
Absorption d'eau	% à 23 °C	—	0,05 à 0,07	—	0,01	0,01	0,02	0,25	0,1 à 0,2	—	0,32	0,7 à 1,9	0,04	0,25	0,15	0,002 à 0,02
Contrainte à la rupture en traction	MPa	41 à 60	27 à 30	0,15 à 0,45	10 à 13	24 à 30	15 à 40	58 à 60	80	20 à 40	50 à 70	47 à 90	53 à 57	50 à 70	63	150 à 207
Allongement	%	2 à 3	35 à 50	—	400 à 800	500 à 900	450 à 900	3,6 à 4	2 à 7	250 à 500	25	5 à 25	7 à 10	2 à 4	10 à 100	2,2 à 4,8
Contrainte à la rupture en flexion	MPa	75 à 110	50 à 60	0,2 à 0,5	—	23	35 à 49	85 à 90	84 à 110	18 à 20	40 à 70	50 à 115	77	84 à 110	80 à 90	127 à 250
Contrainte à la rupture en compression	MPa	84 à 98		0,1 à 0,2	—	19 à 25	25 à 56	—	77 à 105	12	112	87 à 105	70 à 80	73 à 110	75	140
Module d'élasticité en traction	MPa	3 300	2 200	1à 2.5	200 à 300	800 à 1 200	1 100 à 1 600	2 500 à 2 800	2 000	350 à 750	2 700 à 3 400	1 450 à 3 200	2 200 à 2 800	7 700	2 430	12 400 à 21 000
Module d'élasticité en flexion	MPa	3 450	1 500 à 2 900	—	60 à 400	1 150	1 000	2 200 à 2 400	—	600 à 1 000	2 600 à 3 000	1 000 à 2 200	1 900 à 2 200	3 200	2 400	12 000 à 15 000
Coefficient de Poisson		0,35	—	—	0,45	0,40	0,40	—	—	0,40	0,35	—	0,35	—	—	0,45
Température de fusion	C	200	200	—	110 à 120	128 à 135	160 à 168	225	255	320 à 340	164 à 177	170 à 220	172 à 175	190 à 240	230 à 250	280 à 335
Plage de température d'utilisation :	C	70	– 20 à 70	70	– 70 à 80	– 70 à 120	– 40 à 90	– 40 à 140	– 40 à 80	– 150 à 260	– 40 à 100	– 80 à 110	– 10 à 150	80	– 125 à 135	– 190 à 220
Conductivité thermique	W/(m.K)	0,15	0,16	0,031 à 0,036	0,20 à 0,30	0,35 à 0,45	0,15 à 0,22	0,25	0,29	0,25	0,31	0,24 à 0,5	0,19	0,19	0,2	0,27 à 0,56
Dilatation thermique	10^{-5}/K	7 à 8	8 à 10	5 à 7	10 à 20	11 à 13	8 à 10	8 à 10	–	13	8 à 10	10 à 15	10 à 14	7 à 8	3 à 7	0,1 à 4,7
Résistivité transversale	Ω.cm	1.10^{16}	1.10^{16}	-	1.10^{17}	1.10^{16}	1.10^{16}	1.10^{16}	1.10^{16}	1.10^{18}	1.10^{15}	1.10^{13} à 1.10^{15}	1.10^{14}	1.10^{15}	1.10^{16}	1.10^{13} à 1.10^{17}

(1) Les valeurs indiquées sont des valeurs moyennes.
(2) Valeur indiquée pour les films.

Tab. 7.37 • *Caractéristiques des principales matières plastiques hors PVC.*

4.5. Les produits

Les produits mis sur le marché de l'industrie du bâtiment sont définis en fonction des résines qui entrent dans leur composition : thermodurcissables, thermoplastiques et élastomères. Afin d'être exploitables, les matières plastiques sont transformées en semi-produits ou en produits finis. Plusieurs techniques sont utilisées, qui s'appliquent soit aux résines thermoplastiques, soit aux thermodurcissables, soit aux deux.

4.51. Les techniques de transformation

Les techniques de transformation utilisées en plasturgie sont choisies en tenant compte de la qualité de la résine, de la forme et de la quantité de composants à produire. Elles vont des plus simples aux plus complexes.

■ **La coulée** consiste à verser la matière à l'état liquide soit dans un moule dont elle épouse le contour, soit sur un objet déposé en fond de moule afin qu'il soit enrobé. Elle est analogue à la coulée en fonderie. Ce procédé est simple, peu onéreux et permet la réalisation de pièces épaisses. Les inconvénients résident dans le manque de précision et le risque d'emprisonner des bulles d'air pouvant affaiblir l'élément. Selon ce principe, sont réalisées les plaques en résine acrylique ainsi que l'enrobage de composants électriques à l'aide de résines de polyesters ou époxydiques qui jouent le rôle d'isolants.

■ **L'injection** est effectuée à l'aide d'une presse comportant un fourreau chauffé par des résistances électriques, dans lequel la résine est introduite. Sous l'action de la chaleur, celle-ci se ramollit avant d'être injectée sous pression dans le moule dont elle prend la forme (Fig. 7.41). De grandes séries sont réalisées à l'aide de cette technique qui donne une bonne précision. Toutefois, compte tenu du temps de refroidissement relativement long, les pièces fabriquées sont de faible épaisseur (3 mm à 5 mm). De géométrie simple ou complexe, elles doivent être faciles à démouler. L'introduction d'un agent gonflant assure l'expansion des résines en cours d'opération.

■ **L'extrusion** est réalisée à l'aide d'un appareil comportant un fourreau cylindrique équipé de résistances chauffantes. La résine est ramollie avant d'être poussée par une vis à travers une filière. Ce procédé est assimilable à la fabrication par filage des profilés en aluminium. Il offre une grande souplesse d'utilisation et, contrairement aux précédents, le travail peut se faire en continu.

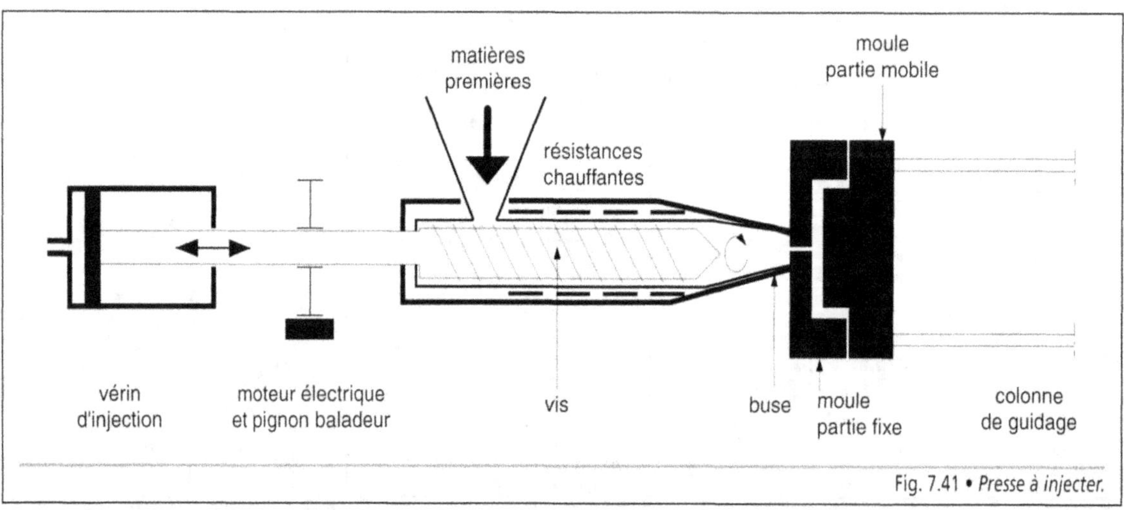

Fig. 7.41 • *Presse à injecter.*

Toutefois, chaque produit extrudé impose l'emploi de vis différentes. Selon la géométrie de la filière, par cette technique sont produits des fils, des profilés et des tubes rigides ou souples ou, à l'aide d'une filière plate, des feuilles et des plaques (Fig. 7.42). Les éléments en matériaux cellulaires sont fabriqués en incorporant un agent gonflant en cours d'élaboration.

La coextrusion est une technique avec laquelle sont exécutées des pièces dont la section est composée de zones ou de couches de résines différentes extrudées simultanément, donnant une excellente homogénéité mécanique.

■ **Le thermoformage** est une transformation effectuée en partant d'un semi-produit, en général une feuille rigide thermoplastique qui est placée dans un cadre indéformable. Elle est chauffée jusqu'à son point de ramollissement, entre 120 °C et 160 °C. Dès que celui-ci est atteint, la feuille est soit aspirée par dépression, soit poussée par surpression, soit poussée à l'aide d'un poinçon de manière à épouser le contour du moule (Fig. 7.43). La pièce est retirée après refroidissement.

Cette technique présente plusieurs avantages, qui portent sur les coûts de fabrication, la possibilité de petites ou de grandes séries, la rapidité compte tenu du refroidissement relativement rapide eu égard aux faibles épaisseurs travaillées.

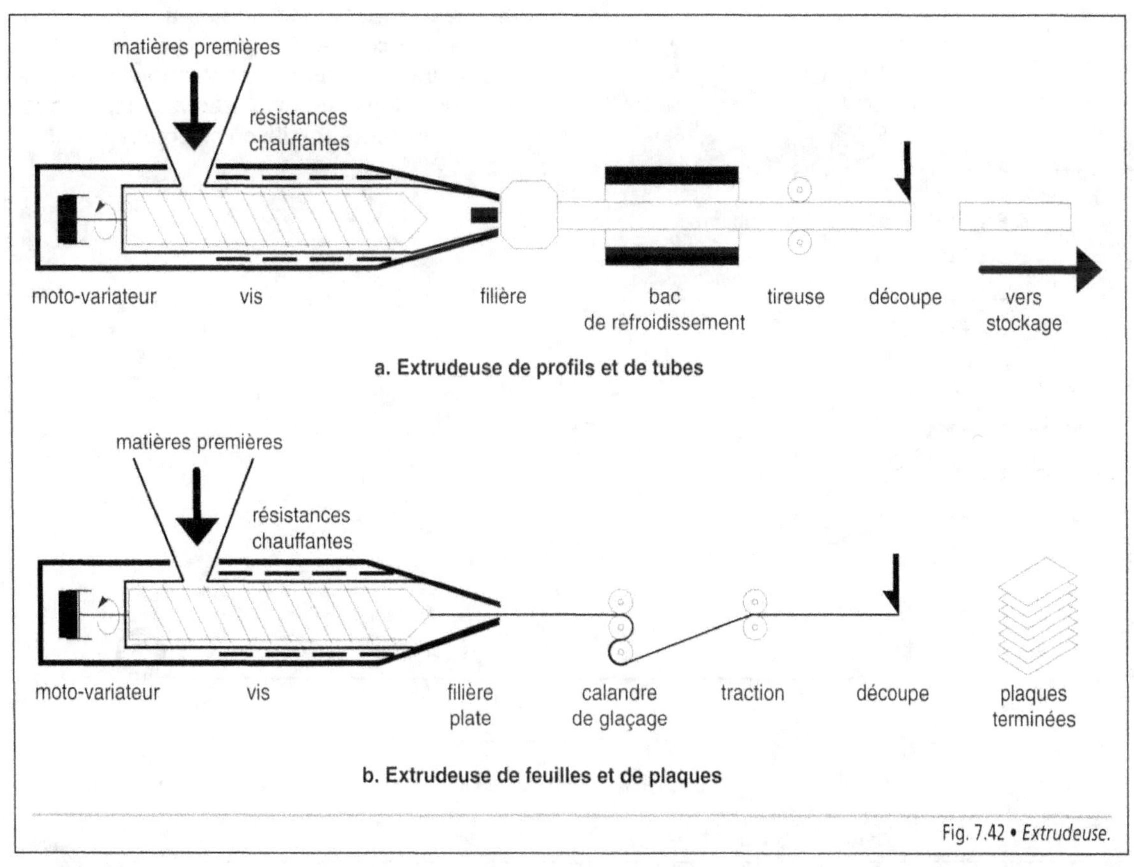

Fig. 7.42 • *Extrudeuse.*

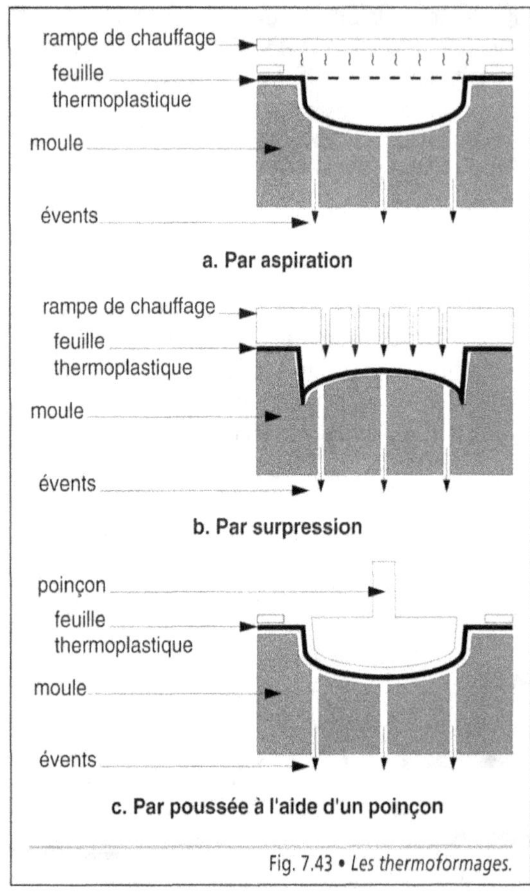

Fig. 7.43 • *Les thermoformages.*

À l'inverse, les inconvénients se retrouvent au niveau de l'épaisseur qui n'est pas uniforme après avoir subi la déformation, l'impossibilité de traiter des feuilles d'épaisseur supérieure à une dizaine de millimètres et la nécessité d'intervenir sur un demi-produit, plus onéreux que la résine de base. Les panneaux de bardage ou de revêtement sont fabriqués de cette manière.

■ **Le calandrage** permet d'obtenir une feuille ou un film en partant d'une pâte de consistance ferme. Celle-ci passe entre un jeu de plusieurs cylindres chauffants dont l'écartement va en se réduisant, puis entre des cylindres refroidisseurs (Fig. 7.44). Ce procédé, comparable au laminage utilisé en métallurgie, offre un bon niveau de production pour un produit de qualité, mais il impose de grandes séries. Un grainage de la feuille peut être effectué à la sortie des cylindres chauffants, en introduisant un cylindre graveur dans la chaîne. Combiné avec l'enduction, le calandrage permet la confection de revêtements de sol en faisant passer la feuille chaude sur une substance textile ou alvéolaire.

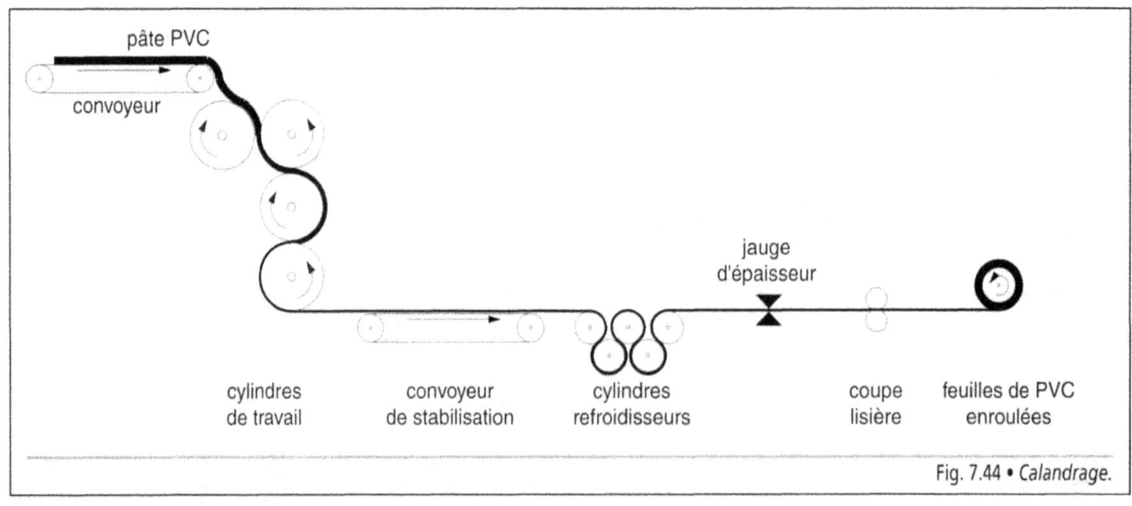

Fig. 7.44 • *Calandrage.*

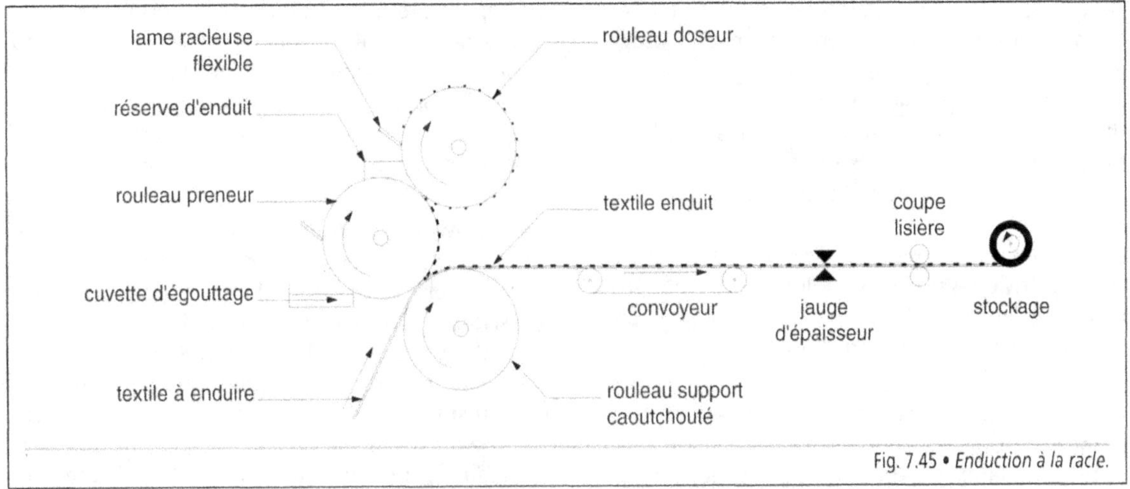

Fig. 7.45 • *Enduction à la racle.*

■ **L'enduction** consiste à imprégner superficiellement un support à l'aide d'une matière plastique sous forme de pâte ou de plastisol. La machine d'enduction, ou enduiseuse, est équipée d'un cylindre support du textile à enduire, d'un cylindre preneur et d'une lame racleuse flexible qui dose et répartit la résine sur toute la largeur d'un cylindre doseur (Fig. 7.45). Cette technique est employée pour la fabrication de revêtements de sol et de mur, de tissus enduits ou de papiers peints.

■ **Le moussage** a pour objectif d'obtenir un matériau alvéolaire en partant des résines synthétiques. En fonction de leur nature, plusieurs procédés sont utilisés, en vérifiant qu'ils ne dégagent pas de chlorofluorocarbure (CFC) dont l'action sur la couche d'ozone est néfaste. Le polystyrène expansé est le résultat d'une transformation qui s'effectue par élévation de température en deux temps, sous l'action d'un agent moussant : une préexpansion libre donnant des flocons expansés, suivie d'une expansion dans un moule chauffé à la vapeur, dans lequel les flocons se collent entre eux (Fig. 7.46).

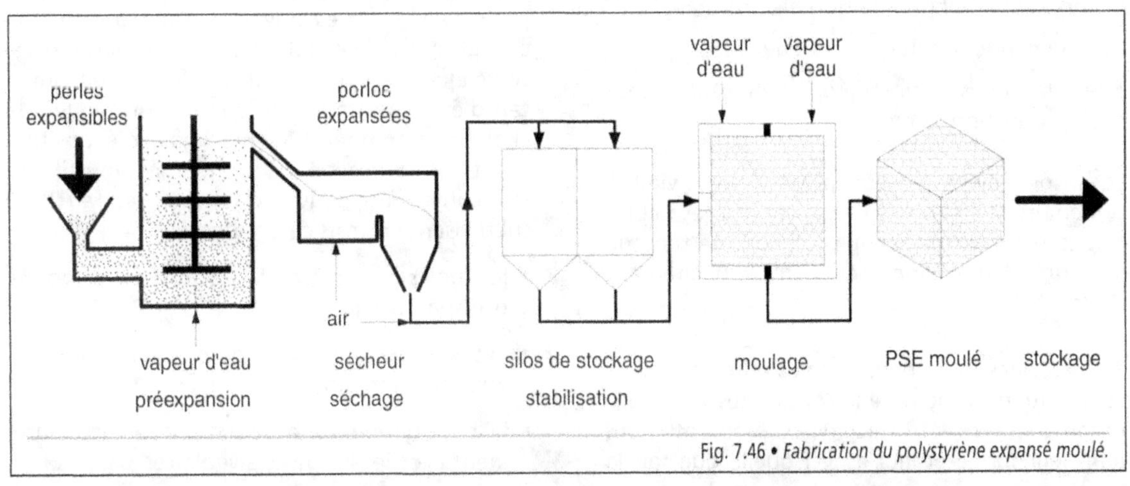

Fig. 7.46 • *Fabrication du polystyrène expansé moulé.*

La mousse de polyuréthanne est obtenue en mélangeant deux monomères selon un dosage adéquat, des isocyanates et des polyols, associés à un agent d'expansion. Par des procédés continus ou par moulage, sont fabriqués des blocs rigides, semi-rigides ou souples, des panneaux et des pièces de forme déterminée.

Des résines, telles que les polychlorures de vinyle, les polyéthylènes ou les phénoliques, peuvent être expansées en cours d'injection ou d'extrusion, par l'adjonction d'un agent moussant.

■ D'autres procédés de transformation sont employés pour des productions particulières, tel **le rotomoulage** (objets creux de grandes dimensions, citernes) ou **le soufflage**, éventuellement combiné à d'autres techniques (bouteilles).

4.52. *Les produits industriels*

L'essor des matières plastiques est dû, en grande partie, aux nombreuses qualités qu'elles offrent en regard des matériaux traditionnels. Il n'est plus possible de les considérer comme des produits de substitution. Les produits offrent plusieurs avantages appréciables :

- ils sont faciles à manutentionner grâce à leur légèreté ;

- ils présentent une bonne résistance à la corrosion et une bonne isolation électrique ;

- ils demandent peu d'entretien ;

- les plastiques de grande diffusion ont un coût de production faible.

Les inconvénients majeurs portent sur le vieillissement et l'altération à la lumière, sur les faibles caractéristiques mécaniques et, compte tenu de leur grand développement, sur le traitement des déchets.

■ **Les résines thermodurcissables** entrent dans la composition de nombreux composites à matrice organique afin de former des composants figés dans leur forme et leur aspect quelle que soit la température à laquelle ils sont exposés. Moulées, elles permettent de réaliser des plaques de couverture, des panneaux de façade et de bardage des cloisonnements intérieurs, des éléments de coffrage pour le béton, des cabines de douche ou des bassins industrialisés de piscine, etc.

Sous forme de résines coulées, elles sont utilisées dans la réalisation de revêtements de sol industriels pour leur dureté, leur excellente résistance aux chocs et aux efforts de frottement ainsi que leur bonne tenue à l'humidité et à de nombreux agents chimiques. Plusieurs de ces résines entrent dans la composition de colles, d'adhésifs, de vernis et de peintures dont certaines, polymérisant à 250°C, offrent une excellente tenue aux températures élevées et une bonne protection contre la corrosion.

Les résines les plus courantes sont les suivantes : les phénoplastes et les aminoplastes (MF, UF, UP), les polyuréthannes (PU), les polyesters insaturés (UP), les époxydes (EP) et les silicones (SI), les trois dernières étant d'un coût relativement élevé.

■ **Les résines thermoplastiques** regroupent les résines qui sont le plus utilisées dans le bâtiment, sous des formes diverses.

Les polystyrènes (PS) forment une famille importante de produits. Leurs caractéristiques principales sont les suivantes : une bonne rigidité et une bonne stabilité, une excellente résistivité électrique. Les points faibles portent sur le fait d'être cassant et sur la mauvaise tenue à la chaleur, la température maximale d'exposition étant de l'ordre de 70 °C ; leur combustibilité leur confère un mauvais classement au feu. Ils se subdivisent en trois catégories :

- le polystyrène cristal offre une bonne transparence ;

- le polystyrène choc, opaque, voit sa résistance aux chocs améliorée ;

- le polystyrène expansé est traité ultérieurement avec les mousses alvéolaires.

Économiques, les polystyrènes sont utilisés sous forme de composants thermoformés, de capots d'appareillages électriques, etc.

Les polychlorures de vinyle (PVC) sont une des résines les plus employées dans la construction. Ils font l'objet d'une analyse spécifique dans le paragraphe 4.54.

Les polyéthylènes (PE) sont souples, résistants aux chocs et d'une bonne résistivité transversale. Imperméables à l'eau et d'une grande inertie chimique, ces produits sont retenus dans l'industrie alimentaire. En revanche, ils sont sensibles aux rayons ultraviolets, à la fissuration aux chocs et à la chaleur.

Deux classes sont mises sur le marché : le polyéthylène basse densité (PEbd), à structure ramifiée, et le polyéthylène haute densité (PEhd), à structure linéaire.

Faciles à poser, ils sont utilisés, entre autres, pour réaliser des réseaux d'évacuation d'eaux usées et de distribution d'eau froide sous pression, la pression de service pouvant atteindre 1,6 MPa (16 bars), des isolants de câbles électriques, des feuilles plastiques imperméables posées sous les dallages ou les couvertures.

Les polypropylènes (PP) ont des propriétés proches de celles des polyéthylènes. D'une meilleure résistance mécanique et d'une bonne tenue aux températures élevées (de l'ordre de 110 °C), ils trouvent leur emploi dans les réseaux de distribution d'eau chaude, de chauffage central, de capteurs solaires et de conduites dans l'industrie alimentaire.

Les polyesters saturés sont des résines de type linéaire qui offrent de bonnes caractéristiques mécaniques et résistent bien à l'abrasion. Autoextinguibles, ils ont une tenue à la chaleur qui s'étend de – 40 °C à + 120 °C. Ils se présentent sous deux produits :

• le polybutylène téréphtalate (PBT), qui offre une bonne résistivité et une faible reprise

d'humidité ; il entre dans la fabrication de nombreux appareillages électriques soumis à des températures relativement élevées et de bâtis de compteur à gaz ;

• le polyéthylène téréphtalate (PET), transparent ou opaque, fabriqué en non-tissé à la sortie d'extrusion, ce géotextile est employé dans la stabilisation des terres et dans l'assainissement.

Les polymères fluorés font partie des résines qui résistent le mieux à la chaleur. Parmi celles-ci, le polytétrafluoroéthylène (PTFE) tient jusqu'à une température de 340 °C. Ininflammable, sa plage d'utilisation s'étend de – 150 °C à + 260 °C. Ses autres qualités principales sont l'inertie chimique et la tenue aux rayons ultraviolets. Handicapé par sa tendance au fluage, son fort coefficient de dilatation, sa densité et son coût élevés, son emploi est réservé à des domaines particuliers : canalisations, robinetteries, vannes dans le génie chimique ou l'industrie alimentaire, entre autres.

Le polyoxyméthylène (POM) présente de bonnes caractéristiques mécaniques, dans une plage d'utilisation qui s'étend de – 40 °C à + 100 °C. Résistant bien à la fatigue et stable dimensionnellement, sa tenue aux agents chimiques est bonne, à l'exception des acides oxydants et des bases fortes. La valeur de la résistivité transversale en fait un bon isolant électrique. Sensible aux rayons ultraviolets, il est réservé aux emplois intérieurs, entre autres en plomberie : robinetterie, siphon (en Hostaform), organes de pompe, etc.

Les polyamides (PA) sont obtenus par polycondensation. Il en résulte que leur teneur en eau n'est pas négligeable (de 9 % à 12 %). D'une excellente résistance mécanique, à la fatigue, aux chocs et à l'abrasion, ils sont réservés à des applications techniques. Autoextinguibles, translucides ou opaques et offrant une bonne résistivité transversale, ils sont employés dans la serrurerie, en quincaillerie ou pour assurer le capotage de matériel électrique soumis à des tensions de l'ordre de 600 V.

Les polyméthacrylates de méthyle (PMMA), connus sous les noms de Plexiglas ou d'Altuglass, sont issus de résines acryliques. Transparents, le coefficient de transmission lumineuse est équivalent à celui du verre. Ils offrent une bonne résistance à la pollution atmosphérique et aux rayons ultraviolets. Les inconvénients portent sur la faible résistance aux chocs, la faculté à être rayé facilement, la tenue moyenne à certains agents chimiques, la température maximale d'utilisation qui ne doit pas excéder 80 °C. Transparents ou translucides, ils peuvent être teintés dans la masse.

Faciles à usiner avec un outillage courant, à former et à poser, ils sont utilisés dans les ouvrages suivants :

- en plaques de remplissage des garde-corps de balcon ;
- en plaques thermoformées des lanterneaux, des dômes et des exutoires de fumées en toiture ;
- en composants thermoformés, tels que les appareils sanitaires ;
- en plaques extrudées comme diffuseurs pour les luminaires ;
- en plaques alvéolaires extrudées en double ou triple paroi, comme éléments de grandes dimensions pour les toitures isolantes translucides, grâce à leur faible coefficient de conductivité thermique (Fig. 7.47).

Le polycarbonate (PC) possède une excellente résistance mécanique, en particulier aux chocs, et une bonne stabilité dimensionnelle, même en milieu humide. Transparent et autoextinguible, il présente un coefficient de conductivité thermique faible et une bonne résistivité transversale. La plage d'utilisation est l'une des plus étendues des matières plastiques, de − 125 °C à + 130 °C. Sensible aux rayons ultraviolets, il doit subir un traitement adéquat lorsqu'il est employé à l'extérieur. Il est également attaqué par un certain nombre d'agents chimiques : hydrocarbures lessives, solvants et bases fortes (ammoniac).

Produit coûteux et délicat à mettre en œuvre, il trouve son utilisation dans les verrières (Fig. 7.47) et tous les vitrages de protection ou antivandalisme : guichets de banque, vitrine d'exposition, mobiliers urbains ou luminaires extérieurs.

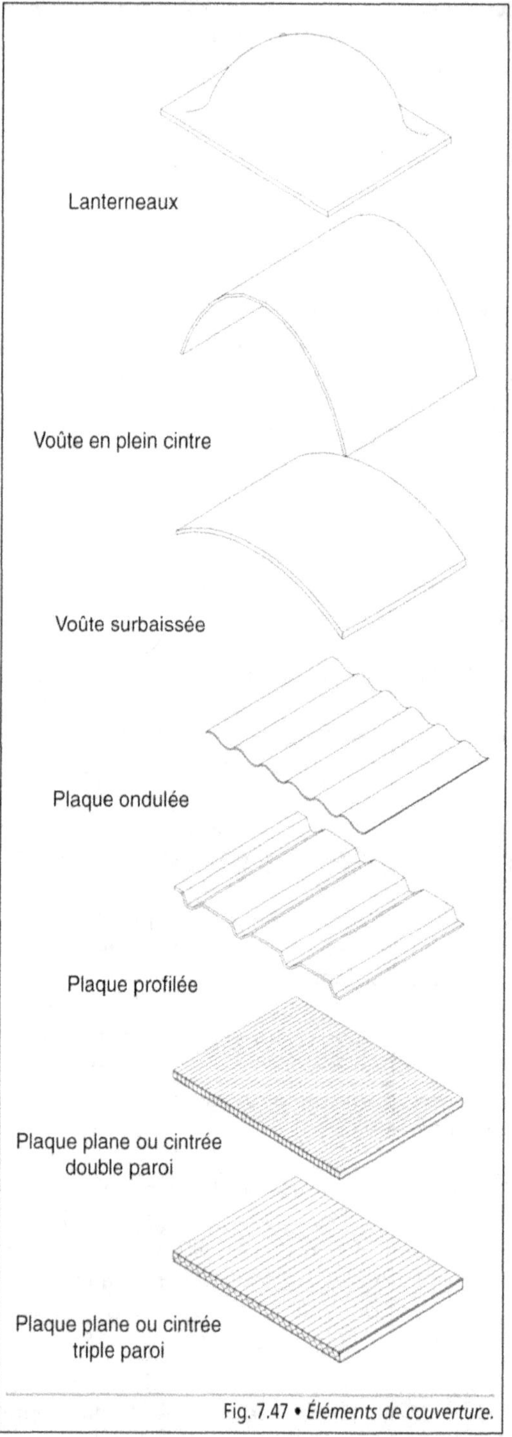

Fig. 7.47 • *Éléments de couverture.*

Les polymères à cristaux liquides (LCP – *Liquid Crystal Polymer*) sont stables chimiquement, résistent bien thermiquement et ont une bonne résistivité transversale. Compte tenu de l'orientation des macromolécules, ces matériaux sont hautement anisotropes ; les caractéristiques mécaniques peuvent varier dans un rapport de 1 à 4, les valeurs les plus fortes correspondant aux mesures effectuées selon la direction préférentielle. Renforcés avec des fibres de verre, leur résistance mécanique devient excellente. La plage d'utilisation s'étend de – 190 °C à + 220 °C. Le coefficient de dilatation thermique est faible : il est compris entre 0,1 et $4{,}7.10^{-5}$ m/(m.K).

Ils constituent d'excellents composants électriques exposés à des températures élevées.

Les points forts et les points faibles des différentes résines thermoplastiques sont récapitulés dans le tableau n° 7.38. En modifiant le dosage de certains additifs, selon un rapport optimal, il est possible d'adapter les capacités du produit aux composants utilisés dans l'industrie du bâtiment (Tab. 7.39).

CARACTÉRISTIQUES D'EMPLOI	PS cristal	PS choc	PVC rigide	PVC souple	PVCC	PVDC	PEbd	PEhd	PP copo.	PBT	PET	PFTE	POM	PA	PPMA	PC	LCP
Rigidité	O	O	O	N	O		–	–		O	O						
Stabilité dimensionnelle	O	O	O				M	M	M	O	O	O	O	O	Mé	O	O
Résistance à l'abrasion			O							O	O		O	O	N	N	O
Résistance aux chocs	Mé	O	M (1)		M (1)		O	O	O			O	O	O	N	O	O
Transparence	O	N	O	O		O	N	N	N	N	O	O (2)	N	N (3)	O	O	N
Imperméabilité à l'eau	O	O	O	O	O		O	O	O			O	O	O		O	O
Tenue aux agents chimiques	O (4)	O (4)	O	O (5)			O	O	O	Mé (6)	O (6)	O (4)	O (7)	O	M (8)	(9)	O
Tenue aux basses températures	N	N	N	N	O	O	O	O	O	O	O	O	O	O	Mé	O	O
Tenue aux températures élevées	Mé	Mé	Mé	Mé	O	O	Mé	Mé	O	O	O	O	O	O (10)	N	O	O
Comportement en présence du feu	Mé*	Mé*	A* (11)	A* (11)	NI		I	I	?	A	A	IN	Mé	A	M	A	
Isolation électrique	O	O					O	O	O	O	O	O	O	O	O	O	O
Qualité alimentaire	O	O	O	N			O	O	O	N	O	O	N	O		O	
Tenue aux rayons ultraviolets			N	N			N	N	N	N	N	O	N	N	O	Mé	
Notions de coût	F	F	F	F	M	M	F	F	F	M	M	E	E	E	M	E	E

O : Oui	(1) Fragile aux chocs à basse température.
N : Non	(2) En film uniquement.
M : Moyen	(3) Translucide.
Mé : Médiocre	(4) Mauvaise tenue aux hydrocarbures et aux solvants.
I : Inflammable	(5) Sensible aux agents atmosphériques et à la lumière solaire.
NI : Ininflammable	(6) Mauvaise tenue aux bases et aux acides forts.
A : Autoextinguible	(7) Sauf acides oxydants et bases fortes.
F : Coût faible	(8) Bonne tenue aux acides et aux solutions alcalines dilués.
M : Coût moyen	(9) Mauvaise tenue aux hydrocarbures, aux lessives et aux solvants.
E : Coût élevé	(10) Mauvaise tenue en eau bouillante.
* : Dégagement de fumées	(11) Dégagement de gaz chlorydrique en brûlant.

Tab. 7.38 • *Les points forts et les points faibles des principales résines thermoplastiques.*

COMPOSANTS	RÉSINES THERMOPLASTIQUES
Couvertures transparentes ou translucides	PPMA – PC
Éléments d'éclairement en toitures isolantes transparentes	PPMA – PC
Lanterneaux	PPMA – PC
Bardage, revêtements de façade	PVC rigide – VC/P
Profilés de menuiserie	PVC rigide – VC/P
Serrurerie, quincaillerie	PA
Protection antivandalisme	PC
Garde-corps	PPMA – PC
Panneaux transparents	PS cristal – PPMA – PC
Distribution EF	PVC rigide – PVCC – PEbd – PEhd – PP – PFTE
Distribution EC	PVCC – PP – PFTE
Canalisations d'évacuation	PVC rigide – PVCC
Appareils sanitaires	PPMA
Robinetterie	POM
Gouttières	PVC rigide – VC/P
Génie chimique	PFTE
Capteurs solaires	PP
Isolants et appareillages électriques	PS choc – PBT – PA – LCP
Diffuseurs pour luminaires	PPMA – PC
Revêtements de sols et de murs	PVC souple – Plastisol
Films	PVC souple – PE – PFTE
Géotextile	PET

Tab. 7.39 • *Les composants du bâtiment et les principales résines thermoplastiques.*

Exemple

Par l'adjonction d'antiultraviolets, le polycarbonate offre une bonne résistance en exposition extérieure.

Les élastomères interviennent dans la fabrication de nombreux éléments de liaison entre des composants différents dans une construction, ainsi que dans la constitution de divers matériaux, afin d'en améliorer les performances portant sur l'élasticité, la flexibilité, la durabilité et le vieillissement. Les formes les plus courantes sont les suivantes :

• les profilés extrudés, vulcanisés à chaud, permettent le calfeutrement, l'étanchéité à l'eau et à l'air, l'isolation acoustique ou électrique,

l'insonorisation et la liaison entre des composants de nature différente (joints en périphérie des vitrages) (Fig. 7.48) ;

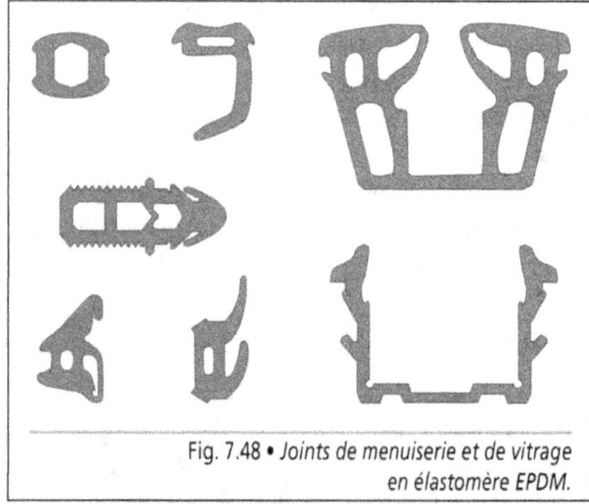

Fig. 7.48 • *Joints de menuiserie et de vitrage en élastomère EPDM.*

• les profilés extrudés, placés en extrémité de pièces en mouvement, assurent la sécurité des utilisateurs (portail de garage) ou évitent les chocs de véhicules en mouvement contre des murs extérieurs dans les zones de circulation intense ou de stationnement ;

• les plots ou les profilés anti-vibratiles évitent la diffusion des vibrations produites par les machines-outils ou par les engins dans l'ensemble d'une construction (fondations anti-vibratiles constituées avec des plots en néoprène) ;

• les mastics servent à la réalisation de joints et de colmatages *in situ* ;

• les colles à base de néoprène sont utilisées pour la pose de revêtements de sol ;

• les membranes d'étanchéité, dans lesquelles ils sont incorporés, supportent des déformations et des allongements supérieurs à ceux des matériaux traditionnels en toiture-terrasse.

Les résines couramment employées sont les suivantes : les polyisoprènes (IR), les polybutadiènes (BR), les polychloroprènes (CR) dont le néoprène est le plus connu, le styrène-butadiène-styrène (SBS) et l'éthylène-propylène-diène-monomère (EPDM). Les élastomères à base de silicones offrent une stabilité thermique exceptionnelle et entrent dans une grande variété de produits.

■ **Les mousses** peuvent être rigides ou souples. Elles sont caractérisées par leur faible masse volumique et par leur coefficient de conductivité thermique inférieur à 0,05 W/(m.K) (Tab. 7.40).

Les mousses rigides sont employées sous forme de panneaux en qualité d'isolants thermiques, en toiture-terrasse, sous les dallages (Fig. 7.49 – Photo. 7.12), en parement intérieur ou extérieur des murs, ou en coquille autour des canalisations. Le choix tient compte des performances, de l'exposition ou non de l'isolant à l'humidité ou aux intempéries (principe de la toiture inversée en terrasse) et des surcharges à supporter.

Par injection, la mousse de polyuréthanne entre dans la composition de revêtements et de bardages extérieurs à double peau dont elle assure l'isolation thermique ; par extrusion sur insert, elle permet la confection de profilés à faible coefficient thermique (Fig. 7.50).

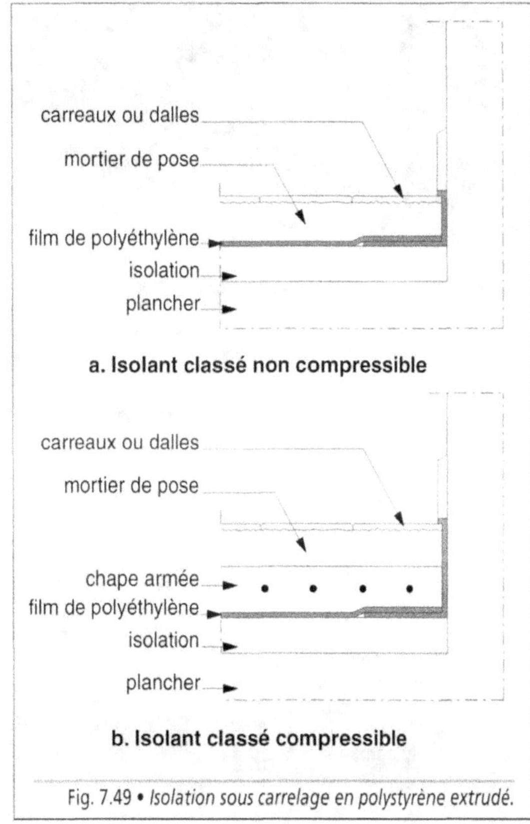

Fig. 7.49 • *Isolation sous carrelage en polystyrène extrudé.*

Produits alvéolaires	Masse volumique sèche (kg/m³)	Conductivité thermique utile (W/(m.K))
Matières plastiques alvéolaires		
Polystyrène expansé	10 à 30	0,047 à 0,036
Polystyrène extrudé	28 à 40	0,037
Mousse rigide de polychlorure de vinyle	25 à 35	0,031
Mousse rigide de polychlorure de vinyle	35 à 48	0,034
Mousse rigide de polyuréthanne		
• plaques moulées entre revêtements souples	27 à 40	0,033
• plaques injectées entre deux parements rigides	37 à 60	0,033 à 0,037
• blocs moulés en continu	37 à 65	0,041
Verre cellulaire	110 à 140	0,050

Tab. 7.40 • *Conductivité thermique des matières plastiques alvéolaires et du verre cellulaire (Source : Règles Th-K – février 1997)*

Photo. 7.12 • *Isolation thermique sous dallage, en polystyrène extrudé.*

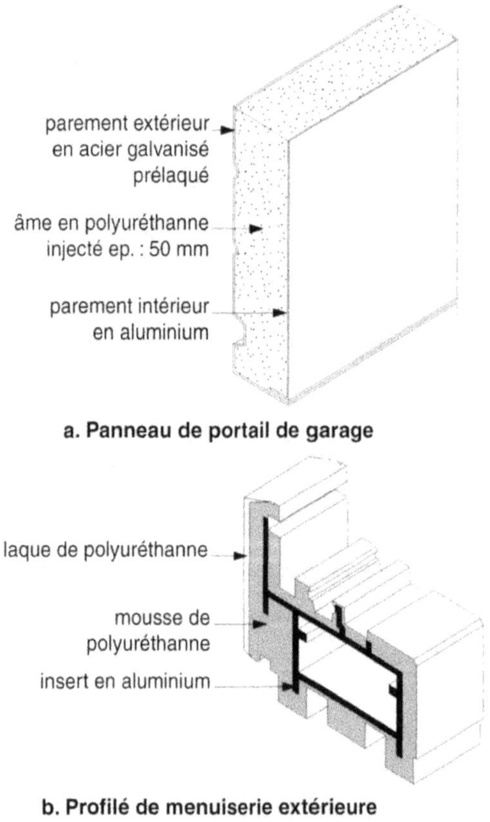

parement extérieur en acier galvanisé prélaqué

âme en polyuréthanne injecté ep. : 50 mm

parement intérieur en aluminium

a. Panneau de portail de garage

laque de polyuréthanne

mousse de polyuréthanne

insert en aluminium

b. Profilé de menuiserie extérieure

Fig. 7.50 • *Produits isolés thermiquement avec de la mousse de polyuréthanne.*

Les mousses souples, grâce à leur grande élasticité, servent à constituer des joints ou à amortir les vibrations. La couche résiliante des dalles et des tapis vinyliques est constituée par une mousse de PVC.

Les matières plastiques alvéolaires les plus utilisées sont le polystyrène expansé, le polystyrène extrudé, plus performant car formé de cellules plus fines non communicantes, la mousse de polyuréthanne, la mousse de polychlorure de vinyle, etc.

■ **Les bétons de résine** sont des bétons dans lesquels le liant n'est ni hydraulique, ni bitumineux, mais constitué par une résine synthétique. Toutefois, compte tenu du coût élevé, ce type de béton est réservé à des emplois spécifiques tels que les reprises de bétonnage, les garnissages de fissures, etc. D'une manière générale, sont appelés bétons de résine ceux dans lesquels une partie du liant hydraulique est remplacée par une résine, dans une proportion de 5 % à 15 % en poids. Les principales résines employées sont les acryliques, les polyesters, les époxydes et les phénoliques. Elles ont une influence positive sur l'imperméabilité à l'eau, l'adhérence et les résistances mécaniques (Tab. 7.41), et négative sur l'exposition du béton à la chaleur et le comportement au feu. Ces bétons servent à réaliser des éléments préfabriqués, des ouvrages exposés aux attaques chimiques, des sols industriels, des revêtements antidérapants et des enduits minces.

■ **Les peintures** sont constituées par un mélange de trois composants principaux : les pigments, les solvants et le liant. Ce dernier, anciennement huile de lin, est fréquemment remplacé par une résine synthétique qui est de type alkyde (peinture glycérophtalique), vinylique, acrylique, polyuréthanne, époxyde, etc. ou à base d'élastomères. Le choix s'effectue en fonction de la localisation, du support, de l'aspect décoratif ou sécuritaire, des conditions d'exposition et des notions économiques.

Caractéristiques	Unités	Types de résine			Béton de ciment
		Acrylique	Polyester	Époxyde	
Masse volumique	kg/m³	2 000 à 2 400	2 000 à 2 400	2 000 à 2 400	1 900 à 2 200
Absorption d'eau	%	0,05 à 0,06	0,3 à 1	0,02 à 1	5 à 10
Résistance :					
• à la compression	MPa	70 à 210	50 à 150	50 à 150	12 à 40
• à la traction	MPa	9 à 11	8 à 25	8 à 25	1,5 à 3,5
• à la flexion	MPa	30 à 35	15 à 45	15 à 50	2 à 8
Module d'élasticité	MPa	35 000 à 40 000	20 000 à 40 000	20 000 à 40 000	20 000 à 30 000
Coefficient de Poisson		0,22 à 0,33	0,16 à 0,3	0,3	0,15 à 0,2

Tab. 7.41 • *Caractéristiques mécaniques et physiques des bétons de résine.*

4.54. Analyse d'un produit : les polychlorures de vinyle

Les polychlorures de vinyle ou PVC (*Poly Vinyl Chloride*) sont une des plus anciennes matières plastiques, la première synthèse industrielle datant de 1913. Actuellement, elles sont les plus employées dans le secteur du bâtiment et des travaux publics en France. Leur part représente environ 60 % des matières plastiques (Fig. 7.51), se répartissant ainsi :

• 65 % en PVC rigide (tubes, profilés, plaques, etc.) ;

• 35 % en PVC plastifié (plastisol, câbles, tuyaux, etc.).

Une nouvelle orientation apparaît avec le développement des thermoplastiques élastomères en PVC, offrant une très bonne élasticité, une bonne résistance en traction, en flexion et à l'abrasion et une meilleure souplesse à basse température.

Le polychlorure de vinyle est obtenu par polymérisation d'un monomère, le chlorure de vinyle (CVM). Les macromolécules sont formées par des chaînes comprenant des atomes de carbone (C), d'hydrogène (H) et de chlore (Cl)), qui proviennent d'une part du pétrole, d'autre part du chlorure de sodium (Fig. 7.52).

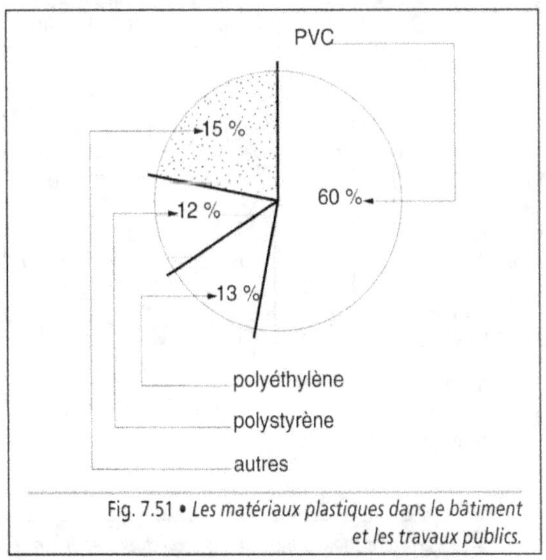

Fig. 7.51 • *Les matériaux plastiques dans le bâtiment et les travaux publics.*

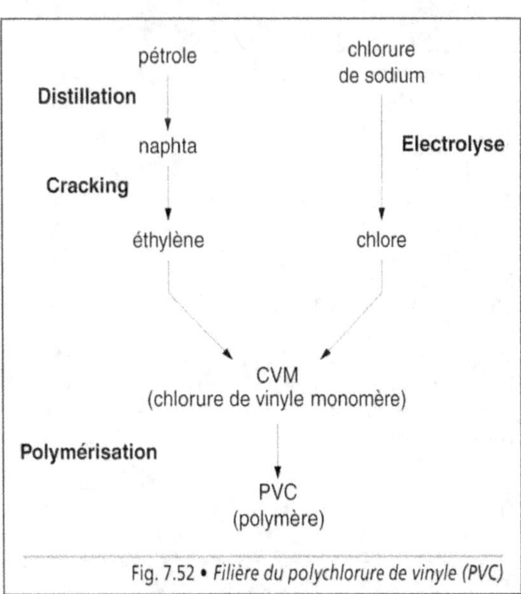

Fig. 7.52 • *Filière du polychlorure de vinyle (PVC)*

Il se présente sous la forme d'une poudre de granulométrie égale à 150 µm, dont les grains, sphériques et poreux, ont la capacité à se lier avec tous les additifs nécessaires pour la transformation en produits commercialisés, rigides (tubes, profilés, plaques, films) ou plastifiés (feuilles souples, câbles, revêtements de sol ou de mur).

Le polychlorure de vinyle est livré prêt à l'emploi aux industriels. Ses caractéristiques sont différentes, selon qu'il s'agit de réaliser des pièces rigides avec un mélange non plastifié ou des pièces souples avec un mélange plastifié (Tab. 7.42). Ses propriétés mécaniques, physiques et chimiques le rendent aptes à remplir de nombreux usages dans l'industrie du bâtiment. Il est léger, résistant, inerte chimiquement, imputrescible, imperméable, difficilement inflammable (M1) à facilement inflammable (M4) selon la formulation et autoextinguible.

Transparent ou opaque, il est facile à mettre en œuvre et à entretenir. Toutes qualités qui le rendent d'un bon rapport qualité-prix. Ses deux points faibles portent sur sa fragilité aux basses températures et sa sensibilité aux rayons ultra-violets, contre lesquels il doit être traité.

Transformable par la plupart des procédés décrits précédemment, il trouve son utilisation dans les fabrications suivantes (Fig. 7.53) :

- composants rigides, sous la forme de bardage, habillage de forget, profilés pour menuiseries (Fig. 7.54), plinthes, tuyaux, fourreaux, raccords, grilles, revêtements de sol, etc. (Photo. 7.13) ;

- composants souples tels que revêtements de sol et de mur, tuyaux souples, fourreaux pour câbles électriques, profilés de mains courantes, membranes d'étanchéité armée ou non, etc.

CARACTÉRISTIQUES	UNITÉS	MATÉRIAUX			
		PVC rigide	PVC souple	PVCC	VC/P
Masse volumique (1)	kg/m^3	1 400	1 200 à 1 300	1500	1 300 à 1 400
Indice de réfraction		–	–	–	–
Transmission lumineuse	%	1,55 (2)	–	–	–
Absorption d'eau	% à 23 °C	0,1	–	–	–
Contrainte à la rupture en traction	MPa	30 à 60	10 à 25	60	35 à 50
Allongement	%	20 à 100	200 à 500	4,5	100 à 140
Contrainte à la rupture en flexion	MPa	70 à 80	–	–	70 à 90
Contrainte à la rupture en compression	MPa	56 à 90	–	–	–
Module d'élasticité en traction	MPa	2 200 à 3 500	1 500	2 800	2 400 à 4 000
Module d'élasticité en flexion	MPa	2 000	1 500	100 à 120	2 400 à 3 000
Coefficient de Poisson		0,35	-	-	0,35
Température de fusion	°C	160 à 170	140 à 170		
Plage de température d'utilisation :	°C	60	– 35 à 70	100	65
Conductivité thermique	W/(m.K)	0,16	0 16		
Dilatation thermique	10^{-5}/K	5 à 8	5 à 12		
Résistivité transversale	Ω.cm	1.10^{16}	1.10^{10} à 1.10^{16}	1.10^{14}	1.10^{16}

(1) Les valeurs indiquées sont des valeurs moyennes.
(2) Valeur indiquée pour le PVC transparent.

Tab. 7.42 • *Caractéristiques principales des polychlorures de vinyle.*

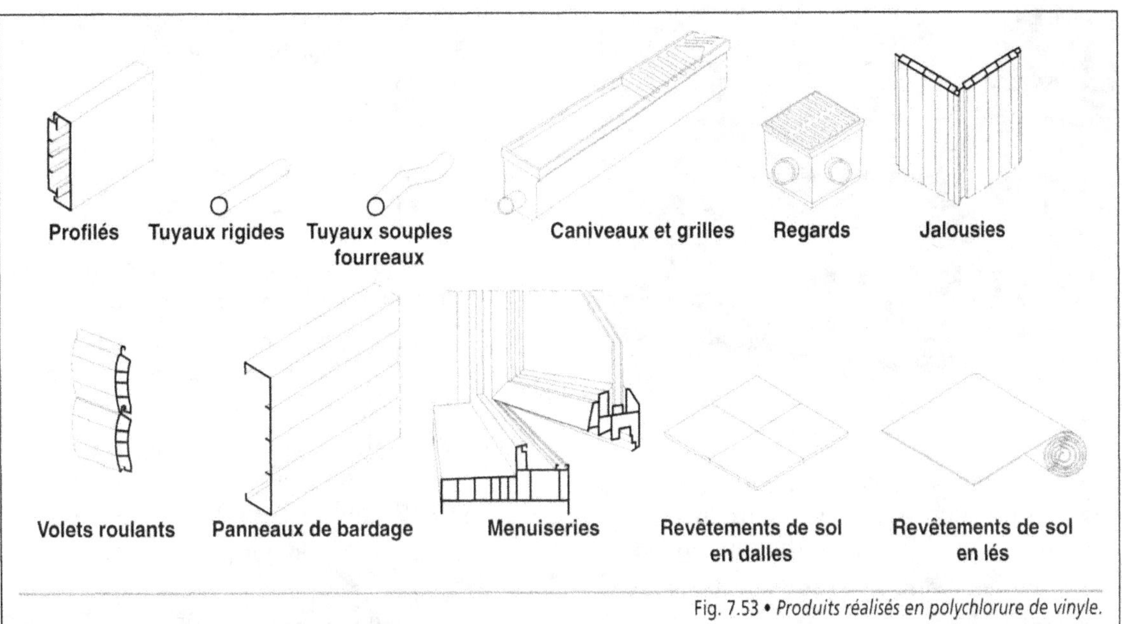

Fig. 7.53 • *Produits réalisés en polychlorure de vinyle.*

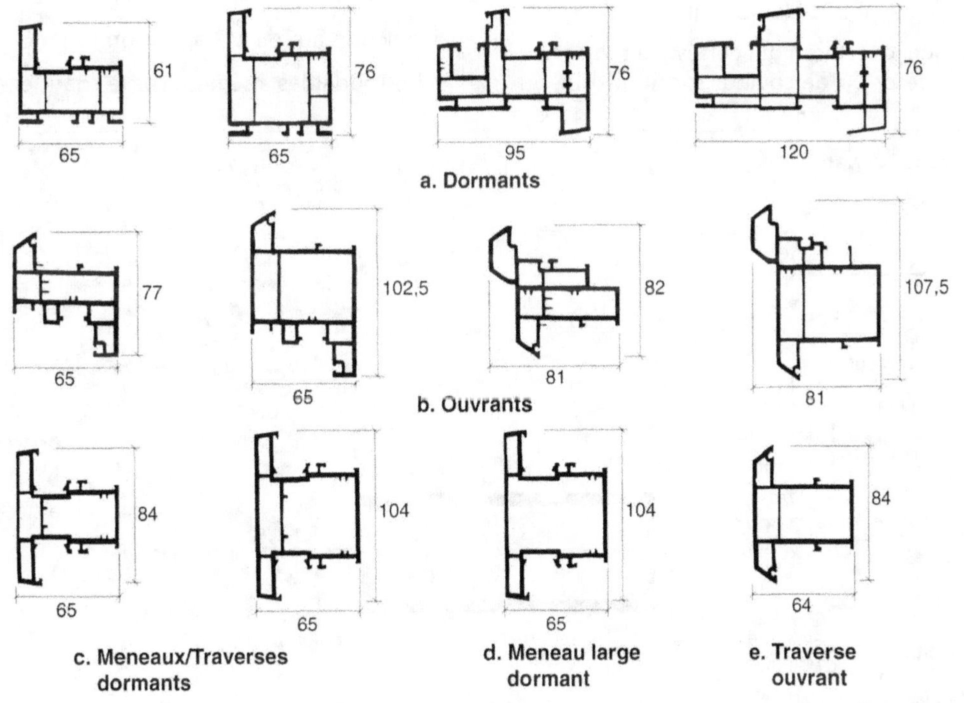

Fig. 7.54 • *Gamme de profilés de menuiseries extérieures en PVC extrudé (Source : Ets Grosfillex).*

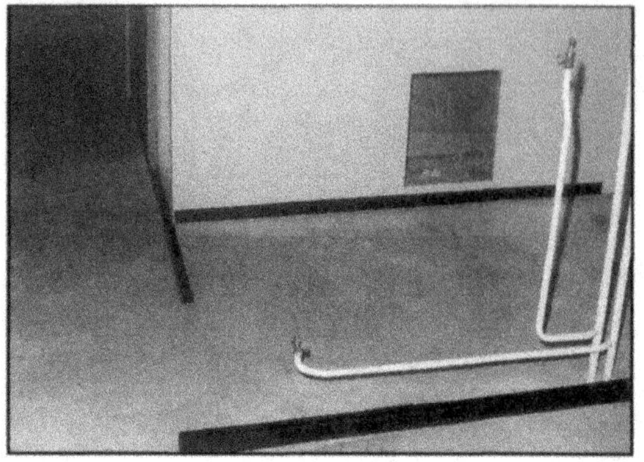

Photo. 7.13 • *Profilés en PVC pour cloisons industrialisées.*

Généralement de couleur blanche, crème ou grise, les produits finis peuvent être livrés dans une autre palette. Trois procédés sont utilisés :

- la coloration dans la masse, pour des teintes claires ;

- la coextrusion, par laquelle l'élément coloré vient habiller le profilé normal ;

- le plaxage, opération qui consiste à presser un film de décor ou de couleur sur un profilé ou

une feuille à sa sortie de l'extrusion, alors qu'il est encore chaud, technique qui permet des teintes vives.

Le plastisol est constitué par un mélange d'une suspension de poudre de PVC de fine granulométrie (de 0,1 µm à 3 µm) en émulsion dans un plastifiant organique liquide et d'adjuvants (charges, stabilisants, pigments, colorants, etc.). Les propriétés sont les suivantes

- masse surfacique comprise entre 1,500 kg/m^2 et 2,600 kg/m^2 selon la composition et l'épaisseur (de 1,2 mm à 2 mm) ;

- bonne résistance à la déchirure, aux agents polluants en zone urbaine et industrielle, aux rayons ultraviolets et au vieillissement ;

- résistance au froid jusqu'à – 30 °C et à la chaleur ;

- bonne stabilité dimensionnelle ;

- coefficient d'allongement égal à 220 % ;

- réaction au feu M2 après ignifugation ;

- lés soudables aisément sur le chantier.

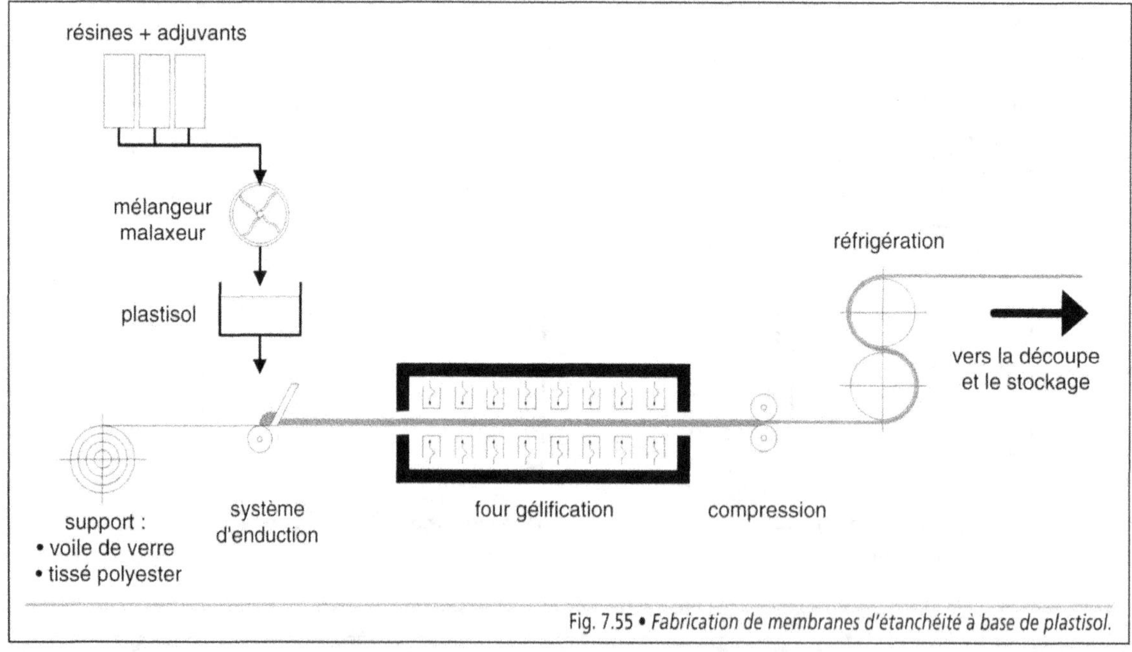

Fig. 7.55 • *Fabrication de membranes d'étanchéité à base de plastisol.*

Facile à mettre en œuvre, il est transformé par enduction en revêtements de sol et de mur. Enduit à froid sur un support constitué par un voile de verre ou une structure tissée en polyester, il constitue une membrane d'étanchéité de bonne qualité (Fig. 7.55) qui épouse toutes les formes du support.

Le polychlorure de vinyle surchloré (PVC-C) a un taux de chlore qui peut atteindre 70 % de son poids. La teneur élevée en chlore améliore la résistance thermique, mais elle entraîne une plus grande fragilité (Tab. 7.42). Il trouve son utilisation dans la fabrication de tuyaux et de raccords pour le transport de fluides chauds, dont la température reste inférieure à 100 °C.

Le chlorure de vinyle-propylène (VC/P) est un copolymère de vinyle et de propylène dont les caractéristiques sont voisines de celles du PVC rigide (Tab. 7.42). Transparent ou opaque, sa mise en œuvre est plus aisée. D'une dureté moindre, il présente une bonne résistance aux basses températures et au vieillissement. Il peut remplacer le PVC dans la réalisation de profilés pour fenêtres, gouttières, bardages et revêtements de façade.

4.55. Le traitement des déchets est un problème qui prend de plus en plus d'importance, compte tenu de la multiplication des produits en matières plastiques. Il est résolu à deux niveaux :

- les producteurs et les transformateurs régénèrent une part importante des chutes, lors de la fabrication, en **recyclage interne**.

- la valorisation du matériau après emploi exige l'intervention de régénérateurs professionnels qui procèdent au **recyclage externe** afin d'assurer une réutilisation possible des matières de base ou de les éliminer sans risques de pollution.

Toutefois, le traitement se pose essentiellement pour les plastiques d'utilisation courante. Dans le secteur du bâtiment, seuls les emballages sont rattachés à cette catégorie, qu'ils se présentent sous forme de films, de feuilles ou de protection en polystyrène expansé. Les autres composants ont une durée de vie relativement longue et ne sont récupérés qu'en fin d'utilisation.

5. Les matériaux composites

Les matériaux composites forment une famille très diversifiée, qui prend une place relativement importante dans l'industrie en général et dans celle du bâtiment en particulier. Ils correspondent à l'association de deux ou plusieurs composants compatibles, de structure différente, dont les caractéristiques se complètent, de manière à former un produit hétérogène plus performant. Les composants de base ne sont pas miscibles, donc ils ne peuvent pas être mélangés entre eux.

Exemples

- l'un des plus anciens composites est le béton armé dans lequel les aciers répondent aux contraintes de traction alors que le béton présente une bonne résistance aux efforts de compression ;
- les composites actuels les plus courants sont, entre autres, les membranes en étanchéité, les panneaux sandwich de façades légères ou de cloisons intérieures.

Selon la nature des composants, deux séries de produits sont mises sur le marché :

- **les matériaux à hautes performances**, pour lesquels est recherchée, en priorité, une amélioration notoire des qualités par l'incorporation de matières premières performantes mais coûteuses, telles que les fibres de carbone ou d'aramide ;

- **les matériaux de grande diffusion**, pour lesquels le prix de revient est relativement faible grâce à l'utilisation de semi-produits de grande série : film élastomère renforcé de fibres de verre pour l'étanchéité ou panneaux intégrant l'isolation thermique pour les cloisons de doublage.

Comme les autres matériaux employés dans la construction, ils doivent répondre à un certain nombre de critères déterminés en fonction du rôle qu'ils ont à jouer : caractéristiques mécaniques, hygrothermiques, acoustiques et chimiques, corrosion, tenue aux agents atmosphériques, vieillissement, réaction au feu, etc.

Les matériaux composites sont classés en trois grandes catégories (Fig. 7.56) :

• les composites à matrice renforcée ;

• les systèmes sandwich et les complexes ;

• les matériaux multicouches.

5.1. Les composites à matrice renforcée

Les composites à matrice renforcée permettent de réaliser des sous-produits sous la forme de plaques, de tissus ou de tresses qui, après transformation, sont utilisés comme composants industriels du bâtiment : éléments en polyester renforcé de fibres de verre pour les façades légères, les blocs ou les appareils sanitaires, les piscines (Photo. 7.14a et 7.14b) ; toiles armées pour les couvertures par structure tendue ; membranes d'étanchéité ; matériaux calandrés pour les revêtements de sol.

Les constituants de ce type de matériau composite sont les suivants : le renfort, la matrice, les charges et les additifs.

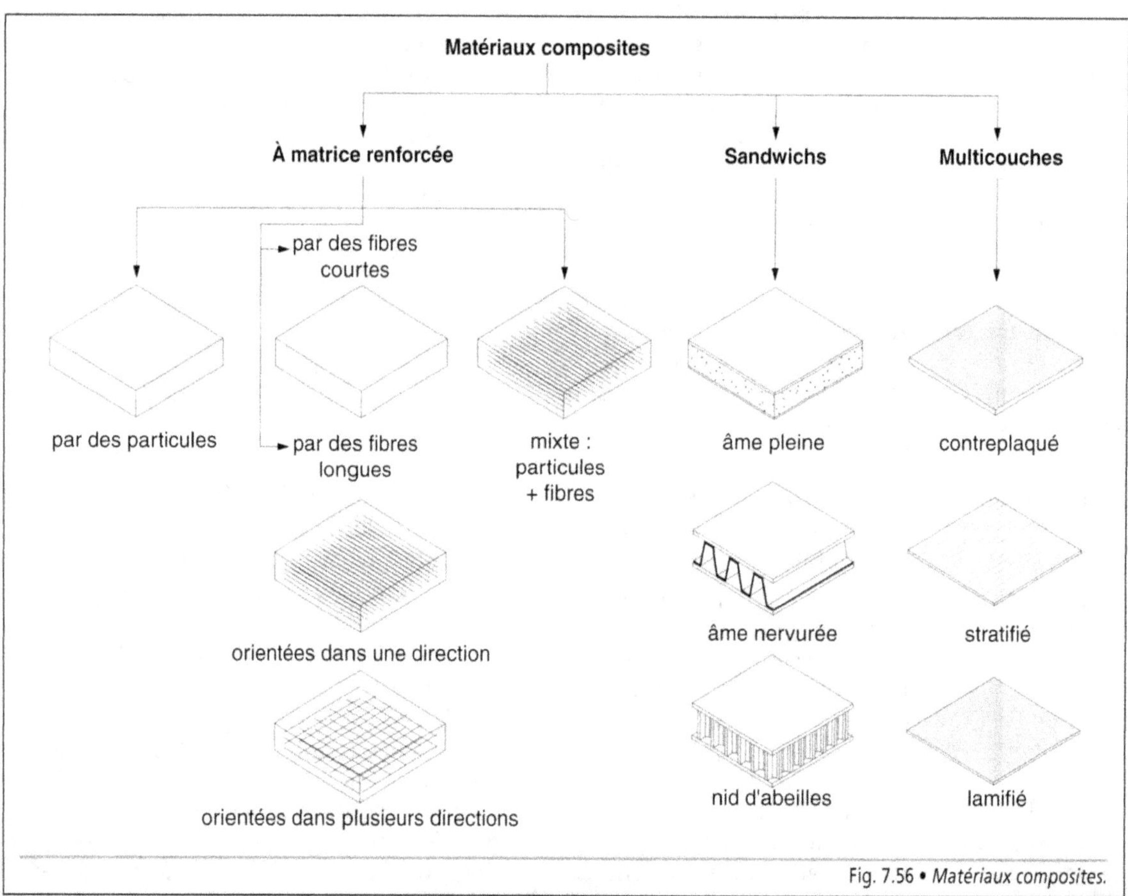

Fig. 7.56 • *Matériaux composites.*

Photo. 7.14a et 7.14b • *Composants en polyester renforcé de fibres de verre – Façade (a) et Cabines de douche (b).*

■ **Le renfort** forme l'armature grâce à ses bonnes caractéristiques mécaniques. Sa proportion varie de 20 % à 80 % de la masse du composite, modifiant de manière plus ou moins importante les caractéristiques mécaniques. Il est constitué par des fibres dont le rôle est de reprendre les efforts de traction et d'assurer une bonne rigidité au produit. Les fibres sont classées en deux catégories (Tab. 7.43) :

CARACTÉRISTIQUES	UNITÉS	NATURE DES RENFORTS							
		Verre E (applications courantes)	Verre R (hautes performances)	Polyamide (Kevlar)	Carbone HR (hautes résistances)	Carbone HM (haut module)	Bore	Alumine	Carbure – silicium
Diamètre du fil	µm	16	10	12	7	6,5	100	20	14
Masse volumique	kg/m^3	2 600	2 500	1 450	1 750	1 900	2 600	3 700	3 450
Résistance à la rupture en traction	MPa	2 500	3 200	2 700	3 500	2 500	3 400	1 400	3 300
Allongement à la rupture	%	3,5	4	2,4	1,7	1,8	0,8	0,4	0,7
Module d'élasticité longitudinal	MPa	74 000	86 000	130 000	230 000	390 000	400 000	380 000	450 000
Module de cisaillement	MPa	30 000	–	12 000	50 000	20 000	–	–	–
Coefficient de Poisson		0,25	0,2	0,4	0,3	0,35	–	–	–
Température limite d'emploi	°C	700	700	-	1500	1500	500	1000	1300
Conductivité thermique	W/(m.K)	1	1	0,05	200	200	–	50	–
Dilatation thermique	10^{-5}/K	0,5	0,3	0,2	0,02	0,08	0,4	–	0,5
Notion économique (base : verre E)		1	5	20	20	40	160	–	200

Tab. 7.43 • *Caractéristiques de différents renforts.*

- les fibres de grande diffusion (fibres de verre de classe E, fibres polyester) ;

- les fibres de haute performance (fibres de verre de classe R, d'aramide appréciée pour sa légèreté, de carbone de haute résistance ou de haut module, de bore, d'alumine ou de carbure – silicium dont la tenue aux températures élevées est excellente).

Le renfort se présente sous la forme de fils continus, de fibres coupées (fibres de verre de 3 mm à 12 mm de longueur) ou broyées (fibres de verre d'une longueur de l'ordre de 0,1 mm), de feutres non tissés à base de fils agglomérés par un liant, généralement une résine synthétique (mat* à fibres courtes ou à fibres continues), de nappes ou de tresses.

Selon sa conformation et la structure dans laquelle il est incorporé, il travaille dans une ou plusieurs directions (Fig. 7.57) :

- les fils, les mats et certaines nappes sont unidirectionnels ;

- les mats et les nappes, composés d'un fil de trame et d'un fil de chaîne, sont en général bidirectionnels ou multidirectionnels dans leur plan ;

- les tressages peuvent être, selon leur forme, sollicités dans l'espace, suivant les trois directions.

L'assemblage à 90° de deux nappes unidirectionnelles constitue une structure bidirectionnelle.

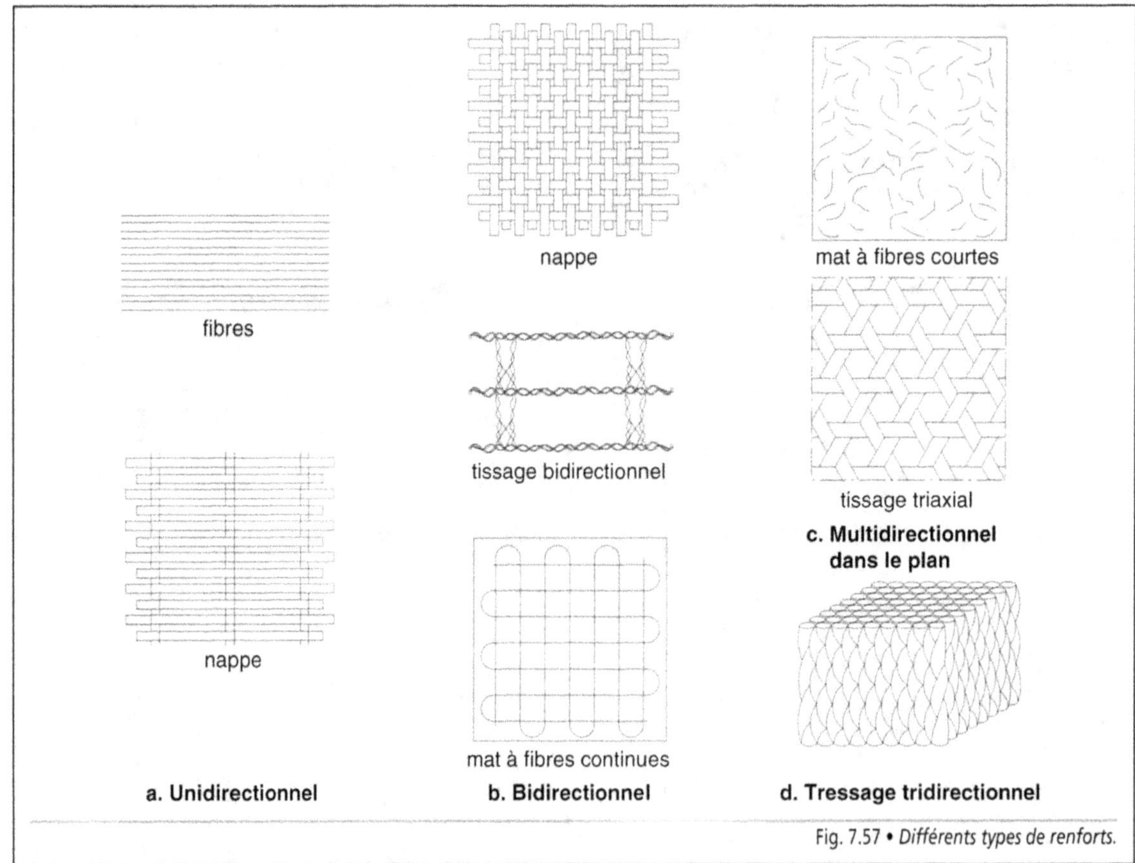

Fig. 7.57 • *Différents types de renforts.*

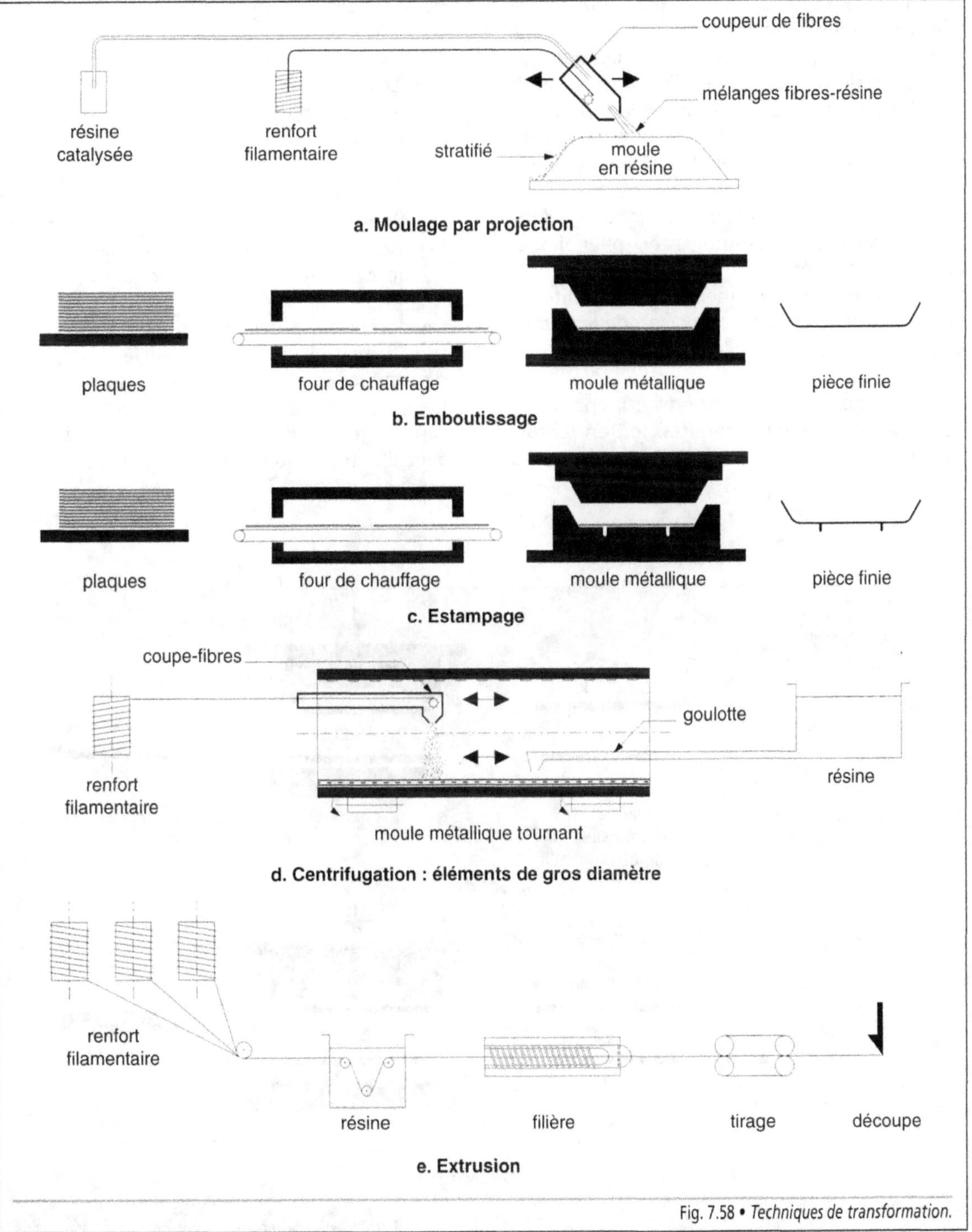

Fig. 7.58 • *Techniques de transformation.*

■ **La matrice** correspond à la peau qui lie les fibres de renfort entre elles. Elle les protège contre les risques d'agression chimique ou autres et donne l'aspect définitif au produit transformé. Elle assure également la répartition des sollicitations au sein du matériau. En général, elle est constituée par des résines synthétiques, thermoplastiques (polypropylène, polyamide, polycarbonate, acylonitrile-butadiène-styrène ABS) ou thermodurcissables (polyester, phénolique, époxyde, polyuréthanne). Pour une bonne efficacité, il convient de vérifier la compatibilité du renfort et de la matrice, au niveau de la nature et des capacités.

■ **Les charges** sont des matières qui apportent des propriétés complémentaires, soit en renforçant le composite, soit en améliorant certaines de ses propriétés, soit en réduisant le coût. Elles peuvent interférer sur le vieillissement, l'exposition en atmosphère agressive, la réaction au feu. **Les colorants et les pigments**, grâce à leur pouvoir opacifiant, donnent la coloration définitive au produit.

■ **Les additifs** ont pour rôle d'enclencher les réactions chimiques (catalyseurs), d'en accélérer le processus (accélérateur de polymérisation) ou de faciliter le mode de transformation.

De nombreux procédés industriels assurent la transformation du semi-produit en composants disponibles sur le marché. Ils agissent par moulage, emboutissage, estampage, extrusion, par centrifugation (Fig. 7.58) ou par combinaison avec d'autres matériaux (Fig. 7.59).

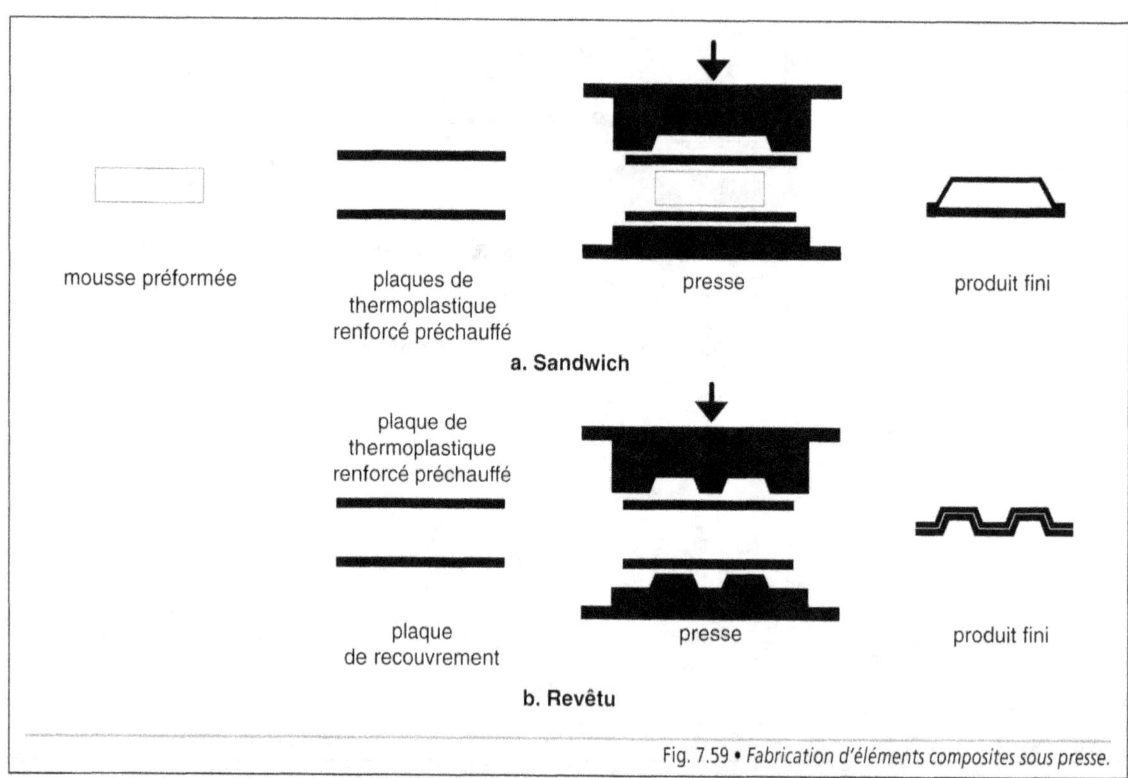

Fig. 7.59 • *Fabrication d'éléments composites sous presse.*

5.2. Les systèmes sandwich

Les systèmes sandwich correspondent à un empilage de trois ou plusieurs couches de matériaux identiques ou différents liés entre eux par collage. Ils trouvent leur emploi, entre autres, dans les panneaux de façade légère, de cloisonnement intérieur, de porte, les revêtements de sol et de mur. Ils comprennent les éléments suivants (Fig. 7.60) : l'âme, les peaux et les plans de collage.

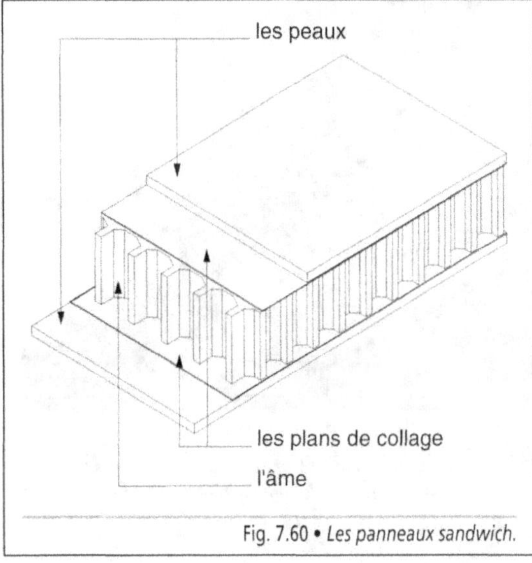

Fig. 7.60 • *Les panneaux sandwich.*

■ **L'âme**, constituée d'un matériau massif, alvéolaire, nervuré, ou d'une mousse de matières plastiques, est généralement légère. Sa résistance à la flexion est faible, mais elle peut reprendre des efforts de compression ou de cisaillement. En fonction du rôle joué par le sandwich, la nature du matériau est la suivante :

• le bois sous la forme de lattes, de lames ou de particules agglomérées à l'aide d'une résine synthétique, dans des panneaux de cloisonnement intérieur ;

• l'aluminium sous la forme de structure en nid d'abeilles dans des panneaux de cloisonnement intérieur ou extérieur ;

• le carton ou le papier bakélisé dans les cloisonnements intérieurs (Photo. 7.15) ;

Photo. 7.15 • *Panneaux sandwich à plaques de parement en plâtre et âme alvéolaire en carton.*

• la mousse de polystyrène expansé, de polyuréthanne dans les panneaux assurant l'isolation thermique ;

• la laine minérale dans les panneaux assurant l'isolation thermique et acoustique.

■ **La peau** est formée à l'aide de matériaux qui ne présentent pas une grande rigidité (Photo. 7.16a et 7.16b). Elle doit avoir la capacité de reprendre les efforts de flexion et de résister aux chocs. Le choix se fait en tenant compte d'un certain nombre de paramètres tels que la localisation du panneau sandwich (en intérieur ou soumis aux intempéries), l'exposition aux chocs dans un lieu de passage ou non, la résistance aux risques d'incendie, l'aspect (fini ou devant recevoir une finition).

Le choix peut se porter sur le placage en bois, la plaque de plâtre ou le stratifié pour des panneaux intérieurs et sur des plaques de PVC ou des tôles d'acier galvanisé, d'acier inoxydable, d'aluminium anodisé ou revêtu, lorsque les éléments sont placés en façade. La peau peut être différente sur chacune des faces, à condition de ne pas créer de tensions différentielles à l'intérieur du sandwich.

Photo. 7.16a et 7.16b • *Panneaux sandwich à âme isolante en polystyrène et plaques de parement en plâtre (a) ou en fibres de bois agglomérées au liant hydraulique (b).*

Les plans de collage sont les véritables interfaces entre la peau et l'âme. Ils assurent la liaison entre ces constituants, participent au transfert des contraintes au sein du matériau et résistent aux efforts de cisaillement horizontaux. Les colles retenues doivent donner toutes les garanties dans le temps et être compatibles avec les autres matériaux constitutifs. Elles sont soumises à des essais à l'arrachement, à la traction, à la compression, au cisaillement et au pelage (Fig. 7.61).

La combinaison des matériaux qui entrent dans la composition des systèmes sandwich doit garantir la pérennité du produit dans la fonction qu'il remplit. Soumis à des contraintes, leurs réactions sont semblables à celles d'une poutre ayant un profil en I (Fig. 7.62).

Les systèmes complexes correspondent à une famille de produits constitués d'une seule peau, à laquelle sont associés un ou plusieurs matériaux dans le but de répondre à des fonctions complémentaires (Fig. 7.63). Un des procédés de fabrication des revêtements de sol et des membranes combine le calandrage et l'enduction, en faisant passer une feuille chaude de résines synthétiques sur une substance textile ou alvéolaire (Fig. 7.64).

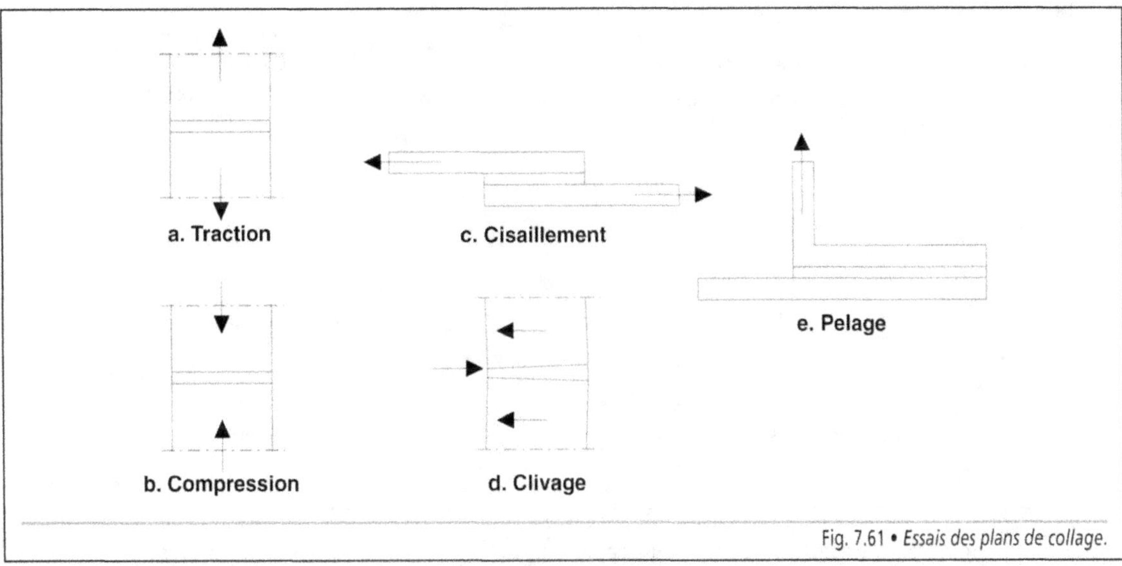

Fig. 7.61 • *Essais des plans de collage.*

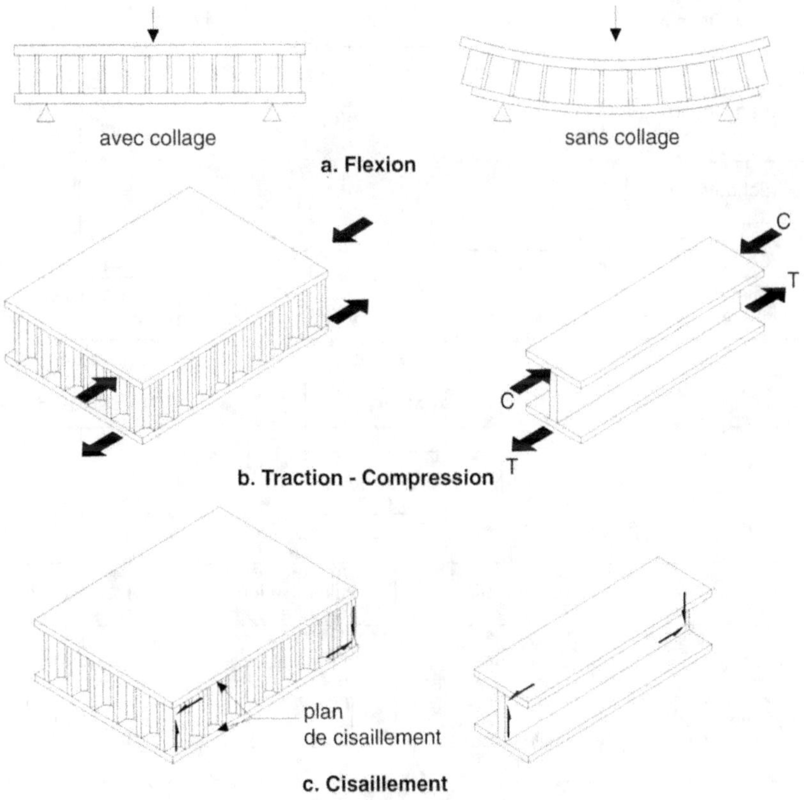

Fig. 7.62 • *Similitudes entre un panneau sandwich et un profilé en I.*

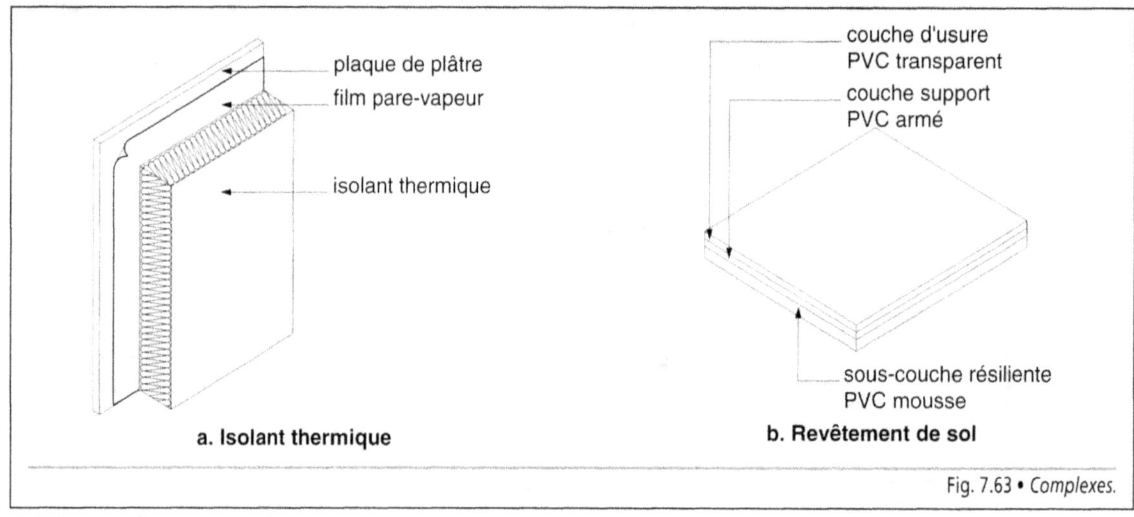

Fig. 7.63 • *Complexes.*

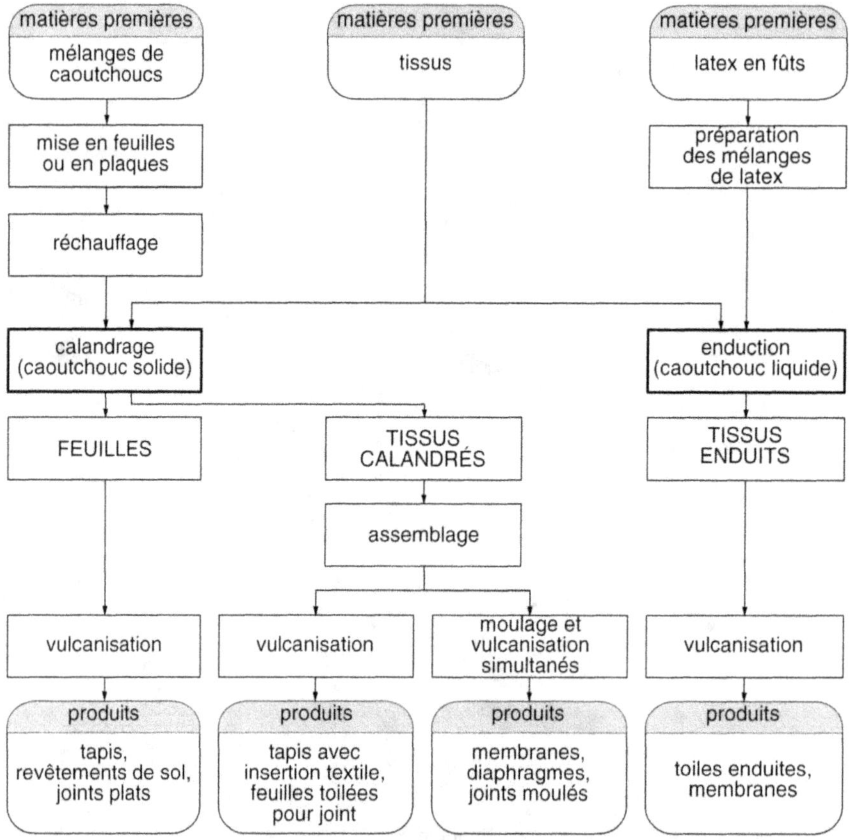

Fig. 7.64 • *Fabrication de matériaux complexes à base d'élastomère par calandrage et enduction.*

Exemple

- un revêtement de sol peut être composé d'une feuille de PVC calandrée sur une mousse isolante améliorant l'isolation aux bruits d'impact ;

- un complexe isolant thermique comprend une plaque de plâtre à laquelle est associé un isolant, avec l'interposition éventuelle d'une feuille d'aluminium formant pare-vapeur (Photo. 7.17).

Photo. 7.17 • *Panneaux complexes constitués d'une plaque de parement en plâtre, d'un isolant thermique en polystyrène avec interposition d'une feuille d'aluminium formant pare-vapeur.*

5.3. *Les matériaux multicouches*

Les matériaux multicouches, ou multiplis, regroupent les produits composés d'éléments superposés de même nature, dont l'orientation du fil est différente, de manière à répondre aux diverses sollicitations. Entrent dans cette catégorie : les bois contre-plaqués utilisés comme éléments porteurs, coffrages, supports d'étanchéité ou placages ; les stratifiés et les lamifiés à base de résines, employés en décoration intérieure, etc.

Les stratifiés et les lamifiés sont fabriqués par pressage entre plateaux chauffants. Le support est constitué par du papier kraft, du tissu en coton ou en fibres de verre. Il est imprégné en continu, par barbotage dans un bain de résine thermodurcissable (polyester, mélamine-formol, époxy) contenant un solvant dont le rôle est de faciliter la pénétration de la résine. Le passage en étuve, dans une circulation d'air chaud, assure une prépolymérisation et l'élimination du solvant. Après découpage en feuilles, celles-ci sont empilées entre les plateaux chauffants d'une presse, avec l'interposition d'une plaque en acier inoxydable poli (Fig. 7.65). La fusion et la polymérisation de la résine sont obtenues sous la double action de la chaleur (130 °C à 150 °C) et de la pression (10 MPa à 15 MPa). Selon la qualité et la destination du produit, le nombre de feuilles empilées varie de quatre, pour les revêtements décoratifs, à trente pour les isolants électriques industriels. Ce nombre est toujours pair de manière à disposer les feuilles en deux jeux placés tête-bêche.

6. **La réglementation**

La réglementation porte sur la définition et la qualité des matériaux, sur les conditions d'essais et la mise en œuvre. Sous l'effet du marché européen, la normalisation est en constante évolution. Il en résulte une juxtaposition entre les anciennes normes françaises NF, les normes européennes EN et les normes internationales ISO. Les produits étrangers, quant à eux, répondent aux normes propres à leur pays d'origine : ASTM aux États-Unis, BSI en Grande-Bretagne ou DIN en Allemagne.

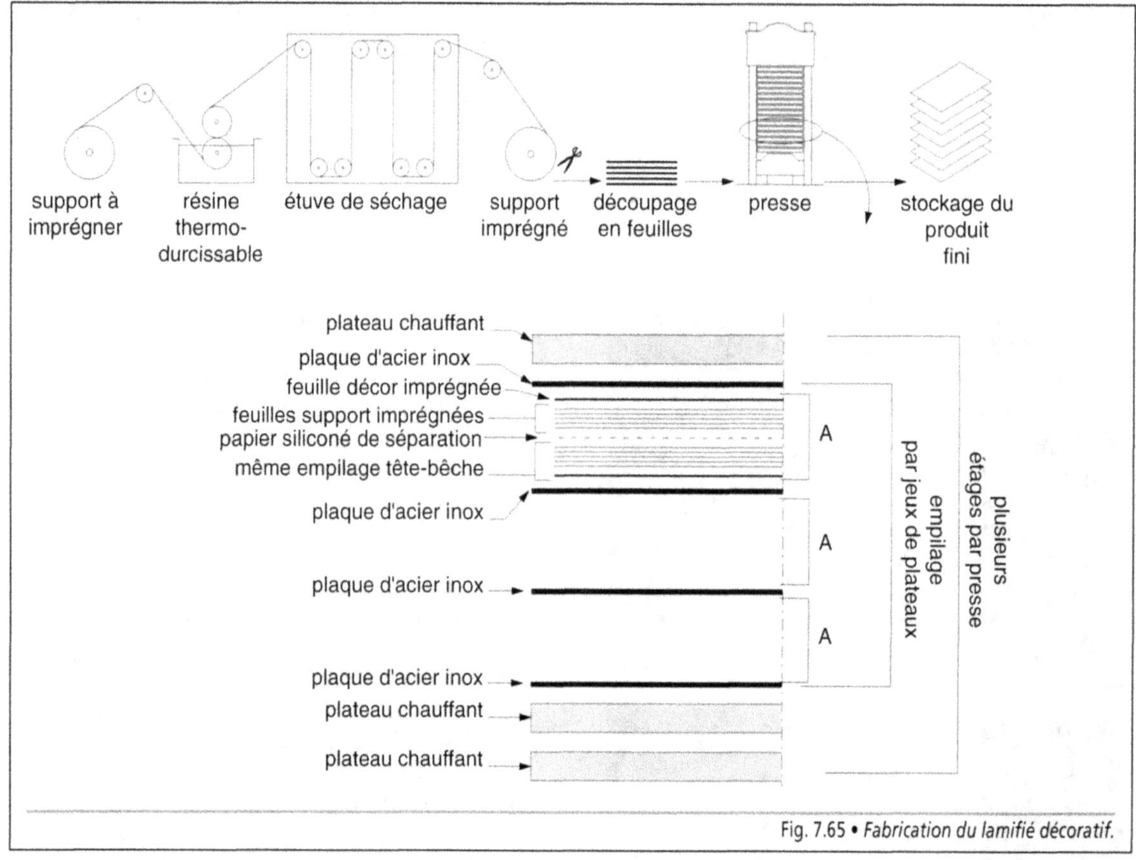

Fig. 7.65 • *Fabrication du lamifié décoratif.*

Les normes françaises sont éditées et diffusées par l'Association Française de Normalisation (AFNOR). Trois types de documents sont mis à la disposition des administrations, des industriels, des professionnels et du public :

- les normes homologuées (NF), qui peuvent être rendues obligatoires par un arrêté ;

- les normes expérimentales (XP), qui sont établies pour une durée de trois ans renouvelables ;

- les fascicules de documentation (FD), qui n'ont pas le statut de norme et n'évoluent pas vers la normalisation.

Selon la nature des normes, les objectifs sont différents :

- **les normes de base** ont une portée générale dans un domaine donné ;

- **les normes de terminologie** définissent les principaux termes utilisés dans un secteur particulier ;

- **les normes de performance ou de produit** précisent les caractéristiques minimales auxquelles doit satisfaire ce produit ;

- **les normes d'essai** fixent les modalités et les procédures des essais des matériaux et des composants ;

- **les normes de sécurité** indiquent les conditions minimales de sécurité de certains ouvrages.

Elles couvrent pratiquement tous les domaines et sont référencées par une lettre suivie de cinq chiffres.

Exemple

- NF B 12.301 : *Gypse et plâtre. Plâtre pour enduits intérieurs à application manuelle ou mécanique de dureté normale ou de très haute dureté. Classification, désignation, spécifications.*

- NF B 20.001 : *Produits isolants à base de fibres minérales. Vocabulaire.*

- NF B 32.500 : *Verre de sécurité pour vitrage. Généralités. Terminologie.*

- NF B 38.106 (ISO 2078) : *Verre textile. Fils. Désignation.*

- NF P 15.301 : *Liants hydrauliques. Ciments courants. Composition, spécifications et critères de conformité.*

- NF P 31 307 (EN 538) : *Tuiles en terre cuite pour pose en discontinu. Détermination de la résistance à la flexion.*

- NF P 72.202.1 (DTU 25.31) : *Ouvrages verticaux de plâtrerie ne nécessitant pas l'application d'un enduit au plâtre. Exécution des cloisons en carreaux de plâtre. Cahier des charges techniques.*

- NF T 54.024 (EN 727) : *Systèmes de canalisations et de gaines plastiques. Tubes et raccords thermoplastiques. Détermination de la température de ramollissement Vicat (VST).*

Concernant les domaines intéressant l'industrie du bâtiment les normes sont référencées avec les lettres suivantes :

- A : Métallurgie ;

- B : Carrière, verre, bois, liège ;

- C : Électricité ;

- D : Équipement sanitaire, matériel d'équipement ménager, chauffage, ameublement ;

- E : Instruments de mesurage, éléments de machine, machines thermiques, machines aérauliques ;

- G : Textiles ;

- M : Combustibles ;

- P : Bâtiment ;

- S : Acoustique, caravaning, matériel de lutte contre l'incendie ;

- T : Peinture, pigments, vernis, plastiques ;

- X : Normes fondamentales et générales.

Les règles de calcul et de mise en œuvre, précédemment appelées Documents Techniques Unifiés (DTU), sont rattachées aux normes AFNOR. Elles sont éditées et diffusées par l'Association Française de Normalisation et par le Centre Scientifique et Technique du Bâtiment (CSTB). C'est le cas, entre autres, des règles Al qui ont l'indice de classement NF P 22-702, en attendant la parution de l'eurocode 9 : *Calcul des structures en aluminium.*

Concernant la réglementation acoustique, dès le 1er janvier 2 000, en application de la NRA et afin de se conformer aux directives européennes, de nouveaux critères sont définis pour l'isolement aux bruits aériens et aux bruits de choc. Ils sont exprimés en décibel (dB) et font l'objet des normes NF EN ISO 717.

D'autre part, une nouvelle classification se met en place sous l'égide de l'ICS (*International Certification Standard*). Elle regroupe l'ensemble des normes ISO, EN et NF qui sont répertoriées à l'aide d'une suite de sept chiffres de la manière suivante :

- les deux premiers chiffres indiquent le domaine : 91 est le domaine de la construction et des matériaux de construction et 93, celui du génie civil (Tab. 7.44) ; certaines normes intéressant le bâtiment peuvent être classées dans d'autres domaines ;

- les trois chiffres suivants précisent les groupes dans les domaines concernés ;

- les deux derniers chiffres identifient les sous-groupes dans lesquels se trouve la norme.

Exemple

- Le domaine 81 concerne les industries du verre et de la céramique ;

- Le groupe 81.040 porte sur le verre et comprend les normes suivantes :

  81.040.00 : *Verre, Aspects généraux ;*

  81.040.10 : *Matières premières et verre brut ;*

  81.040.20 : *Verre dans la construction ;*

  81.040.30 : *Produits en verre.*

  La norme NF P 78-303 – *Verre feuilleté pour vitrage de bâtiment* est classée dans le sous-groupe 81.040.20 – *Verre dans la construction ;*

- Les plâtres sont classés dans le sous-groupe 91.100.10, c'est-à-dire :

  91 : domaine portant sur la construction et les matériaux de construction ;

  100 : matériaux de construction ;

  10 : ciment, plâtre, mortier.

DOMAINES	SOUS-GROUPES	SECTEUR D'ACTIVITÉ CONCERNÉ
91		**Bâtiment et matériaux de construction**
	91.010	Industrie du bâtiment
	91.020	Aménagement. Urbanisme
	91.040	Bâtiments
	91.060	Éléments de construction
	91.080	Structures de construction
	91.090	Structures extérieures
	91.100	Matériaux de construction
	91.120	Protection extérieure et intérieure des bâtiments
	91.140	Installations dans les bâtiments
	91.160	Éclairage
	91.180	Finitions intérieures
	91.190	Accessoires pour le bâtiment
	91.200	Techniques de construction
	91.220	Matériel de construction
93		**Génie civil**
	93.010	Génie civil en général
	93.020	Travaux de terrassement et en souterrain. Excavation. Fondation
	93.030	Systèmes externes d'évacuation des eaux usées
	93.040	Construction des ponts
	93.060	Construction des tunnels
	93.080	Génie routier
	93.100	Construction ferroviaire
	93.110	Construction des télésièges
	93.120	Construction des aéroports
	93.140	Construction des canaux et des ports
	93.160	Construction hydraulique
(1)		**Autres secteurs pouvant être concernés**
13		Environnement et protection de la santé. Sécurité
17		Métrologie et mesurage. Phénomènes physiques
19		Essais
23		Fluidique et composants à usage général
27		Ingénierie de l'énergie et de la transmission de la chaleur
29		Électrotechnique
77		Métallurgie
79		Technologie du bois
81		Industrie du verre et de la céramique
83		Industrie des élastomères et des plastiques
87		Industrie des peintures et des couleurs
97		Équipement ménager et commercial. Loisirs. Sports

(1) Cette liste n'est pas limitative.

Tab. 7.44 • *Classement International des Normes (ICS) – Domaines intéressant le bâtiment et le génie civil.*

À cela il convient d'ajouter les Avis Techniques (ATec) qui concernent les produits nouveaux, les notices techniques établies par les industriels ainsi que toutes les règles de construction énoncées dans les chapitres précédents.

7. La pathologie

Les problèmes de pathologie sont propres à chacun des matériaux traités précédemment. Ils portent sur les défauts de fabrication ou sur l'inadéquation entre le matériau et son utilisation.

7.1. Le plâtre présente des défauts dus généralement à des perturbations qui se produisent lors du mécanisme de prise ; ils ont pour cause soit un support inadapté, soit une mauvaise mise en œuvre. Les sinistres se manifestent de la manière suivante :

- un durcissement contrarié : les grains de plâtre ne sont pas liés entre eux ; celui-ci a la consistance d'une poudre inerte ;
- une dessiccation précoce : une partie du plâtre n'est pas hydraté et ne fait pas prise ;
- une humidité excessive : la lubrification des grains est trop importante ; ceux-ci glissent les uns sur les autres et le plâtre n'offre pas sa consistance habituelle ;
- la présence d'impuretés : l'eau se charge en sels solubles qui se déposent en surface par évaporation et donne des efflorescences ;
- l'état de surface du support : trop lisse, présence de poussière ou d'huile de décoffrage.

Ces désordres apparaissent sous la forme de retrait excessif, de faïençage, de fissures, de poudrage, d'un manque de dureté ou d'adhérence, l'enduit « sonne creux ».

7.2. L'aluminium est un produit peu agressé par les attaques extérieures, sous réserve d'éviter tout contact direct avec certains métaux qui entraîne l'apparition d'un effet de pile et accélère le phénomène de corrosion.

Les sinistres les plus fréquents portent sur l'aspect visuel du produit, c'est-à-dire, entre autres :

- des craquelures dans le laquage des profilés cintrés ;
- la rupture de la couche d'anodisation au droit des pliages ;
- l'arrachement de la couche de protection en cours d'usinage.

7.3. Le verre est un matériau qui offre une bonne durabilité grâce à sa grande inertie chimique. Toutefois, il est fragilisé et peut se rompre en cas de choc violent, de choc thermique, ou lorsqu'il est bridé dans la feuillure ou par les fixations. Par manque de soins lors du transport ou en cours de travaux, en particulier lors du nettoyage de fin de chantier, il arrive que le verre, sali par des projections de mortier, soit rayé. Son remplacement devient nécessaire si ce défaut est trop apparent.

Un autre problème se pose lorsque les surfaces vitrées sont importantes, pouvant occasionner un inconfort notable, soit par l'effet de paroi froide, soit par l'effet de serre. La solution se trouve dans le choix du vitrage (vitrage à isolation renforcée ou de contrôle solaire) et d'un équipement technique en adéquation avec la nature des façades et l'utilisation des locaux (conditionnement d'air).

7.4. Les matières plastiques exigent des conditions d'utilisation précises, qui doivent être respectées. Elles couvrent un vaste domaine et chacune a ses exigences propres. Il convient donc de veiller tout particulièrement à ne pas modifier leur stabilité interne, ne pas accélérer leur vieillissement, ne pas les exposer à des agents chimiques incompatibles ou à une source de chaleur lorsqu'elles ne sont pas aptes à les supporter. Ainsi, les résines prévues pour des températures de l'ordre de 50 °C ne permettent pas de réaliser des réseaux véhiculant de l'eau chaude.

7.5. Les matériaux composites présentent une pathologie qui porte d'une part sur le produit lui-même avec des problèmes de vieillissement accéléré, de perte d'adhérence entre la matrice et les fibres de renfort ou les plans de collage, d'autre part sur une mauvaise utilisation, les conditions d'emploi n'étant pas celles pour lesquelles il a été conçu.

Adresses utiles

Association Française de Normalisation (AFNOR)
Tour Europe
Cedex 07
92049 Paris la Défense

Association Pleinière des Sociétés d'Assurances Dommages (APSAD)
26 boulevard Haussmann
75009 Paris

Association pour le développement
de l'Aluminium anodisé ou Laqué
30 avenue de Messine
75008 Paris

CEKAL association
7 rue La Pérouse
75784 Paris Cedex 16

Centre d'Information et de Documentation
sur le Bruit (CIDB)
12/14 rue Jules Bourdais
75017 Paris

Centre d'Information sur le Verre Feuilleté (CIVF)

32 rue de Trévise
75009 Paris

Centre Infobâtir
20 rue Lortet
69007 Lyon

Centre scientifique et Technique du Bâtiment (CSTB)
4 avenue du recteur Poincaré
75782 Paris Cedex 16

Fédération Française des Professionnels
du Verre (FFPV)
10 rue du Débarcadère
75852 Paris Cedex 17

Organisme Professionnel de Prévention du Bâtiment et des Travaux Publics (OPPBTP)
221 boulevard Davout
75020 Paris

Pôle Européen de Plasturgie
2 rue Pierre et Marie Curie
01100 Bellignat

Syndicat National de l'Industrie du Plâtre
3 rue Alfred Roll
75017 Paris

Bibliographie

Techniques et pratique du plâtre – J. Festa – Éditions Eyrolles, Paris.

Mémento de Saint-Gobain Glass – Édition 2 000.

Matières plastiques – J.P. Trotignon, J. Verdu, A. Dobraczynski, M. Piperaud – Éditions AFNOR et Nathan.

Glossaire

Abergement • Ouvrage de raccordement afin d'assurer l'étanchéité à la périphérie d'une souche de cheminée ou d'une émergence au droit de sa jonction avec la couverture ou la toiture-terrasse.

Alun • Sulfate double de potassium et d'aluminium hydraté, utilisé comme durcisseur du plâtre.

Antipanique (barre) • Commande d'une serrure ou d'une fermeture équipant une porte d'un établissement recevant du public (E.R.P.) ou d'un local présentant des risques, afin que l'ouverture vers l'extérieur puisse se faire par simple poussée, sans manipulation de poignée ou de clé.

Aramide • Résine de la famille des polyamides aromatiques possédant d'excellentes qualités mécaniques et une bonne résistance à la chaleur.

Asynchrone (moteur) • Moteur électrique à courant alternatif, dont la vitesse est indépendante de la fréquence des courants induits.

Avis Technique (Atec) • Document officiel constatant les aptitudes d'un matériau, d'un composant ou d'un procédé de construction, lorsque celui-ci est trop récent ou trop innovant pour entrer dans la catégorie des matériaux ou procédés traditionnels.

Bakélisée (laine de verre) • Laine de verre traitée par imprégnation de Bakélite, résine phénolique thermodurcissable présentant une bonne résistance à l'humidité.

Balèvre • Bavure de laitance ou de mortier apparaissant au droit d'un joint de coffrage d'un élément de béton.

Barbotine • Mélange comprenant une quantité sensiblement égale d'eau et de ciment, appliqué à la brosse sur une paroi ou en plafond afin d'améliorer l'adhérence d'un enduit.

Bardeau • Plaque de bois (Red cedar, Mélèze, Sapin, etc.) rectangulaire, biseautée ou arrondie, traitée avec un produit fongicide et insecticide.

Panneau léger composé d'une armature en feutre ou en voile de verre qui est imprégnée et surfacée de bitume avant de recevoir une protection en granulats naturels ou artificiels.

Bilame (effet de) • Effet dû à la juxtaposition de deux matériaux dont les coefficients de dilatation sont différents, provoquant une déformation de l'ensemble lors d'une variation de température ou lors d'une différence de température entre les deux faces de l'élément.

Bouveté • Constitué de planches assemblées par rainures et languettes (par bouvetage).

Calepinage • À l'origine, dessin indiquant l'appareillage d'une construction en pierre. Par extension, dessin donnant l'assemblage d'un certain nombre des surfaces élémentaires, avec le positionnement des joints, dans un but décoratif.

Chantourné • Elément en bois qui est découpé selon une ligne courbe.

Coextrusion • Technique par laquelle sont extrudées des pièces dont la section est composée de deux matières différentes, permettant d'obtenir une excellente homogénéité mécanique.

Coyau • Lattes de bois rapporté sur un support de couverture afin de créer les ressauts des toitures en longues feuilles de zinc - Petit chevron prolongeant la toiture au-delà du mur extérieur.

Crinoline • Garde-corps placé sur des échelles fixes verticales et constitué par une série de cerces en fer plat reliées entre elles par des montants disposés en périphérie.

Cryolithe • Fluorure naturel d'aluminium et de sodium, produit dont le point de fusion est peu élevé.

Dessautage • Opération qui consiste, dans une couverture cintrée en tôle de grande dimension, à modifier l'alternance des joints parallèles à la pente de manière à retrouver une largeur normale de bande.

Doublis • Correspond au doublement du premier rang d'ardoises en rive d'égout.

Doucissage • Opération de finition adoucie entrant dans le processus de polissage.

Écoinçon • Partie de mur comprise entre l'embrasure d'une baie et la cueillie de retour d'angle le plus proche ; la cueillie étant l'angle rentrant formé par deux plans sécants, deux murs dans le cas présent.

Ensimage • Opération consistant à déposer sur les fibres de verre une matière pour en faciliter le cardage ou le filage

EPDM • Ethylène Propylène Diène Monomère, matière plastique, de type élastomère, utilisée pour la réalisation de joints ou de membranes d'étanchéité.

Feuillard • Tôle d'acier ou d'aluminium en bande mince et étroite.

Filler • Matière minérale finement broyée, ajoutée aux liants hydrauliques, aux matériaux hydrocarbonés et aux peintures pour en modifier les caractéristiques physiques.

Fonçure • ensemble de lames en bois ou de tôles et de pièces métalliques qui forme le fond d'une noue ou d'un chéneau.

Gel Coat • Pellicule réalisée sur un élément de construction par polymérisation d'une résine synthétique, afin d'en assurer la protection contre des agressions extérieures. L'application se fait manuellement ou, de préférence, mécaniquement par projection. Projeté sur une armature en fibres de verre, le *gel coat* est employé dans la fabrication d'appareillages.

Gond • Pièce de serrurerie qui sert simultanément de support et de pivot à un vantail de croisée, de porte ou de volet.

Insert • Elément rapporté de manière définitive à l'intérieur d'une pièce.

Jouée (d'une lucarne) • Paroi verticale longitudinale ou latérale d'une lucarne ou d'un lanterneau.

Lasure • Produit d'imprégnation et de revêtement qui assure, à la fois, la protection et la décoration des ouvrages en bois. Certains lasures sont également utilisés pour les ouvrages en béton.

Mat • Nappe en textile minéral (fibres de verre) ou synthétique, constituée par un enchevêtrement de fibres non tissées. Il peut servir d'armature pour les matériaux composites ou pour les revêtements à base de résines synthétiques.

Modulaire (coordination) • Selon la norme NF P 01-001 traitant de la coordination modulaire, la valeur internationale normalisée du module de base M est de 100 mm. Les dimensions verticales sont basées sur le module de base M = 100 mm, les dimensions horizontales sur le module 3 M, soit 300 mm.

Mohs (échelle de) • Méthode de classement des roches en Minéralogie, selon leur dureté croissante, par comparaison avec des minéraux de référence, dont chacun peut être rayé par le matériau de classe supérieure :

1 = Talc, 2 = Gypse, 3 = Calcite, 4 = Spath-fluor, 5 = Apatite, 6 = Orthoclase, 7 = Quartz, 8 = Topaze, 9 = Corindon, 10 = Diamant.

Natif (état) • Dénomination donnée à un métal qui est trouvé à l'état pur, non combiné, dans la nature, l'or sous forme de pépites par exemple.

Noquet • Pièce coudée, généralement en tôle de zinc ou d'acier galvanisé, utilisée en couverture pour garnir les noues, les arêtiers et les jonctions avec les pénétrations ; en principe, elle est recouverte par le matériau de couverture.

Opacité • Qualité d'un matériau qui ne laisse pas passer les rayons lumineux. L'opacité est définie à partir de l'écart de teinte ΔE d'un échantillon présenté sur un fond blanc et sur un fond noir. L'opacité totale est obtenue lorsque $\Delta E = 0$.

Pariétodynamique (Menuiserie) • Menuiserie constituée par trois vitres et deux lames d'air circulant verticalement de l'extérieur vers l'intérieur et fonctionnant comme un échangeur de chaleur. Elles permettent de réchauffer l'air neuf insufflé dans les locaux équipés de ventilation mécanique contrôlée

Penture • Pièce de ferrure et de pivotement d'un vantail composée d'un méplat métallique terminé par un enroulement ou par un oeil dans lequel pénètre la fiche du gond scellé dans le mur ou vissé sur un montant du dormant.

Perlite • Roche volcanique riche en eau, qui, en se desséchant sous l'action de la chaleur, gonfle et donne un matériau léger et isolant ; imputrescible et ininflammable, elle est utilisée en vrac dans les plâtres allégés.

pH • Correspond, en abrégé, au potentiel hydrogène d'une solution aqueuse ; il permet de déterminer les caractéristiques de celle-ci :
- neutre, pH = 7 ;
- acide, 0 < pH < 7 ;
- basique, 7 < pH < 14.

Plastisol • Mélange d'une suspension de poudre de polychlorure de vinyle et d'adjuvants en émulsion dans un plastifiant organique liquide.

Plasturgie • Industrie qui met en oeuvre les procédés et les techniques de transformation des matières plastiques.

Polochon • Petite masse de plâtre frais gâché serré et armé de filasse servant à mettre en place et à maintenir les plaques de staff.

PVDF • Polyfluorure de vinylidène, résine thermoplastique.

RAL (nuancier) • Le nuancier classique RAL (Institut allemand de garantie et de définition de la qualité) constitue une référence colorimétrique pour de nombreux organismes dans de nombreux pays européens.

La collection comporte deux registres :

• le registre RAL 840-HR pour les tons mats ;

• le registre RAL 841-GL pour les tons brillants.

Plus de 200 coloris sont référencés par un nombre de quatre chiffres, ce qui permet une communication claire entre différents intervenants (prescripteurs et fabricants). En France, le nuancier RAL est détenu par la Société Erichsen, 4 passage Saint-Antoine, 92508 Rueil-Malmaison Cedex.

Rasti (indice) • L'indice RASTI (Rapid Speech Transmission Index) permet de qualifier l'intelligibilité de la parole dans une salle. L'orateur doit pouvoir s'exprimer sans élever la voix ; les auditeurs doivent pouvoir entendre et comprendre l'orateur en tous les points de la salle. L'indice a une valeur qui s'échelonne de 0 (aucun mot n'est compris) à 1 (la totalité des mots est comprise).

Rose (bruit) • Bruit aérien de référence correspondant à un bruit de synthèse normalisé, somme des sons de différentes bandes de fréquence. Le spectre de bruit rose a la même énergie sonore dans toutes les bandes d'octave allant de 125 Hz à 4 000 Hz.

Rosée (point de) • Température à laquelle l'humidité, contenue sous la forme de vapeur d'eau, dans une masse d'air devient saturante, c'est-à-dire qu'elle commence à se condenser en fines gouttelettes d'eau. Le degré de saturation de l'air en vapeur d'eau varie avec la température et la pression. Il correspond à la quantité maximale de vapeur d'eau que peut contenir un volume d'air sans qu'il y ait changement d'état par condensation.

S **BS (bitume élastomère)** • Styrène butadiène styrène, matière plastique, de type élastomère, utilisée pour la réalisation de membranes d'étanchéité.

Shading Coefficient • Coefficient anglo-saxon étant égal à 1 pour une glace claire de 3 mm d'épaisseur ; sa valeur est obtenue en divisant le facteur solaire g par 0,87.

T **rempe** • Procédé de traitement thermique ou chimique du verre, modifiant la structure interne et améliorant certaines caractéristiques de celui-ci.

U **PEC (classement)** • Classification établie par le Centre Scientifique et Technique du Bâtiment (CSTB) afin de définir les caractéristiques exigées pour le revêtement de sol d'un local déterminé. Fonctionnelle, elle est basée sur quatre critères qui sont : la résistance à l'usure (U affecté d'un indice variant de 1 à 4), la résistance au poinçonnement (P avec un indice de 1 à 4), la tenue à l'eau (E avec un indice de 0 à 3), la tenue aux substances chimiques (C avec un indice de 0 à 3). L'exigence la plus forte correspond aux indices les plus élevés. Les revêtements de sol sont fabriqués afin de répondre aux exigences du local dans lequel ils sont posés. (exemples :

– chambre dans un logement : U2P2E1C0 ;

– bureaux paysagers : U3P3E1C0).

Index

Dépôt légal : juin 2010

www.ingramcontent.com/pod-product-compliance
Lightning Source LLC
LaVergne TN
LVHW060117060726
842526LV00009B/2690